Eckard Macherauch | Hans-Werner Zoch

Praktikum in Werkstoffkunde

Aus dem Programm Werkstofftechnik

Festigkeitslehre für Wirtschaftsingenieure
von K.-D. Arndt, H. Brüggemann und J. Ihme

Kunststoffe in der Ingenieuranwendung
von M. Bonnet

Numerische Beanspruchungsanalyse von Rissen
von M. Kuna

Einführung in die Festigkeitslehre
von V. Läpple

Mechanisches Verhalten der Werkstoffe
von J. Rösler, H. Harders und M. Bäker

Technologie der Werkstoffe
von J. Ruge und H. Wohlfahrt

Ermüdungsrisse
von H. A. Richard und M. Sander

Verschleiß metallischer Werkstoffe
von K. Sommer, R. Heinz und J. Schöfer

Werkstoffkunde
von W. Weißbach

Aufgabensammlung Werkstoffkunde und Werkstoffprüfung
von W. Weißbach und M. Dahms

www.viewegteubner.de

Eckard Macherauch | Hans-Werner Zoch

Praktikum in Werkstoffkunde

91 ausführliche Versuche
aus wichtigen Gebieten der Werkstofftechnik

11., vollständig überarbeitete und erweiterte Auflage

Mit 503 Abbildungen und 23 Tabellen

STUDIUM

Bibliografische Information der Deutschen Nationalbibliothek
Die Deutsche Nationalbibliothek verzeichnet diese Publikation in der
Deutschen Nationalbibliografie; detaillierte bibliografische Daten sind im Internet über
<http://dnb.d-nb.de> abrufbar.

1. Auflage 1970
2. Auflage 1972
3. Auflage 1981
4. Auflage 1983
5. Auflage 1984
6. Auflage 1985
7. Auflage 1987
8. Auflage 1989
9. Auflage 1990
10. Auflage 1992
11., vollständig überarbeitete und erweiterte Auflage 2011

Alle Rechte vorbehalten
© Vieweg+Teubner Verlag | Springer Fachmedien Wiesbaden GmbH 2011

Lektorat: Thomas Zipsner | Imke Zander

Vieweg+Teubner Verlag ist eine Marke von Springer Fachmedien.
Springer Fachmedien ist Teil der Fachverlagsgruppe Springer Science+Business Media.
www.viewegteubner.de

Das Werk einschließlich aller seiner Teile ist urheberrechtlich geschützt. Jede Verwertung außerhalb der engen Grenzen des Urheberrechtsgesetzes ist ohne Zustimmung des Verlags unzulässig und strafbar. Das gilt insbesondere für Vervielfältigungen, Übersetzungen, Mikroverfilmungen und die Einspeicherung und Verarbeitung in elektronischen Systemen.

Die Wiedergabe von Gebrauchsnamen, Handelsnamen, Warenbezeichnungen usw. in diesem Werk berechtigt auch ohne besondere Kennzeichnung nicht zu der Annahme, dass solche Namen im Sinne der Warenzeichen- und Markenschutz-Gesetzgebung als frei zu betrachten wären und daher von jedermann benutzt werden dürften.

Umschlaggestaltung: KünkelLopka Medienentwicklung, Heidelberg
Technische Redaktion: Stefan Kreickenbaum, Wiesbaden
Bilder: Graphik & Text Studio, Dr. Wolfgang Zettlmeier, Barbing
Druck und buchbinderische Verarbeitung: AZ Druck und Datentechnik, Berlin
Gedruckt auf säurefreiem und chlorfrei gebleichtem Papier
Printed in Germany

ISBN 978-3-8348-0343-6

Aus dem Vorwort zur 3. Auflage

Das „Praktikum in Werkstoffkunde" war längere Zeit vergriffen. Meine starke berufliche Belastung verzögerte leider eine frühere Fertigstellung der hiermit vorgelegten 3. Auflage. Aus vielen Gründen erschien mir eine einfache Überarbeitung und Ergänzung des ursprünglichen Textes nicht mehr vertretbar. Vor allem die mehrfach geäußerten Wünsche, das Buch frei von der in Karlsruhe für Praktikumszwecke zur Verfügung stehenden Sachausrüstung zu gestalten und weitere Versuche aufzunehmen, legten eine vollständige Neukonzipierung und Neubearbeitung nahe.

Für die getroffene Auswahl der Versuche waren fachliche und didaktische Gesichtspunkte maßgebend. Angestrebt wurde eine Versuchsfolge, die fortschreitend ein vertieftes Eindringen in grundlegende werkstoffkundliche Methoden und Zusammenhänge ermöglicht. Dabei wurden viele Erfahrungen berücksichtigt, die sich bei dem Karlsruher werkstoffkundlichen Ausbildungskonzept für Ingenieure ergaben. Ein besonderes Anliegen war es, den Lernenden durch einfache Versuche die faszinierende Welt des Werkstoffaufbaus und des Werkstoffverhaltens unter den verschiedenartigsten Randbedingungen nahezubringen, wie sie Werkstoffherstellung, Werkstoffver- und -bearbeitung sowie Werkstoffprüfung und -verwendung bieten. Daneben sollten aber auch die physikalischen, die chemischen, die makromechanischen sowie die strukturmechanischen Grundlagen aufgezeigt werden, die die unerlässliche Basis jedes Werkstoffverständnisses sind. So entstand ein „Praktikum in Werkstoffkunde", das – wie ich hoffe – die einführenden und vertiefenden werkstoffkundlichen Vorlesungen in ausgewogener Weise ergänzen kann.

Ich hoffe, dass das hinsichtlich Form, Inhalt und Umfang veränderte Buch nicht nur den Studenten bei der Beschäftigung mit der Werkstoffkunde, sondern darüber hinaus auch überall dort von Nutzen sein wird, wo in Lehre und Praxis werkstoffkundliche Probleme behandelt werden.

Karlsruhe, im Sommer 1981 E. MACHERAUCH

Vorwort zur 11. Auflage

Das Praktikum in Werkstoffkunde oder „der Macherauch" wie dieses Standardwerk der werkstoffkundlichen Lehrbücher von Generationen von Studierenden genannt wird, gehört – obwohl schon lange vergriffen – immer noch zu den häufig verwendeten Hilfsmitteln in der Lehre und der praktischen Ausbildung. Selten erreicht ein Fachbuch eine derart hohe Zahl von Auflagen, deren letzte jedoch schon in das Jahr 1992 datiert.

Der Wunsch einer Neuauflage begleitete Eckard Macherauch[†] schon längere Zeit, auch nach seiner Emeritierung. Wie wichtig ihm dieses Buch war, bestätigte mir im Gespräch einer seiner Schüler und Mitarbeiter beim Entstehen der ersten Auflagen, Dr. Ulf Ilg, EnBW AG. Als langjähriger Vorsitzender des Wissenschaftlichen Beirats und Mitglied des Vorstands der Stiftung Institut für Werkstofftechnik (IWT), Bremen war Herr Macherauch unserem Institut eng verbunden. So freute es uns, als er uns anbot, die Neuauflage seines Buches gemeinsam anzugehen. Mit großem Engagement und selbstlosem Einsatz seinerseits konnten wir dieses Projekt noch gemeinsam planen und erste Schritte hinter uns bringen. Eine fortschreitende Erkrankung ließ dann eine weitere Mitwirkung nicht mehr zu, wie auch U. Ilg berichtet: „Schmerzlich musste er bei angegriffenem Gesundheitszustand erfahren, dass die Vollendung eines Teils seines Lebenswerkes nicht mehr zu bewältigen war." Er hat das Erscheinen der 11. Auflage des „Praktikum in Werkstoffkunde" leider nicht mehr erlebt.

Die erforderlichen Schritte waren jedoch bereits eingeleitet, und so freute es uns, dass seine Frau einer Fertigstellung des Buches gern zustimmte. Uns als Schüler, Kollegen oder Projektpartner dieses großen Werkstoffforschers war es daher eine Verpflichtung, die Neuauflage in seinem Sinn vorzubereiten.

Das Buch wurde normenaktualisiert, zahlreiche Versuche wurden überarbeitet. Bereits mit H. Macherauch abgestimmt war das Weglassen einiger Versuche sowie das Hinzufügen erster Versuche zur Tribologie und Oberflächentechnik.

Ohne die tatkräftige Unterstützung vieler Wissenschaftlerinnen und Wissenschaftler des IWT wäre diese Arbeit nicht zu bewältigen gewesen. Mein Dank gilt daher R. von Bargen, S. Bischoff, H. Bomas, K. Burkart, M. Dalgic, H. Decho, J. Dong, I. Eisbrecher, J. Epp, J. Franke, F. Frerichs, A. von Hehl, T. Hirsch, F. Hoffmann, S. Hoja, T. Hoja, M. Hunkel, A. Irretier, H. Juling, T. Karsch, O. Karsten, B. Köhler, J. Lütjens, E. Matthaei-Schulz, A. Mehner, D. Nadolski, C. Prinz, J. Rath, A. Rose, K. Schimanski, A. Schulz, J. Schumacher, M. Steinbacher, C. Stöberl, H.-R. Stock, B. Striewe, H. Surm, die einzelne Kapitel bearbeitet haben.

Für die Überarbeitung der Versuche zu polymeren Werkstoffen bin ich meinem geschätzten Kollegen, Herrn Prof. Dr.-Ing. Walter Michaeli, und Herrn Dipl.-Ing. Tim Arping vom Institut für Kunststoffverarbeitung der Rheinisch-Westfälischen Technischen Hochschule Aachen sehr zu Dank verpflichtet.

Mein Dank gilt ferner meinen Assistentinnen, Frau H. Kaiser und Frau E. Deniz, für sorgfältige Übertragung der alten Texte in modernes digitalisiertes Format.

Ein besonderer Dank gebührt Herrn R. Tinscher für die perfekte Koordination und Abwicklung dieses großen Vorhabens.

Last, but not least, danke ich auch dem Lektor dieses Werks im Vieweg+Teubner Verlag, Herrn Th. Zipsner, sowie Frau I. Zander und Herrn S. Kreickenbaum, für die professionelle und stets angenehme Betreuung und nicht zuletzt Geduld bis zur Fertigstellung sehr herzlich.

Es wäre ganz im Sinne von Herrn Macherauch, wenn auch diese Auflage des „Praktikum in Werkstoffkunde" vielen Studierenden, aber ebenso Anwendern im Beruf die moderne und für ein ganzheitliches Verständnis von Produkten oder Verfahren unverzichtbare Querschnittswissenschaft Werkstoffkunde nahebringt.

Bremen, im Mai 2011 Hans-Werner Zoch

Inhaltsverzeichnis

V1	Strukturelle Beschreibung reiner Metalle	1
V2	Gitterstörungen	7
V3	Schmelzen und Erstarren von Metallen und Legierungen	16
V4	Optische Metallspektroskopie	25
V5	Röntgenfluoreszenzanalyse	33
V6	Thermische Analyse	42
V7	Lichtmikroskopie von Werkstoffgefügen	47
V8	Härteprüfung	57
V9	Kaltumformen durch Walzen	64
V10	Werkstofftexturen	70
V11	Korngrößenermittlung	75
V12	Erholung und Rekristallisation	82
V13	Elektrische Leitfähigkeit	88
V14	Metallographie unlegierter Stähle	95
V15	Martensitische Umwandlung	104
V16	Phasenanalyse mit Röntgenstrahlen	112
V17	Gefüge von Gusseisenwerkstoffen	118
V18	Quantitative Gefügeanalyse	125
V19	Transmissionselektronenmikroskopie von Werkstoffgefügen	135
V20	Gefügebewertung	141
V21	Topographie von Werkstoffoberflächen	145
V22	Messung elastischer Dehnungen	152
V23	Grundtypen von Zugverfestigungskurven	157
V24	Temperatureinfluss auf die Streckgrenze	167
V25	Interferenzmikroskopie verformter Werkstoffoberflächen	177
V26	Statische Reckalterung	182
V27	Dynamische Reckalterung	186
V28	Bauschingereffekt	190
V29	Gusseisen unter Zug- und Druckbeanspruchung	193
V30	Dilatometrie	195
V31	Wärmespannungen und Abkühleigenspannungen	198

V32	Wärmebehandlung von Stählen	203
V33	ZTU-Schaubilder	209
V34	Härtbarkeit von Stählen	215
V35	Stahlvergütung und Vergütungsschaubilder	221
V36	Härte und Zugfestigkeit von Stählen	226
V37	Einsatzhärten	228
V38	Nitrieren und Nitrocarburieren	237
V39	Wärmebehandlung von Schnellarbeitsstählen	241
V40	Thermo-mechanische Stahlbehandlung	247
V41	Aushärtung einer AlCu-Legierung	250
V42	Formzahlbestimmung	257
V43	Zugverformungsverhalten von Kerbstäben	261
V44	Biegeverformung	268
V45	Spannungsoptik	274
V46	Kerbschlagbiegeversuch	281
V47	Rasterelektronenmikroskopie	289
V48	Torsionsverformung	297
V49	Schubmodulbestimmung aus Torsionsschwingungen	303
V50	Elastische Moduln und Eigenfrequenzen	306
V51	Anelastische Dehnung und Dämpfung	312
V52	Risszähigkeit	320
V53	Compliance angerissener Proben	331
V54	Zeitstandversuch (Kriechen)	336
V55	Schwingfestigkeit	344
V56	Vereinfachte statistische Auswertung von Dauerschwingversuchen für Werkstoffe mit Typ-I-Verhalten	349
V57	Dauerfestigkeits-Schaubilder	360
V58	Kerbwirkung bei Schwingbeanspruchung	366
V59	Wechselverformung unlegierter Stähle	370
V60	Zyklisches Kriechen	375
V61	Verformung und Verfestigung bei Wechselbiegung	380
V62	Dehnungs-Wöhlerkurven	383
V63	Strukturelle Zustandsänderungen bei Schwingbeanspruchung	388
V64	Ausbreitung von Ermüdungsrissen	396

Inhaltsverzeichnis

V65	Ermüdungsbruchflächen	403
V66	Verzunderung	409
V67	Elektrochemisches Verhalten unlegierter Stähle	416
V68	Stromdichte-Potenzial-Kurven	421
V69	Spannungsrisskorrosion	430
V70	Wasserstoffschädigung in Stahl	437
V71	Tiefziehfähigkeit von Stahlblechen	444
V72	r- und n-Werte von Feinblechen	448
V73	Ultraschallprüfung	455
V74	Magnetische und magnetinduktive Werkstoffprüfung	461
V75	Röntgenographische Eigenspannungsbestimmung	466
V76	Mechanische Eigenspannungsbestimmung	476
V77	Kugelstrahlen von Werkstoffoberflächen	481
V78	Grobstrukturuntersuchung mit Röntgenstrahlen	487
V79	Metallographische und mechanische Untersuchungen von Schweißverbindungen	496
V80	Schweißnahtprüfung mit Röntgen- und γ-Strahlen	507
V81	Schadensfalluntersuchung	514
V82	Aufbau und Struktur von Polymerwerkstoffen	518
V83	Viskoses Verhalten von Polymerwerkstoffen	531
V84	Zugverformungsverhalten von Polymerwerkstoffen	537
V85	Zeitabhängiges Deformationsverhalten von Polymerwerkstoffen	544
V86	Schlagzähigkeit von Polymerwerkstoffen	548
V87	Glasfaserverstärkte Polymerwerkstoffe	552
V88	Wärmeleitvermögen von Schaumstoffen	560
V89	Reibung und Verschleiß	566
V90	Topografie und Morphologie von PVD-Schichten	572
V91	Haftfestigkeit von Dünnschichten	578
Bildquellenverzeichnis		582
Sachwortverzeichnis		586

V1 Strukturelle Beschreibung reiner Metalle

1.1 Grundlagen

Ordnet man alle natürlichen und alle künstlich erzeugten Elemente aufsteigend nach relativer Atommasse A_r so an, dass chemisch verwandte Elemente untereinander stehen, so ergibt sich das in Bild 1-1 wiedergegebene so genannte Kurzperiodensystem der Elemente mit der Gruppenbezeichnung nach CAS (Chemical Abstract Services). Man erhält sieben waagerechte Zeilen (Perioden) und acht senkrechte mit römischen Ziffern bezeichnete Spalten (Gruppen), die ihrerseits die Hauptgruppenelemente (A) und die Nebengruppenelemente (B) umfassen. Während in Europa die Bezeichnung der Gruppen mit römischen Ziffern noch weit verbreitet ist, werden die Gruppen z. T. auch mit arabischen Zahlen durchnummeriert (IUPAC-Konvention). Die Reihenfolge der Elemente wird durch die Ordnungszahl Z festgelegt. Sie ist identisch mit der Kernladung, d. h. Zahl der Protonen und Zahl der Elektronen der Elementatome. Das periodische System der Elemente spiegelt die Periodizität im Aufbau der Elektronenhülle der Elementatome wieder. Man gelangt zu dieser Ordnung jedoch nur, wenn die eingangs erwähnte Reihenfolge der relativen Atommassen zwischen den Elementen Ar ($Z = 18$) und K ($Z = 19$), Co ($Z = 27$) und Ni ($Z = 28$) und zwischen Te ($Z = 52$) und I ($Z = 53$) unterbrochen wird. Ferner ist nach La ($Z = 57$) den 14 Elementen der Lanthanreihe (Lanthanoide) und nach Ac ($Z = 89$) den 14 Elementen der so genannten Actiniumreihe (Aktinoide) jeweils ein einziger Platz zugewiesen.

	A I B	A II B	B III A	B IV A	B V A	B VI A	B VII A	B VIII	A		
1	1 H 1,008								2 He 4,003		
2	3 Li 6,941	4 Be 9,012	5 B 10,810	6 C 12,011	7 N 14,007	8 O 15,999	9 F 18,998		10 Ne 20,179	6	2p-Elektr.
3	11 Na 22,990	12 Mg 24,31	13 Al 26,98	14 Si 28,09	15 P 30,97	16 S 32,06	17 Cl 35,45		18 Ar 39,95	6	3p-Elektr.
4	19 K 39,10	20 Ca 40,08	21 Sc 44,96	22 Ti 47,90	23 V 50,94	24 Cr 52,00	25 Mn 54,94	26 Fe 55,85	27 Co 58,93	28 Ni 58,70	8	3d-Elektr.
4	29 Cu 63,55	30 Zn 65,38	31 Ga 69,72	32 Ge 72,59	33 As 74,92	34 Se 78,96	35 Br 79,91		36 Kr 83,80	2 6	3d-Elektr. 4p-Elektr.
5	37 Rb 85,47	38 Sr 87,62	39 Y 88,91	40 Zr 91,22	41 Nb 92,91	42 Mo 95,94	43 Tc 99,91	44 Ru 101,07	45 Rh 102,91	46 Pd 106,40	8	4d-Elektr.
5	47 Ag 107,87	48 Cd 112,41	49 In 114,82	50 Sn 118,69	51 Sb 121,75	52 Te 127,60	53 I 126,90		54 Xe 131,30	2 6	4d-Elektr. 5p-Elektr.
6	55 Cs 132,91	56 Ba 137,33	57 La 138,91 58–71	72 Hf 178,49	73 Ta 180,95	74 W 183,85	75 Re 186,21	76 Os 190,20	77 Ir 192,22	78 Pt 195,09	8 14	5d-Elektr. 4f-Elektr.
6	79 Au 196,97	80 Hg 200,59	81 Tl 204,37	82 Pb 207,19	83 Bi 208,98	84 Po 208,98	85 At 209,99		86 Rn 222,02	2 6	5d-Elektr. 6p-Elektr.
7	87 Fr 223,02	88 Ra 226,03	89 Ac 227,03 90–103	104 Ku 261	105 Ns 262	106 263	107 262	108	109 266	7 14	6d-Elektr. 5f-Elektr.

6	58–71	58 Ce 140,12	59 Pr 140,91	60 Nd 144,24	61 Pm 144,91	62 Sm 150,40	63 Eu 151,96	64 Gd 157,25	65 Tb 158,93	66 Dy 162,50	67 Ho 164,93	68 Er 167,26	69 Tm 168,93	70 Yb 173,04	71 Lu 174,97
7	90–103	90 Th 232,04	91 Pa 231,04	92 U 238,03	93 Np 237,05	94 Pu 244,06	95 Am 243,06	96 Cm 245,07	97 Bk 247,07	98 Cf 251,08	99 Es 254,09	100 Fm 255,09	101 Md 256,09	102 No 257	103 Lr 256

× s o p
● d □ f

Bild 1-1 Kurzperiodensystem der Elemente mit Ordnungszahl, Elementsymbol und relativer Atommasse

In der Werkstoffkunde wird bevorzugt das so genannte Langperiodensystem der Elemente benutzt. Man erhält es aus Bild 1-1 durch Herausschieben der Elementgruppen IB und IIB sowie IIIA bis VIIIA nach rechts und Anfügen an die Elementgruppe VIIIB. Wie Bild 1-2 zeigt, gibt diese Art der Darstellung unmittelbar den Aufbau der den einzelnen Elementen zugehörigen Elektronenhüllen wieder. Aus den angegebenen Bezeichnungen der Elektronenzustände ersieht man, dass die Auffüllung der Elektronenniveaus bis Ar in der Sequenz 1s, 2s, 2p, 3s und 3p erfolgt. Dann werden bei K und Ca die 4s-Niveaus besetzt und erst danach erfolgt ab Sc bis Zn der Einbau von 3d-Elektronen. Daran schließt sich von Ga bis Kr die Aufnahme von 4p-Elektronen an. Nach dem Einbau von 5s-Elektronen bei Rb und Sr folgt ab Y bis Cd die Besetzung der 4d-Niveaus und anschließend von In bis Xe die der 5p-Niveaus. Nach La werden erst die 4f-Elektronenzustände, nach dem Element Ac die 5f-Elektronenzustände voll besetzt, bevor dann mit den Elementen Hf bzw. Ku die Aufnahme weiterer d-Elektronen erfolgt. Eisen hat beispielsweise die Elektronenkonfiguration $1s^2$, $2s^2$, $2p^6$, $3s^2$, $3p^6$, $4s^2$, $3d^6$. Dabei werden die vor den Buchstaben stehenden Zahlen durch die Hauptquantenzahl ($n = 1; 2; 3; 4 ...$), die Buchstaben s, p, d durch die Nebenquantenzahl ($l = n-1 = 1; 2; 3; 4 ...$) bestimmt. Die Hochzahl bei den Buchstaben gibt die Zahl der jeweiligen Elektronen des gleichen Typs an. Sie ist begrenzt durch $2 (2l + 1)$. Die Elemente, die bei ihrer größten Hauptquantenzahl nur über besetzte äußere s- bzw. s- und p-Elektronenzustände verfügen, heißen Hauptgruppenelemente (A-Elemente). Beispielsweise wird die 2. Hauptgruppe IIA von den Erdalkalimetallen Be, Mg, Ca, Sr, Ba und Ra gebildet. Die s- bzw. p-Elektronen bestimmen die chemischen Eigenschaften und heißen daher Valenzelektronen. Die Elemente der Nebengruppen besitzen neben den Elektronen in den s-Niveaus der jeweils größten Hauptquantenzahl stets noch Elektronen in den d- bzw. f-Niveaus mit kleinerer (zweit- bzw. drittgrößter) Hauptquantenzahl. Dabei sind Elektronenplatzwechsel zwischen dem s- und dem jeweils letzten d-Niveau möglich. Beispiele dafür sind die VI_B-Metalle Cr, Mo und W sowie die I_B-Metalle Cu, Ag und Au.

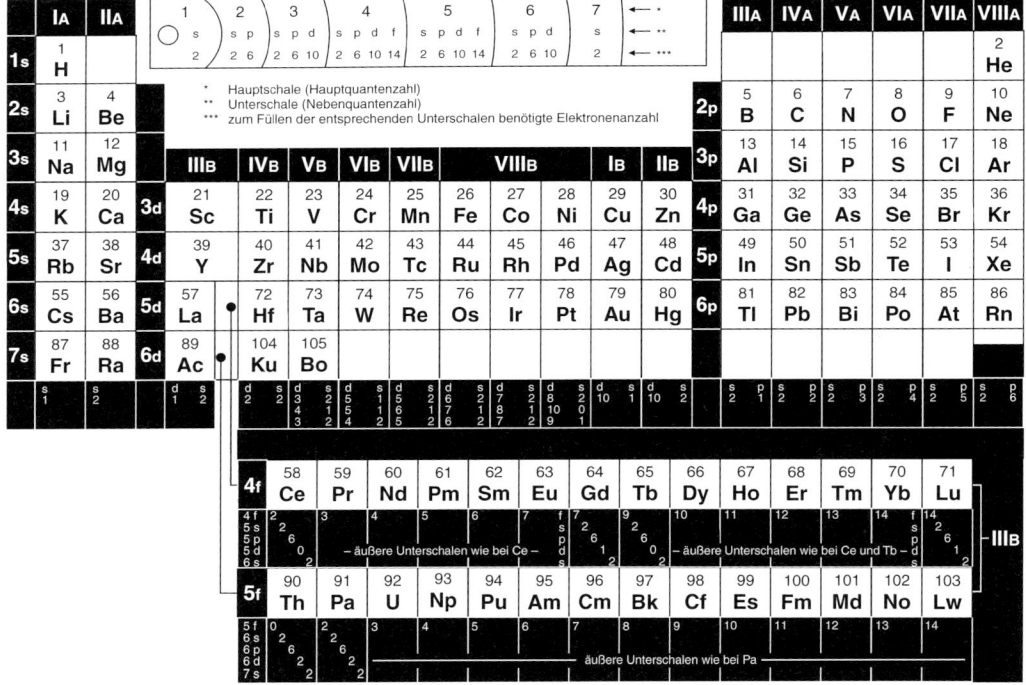

Bild 1-2 Langperiodensystem der Elemente mit Angaben zur Struktur der Elektronenhülle

V1 Strukturelle Beschreibung reiner Metalle

Etwa 75 % aller Elemente des periodischen Systems sind Metalle. Diese liegen bei Raumtemperatur alle – mit Ausnahme von Quecksilber – als kristalline Festkörper mit einer räumlich periodischen Anordnung der Atome vor und zeichnen sich durch mehr oder weniger gute elektrische und thermische Leitfähigkeit, plastische Verformbarkeit und einen typischen Glanz aus. Die meisten Metalle kristallisieren im kubisch-flächenzentrierten (kfz), kubisch-raumzentrierten (krz) oder hexagonalen (hex) Kristallsystem, deren Elementarzellen links in Bild 1-3 wiedergegeben sind. Die Schwerpunkte der Atome sind durch kleine Kugeln symbolisiert. Durch räumliche Aneinanderreihung der Elementarzellen ergibt sich ein Raumgitter als Modell für die Schwerpunktlagen der Atome. Ein realistischeres Bild über die Atomanordnung in diesen Raumgittern vermittelt die zweite Spalte von Bild 1-3. Es entsteht dadurch, dass man sich alle Kugeln gleichzeitig gleichmäßig aufgeblasen denkt, bis sich die ersten Kugeln in bestimmten Richtungen (dichtest gepackte Gitterrichtungen) berühren. Man sieht, dass die Atome die Elementarzellen in relativ starkem Maße ausfüllen. Zwischen den Atomen treten jedoch charakteristische Lücken auf, die man je nach Anordnung der benachbarten Gitteratome als Oktaeder- und als Tetraederlückenplätze bezeichnet und deren Lagen in der dritten und in der vierten Spalte von Bild 1-3 wiedergegeben sind.

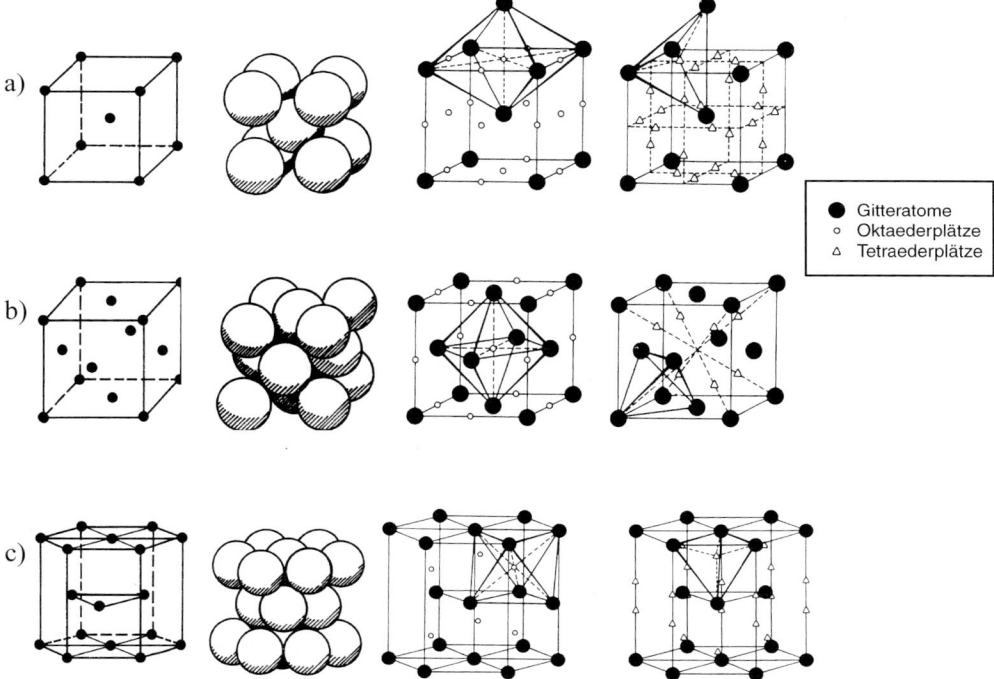

Bild 1-3 Kubisch-raumzentrierte (a), kubisch-flächenzentrierte (b) und hexagonale (c) Elementarzellen.
Spalte 1: Schwerpunktmodell; Spalte 2: Realmodell; Spalte 3: Oktaederplätze;
Spalte 4: Tetraederplätze

Einige Metalle weisen in Abhängigkeit von der Temperatur unterschiedliche Gitterstrukturen auf, so genannte allotrope Modifikationen. Die Tieftemperaturmodifikation wird üblicherweise mit α bezeichnet. Den bei höheren Temperaturen auftretenden Modifikationen werden die nächsten Buchstaben des griechischen Alphabets zugeordnet. Beispiele dafür sind

- Eisen (bis 911 °C krz α-Fe, bis 1392 °C kfz γ-Fe, bis 1536 °C krz δ-Fe),
- Kobalt (bis 450 °C hex α-Co, bis 1495 °C kfz β-Co),
- Titan (bis 882 °C hex α-Ti, bis 1720 °C krz β-Ti) und
- Zinn (bis 13,2 °C tetrg.α-Sn, bis 232 °C rhomb.β-Sn).

Zur Kennzeichnung von Ebenen und Richtungen in Raumgittern hat sich eine einheitliche Kurzschrift entwickelt. Gitterebenen werden durch die so genannten Miller'sche Indizes h, k, l angegeben. Dies sind die teilerfremden Reziprokwerte der Achsenabschnitte, die von den Ebenen auf einem mit der Symmetrie des Gitters kompatiblen Koordinatensystem abgeschnitten werden. Die Achsenabschnitte werden in Vielfachen der Atomabstände in den Achsenrichtungen gemessen. Ebenen, die parallel zu einer Achse des Raumgitters liegen, werden parallel zu sich selbst solange verschoben, bis sie durch die ursprungsnächsten Atome auf den anderen Achsen verlaufen. Negative Achsenabschnitte führen auf negative Miller'sche Indizes und werden durch einen Querstrich über der entsprechenden Ziffer vermerkt. Beispiele für die Ebenenindizierung in einem kubischen Raumgitter zeigt Bild 1-4.

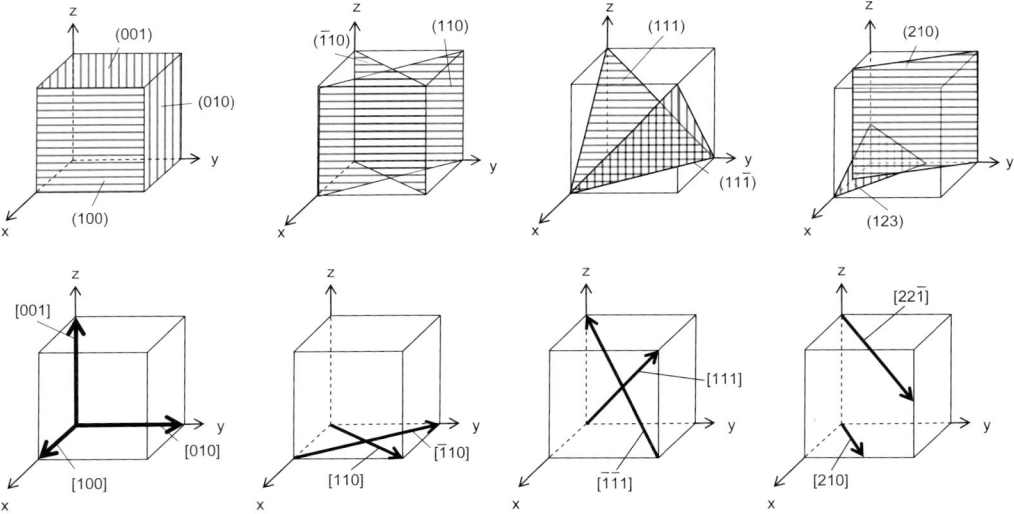

Bild 1-4 Charakteristische Ebenen und Richtungen im kubischen Raumgitter

Den angegebenen Würfelflächen kommen z. B. die Indizes (100), (010) und (001) zu. Will man, die Gesamtheit aller Würfelflächen ansprechen, so schreibt man in geschweiften Klammern {100} und meint damit die Ebenen (100), (010), (001), (00$\bar{1}$), (0$\bar{1}$0) und ($\bar{1}$00). Die Richtung von Gittergeraden wird durch die teilerfremden Koordinaten u, v, w eines beliebigen Punktes auf dieser Geraden festgelegt, die in Vielfachen der auf den Koordinatenachsen vorliegenden Atomabstände gemessen werden. Dazu wird die Gerade parallel zu sich selbst in den Ursprung des Koordinatensystems verschoben. Beispiele für Richtungsindizierungen sind ebenfalls in Bild 1-4 enthalten. Den Würfelkanten kommen z. B. die Richtungen [100], [010] und [001] zu. Die Gesamtheit der Würfelkantenrichtungen setzt man in spitze Klammern und schreibt <100>. In kubischen Raumgittern fallen die Richtungen [u v w] stets mit den Normalen auf den Ebenen (h k l) zusammen, wenn u = h, v = k und w = l ist.

1.2 Aufgabe

Für krz, kfz und hex kristallisierende Metalle sind unter Zugrundelegung des Realmodells die Zahl der nächsten Atome (Koordinationszahl), die Zahl der Atome pro Elementarzelle, die Atomradien, die Raumerfüllung pro Elementarzelle, die Radien der Oktaeder- und Tetraederlücken sowie die Zahl der Oktaeder- und Tetraederlücken pro Elementarzelle anzugeben.

1.3 Versuchsdurchführung

Es stehen Modelle für krz, kfz und hex Kristallgitter zur Verfügung. Die Gitterparameter sind im kubischen Fall die Gitterkonstante a_0 und die Achsenwinkel $\alpha = \beta = \delta = 90°$, im hexagonalen Fall a_0, c_0 mit $c_0/a_0 = 1{,}63$ sowie $\alpha = \beta = 90°$ und $\delta = 120°$. An Hand der Modelle und nach Entwicklung geeigneter Skizzen erfolgt die Beantwortung der Fragen. Die Ergebnisse der Überlegungen und Berechnungen werden in die nachfolgende Tabelle eingetragen, miteinander verglichen und diskutiert.

Charakteristische Größen	Gittertyp		
	krz	kfz	hex
Koordinationszahl			
Atome pro Elementarzelle			
Atomradius			
Raumerfüllung pro Elementarzelle			
Oktaederlückenradius			
Tetraederlückenradius			
Oktaederlücken pro Elementarzelle			
Tetraederlücken pro Elementarzelle			

1.4 Weiterführende Literatur

[Böh68] Böhm, H.: Einführung in die Metallkunde, Bibl. Inst. Mannheim, 1968
[Dom01] Domke, W.: Werkstoffkunde und Werkstoffprüfung, 10. Aufl., Cornelsen Verlag, Berlin, 2001
[Fin76] Finkelnburg, W.: Atomphysik, 12. Aufl., Springer Verlag, Berlin, 1976
[Guv83] Guv, A. G.: Metallkunde für Ingenieure, 4. Aufl., Akad. Verlagsges., Frankfurt, 1983
[Sch03] Schatt, W.; Worch, H.: Werkstoffwissenschaft, 9. Aufl., Verlag Wiley-VCH, Weinheim, 2003
[Sch04] Schwister, K.: Taschenbuch der Chemie, 3. Aufl., Fachbuchverlag Leipzig, 2004
[Har74] Hardt, H.-D.: Die periodischen Eigenschaften der chemischen Elemente, Thieme Verlag, Stuttgart, 1974

1.5 Symbole, Abkürzungen

Symbol/Abkürzung	Bedeutung	Einheit
β	Achsenwinkel im Kristallgitter	°
δ	Achsenwinkel im Kristallgitter	°
Z	Ordnungszahl	-
a_0	Gitterkonstante	10^{-8} cm
c_0	Gitterkonstante	10^{-8} cm
α	Achsenwinkel im Kristallgitter	°

V2 Gitterstörungen

2.1 Grundlagen

Die Metalle und Metall-Legierungen, die in der Technik als Konstruktionswerkstoffe benutzt werden, sind aus relativ kleinen, gegeneinander unterschiedlich orientierten Körnern oder Kristalliten aufgebaut. Man spricht von Vielkristallen. Jedes ihrer Körner umfasst für sich eine dreidimensionale periodische Anordnung von Atomen, stellt also ein Raumgitter dar. Homogene Vielkristalle besitzen nur eine Kornart, heterogene dagegen mehrere. Gleichartige Körner sind durch sog. Korngrenzen, ungleichartige durch sog. Phasengrenzen voneinander getrennt. Die mittleren Linearabmessungen der Körner können von Bruchteilen eines µm bis zu mehr als 10^4 µm reichen. Selbst bei reinen Metallen sind die Körner, wie viele Untersuchungen gezeigt haben, nicht vollkommen regelmäßig und störungsfrei aufgebaut. Sie besitzen zwar (vgl. V1) über mikroskopische Bereiche hinweg eine kristallographisch regelmäßige Struktur, haben also im Mittel z. B. eine kubisch flächenzentrierte (kfz), kubisch raumzentrierte (krz) oder hexagonale (hex) Anordnung der Atome, können jedoch in submikroskopischen Bereichen mehr oder weniger starke Abweichungen (Fehlordnungen) von einem idealen Atomgitteraufbau zeigen. Man spricht von Gitterstörungen, deren Art und Häufigkeit durch Herstellung, Behandlung und Beanspruchung der Werkstoffe bestimmt werden. Auf der Beherrschung und gezielten Ausnutzung der Eigenschaften bestimmter Gitterstörungen beruhen viele Erfolge der modernen Werkstofftechnologie. Die auftretenden Abweichungen von der strengen dreidimensionalen Periodizität der Atomanordnung in einem Raumgitter lassen sich unter rein geometrischen Gesichtspunkten in

0-dimensionale oder punktförmige,
1-dimensionale oder linienförmige,
2-dimensionale oder flächenförmige und
3-dimensionale oder räumlich ausgedehnte Gitterstörungen

unterteilen. Als Dimensionen sind dabei jeweils diejenigen Ausdehnungen der Gitterstörungen zu verstehen, die atomare Abmessungen überschreiten. Linienförmige Gitterstörungen besitzen beispielsweise in einer Richtung große, in den beiden dazu senkrechten Richtungen dagegen nur atomare Abmessungen. Man weiß heute, dass es nur eine begrenzte Zahl von Gitterstörungstypen gibt. Die für werkstoffkundliche Belange wichtigsten werden nachfolgend kurz angesprochen.

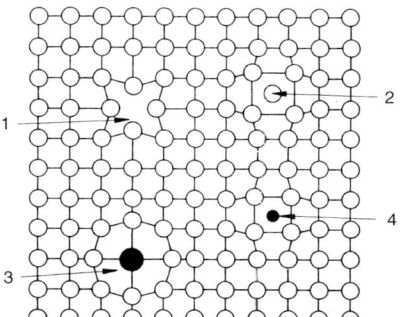

Bild 2-1 Punktförmige Gitterstörungen
1. Leerstelle
2. Zwischengitteratom
3. Substitutionsatom
4. Interstitionsatom

Bild 2-1 zeigt eine {100}-Ebene eines primitiv kubischen Gitters. Die Kreise symbolisieren die Atomlagen der aus einer einheitlichen Atomart aufgebauten Struktur. Vier verschiedene Typen punktförmiger Gitterstörungen können unterschieden werden. An der Stelle 1 fehlt im Gitterverband ein Atom. Eine solche Gitterstörung heißt Leerstelle. Die durch 2 gekennzeichnete Erscheinung, bei der ein Atom einen Platz zwischen den regulären Gitterplätzen einnimmt, wird Zwischengitteratom genannt. Von diesen punktförmigen Gitterstörungen, die durch Atome der gleichen Art verursacht werden, sind die durch Fremdatome hervorgerufenen zu unterscheiden. Fremdatome, die von dem Raumgitter eines Metalls aufgenommen werden, bilden mit diesem eine „feste Lösung" und werden deshalb als gelöste Atome bezeichnet. Ein solcher Einbau von Fremdatomen in den Gitterverband kann in zweifacher Weise erfolgen. An der Stelle 3 hat z. B. ein Fremdatom mit größerem Atomdurchmesser als die Atome, die das Gitter aufbauen (Matrixatome), einen regulären Gitterplatz eingenommen. Das Fremdatom ist gegen ein Gitteratom ausgetauscht und damit in das Gitter substituiert worden. Man spricht von einem Substitutions- oder Austauschatom (Beispiel: Zn-Atome in Kupfer). An der Stelle 4 ist dagegen ein Fremdatom mit einem erheblich kleineren Atomvolumen als die Matrixatome auf einem nicht regulär besetzten Gitterplatz (Zwischengitterplatz) interstitiell gelöst worden. Man spricht von einem Interstitions- oder Einlagerungsatom (Beispiel: C-Atome in Eisen).

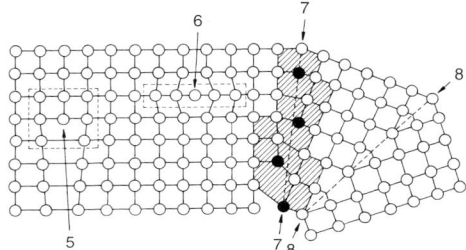

Bild 2-2
Linien- und flächenförmige Gitterstörungen
5. Versetzung
6. Crowdion
7. Kleinwinkelkorngrenze
8. Zwillingsgrenze

In Bild 2-2 sind die mit 5 und 6 bezeichneten Gebilde als linienförmige Gitterstörungen anzusprechen. Bei 5 endet eine einzelne Atomreihe im Innern der aufgezeichneten Atomebene. Stellt man sich Bild 2-2 als Schnitt durch einen senkrecht zur Zeichenebene ausgedehnten Kristall vor, so ist die bei 5 auftretende Atomanordnung die Folge einer in die obere Kristallhälfte eingeschobenen und im Kristallinnern endenden Atomhalbebene. In der Zeichenebene treten dadurch zwei horizontal übereinander liegende Gittergeraden auf, von denen die eine n, die andere n + 1 Atome besitzt. Die Grenzlinie der eingeschobenen Atomebene, die sich senkrecht zur Zeichenebene über größere Gitterbereiche erstreckt, ist eine linienförmige Gitterstörung und wird als Versetzung bezeichnet. Im Gegensatz dazu ist die Gitterstörung 6 dadurch charakterisiert, dass n + 1 linienhaft angeordnete Atome parallel zu ihrer Längsausdehnung in ihrer unmittelbaren Nachbarschaft auf der gleichen Strecke jeweils nur n Atome vorfinden. Man spricht in Ermangelung eines charakteristischen deutschen Wortes von einem crowdion.

Die Gitterstörungen 7 und 8 sind flächenhafter Natur. Bei 7 treten Versetzungen in gesetzmäßiger Weise untereinander angeordnet auf. Bei den schwarz ausgezeichneten Atomen enden jeweils eingeschobene Gitterhalbebenen. Der schraffiert gezeichnete Gitterbereich stellt einen Schnitt durch eine sog. Kleinwinkelkorngrenze dar, die zwischen benachbarten, gegeneinander um kleine Winkelbeträge geneigten Kristallbereichen vermittelt. Auch die Gitterstörung 8 führt zu einem Orientierungsunterschied zwischen benachbarten Gitterteilen. Sie ist dadurch gekennzeichnet, dass die Atome beiderseits zu einer sich senkrecht zur Zeichenebene erstreckenden Gitterebene völlig symmetrisch liegen. Die gestrichelte Linie (8...8) gibt die Spur dieser Spiegelebene mit der Zeichenebene an. Da die benachbarten Kristallteile sich völlig gleichen, wird die Spiegelebene als Zwillingsgrenze oder Zwillingskorngrenze bezeichnet.

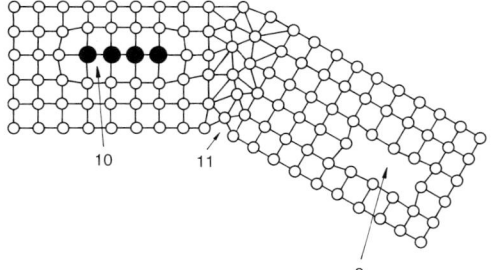

Bild 2-3 Flächenförmige Gitterstörungen
9. Leerstellenzone
10. Fremdatomzone
11. Großwinkelkorngrenze

Als weitere flächenförmige Störung ist in Bild 2-3 an der Stelle 9 das Fehlen einiger Atome in einer Gitterebene angedeutet. Man kann sich die Öffnung durch Ansammlung von Leerstellen entstanden und scheibenförmig senkrecht zur Zeichenebene ausgedehnt vorstellen. Man spricht von einer Leerstellenzone. Die flächenförmige Gitterstörung 10 stellt dagegen einen Schnitt durch eine zweidimensional ausgedehnte Anhäufung von Fremdatomen auf einer Gitterebene dar. Eine solche Gitterstörung wird als Fremdatomzone bezeichnet. Die Störung 11 schließlich umfasst in atomaren Dimensionen mehr oder weniger stark gestörte Gitterbereiche, die zwischen benachbarten Kristalliten mit zueinander größeren Orientierungsunterschieden vermitteln. Sie stellt einen Schnitt durch eine Grenzfläche zwischen relativ ungestörten Gitterbereichen dar und unterbricht die Kontinuität des Gitters. Eine solche Gitterstörung wird Großwinkelkorngrenze oder einfach Korngrenze genannt. Die Grenzflächen zwischen Körnern unterschiedlicher Art und Gitterstruktur werden als Phasengrenzen (12 in Bild 2-4) bezeichnet. Charakteristische dreidimensionale Gitterstörungen sind schematisch in Bild 2-4 dargestellt.

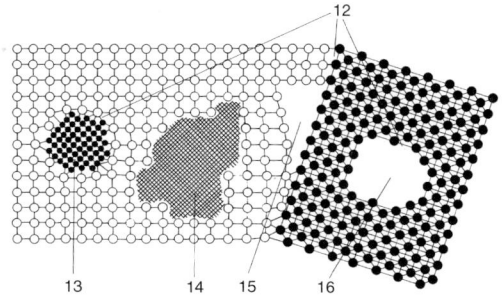

Bild 2-4
Phasengrenzen (12) und dreidimensionale Gitterstörungen

13. Ausscheidung, Dispersion
14. Einschluss
15. Mikroriss
16. Mikropore, Pore

Bei vielen Metall-Legierungen bilden sich unter bestimmten thermodynamischen Bedingungen im Gitter der Matrixatome neue Gitterbereiche mit einer gegenüber der Matrix veränderten Struktur aus. Man spricht in solchen Fällen von Ausscheidungen. Es können aber auch durch geeignete Versuchsführungen innerhalb eines Matrixgitters feindispers oxidische Kristallite entweder durch geeignete Sinterprozesse eingebaut oder durch innere Oxidation erzeugt werden. Derartige Gebilde nennt man Dispersionen. Schließlich treten oft auch auf Grund der Herstellungsprozesse unvermeidbare intermetallische oder intermediäre Verbindungen als selbständige Kristallite innerhalb eines Matrixgitters auf. Sie können verschiedene Abmessungen einnehmen und werden als Einschlüsse bezeichnet. Ausscheidungen, Dispersionen und

Einschlüsse stellen räumliche Gitterstörungen dar (13 und 14 in Bild 2-4). Sie sind dadurch gekennzeichnet, dass sie innerhalb eines Matrixgitters (Phase A) einen geordneten Kristallbereich mit eigener Struktur (Phase B) bilden und gegenüber der umgebenden Matrix durch eine Phasengrenze getrennt sind. Eine andere räumliche Gitterstörung ist der sog. Mikroriss. Entstanden sein könnte er z. B. durch drei Versetzungen, die wie in Bereich 15, Bild 2-4 angenommen auf eine Phasengrenze aufgelaufen sind und dadurch unter ihren drei Gitterhalbebenen einen sich senkrecht oder schräg zur Zeichenebene ausdehnenden Hohlraum bilden. Schließlich kommt auch die räumliche Störung 16 vor, die einen kugelförmigen Hohlraum innerhalb des Matrixgitters darstellen soll. Derartige Poren können als Leerstellen- oder als Gasansammlungen unter bestimmten Bedingungen entstehen. Glücklicherweise gibt es nur eine endlich begrenzte Zahl von Gitterstörungen, die sich der eingangs erwähnten Systematik unterordnen. Das ist deshalb von großer praktischer Bedeutung, weil die Gitterstörungen einerseits viele Werkstoffeigenschaften beeinflussen und bestimmen, andererseits aber auch viele für die Werkstofftechnologie wichtige Prozesse überhaupt erst ermöglichen. Als Beispiele seien hier nur die Leerstellen und die Versetzungen näher betrachtet. Leerstellen entstehen auf Grund allgemeiner thermodynamischer Gesetze in jedem Kristallgitter mit einer durch die jeweilige absolute Temperatur T bestimmten Konzentration c_L. Quantitativ gilt:

$$c_L = \frac{n}{N} = c_0 \left[\frac{-Q_B}{k \cdot T} \right] \quad (2.1)$$

Dabei ist n die Zahl der Leerstellen, N die Zahl der Gitteratome, c_o eine Konstante, k die Boltzmannkonstante und Q_B die Bildungsenergie einer Leerstelle. Typische Zahlenwerte für Q_B liegen bei reinen Metallen in der Größenordnung von ~ 1 eV/Leerstelle = 96600 J/mol. Mit wachsender Temperatur steigt die Leerstellenkonzentration an. Die bei Raumtemperatur in Metallen bzw. Legierungen vorliegenden c_L-Werte sind von deren Schmelztemperaturen bzw. Schmelztemperaturbereichen abhängig. Bei reinen Metallen ist ein guter Richtwert $c_L \approx 10^{-12}$. In der Nähe des Schmelzpunktes wird in vielen Fällen $c_L \approx 10^{-4}$ beobachtet. Als wichtige Konsequenz des Auftretens dieser atomaren Fehlordnungserscheinung folgt unmittelbar aus Bild 2-1, dass die den Leerstellen benachbarten Atome mit diesen den Gitterplatz tauschen können. Leerstellen ermöglichen also atomare Platzwechsel von Matrix- und Substitutionsatomen und damit Diffusionsvorgänge. Man macht sich aber andererseits an Hand von Bild 2-1 auch klar, dass für die Diffusion von Interstitionsatomen, die auf Sprüngen von einem Gitterlückenplatz zu benachbarten (vgl. V1, Bild 1-3) beruhen, die Existenz von Leerstellen nicht benötigt wird.

Die Versetzungen schließlich sind eine für die plastische Verformbarkeit metallischer Werkstoffe unerlässliche Voraussetzung. Ohne Versetzungen gäbe es z. B. keine Umformtechnik. Man unterscheidet als Grundtypen der Versetzungen die Stufen- und die Schraubenversetzungen. Ihre formale Erzeugung in einem primitiv kubischen Gitter geht aus Bild 2-5 und 2-6 hervor.

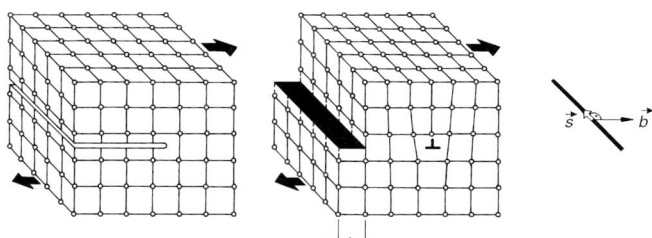

Bild 2-5
Formale Erzeugung einer Stufenversetzung in einem kubisch primitiven Kristallgitter

V2 Gitterstörungen

Man denke sich das betrachtete primitiv kubische Kristallgitter jeweils zur Hälfte aufgeschnitten, das oberhalb der Schnittfläche gelegene Kristallviertel unter der Wirkung der angedeuteten Schubkräfte soweit (um den sog. Burgersvektor $\vec{b}$) nach rechts verschoben, bis eine Oberflächenstufe vom Betrage $|\vec{b}|$ entstanden ist und danach wieder verschweißt. Dann hat sich im Gitter ein Zwangszustand gebildet, bei dem in einem bestimmten Gitterbereich die obere Kristallhälfte eine Gitterhalbebene mehr enthält als die untere. Die zusätzliche Gitterhalbebene endet in Höhe der ursprünglichen Schnittebene. Es ist eine den Kristall schlauchförmig durchsetzende Gitterstörung entstanden, die man Stufenversetzung nennt. Abstrahierend von den atomaren Details kann man diese durch eine gerade Linie darstellen und ihr einen Linienvektor $\vec{s}$ zuordnen.

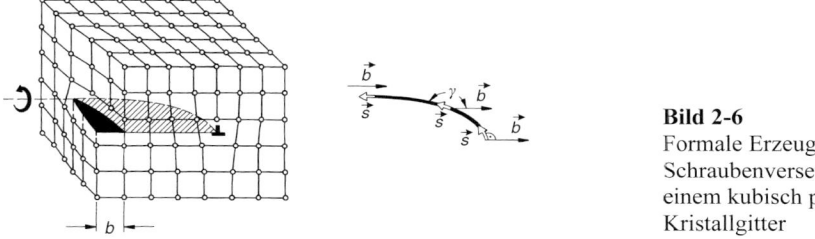

Bild 2-6
Formale Erzeugung einer Schraubenversetzung in einem kubisch primitiven Kristallgitter

Eine Stufenversetzung ist dann dadurch charakterisiert, dass sie sich senkrecht zu ihrer Verschiebungsrichtung erstreckt und dass ihr Linienvektor $\vec{s}$ senkrecht auf dem Burgersvektor $\vec{b}$ steht. Das Gitter um eine Stufenversetzung ist innerlich verspannt. Das Atomgitter ist oberhalb der Schnittebene zusammengedrückt, unterhalb dagegen gedehnt. Man spricht von einem Eigenspannungsfeld (vgl. V75). Es fällt mit wachsender Entfernung von der Störung proportional zu 1/r ab. Die auf die Länge der Versetzungslinie bezogene elastisch gespeicherte Energie ist proportional zu b^2 und durch

$$U_\perp^L = \alpha_\perp \cdot G \cdot b^2 \tag{2.2}$$

gegeben. Dabei ist $\alpha_\perp$ eine konstante und G der sog. Schubmodul (vgl. V49).

Bei der Verschiebung des oberen Kristallviertels in Bild 2-6 um b entsteht keine zusätzliche Gitterhalbebene. Dagegen tritt, wie man sich leicht klar macht, eine schraubenförmige Aufspaltung der senkrecht zur entstandenen linienförmigen Störung liegenden Gitterebenen auf. Wiederum kann man von den atomaren Details abstrahieren und die Versetzungslinie durch eine Gerade beschreiben, bei der der Linienvektor $\vec{s}$ und Burgersvektor $\vec{b}$ parallel zueinander liegen. Die Verschiebung der Gitteratome erfolgt bei der Bewegung einer Schraubenversetzung senkrecht zu ihrer Bewegungsrichtung. Das mit der Schraubenversetzung verbundene Spannungsfeld ist rotationssymmetrisch und enthält keine Kompressions- bzw. Dillatationsbereiche. Die Linienenergie ist durch

$$U_\circ^L = \alpha_\circ \cdot G \cdot b^2 \tag{2.3}$$

gegeben, wobei $\alpha_\circ < \alpha_\perp$ ist.

Der allgemeinste Fall einer Versetzung, die sog. gemischte Versetzung, ist in Bild 2-7 gezeigt. Burgersvektor $\vec{b}$ und Linienvektor $\vec{s}$ bilden einen beliebigen Winkel y miteinander. Offenbar besitzt die Versetzung an der Stirnseite des betrachteten Gitterbereiches reinen Stufencharakter, auf der linken Begrenzungsseite dagegen reinen Schraubencharakter. Im dazwischen liegenden

Gitterbereich kann man der Versetzung Stufen- und Schraubenanteile dadurch zuordnen, dass man den Burgersvektor bezüglich der Versetzungslinie in eine Normal- und eine Tangentialkomponente zerlegt. Die in Bild 2-5 bis 2-7 gezeigten Versetzungen sind unter der Einwirkung von Schubkräften in der gedanklich verlängerten ursprünglichen Schnittebene relativ leicht beweglich. Man nennt diese Ebene Gleitebene und die Richtung, in der dabei die Atombewegung erfolgt, Gleitrichtung. Gleitebene und Gleitrichtung bilden das Gleitsystem der Versetzung. In den erörterten Beispielen wurde als Gleitebene eine {100}-Ebene und als Gleitrichtung eine <100>-Richtung betrachtet. Das Gleitsystem ist also vom Typ {100}<100>. Da es drei unterschiedlich orientierte {100}-Ebenen im kubisch primitiven Gitter mit jeweils zwei <100>-Richtungen gibt, verfügt dieser Gittertyp über sechs Gleitsysteme vom Typ {100}<100>. Belegen sich die in Bild 2-5 bis 2-7 gezeigten Versetzungen in ihren Gleitsystemen unter der Einwirkung von Schubkräften durch die betrachteten Kristallbereiche vollkommen hindurch, so entsteht jeweils eine weitere Oberflächenstufe der Höhe $|\vec{b}|$. Jeder Kristall ist um den gleichen Betrag $|\vec{b}|$ länger geworden und hat sich damit bleibend verformt. In den Gleitsystemen der Körner eines Vielkristalls liegen im Allgemeinen viele Versetzungen bzw. Versetzungslinien vor. Ihre Gesamtlänge pro cm³ wird als Versetzungsdichte des Werkstoffes bezeichnet.

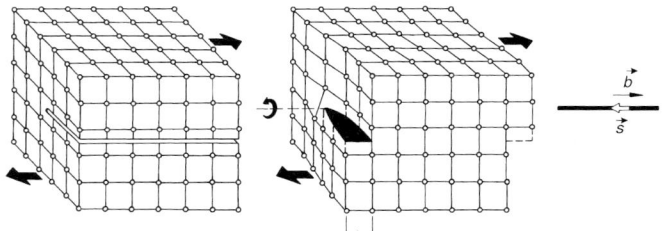

Bild 2-7
Gemischte Versetzung in einem kubisch primitiven Kristallgitter

2.2 Aufgabe

Mit Hilfe ebener Stahlkugelmodelle sind Gitterstörungszustände zu simulieren und zu diskutieren. Danach sind an Hand von Schwerpunkts- und Realmodellen (vgl. V1) eines kfz-Gitters mit Gleitsystemen vom Typ (111)<100> und eines krz-Gitters mit Gleitsystemen vom Typ {110}<111> die atomaren Strukturen der Stufenversetzungen in diesen Gittern zu erörtern. Ferner sind für beide Gittertypen die atomaren Vorgänge zu analysieren, die zur Zwillingsbildung führen.

2.3 Versuchsdurchführung

Es stehen zwei ebene Stahlkugelmodelle zur Verfügung. Beim ersten Modell (vgl. Bild 2-8) sind gleich große Kugeln zwischen zwei Plexiglasplatten so gesammelt, dass sie sich beim Schütteln in einer Ebene relativ zueinander bewegen und durchmischen können. Die jeweilig erzeugten Anordnungen liefern ebene Schnitte durch eine dichteste Kugelpackung und zeigen bei Betrachtung auf einem Lichtkasten die verschiedensten Störungen. Bei dem zweiten Stahlkugelmodell sind den großen Kugeln anteilmäßig 5 % kleinere zugemischt. Dieses Modell erlaubt die Beobachtung der Auswirkung einer zweiten Atomart auf die Ausbildung von Störungen.

Ferner liegen Realmodelle von der Atomanordnung in den {111}-und {110}-Ebenen eines kfz- und von den {110}-und {111}-Ebenen eines krz-Gitters vor. Zunächst wird gezeigt, dass beide Gitterstrukturen auch durch Stapelung bestimmter Gitterebenen entstehen können. Dann wird nachgewiesen, dass die Struktur von Stufenversetzungen bei kfz- und krz-Gittern aus geometrischen Gründen nicht durch eine einzige eingeschobene Halbebene charakterisiert werden kann. Die mögliche Aufspaltung der Burgersvektoren a/2<110> und s/2<111> in Teilvektoren wird begründet. Die in Bild 2-9 dargestellten Versetzungen werden diskutiert Bei den Bildern 2-9b und 2-9c sind mit dem Auftreten der Teilversetzungen Veränderungen in der Stapelfolge der zu den Gleitebenen parallelen Gitterebenen verbunden. Man spricht vom

Bild 2-8
Anordnung von beweglichen Stahlkugeln in einem ebenen Modell nach Durchmischung

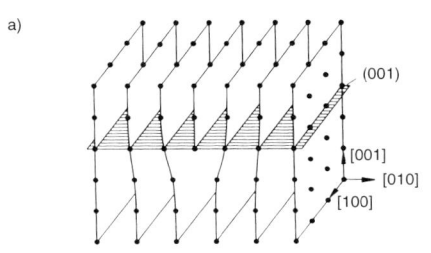

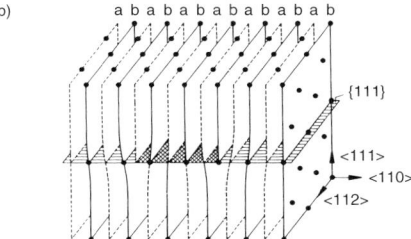

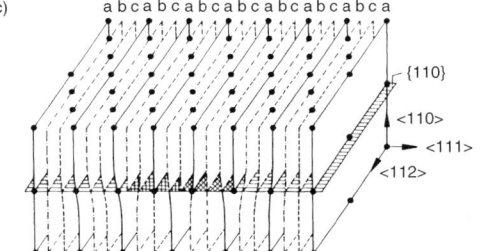

Bild 2-9
Stufenversetzung

a) im kubisch primitiven Gitter
b) im kfz-Gitter (aufgespalten in zwei Teilversetzungen)
c) im krz-Gitter (aufgespalten in drei Teilversetzungen), Gleitebene einfach schraffiert, Stapelfehler doppelt schraffiert

Auftreten von Stapelfehlern. Am einfachsten macht man sich den mit der Teilversetzungsbildung verbundenen Stapelfehler im kfz-Gitter klar. Aus gittergeometrischen Gründen umfasst dort eine Stufenversetzung zwei benachbarte {110}-Halbebenen, die senkrecht auf der {111}-Ebene stehen. Dieser Zustand ist energetisch ungünstig. Deshalb separieren sich die beiden

Halbebenen voneinander und nehmen z. B. die in Bild 2-9b gezeigten Positionen ein. Dabei verändern die Atome unmittelbar oberhalb der Gleitebene zwischen den Teilversetzungen ihre Positionen gegenüber dem versetzungsfreien Zustand. Schreitet man außerhalb der Teilversetzungen im Gitter senkrecht zur {111}-Ebene in <111>-Richtung fort, so findet man eine Dreischichtenfolge von {111}-Ebenen. Geht man dabei von einer Bezugsebene aus, so ist mit dieser jede folgende dritte {111}-Ebene lagemäßig identisch. Man spricht von einer Stapelfolge ...ABCABCABC... . Zwischen den Teilversetzungen liegt dagegen z. B. eine Stapelfolge ...ABCBCABC... mit dem Stapelfehler im doppelt schraffierten Bereich vor. Damit ist eine Erhöhung der inneren Energie verbunden. Der auf die Flächeneinheit bezogene Energiebetrag wird Stapelfehlerenergie genannt. Sie bestimmt die Aufspaltungsweite der Teilversetzungen und damit den Abstand der eingeschobenen {110}-Halbebenen im Gitter. An Hand räumlicher Modelle von Versetzungen im kfz- und krz-Gitter werden die vorliegenden Verhältnisse diskutiert.

Schließlich wird an Hand von Bild 2-10 die Zwillingsbildung im kfz-Gitter besprochen und der Vorgang der Zwillingsbildung im krz-Gitter entwickelt. Dazu wird eine (110)-Ebene aufgezeichnet. Spiegel- und damit Zwillingsebene ist eine {112}-Ebene, die die Zeichenebene längs einer <111>-Richtung schneidet. Durch geeignete Atomverschiebungen, die mit der Entfernung von der Zwillingsebene anwachsen, wird ein Kristallteil bezüglich des Ausgangszustandes in eine spiegelbildliche Lage gebracht. Der relative Verschiebungsbetrag, um benachbarte {112}-Ebenen in Zwillingsposition zu bringen, wird berechnet.

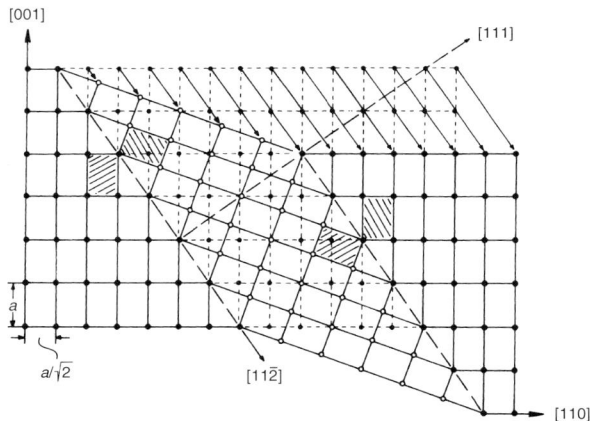

Bild 2-10 Zwillingsbildung im kfz-Gitter (Schwerpunktmodell). Betrachtet wird die (110)-Ebene. Zwillingsebene ist die (111)-Ebene, Zwillingsabgleitrichtung die [112]-Richtung. Man spricht von einem Zwillingssystem vom Typ {111}<112>. Beiderseits der entstandenen Zwillingsgrenzen sind Gitterbereiche schraffiert, die die entstandene Spiegelsymmetrie bezüglich der Grenzflächen verdeutlichen.

2.4 Literatur

[Hul01]   Hull, D.; Bacon, D. J.: Introduction to Dislocations, Butterworth-Heinemann, Oxford, 4. Auflage, 2001

[Mac80]   Macherauch, E.: Einführung in die Versetzungslehre, 6. Auflage, 1980

[Nab79]   Nabarro, F. R. N.: Dislocations in Solids Vol. 4, North-Holland Publishing Company, Amsterdam, New York, Oxford, 1979

2.5 Symbole, Abkürzungen

Symbol/Abkürzung	Bedeutung	Einheit
b	Betrag des Burgersvektors	m
c_0	Konstante	-
k	Konstante	-
N	Anzahl der Gitteratome	-
n	Anzahl der Leerstellen	-
$U_\perp^L$	elastisch gespeicherte Energie einer Stufenversetzung	J
$U_\circ^L$	elastisch gespeicherte Energie einer Schraubenversetzung	J
$\alpha_\perp$	Konstante	-
$\alpha_\circ$	Konstante	-
Q, Q_W, Q_B	Aktivierungsenergie (Bildungsenergie)	J/mol
c_L	Leerstellenkonzentration	cm^{-3}
T	Temperatur	K
G	Schubmodul	MPa
G	Schubmodul	[N/m²]

V3 Schmelzen und Erstarren von Metallen und Legierungen

3.1 Grundlagen

Die meisten Metalle sind im flüssigen Zustand vollständig miteinander mischbar, was qualitativ dadurch zu erklären ist, dass die im festen Zustand durch Kristallstruktur und Atomradien gegebene Begrenzung der Mischbarkeit im flüssigen Zustand wegfällt. Aufgrund der guten Löslichkeit im flüssigen Zustand, werden Metalllegierungen praktisch immer im Schmelzzustand hergestellt, da nur dann eine ausreichend schnelle und gleichmäßige Verteilung der Legierungszusätze gewährleistet ist. Aus verschiedenen Gründen – nämlich Schmelzpunkt, Oxidationsempfindlichkeit, Herstellbarkeit, Wirtschaftlichkeit – werden meist keine Reinmetalle sondern so genannte Vorlegierungen verwendet, bei denen der Legierungszusatz bereits an das Basismetall gebunden ist. Für das Legieren von Stahl werden beispielsweise Ferrolegierungen wie Ferromangan, Ferrochrom und Ferrotitan eingesetzt, die aus eisenreichen Erzen gewonnen werden.

Bei der Legierungsherstellung wird stets eine gute Durchmischung der Schmelze angestrebt. Dies wird durch geeignete Bewegung der Schmelze bei Temperaturen oberhalb des Schmelzbereiches der Legierung erreicht. Das Aufschmelzen erfolgt in Tiegeln, die mit den Schmelzen nicht reagieren. Je nach Höhe der erforderlichen Temperatur werden verschiedene Tiegelmaterialien benutzt. Im Labormaßstab können Glastiegel bis etwa 800 °C, Tonerdesilikattiegel bis etwa 1400 °C, Oxidkeramiktiegel bis etwa 2800 °C und Kohlenstofftiegel bis zu höchsten Temperaturen verwendet werden. Die Aufheizung dieser Tiegel erfolgt in Öfen. Dabei kann es sich um elektrisch widerstands- oder induktionsbeheizte Öfen handeln. Um während des Schmelzens eine Reaktion des Tiegelinhaltes mit der umgebenden Atmosphäre zu vermeiden, sind verschiedene Abhilfemaßnahmen möglich. Bei Metallen mit geringem Dampfdruck kann z. B. die Schmelzbehandlung unter Vakuum durchgeführt werden. Bei Metallen, die keine Nitride und Carbide bilden, kann die Schmelzoberfläche mit Kohlegrieß abgedeckt werden. Ferner kann die Schmelzoberfläche mit neutralen Gasen von der Umgebungsatmosphäre isolieren oder mit Salzschmelzen bedeckt werden.

Im einfachsten Falle binärer Legierungen, die aus den Komponenten (Elementen) A und B zusammengeschmolzen werden, wird die Legierungskonzentration entweder in Masse-% c_A bzw. c_B oder in Atom-% c'_A bzw. c'_B angegeben. Liegen die Elemente A und B mit den Massen m_A und m_B in der Legierung vor, dann ist die Massenkonzentration von A durch

$$c_A = \frac{m_A}{m_A + m_B} \cdot 100 \text{ Masse-\%} \tag{3.1}$$

und die von B durch

$$c_B = \frac{m_B}{m_A + m_B} \cdot 100 \text{ Masse-\%} \tag{3.2}$$

gegeben. Natürlich gilt

$$c_A + c_B = 100 \text{ Masse-\%} . \tag{3.3}$$

Sind n_A Atome des Elements A und n_B Atome des Elements B in einer Legierung enthalten, dann ist die Atomkonzentration von A durch

$$c'_A = \frac{n_A}{n_A + n_B} \cdot 100 \text{ Atom-\%} \tag{3.4}$$

und die von B durch

$$c'_B = \frac{n_B}{n_A + n_B} \cdot 100 \text{ Atom-\%} \tag{3.5}$$

bestimmt. Dabei ist

$$c'_A + c'_B = 100 \text{ Atom-\%}. \tag{3.6}$$

Bei bekannter Masse m_A und m_B der Komponenten berechnet sich die Zahl der A-Atome zu

$$n_A = \frac{m_A}{A_A} L \tag{3.7}$$

und die der B-Atome zu

$$n_B = \frac{m_B}{A_B} L. \tag{3.8}$$

Dabei ist A_A [g/mol] die Molmasse der A-Atome, A_B die Molmasse der B-Atome und $L = 6.02 \cdot 10^{23}$ [mol^{-1}] die Avogadro'sche Zahl. Zwischen c_A, c_B, c'_A und c'_B bestehen die Zusammenhänge

$$c_A = \frac{c'_A A_A}{c'_A A_A + c'_B A_B} \cdot 100 \text{ Masse-\%}, \tag{3.9}$$

$$c_B = \frac{c'_B A_B}{c'_A A_A + c'_B A_B} \cdot 100 \text{ Masse-\%}, \tag{3.10}$$

$$c'_A = \frac{c_A A_A}{c_A A_A + c_B A_B} \cdot 100 \text{ Atom-\%} \quad \text{und} \tag{3.11}$$

$$c'_B = \frac{c_B A_B}{c_A A_A + c_B A_B} \cdot 100 \text{ Atom-\%}. \tag{3.12}$$

Mit Hilfe dieser Beziehungen lassen sich binäre Legierungen auf Grund abgewogener Massen m_A und m_B der Komponenten erschmelzen. Ist dagegen eine Vorlegierung mit $c_{A,V}$ Masse-% der Komponente A und $c_{B,V}$ Masse-% der Komponente B vorhanden und sollen m Gramm einer A-reichen Legierung erzeugt werden, die c_A Masse-% an A- und c_B Masse-% an B-Atomen enthalten, so muss, wenn $c_B < (>) c_{B,V}$ ist, die Vorlegierung B-ärmer (B-reicher) gemacht werden. Für den Fall $c_B < c_{B,V}$ ist dann der Masse der Vorlegierung

$$m_V = \frac{c_B}{c_{B,V}} m \tag{3.13}$$

die Masse

$$m_A = \frac{c_{B,V} - c_B}{c_{B,V}} m \tag{3.14}$$

der Komponente *A* hinzuzufügen. Soll beispielsweise aus CuNi30 durch Nickelzugabe die Masse $m = 1000$ g der Legierung CuNi10 erzeugt werden, so ist der Vorlegierung mit $m_v =$ (10/30) 1000 g = 333 g eine Nickelmenge von $m_A =$ (20/30) 1000 g = 666 g zuzusetzen.

Nach ihrer Herstellung werden die Metall- oder Legierungsschmelzen in die jeweiligen Gussformen abgegossen. Die Sandgussform wird aus feuchtem Sand um ein Modell des Gusskörpers gestampft. Der nach der Entnahme des Modells entstehende Hohlraum wird mit der flüssigen Metallschmelze gefüllt. Ein Speiser dient zum Nachsaugen erstarrender Schmelze (vgl. Bild 3-1a)). Beim Blockguss (Bild 3-1b)) wird das flüssige Metall in eine Metallform, die so genannte Kokille gegossen. Die hohe Wärmeleitfähigkeit der Kokille führt zu einer hohen Abkühlungsgeschwindigkeit im Gegensatz zum Sandguss, wo die Erstarrung relativ langsam erfolgt. Wird das flüssige Metall unter Druck in eine Kokille gepresst, wird von Druckguss (Bild 3-1c)) gesprochen. Beim Strangguss (Bild 3-1d)) wird die Metallschmelze in eine Wasser gekühlte, nach oben und unten offene Kupferkokille gegossen, an der das Metall kontinuierlich erstarrt. In der Kokille erstarrt nur eine dünne Randschicht (10–15 mm) der Schmelze. Der im Kern noch flüssige Strang wird nach unten durch Führungsrollen mit kontrollierter Geschwindigkeit abgezogen, umgelenkt, gerichtet und nach mittlerweile vollständiger Erstarrung zu Strangstücken getrennt. Aufgrund bedeutender wirtschaftlicher und technologischer Vorteile hat das Stranggießen die Blockgussverfahren stark verdrängt.

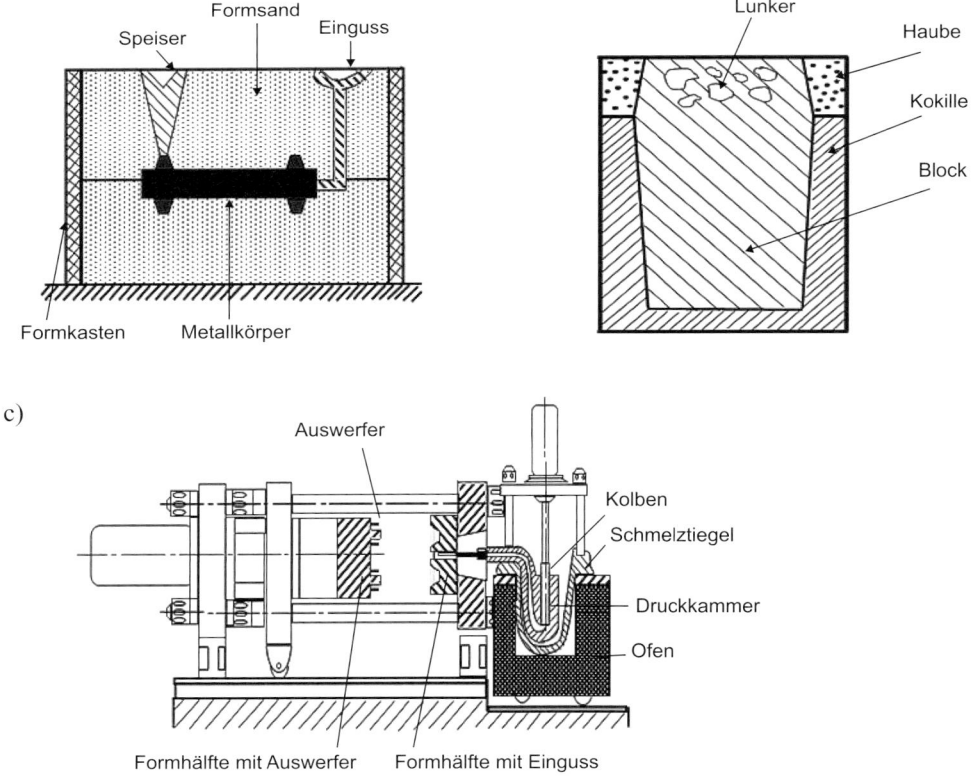

V3 Schmelzen und Erstarren von Metallen und Legierungen

d)

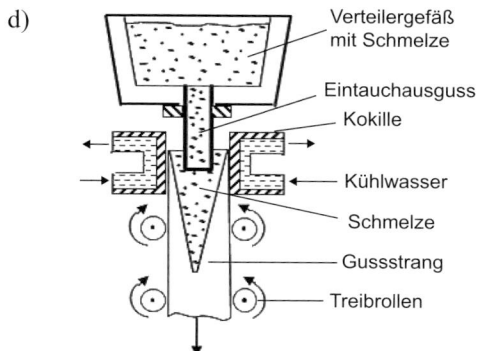

Bild 3-1 Gussformen; a) Sandguss, b) Blockguss, c) Druckguss, d) Strangguss, nach [Ber09], [Hor01]

Die lokale chemische Zusammensetzung, die Anordnung, die Form und die Größe der Körner (Gussgefüge) sowie die Dichtigkeit des Gusses hängen von dem Legierungstyp und von den vorliegenden thermodynamischen Verhältnissen, also in erster Linie vom Gießverfahren ab. Grundsätzlich geht der Erstarrungsvorgang von Kristallisationszentren, sog. Keimen, aus. Keime können z. B. noch nicht aufgeschmolzene Partikel (bei niedriger Gießtemperatur), Fremdatome oder die Kokillenwand sein. Der Erstarrungsprozess umfasst somit die Vorgänge der Keimbildung und/oder des Keimwachstums sowie des eigentlichen Kornwachstums. In Bild 3-2 sind in einem ebenen Modell einzelne Wachstumsstadien der Körner eines reinen Metalls angedeutet. Durch eine Impfbehandlung, also den Zusatz von feinen Teilchen oder grenzflächenaktiven Substanzen, kann die Ausbildung des Gussgefüges z. B. im Hinblick auf die Korngröße gezielt beeinflusst werden.

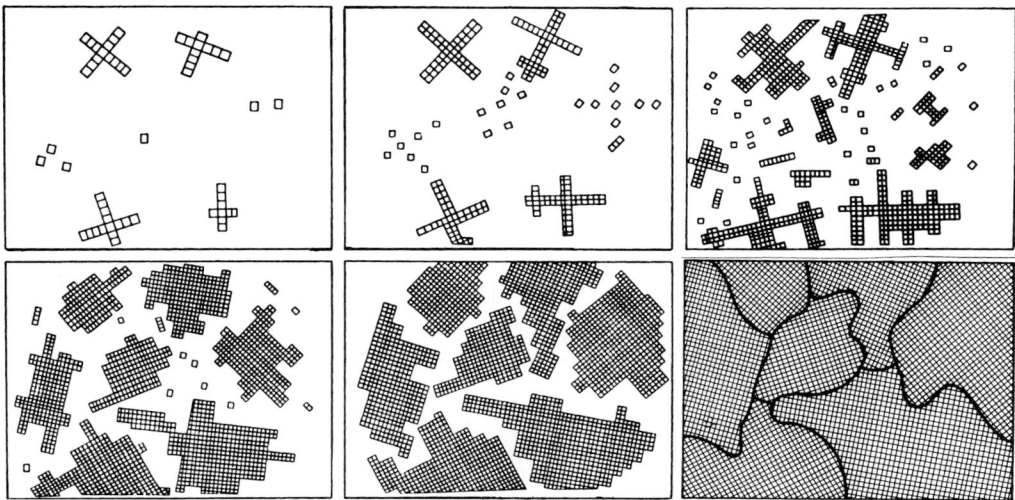

Bild 3-2 Schematische Darstellung des Erstarrungsvorganges bei einem Metall

Für die lokale Gefügeausbildung in einem Gussstück ist die vorliegende Wärmeabflussrichtung bestimmend. Für einen zylindrischen Gussblock aus Aluminium, der durch Abguss in eine auf Raumtemperatur befindliche Stahlkokille erhalten wurde, zeigt Bild 3-3 die nach Anätzen mit einem Säuregemisch im Querschnitt sichtbar gemachte Gefügestruktur. In den an der Kokillenwand unmittelbar anliegenden Blockbereichen liegt ein feinkörniges globulares Gefüge vor, das sich, von vielen Kristallisationskeimen der Kokillenwand ausgehend, gebildet hat. Daran schließt sich ein Bereich mit lang gestreckten stängelförmigen Kristallen an. Die Längsachse der Stängelkristalle verläuft parallel zur Wärmeflussrichtung und steht daher senkrecht auf der Formwandung; sie weist eine bevorzugte Orientierung (Textur, vgl. V10) auf. Im zentralen Blockbereich schließlich entwickelt sich wegen eines wieder erhöhten Keimangebotes erneut ein globulares Gefüge mit größeren mittleren Kornabmessungen als in den Randschichten.

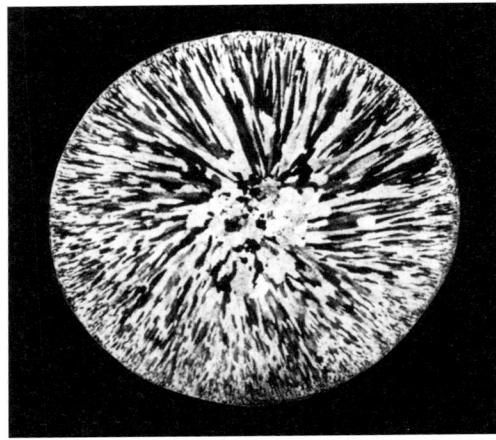

Bild 3-3
Gefügeausbildung in einem abgegossenen Aluminiumblock

Das Temperaturgefälle in einer erstarrenden Legierung ist ähnlich wie beim reinen Metall, jedoch tritt aufgrund der Konzentrationsänderungen beim Erstarren der Schmelze eine konstitutionsbedingte Unterkühlung auf. Diese ist verantwortlich dafür, dass die Kristallisationsfront in technischen Metallen und Legierungen nicht völlig eben bleibt, sondern einzelne Kristalle vorschießen und dendritisches Wachstum zeigen. Dabei wachsen, von Kristallisationskeimen ausgehend, tannenbaumförmige Gebilde, bei denen in Richtung des Stammes und der Äste günstigere Wachstumsbedingungen vorliegen als in allen anderen Richtungen. Bild 3-4 deutet schematisch verschiedene Zustände des dendritischen Kornwachstums an. Bei Legierungen mit dendritischem Gefüge treten in den einzelnen Körnern stets viele Dendriten auf. Bild 3-5 belegt dies am Beispiel des Schliffbildes (vgl. V7) einer AuNi25Cu18Zn8-Legierung, die nach dem Wachsausschmelzverfahren in einer Gipsform von einer Gießtemperatur von 1000 °C abgegossen wurde. Die Dendritenstruktur ist gut zu erkennen. In Bild 3-6 schließlich ist ein Gussdendritenagglomerat gezeigt, das dem Lunker (s. u.) eines Feinkornbaustahls entnommen wurde. Die räumliche Struktur der Dendritenausbildung tritt deutlich hervor.

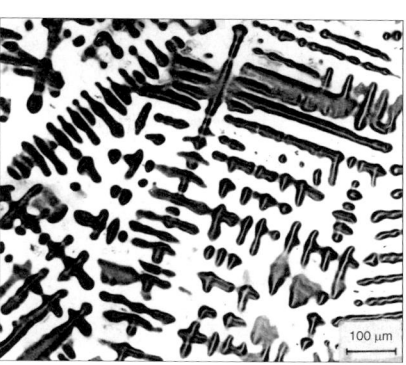

Bild 3-4
Zur Entwicklung dendritischer Erstarrungsstrukturen

Bild 3-5
Dendritische Gefügestruktur einer AuNi2Cu18Zn8-Legierung

Bild 3-6
Dendriten im Lunker eines Feinkornbaustahles (StE)

Der Übergang eines Metall- bzw. Legierungsvolumens aus dem schmelzflüssigen in den festen Zustand bei Raumtemperatur ist mit Schrumpfungsvorgängen verbunden. Dabei sind verschiedene Stadien zu unterscheiden, und zwar einmal der Übergang von der Guss- zur Erstarrungstemperatur bei Metallen bzw. zur Liquidustemperatur bei Legierungen (vgl. V6), dann der Übergang vom flüssigen zum festen Zustand bei Legierungen sowie schließlich die Abkühlung im festen Zustand auf Raumtemperatur. Dabei ist das Ausmaß der Erstarrungsschrumpfung (vgl. Tab. 3-1), die bei vielen Metallen und Legierungen Werte zwischen -2 und -8 Vol.-% annimmt, von erheblicher Bedeutung. Schließen die beim Abguss zuerst erstarrten Volumenbereiche noch schmelzflüssige ein, so fehlt als Folge der Schrumpfung am Ende der Erstarrung Gussvolumen, und es treten Hohlräume auf. Die Lage und Form dieser „Lunker" ist auf Grund der jeweiligen Wärmeableitbedingungen voraussagbar. Bei einseitig offenen zylindrisch oder andersartig begrenzten Gussblöcken treten trichterförmige Lunker auf (vgl. Bild 3-7).

Tabelle 3-1
Erstarrungsschrumpfungen für einige reine Metalle und Richtwerte für einige Gusslegierungen (Sb und Bi zeigen Erstarrungsaufweitungen!)

Werkstoff	$\frac{\Delta V}{V} \cdot 100\,\%$
Al	-6,0
Mg	-4,2
Zn	-4,2
Cu	-4,1
Sn	-2,8
Sb	+0,95
Bi	+3,3
Gusseisen mit Lamellengraphit (GG)	-2,0
Gusseisen mit Kugelgraphit (GGG)	-6,0
Stahlguss (GS)	-5,0
Al-Basislegierungen	-6,0
Cu-Basislegierungen	-8,0

Bild 3-7
Lunker in einem Gussblock eines Chrom-Nickel-Stahles

3.2 Aufgabe

Es stehen Reinaluminium (Al99.5) und eine Vorlegierung AlSi20 zur Verfügung. Reinaluminium wird aufgeschmolzen und in zwei zylindrische Stahlkokillen von 15 mm Durchmesser abgegossen, die sich auf einer Temperatur von 20 °C und 500 °C befinden. Danach ist aus Reinaluminium und der Vorlegierung AlSi20 eine Legierung AlSi12 zu erschmelzen und in gleicher Weise zu vergießen. Nach der Erstarrung sind die Gussgefüge in Quer- und Längsschnitten der Gussstäbe zu beurteilen.

3.3 Versuchsdurchführung

Für die Untersuchungen steht ein Widerstandsofen mit Graphittiegeln zur Verfügung. Ferner ist ein Kammerofen vorhanden. Bei einem Teil der Kokillen sind die Zylinderwände durch Wasserzufuhr kühlbar. Die anderen Kokillen werden im Kammerofen auf die vorgesehene Temperatur vorgewärmt.

Zunächst wird in einem Tiegel das Reinaluminium aufgeschmolzen. Als Gießtemperatur wird 700 °C angestrebt. Danach erfolgt Abguss in eine gekühlte und eine vorgewärmte Kokille. Nach Abschluss der Erstarrung werden die zylindrischen Proben den Kokillen entnommen. Danach wird aus der Probenmitte eine Scheibe von 20 mm Dicke heraus gesägt und diese einseitig mit kleiner Spanabnahme überfräst. Ferner werden die oberen und unteren Gussstabenden vertikal aufgeschnitten und in einer die Stablängsachse enthaltenden Ebene fein überfräst. Anschließend werden die so präparierten Flächen zur Grobgefügeentwicklung mit einem Gemisch aus 15 ml Flusssäure, 45 ml Salzsäure, 15 ml Salpetersäure und 25 ml Wasser geätzt.

Für den zweiten Teil des Versuches werden zunächst die Massen an Reinaluminium und der Vorlegierung berechnet, die für die gewünschte Legierung AlSi12 erforderlich sind. Im Tiegel wird dann das Reinaluminium aufgeschmolzen und anschließend die Vorlegierung in geeigneten Teilmengen zugegeben. Nach hinreichender Homogenisierung der Schmelze und Einstellung einer Gießtemperatur von 650 °C wird in die auf unterschiedlichen Temperaturen befindlichen Kokillen abgegossen. Alle weiteren Arbeitsschritte erfolgen wie bei Reinaluminium.

3.4 Weiterführende Literatur

[Ber09]   Bergmann, W.: Werkstofftechnik – Teil 2: Anwendung. 4. Aufl., Hanser, München, 2009
[Cha67]   Chalmers, B.: Principles of Solidification, 2. Aufl., Wiley & Sons, New York, 1967
[Guy83]   Guy, A. G.: Metallkunde für Ingenieure. 4. Aufl., Akademische Verlagsgesellschaft, Wiesbaden, 1983
[Hei83]   Hein, K.; Bubrig, E.: Kristallisation aus Schmelzen, VEB Grundstoffind., Leipzig, 1983
[Hor01]   Hornbogen, E.; Warlimont, H.: Metallkunde – Aufbau und Eigenschaften von Metallen und Legierungen. 4. Aufl., Springer, Berlin Heidelberg, 2001
[Mas70]   Mason, G. L. in Meinberg, F.: Tools and Techniques in Physical Metallurgy, 2. Aufl., Dekker, New York, 1970
[Sie58]   Siebel, E.: Handbuch der Werkstoffprüfung, 2. Aufl., Springer, Berlin, 1958
[Sma07]   Smallman, R. E.; Ngan, A. H. W.: Metallurgy and Advanced Materials. 7. Aufl., Elsevier, 2007

3.5 Symbole, Abkürzungen

Symbol/Abkürzung	Bedeutung	Einheit
A_A	Molmasse der A-Atome	g/mol
A_B	Molmasse der B-Atome	g/mol
c'_A	Atomkonzentration der Komponente A	Atom-%
c'_B	Atomkonzentration der Komponente B	Atom-%
c_A	Legierungskonzentration der Komponente A	Masse-%
$c_{A,V}$	Legierungskonzentration der Komponente A in der Vorlegierung	Masse-%
c_B	Legierungskonzentration der Komponente B	Masse-%
$c_{B,V}$	Legierungskonzentration der Komponente B in der Vorlegierung	Masse-%
L	Avogadro´sche Zahl	mol^{-1}
m	Masse der Legierung	g

Symbol/Abkürzung	Bedeutung	Einheit
m_A	Massenkonzentration der Komponente A	g
m_B	Massenkonzentration der Komponente B	g
m_V	Masse der Vorlegierung	g
n_A	Anzahl der Atome A in einer Legierung	-
n_B	Anzahl der Atome B in einer Legierung	-
V	Volumen	m^3
ΔV	Volumenänderung	m^3

V4 Optische Metallspektroskopie

4.1 Grundlagen

Die Kenntnis der chemischen Zusammensetzung eines Werkstoffes ist von grundsätzlicher Bedeutung für werkstoffkundliche Belange. Die quantitative chemische Analyse stellt dafür genaue, aber i. Allg. sehr zeitaufwendige Methoden zur Verfügung. Bei den für praktische Zwecke vielfach ausreichenden Betriebsanalysen bedient man sich durchweg schnellanalytischer Verfahren, unter denen die optische Spektralanalyse besonders wichtig ist. Sie ermöglicht in sehr kurzen Zeiten für viele Zwecke hinreichend genaue Angaben über Art und Menge der in einem Werkstoff vorliegenden Elemente.

Die Metallspektroskopie beruht auf der Tatsache, dass die Atome der chemischen Elemente bei Zuführung von Energie, z. B. durch elektrische Funken- und Bogenentladungen, vom Grundzustand auf ein höheres Energieniveau gebracht werden. Bei diesem Anregungsprozess nehmen die äußeren Elektronen der Atome freie Plätze auf energiereicheren Schalen der Elektronenhülle ein und emittieren beim anschließenden Übergang in energieärmere Zustände und in den Ausgangszustand Lichtquanten mit definierten Wellenlängen. Das Emissionsspektrum eines Elementes umfasst somit ein elementspezifisches Linienspektrum mit unterschiedlichen Wellenlängen und Intensitäten. Als Beispiel ist in Bild 4-1 das Eisenspektrum im Wellenlängenbereich beiderseits von 0,530 und 0,535 µm wiedergegeben. Die Strichstärke ist dabei der Intensität der einzelnen Spektrallinien proportional. Die meisten metallischen Elemente emittieren Spektrallinien im Wellenlängenbereich des sichtbaren Lichtes (0,360 bis 0,800 µm) und sind damit visuellen spektroskopischen Beobachtungen zugänglich. Es gibt aber auch Elemente, wie z. B. Kohlenstoff, Bor oder Beryllium, deren Emissionsspektren nicht im sichtbaren Wellenlängenbereich, sondern bereits im UV-Bereich bis herab zu etwa 130 nm liegen.

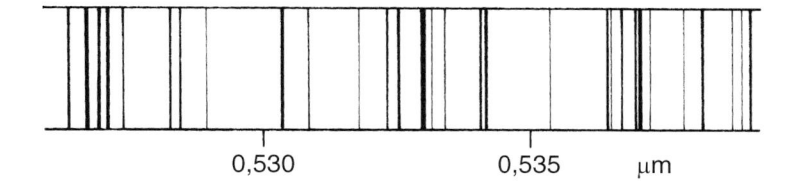

Bild 4-1
Ausschnitt aus dem Emissionsspektrum des reinen Eisens

Die spektrale Zerlegung des von angeregten Atomen eines Elementes emittierten Lichtes erfolgt mit optischen Hilfsmitteln, und zwar entweder mit Prismen oder mit optischen Gittern. In Prismenspektralapparaten wird die Wellenlängenabhängigkeit der Brechungszahl (Dispersion) des Stoffes (Glas, Quarz) ausgenutzt, aus dem das Prisma gefertigt ist. Bild 4-2 zeigt den prinzipiellen Aufbau eines solchen Gerätes. Das zu analysierende Licht fällt auf einen Spalt Sp, der sich in der Brennebene einer achromatischen Linse L1 befindet. Das durch L1 parallelisierte Strahlenbündel durchsetzt das Prisma P und wird dort gemäß der wellenlängenabhängigen Brechungszahl in Parallelbündel definierter Wellenlänge aufgefächert. Diese Bündel werden von der zweiten Linse L2 in deren Brennebene als Spektrallinien abgebildet. Violettes (v) Licht mit $\lambda \approx 0,400$ µm wird dabei stärker abgelenkt als rotes (r) Licht mit $\lambda \approx 0,780$ µm.

Bei Gitterspektralapparaten erfolgt die spektrale Zerlegung unter Ausnutzung der Wellenlängenabhängigkeit der Beugung des Lichtes an optischen Gittern. Solche Beugungsgitter bestehen im einfachsten Falle aus einer Spiegelglasplatte, in die mit einem Diamanten mehr als 100 parallele Furchen pro Millimeter eingeritzt werden können. Die zwischen den Furchen liegenden Teile der Platte wirken als die Spalte des Gitters. Ist der Spaltabstand d, so treten für senkrecht auffallendes Licht der Wellenlänge λ hinter dem Gitter Beugungslinien verschiedener Ordnung k unter Winkeln α gegenüber dem primären Strahlenbündel auf, die durch die Beziehung

$$d \sin(\alpha) = k\,\lambda \quad \text{mit } k = 0, 1, 2, \ldots \tag{4.1}$$

gegeben sind (Bild 4-3). Unabhängig von k werden kurzwellige Strahlen (violettes Licht) weniger weit abgebeugt als langwellige Strahlen (rotes Licht). Bei dem in Bild 4-4 schematisch gezeigten Gitterspektralapparat, bei dem gegenüber Bild 4-2 lediglich das Prisma durch ein Transmissionsgitter G ausgetauscht ist, erscheinen also in der Bildebene die Spektrallinien innerhalb der einzelnen Ordnungen unter umso größeren Ablenkungswinkeln, je größer ihre Wellenlänge ist. Die Auflösung des Spektrums wächst mit der Ordnung an. Gleichzeitig überlappen oder überlagern sich aber die Spektren höherer Ordnung. Schließlich ist die Lichtintensität umso geringer, je größer die Ordnung ist. Üblicherweise werden nur die Spektren 1. und 2. Ordnung registriert.

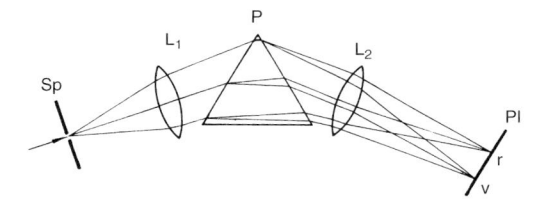

Bild 4-2 Einfacher Prismenspektralapparat

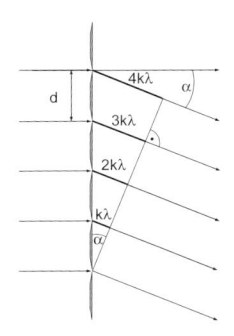

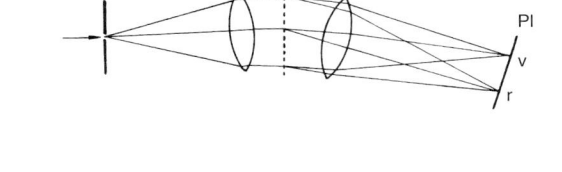

Bild 4-3 Beugung am Gitter

Bild 4-4 Einfacher Gitterspektralapparat

Wegen der starken Absorption kurzwelliger Lichtstrahlen in Gläsern lassen sich die im ultravioletten Spektralgebiet liegenden Spektren weder unter Benutzung von Glasprismen noch von Glastransmissionsgittern auflösen. Für derartige Untersuchungen finden linsenfreie Spektralapparate mit Konkavreflexionsgittern Anwendung, deren Prinzip aus Bild 4-5 hervorgeht.

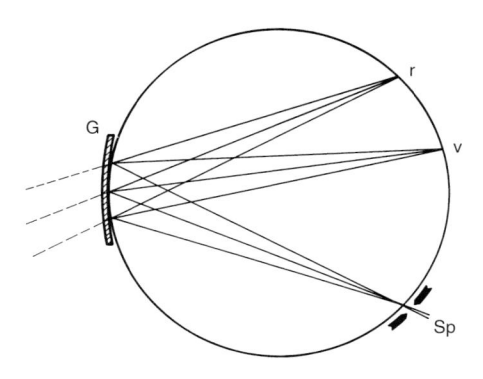

Bild 4-5
Prinzipieller Aufbau eines Konkavgitterspektralapparates

Der Eintrittsspalt Sp des spektral zu zerlegenden Lichtes und das Konkavgitter G befinden sich auf dem Umfang eines Kreises (Rowlandkreis), dessen Radius halb so groß wie der Radius des Gitters ist. Das Konkavgitter besteht aus einer spiegelnden Metallfläche, in die parallele Furchen mit gleichmäßiger Teilung geritzt sind. Die Metallflächen zwischen den Furchen reflektieren das einfallende Licht und bewirken Beugungserscheinungen so, als ob dieses von einer hinter dem Metallspiegel liegenden Lichtquelle ausginge. Auf Grund der geometrischen Bedingungen werden die abgebeugten, spektral zerlegten Lichtbündel auf dem Kreisumfang fokussiert. Man kann dort also unmittelbar die auffallenden Strahlungsintensitäten bestimmten Wellenlängen zuordnen. Absorptionsverluste in Luft lassen sich dadurch vermeiden, dass die ganze Apparatur unter Vakuum betrieben wird.

Bei dem in Bild 4-6 gezeigten optischen Emissionsspektrometer handelt es sich um ein Funkenspektrometer (engl. Optical Emission Spectrometer OES oder auch Spark Optical Emission Spectrometer SOES), in dem über 40 Analysenkanäle simultan gemessen werden können. Den prinzipiellen Aufbau des verwendeten Polychromators zeigt Bild 4-7. Auf dem Spektrometerrahmen (A) des Gerätes befinden sich in der Fokalebene (B) der Eintrittsspalt (2), das Beugungsgitter (3), die Austrittsspalte (4) und die Detektoren (5).

Bild 4-6
Funkenspektrometer
(Typ ARL 3460,
Thermo Fisher Scientific)

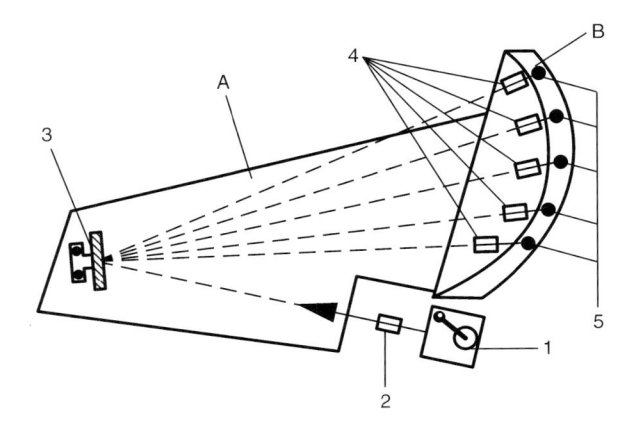

Bild 4-7
Schema der Spektrometeroptik:
(A) Rahmen, (B) Fokalebene,
(1) Probenstativ, (2) Eintrittsspalt, (3) Beugungsgitter,
(4) Austrittsspalte,
(5) Photomultipier

Für jedes Element ist eine charakteristische Linie ausgewählt, die fest auf dem Spektrometerkreis eingerichtet ist. Die Detektoren sind Sekundärelektronenvervielfacher (Photomultiplier), bei denen von den einfallenden Strahlungsquanten in der Photokathode Elektronen herausgeschlagen werden. Diese werden in einem elektrischen Feld beschleunigt und fallen auf eine Prallelektrode auf, wo sie durch Stoßprozesse weitere Elektronen freisetzen, die wiederum einer Prallelektrode zugeführt werden. Durch mehrmalige Wiederholung dieses Prozesses entsteht ein der auffallenden Lichtintensität proportionaler Elektronenstrom, der als Maß für die Konzentration der interessierenden Elementart weiterverarbeitet werden kann. Bild 4-8 skizziert den Intensitätsverlauf über die Wellenlänge in der Umgebung einer Spektrallinie.

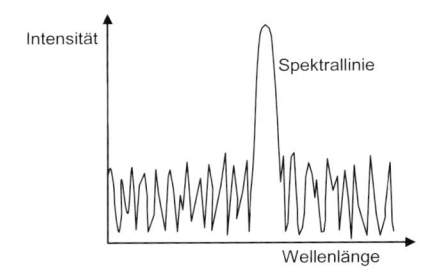

Bild 4-8
Schema des Intensitätsverlaufs in Umgebung einer Spektrallinie

Um die Probenatome anregen zu können, müssen sie aus der Oberfläche freigesetzt werden, was mittels einer Funkenentladung in Argon als Schutzgasatmosphäre erfolgt. Die Proben werden mit der zu messenden Seite auf die mit einer Blende versehenen Platte des Probenstativs gepresst, die gleichzeitig eine argongespülte Funkenkammer luftdicht abschließt (Bild 4-9).

Die Funkenerzeugung erfolgt mit einer meist aus Wolfram bestehenden Elektrodenspitze. Die Probe, die die Gegenelektrode bildet, muss eben und elektrisch leitfähig sein. Während eines Messvorganges wird eine Folge kurzer Funkenentladungen erzeugt, die in zufälliger Folge auf der Probe auftreffen. Zur Förderung der Funkenbildung wird die Probenoberfläche vorher geschliffen. In einer Einfunkphase wird zunächst ein stationärer Abfunkzustand erreicht. Anschließend erfolgt eine Homogenisierung des Werkstoffes im Brennfleck durch Umschmelzen über typische 5 bis 50 μm des randnahen Bereiches. In der dritten Phase erfolgt die nur wenige Sekunden dauernde eigentliche Messung des durch die verdampften und angeregten Probenatome emittierten Lichtes im Spektrometer. Die Gesamtdauer für eine Abfunkung liegt bei etwa einer Minute. Die Art des Werkstoffes und sein Gefüge beeinflussen die o. g. Vorgänge, so sind Anregungsparameter und Funkenfolgefrequenz werkstoffspezifisch zu wählen.

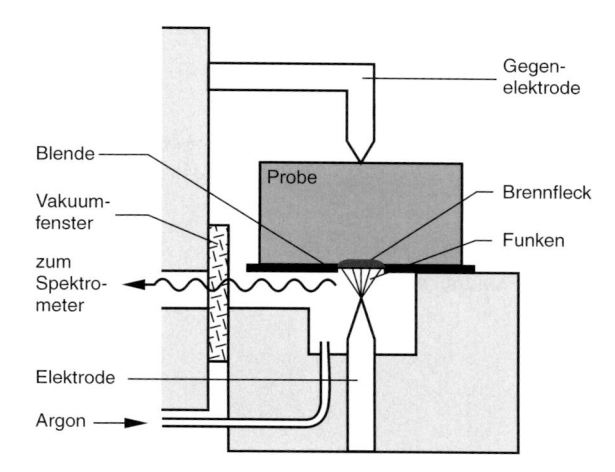

Bild 4-9
Schema des Probenstativs mit Abfunkkammer

Bei Spektralanalysegeräten werden die Gerätefunktionen (wie Vakuum, Temperatur, Elektronik) mit einem Rechner überwacht, die erforderlichen Parameter für die Abfunkung entsprechend den Vorgaben der zuvor erstellten Messprogramme selbstständig eingestellt sowie die Detektorsignale während der Messung automatisch eingelesen und die Intensitäten ausgewertet.

Voraussetzung für quantitative Messungen ist die Kalibrierung des Spektrometers, d. h. die Aufstellung eines Zusammenhanges zwischen der Elementkonzentration C in der Probe, angegeben als Massenanteil in % oder ppm, und der Linienintensität I. Bei der Grundkalibrierung werden für jedes Element bzw. jede Analysenlinie typischerweise einige 10 Kalibrierproben mit verschiedenen, bekannten Konzentrationen gemessen, woraus sich die Kalibrierfunktion $I = f(C)$ ergibt (Bild 4-10). Die Umkehrfunktion der Kalibrierfunktion ist die Analysenfunktion. Die Güte einer Kalibrier- bzw. Analysenkurve wird durch die Streuung der Messwerte um die Kurve und durch die Empfindlichkeit, gekennzeichnet durch die Steigung, bestimmt. Die Kalibrierkurve kann linear oder auch höherer Ordnung sein.

Wegen des spektralen Untergrundes (vgl. Bild 4-8) werden auch Intensitäten gemessen, wenn das Element nicht in der Probe vorhanden ist. Diese „scheinbare" Konzentration wird BEC (Background Equivalent Concentration) genannt. Der BEC-Wert ist ein Maß für den Massenanteil eines Elementes, der die gleiche Intensität liefert wie der spektrale Untergrund. Er ergibt sich aus der Kalibrierkurve aus dem negativen Wert ihres Schnittpunktes mit der Abszisse.

Wird eine Leerprobe, die das Element nicht enthält, gemessen, werden die Intensitäten bei Wiederholungsmessungen um I_0 streuen (Normalverteilung, [Sac04]), in Bild 4-10 mit dem Streubalken auf der Ordinate angedeutet. Für Intensitäten größer I_0 werden dennoch Konzentrationen größer Null berechnet. Um in der Analysenpraxis derartige „Leerwerte" von einem wirklich vorhandenen Gehalt unterscheiden zu können, bedarf es definierter Grenzwerte [DIN 32645]. Die Nachweisgrenze (NG) ergibt sich aus der Obergrenze des Streubereiches der Leerwertmessung und ist der kleinste Elementgehalt, bei dem das Vorhandensein des Elementes noch nachgewiesen, seine Konzentration aber nicht quantifiziert werden kann. Sie kann aus der Standardabweichung s_L der an der Leerprobe gemessenen Intensitäten und der Steigung b einer Kalibriergeraden $I = I_0 + b \cdot C$ abgeschätzt werden mit

$$NG = 3 \cdot s_L / b \tag{4.2}$$

oder direkt aus dem BEC-Wert mit $b = I_0/BEC$ und der relativen Standardabweichung der Leerwertmessung $s_{Lrel} = s_L/I_0 \cdot 100$ aus

$$NG = 3 \cdot BEC \cdot s_{Lrel}/100 \tag{4.3}$$

Die Erfassungsgrenze (EG) ist der Grenzwert, oberhalb der die Gehalte quantifizierbar sind. Sie wird abgeschätzt aus

$$EG = 2 \cdot NG \tag{4.4}$$

Die Bestimmungsgrenze (BG) wird direkt aus dem Konzentrationswert definiert und ist der niedrigste Gehalt, der mit einer vorgegebenen Unsicherheit bestimmt werden kann. Sie muss immer größer als die Erfassungsgrenze sein und kann für eine relative Unsicherheit ΔBG von 33 % abgeschätzt werden aus

$$BG = 3 \cdot NG \tag{4.5}$$

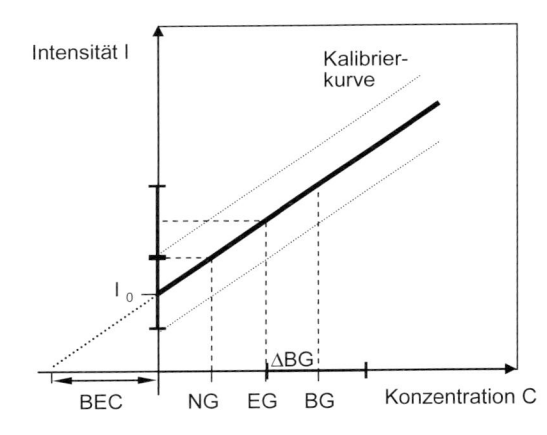

Bild 4-10
Kalibrierfunktion $I = f(C)$

Bei der Spektralanalyse mit dem Funkenspektrometer gibt es einige Effekte, die die Intensitäten der Analysenlinien beeinflussen, wie Linienüberlappungen und elektronische Untergrundsignale sowie spektrale Interferenzen zwischen den in der Probe vorhandenen Elementen. Letztere sind von der Konzentration der störenden Elemente abhängig. Entsprechende Korrekturfaktoren können derartige Einflüsse bei der Kalibrierung berücksichtigen. Um Schwankungen während der Abfunkung und der Strahlungserzeugung auszugleichen, werden die Signale der Analysenlinien auf eine Referenzlinie als innerem Standard bezogen. In der Regel wird dafür eine Linie des Basiselementes verwendet. Aufgrund der werkstoffabhängigen Mess- und Auswertungsbedingungen sind für jeden Basiswerkstoff (wie Eisen, Aluminium, Nickel, Kupfer) eigene Messprogramme und Kalibrierungen zu erstellen, wobei zusätzlich zwischen verschiedenen Werkstoffgruppen (bspw. niedrig- oder hochlegiert) wegen der unterschiedlichen Abfunkparameter unterschieden wird.

Für zuverlässige Ergebnisse muss die Qualität der Messungen, d. h. auch der Gerätezustand, regelmäßig überprüft werden. Dazu werden Kontrollproben gemessen, deren Ergebnis in vorgegebenen Toleranzen liegen muss. Werden diese überschritten, sind Maßnahmen erforderlich. Da der Gerätezustand über die Betriebsdauer nicht völlig konstant ist, bedingt bspw. durch

Alterung elektronischer Bauelemente, thermische Ausdehnung, Belegung des Vakuumfensters durch Verdampfungsrückstände, können sich die Messsignale gerätebedingt mit der Zeit verändern. Ein Vergleich mit den früheren Kalibrierproben kann diese Gerätedrift dann ausgleichen. Diese Driftkorrektur, auch Rekalibrierung genannt, muss in regelmäßigen Abständen durchgeführt werden.

Die Probenoberflächen müssen sauber und eben sein, ggf. sind sie frisch mit Abrasivmedien (Schleifsteine, Schleifpapier) anzuschleifen. Bei weichen Werkstoffen (bspw. Al-, Cu-Basis) ist die Oberfläche abzufräsen, um das Eindrücken von Schleifkörnern in die Oberfläche zu vermeiden. Für eine Elementanalyse werden mehrere Abfunkflecke erzeugt. Dazwischen ist der Niederschlag des verdampften Materials mit einer Drahtbürste von der Elektrode zu entfernen. Als Ergebnis wird der Mittelwert angegeben.

Eine Werkstoff-Analyse ist mit einem geringen Zeitaufwand möglich. Dadurch sind auch alle Voraussetzungen für Schnellanalysen zur Prozesssteuerung und -kontrolle von Legierungszusammensetzungen z. B. in Stahlwerken, Gießereien oder Umschmelzbetrieben gegeben. Bild 4-11 zeigt als Beispiel einen Auszug aus ausgedruckten Analysen, wie sie mit Vakuum-Emissions-Spektrometern in Gießereibetrieben vorgenommen werden. Parallel kann ein so genannter Typenstandard mitgemessen werden, der die Sollzusammensetzung des Werkstoffes der Produktion besitzt. Die zulässigen Toleranzen sind vorgegeben. Werden diese überschritten, wird dies angezeigt.

Analysen für Gießereibetrieb											
Gießdatum: 19.10.1980											
Zeit	C	Si	Mn	Cr	Mo	Cu	Ni	P	S	Al	Ti	Sn
22,49	3,31	2,01	0,67	0,17	0,04	0,21	0,04	0,026	0,047	0,003	0,003	0,009
22,51	3,41	2,04	0,71	0,17	0,11	0,39	0,04	0,025	0,045	0,005	0,003	0,008
22,56	3,20	1,75	0,58	0,16	0,01	0,28	0,04	0,040	0,052	0,002	0,004	0,023
22,57	3,24	1,88	0,59	0,15	0,01	0,33	0,05	0,041	0,054	0,002	0,004	0,031
22,59	3,18	1,69	0,60	0,17	0,01	0,13	0,04	0,028	0,046	0,002	0,002	0,009
23,01	3,24	1,83	0,60	0,16	0,01	0,20	0,04	0,034	0,050	0,002	0,004	0,016
23,05	3,17	1,84	0,64	0,16	0,01	0,38	0,05	0,042	0,053	0,002	0,004	0,039
23,06	3,28	1,80	0,62	0,16	0,01	0,14	0,04	0,033	0,048	0,002	0,003	0,009
23,09	3,15	1,60	0,65	0,16	0,02	0,24	0,04	0,032	0,050	0,002	0,003	0,024
23,11	3,11	1,67	0,66	0,16	0,02	0,36	0,04	0,036	0,054	0,002	0,003	0,039
23,13	3,11	1,73	0,59	0,17	0,02	0,64	0,05	0,034	0,056	0,002	0,004	0,082
23,15	3,24	1,86	0,60	0,17	0,05	0,25	0,04	0,027	0,046	0,002	0,003	0,011
23,18	3,32	1,81	0,62	0,17	0,02	0,28	0,04	0,034	0,052	0,002	0,004	0,026

Bild 4-11 Schreiberauszug aus Betriebsanalysen

4.2 Aufgabe

Mittels funkenspektrometrischer Analyse sind die chemischen Zusammensetzungen verschiedener niedrig und höher legierter Werkstoffe zu bestimmen. Anhand von Werkstoffnormen sind die Werkstoffe zu identifizieren.

4.3 Versuchsdurchführung

Für die Untersuchungen steht ein Funkenspektrometer zur Verfügung. Zuerst ist mittels Kontrollproben durch Vergleich der Soll- und Istwerte der Gerätezustand zu prüfen.

Die verschiedenen Proben sind vorzubereiten. Nach einer Testmessung ist das für den Werkstoff geeignete Messprogramm zu wählen. Die Proben sind anschließend mehrmals zu messen und statistisch auszuwerten. Die Werkstoffe sind anhand von Werkstoffnormen, wie z. B. [SEL], zu identifizieren. Ggf. sind an einer Reineisenprobe die Intensitäten für ausgewählte Analysenlinien zu messen und daraus mit Gl. 4.2 bis 4.5 die entsprechenden Grenzwerte zu berechnen.

Die Genauigkeit der Werkstoffanalysen ist zu diskutieren.

4.4 Weiterführende Literatur

[Fin67]   Finkelnburg W.: Atomphysik, 12. Aufl., Springer, Berlin, 1967
[Ger89]   Gerthsen C.; Kneser H.; Vogel H.: Physik, 16. Aufl., Springer, Berlin, 1989
[Sie58]   Siebel E.: Handbuch der Werkstoffprüfung, 2. Aufl. Springer, Berlin, 1958
[Sli92]   Slickers, Karl: Die automatische Atom-Emissions-Spektralanalyse, Verlag der Brühlschen Universitätsdruckerei, Lahn-Gießen 1992
DIN 32645 Chemische Analytik – Nachweis-, Erfassung- Bestimmungsgrenze unter Wiederholbedingungen, Begriffe, Verfahren, Auswertung, Nov. 2008
[Sac04]   Sachs, Lothar: Angewandte Statistik, Springer, 2004
[SEL]   Stahl-Eisen-Liste (Register Europäischer Stähle), Verlag Stahleisen, Düsseldorf, 2005

4.5 Symbole, Abkürzungen

Symbol/Abkürzung	Bedeutung	Einheit
λ	Wellenlänge	nm
α	Ausfallswinkel	rad
d	Gitterabstand	m
OES	Optical Emission Spectrometer	-
SOES	Spark Optical Emission Spectrometer	-
I	Intensität	Skt.
BEC	Background Equivalent Concentration	Masse-%
C	Konzentration, Elementgehalt	Masse-%
NG	Nachweisgrenze	Masse-%
EG	Erfassungsgrenze	Masse-%
BG	Bestimmungsgrenze	Masse-%
s_L	Standardabweichung der Intensität einer Leerprobe	Skt.
$s_{L,rel}$	Relative Standardabweichung der Intensität einer Leerprobe	Skt.
b	Steigung der Kalibriergeraden	Skt./Masse-%

V5 Röntgenfluoreszenzanalyse

5.1 Grundlagen

Die Röntgenfluoreszenzanalyse (englisch: X-ray fluorescence spectroscopy, XRF) ist eine zerstörungsfreie Methode zur schnellen Bestimmung der chemischen Zusammensetzung von Werkstoffproben. Das Verfahren beruht auf der Anregung der für die verschiedenen chemischen Elemente charakteristischen Röntgenfluoreszenzstrahlung. Die Anregung erfolgt durch Bestrahlung der Werkstoffprobe mit Röntgenstrahlung hinreichend kleiner Wellenlänge und hoher Intensität. Aus dem Spektrum der von der Probe emittierten Röntgenfluoreszenzstrahlung können Art und Menge der chemischen Elemente bestimmt werden.

Die Erzeugung von Röntgenstrahlen erfolgt in Hochvakuumröhren wie in Bild 5-1 schematisch dargestellt. Die von einer Glühkathode emittierten Elektronen werden in einem elektrischen Gleichspannungsfeld beschleunigt und treffen anschließend auf eine metallische Anode (z. B. aus Chrom, Gold, Molybdän, Silber, Wolfram oder Rhodium).

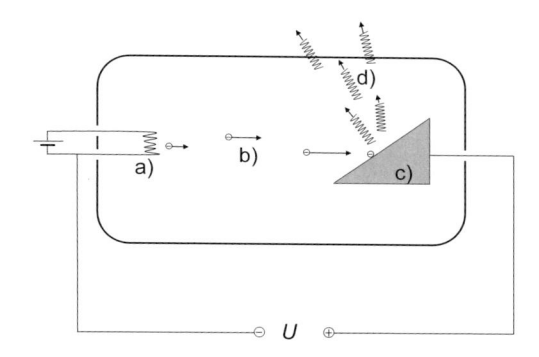

Bild 5-1
Schematische Darstellung einer Röntgenröhre.

a) Glühkathode
b) emittierte Elektronen
c) Anode
d) emittierte Röntgenphotonen

Die kinetische Energie der auftreffenden Elektronen beträgt

$$E_{\text{kin}} = e\,U = \frac{1}{2}\,m\,v^2. \tag{5.1}$$

Dabei ist e die Elektronenladung (Elementarladung), U die Beschleunigungsspannung (Röhrenspannung), m die Masse und v die Geschwindigkeit der Elektronen.

Beim Auftreffen der Elektronen auf die metallische Anode entstehen zwei Arten von Röntgenstrahlung: 1. Bremsstrahlung und 2. charakteristische Röntgenstrahlung. Die Bremsstrahlung entsteht, wenn die Elektronen beim Auftreffen auf die Anode abgebremst werden und dabei einen Teil ihrer kinetischen Energie in Form von Röntgenphotonen – also energiereicher elektromagnetischer Strahlung – emittieren. Die Energie einzelner Photonen ist durch

$$E_{\text{Photon}} = h\,\nu = h\,\frac{c}{\lambda} \tag{5.2}$$

gegeben, wobei h das Plancksche Wirkungsquantum, c die Lichtgeschwindigkeit sowie ν die Frequenz und λ die Wellenlänge der Röntgenphotonen ist.

Das Bild 5-2 zeigt Bremsstrahlungsspektren von Elektronen unterschiedlicher Energie, die auf eine Platinanode treffen. Der typische Wellenlängenbereich für Röntgenstrahlung aus Röntgenröhren liegt im Bereich von 10 bis 1000 pm (1 picometer = 10^{-12} m). Jedes der Spektren hat eine untere kurzwellige Grenze λ_{min}. Diese untere Grenzwellenlänge entsteht durch Elektronen, die beim Abbremsen ihre gesamte kinetische Energie in Form eines einzigen Röntgenphotons emittieren. Aus Gl. 5.1 und 5.2 folgt für die untere Grenzwellenlänge

$$\lambda_{min} = \frac{hc}{e} \cdot \frac{1}{U} = \frac{1240}{U} \ [10^{-12} m], \tag{5.3}$$

wenn die Beschleunigungsspannung in Kilovolt angegeben wird. λ_{min} ist somit unabhängig von der Art des Anodenmaterials. Die unter Grenzwellenlänge und das Intensitätsmaximum des Bremsspektrums verschieben sich mit steigender Röhrenspannung zu kürzeren Wellenlängen. Die Gesamtintensität der Bremsstrahlung nimmt etwa mit dem Quadrat der Röhrenspannung zu.

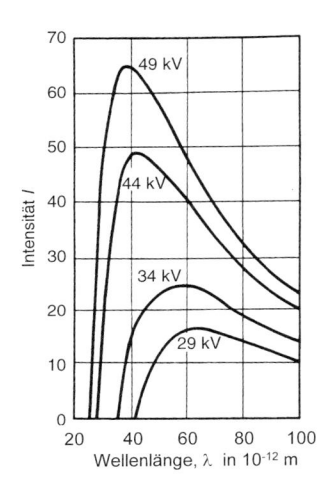

Bild 5-2
Röntgenbremsspektren einer Platinanode bei verschiedenen Röhrenspannungen

Das Bild 5-3 zeigt das Röntgenspektrum einer Molybdänanode bei einer Röhrenspannung von 40 kV. Das Spektrum besteht aus einer Überlagerung eines kontinuierlichen Bremsspektrums und der charakteristischen Röntgenstrahlung des Anodenmaterials Molybdän.

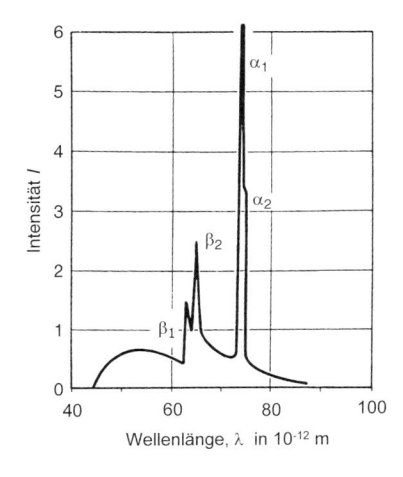

Bild 5-3
Brems- und charakteristisches Röntgenspektrum einer Molybdänanode (Röhrenspannung ~ 40 kV)

Die Entstehung der charakteristischen Röntgenstrahlung kann mit dem Schalenmodell der Atome veranschaulicht werden. Der positiv geladene Atomkern erzeugt ein elektrisches Feld in dem die negativ geladenen Elektronen der Atomhülle gebunden sind. Die Energie der Elektronen um den Atomkern kann durch einen Potenzialtopf gemäß Bild 5-4 veranschaulicht werden. Je näher sich die Elektronen am Atomkern befinden desto mehr Energie muss aufgewendet werden, um sie vom Atomkern zu entfernen. Deshalb steigt die potenzielle Energie der Elektronen mit zunehmender Entfernung vom Atomkern an. Nach den Gesetzen der Quantenmechanik nehmen die Elektronen diskrete Quantenzustände innerhalb dieser Potenzialtöpfe ein. Die erlaubten Quantenzustände sind in Bild 5-4 jeweils durch horizontale Linien im Potenzialtopf dargestellt. Der Quantenzustand mit der Hauptquantenzahl $n = 1$ hat die niedrigste Energie $E_{n=1}$ und wird von Elektronen auf der innersten Schale besetzt, der so genannten K-Schale. Die Zustände mit den Hauptquantenzahlen $n = 2, 3$ und 4 entsprechen Elektronen auf der L, M und N-Schale (vgl. V1). Treffen in der Röntgenröhre die energiereichen Elektronen auf die Anode, so werden durch Stoßprozesse Elektronen aus den K- oder L-Schalen der Atome des Anodenmaterials heraus geschlagen. Die frei gewordene Quantenzustände können dann durch Elektronen aus höheren Schalen besetzt werden. Beim Übergang der Elektronen von einem Quantenzustand höherer Energie zu einem Quantenzustand geringer Energie emittiert das Elektron die Energiedifferenz in Form eines Röntgenphotons. Gemäß Gl. 5.4 hat das emittierte Photon die Wellenlänge λ.

$$\Delta E_{K\alpha} = E_{n=2} - E_{n=1} = h\,v = \frac{h\,c}{\lambda} \qquad (5.4)$$

Beim Sprung der Elektronen von der L- auf die K-Schale entsteht die sog. Kα-Strahlung. Springen Elektronen von der M- auf die K-Schale entsteht die sog. Kβ-Strahlung. Gehen Elektronen von der M- oder höheren Schalen auf die L-Schale über, so ergibt sich das L-Strahlungsspektrum. Reicht die Energie der auf das Anodenmaterial auftreffenden Elektronen aus, um dort Elektronen aus den K-Schalen der Atome herauszuschlagen, so wird das gesamte für den Elektronenaufbau der inneren Atomhülle charakteristische Röntgenspektrum emittiert.

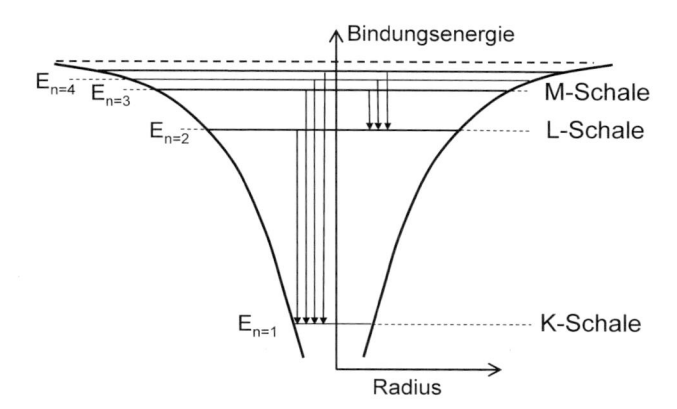

Bild 5-4
Schema eines atomaren Potenzialtopfs mit den erlaubten Quantenzuständen für die Hauptquantenzahl $n = 1$ bis 4. Die charakteristische Röntgenstrahlung wird emittiert, wenn Elektronen aus höheren Schalen (Quantenzuständen) Energie auf die K- oder L-Schale zurückfallen.

Aufgrund der Feinstrukturaufspaltung besteht die L-Schale ($n = 2$) aus drei eng beieinander liegenden Energieniveaus L_I bis L_{III} und die M-Schale aus fünf eng beieinander liegenden Energieniveaus M_I bis M_V. Die Feinstrukturaufspaltung ist auf Unterschiede in den Nebenquantenzahlen l ($l = 0$ bis $n-1$) und in der Spinquantenzahl s ($-1/2, +1/2$) der Elektronen in den entsprechenden Schalen zurückzuführen. Die Nebenquantenzahl l entspricht dabei dem Bahndrehimpuls und die Spinquantenzahl s dem Drehimpuls der Elektronen. Aufgrund der Drehimpulserhaltung sind nur solche Übergänge erlaubt, bei denen sich die Nebenquantenzahl l um 1 verändert, da das emittierte Photon den Spin ±1 besitzt und somit immer einen Drehimpuls ±1 mit sich trägt. Bild 5-5 zeigt schematisch die erlaubten Elektronenübergänge für Kupfer, die das charakteristische Röntgenspektrum bestimmen. Die $K\alpha_1$-Linie entspricht dem Übergang L_{III} ($l = 1$) → K ($l = 0$), die $K\alpha_2$-Linie dem Übergang L_{II} ($l = 1$) → K ($l = 0$), Der Übergang L_I ($l = 0$) → K ($l = 0$) ist verboten, da beide Quantenzustände den gleichen Bahndrehimpuls aufweisen. Die $K\beta_1$-Linie entspricht dem Übergang M_{III} ($l = 1$) → K ($l = 0$), wobei λ ($K\beta_1$) < λ ($K\alpha_1$) < λ ($K\alpha_2$) ist. Die zu den Röntgenlinien gehörigen Strahlungsintensitäten I ($K\alpha_1$), I ($K\alpha_2$) und I ($K\beta_1$) verhalten sich wie

$$I(K\alpha_1) : I(K\alpha_2) : I(K\beta_1) = 100 : 50 : 20 . \tag{5.5}$$

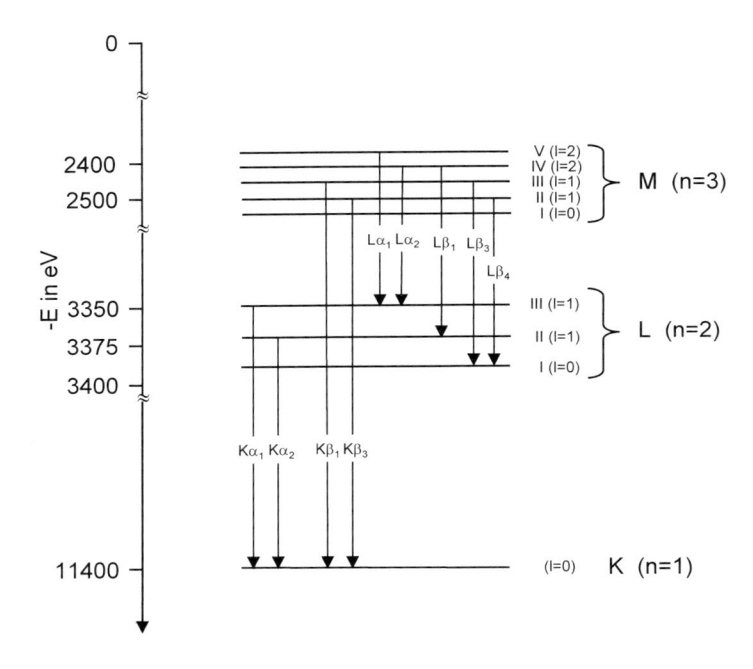

Bild 5-5 Das K- und L-Röntgenspektrum von Kupfer

Mit steigender Ordnungszahl Z der Atome werden die Potenzialtöpfe tiefer und damit verschieben sich auch die Energieniveaus der erlaubten Quantenzustände nach unten. Insbesondere steigt auch die Energiedifferenz zwischen den verschiedenen Quantenzuständen mit zunehmender Ordnungszahl an, mit der Folge, dass die Wellenlänge der zur K-Serie gehörenden Wellenlängen mit steigender Ordnungszahl Z kurzwelliger wird. Für λ ($K\alpha_1$) gilt

$$\lambda(K\alpha_1) = \frac{const}{(Z-1)^2} . \tag{5.6}$$

Die Wellenlängen der abgestrahlten charakteristischen Röntgenlinien hängen somit vom Anodenmaterial ab. Durch eine Spektralanalyse der emittierten charakteristischen Röntgenstrahlung kann deshalb auf die chemische Zusammensetzung geschlossen werden.

Die Entstehung charakteristischer Röntgenstrahlung wird beispielsweise bei der Rasterelektronenmikroskopie genutzt, um lokal die chemische Zusammensetzung der elektronenmikroskopisch untersuchten Werkstoffprobe zu analysieren. Die Anregung der charakteristischen Röntgenstrahlung erfolgt dabei durch den Elektronenstrahl des Rasterelektronenmikroskops. Deshalb sind viele Rasterelektronenmikroskope mit einer EDX-Analyseeinheit ausgerüstet. EDX steht dabei für energiedispersive Röntgenspektroskopie (englisch: energy dispersive X-ray spectroscopy).

Im Unterschied zur EDX-Analyse können anstelle energiereicher Elektronen auch hinreichend kurzwellige Röntgenstrahlen das charakteristische Röntgenspektrum eines Werkstoffs auslösen. Man spricht dann von einer Kaltanregung des Röntgenspektrums und bezeichnet die auftretende Strahlung als Röntgenfluoreszenz, da diese hinsichtlich ihrer Entstehung mit der optischen Fluoreszenz vergleichbar ist. Damit die K-Serie auftritt, muss die Röntgenstrahlung ausreichend energiereich sein und die Bedingung

$$h\nu > E_{n=1} \tag{5.7}$$

erfüllen. D. h. die Photonenenergie $h\nu$ der anregenden primären Röntgenstrahlung muss größer sein als die Bindungsenergie $E_{n=1}$ der Elektronen in der K-Schale.

Für die Elementanalyse durch Röntgenfluoreszenz wird der zu analysierende Werkstoffbereich mit einer hinreichend kurzwelligen bzw. energiereichen Röntgenstrahlung bestahlt und die dabei entstehende charakteristische Röntgenfluoreszenzstrahlung hinsichtlich Wellenlänge und Intensität analysiert. Bei der Röntgenfluoreszenzspektroskopie (XRF) gibt es zwei verschiedene Methoden, um die spektrale Auflösung der Röntgenspektren zu analysieren. Bei der energiedispersiven Röntgenfluoreszenzanalyse EDXRF erfolgt die spektrale Analyse des emittieren Röntgenfluoreszenzspektrums wie bei der EDX-Analyse durch Halbleiterkristalldetektoren (z. B. aus Silizium, Germanium oder Quecksilberjodid). Der Detektor misst die Energie einzelner eintreffender Röntgenphotonen. Wird ein Röntgenphoton im Detektor absorbiert, so entstehen im Halbleiterkristall Elektron-Loch-Paare, deren Anzahl proportional zur Energie des Photons ist. Die Signale der einzelnen Röntgenphotonen werden dann elektronisch ausgelesen.

Bei der wellenlängendispersiven Röntgenfluoreszenzspektroskopie WDXRF erfolgt die spektrale Aufspaltung der verschiedenen Wellenlängen durch Beugung der Röntgenstrahlung an einem Einkristall. Der prinzipielle Messaufbau ist in Bild 5-6 dargestellt. Die von der primären Röntgenstrahlung in einem Probenbereich von ca. 10 mm Durchmesser ausgelöste Fluoreszenzstrahlung fällt durch ein Kollimatorsystem auf einen im Zentrum des Spektrometers drehbar gelagerten Einkristall. Bei dem Kristall ist eine ausgewählte Kristallnetzebene mit dem Netzebenenabstand D parallel zur Kristalloberfläche ausgerichtet. Wird der Kristall, ausgehend von der Kollimatorachse um den Winkel θ und der auf dem Spektrometerkreis befindliche Strahlungsdetektorsystem um den Winkel 2θ um die Spektrometerachse gedreht, so erreicht auf Grund der Bragg'schen Beugungsbedingung

$$\lambda = 2 D \sin\theta \tag{5.8}$$

nur Röntgenstrahlung der Wellenlänge λ den Detektor. Durch schrittweise Änderung der Winkel θ und 2θ kann die Intensitätsverteilung mit dem Strahlungsdetektor in Abhängigkeit von 2θ registriert werden. Als Analysatorkristalle werden für die zu analysierenden Elemente Ca

($Z = 20$) bis Ag ($Z = 47$) Lithiumfluorid-, für die Elemente P ($Z = 15$), S ($Z = 16$), Cl ($Z = 17$) und K ($Z = 19$) Quarzkristalle und für Mg ($Z = 12$), Al ($Z = 13$), Si ($Z = 14$) und P ($Z = 15$) Ammoniumdihydrogen-Phosphatkristalle eingesetzt. Für den Nachweis der leichtesten Elemente B ($Z = 5$), C ($Z = 6$), N ($Z = 7$) und O ($Z = 8$) kommen Bleisteatatkristalle zur Anwendung. Die Strahlungsregistrierung erfolgt im Wellenlängenbereich von 150 bis 2000 pm mit Durchflusszählrohren und im Wellenlängenbereich 50 bis 270 pm mit Szintillationszählern. Wegen der starken Absorption langwelliger Röntgenstrahlungen in Luft, erfolgt die Fluoreszenzanalyse von Elementen mit kleiner Ordnungszahl mit evakuierten Messsystemen. Routinemäßig lassen sich heute röntgenfluoreszenzanalytische Untersuchungen bis $Z = 9$ (Fluor) durchführen. Die von den Detektoren aufgenommenen Signale werden dabei elektronisch aufgezeichnet und weiterverarbeitet (vgl. Bild 5-7).

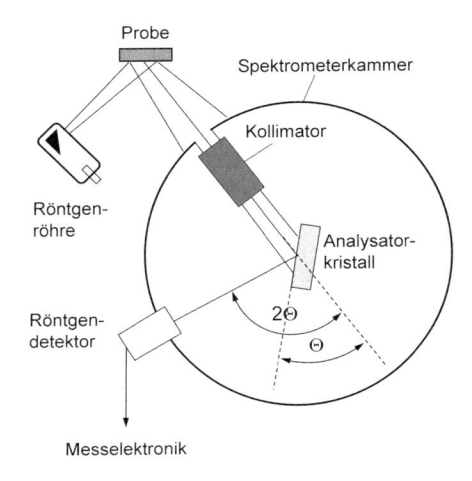

Bild 5-6
Messanordnung (schematisch) für die wellenlängendispersive Röntgenfluoreszenzanalyse (WDXRF)

Mit der beschriebenen Messanordnung (vgl. Bild 5-6) werden die Spektrallinien der interessierenden Elemente nacheinander registriert. Ein solches Messsystem wird Sequenz-Spektrometer genannt. Davon sind Mehrkanalspektrometer zu unterscheiden, die für ausgewählte Spektrallinien jeweils fest eingestellte Spektrometerkanäle haben. Mit modernen Geräten dieser Art werden bis zu 30 Einzellinien gleichzeitig registriert. Mehrkanal-Röntgenspektrometer werden heute als Standardeinrichtungen bei der Überwachung metallurgischer Prozesse sowie in der Werkstoffeingangskontrolle eingesetzt.

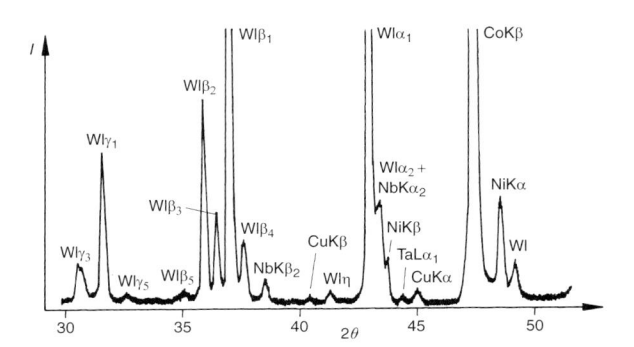

Bild 5-7
Intensitäts-2θ Diagramm der charakteristischen Röntgenstrahlung einer Mehrkomponentenlegierung

Am einfachsten ist die Röntgenfluoreszenzanalyse bei Systemen, die nur aus wenigen Elementen bestehen. Bei Zweistoffsystemen mit den Elementen A und B genügt ein quantitativer Vergleich der gemessenen Kα-Spektrallinienintensität eines der beiden Elemente mit der entsprechenden Linienintensität von Kalibrierproben. Für die quantitative Analyse genügt somit die Auswertung einer einzelnen Spektrallinie. Für Zweistoffsysteme ergeben sich die in Bild 5-8 dargestellten Zusammenhänge zwischen der gemessenen Intensität einzelner Röntgenlinien und der Konzentration der zugehörigen Elemente. Für die gemessene Linienintensität I_B ergibt sich ein linearer Zusammenhang zur Elementkonzentration c_B

$$I_B = a\, c_B + b, \tag{5.9}$$

wenn die Absorption der anregenden Röntgenstrahlung für beide Komponenten gleich groß ist. Absorbieren die Atome des Elements B weniger Strahlung als die Atome des Elements A, so ergeben sich Kurven mit positiver Krümmung (Typ II). Ist es umgekehrt, so ergeben sich Kurven mit negativer Krümmung (Typ III). Mit Hilfe der Kalibrierkurven können die gemessenen Linienintensitäten in Konzentrationen umgerechnet werden. Intensitätswerte zwischen den einzelnen Kalibrierproben werden durch Interpolation ermittelt.

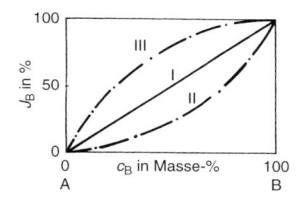

Bild 5-8
Intensitäts-Konzentrations-Verläufe bei der Röntgenfluoreszenzanalyse binärer Legierungen mit gegenüber den A-Atomen gleichem (I), kleinerem (II) oder größerem (III) Röntgenabsorption der B-Atome

Der zeitliche Messaufwand für Röntgenfluoreszenzanalysen ist relativ klein. Bei CuZn32 lässt sich beispielsweise in 100 s Messzeit mit einer Chromanodenröhre ein Aluminiumgehalt von 0,021 Masse-% mit einer Genauigkeit von ± 0,0025 Masse-% bestimmen. In unlegierten Stählen ist in der gleichen Zeit ein S-Gehalt von 0,010 ± 0,001 Masse-% nachweisbar. Eine Manganbestimmung im Subprozent-Bereich, z. B. 0,36 ± 0,0043 Masse-%, kann bereits mit einer Messzeit von 10 s ermittelt werden.

5.2 Aufgabe

Aus Eisen- und Molybdänpulvern werden sechs Kalibrierproben mit unterschiedlichen Massenanteilen an Molybdän hergestellt. Die Röntgenfluoreszenzspektren dieser Kalibrierproben werden mit einem WDXRF-Spektrometer aufgezeichnet. Der Zusammenhang zwischen der Molybdänkonzentration c_{Mo} in Masse-% und der gemessenen Intensität der Molybdän Kα-Spektrallinie $I_{Mo\,K\alpha}$ wird in einer Kalibrierkurve grafisch dargestellt. Mit Hilfe der aufgenommenen Kalibrierkurve wird anschließend der Molybdängehalt für zwei unbekannte Stahlproben ermittelt.

5.3 Versuchsdurchführung

Eisen- und Molybdänpulver (Korngröße < 100 μm) werden mit einer Analysenwaage abgewogen, gut gemischt und anschließend in Tablettenform gepresst. Danach werden sie in einem

WDXRF-Spektrometer vermessen. Dafür wird eine Röntgenröhre mit Chromanode genutzt, die mit 40 kV und 40 mA betrieben wird. Während der gesamten Untersuchung müssen die Betriebsbedingungen der Röntgenröhre und der Detektoreinrichtungen konstant gehalten werden. Eine Temperaturkonstanz von ±0,5 °C wird angestrebt.

Von der Kalibrierprobe mit dem größten Molybdängehalt wird zunächst das gesamte Röntgenfluoreszenzspektrum aufgenommen und eine Indizierung der gefundenen Röntgenfluoreszenzlinien vorgenommen. Danach wird der Strahlungsdetektor auf das Maximum der Molybdän Kα-Strahlung eingestellt und mehrfach die Intensität bei einer Messdauer von 60 s gemessen. Mit zunehmendem Molybdängehalt c_{Mo} der Kalibrierproben steigt der Mittelwert der gemessenen Molybdän-Kα-Strahlungintensität $I_{Mo\,K\alpha}$ an. Die gemessenen Strahlungsintensitäten werden als Funktion vom Molybdängehalt aufgetragen und über Ausgleichsgeraden miteinander verbunden. Die so erhaltene Kalibrierkurve wird verwendet, um in nachfolgenden Messungen den Molybdängehalt unbekannter Stahlproben zu ermitteln. Der Einfluss weiterer vorhandener Legierungselemente bei den Stählen auf die Messergebnisse wird diskutiert.

5.4 Weiterführende Literatur

[Glo85]   Glocker, R.: Materialprüfung mit Röntgenstahlen, 5. Auflage, Springer, Berlin, 1985

[Ste85]   Steeb, S.: Röntgen- und Elektronenbeugung. Expertverlag, Sindelfingen, 1985

[Van02]   Van Grieken, R.; Markowicz, A. A.: Handbook of X-Ray Spectrometry, Marcel Dekker Inc., 2002, ISBN 0-8247-0600-5

[Bec06]   Beckhoff, B.; Kanngießer, B.; Langhoff, N.; Wedell, R.; Wolff, H.: Handbook of Practical X-Ray Fluorescence Analysis, Springer, Berlin, 2006, ISBN 3-540-28603-9

[Sch08]   Schwedt, G.: Analytische Chemie: Grundlagen, Methoden und Praxis, Wiley-VCH, 2008, ISBN 3-527-31206-4

5.5 Symbole, Abkürzungen

Symbol/Abkürzung	Bedeutung	Einheit
E_{kin}	kinetische Energie	J oder eV
e	Elementarladung	A s
U	Beschleunigungsspannung	V
m	Masse	kg
v	Geschwindigkeit	m s^{-1}
E_{Photon}	Photonenenergie	J oder eV
h	Plancksches Wirkungsquantum	J s
ν	Frequenz	s^{-1}
c	Lichtgeschwindigkeit	m s^{-1}
λ	Wellenlänge	m
λ_{min}	Grenzwellenlänge der charakteristischen Röntgenstrahlung	m

V5 Röntgenfluoreszenzanalyse

Symbol/Abkürzung	Bedeutung	Einheit
n	Hauptquantenzahl	keine
l	Nebenquantenzahl	keine
E_n	Bindungsenergie in der Schale n	J oder eV
I	Strahlungsintensität	$J\,m^{-2}\,s^{-1}$
Z	Ordnungszahl der Atome	keine
θ	Bragg'scher Beugungswinkel	°

V6 Thermische Analyse

6.1 Grundlagen

Unter thermischer Analyse versteht man ein metallkundliches Messverfahren, das auf Grund von Temperatur-Zeit-Kurven Rückschlüsse auf Zustandsänderungen bei der Abkühlung bzw. Erwärmung von Metallen oder Legierungen erlaubt. In Bild 6-1 ist das Zustandsdiagramm eines binären Legierungssystems aus den reinen Metallen (Komponenten) A und B wiedergegeben, die im schmelzflüssigen Zustand vollständig ineinander löslich sind, im festen Zustand beidseitig eine begrenzte Löslichkeit besitzen (A-reicher Mischkristall α und B-reicher Mischkristall β) und bei Abkühlung aus der Schmelze (S) in einem relativ breiten Konzentrationsbereich bei der eutektischen Temperatur T_{Eu} vollständig erstarren. $T_{S,A}$ ist der Schmelzpunkt des reinen Metalls A und $T_{S,B}$ der des reinen Metalls B.

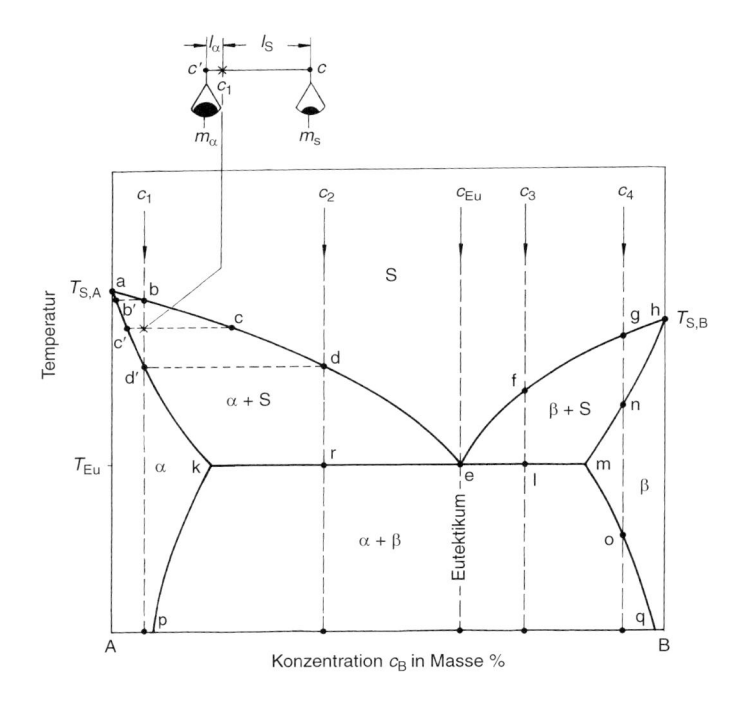

Bild 6-1 Binäres Zustandsdiagramm mit vollständiger Löslichkeit im flüssigen und beidseitig begrenzter Löslichkeit im festen Zustand

Anhand dieses Zustandsdiagramms lässt sich das bei der thermischen Analyse angewandte Prinzip relativ einfach beschreiben. In den Zustandsdiagrammen von Zweistoffsystemen sind durch Grenzlinien die Temperatur-Konzentrations-Bereiche als Zustandsfelder voneinander abgegrenzt, in denen bestimmte Phasen (physikalisch und chemisch voneinander unterscheidbare Werkstoffzustände) vorliegen. Oberhalb der sog. Liquiduslinien a-e und e-h existiert das Legierungssystem einphasig im schmelzflüssigen Zustand. Die reinen Metalle A und B gehen unmittelbar bei $T_{S,A}$ und $T_{S,B}$, die Legierung mit der eutektischen Zusammensetzung c_{Eu} bei T_{Eu} aus der Schmelze in den festen Zustand über. Der Punkt e heißt eutektischer Punkt, die Strecke k-e-m eutektische Gerade (Eutektikale). Die durch a-k-e-a bzw. h-e-m-h begrenzten Bereiche sind Zweiphasengebiete, in denen neben der Schmelze S noch α- bzw. β-Mischkristalle vorliegen. Im Gebiet A-p-k-a-A existieren nur homogene α-Mischkristalle, im Gebiet B-q-m-h-B nur homogene β-Mischkristalle. Bei den α- bzw. β-Mischkristallen sind B- bzw. A-Atome auf regulären Gitterplätzen der reinen Komponenten A und B statistisch regellos verteilt (Substitutionsmischkristalle). Im Gebiet p-k-m-q-p liegen α- und β-Mischkristalle nebeneinander vor. Die Konzentrationen der bei gegebener Temperatur in zweiphasigen Gebieten miteinander im Gleichgewicht befindlichen Phasen ergeben sich aus den Schnittpunkten der Geraden T = const. (Konoden) mit den Begrenzungslinien der 2-Phasengebiete. Die dabei im Gleichgewicht befindlichen Massenanteile der Phasen berechnen sich mit Hilfe des Hebelgesetzes. Betrachtet man beispielsweise die Legierung mit der Konzentration c_1 an B-Atomen, so entstehen aus dieser bei Erreichen der Liquiduslinie a-e im Punkte b die ersten α-Mischkristalle mit einer dem Punkte b' entsprechenden Konzentration an B-Atomen. Nach Absenkung der Temperatur auf den Punkt * befinden sich α-Mischkristalle mit einer dem Punkte c' und Schmelze mit einer dem Punkte c entsprechenden Konzentration an B-Atomen miteinander im Gleichgewicht. Ist m_α der Massenanteil des α-Mischkristalls und m_S der Massenanteil der Schmelze, so gilt

$$\frac{m_\alpha}{m_S} = \frac{c - c_1}{c_1 - c'} = \frac{l_S}{l_\alpha} \tag{6.1}$$

l_S und l_α sind offenbar (vgl. oberen Teil von Bild 6-1) die Hebelarme des zweiseitigen Hebels mit dem Auflager * bei der Konzentration c_1, an dessen Enden c' und c man sich die Massenanteile m_α und m_S der Phasen vorzustellen hat. Da für die Gesamtmasse der betrachteten Legierung die Bedingung

$$m = m_\alpha + m_S \tag{6.2}$$

erfüllt sein muss, folgt mit $l = l_\alpha + l_S = c - c'$ aus Gl. 6.1 und 6.2

$$m_\alpha = \frac{l_S}{l} m \tag{6.3}$$

bzw.

$$m_S = \frac{l_\alpha}{l} m \tag{6.4}$$

Der bei gegebener Temperatur vorliegende relative Massenanteil einer Phase verhält sich also wie der abgewandte Hebelarm zur Gesamtlänge des zweiseitigen Hebels. Nach Erreichen der Konode d'd liegt demnach für die betrachtete Legierung die gesamte Legierungsmasse ($l_S = l$) als α-Mischkristall vor. Analoge Überlegungen gelten für die anderen Zweiphasengebiete des Zustandsdiagrammes.

Für die Legierung der Konzentration c_1 kann mit Hilfe der thermischen Analyse die Lage der Punkte b und d' leicht ermittelt werden. Bei Abkühlung aus dem schmelzflüssigen Zustand zeigt die Temperatur-Zeit-Kurve (vgl. Bild 6-2) zunächst einen kontinuierlichen exponentiellen Abfall, der von der spezifischen Wärme und der Masse der Legierung sowie den Umgebungsbedingungen abhängt. Wird die Liquiduslinie bei b erreicht, so bewirkt die Bildung der α-Mischkristalle mit der Konzentration b' an B-Atomen, dass die zugehörige Schmelze reicher an B-Atomen wird und deshalb ihre Erstarrungstemperatur absenkt. Auf Grund der bei der Kristallisation frei werdenden Erstarrungsenthalpie verläuft die Temperatur-Zeit-Kurve der

Legierung somit nach Unterschreiten der Liquiduslinie flacher als im einphasigen Schmelzbereich, und es tritt ein Knickpunkt im Kurvenverlauf auf. Mit weiter abnehmender Temperatur nimmt sowohl die Konzentration der Restschmelze als auch die der α-Mischkristalle an B-Atomen zu. Der noch flüssige Massenanteil der Legierung wird kleiner, der kristallisierte entsprechend größer. Da die Erstarrung der Schmelze beim Erreichen der Konode d'd abgeschlossen ist (d' liegt auf der sog. Soliduslinie), wird bei dieser Temperatur ein weiterer Knickpunkt beobachtet. Danach erfolgt die Abkühlung auf Raumtemperatur kontinuierlich.

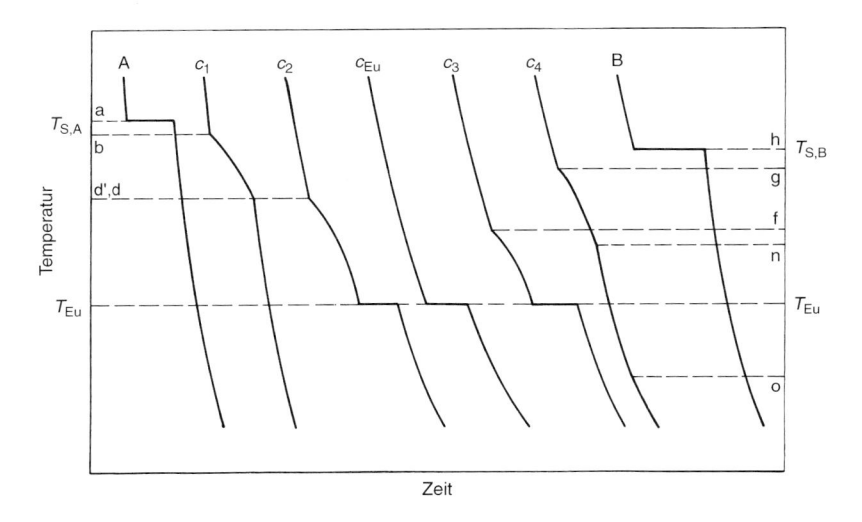

Bild 6-2 Abkühlungskurven für die reinen Metalle und fünf Legierungen des in Bild 6-1 gezeigten Zustandsdiagrammes

Neben dem eben beschriebenen Sachverhalt sind in Bild 6-2 Temperatur-Zeit-Kurven für die reinen Metalle A und B sowie für die in Bild 6-1 vermerkten Legierungen mit den Konzentrationen c_2, c_{Eu}, c_3 und c_4 aufgezeichnet. Die reinen Metalle A bzw. B ergeben als Folge der bei den Schmelztemperaturen $T_{S,A}$ bzw. $T_{S,B}$ beim Erstarren frei werdenden Kristallisationswärme (Erstarrungsenthalpie) Kurven mit sog. Haltepunkten. Für Legierungskonzentrationen, die zwischen den Begrenzungspunkten der eutektischen Geraden k-e-m liegen, gelten – mit Ausnahme der eutektischen Zusammensetzung c_{Eu} – nach Unterschreiten der Grenzlinie a-e und e-h zunächst die gleichen Überlegungen wie für die Legierung mit der Konzentration c_1. Kurz vor Erreichen der eutektischen Temperatur T_{Eu} liegen aber in allen Fällen neben α- bzw. β-Mischkristallen unterschiedlich große Mengenanteile an Schmelze mit der Konzentration c_{Eu} vor, die sich nach weiterer Temperaturabsenkung bei $T = T_{Eu}$ gemäß

$$s \rightarrow \alpha + \beta \tag{6.5}$$

eutektisch umwandeln. Das Erreichen der Eutektikalen macht sich also bei diesen Legierungen als Haltepunkt in den T,t-Kurven bemerkbar. Aus der Schmelze der Legierung mit der Konzentration c_2 bilden sich z. B. zunächst α-Mischkristalle. Bei Erreichen einer wenig über T_{Eu} liegenden Temperatur besteht Gleichgewicht zwischen α-Mischkristallen mit einer dem Punkt k entsprechenden Konzentration an B-Atomen und Restschmelze, die praktisch die eutektische Konzentration an B-Atomen besitzt. Absenken der Temperatur auf $T = T_{Eu}$ führt zur eutektischen Reaktion der Restschmelze gemäß Gl. 6.5. Eine eutektische Legierung der Konzentration c_{Eu} erstarrt dagegen direkt als heterogenes Gemenge aus α und β-Mischkristallen bei der Temperatur T_{Eu}. Die entsprechende Abkühlungskurve (c_{Eu} in Bild 6-2) zeigt daher, wie die der reinen Metalle, nur einen Haltepunkt. Bei einer Legierung der Konzentration c_3 sind die Vorgänge bei der Abkühlung zwischen f und l ähnlich wie die bei der Legierung der Konzentration C_2 zwischen d und r. Zunächst bilden sich nach Überschreiten der Linie e-h B-reiche Mischkristalle, so dass die Schmelze B-ärmer wird. Die Restschmelze reichert sich bei weiterer Absenkung der Temperatur solange an A an, bis sie die eutektische Zusammensetzung erreicht. Dementsprechend enthält die zugehörige Abkühlungskurve (c_3 in Bild 6-2) neben einem Knickpunkt bei der Temperatur f noch einen Haltepunkt bei der eutektischen Temperatur T_{Eu}. Bei der Konzentration c_4 schließlich finden zwischen g-n ähnliche Erstarrungsvorgänge statt wie für c_1 auf der A-reichen Legierungsseite zwischen b-d'. Nach Unterschreiten der Grenzlinie m-h liegen nur noch homogene β-Mischkristalle vor. Wird die Gleichgewichtslinie m-q unterschritten, so bilden sich α-Mischkristalle aus den B-reichen β-Mischkristallen. Die Legierung geht wieder in einen zweiphasigen Zustand mit heterogenem Gefüge über. Die Abkühlungskurve c_4 in Bild 6-2 spiegelt diese Prozesse wider.

6.2 Aufgabe

Von vier Blei-Zinn-Legierungen sowie reinem Blei und reinem Zinn sind die Temperatur-Zeit-Kurven beim Abkühlen aus dem schmelzflüssigen Zustand zu ermitteln. Mit Hilfe der Messwerte ist die Lage der Gleichgewichtslinien des zugehörigen Zustandsdiagrammes, das typenmäßig Bild 6-1 entspricht, anzugeben.

6.3 Versuchsdurchführung

Reines Blei und Zinn sowie vier verschiedene PbSn-Legierungen, in die Kupfer-Konstantan-Thermoelemente eintauchen, werden in elektrischen Tiegelöfen auf etwa 350 °C aufgeheizt und liegen dann im schmelzflüssigen Zustand vor. Die Massen von Tiegel, Thermoelement und Schutzrohr sind jeweils klein gegenüber der Masse der Schmelze. Zur Vermeidung von Temperaturunterschieden werden die einzelnen Schmelzen hinreichend lange gerührt. Die Thermoelementspannungen werden mit Hilfe eines Bereichsumschalters einem digitalen Temperaturmessgerät zugeführt. Nach Abschalten der Heizung werden bei geringer Abkühlgeschwindigkeit die Temperaturen der einzelnen Legierungen in Abständen von etwa 1 Minute abgelesen und aufgezeichnet. Die den Halte- und Knickpunkten der Abkühlungskurven zukommenden Temperaturen werden ermittelt, über der bekannten Legierungskonzentration aufgetragen und hinsichtlich ihrer Bedeutung für die Lage der Zustandsbereiche des Zweistoffsystems PbSn erörtert.

6.4 Weiterführende Literatur

[Böh68]   Böhm, H.: Einführung in die Metallkunde, Bibl. Inst. Mannheim, 1968

[Guv83]   Guv, A. G.: Metallkunde für Ingenieure, 4. Aufl., Akad. Verlagsges., Frankfurt, 1983

[Sch03]   Schatt, W.; Worch, H.: Werkstoffwissenschaft, Verlag Wiley-VCh, Weinheim, 2003

[Sch04]   Schumann, H.: Metallografie, 14. Aufl., Verlag Wiley-VCh, Weinheim, 2004

[Ils10]   Ilschner, B.; Singer, R.: Werkstoffwissenschaften und Fertigungstechnik, 5. Auflage, Springer, Berlin, 2010

6.5 Symbole, Abkürzungen

Symbol/Abkürzung	Bedeutung	Einheit
α	A-reicher Mischkristall	-
β	B-reicher Mischkristall	-
S	Schmelze	-
c	Konzentration der Schmelze	Masse-%
c_1	Konzentration der Legierung	Masse-%
c'	Konzentration der α-Phase	Masse-%
l	Gesamtlänge des zweiseitigen Hebels	-
l_α	Hebelarme an α-Phase	-
l_s	Hebelarme an der Schmelze	-
m	Masse der Legierung	g
m_α	Massenanteil der α-Phase	g
m_s	Massenanteil der Schmelze	g

info@linn.de
www.linn.de

linn High Therm

Standardlaboröfen.

Schutzgaslaboröfen.

Rohröfen geschlossen und teilbar.

Probenvorbereitung für Spektroskopie.
Induktives Umschmelzen von Metallen und Aufschluss von oxidischen Proben.
XRF/RFA, Emission, ICP, AAS und X-Emission.

V7 Lichtmikroskopie von Werkstoffgefügen

7.1 Grundlagen

Der lichtmikroskopisch erkenn- und bewertbare Aufbau metallischer Werkstoffe wird als Gefüge bezeichnet. Lichtmikroskopische Untersuchungen werden an geschliffenen, polierten und geätzten Proben des Werkstoffes durchgeführt. Man unterscheidet dabei zwischen homogenen und heterogenen Werkstoffen, je nachdem, ob ein- oder mehrphasige Zustände vorliegen. Für die Beurteilung des Gefüges sind Zahl und Anteil der Phasen sowie Größe, Form und Verteilung der den einzelnen Phasen zuzuordnenden Körner von zentraler Bedeutung.

Die zur lichtmikroskopischen Gefügeanalyse erforderlichen Präparationsschritte umfassen die Probenentnahme sowie das Schleifen, Polieren und Ätzen der Proben. Um irreparable Schäden an der Probe und dem Gefüge zu vermeiden, muss dem Trennvorgang eine besondere Bedeutung beigemessen werden. Die Probe sollte möglichst ohne Wärmebeeinflussung, Verformung oder Werkstoffstörungen wie Ausbrüche oder Risse getrennt werden. Durch das Einbetten der metallographischen Proben in Warm- oder Kalteinbettmittel (z. B. Bakelite, Epoxidharz) wird in erster Linie eine bessere Handhabung für die anschließende Präparation und Auswertung erreicht. Außerdem können unterschiedlich dimensionierte Proben in Formen gleichen Durchmessers gebracht werden, um diese in geeigneten Probenhaltern halbautomatisch präparieren zu können. Sehr kleine und unhandliche Proben können durch das Einbetten überhaupt erst bearbeitet werden.

Nach der Probenentnahme weist die erzeugte Trennfläche mechanisch geschädigte Werkstoffbereiche auf. Das Freilegen des unbeeinflussten Gefüges erfolgt in zwei Präparationsschritten – dem Schleifen und dem Polieren. Beim Schleifen werden die oberen Werkstoffschichten mit Hilfe gebundener Schleifkörner (Siliziumcarbid (SiC), Aluminiumoxid (Al_2O_3), Diamant oder Bornitrid (CBN)) abgetragen. Dabei finden von grob nach fein abgestufte Schleifpapiere unterschiedlicher Körnung nacheinander Anwendung. Jede Schleifstufe sollte die vorangegangene Verformung beseitigen, verursacht ihrerseits allerdings neue Schäden. Die Tiefe der Deformation nimmt mit feiner werdender Körnung ab. Es gilt zu beachten, dass bei weichen Werkstoffen die Deformation um ein Vielfaches größer ist als bei harten Werkstoffen. Um eine Erwärmung der Proben während des Schleifvorganges zu vermeiden, werden Kühlflüssigkeiten (z. B. H_2O) benutzt, die gleichzeitig ausgebrochene Schleifmittelkörner sowie abgeschliffene Werkstoffteilchen wegschwemmen.

Beim Poliervorgang wird anders als beim Schleifen das Abrasivmittel in Form von Pasten oder Suspensionen auf ein Poliertuch aufgetragen. Durch den Polierdruck werden die Abrasive in der Unterlage fixiert und wirken dadurch ähnlich wie gebundenes Korn. Zum Polieren werden hauptsächlich die Poliermedien Diamant, Aluminiumoxid (Al_2O_3) und amorphes Siliziumdioxid (SiO_2) in kolloidaler Suspension verwendet. Mit Ausnahme von Diamant werden diese Poliermittel in der Regel in destilliertem Wasser gelöst. Das Polieren wird normalerweise in mehreren Stufen durchgeführt, wobei mit 6 μm oder 3 μm Diamantenpoliermittel auf glatten, harten Poliertüchern vorpoliert wird. Anschließend kann mit einer 1 μm Diamantstufe auf weichen Poliertüchern fortgefahren werden. Um eine Erwärmung oder Verformung auf der Oberfläche zu verhindern, sollte ein passendes Schmiermittel eingesetzt werden.

Nach dem Polieren kann der Schliff nur dann direkt lichtmikroskopisch beurteilt werden, wenn Gefügebestandteile unterschiedlicher Eigenfärbung und/oder unterschiedlichen Reflexionsvermögens vorliegen. Bei heterogenen Werkstoffen wird unter senkrechtem Lichteinfall von einer Phase mit dem Brechungsindex n der Anteil

$$R = \left(\frac{n-1}{n+1}\right)^2 \cdot 100\,\% \qquad (7.1)$$

reflektiert. Die in Tabelle 7.1 angegebenen Zahlenwerte geben das mittlere Reflexionsvermögen R einiger ausgewählter Metalle, Sulfide und Oxide bei einer Lichtwellenlänge von 0,590 µm wieder. Bei Fe_2O_3 und C ist R stark anisotrop.

Tabelle 7.1 Mittlerer Reflexionsgrad R von ausgewählten Metallen, Sulfiden und Oxiden

	Ag	Mg	Cu	Al	Ni	Fe	W	FeS	Fe_2O_3	Cu_2O	MnS	FeO	C	Al_2O_3
R [%]	94	93	83	82,7	62	59	54,5	37	25,7	22,5	21	19	14	7,6

In der Regel ist eine Kontrastierung des Gefüges durch Ätzen notwendig. Die Möglichkeiten zur Gefügekontrastierung sind zahlreich. Je nachdem, ob die Kontrastierung ohne oder mit einer Veränderung der polierten Schlifffläche vorgenommen wird, unterscheidet man zwischen optischen, elektrochemischen und physikalischen Ätzmethoden.

Das metallographische Ätzen umfasst alle Prozesse, um besondere strukturelle Merkmale eines Werkstoffes zum Vorschein zu bringen, die im polierten Zustand nicht erkennbar sind. Die Überprüfung an ungeätzten Proben kann strukturelle Merkmale wie Porosität, Risse und Einschlüsse hervorbringen. Viele dieser Merkmale werden mittels Bildanalyse im ungeätzten Zustand erfasst und ausgewertet.

Das Ätzen wird durch Eintauchen, Wischen oder elektrolytisch mit einer geeigneten chemischen Lösung durchgeführt. Dabei wird die Tatsache genutzt, dass der chemische Angriff bei den Gefügebestandteilen von deren Orientierung und chemischen Zusammensetzung abhängt. Bei der Korngrenzenätzung (Bild 7-1a) greift das Ätzmittel lediglich die Korngrenzen an. Bei der Kornflächenätzung (Bild 7-1b) werden dagegen wegen der anisotropen Wirkung des Ätzmittels Kristallite je nach ihrer Orientierung unterschiedlich stark abgetragen.

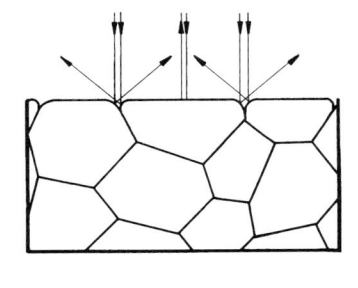

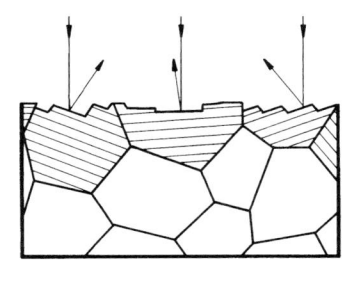

a)   b)

Bild 7-1 Reflexion senkrecht einfallenden Lichtes a) Korngrenzenätzung, b) Kornflächenätzung

V7 Lichtmikroskopie von Werkstoffgefügen

Als Folge der dislozierten Reflexion erhält man einen scheinbaren Hell-Dunkel-Eindruck der Kristallite, weil das auf den Schliff auftreffende Lichtbündel in einzelne Raumrichtungen unterschiedlich stark reflektiert wird, so dass die Kornflächen unterschiedlich hell erscheinen. Die für die einzelnen Werkstoffe geeigneten Ätzmittel wurden empirisch gefunden und sind in Handbüchern zusammengestellt. Optimale Ätzzeiten, die zwischen wenigen Sekunden und einigen Minuten liegen können, ermittelt man durch Probieren. Greift ein Ätzmittel zu stark an, so kann es meist mit Ethanol, Glycerin oder Glykol verdünnt werden. Die Proben werden üblicherweise mit Hilfe von Platinzangen in das Ätzmittel getaucht, nach dem Erkennen der ersten Anlaufspuren mit Wasser und Alkohol abgespült und dann an warmer Luft getrocknet. In Tabelle 7.2 sind beispielhaft für einige Werkstoffgruppen herkömmliche Ätzmittel angegeben.

Tabelle 7.2 Ätzmittel zur Entwicklung des Gefüges von Metalllegierungen

Werkstoff	Ätzmittel		
Fe-Basislegierungen	1–10	ml	Salpetersäure
	100	ml	Ethanol
	4	g	Pikrinsäure
	100	ml	Ethanol
Al-Basislegierungen	0,1–10	ml	40%-ige Flusssäure
	100	ml	Wasser
	1,5	ml	Salzsäure
	1,0	ml	40%-ige Flusssäure
	2,5	ml	Salpetersäure
	95	ml	Wasser
Cu-Basislegierungen	10	g	Ammoniumpersulfat
	100	ml	Wasser
	20–40	ml	Salpetersäure
	60–100	ml	Wasser
Ni-Basislegierungen	10	ml	Salzsäure
	100	ml	Wasser
	65	ml	Salpetersäure
	18	ml	Eisessig
	17	ml	Wasser

Die Größe, unter der ein Objekt mit der Abmessung AB eines fertig gestellten Schliffes einem Beobachter erscheint, ist nach Bild 7-2 von der Entfernung s zwischen Objekt und Auge abhängig. Sie wird durch den Sehwinkel ω festgelegt, den die Grenzstrahlen des Objektes von der Augenlinse aus bilden.

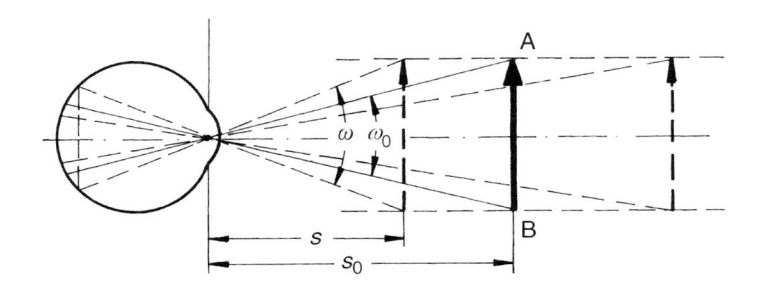

Bild 7-2 Sehwinkel und deutliche Sehweite

Die sog. deutliche Sehweite, auch Bezugs- oder Normsehweite genannt, ist festgelegt auf $s_0 = 250$ mm. In dieser Entfernung erscheint dem normalsichtigen Auge ein Gegenstand mit dem zugehörigen Sehwinkel ω_0 unter der Vergrößerung 1. Ein Gegenstand in der Entfernung $s < s_0$ unter einem größeren Sehwinkel ω wird mit der Vergrößerung

$$V = \frac{\omega}{\omega_0} \tag{7.2}$$

dargestellt. Wird der Abstand Objekt - Auge auf weniger als 100 mm reduziert, so erfordert die Sehwinkelvergrößerung optische Hilfsmittel wie Lupe oder Mikroskop. Dabei ist die erzielbare Vergrößerung bestimmt durch

$$V = \frac{\text{Sehwinkel mit optischem Hilfsmittel}}{\text{Sehwinkel ohne optisches Hilfsmittel bei Objektlage in 250 mm Entfernung}} \tag{7.3}$$

Ein Okular ist eine Sammellinse kleiner Brennweite, mit der ein in der Brennebene $F_{Ok,1}$ liegender Gegenstand A'B' dem nicht akkommodierten Auge mit der Größe A"B" unter dem Sehwinkel $\omega = $ A'B'/f_{Ok} im Unendlichen erscheint (Bild 7-3 Mitte). Die Brennweite f_{Ok} entspricht dem Abstand der Brennebene zur Hauptebene der Linse. Da der Gegenstand ohne Okular in der deutlichen Sehweite unter dem Sehwinkel $\omega_0 = $ A'B'/s_0 erscheinen würde, ergibt sich nach Gl. 7.2 die Okularvergrößerung zu

$$V_{Ok} = \frac{s_0}{f_{Ok}} \tag{7.4}$$

Mit einfachen Okularen sind nur geringe Vergrößerungen erzielbar. Eine 10fache Vergrößerung benötigt bereits eine Brennweite von 25 mm. Stärkere Vergrößerungen erfordern Mikroskope. Dort wird zunächst mit einem Objektiv vom Gegenstand AB (Bild 7-3 oben) ein reelles vergrößertes Bild A'B' (Zwischenbild) erzeugt und dieses anschließend (Bild 7-3 Mitte) mit einem als Lupe wirkenden Okular betrachtet. Objektiv und Okular sind auf einer gemeinsamen optischen Achse angebracht (Bild 7-3 unten). Ist f_{Ob} die Brennweite des Objektives und ist t der Abstand zwischen bildseitigem Objektivbrennpunkt $F_{Ob,2}$ und dem Zwischenbild A'B', so ergibt sich als Objektivabbildungsmaßstab

$$\beta \approx \frac{t}{f_{Ob}} \tag{7.5}$$

V7 Lichtmikroskopie von Werkstoffgefügen

Mit der Vergrößerung des Okulars V_{Ok} ergibt sich die mikroskopische Gesamtvergrößerung zu

$$V_M = \text{Objektivabbildungsmaßstab} \cdot \text{Okularvergrößerung} = \beta \cdot V_{Ok} = \frac{t}{f_{Ob}} \cdot \frac{s_0}{f_{Ok}} \quad (7.6)$$

Die Mikroskopvergrößerung für ein auf Unendlich eingestelltes Auge ist also gleich dem Produkt aus deutlicher Sehweite und Abstand zwischen den einander zugekehrten Objektiv- und Okularbrennebenen dividiert durch das Produkt aus der Objektiv- und Okularbrennweite. Das beobachtbare Bild des Gegenstandes ist seiten- und höhenverkehrt.

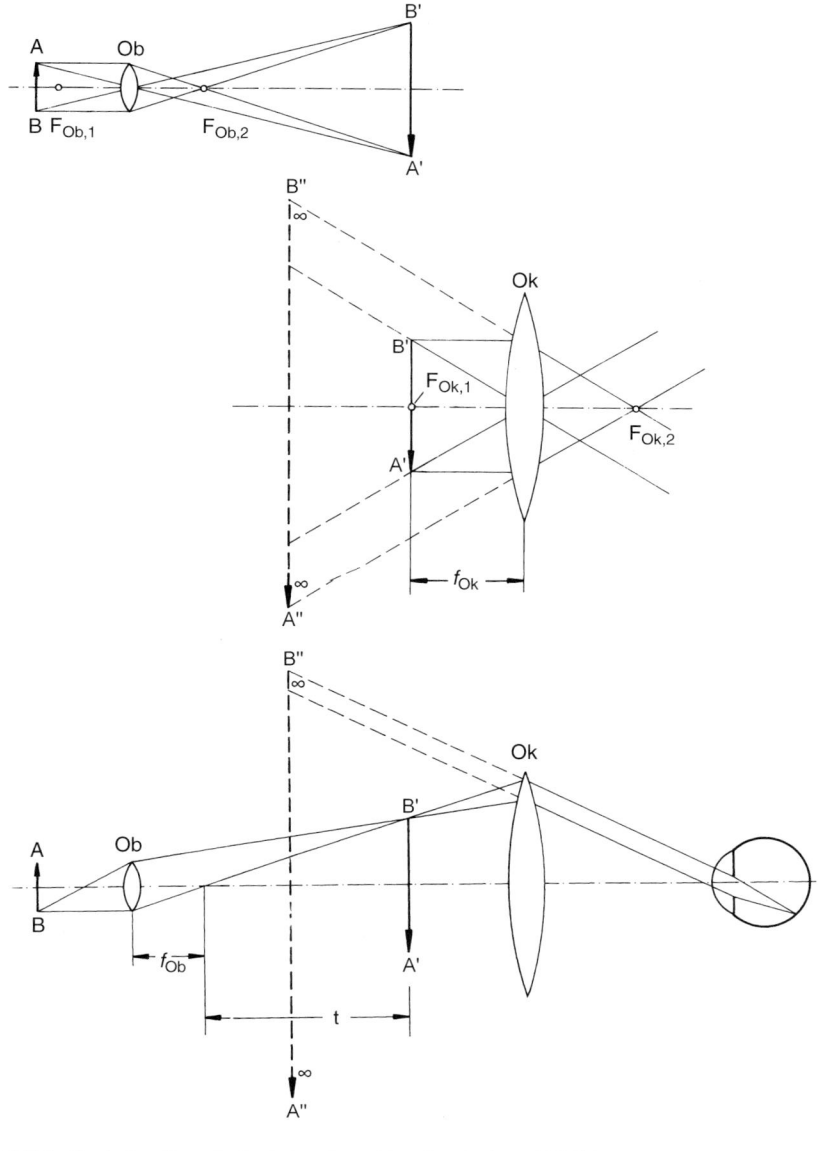

Bild 7-3 Optische Grundprinzipien der mikroskopischen Abbildung

Wesentlich für die Qualität einer mikroskopischen Abbildung ist ein optimaler Beleuchtungsstrahlengang. Dieser wird meistens nach dem Köhlerschen Beleuchtungsprinzip realisiert (Bild 7-4). Die Kollektorlinse K erzeugt in der Ebene der Aperturblende A ein Abbild der Lichtquelle L. Die Aperturblende wird ihrerseits über die Linsen Li in die hintere Brennebene des Objektivs O abgebildet. Über eine Veränderung der Aperturblende kann so die tatsächlich genutzte Beleuchtungsapertur (Öffnungswinkel der beleuchtenden Strahlen) reguliert und eine gleichmäßige Ausleuchtung des Objekts erzielt werden. Die zweite Blende B wird von der Linse Li und dem Objektiv O in die Objektebene abgebildet. Sie begrenzt damit das tatsächlich ausgeleuchtete Objektfeld. Das Köhlersche Beleuchtungsprinzip gestattet also eine Variation der Beleuchtungsapertur sowie des Durchmessers des Leuchtfeldes und vermeidet dadurch Streulicht und störende Reflexionen.

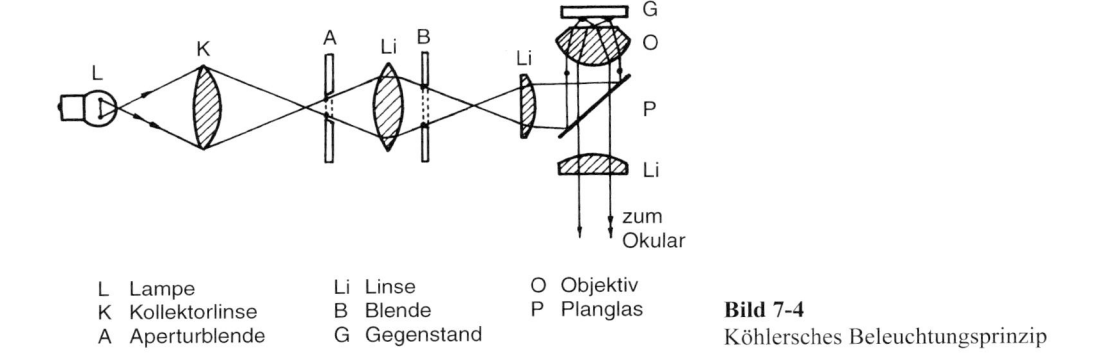

L Lampe   Li Linse   O Objektiv
K Kollektorlinse   B Blende   P Planglas   **Bild 7-4**
A Aperturblende   G Gegenstand   Köhlersches Beleuchtungsprinzip

Die bei der Metallmikroskopie Verwendung findenden Objektive und Okulare bestehen aus Mehrlinsensystemen. Bei Okularen gibt die eingravierte Bezeichnung, z. B. 20x, Aufschluss über die damit erzielbare Vergrößerung. Objektivbezeichnungen bestehen i. a. aus Buchstaben- und Zahlenfolgen, z. B. Pl 40x/0,85. Die Buchstaben bezeichnen die Objektivart. Apochromate (Apo) Objektive sind chromatisch weitestmöglich und sphärisch vollständig korrigiert. Planapochromate (Pl) Objektive sind darüber hinaus noch hinsichtlich der Bildfeldwölbung korrigiert. Fehlen Buchstabenangaben, so handelt es sich um Achromate, die chromatisch hinsichtlich der grüngelben und roten Lichtanteile sowie sphärisch korrigiert sind. Die der Objektivart folgende erste Zahl mit nachfolgendem x gibt den Abbildungsmaßstab β an, die davon getrennte zweite Zahl die numerische Apertur

$$A_N = n \cdot \sin \alpha \tag{7.7}$$

Dabei ist n der Brechungsindex des Immersionsmediums zwischen Gegenstand und Objektiv, α der halbe Öffnungswinkel der Frontlinse des Objektivs. Die numerische Apertur A_N ist also ein Maß für die Größe des objektivseitig vom Gegenstand aufnehmbaren Lichtkegels. Bei Trockenobjektiven befindet sich Luft ($n = 1$) zwischen Gegenstand und Objektiv ($A_N < 1$), bei Immersionssystemen wird zwischen Gegenstand und Objektiv eine Immersionsflüssigkeit ($n > 1$, z. B. Zedernholzöl mit $n = 1{,}52$ oder Methylenjodid mit $n = 1{,}74$) eingebracht.

Wesentlich für die Lichtmikroskopie ist das erreichbare Auflösungsvermögen. Nach den Gesetzen der Beugungstheorie können mikroskopisch zwei im Abstand X voneinander entfernte Punkte auf einem Objekt nur dann noch getrennt beobachtet werden, wenn die Abbesche Bedingung

$$X = \frac{\lambda}{A_N} \qquad (7.8)$$

erfüllt ist. Dabei ist λ die Wellenlänge des senkrecht zum Objekt einfallenden Lichtes und A_N die durch Gl. 7.7 definierte numerische Apertur. Bei schrägem Lichteinfall geht Gl. 7.8 in

$$X = \frac{\lambda}{2A_N} \qquad (7.9)$$

über. Die Linearabmessung, die mit einem Mikroskop noch aufgelöst werden kann, ist daher umso kleiner, je kleiner die Wellenlänge des verwendeten Lichtes und je größer die numerische Apertur ist. Ferner kann das Auflösungsvermögen durch schrägen Lichteinfall vergrößert werden. Bei gegebenem Objektivsystem lassen sich also Strukturen, die kleiner als die benutzte (halbe) Lichtwellenlänge sind, nicht mehr auflösen. Mit gelbem Licht ($\lambda = 0{,}59$ μm $= 590$ nm) einer Natriumdampflampe ergibt sich somit ein Auflösungsvermögen bei $A_N = 1$ und senkrechtem (schrägem) Lichteinfall von $X = 0{,}59$ μm ($0{,}30$ μm).

Das Auflösungsvermögen des Mikroskops bestimmt die objektiven Grenzen für die förderliche Vergrößerung V_f bei mikroskopischen Betrachtungen. Da das normalsichtige menschliche Auge zwei Punkte nur dann als getrennt erkennt, wenn der Sehwinkel $0{,}02° \leq \omega \leq 0{,}04°$ beträgt, ist bei gegebener Auflösung und Vergrößerung des Objektives die Grenze der Okularvergrößerung bestimmbar, ab der sich Leervergrößerungen ergeben. Die förderlichen Vergrößerungen lassen sich mit Hilfe der Ungleichung

$$500 A_N \leq V_f \leq 1000 A_N \qquad (7.10)$$

festlegen. Wird z. B. ein Objektiv 50x/0,70 mit $\beta = 50$ und $A_N = 0{,}70$ benutzt, so ist $350 < V_f < 700$. Mit $V_{Ok} = V_f / \beta$ ergeben sich daher als Grenzwerte der anzuwendenden Okularvergrößerung $7 \leq V_{Ok} \leq 10$. Es ist also zweckmäßiger mit einem 10fach vergrößernden Okular zu arbeiten. Ein Okular mit 15facher Vergrößerung liefert bereits Leervergrößerungen. Neben der Auflösung und der förderlichen Vergrößerung ist bei lichtmikroskopischen Betrachtungen noch die Schärfentiefe von großer Bedeutung. Man versteht darunter den Abstand S zweier in Richtung der optischen Achse hintereinander gelegener Objektpunkte, die noch scharf abgebildet werden können. S nimmt mit wachsender numerischer Apertur A_N und wachsender Gesamtvergrößerung V_M bzw. förderlicher Vergrößerung V_f ab. Mit $V_M = V_f = V$ gilt

$$S \approx \frac{0{,}07}{A_N \cdot V} \cdot \left(1 + \frac{1}{V}\right) \qquad (7.11)$$

Für $A_N = 0{,}70$ und $V = 500$ wird z. B. $S = 0{,}0002$ mm $= 0{,}2$ μm. Die Schärfentiefe ist also bei lichtmikroskopischen Betrachtungen sehr klein.

7.2 Aufgabe

Für mehrere PbSn-Legierungen mit abgestuften Zusammensetzungen sind Gefügeuntersuchungen durchzuführen. Die Schliffherstellung erfolgt nach den beschriebenen Prinzipien. Die Schliffe sind anhand des Zustandsdiagrammes Blei-Zinn (Bild 7-5) und der in Tabelle 7.3 dargestellten Gefügebilder zu diskutieren und zu bewerten.

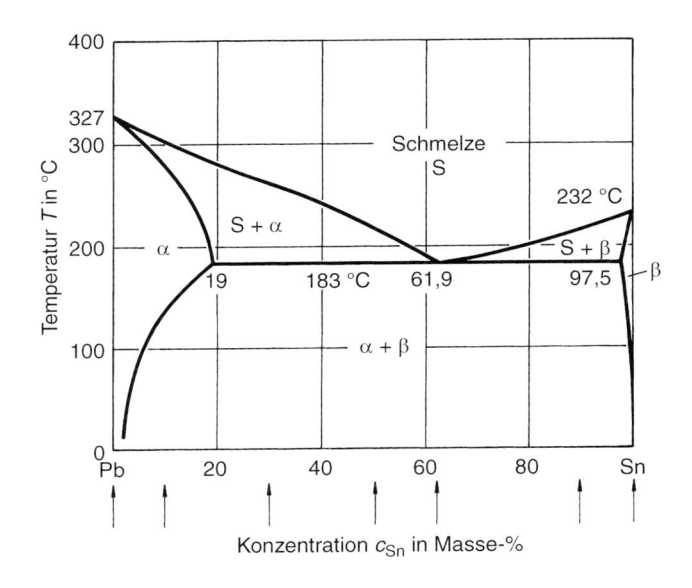

Bild 7-5
Zustandsdiagramm des binären Systems Blei-Zinn

Tabelle 7.3 Gefügebilder und -beschreibungen von PbSn-Legierungen

Pb		Bleikörner mit vereinzelten Zwillingen	Ätzung: 75 ml Essigsäure und 25 ml Wasserstoffsuperoxid
PbSn10		Primäre α-Mischkristalle (grau) mit β-Mischkristallen (hell)	Ätzung: 100 ml Wasser, 10 g Zitronensäure und 10 g Ammoniummolybdat
PbSn30		Primäre α-Mischkristalle (dunkel) sowie Eutektikum aus α-Mischkristallen (dunkel) und β-Mischkristallen (hell)	Ätzung: 100 ml Glycerin, 10 ml Salpetersäure und 20 ml Essigsäure

PbSn50		Primäre α-Mischkristalle (dunkel) und Eutektikum aus α-Mischkristallen (dunkel) und β-Mischkristallen (hell)	Ätzung: wie bei PbSn30
SnPb38		Eutektikum aus α-Mischkristallen (dunkel) und β-Mischkristallen (hell)	Ätzung: wie bei PbSn 30
SnPb10		Primäre β-Mischkristalle (hell) und Eutektikum aus α-Mischkristallen (dunkel) und β-Mischkristallen (hell)	Ätzung: wie bei PbSn 30
Sn		Zinnkörner mit sehr großen Abmessungsunterschieden	Ätzung: 100 ml Alkohol, 5 ml Salzsäure

7.3 Versuchsdurchführung

Als Versuchseinrichtungen stehen zur Schliffherstellung Schleif- und Polierstände, Einrichtungen für die Ätzbehandlung sowie ein Metallmikroskop zur Schliffbetrachtung zur Verfügung. Von den Werkstoffen werden Proben entnommen, an einer Seite eben gefräst und anschließend in Kunstharz eingebettet. Die einzelnen sehr weichen Werkstoffe werden nacheinander vorsichtig mit SiC-Schleifpapieren der Körnungen 180, 320, 600 und 1000 geschliffen. Poliert wird dann zunächst auf einem harten Tuch mit 3 μm-Diamantpaste und danach auf einem weichen Tuch mit SiO_2-Poliersuspension. Die Gefügeentwicklung erfolgt durch kurzzeitiges Tauchätzen bei Raumtemperatur mit den Ätzmitteln, die bei den oben zusammengestellten Schliffbildern angegeben sind. Von den einzelnen Schliffen werden jeweils charakteristische Bereiche im Lichtmikroskop betrachtet und fotografiert. Unter Heranziehung des Zustandsdiagrammes und des Hebelgesetzes (vgl. V6) werden die Gefügebilder erörtert und bestimmten Legierungen zugeordnet.

7.4 Weiterführende Literatur

[Ger06] Gerthsen, C.: Physik, 23. Aufl., Springer, Berlin, 2006
[Sch04] Schumann, H.; Oettel, H.: Metallografie, 14. Aufl., Wiley-VCH, Weinheim, 2004
[Fre68] Freund, H.: Handbuch der Mikroskopie in der Technik, Bd. 1 und 3, Umschau, Frankfurt, 1968
[Pet06] Petzow, G.: Metallographisches, keramographisches und plastographisches Ätzen, 6. Aufl., Borntraeger, Berlin, Stuttgart, 2006
[Bec85] Beckert, M.; Klemm, H.: Handbuch der metallographischen Ätzverfahren, 4. Aufl., VEB Grundstoffindustrie, Leipzig, 1985
[Bue10] Buehler: Die Summe unserer Erfahrungen, Ein Leitfaden zur Präparation von Werkstoffen und deren Auswertung, 2. Aufl., Buehler GmbH, Düsseldorf, 2010

7.5 Symbole, Abkürzungen

Symbol/Abkürzung	Bedeutung	Einheit
R	mittlerer Reflexionsgrad	%
n	Brechungsindex	-
s_0	deutliche Sehweite	mm
ω	Sehwinkel	°
ω_0	Sehwinkel zur deutlichen Sehweite	°
s	Entfernung zwischen Objekt und Auge	mm
V	Vergrößerung	-
F_{Ok}	Okularbrennebene	-
f_{Ok}	Okularbrennweite	mm
V_{Ok}	Okularvergrößerung	-
f_{Ob}	Objektivbrennweite	mm
F_{Ob}	Objektivbrennebene	-
β	Objektivabbildungsmaßstab	-
V_M	Mikroskopvergrößerung	-
A_N	numerische Apertur	-
α	halber Öffnungswinkel der Frontlinse des Objektivs	°
λ	Lichtwellenlänge	nm
V_f	förderliche Vergrößerung	-
S	Schärfentiefe	µm

V8 Härteprüfung

8.1 Grundlagen

Das Attribut „hart" wird in der Technik zur Beschreibung recht unterschiedlicher Werkstoffeigenschaften benutzt. Es ist allgemein üblich, den gegen das Eindringen eines Fremdkörpers beim Ritzen, Furchen, Schneiden, Schlagen, Aufprallen oder Pressen in den oberflächennahen Werkstoffbereichen wirksamen Werkstoffwiderstand als „Härte" anzusprechen. Zu einer Objektivierung des Begriffes Härte gelangt man daher nur durch Festlegung einer Prüfvereinbarung.

Für die Werkstoffkunde ist es zweckmäßig, als Härte eines Werkstoffes den Widerstand gegen das Eindringen eines härteren Festkörpers unter der Einwirkung einer ruhenden Kraft zu definieren. Dementsprechend lässt man bei allen technischen Härteprüfverfahren hinreichend harte Eindringkörper mit vorgegebener geometrischer Form während einer festgelegten Zeit mit einer bestimmten Kraft auf das Werkstück einwirken. Der Eindringkörper, der im zu untersuchenden Werkstoff lokal eine hohe Flächenpressung hervorruft und eine mehrachsig elastisch-plastische Verformung erzwingt, darf sich dabei selbst nur elastisch verformen (vgl. V23). Als Härtemaß wird angesehen entweder die auf die Oberfläche des entstandenen Eindruckes bezogene Prüfkraft (Brinellhärte, Vickershärte), oder die vom Eindringkörper hinterlassene Eindrucktiefe (Rockwellhärte).

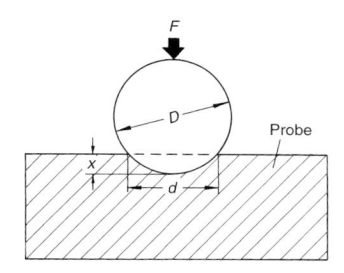

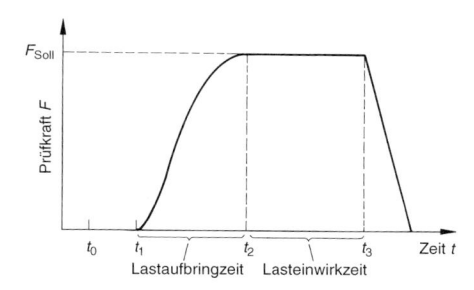

Bild 8-1 Prinzip der Härteprüfung nach Brinell   **Bild 8-2** Prüfkraft, Zeit-Verlauf

Bei der Härteprüfung nach Brinell wird eine Hartmetallkugel des Durchmessers D mit einer Kraft F senkrecht zur Oberfläche des Messobjektes in die zu vermessende Werkstückoberfläche eingedrückt (vgl. Bild 8-1 und 8-2). Die Belastung der Prüfkugel erfolgt stoßfrei (z. B. mit Hilfe einer Ölbremse) und erreicht nach der Lastaufbringzeit ($t_2 - t_1$) ihren Sollwert. Die Lasteinwirkzeit ($t_3 - t_2$) beträgt gewöhnlich 10 bis 15 s. Am Ende der Lasteinwirkzeit berechnet sich die Tiefe der entstandenen Kugelkalotte zu

$$x = \frac{1}{2}(D - \sqrt{D^2 - d^2}) \tag{8.1}$$

wobei d der Eindruckdurchmesser ist. Die Eindrucktiefe x sollte dabei höchstens 1/8 der Probendicke h betragen. Für die Oberfläche der Kugelkalotte ergibt sich

$$O_K = \pi Dx = \frac{\pi D}{2}(D - \sqrt{D^2 - d^2})\quad(8.2)$$

Als Maßzahl MZ der Brinellhärte HBW hat man

$$MZ = \alpha \frac{F}{O_K} = \frac{\alpha 2F}{\pi D(D - \sqrt{D^2 - d^2})}\quad(8.3)$$

mit $\alpha = 0.102$ vereinbart. Die Brinellhärteangabe erfolgt in der Form

$$MZ\ HBW \quad(8.4)$$

also z. B. 280 HBW oder 375 HBW. Wobei W für Wolframkarbidhartmetall steht, das Material der Prüfkugel. In früheren Normen, in denen eine Stahlkugel als Eindringkörper verwendet wurde, war die Bezeichnung für die Brinellhärte HB oder HBS. Bei praktischen HBW-Bestimmungen wird der Eindruckdurchmesser in zwei zueinander senkrechten Richtungen vermessen. Die experimentelle Erfahrung zeigt, dass die d-Werte für

$$0{,}24D \le d \le 0{,}6D \quad(8.5)$$

am genauesten zu bestimmen sind. Die untere Schranke bedeutet unscharfe Randausbildung der Kugelkalotte, die obere Schranke ungleichmäßiges Wegquetschen der oberflächennahen Werkstoffbereiche in Kugelnähe. In Abhängigkeit von der Härte des Werkstoffs und der Probendicke kommen unterschiedliche Kugeldurchmesser zum Einsatz. Da die HBW-Werte allerdings prüflastabhängig sind, können bei unterschiedlichen Kugeldurchmessern nicht die gleichen Prüflasten aufgebracht werden. In guter Näherung ist jedoch dann Unabhängigkeit von der Prüflast gewährleistet, wenn der sog. Beanspruchungssgrad

$$B = \frac{F}{D^2}\alpha \quad(8.6)$$

konstant gehalten wird. Tab. 8-1 fasst die für technisch wichtige Werkstoffgruppen festgelegten Beanspruchungsgrade zusammen.

Tabelle 8-1 Beanspruchungsgrade bei der Brinellhärteprüfung

Werkstoff	Brinellhärte HBW	Beanspruchungsgrad N/mm^2
Stahl; Nickel- und Titanlegierungen		30
Gusseisen	<140	10
	≥140	30
Kupfer und Kupferlegierungen	<35	5
	35 bis 200	10
	>200	30
Leichtmetalle und ihre Legierungen	<35	2,5
	35 bis 80	5
		10
		15
	>80	10
		15

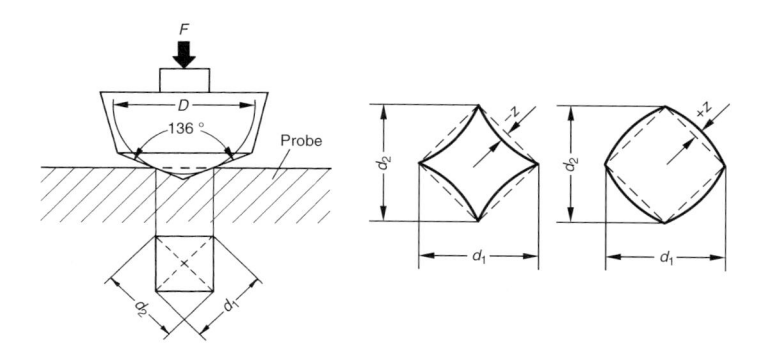

Bild 8-3 Prinzip der Härteprüfung nach Vickers und Berücksichtigung nicht quadratisch begrenzter Eindrücke, D = Durchmesser der Kugel, deren Tangentenkegel einen Öffnungswinkel von 136° besitzt

Bei der Härteprüfung nach Vickers wird als Eindringkörper eine regelmäßige vierseitige Diamantpyramide mit einem Öffnungswinkel von 136° benutzt, die mit einer Kraft F in das zu prüfende Werkstück eingedrückt wird. Bei blanken und ebenen Werkstoffoberflächen hat ein Härteeindruck im Idealfall die in Bild 8-3 skizzierte quadratische Begrenzung. Ist d der aus den Diagonallängen d_1 und d_2 erhaltene arithmetische Mittelwert, so ergibt sich die Eindruckoberfläche zu

$$O_P = 4 \frac{d}{2\sqrt{2}} \frac{d}{2\sqrt{2}\cos 22°} = \frac{d^2}{1,85} \qquad (8.7)$$

Die dimensionslose Maßzahl MZ der Vickershärte HV wird als

$$MZ = \alpha \frac{F}{O_P} = \frac{\alpha\, 1,85 F}{d^2} \qquad (8.8)$$

definiert, mit $\alpha = 0{,}102$. Die Vickershärteangabe erfolgt in der Form

$$MZ\ HV \qquad (8.9)$$

also z. B. 430 HV oder 670 HV. Treten verzerrte Härteeindrücke der in Bild 8-3 rechts gezeigten Art auf, so werden neben den Diagonallinien d_1 und d_2 noch die mit z bezeichneten Strecken ermittelt. Die Maßzahl der Vickershärte ergibt sich in diesen Fällen zu

$$MZ = \frac{\alpha\, 1{,}85 F}{2\left(\dfrac{d}{\sqrt{2}} \pm z\right)^2} \qquad (8.10)$$

Auch bei der Vickershärteprüfung wird die Prüflast stoß- und schwingungsfrei aufgebracht. Die Lastaufbringzeit beträgt 2 bis 8 s, die Lasteinwirkzeit 10 bis 15 s. Da bei Belastungen > 10 N die Eindrücke geometrisch ähnlich bleiben, besteht bei der makroskopischen Vickershärteprüfung praktisch kein Prüflasteinfluss. Je nach Probendicke werden Prüflasten von beispielsweise F = 490,3 N, 294 N oder 98 N benutzt. Die so ermittelten Härtewerte kennzeichnet man durch Anfügen des 9,81-ten Teiles der Prüflast an die HV-Angaben, also z. B. 280 HV 30 oder 670 HV 10. Für den Flächenöffnungswinkel der Vickerspyramide wurde deshalb ein Wert von 136° gewählt, weil dann der Tangentenkegel eines im optimalen Arbeitsbereich liegenden Brinelleindruckes mit $d = 0{,}375\,D$ gerade den gleichen Winkel einschließt (vgl. Bild 8-3). Auf diese Weise erhält man Vickers- und Brinellhärten, deren Maßzahlen bis zum Betrag von etwa 350 übereinstimmen. Bei größeren Härten eines Werkstoffes werden größere Vickers- als Brinellwerte gemessen, weil dann die Brinelleindrücke Tangentenkegel mit relativ zu großen Öffnungswinkeln liefern (vgl. V36).

In vielen Fällen ist es wünschenswert, die in kleinen Werkstoffbereichen vorliegenden Vickershärtewerte zu kennen. Dazu wurden spezielle Kleinlasthärteprüfgeräte entwickelt. Bei diesen werden mit kleinen Diamanten und Prüfkräften < 20 N Eindrücke erzeugt und mikroskopisch vermessen. Ein solches Gerät wird in V25 beschrieben.

Bei der Härteprüfung nach Rockwell (vgl. Bild 8-4) werden zwei verschiedene Eindringkörper verwendet. Je nachdem, ob ein abgerundeter Diamantkegel oder eine Hartmetallkugel für die Prüfung benutzt wird, spricht man von einer HRC (hardness rockwell cone)- oder einer HRB (hardness rockwell ball)-Prüfung. In beiden Fällen dient als Maßzahl für die Härte der Unterschied in der Eindringtiefe, den der Eindringkörper bei einer bestimmten Vorlast vor und nach der Einwirkung einer bestimmten Prüfzusatzlast zeigt.

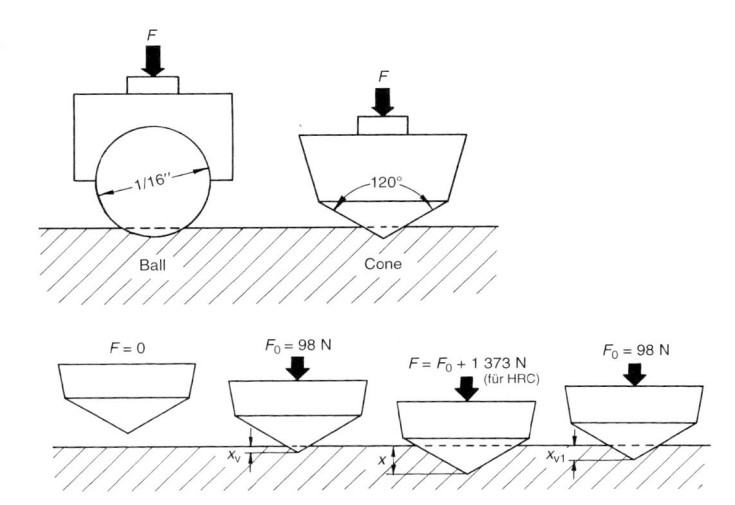

Bild 8-4
Eindringkörper und Prinzip der Härteprüfung nach Rockwell

Bei der HRC-Prüfung wird die Werkstoffoberfläche senkrecht zur Achse des Eindringkegels orientiert. Um einen von der Probenoberfläche unbeeinflussten und reproduzierbaren Nullpunkt für die Eindringtiefe zu erhalten, wird der Kegel mit einer Vorlast von $F = 98$ N auf das Prüfobjekt gedrückt. Als Eindringtiefe wird von der Messuhr eines Tiefenmessers x_v angezeigt. Daraufhin wird in etwa 1 bis 8 s die Kegelbelastung stoßfrei um 1373 N auf insgesamt 1471 N gesteigert und diese Last etwa 2 bis 6 s konstant gehalten. Im Zweifelsfalle erfolgt die Lasteinwirkung so lange, bis der Zeiger der Messuhr zum Stillstand kommt. Danach wird die Zusatzlast von 1373 N wieder entfernt und die nunmehr vorliegende Eindringtiefe x_{v1} gemessen. Bei dem Tiefenmesser, der über eine Skala mit 100 Teilen verfügt, entspricht die Änderung der Anzeige um 1 Skalenteil einer Eindringtiefenänderung von 0,002 mm. Als dimensionslose Maßzahl MZ der Rockwellhärte HRC wird

$$MZ\big|_C = 100 - \frac{x_{v1} - x_v}{0{,}002} \qquad (8.11)$$

definiert, die umso größer, je kleiner die Eindringtiefe des Diamantkegels ist. Die Rockwellhärte wird in der Form

$$MZ|_C \ HRC \tag{8.12}$$

also z. B. 47 HRC oder 56 HRC angegeben. Man ist übereingekommen, eine HRC-Prüfung nur im Bereich zwischen 20 HRC und 70 HRC vorzunehmen.

Bei den HRB-Prüfungen ist der Messvorgang im Prinzip der gleiche wie bei HRC-Prüfungen. Der Kugeleindruck erfolgt bei der gleichen Vorlast, jedoch mit einer kleineren Zusatzlast von 883 N. Die dimensionslose Maßzahl MZ der Rockwellhärte HRB wird daher als

$$MZ|_B = 130 - \frac{x_{v1} - x_v}{0,002} \tag{8.13}$$

definiert. Die Härteangaben erfolgen als

$$MZ|_B \ HRB \tag{8.14}$$

also z. B. 40 HRB oder 82 HRB. HRB-Prüfungen dürfen nur zwischen 20 HRB und 100 HRB vorgenommen werden.

Zu den klassischen Härteprüfgeräten, bei denen die Härteeindrücke mit Hilfe optischer Systeme oder mit Feinmessuhren manuell zu vermessen sind (vgl. Bild 8-5), treten neuerdings vollautomatische mikroprozessorgesteuerte Prüfeinrichtungen. Als Beispiel zeigt Bild 8-6 ein modernes Prüfgerät für Rockwell-Härten, das über Touchscreen und Netzwerkanschlüsse verfügt. Basierend auf der Kraftmessung über Kraftmessdosen wird ein Höchstmaß an Reproduzierbarkeit gewährleistet. Außerdem finden zunehmend Universalhärteprüfgeräte Anwendung, die eine Messung nach Vickers, Brinell und Rockwell über einen großen Prüfkraftbereich ermöglichen (vgl. Bild 8-7).

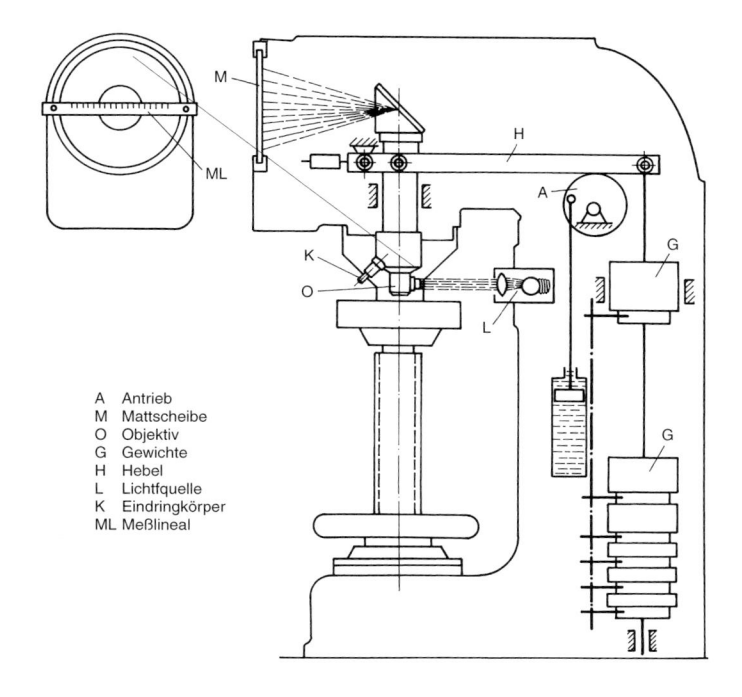

A Antrieb
M Mattscheibe
O Objektiv
G Gewichte
H Hebel
L Lichtquelle
K Eindringkörper
ML Meßlineal

Bild 8-5
Schematischer Aufbau eines Härteprüfgerätes

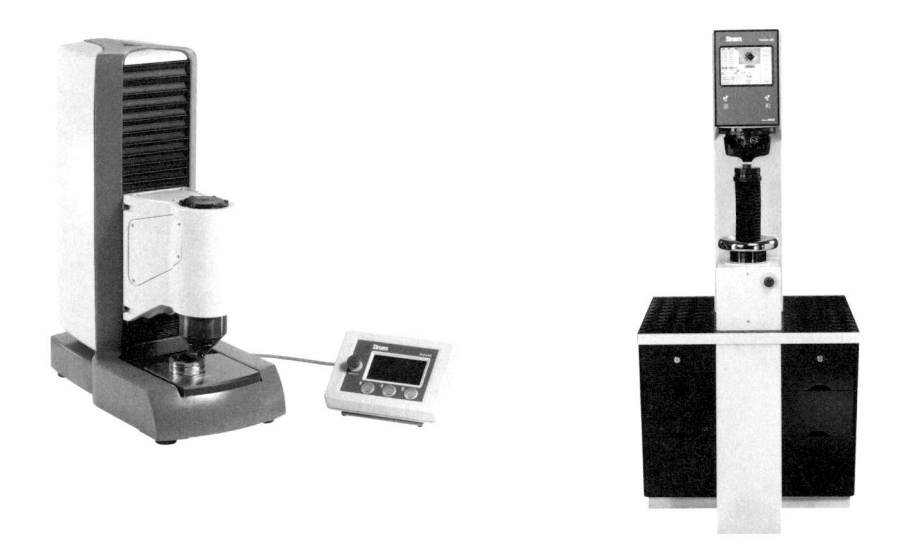

Bild 8-6 Struers DuraJet Rockwell Härteprüfsystem

Bild 8-7 Struers Duramin-500 Universalhärteprüfsystem

8.2 Aufgabe

An Platten aus PbSn10, MgAl8, Al 99.98, AlCuMg2, Cu 99.8, CuZn28, StE 420 und X2CrNiMo18-10, deren Herstellweg bekannt ist, sind Brinell-Härteprüfungen durchzuführen. Die Messwerte sind statistisch abzusichern und zu diskutieren. Bei den einzelnen Werkstoffen sind Möglichkeiten der Härtesteigerung zu erörtern.

8.3 Versuchsdurchführung

Die Brinellhärteprüfungen werden mit einem Universal-Härteprüfgerät mit optischer Mattscheibeneinrichtung durchgeführt. Bild 8-5 zeigt das Prinzipbild eines solchen Gerätes, das eine Variation der Belastung zwischen ~ 1200 N und ~ 30 000 N zulässt. Das zu vermessende Werkstück wird auf dem Prüftisch so lange in vertikaler Richtung verfahren, bis sich seine Oberfläche auf der Mattscheibe scharf abbildet. Dann wird durch Ziehen eines Auslösehebels die Prüfkugel positioniert und gleichzeitig der Belastungsmechanismus gestartet. Dabei steuert eine über einen Schneckenantrieb gleichförmig gedrehte Kurvenscheibe den Belastungsverlauf. Ein vorgeschaltetes Getriebe, das von einem Elektromotor angetrieben wird, ermöglicht eine stufenlose Einstellung der Belastungszeit. Nach Abschluss der Belastung geht das Messgerät automatisch wieder in die Ausgangsposition zurück. Mit dem angebauten Messlineal wird der 20-fach vergrößerte Eindruckdurchmesser auf der Mattscheibe ermittelt und der zugehörige HBW-Wert einer Tabelle entnommen.

8.4 Weiterführende Literatur

[Hab80] Habig, K.-H.: Verschleiß und Härten von Werkstoffen, Carl Hanser Verlag, München, 1980

[Rei81] Reicherter, G.: Die Härteprüfung nach Brinell, Rockwell und Vickers, 3. Auflage, Springer, Berlin, 1981

[Rel71] Relly, E. R. in Techniques of Materials Research, Vol. V/2, Interscience, New York, 1971, S. 157

[DIN EN ISO 6506-1:2006-03] DIN EN ISO 6506-1:2006-03, Metallische Werkstoffe – Härteprüfung nach Brinell – Teil 1: Prüfverfahren

[DIN EN ISO 6507-1:2006-03] DIN EN ISO 6507-1:2006-03, Metallische Werkstoffe – Härteprüfung nach Vickers – Teil 1: Prüfverfahren

[DIN EN ISO 6508-1:2006-03] DIN EN ISO 6508-1:2006-03, Metallische Werkstoffe – Härteprüfung nach Rockwell – Teil 1: Prüfverfahren

8.5 Symbole, Abkürzungen

Symbol/Abkürzung	Bedeutung	Einheit
D	Kugeldurchmesser	mm
d	Eindruckdurchmesser / Diagonallängen	mm
F	Kraft	N
t	Zeit	s
x	Eindrucktiefe	mm
O	Eindruckoberfläche	mm^2
MZ	Maßzahl	
α	Konstante	
h	Probendicke	mm
B	Beanspruchungsgrad	N/mm^2
z	Strecke bei quadratisch nicht begrenzten Eindrücken	mm

V9 Kaltumformen durch Walzen

9.1 Grundlagen

Die technologischen Werkstoffverarbeitungsprozesse werden nach DIN 8580 in Urformen, Umformen, Trennen, Fügen, Beschichten und Eigenschaftsändern eingeteilt. Unter Urformen versteht man dabei die Herstellung eines für technische Zwecke handhabbaren festen Werkstoffzustandes aus formlosen Ausgangsmaterialien. Das Gießen in Fertigformen, Stränge und Masseln oder in Blöcke als Ausgang für die Erzeugung von Brammen, Knüppeln und Platinen bei Eisenbasiswerkstoffen sowie das Gießen in Stränge, Masseln, Formate und Barren bei Nichteisenbasiswerkstoffen stellen solche Urformvorgänge dar. Aus den Urformprodukten werden, mit Ausnahme der Masseln, durch Umformprozesse Halbzeuge hergestellt, die als Ausgangswerkstoffe für die Fertigteilerzeugung mittels spanloser, spanender, fügender, beschichtender und eigenschaftsverändernder Arbeitsschritte dienen. Das Umformen stellt also einen Bereich von zentraler Bedeutung für die Werkstofftechnik dar. Es gibt viele verschiedenartige Umformverfahren. Bild 9-1 gibt darüber für den Bereich der Stähle einen schematischen Überblick. Das Walzen, das hier beispielhaft behandelt wird, zählt zu den Massivkaltumformverfahren.

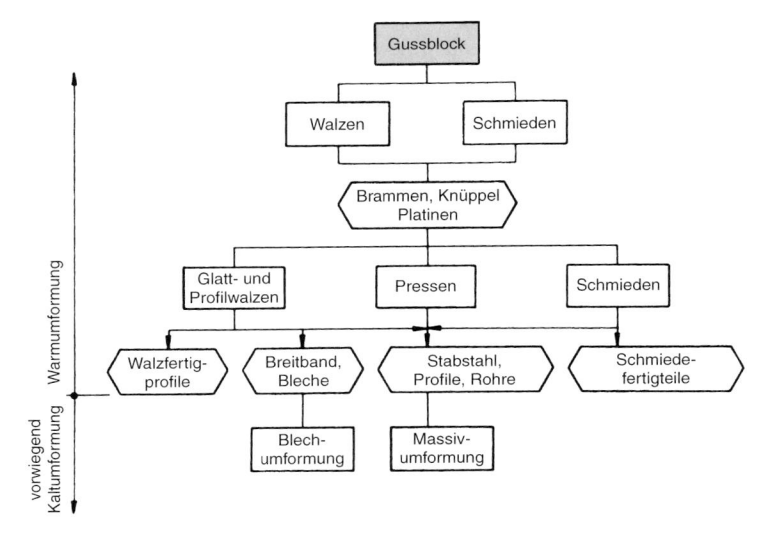

Bild 9-1 Umformverfahren und Umformprodukte der Stahltechnologie

Unter Walzen versteht man einen Umformvorgang, bei dem plastische Deformation eines Werkstoffes durch den Druck rotierender Walzen erzwungen wird. Das angewandte Prinzip zeigt Bild 9-2. Das Walzgut wird zwei parallel gelagerten Arbeitswalzen (Duo), die in entgegen gesetzten Richtungen mit der gleichen Winkelgeschwindigkeit rotieren, zugeführt. Im Walzspalt erfährt der Werkstoff hauptsächlich eine Stauchung. Dabei „fließt" der umzuformende Werkstoff überwiegend in Längsrichtung (Längung) und relativ wenig in Querrichtung (Breitung) ab. Von großer Bedeutung sind die zwischen den Walzen und dem Walzgut auftretenden Reibungskräfte, die umso größer sind, je größer die Höhenabnahme im Verhältnis zum Walzendurchmesser ist.

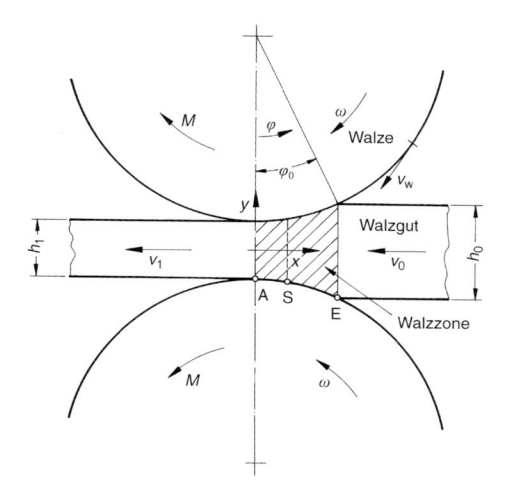

Bild 9-2
Schematische Darstellung des Walzvorganges

Das Walzgut tritt mit einer Geschwindigkeit v_0, in den Walzspalt ein und verlässt diesen mit einer größeren Geschwindigkeit v_1. An der Eintrittsstelle E hat die Walzenoberfläche eine größere Geschwindigkeit in Walzrichtung als das Walzgut ($v_w \cos \varphi_0 > v_0$). An der Austrittsstelle A ist dagegen die Geschwindigkeit des Walzgutes v_1 größer als die der Walzenoberfläche v_w. Durch das Stauchen werden also die einzelnen Walzgutquerschnitte beschleunigt, weil in der Zeiteinheit gleiche Werkstoffmengen die einzelnen Bereiche des Walzspaltes durchsetzen müssen. Diese Bedingung der Volumenkonstanz und die erzwungene Querschnittsabnahme bewirken, dass die Geschwindigkeit des Walzgutes vom Eintritt in den Walzspalt bis zum Austritt aus dem Walzspalt ständig zunimmt. Demnach gibt es einen Punkt, in dem die Umfangsgeschwindigkeit der Walze in Walzrichtung und die Vorschubgeschwindigkeit des Walzgutes gleich groß sind. Dieser Punkt wird Fließscheide S genannt. Der Bereich vor der Fließscheide heißt Nacheilzone. Dort ist die Walzgutgeschwindigkeit $v < v_w \cos \varphi$. Der Bereich hinter der Fließscheide wird umso näher an die Eintrittsstelle herangeschoben, je größer die Reibung ist. Als Folge der beschriebenen kinematischen Gegebenheiten kehren sich die Vorzeichen der Reibungskräfte in der Vor- und in der Nacheilzone um. In beiden Zonen sind sie auf die Fließscheide hin gerichtet. In der Fließscheide selbst sind keine Reibungskräfte wirksam.

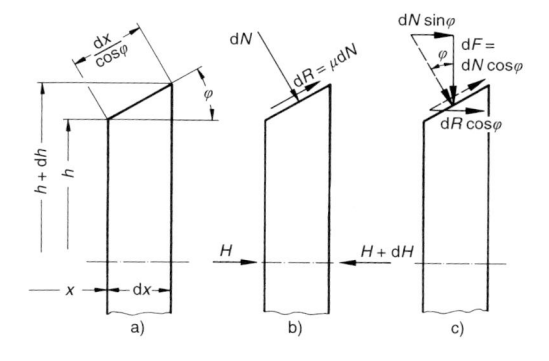

Bild 9-3
Kräftegleichgewicht in der Voreilzone eines Elementes der Dicke dx, der Höhe h ($+dh$) und der Breite b

In Bild 9-3 sind für die Voreilzone die Geometrie und die auf die Breite b des Walzgutes bezogenen Kräfte eines Walzgutelementes dargestellt. Betrachtet wird eine reibungslose Umformung wie z. B. das Bandwalzen, bei dem die Breite des Walzgutes konstant bleibt. Auf die Oberfläche $b\, dx/\cos\varphi$ des Walzgutelementes wirkt die Normalkraft dN, die in der Oberfläche die Reibungskraft dR hervorruft. Auf den Querschnitt bh an der Stelle x wirkt die Horizontalkraft H, auf den Querschnitt $b\,(h+dh)$ an der Stelle $x+dx$ die Horizontalkraft $H+dH$. Die Flächen $b\, dx$ parallel zur Symmetrieebene des Walzgutelementes werden von der Normalkraft $dF = dN \cos\varphi$ beaufschlagt. Für das Kräftegleichgewicht in x-Richtung ergibt sich daher

$$H - (H + dH) + 2\, dN \sin\varphi + 2\, dR \cos\varphi = 0 \tag{9.1}$$

Mit $dR = \mu\, dN$ (μ Reibungskoeffizient) wird

$$dH = 2\, dN\, (\sin\varphi + \mu \cos\varphi) \tag{9.2}$$

oder

$$dH = 2\, dF\, (\tan\varphi + \mu) \tag{9.3}$$

Definiert man als Walzdruck die gesamte auf die Symmetrieebene des Walzgutelementes bezogene Normalkraft, so ergibt sich

$$p = \frac{b\, dF}{b\, dx} = \frac{dF}{dx} \tag{9.4}$$

und man erhält schließlich als Differentialgleichung des elementaren Walzvorganges in der Voreilzone

$$dH = 2\, p\, dx\, (\tan\varphi + \mu) \tag{9.5}$$

Für die Nacheilzone liefert eine analoge Betrachtung die Differentialgleichung

$$dH = 2\, p\, dx\, (\tan\varphi - \mu) \tag{9.6}$$

Unter Annahme bestimmter Randbedingungen lässt sich also mit Hilfe der Gl. 9.5 und 9.6 die Druckverteilung im Walzspalt berechnen. Bild 9-4 zeigt als Beispiel den Walzdruck p in Abhängigkeit vom Walzwinkel φ beim Walzen von Aluminium. Der Walzdruck nimmt von der Eintrittsstelle des Walzgutes an kontinuierlich zu, erreicht in der Fließscheide seinen Maximalwert und fällt bis zur Austrittsstelle ($\varphi = 0°$) wieder ab. Druckmaximum und Fließscheide fallen also zusammen. Bei zunehmender Reibung zwischen Walzen- und Walzgutoberfläche steigen die Walzdrücke. Aus den Walzdruckkurven lassen sich die zur Umformung erforderlichen Walzkräfte und Walzmomente berechnen. Die durch den Walzprozess erzwungene Dickenreduzierung des Walzgutes

$$\varepsilon_W = \frac{h_0 - h_1}{h_0} \tag{9.7}$$

wird als Walzgrad bezeichnet. Dabei ist h_0 die Ausgangsdicke, h_1 die nach dem Walzen vorliegende Dicke. In der Umformtechnik wird jedoch meist die auf die jeweilige Höhe h bezogene Höhenabnahme

$$\phi_W = -\int_{h_0}^{h} \frac{dh}{h} = \ln\frac{h_0}{h} \tag{9.8}$$

als logarithmische Walzformänderung angegeben (vgl. V72).

V9 Kaltumformen durch Walzen

Lässt man einen bei hinreichend hohen Temperaturen geglühten und anschließend auf Raumtemperatur abgekühlten Werkstoff, dessen Körner statistisch regellos orientiert sind, in den Walzspalt einlaufen, so bewirkt der Walzvorgang charakteristische Änderungen der inneren Struktur und der Orientierungsverteilung der Körner. Die plastische Verformung der Körner beruht auf der Bewegung, Erzeugung und Wechselwirkung von Versetzungen im Innern und an den Begrenzungen der Körner. Mit wachsender Walzformänderung nimmt die Versetzungsdichte zu, was zur Verfestigung des Walzgutes führt. Da die Versetzungen mit inneren Spannungsfeldern verknüpft sind (vgl. V2), wird das Walzgut härter.

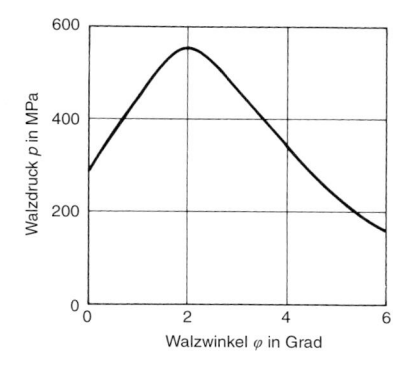

Bild 9-4 Zusammenhang zwischen Walzdruck und Walzwinkel beim Walzen von Aluminium

Nach hohen Walzgraden liegen sehr große Versetzungsdichten ($\sim 10^{12}$ cm^{-2}) vor. Während der plastischen Verformung führen Abgleitprozesse in mehreren Gleitsystemen zu Orientierungsänderungen der Körner oder einzelner Kornbereiche gegenüber einem durch die Walzgeometrie (Walzrichtung WR, Querrichtung QR, Walzgutnormalenrichtung NR) festgelegten Koordinatensystem. Man spricht von der Ausbildung einer Walztextur (vgl. V10). Dabei ändern die Körner zudem ihre ursprünglichen Abmessungen und Formen. In Bild 9-5 sind Längsschliffe durch ein Blech aus EN-AW AlMg5Mn (EN-AW 5182) vor und nach starkem Walzen gezeigt. Die durch den Walzvorgang hervorgerufene Streckung der Körner in Walzrichtung ist deutlich zu erkennen.

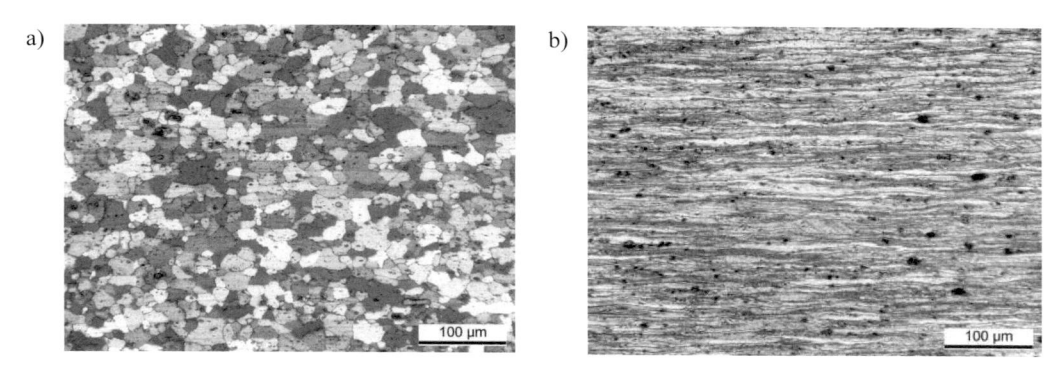

Bild 9-5 Längsschliffe durch Bleche aus EN-AW AlMg5Mn (EN-AW 5182) a) vor und b) nach starkem Walzen (Abwalzgrad 82 %) [Bildquelle: Hydro Aluminium, Bonn]

9.2 Aufgabe

Weichgeglühte Bleche aus Reinaluminium (99,5 Masse-% Al) mit den Abmessungen $l_0 = 60$ mm, $b_0 = 20$ mm und $h_0 = 5$ mm sind auf mehrere Enddicken bis zu etwa $h = 1$ mm abzuwalzen. Die Abhängigkeit der Vickershärte von den Umformgraden ε_w und φ_w ist zu ermitteln und zu diskutieren. Der Gefügezustand des Ausgangs- und der Walzzustände ist zu beurteilen.

9.3 Versuchsdurchführung

Vorbereitete Blechstreifen der angegebenen Abmessungen werden 1 h bei 500 °C in einem Kammerofen weichgeglüht. Von den geglühten Blechen werden Proben für metallographische Untersuchungen entnommen. Danach wird die Ausgangshärte der Bleche durch Messung der Vickershärte mit einer Belastung von 294 N ermittelt (vgl. V8). Anschließend werden die Bleche in einem Versuchswalzwerk auf unterschiedliche Dicken abgewalzt, und zwar mit Walzstichen $\Delta h < 0{,}1$ mm. An den ausgewalzten Blechen werden jeweils die HV 30-Werte und die Blechdicke h gemessen. Wird das Blech nach dem Walzen wellig, so wird ein mittlerer Härtewert aus Messungen auf der konvexen und auf der konkaven Blechseite bestimmt. Von den auf $\varepsilon_w \approx 0{,}4$ und $0{,}8$ verformten Proben werden Schliffe hergestellt, und zwar in Ebenen parallel zu WR und QR sowie parallel zu QR und NR.

9.4 Literatur

[Lan03] Lange, K.: Lehrbuch der Umformtechnik, 2. Auflage (Nachdruck), Springer, Berlin, 2003
[Ost07] Ostermann, F.: Anwendungstechnologie Aluminium, 2. Auflage, Springer, Berlin, 2007
[Was81] Wassermann, G.; Greven, J.: Texturen metallischer Werkstoffe, Springer, Berlin, 1981

9.5 Symbole, Abkürzungen

Symbol/Abkürzung	Bedeutung	Einheit
b	Breite des Walzgutes	m
H	Horizontalkraft im Walzspalt	N
h_0	Ausgangsdicke des Walzgutes	m
h	Dicke des Walzgutes	m
h_1	Enddicke des Walzgutes	m
N	Normalkraft	N
P	Walzdruck	Pa
R	Reibungskraft	N
S	Fließscheide	-
v	Geschwindigkeit des Walzgutes im Walzspalt	m/s^2

Symbol/Abkürzung	Bedeutung	Einheit
v_0	Eintrittsgeschwindigkeit des Walzgutes in den Walzspalt	m/s²
v_1	Austrittsgeschwindigkeit des Walzgutes aus dem Walzspalt	m/s²
v_W	Geschwindigkeit der Walzen an der Walzspalteintrittsstelle	m/s²
ω	Kreisfrequenz der Walzen	1/s
φ	Umfangswinkel der Walze	°
φ_0	Winkelabschnitt der Kontaktzone zwischen Walzgut und Walze	°
φ_W	Logarithmische Walzformänderung	-
μ	Reibungskoeffizient	-
ε_W	Walzgrad	-

V10 Werkstofftexturen

10.1 Grundlagen

In homogenen und heterogenen vielkristallinen Werkstoffen liegen die Körner in den seltensten Fällen mit statistisch regelloser Orientierungsverteilung vor. Je nach Vorgeschichte eines Werkstoffs treten mehr oder weniger ausgeprägte Vorzugsrichtungen auf, mit denen sich bestimmte kristallographische Richtungen und/oder Ebenen (vgl. V1) bezüglich äußerer durch den Fertigungsprozess vorgegebener Koordinaten einstellen. So ordnen sich z. B. beim Ziehen von Kupferdrähten die meisten Körner mit <111>-Richtungen parallel zur Zugrichtung an. Man spricht von einer Ziehtextur. Nach hinreichend starkem Walzen (vgl. V9) von Eisenblechen orientieren sich viele Körner mit ihren <110>-Richtungen in Walzrichtung und mit ihren {100}-Ebenen parallel zur Walzebene. Man spricht von einer Walztextur. Auch andere technologisch wichtige Prozesse führen zur Ausbildung kennzeichnender Texturen mit Kornorientierungen, die mehr oder weniger stark von einer regellosen Orientierungsverteilung abweichen. Beispiele sind Gusstexturen (vgl. V3), Rekristallisationstexturen (vgl. V12) und Deckschichttexturen. Da die Eigenschaften texturbehafteter Werkstoffzustände grundsätzlich richtungsabhängig sind, besitzt die Ermittlung von Texturen eine große praktische Bedeutung. Derartige Texturbestimmungen erfolgen heute durchweg röntgenographisch mit Texturgoniometern.

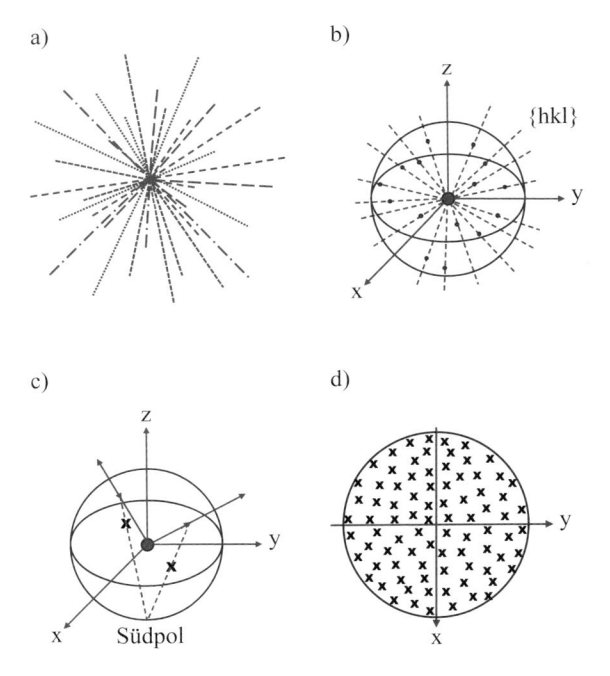

Bild 10-1 Zur Entstehung einer Polfigur bei regelloser Orientierungsverteilung der Körner eines Vielkristalls

V10 Werkstofftexturen

Texturen werden durch sog. Polfiguren beschrieben. Zur Veranschaulichung dieses Hilfsmittels stelle man sich einen Vielkristall vor, bei dem die individuellen Orientierungen der mit regelloser Orientierungsverteilung vorliegenden Körner durch die Normalen von bestimmten Gitterebenen angezeigt werden (Bild 10-1a)). Fasst man gedanklich die Gesamtheit der Körner im Zentrum einer Kugel zusammen, so durchstoßen die {hkl}-Normalen die Kugeloberfläche (Lagekugel) mit gleichmäßiger Belegungsdichte (Bild 10-1b)). Projiziert man vom Südpol aus die auf der nördlichen Halbkugel liegenden Durchstoßpunkte (Flächenpole) auf die Äquatorebene (Bild 10-1c)), so erhält man eine Polfigur, die sich ebenfalls durch eine gleichmäßige Belegungsdichte auszeichnet (Bild 10-1d). Denkt man sich anstelle der regellosen Orientierungsverteilung z. B. ein vielkristallines Blech, bei dem durch Walzen die Würfelflächen ({100}-Ebenen) und die Würfelkanten (<100>-Richtungen) nahezu aller Körner sich parallel zur Walzrichtung einstellen, so erhält man, wenn die Walzrichtung mit WR und die dazu senkrechte Querrichtung mit QR bezeichnet wird, für die Normalen der {100}-Ebenen die in Bild 10-2b), für die Normalen der {110}-Ebenen die in Bild 10-2c) und für die Normalen der {111}-Ebenen die in Bild 10-2d) wiedergegebenen Polfiguren. Man spricht von Polfiguren der {100}-, {110}- und {111}-Ebenen oder kurz auch von {100}-, {110}- und {111}-Polfiguren.

Bild 10-3 erläutert, wie man solche Polfiguren röntgenographisch ermitteln kann. Im Zentrum des Grundkreises wird die Probe justiert. Auf einem Kreis senkrecht dazu werden die Eintrittsspalte einer monochromatischen Röntgenstrahlenquelle und eines Detektors symmetrisch zum Oberflächenlot des Bleches so angebracht, dass die parallel zur Probenoberfläche liegenden Gitterebenen {hkl} der erfassten Körner auf Grund der Bragg'schen Gleichung Primärstrahlintensität reflektieren. Je mehr Körner sich unter diesen Bedingungen in reflexionsfähiger Lage befinden, desto größer ist die abgebeugte Röntgenintensität. Dreht man die Probe um das Oberflächenlot L zur Einstellung unterschiedlicher Azimutwinkel φ, so ändert sich an der vorliegenden Beugungsgeometrie nichts. Kippt man die Probe aus ihrer Ausgangslage um den Winkel Ψ durch Drehung um die Achse in Querrichtung, so werden bei konstanter Lage von Strahlungsquelle und Detektor Körner reflexionsfähig, deren {hkl}-Ebenen um den Winkel Ψ gegenüber dem Oberflächenlot der Probe geneigt und deren Normalen in der vom Oberflächenlot und der Walzrichtung aufgespannten Ebene liegen. Dreht man nun erneut die Blechprobe um das Oberflächenlot, so werden auf der Lagekugel alle Positionen abgetastet, die den Winkelabstand Ψ vom Oberflächenlot haben. Offensichtlich muss man nach Einstellung verschiedener Distanzwinkel Ψ die Blechprobe um ihr Oberflächenlot drehen, um hinreichende Informationen über die Verteilung der Flächenpole der {hkl}-Ebenen und damit über die zugehörige Polfigur zu erhalten. Bei modernen Texturgoniometern wird die Polfigur in dieser Weise nacheinander auf konzentrischen Kreisbahnen in Winkelabständen von 5° abgetastet. Die dabei erhaltenen lokalen Intensitäten werden wegen der je nach Probenneigung unterschiedlichen Absorptionsverhältnisse korrigiert und dann z. B. mit einem Mehrfarbenschreiber aufgezeichnet, wobei jeder Farbe ein bestimmtes Intensitätsintervall und damit eine bestimmte Poldichte zukommt.

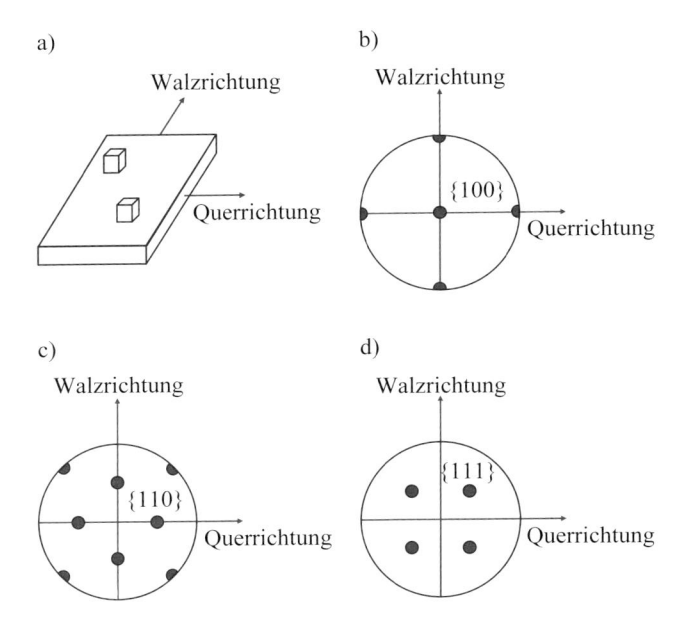

Bild 10-2 Schematische Darstellung der Polfiguren von {100}-, {110}- und {111}-Ebenen bei Vorliegen einer idealisierten Würfeltextur

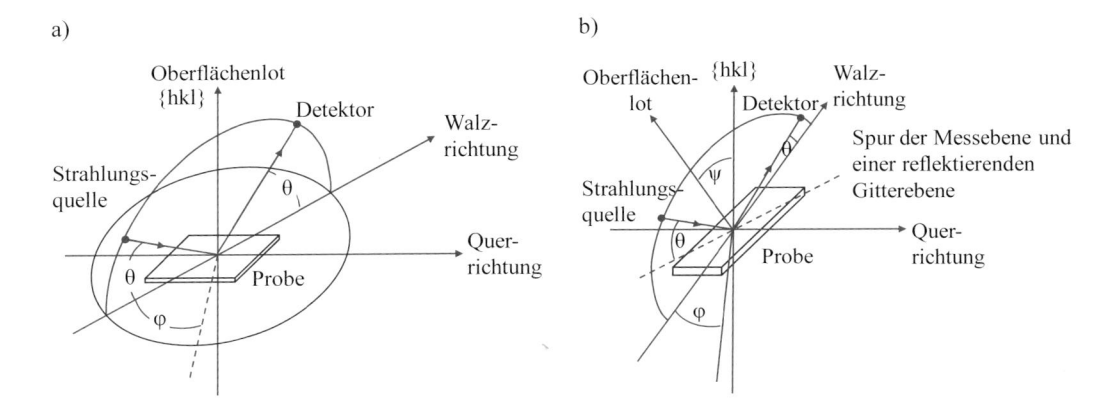

Bild 10-3 Zur röntgenographischen Ermittlung von Polfiguren

Nur selten liefert eine Texturanalyse so einfache Polfiguren mit einer niedrig indizierten „Ideallage", wie in Bild 10-2 angenommen. Man spricht im betrachteten Falle vom Auftreten einer Texturkomponente {100} <100>. Meist liegen kompliziertere Polfiguren vor, weil sich mehrere Texturkomponenten überlagern.

Bei der Beurteilung von Polfiguren ist grundsätzlich zu beachten, dass sie jeweils nur für einen Ebenentyp die Orientierungen als Funktion des Distanzwinkels Ψ und des Azimutwinkels φ wiedergeben. Die exakte räumliche Fixierung einer Kornorientierung erfordert aber die Anga-

V10 Werkstofftexturen

be von drei Winkeln. Deshalb ist kein exakter Schluss von einer ermittelten Polfigur auf die tatsächlich vorliegende Textur möglich. Mit mathematisch aufwendigen Methoden lässt sich jedoch die räumliche Verteilungsfunktion der Kornorientierungen umso besser annähern, je mehr {hkl}-Polfiguren vermessen werden. Praktisch erörtert man aber vorliegende Texturen meist nur an Hand von einer oder von zwei Polfiguren für Gitterebenen {hkl} mit niedriger Indizierung.

10.2 Aufgabe

Proben aus reinem Kupfer und einer Legierung CuZn32 werden hinreichend stark kaltgewalzt (vgl. V9) und danach unter Aufnahme von {111}-Polfiguren auf ihren Texturzustand untersucht. Die Besonderheiten der Kupfer- und der Messingtextur sind zu ermitteln und zu diskutieren.

10.3 Versuchsdurchführung

Es stehen ein Laborwalzwerk und ein Texturgoniometer zur Verfügung. Die Werkstoffproben werden zunächst in geeigneten Stichen auf etwa 90 % kaltgewalzt. Anschließend werden aus den Blechen Probenteile unter Markierung von Walz- und Querrichtung herausgeschnitten und auf dem Objekthalter des Texturgoniometers befestigt. Bild 10-4 zeigt ein vollautomatisch arbeitendes χ-Diffraktometer (vgl. V75), mit dem u. a. Texturmessungen durchgeführt werden können. Das abgebildete Gerät arbeitet nicht mit einer Eulerwiege sondern mit Hebelarmen, die in gegensätzliche Richtungen bewegbar sind und eine präzise Einstellung von χ im Bereich von $-90°$ bis $90°$ ermöglichen.

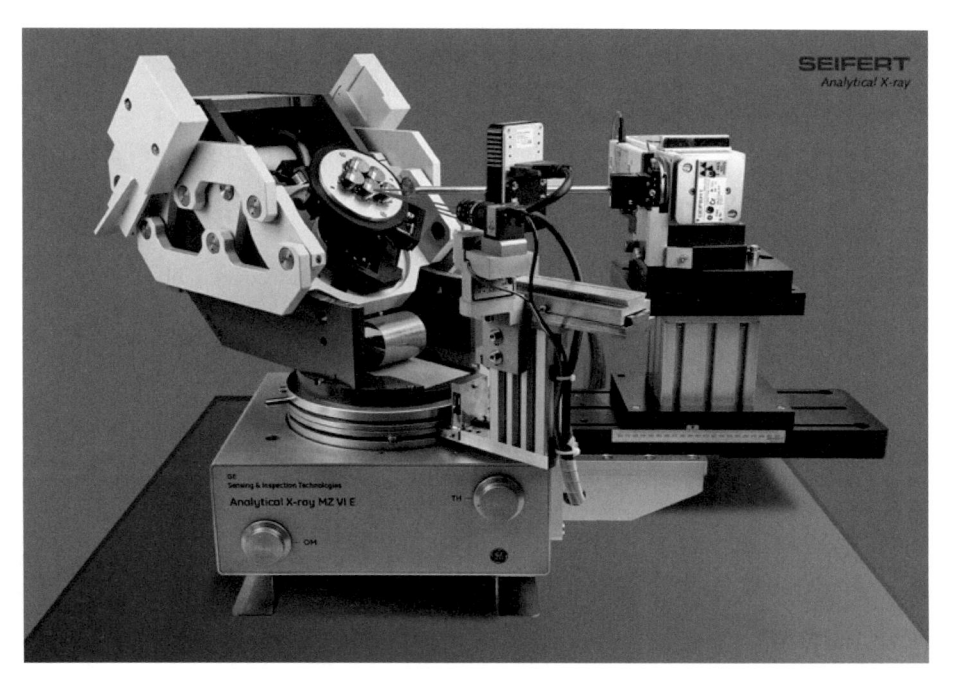

Bild 10-4 χ-Diffraktometer Typ Seifert XRD 3003 PTS

Es werden die {111}-Polfiguren beider Werkstoffe aufgenommen. Zusammen mit für die gleiche Walzverformung bereits vorliegenden {100}- und {110}-Polfiguren werden die Unterschiede der entstandenen Texturen aufgezeigt und erörtert.

10.4 Weiterführende Literatur

[Glo85]   Glocker, R.: Materialprüfung mit Röntgenstrahlen, 5. Aufl., Springer, Berlin, 1985

[Got78]   Gottstein, G.; Lücke, K.: Textures of Materials, Springer, Berlin, 1978

[Spi09]   Spieß, L.; Schwarzer, R.; Behnken, H.; Teichert, G.; Genzel, C.: Moderne Röntgenbeugung – Röntgendiffraktometrie für Materialwissenschaftler, Physiker und Chemiker. Vieweg+Teubner, 2009

[Ste85]   Steeb, S.: Röntgen- und Elektronenbeugung, expert verlag, Sindelfingen, 1985

[Was62]   Wassermann, G.; Grewen, J.: Texturen metallischer Merkstoffe, Springer, 1962

10.5 Symbole, Abkürzungen

Symbol/Abkürzung	Bedeutung	Einheit
θ	Braggwinkel	°
φ	Azimutwinkel	°
ψ	Winkelabstand, Distanzwinkel	°

V11 Korngrößenermittlung

11.1 Grundlagen

Die metallischen Werkstoffe der technischen Praxis sind Vielkristalle. Sie bestehen aus einer großen Anzahl von Körnern (Kristalliten), die in einem bestimmten Kristallsystem kristallisieren (vgl. V1), einen mit Gitterstörungen versehenen Gitteraufbau besitzen (vgl. V2) und durch stärker gestörte Gitterbereiche, die Korn- bzw. Phasengrenzen, voneinander getrennt sind. Innerhalb der Körner können je nach Werkstofftyp und Vorgeschichte die verschiedenartigsten Gitterstörungen auftreten. Nur im Idealfall sind die kristallographischen Achsen der einzelnen Körner statistisch regellos verteilt. Meist treten davon jedoch mehr oder weniger starke Abweichungen und damit Texturen auf (vgl. V10).

Bei einphasigen Werkstoffen liegt nur eine Art von Körnern vor. Als Beispiel zeigt Bild 11-1 das Schliffbild einer homogenen Kupfer-Zink-Legierung mit 30 Masse-% Zink. Die einzelnen α-Mischkristallkörner erscheinen verschieden hell. Die geradlinigen Streifungen innerhalb der Körner begrenzen Kornbereiche, die sich relativ zueinander in Zwillingspositionen befinden (vgl. V2). Mehrphasige heterogene Werkstoffe besitzen Körner mit verschiedenen Kristallstrukturen. Ein Beispiel zeigt Bild 11-2. Dort ist das Schliffbild einer heterogenen Kupfer-Zink-Legierung mit 42 Masse-% Zink wiedergegeben. Die dunkel erscheinenden Schliffbereiche sind β-Mischkristalle (krz), die hellen α-Mischkristalle (kfz). Auch hier sind die α-Mischkristalle von Zwillingen durchsetzt.

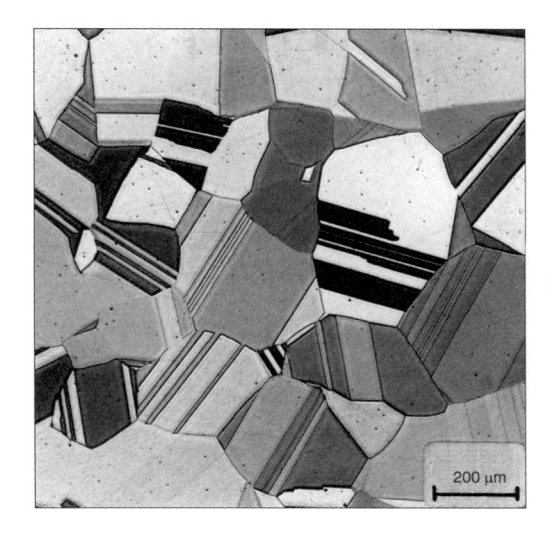

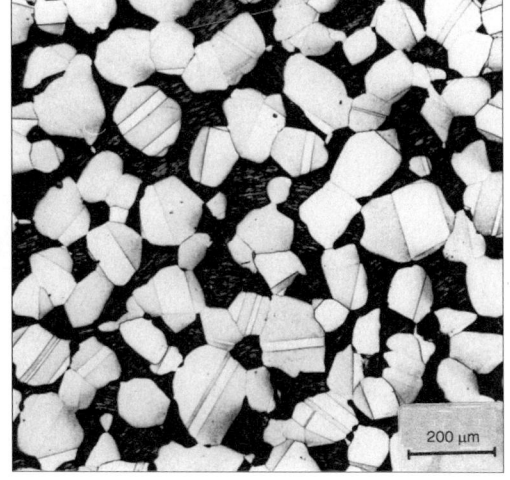

Bild 11-1 Schliffbild von CuZn30   **Bild 11-2** Schliffbild von CuZn42

Die Korngröße beeinflusst die mechanischen Eigenschaften metallischer Werkstoffe, wie z. B. die Härte (vgl. V8) sowie die Streckgrenze und die Zugfestigkeit (vgl. V23). Deshalb ist die

Kenntnis der Größe und Verteilung der Körner für die Beurteilung des Werkstoffverhaltens von großer praktischer Bedeutung.

Für die Bestimmung der mittleren Korngröße an metallographischen Schliffen wurden unter Anwendung stereologischer Methoden (vgl. V18) Standardverfahren entwickelt. Eine Definition leitet auf der Basis der Flächenanalyse die Korngrößenkennzahl G aus der Anzahl m der Körner pro Fläche ab. In der europäischen Norm [ISO 643] ist dafür festgelegt: G = 1 für m = 16 Körner pro mm^2. Die anderen Korngrößen berechnen sich aus

$$m = 8 \cdot 2^G \tag{11.1a}$$

bzw. ist umgekehrt

$$G = \frac{\log(m)}{\log(2)} - 3 \tag{11.1b}$$

Die amerikanische Norm [ASTM E112] definiert die Korngröße in ähnlicher Weise, verwendet jedoch inch^2 anstelle von mm^2 als Flächeneinheit. Der Unterschied ist mit G(ASTM) − G(ISO) = 0.0458 meist zu vernachlässigen, da die Genauigkeit bei der Bestimmung von G nicht kleiner als eine halbe Einheit ist. Aus der Anzahl Körner pro mm^2 lässt sich näherungsweise eine mittlere Kornfläche $\overline{A}$

$$\overline{A} = 1/m \tag{11.2}$$

bzw. ein mittlerer quadratischer Korndurchmesser d berechnen.

$$d = \sqrt{\overline{A}} \tag{11.3}$$

Eine zweite Definition der Korngröße auf der Basis der Linearanalyse ist das mittlere Linienschnittsegment ℓ, bestimmt aus der Anzahl P_m der von Messlinien der Länge L_T geschnittenen Korngrenzen (vgl. V18)

$$\ell = L_T / P_m =: 1/P_L \tag{11.4}$$

Die beiden Messgrößen m und ℓ sind voneinander unabhängig und können nicht direkt umgerechnet werden. Tabelle 11.1 stellt einige der o. g. Größen gegenüber.

Verfahren zur Messung der mittleren Korngröße sind:

a) Vergleich mit genormten Bildreihentafeln (Bild 11-3)

b) Flächenauszählverfahren (Bild 11-4a)

c) Linienschnittverfahren (Bild 11-4b)

Die genormten Bildreihentafeln, abgestuft in halbzahligen Korngrößenkennzahlen G, sind für eine Vergrößerung von 100:1 festgelegt (Bild 3a). Der Vergleich mit den Werkstoffgefügen erfolgt anhand der photographischen Abbildungen bei gleicher Vergrößerung oder direkt im Mikroskop (durch Einsatz entsprechender Messokulare) oder rechnerunterstützt an digitalen Bildern mit gespeicherten Vergleichsbildern.

V11 Korngrößenermittlung

Tabelle 11.1 Zur Einteilung der Korngrößen (aus [ISO 643])

	Korn-größen-kennzahl (G)	Anzahl der Körner je mm² (m) [1/ mm²]	Mittlerer Korndurch-messer (d) [mm]	Mittlere Länge des Linienschnitt-segmentes (l) [mm]	Mittlere Anzahl Schnittpunkt der Körner je Milli-meter Messlinie (N_L, P_L) [1/mm]
	...	...	...	...	...
Grobkörniges Gefüge	-2	2	0,070	0,632	1,582
	-1	4	0,500	0,447	2,237
	0	8	0,354	0,320	3,125
	1	16	0,250	0,226	4,42
	2	32	0,177	0,160	6,25
	3	64	0,125	0,113	8,84
	4	128	0,0884	0,080	12,5
	5	256	0,0625	0,0566	17,7
Feinkörniges Gefüge	6	512	0,0442	0,0400	25,0
	7	1024	0,0312	0,0283	35,4
	8	2048	0,0221	0,0200	50,0
	9	4096	0,0156	0,0141	70,7
	10	8192	0,0110	0,0100	100
	11	16984	0,0078	0,00707	141
	12	32768	0,0055	0,00500	200
	...	...	...	...	...

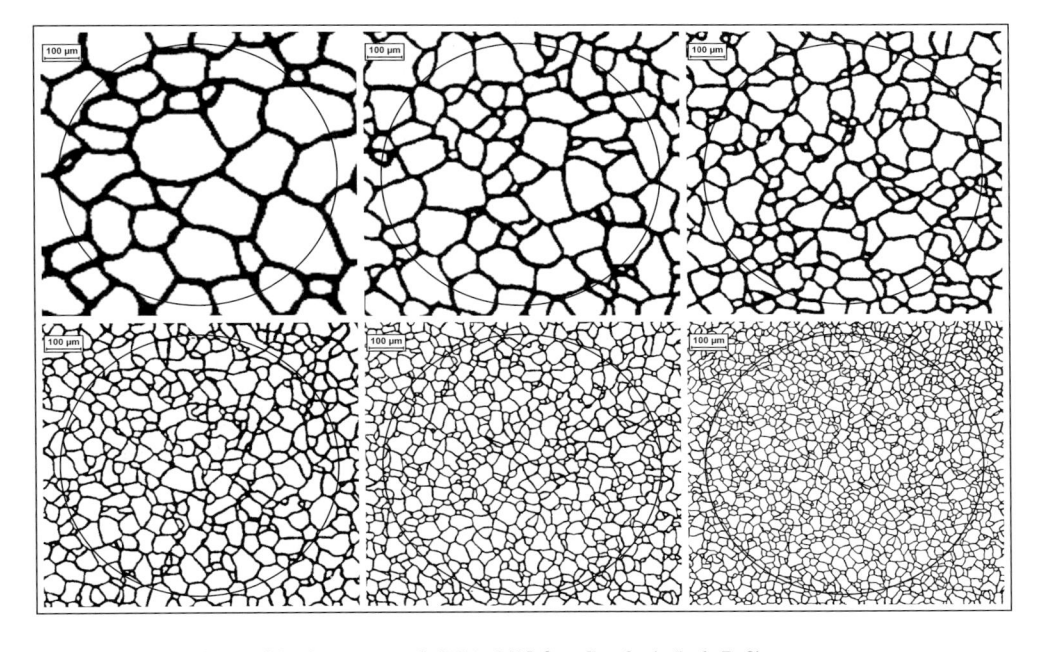

Bild 11-3 Bildreihentafeln (Muster nach [ISO 643] für G = 3, 4, 5, 6, 7, 8)

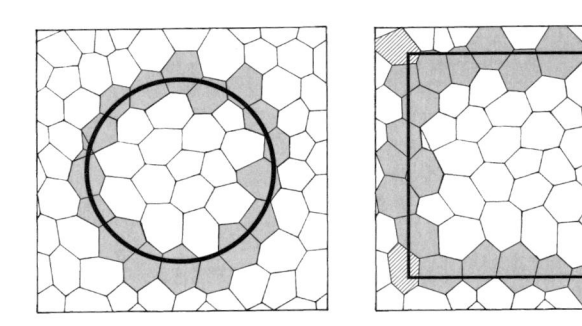

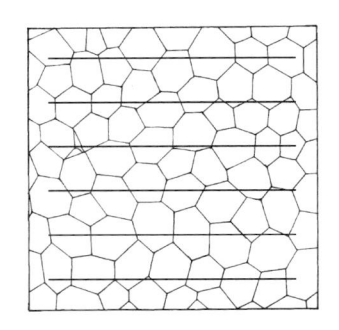

a) Flächenauszählverfahren   b) Linienschnittverfahren

Bild 11-4 Stereometrische Methoden zur Korngrößenbestimmung

Beim Flächenauszählverfahren wird auf dem photographischen Bild eines metallographischen Schliffes (vgl. V7) ein Kreis mit Durchmesser D und dem Flächeninhalt $A_0 = \pi D^2/4$ aufgelegt oder aufgezeichnet (Bild 11-4a). Die Vergrößerung ist zuvor so zu wählen, dass etwa 50 Körner im Messrahmen liegen. Es wird die Zahl N_1 der Körner, die vollständig im Innern liegen, und die Zahl N_2 der Körner, die von der Messlinie geschnitten werden, bestimmt. Letztere tragen, da sie nicht vollständig zur Kreisfläche gehören, nur etwa zur Hälfte zur Gesamtzahl der die Kreisfläche bedeckenden Körner bei. Liegt das Gefügebild mit einer Vergrößerung M vor, so ergibt sich die Anzahl m der Körner pro mm²

$$m = (N_1 + 0.5 \cdot N_2) \cdot \frac{M^2}{A_0} \tag{11.5}$$

wenn A_0 in mm² gemessen wird. Es kann auch ein Rechteck den Seitenlängen a und b mit dem Flächeninhalt $A_0 = a\,b$ verwendet werden. Gezählt werden ebenso N_1 im Inneren und N_2 an den vier Seiten des Rechteckes, die vier Körner an den Ecken werden zusammen als 1 zusätzlich zu N_1 dazu gezählt. Die mittlere Kornfläche A ergibt sich aus Gl. 11.2; aus Tabelle 11.1 lässt sich die Korngrößenkennzahl G ablesen oder mit Gl. 11.1b berechnen, wobei sie auf eine ganze Zahl zu runden ist.

Beim Linienschnittverfahren werden in das Schliffbild Messlinien der Längen L_i eingezeichnet (vgl. Bild 11-4b). Meist wird mit 5 bis 10 Geraden gearbeitet. Ihr Abstand soll groß genug sein, damit die Körner nicht mehrere Male geschnitten werden. Werden P_m Korngrenzen von den Geraden geschnitten und ist die Vergrößerung M, so wird mit Gl. 11.4 die Korngröße als mittlere Länge $\overline{\ell}$ des Linienschnittsegmentes

$$\overline{\ell} = \frac{\sum L_i}{M} \cdot \frac{1}{P_m} \tag{11.6}$$

angegeben.

Durch den ebenen Anschnitt der Körner werden in der Schlifffläche die Körner nicht immer in ihrem maximalen Durchmesser geschnitten; je nach Lage bezüglich der Schnittfläche werden sie unterschiedlich angeschnitten und erscheinen daher auch dann verschieden groß, wenn sie exakt gleiche Größe hätten. Bei Anwendung des Flächenauszählverfahrens oder des Linienschnittverfahrens werden immer kleinere mittlere Korngrößen, als in Wirklichkeit vorliegen, gemessen. Bei einem gleichmäßigen, isometrischen Gefüge kann der räumliche Durchmesser D' näherungsweise abgeschätzt werden mit $D' = 1.57 \cdot \overline{\ell}$.

Eine elementare Voraussetzung für eine einigermaßen korrekte Korngrößenbestimmung besteht darin, dass die vermessenen Schliffe hinreichend repräsentativ für das Werkstoffganze sind. Zur statistischen Absicherung sowie besonders bei stark inhomogenen Korngrößenverteilungen sind an mehreren Stellen Korngrößenbestimmungen durchzuführen (Richtwerte sind 5 bis 20 Messfelder).

Eventuelle Vorzugsrichtungen der Körner können durch Schliffe in verschiedenen makroskopischen Schnittebenen erkannt werden (vgl. auch V20, Bild 20-7). Zwei typische Beispiele sind in den Bildern 11-5 und 11-6 wiedergegeben. Bild 11-5 zeigt die räumliche Gefügeausbildung eines relativ reinen Eisens im normalisierten Zustand. Vorzugsorientierungen der Körner sind nicht zu erkennen. In Bild 11-6, das für eine heterogene Legierung vom Typ TiAl6V4 repräsentativ ist, treten dagegen ausgeprägte Richtungsabhängigkeiten in der Gefügeausbildung zutage. Liegen Gefügezustände mit langgestreckten Körnern, wie bspw. nach Verformung, vor, so wendet man das Linienschnittverfahren an verschiedenen Schliffebenen (Längs-, Quer-, Planar) mit Liniengruppen, die parallel zu den drei Hauptrichtungen angeordnet sind, an. Die mittlere Korngröße berechnet sich dann gemäß [ISO 643] analog zu Gl. 11.4 mit

$$\overline{P}_L = (\overline{P}_{Lx} \cdot \overline{P}_{Ly} \cdot \overline{P}_{Lz})^{1/3} \tag{11.7}$$

Bei ungleichachsigen Körnern kann die Kornform durch das Verhältnis der mittleren Längen der Linienschnittsegmente in Quer- und Längsrichtung, Streckungsverhältnis genannt, bewertet werden.

Selbstverständlich sind neben den durch Gl. 11.1a und 11.4 festgelegten Korngrößen auch Aussagen über die Häufigkeit möglich, mit der Körner vergleichbarer Abmessungen vorkommen oder welche Flächenanteile sie einnehmen. Die modernen Hilfsmittel der quantitativen Metallographie erlauben solche Aussagen mit relativ geringem Aufwand (vgl. V18).

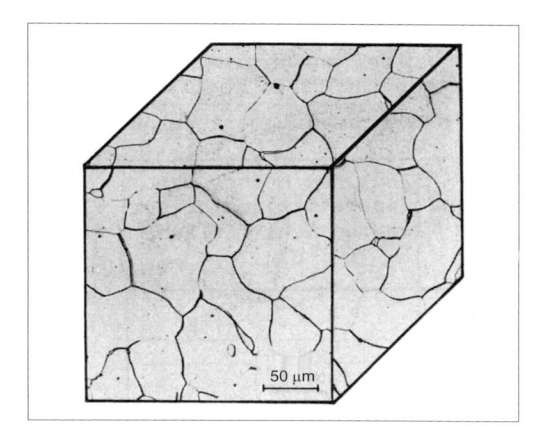

Bild 11-5 Räumliche Gefügeausbildung bei Armco-Eisen

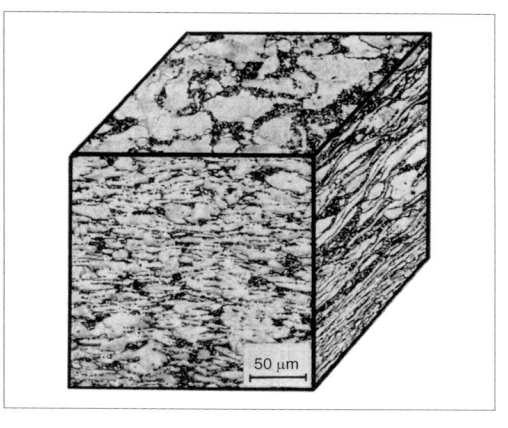

Bild 11-6 Räumliche Gefügeausbildung in der Legierung TiAl6V4

11.2 Aufgabe

Bei einer homogenen Kupfer-Zink-Legierung sind die nach Verformung und nach drei verschiedenen Wärmebehandlungen vorliegenden Kornabmessungen nach dem Vergleichs-, Flächenauszähl- und Linienschnittverfahren zu bestimmen, miteinander zu vergleichen und zu diskutieren. Beim Auszählen sind die Grenzen der Rekristallisationszwillinge nicht wie Korngrenzen zu behandeln. Der Zusammenhang zwischen Korngröße und Härte sowie Streckgrenze der Legierungen ist zu ermitteln und zu erörtern.

11.3 Versuchsdurchführung

An vorbereiteten, wärmebehandelten Proben der o. g. Werkstoffe werden Zugversuche (vgl. V23) zur Ermittlung der Streckgrenze durchgeführt. Da die Legierungen eine ausgeprägte untere Streckgrenze besitzen, brauchen nur die Unstetigkeitsstellen der Kraft-Verlängerungs-Diagramme ermittelt zu werden. Die zugehörigen Kräfte werden durch die jeweiligen Probenausgangsquerschnitte dividiert und liefern die Streckgrenzen. Dann werden an den Proben Brinellhärtemessungen (vgl. V8) vorgenommen. Schließlich werden aus den Zugproben Teile für die Schliffherstellung (vgl. V7) abgetrennt, in Kunstharz eingebettet, geschliffen, poliert und anschließend geätzt. Von den Schliffoberflächen werden Mikroaufnahmen bekannter Vergrößerung hergestellt und davon Abzüge bzw. Ausdrucke gefertigt. Diese werden in der oben beschriebenen Weise ausgewertet.

11.4 Weiterführende Literatur

[ASTM E112]	ASTM E112 – 96 (2004), Standard Test Methods for Determining Average Grain Size
[Bar08]	Bargel, H.-J.; Hilbrans, H.; Hübner, K.-H.; Krüger, O.; Schulze, G.: Werkstoffkunde, Hrsg.: Bargel, H.-J.; Schulze, G., 10. Aufl., Springer, Berlin, 2008
[Bra67]	Brandis, H.; Wiebking, K.: DEM-Technische Berichte, 7 (1967), 215
[Exn93b]	Exner, H. E. et al.: Quantitative Beschreibung der Gefügegeometrie – Korngröße / Korngrenzendichte; Prakt. Metallogr., 30(1993) 287–293
[ISO 643]	DIN EN ISO 643 (2003-09), Stahl – Mikrofotografische Bestimmung der scheinbaren Korngröße
[Mac68]	Macherauch, E.: Z. Metallkde. 59 (1968), 669

11.5 Symbole, Abkürzungen

Symbol/Abkürzung	Bedeutung	Einheit
m	Anzahl Körner pro Quadratmillimeter	$1/mm^2$
G	Korngrößenkennzahl	1
A	mittlere Kornfläche	mm^2
d	mittlerer quadratischer Korndurchmesser	mm

Symbol/Abkürzung	Bedeutung	Einheit
ℓ	mittleres Linienschnittsegment	mm
L_T	Länge der Messlinien	mm
P_m	Anzahl Schnittpunkte Messlinie mit Korngrenzen	1
P_L	Anzahl Schnittpunkte pro Messlinienlänge	1/mm
N	Anzahl geschnittener Körner	1
D	Durchmesser des Messkreises	mm
A_0	Fläche des Messrahmens	mm²
a, b	Seitenlängen des Messrahmens	mm
M	Vergrößerung	1

V12 Erholung und Rekristallisation

12.1 Grundlagen

Bei der Kaltumformung eines metallischen Werkstoffes wird der überwiegende Teil der geleisteten Verformungsarbeit in Wärme umgesetzt, und nur ein relativ kleiner Teil (< 5 %) führt als Folge der erzeugten Gitterstörung zur Erhöhung der inneren Energie und damit der freien Enthalpie des Werkstoffzustandes. Dieser thermodynamisch instabile Zustand ist bei Temperaturerhöhung bestrebt, durch Umordnung und Abbau der Gitterstörungen seine freie Enthalpie zu verkleinern. Das führt dazu, dass kaltverformte Werkstoffe nach gleich langer Glühung die aus Bild 12-1 ersichtliche Abhängigkeit der Raumtemperaturhärte von der Glühtemperatur zeigen. Lichtmikroskopische Gefügeuntersuchungen ergeben nach Glühungen links vom Steilabfall der Kurve keine Änderungen des vorliegenden Verformungsgefüges. Die dort auftretenden geringen Härteänderungen müssen also submikroskopischen Prozessen zugeordnet werden. Man spricht von Erholung. Dabei treten Reaktionen punktförmiger Gitterstörungen (vgl. V2) untereinander und mit anderen Gitterstörungen auf. Ferner finden Annihilationen von Versetzungen unterschiedlichen Vorzeichens statt, und es bilden sich energetisch günstigere Versetzungsanordnungen aus. Als treibende Kraft für diese Prozesse ist der Abbau der freien Enthalpie des verformten Werkstoffvolumens anzusehen. Im Temperaturbereich des Steilabfalls und des sich anschließenden Plateaus der Härtewerte werden dagegen Gefügeänderungen in Form von Kornneubildungen sichtbar. Diesen Prozess bezeichnet man als Rekristallisation. Er umfasst alle Vorgänge, die zur Bildung neuer Kristallkeime und deren Wachstum auf Kosten des verformten Gefüges führen. Rekristallisation besteht daher in der Bildung und in der Wanderung von Großwinkelkorngrenzen. Die treibende Kraft für das Keimwachstum ist die Differenz der gespeicherten Verformungsenergien in den Spannungsfeldern der Versetzungen der Keime und der verformten Matrix. Die treibende Kraft für die innerhalb rekristallisierter Bereiche stattfindende weitere Kornvergrößerung ergibt sich aus dem relativen Abbau der spezifischen Korngrenzenenergie. Im Gegensatz zur Erholung beginnen Rekristallisationsprozesse bei gegebener Temperatur erst nach einer temperaturabhängigen Inkubationszeit. Bild 12-2 zeigt als Beispiel drei transmissionselektronenmikroskopische Aufnahmen (vgl. V19) eines 50 % kaltverformten austenitischen Stahls (X10CrNiMoTiB15-15) (a) nach Glühung im oberen Plateaubereich, (b) im oberen Teil des Steilabfalls und (c) im unteren Plateaubereich einer Härte-Temperatur-Kurve. Man sieht bei (a) das verformte Gefüge, bei (b) in dieses hineinwachsende relativ störungsfreie Kristallbereiche und bei (c) das vollkommen rekristallisierte Gefüge.

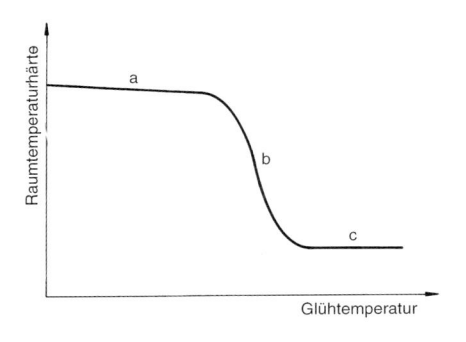

Bild 12-1
Einfluss gleich langer Glühungen bei verschiedenen Temperaturen auf die Raumtemperatur-härte eines kaltverformten Werkstoffs (isochrone Rekristallisationskurve, schematisch)

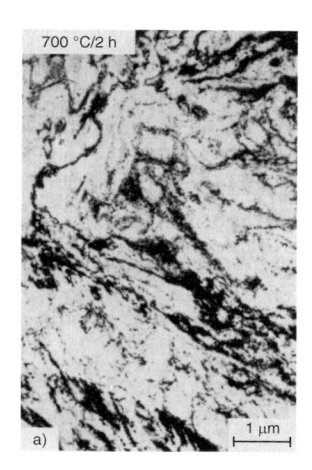

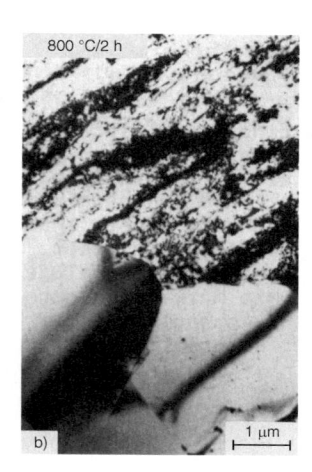

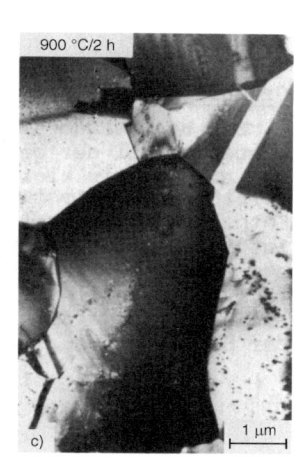

Bild 12-2 (a) Verformter, (b) teilrekristallisierter und (c) rekristallisierter Zustand von X10CrNiMoTiB15-15

Wird ein kaltverformter Werkstoff bei einer hinreichend hohen Temperatur unterschiedlich lange geglüht und in Abhängigkeit von der Glühzeit die Raumtemperaturhärte sowie der rekristallisierte Anteil des Gefüges bestimmt, so ergeben sich ähnliche Zusammenhänge wie in Bild 12-3. Nach einer Inkubationszeit t_0 setzt der erste merkliche Härteabfall ein. Ab dieser Zeit sind Gefügeänderungen festzustellen, deren zeitlicher Ablauf schematisch in Bild 12-4 skizziert ist. Der Beginn der Rekristallisation ist in Bild 12-4a durch zwei kreisförmige Keime unterschiedlicher Größe angedeutet. Mit zunehmender Glühzeit (Bilder 12-4b bis d) wachsen von diesen Keimen ausgehend relativ ungestörte neue Gitterbereiche in die verformten Körner hinein. Daneben entstehen weitere wachstumsfähige Keime. Bei der Bewegung der Großwinkelkorngrenzen zehren die neuen Körner die verformte Matrix, wie in den letzten Bildern 12-4e und f angedeutet, völlig auf. Die Rekristallisation ist lokal beendet, wenn die von benachbarten Keimen aus wachsenden Körner einander berühren. Gitterstörungszustand, Größe, Form und Orientierung der neu entstandenen Körner weichen relativ stark von denen des verformten Gefüges ab. Ist nach hinreichend langer Zeit der Rekristallisationsprozess des gesamten Werkstoffvolumens abgeschlossen, so stellen sich ein Härteendwert und eine typische Rekristallisationstextur (vgl. V10) ein. Außer verminderter Härte weist ein rekristallisierter Werkstoff gegenüber dem kaltverformten Zustand eine geringere Streckgrenze und Zugfestigkeit sowie eine größere Bruchdehnung und Brucheinschnürung auf (vgl. V23).

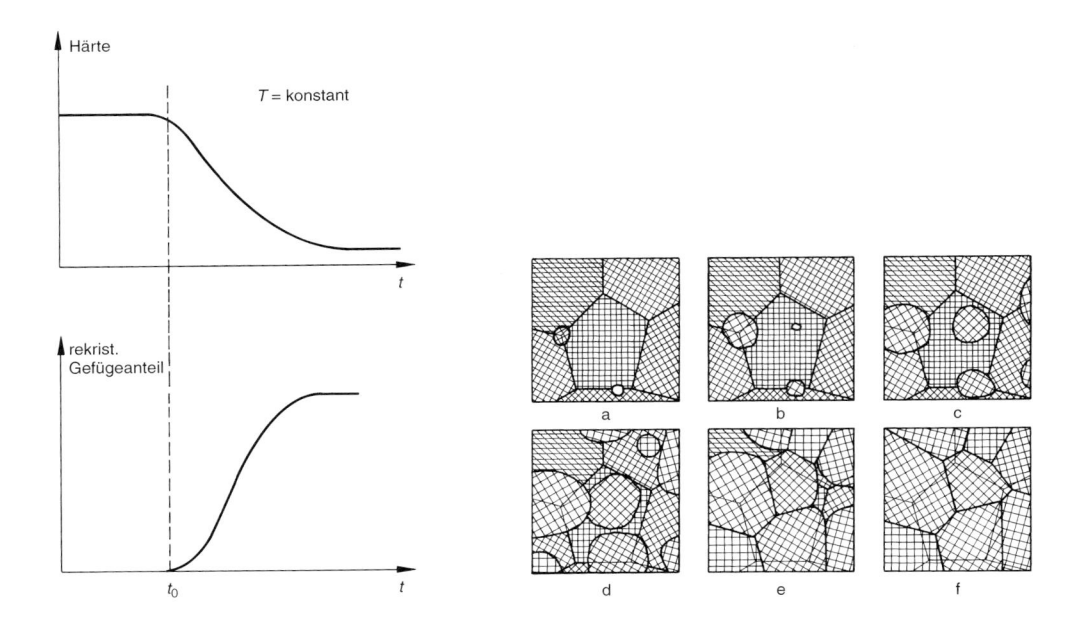

Bild 12-3 Raumtemperaturhärte und rekristallisierte Gefügeanteile in Abhängigkeit von der Glühzeit (Isotherme Rekristallisationskurven)

Bild 12-4 Kornneubildungen (schematisch) bei der Rekristallisation

Den beschriebenen Kornwachstumsprozess, der – ausgehend von Keimen – zu einer stetigen Kornvergrößerung führt, nennt man primäre Rekristallisation. Unter bestimmten Bedingungen – nach großen Verformungsgraden und Glühungen bei sehr hohen Temperaturen – wird noch eine unstetige Kornvergrößerung beobachtet, bei der einige wenige rekristallisierte Körner auf Kosten aller anderen wachsen. Diesen Vorgang bezeichnet man als Sekundärrekristallisation. Einen Überblick über das Rekristallisationsverhalten eines Werkstoffes verschafft man sich an Hand von Rekristallisationsdiagrammen (Bild 12-5). Dazu werden unterschiedlich stark verformte Proben bei verschiedenen Temperaturen gleich lange geglüht und die nach dieser Glühbehandlung vorliegenden Korngrößen ermittelt. Die Korngrößen werden als Funktion von Verformungsgrad und Glühtemperatur aufgetragen. Je nach gewählten Glühbedingungen werden dabei auch die Kornvergrößerungen durch Sekundärrekristallisation mit erfasst.

V12 Erholung und Rekristallisation

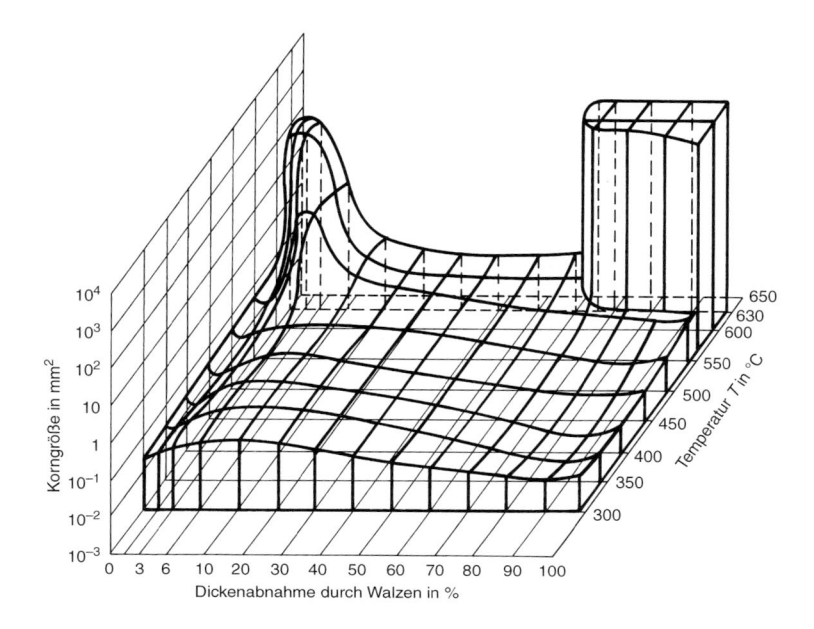

Bild 12-5 Rekristallisationsschaubild von Reinaluminium (99,6 Masse-% Al)

In der Praxis bezeichnet man vielfach als Rekristallisationstemperatur T_R eines verformten Werkstoffes die Temperatur, bei der die Rekristallisation nach einstündiger Glühbehandlung auf Grund visueller Beobachtung abgeschlossen ist. T_R kann für reine Metalle mit relativ großen Verformungsgraden mit Hilfe der Faustregel

$$T_R = 0{,}4\,T_S \;\; [\mathrm{K}] \tag{12.1}$$

abgeschätzt werden. Dabei ist T_S die Schmelztemperatur in K. Einige weitere wichtige Erfahrungswerte über die Rekristallisation verformter metallischer Werkstoffe lassen sich wie folgt zusammenfassen:

- setzt erst nach einer bestimmten Mindestdeformation ein
- beginnt bei umso tieferen Temperaturen, je größer die Kaltverformung und je länger die Glühzeit ist
- führt zu umso kleinerer Korngröße, je größer die Kaltverformung und je kleiner die Glühtemperatur ist (Bild 12-5)
- setzt für verschiedene Korngrößen bei der gleichen Temperatur nach der gleichen Inkubationszeit ein, wenn bestimmte mit der Korngröße ansteigende Verformungsgrade aufgeprägt werden;
- wird durch Zusatzelemente in sehr unterschiedlicher Weise beeinflusst (Bild 12-6);
- wird durch Ausscheidungen, Dispersionen und zweite Phasen verändert und z. T. stark behindert (Bild 12-7).

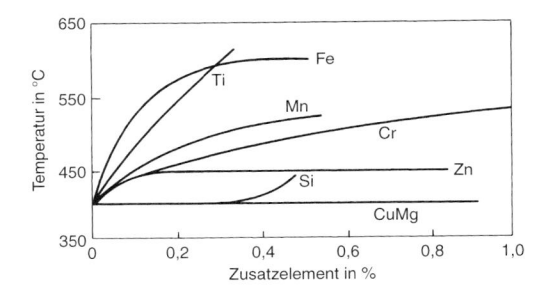

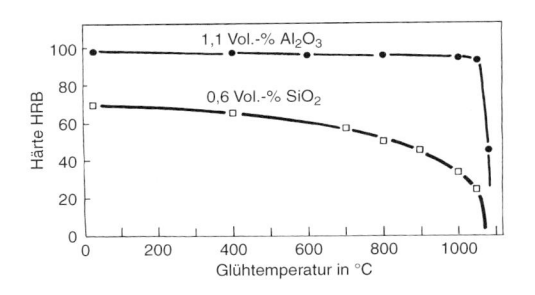

Bild 12-6
Einfluss von Legierungselementen auf das Rekristallisationsverhalten von 3 % gerecktem Reinstaluminium (99,99 Masse-% Al)

Bild 12-7
Einfluss einer einstündigen Glühbehandlung auf die Härte einer gesinterten Kupferbasislegierung mit Al_2O_3- bzw. SiO_2-Dispersionen

Insgesamt stellt die Rekristallisation metallischer Werkstoffe einen für die Werkstofftechnik außerordentlich wichtigen Prozess dar, der zur Auflösung einer aufgeprägten Verformungsstruktur führt. Bei stark kaltverformten Werkstoffen kann dabei die Versetzungsdichte von 10^{12} cm^{-2} auf 10^8 cm^{-2} abfallen, was zu einer starken Reduzierung der Mikroeigenspannungen (vgl. V75) führt. Rekristallisationsvorgänge führen auch zum Abbau vorhandener Makroeigenspannungen. Schließlich bietet die Kombination von Kaltverformung und Rekristallisation eine Möglichkeit zur Beeinflussung der Korngröße.

In Bild 12-8 ist ein Tiefziehteil aus einer AlMg3-Legierung abgebildet, das nach dem Umformprozess weichgeglüht wurde. Man erkennt, dass sich je nach lokal vorliegendem Umformgrad sehr unterschiedliche Korngrößen einstellen. Dementsprechend treten örtliche Festigkeitsunterschiede auf.

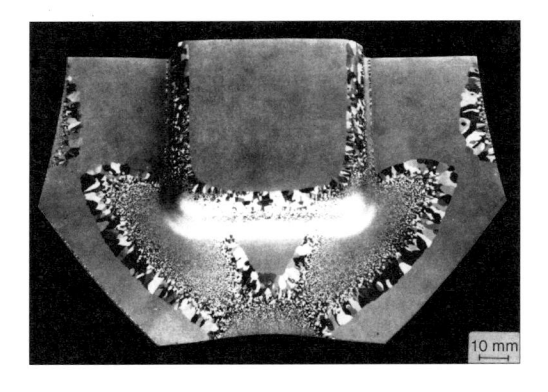

Bild 12-8 Zwischengeglühtes Tiefziehteil aus AlMg3

12.2 Aufgabe

Bei 20 % und 60 % kaltverformten Aluminiumblechen sind bei Raumtemperatur die Änderungen der Vickershärte HV 3 zu messen, die durch Glühungen von 10 min Dauer bei 120 °C, 220 °C, 300 °C, 350 °C und 500 °C hervorgerufen werden. Die ermittelten Härtewerte sind als Funktion der Glühtemperatur aufzuzeichnen. Das Verformungsgefüge nach dem Walzen und das Rekristallisationsgefüge nach Glühung bei 500 °C sind durch eine Makroätzung (25 ml H_2O, 30 ml HCl und 10 ml HNO_3) sichtbar zu machen und zu beurteilen (vgl. V7).

12.3 Versuchsdurchführung

Für die Rekristallisationsuntersuchungen werden Werkstoffproben aus Al99,5 auf einem Laborwalzwerk bis zu den verlangten Verformungsgraden kaltgewalzt (vgl. V9). Nach dem Messen der Ausgangshärte (vgl. V8) bei Raumtemperatur werden die Proben gleich lange bei den angegebenen Temperaturen geglüht und dann in Wasser abgeschreckt. Das Einbringen der Proben in den Glühofen und das Abschrecken erfolgt nach einem vorher zu erstellenden Zeitplan. Danach werden erneute Härtemessungen vorgenommen. Die auftretenden Härteänderungen werden als Mittelwert aus mehreren Messungen bestimmt.

Von einer kaltverformten und einer teilrekristallisierten Probe werden Schliffe angefertigt (vgl. V7) und fotografiert. Auf dem Schliffbild der rekristallisierten Probe werden die rekristallisierten Gefügeanteile durch Ausplanimetrieren oder mittels Bildanalyse bestimmt.

12.4 Weiterführende Literatur

[Bag08]   Bargel, H.-J., et al.: Werkstoffkunde, 10. Aufl., Springer Verlag, Berlin, 2008
[Hae78]   Haessner, F.: Recrystallisation of Metallic Materials, 2. Aufl., Riederer, Stuttgart, 1978
[Byr65]   Byrne, J. G.: Recovery, Recrystallisation and Grain Growth, McMillan, New York, 1965
[Dgm73]   Wärmebehandlung, DGM-Symposium, DGM Oberursel, 1973

12.5 Symbole, Abkürzungen

Symbol/Abkürzung	Bedeutung	Einheit
t_0	Inkubationszeit	s
T_R	Rekristallisationstemperatur	K
T_S	Schmelztemperatur	K

V13 Elektrische Leitfähigkeit

13.1 Grundlagen

Ein charakteristisches Merkmal metallischer Werkstoffe ist ihre relativ hohe elektrische Leitfähigkeit. Sie beruht auf der Bewegung von sog. Leitungselektronen unter der Einwirkung eines elektrischen Feldes.

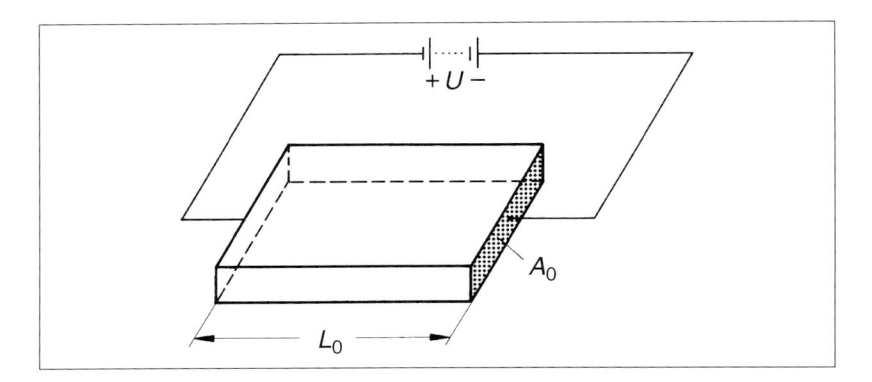

Bild 13-1
Stromkreis mit quaderförmigem Leiter

Besteht wie in Bild 13-1 zwischen den Enden eines quaderförmigen Leiters mit dem Querschnitt A_0 und der Länge L_0 eine elektrische Potentialdifferenz (elektrische Spannung U), wirkt infolge der Feldstärke $\vec{E}$ auf die Elektronen eine Kraft, die die Elektronen (Ladungsträger) beschleunigt.

$$|\vec{E}| = \frac{U}{L_0} \quad [\text{Volt/cm}] \tag{13.1}$$

Die beschleunigten Leitungselektronen werden durch Wechselwirkung mit den Atomrümpfen gebremst, so dass sich eine mittlere Driftgeschwindigkeit einstellt. Beeinflusst wird diese Drift durch Gitterschwingungen (Phononen) und durch Abweichungen von der regelmäßigen Gitterstruktur (Gitterstörungen). Als Folge dieser Drift der Elektronen findet ein Ladungsträgertransport statt; es stellt sich eine Stromdichte i ein. Ist diese im Leiter homogen, fließt durch die Querschnittsfläche A_0 ein mittlerer elektrischer Strom I

$$i = \frac{I}{A_0} = \frac{1}{\rho}|\vec{E}| \tag{13.2}$$

Dabei ist ρ der sog. spezifische elektrische Widerstand. Das Verhältnis von Spannung und Strom wird als elektrischer Widerstand R bezeichnet (Ohmsches Gesetz).

$$R = \frac{U}{I} = \frac{U}{iA_0} = \rho\frac{L_0}{A_0} \tag{13.3}$$

Somit lässt sich, wenn die Abmessungen des (homogenen) Leiters bekannt sind, der spezifische Widerstand gemäß

$$\rho = R \frac{A_0}{L_0} \tag{13.4}$$

durch Messung von R ermitteln. Die Einheit für den elektrischen Widerstand ist Ω („Ohm") und ist abgeleitet aus den SI-Einheiten:

$$1\Omega = \frac{1V}{1A} = 1 \frac{kg \cdot m^2}{A^2 \cdot s^3} \tag{13.4b}$$

Für den spezifischen Widerstand ergibt sich als Einheit Ωm. Für praktische Zwecke ist es bequemer, den Querschnitt des Leiters A_0 in mm² und seine Länge L_0 in m zu messen. Als Einheit von ρ wird deshalb häufig neben Ωcm auch Ωmm²/m benutzt, wobei der Zusammenhang gilt:

$$10^{-6} \, \Omega m = 10^{-4} \, \Omega cm = 1 \, \Omega mm^2/m \tag{13.5}$$

Der Reziprokwert von R heißt elektrischer Leitwert oder Konduktanz G mit der Einheit $1/\Omega = S$. Dabei steht „S" für „Siemens". Der Reziprokwert von ρ wird spezifische elektrische Leitfähigkeit κ („Kappa") mit $[\kappa] = Sm^{-1}$ genannt.

Die Beeinflussung der Gitterschwingungen, z. B. durch Temperaturänderung, und/oder die der Gitterstörungen, z. B. durch Veränderung des Verformungszustandes, wirken sich auf die elektrische Leitfähigkeit aus. Als Beispiel zeigt Bild 13-2 die relativen Änderungen des spezifischen elektrischen Widerstandes $\Delta\rho/\rho$ von Kupfer durch plastische Verformung bei den Temperaturen 83, 190 und 300 K. Sie nehmen mit dem Verformungsgrad zu, und zwar umso ausgeprägter, je niedriger die Verformungstemperatur ist.

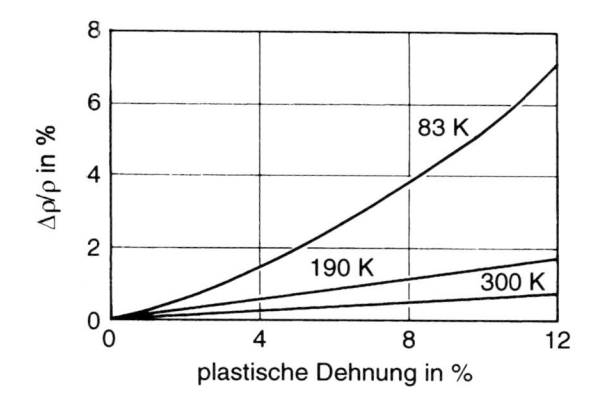

Bild 13-2
Verformungsbedingte Änderungen des spezifischen elektrischen Widerstandes von Kupfer bei verschiedenen Temperaturen

Erfahrungsgemäß setzt sich der spezifische elektrische Widerstand ρ eines Werkstoffes additiv aus einem temperaturabhängigen Anteil ρ_T und einem temperaturabhängigen Anteil ρ_0 zusammen. Es ist also (Matthiesensche Regel)

$$\rho = \rho_0 + \rho_T \tag{13.6}$$

Verunreinigungen (siehe z. B. Bild 13-3) und strukturelle Störungen liefern den Beitrag ρ_0, die Gitter-Schwingungen den Beitrag ρ_T. In Bild 13-4 ist die Tieftemperaturabhängigkeit des spezifischen elektrischen Widerstandes von reinem Kupfer und von drei Kupfer-Nickel-Legierungen wiedergegeben. Mit wachsender Temperatur nimmt ρ zu, und zwar oberhalb von 100 K etwa linear mit der Temperatur. Die Nickelzusätze bewirken eine ihrer Konzentration proportionale Erhöhung des spezifischen elektrischen Widerstandes bei praktisch gleich bleibender Temperaturabhängigkeit. Der am absoluten Nullpunkt verbleibende ρ-Wert wird als spezifischer elektrischer Restwiderstand bezeichnet.

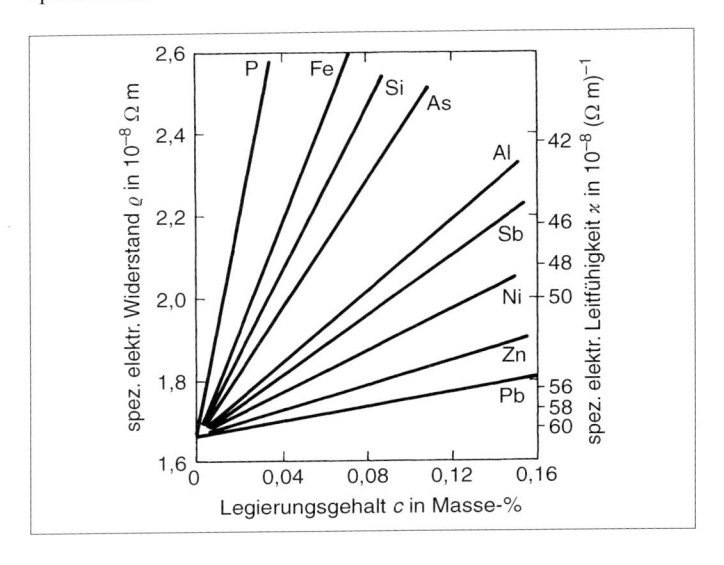

Bild 13-3
Abhängigkeit des spezifischen elektrischen Widerstandes von Kupfer von Legierungselementen bzw. Verunreinigungen

Die Temperaturabhängigkeit des spezifischen elektrischen Widerstandes lässt sich oberhalb der Raumtemperatur durch ein Polynom beschreiben, das nach zweiter Ordnung oder sogar nach erster Ordnung abgebrochen wird. Mit $T_0 < T$ gilt

$$\rho(T) = \rho(T_0)[1 + \alpha(T - T_0) + \beta(T - T_0)^2] \tag{13.7}$$

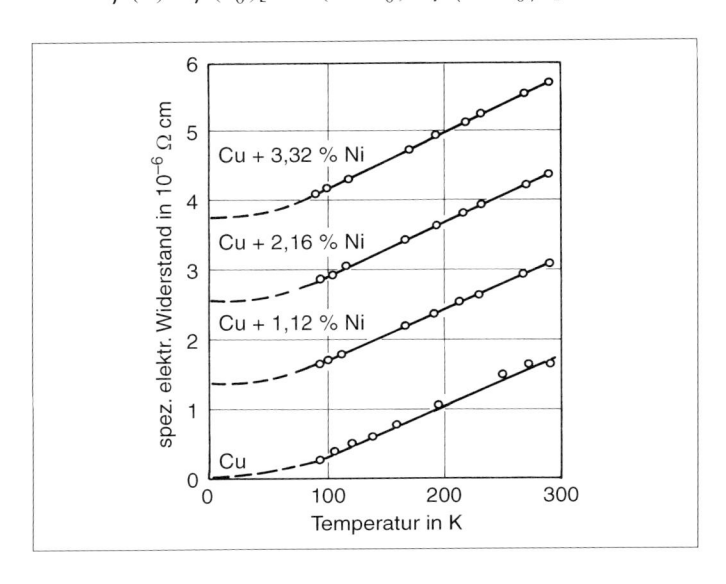

Bild 13-4
Temperaturabhängigkeit des spez. elektrischen Widerstandes von reinem und nickellegierten Kupfer

Dabei sind α und β die Temperaturkoeffizienten des spezifischen elektrischen Widerstandes. Geht β gegen 0, so kann in der folgenden Form angenähert werden:

$$\alpha = \frac{1}{\rho(T_0)} \frac{\rho(T) - \rho(T_0)}{T - T_0}$$

(13.8)

Aus dem Anstieg der $\rho(T)$-Kurve lässt sich in diesem Fall α einfach bestimmen.

13.2 Aufgabe

Von Proben aus Kupfer, Aluminium und Eisen, die verschieden stark kalt verformt wurden, sind der spezifische elektrische Widerstand und seine Abhängigkeit von der Temperatur zu bestimmen. Von je einer Probe der drei Werkstoffe ist für das Temperaturintervall 20 °C < T < 90 °C die Temperaturabhängigkeit von ρ zu ermitteln und α anzugeben.

13.3 Versuchsdurchführung

Die Messung von Widerständen $R_x > 1\ \Omega$ erfolgt zweckmäßigerweise mit einer Wheatstone-Brücke, die von Widerständen $R_x < 1\ \Omega$ dagegen mit einer Thomson-Brücke.

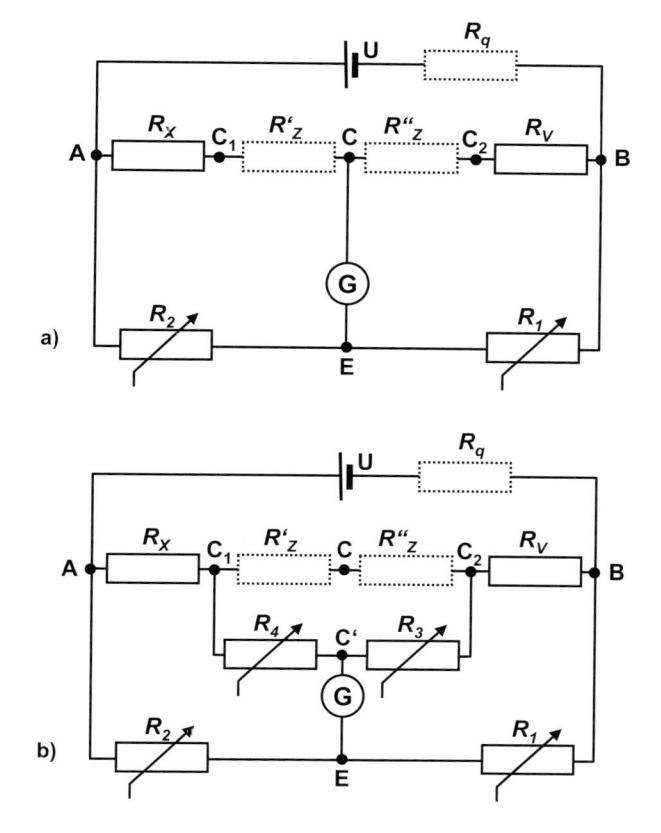

Bild 13-5
Messbrücken zur Bestimmung elektrischer Widerstände.
a) Wheatstone-Brücke,
b) Thomson-Brücke

Die Thomson-Brücke, deren Prinzip an Hand von Bild 13-5 erläutert werden kann, ist eine abgewandelte Wheatstone-Brücke (vgl. V22). Deshalb wird in Bild 13-5a von einer solchen ausgegangen. Diese wird abgeglichen, indem die beiden Punkte C und E durch Verändern des Widerstandes R_2 bzw. des Verhältnisses von $R_2:R_1$ auf gleiches Potential gebracht werden, was mit der Spannung $U_G = 0$ am Galvanometer G (Spannungsmesser mit sehr hohem Innenwiderstand, d. h. kein Stromfluss von C bzw. C' nach E) nachgewiesen wird. Wird nun angenommen, dass die Widerstände R'_Z und R''_Z der Zuleitungen C_1C und CC_2 nicht gegenüber dem Prüfwiderstand R_x und Vergleichswiderstand R_v vernachlässigbar sind, gilt im Fall des Brückenabgleichs mit dem veränderlichen Widerstand R_1:

$$\frac{R_x + R'_Z}{R_2} = \frac{R_V + R''_Z}{R_1} \tag{13.9}$$

Wird angestrebt, dass die Leitungswiderstände nach folgendem Verhältnis

$$\frac{R'_Z}{R''_Z} = \frac{R_x}{R_V} \tag{13.10}$$

geteilt werden, dann vereinfacht sich bei Brückenabgleich die Bestimmung von R_x zu

$$R_x = R_V \frac{R_2}{R_1} \tag{13.11}$$

d. h. es ergibt sich die gleiche Beziehung wie bei einer Wheatstone-Brücke mit vernachlässigbar kleinen Leitungswiderständen (vgl. V24).

Soll also der Einfluss der Zuleitungswiderstände eliminiert werden, so muss die Abgriffstelle C auf der Verbindungsleitung C_1C_2 so gelegt werden, dass sie deren Widerstand $R_Z = R'_Z + R''_Z$ im Verhältnis $R_x:R_V$ bzw. $R_2:R_1$ teilt. Das lässt sich durch die in Bild 13-5b skizzierte Schaltung erreichen. Die Verbindungsleitung wird durch die Widerstände $R_3 + R_4$ überbrückt. Diese werden mit den Abgleichwiderständen R_1 und R_2 so gekoppelt, dass stets gilt

$$\frac{R_4}{R_3} = \frac{R_2}{R_1} \tag{13.12}$$

Unter dieser Nebenbedingung befinden sich der Punkt C' der Verbindungsleitung und der Punkt C zwischen den Teilwiderständen R'_Z und R''_Z auf gleichem Potential. Zum Abgleich der Brücke sind dann nur noch die Punkte C' und E auf gleiches Potential zu bringen. Das ist erreicht, wenn die zwischen den Punkten BC_2, BE und C_2C' fließenden Ströme I_{BC_2}, I_{BE} und $I_{C_2C'}$ ($I_{EC'} = 0$ A) die Bedingungen

$$I_{BC_2} R_V + I_{C_2C'} R_3 = I_{BE} R_1 \tag{13.13}$$

und

$$I_{BC_2} R_x + I_{C_2C'} R_4 = I_{BE} R_2 \tag{13.14}$$

erfüllen, mit Gl. 13.12 folgt damit

$$R_x = R_V \frac{R_2}{R_1} \tag{13.15}$$

Bei Messungen mit der Thomson-Brücke gilt also dieselbe Abgleichformel wie bei der Wheatstone-Brücke.

Für Präzisionsmessungen ist die Thomson-Brücke als Doppelkurbelmessbrücke ausgebildet, wobei der Feinabgleich durch gekoppelte Veränderung der Widerstände R_1 und R_3 erfolgt. Die Widerstände R_3 und R_4 sind immer $\geq 10\,\Omega$, so dass die Zuleitungseinflüsse zwischen R_x und R_4 bzw. R_V und R_3 meist vernachlässigt werden können. Die Brückenwiderstände sind aus einer Kupfer-Mangan-Nickel-Legierung Cu86Mn12Ni2 bzw. Werkstoffnummer 2.1362 (Manganin®) gefertigt. Sie besitzen einen sehr kleinen Temperaturkoeffizienten von etwa $10^{-5}\,\text{K}^{-1}$ und extreme Langzeitkonstanz. Alle Kontakte und Kontaktbahnen sind versilbert, alle Kontaktflächen hartsilberplattiert. Mit der Thomson-Brücke ist eine absolute Messgenauigkeit von $\pm 2 \cdot 10^{-9}\,\Omega$ erreichbar.

Die für die Messungen vorgesehenen Proben werden vermessen und anschließend mit Stromzuführungen versehen. Mit Schneiden, die auf die Proben in definiertem Abstand aufgesetzt werden, wird der Spannungsabfall über R_x abgenommen und der Brücke zugeführt. Da an der Probe vier Zuleitungen angeschlossen werden, wird dies Verfahren auch als „Vierleitermessung" bezeichnet.

Der Brückenabgleich erfolgt gemäß der obigen Beschreibung über die Einstellung der verstellbaren Widerstände, bzw. Widerstandskaskaden. Die dazu erforderlichen Widerstandswerte werden abgelesen und der Berechnung des unbekannten Widerstandes R_x zugrunde gelegt. Um sich mit den Einstellungen vertraut zu machen, wird zunächst ein bekannter Widerstand vermessen.

Die Messungen bei erhöhten Temperaturen erfolgen in einem geeigneten Flüssigkeitsbad.

Mit den Probenabmessungen wird der spezifische elektrische Widerstand berechnet. Diskutiert werden Einflüsse von Werkstoff, Werkstoffvorgeschichte und Temperatur auf den spezifischen Widerstand.

13.4 Literatur

[Böh82] Böhm, H.: Einführung in die Metallkunde, unveränderter Nachdruck, Bibl. Inst. Mannheim, 1982

[Dör88] Döring, E.: Werkstoffe der Elektrotechnik, 2., verb. Aufl., Vieweg Verlag, Braunschweig, 1988

[Gui85] Guillery, P.; Hezel, R.; Reppich, B.: Werkstoffkunde für die Elektrotechnik. 6., durchges. Aufl., Nachdruck, Vieweg Verlag, Braunschweig, 1985

[Guy83] Guy, A. G.: Metallkunde für Ingenieure, 4. Aufl., Akad. Verlagsges., Wiesbaden, 1983

13.5 Symbole, Abkürzungen

Symbol/Abkürzung	Bedeutung	Einheit
U	Elektrische Spannung	Volt
A	Querschnittsfläche	mm^2
L	Länge	mm
$\vec{E}$	Elektrische Feldstärke	Volt/cm
i	Stromdichte	A/cm

Symbol/Abkürzung	Bedeutung	Einheit
I	Elektrischer Strom	A
R	Elektrischer Widerstand	Ω
ρ	Spezifischer elektrischer Widerstand	Ωm
G	Konduktanz	$1/\Omega = S$
κ	Spezifische elektrische Leitfähigkeit	S/m
α, β	Temperaturkoeffizienten des spezifischen elektrischen Widerstandes	1/K

V14 Metallographie unlegierter Stähle

14.1 Grundlagen

Die metallographische Untersuchung unlegierter Stähle setzt die Kenntnis des in Bild 14-1 gezeigten metastabilen Zustandsdiagrammes Eisen-Eisencarbid voraus. Dieses gibt eine Übersicht über die Temperatur-Konzentrations-Bereiche, in denen bestimmte Phasen auftreten. Vereinbarungsgemäß werden einzelne Punkte des Zustandsdiagrammes durch große lateinische Buchstaben gekennzeichnet. Gleichgewichtslinien lassen sich daher auch durch Folgen dieser Buchstaben eindeutig festlegen. Den wichtigen Punkten P, I, S, E und G des Diagramms kommen die Kohlenstoffmasse-% / Temperatur-Kombinationen 0,02 % / 723 °C, 0,25 % / 1489 °C, 0,8 % / 723 °C, 2,1 % / 1147 °C und 4,3 % / 1147 °C zu. I heißt peritektischer Punkt, HIB peritektische Gerade, C eutektischer Punkt, ECF eutektische Gerade. S wird als eutektoider Punkt und PSK als eutektoide Gerade bezeichnet. Da es bei Zustandsdiagrammen üblich ist, die Schmelze ebenfalls mit S abzukürzen, tritt der gleiche Buchstabe mit zwei unterschiedlichen Bedeutungen auf.

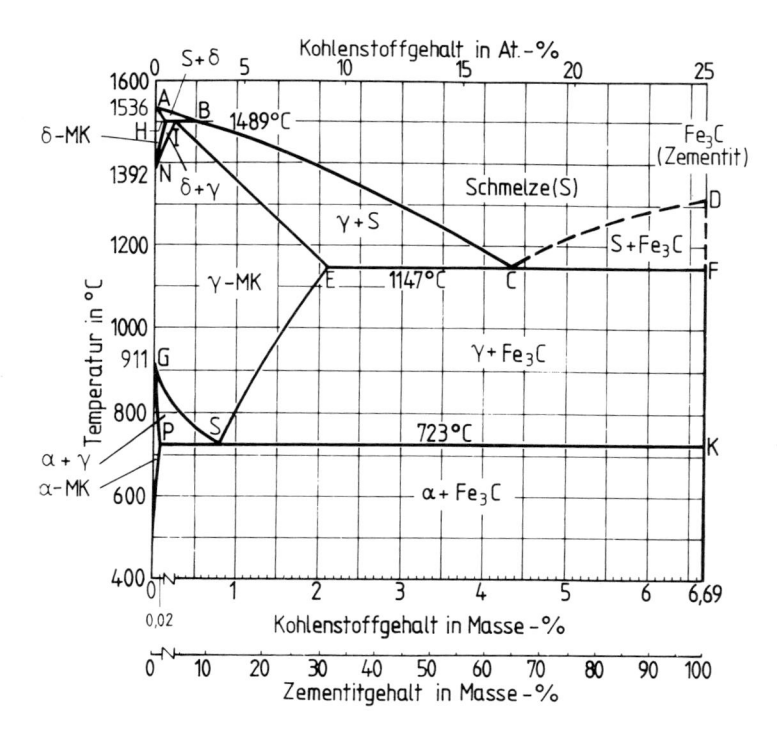

Bild 14-1 Das Fe-Fe$_3$C-Diagramm (phasenmäßige Kennzeichnung)

Bei 1489 °C unterliegen alle Legierungen mit Kohlenstoffkonzentrationen zwischen H und B der peritektischen Umwandlung:

$$\delta\text{-Mischkristalle } (\delta\text{-MK}) + \text{Schmelze (S)} \rightarrow \gamma\text{-Mischkristalle } (\gamma\text{-MK}) , \qquad (14.1)$$

bei der die krz-δ-MK zusammen mit Schmelze in kfz-γ-MK übergehen. Alle Legierungen mit Kohlenstoffgehalten zwischen E und F schließen ihren Erstarrungsvorgang bei 1147 °C mit der Reaktion

$$\text{Schmelze (S)} \rightarrow \gamma\text{-Mischkristalle } (\gamma\text{-MK}) + \text{Eisencarbid } (Fe_3C) \qquad (14.2)$$

ab, bei der sich Schmelze in kfz-γ-MK und orthorhombisches Eisencarbid Fe_3C mit einem Kohlenstoffgehalt von 6,69 Masse-% umwandelt (eutektische Reaktion). Der γ-MK, bei dem die Kohlenstoffatome auf Oktaederlücken des kfz-Gitters eingelagert sind (vgl. Bild 1-4, V1), wird auch als Austenit bezeichnet. Das eutektisch entstehende Gemenge aus γ-MK und Fe_3C heißt Ledeburit. Bei 723 °C gehen Legierungen mit größeren Kohlenstoffgehalten als 0,02 Masse-% schließlich gemäß

$$\gamma\text{-Mischkristalle } (\gamma\text{-MK}) \rightarrow \alpha\text{-Mischkristalle } (\alpha\text{-MK}) + \text{Eisencarbid } (Fe_3C) \qquad (14.3)$$

in krz-α-MK und Eisencarbid über (eutektoide Reaktion). Der α-MK, in dem die gelösten Kohlenstoffatome Oktaederplätze der krz-Gitterstruktur einnehmen (vgl. Bild 1-3, V1), wird Ferrit genannt. Das sich eutektoidisch bildende Gemenge aus Ferrit und Fe_3C heißt Perlit.

Die Konzentrationen der sich bei gegebener Temperatur innerhalb der 2-Phasengebiete im Gleichgewicht befindenden Phasen liest man als Abszissenwerte der Geradenschnittpunkte $T = $ const. (Konoden) mit den Begrenzungslinien der Phasengebiete ab. Die zugehörigen Massenanteile der Phasen berechnen sich nach dem Hebelgesetz (vgl. V6).

Die eutektische und die eutektoide Umwandlung beeinflussen die Ausbildung der Gleichgewichtsphasen in ganz charakteristischer Weise. Deshalb kann man der phasenmäßigen Betrachtung des Systems Fe-Fe_3C auch eine gefügemäßige gegenüberstellen. Bild 14-2 zeigt die entsprechende Darstellung. Dabei wird innerhalb der zweiphasigen Zustandsfelder der Zementit nach der Art seiner Entstehung unterschieden (Fe_3C^I Primärzementit, Fe_3C^{II} Sekundärzementit und Fe_3C^{III} Tertiärzementit). Ferner wird das eutektisch entstehende Phasengemenge aus Austenit und Eisencarbid als Ledeburit I und das sich daraus während der Perlitumwandlung seiner Austenitanteile entwickelnde Phasengemenge als Ledeburit II bezeichnet. Für die Beurteilung des Gleichgewichtsgefüges unlegierter Stähle nach hinreichend langsamer Abkühlung auf Raumtemperatur ist eigentlich das Fe-Fe_3C-Diagramm nur links von 2,1 Masse-% Kohlenstoff wichtig. Aus grundsätzlichen Erwägungen wird jedoch bei den nachfolgenden Erörterungen der gesamte Diagrammbereich bis 6,69 Masse-% C mit in die Betrachtungen einbezogen. Oberhalb der Grenzlinien GS und SE liegen alle Legierungen mit weniger als 2,1 Masse-% Kohlenstoff als homogene γ-Mischkristalle vor. Bei kleineren Kohlenstoffgehalten als 0,02 Masse-% wandelt sich der Austenit während langsamer Abkühlung, oberhalb 723 °C vollständig in Ferrit um. Wegen der unterhalb 723 °C mit sinkender Temperatur abnehmenden Löslichkeit des α-Eisens für Kohlenstoff verliert die Eisenmatrix bei der Abkühlung auf Raumtemperatur Kohlenstoff, und es bildet sich Fe_3C^{III} als sogenannter Tertiärzementit. Bei Raumtemperatur beträgt die Löslichkeitsgrenze des α-Eisens für Kohlenstoff etwa 10^{-6} bis 10^{-7} Masse-%. Der Schliff einer Legierung mit 0,01 Masse-% Kohlenstoff zeigt nach Bild 14-3 a) durch Korngrenzen voneinander getrennte Ferritkörner unterschiedlicher Größe und tertiären Zementit an den Korngrenzen. Mit wachsendem Kohlenstoffgehalt kommen zu den Ferritkörnern perlitische Bereiche hinzu. Bei einer Legierung mit 0,45 Masse-% C zeigt der Schliff nach Bild 14-3 c) nur noch etwas mehr als 40 % Ferritkörner. Die restliche Schliff-

V14 Metallographie unlegierter Stähle

fläche wird von Perlitbereichen („Perlitkörnern") gebildet, die aus einer streifigen bzw. lamellaren Anordnung einander abwechselnder Ferrit- und Zementitlamellen bestehen. Wird die Legierung aus dem γ-Gebiet hinreichend langsam abgekühlt, so bildet sich bei Unterschreiten der Linie GS zunächst Ferrit, dessen Menge mit sinkender Temperatur auf Kosten des verbleibenden Austenits zunimmt. Bei 723 °C besteht ein Gleichgewicht zwischen etwa 45 % Ferrit mit 0,02 Masse-% C und etwa 55 % Austenit mit 0,8 Masse-% C. Unterschreitet der Austenit 723 °C, so wandelt er sich eutektoid in Perlit um.

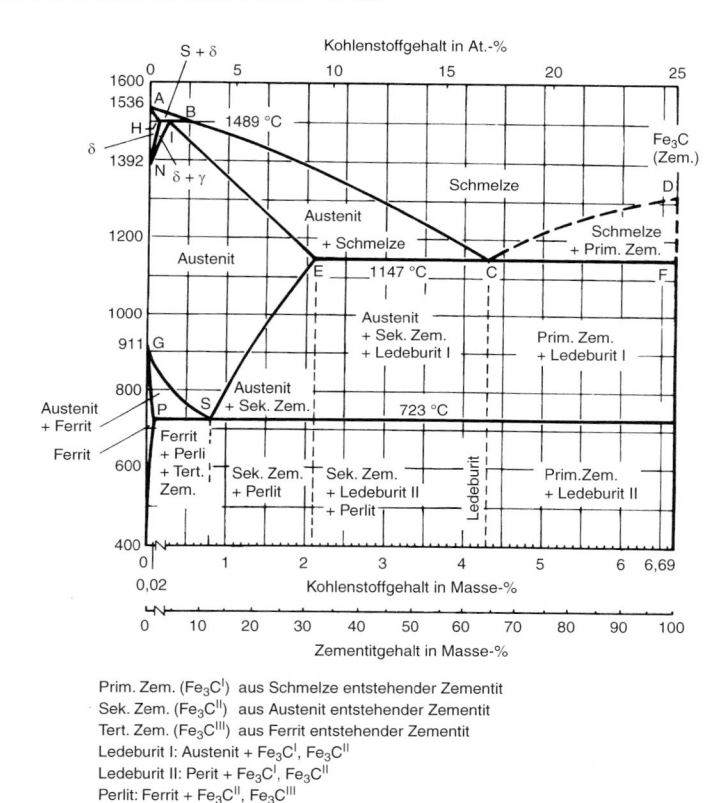

Prim. Zem. (Fe_3C^I) aus Schmelze entstehender Zementit
Sek. Zem. (Fe_3C^{II}) aus Austenit entstehender Zementit
Tert. Zem. (Fe_3C^{III}) aus Ferrit entstehender Zementit
Ledeburit I: Austenit + Fe_3C^I, Fe_3C^{II}
Ledeburit II: Perit + Fe_3C^I, Fe_3C^{II}
Perlit: Ferrit + Fe_3C^{II}, Fe_3C^{III}

Bild 14-2 Das Fe-Fe_3C-Diagramm (gefügemäßige Kennzeichnung). Nur die lichtmikroskopisch unterscheidbaren Gefügeanteile sind vermerkt

Die Perlitreaktion wird durch heterogene Keimbildung an den Austenitkorngrenzen eingeleitet. Beim Wachsen in die Austenitkörner ordnen sich die Phasen Ferrit und Zementit einander abwechselnd lamellenförmig an. In der Wachstumsfront werden durch starke Kohlenstoffdiffusionsströme die Unterschiede zwischen dem Kohlenstoffgehalt des Austenits (0,8 Masse-%) und dem des Ferrits (0,02 Masse-%) durch die Ausscheidung von Zementit (6,69 Masse-%) überbrückt. Der perlitisch gebildete Ferrit unterscheidet sich entstehungsmäßig, nicht aber strukturell von dem längs GS gebildeten Ferrit.

Eine Legierung mit 0,8 Masse-% C zeigt nach langsamer Abkühlung aus dem γ-Gebiet auf Raumtemperatur als Folge der bei 723 °C ablaufenden eutektoiden γ-α Umwandlung ein rein perlitisches Gefüge. Bei einer Legierung mit 1,5 Masse-% C bildet sich dagegen zunächst nach

Unterschreiten der Linie SE an den Austenitkorngrenzen Fe_3C^{II} (Sekundärzementit). Der Carbidanteil nimmt mit abnehmender Temperatur auf Kosten des Austenitanteils zu, weil dessen Kohlenstoffgehalt längs der Linie ES auf den Wert von 0,8 Masse-% bei 723 °C abfällt. Bei Absenkung der Temperatur unter 723 °C wandelt sich der dann noch vorhandene Austenit eutektoid in Perlit um. Nach Abkühlung auf Raumtemperatur liegt schließlich wie in Bild 14-3 f) eine Gefügeausbildung vor, bei der Carbidnetze zusammenhängende Perlitbereiche umsäumen. Die für einen unlegierten Stahl mit 1,5 Masse-% C bei 1300, 910, 730 und 20 °C auftretenden Gefügezustände, die Massenanteile der bei diesen Temperaturen im Gleichgewicht befindlichen Phasen und die Kohlenstoffbilanzen sind in Bild 14-4 wiedergegeben.

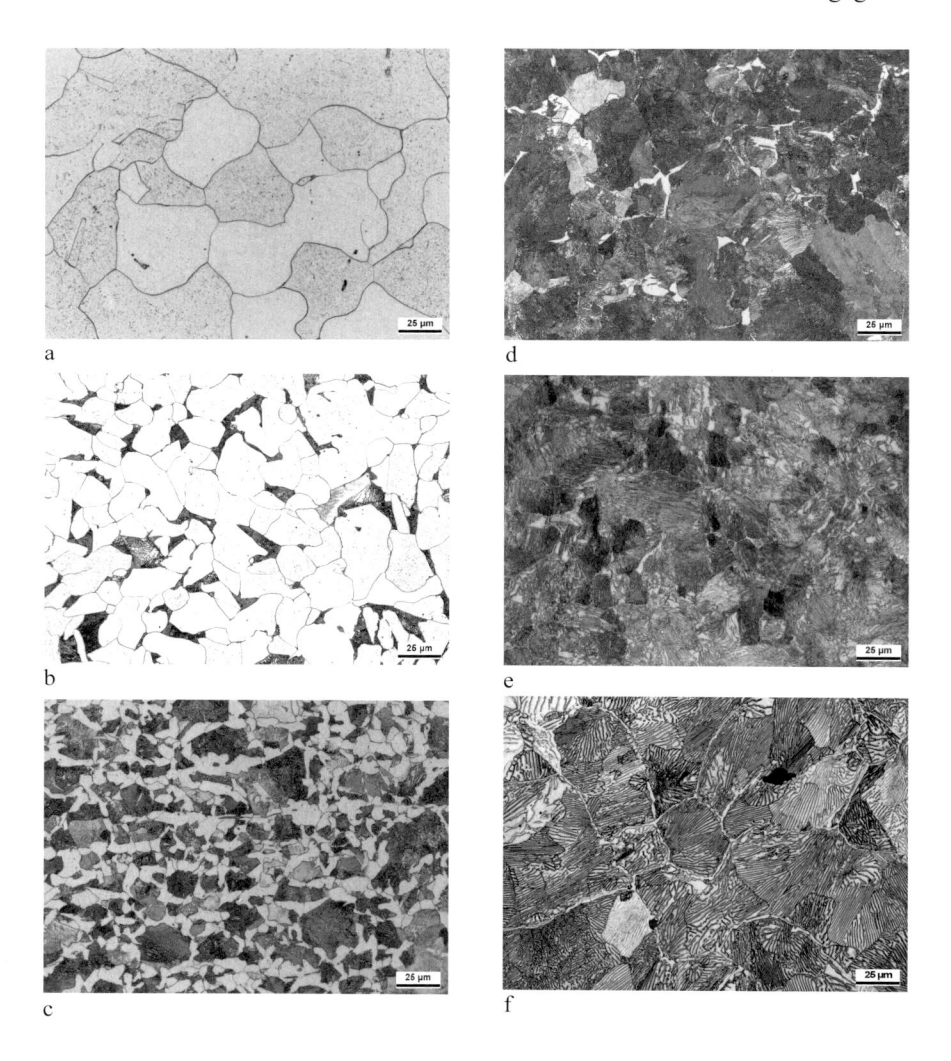

Bild 14-3 Gefüge von unlegierten Stählen mit 0,01 (a), 0,22 (b), 0,45 (c), 0,60 (d), 1,05 (e) und 1,30 (f) Masse-% C nach langsamer Abkühlung aus dem γ-Gebiet

T [°C]	Gefüge (Phasen)	Kennzeichnung des Hebels (C-Gehalt in Masse-%)	Massenanteile der Phasen i	k	Kohlenstoffbilanz
1300	Austenit (γ-MK)  / Schmelze (S)	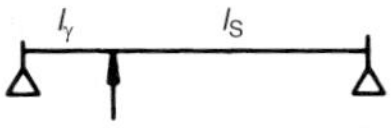 l_γ l_S ; c_γ (= 1,25) c (= 1,5) c_S (= 2,95)	$\frac{m_\gamma}{m} = \frac{l_S}{l}$ $= \frac{2,95 - 1,5}{2,95 - 1,25}$ $= 0,853$	$\frac{m_S}{m} = \frac{l_\gamma}{l}$ $= \frac{1,5 - 1,25}{2,95 - 1,25}$ $= 0,147$	$c = \frac{m_\gamma}{m} c_\gamma + \frac{m_S}{m} c_S$ $= 1,066 + 0,433$ $= 1,5$
910	 Sekundärzementit (Fe$_3$C) / Austenit (γ-MK)	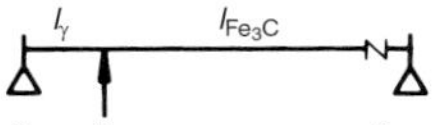 l_γ l_{Fe_3C} ; c_γ (= 1,3) c (= 1,5) c_{Fe_3C} (= 6,69)	$\frac{m_\gamma}{m} = \frac{l_{Fe_3C}}{l}$ $= \frac{6,69 - 1,5}{6,69 - 1,3}$ $= 0,963$	$\frac{m_{Fe_3C}}{m} = \frac{l_\gamma}{l}$ $= \frac{1,5 - 1,3}{6,69 - 1,3}$ $= 0,037$	$c = \frac{m_\gamma}{m} c_\gamma + \frac{m_{Fe_3C}}{m} c_{Fe_3C}$ $= 1,252 + 0,247$ $= 1,5$
730	 Sekundärzementit (Fe$_3$C) / Austenit (γ-MK)	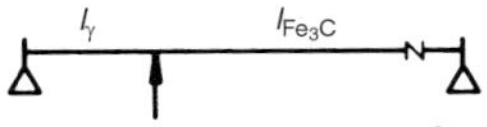 l_γ l_{Fe_3C} ; c_γ (= 0,8) c (= 1,5) c_{Fe_3C} (= 6,69)	$\frac{m_\gamma}{m} = \frac{l_{Fe_3C}}{l}$ $= \frac{6,69 - 1,5}{6,69 - 0,8}$ $= 0,881$	$\frac{m_{Fe_3C}}{m} = \frac{l_\gamma}{l}$ $= \frac{1,5 - 0,8}{6,69 - 0,8}$ $= 0,119$	$c = \frac{m_\gamma}{m} c_\gamma + \frac{m_{Fe_3C}}{m} c_{Fe_3C}$ $= 0,705 + 0,794$ $= 1,5$
20	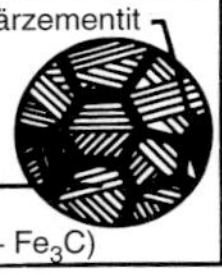 Sekundärzementit (Fe$_3$C) / Perlit (α-MK + Fe$_3$C)	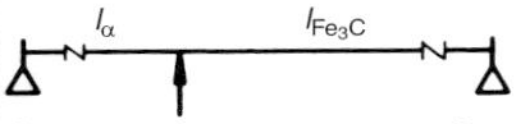 l_α l_{Fe_3C} ; c_α ($\approx$ 0) c (= 1,5) c_{Fe_3C} (= 6,69)	$\frac{m_\alpha}{m} = \frac{l_{Fe_3C}}{l}$ $= \frac{6,69 - 1,5}{6,69}$ $= 0,776$	$\frac{m_{Fe_3C}}{m} = \frac{l_\alpha}{l}$ $= \frac{1,5}{6,69}$ $= 0,224$	$c = \frac{m_\alpha}{m} c_\alpha + \frac{m_{Fe_3C}}{m} c_{Fe_3C}$ $\approx 0 + 1,5$ $= 1,5$

Bild 14-4 Gleichgewichte einer Legierung mit 1,50 Masse-% Kohlenstoff bei verschiedenen Temperaturen

Für die den Gleichgewichtslinien ES, PSK und SE des Zustandsdiagrammes zukommenden Halte- bzw. Umwandlungspunkte (Arrêt) werden auch die Bezeichnungen A_3, A_1 und A_{cm} benutzt. Da diese bei Abkühlung (refroidissement) und bei Aufheizung (chauffage) unterschiedlich sind und nicht mit den Gleichgewichtswerten übereinstimmen, werden sie als A_{r3}-, A_{r1}- und A_{rcm}- bzw. A_{c3}-, A_{c1}- und A_{ccm}-Temperaturen bezeichnet.

Eisen-Kohlenstoff-Legierungen mit Kohlenstoffgehalten kleiner (größer) als 0,8 Masse-% heißen untereutektoide (übereutektoide) Legierungen. Da alle unlegierten Stähle mit Kohlenstoffgehalten zwischen 0,02 und 2,1 Masse-% C bei langsamer Abkühlung auf Raumtemperatur ihre Austenitumwandlung mit der beschriebenen Perlitreaktion abschließen, umfasst ihr Gefüge unterschiedlich große Anteile an Perlit. Im Gefüge untereutektoider Stähle liegt bei Raumtemperatur ein mit dem Kohlenstoffgehalt linear zunehmender Anteil von Perlit vor. Bei übereutektoiden Stählen treten je nach Kohlenstoffgehalt unterschiedliche Anteile von Zementit (Sekundärzementit, Fe$_3$C^{II}) und Perlit auf. Bei Legierungen mit Kohlenstoffgehalten 2,1 < Masse-% C < 6,69 entsteht bei langsamer Abkühlung nie mehr ein Zustand, in dem reiner Austenit vorliegt. Zu Beginn der Erstarrung untereutektischer Legierungen mit < 4,3 Masse-% C bilden sich zuerst γ-Mischkristalle, deren Anteil mit sinkender Temperatur zunimmt und deren Kohlenstoffgehalt durch die Linie TE festgelegt ist. Die verbleibende Schmelze nimmt anteilmäßig mit der Temperatur ab und ist in ihrem Kohlenstoffgehalt durch die Linie BC bestimmt. Bei Erreichen von 1147 °C besitzt die Restschmelze einen Kohlenstoffgehalt von 4,3 Masse-% C und erstarrt eutektisch. Die Erstarrung übereutektischer Legierungen mit > 4,3 Masse-% C beginnt mit der Bildung von Fe$_3$C^I (Primärzementit), dessen Anteil mit abnehmender Temperatur wächst. Die mit dem Fe$_3$C^I im Gleichgewicht befindliche Schmelze nimmt mengenmäßig mit der Abkühlung ab und besitzt jeweils die durch die Linie CD gegebene Kohlenstoffkonzentration. Bei 1147 °C erreichen auch die Restschmelzen aller übereutektischer Legierungen einen Kohlenstoffgehalt von 4,3 Masse-% C. Wird also die eutektische Temperatur von 1147 °C unterschritten, so erfolgt bei allen Legierungen mit 2,1 bis 6,69 Masse-% C eine eutektische Umwandlung der Restschmelze. Das entstehende eutektische Gemenge aus γ-MK und Fe_3C^I wird Ledeburit I genannt. Bei weiter absinkender Temperatur scheidet sich aus dem Austenit, wegen seiner längs der Linie ES abnehmenden Löslichkeit für Kohlenstoff, Sekundärzementit aus, der aber nur bei untereutektischen Legierungen als gesonderter Gefügebestandteil nachzuweisen ist. Der Austenit untereutektischer Legierungen und der Austenit im Ledeburit I aller Legierungen mit 2,1 bis 6,69 Masse-% C wandelt sich schließlich bei Unterschreiten der eutektoiden Temperatur von 723 °C perlitisch in α-Eisen und Fe_3C^{II} um. Die aus Ledeburit I bestehenden Werkstoffbereiche werden dabei in den Gefügezustand Ledeburit II übergeführt, der aus Perlit und Eisencarbid besteht. Bei Raumtemperatur umfasst daher das Gefüge untereutektischer Legierungen Perlit, Sekundärzementit und Ledeburit II (vgl. Bild 14-5 a), das Gefüge übereutektischer Legierungen dagegen nur Primärzementit und Ledeburit II (vgl. Bild 14-5 c). Eine eutektische Legierung mit 4,3 Masse-% C liegt bei Raumtemperatur in Form von Ledeburit II vor (vgl. Bild 14-5 b).

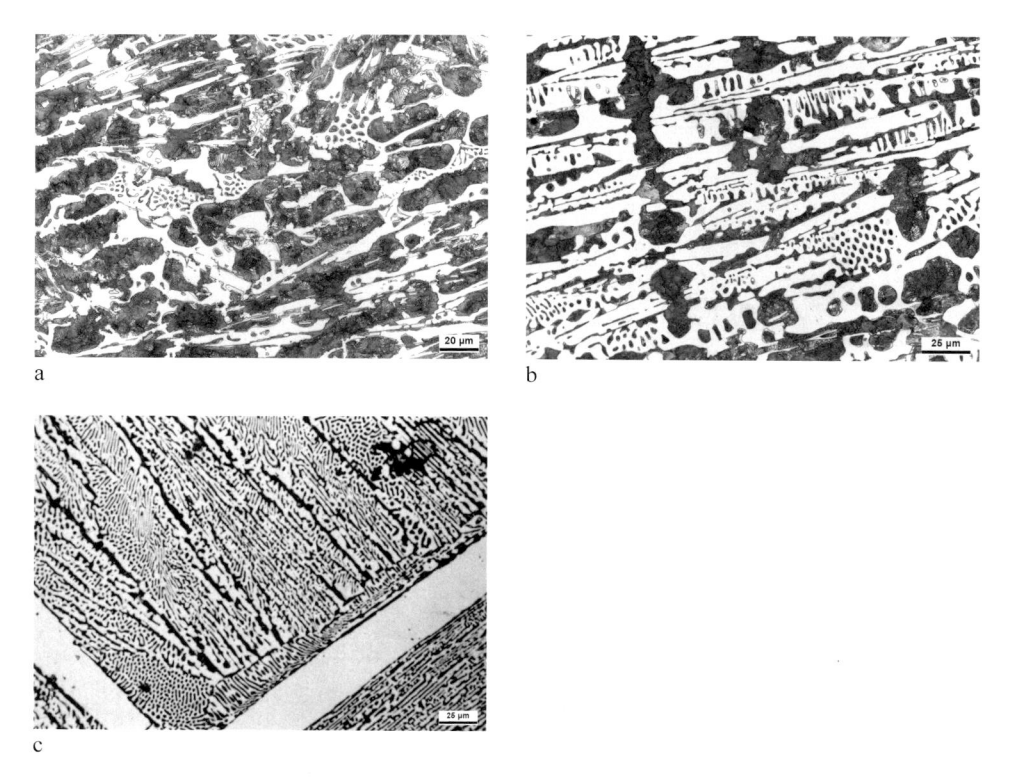

Bild 14-5 Gefüge untereutektischer, eutektischer und übereutektischer Fe,C-Legierungen mit 3,0 (a), 4,3 (b) und 5,0 (c) Masse-% C

Bild 14-6 zeigt zusammenfassend die für das Eisencarbid im Zustandsdiagramm Fe-Fe_3C bestehenden Zusammenhänge. Der totale Gehalt an Fe_3C nimmt linear mit dem Kohlenstoffgehalt zu. Bei Kohlenstoffgehalten oberhalb 4,3 Masse-% entsteht aus der Schmelze Eisencarbid. Die aus der Schmelze ledeburitisch, aus dem Austenit direkt, aus dem Austenit perlitisch und aus dem Ferrit direkt gebildeten Carbidanteile besitzen bei 4,3, 2,1, 0,8 und 0,02 Masse-% Kohlenstoff ihre Größtwerte und fallen von diesen sowohl zu höheren als auch zu kleineren Kohlenstoffgehalten hin linear ab.

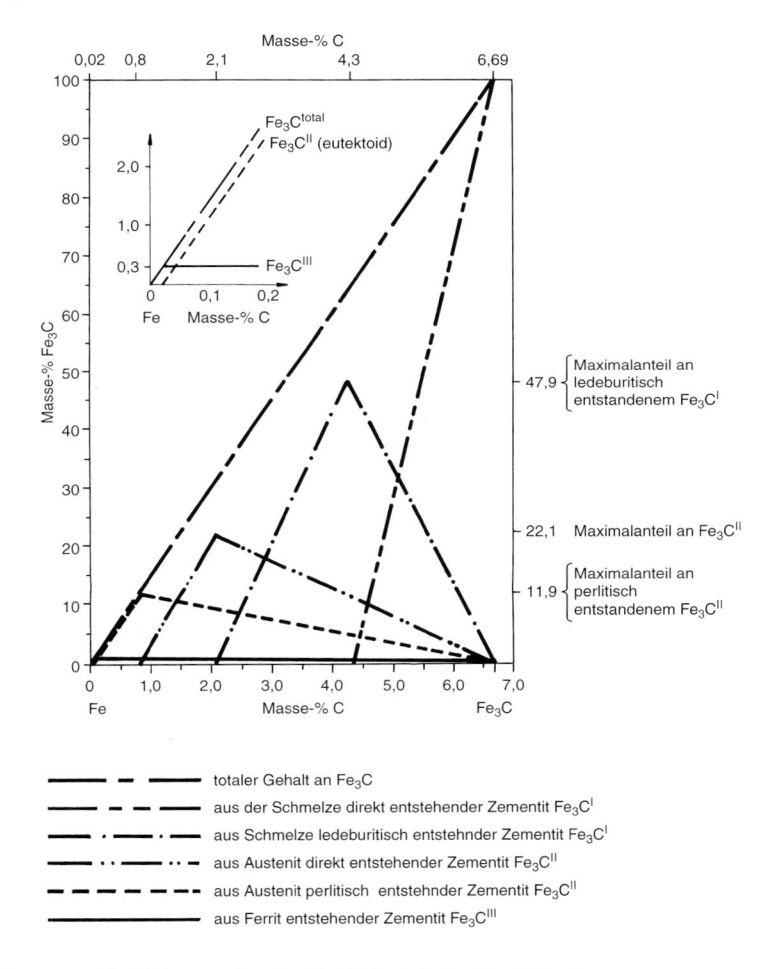

Bild 14-6 Die unterschiedlich entstehenden Carbidanteile bei Fe,C-Legierungen

14.2 Aufgabenstellung

Mehrere unlegierte unter- und übereutektoide Stähle werden austenitisiert und langsam aus dem Austenitgebiet abgekühlt. Von diesen Werkstoffzuständen sind Schliffe herzustellen, die Gefüge zu beurteilen und die Kohlenstoffgehalte auf Grund der Gefügeausbildung abzuschätzen.

14.3 Versuchsdurchführung

Als Versuchseinrichtungen stehen zur Schliffherstellung Schleif- und Polierstände, Einrichtungen für die Ätzbehandlung sowie ein Metallmikroskop zur Schliffbeobachtung zur Verfügung (vgl. V7). Die Proben werden zum Schleifen in eine Kunstharzmasse eingebettet. Der erste Schleifschritt erfolgt am zweckmäßigsten mit Schleifpapier der Nummer 80. Anschließend wird mit Schleifpapier der Nummern 240, 320, 400 und 600 gearbeitet, wobei jeweils die Schleifriefen des vorher benutzten Papiers beseitigt werden. Dazu wird bei jedem Schleifprozess, der unter Wasser als Kühl- und Spülmittel erfolgt, die Probe um 90° gegenüber dem vorangegangenen gedreht. Nach dem Schleifen erfolgt die Polierbehandlung der Probe mit auf ein Wolltuch aufgeschlämmter Tonerde (Al_2O_3). Dabei wird die Probe dauernd gedreht. Geschmiert wird mit destilliertem Wasser. Die Umdrehungsgeschwindigkeit der Polierscheibe wird zu 300 bis 500 Umdrehungen/Minute gewählt. Nach dem Polieren werden die Schliffe zur Gefügeentwicklung mit einer Mischung aus 1–5 cm^3 Salpetersäure und 100 cm^3 Alkohol bzw. 4 cm^3 Pikrinsäure und 100 cm^3 Alkohol geätzt, anschließend in destilliertem Wasser und Alkohol gespült und getrocknet. Daraufhin erfolgt die lichtmikroskopische Beobachtung. Kennzeichnende Schliffbereiche werden fotografiert und der Gefügeauswertung zugrunde gelegt.

14.4 Weiterführende Literatur

[Hor85] Horstmann, O.: Das Zustandsdiagramm Eisen-Kohlenstoff. 5. Auflage, Stahleisen, Düsseldorf, 1985

[Eck71] Eckstein, H.-J.: Wärmebehandlung von Stahl, WEB Grundstoffindustrie, Leipzig, 1971

[Les81] Leslie, W. C.: The Physical Metallurgy of Steel. McGraw-Hill, New York, 1981

[Hab66] Habraken, L. und Brouwner, J. L.: DeFerri Metallographia I. Presses Acad. Europ., Brüssel, 1966

[Sch66] Schrader, A. und Rose, A.: DeFerri Metallographia II, Stahleisen, Düsseldorf, 1966

14.5 Symbole, Abkürzungen

Symbol/Abkürzung	Bedeutung	Einheit
γ-MK	Gamma-Mischkristall	-
γ	Austenit	-
Fe_3C	Eisencarbid, Zementit	-
α-MK	Alpha-Mischkristall	-
α	Ferrit	-
Fe_3C^I	Primärzementit	-
Fe_3C^{II}	Sekundärzementit	-

Symbol/Abkürzung	Bedeutung	Einheit
Fe_3C^{III}	Tertiärzementit	-
S	Schmelze	-
A_1	Phasenübergangstemperatur zwischen den Gebieten Ferrit und Ferrit / Austenit	°C
A_3	Phasenübergangstemperatur zwischen den Gebieten Austenit und Ferrit / Austenit	°C
A_{cm}	Phasenübergangstemperatur zwischen den Gebieten Austenit und Austenit / Fe_3C	°C
A_{ccm}	Übergangstemperatur von Austenit und Fe_3C in Austenit beim Erwärmen	°C
A_{c1}	Übergangstemperatur von reinem Ferrit in Ferrit und Austenit beim Erwärmen	°C
A_{c3}	Übergangstemperatur von Ferrit und Austenit in Austenit beim Erwärmen	°C
A_{r1}	Übergangstemperatur von Ferrit und Austenit in Ferrit beim Abkühlen	°C
A_{r3}	Übergangstemperatur von Austenit in Ferrit und Austenit beim Abkühlen	°C
T	Temperatur	°C
l	Länge des gesamten Hebels	Masse-%
l_γ	Länge des Hebelarms Austenit	Masse-%
l_{Fe3C}	Länge des Hebelarms Eisencarbid	Masse-%
l_α	Länge des Hebelarms Ferrit	Masse-%
l_S	Länge des Hebelarms Schmelze	Masse-%
m	Gesamtmasse	%
m_γ	Anteil Austenit	%
m_α	Anteil Ferrit	%
c	Gegebene Kohlenstoffkonzentration	Masse-%
c_γ	Kohlenstoffkonzentration des Austenits	Masse-%
c_α	Kohlenstoffkonzentration des Ferrits	Masse-%
c_{Fe3C}	Kohlenstoffkonzentration von Fe_3C (6,69 Masse-%)	Masse-%
c_S	Kohlenstoffkonzentration der Schmelze	Masse-%

V15 Martensitische Umwandlung

15.1 Grundlagen

Werden unlegierte Stähle durch Zufuhr thermischer Energie austenitisiert und anschließend aus dem Gebiete der γ-Mischkristalle mit hinreichend großer Abkühlgeschwindigkeit auf Raumtemperatur abgeschreckt, so entsteht ein charakteristisches Abschreckgefüge, dessen kennzeichnender Bestandteil als Martensit bezeichnet wird. Im Austenitgebiet, also oberhalb der Grenzlinie GSE des Eisen-Eisencarbid-Diagramms (vgl. Bild 14-1 und 14-2, V14), sind die Kohlenstoffatome vollständig im kfz-Eisengitter gelöst und nehmen dort oktaedrisch koordinierte Lückenplätze ein (vgl. Bild 1-3, V1). Durch die rasche Abkühlung entsteht eine Nichtgleichgewichtsphase von größter praktischer Bedeutung.

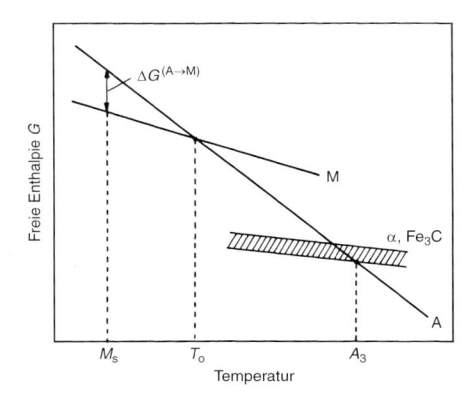

Bild 15-1 Temperaturabhängigkeit der freien Enthalpie des Austenits, Ferrits und Eisencarbids sowie des Martensits (schematisch)

Der austenitische Werkstoffzustand ist bei gegebener Temperatur und gegebenem Druck durch einen Minimalwert der freien Enthalpie G charakterisiert, der wie in Bild 15-1 von der Temperatur abhängt (Kurve A). Eine Umwandlung in eine andere Phase ist nur möglich, wenn dieser bei gegebener Temperatur eine kleinere freie Enthalpie zukommt als dem Austenit. Liegen z. B. die G-T-Kurven für die Phasen Ferrit (α) und Zementit (Fe_3C) im schraffierten Bereich von Bild 15-1, so setzt die Umwandlung in diese Phasen erst ein, wenn die Temperaturen A_3 bzw. A_{cm}, die der Linie GSE im $Fe-Fe_3C$-Diagramm entsprechen, unterschritten werden. Diese Umwandlungen laufen diffusionsgesteuert ab und benötigen daher Zeit, so dass sie nur bei hinreichend langsamer Abkühlung aus dem γ-Mischkristallgebiet auftreten. Das System Eisen-Eisencarbid zeichnet sich dadurch aus, dass sich außer den genannten Gleichgewichtsphasen auch eine Nichtgleichgewichtsphase bilden kann. Für sie ist die in Bild 15-1 mit M bezeichnete G-T-Kurve gültig, die gegenüber den Gleichgewichtsphasen zu höheren G-Werten verschoben ist. Diese Nichtgleichgewichtsphase wird als Martensit bezeichnet. Sie kann nur entstehen, wenn durch hinreichend rasche Abkühlung des Austenits die diffusionsgesteuerte Ausbildung der Gleichgewichtsphasen verhindert wird. Ist das der Fall, so besitzen Austenit und Martensit bei der konzentrations- und druckabhängigen Temperatur $T = T_0$ die gleichen freien Enthalpien und sind miteinander im Gleichgewicht. Für die Einleitung der martensitischen Umwandlung ist jedoch eine bestimmte Keimbildungsenthalpie $\Delta G^{(A \rightarrow M)}$ erforderlich. Um sie aufzubringen, ist eine Unterkühlung des Austenits um die Temperaturdifferenz

$$\Delta T = T_0 - M_s \tag{15.1}$$

notwendig. M_s wird deshalb zutreffend als Martensitstarttemperatur bezeichnet.

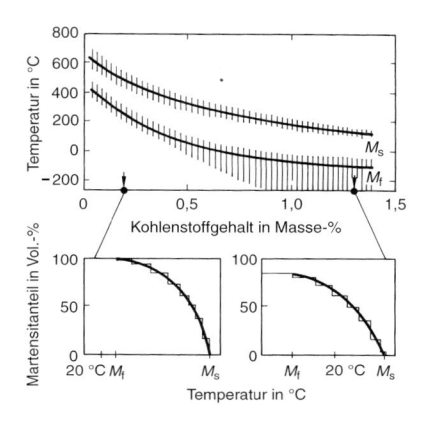

Bild 15-2 Einfluss des Kohlenstoffgehaltes auf M_s und M_f sowie Temperaturabhängigkeit der Martensitbildung

In Bild 15-2 ist M_s als Funktion des Kohlenstoffgehaltes für unlegierte Stähle wiedergegeben. Der schraffierte Bereich deutet die Streubreite vorliegender M_s-Angaben an. Mit dargestellt ist die Kohlenstoffabhängigkeit der Martensitfinishtemperatur M_f. Sie wird zweckmäßigerweise als diejenige Temperatur bezeichnet, unterhalb der die martensitische Umwandlung – bewertet mit Hilfe gängiger Nachweismethoden – nicht mehr fortschreitet. Auch hier deutet die Schraffur die Streubreite vorliegender Einzelangaben an. Die Martensitfinishtemperatur erreicht bei einem C-Gehalt von 0,5 Masse-% Raumtemperatur. Deshalb ist nach Abschrecken auf Raumtemperatur in einer Eisenkohlenstofflegierungen mit C-Gehalten > 0,5 Masse-% Restaustenit als Folge der noch nicht abgeschlossenen Martensitbildung nachweisbar (vgl. V16). Im unteren Teil von Bild 15-2 ist angegeben, wie sich die Martensitbildung volumenanteilmäßig bei kleinen und großen Kohlenstoffgehalten vollzieht. Die martensitische Umwandlung von Kohlenstoffstählen ist nur von der Temperatur abhängig. D. h. die Umwandlung erfolgt diskontinuierlich in kleinen Volumenbereichen und in sehr kurzen Zeiten, wobei umwandlungsfreie Temperatur- bzw. Zeitintervalle auftreten. Die Bildungsgeschwindigkeit einzelner Martensitkristalle in Richtung ihrer größten Ausdehnung beträgt etwa 5000 m/s. Das jeweils umgewandelte Probenvolumen ist eine eindeutige Funktion der erreichten Temperatur zwischen M_s und M_f. Wichtig ist der in den unteren Teilbildern von Bild 15-2 skizzierte Sachverhalt, dass bei kleinen Kohlenstoffgehalten eine vollständige, bei großen Kohlenstoffgehalten dagegen keine vollständige Austenitumwandlung – auch bei Abkühlung auf sehr tiefe Temperaturen – zu erreichen ist. Der Martensitanteil beträgt also bei größeren Kohlenstoffgehalten auch für $T < M_f$ weniger als 100 Vol.-%. Die umwandlungsfreien Intervalle in den Martensitanteil-Temperatur-Kurven bei Abkühlung wachsen mit der Austenitkorngröße an. Bei hinreichend kleiner Austenitkorngröße kann jedoch davon ausgegangen werden, dass mit sinkender Temperatur der Martensitanteil monoton ansteigt. Nach Abschrecken auf $T_u = 20\,°C$ bzw. $T_u = -196\,°C$ sind in Abhängigkeit vom Kohlenstoffgehalt die Bild 15-3 entnehmbaren Martensit- und Restaustenitanteile zu erwarten. Der Restaustenitgehalt lässt sich in beiden Fällen in guter Näherung beschreiben durch

$$RA = 100 \cdot \exp\left[-B \cdot (M_s - T_U)\right] \quad [\text{Vol-\%}] \tag{15.2}$$

mit $B = 1{,}1 \cdot 10^{-2}\,(°C)^{-1}$ bei $T_U = 20\,°C$ und $B = 7{,}5 \cdot 10^{-3}\,(°C)^{-1}$ bei $T_U = -196\,°C$. B ist von der Umwandlungstemperatur und von der Austenitisierungstemperatur sowie von der Abkühlungsgeschwindigkeit abhängig.

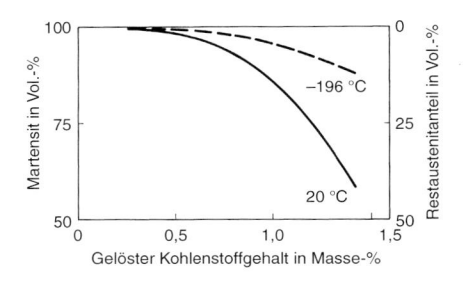

Bild 15-3 C-Abhängigkeit des Martensit- und Restaustenitanteils bei unlegierten Stählen

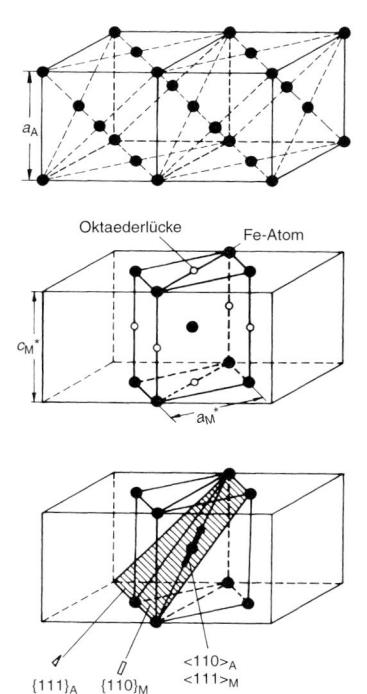

Bei der martensitischen Umwandlung geht das kubisch-flächenzentrierte Austenitgitter in ein tetragonal-raumzentriertes Martensitgitter über. Dies lässt sich in der in Bild 15-4 wiedergegebenen Weise beschreiben.

Bild 15-4
Gittergeometrische Veranschaulichung der Martensitumwandlung

Betrachtet man zwei Elementarzellen des kubisch-flächenzentrierten Austenits mit der Gitterkonstanten a_A, so liegt in diesen eine tetragonal-raumzentrierte Elementarzelle bereits als „vir-

V15 Martensitische Umwandlung

tuelle Martensitzelle" mit den Abmessungen $c_M^* = a_A$ und $a_M^* = a_A^* \cdot \sqrt{2}/2$ vor. Um die korrekten Gitterabmessungen c_M und a_M von Martensit zu erhalten, muss jedoch durch eine „homogene Deformation" c_M^* etwa um 20 % verkleinert und a_M^* um etwa 12 % vergrößert werden. Die eingezeichneten Oktaederlücken des Austenits gehen direkt in Oktaederlücken des Martensits über. Haben C-Atome im Austenit Oktaederlücken eingenommen, so befinden sie sich schon in den richtigen Lagen, den sog. z-Lagen, so dass während der Umwandlung keine Kohlenstoffdiffusion mehr erforderlich ist. Aufgrund dieser Betrachtung ist klar, dass die Besetzung einer z-Lage mit einem Kohlenstoffatom zu einer lokalen tetragonalen Verzerrung des Martensitgitters führt.

Vom kristallografischen Standpunkt aus sind die Orientierungszusammenhänge zwischen Austenit und Martensit sowie die Trennebenen zwischen austenitischen und martensitischen Werkstoffbereichen, die sog. Habitusebenen, von besonderer Bedeutung. Aus dem unteren Teil von Bild 15-4 ist ersichtlich, dass eine {111}-Ebene des Austenits mit einer {110}-Ebene des virtuell vorgebildeten Martensits identisch ist. Ferner entsprechen sich die dichtest gepackten Gitterrichtungen $<110>_A$ und $<111>_M$. Der Orientierungszusammenhang ist also durch die nach Kurdjumov-Sachs benannte Beziehung

$$\{111\}_A \rightarrow \{110\}_M \qquad <110>_A \rightarrow <111>_M \tag{15.3}$$

gegeben, die bei unlegierten Stählen oberhalb 0,5 Masse-% Kohlenstoff experimentell bestätigt wird.

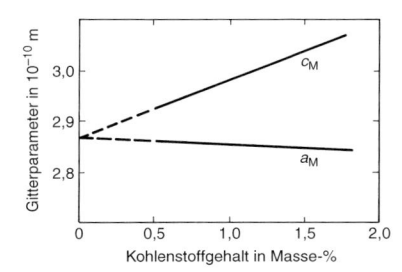

Bild 15-5
Einfluss des Kohlenstoffgehaltes auf die Gitterparameter c_M und a_M des Martensits unlegierter Stähle

Bei dem bei der martensitischen Umwandlung entstehenden tetragonal innen zentrierten Martensit werden in Abhängigkeit vom Kohlenstoffgehalt die in Bild 15-5 wiedergegebenen Gitterparameter a_M sowie c_M gemessen. Es gilt

$$\frac{c_M}{a_M} = 1{,}0000 + 0{,}046 \text{ Masse-\% C} \tag{15.4}$$

Die gestrichelten Kurventeile sollen andeuten, dass für C-Gehalte < 0,5 Masse-% keine einheitlichen Aussagen über die Tetragonalität des Martensits vorliegen. Da die kfz-γ-Mischkristalle dichter gepackt sind als die tetragonal raumzentrierten Martensite gleichen Kohlenstoffgehaltes (vgl. auch V1), tritt bei der Umwandlung von Austenit in Martensit eine Volumenvergrößerung auf. Die Korrelation der mit der Martensitbildung bei unlegierten Stählen verbundenen relativen Volumenvergrößerungen sind in Bild 15-6 dargestellt. Als Folge der mit dem Kohlenstoffgehalt zunehmenden Tetragonalität wächst die relative Volumenänderung an. Bei den Berechnungen wurden die Restaustenitgehalte, die nach der martensitischen Härtung bei höheren C-Gehalten vorliegen, berücksichtigt.

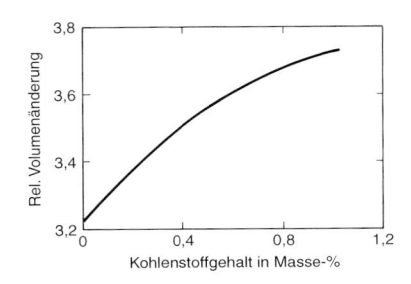

Bild 15-6 Einfluss des Kohlenstoffgehaltes auf die relativen Volumenänderungen bei der Martensitbildung aus dem Austenit unlegierter Stähle

Die kennengelernten strukturellen Details beeinflussen das morphologische Erscheinungsbild der FeC-Martensite. Bild 15-7 zeigt die lichtmikroskopisch beobachtbaren Erscheinungsformen des Martensits der Stähle Ck 15, Cf 53 und 125 Cr 2. Bei kleinen C-Gehalten (< 0,5 Masse-%) wird eine Martensitstruktur mit Paketen paralleler Latten innerhalb ehemaliger Austenitkörner beobachtet. Die Latten sind mehrere µm lang und besitzen Dicken von 0,1 bis 0,5 µm. Das Gefüge wird als Latten- oder Massivmartensit bezeichnet. Bei größeren C-Gehalten zwischen 0,5 und etwa 1,1 Masse-% treten zu den lattenförmigen Martensitbereichen in zunehmendem Maße plattenförmig ausgedehnte Martensit- und Restaustenitbereiche hinzu. Man spricht von Mischmartensit. Bei C-Gehalten oberhalb etwa 1,1 Masse-% tritt – neben Restaustenit – als einzige Martensitform noch Plattenmartensit auf. Der niederkohlenstoffhaltige Martensit enthält innerhalb der sich parallel zu <111>$_M$-Richtungen erstreckenden Latten eine hohe Dichte verknäuelter Versetzungen von 10^{11} bis 10^{12} cm^{-2}. Diese Versetzungsdichte ist um 3 bis 4 Größenordnungen größer als bei rekristallisiertem Ferrit. Der hochkohlenstoffhaltige Martensit besteht dagegen überwiegend aus Zwillingen vom Typ {112}$_M$ mit mittleren Lamellendicken von etwa $60 \cdot 10^{-8}$ cm und mittleren Lamellenabständen von etwa $10 \cdot 10^{-8}$, denen eine Versetzungsfeinstruktur überlagert ist. Tab. 15.1 fasst einige der kennengelernten strukturellen und die morphologischen Erscheinungen des Massiv- und Plattenmartensits von FeC-Legierungen zusammen.

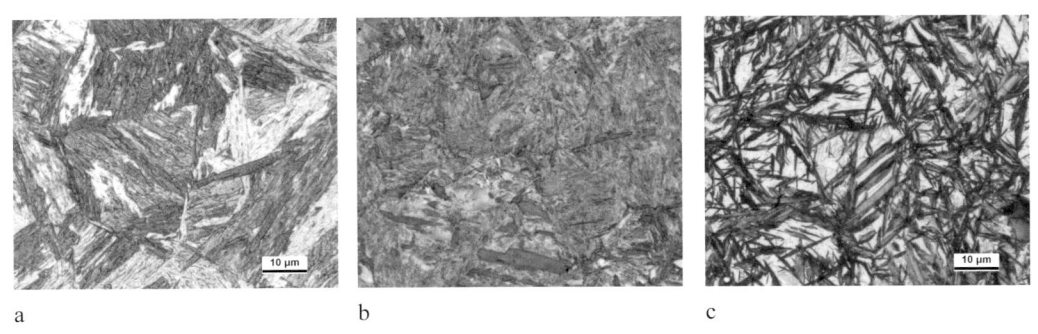

Bild 15-7 Martensitgefüge unlegierter Stähle, a) Massivmartensit (Ck 15), b) Mischmartensit (Cf 53), c) Plattenmartensit (125 Cr 2)

Tabelle 15.1 Strukturelle und morphologische Kennzeichnung des Martensits unlegierter Stähle mit unterschiedlichen Kohlenstoffgehalten

C-Gehalt [Masse-%]	Habitus-ebene	Orientierungs-beziehung	Typ	Feinstruktur
< 0,5	$\{111\}_A$ bzw. $\{123\}_M$	?	Massivmartensit	Pakete paralleler Latten in $<111>_M$-Richtung mit hoher Versetzungsdichte (10^{11} bis 10^{12} cm/cm^3)
0,5 bis 1,1	$\{225\}_A$ bzw. $\{112\}_M$	Kurdjumov-Sachs	Mischmartensit	Nebeneinander Latten (mit hoher Versetzungsdichte) und Platten (stark verzwillingt), Restaustenit
> 1,1	$\{225\}_A$ bzw. $\{112\}_M$ und $\{225\}_A$ bzw. $\{112\}_M$	Kurdjumov-Sachs	Plattenmartensit	Willkürlich angeordnete linsenförmige Martensitplat-ten und Restaustenit, Platten verzwillingt, Zwillingsebene $\{112\}_M$

Werden reine FeC-Legierungen hinreichend lange bei $T > A_3$ bzw. A_{cm} (vgl. V14) austeniti-siert und anschließend rasch auf 20 °C abgeschreckt, so zeigen sie auf Grund der erörterten strukturmechanischen Gegebenheiten in Abhängigkeit vom gelösten Kohlenstoffgehalt die in Bild 15-8 wiedergegebenen Härtewerte. Zwischen 0,1 und 0,5 Masse-% Kohlenstoff ist in guter Näherung der Zusammenhang

$$HRC = 35 + 50 \cdot \text{Masse-\% C} \tag{15.5}$$

erfüllt. Bei etwa 0,7 Masse-% C treten maximale Härtewerte von etwa 66 HRC auf. Bei größe-ren Kohlenstoffgehalten fallen die HRC-Werte wegen der anwachsenden Restaustenitanteile kontinuierlich ab.

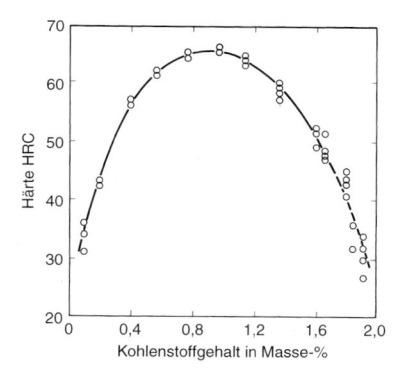

Bild 15-8 Härte martensitisch umgewandelter reiner FeC-Legierungen

15.2 Aufgabe

Proben aus C 40 sind auf Temperaturen von 760 °C, 820 °C und 980 °C, Proben aus C 130 auf Temperaturen von 820 °C, 980 °C und 1080 °C zu erwärmen, dort 30 min zu halten und anschließend in Öl von 20 °C abzuschrecken. Die entstandenen Werkstoffzustände sind gefüge- und härtemäßig zu analysieren. Für unter- und übereutektoide Stähle sind Härtungsregeln abzuleiten (vgl. V34).

15.3 Versuchsdurchführung

Für die Wärmebehandlungen stehen zwei kleine Laborsalzbadöfen zur Verfügung. Die Tiegeleinsätze bestehen aus hitzebeständigem Stahl. Die Öfen werden zunächst auf 820 °C und 980 °C eingestellt. Je zwei der gekennzeichneten Kleinproben aus C 40 und C 130 werden in die Salzbäder eingetaucht. Nach 30 min werden die Proben mit Zangen den Salzbädern entnommen und ohne Verzögerung in einem auf Raumtemperatur befindlichen Ölbad abgeschreckt. Der Salzbadofen mit der niederen (höheren) Temperatur wird dann auf 760 °C (1080 °C) abgekühlt (aufgeheizt). Nach Erreichen der Solltemperaturen wird eine C 40 (C 130) Probe in das auf 760 °C (1080 °C) erwärmte Salzbad eingetaucht, 30 min gehalten und anschließend ebenfalls in Öl von 20 °C abgeschreckt. Danach werden von den Proben Schliffe angefertigt. Die Ätzbehandlung erfolgt bei C 40 mit 2 %-iger, bei C 130 mit 6 %-iger Salpetersäure. Die Schliffe werden beurteilt. Von den Gefügezuständen werden ergänzende Makro- und Mikrovickershärten bestimmt (vgl. V8 und V25).

15.4 Weiterführende Literatur

[Vöh77] Vöhringer, O.; Macherauch, E.: Struktur und mechanische Eigenschaften von Martensit. HTM Härterei-Techn. Mitt. 32 (1977) 4, S. 153

[Nis78] Nishiyama, Z.: Martensitic Transformation. Academic Press, London, 1978

[Kna56] Knapp, H.; Dehlinger, U.: Mechanik und Kinetik der diffusionslosen Martensitbildung. Acta Metallurgica Vol. 4 (1956), S. 289–297

15.5 Symbole, Abkürzungen

Symbol/Abkürzung	Bedeutung	Einheit
γ-MK	Gamma-Mischkristall, Austenit	-
Fe_3C	Eisencarbid, Zementit	-
α-MK	Alpha-Mischkristall, Ferrit	-
M_s	Martensitstarttemperatur	°C
M_f	Martensitfinishtemperatur	°C
T_0	Gleichgewichtstemperatur zwischen der freien Enthalpie des Austenit und des Martensit	°C
G	Freie Enthalpie	J

Symbol/Abkürzung	Bedeutung	Einheit
$\Delta G^{(A \to M)}$	Keimbildungsenthalpie zur Martensitbildung aus dem Austenit	J
A_3	Übergangstemperatur von Ferrit und Austenit in reinen Austenit	°C
A_{cm}	Übergangstemperatur von reinem Austenit in Austenit und Fe_3C	°C
c_M	Gitterparameter der Martensitelementarzelle in z-Richtung	cm
a_M	Gitterparameter der Martensitelementarzelle in x-y-Richtung	cm
c_M^*	Gitterparameter der virtuellen Martensitelementarzelle in z-Richtung	cm
a_M^*	Gitterparameter der virtuellen Martensitelementarzelle in x-y-Richtung	cm
a_A	Gitterparameter des Austenits	cm
T	Temperatur	°C
T_U	Umwandlungstemperatur	°C
B	Konstante	-

V16 Phasenanalyse mit Röntgenstrahlen

16.1 Grundlagen der Röntgendiffraktometrie

Seit der Entdeckung der Röntgenstrahlung durch Wilhelm Conrad Röntgen 1895 haben sich die Methoden der Röntgendiffraktometrie stark weiterentwickelt und haben seit etwa 1960 in der Werkstofftechnik zunehmend an Bedeutung gewonnen. Hierbei wird die Wechselwirkung von Röntgenstrahlung, welche eine charakteristische Wellenlänge in der Größenordnung der Abmessungen von Kristallgittern besitzt, mit den Atomen ausgenutzt. Mit den Methoden der Röntgendiffraktometrie kann eine Vielzahl von Werkstoffeigenschaften charakterisiert werden wie z. B.: qualitative und quantitative Phasenanalyse, Gitterstruktur- und Gitterkonstantenbestimmung, Eigenspannungen und Texturen.

Die Beschreibung der geometrischen Bedingungen für die Beugung an einer Netzebenenschar (vgl. V1) wurde 1912 von W. L. Bragg geliefert (Bild 16-1).

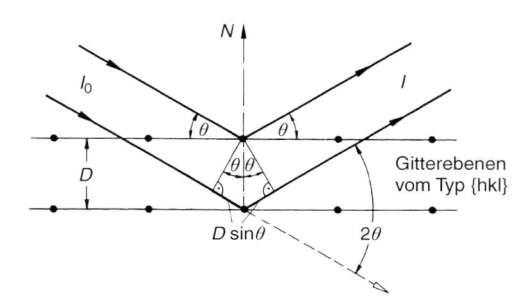

Bild 16-1 Geometrische Veranschaulichung der Bragg'schen Interferenzbedingung. Der Begriff Netzebene wird synonym zu Gitterebene und Atomebene benutzt.

Fällt wie in Bild 1 ein Röntgenstrahl I_0 mit der Wellenlänge λ unter dem Winkel θ auf Gitterebenen mit dem Abstand D und den Miller'schen Indizes $\{hkl\}$, dann tritt unter dem Winkel 2θ gegenüber I_0 der abgebeugte Strahl 1. Ordnung auf, wenn die Bragg'sche Bedingung:

$$2D\sin(\theta) = \lambda \qquad (16.1)$$

erfüllt ist. Die Wegdifferenz der von benachbarten Atomen abgebeugten Strahlen beträgt dann gerade eine Wellenlänge. Man erkennt, dass der Beugungsvorgang formal als eine Reflexion des primären Röntgenbündels an den betrachteten Gitterebenen beschrieben werden kann. Abgebeugte Strahlen n-ter Ordnung ($n > 1$) treten auf, wenn der Einfallwinkel θ so verändert wird, dass die Wegdifferenz zwischen I_0 und I das n-fache der Wellenlänge erreicht. Dann gilt

$$2D\sin(\theta) = n \cdot \lambda \qquad (16.2)$$

Bei kubischer Kristallstruktur, besteht zwischen der Gitterkonstanten a (Kantenlänge der Elementarzelle) und den Abständen D der Gitterebenen vom Typ $\{hkl\}$ die Beziehung

$$D^2 = \frac{a^2}{h^2 + k^2 + l^2} \qquad (16.3)$$

Damit folgt aus den Gleichungen (16.1) und (16.3):

$$\sin^2(\theta_{hkl}) = \frac{\lambda^2}{4a^2} \cdot [h^2 + k^2 + l^2] \qquad (16.4)$$

Die bei der Röntgenbeugung an einer Pulverprobe oder allgemein an einem polykristallinen Werkstoff auftretende Interferenzerscheinung erläutert Bild 16-2.

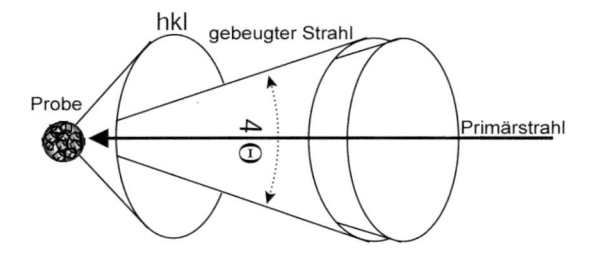

Bild 16-2
Schematische Darstellung der Interferenzerscheinungen bei der Röntgenbeugung an einem polykristallinen Werkstoff

Die von den regellos orientierten Kristalliten gebeugten Strahlungsintensitäten treten gleichzeitig auf Debey-Scherrer Kegeln mit den Öffnungswinkeln 4θ {hkl}, symmetrisch zum Primärstrahl auf.

In der Praxis wird häufig nur ein Bruchteil der Diffraktionskegel gemessen. Das inzwischen meistverbreitete Verfahren beruht auf computergesteuerten Röntgendiffraktometern nach dem Bragg-Brentano-Fokussierungsprinzip. Ein solches Röntgendiffraktometer ist im Bild 16-3 schematisch dargestellt.

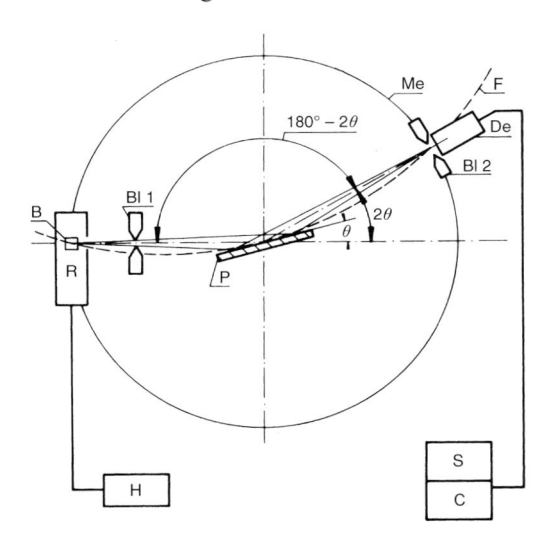

R	Röntgenröhre
B	Brennfleck
Bl 1	Aperturblende
Bl 2	Detektorblende
C	Computer
P	Probe
De	Detektor
Me	Messkreis
F	Fokussierungskreis
S	Steuerungselektronik
H	Hochspannungsanlage

Bild 16-3 Schematische Darstellung eines modernen Röntgendiffraktometers

Die vom Brennfleck B der Röntgenröhre R ausgehende Strahlung gelangt durch die Aperturblende Bl 1, die den Öffnungswinkel des Primärstrahlenbündels begrenzt, auf die im Zentrum des Diffraktometers drehbar angebrachte Probe P. Beim Drehen der Probe mit einer definierten Winkelgeschwindigkeit tastet die Primärstrahlung nacheinander alle günstig orientierten Kristallite in den oberflächennahen Probenbereichen ab und reflektiert bei Erfüllung der Bragg'schen Bedingung unter Winkeln $(2\theta)_i$ die von Netzebenen $\{hkl\}_i$ der vorhanndenen Phasen. Die abgebeugte Strahlung gelangt quasi-fokussiert in den Detektor De, wenn dieser sich mit doppelter Winkelgeschwindigkeit wie die Probe auf dem Messkreis Me bewegt. Der Brennfleck der Röntgenröhre, die Probenoberfläche in der Probenachse und die Detektorblende liegen auf dem sog. Fokussierungskreis F. Die im Detektor in elektrische Impulse umgewandelten Röntgenquanten werden von der Steuerungselektronik an den Computer weitergeleitet und anhand der vom Hersteller gelieferten Software dargestellt und aufgezeichnet. Man erhält dann ein Beugunsdiagramm welches die Intensität des gemessenen Signals über den Winkel 2θ darstellt.

Verschiedene Arten von Detektoren existieren. Es wird von Punkt-, Linear-, und Flächendetektoren gesprochen, je nach Größe des aktiven Messfensters. Punktdetektoren (z. B. Szintillationszähler) können nur einen sehr kleinen 2θ Bereich gleichzeitig erfassen und sind in der Höhe ebenfalls begrenzt. Lineardetektoren, sogenannte ortsempfindliche Detektoren (OED), ermöglichen dagegen die Erfassung von großen 2θ Bereichen (von 3 bis 120 °2θ) und sind ebenfalls begrenzt in der Höhe. Flächendetektoren können große 2θ Winkelbereiche gleichzeitig erfassen und ermöglichen durch ihre Höhe die gleichzeitige Betrachtung eines großen Teils des Diffraktionskegels (gemessen werden Abschnitte der Debey-Scherrer-Ringe, welche später in der Höhe aufintegriert werden). Je nach Anwendung kommen verschiedene Detektorarten zum Einsatz.

16.2 Quantitative Phasenanalyse

Liegen bei heterogenen Werkstoffen Phasen mit unterschiedlichen Gitterstrukturen und hinreichend großen Volumenanteilen vor, so lassen sich die einzelnen Phasenanteile röntgenographisch ermitteln. Verschiedene Methoden existieren, um quantitative Phasenanalyse durchzuführen. Die Verfahren mit innerem / äußerem Standard beruhen auf dem Vergleich der Interferenzintensitäten der Phasen mit der eines Standards (innerer Standard) welcher der zu analysierende Probe zugefügt wurde, bzw. der reinen Phase (äußerer Standard).

Die Verfahren ohne Standard sind besonders attraktiv. Für Untersuchungen an mehrphasigen Werkstoffen hat die Rietveld-Methode in den letzten Jahren immer mehr an Bedeutung gewonnen, da sie eine gleichzeitige Betrachtung des gesamten Beugungsdiagramms ermöglicht sowie die Berücksichtigung von bis zu 10 Phasen und mehr.

Für zweiphasige Werkstoffe kann das Verfahren der einfachen Intensitätsvergleiche benutzt werden. Das dabei angewandte Prinzip beruht auf der Registrierung der phasenspezifischen Interferenzlinien wie im Abschnitt 16.1 beschrieben und auf der quantitativen Ermittlung sowie dem Vergleich der Intensitäten der einzelnen Interferenzen der Phasen zukommen. Dabei kann davon ausgegangen werden, dass die Intensitäten der Röntgeninterferenzen den Volumenanteilen der Phasen in den bestrahlten Werkstoffbereichen proportional sind.

Ein technisch wichtiges Anwendungsgebiet der röntgenographischen Phasenanalyse stellt die Restaustenitbestimmung bei gehärteten Stählen dar (vgl. V15). Nach der martensitischen Umwandlung treten bei vielen gehärteten und einsatzgehärteten Stählen (vgl. auch V34 und 37) Anteile an nicht umgewandeltem Austenit als Restaustenit auf. Da dieser die mechanischen Eigenschaften des Härtungsgefüges beeinflusst, ist man an zuverlässigen Methoden zu seiner Bestimmung sehr interessiert. Das röntgenographische Verfahren der Restaustenitbestimmung hat dabei bisher die weiteste Anwendung gefunden.

Bei Benutzung von monochromatischer Röntgenstrahlung liefern der kubisch-flächenzentrierte Restaustenit und der tetragonal-raumzentrierte bzw. kubisch-raumzentrierte Martensit wegen ihrer unterschiedlichen Gitterstrukturen gleichzeitig Röntgeninterferenzen unter verschiedenen Braggwinkeln 2θ. Sind V_i die Volumenanteile, mit denen die Phasen i vorliegen, so gilt für die Intensität der Interferenzlinien mit den Miller'schen Indizes {hkl}

$$I_i^{\{hkl\}} = R_i^{\{hkl\}} A(2\theta) V_i \tag{16.5}$$

Dabei ist $R_i^{\{hkl\}}$ eine durch mehrere physikalische Parameter bestimmte Größe und $A(2\theta)$ der Absorptionsfaktor abhängig vom Beugungswinkel 2θ. Bei hinreichend dicken Proben, wie man sie üblicherweise für röntgenographische Restaustenitbestimmungen benutzt, wird A unabhängig vom doppelten Braggwinkel 2θ.

Besteht die gehärtete Stahlprobe ausschließlich aus Martensit (M) und Restaustenit (RA), so gilt demnach für die Restaustenitinterferenzen

$$I_{RA}^{\{hkl\}} = R_{RA}^{\{hkl\}} A V_{RA} \tag{16.6}$$

und für die Martensitinterferenzen

$$I_M^{\{hkl\}} = R_M^{\{hkl\}} A V_M \tag{16.7}$$

Selbstverständlich muss die Summe beide Phasenanteile 100 % betragen.

$$V_{RA} + V_M = 100 \text{ Vol.-\%} \tag{16.8}$$

Aus den Gl. 16.6 bis 16.8 folgt für den gesuchten Restaustenitgehalt

$$V_{RA} = \frac{100 \text{ Vol.-\%}}{1 + \dfrac{I_M^{\{hkl\}}}{I_{RA}^{\{hkl\}}} \dfrac{R_{RA}^{\{hkl\}}}{R_M^{\{hkl\}}}} \tag{16.9}$$

Zur Restaustenitbestimmung ist also mindestens die Registrierung von je einer Interferenzlinie (hkl) des Martensits und des Restaustenits erforderlich. Die Winkellagen geeigneter Interferenzen für Messungen mit CrKα- bzw. MoKα-Strahlung sowie die benötigten R-Faktoren sind in Tab. 16-1 zusammengestellt. R-Faktoren sind abhängig vom gelösten Kohlenstoffgehalt. Die in Tab. 16-1 angegebene Werte gelten für Kohlenstoffgehalte zwischen 0,4 und 0,8 Masse-%.

Tab. 16.1 R-Faktoren und Winkellagen für verschiedene Interferenzen von Martensit und Restaustenit

Phase	Interferenz {hkl}	Strahlung			
		CrKα		MoKα	
		$R \cdot 10^{-48}$	$°2\theta$	$R \cdot 10^{-48}$	$°2\theta$
Martensit	{110}	102,0	68,8	1721,0	20,2
Martensit	{200}	23,0	106,0	283,0	28,7
Martensit	{211}	227,0	156,1	549,0	35,3
Restaustenit	{111}	77,2	66,8	1294,0	19,7
Restaustenit	{200}	36,6	79,1	624,0	22,8
Restaustenit	{220}	57,1	128,5	388,0	32,4
Restaustenit	{311}	-	-	428,0	38,2

Üblicherweise werden jedoch für Restaustenitbestimmungen meistens vier Interferenzen registriert, und zwar jeweils zwei Martensit- und zwei Restaustenitinterferenzen. Auf Grund der Angaben in Tab. 16-1 bieten sich z. B. bei Messungen mit MoKα- Strahlung die Kombinationen

$$\frac{I_M^{\{200\}}}{I_{RA}^{\{311\}}} \frac{R_{RA}^{\{311\}}}{R_M^{\{200\}}} \qquad \frac{I_M^{\{211\}}}{I_{RA}^{\{311\}}} \frac{R_{RA}^{\{311\}}}{R_M^{\{211\}}} \tag{16.10}$$

$$\frac{I_M^{\{200\}}}{I_{RA}^{\{220\}}} \frac{R_{RA}^{\{220\}}}{R_M^{\{200\}}} \qquad \frac{I_M^{\{211\}}}{I_{RA}^{\{220\}}} \frac{R_{RA}^{\{220\}}}{R_M^{\{211\}}} \tag{16.11}$$

an. Die daraus berechneten V_{RA}-Werte werden gemittelt und liefern den gesuchten Restaustenitgehalt.

16.3 Aufgabe

An Proben aus 100Cr6, die für 20 Minuten bei verschieden Temperaturen austenitisiert und dann abgeschreckt wurden, sind röntgenographisch die Restaustenitgehalte zu bestimmen. Als Strahlungsart ist MoKα-Strahlung oder CrKα-Strahlung zu verwenden (vgl. V5). Auszuwerten sind die Interferenzen M {200}, M {211}, RA {220} und RA {311} für MoKα-Strahlung, bzw. RA {200} für CrKα-Strahlung.

16.4 Versuchsdurchführung

Bild 16-4 zeigt die Intensität (Impulse pro Sekunde) in Abhängigkeit vom Winkel 2θ, wie sie im Bereich einer Interferenzlinie vorliegt. Der Phasenanalyse muss jeweils die Nettointensität der Interferenzlinie, die der Fläche S_L entspricht, zugrunde gelegt werden. Dazu ist von der durch die Fläche $S_L + S_U$ gegebenen Gesamtintensität die durch S_U bestimmte Untergrundintensität abzuziehen.

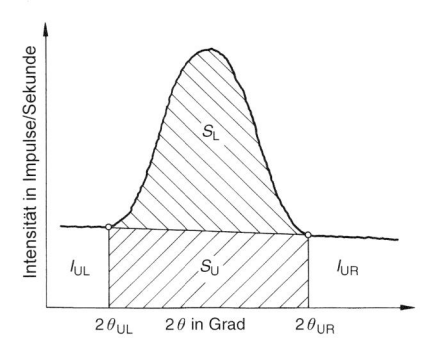

Bild 16-4 Zur Ermittlung der integralen Interferenzlinienintensität

Die Messungen erfolgen an einem Bragg-Brentano Diffraktometer, wie es schematisch im Bild 16-3 dargestellt ist. Die Proben werden nacheinander mittig eingespannt und gemessen. Es ist zu beachten dass:

- die zu messende Oberfläche sich in Zentrum des Diffraktometers befindet (Einstellung des Z-Abstands)
- ein ausreichend großer 2θ-Winkelbereich bei der Messung der einzelnen Interferenzen erfasst wird (damit der Untergrund links und rechts aufgezeichnet wird)
- die erreichte Maximalintensität ausreichend ist, um zuverlässige Auswertungen durchführen zu können

Die Auswertung der aufgenommenen Interferenzen für alle zu untersuchenden Proben ist mithilfe eines Computerprogramms, welches vom Hersteller des Diffraktometers mitgeliefert wird, vorzunehmen. Dabei wird eine Profilfunktion an den gemessenen Interferenzen bei Minimierung der Fehlerquadrate angepasst. Dies erfolgt nach Abzug des Untergrunds. In dieser Weise ist für die vier zur Restaustenitbestimmung ausgewählten Martensit- und Restaustenitinterferenzen für jede Probe zu verfahren. Die ermittelten Integralintensitäten S_i {hkl} der verschiedenen Interferenzlinien sind als $I_i^{\{hkl\}}$ in Gl. 16.9 einzusetzen.

Damit können die Restaustenitgehalte ermittelt und miteinander verglichen werden. Außerdem sind die Ergebnisse bezüglich ihrer Genauigkeit kritisch zu bewerten.

16.5 Weiterführende Literatur

[Glo-85] Glocker, R.: Materialprüfung mit Röntgenstrahlen. 5. Aufl., Springer, Berlin, 1985

[Hab-66] Habraken L.; de Brouwer, J. L.: DeFerri Metallographia I, Presses Acad. Europ., Brüssel, 1966

[Din-08] Dinnebier, R. E.; Sillinge, S. J. L.: Powder Diffraction, Theory and Practice. The Royal society of chemistry, 2008

[Spi-05] Spieß, L.; Schwarzer, R.; Behnken, H.; Teichert, G.: Moderne Röntgenbeugung. Vieweg+Teubner, Wiesbaden, 2005

16.6 Symbole, Abkürzungen

Symbol/Abkürzung	Bedeutung	Einheit
λ	Wellenlänge	nm
θ	Braggwinkel	Grad
2θ	Doppelter Braggwinkel	Grad
a	Gitterkonstante	nm
D	Netzebenenabstand	nm
$R_i^{\{hk\}}$	Konstante	cm^{-6}
$A(2\theta)$	Absorptionsfaktor	cm^{-1}
V_i	Volumenanteil	Vol.-%
$I_i^{\{hkl\}}$	Integrierte Intensität	Impulse·Grad
S_L	Netto Interferenzfläche	Impulse·Grad
S_U	Untergrundsfläche	Impulse·Grad
I_{UL}, I_{UR}	Intensität Untergrund Links und Rechts	Impulse

V17 Gefüge von Gusseisenwerkstoffen

17.1 Grundlagen

Gusseisenwerkstoffe sind Eisen-Kohlenstoff-Legierungen mit mehr als 2.0 Masse-% Kohlenstoff, deren Formgebung durch Gießen erfolgt. Obwohl die in der Praxis Verwendung findenden stabil erstarrenden Gusseisensorten durchweg über Siliziumgehalte bis zu etwa 3.0 Masse-% und Phosphorgehalte bis zu 1.0 Masse-% verfügen, stellt das in Bild 17-1 wiedergegebene stabile Eisen-Kohlenstoff Zustandsdiagramm die Basis für das Verständnis der bei diesen Werkstoffen auftretenden Phasen und Gefügezustände dar. Man kann davon ausgehen, dass bei sehr kleinen Abkühlgeschwindigkeiten und/oder bei Anwesenheit von Silizium kein Eisencarbid entsteht. Für das Umwandlungsgeschehen beim Abkühlen aus dem schmelzflüssigen Zustand bis zu Raumtemperatur sind die aus dem Zustandsdiagramm ersichtlichen Gleichgewichtszustände maßgeblich. Wie ein Vergleich von Bild 17-1 mit dem Fe,Fe$_3$C-Diagramm in V14 zeigt, sind die eutektische und die eutektoide Gerade im stabilen System gegenüber dem metastabilen System zu etwas höheren Temperaturen verschoben. Der eutektische Punkt tritt bei 4.25 Masse-% C, der eutektoide Punkt bei 0.7 Masse-% C auf. Ferner ist die Löslichkeitsgrenze der γ-Mischkristalle für Kohlenstoff auf etwa 2.0 Masse-% verringert und die Liquiduslinie der übereutektischen Legierungen zu höheren Temperaturen verschoben. Die Punkte E'C'D'F'P' S'K' treten im stabilen System Fe,C an die Stelle der Punkte E C D F P S K des metastabilen Systems Fe,Fe$_3$C. Zulegieren von Silizium führt zu einer Verschiebung der Punkte C', E' und S' zu kleineren Kohlenstoffgehalten und zu einer merklichen Anhebung der eutektoiden Geraden.

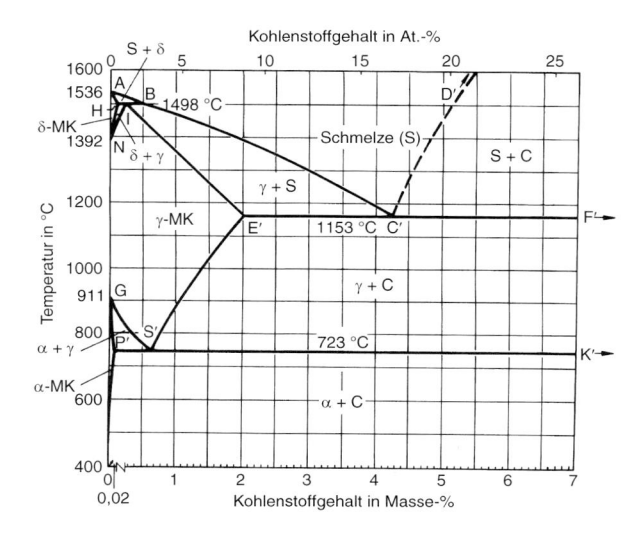

Bild 17-1 Das Fe,C-Diagramm (phasenmäßige Kennzeichnung)

Die durch Silizium und auch durch Phosphor bewirkte Verschiebung der eutektischen Kohlenstoffkonzentration der Eisengusslegierungen wird in der Gießereitechnik durch den sog. Sättigungsgrad

$$S_C = \frac{\text{Masse} - \% \text{ C}}{4.25 - 0.31 \text{ Masse-}\% \text{ Si} - 0.27 \text{ Masse-}\% \text{ P}} \qquad (17.1)$$

beschrieben. $S_C = 1$ bedeutet eine eutektische Legierung, $S_C > 1$ eine übereutektische und $S_C < 1$ eine untereutektische Legierung. Wandeln Fe,C-Legierungen auf Grund des stabilen Eisen-Kohlenstoff-Diagramms um, so sind bei über- und untereutektischen Legierungen nach Abkühlung auf Raumtemperatur unterschiedliche Gefügezustände zu erwarten. Darüber gibt das Fe,C-Diagramm in Bild 17-2 mit gefügemäßiger Kennzeichnung der Phasenfelder Auskunft.

C^I aus Schmelze	Längst C'D' entstehender Primärgraphit bei C' entstehender eutektischer Graphit
C^{II} aus Austenit	Längs S'E' entstehender Sekundärgraphit bei S' entstehender eutektoider Graphit
C^{III} aus Ferrit	Längs P'Q' entstehender Tertiärgraphit

Graphiteutektikum I = Austenit (+C^{II}) + eutektischer Graphit

Graphiteutektikum II = Ferrit (+C^{III}) + eutektoider Graphit
  + eutektischer Graphit

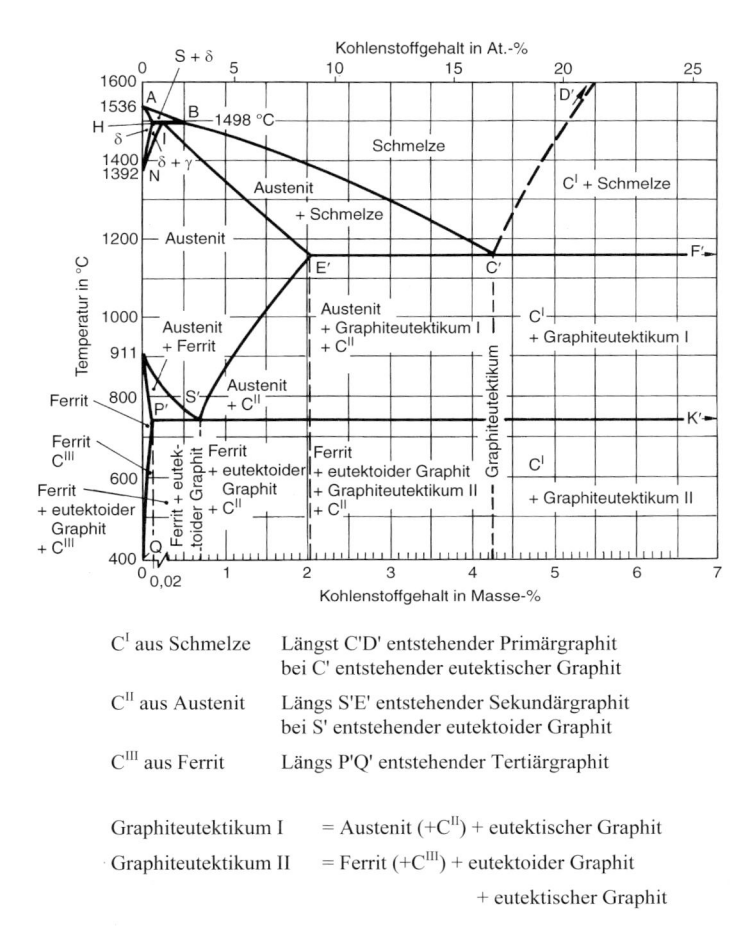

Bild 17-2 Das Fe,C-Diagramm (gefügemäßige Kennzeichnung). Nur die lichtmikroskopisch unterscheidbaren Gefügeanteile sind vermerkt.

Bei einer übereutektischen Legierung bilden sich aus der Schmelze bei Erreichen der Liquiduslinie C'D' primäre Graphitkristalle. Die Restschmelze verarmt dadurch an Kohlenstoff. Bei

1153 °C enthält die Restschmelze 4.25 Masse-% C. Das Hebelgesetz (vgl. V6) bestimmt die Massenanteile von Restschmelze und Graphit. Bei weiterer Temperatursenkung zerfällt die Restschmelze eutektisch gemäß der Reaktion

$$S \rightarrow \gamma\text{-}MK + Graphit \qquad (17.2)$$

in γ-MK und Graphit. Dieses Gemenge wird Graphiteutektikum I genannt. Aus den γ-MK entsteht bei sinkender Temperatur wegen ihrer längs E'S' abnehmenden Löslichkeit für Kohlenstoff weiterer Graphit C^{II}, der sich an den primären und an den eutektisch entstandenen Graphitteilchen anlagert. Nach Unterschreiten der eutektoiden Temperatur von 738 °C zerfallen alle vorhandenen γ-MK mit 0.7 Masse-% C gemäß

$$\gamma\text{-}MK \rightarrow \alpha\text{-}MK + Graphit \qquad (17.3)$$

in α-MK und eutektoiden Graphit. Dadurch geht das Graphiteutektikum I in das Graphiteutektikum II über. Bei weiterer Temperaturabsenkung nimmt dann lediglich noch der Kohlenstoffgehalt des Ferrits im Graphiteutektikum II ab, wodurch sich etwas C^{III} bildet. Das Schliffbild bei Raumtemperatur (vgl. Bild 17-3a) lässt aber nur die groben primären Graphitlamellen und die eutektisch entstandenen feineren Graphitlamellen erkennen. Eine eutektische Legierung mit 4.25 Masse-% C geht dagegen unmittelbar aus dem schmelzflüssigen Zustand in das Graphiteutektikum I über. Die Erstarrung erfolgt in sog. eutektischen Zellen aus Austenit und Graphit, die sich, ausgehend von Kristallisationskeimen, nebeneinander aus der Schmelze bilden. Die eutektischen Zellen wachsen, bis ihre Grenzen aufeinander stoßen. Ihre mittlere Größe hängt daher von der Anzahl der Kristallisationskeime ab. Bei Unterschreiten von 738 °C wandeln sich die im Eutektikum enthaltenen γ-MK gemäß Gl. 17.3 in Ferrit und eutektoiden Graphit um. Nach Abkühlung auf Raumtemperatur, die mit geringer C^{III}-Bildung verbunden ist, liegt dann insgesamt die aus Bild 17-3b ersichtliche eutektische Anordnung von Ferrit und Graphit vor. Bei einer untereutektischen Legierung bilden sich bei Erreichen der Liquiduslinie BC' aus der Schmelze zunächst primäre γ-MK. Dadurch reichert sich die Restschmelze an Kohlenstoff an. Nach Temperaturabsenkung besitzt bei 1153 °C die Restschmelze 4.25 Masse-% und der γ-MK-Anteil 2.0 Masse-% Kohlenstoff. Nach Unterschreiten der eutektischen Temperatur zerfällt die Restschmelze nach Gl. 17.2 in das eutektische Gemenge aus Graphit und Austenit (Graphiteutektikum I). Bei weiterer Temperaturabsenkung scheidet sich aus dem primär entstandenen γ-MK Kohlenstoff in Form von Sekundärgraphit aus. Gleichzeitig verliert auch der eutektisch entstandene Austenit Kohlenstoff. Bei jeder Temperatur zwischen 1153 °C und 738 °C bestimmt die Löslichkeitsgrenzlinie S'E' den in den γ-MK vorliegenden Kohlenstoffgehalt. Bei 73 S° wandeln sich die primären γ-MK bei Unterschreiten der Linie P'S'K' eutektoid in α-MK und Graphit um. Der eutektoide Graphit lagert sich an die bereits vorhandenen Graphitlamellen an, so dass die Bereiche ehemaliger γ-MK im Gefüge als graphitfreie Ferritbereiche zu erkennen sind. Gleichzeitig geht auch der γ-MK des Graphiteutektikums I in α-MK und Graphit über, und es entsteht das Graphiteutektikum II. Nach weiterer Abkühlung auf Raumtemperatur, während der noch etwas C^{III} gebildet wird, liegt dann ein ferritisches Gusseisen mit ungleichmäßig verteilten Graphitlamellen vor. Ein Beispiel zeigt Bild 17-3c.

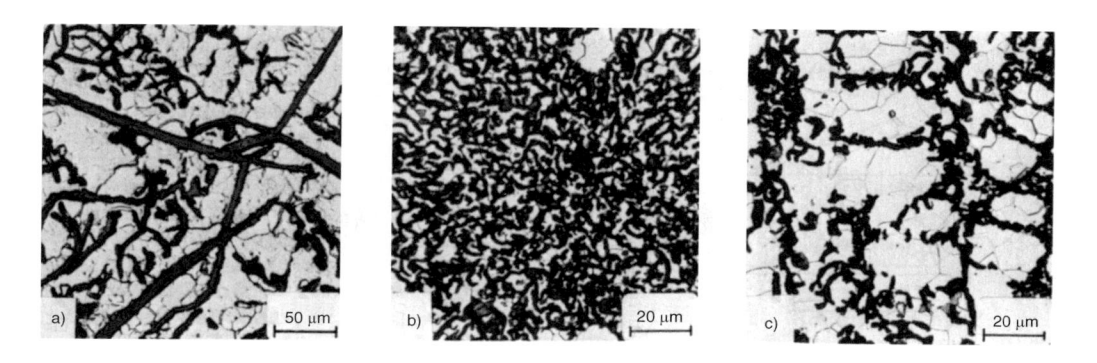

Bild 17-3 Graphitausbildung bei übereutektischen (a), eutektischen (b) und untereutektischen (c) FeC-Legierungen

Wie eingangs erwähnt, wird die Umwandlung von Gusseisenwerkstoffen nach dem stabilen System durch hinreichend hohe *Si*-Zusätze zu den FeC-Legierungen begünstigt. Von großer praktischer Bedeutung ist, dass man bei Gusseisenlegierungen durch gezielte Beeinflussung der Abkühlbedingungen den bei Raumtemperatur auftretenden Gefügezustand beeinflussen kann. Bild 17-4 fasst die grundsätzlich bestehenden Möglichkeiten zusammen. Im oberen Bildteil ist das Zustandsdiagramm für einen praxisnahen Siliziumgehalt mit drei charakteristischen Temperaturbereichen I, II und III angedeutet. Wie man sieht, wird durch den Silizium-Zusatz die Form und Größe der Zustandsfelder sowie die Kohlenstoffkonzentration des Graphiteutektikums verändert, und es treten zusätzliche Zustandsfelder auf. Im unteren Bildteil sind, je nach Abkühlungsbedingung, die in diesen Temperaturbereichen vorliegenden Phasen vermerkt. Erfolgt die Abkühlung so, dass die eutektische und die eutektoide Reaktion nach dem stabilen System Fe,C ablaufen, so erhält man, wie den bisherigen Erörterungen zugrunde gelegt, ferritisches Gusseisen. Wenn die eutektische Reaktion nach dem stabilen System Fe,C, die eutektoide Reaktion dagegen nach dem metastabilen System Fe,Fe$_3$C abläuft, so entsteht, wie im mittleren unteren Teil von Bild 17-4 angedeutet, anstelle eines ferritischen ein perlitisches Gusseisen mit lamellenförmiger Graphitausbildung. Läuft die eutektoide Umwandlung teilweise nach dem metastabilen und teilweise nach dem stabilen System ab, so bildet sich ein ferritisch-perlitisches Gusseisen. Eine sehr hohe Abkühlgeschwindigkeit führt schließlich – wie im linken unteren Teil von Bild 17-4 vermerkt – zur Erstarrung und Umwandlung nach dem metastabilen System und liefert weißes (ledeburitisches) Gusseisen. Ein weiterer wichtiger Gesichtspunkt ist, dass die Art der Graphitausbildung auch stark von keimbildenden Substanzen und damit von der Schmelzvorbehandlung sowie von weiteren Legierungselementen abhängig ist. Bei hohen Phosphorgehalten schließt sich beispielsweise der Graphit nesterförmig zusammen. Durch Zusatz kleiner Mengen an Magnesium oder Cer bildet sich der Graphit nicht mehr lamellen- sondern kugelförmig aus. Es entsteht Gusseisen mit Kugelgraphit. Durch Zusätze von Cer und geeignete Schmelzführung kann man auch die Ausbildung von wurmförmigen Graphitanordnungen erreichen. Auf diese Weise erhält man sog. Gusseisen mit Vermiculargraphit. In Bild 17-5 sind entsprechende Gefügeausbildungen von ferritischem Gusseisen mit Lamellengraphit (GJL, früher GG), mit Vermiculargraphit (GJV, früher GGV) und mit Kugelgraphit (GJS, früher GGG) gezeigt.

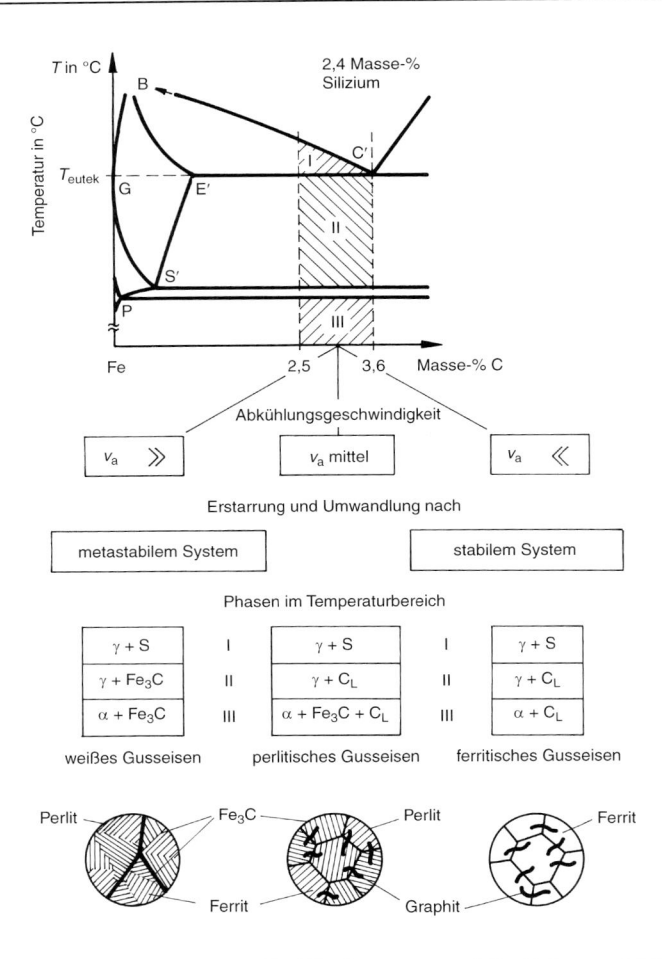

Bild 17-4 Zum Einfluss unterschiedlicher Abkühlbedingungen auf die Gefügeausbildung bei untereutektischen Fe-C-Si-Legierungen

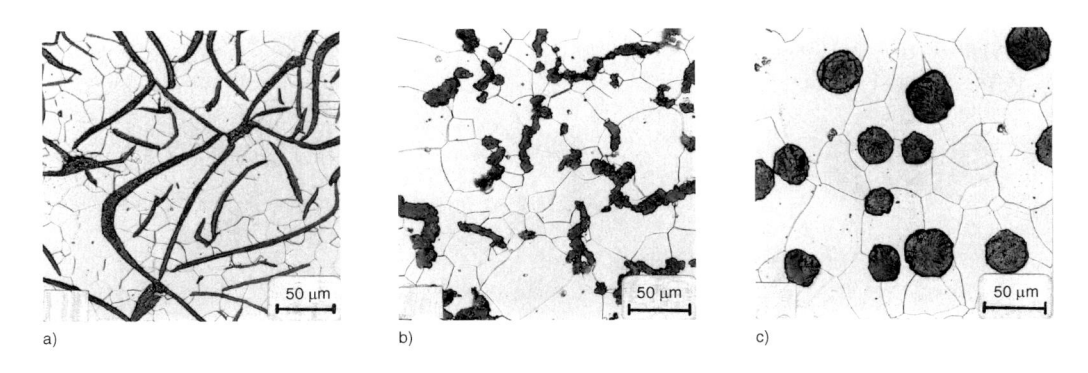

Bild 17-5 Ferritisches Gusseisen mit Lamellengraphit (a), Vermiculargraphit (b) und Kugelgraphit (c)

17.2 Aufgabe

Gegeben sind Proben aus Gusseisen mit Lamellengraphit mit den Sättigungsgraden $S_C = 0.80$, 0.98 und 1.1, von denen jeweils eine relativ rasch, die andere relativ langsam aus dem schmelzflüssigen Zustand auf Raumtemperatur abgekühlt wurde. Die Gefügeausbildung dieser Werkstoffe ist zu untersuchen und an Hand vorliegender Gefügerichtreihen zu beurteilen.

17.3 Versuchsdurchführung

Alle für die metallographische Schlifferzeugung und Schliffbeobachtung erforderlichen Einrichtungen stehen zur Verfügung (vgl. V7). Von den einzelnen Versuchsproben wurden Schliffe angefertigt. Die Beurteilung der Graphitausbildung erfolgt am ungeätzten, die Beurteilung des Matrixgefüges am mit 2%-iger alkoholischer Salpetersäure geätzten Schliff. Charakteristische Werkstoffbereiche werden mit Hilfe mikroskopischer Beobachtung ausgewählt und photographisch dokumentiert. Die Schliffbilder werden mit den in Bild 17-6 gezeigten Graphitanordnungen verglichen. Die Ursachen für die unterschiedlichen Gefügeausbildungen werden diskutiert.

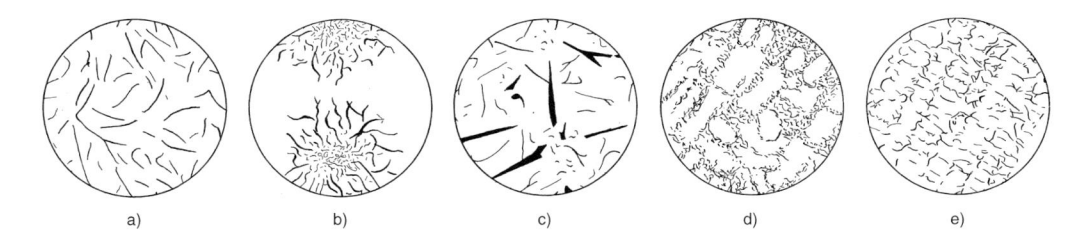

Bild 17-6 Richtreihe für die Graphitanordnung von Gusseisen mit Lamellengraphit. Die einzelnen Graphitarten werden als A-Graphit, B-Graphit usw. angesprochen.

17.4 Weiterführende Literatur

[Jäh71]   Jähnig, W.: Metallographie der Gußlegierungen, VEB Grundstoffind., Leipzig, 1971

[Mit78]   Mitsche, R.: Anwendung des Rasterelektronenmikroskopes bei Eisen- und Stahlwerkstoffen, Radex Rundschau, Heft 3/4, 575/890, 1978

[VDG62] VDG-Merkblatt P441, Richtreihen zur Kennzeichnung der Graphitausbildung, CDG, Düsseldorf, 1962-08

17.5 Symbole, Abkürzungen

Symbol/Abkürzung	Bedeutung	Einheit
C	Kohlenstoff	
Cer	Cerium	
Fe	Eisen	
MK	Mischkristall	
P	Phosphor	
Si	Silizium	
S	Schmelze	
S_C	Sättigungsgrad	

V18 Quantitative Gefügeanalyse

18.1 Grundlagen

Aufgabe der quantitativen Gefügeanalyse ist es, das Gefüge von Werkstoffen und ihre möglichen Veränderungen durch geeignete Parameter quantitativ zu charakterisieren. Sie trifft Aussagen über die Art und Menge der durch Grenzflächen (Korngrenzen bzw. Phasengrenzen) voneinander getrennten Gefügebestandteile sowie über ihre geometrischen Parameter (Größe, Form, Verteilung und Orientierung). Als Gefügebestandteile versteht man u. a. Phasen und Phasenmischungen (bspw. Ferrit, Austenit, Perlit), Ausscheidungen (bspw. Carbide), Einschlüsse (bspw. Sulfide, Oxide), Partikel, Poren, usw. Zu den grundlegenden Parametern zur Beschreibung der Charakteristika von Gefügebestandteilen gehören ihr Volumen, ihre Oberfläche sowie ihre Krümmung bzw. Form beschreibende Größen. Diese Grundparameter werden auf das Messvolumen bezogen, man misst also die Dichten dieser Kennwerte, d. h. bspw. Volumenanteil oder spezifische Grenzfläche. Aus ihnen leiten sich weitere Kenngrößen ab.

In der Werkstoffkunde liegen überwiegend opake, d. h. lichtundurchlässige Werkstoffe vor, so dass hauptsächlich Auflichtpräparate in Form ebener Schliffe mittels Reflexionsmikroskopie untersucht werden. Um aus ebenen Schliffen Informationen über den räumlichen Aufbau von Gefügebestandteilen zu erhalten, werden stereologische Methoden angewendet. Die Stereologie behandelt die Beziehung zwischen Schnitten durch dreidimensionale geometrische Körper und den Körpern selbst und liefert mathematische Zusammenhänge zwischen Messgrößen am zweidimensionalen Schliff und der dreidimensionalen Beschaffenheit der Gefügebestandteile (wie z. B. die Saltykov'sche Methode der zufälligen Schnittlinien, das Delesse-Prinzip der Gleichheit von Volumen-, Flächen- und Linearanteilen oder das Cauchy-Theorem (Fläche der Projektion eines konvexen Körpers beträgt ein Viertel seiner Oberfläche). Stereometrische Methoden sind die Flächen-, Linien- und Punktanalyse (siehe Bild 18-1).

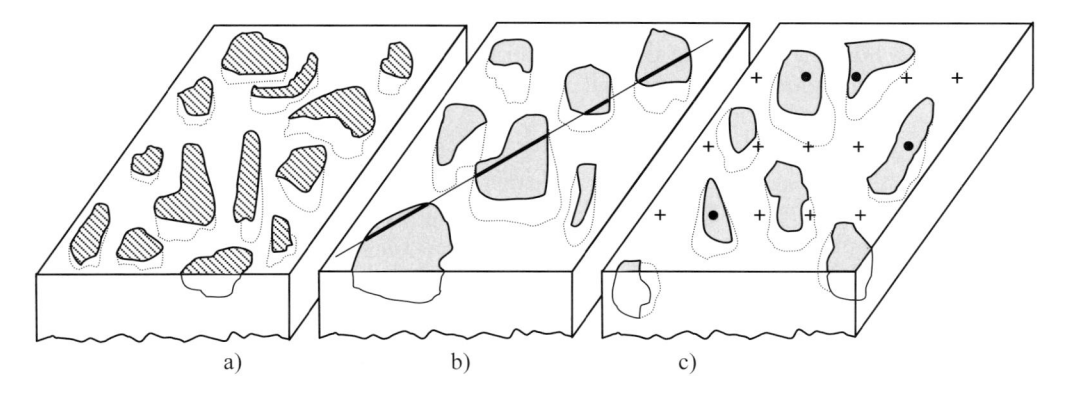

Bild 18-1 Stereometrische Messmethoden zur quantitativen Gefügeanalyse an ebenen Anschliffen
a) Flächenanalyse, b) Linienanalyse, c) Punktanalyse (nach [Exn86])

Um unabhängig vom Messumfang zu sein, werden die Messgrößen mit ihrer jeweiligen Bezugsgröße normiert (bspw. mit der Messfläche A_T, der Linienlänge L_T oder der Punktanzahl im Punktgitter P_T). So gilt bspw. für den Flächenanteil $A_A = A_m/A_T$ mit A_m als die gemessene Fläche der Anschnitte der Gefügebestandteile oder für die Anzahl Schnittpunkte pro Messlinienlänge $P_L = P_m/L_T$ mit P_m als die gezählten Schnittpunkte. Der Index kennzeichnet die jeweilige Bezugsgröße (A, L, oder P). Üblich sind folgende Bezeichnungen: Volumen V, Fläche A, Oberfläche S, Länge L, Anzahl Teilchen N, Anzahl Schnittpunkte P.

Mit der Flächenanalyse können also die drei Größen „Fläche pro Fläche A_A, Länge (Umfang) pro Fläche L_A und Anzahl pro Fläche N_A", mit der Linearanalyse die zwei Größen „Länge (Sehnen) pro Länge L_L und Schnittpunkte (mit Grenzflächen) pro Länge P_L bzw. Anzahl (geschnittener Teilchen) pro Länge N_L" gemessen werden; mit der Punktanalyse kann nur die Anzahl Trefferpunkte P_P des Punktgitters bestimmt werden. Daraus ergeben sich einige in der Praxis wichtige Gefügeparameter [Exn86a, Exn86b]:

– der Volumenanteil V_V

$$V_V = A_A = L_L = P_P \tag{18.1}$$

– die spezifische Grenzfläche S_V

$$S_V = 2\,P_L \tag{18.2}$$

– die mittlere Teilchengröße l

$$l = V_V / N_L \tag{18.3}$$

– der mittlere Teilchenabstand D

$$D = \frac{(1-V_V)}{N_L} = \frac{4 \cdot (1-V_V)}{S_V} \tag{18.4}$$

– die Sphärizität F_{Sph}

$$F_{Sph} = \sqrt{\frac{3\pi}{2} \cdot \frac{V_V \cdot N_A}{P_L^2}} \tag{18.5}$$

l entspricht bei einphasigen Gefügen mit $V_V = 1$ der mittleren Korngröße (vgl. V11).

Voraussetzung für die Anwendung der stereometrischen Methoden ist, dass die Probe repräsentativ für das zu untersuchende Werkstück und das Gefüge isometrisch, d. h. unabhängig von Position und Orientierung im Werkstück, ist. Liegt eine Vorzugsorientierung vor (z. B. bei verformten Körnern), sind die Methoden ggf. entsprechend zu modifizieren.

Alle o. g. stereometrischen Kenngrößen werden als „feldspezifische Parameter" bezeichnet, da für jedes Bild = ein Messfeld ein (mittlerer) Wert bestimmt wird. In der Praxis werden mehrere Bilder ausgewertet und als Ergebnis Mittelwert mit Standardabweichung und Messfeldanzahl bzw. Vertrauensbereich angegeben. Darüber hinaus kann die Analyse der Häufigkeiten der einzelnen Sehnenlängen aus der Linearanalyse weitere Aussagen über die Größenverteilung der Gefügebestandteile liefern. „Objektspezifische Parameter" hingegen werden an den einzelnen Schnittflächen der Gefügebestandteile bestimmt (siehe Bild 18-2), woraus sich weitere Kenngrößen zur Bewertung der individuellen Teilchenformen ableiten:

V18 Quantitative Gefügeanalyse

Aspektverhältnis	$F_{Str} = L/B$	(18.6)
Formabweichung (vom Kreis)	$F_{Kr} = 4\pi \cdot A/U^2$	(18.7)
Formfaktor	$F_I = L^2/(4\pi A)$	(18.8)
Welligkeit des Randes	$F_W = U_C/U$	(18.9)

A = Fläche
L = Länge
B = Breite
U = Umfang
U_C = konvexer Umfang

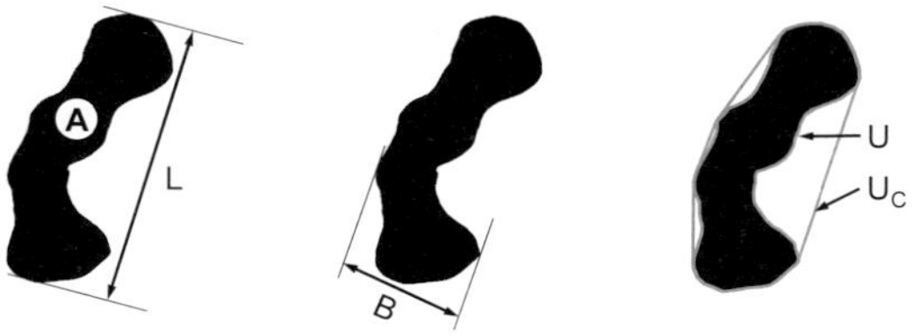

Bild 18-2 Einige objektspezifische Messgrößen

Die notwendigen Arbeitsschritte für eine quantitative Gefügeanalyse lassen sich in drei aufeinander folgenden Gruppen zusammenfassen (siehe Bild 18-3):

- Herstellung eines geeigneten Präparates durch Probenahme, Einbetten, Schleifen, Polieren und Kontrastieren („Präparation");
- optische, vergrößerte zweidimensionale Abbildung, photographische Aufzeichnung und/oder elektronische Nachbildung, Bildaufnahme, Digitalisierung, Bildaufbereitung, Bildspeicherung („Mikroskopie");
- Erkennen der Gefügemerkmale (computerunterstützte Bildverarbeitung und Binarisierung mit eventuellen bildverbessernden Maßnahmen), manuelle und/oder automatische, rechnerunterstützte Vermessung unter Anwendung stereologischer Messmethoden, näherungsweise Errechnung der den räumlichen Aufbau eines Werkstoffes charakterisierenden Daten über stereologische Gleichungen („quantitative Mikroskopie, Stereologie").

Die entsprechenden Messverfahren bzw. -geräte lassen sich einteilen in manuelle, halb- und vollautomatische Systeme, wobei die Übergänge fließend sind. Manuelle Systeme sind solche, bei denen die Entscheidung über die Zuordnung der Messpunkte zu bestimmten Bildmerkmalen (Selektion) sowie alle folgenden Operationen, die zum Resultat der Gefügeanalyse führen, vom Beobachter getroffen werden. Dazu gehört die Auswertung von Gefügeaufnahmen mittels Linienschnittverfahren und Punktanalysen am Foto oder Ausdruck der Gefügeaufnahmen, oder aber direkt am Monitor, unterstützt durch spezielle Software. Bei halbautomatischen Geräten übernimmt der Beobachter nur die Selektion, während alle anderen Operationen vom Gerät ausgeführt werden. Vollautomatische Geräte führen nach einer Anpassung der Bildverarbeitungsschritte selbstständig die Gefügeanalyse unabhängig vom Beobachter durch.

Der grundsätzliche Aufbau eines quantitativen Gefügeanalysators geht aus Bild 18-4 hervor. Das System umfasst stets den Bereich der Bilderzeugung, Bildaufzeichnung sowie der Bildverarbeitung und Auswertung mit Ausgabeeinheit (Drucker).

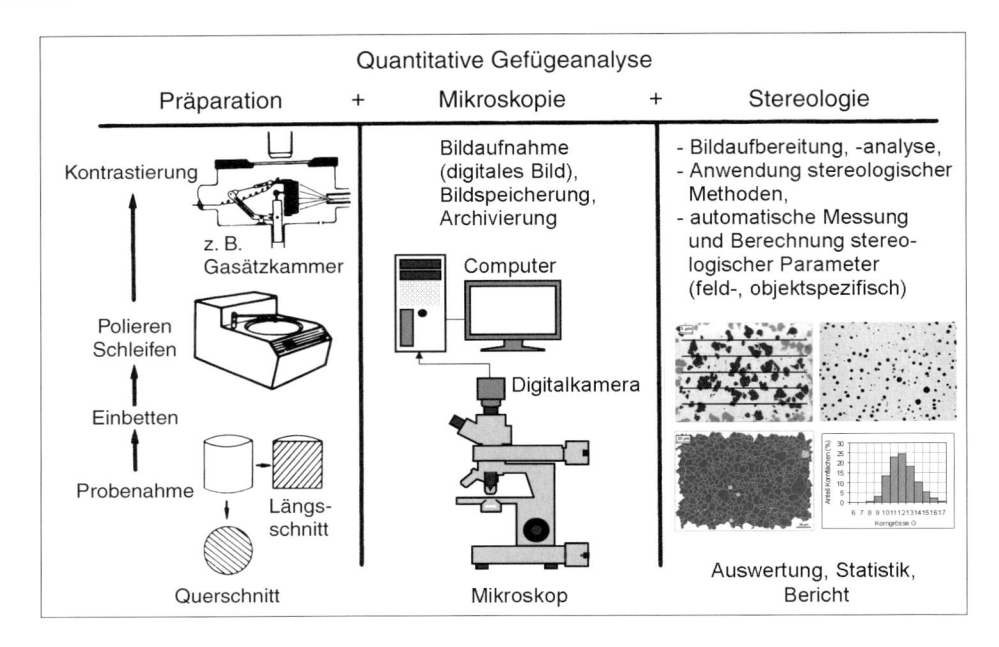

Bild 18-3 Schematische Darstellung der Arbeitsschritte bei der quantitativen Gefügeanalyse

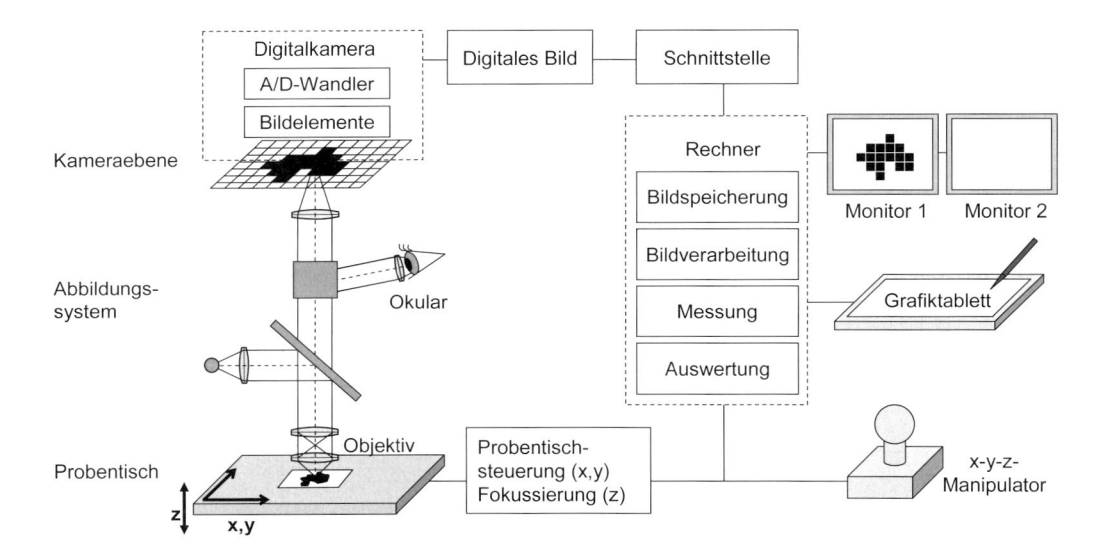

Bild 18-4 Schematischer Aufbau eines quantitativen Gefügeanalysators am Lichtmikroskop

Die Bilderzeugung erfolgt in der metallographischen Praxis meist in einem Auflichtmikroskop. Ein Strahlteiler leitet das vom Objektiv vergrößerte Abbild zum Okular für die Beobachtung mit dem Auge sowie zur oben angesetzten Kamera. Die bislang üblichen Analogkameras zur Erzeugung von Aufnahmen auf fotografischen Filmen, die anschließend in chemischen Bädern entwickelt werden, werden heute meist durch Digitalkameras abgelöst, die eine schnelle Bildaufzeichnung und -archivierung erlauben. Der Anschluss der Kamera erfolgt mit Adaptern, dessen Länge so angepasst ist, dass das Mikroskopbild auf die Bildaufnahme-Ebene der Kamera scharf abgebildet wird. Die Bildaufzeichnung in einer Digitalkamera erfolgt mit lichtempfindlichen Sensoren. Ein CCD-Chip (CCD: charge-coupled device) bspw. besteht aus einer Matrix mit lichtempfindlichen Fotodioden, die „Pixel" genannt werden (von engl. „picture elements" abgeleitet), die nur wenige Mikrometer groß sind. Durch den photoelektrischen Effekt überträgt das einfallende Licht seine Energie auf den Halbleiter, der die entstehenden Ladungen sammelt, deren Menge proportional zur eingestrahlten Lichtmenge ist. Die gesammelten Ladungen werden dann in seitliche abgedeckte Zwischenspeicherzellen verschoben, aus denen sie dann ausgelesen werden. Derartige Kameras brauchen keinen mechanischen Verschluss, die Belichtungszeit wird elektronisch geregelt. Je größer die Fläche des Chips ist, desto mehr Licht kann eingefangen werden und desto höher ist die Empfindlichkeit. Bei Farb-Kameras werden bspw. mittels vorgesetzten Farbfiltern für jede Farbe rot, blau, grün eigene Bildelemente angesprochen.

Die erforderliche Pixelanzahl, um das Mikroskopbild ohne Verluste bei der lateralen Auflösung aufzunehmen, kann aus der Mikroskopauflösung (d), vgl. V7, berechnet werden mit $d = \lambda / 2 \cdot N.A.$, mit λ = Wellenlänge, $N.A.$ = numerische Apertur des Objektives. Umgerechnet auf die vergrößerte Abbildung auf dem Chip (d') mit der Vergrößerung M ergibt dies $d' = d \cdot M$. Das Abtasttheorem nach Nyquist besagt, dass die Abtastfrequenz mindestens zweimal so hoch sein muss wie die höchste vorkommende Frequenz. Übertragen auf die Bilddigitalisierung darf die Pixelgröße des Sensors maximal halb so groß sein wie die entsprechende vergrößerte Objektstruktur. Typische Pixelzahlen sind 2088 x 1550 pp = 3.2 Megapixel mit Pixelgrößen der Sensoren um 3 µm. Die Auflösung der Farb- bzw. Grauwerte der Pixel wird bei der digitalen Aufzeichnung durch die Anzahl der Stufen des Analog/Digital-Wandler bestimmt. Typisch ist eine 8-bit-Auflösung, d. h. 2^8 = 256 Graustufen. Allgemein leisten die Digitalkameras technisch weitaus höhere Pixel- und Grauwertauflösungen, ausschlaggebend für Eingrenzungen sind hauptsächlich die Kapazitäten der Computerprogramme, Rechnerleistungen und Speicherkapazitäten bei der Bildverarbeitung.

Die Übertragung des von der Kamera erzeugten Digitalbildes in den Rechner erfolgt mittels einer Controllerkarte, unterstützt von der entsprechenden Software. Das eingelesene Bild wird im Rechner mit speziellen Bildverarbeitungs- oder -archivierungsprogrammen in bestimmten Bilddateiformaten abgespeichert und entsprechend den Vorgaben der Analysenaufgabe weiter bearbeitet. Manuelle Bildbearbeitungen oder interaktive Messungen erfolgen mittels eines Grafiktabletts. Bilddateiformate sind bspw. das TIFF-Format (tagged image file format), das keine Datenkomprimierung vornimmt und somit quasi verlustfrei ist. Dieses Format ist günstig, wenn weitere Bildverarbeitungen vorgenommen werden sollen, Nachteil: große Bilddateien. Das JPEG-Format (Joint Photographic Experts Group) fasst Daten auf verschiedene Arten geschickt zusammen, um Speicherplatz zu sparen. Nachteil: die Komprimierung kann bei wiederholtem Öffnen und Abspeichern zu fortgesetzten Verlusten führen. Sinnvoll ist, die Originaldatei aufzubewahren und nur an Kopien zu arbeiten. Für jedes Bild ist neben der Bildgröße in Pixel das Objektiv sowie der zugehörige Kalibrierwert [µm/Pixel] bzw. die Auflösung in dpi (dots per inch) geeignet zu dokumentieren bzw. mit dem Bild abzuspeichern. Der Maßstabsbalken sollte elektronisch ins Bild „eingebrannt" werden; eine einfache Angabe „Vergrößerung xxx-fach" kann bei Bildgrößenanpassungen, die in heute üblicher Software einfach zu realisieren sind, zu Irritationen führen.

Die Gefügeaufnahmen werden entweder als Einzelaufnahmen oder auch Serienaufnahmen aufgezeichnet. Bei der vollautomatischen Gefügeanalyse können größere Probenbereiche mittels eines automatischen, rechnergesteuerten Scantisches (in x-y-Richtung) definiert abgerastert und die Bilder simultan in den Rechner eingelesen werden. Die Scharfstellung übernimmt eine automatische Fokussiereinrichtung (Autofokus in z-Richtung), die rechnergesteuert bspw. aus der Kantenschärfe in den Bildern die Schärfeebene findet. Bild 18-5 zeigt beispielhaft einen Messplatz für die quantitative Gefügeanalyse.

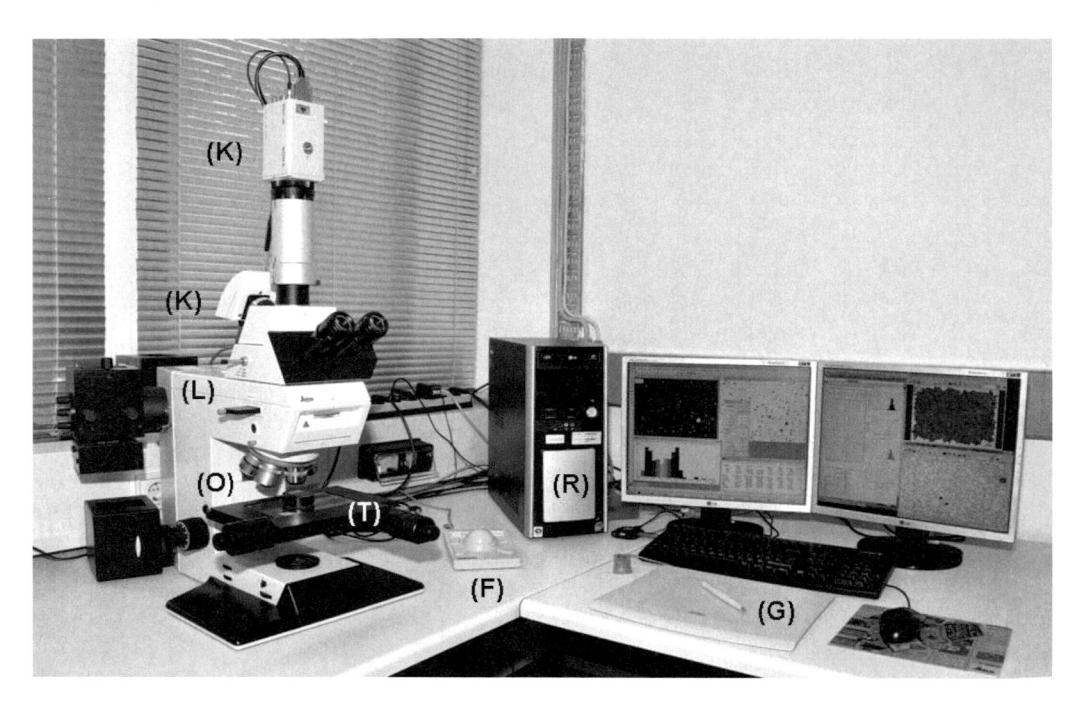

Bild 18-5 System für die quantitative Gefügeanalyse am Lichtmikroskop (IWT Bremen, Software: Fa. Leica). (L) Lichtmikroskop, (K) Kameras, (O) Objektive, (T) Probentisch mit xyz-Motoren, (F) Steuereinheit für Probentisch, (R) Rechner, (G) Grafiktablett.

Voraussetzung für eine quantitative Vermessung von Gefügemerkmalen mit den beschriebenen Gerätetypen ist deren ausreichende Kontrastierung durch geeignete Präparationsverfahren (vgl. V14, V20). Aus dem Grauwertbild müssen die interessierenden Gefügebestandteile herausgearbeitet, durch eine Schwellwertsetzung, auch Detektion genannt, selektiert und in einem Binärbild dargestellt werden (Bild 18-6). Dafür stellen kommerzielle Bildanalyseprogramme eine Vielzahl von Bildverarbeitungswerkzeugen zur Verfügung. Ggf. werden manuelle Korrekturen vorgenommen. Liegt das Binärbild in ausreichender Qualität vor, werden zahlreiche Messgrößen (Flächen, geschnittene Sehnen nach Anzahl und Länge, Teilchenanzahl, Projektionen, Länge, Breite, Orientierung, Umfänge, …) automatisch bestimmt und daraus feld- und objektspezifische Parameter berechnet. Mittelwert und Standardabweichung der feldspezifischen Gefügeparameter sowie Summenwerte, Prozentwerte und Häufigkeitsverteilungen für Teilchenparameter werden automatisch berechnet, auf dem Monitor ausgegeben und in Auswertedateien übernommen und abgespeichert.

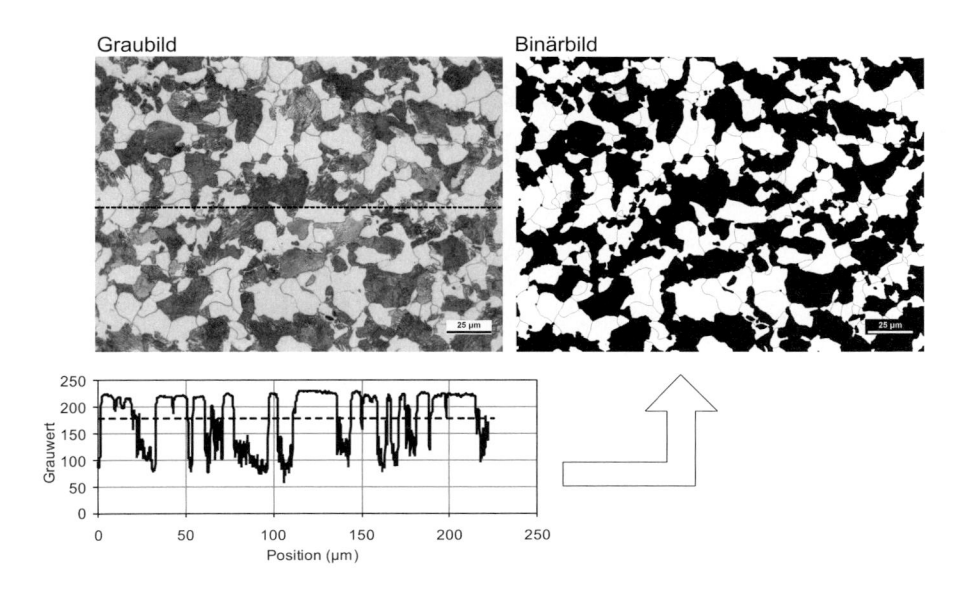

Bild 18-6 C45 mit Ferrit und Perlit (3 prozentige alk. HNO₃). Links oben: Graubild, links unten: Grauwertverteilung entlang der gestrichelten Linie und Schwellwertauswahl, rechts: aufbereitetes Binärbild (Schließen der hellen Bereiche im Perlit).

18.2 Aufgabe

An ferritischem Gusseisen mit Kugelgraphit EN-GJS-400-15 (vormals GGG 40), Vermiculargraphit EN-GJV-300 (vormals GGV 30) und Lamellengraphit EN-GJL-200 (vormals GG 20) sind als feldspezifische Kenngrößen der Graphit-Volumenanteil V_V (Gl. 18.1), die spezifische Graphitteilchenoberfläche S_V (Gl. 18.2), der mittlere freie Teilchenabstand D (Gl. 18.4) und die Sphärizität F_{Sph} (Gl. 18.5) zu bestimmen. Als objektspezifische Kenngrößen sind der Streckungsgrad F_{Str} (Gl. 18.6), die Formabweichung F_{Kr} (Gl. 18.7), der Formfaktor F_I (Gl. 18.8) und die Welligkeit des Randes F_W (Gl. 18.9) zu ermitteln. Die unterschiedlichen Kennwerte sind zu vergleichen und zu diskutieren.

18.3 Versuchsdurchführung

Von den Werkstoffen GJS-400-15, GJV-300 und GJL-200 (vgl. V17) werden Schliffe angefertigt. Für die Durchführung des Versuches steht ein Gefügeanalysator zur Verfügung, der sowohl halbautomatisch als auch vollautomatisch betrieben werden kann. Das Gefüge der Proben wird mit einem Lichtmikroskop untersucht; pro Probe werden drei Bilder aufgenommen und als Digitalbilder abgespeichert (siehe Bsp. in Bild 18-7).

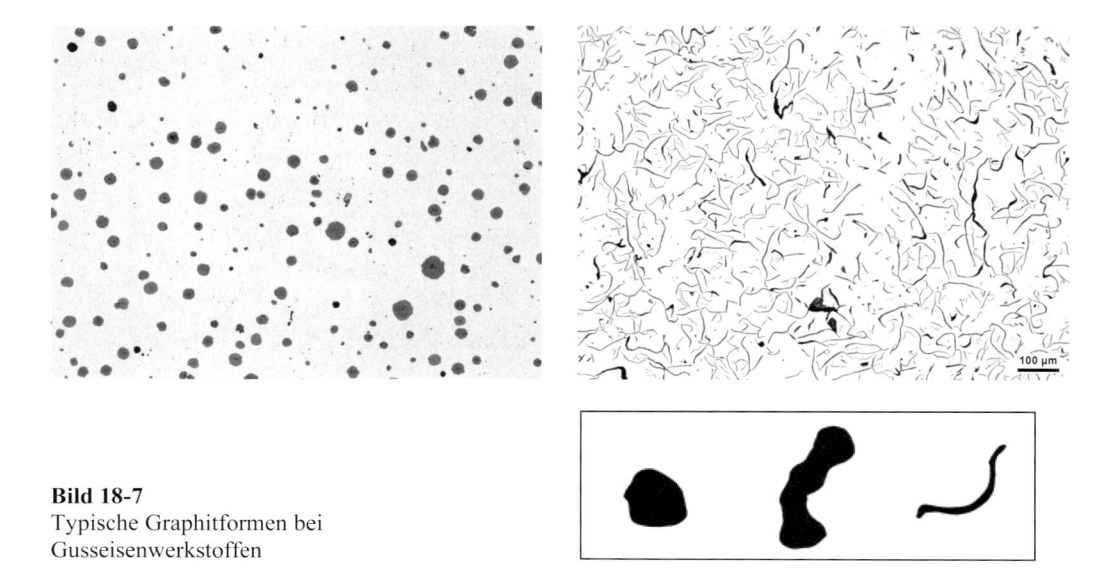

Bild 18-7
Typische Graphitformen bei
Gusseisenwerkstoffen

Halbautomatische Messung:

Für die Binarisierung sind im Gefügeanalysator zunächst die Grauwert-Schwellen einzustellen, damit die Graphit-Phase korrekt erfasst wird. Dies ist im vorliegenden Fall einfach, da sich Graphit- und Matrixphase im Kontrast stark unterscheiden. Die Häufigkeitsverteilung der Grauwerte, die der Gefügeanalysator vor Beginn der Auswertung auf dem Monitor angibt, erleichtert diesen Arbeitsschritt. Ggf. sind eine Kantenaufsteilung vor der Schwellwertsetzung und/oder eine nachfolgende Bereinigung des Binärbildes notwendig.

Nach Eingabe der entsprechenden Programme werden die benötigten Größen (A_A, N_L, N_A) berechnet und im Monitor angezeigt. Als Messzeilen werden im digitalen Bild die Bildzeilen verwendet. Da jedes Graphitteilchen zwei Schnittpunkte mit den Messlinien hat, ist $P_L = 2 \cdot N_L$. Daraus werden die in der Aufgabenstellung genannten feldspezifischen Kenngrößen ermittelt (Mittelung über alle drei Bilder). In einer zweiten Messung des Binärbildes werden für jedes einzelne Graphitteilchen die Parameter aus Bild 18.2 vom Programm automatisch bestimmt, die o. g. objektspezifischen Kennwerte berechnet und in Häufigkeitsverteilungen dargestellt.

Trotz seines stereologisch zweidimensionalen Charakters hat sich der Formfaktor F_1 bei Gusseisenwerkstoffen als ein vernünftiger Gefügeparameter der Graphitphase für die Beurteilung mechanischer Kenngrößen wie z. B. des Elastizitätsmoduls (vgl. V29) oder der 0.2 %-Dehngrenze und der Zugfestigkeit (vgl. V23) erwiesen. Ähnliche objektspezifische Parameter werden auch für eine vollautomatische Bewertung der Größe und Form von Graphitteilchen in Gusswerkstoffen herangezogen, um sie entsprechend der Normvorgaben, z. B. nach [ISO 945], zu klassifizieren.

Manuelle Messung:

Zusätzlich werden manuelle Messungen zur Bestimmung der o. g. feldspezifischen Parameter mit stereometrischen Methoden durchgeführt. Dazu werden großformatige Ausdrucke hergestellt und der Vergrößerungsmaßstab M bestimmt.

Folgende stereometrischen Parameter sind zu bestimmen: V_V mittels Punktanalyse durch Zählen der Trefferpunkte eines überlagerten Punktgitters; S_V, D und F_{Sph} mittels Linearanalyse durch Zählen der von überlagerten parallelen Messlinien geschnittenen Graphitteilchen pro Gesamtlinienlänge (N_L), wieder mit $P_L = 2 \cdot N_L$, und Zählen der Anzahl Graphitteilchen pro Messfläche N_A. Die tatsächliche Messlinienlänge L_T wird aus den addierten Linienlängen L_i auf dem Ausdruck berechnet nach

$$L_T = \frac{\sum_i L_i}{M} \qquad (18.11)$$

Die Ergebnisse der manuellen und halbautomatischen Messung sind zu vergleichen und zu diskutieren.

18.4 Weiterführende Literatur

[Exn86]   Exner, H. E.; Hougardy, H. P.: Einführung in die Quantitative Gefügeanalyse, DGM-Informationsgesellschaft, Oberursel, 1986

[Exn93a] Exner, H. E. et al.: Quantitative Beschreibung der Gefügegeometrie – Eine praktische Anleitung zu manuellen Verfahren, Teil I und II; Prakt. Metallogr., 30 (1993) 216–226

[Exn93b] Exner, H. E. et al.: Quantitative Beschreibung der Gefügegeometrie – Eine praktische Anleitung zu manuellen Verfahren, Teil IV und V; Prakt. Metallogr., 30 (1993) 322–333

[Exn94]   Exner, H. E.: Quantitative Description of Microstructures by Image Analysis. In: Materials Science and Technology (Hrsg.: Cahn, R. W.; Haasen, P.; Kramer, E. J.), Vol. 2B, Characterization of Materials, Part II, VCH, Weinheim, 1994, 281–350

[ISO 945] DIN EN ISO 945, Mikrostruktur von Gusseisen – Teil 1: Graphitklassifizierung durch visuelle Auswertung (ISO 945-1:2008); Deutsche Fassung EN ISO 945-1:2008

[Ond94]   Ondracek, G.: Werkstoffkunde, 4. Aufl., Expert Verlag, Grafenau, 1994

[Ohs04]   Ohser, J.: Quantitative Gefügeanalyse. In: Schumann, H.: Metallographie, Dt. Verlag für Grundstoffindustrie, 14. Aufl. 2004, Kap. 2.4, 250–284

[Sal74]   Saltvkov, S. A.: Stereometrische Metallographie, VEB Grundstoffind., Leipzig, 1974

[Sch85]   Schmidt, K. et al.: Gefügeanalyse metallischer Werkstoffe, Hanser, München, 1985

18.5 Symbole, Abkürzungen

Symbol/Abkürzung	Bedeutung	Einheit
V	Volumen	m^3
V_V	Volumenanteil	1
S	Oberfläche	m^2
S_V	Spezifische Oberfläche	m^2/m^3
A	Fläche	m^2

Symbol/Abkürzung	Bedeutung	Einheit
A_T	Messfläche	m^2
A_A	Flächenanteil (Fläche pro Messfläche)	1
P	Anzahl Punkte, Schnittpunkte	1
P_T	Anzahl Punkte im Punktgitter	1
P_L	Schnittpunkte pro Messlinienlänge	1/m
P_P	Anteil Trefferpunkte im Punktgitter	1
N	Anzahl Teilchen	1
N_A	Anzahl pro Messfläche	$1/m^2$
N_L	Anzahl pro Messlinienlänge	1/m
L	Länge	m
L_T	Messlinienlänge	m
L_A	Länge pro Messfläche	m/m^2
L_L	Länge pro Messlinienlänge	1
l	Mittlere Teilchengröße	m
D	Mittlerer Teilchenabstand	m
F_{Sph}	Sphärizität	1
F_{Str}	Aspektverhältnis	1
F_{Kr}	Formabweichung	1
F_I	Formfaktor	1
F_W	Welligkeit des Randes	1
d	Mikroskopauflösung	m
λ	Wellenlänge	m
$N.A.$	Numerische Apertur	1
M	Vergrößerung	1
pp	Pixel, Bildelement	1

V19 Transmissionselektronenmikroskopie von Werkstoffgefügen

19.1 Grundlagen

Das Transmissionselektronenmikroskop (TEM) stellt ein wichtiges Hilfsmittel für werkstoffkundliche Untersuchungen dar. Es ermöglicht die direkte Beobachtung von linien- und flächenförmigen sowie räumlichen Gitterstörungen wie Versetzungen, Stapelfehlern, Zwillingen, Korngrenzen und Ausscheidungen in interessierenden Werkstoffbereichen. Dazu sind von diesen durch geeignete Präparationsschritte hinreichend dünne Folien (d < 0,1 μm) anzufertigen, die von Elektronen mit Energien > 100 keV durchstrahlt werden können.

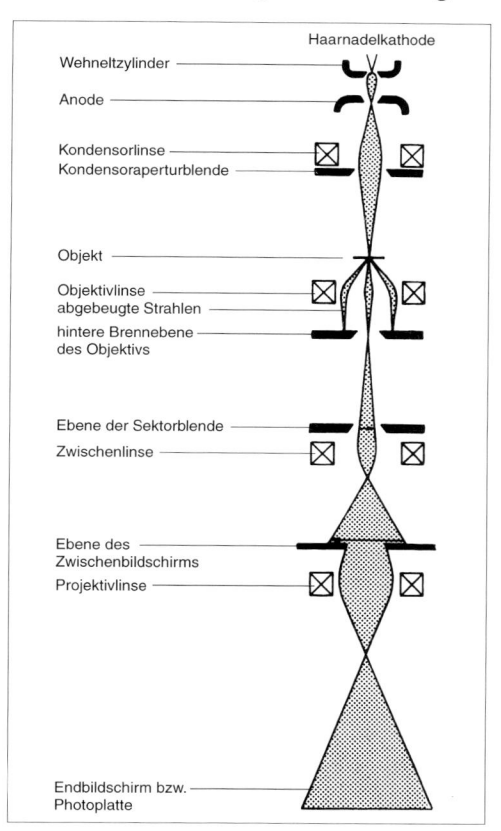

Zunächst werden aus den vorliegenden größeren Werkstoffvolumina charakteristische Bereiche mechanisch herausgearbeitet. Diese werden anschließend möglichst schonend mechanisch, funkenerosiv, elektrochemisch oder mit Ionenätzung auf Dicken von < 150 μm abgedünnt. Danach wird ein sorgfältiges Enddünnen (z. B. elektrochemisch oder mit Ionenätzung) durchgeführt. Die an den so hergestellten Folien transmissionselektronenmikroskopisch sichtbar gemachte Mikrostruktur ist nur dann repräsentativ für den Werkstoff, wenn sie durch die Präparation keine Veränderung erfahren hat.

Bild 19-1
Schematischer Aufbau eines Elektronenmikroskops

Der schematische Aufbau eines TEM ist in Bild 19-1 wiedergegeben. Die von der Glühkathode in einem Hochvakuum von etwa 10^{-3} Pa emittierten Elektronen werden durch die an einer durchbrochenen Anode liegende Hochspannung (meistens 40–120 kV) beschleunigt und erzeugen – durch ein magnetisches Kondensorlinsensystem mit kleiner Apertur fokussiert – auf dem Objekt einen Brennfleckdurchmesser von 2–3 μm. Die Elektronen werden im elektrischen Feld auf eine Geschwindigkeit von

$$v = \sqrt{\frac{2eU}{m}} \tag{19.1}$$

beschleunigt. In der Gleichung 19.1 ist e die Elementarladung, m die Elektronenmasse und U die Beschleunigungsspannung. Aufgrund der de Broglie-Beziehung kann den Elektronen eine Wellenlänge von

$$\lambda = \frac{h}{mv} = \frac{h}{m}\sqrt{\frac{m}{2eU}} \approx 10^{-10}\sqrt{\frac{150}{U}}\,[m] \tag{19.2}$$

zugeordnet werden. In der Gleichung 19.2 taucht zusätzlich zu den in Gleichung 19.1 genannten Größen noch das Plancksche Wirkungsquantum h auf. Wird die Spannung U in Volt angegeben, so liefert der rechte Teil von Gleichung 19.2 eine Wellenlänge mit der Maßeinheit m. Bei einer Beschleunigungsspannung von $U = 100$ kV beträgt die Wellenlänge $\lambda \approx 4 \cdot 10^{-12}$ m und ist damit etwa zwei Größenordnungen kleiner als die für Feinstrukturuntersuchungen benutzten Röntgenstrahlen (vgl. V5). Bei kristallinen Präparaten führt deshalb die Erfüllung der Bragg'schen Interferenzbedingung dazu, dass ein Teil des primären Elektronenstrahles abgebeugt und von der Objektivaperturblende aufgefangen wird. Wegen der kleinen Elektronenwellenlängen treten sehr kleine Beugungswinkel auf. Der Anteil des Elektronenstrahlbündels, der das Objektiv direkt durchsetzt, liefert ein vergrößertes Zwischenbild, das bei der in Bild 19-1 zugrunde gelegten Anordnung durch die Zwischen- und die Projektivlinse auf die Endgröße abgebildet wird.

Ein Beispiel für das elektronenmikroskopisch erzielbare Auflösungsvermögen zeigt Bild 19-2. Dort ist das TEM-Bild einer Galliumnitridgitterstruktur wiedergegeben.

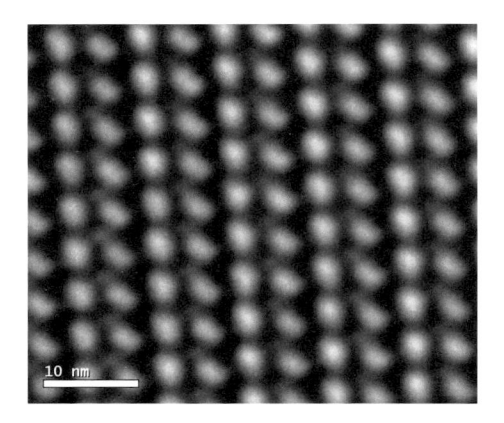

Bild 19-2 TEM-Aufnahme von GaN

Bei der elektronenmikroskopischen Abbildung entstehen die Bildkontraste hauptsächlich durch die Wechselwirkung der Elektronen mit den Objektatomen. Bei amorphen Objekten treten die Elektronen mit den Atomkernen des Objektes in elastische Wechselwirkung und werden an diesen gestreut. Bild 19-3 a) deutet an, wie die Aperturblende in der hinteren Brennebene der Objektivlinse die gestreuten Elektronen abfängt. Die unterschiedliche Streuung der Elektronen im Objekt, die mit der Ordnungszahl, der Dicke und der Dichte des Objektmaterials zunimmt, bewirkt auf diese Weise einen Streuabsorptionskontrast. Weist z. B. der Objektbereich B eine höhere Dichte als die Umgebung A auf, so erscheint er im Bild als dunkler Streifen.

Die bei der Durchstrahlung kristalliner Objekte entstehenden Kontraste sind jedoch weitgehend auf Beugungskontrast zurückzuführen. In Bild 19-3 b) ist für eine Hellfeldabbildung skizziert, wie die unter dem Winkel 2θ abgebeugten Wellen in der hinteren Brennebene des Objektives von der dort angeordneten Aperturblende abgefangen werden. An den Stellen des Objektes, an denen die Bragg'sche Gleichung erfüllt ist, ergeben sich daher auf hellem Untergrund dunkle Bereiche. Kippt man den Kondensor oder verschiebt man die Aperturblende, so wird erreicht, dass nur das abgebeugte Strahlenbündel zur Bildentstehung beiträgt, und man erhält dann – wie in Bild 19-3 c) und d) angedeutet – hell abgebildete Bereiche auf dunklem Untergrund. In diesen Fällen spricht man von Dunkelfeldabbildung.

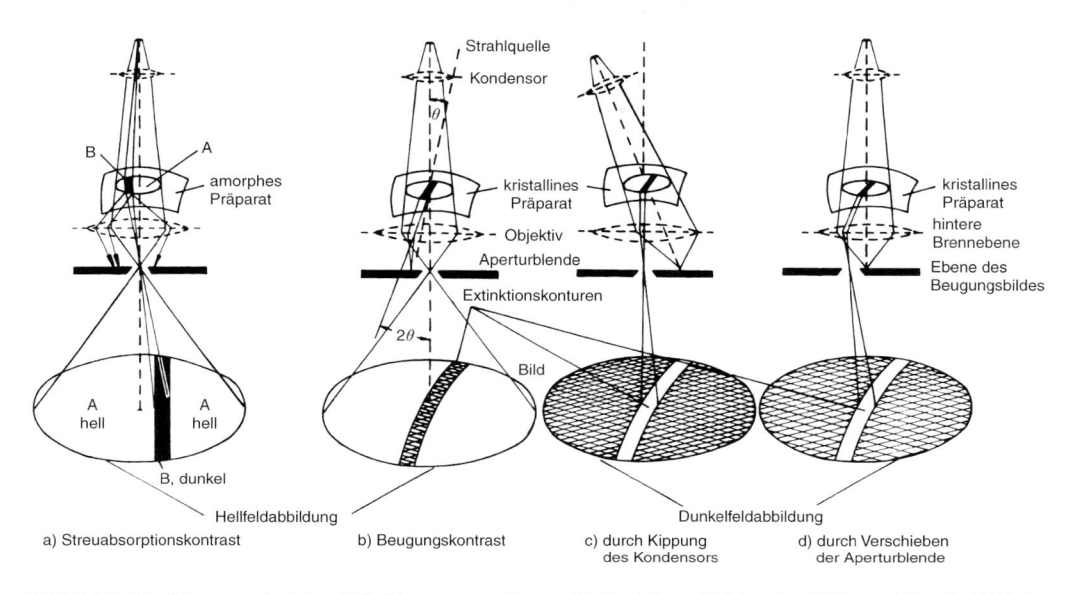

Bild 19-3 Strahlengang bei der Abbildung amorpher und kristalliner Objekte im Hell- und Dunkelfeld

Ein typisches Beispiel für wirksamen Beugungskontrast stellt die TEM-Abbildung von Versetzungen (vgl. V2) dar. Bild 19-4 zeigt anschaulich, welche Kontrasterscheinungen zu erwarten sind, wenn im Objekt Stufenversetzungen mit unterschiedlicher Orientierung gegenüber dem primären Elektronenstrahl vorliegen. Offenbar tritt dann kein Beugungskontrast auf, wenn von keiner der Netzebenen die Bragg-Bedingung erfüllt wird (Fall A). Treten nahe des Versetzungskerns aber Netzebenen mit exakter Bragg-Lage auf, so ist maximaler Kontrast zu erwarten, und zwar je nach Orientierung auf unterschiedlichen Seiten der Versetzungslinie (Fall B und C). Die Versetzungen werden also letztlich über die mit ihnen verbundenen Gitterverzerrungen abgebildet. Die Kontraststärke ist beurteilbar mit Hilfe des Skalarproduktes

$$\vec{g} \cdot \vec{b} = n \tag{19.3}$$

Dabei ist $\vec{g}$ ein spezieller Gittervektor, der normal auf den Ebenen steht, an denen die Bragg-Beugung des primären Elektronenstrahlbündels erfolgt. $\vec{b}$ ist der Burgersvektor, der bei Stufenversetzungen in der Gleitebene senkrecht zur Versetzungslinie orientiert ist (vgl. V2). Die Beugungstheorie zeigt, dass $\vec{g} \cdot \vec{b} = 0$ zu minimalem Kontrast führt. $\vec{g}$ und $\vec{b}$ stehen dann senkrecht zueinander (Fall A). Sind $\vec{g}$ und $\vec{b}$ gleich orientiert ist der Kontrast maximal (Fall B und C). Die Abbildbarkeit der Versetzungen hängt also von ihrer Orientierung zum Primärstrahl ab. Diese einfachen Betrachtungen sind für aufgespaltene Versetzungen (Teilversetzungen) in kfz- und krz-Gittern zu modifizieren.

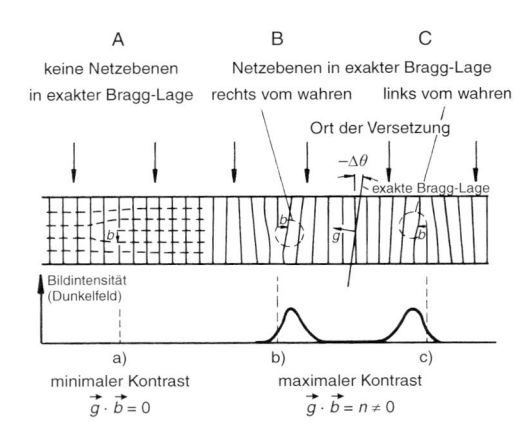

Bild 19-4
Zur Entstehung des Beugungskontrastes in der Nähe einer Stufenversetzung

Weitere wichtige Beispiele für die Ausnutzung des Verzerrungskontrastes bei TEM-Abbildungen stellen Objekte mit kohärenten, teilkohärenten und diskontinuierlichen Ausscheidungen dar, wenn bei diesen die sie umgebenden Spannungsfelder für die Kontrastbildung dominant sind. Eine Orientierungsabweichung aus der exakten Bragg-Lage kann für planparallel begrenzte Objektfolien auch auftreten, wenn diese gebogen sind. Man macht sich leicht klar, dass dann nur an einzelnen (bei symmetrischer Folienverbiegung an zwei) Stellen streifige Biegekontraste auftreten, die meist als Biege- bzw. Spannungskonturen angesprochen werden. Sie werden stark von dem vorliegenden Spannungszustand bestimmt.

Neben dem bisher besprochenen Verzerrungs- bzw. Beugungskontrast, tritt bei der Durchstrahlung kristalliner Folien noch ein Extinktions- bzw. Längenkontrast auf. Dieser beruht darauf, dass die Intensitäten des durchgehenden und des abgebeugten Elektronenbündels innerhalb des Objektes nicht voneinander unabhängig sind. Schematisch liegen unter bestimmten Bedingungen die in Bild 19-5 skizzierten Verhältnisse vor. Die gesamte Intensität des Elektronenstrahles pendelt als Folge von Beugungs- und Streuungseffekten zwischen durchgehendem und abgebeugtem Strahl hin und her. Die Oberflächenentfernung, in der die gesamte Primärstrahlintensität erstmals wieder voll im durchgehenden Strahl zu finden ist, wird Extinktionslänge genannt. Sie hängt vom lokal vorliegenden Streuvermögen des Objektmaterials für die Elektronenstrahlung ab und ist umso größer, je kleiner die Wellenlänge und je kleiner der Bragg-Winkel ist.

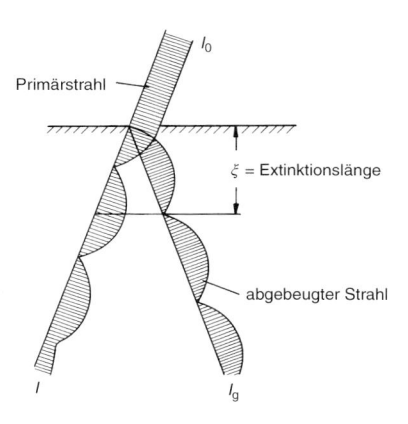

Bild 19-5
Veranschaulichung des sog. Extinktionskontrastes

Damit wird klar, dass beim Durchstrahlen von Objekten unterschiedlicher Dicke (keilförmige Proben) streifenartige Kontrasterscheinungen auftreten, deren Abstand durch die Extinktionslänge bestimmt wird. Aber auch Korngrenzen, Zwillingsgrenzen und Stapelfehler bilden sich streifenförmig ab, wobei die Streifen jeweils parallel zur Oberflächenspur dieser Grenzflächen liegen. Lokale Atomanhäufungen, wie z. B. bei kohärenten Ausscheidungen ohne Spannungsfeld, ändern ebenfalls die Extinktionslänge, so dass auch bei konstanter Objektdicke extinktionsbedingte Kontrasterscheinungen auftreten können.

Alle Kontrasterscheinungen bei TEM-Untersuchungen lassen sich auf die beschriebenen Grundphänomene des Verzerrungs- und des Extinktionskontrastes zurückführen. Diese treten allerdings nur in seltenen Fällen alleine auf. Meistens liegt eine Überlagerung beider Kontrasttypen vor. Bild 19-6 gibt beispielhaft für einige charakteristische mikrostrukturelle Details verschiedener Werkstoffe die zugehörigen TEM-Aufnahmen wieder.

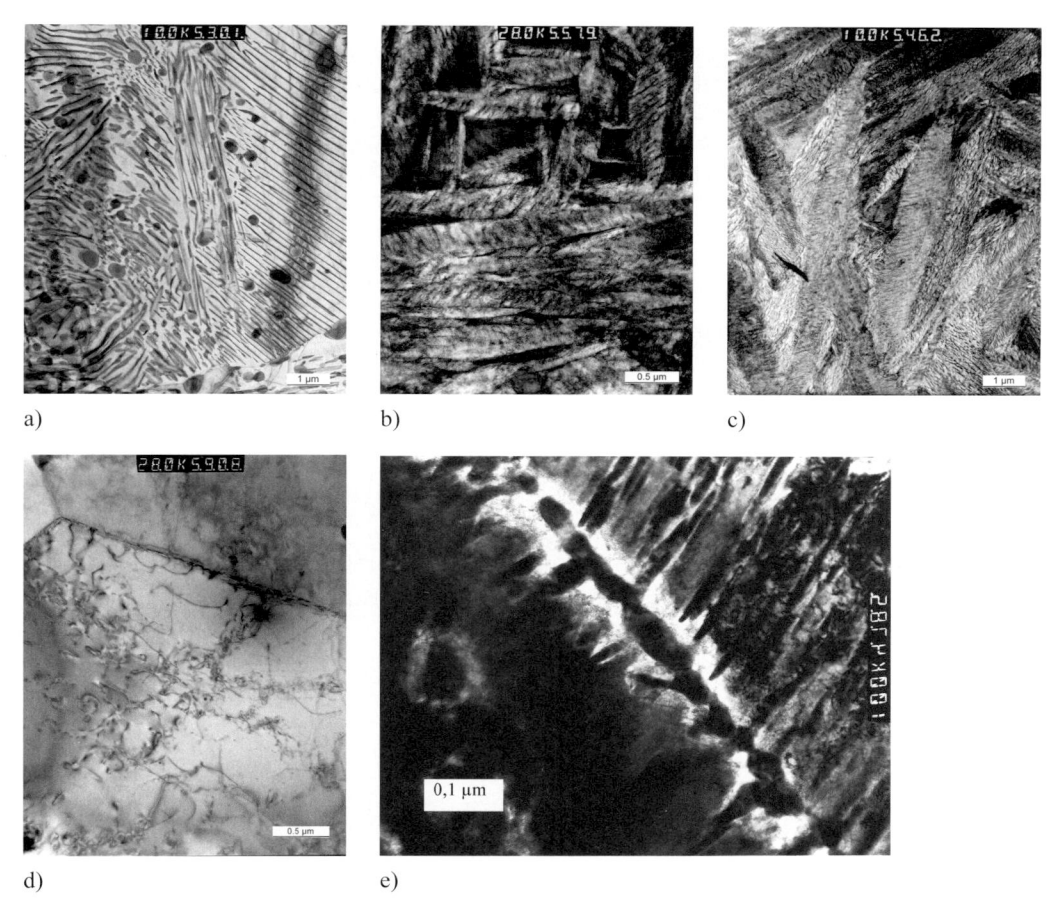

a) b) c)

d) e)

Bild 19-6 Einige Beispiele von TEM-Aufnahmen
a) 100Cr6 Perlit mit kugeligen Carbiden
b) 100Cr6 Bainitnadeln mit eingelagerten parallel orientierten Carbidlamellen
c) 100Cr6 Martensitnadeln mit feinen Carbidausscheidungen ohne bevorzugte Orientierung
d) AlMg15Si8Cu2 mit Korngrenze und Versetzungen
e) X153CrMoV12 mit Korngrenze und darin eingelagerten Vanadiumcarbonitriden

19.2 Aufgabe

Von Proben aus reinem Kupfer und CuZn30, die einachsig zügig 2 % und 10 % plastisch bei Raumtemperatur verformt werden, ist die Verformungsstruktur elektronenmikroskopisch zu untersuchen.

19.3 Versuchsdurchführung

Für die Untersuchungen steht ein Elektronenmikroskop mit einer Beschleunigungsspannung von 125 kV zur Verfügung. Die Verformung der Versuchsproben erfolgt in einer Zugprüfmaschine. Nach der Verformung werden aus den Proben mit Hilfe einer langsam laufenden Diamantsäge Scheiben von 1 mm Dicke abgetrennt und durch sorgfältiges Schleifen auf eine Dicke von 0,10–0,15 mm gebracht. Hieraus ausgestanzte Scheibchen von 3 mm Durchmesser werden in Aceton gereinigt, in ein Foliendünngerät eingebaut und elektrolytisch soweit abgedünnt, bis ein Loch entstanden ist. Die Abdünnbedingungen (elektrische Spannung sowie Art, Temperatur und Strömungsgeschwindigkeit des Elektrolyten) werden so gewählt, dass nahe der Lochränder über genügend große Bereiche ein keilförmiger Materialabtrag erfolgt und somit durchstrahlbare Werkstoffdicken entstehen. Die endgedünnte Folie wird nach Abspülen des Elektrolyten in das TEM gebracht und nahe der Lochränder untersucht.

19.4 Weiterführende Literatur

[Hei70] Heimendahl, M. v.: Einführung in die Elektronenmikroskopie, Vieweg, Braunschweig, 1970

[Tho79] Thomas, G.; Goringe, M. J.: Transmission Electron Microscopy of Materials, Wiley & Sons, New York, 1979

[Bau86] Bauer, H.-D.: Analytische Transmissionselektronenmikroskopie, Akademie-Verlag, Berlin 1986

19.5 Symbole, Abkürzungen

Symbol/Abkürzung	Bedeutung	Einheit
v	Elektronengeschwindigkeit	m/s
e	Elementarladung	C
h	Plancksches Wirkungsquantum	J s
U	Beschleunigungsspannung	V
m	Ruhemasse des Elektrons	kg
λ	de-Broglie-Wellenlänge	m
$\vec{b}$	Burgers-Vektor	m
$\vec{g}$	Gittervektor	m

V20 Gefügebewertung

20.1 Grundlagen

Unter Metallographie versteht man die Untersuchung, Beschreibung und Beurteilung des Gefüges metallischer Werkstoffe. Dabei wird zweckmäßigerweise unterschieden zwischen dem aus dem schmelzflüssigen Zustand entstandenen Primärgefüge (Gussgefüge) und dem nach weiteren Umform- und/oder Wärmebehandlungsprozessen vorliegenden Sekundärgefüge (Umform-, Umwandlungsgefüge). Beide Gefügehauptgruppen sind voneinander abhängig. Primär- und Sekundärgefüge lassen sich makroskopisch, mikroskopisch und submikroskopisch betrachten und bewerten (vgl. V7, 14, 17 u. 19).

Makroskopische Beobachtungen erfolgen visuell, mit Lupen oder mit Mikroskopen unter kleiner Vergrößerung. Sie umfassen die Untersuchung von Gussstrukturen, Blockseigerungen, Lunkern, Blasen, Grobkornzonen, Einschlüssen, Rissen sowie Umform- bzw. Verformungsstrukturen. Als Beispiel ist in Bild 20-1 der Längsschnitt durch eine geschmiedete Kurbelwelle aus 41Cr4 gezeigt. In den gegossenen Rohlingen bildet sich nach der Schmiedeverformung ein anätzbarer Faserverlauf aus, den man der Endform des Bauteils optimal anzupassen versucht. Durch den Schmiedeprozess werden die in dem primären Gussgefüge enthaltenen nichtmetallischen Einschlüsse, Dendriten, Seigerungen sowie Korngrenzenverunreinigungen gestreckt und ordnen sich zeilenförmig an (primäres Zeilengefüge). Wegen der dadurch hervorgerufenen lokal unterschiedlichen Anätzbarkeit des Bauteils entstehen die „Fasern".

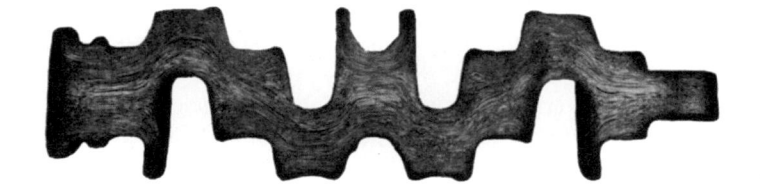

Bild 20-1
Makroätzung einer längsgeschnittenen Kurbelwelle aus 41Cr4

Mikroskopische Gefügeuntersuchungen (vgl. V7 und 11) vermitteln direkte Aussagen über die Art, Form, Größe und gegenseitige Anordnung der Körner sowie ggf. auch über deren Orientierung (vgl. V10). Dazu ist stets die Anfertigung von Schliffen mit geeignet orientierten Schnittebenen durch das interessierende Werkstoffvolumen erforderlich. Ein Beispiel zeigt Bild 20-2. Dort ist die räumliche Gefügeausbildung eines warmgewalzten Halbzeuges aus dem Vergütungsstahl 42 CrMo 4 wiedergegeben. Sie ist durch bandförmig nebeneinanderliegende ferritische und perlitische Werkstoffbereiche (sekundäres Zeilengefüge) charakterisiert. Durch das Warmwalzen im Austenitgebiet ordnen sich oxidische und sulfidische Einschlüsse des Ausgangsmaterials zeilenförmig an und wirken beim Abkühlen als Fremdkeime für die Ferritbildung (vgl. V14). Die nachfolgende Perlitbildung erfolgt dann ebenfalls zeilenförmig. Ähnlich wirken sich Kornseigerungen aus, wie z. B. in phosphorhaltigen Stählen, wo die bei der Erstarrung zuerst und zuletzt entstehenden γ-Mischkristalle starke Phosphorunterschiede in den Dendritenästen aufweisen. Wegen der geringen Diffusionsfähigkeit des Phosphors im Austenit bleiben diese Seigerungen auch nach der ferritisch-perlitischen Umwandlung erhalten. Bei einer nachfolgenden Umformung werden die dendritisch ausgebildeten Phosphorseigerungen in lang gestreckte Seigerungsstreifen übergeführt, die ihrerseits bei anschließenden

Wärmebehandlungen die Ferrit-Perlit-Ausbildung beeinflussen. Da Phosphor die Kohlenstofflöslichkeit im γ-Mischkristall erniedrigt, tritt ein Kohlenstoffüberschuss in den phosphorarmen Austenitbereichen auf. Dementsprechend wird die Ferritbildung in den phosphorreichen und die Perlitbildung in den phosphorarmen Werkstoffbereichen begünstigt. Als Folge davon entstehen nebeneinander bandartig angeordnete Ferrit- und Perlitbereiche mit unterschiedlichen Phosphorgehalten. Aber auch bei seigerungs-, schlacken- und einschlussarmen Primärgefügen bewirken nachträgliche Umformprozesse grundsätzlich Gefüge mit Vorzugsrichtungen, und zwar als direkte Folge der erzwungenen Formänderung der Körner. Vielfach sind bereits unter schwacher Vergrößerung typische Umformgefüge mit langgestreckten Körnern parallel zur Hauptverformungsrichtung (vgl. V9) deutlich zu erkennen.

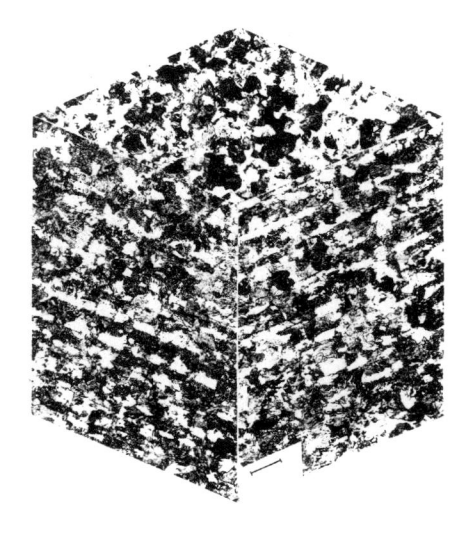

Bild 20-2
Räumliche Gefügeausbildung bei 42 CrMo 4

Submikroskopische Gefügeuntersuchungen erfolgen mit transmissionselektronenmikroskopischen Hilfsmitteln (vgl. V19). Sie liefern Informationen über den inneren Aufbau der das Gefüge bildenden Körner. Es lassen sich Versetzungen, Stapelfehler, Ausscheidungen und korngrenzennahe Werkstoffbereiche sichtbar machen. Dabei können von den interessierenden Werkstoffbereichen stets nur sehr kleine Volumina untersucht werden, so dass sichergestellt sein muss, dass die erfassten Details repräsentativ für den Werkstoffzustand sind. Bild 20-3 zeigt als Beispiel die bei einem Stahl Ck 45 vorliegende Versetzungsstruktur in einem Ferritkorn, das an der rechten Seite von einem Perlitbereich begrenzt wird.

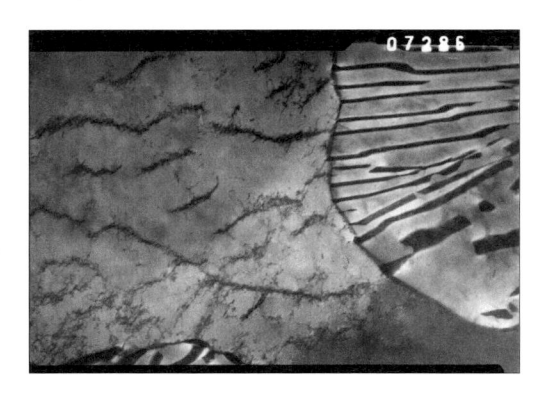

Bild 20-3
Transmissionselektronenmikroskopische Gefügeaufnahme eines normalisierten Ck 45

Die Gefügebeurteilung bei Bauteilen erfolgt entweder stichprobenweise aus Überwachungsgründen bei der Fertigung oder bei der Analyse von Schadensfällen. Dabei stellt die Probenentnahme stets den ersten Arbeitsschritt dar. Sie muss in den interessierenden Bauteilbereichen so erfolgen, dass sie selbst zu keinen Gefügeänderungen führt. So muss z. B. bei Trennvorgängen die Probenerwärmung mit Hilfe von Kühlmitteln klein gehalten werden. Interessiert das Makrogefüge, so kann oft direkt nach einer geeigneten Oberflächenbearbeitung die interessierende Werkstoffstelle geätzt werden. Auch sog. Abdruckmethoden (Replica-Technik) sind für die Gefügebeurteilung anwendbar. In Tabelle 20.1 sind gebräuchliche Verfahren zusammengestellt. Ansonsten sind die entnommenen Proben stets einer abgestuften Schleif- und Polierbehandlung zu unterwerfen und erst danach anzuätzen (vgl. V7). Für Übersichten über den räumlichen Gefügezustand sind mehrere Schliffe in geeigneten Ebenen durch das interessierende Werkstoffvolumen anzufertigen.

Tabelle 20.1 Ätz- und Abdruckverfahren für Makrogefügebetrachtungen

Werkstoff	Nachweis	Ätz- bzw. Nachweismittel	Kurzname
Phosphorhaltige Stähle	Primäre und sekundäre Phosphorseigerungen Primäres und sekundäres Zeilengefüge	0,5 g Zinnchlorid 1 g Kupferchlorid 30 g Eisenchlorid 50 cm^3 konz. Salzsäure 500 cm^3 Äthylalkohol 1500 cm^3 Wasser	Oberhoffer-Ätzung
Stickstoffhaltige Stähle	Kraftwirkungslinien, Lüdersbänder	90 g Kupfer (II)-chlorid 120 cm^3 konz. Salzsäure 120 cm^3 Wasser	Fry-Ätzung
Schwefelhaltige Stähle	Schwefelseigerungen	Aufdrücken eines mit 5%-iger Schwefelsäure getränkten Bromsilberpapiers auf Schliff (1–5 min). Papier anschließend fixieren und wässern.	Baumann-Abdruck
Oxidhaltige Stähle	Oxidanhäufungen	Aufdrücken eines mit 5%-iger Salzsäure getränkten Bromsilberpapiers auf Schliff (1–5 min). Nachbehandlung mit 2%-iger Ferrozyankalilösung, Waschen in Wasser, Trocknen	Niessner-Abdruck

20.2 Aufgabe

Für eine durch Warmumformen hergestellte Schraube aus C 45 ist an Hand eines die Schraubenachse enthaltenden Längsschnittes das Makrogefüge zu beurteilen. Für Schaft und Kopf der Schraube sind mikroskopische Gefügebewertungen vorzunehmen.

20.3 Versuchsdurchführung

Für die Untersuchungen stehen Trenn-, Schleif- und Poliervorrichtungen sowie Mikroskopiereinrichtungen zur Verfügung. Die Schraube wird längs geschnitten und danach eine Hälfte in Kunstharz eingebettet. Von der verbliebenen Schraubenhälfte werden aus dem Kopf und aus dem Schaft kleine Werkstoffbereiche herausgetrennt und ebenfalls eingebettet. Danach erfolgt die Schleif- und Polierbehandlung der für die lichtmikroskopischen Untersuchungen vorgesehenen Teile. Die Schraubenhälfte wird nach dem Polieren mit Fry'schem Ätzmittel (vgl. Tabelle 20.1) makrogeätzt und danach mit einem schwach vergrößernden (10-fach) Binokularmikroskop betrachtet. Die Schaft- und Kopfbereiche werden nach dem Polieren mit 2%-iger alkoholischer Salpetersäure geätzt und anschließend bei 100-bis 500-facher Vergrößerung in einem Metallmikroskop untersucht.

20.4 Weiterführende Literatur

[Hab66]   Habraken, L.; de Brouwer, J. L.: De Ferri Metallographia I, Presses Acad. Europ., Brüssel, 1966

[Pok67]   Pokorny, A. u. J.: De Ferri Metallographia III, Berger-Levrault, Paris, 1967

[Ros77]   Rostoker, W.; Dvorak, M. J.: Transmission Electron Microscopy of Materials, Wiley & Sons, New York, 1979

[Schr66] Schrader, A.; Rose, A.: De Ferri Metallographia III, Stahleisen, Düsseldorf, 1966

[Schu04] Schumann, H.; Oettel, H.: Metallographie, 14. Aufl, Wiley-Vch, 2004

V21 Topographie von Werkstoffoberflächen

21.1 Grundlagen

Aus Werkstoffen werden durch Gießen, Umformen oder Ver-, Be- und Nachbearbeitungsvorgänge Bauteile oder Prüflinge mit den verschiedenartigsten geometrischen Formen hergestellt, deren Oberflächen herstellungs- bzw. bearbeitungsspezifische Merkmale aufweisen. Im Gegensatz zu idealen Oberflächen, die eindeutig durch ihre geometrische Form gekennzeichnet werden können und keine mikrogeometrischen Unregelmäßigkeiten aufweisen, besitzen technische Oberflächen eine mehr oder weniger ausgeprägte Feingestalt. Formen und Höhen der Oberflächengebirge oder Topographien der technischen Oberflächen sind oft von ausschlaggebender Bedeutung für die Funktionstüchtigkeit, die Möglichkeit von Nachbehandlungen, die Festigkeit und das Aussehen von Bauteilen. Erwähnt seien in diesem Zusammenhang nur die Passungsfähigkeit sowie das Reibungs- und Verschleißverhalten gepaarter Teile, die Güte von Oberflächenbeschichtungen und das mechanische Verhalten unter schwingender Beanspruchung. Es besteht daher eine große Notwendigkeit an objektiven Kriterien zur Kennzeichnung und Beurteilung technischer Oberflächen. Die ideal gedachte (durch die Konstruktionszeichnung festgelegte) Begrenzung eines Bauteils wird geometrische Oberfläche (Solloberfläche) genannt. Die fertigungstechnisch erzielte Gestalt der Bauteilbegrenzung heißt technische Oberfläche (Istoberfläche). Ist- und Solloberflächen weichen bei realen Werkstoffoberflächen voneinander ab. Man spricht von Gestaltabweichungen verschiedener Ordnung. Diese werden in DIN 4760:1960-07 in sechs unterschiedliche Kategorien unterteilt. Im Folgenden wird nur auf die geometrische Feingestalt technischer Oberflächen (die Gestaltabweichungen 3. bis 5. Ordnung) eingegangen.

Grundsätzlich bestehen mehrere Möglichkeiten zur Kontrolle der Gestaltabweichung von Werkstoffoberflächen. Zu einen können senkrecht (Bild 21-1) oder schräg zur geometrischen Oberfläche Schnitte durch das Oberflächengebirge gelegt werden, die das Profil der lokal vorliegenden Topographie unvergrößert und vergrößert wiedergeben (Profilschnitte). Zum anderen sind Schnitte parallel zur geometrischen Oberfläche möglich, die die Oberflächenbegrenzung der in der Höhe liegenden Werkstoffbereiche liefern (Flächenschnitte). Die Beschreibung technischer Oberflächen erfolgt, durchweg mit Hilfe von Profilschnitten. Liegen längs eines solchen Profilschnittes keine groben Gestaltabweichungen (z. B. Welligkeiten) vor, so ist das gemessene Profil $P(lp)$ mit dem Rauhigkeitsprofil $R(lr)$ identisch.

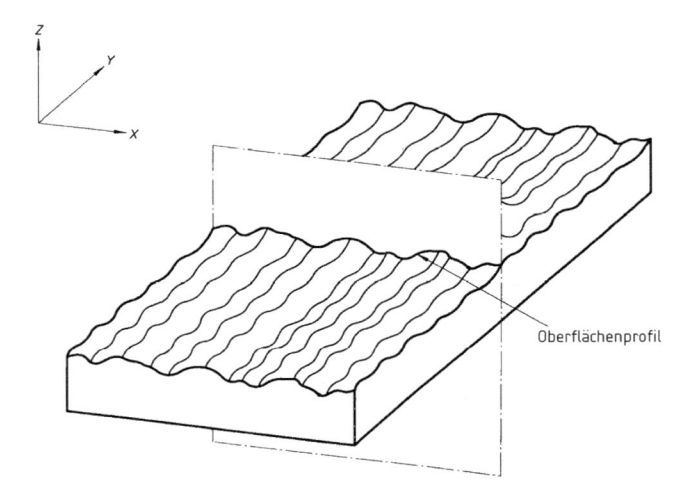

Bild 21-1 Oberflächenprofil mit Vertikalschnitt [DIN EN ISO 4287:2010]

Die Profilkenngrößen sind nach DIN EN ISO 4287:2010-07 an der Einzelmessstrecke (lr) definiert. Die Rauheitskenngrößen werden zunächst auf der Basis der Einzelmessstrecke berechnet. Soweit nichts anderes angegeben wird, ergibt sich der Wert der Rauheitskenngröße durch Mitteln der Ergebnisse von (direkt hintereinanderliegenden) Einzelmessstrecken.

1. Der arithmetische Mittenrauwert der Profilordinaten Ra

$$Ra = \frac{1}{lr} \int_0^{lr} |Z(x)| dx \qquad (21.1)$$

ist das arithmetische Mittel der Ordinatenwerte des Rauheitsprofils innerhalb der Einzelmessstrecke lr. Er stellt die mittlere Abweichung des Profils von der mittleren Linie dar.

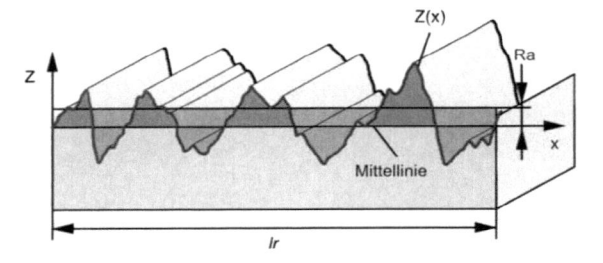

Bild 21-2 Arithmetischer Mittenrauwert Ra

Der Mittenrauwert kann nicht zwischen Spitzen und Riefen unterscheiden, ebenso wenig kann er verschiedene Profilformen erkennen. Bild 21-3 zeigt drei Profile mit recht unterschiedlichen Strukturen, die trotzdem fast denselben Ra-Wert aufweisen.

V21 Topographie von Werkstoffoberflächen

gehonte Oberfläche

gedrehte Oberfläche

erodierte Oberfläche

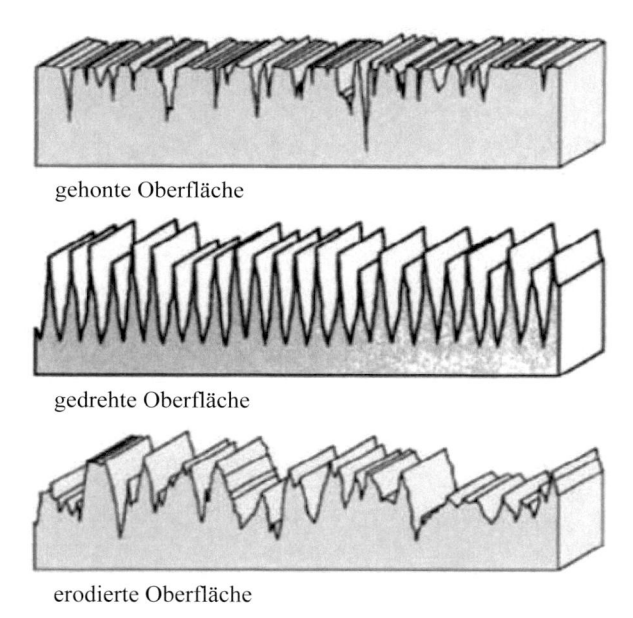

Bild 21-3 Unterschiedliche Profile mit gleichem Mittenrauwert Ra

2. Der quadratische Mittenrauwert der Profilordinaten Rq

$$Rq = \sqrt{\frac{1}{lr}\int_0^{lr}[Z(x)]^2\,dx} \qquad (21.2)$$

ist der quadratische Mittelwert der Profilabweichung. Rq ist ähnlich definiert wie Ra, reagiert aber empfindlicher auf einzelne Spitzen und Riefen. Bedeutung erlangt Rq bei der statistischen Betrachtung eines Oberflächenprofils, wobei $p(Z)$ die Verteilung der Ordinatenwerte und der Rq-Wert sich aus der zugehörigen Standardabweichung σ der Profilhöhenverteilung gibt.

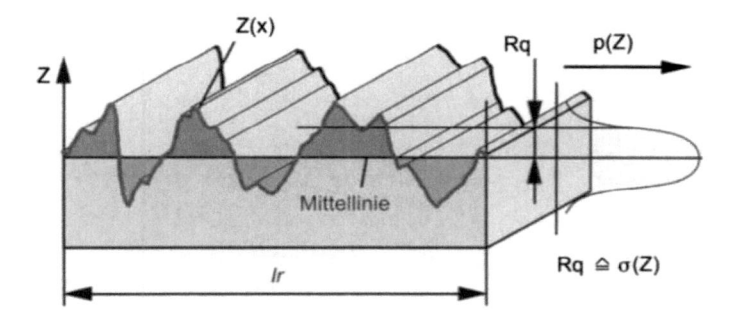

Bild 21-4 Quadratischer Mittenrauwert Rq

3. Größte Höhe des Profils Rz

ist die Summe aus der Höhe der größten Profilspitze Zp und der Tiefe des größten Profiltales Zv innerhalb einer Einzelmessstrecke. Rp beschreibt die Höhe der größten Profilspitze Zp und Rv die Tiefe des größten Profiltales Zv innerhalb der Einzelmessstrecke. Zp_1 und Zv_1 beschreiben in Bild 21-5 diese eine bestimmte Höhe der Profilspitze bzw. Tiefe des Profiltales.

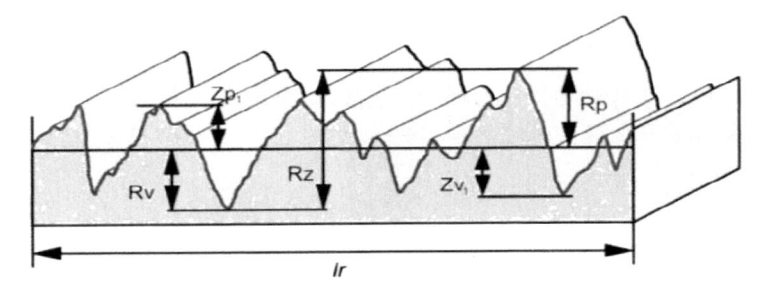

Bild 21-5 Größte Höhe des Profiltales Rz

4. Mittlere Höhe der Profilelemente Rc

$$Rc = \frac{1}{m} \sum_{i=1}^{m} Zt_i \qquad (21.3)$$

Mittelwert der Höhe der Profilelemente Zt innerhalb einer Einzelmessstrecke. Zt beschreibt die Summe aus der Höhe der Spitze Zp und der Tiefe des Tales Zv in einem Profilelement.

5. Gesamthöhe des Profils Rt

ist die Summe aus der Höhe der größten Profilspitze Zp und der Tiefe des größten Profiltales Zv innerhalb der Gesamtmessstrecke.

Für die praktischen Untersuchungen technischer Oberflächen wurde eine Vielzahl von verschiedenartigen Geräten entwickelt. Um Oberflächenkennwerte zu bestimmen, werden taktile und optische Messgeräte eingesetzt. Bei den taktilen Geräten wird die Oberfläche mit einer Diamantspitze abgefahren. Im Gegensatz dazu arbeiten optische Messgeräte berührungslos. In den meisten Fällen können optische Messgeräte eine Oberfläche wesentlich besser auflösen. Zudem werden die Amplituden nicht durch die Geometrie der Tastspitze beeinflusst. Aufgrund dieser Effekte können sich Messergebnisse, die an verschiedenen Geräten aufgenommen wurden, unterscheiden.

Bei den taktilen Geräten sind die sog. Tastschnittgeräte am wichtigsten. Bei diesen wird das Oberflächenprofil längs der Messstrecke mit Hilfe einer Tastnadel abgetastet, deren Auslenkungen gemessen und ausgewertet werden. In realen Fällen gilt, dass die Rauhigkeitskenngrößen durch die Messstellenauswahl und die Länge der Messstrecke beeinflusst werden. Man erhält also stets nur lokalisiert gültige Aussagen. Deshalb werden am gleichen Objekt meist mehrere Messungen an unterschiedlichen Stellen vorgenommen und der Auswertung die gesamte Messstrecke zugrunde gelegt.

Optische Messgeräte arbeiten als berührungslose Messverfahren und finden ihre Anwendung an Oberflächen, die weich sind und/oder von der Tastspitze beschädigt werden können. Es gibt unterschiedliche Sensoren zur berührungslosen Messung von Rauheitskennwerten. Dazu zäh-

V21 Topographie von Werkstoffoberflächen

len der Weißlichtsensor, optische Autofokus-Sensoren, Nahfeldakustik-Taster, Interferenz-Mikroskope, Rasterelektronenmikroskope und Streulichtmessgeräte in der Rauheitsmessung Anwendung.

21.2 Aufgabe

Von einer geschliffenen und einer gefrästen Planfläche eines Bauteils aus vergütetem C80 sollen parallel und senkrecht zur Bearbeitungsrichtung die Oberflächenprofile mit einem Tastschnittgerät ermittelt werden. Daraus sind die Rauhigkeits- und die Welligkeitsprofile sowie die üblichen Rauhigkeitskennwerte zu ermitteln. Die Messresultate sind für beide Bearbeitungszustände miteinander zu vergleichen und zu diskutieren.

21.3 Versuchsdurchführung

Für die Untersuchungen steht ein ähnliches Gerät wie das in Bild 21-6 gezeigt wird zur Verfügung, dessen prinzipielle Funktionsweise aus Bild 21-7 hervorgeht. Das Gerät umfasst eine Objekthalterung (K, P), das eigentliche Messsystem (V, T) und das Versorgungs- und Registriergerät (R). Auf einem Kreuztisch (K) mit einem Prismenblock (P) liegt das (im betrachteten Falle) rotationssymmetrische Bauteil (B). Ein Stativ (S) trägt das Vorschubgerät (V) mit dem Tastsystem (T). Je nach Solloberfläche des Messobjektes stehen unterschiedliche Tastsysteme zur Verfügung, die die Tastnadelhalterung auf einer zur Oberfläche parallel ausgerichteten Bahn führen. Die Tastspitze aus Diamant ist mit dem Kern eines induktiven Messwertaufnehmers verbunden (Bild 21-7).

Bild 21-6 Oberflächenmessgerät (Bauart Perthen)

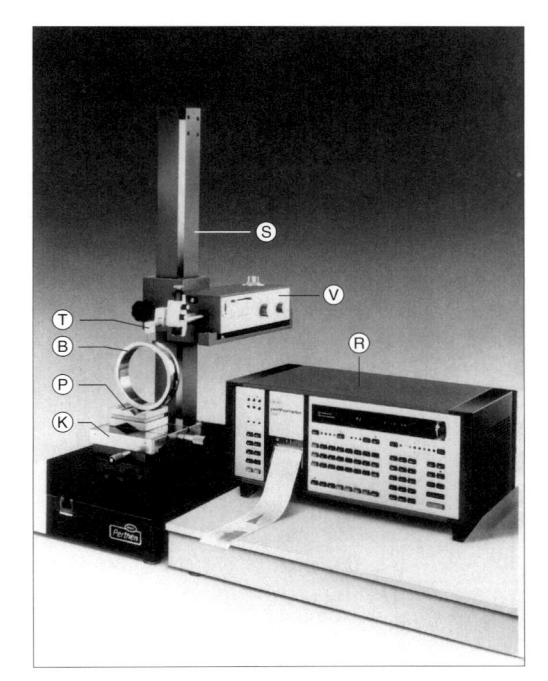

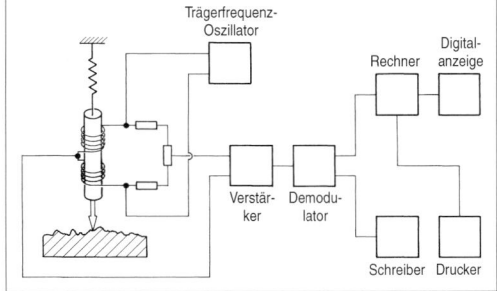

Bild 21-7
Prinzip des in Bild 21-6 gezeigten Messgerätes

Bei der Bewegung der Tastnadel (Radius < 3 µm, Flankenwinkel 90°, Andruckkraft 0,8 N) treten Induktivitätsänderungen und damit Verstimmungen der trägerfrequenzgespeisten Wechselstrombrücke auf, die den Ortsänderungen der Tastnadelspitze proportional sind. Das mit dem Oberflächenprofil modulierte Messsignal wird zunächst verstärkt, dann demoduliert und anschließend einem Schreiber sowie einem Rechnersystem zugeführt. Ein Anzeigeinstrument dient zur Kontrolle der Verstärkeraussteuerung. Über eine digitale Messwertanzeige können die interessierenden Messgrößen in beliebiger Folge direkt abgelesen werden. Das Registriergerät enthält zudem einen Messwertdrucker, der alle digital angezeigten Werte bei Abruf auch auf dem Schreiberstreifen ausdruckt. Das Gerät lässt bis zu 10^5-fache Vergrößerungen des Vertikalausschlages der Tastspitze zu. Bei einer Tastgeschwindigkeit von 0,5 mm/s sind bis zu 100-fache, bei einer Tastgeschwindigkeit von 0,1 mm/s bis zu 500-fache Horizontalvergrößerungen möglich. Die größtmögliche Taststrecke umfasst 32 mm.

Zunächst wird das Gerät bezüglich der Oberfläche eines Tiefeneinstellnormals justiert und die tatsächlich vorliegende Messvergrößerung ermittelt. Dann wird das Tastsystem auf das Messobjekt aufgesetzt und das längs der Messstrecke *lr* vorliegende Profil *P(lp)* ermittelt. Das ertastete Profil *P(lp)* setzt sich aus der Welligkeit *W(lw)* und Rauheit *R(lr)* zusammen. Über ein Tiefpassfilter werden die kurzwelligen Anteile des Profilsignals *P(lp)* unterdrückt, so dass es durch eine Sinusfunktion geeigneter Wellenlänge λ approximiert werden kann, die das Welligkeitsprofil *W(lw)* liefert. Die Differenz

$$P(lp) - W(lw) = R(lr) \tag{21.5}$$

ergibt das Rauheitsprofil *R(lr)*, das der weiteren Auswertung zugrunde gelegt wird.

21.4 Weiterführende Literatur

[DIN 4760:1960-07]	DIN 4760:1960-07, Begriffe für die Gestalt von Oberflächen
[DIN EN ISO 4287:2010-07]	DIN EN ISO 4287:2010-07, Geometrische Produktspezifikation (GPS) – Oberflächenbeschaffenheit: Tastschnittverfahren – Benennungen und Kenngrößen der Oberflächenbeschaffenheit
[Kie65]	Kienzle, O.; Mietzner, K.: Grundlagen der Typologie umgeformter metallischer Oberflächen, Springer, Berlin, 1965
[Vol05]	Volk, Raimund: Rauheitsmessung Theorie und Praxis, DIN Deutsches Institut für Normung e.V.; München, Beuth Verlag GmbH, 2005

21.5 Symbole, Abkürzungen

Symbol/Abkürzung	Bedeutung	Einheit
Ra	arithmetischer Mittelwert der Profilordinaten	µm
Rv	Tiefe des größten Profiltales	µm
Rp	Höhe der größten Profilspitze	µm
Rz	größte Höhendifferenz des Profils	µm
Rc	mittlere Höhe der Profilelemente	µm
Rt	Gesamthöhe des Profils	µm

Symbol/Abkürzung	Bedeutung	Einheit
Rq	quadratischer Mittelwert der Profilordinaten	µm
lp, lw, lr	Einzelmessstrecke	µm
ln	Messstrecke	µm
Zp	Höhe der Profilspitze	µm
$Z(x)$	Ordinatenwert	-
Zv	Tiefe des Profiltales	µm
Zt	Höhendifferenz des Profilelementes	µm

V22 Messung elastischer Dehnungen

22.1 Grundlagen

Wird ein Zugstab der Länge L_0 und des Durchmessers D_0 in der in Bild 22-1 angedeuteten Weise momentenfrei durch die Kräfte F belastet, so verlängert er sich um den Betrag

$$\Delta L = L - L_0. \tag{22.1}$$

Treten keine oder nur vernachlässigbar kleine plastische Verformungen (vgl. V23) auf, so stellt sich unter der Nennspannung

$$\sigma_n = \frac{F}{A_0} = \frac{4F}{\pi D_0^2} \tag{22.2}$$

die elastische Längsdehnung

$$\varepsilon_{e,l} = \frac{\Delta L}{L_0} 100\,\% = \frac{L - L_0}{L_0} 100\,\% \tag{22.3}$$

und die elastische Querkontraktion

$$\varepsilon_{e,q} = \frac{\Delta D}{D_0} 100\,\% = \frac{D - D_0}{D_0} 100\,\% \tag{22.4}$$

ein. Längs- und Querdehnungen sind einander proportional. Es gilt

$$\varepsilon_{e,q} = -\nu \varepsilon_{e,l} \tag{22.5}$$

Dabei ist ν die elastische Querkontraktions- oder Poissonzahl. Elastische Dehnungen sind reversible Dehnungen. Rein elastisch beanspruchte Zugstäbe nehmen daher nach Entlastung wieder ihre Ausgangslänge L_0 und ihren Ausgangsdurchmesser D_0 an.

Nennspannungen und elastische Längsdehnungen sind in für ingenieurmäßige Belange ausreichender Näherung durch das Hookesche Gesetz

$$\sigma_n = E \varepsilon_{e,l} \tag{22.6}$$

linear miteinander verknüpft. Dabei ist E der Elastizitätsmodul. Zu seiner Bestimmung müssen für mehrere Nennspannungen die zugehörigen elastischen Längsdehnungen gemessen werden. Bei geeichten Zugprüfmaschinen können die den Belastungen entsprechenden Nennspannungen σ_n direkt nach Gl. 22.2 aus der Maschinenkraftanzeige F und dem Probenquerschnitt A_0, berechnet werden. Für elastische Dehnungsmessungen sind jedoch Zusatzgeräte erforderlich, weil die Ausgabe der Prüfmaschinen (Kraft-Traversenweg-Diagramme) neben der Probenverlängerung die Nachgiebigkeit des gesamten Prüfsystems mit erfasst.

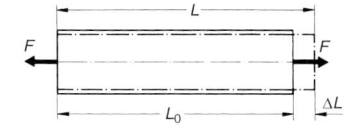

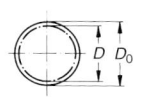

Bild 22-1
Abmessungsänderungen eines zylindrischen Stabes bei Zugbeanspruchung (schematisch)

V22 Messung elastischer Dehnungen

Es gibt mehrere Verfahren zur Messung der Dehnungen von Zugproben, wobei verschiedene physikalische Prinzipien ausgenutzt werden. Stets werden Längenänderungen ermittelt, und zwar entweder mechanisch bzw. elektrisch auf Grund der Verlagerung von Schneiden mit definiertem Abstand oder elektrisch auf Grund von Widerstandsänderungen aufgeklebter Drähte bzw. Folien aus geeigneten metallischen Werkstoffen. Bei mechanischen Dehnungsmessungen werden die zwischen zwei Schneiden auftretenden Abstandsänderungen entweder direkt oder über ein Hebelsystem vergrößert registriert. In Bild 22-2 ist ein derartiger mechanischer Verlagerungsaufnehmer schematisch wiedergegeben. Die Verlängerung ΔL des Probestabes P wird mit einer empfindlichen Messuhr M zwischen den starren Schneiden S und den beweglichen Schneiden B abgenommen. Die Auflösungsgrenze dieser Aufnehmer liegt bei etwa 10^{-4}, der Messbereich kann mehrere Prozent Totaldehnung (vgl. V23) umfassen.

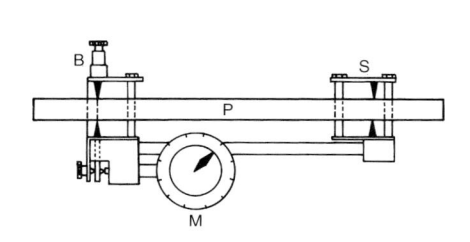

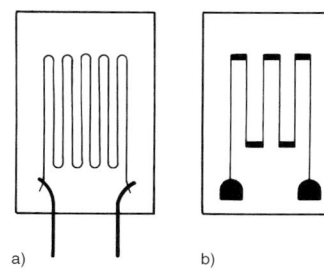

Bild 22-2
Prinzip eines mechanischen Verlagerungsaufnehmers

Bild 22-3
Schematischer Aufbau von Draht-DMS (a) und Folien-DMS (b)

Bei Dehnungsmessungen mit Hilfe von elektrischen Widerstandsänderungen finden Draht- und Folien-Dehnmessstreifen (DMS) Anwendung (vgl. Bild 22-3). Bei den Draht-DMS wird ein 10-20 µm starker Metalldraht schleifenförmig in einer Ebene ausgelegt und in einer dünnen Plastikfolie eingebettet. Das Messgitter von Folien-DMS wird aus einer dünnen auf einem Kunststoffträger befindlichen Metallfolie (Gesamtdicke etwa 25 µm) mit Hilfe einer speziellen Photoätztechnik herauspräpariert. Die vollständige Übertragung der Längenänderung einer Probe auf den aktiven Teil eines DMS erfordert eine günstige Konstruktion des DMS und vor allem eine gute Klebung mit Spezialkleber auf dem Messobjekt. So soll z. B. das Verhältnis der Dicke von Träger zu Draht größer als 5 : 1 sein. Draht- und Folien-DMS verändern ihren elektrischen Widerstand (vgl. V13)

$$R = \rho \frac{L}{A} \tag{22.7}$$

(ρ spez. elektrischer Widerstand, L Länge und A Querschnitt des Leiters) proportional zur elastischen Längenänderung und damit zur elastischen Dehnung der Probe. Bei einem Draht mit Durchmesser Φ ist $A = \pi \Phi^2/4$, und man erhält aus Gl. 22.7 durch totale Differentiation

$$\frac{\Delta R}{R} = \frac{\Delta \rho}{\rho} + \frac{\Delta L}{L} - \frac{\Delta \Phi}{\Phi} \tag{22.8}$$

Daraus folgt unter sinngemäßer Anwendung der Gl. 22.3, 22.4 und 22.5

$$\frac{\Delta R}{R} = \left[\frac{\Delta \rho}{\rho} \frac{1}{\varepsilon_{e,l}} + 1 + 2\nu \right] \varepsilon_{e,l} = k \varepsilon_{e,l} \tag{22.9}$$

Wenn der erste Term in der Klammer hinreichend klein ist, besteht also ein linearer Zusammenhang zwischen relativer Widerstandsänderung und Längsdehnung, k ist ein Maß für die Empfindlichkeit eines DMS. Draht-DMS haben k-Werte zwischen 1.5 und 2.5.

Die den Dehnungen proportionalen Widerstandsänderungen der DMS können mit Hilfe von Dehnungsmessbrücken gemessen werden, wie die Wheatstonesche Brücke, deren Aufbau Bild 22-4 zeigt. Der DMS wird als Widerstand R_x geschaltet. Durch Veränderung des Regelwiderstandes R_2, bzw. des Verhältnisses von $R_2 : R_1$ wird die Brücke abgeglichen, bis das Galvanometer G keine Spannung mehr anzeigt. Dann ist der Spannungsabfall über den Widerständen R_x und R_2 gleich groß, und es gilt

$$R_X = R_V \frac{R_2}{R_1} \tag{22.10}$$

Ändert nunmehr auf Grund einer Längenänderung durch mechanische Beanspruchung der auf den Werkstoff aufgeklebte DMS seinen Widerstand, so tritt zwischen den Brückenpunkten C und E eine Potentialdifferenz auf, und das Galvanometer zeigt eine der Dehnung proportionale Spannung an. Die Auflösungsgrenze der DMS liegt bei etwa $5 \cdot 10^{-6}$. Sie ist aber stark von der Güte der Klebung der DMS auf dem Prüfling abhängig. Der Messbereich üblicher DMS umfasst meist nicht mehr als etwa 5 % Totaldehnung. Da auch Temperaturschwankungen eine Widerstandsänderung des DMS bewirken, wird bei praktischen Messungen meistens der Widerstand R_2 als Temperaturkompensations-DMS mit auf das Untersuchungsobjekt geklebt, und zwar so, dass er mit Sicherheit keine Dehnung erfährt.

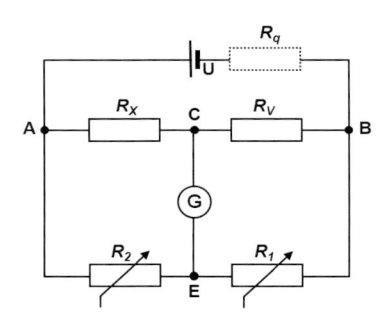

Bild 22-4 Wheatstonesche Brückenschaltung zur Widerstandsmessung

Bei der induktiven Dehnungsmessung wird von dem in Bild 22-5 gezeigten Differentialtransformator Gebrauch gemacht. Er enthält drei Spulen, die auf einem gemeinsamen Wickelkörper angebracht sind. Die innere Spule S, an der die Spannung U liegt, stellt die Primärwicklung, die äußeren Spulen S_1 und S_2 stellen die Sekundärwicklungen des Transformators dar. Die Spule S_1 wird anstelle von R_x, die Spule S_2 anstelle von R_2 in eine Wheatstonesche Brücke geschaltet. Bei symmetrischer (O)-Stellung des Tauchkerns K sind die in den Sekundärspulen induzierten Spannungen gleich groß, und die Brücke wird mittels R_1 abgeglichen. Eine ±-Verschiebung des Tauchkerns infolge Längenänderungen des Messobjektes hat Unterschiede in den Teilspannungen der Sekundärspulen und damit eine messbare Verstimmung der Brückenschaltung zur Folge. Die Ankopplung eines induktiven Verlängerungsaufnehmers an einen Probestab erfolgt ähnlich wie die mechanischer Dehnungsmesser. In Bild 22-2 ließe sich

z. B. die mechanische Messuhr direkt durch einen induktiven Aufnehmer ersetzen. Die Auflösungsgrenze induktiver Aufnehmer ist mit der von DMS vergleichbar. Der Totaldehnungsmessbereich ist jedoch erheblich größer. Tabelle 22.1 fasst einige charakteristische Merkmale der besprochenen Messmethoden zusammen.

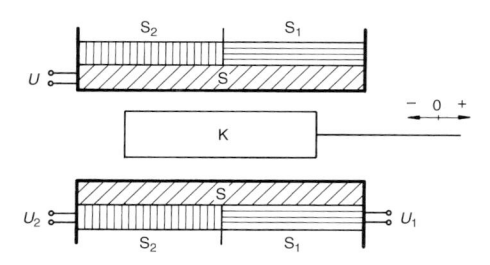

Bild 22-5 Schematischer Aufbau eines induktiven Dehnungsaufnehmers

Neben den vorgestellten Messmethoden werden heute auch optische Verfahren zur Auswertung eingesetzt, die mittels Laser und Detektor eine Längsverschiebung auf den Proben aufgeklebter Markierungen bestimmen können sowie gleichzeitig eine Probenverjüngung zur Ermittlung der Querkontraktion (sog. Laser-Extensometer).

22.2 Aufgabe

An vorbereiteten Zugstäben aus Armcoeisen, reinem Aluminium und reinem Kupfer sind Spannungs- und Dehnungsmessungen unter elastischer Beanspruchung durchzuführen und die Elastizitätsmodulen zu bestimmen. Die erhaltenen Kurvenanstiege sind mit denen zu vergleichen, die sich aus Kraft-Traversenverschiebungs-Kurven ergeben und zu diskutieren.

Tabelle 22.1 Einige kennzeichnende Merkmale von Dehnungsaufnehmern

Merkmal	Mechanischer Aufnehmer	DMS	Induktiver Aufnehmer
Messgröße	ΔL	ΔR	ΔU
Auflösung	10^{-4}	$5 \cdot 10^{-6}$	$5 \cdot 10^{-6}$
Temperaturkompensation	aufwändig	einfach	aufwändig
Direkt verwendbar im Temperaturbereich	0 bis 50 °C	−200 bis 1000 °C (spez. HT-DMS)	bis 70 °C
Messbereich	mehrere %	<250 °C bis 10 % >250 °C bis ~1 %	mehrere %
Anwendung	einfach	einfach	aufwändiger
Wiederverwendbarkeit	ja	nein	Ja
Preis der Aufnehmer	groß	klein	mittel
Preis des Gesamtsystems	mittel	groß	groß

22.3 Versuchsdurchführung

Die Durchführung der Zugbelastungen erfolgt mit Hilfe einer hydraulischen Zugprüfmaschine mit Kraftanzeige durch Neigungspendel oder einer elektromechanischen Zugprüfmaschine. Die direkten Dehnungsmessungen werden bei Armcoeisen mit einer mechanischen Messuhr, bei Aluminium mit aufgeklebten Dehnungsmessstreifen und bei Kupfer mit einem induktiven Messsystem durchgeführt. Für die DMS und den induktiven Dehnungsmesser stehen geeignete Messbrücken zur Verfügung. Der k-Faktor des DMS-Systems ist bekannt, so dass Verlängerungen bzw. Dehnungen direkt bestimmt werden können. Für das induktive Messsystem wird zunächst mit Hilfe eines Mikrometers eine Eichkurve aufgenommen. Zur Gewährleistung einer momentenfreien einachsigen Belastung werden die Köpfe der Versuchsproben sorgfältig in winkelbewegliche Formfassungen der Zugprüfmaschine eingehängt. Anschließend wird schrittweise belastet. Die Maschinenkraft und die Anzeigen der Dehnungsmessgeräte werden bei jedem Belastungsschritt registriert, ebenso die Gesamtverschiebung der Maschinentraverse. Die Messdaten werden in Spannungen und Dehnungen umgerechnet und gegeneinander aufgetragen. Die Steigungen der Ausgleichsgeraden durch die Messpunkte, die sich auf Grund der direkten Dehnungsmessungen an den Zugproben ergeben, liefern die gesuchten Elastizitätsmoduln.

24.4 Weiterführende Literatur

[Hof87]   Hoffmann, K.: Eine Einführung in die Technik des Messens mit Dehnungsmeßstreifen, Hottinger Baldwin Messtechnik, Darmstadt, 1987

[Mül71]   Müller, R. K.: Handbuch der Modellstatik, Springer, Berlin, 1971

[Roh89]   Rohrbach, C.; Czaika, N.: Handbuch der experimentellen Spannungsanalyse, VDI, Düsseldorf, 1989

22.5 Symbole, Abkürzungen

Symbol/Abkürzung	Bedeutung	Einheit
L	Länge	mm
D, Φ	Durchmesser	mm
A	Fläche	mm^2
ε	Dehnung	-
σ	Spannung	Pa
E	Elastizitätsmodul	Pa
R	Wiederstand	Ω
ρ	spez. elektrischer Widerstand	Ωm

V23 Grundtypen von Zugverfestigungskurven

23.1 Grundlagen

Der Zugversuch gibt Antwort auf die Frage, wie sich ein glatter, schlanker Prüfstab eines Werkstoffes mit der Anfangsmesslänge L_0 und dem Anfangsquerschnitt S_0 unter einachsiger, momentenfreier, kontinuierlich ansteigender Zugbeanspruchung verhält. Dazu wird die in eine Zugprüfmaschine eingespannte Probe meist mit konstanter Traversengeschwindigkeit verformt. Die sich einstellende Zugkraft F wird in Abhängigkeit von der in Belastungsrichtung auftretenden totalen Probenverlängerung

$$\Delta L_t = L_t - L_0 \tag{23.1}$$

im Allgemeinen bis zum Probenbruch registriert. Man erhält so ein Kraft-Verlängerungs-Diagramm, das die in Bild 23-1a skizzierte Form haben kann. Anfangs besteht bis $F = F_{eS}$ (Streckgrenzenkraft) ein linearer Zusammenhang zwischen F und ΔL_t. Bei weiterer Steigerung von F nimmt ΔL_t überproportional zu und erreicht bei $F = F_m$ (Höchstkraft) den Wert $\Delta L_t = \Delta L_m$ (Probenverlängerung bei Höchstkraft). Danach tritt unter lokaler Probeneinschnürung ein Kraftabfall und eine weitere Probenverlängerung bis $\Delta L_{u,t}$ auf. Dann bricht die Probe und zeigt – wenn man die Bruchstücke wieder zusammensetzt – eine bleibende Probenverlängerung ΔL_u (Probenverlängerung beim Bruch).

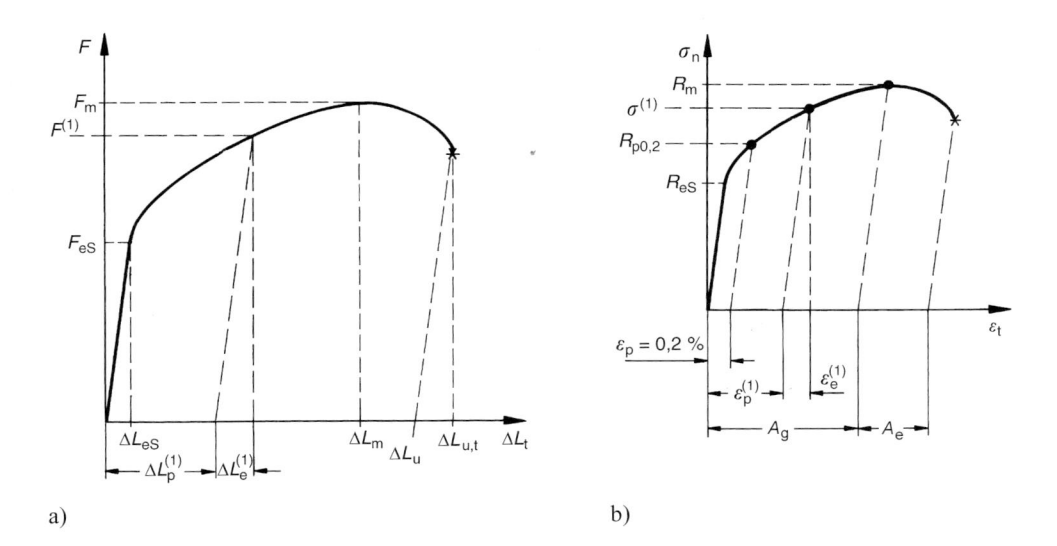

Bild 23-1 a) Kraft-Totalverlängerungs-Schaubild und b) daraus abgeleitetes Nennspannungs-Totaldehnungs-Diagramm

Erfolgt beim Zugversuch eine Probenbelastung mit $F < F_{eS}$ und wird danach entlastet, so geht die totale Probenverlängerung ΔL_t wieder vollständig auf Null zurück. Man spricht von elastischer Beanspruchung. Es gilt also

$$\Delta L_t = \Delta L_e = L_t - L_0 \quad \text{mit} \quad \Delta L_e \to 0 \quad \text{für} \quad F \to 0 \tag{23.2}$$

Wird dagegen der Zugstab mit der Kraft $F^{(1)} > F_{eS}$ (Bild 23-1a) beansprucht und danach entlastet, so geht die totale Probenverlängerung ΔL_t nicht auf Null zurück, sondern es verbleibt eine plastische Probenverlängerung ΔL_p. Die totale Längenänderung ΔL_t unter Zugbeanspruchung umfasst also einen elastischen Anteil $\Delta L_e^{(1)}$ (Bild 23-1a) und einen plastischen Anteil $\Delta L_p^{(1)}$ (Bild 23-1a). Man spricht von elastisch-plastischer Beanspruchung, und es gilt allgemein

$$\Delta L_t = \Delta L_e + \Delta L_p = L_t - L_0 \tag{23.3a}$$

mit

$$\Delta L_e \to 0 \quad \text{für} \quad F \to 0 \quad \text{und} \quad \Delta L_p = L'_0 - L_0 > 0 \quad \text{für} \quad F \to 0 \tag{23.3b}$$

Dabei ist L'_0 die nach Entlastung der Probe vorliegende Probenlänge.

Führt man mit Proben unterschiedlicher Abmessungen des gleichen Werkstoffes Zugversuche durch, so ergeben sich unterschiedliche Kraft-Totalverlängerungs-Kurven. Abmessungsunabhängigkeit erreicht man durch Einführung bezogener Größen. Die auf den Probenanfangsquerschnitt S_0 bezogene Zugkraft wird als Nennspannung

$$\sigma_n = \frac{F}{S_0}, \tag{23.4}$$

die auf den jeweiligen Probenquerschnitt S bezogene Zugkraft wird als effektive oder wahre Spannung

$$\sigma = \frac{F}{S} \tag{23.5}$$

bezeichnet. Die auf die Anfangsmesslänge bezogene totale Längenänderung

$$\varepsilon_t = \frac{\Delta L_t}{L_0} = \frac{L_t - L_0}{L_0} \tag{23.6}$$

wird totale Dehnung genannt. Sie setzt sich gemäß

$$\varepsilon_t = \varepsilon_e + \varepsilon_p = \frac{\Delta L_e}{L_0} + \frac{\Delta L_p}{L_0} \tag{23.7}$$

aus einem elastischen Dehnungsanteil ε_e und einem plastischen Dehnungsanteil ε_p zusammen. Der elastische Dehnungsanteil ist dabei durch das Hooke'sche Gesetz

$$\frac{\sigma_n}{E} \approx \frac{\sigma}{E} = \varepsilon_e = \frac{\Delta L_e}{L_0} \tag{23.8}$$

bestimmt, wobei E der Elastizitätsmodul ist.

Unter Benutzung der Gl. 23.4 bis 23.8 lassen sich die Kraft-Totalverlängerungs-Kurven in Nennspannungs-Totaldehnungs-Kurven bzw. Spannungs-Totaldehnungs-Kurven umrechnen. Dazu werden die Ordinatenwerte durch S_0 bzw. S, die Abszissenwerte durch L_0 dividiert. Man

V23 Grundtypen von Zugverfestigungskurven

erhält Verfestigungskurven, die für Werkstofftyp und -zustand sowie die Beanspruchungsbedingungen (Traversengeschwindigkeit, Temperatur) charakteristisch sind. Bild 23-1b zeigt die zu Bild 23-1a gehörige Verfestigungskurve. Die Streckgrenze

$$R_{eS} = \frac{F_{eS}}{S_0} \tag{23.9}$$

stellt den Werkstoffwiderstand gegen einsetzende plastische Dehnung dar. Solange $\sigma_n < R_{eS}$ ist, wird der Werkstoff praktisch nur elastisch beansprucht, und es ist $\varepsilon_t = \varepsilon_e$ sowie $\varepsilon_p \approx 0$. Dabei werden die Atome jeweils soweit aus ihren Gleichgewichtslagen bewegt, wie es die Bindungskräfte unter der wirksamen Nennspannung zulassen. Demgegenüber ist ein kleiner plastischer Verformungsanteil, der auf der Ausbauchung von Versetzungen (vgl. V2) beruht, zu vernachlässigen. Erst bei $\sigma_n > R_{eS}$ setzt makroskopische plastische Dehnung ein, wobei sich innerhalb der Körner Gleitversetzungen in nicht mehr reversibler Weise über größere Strecken bewegen. Die Zugfestigkeit

$$R_m = \frac{F_m}{S_0} \tag{23.10}$$

ist der Werkstoffwiderstand gegen beginnende Brucheinschnürung. Unter Zugspannungen $R_{eS} < \sigma_n < R_m$ wird somit der Werkstoff elastisch-plastisch beansprucht, und es gilt in ausreichender Näherung

$$\varepsilon_t = \varepsilon_e + \varepsilon_p = \frac{\sigma_n}{E} + \varepsilon_p \tag{23.11}$$

Im Idealfall bleibt nach Entlastung jeweils der plastische Dehnungsanteil ε_p zurück (vgl. aber V28). Die 0,2-%-Dehngrenze

$$R_{p0,2} = \frac{F|_{\varepsilon_p = 0,2\%}}{S_0} \tag{23.12}$$

ist der Werkstoffwiderstand gegen Überschreiten einer plastischen Verformung von $\varepsilon_p = 0,2\ \%$. Der Querschnitt S_u der gebrochenen Probe ist um $\Delta S_u = S_0 - S_u$ kleiner als der Anfangsquerschnitt S_0. Die Brucheinschnürung Z ergibt sich aus

$$Z = \frac{\Delta S_u}{S_0} \tag{23.13}$$

Bezieht man die nach Probenbruch vorliegende bleibende Probenverlängerung,

$$\Delta L_u = L_u - L_0 \tag{23.14}$$

die einen Gleichmaßanteil ΔL_g und einen Einschnüranteil ΔL_e umfasst, auf die Anfangsmesslänge L_0, so ergibt sich die Bruchdehnung

$$A = \frac{\Delta L_u}{L_0} = \frac{\Delta L_g + \Delta L_e}{L_0} = A_g + A_e \tag{23.15}$$

Es zeigt sich, dass die Einschnürdehnung zu $\sqrt{S_0}/L_0$ proportional ist. Man erhält deshalb nur dann gleiche Bruchdehnungen, wenn die Bedingung

$$\frac{\sqrt{S_0}}{L_0} = const. \tag{23.16}$$

erfüllt ist.

Die den bisherigen Betrachtungen zugrunde gelegten Kraft-Totalverlängerungs- bzw. Nennspannungs-Totaldehnungs-Kurven treten in dieser Form nur bei bestimmten Werkstoffen und bei bestimmten Werkstoffzuständen auf. Alle technisch interessanten metallischen Werkstoffe besitzen einen mehr oder weniger ausgeprägten elastischen Dehnungsbereich mit werkstoffspezifischen Elastizitätsmoduln. Der Übergang in den elastisch-plastischen Verformungsbereich erfolgt aber je nach Werkstofftyp und -zustand unterschiedlich, und der sich anschließend einstellende Zusammenhang zwischen Nennspannung und totaler Dehnung wird durch den Werkstoffzustand und die Verformungsbedingungen beeinflusst. Insgesamt treten verschiedene Typen von Verfestigungskurven auf, von denen die wichtigsten in Bild 23-2 zusammengefasst sind.

Typ	
Typ I	ohne Streckgrenzenerscheinungen
Typ II	mit ausgeprägter Streckgrenze und inhomogenem Dehnungsbereich
Typ III	mit oberer und unterer Streckgrenze und inhomogenem Dehnungsbereich
Typ IV	mit ideal elastisch-plastischem Dehnungsverhalten
Typ V	mit extrem reduziertem elastisch-plastischen Dehnungsbereich
Typ VI	mit unregelmäßigem Verlauf im elastisch-plastischen Dehnungsbereich

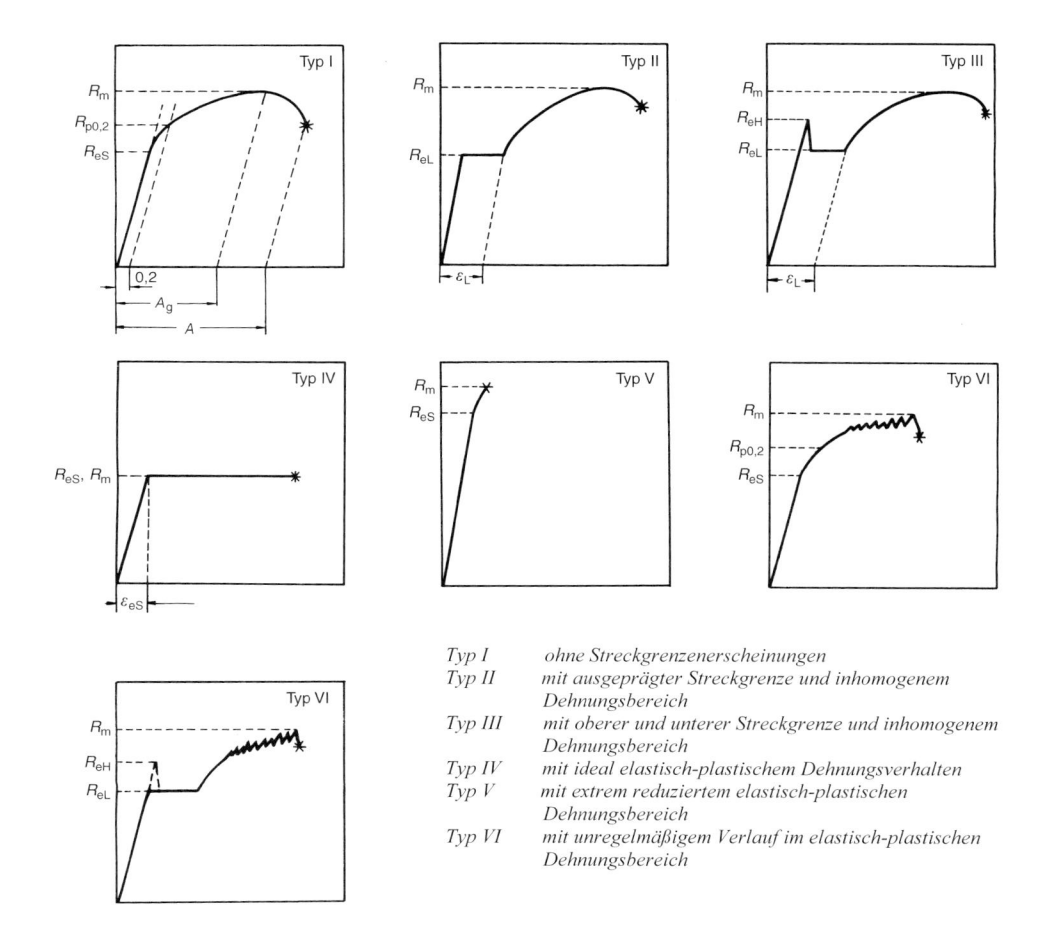

Bild 23-2 Charakteristische Verfestigungskurven metallischer Werkstoffe

V23 Grundtypen von Zugverfestigungskurven

Die Verfestigungskurve Typ I ist typisch für kfz-reine Metalle wie Aluminium, Kupfer, Nickel und Silber sowie für austenitische Stähle und für relativ hoch angelassene Vergütungsstähle (vgl. V35). Nach Erreichen von R_m ist der Nennspannungsabfall der Lokalisierung der plastischen Verformung auf das Einschnürgebiet und der dadurch bedingten Verminderung des tragenden Probenquerschnitts zuzuschreiben. Mit wachsender Einschnürung sind zunehmend kleinere Nennspannungen zur Probenverlängerung erforderlich.

Die Typ II-Verfestigungskurve ist durch das Auftreten einer unteren Streckgrenze R_eL charakterisiert, die den Hookeschen Verformungsbereich abschließt und eine plastische Dehnungszunahme ε_L ohne Nennspannungssteigerung einleitet. Die Dehnungszunahme ε_L wird Lüdersdehnung genannt. In diesem Verformungsabschnitt breiten sich – z. B. ausgehend von Querschnittsübergängen – eine oder mehrere plastische Deformationsfronten über den Probenmessbereich aus. Mögliche Verhältnisse sind in Bild 23-3 schematisch wiedergegeben. Zwischen dem um $\varepsilon_\mathrm{p} = \varepsilon_\mathrm{L}$ plastisch verformten und dem um $\varepsilon_\mathrm{e} = R_\mathrm{eL}/E$ elastisch verformten Probenbereich vermittelt die Lüdersfront, die im 45°-Winkel (maximale Schubspannung) zur Probenlängsachse über den Zugstab läuft. Die beiderseits der Lüdersfront vorliegenden Spannungs- und Dehnungsverhältnisse sind im unteren Bildteil dargestellt. Man spricht von der Ausbreitung eines Lüdersbandes, die stets makroskopisch inhomogen erfolgt. Typ II-Verfestigungskurven treten bei vielen Kupfer- und Aluminiumbasislegierungen auf.

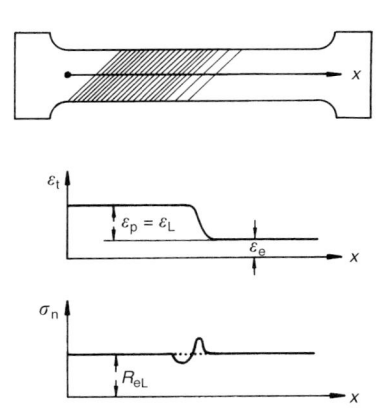

Bild 23-3
Zur Ausbildung und Ausbreitung von Lüdersbändern

Die Verfestigungskurve vom Typ III zeigt bei Erreichen von $\sigma_\mathrm{n} = R_\mathrm{eH}$ (obere Streckgrenze) einen abrupten Spannungsabfall auf R_eL (untere Streckgrenze) und danach unter Nennspannungskonstanz einen Lüdersdehnungsbereich ε_L. Nach Abschluss der inhomogenen Lüdersdeformationen nimmt die Nennspannung mit wachsender Totaldehnung zu, bis sich die Probe nach Erreichen von $\sigma_\mathrm{n} = R_\mathrm{m}$ unter Nennspannungsabfall einschnürt und zu Bruch geht. Derartige Verfestigungskurven werden bei unlegierten Stählen mit nicht zu großen Kohlenstoffgehalten (vgl. V14) beobachtet.

Typ IV-Verfestigungskurven sind dadurch gekennzeichnet, dass sich an den elastischen Verformungsbereich ein Bereich mit horizontalem Kurvenverlauf anschließt. Bis zum Bruch wird also keine größere Nennspannung als R_eS benötigt. Verfestigungskurven vom Typ IV sind eine viel benutzte theoretische Abstraktion. Sie treten, zumindest näherungsweise, bei stark vorverformten Werkstoffzuständen und bei Hochtemperaturverformung bestimmter Werkstoffe auf.

Charakteristisch für Typ V-Verfestigungskurven ist das Fehlen größerer plastischer Dehnungen sowie eine Bruchausbildung mit sehr kleiner Bruchdehnung und -einschnürung. Dieses Verhalten ist typisch für unlegierte und legierte Stähle im martensitischen Zustand (vgl. V15).

Verfestigungskurven vom Typ VI sind durch einen meist partiell gezackten Kurvenverlauf ausgezeichnet. Jede Zacke entspricht einem Nennspannungsabfall und damit einer Reduzierung des gerade vorliegenden elastischen Dehnungsanteils. Gleichzeitig tritt ein Zuwachs an plastischer Dehnung auf, und die Spannung wächst wieder an. Gezackte Verfestigungskurven können sehr unterschiedliche Formen besitzen. Sie treten am häufigsten oberhalb Raumtemperatur auf und beruhen auf der Erscheinung der dynamischen Reckalterung (vgl. V27).

23.2 Aufgabe

Von vorbereiteten Probestäben aus X2CrNiMo18-8-2, C10, CuZn28 und AlMg5 sind in einer elektromechanischen Zugprüfmaschine bei Raumtemperatur die Kraft-Verlängerungs-Kurven aufzunehmen und daraus die Verfestigungskurven zu ermitteln. Vor Versuchsbeginn sind die verschiedenen Möglichkeiten zur Registrierung von Kraft-Verlängerungs-Diagrammen zu diskutieren. Die mechanischen Kenngrößen R_{eS}, $R_{p0,2}$, R_m, A und Z sind zu bestimmen. Ferner ist in allen Fällen der Zusammenhang zwischen wahrer Spannung und Totaldehnung zu berechnen.

23.3 Versuchsdurchführung

Für die Versuche steht eine ähnliche Zugprüfmaschine wie die in Bild 23-4 gezeigte zur Verfügung. Die Versuchsproben werden momentenfrei in die Fassungen eingespannt und bei konstanter Traversengeschwindigkeit v_c bis zum Bruch verformt.

Bild 23-4 Elektromechanische 50 kN-Zugprüfmaschine (INSTRON® Deutschland GmbH)

Während des Zugversuches werden die Zugkraft über das Kraftmesssystem und die Probentotalverlängerung mit Hilfe eines Aufsetz-Dehnungsaufnehmers registriert und auf einem x-y-Schreiber gegeneinander aufgeschrieben (F-ΔL_t-Kurve). Gleichzeitig wird mit der an der Prüfmaschine vorhandenen Registriereinrichtung die Prüfkraft als Funktion der Traversenverschiebung wegproportional (F-ΔZ-Kurve) bzw. mit einer Schreibergeschwindigkeit v_s zeitproportional (F-t-Kurve) aufgezeichnet. In Bild 23-5 ist die schematische Form der Registrierdiagramme wiedergegeben.

Bei einer F-ΔL_t-Kurve ist

$$x_t = \alpha_1 \Delta L_t = \alpha_1 \left(\Delta L_e + \Delta L_p\right) \tag{23.17}$$

Dabei ist α_1 der Verstärkungsfaktor der Dehnungsmesseinrichtung. Die Totaldehnung ergibt sich somit zu

$$\varepsilon_t = \frac{\Delta L_t}{L_0} = \frac{x_t}{\alpha_1 L_0} \tag{23.18}$$

Aus dem anfänglichen linearen Kurvenanstieg folgt

$$x_e = \frac{x_e^{max}}{y_{max}} y \tag{23.19}$$

so dass man für den elastischen Dehnungsanteil

$$\varepsilon_e = \frac{\Delta L_e}{L_0} = \frac{x_e}{\alpha_1 L_0} \tag{23.20}$$

erhält. Somit wird der plastische Dehnungsanteil

$$\varepsilon_p = \frac{1}{\alpha_1 L_0} \left[x_t - \frac{x_e^{max}}{y_{max}} y \right] \tag{23.21}$$

Die verformende Zugkraft ergibt sich aus

$$F = \frac{y}{y_{max}} F_{max} \tag{23.22}$$

wenn F_{max} zum Vollausschlag y_{max} führt. Somit wird die Nennspannung

$$\sigma_n = \frac{y}{y_{max}} \frac{F_{max}}{S_0} \tag{23.23}$$

Da plastische Verformung unter Volumenkonstanz erfolgt, gilt

$$S \cdot L_t = S_0 \cdot L_0 \tag{23.24}$$

oder mit Gl. 23.6

$$S = \frac{S_0}{(1+\varepsilon_t)} \tag{23.25}$$

Die wahre Spannung errechnet sich daher aus Gl. 23.5, 23.22 und 23.25 zu

$$\sigma = \frac{y \cdot F_{max}}{y_{max} \cdot S_0} (1+\varepsilon_t) \tag{23.26}$$

Für $\varepsilon_p \gg \varepsilon_e$ kann man $\varepsilon_t \approx \varepsilon_p$ setzen.

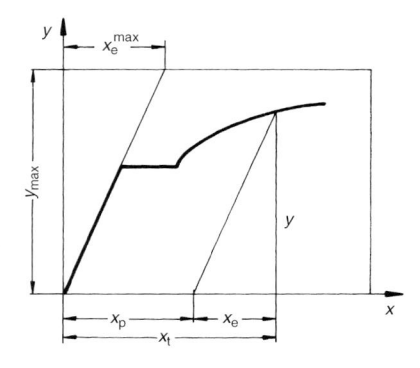

Bild 23-5
Schematisches Registrierdiagramm eines Zugversuches

$y \sim F$, $x \sim \Delta L_t$: F-ΔL_t-Kurve

$y \sim F$, $x \sim \Delta Z$: F-ΔZ-Kurve

$y \sim F$, $x \sim t$: F-t-Kurve

Liegt eine F-ΔZ-Kurve vor, so ist

$$x_t = \alpha_2 \Delta Z_t = \alpha_2 \left(\Delta Z_e + \Delta Z_p \right) \tag{23.27}$$

In diesem Fall entspricht α_2 dem Verstärkungsfaktor des Traversenwegmesssytems, und man erhält

$$\Delta Z_t = \frac{x_t}{\alpha_2}. \tag{23.28}$$

Jetzt ist jedoch

$$\Delta Z_t = \Delta L_t + \Delta s = \Delta L_e + \Delta L_p + \Delta s \tag{23.29}$$

wenn Δs die elastische Verlängerung von Maschine und Probenfassungen ist. Die Totaldehnung ergibt sich demnach zu

$$\varepsilon_t = \frac{\Delta L_t}{L_0} = \frac{\Delta Z_t - \Delta s}{L_0} = \frac{x_t}{\alpha_2 L_0} - \frac{\Delta s}{L_0} \tag{23.30}$$

und ist nur bestimmbar, wenn Δs und somit die Nachgiebigkeit der Maschine bekannt ist. Die plastische Dehnung ergibt sich jedoch zu

$$\varepsilon_p = \frac{\Delta L_p}{L_0} = \frac{\Delta Z_t - \left(\Delta L_e + \Delta s \right)}{L_0} = \frac{\Delta Z_p}{L_0} = \frac{x_p}{\alpha_2 L_0} \tag{23.31}$$

und kann daher dem Registrierdiagramm direkt entnommen werden. Nennspannungen und wahre Spannungen berechnen sich nach Gl. 23.23 und 23.26.

Bei einer F-t-Kurve liefert x_t die Zeit

$$t = \frac{x_t}{v_s} \tag{23.32}$$

in der sich die durch Gl. 23.22 gegebene Kraft F eingestellt hat. In dieser Zeit wird bei einer Traversengeschwindigkeit v_c der Weg

$$\Delta Z_t = v_c \cdot t = \frac{v}{v_s} x_t \tag{23.33}$$

zurückgelegt, der sich wiederum aus den in Gl. 23.29 aufgelisteten Anteilen zusammensetzt. Deshalb lässt sich auch bei dieser Registrierung nur ε_p und nicht ε_t ermitteln, es sei denn, Δs und damit die Maschinennachgiebigkeit ist bekannt.

Den Auswertungen werden die F-ΔL_t-Schriebe zugrunde gelegt. Für die Versuchswerkstoffe werden die σ_n-ε_t-Kurven und die σ-ε_t-Kurven aufgetragen und diskutiert. Die zu bestimmenden Werkstoffkenngrößen werden tabellarisch zusammengestellt.

23.4 Weiterführende Literatur

[Mac78]	Macherauch, E.; Vöhringer, O.: Das Verhalten mechanischer Werkstoffe unter mechanischer Beanspruchung, Z. Werkstofftechn. 9, 1978, S. 370–391
[Dah76]	Dahl, W.; Rees, H.: Die Spannungs-Dehnungs-Kurve von Stahl, Stahleisen, Düsseldorf, 1976.
[Her95]	Hertzberg, R. W.: Deformation and Fracture Mechanics of Engineering Materials, 4. Aufl., Wiley & Sons, New York, 1995.
[Aur78]	Aurich, D.: Bruchvorgänge in metallischen Werkstoffen, WTV, Karlsruhe, 1978.
[Dah83]	Dahl, W.: Grundlagen der Festigkeit, der Zähigkeit und des Bruches, Stahleisen, Düsseldorf, 1983.
[Gas74]	Gastberger, L.; Vöhringer, O.; Macherauch, E.: Der Einfluss von Verformungstemperatur und Verformungsgeschwindigkeit auf die 0,2-Dehngrenzen homogener Kupfer-Aluminium-, Kupfer-Gallium- und Kupfer-Germanium-Legierungen, Z. Metallkde. 65, 1974, S. 17–26
[DIN 50125:2009-07]	DIN 50125:2009-07, Prüfung metallischer Werkstoffe – Zugproben
[DIN EN ISO 6892-1:2009-12]	DIN EN ISO 6892-1:2009-12, Metallische Werkstoffe – Zugversuch – Teil 1: Prüfverfahren bei Raumtemperatur

23.5 Symbole, Abkürzungen

Symbol/Abkürzung	Bedeutung	Einheit
L_0	Anfangsmesslänge	mm
L_u	Messlänge nach Bruch	mm
S_0	Anfangsquerschnitt	mm^2
S	(tatsächlicher) Probenquerschnitt	mm^2
S_u	Probenquerschnitt nach Bruch	mm^2
L_t	Gesamtlänge der Probe	mm
L'_0	Probenlänge nach Entlastung	mm
ΔL_t	Probentotalverlängerung	mm
ΔL_{eS}	Probenverlängerung bei Streckgrenzenkraft	mm
ΔL_m	Probenverlängerung bei Höchstkraft	mm

Symbol/Abkürzung	Bedeutung	Einheit
ΔL_u	Probenverlängerung nach Bruch	mm
ΔL_e	Elastische Probenverlängerung	mm
ΔL_p	Plastische Probenverlängerung	mm
ΔS_u	Querschnittsänderung nach Bruch	mm²
F	Zugkraft	N
F_{eS}	Streckgrenzenkraft	N
F_m	Höchstkraft	N
σ_n	Nennspannung	MPa
σ	Wahre Spannung	MPa
ε_t	Totaldehnung	%
ε_e	Elastische Dehnung	%
ε_p	Plastische Dehnung	%
ε_L	Lüdersdehnung	%
E	Elastizitätsmodul	MPa
R_{eS}	Streckgrenze	MPa
R_{eL}	Untere Streckgrenze	MPa
R_{eH}	Obere Streckgrenze	Mpa
R_m	Zugfestigkeit	MPa
$R_{p0,2}$	0,2-%-Dehngrenze	MPa
Z	Brucheinschnürung	%
A	Bruchdehnung	%
ΔA_g	Gleichmaßanteil	mm
ΔA_e	Einschnüranteil	mm
A_g	Gleichmaßdehnung	%
A_e	Einschnürdehnung	%
v_c	Traversengeschwindigkeit	mm s^{-1}
ΔZ	Traversenverschiebung	mm
ΔZ_t	totale Traversenverschiebung	mm
ΔZ_e	elastische Traversenverschiebung	mm
ΔZ_p	plastische Traversenverschiebung	mm
Δs	Maschinennachgiebigkeit	mm
α_1	Verstärkungsfaktor der Dehnungsmesseinrichtung	-
α_2	Verstärkungsfaktor des Traversenwegmesssystems	-

V24 Temperatureinfluss auf die Streckgrenze

24.1 Grundlagen

Werden metallische Werkstoffe bei nicht zu hohen Temperaturen zugverformt, so nimmt nach Überschreiten der Streckgrenze R_{eS} i. Allg. die Nennspannung σ_n mit wachsender plastischer Verformung zu. Der Werkstoff verfestigt. Der Spannungszuwachs $\sigma_n(\varepsilon_p) - R_{eS} = \Delta\sigma_n$ kann als Maß der Verfestigung angesehen werden. Die plastische Verformung beruht im Temperaturbereich $< 0,4\ T_S$ (T_S = Schmelztemperatur in K) auf der Bewegung und Erzeugung von Versetzungen in den verformungsfähigen Körnern der Vielkristallproben sowie auf der Wechselwirkung dieser Versetzungen mit Hindernissen, die ihrer Bewegung in den Körnern und an den Korn- bzw. Phasengrenzen entgegenwirken. Versetzungen treten je nach technologischer Vorgeschichte in den Körnern eines metallischen Werkstoffs bevorzugt in den dichtest gepackten Gitterebenen auf. Unter dem Einfluss von Schubspannungen führt die Versetzungsbewegung zu Relativverschiebungen benachbarter Kornbereiche und damit zur Probenverlängerung. Man spricht von Abgleitung bzw. Abscherung von Gleitebenen. Bei kfz-Metallen werden {111}-Ebenen, bei krz-Metallen {110}-, {112}- und {123}-Ebenen als Gleitebenen beobachtet. Während der plastischen Verformung werden durch verschiedene Mechanismen neue Versetzungen erzeugt. Versetzungen, die an den Werkstoffoberflächen längs ihrer Gleitebenen austreten, bewirken Oberflächenstufen, die als Gleitlinien angesprochen werden. Mehrere von benachbarten Gleitebenen stammende Gleitlinien bilden Gleitbänder. Letztere können geradlinig (z. B. bei homogenen Kupferbasislegierungen) oder wellig (z. B. im Ferrit unlegierter Stähle) sein. Beispiele zeigt Bild 24-1.

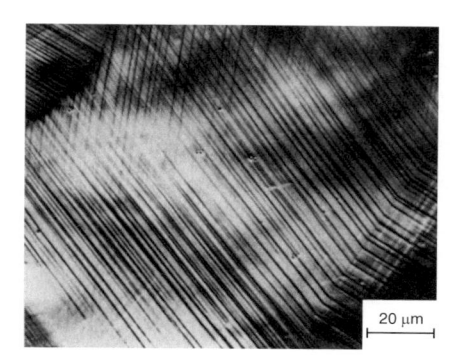

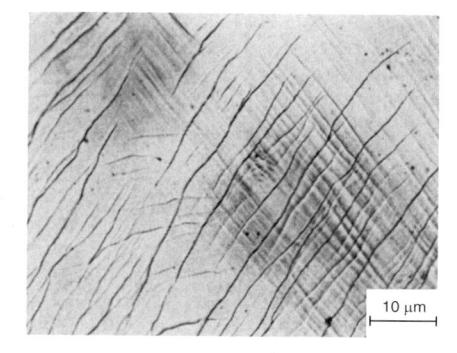

Bild 24-1 Geradlinige Gleitbänder bei CuAl8 (links) und wellige Gleitbänder bei kohlenstoffarmem Eisen (rechts)

Bei ihrer Bewegung in den Gleitebenen der Körner treffen Versetzungen auf verschiedenartige Hindernisse, spüren also Widerstände, die entweder laufwegbegrenzend wirken oder unter Arbeitsaufwand zu überwinden sind. Man unterscheidet zwei Hindernisgruppen. Die eine ist charakterisiert durch weitreichende innere Spannungsfelder, die über einige tausend Atomabstände wirken, die andere durch kurzreichende innere Spannungsfelder, die nach wenigen

Atomabständen abgeklungen sind. Letztere können von Gleitversetzungen unter Mithilfe von lokalisiert im Kristallgitter auftretenden thermischen Schwankungen überwunden werden. Der der Versetzungsbewegung entgegenwirkende Werkstoffwiderstand lässt sich dementsprechend in zwei additive Anteile

$$R = R_G(\text{Struktur}) + R^*(T, \dot{\varepsilon}, \text{Struktur}) \qquad (24.1)$$

zerlegen. Der von den Hindernissen mit weitreichenden Spannungsfeldern bestimmte Werkstoffwiderstand R_G wird von der Kristall- und Gefügestruktur des Werkstoffs und nur im Ausmaße der Temperaturabhängigkeit des Schubmoduls von der Temperatur beeinflusst. Da dieser Temperatureinfluss relativ schwach ist, wird R_G auch athermischer Werkstoffwiderstand genannt. Der Widerstandsanteil R^*, der von den Hindernissen mit kurzreichenden Spannungsfeldern herrührt, ist ausgeprägt von der Temperatur T und der Verformungsgeschwindigkeit

$$\dot{\varepsilon}_p = \frac{d\varepsilon_p}{dt} \qquad (24.2)$$

abhängig und wird ferner von der Kristall- und Gefügestruktur beeinflusst. Er wird als thermischer Werkstoffwiderstand bezeichnet. Auf Grund dieser Werkstoffwiderstände unterscheidet man auch bei den aufgeprägten Lastspannungen zwischen einem athermischen und thermischen Fließspannungsanteil.

Verfestigungsmechanismen		Werkstoffwiderstandsanteil	Oberflächenmerkmale
Wechselwirkung von Gleitversetzungen mit	Schematische Darstellung		
1. Versetzung	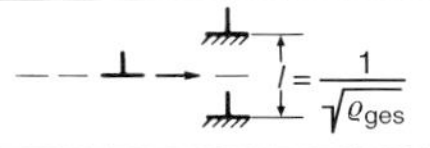	$\Delta R_1 = R_{\text{Vers}} = \alpha_1 Gb \sqrt{\varrho_{\text{ges}}}$	Gleitlinien und Gleitbänder und/oder Zwillingslamellen
2. Korngrößen	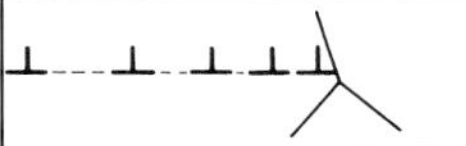	$\Delta R_2 = R_{\text{KG}} = \dfrac{k}{\sqrt{d}}$	Mehrfachgleitung
3. gelösten Fremdatomen		$\Delta R_3 = R_{\text{MK}} = \alpha_2 Gc^n$ $0{,}5 \leq n \leq 1$	Schärfer ausgeprägte Gleitbänder infolge kleiner Stapelfehlerenergie
4. Teilchen a) kohärente Ausscheidungen	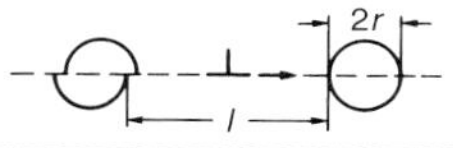	$\Delta R_4^{(a)} = R_{\text{Aus}} = \alpha_3 \gamma_{\text{eff}}^m \dfrac{r^m}{l+2r}$ $m = 1$ bzw. $1{,}5$	Grobgleitung
b) inkohärente Ausscheidungen bzw. Dispersionen	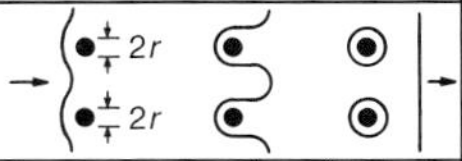	$\Delta R_4^{(b)} = R_{\text{Teil}} = \alpha_3 \dfrac{Gb}{l} \ln \dfrac{r}{b}$	Feingleitung
c) körnige Anordnung 2. Phasen	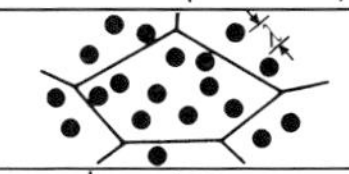	$\Delta R_4^{(c)} = R_{\text{P,k}} = \dfrac{k'}{\sqrt{\lambda}}$	
d) lamellare Anordnung 2. Phasen		$\Delta R_4^{(d)} = R_{\text{P,l}} = \dfrac{\alpha_5}{\lambda}$	Inhomogene Gleitung
e) grobe Zweiphasigkeit	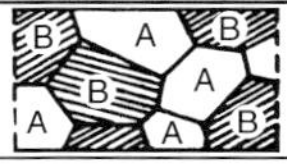	$\Delta R_4^{(e)} = R_{\text{P,g}} = (R_B - R_A) f_b$	

Bild 24-2 Zusammenstellung von Verfestigungsmechanismen und der von ihnen bewirkten Werkstoffwiderstandsanteile und Oberflächenmerkmale

Die athermischen Werkstoffwiderstandsanteile, die bei metallischen Werkstoffen für die sich einstellenden Fließspannungen verantwortlich sind, können an Hand von Bild 24-2 beurteilt werden. Dort sind die bei der Wechselwirkung von Gleitversetzungen mit Versetzungen, Korngrenzen, gelösten Fremdatomen sowie Teilchen bzw. Ausscheidungen bzw. Phasen wirksam werdenden Mechanismen mit den zugehörigen Widerstandsanteilen und den an der Oberfläche auftretenden Verformungsmerkmalen zusammengestellt. Die Versetzungsverfestigung

$$\Delta R_1 = R_{\text{Vers}} = \alpha_1 Gb \sqrt{\rho_{\text{ges}}} \qquad (24.3)$$

beruht darauf, dass Gleitversetzungen bei ihrer Bewegung die Eigenspannungsfelder anderer Versetzungen überwinden müssen. Dabei ist α_1 eine Konstante, G der Schubmodul und b der Betrag des Burgersvektors. Die Korngrenzenverfestigung

$$\Delta R_2 = R_{\text{KG}} = \frac{k}{\sqrt{d}} \qquad (24.4)$$

hat ihre Ursache darin, dass Korngrenzen unüberwindbare Hindernisse für die Gleitversetzungen eines Kornes darstellen. Hier ist d die Korngröße und k ist eine werkstoffabhängige Konstante. Die als Folge gelöster Fremdatome auftretende Mischkristallverfestigung

$$\Delta R_3 = R_{\text{MK}} = \alpha_2 Gc^n \qquad (24.5)$$

beruht auf der elastischen Wechselwirkung von Gleitversetzungen mit Fremdatomen, die in den Gleitebenen bzw. in unmittelbarer Nachbarschaft der Gleitebenen im Kristallgitter vorliegen. Dabei ist c der Fremdatomanteil in At.-% und $0,5 < n < 1,0$ und α_2 eine Konstante. Die Teilchenverfestigung besteht darin, dass kohärente, teilkohärente oder inkohärente Ausscheidungen bzw. Dispersionen als Hindernisse für die Gleitversetzungen wirksam werden. Hinreichend kleine kohärente Ausscheidungen werden von Gleitversetzungen geschnitten und abgeschert. Für kugelförmige Ausscheidungen mit Radius r und freiem Abstand l gilt in bestimmten Fällen

$$\Delta R_4^{(a)} = R_{\text{Aus}} = \alpha_3 \gamma_{\text{eff}}^m \frac{r^m}{l+2r} \qquad (24.6)$$

γ_{eff} ist dabei die beim Schneiden maßgebliche Grenzflächenenergie und α_3 eine Konstante. Der Exponent m kann, je nach Anteil und Größe der Ausscheidungen, die Werte 1,5 oder 1,0 annehmen. Eine „geschnittene Ausscheidung" kann wegen der mit dem Schneidprozess verbundenen Verkleinerung der wirksamen Hindernisfläche von nachfolgenden Versetzungen in der gleichen Gleitebene leichter durchsetzt werden als in benachbarten Gleitebenen. Die plastische Verformung konzentriert sich deshalb auf wenige Gleitebenen, die relativ stark abgeschert werden. An der Oberfläche führt dies zu hohen Gleitstufen, die einen relativ großen Abstand besitzen. Man spricht von Grobgleitung. Inkohärente Ausscheidungen bzw. Dispersionen, aber auch größere kohärente Ausscheidungen werden von Gleitversetzungen nicht geschnitten, sondern umgangen. Dabei ist der Widerstand

$$\Delta R_4^{(b)} = R_{\text{Teil}} = \alpha_4 \frac{Gb}{l} \ln \frac{r}{b} \qquad (24.7)$$

zu überwinden, wobei α_4 eine Konstante ist. Es werden Versetzungsringe erzeugt, die die Teilchen umgeben und ihren freien Abstand l effektiv verkleinern. In der gleichen Gleitebene nachfolgende Versetzungen erfahren dadurch einen größeren Widerstand als in benachbarten Gleitebenen. Viele Gleitebenen werden aktiviert, jedoch vergleichsweise wenig abgeschert.

Als Folge davon treten an der Oberfläche kleine Gleitstufen in geringem Abstand zueinander auf. Man spricht von Feingleitung. Voneinander separierte Körner (Teilchen) einer zweiten harten Phase wirken sich ebenfalls verfestigend und damit widerstandserhöhend aus. Quantitativ gilt

$$\Delta R_4^{(c)} = R_{p,k} = \frac{k'}{\sqrt{\lambda}} \tag{24.8}$$

wobei λ der mittlere freie Teilchenabstand und k' eine Konstante ist. Voraussetzung für die Gültigkeit dieser Beziehung ist, dass der Teilchendurchmesser um Größenordnungen größer ist als bei der sonstigen Ausscheidungs- bzw. Teilchenverfestigung. Tritt die zweite Phase in lamellarer Form auf, so bewirkt sie einen Widerstandsanteil gegen plastische Verformung von

$$\Delta R_4^{(d)} = R_{p,l} = \frac{\alpha_5}{\lambda} \tag{24.9}$$

λ stellt dabei den mittleren Lamellenabstand und α_5 eine Konstante dar. Tritt schließlich eine grobe Verteilung einer zweiten Phase B in einer weicheren Matrixphase A auf, so gilt näherungsweise

$$\Delta R_4^{(e)} = R_{p,g} = (R_B - R_A) f_B \tag{24.10}$$

mit f_B als Volumenanteil der zweiten Phase. Dabei sind R_B und R_A die Verformungswiderstände der Phasen A und B, die sich aus den oben genannten Mechanismen ergeben können. Sind die Phasenteilchen in körniger, lamellarer bzw. grober Ausbildung weniger verformbar als die Matrix, so ist an der freien Oberfläche der Matrixkörner eine inhomogene Verteilung der Gleitmerkmale zu erwarten.

Beim gleichzeitigen Auftreten verschiedenartiger Verfestigungsmechanismen kann in vielen Fällen die sich einstellende Fließspannung näherungsweise auf Grund des Prinzips der Additivität der Werkstoffwiderstandsanteile abgeschätzt werden. Für den Fall, dass nur ein Widerstandsanteil j bei den Phasenverfestigungsmechanismen wirksam ist und keine Textureinflüsse vorliegen, gilt beispielsweise für den athermischen Spannungsanteil

$$R_G = \sum_{i=1}^{4} \Delta R_i = R_{Vers} + R_{KG} + R_{MK} + \Delta R_4^{(j)} \tag{24.11}$$

Der thermische Fließspannungsanteil $\sigma^* = R^*$ lässt sich unter Rückgriff auf die in die Form

$$\frac{d\varepsilon_p}{dt} = \dot{\varepsilon} = \frac{\rho_{gl} b}{M_T} \frac{dL}{dt} \tag{24.12}$$

umgeschriebene Gl. 24.2 quantitativ abschätzen. Dabei ist M_T der Taylorfaktor, der den Zusammenhang zwischen makroskopischer und mikroskopischer Verformung der Körner von Vielkristallen herstellt. Die makroskopische plastische Dehnungsänderung $d\varepsilon_p$ im Zeitintervall dt ist durch die während dt erfolgende Verschiebung von ρ_{gl} Gleitversetzungen um das mittlere Gleitwegintervall dL bestimmt. Das Zeitintervall dt umfasst einen Anteil freier Laufzeit t_L der Gleitversetzungen zwischen kurzreichenden Hindernissen sowie einen Anteil Wartezeit t_W vor Hindernissen dieser Art. Verwendet man die Näherung $\frac{dL}{dt} \approx \frac{l^*}{t_L - t_W}$ unter der Verwendung des mittleren Abstands l^* der kurzreichenden Hindernisse, so wird

V24 Temperatureinfluss auf die Streckgrenze

$$\dot{\varepsilon} = \frac{\rho_{gl} b l^*}{M_T} \frac{1}{t_L + t_W} \tag{24.13}$$

Da zur Überwindung der kurzreichenden Hindernisse thermische Schwankungen beitragen, ist die mittlere Wartezeit der Gleitversetzungen vor Hindernissen immer wesentlich größer als die Laufzeit zwischen den Hindernissen. Es gilt also $t_W \gg t_L$. Die mittlere Wartezeit ihrerseits ist durch die Wahrscheinlichkeit für das lokalisierte Auftreten einer hinreichend großen Schwankung der freien Aktivierungsenthalpie ΔG gegeben, für die die statistische Mechanik die Beziehung

$$t_W = \frac{1}{\nu_0} e^{\frac{\Delta G}{k_B T}} \tag{24.14}$$

liefert. Dabei ist ν_0 die Debyefrequenz, k_B die Boltzmannkonstante und T die absolute Temperatur. Mit $t_W \gg t_L$ erhält man aus Gl. 24.13 und 24.14 für die Verformungsgeschwindigkeit

$$\dot{\varepsilon} = \dot{\varepsilon}_0 e^{-\frac{\Delta G}{k_B T}} \tag{24.15}$$

mit der Geschwindigkeitskonstanten $\dot{\varepsilon}_0 = \rho_{gl} b l^* \nu_0 / M_T$.

Die anschauliche Bedeutung von ΔG geht aus Bild 24-3 hervor. Dort sind für einen kurz reichenden Hindernistyp Kraft-Abstands-Kurven wiedergegeben, wie sie Gleitversetzungen bei verschiedenen Temperaturen in Hindernisnähe vorfinden. Es ist jeweils die lokal zur Versetzungsbewegung erforderliche Kraft, die der thermischen Fließspannung σ^* proportional ist, in Abhängigkeit vom Ortsabstand x schematisch aufgezeichnet. Bei $T = 0$ K muss die Kraft F_0^* bzw. Spannung σ_0^* zur Überwindung des Hinderniswiderstandes R_0^* aufgebracht werden, da am absoluten Nullpunkt keine thermischen Schwankungen auftreten. Bei den Temperaturen T_1 bzw. T_2 stehen endliche Beiträge ΔG_1 bzw. ΔG_2 an thermischer Energie zur Hindernisüberwindung zur Verfügung, wobei wegen $T_2 > T_1$ auch $\Delta G_2 > \Delta G_1$ ist. Die entsprechenden freien Enthalpien sind durch die schraffierten Bereiche gekennzeichnet. Man sieht anschaulich, dass zur Überwindung der gleichen Hinderniswiderstände bei tieferen Temperaturen größere Kräfte F^* bzw. Spannungen σ^* erforderlich sind als bei höheren. Man sieht ferner, dass mit Erreichen einer Temperatur T_0 die gesamte Arbeit zur Hindernisüberwindung thermisch aufgebracht wird. Dann ist der thermische Werkstoffwiderstand $R^* = 0$ und damit auch $F^* = 0$ bzw. $\sigma^* = 0$. Die erforderliche freie Aktivierungsenthalpie besitzt den Wert ΔG_0 und ist für den vorliegenden Hindernistyp charakteristisch.

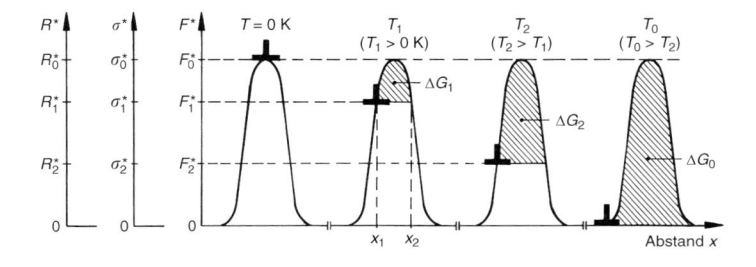

Bild 24-3 F^*x-, σ^*x- bzw. R^*x-Kurven eines Versetzungshindernisses bei verschiedenen Temperaturen

Aus Bild 24-3 ist ersichtlich, dass ΔG durch F^* bzw. σ^* bzw. durch den thermischen Werkstoffwiderstand R^* bestimmt wird. Bei einer Reihe von metallischen Werkstoffen lässt sich ΔG durch ein Potenzgesetz der Form

$$\Delta G = \Delta G_0 \left[1 - \left(\frac{\sigma^*}{\sigma_0^*}\right)^{\frac{1}{m}}\right]^{\frac{1}{n}} = \Delta G_0 \left[1 - \left(\frac{R^*}{R_0^*}\right)^{\frac{1}{m}}\right]^{\frac{1}{n}} \tag{24.16}$$

annähern. Für die Exponenten gilt beispielsweise $m = n = 1$ bei reinem Aluminium und einigen reinen hexagonalen Metallen, $m = 1/2$ und $n = 1$ bei Titanlegierungen, $m = 2$ und $n = 1$ bei reinem Eisen, $m = 4$ und $n = 1$ bei Kohlenstoffstählen sowie $m = 2$ und $n = 2/3$ bei homogenen Kupferlegierungen. Setzt man Gl. 24.16 in Gl. 24.15 ein, so liefert die Auflösung nach dem thermischen Fließspannungsanteil bzw. nach dem thermischen Werkstoffwiderstandsanteil für Temperaturen $T < T_0$

$$R^* = R_0^* \left[1 - \left(\frac{T}{T_0}\right)^n\right]^m \tag{24.17}$$

mit

$$T_0 = \frac{\Delta G_0}{k_B \ln \frac{\dot{\varepsilon}_0}{\dot{\varepsilon}}} \tag{24.18}$$

und einem Werkstoffparameter R_0^*. Die Zusammenfassung von Gl. 24.1 und 24.17 liefert somit für $T < T_0$ als Summe des athermischen und thermischen Fließspannungsanteils

$$R = R_G + R_0^* \left[1 - \left(\frac{T}{T_0}\right)^n\right]^m \tag{24.19}$$

Berechnet man die Werkstoffwiderstände gegen einsetzende plastische Verformung in Abhängigkeit von der Temperatur für verschiedene Verformungsgeschwindigkeiten, so ergibt sich Bild 24-4. Die Werkstoffwiderstände fallen kontinuierlich mit wachsender Temperatur ab und münden umso eher in das R_G-Plateau ein, je geringer die Verformungsgeschwindigkeit ist. Sowohl R^* als auch R_G werden bei metallischen Werkstoffen von der Gitterstruktur, den Gefügebestandteilen sowie deren Gitterstörungsstruktur beeinflusst. Als Beispiel sind in Bild 24-5 die Tieftemperaturverfestigungskurven von kfz- und krz-reinen Metallen einander schematisch gegenübergestellt. Während bei krz-Metallen ein ausgeprägter Temperatureinfluss auf die Streckgrenzen bzw. 0,2-Dehngrenzen vorliegt, ist dies bei kfz-Metallen nicht der Fall. Diese zeigen dagegen eine ausgeprägt temperaturabhängige Verfestigung, die wiederum bei den krz-Metallen nicht auftritt.

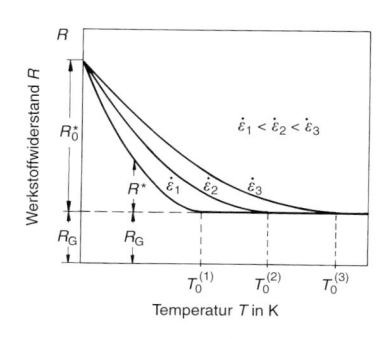

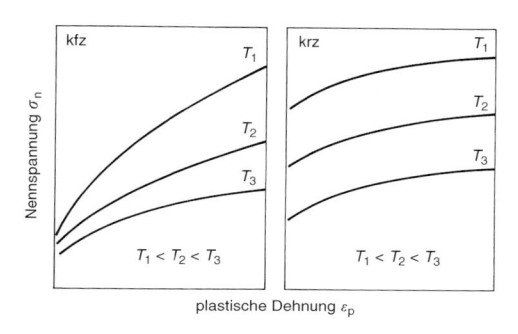

V24 Temperatureinfluss auf die Streckgrenze

Bild 24-4
Einfluss von Verformungstemperatur und -geschwindigkeit auf den Werkstoffwiderstand gegen einsetzende plastische Verformung (Streckgrenze) bei Vielkristallen

Bild 24-5
Einfluss der Verformungstemperatur auf die Verfestigungskurven kfz- und krz-Metalle

24.2 Aufgabe

Mit vorbereiteten Zugproben aus normalisiertem C22 und rekristallisiertem CuSn2 sind im Temperaturintervall 78 K $< T <$ 300 K Zugversuche durchzuführen. Die Temperaturabhängigkeit der Streckgrenzen dieser Werkstoffe ist zu ermitteln und mit der zu vergleichen, die bei untereutektoiden unlegierten Stählen sowie anderen homogenen CuSn-Legierungen vorliegt.

24.3 Versuchsdurchführung

Für die Untersuchungen steht eine Zugprüfmaschine mit einem Badkryostaten für die Tieftemperaturverformungen zur Verfügung. Die Messanordnung hat den aus Bild 24-6 ersichtlichen schematischen Aufbau. Das Kryostatgefäß (1) besteht aus Messing mit eingelegten Kühlschlangen (2) aus Kupfer und ist außen wärmeisoliert. Die Kupferrohrleitung wird von flüssigem Stickstoff durchströmt und kühlt das Kälteübertragungsmittel (3) und damit die Zugprobe (4) im Behälterinneren. Die Temperaturregelung erfolgt über ein Magnetventil (5), welches bei Abweichung der über den Temperaturfühler (6) gemessenen Isttemperatur von der Solltemperatur den Stickstoffstrom freigibt oder unterbricht. Zur Vermeidung größerer Temperaturgradienten ist ein Rührwerk (7) tätig, welches mit der eingesetzten Regeleinrichtung (8) die Badtemperatur auf ± 1 °C konstant hält.

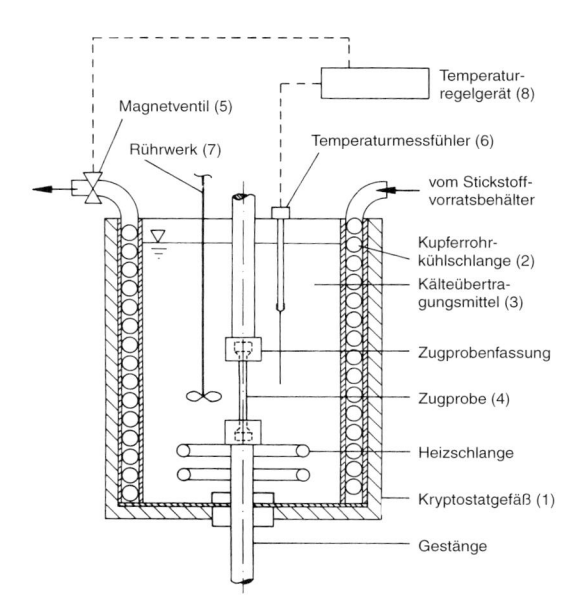

Bild 24-6
Badkryostat für Tieftemperaturversuche

Alle Versuche werden mit einer Dehnungsgeschwindigkeit $\dot{\varepsilon} \approx 1 \cdot 10^{-4}$ s^{-1} entweder zeit- oder wegproportional durchgeführt (vgl. V23). Die Auswertung der Maschinendiagramme erfolgt wie in V23 beschrieben. Für den Vergleich und die Diskussion der Versuchsergebnisse dienen die in Bild 24-7a und b enthaltenen Angaben über die Temperaturabhängigkeit der Streckgrenze der benutzten Werkstoffe.

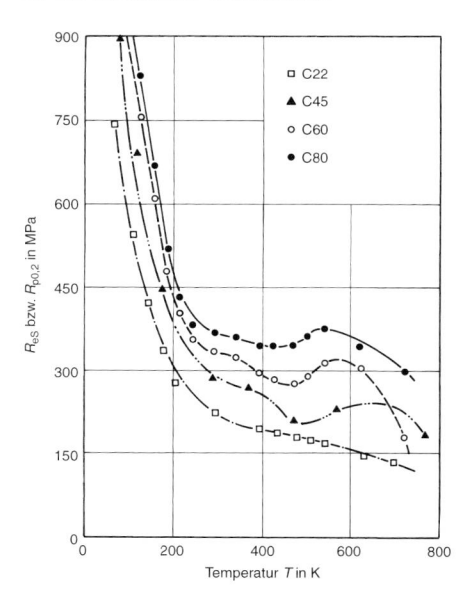

Bild 24-7a Streckgrenze normalisierter Kohlenstoffstähle in Abhängigkeit von der Verformungstemperatur

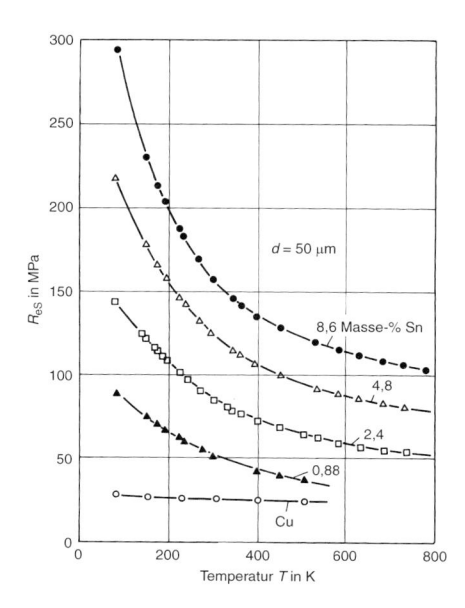

Bild 24-7b Streckgrenze von Kupfer und Kupfer-Zinn-Legierungen in Abhängigkeit von der Verformungstemperatur

24.4 Weiterführende Literatur

[Mac78] Macherauch, M., u. Vöhring, O.: Das Verhalten metallischer Werkstoffe unter mechanischer Beanspruchung Z. Werkstofftechnik 9 (1978), S. 370–391

[Aur78] Aurich, D.: Bruchvorgänge in metallischen Werkstoffen, WTV, Karlsruhe, 1978

[Dah83] Dahl, W.: Grundlagen der Festigkeit, der Zähigkeit und des Bruches, Stahleisen, Düsseldorf, 1983

[Gas74] Gastberger, L.; Vöhring, O. und Macherauch, M.: Der Einfluss von Verformungstemperatur und Verformungsgeschwindigkeit auf die 0,2-Dehngrenzen homogener Kupfer-Aluminium-, Kupfer-Gallium- und Kupfer-Germanium-Legierungen., Z. Metallkunde 65 (1974), S. 17–26

[Got07] Gottstein, G.: Physikalische Grundlagen der Materialkunde, Springer-Verlag, Berlin, 2007

24.5 Symbole, Abkürzungen

Symbol/Abkürzung	Bedeutung	Einheit
$\dot{\varepsilon}$	Verformungsgeschwindigkeit	s^{-1}
ΔG	freie Aktivierungsenthalpie	J
b	Betrag des Burgersvektors	nm
c	Fremdatomanteil	At.-%
d	Korngröße	µm
$d\varepsilon_p$	makroskopische plastische Dehnungsänderung	-
F^*	Kraft	N
f_B	Volumenanteil der zweiten Phase	-
G	Schubmodul	MPa
k	werkstoffabhängige Konstante	-
k_B	Boltzmannkonstante	$J \cdot K^{-1}$
l	freier Teilchenabstand	nm
l^*	mittlerer Abstand der kurzreichenden Hindernisse	nm
m	Exponent	-
M_T	Taylorfaktor	
n	Exponent	
R	Werkstoffwiderstand	MPa
r	Radius kugelförmiger Ausscheidungen	nm
R^*	thermischer Werkstoffwiderstand	MPa
R_A	Verformungswiderstand der Phase A	MPa
R_{Aus}	Ausscheidungsverfestigung	MPa
R_B	Verformungswiderstand der Phase B	MPa
R_{eS}	Streckgrenze	MPa

Symbol/Abkürzung	Bedeutung	Einheit
R_G	athermischer Werkstoffwiderstand	MPa
R_{KG}	Korngrenzenverfestigung	MPa
R_{MK}	Mischkristallverfestigung	MPa
$R_{p,g}$	Verfestigung bei grober Zweiphasigkeit	MPa
$R_{p,k}$	Verfestigung von Ausscheidungen in körniger Anordnung	MPa
$R_{p,l}$	Verfestigung von Ausscheidungen in lamellarer Anordnung	MPa
R_{Teil}	Teilchenverfestigung	MPa
T	Temperatur	K
t	Zeit	s
t_L	freie Laufzeit der Gleitversetzungen	s
T_S	Schmelztemperatur	K
t_W	Wartezeit vor Hindernissen	s
x	Abstand	nm
α_i	Konstante	
γ_{eff}	Grenzflächenenergie	J·m^{-2}
ΔR_i	Verfestigungsanteil	MPa
ΔR_{Vers}	Versetzungsverfestigung	MPa
$\Delta \sigma_n$	Spannungszuwachs	MPa ?
ε_p	plastische Dehnung	
λ	mittlerer freier Teilchenabstand	nm
ν_0	Debyefrequenz	s^{-1}
ρ_{ges}	Versetzungsdichte	1/mm³
ρ_{gl}	Gleitversetzungsdichte	1/mm³
σ^*	thermische Fließspannungsanteil	MPa
σ_n	Nennspannung	MPa

V25 Interferenzmikroskopie verformter Werkstoffoberflächen

25.1 Grundlagen

Die Oberflächen von Proben und Bauteilen aus metallischen Werkstoffen sind nie vollkommen eben (vgl. V21). Der Unebenheitsgrad bzw. die Rauigkeit hängen entscheidend von der Art der Umformung und der Endbearbeitung ab. So zeigt beispielsweise eine gehärtete Stahlprobe nach einer Schleifbehandlung eine andere Oberflächentopographie als nach einer elektrolytischen Polierbehandlung (vgl. V7). Ein anderes Beispiel stellt die Veränderung des Profils elektrolytisch polierter Proben durch plastische Verformung dar.

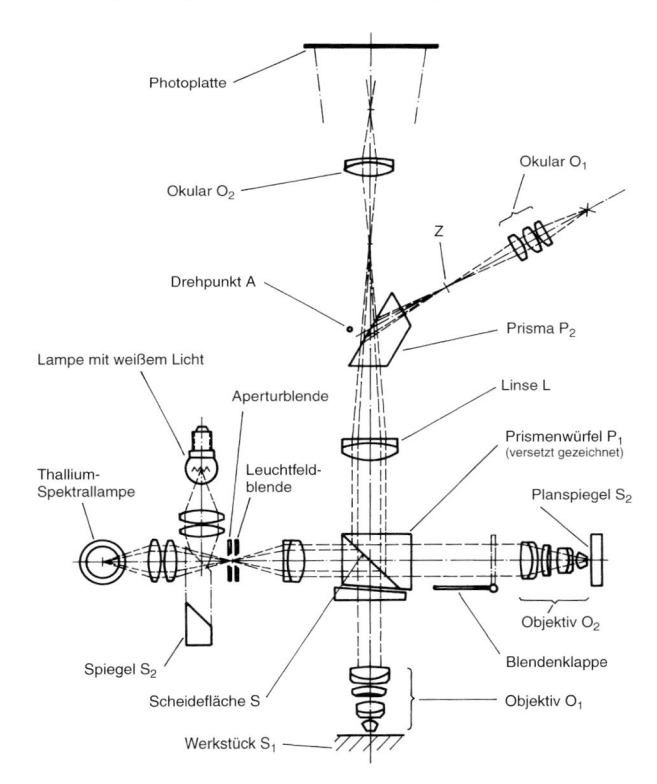

Bild 25-1
Optik eines Interferenzmikroskops

Die direkte Messung von Profilhöhen zwischen etwa 0,05 µm und 2 µm ist innerhalb kleiner Bereiche blanker Oberflächen mit Hilfe der Interferenzmikroskopie möglich. Dieses Verfahren ist hochauflösend und daher für Detailuntersuchungen besser geeignet als zur gewöhnlichen Gütebestimmung technischer Oberflächen (vgl. V21). Das Interferenzmikroskop ist im Prinzip ein Zweistrahlinterferometer, bei dem zusätzlich eine Abbildung der interessierenden Werkstoffoberfläche mit hoher Vergrößerung erfolgt. Bild 25-1 zeigt den optischen Aufbau eines solchen Gerätes.

Ein paralleles Lichtbündel der Wellenlänge λ fällt auf ein Scheideprisma S und wird dort in zwei Strahlenbündel geteilt. Der eine Strahl durchsetzt das Objektiv O_2, in dessen Brennebene sich ein Planspiegel S_2 befindet, der das Licht mit einem Phasensprung von $\lambda/2$ reflektiert und parallel zum Scheideprisma S zurückführt. Das zweite Strahlenbündel fällt nach Durchlaufen des Objektivs O_1 auf die in dessen Brennebene befindliche Objektoberfläche S_1. Es wird dort ebenfalls mit einem Phasensprung von $\lambda/2$ reflektiert, läuft zum Scheideprisma zurück und interferiert mit dem vom Planspiegel reflektierten Bündel. Das senkrecht nach oben laufende Parallelstrahlenbündel wird durch das Linsensystem L in dessen Brennebene Z abgebildet, und zwar unter Knickung des Strahlenganges durch das Prisma P_2. In der Brennebene überlagern „Interferenzstreifen gleicher Neigung" das Bild der Probenoberfläche, das mit dem Okular O_1 beobachtet wird. Durch Herausdrehen des Prismas P_2 aus dem Strahlengang kann die Interferenzerscheinung im interessierenden Oberflächenbereich auch photographisch festgehalten werden.

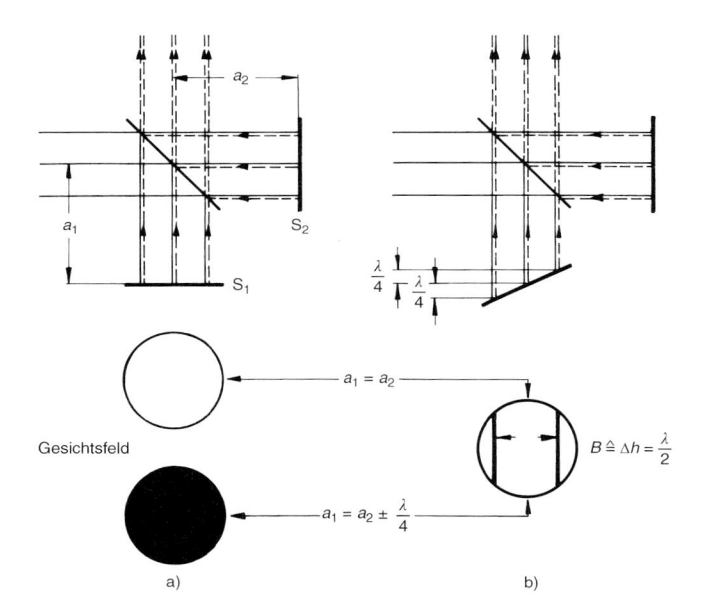

Bild 25-2
Zur Entstehung topographiebedingter Interferenzerscheinungen

Die auftretenden Interferenzerscheinungen sind anhand von Bild 25-2 a) und b) zu verstehen. Haben, wie in Bild 25-2 a) angenommen, Objekt S_1 und Spiegel S_2 die Entfernungen a_1 und a_2 vom Zentrum des Scheideprismas, so löschen sich die nach oben austretenden Teilbündel bei

$$a_1 = a_2 + \frac{\lambda}{4}i \quad i = (1,3,5,...) \tag{25.1}$$

aus, und sie verstärken sich bei

$$a_1 = a_2 + \frac{\lambda}{4}n \quad n = (0,2,4,...) \tag{25.2}$$

Ändert man kontinuierlich a_1, so erscheint das Objekt im Gesichtsfeld abwechselnd hell und dunkel, und zwar periodisch mit $\Delta a = \lambda/4$. Ersetzt man die bisher als eben und senkrecht zur optischen Achse vorausgesetzte Objektoberfläche durch eine schräg liegende Oberfläche (wie in Bild 25-2 b) gezeigt), so erfolgt der beschriebene Interferenzvorgang nicht mehr zeitlich nacheinander, sondern örtlich versetzt zu gleicher Zeit. Bei $a_1 = a_2$ tritt Verstärkung auf, bei $a_1 = a_2 + \lambda/4$ Auslöschung, bei $a_1 = a_2 + 2\lambda/4$ Verstärkung usw. Im Gesichtsfeld entstehen dunkle Linien, die durch helle Streifen getrennt sind. Der Abstand der Linien B entspricht Objektbereichen, die Höhenunterschiede von

$$\Delta h = 2\frac{\lambda}{4} = \frac{\lambda}{2} \tag{25.3}$$

aufweisen. Arbeitet man beispielsweise mit dem grünen Licht einer Thalliumlampe mit einer Wellenlänge von $\lambda = 0{,}535$ µm, so ist $\Delta h = 0{,}268$ µm. Man kann sich also die Interferenzstreifenentstehung so vorstellen, dass man sich senkrecht zur optischen Achse des Mikroskops Niveauflächen im Abstand $\lambda/2$ denkt, die die Objektoberfläche in Schichtlinien schneiden. Die Form dieser Schichtlinien stimmt dann mit dem Verlauf der Interferenzstreifen überein. In Bild 25-3 wird dies für eine ebene und eine gefurchte Oberfläche erläutert. Ist B die Streifenbreite und A die Streifenauslenkung an der Furchung, so ergibt sich die Furchentiefe zu

$$t = \frac{A}{B} \cdot \frac{\lambda}{2} \tag{25.4}$$

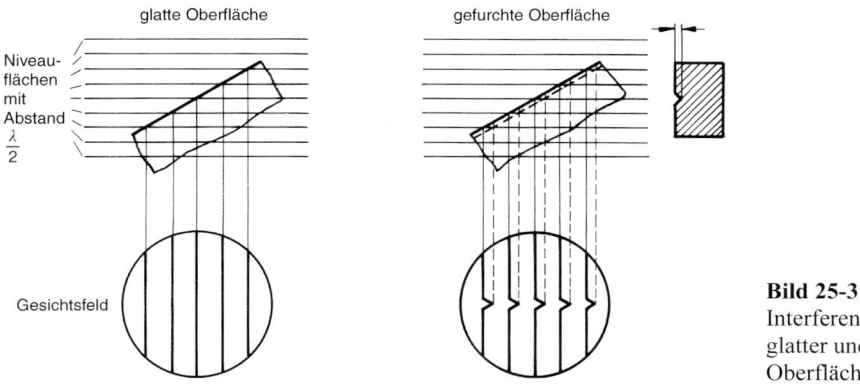

Bild 25-3
Interferenzstreifen bei glatter und gefurchter Oberfläche

In Bild 25-4 sind für einen homogenen und einen heterogenen Werkstoff normale lichtmikroskopische Aufnahmen desselben Oberflächenbereiches interferenzmikroskopischen gegenübergestellt. Die linken Bilder zeigen die Ausbildung von Gleitbändern in den Oberflächenkörnern von reinem Kupfer, das 5 % plastisch zugverformt wurde. Die rechten Teilbilder gehören zu einem 2 % zugverformten GJV-300 mit einem Mikrohärteeindruck in einem ferritischen Werkstoffbereich.

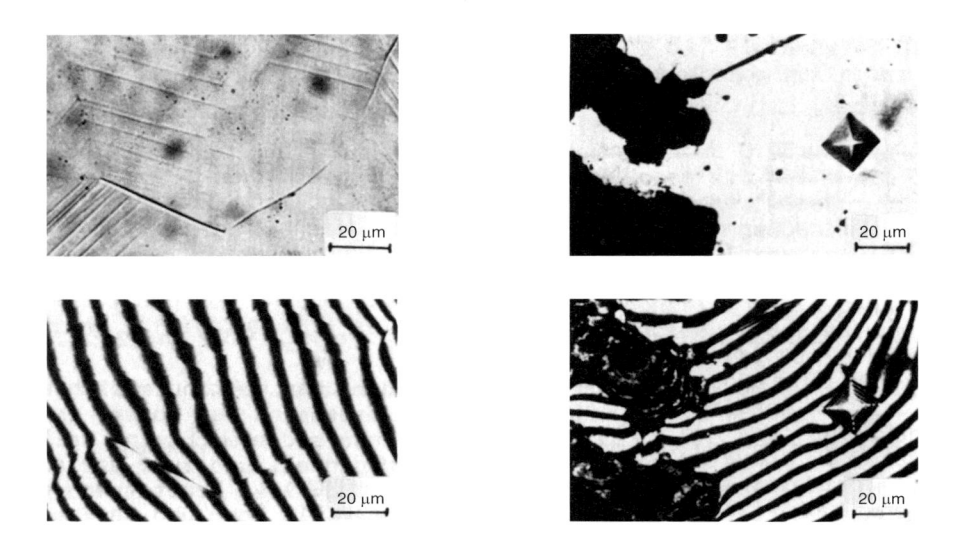

Bild 25-4 Lichtmikroskopische (oben) und interferenzmikroskopische (unten) Abbildung desselben Oberflächenbereiches bei Kupfer (links) und GJV-300 (rechts)

25.2 Aufgabe

Rekristallisierte und polierte Zugproben aus Cu, CuZn10, CuZn20 und CuZn30 werden 5 % und 10 % plastisch gereckt und danach die im Inneren und an den Korngrenzen größerer Körner auftretenden Gleitbandstrukturen untersucht. Der Zusammenhang zwischen Gleitstufenhöhe, Verformungsgrad und Mikrohärte wird bei den einzelnen Werkstoffen für das Innere und die Randbereiche größerer Oberflächenkörner ermittelt und diskutiert.

25.3 Versuchsdurchführung

Für die Untersuchungen stehen ein Interferenzmikroskop und ein Kleinlasthärteprüfgerät zur Verfügung. Üblicherweise wird mit Prüfkräften zwischen 0,098 N und 1,96 N gemessen. Die Messung der Diagonalen der Eindrücke kann mit Hilfe von groben und feinen Okularmikrometern erfolgen. Üblicherweise wird heute aber bildanalytisch ausgewertet.

An den vorbereiteten Proben werden zur Kennzeichnung zunächst charakteristische Körner bzw. Kornbereiche durch Mikrohärteeindrücke markiert. Danach erfolgt die interferenzmikroskopische Aufnahme des Ausgangszustandes. Dann wird ein Teil der Proben um ca. 5 %, der andere um ca. 10 % plastisch zugverformt und erneut licht- und interferenzmikroskopisch untersucht.

Aus den „Interferogrammen" der interessierenden Oberflächenbereiche werden die Gleitbandhöhen im Korninneren der erfassten Probenbereiche quantitativ gemessen und als Funktion des Verformungsgrades und der Stapelfehlerenergie der Versuchswerkstoffe aufgetragen. Danach werden zusätzliche Mikrohärtemessungen im Innern und an den Korngrenzen der Oberflächenkörner durchgeführt. Die Messwerte werden mit den Härten verglichen, die sich aus den Markierungseindrücken vor Versuchsbeginn ergeben. Die Messergebnisse werden unter Rückgriff auf die unterschiedlichen Verformungsprozesse in homogenen kfz-Legierungen unterschiedlicher Stapelfehlerenergie diskutiert.

25.4 Weiterführende Literatur

[Sch89] Schumann, H.: Metallographie, 12. Auflage, Deutscher Verlag für Grundstoffindustrie, Leipzig, 1989

[Buc65] Buckle, E.: Mikrohärteprüfung und ihre Anwendung, Berliner Union, Stuttgart, 1965

[Tip98] Tipler, P. A.: Physik, Spektrum Akademischer Verlag, Heidelberg, 1998

25.5 Symbole, Abkürzungen

Symbol/Abkürzung	Bedeutung	Einheit
a_i	Strecke	m
λ	Wellenlänge	m
Δh	Höhenunterschied	m
t	Furchentiefe	m

V26 Statische Reckalterung

26.1 Grundlagen

Unter Alterung wird bei metallischen Werkstoffen die zeit- und temperaturabhängige Änderung bestimmter Eigenschaften nach Verformungen sowie Wärme- und anderen Vorbehandlungen verstanden. Man unterscheidet dabei oft zwischen natürlicher Alterung bei Raumtemperatur und künstlicher Alterung bei höheren Temperaturen. Tritt ein Alterungsprozess nach Glühen und Abschrecken auf, so spricht man von Abschreckalterung. Alterung nach Verformung wird als Reckalterung bezeichnet. Bei bestimmten Stählen werden Streckgrenze, Zugfestigkeit, Bruchdehnung, Brucheinschnürung, Härte, Kerbschlagzähigkeit, elektrische Leitfähigkeit sowie magnetische Kenngrößen wie Koerzitivkraft und Remanenz durch die Alterung verändert. Das Ausmaß der Änderungen hängt vom Stahltyp, von der Auslagerungstemperatur, der Auslagerungszeit sowie bei der Abschreckalterung von der Abschrecktemperatur und bei der Reckalterung vom Reckgrad ab. Im Folgenden wird nur die Erscheinung der Reckalterung behandelt.

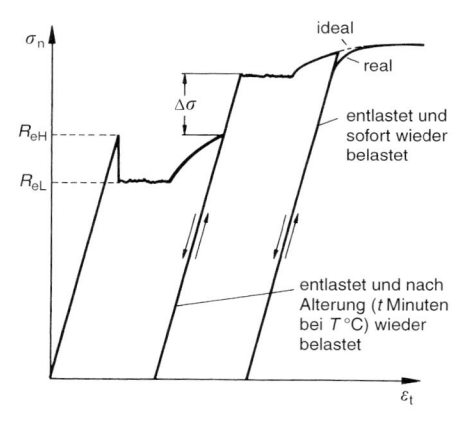

Bild 26-1
Auswirkung einer Alterungsbehandlung auf das σ_n-ε_t-Diagramm des Zugversuches (schematisch)

Werden unlegierte untereutektoide Stähle im normalgeglühten Zustand bei Raumtemperatur im Zugversuch verformt, so treten Verfestigungskurven vom Typ III (vgl. V23) auf, die nach Überschreiten der Streckgrenze einen Lüdersbereich zeigen. Wird eine Zugprobe über die inhomogene Lüdersdeformation hinaus verformt, entlastet und bei einer Temperatur T größer als Raumtemperatur eine Zeit t ausgelagert, so setzt bei einer erneuten Zugverformung plastische Deformation erst bei einer um $\Delta\sigma$ erhöhten Spannung ein. Dabei kann es, wie in Bild 26-1 angedeutet, wieder zur Ausbildung eines Lüdersbereiches kommen. Wird dagegen nach plastischer Vorverformung entlastet und sofort wiederbelastet, so beginnt die makroskopisch messbare plastische Verformung bei einer etwas kleineren Spannung als der bei der Vorverformung erreichten. Es tritt kein Lüdersbereich auf, und die Spannung nähert sich mit wachsender Verformung asymptotisch den Werten, die sie auch ohne Versuchsunterbrechung erreicht hätte.

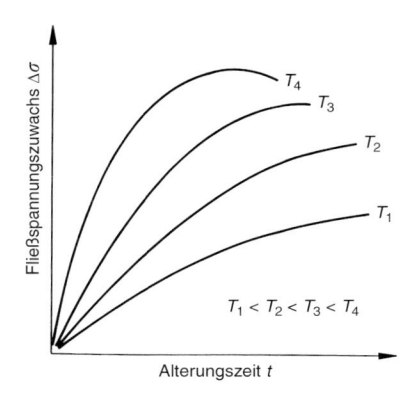

Bild 26-2
Spannungserhöhung $\Delta\sigma$ in Abhängigkeit von der Alterungszeit bei verschiedenen Alterungstemperaturen (schematisch)

Trägt man die bei Raumtemperatur gemessenen Spannungserhöhungen $\Delta\sigma$ für verschiedene Alterungstemperaturen T als Funktion der Alterungszeit t auf, so erhält man ähnliche Kurven wie in Bild 26-2. Bei kleinen Alterungstemperaturen steigt $\Delta\sigma$ mit zunehmender Alterungszeit umso stärker an, je größer T ist. Bei größeren Alterungstemperaturen wächst dagegen $\Delta\sigma$ bis zu einem Höchstwert, um danach wieder abzufallen. Man spricht von Überalterung. Dabei verschieben sich die Kurvenmaxima mit zunehmender Alterungstemperatur zu kleineren Zeiten.

Die auftretenden Fließspannungserhöhungen beruhen auf dem vergrößerten Werkstoffwiderstand gegen Verformung infolge der elastischen Wechselwirkung zwischen den im Ferrit vorhandenen Versetzungen und den interstitiell gelösten Kohlenstoff- (und Stickstoff-) Atomen. Im Ausgangszustand hat man davon auszugehen, dass im Verzerrungsfeld der vorhandenen Versetzungen, insbesondere der Stufenversetzungen, alle energetisch günstigen Plätze von Kohlenstoff- (und Stickstoff-) Atomen besetzt sind. Man spricht von Fremdatom- oder Cottrellwolken. Sie blockieren die Versetzungen und erfordern eine größere Spannung zur Versetzungsbewegung, als wenn sie nicht vorhanden wären. Zur plastischen Verformung bei Raumtemperatur ist die Bewegung von Gleitversetzungen im Ferrit unerlässliche Voraussetzung. Dazu werden viele der blockierten Versetzungen von ihren Fremdatomwolken losgerissen, jedoch auch neue Gleitversetzungen erzeugt. Nach plastischer Verformung liegen also fremdatomwolkenfreie Versetzungen bei insgesamt erhöhter Versetzungsdichte vor. Die Erhöhung des Verformungswiderstandes durch die Alterungsbehandlung beruht dann darauf, dass sich um die Gleitversetzungen, die den Deformationszuwachs erzeugt haben, durch Diffusion neue Cottrellwolken bilden. Ist n_0 die Atomkonzentration der in der Matrix gelösten Atome und $D = D_0 \exp(-Q_W/kT)$ ihr Diffusionskoeffizient (vgl. Gl. 27.1), so wird für die Cottrell-Wolkenbildung um Stufenversetzungen der Dichte $\rho_\perp$ ein Zeitgesetz der Form

$$n(t) = \alpha\, n_0\, \rho_\perp \left(\frac{ADt}{kT}\right)^{\frac{2}{3}} \tag{26.1}$$

erwartet. Dabei ist α eine Konstante, A eine die elastische Wechselwirkung zwischen den gelösten Fremdatomen und den Stufenversetzungen charakterisierende Größe, k die Boltzmannkonstante und T die absolute Temperatur. Die relative Konzentrationsänderung $n(t)/n_0$ ist in erster Näherung dem zum Losreißen der Versetzungen erforderlichen Spannungszuwachs $\Delta\sigma$ proportional. Für ihn gilt mit α_1 als Konstante

$$\Delta\sigma = \alpha_1\, \rho_\perp \left(\frac{ADt}{kT}\right)^{\frac{2}{3}}. \tag{26.2}$$

Bei konstanter Auslagerungstemperatur sollte $\Delta\sigma$ linear mit $t^{2/3}$, bei gleicher Auslagerungsdauer mit zunehmender Temperatur anwachsen. Nach Erreichen eines Sättigungswertes kann es zur Bildung von Carbid- (bzw. Nitrid-) Ausscheidungen an den Versetzungen kommen, die die Versetzungen nicht so stark wie die Kohlenstoff- (bzw. Stickstoff-) Wolken verankern. Deshalb werden die Fließspannungsänderungen nach großen Alterungszeiten wieder kleiner. Metallische Legierungselemente in Eisenbasislegierungen mit hoher Affinität zu Kohlenstoff (und Stickstoff) beeinflussen die Alterungserscheinungen entweder dadurch, dass sie Kohlenstoff (und Stickstoff) binden und damit dem Ferritgitter entziehen oder dadurch, dass sie die Kohlenstoff- (und Stickstoff-) Diffusion verändern.

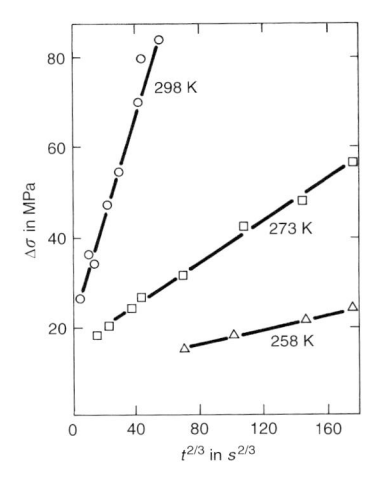

Bild 26-3
Spannungserhöhung in Abhängigkeit von der Alterungszeit bei verschiedenen Temperaturen

In Bild 28-3 sind die Ergebnisse von Reckalterungsexperimenten mit einem Stahl X12Ni18 wiedergegeben, der im martensitischen Zustand untersucht wurde. Wie man sieht, ist bei den einzelnen Alterungstemperaturen die $t^{2/3}$-Abhängigkeit gut erfüllt. Trägt man die für $\Delta\sigma$ = const. vorliegenden t-/T-Werte in einem log t-1/T-Diagramm auf, gleicht sie linear aus und bestimmt die Aktivierungsenergie für den alterungsbestimmenden Prozess, so ergibt sich Q ≈ 83 kJ/mol = 0.86 eV. Dieser Wert entspricht etwa dem der Diffusion von Kohlenstoffatomen über Oktaederlücken im krz-Gitter (vgl. V1 und V51) des α-Eisens.

Reckalterung wird nicht nur bei Eisenbasislegierungen, sondern auch bei anderen metallischen Werkstoffen beobachtet. So kann beispielsweise interstitiell gelöster Kohlenstoff in Vanadium, Chrom, Molybdän und auch in Nickel, interstitiell gelöster Sauerstoff in Niob, Vanadium und Tantal sowie interstitiell gelöster Wasserstoff in Nickel Versetzungen verankern. Aber auch substituierte Fremdatome können die Ursache von Alterungserscheinungen sein. Ein Beispiel stellt verformtes α-Messing dar, wo Zinkatome, die über Leerstellen zu Versetzungen diffundieren, diese blockieren und eine Fließspannungserhöhung hervorrufen. Auch bei anderen Kupferbasislegierungen und bei bestimmten Aluminiumbasislegierungen werden statische Reckalterungserscheinungen beobachtet.

26.2 Aufgabe

Für Zugproben aus einem Baustahl S235JR, die verschieden weit über das Ende des Lüdersbereiches hinaus verformt werden, sind die Fließspannungserhöhungen in Abhängigkeit von der Auslagerungszeit für mehrere Auslagerungstemperaturen zu bestimmen.

26.3 Versuchsdurchführung

Die Zugverformung vorbereiteter Stahlproben erfolgt bei Raumtemperatur mit konstanter Traversengeschwindigkeit in einer Zugprüfmaschine (vgl. V23). Die Zugkraft wird auf einem Schreiber mit konstantem Papiervorschub registriert. Anhand der Registrierdiagramme kann das Ende des Lüdersbereiches leicht erkannt werden. Der zugehörige Spannungswert R_{eL} wird ermittelt. Ein Teil der Proben wird bis zum Erreichen einer Nennspannung $\sigma_n = 1,05\ R_{eL}$, ein anderer bis $\sigma_n = 1,10\ R_{eL}$ verformt. Danach werden die Proben jeweils entlastet, ausgespannt, in Wasser- oder Ölbädern verschiedener Temperatur verschieden lange gealtert und anschließend bis zum Einsetzen merklicher plastischer Dehnung weiterverformt. Aus den dann wirksamen Zugkräften werden die zugehörigen Spannungen berechnet und die gesuchten $\Delta\sigma$-Werte ermittelt. $\Delta\sigma$ wird für verschiedene Auslagerungstemperaturen in Abhängigkeit von der Alterungszeit aufgetragen und diskutiert.

26.4 Weiterführende Literatur

[Bai71]   Baird, J. D.: Met. Rev. 16, 1, 1971

[Cot49]   Cottrell, A. H.; Bilby, B. A.: *Proc. Phys. Soc. A* **62** 49, 1949

[Dah83]   Dahl, W.: Grundlagen der Festigkeit, der Zähigkeit und des Bruches, Stahleisen, Düsseldorf, 1983

[Hal70]   Hall, E. O.: Yield Point Phenomena in Metals and Alloys, McMillan, London, 1970

26.5 Symbole, Abkürzungen

Symbol/Abkürzung	Bedeutung	Einheit
Q	Aktivierungsenergie (Bildungsenergie)	J/mol
k	Boltzmannkonstante	J/K
n, n_0	Atomkonzentration	-
R_{eH}	Streckgrenze, obere	MPa
R_{eL}	Streckgrenze, untere	MPa
t	Zeit	s
$\Delta\sigma$	(Fließ-) Spannungserhöhung	MPa
ε_t	totale Dehnung	-
$\rho_\perp$	Versetzungsdichte (Stufen-, „Gleit-")	cm/cm³
σ_n	Nominalspannung (technische Spannung)	MPa
T	Temperatur	K

V27 Dynamische Reckalterung

27.1 Grundlagen

Die Verfestigungskurven bestimmter Werkstoffe (vgl. V23) zeigen bei höheren Temperaturen oberhalb einer kritischen plastischen Dehnung ε_l einen unregelmäßigen, gezackten Verlauf. Als Beispiel sind in Bild 27-1 für ferritisches Gusseisen mit Vermiculargraphit Verfestigungskurven mit versetztem Ordinatenmaßstab wiedergegeben, die bei unterschiedlichen Temperaturen und Verformungsgeschwindigkeiten ermittelt wurden. Man sieht, dass sich der Einsatzpunkt ($\downarrow$), ab welchem ein gezackter Kurvenverlauf auftritt, mit sinkender Dehnungsgeschwindigkeit $\dot{\varepsilon}$ und wachsender Temperatur T zu kleineren plastischen Dehnungen verschiebt. Man bezeichnet diese Erscheinung als dynamische Reckalterung oder nach ihren Entdeckern als Portevin-Le Chatelier-Effekt. Sie beruht auf der elastischen Wechselwirkung von Gleitversetzungen mit diffundierenden Legierungsatomen. Diese tritt besonders ausgeprägt auf, wenn die Diffusionsgeschwindigkeit v_D der Atome, die dem Diffusionskoeffizienten

$$D = D_0 \exp\left[\frac{-Q_W}{kT}\right] \tag{27.1}$$

(Q_W Aktivierungsenergie für die Diffusion von Interstitionsatomen, D_0 Konstante, k Boltzmannkonstante, T absolute Temperatur) proportional ist, ungefähr mit der mittleren Geschwindigkeit der Gleitversetzungen $\bar{v}$ übereinstimmt, also

$$\bar{v} = v_D \propto D \tag{27.2}$$

ist. Soll bei der Zugverformung eine bestimmte plastische Dehnungsrate $\dot{\varepsilon}$ von einer verfügbaren Gleitversetzungsdichte ρ [cm^{-2} = cm/cm^3] aufrechterhalten werden, so muss die Bedingung

$$\dot{\varepsilon} \approx \rho \bar{v} \tag{27.3}$$

erfüllt sein. Aus Gl. 27.2 und 27.3 folgt somit als Voraussetzung für auftretende dynamische Reckalterung

$$\dot{\varepsilon} \propto \rho D . \tag{27.4}$$

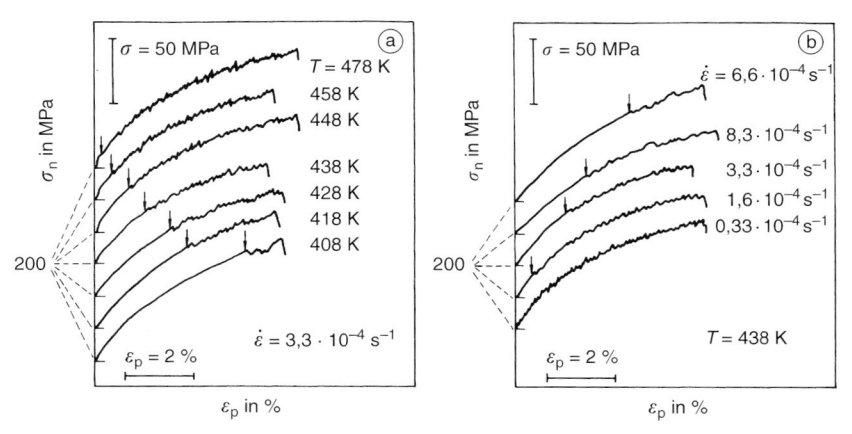

Bild 27-1 Zusammenhang zwischen Spannung und plastischer Dehnung für EN-GJV-300 bei verschiedenen Temperaturen T (a) und verschiedenen Dehnungsraten $\dot{\varepsilon}$ (b)

Dann ist kurzzeitig die Konzentration der diffundierenden Atome um die Stufenanteile der Gleitversetzungen größer als im ungestörten Gitter. Die Versetzungen werden durch diese „Konzentrationswolken" verankert, so dass eine größere Spannung erforderlich wird, um sie wieder loszureißen (vgl. V26). Ist dies erfolgt, so fällt die Spannung wieder ab. Der kontinuierlichen Verfestigung, die zum Anstieg der Verfestigungskurve führt, überlagern sich also einander abwechselnde „Losreiß- und Einfangprozesse", an denen die diffusionsfähigen Atome in der Nähe von Stufenversetzungen beteiligt sind.

Bei Interstitions- bzw. Einlagerungsmischkristallen, wo die Legierungsatome Gitterlückenplätze einnehmen (vgl. V2), lässt sich – wenn $\rho \approx \varepsilon^\beta$ angenommen wird – die Bedingung für den Beginn ε_I der dynamischen Reckalterung schreiben als

$$\dot{\varepsilon} = c_1 \rho_1 D = c_1 \varepsilon_I^\beta \exp\left[\frac{-Q_W}{kT}\right]. \qquad (27.5)$$

Dabei sind c_1 und β Konstanten. Durch Logarithmieren folgt aus Gl. 27.5

$$\ln \dot{\varepsilon} = \ln c_1 + \beta \ln \varepsilon_I - Q_W/kT. \qquad (27.6)$$

Bestimmt man also aus Bild 27-1 bei konstanter Temperatur T für verschiedene $\dot{\varepsilon}$ und bei konstanter Dehnungsrate $\dot{\varepsilon}$ für verschiedene Temperaturen T die Einsatzdehnungen ε_I und trägt diese in $\ln \varepsilon_I - \ln \dot{\varepsilon}-$ und $\ln \varepsilon_I - 1/kT -$ Diagramme auf, so erhält man aus

$$\left.\frac{\partial \ln \dot{\varepsilon}}{\partial \ln \varepsilon_I}\right|_T = \beta \qquad (27.7)$$

und aus

$$\left.\frac{\partial \ln \varepsilon_I}{\partial (1/kT)}\right|_{\dot{\varepsilon}} = \frac{Q_W}{\beta}, \qquad (27.8)$$

woraus sich die Aktivierungsenergie Q_W für den einsetzenden dynamischen Reckalterungsprozess berechnen lässt. Bild 27-2 zeigt die entsprechenden Auftragungen für die Messdaten aus Bild 27-1. Aus den Steigungen der Ausgleichsgeraden ergibt sich $\beta = 1,44$ und $Q_W/\beta = 0,68$ eV und damit $Q_W = 0,98$ eV. Q_W liegt in der Größenordnung der Aktivierungsenergie für die Diffusion der Kohlenstoffatome über Oktaederlücken in der FeSi-Mischkristallmatrix des untersuchten Gusseisens mit Vermiculargraphit.

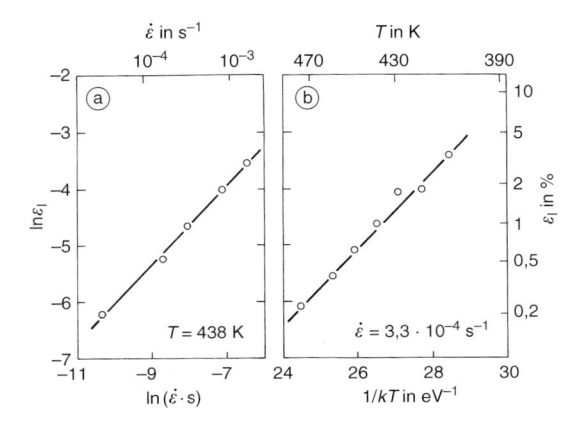

Bild 27-2
Einfluss der Dehnungsrate $\dot{\varepsilon}$ (a) und der Temperatur T (b) auf den Einsatzpunkt ε_I der dynamischen Reckalterung von EN-GJV-300

Bei Substitutions- bzw. Austauschmischkristallen kann die Diffusion der Legierungsatome nur über Leerstellen erfolgen (vgl. V2), so dass

$$D \approx c_\mathrm{L} \exp\left[\frac{-Q_\mathrm{W}}{kT}\right] \tag{27.9}$$

wird. Die Leerstellenkonzentration umfasst einen verformungsbedingten Anteil

$$c_{\mathrm{L},\varepsilon} \approx \varepsilon^m \quad \text{mit} \quad 1<m<2 \tag{27.10}$$

als Folge nichtkonservativer Versetzungsbewegungen und einen thermischen Anteil

$$c_{\mathrm{L,th}} \approx \exp\left[\frac{-Q_\mathrm{B}}{kT}\right], \tag{27.11}$$

der der Gleichgewichtskonzentration bei der Verformungstemperatur T entspricht. Q_B ist die Bildungsenergie von Leerstellen. Bei nicht zu großen Temperaturen ist $c_{\mathrm{L},\varepsilon} \gg c_{\mathrm{L,th}}$, so dass sich nach Gl. 27.4, 27.9 und 27.10 als Bedingung für den Beginn ε_I der dynamischen Reckalterung

$$\dot{\varepsilon} = c\rho_\mathrm{I} D = c_2\, \varepsilon_\mathrm{I}^\beta\, \varepsilon_\mathrm{I}^m \exp\left[\frac{-Q_\mathrm{W}}{kT}\right] \tag{27.12}$$

schreiben lässt. Logarithmieren liefert

$$\ln \dot{\varepsilon} = \ln c_2 + (m+\beta)\varepsilon_\mathrm{I} - \frac{Q_\mathrm{W}}{kT} \tag{27.13}$$

Jetzt sollten die Steigungen in $\ln\varepsilon_\mathrm{I}$-$\ln\dot{\varepsilon}$- und von $\ln\varepsilon_\mathrm{I}$-$1/kT$-Diagrammen $1/(m+\beta)$ bzw. $Q_\mathrm{W}/(m+\beta)$ liefern, woraus sich wiederum Q_W berechnen lässt. Beispiele zeigt Bild 27-3 für CuZn28 mit unterschiedlichen Korngrößen. Man sieht, dass ε_I und die Steigungen der Ausgleichsgeraden mit wachsender Korngröße zunehmen. Diese Einflüsse müssen durch verfeinerte Betrachtungen bei der quantitativen Behandlung der dynamischen Reckalterung in Substitutionsmischkristallen berücksichtigt werden.

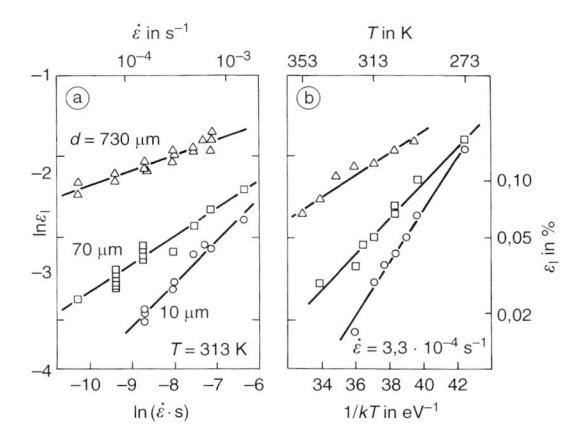

Bild 27-3
Einfluss der Dehnungsrate $\dot{\varepsilon}$ und der Temperatur T auf den Einsatzpunkt ε_I der dynamischen Reckalterung von CuZn28 mit unterschiedlichen Korngrößen

27.2 Aufgabe

An Proben aus CuZn37 mit hinreichend kleiner Korngröße sind die zwischen 250 K und 310 K auftretenden dynamischen Reckalterungserscheinungen unter einachsiger Zugverformung zu untersuchen. Der für den Einsatzpunkt der dynamischen Reckalterung maßgebende Prozess ist durch seine Aktivierungsenergie zu charakterisieren und zu diskutieren.

27.3 Versuchsdurchführung

Für die Untersuchungen steht eine Zugprüfmaschine mit einem Badthermostaten zur Verfügung (vgl. V24). Zunächst werden Zugversuche mit einer Dehnungsgeschwindigkeit $\dot{\varepsilon} \approx 10^{-4}\,s^{-1}$ im angegebenen Temperaturintervall durchgeführt. Bei konstanter Temperatur $T = 0$ °C (Eiswasser) werden anschließend mehrere Versuche mit abgestuften Dehnungsgeschwindigkeiten zwischen $10^{-5}\,s^{-1} < \dot{\varepsilon} < 10^{-3}\,s^{-1}$ vorgenommen. Nach Ermittlung der Einsatzdehnungen ε_I werden $\ln\varepsilon_I$-$\ln\dot{\varepsilon}$ und $\ln\varepsilon_I$-$1/kT$-Diagramme erstellt und daraus die zur Berechnung von Q_W erforderlichen Daten entnommen.

27.4 Weiterführende Literatur

[Vöh74] Vöhringer, O.: Metall 28 1072, 1974
[Hüt78] Hüttebräucker, H.; Löhe, D.; Vöhringer, O.; Macherauch, E.: Gießereiforschung 30 47, 1978
[May79] Mayer, M.: Diss., Universität Karlsruhe, 1979

27.5 Symbole, Abkürzungen

Symbol/Abkürzung	Bedeutung	Einheit
ε_I	Dehnung, kritische plastische (dynamische Reckalterung)	-
Q, Q_W, Q_B	Aktivierungsenergie (Bildungsenergie)	J/mol
c_L	Leerstellenkonzentration	cm^{-3}
D	Diffusionskoeffizient	cm²/s

V28 Bauschingereffekt

28.1 Grundlagen

Wird ein metallischer Werkstoff bis zu einer bestimmten Fließspannung überelastisch verformt, so beobachtet man nach Entlastung bei anschließender Umkehr der Beanspruchungsrichtung ein völlig anderes Verformungsverhalten, als wenn in der ursprünglichen Richtung weiterverformt wird. Bereits während der Entlastung treten Abweichungen von einem streng linear-elastischen Verlauf der Spannungs-Dehnungs-Kurve auf, wie sie idealisierten Betrachtungen zugrunde gelegt werden (vgl. V23, Bild 23-1). Bei der Rückverformung ist der Übergang von elastischer zu elastisch-plastischer Verformung kontinuierlich, so dass Streckgrenzenerscheinungen, wie sie bei nicht vorverformten Werkstoffen häufig beobachtet werden (vgl. V23), völlig fehlen. Die Ursachen dieses Werkstoffverhaltens, das nach seinem Entdecker Bauschingereffekt genannt wird, beruhen auf den bei plastischer Verformung im Werkstoff ablaufenden strukturmechanischen Vorgängen. Bei homogenen Werkstoffen begünstigen die bei makroskopisch homogener Vorverformung entstehenden Versetzungskonfigurationen mit ihren inneren Spannungen das Rücklaufen von Versetzungen bei Lastumkehr und bewirken damit die beobachteten plastischen Rückverformungen. Bei heterogenen Werkstoffen treten zusätzlich Effekte als Folge der unterschiedlichen Verformbarkeit der verschiedenen Phasen auf, die dort nach Entlastung Mikroeigenspannungen unterschiedlichen Vorzeichens (vgl. V75) hervorrufen. Sie führen zu einem gegenüber homogenen Werkstoffen vergrößerten Bauschingereffekt. Nach makroskopisch inhomogener Verformung, wie z. B. nach überelastischer Biegebeanspruchung (vgl. V44), wirkt sich auch der auftretende Makroeigenspannungszustand auf den Bauschingereffekt aus.

Eine wesentliche Folge des Bauschingereffekts ist die gegenüber dem unverformten Zustand z. T. erhebliche Verminderung der Werkstoffwiderstandsgrößen gegen einsetzende plastische Verformung (R_{eS}) oder gegen das Überschreiten einer bestimmten plastischen Verformung (z. B. $R_{p0,2}$). Deshalb bietet es sich zunächst an, den Bauschingereffekt durch einen Vergleich zwischen den Dehngrenzen R_p des unverformten und denen entsprechend vorverformter Werkstoffzustände zu beschreiben. In Bild 28-1 sind Kenngrößen zusammengestellt, die sich bei der quantitativen Erfassung des Bauschingereffekts als nützlich erwiesen haben. Eine solche Größe ist die Fließspannungsdifferenz $\Delta R_{p\varepsilon}$, die unter Einschluss der schon während der Entlastung auftretenden plastischen Dehnungen auf bestimmte plastische Rückverformungen ε_p führt. Ein anderer Kennwert ist die während der Entlastung auftretende plastische Rückverformung $\Delta\varepsilon_p^*$. Schließlich kann auch der Anstieg der Verfestigungskurve zu Beginn der Rückverformung als Sekantenmodul E_S für $\Delta\varepsilon_p = 0{,}1\,\%$ ermittelt und auf den Elastizitätsmodul E des Ausgangszustandes bezogen werden. Die genannten Kenngrößen erlauben es, einen Vergleich von Werkstoffen mit unterschiedlich stark ausgeprägtem Bauschingereffekt vorzunehmen.

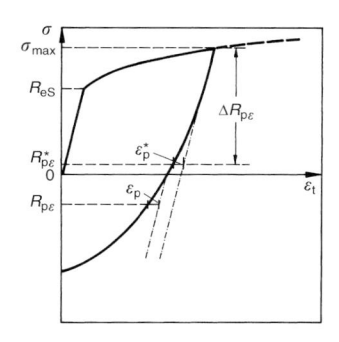

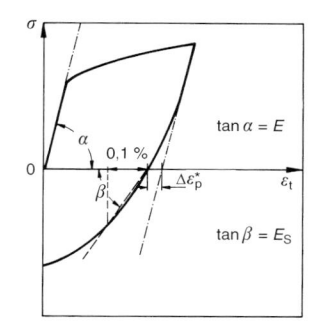

Bild 28-1 Kenngrößen zur Erfassung des Bauschingereffekts bei einachsig homogener Verformung

28.2 Aufgabe

Der Bauschingereffekt ist bei Armcoeisen und Stahl C80 nach einachsiger Zug- und anschließender Druckbeanspruchung für verschiedene Vorverformungsgrade zu untersuchen.

28.3 Versuchsdurchführung

Für die Versuche steht eine elektromechanische 50 kN-Werkstoffprüfmaschine zur Verfügung. Aus den zu untersuchenden Werkstoffen sind besondere Proben der in Bild 28-2 gezeigten Form vorbereitet, die unter Druckbeanspruchung nicht ausknicken. Die Proben werden in spezielle Fassungen (vgl. Bild 28-3) spielfrei eingespannt, die durch eine Kugelführung eine axiale Probenbelastung gewährleisten. Um Einflüsse der Probenfassungen und der Maschinensteifigkeit auszuschalten, werden die Probenverformungen unmittelbar an der Probe gemessen. Die Belastung erfolgt mit einer konstanten Traversengeschwindigkeit $v = 1$ mm/min zuerst in Zugrichtung bis zu einem vorgegebenen Totaldehnungswert. Anschließend wird die Beanspruchungsrichtung gewechselt und die Probe bis zur 0,2 %-Stauchgrenze auf Druck beansprucht. Derartige Beanspruchungszyklen werden für mehrere Vorverformungen wiederholt. Zur Kennzeichnung des Bauschingereffekts werden zunächst die Stauchgrenzen $R_{p0,2}^{(d)}$ bestimmt und als Funktion der totalen Zugvorverformung aufgetragen. Als weitere Kenngrößen werden die plastische Rückverformung im entlasteten Zustand $\Delta\varepsilon_p^*$ und der bezogene Sekantenmodul E_S/E ermittelt und in Abhängigkeit von der Vorverformung graphisch dargestellt. Die Versuchsergebnisse beider Versuchswerkstoffe werden verglichen und Ursachen der auftretenden Unterschiede diskutiert.

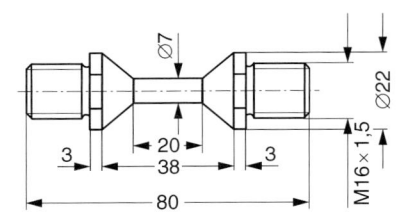

Bild 28-3 Einspann- und Verformungseinrichtung

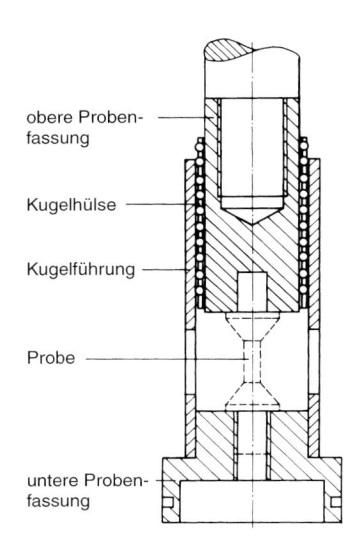

Bild 28-3
Einspann- und Verformungseinrichtung

(Beschriftung: obere Probenfassung, Kugelhülse, Kugelführung, Probe, untere Probenfassung)

28.4 Weiterführende Literatur

[Dah83] Dahl, W.: Grundlagen der Festigkeit, der Zähigkeit und des Bruchs, Stahleisen, Düsseldorf, 1983

[Sch80] Scholtes, B.: Dr.-Ing. Diss., Universität Karlsruhe, 1980

28.5 Symbole, Abkürzungen

Symbol/Abkürzung	Bedeutung	Einheit
R_{eS}	Streckgrenze	MPa
$R_{p0,2}$	0,2 % Dehngrenze / Stauchgrenze	MPa
R_p	Dehngrenzen	MPa
$\Delta R_{p\varepsilon}$	Fließspannungsdifferenz	MPa
E_S	Sekantenmodul	MPa
E	Elastizitätsmodul	MPa
ε_p	plastische Dehnung	%
v	Traversengeschwindigkeit	1/s

V29 Gusseisen unter Zug- und Druckbeanspruchung

29.1 Grundlagen

Wird ein rekristallisierter, metallischer Werkstoff wie in Bild 29-1 elastisch-plastisch verformt und dann entlastet, so ist der durch die Steigung der Sekante durch den Lastumkehrpunkt U und den Entlastungspunkt 0 gegebene Sekantenmodul E_S kleiner als der bei rein elastischer Beanspruchung ermittelte Elastizitätsmodul E_o(Anfangsmodul). Verursacht wird dieses Werkstoffverhalten durch plastische Rückverformungen beim Entlasten, die auf dem Bauschingereffekt beruhen (vgl. V28). Bei Gusseisenwerkstoffen (vgl. V17) ist die Abnahme von E_S gegenüber E_o besonders stark. Verantwortlich hierfür sind Risse in Graphitteilchen und Ablöseerscheinungen an den Grenzflächen Graphit/Matrix, die sich während der Zugbeanspruchung bilden. Beim Entlasten schließen sich diese Hohlräume teilweise und liefern damit zusätzliche Verformungsanteile, die E_S verkleinern. Bei Druckbeanspruchung können sich ebenfalls Ablösungen zwischen Graphit und Matrix bilden, und zwar quer zur Beanspruchungsrichtung. Das Ausmaß dieser Erscheinungen ist jedoch viel geringer als bei Zugbeanspruchung und die dadurch bedingte Herabsetzung von E_S entsprechend kleiner. Als Folge davon ist die Spannungsabhängigkeit des Sekantenmoduls von Gusseisenwerkstoffen bei Zug- bzw. Druckbeanspruchung – im Gegensatz zum Verhalten vieler anderer Werkstoffe – verschieden groß. Hinzu kommt, dass ein ausgeprägter Einfluss der Graphitform besteht (vgl. V17 und 18).

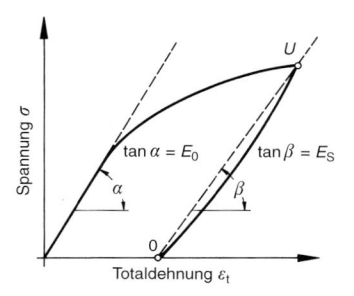

Bild 29-1 Zur Erläuterung von Anfangs- und Sekantenmodul

29.2 Aufgabe

An perlitischem bzw. ferritischem Gusseisen mit Kugelgraphit (GJS-700-2 bzw. GJS-400-15), ferritischem Gusseisen mit Vermiculargraphit (GJV-300) und perlitischem bzw. ferritischem Gusseisen mit Lamellengraphit (GJL-300 bzw. GJL-150) ist die Spannungsabhängigkeit des Sekantenmoduls E_S bei Zug- und Druckbeanspruchung zu bestimmen. Die Versuchsergebnisse sind hinsichtlich des Einflusses des Matrixgefüges und der Graphitausbildung zu diskutieren.

29.3 Versuchsdurchführung

Zur Durchführung der Versuche steht eine Zugprüfmaschine ähnlich wie in V23 zur Verfügung. Die Prüfkraft wird mit Hilfe einer Kraftmessdose und eines Kraftmessverstärkers, die Dehnung mit Hilfe eines an die Probe angesetzten Verlängerungsaufnehmers und einer Messbrücke bestimmt. Mit jeder Probe werden etwa 10 Be- und Entlastungen mit wachsender Maximalkraft durchgeführt. Nach Beendigung der Experimente sind die Kraft-Verlängerungs-Kurven in Spannungs-Dehnungs-Kurven umzurechnen und die Sekantenmodule entsprechend Bild 29-1 zu bestimmen. Anschließend wird E_S als Funktion der positiven und negativen Maximalspannung der Belastungszyklen aufgetragen.

29.4 Weiterführende Literatur

[Löh80]   Löhe, D.: Dr.-Ing. Diss., Universität Karlsruhe, 1980

29.5 Symbole, Abkürzungen

Symbol/Abkürzung	Bedeutung	Einheit
U	Lastumkehrpunkt	-
0	Entlastungspunkt	-
E_S	Sekantenmodul	MPa
E_o	Elastizitätsmodul (Anfangsmodul)	MPa
ε_t	Totaldehnung	-
σ	Spannung	MPa

V30 Dilatometrie

30.1 Grundlagen

Die bei Veränderungen der Temperatur durch Wärmeausdehnung oder durch Phasenumwandlung auftretenden Längenänderungen eines Werkstoffes lassen sich mit Hilfe eines Dilatometers messen. Den prinzipiellen Aufbau eines solchen Gerätes zeigt Bild 30-1.

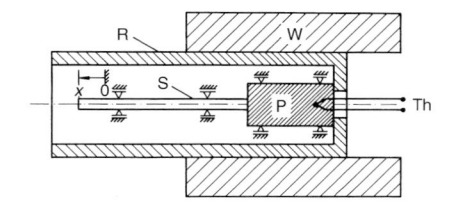

Bild 30-1
Dilatometer-Messanordnung (schematisch)

Die Probe P mit definierten Abmessungen wird in ein Quarzrohr R eingeführt und dort einseitig mit einem reibungsfrei gelagerten Quarzstab S verbunden. An der Probe ist zur Temperaturmessung ein Thermoelement Th angebracht. Das Quarzrohr wird in einen elektrischen Widerstandsofen W eingeschoben, wobei sich die entstehenden Längsabmessungsänderungen der Probe auf den Quarzstab übertragen. Die Position eines festgelegten Punktes x des Quarzstabes gegenüber einem Bezugspunkt 0 wird mechanisch, optisch bzw. induktiv (vgl. V22) in Abhängigkeit von der Probentemperatur T als absolute Längenänderung ΔL der Probe gemessen. Dabei erfolgt die Registrierung des $\Delta L,T$-Zusammenhanges mit konstanter Aufheizgeschwindigkeit dT/dt der Probe. Die Eigendehnung des Quarzstabes kann wegen seines kleinen Ausdehnungskoeffizienten ($\alpha \approx 5 \cdot 10^{-7}$ K^{-1}) bei vielen Messungen unberücksichtigt bleiben. Liegt bei der Temperatur T_0 ein Stab der Länge L_0 vor, so nimmt dieser bei Erhöhung der Temperatur auf T infolge der thermischen Ausdehnung die Länge

$$L = L_0(1 + \alpha \Delta T + \alpha_1 \Delta T^2 + \alpha_2 \Delta T^3) \tag{30.1}$$

an. α ist der lineare thermische Ausdehnungskoeffizient, α_1 und α_2 sind Ausdehnungskoeffizienten höherer Ordnung. Letztere sind bei nicht zu hohen Temperaturen bei vielen metallischen Werkstoffen sehr klein. Dann gilt

$$L = L_0(1 + \alpha \Delta T) \tag{30.2}$$

und es wird

$$\alpha = \frac{L - L_0}{L_0 \Delta T} = \frac{1}{L_0} \frac{dL}{dT} \tag{30.3}$$

Im Allgemeinen ist α keine Konstante, sondern nimmt mit der Temperatur zu. Meistens lassen sich jedoch Temperaturintervalle abgrenzen, für die mit hinreichender Genauigkeit von konstanten Ausdehnungskoeffizienten ausgegangen werden darf. Üblicherweise werden für metallische Werkstoffe die zwischen 0 und 100 °C gültigen mittleren α-Werte angegeben. Typische Zahlenwerte (in 10^{-6} K^{-1}) für einige Metalle sind:

α	Ag	Al	Cu	Fe	Mg	Ni	Sn	Ti	W	Zn
10^{-6}/K	19,7	23,8	16,8	11,7	26,0	13,3	23,0	9,0	4,5	29,8

Bei der Untersuchung von Umwandlungsvorgängen überlagern sich die damit verbundenen Volumenänderungen jeweils den thermisch bedingten Abmessungsänderungen der Versuchsproben. Während thermische Längenänderungen stetig verlaufende $\Delta L, T$-Kurven liefern, ergeben umwandlungsbedingte Längenänderungen unstetige. Bild 30-2 erläutert schematisch diesen Sachverhalt für Eisen-Kohlenstoff-Legierungen mit C-Gehalten < 0,8 Masse-% (vgl. V14). Eine Reineisenprobe (Bild 30-2a) verkürzt sich beim Übergang des α-Eisens in das γ-Eisen bei 911 °C sprunghaft um etwa 0,26 %. Dafür ist die Umwandlung des kubisch-raumzentrierten α-Eisens mit einer atomaren Packungsdichte von 68 % in das dichtest gepackte kubisch-flächenzentrierte γ-Eisen mit einer atomaren Packungsdichte von 74 % verantwortlich (vgl. V1). Das oberhalb 911 °C stabile γ-Eisen besitzt einen größeren thermischen Ausdehnungskoeffizienten ($\sim 20 \cdot 10^{-6}$ K^{-1}) als α-Eisen. Bei untereutektoiden Stählen mit 0,02 < Masse-% C < 0,8 setzt, wie man dem Eisen-Eisencarbid-Diagramm (vgl. V14, Bild 14-1) entnehmen kann, die γ-Umwandlung ab 723 °C ein, ist aber je nach Kohlenstoffgehalt erst zwischen 723 °C < T < 911 °C abgeschlossen. Dementsprechend beobachtet man Dilatometerkurven der in Bild 30-2b schematisch wiedergegebenen Art. Der ΔL-Abfall bei 723 °C ist umso stärker, je mehr man sich der eutektoiden Legierungszusammensetzung nähert. Bei 0,8 Masse-% C zeigt die Dilatometerkurve (Bild 30-2c) nur noch bei 723 °C, wo die vollständige Umwandlung der gesamten Probe in Austenit erfolgt, eine sprunghafte Längenänderung. Man ersieht aus diesen Beispielen, dass sich die Begrenzungslinien der Zustandsfelder von Zustandsdiagrammen auf dilatometrischem Wege bestimmen lassen.

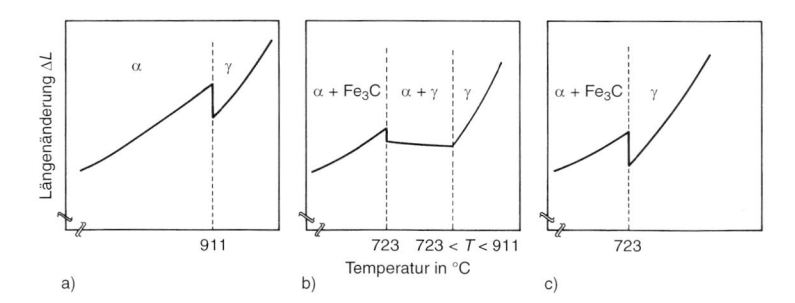

Bild 30-2 Längenänderung als Funktion der Temperatur bei Reineisen (a), unlegierten Stählen mit C-Gehalten um 0,4 Masse-% (b) und eutektoidem Stahl (c)

30.2 Aufgabe

Die Längenänderungs-Temperatur-Kurve von 50 mm langen Stahlproben aus C 40 und C 80 ist bei einer Aufheizgeschwindigkeit von 10 °C/min bis zu einer Temperatur von 1000 °C und bei anschließender Abkühlung auf Raumtemperatur zu ermitteln. Für die Temperaturintervalle zwischen 20 und 100 °C, 320 und 350 °C sowie 640 und 670 °C sind die Ausdehnungskoeffizienten anzugeben. Die den Aufheiz- und Abkühlkurven entnehmbaren Umwandlungserscheinungen sind hinsichtlich ihrer Vorgänge und ihrer Temperaturlage zu diskutieren.

30.3 Versuchsdurchführung

Für die Messungen steht ein handelsübliches Dilatometer zur Verfügung. Bei dem in Bild 30-3 gezeigten Gerät besteht das Messsystem aus einem horizontalen Quarzrohr mit einer seitlichen Öffnung, in die der zu untersuchende Werkstoff gelegt wird. Ein Quarzstempel überträgt die Längenänderung der Probe einem Messsystem. Um Reibung zwischen Quarzstempel und Quarzrohr zu vermeiden, liegt der Stempel frei im Quarzrohr und wird an seinem hinteren Ende von einem Metallführungsstift aufgenommen, der seinerseits in Kugellagern fast reibungslos läuft. Zur Temperaturmessung der Probe liegt ein PtRh-Pt-Thermoelement so über dem Quarzrohr, dass es Kontakt mit der Probe hat. Die Temperaturen werden an einem Millivoltmeter abgelesen. Um eine Verzunderung (vgl. V66) der Probe bei höheren Temperaturen zu verhindern, ist das Messsystem durch eine Quarz- und eine Glasglocke abgedichtet, die mit Hilfe einer Vakuumpumpe evakuiert werden. Die Aufheizung erfolgt mit konstanter Geschwindigkeit. Bei vorgeplanten Temperaturen werden die Längenänderungen abgelesen und als Funktion der Temperatur aufgetragen. Zur Bestimmung der α-Werte in den angegebenen Temperaturintervallen werden dort die durch die Messwerte gelegten Ausgleichskurven durch Geradenabschnitte approximiert.

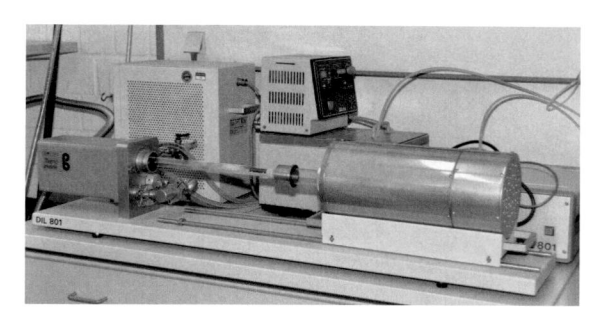

Bild 30-3
Handelsübliches Dilatometer (Bauart BÄHR Typ 801)

30.4 Weiterführende Literatur

[Guv83]   Guv, A. G.: Metallkunde für Ingenieure, 4. Aufl., Akad. Verlagsges., Frankfurt, 1983

[Sch91]   Schumann, H.: Metallographie, Deutscher Verlag für Grundstoffindustrie, 13. Auflage, Leipzig, 1991

30.5 Symbole, Abkürzungen

Symbol/Abkürzung	Bedeutung	Einheit
L	Länge	mm
L_0	Ausgangslänge	mm
ΔL	Längenänderung	mm
α	Linearer Wärmeausdehnungskoeffizient	1/K
α_i	Wärmeausdehnungskoeffizient höherer Ordnung	1/K
ΔT	Temperaturdifferenz	K

V31 Wärmespannungen und Abkühleigenspannungen

31.1 Grundlagen

Wärmespannungen entstehen in Bauteilen immer, wenn bei Temperaturänderungen die thermische Ausdehnung bzw. Kontraktion behindert wird. Ist beispielsweise wie in Bild 31-1 bei der Temperatur T_0 ein Bolzen mit dem Ausdehnungskoeffizienten α_1 starr mit den Querstegen eines Joches mit dem Ausdehnungskoeffizienten α_2 verbunden und wird das ganze System auf die größere (kleinere) Temperatur T gebracht, so treten Druckkräfte (Zugkräfte) im Bolzen und Zugkräfte (Druckkräfte) in den Stegen auf, wenn $\alpha_1 > \alpha_2$ ist. Wird die Temperatur wieder auf T_0 abgesenkt (angehoben), so verschwinden diese Kräfte, und das System wird spannungsfrei.

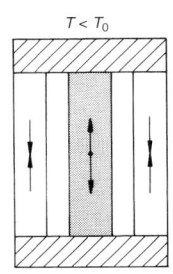

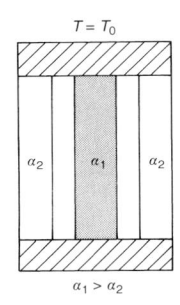

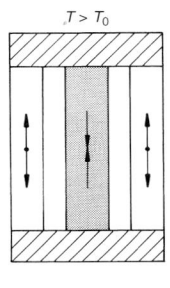

Bild 31-1 Zur Entstehung von Wärmespannungen als Folge von Unterschieden in den Ausdehnungskoeffizienten $\alpha_1 > \alpha_2$ eines Verbunds

Wird dagegen das System auf eine solche Temperatur T erhitzt (abgekühlt), dass die im Bolzen auftretenden Druckkräfte (Zugkräfte) zu seiner plastischen Stauchung (Dehnung) führen, so ist nach Absenkung (Anhebung) der Temperatur auf T_0 das betrachtete Objekt nicht mehr spannungsfrei. Im Bolzen treten Zugkräfte (Druckkräfte) und in den Seitenstegen des Jochs Druckkräfte (Zugkräfte) auf, weil wegen der bei den höheren (tieferen) Temperaturen erfolgten plastischen Stauchung (Dehnung) der Bolzen nur dann noch bei der Temperatur T_0 in das Joch passt, wenn er elastisch gezogen (gestaucht) wird. Das ist ein einfaches Beispiel dafür, wie als Folge der von Wärmespannungen in einem Verbund hervorgerufenen plastischen Deformationen nach Rückkehr in den Ausgangszustand Eigenspannungen entstehen können. Man spricht von thermisch induzierten Eigenspannungen oder auch kurz von Abkühleigenspannungen. Im betrachteten Beispiel haben sie den Charakter von Spannungen, die über größere Werkstoffbereiche in Betrag und Richtung gleich groß sind. Man nennt sie Eigenspannungen I. Art (vgl. V75). Die zu ihrer Erzeugung erforderlich gewesenen Wärmespannungen treten nach Beseitigung der Temperaturdifferenz $\Delta T = T - T_0$ nicht mehr auf.

Wird ein bei einer höheren Temperatur T_0 wirksam gewordener Verbund verschiedener Werkstoffe oder verschiedener Phasen eines Werkstoffs mit unterschiedlichen Ausdehnungskoeffizienten auf Raumtemperatur abgekühlt, so werden die dann wirksamen Wärmespannungen ebenfalls als Abkühleigenspannungen angesprochen. Das ist zwar inkonsequent, entspricht aber dem Sprachgebrauch. Man sieht, dass zu ihrer Erzeugung keine plastischen Verformungen erforderlich sind. Bei vielen technisch wichtigen Plattierungen und Beschichtungen bestimmen die Wärmespannungen bei Raumtemperatur den vorliegenden makroskopischen Eigenspannungszustand. Bei zweiphasigen heterogenen Werkstoffen unterliegen nach der Abkühlung auf Raumtemperatur die Körner der Phase mit dem größeren Ausdehnungskoeffizienten Zugeigenspannungen und die Körner der Phase mit dem kleineren Ausdehnungskoeffizienten Druckeigenspannungen. Schematisch ist dieser Sachverhalt in Bild 31-2 dargestellt. Ihrem Charakter nach handelt es sich dabei um Eigenspannungen, die über mikroskopische Werkstoffbereiche (größere Kornbereiche) in Betrag und Richtung konstant sind. Sie werden als Eigenspannungen II. Art (vgl. V75) angesprochen. Typische Beispiele sind ferritisch-perlitische Stähle mit höheren Kohlenstoffgehalten ($\alpha_{Ferrit} = 11{,}7 \cdot 10^{-6}$ K^{-1}, $\alpha_{Eisencarbid} = 10{,}5 \cdot 10^{-6}$ K^{-1}) oder Wolframcarbid-Kobalt-Legierungen ($\alpha_{Wolframcarbid} = 5{,}4 \cdot 10^{-6}$ K^{-1}, $\alpha_{Kobalt} = 12{,}5 \cdot 10^{-6}$ K^{-1}). Die an binären WC, Co-Legierungen bei Raumtemperatur in den Phasen Wolframcarbid und Kobalt gemessenen Eigenspannungen sind in Bild 31-3 als Funktion der Legierungszusammensetzung wiedergegeben. Erwartungsgemäß stehen die Kobaltkörner unter Zug- und die Wolframcarbidkörner unter Druckeigenspannungen ($\alpha_{WC} < \alpha_{Co}$).

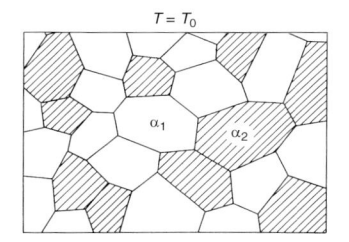

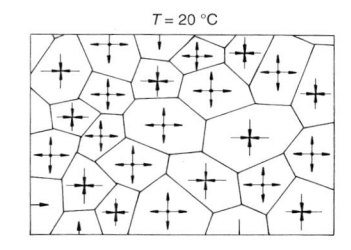

Bild 31-2 Zur Entstehung von Korn-Abkühleigenspannungen als Folge von Unterschieden in den Ausdehnungskoeffizienten der Körner ($\alpha_1 > \alpha_2$)

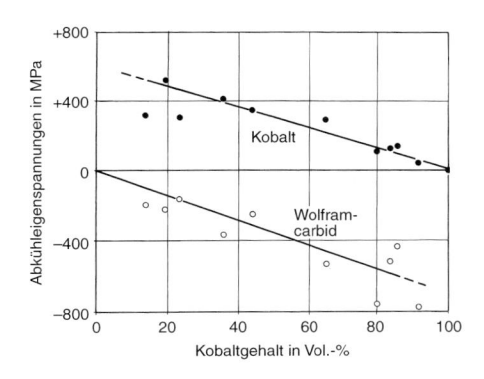

Bild 31-3 Bei Raumtemperatur röntgenographisch gemessene Abkühleigenspannungen in WC, Co-Legierungen (vgl. V75)

31.2 Aufgabe

Von einem Verbundkörper aus Aluminium ($\alpha_{Al} = 23{,}8 \cdot 10^{-6}\,\text{K}^{-1}$) und Baustahl ($\alpha_{Fe} = 11{,}7 \cdot 10^{-6}\,\text{K}^{-1}$) ist der mittlere Ausdehnungskoeffizient $\overline{\alpha}$ im Temperaturbereich zwischen $T_0 = -196\,°\text{C}$ und $T_1 = 20\,°\text{C}$ zu ermitteln. Die beim Übergang von T_0 auf T_1 auftretenden Spannungen sind quantitativ abzuschätzen und zu erörtern.

31.3 Versuchsdurchführung

Die Versuche erfolgen mit dem in Bild 31-4 skizzierten Versuchskörper. Er besteht aus einem mit zwei Schrauben verschlossenen Stahlzylinder, in dem ein Aluminiumzylinder der Länge L_0 liegt. Durch Verstellen der Schrauben kann der Aluminiumzylinder leicht vorgespannt werden. Wird der Verbundkörper erwärmt, so dehnt er sich so aus, als ob er einen mittleren Ausdehnungskoeffizienten $\overline{\alpha}$ besäße. Hierbei entstehen Wärmespannungen. Die Druckspannungen im Aluminium werden von Zugspannungen im Stahl kompensiert. Die Längsspannungen berechnen sich im Aluminium zu

$$\sigma_{Al} = E_{Al}\,\varepsilon_{Al} \tag{31.1}$$

und im Stahlzylinder zu

$$\sigma_{Fe} = E_{Fe}\,\varepsilon_{Fe} \tag{31.2}$$

Dabei sind E_{Al} und E_{Fe} die bei den jeweiligen Temperaturen gültigen Elastizitätsmodulen. Bei einer Temperaturänderung ΔT gegenüber dem spannungsfreien Ausgangszustand ergeben sich als Dehnungen

$$\varepsilon_{Al} = \frac{\overline{L} - L_{Al}}{L_0} = (\overline{\alpha} - \alpha_{Al})\Delta T \tag{31.3}$$

und

$$\varepsilon_{Fe} = \frac{\overline{L} - L_{Fe}}{L_0} = (\overline{\alpha} - \alpha_{Fe})\Delta T \tag{31.4}$$

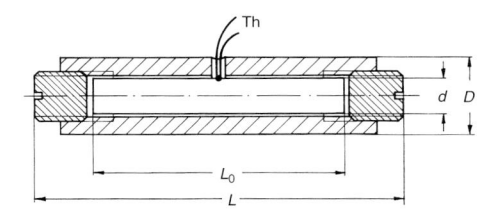

Bild 31-4 Versuchseinrichtung zur Erzeugung von Wärmespannungen

V31 Wärmespannungen und Abkühleigenspannungen

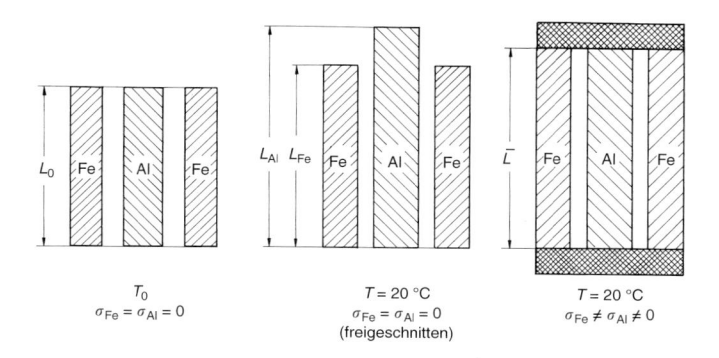

Bild 31-5 Zur Ableitung der Spannungs- und Dehnungsbeziehungen bei dem betrachteten Verbundkörper

Die Bedeutung der Längen L_0-L, L_{Al} und L_{Fe} geht aus Bild 31-5 hervor. Wegen des Kräftegleichgewichts muss im mittleren Teil des Versuchskörpers mit den Querschnittsanteilen A_{Al} und A_{Fe} gelten

$$\sigma_{Al}\, A_{Al} = -\sigma_{Fe}\, A_{Fe} \tag{31.5}$$

Das Hookesche Gesetz liefert

$$\varepsilon_{Al}\, A_{Al}\, E_{Al} = -\varepsilon_{Fe}\, A_{Fe}\, E_{Fe} \tag{31.6}$$

woraus mit den Beziehungen 31.3 und 31.4 folgt:

$$\overline{\alpha} = \frac{\alpha_{Al}\, A_{Al}\, E_{Al} + \alpha_{Fe}\, A_{Fe}\, E_{Fe}}{A_{Al}\, E_{Al} + A_{Fe}\, E_{Fe}}$$

Daraus ergibt sich

$$A_{Al} = \frac{\pi d^2}{4} \quad \text{und} \quad A_{Fe} = \pi \frac{(D^2 - d^2)}{4} \tag{31.7}$$

schließlich

$$\overline{\alpha} = \frac{\alpha_{Al}\, E_{Al}\, d^2 + \alpha_{Fe}\, E_{Fe}\, (D^2 - d^2)}{E_{Al}\, d^2 + E_{Fe}\, (D^2 - d^2)} \tag{31.8}$$

Zur Versuchsdurchführung wird der Verbundkörper in flüssigem Stickstoff auf $-196\,°C$ abgekühlt. Nach hinreichender Zeit wird durch leichtes Anziehen einer Endschraube Formschluss zwischen dem Stahlrahmen und dem Aluminiumbolzen hergestellt. Dann wird der Verbundkörper aus dem Kühlbad genommen, auf ein vorbereitetes Messgestell gelegt und seine Temperatur T_0 sowie seine Länge L_0 gemessen. Dann werden in Abhängigkeit von der Temperatur der Thermoelement-Messstelle Th mit Hilfe einer Messuhr die Längenänderungen ($\Delta L\,(T) \approx \Delta L\,(T) = L(T) - L_0$) ermittelt. Der gefundene Zusammenhang zwischen ΔL und ΔT wird linear approximiert und daraus $\overline{\alpha}$ bestimmt (vgl. V30). Damit können nach Gleichungen (31.1) bis (31.4) die bei verschiedenen Temperaturen wirksamen Längsspannungen unter Zugrundelegung der aus Bild 31-6 ersichtlichen Temperaturabhängigkeit der Elastizitätsmoduln von Eisen und Aluminium abgeschätzt werden.

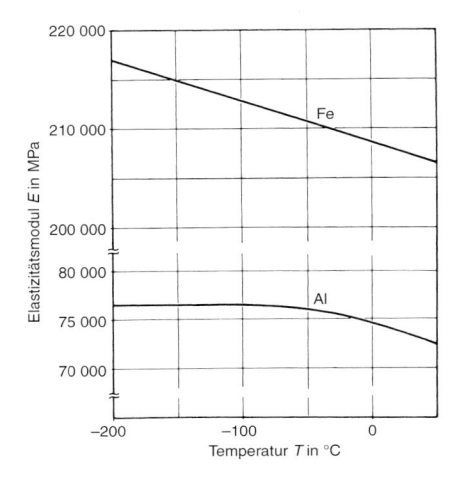

Bild 31-6 Temperaturabhängigkeit der Elastizitätsmoduln von Eisen und Aluminium

31.4 Weiterführende Literatur

[Mac79] Macherauch, E.: Z. f. Werkstofftechnik 10 (1979), 97
[Mac83] Macherauch, E. u. Hauk, V. (Hrsg.): Eigenspannungen, Band 1/2, DGM Oberursel, 1983

31.5 Symbole, Abkürzungen

Symbol/Abkürzung	Bedeutung	Einheit
$\bar{\alpha}$	mittlerer Ausdehnungskoeffizient	1/K
σ	Spannung	MPa
ε	Dehnung	-
A	Fläche	m²
E	E-Modul	MPa
L	Länge	m
L_0	Ausgangslänge	m
α_i	Wärmeausdehnungskoeffizient	1/K
ΔL	Längenänderung	m
ΔT	Temperaturdifferenz	K

V32 Wärmebehandlung von Stählen

32.1 Grundlagen

Durch Wärmebehandlungen werden bei Stählen Gefüge- und Zustandsänderungen angestrebt, die die Verarbeitungs- und/oder Gebrauchseigenschaften in günstiger Weise beeinflussen. Man unterscheidet Diffusions-, Grobkorn-, Normal-, Weich-, Spannungsarm- und Rekristallisationsglühen. Diese Wärmebehandlungsverfahren umfassen alle die Schritte Erwärmen, Halten und langsames Abkühlen. Bild 32-1 zeigt schematisch die Zeit-Temperatur-Folge bei solchen Wärmebehandlungen. Die Erwärmdauer t_e umfasst die Anwärmdauer t_{an}, in der die Werkstückoberfläche auf die Haltetemperatur T_h, gelangt, und die zusätzlich erforderliche Durchwärmdauer t_d, in der das Werkstoffinnere die Haltetemperatur erreicht. Während der Erwärmdauer t_e treten als Folge der Wärmeleitung umso größere Temperaturunterschiede zwischen Werkstoffoberfläche und -innerem auf, je schneller bei gegebenen Werkstoffabmessungen erwärmt wird und je größer bei gegebener Anwärmdauer die Abmessungen sind. Eine kleine Wärmeleitfähigkeit steigert die auftretenden Temperaturunterschiede und begünstigt die damit gekoppelte Ausbildung thermischer Spannungen (vgl. V31). Deshalb müssen bei Wärmebehandlungen die Erwärmgeschwindigkeiten den Werkstückabmessungen angepasst werden. Aber auch beim Abkühlen bestimmen die Werkstückabmessungen und die Wärmeleitfähigkeit die sich ausbildenden Temperaturunterschiede. Deshalb müssen auch die Abkühlgeschwindigkeiten hinreichend langsam gewählt werden, wenn nach dem Abkühlen von hohen Temperaturen auf Raumtemperatur eigenspannungsarme Zustände vorliegen sollen. Für unlegierte Stähle lassen sich die bei den genannten Wärmebehandlungen zweckmäßigerweise zu wählenden Haltetemperaturen T_h an Hand des Eisen-Eisencarbid-Diagramms (vgl. V14) und aus Bild 32-2 bis Bild 32-5 sowie Bild 32-7 und Bild 32-8 festlegen. Die Haltedauern t_h werden meist auf Grund vorliegender Erfahrungen gewählt.

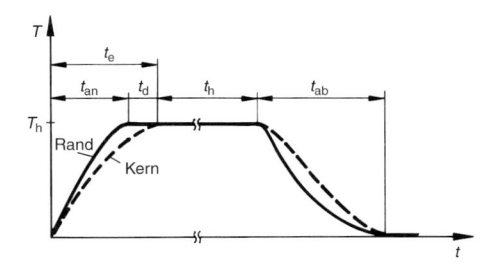

Bild 32-1
Schematische Zeit-Temperatur-Folge bei Wärmebehandlungen

Durch Diffusionsglühen, das i. Allg. viele Stunden bei Temperaturen zwischen 1000 und 1200 °C (vgl. Bild 32-2) erfolgt, sollen Inhomogenitäten in der Verteilung der Legierungselemente (Mischkristallseigerungen) beseitigt oder vermindert werden. Dieser Ausgleich von Unterschieden in der lokalen chemischen Zusammensetzung erfordert ein hinreichend großes Diffusionsvermögen der gelösten Legierungselemente und damit langzeitiges Glühen bei relativ hohen Temperaturen. Carbide und andere bei diesen Temperaturen noch quasi-stabile intermediäre Verbindungen (vgl. V34) verändern dabei ihre Form und bilden abgerundete Teilchen. Wegen der hohen Glühtemperaturen ist Grobkornbildung nicht zu vermeiden. Das

Auftreten von Randentkohlung lässt sich durch Glühen unter Schutzgas oder im Vakuum umgehen. Nach Abschluss der Diffusionsglühung kann die Grobkörnigkeit durch ein Normalglühen beeinflusst werden. Das Diffusionsglühen wird häufig bei Stahlformguss (Stahlgussteilen) angewandt, um lokale Konzentrations- und Gefügeinhomogenitäten zu beseitigen.

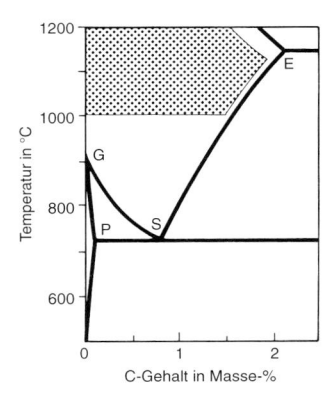

Bild 32-2
Haltetemperaturen beim Diffusionsglühen

Durch Grobkornglühen sollen kohlenstoffarme Stähle (insbesondere Einsatzstähle) verbesserte Zerspanungseigenschaften erhalten. Dies wird erreicht durch hinreichend langes Glühen oberhalb A_3 zwischen 900 und 1200 °C (vgl. Bild 32-3) und anschließendes zunächst langsames, unterhalb A_1 schnelles Abkühlen auf Raumtemperatur. Die Wahl der Glühtemperatur hängt von Menge und Art der vorliegenden nichtmetallischen Einschlüsse und Teilchen ab, die das angestrebte Wachstum der Austenitkörner beeinflussen. Das bei der Abkühlung auf Raumtemperatur entstehende grobkörnige ferritisch-perlitische Gefüge erleichtert zerspanende Fein- und Feinstbearbeitungen.

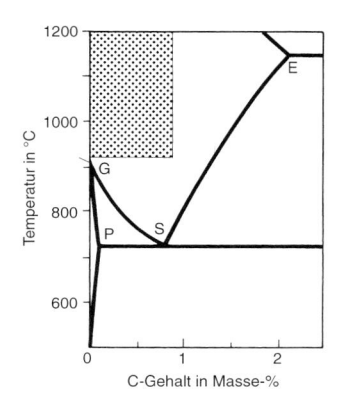

Bild 32-3
Haltetemperaturen beim Grobkornglühen

Das Normalglühen wird angewandt, um die einem Stahl durch Vorbehandlungen (Gießen, Umformen, Bearbeiten, Fügen) oder Wärmebehandlungen (Diffusions- und Grobkornglühen) aufgeprägten Zustandsänderungen zu beseitigen. Dazu führt man untereutektoide Stähle vollständig, übereutektoide teilweise in den austenitischen Zustand über und lässt sie anschließend in ruhender Atmosphäre abkühlen. Auf diese Weise wird ein als „Normalzustand" ansprechbares Gefüge erreicht, das in reproduzierbarer Weise hergestellt werden kann. Untereutektoide Stähle werden zum Normalglühen etwa 30 bis 50 K über A_3 (vgl. Bild 32-4) gehalten. Dabei

info@linn.de
www.linn.de

Wärmebehandeln und Kühlen von Motorkolben.

Taktdurchlauföfen.

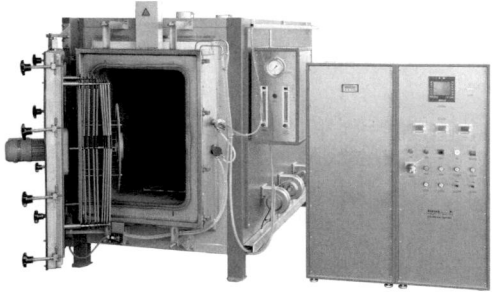

Schmieden, Schmelzen, Löten, Glühen, Härten, Kleben. Mittelfrequenzumrichter.

Glühen, Löten, Tempern. Schutzgas- /Vakuumkammeröfen.

WWW.VIEWEGTEUBNER.DE

Mechanik der Metalle, Polymere und Keramiken - ein Brückenschlag

Joachim Rösler | Harald Harders | Martin Bäker
Mechanisches Verhalten der Werkstoffe
3., durchges. u. korr. Aufl. 2008. XIV, 521 S. mit 319 Abb. und 31 Tab. Br. EUR 34,90
ISBN 978-3-8351-0240-8

Welches mechanische Verhalten zeigen Werkstoffe bei Beanspruchungen, denen sie bei ihrem Einsatz im Maschinenbau ausgesetzt sind? Um hierauf Antwort zu geben, führt das Buch Kontinuumsmechanik und Werkstoffwissenschaften zusammen und geht auf alle Werkstoffgruppen (Metalle, Keramiken, Polymere und Verbundwerkstoffe) ein. Dabei werden die Mechanismen des Werkstoffverhaltens erklärt und es wird die Frage beantwortet, warum und wie etwas im Werkstoff passiert. Es werden alle wesentlichen Verformungsmechanismen wie Elastizität, Plastizität, Ermüden, Kriechen oder auch Bruchmechanik betrachtet. Besonderheiten im mechanischen Verhalten der verschiedenen Werkstoffgruppen werden gesondert untersucht und geeignete Maßnahmen zur Festigkeitssteigerung entwickelt. Die 3. Auflage wurde korrigiert und aktualisiert.

Einfach bestellen: fachmedien-service@springer.com
Telefax +49(0)6221/345 - 4229

TECHNIK BEWEGT.

VIEWEG+ TEUBNER

Wie Verschleiß funktioniert

WWW.VIEWEGTEUBNER.DE

Karl Sommer | Rudolf Heinz | Jörg Schöfer
Verschleiß metallischer Werkstoffe
Erscheinungsformen sicher beurteilen
2010. XII, 599 S. mit 613 Abb. und 19 Tab. Br. EUR 34,95
ISBN 978-3-8351-0126-5

Verschleiß tritt in nahezu allen Industriezweigen auf und kann zu großen wirtschaftlichen Schäden mit entsprechenden Folgekosten führen. Das Buch ist vor allem für die praktische Arbeit des Ingenieurs gedacht. Es soll mit der Behandlung zahlreicher Schadensbeispiele konkrete Hilfestellung bei der Analyse und Beurteilung von Verschleißproblemen bieten und geeignete Maßnahmen für die Optimierung von Sicherheit und Zuverlässigkeit beim Betrieb von Anlagen und Maschinen ermöglichen.

Das Buch behandelt das gesamte Verschleißgebiet metallischer Werkstoffe.
In Grundlagenkapiteln wird auf Verschleiß und Reibung soweit eingegangen, wie es zum Verständnis der Verschleißproblematik notwendig ist. Die nachfolgenden Kapitel behandeln ausführlich die verschiedenen Verschleißarten mit den dazugehörigen Schadensbildern, die bei den zahlreichen Maschinenelementen und Bauteilen aufgrund unterschiedlicher tribologischer Beanspruchung und Struktur auftreten können.

Der Inhalt
- Tribologische Grundlagen
- Methodik der Analyse tribologischer Schäden
- Gleitverschleiß - Schwingungsverschleiß
- Wälzverschleiß
- Abrasivverschleiß
- Erosion und Erosionskorrosion

Die Autoren
Dr.-Ing. Karl Sommer, vormals Staatliche Materialprüfungsanstalt Stuttgart
Dr.-Ing. Rudolf Heinz, Robert Bosch GmbH, Stuttgart
Dr.-Ing. Jörg Schöfer, Robert Bosch GmbH, Stuttgart

Einfach bestellen: fachmedien-service@springer.com
Telefax +49(0)6221/345 - 4229

VIEWEG+TEUBNER

TECHNIK BEWEGT.

entstehen viele kleine Austenitkörner, woraus sich bei der anschließenden Abkühlung auf Raumtemperatur durch Umwandlung ein feinkörniges, gleichmäßiges Gefüge aus Ferrit und Perlit bildet (vgl. V14). Übereutektoide Stähle werden dagegen zum Normalglühen nur über A_1 erwärmt und damit nur teilweise austenitisiert. Eine Haltetemperatur oberhalb SE würde vollständige Austenitisierung mit Grobkornbildung zur Folge haben. Die Glühung von etwa 50 K über der eutektoiden Temperatur führt dagegen zur Ausbildung eines vom Kohlenstoffgehalt abhängigen, feinkörnigen Austenitanteils mit eingelagerten Zementitteilchen. Gleichzeitig koaguliert vorhandener sekundärer Korngrenzenzementit. Nach Abkühlung auf Raumtemperatur entsteht ein feinkörniges, perlitisches Gefüge mit dazwischenliegenden Zementitteilchen. Alle Normalglühbehandlungen nutzen also letztlich die Umwandlungsfolgen $\alpha \rightarrow \gamma \rightarrow \alpha$ und Perlit $\rightarrow \gamma \rightarrow$ Perlit zur Erzeugung eines feinkörnigen „Normalgefüges" aus.

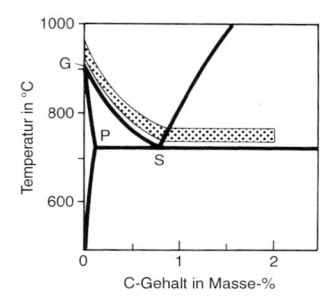

Bild 32-4 Haltetemperaturen beim Normalglühen

Weichglühen wird bei Stählen mit Kohlenstoffgehalten > 0,4 Masse-% angewandt, um die Härte eines Werkstoffes auf einen vorgegebenen Wert zu vermindern und Zerspanbarkeit und Kaltumformbarkeit zu verbessern. Dazu glüht man untereutektoide Stähle hinreichend lange möglichst nahe bei A_1 (vgl. Bild 32-5) und kühlt sie anschließend langsam auf Raumtemperatur ab. Der lamellare Zementit des Perlits wird dabei unter Abbau von Grenzflächenenergie in eine globulare Form eingeformt (GKZ-Glühen). Bei übereutektoiden Stählen wird dieser Einformungsvorgang durch ein Pendelglühen um die A_1-Temperatur (680 – 740 °C) beschleunigt. Bild 32-6 zeigt Schliffbilder des Wälzlagerstahls 100Cr6 mit lamellarer und globularer Zementitausbildung. Letzterer erweist sich bei spanender Bearbeitung und weiterer Kaltumformung als vorteilhaft.

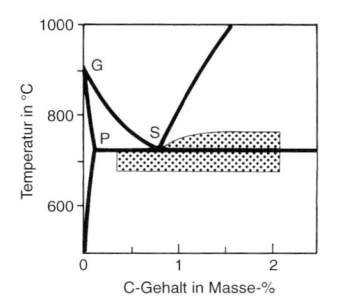

Bild 32-5 Haltetemperaturen beim Weichglühen

Bild 32-6 Schliffbild eines 100Cr6 mit lamellarer (links) und globularer (rechts) Zementitausbildung

Rekristallisationsglühungen werden angewandt, um die durch Kaltverformung erzwungenen Zustandsänderungen möglichst weitgehend wieder abzubauen (vgl. V12). Die Haltetemperaturen werden üblicherweise zwischen 500 und 700 °C (vgl. Bild 32-7) gewählt, müssen aber im Einzelfall auf den Verformungsgrad abgestimmt werden. Die Glühdauern orientieren sich ebenfalls am Verformungsgrad. Bei Kohlenstoffgehalten < 0,2 Masse-% führen Rekristallisationsglühungen schwach verformter Werkstoffe zur Grobkornbildung. Alle Zwischenglühungen bei Kaltumformprozessen sind Rekristallisationsglühungen, die nach V12 zu einer Gefügeneubildung mit einem Abbau der durch die Kaltverformung erhöhten Versetzungsdichte führen.

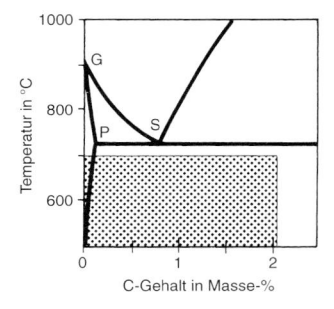

Bild 32-7
Haltetemperaturen beim Rekristallisationsglühen

Spannungsarmglühen dient zum Abbau von Makroeigenspannungen sowie zur Reduzierung von Mikroeigenspannungen (vgl. V75). Beide Eigenspannungsarten entstehen als Folge der meisten technologischen Prozesse, denen Stähle unterworfen werden, um als Bauteile Anwendung zu finden. Üblicherweise werden bei unlegierten und schwachlegierten Stählen Spannungsarmglühungen zwischen 550 und 670 °C (vgl. Bild 32-8), also oberhalb bzw. im Bereich der Rekristallisationstemperaturen, vorgenommen. Makroskopische Gefügeänderungen treten dabei stets auf, wenn größere plastische Verformungen die Eigenspannungsursachen waren. Wesentlich für den Makroeigenspannungsabbau sind die bei der Haltetemperatur vorliegenden Warmstreckgrenze und die Kriechneigung des Stahles. Bei hinreichend langer Glühdauer erfolgen plastische Verformungen, die zum Abbau und schließlich zum Ausgleich der Makroeigenspannungen führen können. Mikroeigenspannungen als Folge der Versetzungsgrundstruktur sowie Mikroeigenspannungen auf Grund der Unterschiede in den Ausdehnungskoeffizienten von Ferrit und Zementit lassen sich durch derartige Glühbehandlungen grundsätzlich nicht beseitigen. Die Abkühlung von der Haltetemperatur muss hinreichend langsam erfolgen, damit durch den Abkühlprozess nicht neue Makroeigenspannungen entstehen.

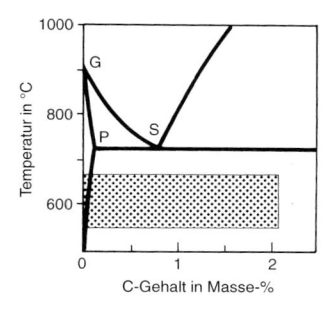

Bild 32-8
Haltetemperaturen beim Spannungsarmglühen

32.2 Aufgabe

Von dem Werkstoff C10 sind durch Grobkornglühung bei verschiedenen Temperaturen, Zustände mit unterschiedlicher Ferritkorngröße einzustellen. Vom Werkstoff C100 sollen durch Veränderung der Abkühlgeschwindigkeit nach dem Normalglühen, Zustände mit unterschiedlichen Abständen der Zementitlamellen sowie durch Weichglühen (Pendelglühen) kugeliger Zementit erzeugt werden. Die Auswirkungen dieser Wärmebehandlungen auf die ersten Bereiche der im Zugversuch mit $d\varepsilon/dt \approx 10^{-4}\ s^{-1}$ aufgenommenen Verfestigungskurven sind zu untersuchen und zu diskutieren.

32.3 Versuchsdurchführung

Die Zugproben aus C10 werden bei 950, 1000, 1100, 1200 und 1300 °C jeweils 1 h geglüht und anschließend ofenabgekühlt. Das Normalglühen der Zugproben aus C100 erfolgt bei 800 °C mit anschließender Luft- und zwei unterschiedlich schnellen Ofenabkühlungen. Das Weichglühen wird durch ein vierstündiges Pendelglühen zwischen 680 und 740 °C durchgeführt. Von den einzelnen Wärmebehandlungszuständen werden Schliffe angefertigt (vgl. V7). Bei den Proben aus C10 werden Korngrößenbestimmungen nach dem Kreisverfahren (vgl. V11) vorgenommen. Bei den Proben aus C100 werden die mittleren Abstände der Zementitlamellen bestimmt. Danach werden Proben der einzelnen Zustände in einer elektromechanischen Werkstoffprüfmaschine zugverformt. Die ersten Bereiche der Verfestigungskurven (vgl. V23) werden quantitativ ermittelt und aus diesen die unteren Streckgrenzen R_{eL} bzw. Dehngrenze mit 0,2 % plastischer Verformung $R_{p0,2}$ sowie die Lüdersdehnungen ε_L entnommen. Diese Kenngrößen werden als Funktion der Korngröße bzw. des Zementitlamellenabstandes (vgl. V24) aufgetragen und diskutiert.

32.4 Weiterführende Literatur

DIN EN 10052	DIN EN 10052: 1993. Begriffe der Wärmebehandlung von Eisenwerkstoffen
[Lie04]	Liedtke, D. u. Jönsson, R.: Wärmebehandlung. Grundlagen und Anwendungen für Eisenwerkstoffe. Expert-Verlag 6. Auflage, 2004
[Eck71]	Eckstein, H.-J.: Wärmebehandlung von Stahl. VEB Grundstoffind., Leipzig, 1971
[Eck76]	Eckstein, H.-J.: Technologie der Wärmebehandlung von Stahl. VEB Grundstoffind., Leipzig, 1976
[Ben78]	Benninghoff, H.: Wärmebehandlung der Bau- und Werkzeugstähle, 3. Auflage, BAZ, Basel, 1978
[Tot06]	Totten, G. E. (Hrsg.): Steel Heat Treatment: Metallurgy and Technologies. CRC Press 2. Auflage, 2006
[Koh94]	Kohtz, D.: Wärmebehandlung metallischer Werkstoffe: Grundlagen und Verfahren. VDI-Verl. Düsseldorf, 1994
[Bar09]	Bargel H.-J. und Schulze, G. (Hrsg.): Werkstoffkunde. Springer Verlag Berlin, 10. Auflage, 2009
[Les81]	Leslie, W. C.: The Physical Metallurgy of Steels. McGraw-Hill, New York, 1981
[Hab66]	Habraken, L. u. de Brouwer, J.-L.: De Ferri Metallographia I, Presses Acad. Europ., Brüssel, 1966
[Schr66]	Schrader, A. u. Rose, A.: De ferri metallographia. II. Gefüge der Stähle, Verlag Stahleisen Düsseldorf, 1966

32.5 Symbole, Abkürzungen

Symbol/Abkürzung	Bedeutung	Einheit
t_e	Erwärmdauer	s
t_{an}	Anwärmdauer	s
T_h	Haltetemperatur	°C
t_d	Durchwärmdauer	s
R_{eL}	untere Streckgrenze	MPa
$R_{p0,2}$	Dehngrenze mit 0,2 % plastischer Verformung	MPa
ε_L	Lüdersdehnung	-
ε	Dehnung	-
α	Ferrit	
γ	Austenit	
A_1	Umwandlungstemperatur	°C
A_3	Umwandlungstemperatur	°C

V33 ZTU-Schaubilder

33.1 Grundlagen

Die Gefügeausbildung und damit vor allem die mechanischen Eigenschaften von unlegierten und legierten Stählen können in einem relativ starken Ausmaß durch unterschiedliche Temperaturführungen bei der Wärmebehandlung beeinflusst werden. Hierbei ist zu beachten, dass das in V14 besprochene Eisen-Eisencarbid-Diagramm streng nur für unendlich langsame Aufheizung und Abkühlung gilt. Für die Beurteilung technischer Wärmebehandlungen ist es höchstens als Orientierungshilfe geeignet.

Zwischen der unendlich langsamen Abkühlung und dem anderen Extrem, der in V15 behandelten raschen Abschreckung, gibt es aber viele Varianten für die Abkühlung von Stahlproben aus dem γ-Gebiet auf Raumtemperatur. Will man deren Auswirkung auf die sich ausbildenden Gefügezustände genauer untersuchen, so hat man zunächst einen definierten Ausgangszustand durch hinreichend langes Glühen bei geeignet gewählter Temperatur im γ-Gebiet zu erzeugen. Danach prägt man den Proben definierte Temperatur-Zeit-Verläufe auf und verfolgt mit geeigneten Methoden Beginn, Ablauf und Ende der Austenitumwandlung. Auf diese Weise erhält man Zeit-Temperatur-Umwandlungs-Schaubilder (ZTU-Schaubilder), die eine realistische Beurteilung des Umwandlungsgeschehens ermöglichen. Man unterscheidet dabei zwischen isothermen und kontinuierlichen ZTU-Schaubildern.

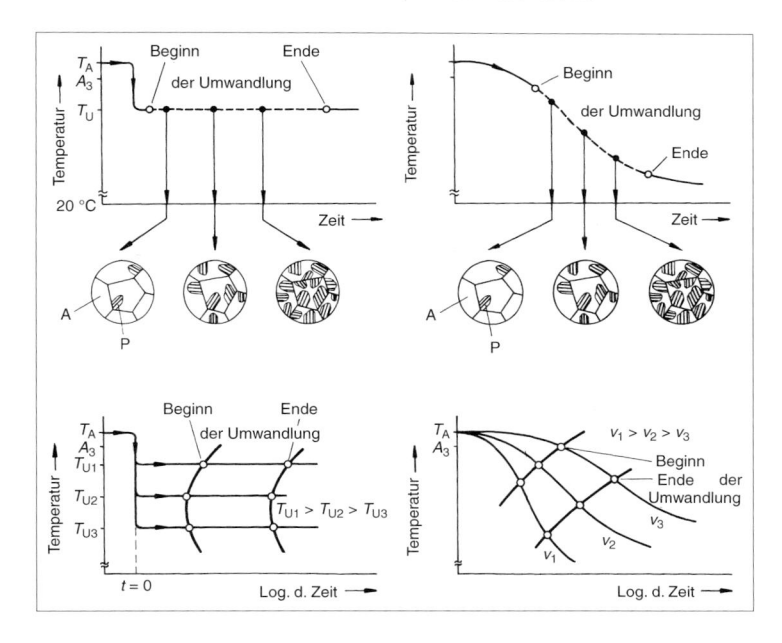

Bild 33-1 Versuchsführungen bei der Ermittlung isothermer (links) und kontinuierlicher (rechts) ZTU-Umwandlungsschaubilder

Zur Aufnahme eines isothermen ZTU-Schaubildes (vgl. Bild 33-1 links) werden Stahlproben von der Austenitisiertemperatur T_A rasch auf bestimmte Umwandlungstemperaturen T_U abgekühlt und dort gehalten. Die Prozesse können mittels Hochtemperaturmikroskopie untersucht werden. Eine andere Möglichkeit besteht darin, nach unterschiedlich langen Haltezeiten die Proben auf Raumtemperatur abzuschrecken und sie anschließend metallographisch zu untersuchen. Das Ausmaß und die Art der Umwandlung können dann in Abhängigkeit von der Haltezeit quantitativ erfasst werden. Von Beginn bzw. Ende der Umwandlung wird gesprochen, wenn 2 Vol.-% bzw. 98 Vol.-% des Austenits umgewandelt sind. Umwandlungsbeginn und -ende lassen sich auch mit den Hilfsmitteln der thermischen Analyse (vgl. V6) und der Dilatometrie (vgl. V30) bestimmen. In einem Temperatur-Zeit-Diagramm mit logarithmischer Zeitachse werden dann bei jeder Umwandlungstemperatur die für das Umwandlungsgeschehen wesentlichen Zeiten aufgetragen und miteinander verbunden. Die nach Abschluss der isothermen Umwandlung vorliegenden Härtewerte können im Diagramm vermerkt werden. Die gemessenen Härtewerte werden durch Kreise gekennzeichnet.

Im Gegensatz zur isothermen Prozessführung werden beim kontinuierlichen ZTU-Schaubild (vgl. Bild 33-1 rechts) Stahlproben unter Einhaltung bestimmter nicht konstanter Temperatur-Zeit-Verläufe von der Austenitisiertemperatur T_A auf Raumtemperatur abgekühlt und die dabei auftretenden Gefügeänderungen mit ähnlichen Methoden wie bei der isothermen Umwandlung untersucht. Werden die einzelnen Abkühlungskurven in einem T - $\log t$ - Diagramm eingezeichnet und in diesen die Anfangs- sowie die charakteristischen Zwischen- und Endpunkte der Umwandlung markiert und miteinander verbunden, so erhält man das gesuchte Schaubild. An den Enden der Abkühlkurven werden die bei Raumtemperatur auftretenden Härtewerte notiert und mit Kreisen markiert. Zusätzlich werden an kennzeichnenden Stellen des Diagramms die Mengenanteile des entstandenen Gefüges vermerkt.

Sowohl bei den isothermen als auch bei den kontinuierlichen ZTU-Schaubildern werden die aus dem Zustandsdiagramm Fe-Fe$_3$C (vgl. V14, Bild 14-1) entnehmbaren A_1- und A_3-Temperaturen, die bei unendlich langsamer Abkühlung der eutektoiden Temperatur bzw. den auf der GS-Linie liegenden Temperaturen entsprechen, als Parallelen zur Abszisse eingetragen. Außerdem werden auch die Martensitstarttemperaturen M_S (vgl. V15) bis zu den Zeiten vermerkt, bei denen noch Martensitbildung zu erwarten ist.

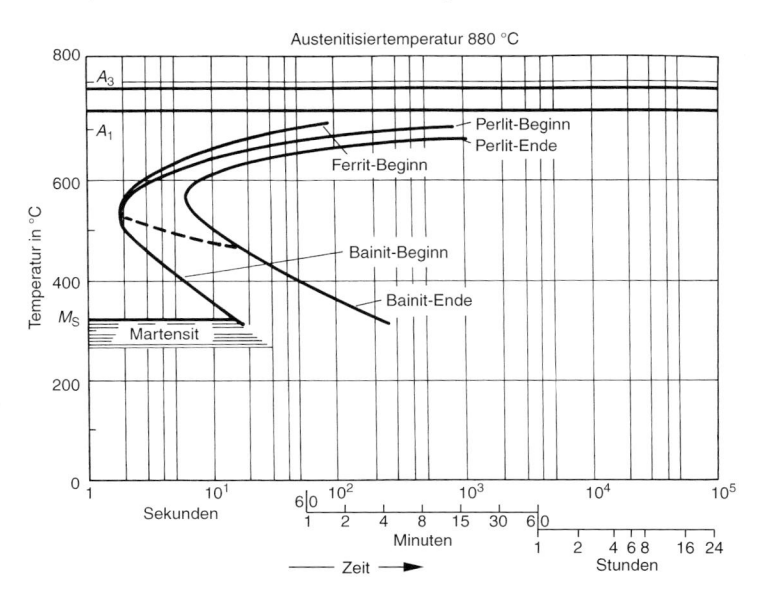

Bild 33-2
ZTU-Schaubild für isotherme Umwandlung eines unlegierten Stahles mit 0,45 Masse-% Kohlenstoff (Austenitisiertemperatur T_A = 880 °C)

V33 ZTU-Schaubilder

Als Beispiel ist zunächst in Bild 33-2 das isotherme ZTU-Schaubild eines unlegierten Stahles mit 0,45 Masse-% C wiedergegeben. Die diesem Schaubild zugrunde liegenden Gesetzmäßigkeiten sollen etwas ausführlicher erörtert werden. Bei höheren Umwandlungstemperaturen bildet sich zuerst Ferrit (voreutektoider Ferrit) durch heterogene Keimbildung an Austenitkorngrenzen. Bei der später einsetzenden Perlitbildung wachsen dann, ebenfalls von den Korngrenzen des Austenits ausgehend, abwechselnd Ferrit- und Zementitlamellen in die Austenitmatrix hinein (vgl. V14). Je niedriger die Umwandlungstemperatur ist, desto feinstreifiger werden die Ferrit- und Zementitlamellen und damit der Perlit. Die Größe der Perlitbereiche nimmt mit kleiner werdender Austenitkorngröße ab.

Das isotherme ZTU-Schaubild in Bild 33-2 weist eine charakteristische „Nase" auf. Die Ursache für die Ausbildung dieser „Nase" liegt in zwei von der Temperatur gegenläufig abhängigen Prozessen. Einmal nimmt mit wachsender Unterkühlung die Keimbildungsgeschwindigkeit c für die Perlitreaktion zu. Zum anderen nimmt der Diffusionskoeffizient D und damit die Diffusionsfähigkeit des Kohlenstoffs mit sinkender Temperatur ab. Die Umwandlungsgeschwindigkeit wird durch das Produkt $c \cdot D$ bestimmt und damit bei einer bestimmten Temperatur maximal. Bei dieser Temperatur setzt aus diesem Grund die Umwandlung früher ein als bei größeren und kleineren Temperaturen.

Unterhalb der „Nase" im Bild 33-2 beginnt der Bainitbereich. Die Umwandlung wird ebenfalls diffusionsgesteuert eingeleitet, weil bei den dort vorliegenden Temperaturen der Kohlenstoff im Austenitgitter noch relativ beweglich ist. Lokal verringerte Kohlenstoffkonzentrationen begünstigen die Umwandlung des Austenits durch diffusionslose Umklappvorgänge in einen martensitähnlichen Zwischenzustand. Dieser Prozess nimmt mit sinkender Umwandlungstemperatur zu. Dabei bleiben bestimmte Orientierungsbeziehungen zwischen dem Austenit und den neu entstandenen, an Kohlenstoff übersättigten und deshalb verspannten Kristallen bestehen. Wegen der noch relativ hohen Bildungstemperaturen und wegen der im Vergleich zum Austenit erheblich größeren Diffusionsgeschwindigkeit des Kohlenstoffs im Ferrit- bzw. Martensitgitter bildet sich anschließend Ferrit mit Zementitausscheidungen. Da die Diffusionsgeschwindigkeit mit sinkender Temperatur abnimmt, werden die Zementitausscheidungen mit abnehmender Temperatur immer feiner. Insgesamt entsteht ein charakteristisches, teils nadeliges, teils plattenförmiges Gefüge aus Ferrit und Carbid, das als Bainit bezeichnet wird. Der bei höheren Temperaturen erzeugte Bainit besteht aus einer groben Anordnung von Ferrit und Carbid. Der bei tieferen Temperaturen erzeugte Bainit besteht dagegen aus einer feineren Struktur aus Ferrit und Carbid. Dementsprechend unterscheidet man zwischen oberem und unterem Bainit. In Bild 33-3 ist eine transmissionselektronenmikroskopische Aufnahme eines bainitischen Gefügebereiches von 100Cr6 wiedergegeben.

Bild 33-3
TEM-Aufnahme eines Bainitbereiches in 100Cr6 mit nadeligem Bainit in dem dunkle Carbidstreifen zu erkennen sind

Erfolgt hinreichend rasche Abkühlung auf Temperaturen unterhalb der Martensitstarttemperatur, so setzt die in V15 schon ausführlich beschriebene diffusionslose Umwandlung des Austenits in Martensit (martensitische Umwandlung) ein. Oft werden die einzelnen Umwandlungsbereiche auch als Ferrit/Perlit-Stufe, Perlitstufe, Bainitstufe und Martensitstufe bezeichnet.

Wichtig ist, dass die Lage der Umwandlungslinien der isothermen ZTU-Diagramme von der Wahl der Austenitisiertemperatur und der Austenitisierdauer sowie stark von den Legierungselementen abhängt. Wie Bild 33-4 im Vergleich zu Bild 33-2 zeigt, führt bei einem Stahl mit 0,45 Masse-% Kohlenstoff das Zulegieren von 3,5 Masse-% Chrom zu einer stärkeren Trennung des Perlitbereiches vom Bainitbereich. Zwischen beiden Gefügen existiert eine umwandlungsträge Temperaturzone. Gleichzeitig werden die Perlit- und die Bainitumwandlung zu späteren Zeiten verschoben. Tendenzmäßig ähnlich wie Chrom wirken die Legierungselemente Molybdän, Vanadium und Wolfram. Auch sie fördern die Ausdehnung eines umwandlungsträgen Temperaturbereiches zwischen dem Perlit- und dem Bainitbereich.

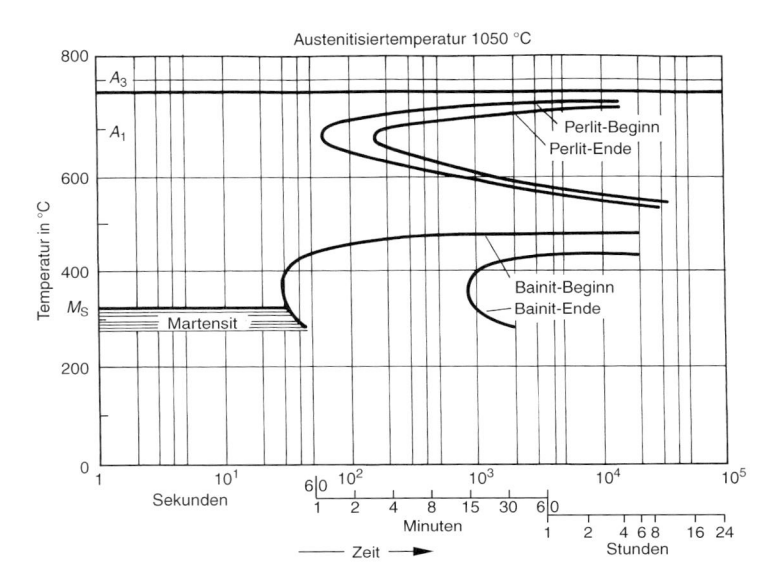

Bild 33-4 ZTU-Schaubild für isotherme Umwandlung eines Stahles mit 0,45 Masse-% Kohlenstoff und 3,5 Masse-% Chrom. Austenitisiertemperatur 1050 °C

Ein Beispiel für ein kontinuierliches ZTU-Schaubild zeigt Bild 33-5. Aufgrund der eingangs getroffenen Festlegungen sind derartige Schaubilder längs der eingezeichneten Abkühlungskurven zu lesen.

V33 ZTU-Schaubilder

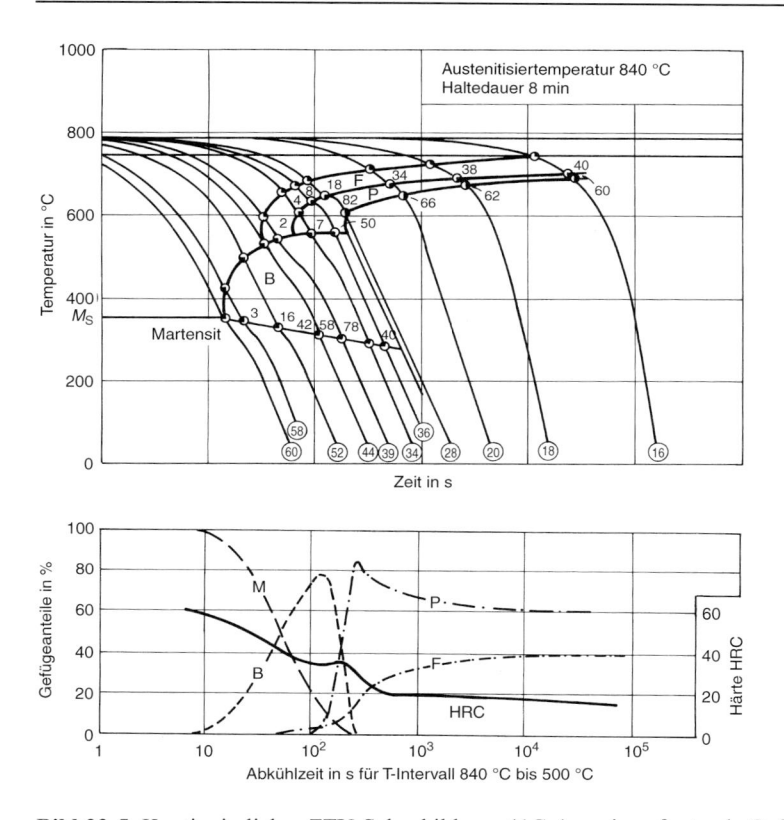

Bild 33-5 Kontinuierliches ZTU-Schaubild von 41Cr4 sowie auftretende Gefügeanteile und HRC-Werte bei Raumtemperatur als Funktion der Abkühlzeit von 840 °C auf 500 °C.
M Martensit, B Bainit, P Perlit, F Ferrit

Wiederum gilt, dass die Lage der Umwandlungsbereiche von den Austenitisierbedingungen beeinflusst wird. Aus diesem Grund sind die Angaben bezüglich der Austenitisierung neben der chemischen Zusammensetzung der untersuchten Stahlcharge Bestandteil eines vollständigen ZTU-Schaubildes. Im Allgemeinen wird mit zunehmender Austenitkorngröße, also wachsender Austenitisiertemperatur, die Perlitumwandlung und weniger ausgeprägt die Bainitumwandlung verzögert. Die nach Abschluss der Umwandlungen bei Raumtemperatur vorliegenden Härtewerte sind durch die in Kreise eingetragenen Zahlen am Ende der Abkühlkurven vermerkt. Die an den Schnittpunkten der Abkühlungskurven mit den temperaturmäßig unteren Begrenzungen der Umwandlungsbereiche angeschriebenen Zahlen geben den Volumenanteil des jeweils entstandenen Gefüges an. Ergibt die Summe der Zahlenwerte längs einer Abkühlungskurve weniger als 100 Vol.-%, so ist das restliche Werkstoffvolumen martensitisch umgewandelt. Der Werkstoff, der nach Abkühlung auf Raumtemperatur z. B. 39 HRC besitzt, weist als Bestandteile 2 Vol.-% Ferrit, 58 Vol.-% Bainit und 40 Vol.-% Martensit auf. Im unteren Teil von Bild 33-5 sind die bei Raumtemperatur vorliegenden Gefügeanteile und Härten in Abhängigkeit von der Zeit aufgezeichnet, die bei kontinuierlichen Abkühlungen zum Durchlaufen des Temperaturintervalls zwischen 840 °C und 500 °C benötigt werden.

33.2 Aufgabe

Proben des legierten Stahles 51CrV4 werden bei drei verschiedenen Temperaturen verschieden lang isotherm umgewandelt und danach auf Raumtemperatur abgeschreckt. Es sind Schliffe anzufertigen und die Gefüge anhand des vorliegenden isothermen ZTU-Diagramms zu beurteilen.

33.3 Versuchsdurchführung

Die Versuchsproben, deren isothermes ZTU-Schaubild vorliegt, werden 10 min bei 880 °C austenitisiert. Proben der beiden ersten Serien werden rasch in neutralen Salzbädern auf 680 bzw. 520 °C abgekühlt, dort 100 bzw. 2000 s gehalten und dann auf Raumtemperatur abgelöscht. Proben der dritten Serie werden in einem Salzbad auf 600 °C abgekühlt, dort 20, 100 und 400 s gehalten und dann auf Raumtemperatur abgeschreckt. Von allen drei Probenserien werden Schliffe in der in V14 beschriebenen Weise hergestellt, mit alkoholischer Salpeter- bzw. Pikrinsäure geätzt, mikroskopisch betrachtet und beurteilt.

33.4 Weiterführende Literatur

[Sch66] Schrader, A.; Rose, A.: DeFerri Metallographia II, Stahleisen, Düsseldorf, 1966
[Gro81] Grosch, J.: Wärmebehandlung der Stähle, WTV, Karlsruhe, 1981
[Rit76] Pitsch, W.: Grundlagen der Wärmebehandlung von Stahl, Stahleisen, Düsseldorf, 1976
[Sen76] Benninghoff, H.: Wärmebehandlung der Bau- und Werkzeugstähle, 3. Auflage, BAZ, Basel, 1976
[Hou76] Hougardy, H. P.: HTM 33 (1978), 63

33.5 Symbole, Abkürzungen

Symbol/Abkürzung	Bedeutung	Einheit
T_A	Austenitisiertemperatur	°C
c	Keimbildungsgeschwindigkeit	1/s
T_U	Umwandlungstemperatur	°C
D	Diffusionskoeffizient	m²/s

V34 Härtbarkeit von Stählen

34.1 Grundlagen

Die bei der martensitischen Härtung von Stählen (vgl. V15) erreichbaren Härte- und Festigkeitswerte sind von der Austenitisiertemperatur und -dauer, von der Abkühlgeschwindigkeit, der Stahlzusammensetzung und von den Werkstückabmessungen abhängig. Wegen der über dem Werkstoffquerschnitt lokal unterschiedlichen Abkühlgeschwindigkeiten treten – solange V_{krit} überschritten wird – die martensitischen Umwandlungen zeitlich versetzt auf und laufen – wenn die Abkühlgeschwindigkeiten zu klein werden – nicht mehr vollständig bzw. überhaupt nicht mehr ab. Durchhärtung ist bei größeren Abmessungen nur dann gewährleistet, wenn auch im Probeninnern eine größere Abkühlgeschwindigkeit als die kritische erreicht wird. Letztere lässt sich durch bestimmte Legierungselemente in weiten Grenzen beeinflussen.

Unter Härtbarkeit von Stählen versteht man das Ausmaß der Härteannahme nach Abkühlung von Austenitisiertemperatur auf Raumtemperatur mit Abkühlgeschwindigkeiten, die zur vollständigen oder teilweisen Martensitbildung führen. Als Aufhärtbarkeit bezeichnet man dabei den an den Stellen größter Abkühlgeschwindigkeit erreichten Härtehöchstwert. Er wird bestimmt durch den bei der Austenitisiertemperatur gelösten Kohlenstoffgehalt. Als Einhärtbarkeit spricht man dagegen den Härtetiefenverlauf an, der mit dem lokalen Erreichen der für die Martensitbildung erforderlichen kritischen Abkühlgeschwindigkeit auf das engste verknüpft ist und daher sowohl vom Kohlenstoffgehalt als auch von allen anderen gelösten Legierungselementen in kennzeichnender Weise abhängt. Härtbarkeit umfasst also die Begriffe Aufhärtbarkeit und Einhärtbarkeit und beschreibt von der Oberfläche normal ins Innere des Werkstoffs fortschreitend die Beträge und die Verteilung der durch Abschrecken erzeugten Härte. Im Einzelfall sind für die Härtbarkeit die vorliegenden Abkühlbedingungen bestimmend, die ihrerseits von den Abmessungen, der Form, der Oberflächenbeschaffenheit, dem Wärmeinhalt, der Wärmeleitfähigkeit des zu härtenden Objektes und der wärmeentziehenden Wirkung des Kühlmittels, also der Wärmeübergangszahl, abhängen.

Insgesamt erfordert somit die Härtbarkeitsprüfung einer Stahlcharge die Abschreckhärtung von Proben definierter Form, die Anfertigung von Trennschnitten senkrecht zur Oberfläche und Härtemessungen in den Trennflächen. Der große Aufwand und die mangelnde Vergleichbarkeit derartiger Prüfungen haben schließlich zur Entwicklung des sog. Stirnabschreckversuches geführt, der heute als Härtbarkeitsprüfverfahren in vielen Ländern unter gleichartigen Bedingungen durchgeführt wird. Prüfling ist ein zylindrischer Stab von 25 mm Durchmesser und 100 mm Länge, der am einen Ende einen Kragen oder einen Einstich zum Einhängen in eine Abschreckvorrichtung (Bild 34-1) besitzt.

Der Zylinder wird in definierter Weise austenitisiert, innerhalb von 5 s in die Abschreckvorrichtung gehängt und danach an der unteren Stirnseite von einem Wasserstrahl (~ 20 °C) bespritzt, der eine freie Steighöhe von 65+10 mm hat und aus einer 12 mm entfernten Düse mit 12 mm Innendurchmesser austritt. Die einzelnen Probenbereiche kühlen dabei unterschiedlich schnell ab, so dass sich lokal verschiedene Gefüge und Härten ausbilden. Nach Erkalten werden an zwei gegenüberliegenden Mantellinien des Zylinders etwa 8 mm breite Fasen (Bahnen) angeschliffen, längs derer dann die Härte als Funktion des Abstands von der Stirnfläche (Härteverlaufskurve bzw. Stirnabschreckkurve) gemessen wird. Der stirnseitige Härtewert charakterisiert die Aufhärtbarkeit, der Härteabfall längs der Stirnabschreckprobe die Einhärtbarkeit.

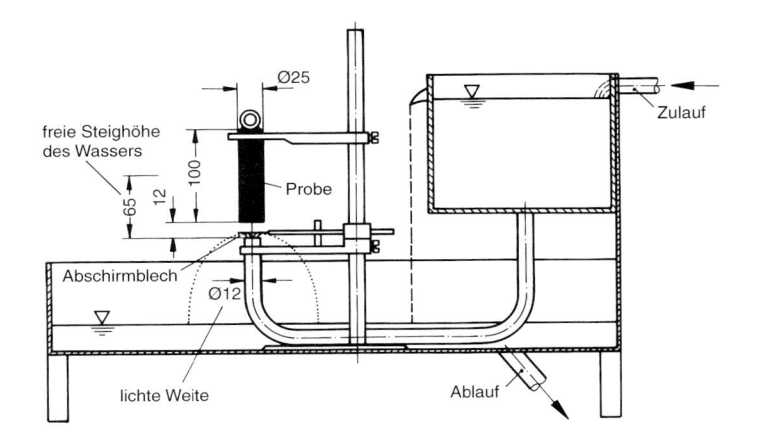

Bild 34-1
Versuchseinrichtung für Stirnabschreckversuch (Jominy-Versuch)

Typische Stirnabschreck-Härtekurven für unter gleichen Bedingungen abgeschreckte Proben aus 50CrV4 und 37MnSi5 sind in Bild 34-2 wiedergegeben. In verschiedenen Stirnflächenabständen liegen längs der Mantelfläche der Probe beim Erreichen bestimmter Temperaturen unterschiedliche Abkühlgeschwindigkeiten vor. In Bild 34-2 sind unten die bei 700 °C in verschiedenen Abständen von der Stirnfläche auftretenden Abkühlgeschwindigkeiten vermerkt. Die beiden Stähle besitzen die gleiche Aufhärtbarkeit, aber stark verschiedene Einhärtbarkeiten. Die nach der martensitischen Härtung vorliegenden Härtetiefenverteilungen kann man durch die Oberflächenentfernung kennzeichnen, in der noch bestimmte Härtewerte (HRC oder HV) vorliegen (sog. Jominy-Abstand, z. B. $J_{10} \geq 40$ HRC). Das ist ein Maß für die Einhärtung. Diese ist bei dem Stahl 50CrV4 für einen Härtewert von 50 HRC größer als 70 mm, bei dem Stahl 37MnSi5 dagegen nur 3 mm.

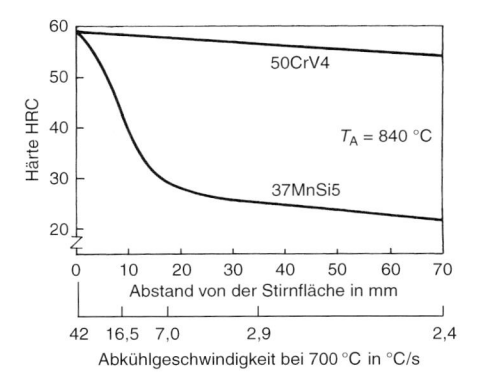

Bild 34-2
Härteverlaufskurven nach Stirnabschreckversuchen an Stahlproben aus 50CrV4 und 37MnSi5

Allgemein gilt, dass die Aufhärtung wesentlich durch den Kohlenstoffgehalt, die Einhärtung dagegen wesentlich durch den Gehalt an sonstigen Legierungselementen bestimmt wird (vgl. Bild 34-3). Eine gute Härtbarkeit liegt vor, wenn eine große Härte an der Stirnseite und ein kleiner Härteabfall längs der Stirnabschreckproben auftreten.

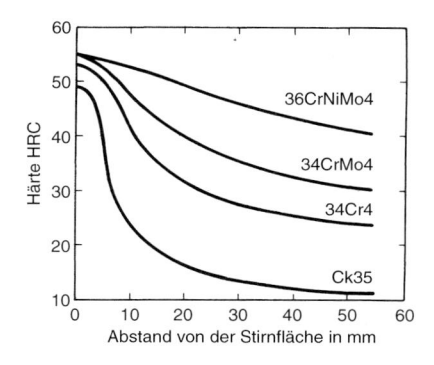

Bild 34-3
Einfluss von Legierungselementen auf die Härteverlaufskurven

Die Einhärtbarkeit von Stählen lässt sich auch noch anders beurteilen. So bezeichnet man z. B. bei gegebener Stahlzusammensetzung den Durchmesser eines Zylinderstabes, in dessen Innerem bei rascher Abkühlung auf Raumtemperatur noch 50 Vol.-% Martensit entsteht, als ideal kritischen Durchmesser (ϕ). Bei unlegierten Stählen gilt in guter Näherung

$$\Phi = \alpha \cdot (d_A) \sqrt{Masse\text{-}\%C} \tag{34.1}$$

Dabei ist α (d_A) ein von der mittleren Austenitkorngröße d_A abhängiger Vorfaktor, der mit d_A anwächst. Zunehmende Austenitkorngröße senkt die Wahrscheinlichkeit für das Auftreten der durch Korngrenzenkeimwirkung ausgelösten Perlitbildung und fördert damit die martensitische Umwandlung (vgl. V14 und V15). Alle Legierungselemente außer S, P und Co vergrößern bei FeC-Legierungen die ideal kritischen Durchmesser, weil sie die kritische Abkühlgeschwindigkeit und die Ms-Temperatur absenken. Es gilt

$$\Phi_i = \Phi \cdot (1 + a_i Masse\text{-}\%X_i) \tag{34.2}$$

wobei X_i das Legierungselement i und a_i sein Wirkungsfaktor hinsichtlich der Einhärtung ist. a_i nimmt beispielsweise für Mn, Mo, Cr und Ni Werte von etwa 4,1; 3,1; 2,3 und 0,5 an.

Die gemessenen Härtewerte der Stirnabschreckkurven lassen durch Vergleich mit den Härteangaben im kontinuierlichen ZTU-Diagramm des untersuchten Stahles (vgl. V33) eine rohe Beurteilung der lokal erzeugten Gefügezustände zu. Als Beispiel enthält Bild 34-4 das für Ck45 gültige kontinuierliche ZTU-Diagramm mit mehreren Temperatur-Zeit-Kurven. Die Gesamtmenge der bei Raumtemperatur jeweils auftretenden Anteile an Ferrit, Perlit und Bainit ist durch die Summe der Zahlen bestimmt, die an den Schnittpunkten der Abkühlkurven mit den einzelnen Bereichsgrenzen angegeben sind. In Bild 34-5 ist für eine Stirnabschreckprobe aus Ck45 (T_A = 880 °C) der gemessene Härteverlauf der Gefügeausbildung gegenübergestellt. Man sieht in Abhängigkeit vom Stirnflächenabstand den Übergang vom rein martensitischen Gefüge an der Stirnseite der Probe bis hin zum ferritisch-perlitischen Gefüge am Probenende.

Bei der Härtung von Stählen ist die Ausbildung von Eigenspannungen (vgl. V75) unvermeidlich. Da die mit einer Volumenvergrößerung verbundene martensitische Umwandlung des Austenits (vgl. V15) in den einzelnen Querschnittsbereichen zeitlich nacheinander erfolgt, liegen nach der Härtung grundsätzlich neben Abkühleigenspannungen auch Umwandlungseigenspannungen I. Art vor.

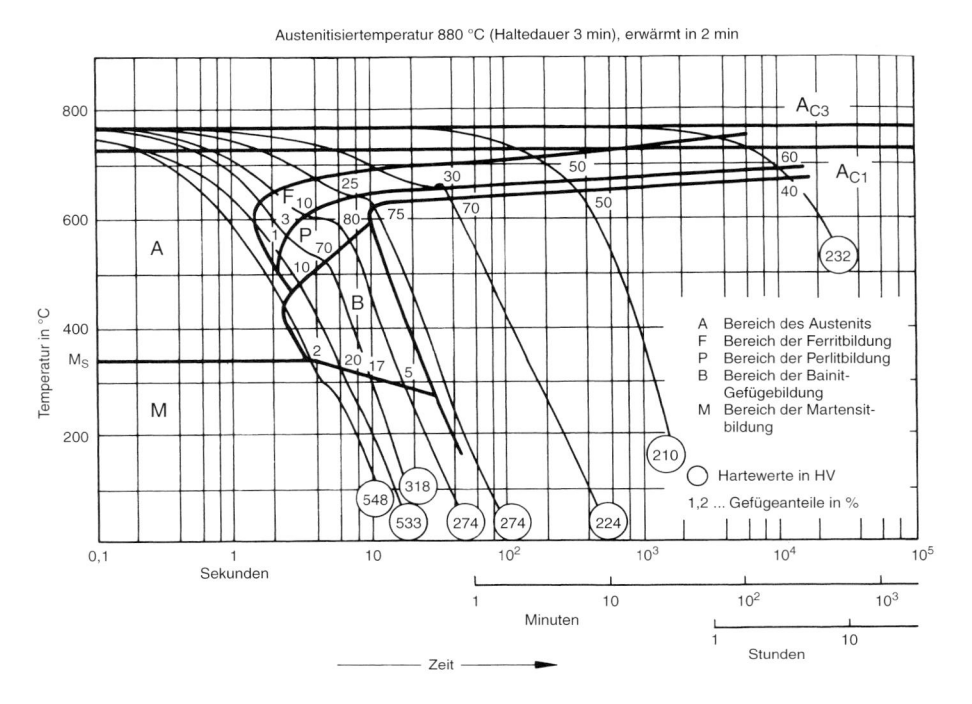

Bild 34-4 Kontinuierliches ZTU-Schaubild von Ck45

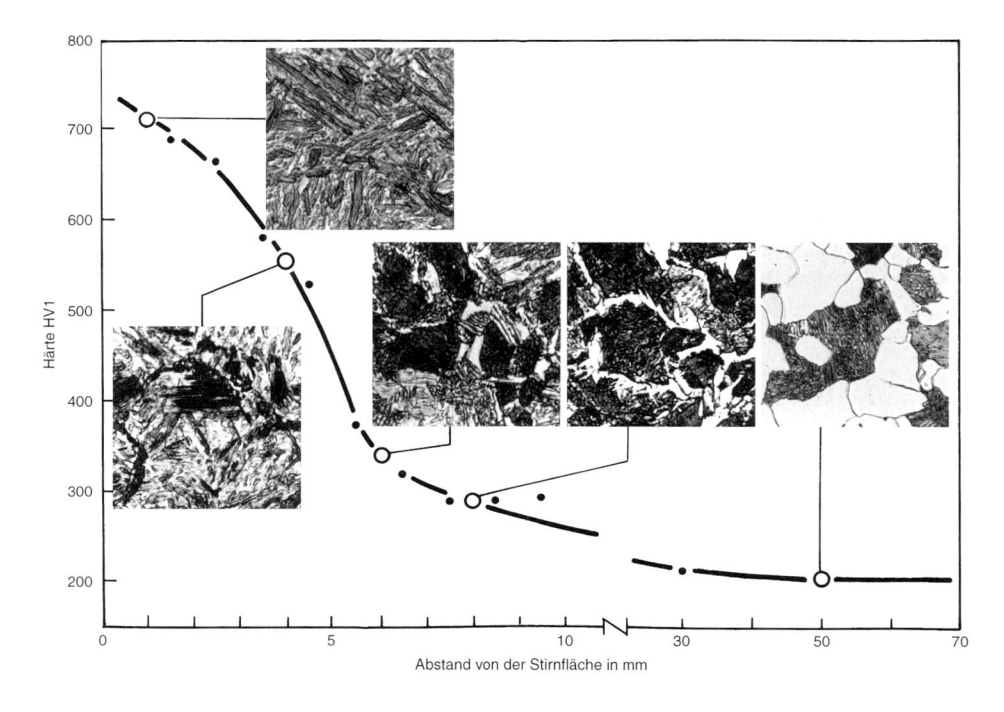

Bild 34-5 Stirnabschreckkurve und zugehörige Gefügeausbildung bei Ck45

Der gesamte Eigenspannungszustand I. Art ist vom Stahltyp, von den Austenitisier- und Abkühlbedingungen sowie von den Werkstückabmessungen abhängig. Daneben bilden sich Mikroeigenspannungen aus als Folge der im Martensit in Nichtgleichgewichtskonzentration gelösten Kohlenstoffatome (vgl. V15). Schließlich treten bei höher kohlenstoffhaltigen Stählen im Martensit und im Restaustenit Eigenspannungen II. Art mit unterschiedlichen Vorzeichen auf.

34.2 Aufgabe

Für den Vergütungsstahl Ck35 und den Werkzeugstahl 90MnV8 sind Stirnabschreckkurven zu ermitteln. Vor dem Abschrecken sind die Werkstoffe Ck35 30' bei 830 °C und 90MnV8 30' bei 780 °C zu austenitisieren. Die in Abhängigkeit von der Entfernung von der Stirnseite auftretenden Gefügezustände sind anhand der kontinuierlichen ZTU-Diagramme beider Stähle zu erörtern.

34.3 Versuchsdurchführung

Die vorbereiteten Abschreckzylinder werden in Kammeröfen auf die vorgegebenen Austenitisiertemperaturen gebracht. Während der Glühung wird die Versuchseinrichtung (vgl. Bild 34-1) so eingestellt, dass ohne Abschirmblech der aus einer Düse mit lichter Weite von 12 mm austretende Wasserstrahl eine freie Steighöhe von 65 mm hat. Danach wird das Abschirmblech in den Wasserstrahl eingeschwenkt. Die einzelnen Proben werden nach Austenitisierung mit einer Zange aus dem Ofen geholt und in die Gabel der Prüfeinrichtung eingehängt. Dann wird durch Drehen des Abschirmbleches der Wasserstrahl zum kontinuierlichen Auftreffen auf die Stirnseite der Probe freigegeben. Nach Abkühlung auf Raumtemperatur wird die Probe mit feinem Schmirgelpapier von Zunder befreit und die Messfase geglättet. Danach wird längs der Fase, ausgehend von der Stirnfläche, in Abständen von etwa 5 mm die Rockwell-Härte gemessen (vgl. V8) und die Härteverlaufskurve aufgezeichnet. Die lokal erwarteten Gefügezustände werden erörtert und durch Anfertigung von Schliffen stichprobenartig überprüft. Die Ursachen der Unterschiede in den Härteverlaufskurven werden diskutiert. Für beide Stähle werden als Maß für die Einhärtbarkeit die Stirnflächenabstände bestimmt, in denen eine Härte von 45 HRC vorliegt.

34.4 Weiterführende Literatur

[Eck76] Eckstein, H. J.: Technologie der Wärmebehandlung von Stahl, VEB Grundstoffind., Leipzig, 1976

[Ben76] Benninghoff, H.: Wärmebehandlung der Bau- und Werkzeugstähle, 3. Auflage, BAZ, Basel, 1976.

[Hor08] Hornbogen, E.; Eggeler, G.; Werner, E.: Werkstoffe: Aufbau und Eigenschaften von Keramik-, Metall-, Polymer- und Verbundwerkstoffen, 9. Auflage, Springer-Verlag, Berlin, Heidelberg, 2008

[Ask96] Askeland, D. R.: Materialwissenschaften: Grundlagen, Übungen, Lösungen, Spektrum Akademischer Verlag Heidelberg, Berlin, Oxford, 1996

34.5 Symbole, Abkürzungen

Symbol/Abkürzung	Bedeutung	Einheit
ϕ	ideal kritischer Durchmesser (50 Vol.-% Martensit)	mm
$\alpha\,(d_A)$	ein von der mittleren Austenitkorngröße d_A abhängiger Vorfaktor	
d_A	mittlere Austenitkorngröße	µm
X_i	Legierungselement i	
a_i	Wirkungsfaktor des Legierungselements X_i hinsichtlich der Einhärtung	
T_A	Austenitisiertemperatur	°C

V35 Stahlvergütung und Vergütungsschaubilder

35.1 Grundlagen

Eine für den praktischen Stahleinsatz besonders wichtige Wärmebehandlung stellt das Vergüten dar. Es umfasst bei untereutektoiden unlegierten und niedriglegierten Stählen (Vergütungsstählen) die im rechten Teil von Bild 35-1 schematisch wiedergegebenen Arbeitsschritte Glühen bei $T_A > A_3$ (Austenitisieren), martensitisches Härten durch hinreichend rasches Abschrecken auf $T < M_s$ (vgl. V15) und Anlassen der gehärteten Stähle bei $T_{An} < A_1$. Je nach Werkstoff sowie gewählter Anlasstemperatur und -dauer laufen beim Anlassen unterschiedliche Vorgänge ab. Es werden sog. Anlassstufen unterschieden, deren Temperaturbegrenzungen sich je nach Werkstoff und Anlassdauer zu höheren oder niederen Temperaturen verschieben können:

Bei Temperaturen 80 °C schließen sich die im Martensit gelösten Kohlenstoffatome (vgl. V15) unter Verringerung der Verzerrungsenergie des Gitters zu Clustern zusammen.

Im Temperaturbereich $80 < T_{An} < 200$ °C (1. Anlassstufe) entsteht aus dem Martensit bei un- und niedriglegierten Stählen das sog. ε-Carbid (Fe$_x$C mit x ≈ 2,4) und ein Martensit α' mit einem von der Gleichgewichtskonzentration des Ferrits abweichenden Kohlenstoffgehalt. Der Vorgang ist mit geringer Volumenzunahme und Härtesenkung verknüpft.

Die 2. Anlassstufe tritt bei unlegierten Stählen etwa zwischen 200 und 320 °C, bei niedriglegierten Stählen zwischen 200 und 375 °C auf. In diesen Temperaturintervallen zerfällt der als Folge der martensitischen Härtung (bei unlegierten Stählen nur bei C-Gehalten > 0,5 Masse-%) entstandene Restaustenit. Neben Carbiden bilden sich Ferritbereiche α", die sich hinsichtlich ihres C-Gehaltes noch von den Gleichgewichtsphasen Fe$_3$C und α (vgl. V14) unterscheiden. Bestimmte Legierungszusätze, wie z. B. Chrom, verschieben den Restaustenitzerfall zu erheblich höheren Temperaturen.

Erst in der 3. Anlassstufe ($320 < T_{An} < 520$ °C) stellt sich das Gleichgewichtsgefüge aus Ferrit und Zementit ein, wobei die ablaufenden mikrostrukturellen Veränderungen die Härte relativ stark erniedrigen.

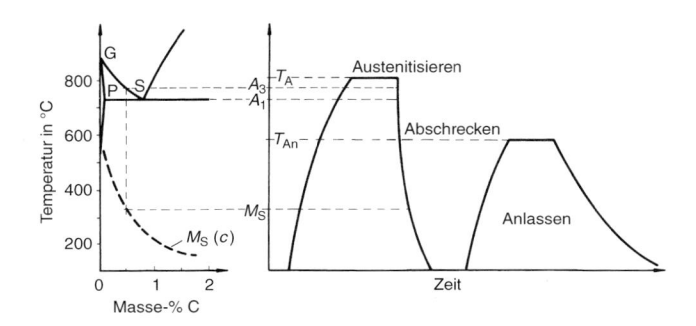

Bild 35-1 Verfahrensschritte beim Vergüten

Anlassen oberhalb 500 °C bewirkt eine zunehmende Einformung und Koagulation der Zementitteilchen. Bei bestimmten Legierungszusammensetzungen können in der 2. und 3. Anlassstufe zusätzliche Entmischungs- und Ausscheidungsvorgänge ablaufen, die sich mindernd auf die Kerbschlagzähigkeit (vgl. V46) auswirken (Anlassversprödung). In legierten Stählen schließlich mit hinreichend großen Anteilen an Carbidbildenden Elementen wie V, Mo, Cr und W entstehen in einer 4. Anlassstufe etwa zwischen 450 und 550 °C feinverteilte Sonder- und/oder Mischcarbide, die zu einem Wiederanstieg der Härte (Sekundärhärte, vgl. V39) führen.

Durch die Wahl der Anlassbehandlung nach dem martensitischen Härten werden neben der Härte auch die mechanischen Kenngrößen des Zugversuchs (vgl. V23) verändert. Für viele Belange sind in der technischen Praxis solche Werkstoffzustände besonders geeignet, die neben großen Streckgrenzen R_{eS} und großen Zugfestigkeiten R_m auch große Bruchdehnung A sowie große Brucheinschnürungen Z besitzen. Bruchdehnung und Brucheinschnürung werden dabei oft als Zähigkeitsmaß benutzt. Vernünftiger ist es jedoch, als Maß für die Zähigkeit eines Werkstoffes oder eines Werkstoffzustandes die im Zugversuch bis zum Bruch geleistete plastische Verformungsarbeit pro Volumeneinheit anzusehen. Sie ergibt sich bei einem σ,ε_p-Diagramm als die von der Verfestigungskurve und von der Abszissenachse eingeschlossene Fläche. Durch Vergüten lassen sich bei hinreichend großen Zugfestigkeiten Werkstoffzustände mit in diesem Sinne guten Zähigkeiten erreichen. Ein Beispiel zeigt Bild 35-2. Dort sind für Ck35 die Auswirkungen einer Vergütungsbehandlung mit unterschiedlichen Anlasstemperaturen T_{An} auf die Spannungs-Dehnungskurven angegeben. Die unterste Kurve gilt für den normalisierten Werkstoffzustand, der durch Luftabkühlung nach dem Austenitisieren erzielt wurde. Die schraffierte Fläche entspricht einer Verformungsarbeit von ~ 5.950 J/cm^3. Der Werkstoffzustand ist durch eine große Bruchdehnung sowie durch einen duktilen Bruch mit großer Brucheinschnürung gekennzeichnet. Demgegenüber kommt dem von der Austenitisiertemperatur direkt auf Raumtemperatur abgeschreckten Werkstoffzustand nur eine Verformungsarbeit von ~ 1.700 J/cm^3 zu. Die Bruchdehnung des nur gehärteten Werkstoffes ist sehr klein. Der Werkstoff bricht spröde ohne Brucheinschnürung. Durch Anlassen der abgeschreckten Proben bei 100, 200, 400 und 600 °C tritt hinsichtlich des Verformungsverhaltens ein systematischer Übergang im Vergleich zum normalisierten Werkstoffzustand auf, der zudem mit einer entsprechenden Änderung der Streckgrenze R_{eS}, Zugfestigkeit R_m, Bruchdehnung A und Brucheinschnürung Z verbunden ist. Dabei entspricht der Zustand größter plastischer Verformungsarbeit nicht dem Zustand größter Bruchdehnung.

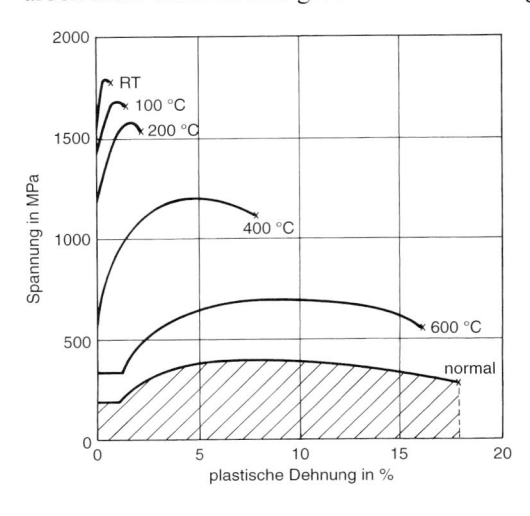

Bild 35-2
σ,ε_p-Diagramm verschieden wärmebehandelter Proben aus Ck 35

Die Zugverfestigungskurven und die daraus bestimmbaren mechanischen Kenngrößen sind bei vergüteten Stählen vom Durchmesser der Prüfstäbe abhängig. Das liegt daran (vgl. V34), dass es für jeden Stahl einen unteren Grenzdurchmesser gibt, ab dem die zur martensitischen Härtung erforderliche kritische Abkühlgeschwindigkeit nicht mehr im ganzen Werkstoffvolumen erreicht wird. Dementsprechend liegen innerhalb der Proben für die anschließende Anlassbehandlung unterschiedliche Ausgangszustände vor. Somit ist auch nach dem Anlassen mit keiner gleichmäßigen Gefügeausbildung über dem Probenquerschnitt zu rechnen. Die Werkstoffkenngrößen ergeben sich dann als mittlere Werte des gesamten Probenzustandes. Bei unlegierten Stählen liegt die Grenze der Durchhärtbarkeit je nach Kohlenstoffgehalt bei Durchmessern von 6–10 mm. Vergütungsbehandlungen ergeben für diese Werkstoffgruppe die aus Bild 35-3 ersichtliche Variationsbreite der Zugfestigkeit R_m. Je nach gewählter Anlasstemperatur stellen sich unterschiedliche Gefüge mit Festigkeiten ein, die zwischen denen der normalgeglühten und gehärteten Zustände liegen. Bei hohen Kohlenstoffgehalten sind Festigkeitsunterschiede um mehr als einen Faktor 2 erzielbar. Obwohl Bauteile aus unlegierten Stählen mit großen Querschnittsabmessungen nicht mehr durchhärten, können durch eine anschließende Anlassbehandlung Gefügezustände in den Rand- und Kernbereichen mit praktisch gleichen Festigkeitseigenschaften erzielt werden. In einem solchen Fall wird von Durchvergüten gesprochen.

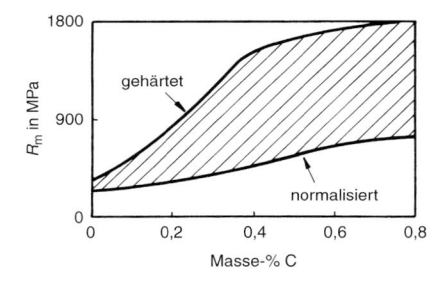

Bild 35-3 Zugfestigkeiten R_m bei unlegierten Stählen infolge einer Vergütungsbehandlung

Durch Zugabe geeignet gewählter und in ihrer Menge aufeinander abgestimmter Legierungselemente lässt sich grundsätzlich die Härtbarkeit (vgl. V34) der Stähle und damit auch die Vergütbarkeit in einem solchen Ausmaß verbessern, wie es technischen Erfordernissen entspricht. DIN EN 10083-1 gibt eine Übersicht über die Vergütungsstähle, auf die bei der Erfüllung bestimmter Abmessungs- und Festigkeitsforderungen zurückgegriffen werden kann. Sind bei größeren Bauteilabmessungen Vergütungsbehandlungen beabsichtigt, die bei guter Zähigkeit hinreichend hohe Festigkeit ergeben sollen, so ist der Rückgriff auf legierte Stähle unerlässlich. Dabei führen, wie schon erwähnt, Legierungselemente wie Cr, Mo, V und W während des Anlassens im Temperaturbereich zwischen etwa 450 und 550 °C zu Carbidbildungen. Die damit verbundene „Anlassversprödung" lässt sich durch Anlassen bei Temperaturen außerhalb dieses kritischen Temperaturbereiches und anschließendes rasches Abschrecken in Öl vermeiden. Kleine Mo-Zusätze mindern beim Vorliegen anderer carbidbildender Elemente die Anlassversprödung ab.

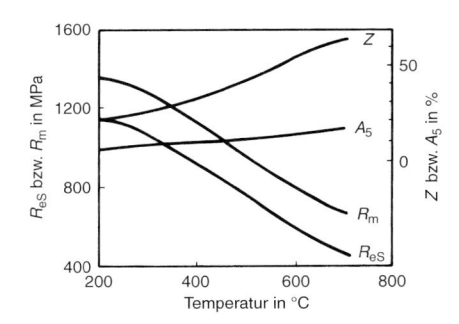

Bild 35-4 Vergütungsschaubild von 25CrMo4

Als Vergütungsschaubild eines Stahles wird die Abhängigkeit der Streckgrenze R_{eS} bzw. der 0,2 %-Dehngrenze $R_{p0,2}$, der Zugfestigkeit R_m, der Bruchdehnung A_5 bzw. A_{10} und der Brucheinschnürung Z von der Anlasstemperatur nach martensitischer Härtung bezeichnet. In Bild 35-4 ist als Beispiel ein solches Schaubild für 25CrMo4 wiedergegeben. Mit der Anlasstemperatur nehmen R_{eS} und R_m, ab, A und Z dagegen zu. Diese Tendenz gilt nicht mehr bei Legierungen mit größeren Anteilen an sondercarbidbildenden Elementen. Bei diesen bewirkt, wenn die Austenitisierung vorher zu einer weitgehenden Carbidauflösung führte, die Sekundärhärtung beim Anlassen zwischen 450 und 550 °C eine Zunahme von R_{eS} und R_m sowie eine Abnahme von A und Z (vgl. V23) mit wachsender Anlasstemperatur.

35.2 Aufgabe

Von dem Vergütungsstahl 50CrMo4 ist das Vergütungsschaubild aufzustellen. Die Versuchsproben sind 30 min bei 830 °C zu austenitisieren, danach in Öl von 20 °C abzuschrecken und anschließend bei 300, 400, 500 und 600 °C jeweils 1 h anzulassen. Die erforderlichen Zugversuche sind mit $d\varepsilon_p/dt = 2 \cdot 10^{-3}$ s^{-1} durchzuführen.

35.3 Versuchsdurchführung

Für die Versuche stehen Zugproben zur Verfügung, deren Austenitisierung in einem Salzbad erfolgt. Bei der Abschreckung werden die Proben vertikal in das Ölbad eingeführt. Die verschiedenen Anlassbehandlungen werden zweckmäßigerweise in einem schutzgasgespülten Ofen durchgeführt. Nach Luftabkühlung auf Raumtemperatur erfolgt die Zugverformung zur Ermittlung der erforderlichen Werkstoffkenngrößen in einer geeigneten Zugprüfmaschine. Die Versuchsschriebe werden gemäß V23 ausgewertet.

35.4 Weiterführende Literatur

DIN EN 10052	DIN EN 10052: 1993. Begriffe der Wärmebehandlung von Eisenwerkstoffen
[Lie04]	Liedtke, D. u. Jönsson, R.: Wärmebehandlung. Grundlagen und Anwendungen für Eisenwerkstoffe. Expert-Verlag 6. Auflage, 2004
[Eck71]	Eckstein, H.-J.: Wärmebehandlung von Stahl. VEB Grundstoffind., Leipzig, 1971
[Eck76]	Eckstein, H.-J.: Technologie der Wärmebehandlung von Stahl. VEB Grundstoffind., Leipzig, 1976
[Ben78]	Benninghoff, H.: Wärmebehandlung der Bau- und Werkzeugstähle, 3. Auflage, BAZ, Basel, 1978
[Tot06]	Totten, G. E. (Hrsg.): Steel Heat Treatment: Metallurgy and Technologies. CRC Press 2. Auflage, 2006
[Koh94]	Kohtz, D.: Wärmebehandlung metallischer Werkstoffe: Grundlagen und Verfahren. VDI-Verl. Düsseldorf, 1994
[Bar09]	Bargel H.-J. und Schulze, G. (Hrsg.): Werkstoffkunde. Springer Verlag Berlin, 10. Auflage, 2009
DIN EN 10083-1	DIN EN 10083-1: 2006. Vergütungsstähle – Teil 1: Allgemeine technische Lieferbedingungen
DIN EN 10083-2	DIN EN 10083-2: 2006. Vergütungsstähle – Teil 2: Technische Lieferbedingungen für unlegierte Stähle
DIN EN 10083-3	DIN EN 10083-3: 2009. Vergütungsstähle – Teil 3: Technische Lieferbedingungen für legierte Stähle

35.5 Symbole, Abkürzungen

Symbol/Abkürzung	Bedeutung	Einheit
T_A	Austenitisiertemperatur	°C
M_s	Martensitstarttemperatur	°C
T_{An}	Anlasstemperatur	°C
R_{eS}	Streckgrenze	MPa
R_m	Zugfestigkeit	MPa
A	Bruchdehnung	-
Z	Brucheinschnürung	-
σ	Spannung	MPa
ε_p	plastische Dehnung	-
ε	Dehnung	-

V36 Härte und Zugfestigkeit von Stählen

36.1 Grundlagen

Die im Zugversuch (vgl. V23) ermittelten Werkstoffkenngrößen R_{eS}, $R_{p0,2}$ und R_m sind von großer praktischer Bedeutung, weil sie die Basis für die Dimensionierung statisch beanspruchter Bauteile liefern. Da der Zugversuch relativ aufwendig ist, liegt es nahe, nach einfachen Abschätzungsmöglichkeiten für die Zahlenwerte dieser Werkstoffkenngrößen zu suchen. Für den praktischen Werkstoffeinsatz ist es sehr wichtig, dass bei vielen Werkstoffen innerhalb gewisser Grenzen reproduzierbare Zusammenhänge zwischen

Härte und Zugfestigkeit

bestehen. So ergibt sich z. B. bei bestimmten Werkstoffgruppen zwischen Brinellhärte (vgl. V8) und der Zugfestigkeit die Proportionalität

$$\text{Maßzahl } HBW = c \cdot R_m \tag{36.1}$$

Dabei hat c die Dimension mm²/N. Der bei normalisierten Stählen (vgl. V32) zwischen Zugfestigkeit und den verschiedenen Härtearten bestehende Zusammenhang geht aus Bild 36-1 hervor. Auch für vergütete (vgl. V35) und gehärtete (vgl. V34) Stähle hat man empirische Zusammenhänge zwischen Härte und Zugfestigkeit ermittelt und in Merkblättern und Handbüchern für den praktischen Gebrauch zugänglich gemacht.

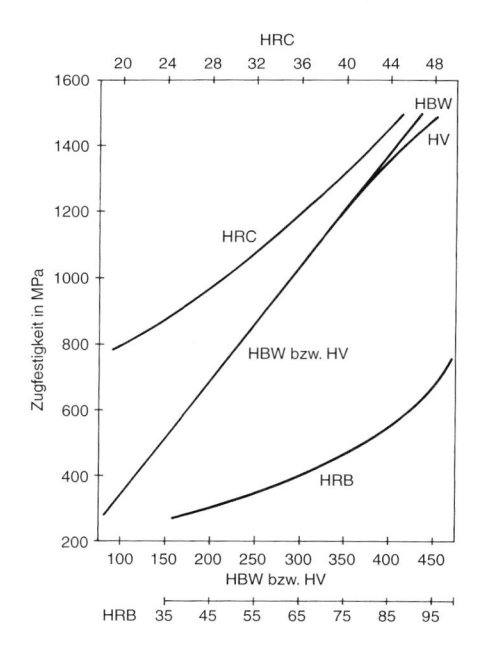

Bild 36-1 Zusammenhang zwischen Härte und Zugfestigkeit bei normalisierten Stählen

36.2 Aufgabe

Von mehreren unlegierten Stählen mit unterschiedlicher Vorbehandlung ist der Zusammenhang zwischen Brinellhärte und Zugfestigkeit zu ermitteln.

36.3 Versuchsdurchführung

Für die Untersuchungen stehen eine Zugprüfmaschine und ein Brinellhärteprüfgerät (vgl. V8) zur Verfügung. Vorbereitete Zugproben der zu untersuchenden Werkstoffe mit dem Messquerschnitt A_0 werden in die Zugmaschine eingespannt und mit einer Traversengeschwindigkeit von 0,6 mm/min momentenfrei bis zum Bruch verformt. Die Höchstlast wird jeweils dem Maschinendiagramm entnommen und daraus

$$R_m = \frac{F_{max}}{A_0} \tag{36.2}$$

bestimmt. An den Stirnflächen der abgesägten Zugprobenschulterköpfe werden anschließend Brinellhärtemessungen durchgeführt. Der R_m-Härte-Zusammenhang wird aufgetragen und diskutiert.

36.4 Weiterführende Literatur

[Pin00] Pintat, T.; Wellinger, K.; Gimmel, P.: Werkstofftabellen der Metalle: Bezeichnung, Festigkeitswerte, Zusammensetzung, Verwendung und Lieferquellen, Kröner, Stuttgart, 2000

[Hor08] Hornbogen, E.; Eggeler, G.; Werner, E.: Werkstoffe: Aufbau und Eigenschaften von Keramik-, Metall-, Polymer- und Verbundwerkstoffen, 9. Auflage, Springer-Verlag, Berlin, Heidelberg, 2008

36.5 Symbole, Abkürzungen

Symbol/Abkürzung	Bedeutung	Einheit
HBW	Brinellhärte	
c	Proportionalitätsfaktor zwischen Brinellhärte und Zugfestigkeit	mm²/N
R_m	Zugfestigkeit	MPa
F_{max}	Maximalkraft	N
A_0	Messquerschnitt	mm²

V37 Einsatzhärten

37.1 Grundlagen

Das Einsatzhärten von Stählen umfasst die Eindiffusion von Kohlenstoff (möglicherweise zusätzlich Stickstoff; ein solcher Prozess wird als Carbonitrieren bezeichnet) in oberflächennahe Werkstoffbereiche bei hinreichend hohen Temperaturen und die anschließende martensitische Härtung, die entweder direkt oder nach geeignet gewählten Zwischenwärmebehandlungen erfolgt. Durch Einsatzhärten werden Werkstücke mit einer harten, verschleißbeständigen Randschicht hoher Festigkeit sowie zähem Kernbereich erzeugt. Dabei finden üblicher Weise sog. Einsatzstähle mit niedrigem Kohlenstoffgehalt (un- und niedriglegierte Stähle mit weniger als 0,25 Masse-% C) Anwendung. Zum „Einsetzen" werden diese bei Temperaturen oberhalb A_3 einer Kohlenstoff liefernden Umgebung (Kohlenstoffspender, Kohlungsmittel) ausgesetzt und Randkohlenstoffgehalte zwischen etwa 0,7 und 1,0 Masse-% angestrebt.

Als Kohlenstoffspender finden bei der Einsatzhärtung pulverförmige (Pulveraufkohlung; nur noch selten), flüssige (Salzbadaufkohlung) und gasförmige Medien (Gasaufkohlung) Anwendung. Von besonderer praktischer Bedeutung sind die Gasaufkohlungsverfahren, die in Atmosphären bei Normaldruck und zunehmend auch in Niederdruckatmosphären angewendet werden. Übliche Aufkohlungstemperaturen liegen zwischen 880 und 1000 °C. Der bei der Aufkohlung eines Einsatzstahls ablaufende Stofftransport kann prinzipiell in fünf Teilstufen aufgegliedert werden:

Teilstufe I   Reaktionen im Reaktionsmedium: Bildung der Transportkomponente für den Kohlenstoff

Teilstufe II   Diffusion im Reaktionsmedium: Antransport der Transportkomponente (somit des Kohlenstoffs) an die Oberfläche des Werkstoffs, Abtransport der Reaktionsprodukte der Phasengrenzflächenreaktion

Teilstufe III   Phasengrenzflächenreaktion (Erzeugung diffusionsfähigen Kohlenstoffs)

Teilstufe IV   Diffusion im Metall

Teilstufe V   Reaktionen im Metall (z. B. Carbidausscheidung)

Die wichtigsten chemischen Gleichgewichtsreaktionen, die bei der Gasaufkohlung ausgenutzt werden, umfassen

das Boudouard-Gleichgewicht,

$$2CO \longleftrightarrow [C] + CO_2 \qquad (37.1)$$

das Methan-Wasserstoff-Gleichgewicht,

$$CH_4 \longleftrightarrow [C] + 2H_2 \qquad (37.2)$$

und das gekoppelte Wassergas-Boudouard-(heterogenes Wassergas-)Gleichgewicht.

$$CO + H_2 \longleftrightarrow [C] + H_2O \qquad (37.3)$$

Der Reaktionsablauf von links nach rechts liefert jeweils den benötigten Kohlenstoff. Die bei diesen Reaktionen auftretenden gasförmigen Komponenten müssen in bestimmten Volumenverhältnissen vorliegen, wenn bei einer bestimmten Temperatur ein bestimmter Stahl aufgekohlt werden soll. In Bild 37-1 ist als Beispiel gezeigt, wie sich die Gleichgewichtszusammensetzung für CO, CO_2-Gemische mit der Temperatur in Gegenwart von Stählen mit unterschiedlichen Kohlenstoffgehalten ändert. Durchweg muss mit steigender Temperatur der CO-Anteil erhöht werden, wenn eine Aufkohlung erfolgen soll. Unter den vorliegenden Gleichgewichtsbedingungen stellt sich bei einem Stahl nach hinreichender Zeit ein bestimmter Randkohlenstoffgehalt ein. Dieser wird Kohlenstoffpegel (C-Pegel, oft fälschlicherweise auch Kohlenstoffpotenzial) genannt. Demgemäß spricht man auch vom Kohlenstoffpegel des Aufkohlungsmediums. Es sei darauf hingewiesen, dass sich Aufkohlungsprozesse in einer (nahezu sauerstofffreien) Niederdruckatmosphäre nicht auf diese Weise regeln lassen, da es sich dort beim Übergang des Kohlenstoffs in die Bauteiloberfläche nicht um einen Gleichgewichtsprozess handelt.

Hat z. B. ein Kohlungsmittel bei einer bestimmten Temperatur einen Kohlenstoffpegel c_0 von 0,7 Masse-% (vgl. Bild 37-2), dann werden Eisen-Kohlenstoff-Legierungen sowie unlegierte Stähle mit geringen Anteilen an Begleitelementen und Kohlenstoffgehalten kleiner als 0,7 Masse-% aufgekohlt, während solche mit höheren Kohlenstoffgehalten als 0,7 Masse-% entkohlt werden. Die praktische Bestimmung des Kohlenstoffpegels erfolgt mit Hilfe dünner Reineisenfolien. Diese werden in das Kohlungsmedium eingebracht und nehmen je nach Kohlungstemperatur innerhalb weniger als 20 min dessen Gleichgewichtskohlenstoffgehalt an. Danach kann durch übliche C-Analyse der Kohlenstoffpegel ermittelt werden.

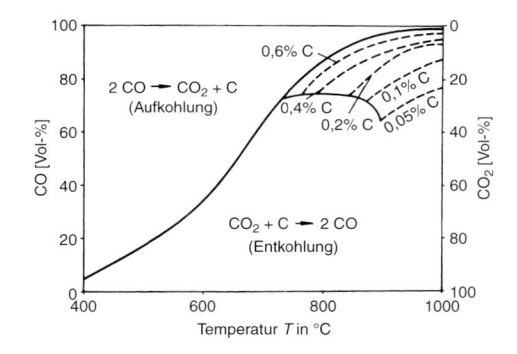

Bild 37-1
Boudouard-Gleichgewicht für Stähle mit verschiedenen Kohlenstoffgehalten

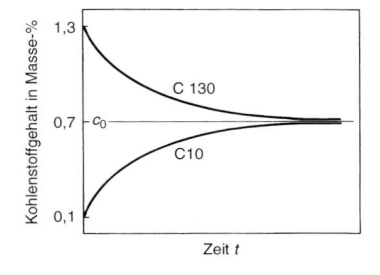

Bild 37-2
Zeitliche Änderung des Randkohlenstoffgehaltes von C 10 und C 130 in einem Kohlungsmittel mit konstantem Kohlenstoffpegel $c_0 = 0{,}7$ Masse-% (schematisch)

Der Ablauf des Aufkohlungsvorgangs und das Ergebnis der Einsatzhärtung sind wesentlich davon abhängig, dass der dem gewünschten Randkohlenstoffgehalt entsprechende Kohlenstoffpegel im Kohlungsmittel eingehalten wird. Bei der Gasaufkohlung existieren dafür hinreichend genaue Mess- und Regelmethoden. Zur Berechnung der erforderlichen Gaszusammensetzung bei einer bestimmten Aufkohlungstemperatur muss die so genannte Aktivität des gewünschten Randkohlenstoffgehaltes im Austenit bekannt sein. Unter Aktivität versteht man dabei im Sinne der chemischen Gleichgewichtslehre eine Ersatzgröße, die zu der analytisch messbaren Kohlenstoff-Konzentration proportional ist. Das Verhältnis von Aktivität zu Konzentration ist jedoch innerhalb des Austenitbereichs nicht konstant, sondern von der Temperatur und vom Kohlenstoffgehalt selbst abhängig. Die Aktivität des Kohlenstoffs im Austenit kann an Hand von Bild 37-3 ermittelt werden. Dort sind im γ-Gebiet des stabilen Eisen-Kohlenstoff-Diagramms die Linien konstanter Kohlenstoffaktivität eingetragen. Der Sättigungslinie des γ-Mischkristalls an Kohlenstoff kommt die Aktivität $a_C = 1$ zu. Die Kohlenstoffaktivität wird bei gegebener Temperatur mit zunehmender Konzentration und bei gegebener Konzentration mit abnehmender Temperatur erhöht. Als Konsequenz für den Aufkohlungsvorgang ergibt sich, dass z. B. ein Kohlenstoffpegel von 1,0 Masse-% bei 850 °C (1000 °C) eine Aktivität des Kohlungsmediums von $a_C \approx 0{,}86$ (0,53) erfordert. Auch die Begleit- und Legierungselemente der in der Praxis verwendeten unlegierten und legierten Einsatzstähle beeinflussen die Kohlenstoffaktivität im Austenit. So bewirken z. B. bei gegebenem Kohlenstoffgehalt die carbidbildenden Legierungselemente Chrom, Molybdän und Vanadium eine Erniedrigung, die Legierungselemente Nickel, Silizium und Aluminium eine Erhöhung der Kohlenstoffaktivität. Diesen Sachverhalt erläutert beispielhaft Bild 37-4 an Hand von Schnitten T = const. durch das Austenitgebiet bei Fe,C; Fe,C,Si- und Fe,C,Cr-Legierungen. Bei C = const. = (1) besitzt die Fe,C,Si-Legierung eine größere, die Fe,C,Cr-Legierung eine kleinere Kohlenstoffaktivität als die Fe,C-Legierung. Bei a_C = const. = (2) ist der Randkohlenstoffgehalt der Fe,C,Si-Legierung kleiner und der der Fe,C,Cr-Legierung größer als der der Fe,C-Legierung. Der Randkohlenstoffgehalt kann deshalb bei gleichem Kohlenstoffpegel des Aufkohlungsmittels bei verschieden legierten Stählen unterschiedlich groß sein. Aktivitätserhöhende (erniedrigende) Elemente führen auf kleinere (größere) Randkohlenstoffgehalte.

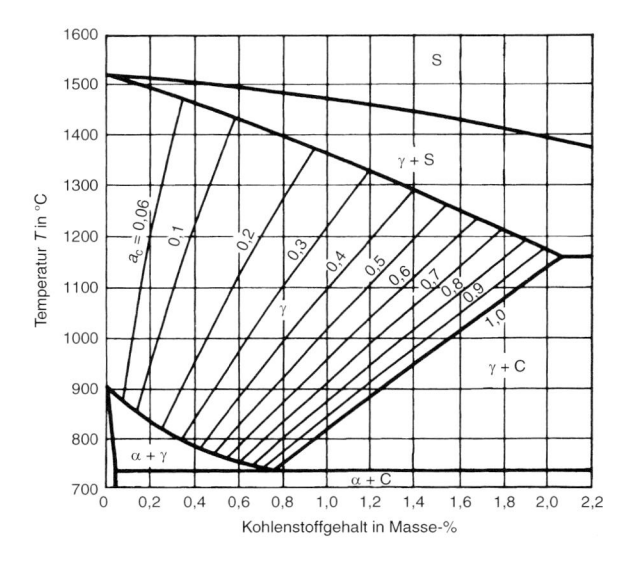

Bild 37-3
Linien gleicher Kohlenstoffaktivität a_C im Austenitbereich

V37 Einsatzhärten

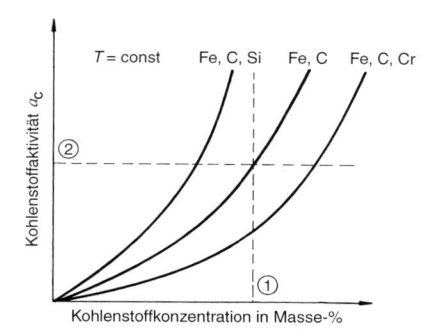

Bild 37-4
Veränderung der Kohlenstoffaktivität im Austenit durch Legierungselemente (schematisch)

Die bei der Gasaufkohlung eines Bauteils vorliegenden Verhältnisse lassen sich zusammenfassend an Hand des schematischen Bildes 37-5 beschreiben. Das gasförmige Aufkohlungsmedium sei durch die Kohlenstoffaktivität $a_{C,Gas}$, der nicht aufgekohlte Einsatzstahl durch die Kohlenstoffaktivität $a_{C,K}$ gekennzeichnet. Nach Aufkohlungsbeginn steigt die Randkohlenstoffaktivität – unter Durchlaufen zeitabhängiger Aktivitätsgefälle – relativ rasch auf den Gleichgewichtswert $a_{C,O}$ an, der der Aktivität des Kohlenstoffpegels c_0 entspricht. Der Randabstand, in dem die Kohlenstoffaktivität $a_C(x)$ den konstanten Wert $a_{C,K}$ annimmt, wächst mit zunehmenden Zeiten t_i an. Die im Zeitintervall Δt durch die Bauteiloberfläche A transportierte Kohlenstoffmenge m_A ist der Aktivitätsdifferenz zwischen Aufkohlungsmedium $a_{C,Gas}$ und Bauteiloberfläche $a_{C,O}$ proportional und durch

$$\dot{m}_A = \beta \left(a_{C,Gas} - a_{C,O} \right) \quad [g/cm^2 s] \tag{37.4}$$

gegeben. Dabei ist β die sog. Kohlenstoffübergangszahl, die angibt, welche Menge Kohlenstoff in Gramm pro Quadratzentimeter und Sekunde bei der Aktivitätsdifferenz 1 vom Aufkohlungsmedium zum Bauteil übergeht.

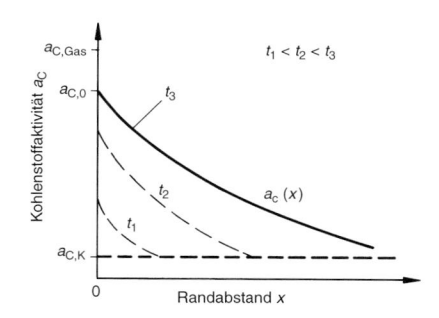

Bild 37-5
Verlauf der Kohlenstoffaktivität bei Gasaufkohlung nach verschiedenen Zeiten t_i (schematisch)

Die in der Entfernung x von der Oberfläche nach der Zeit t anzutreffende Kohlenstoffkonzentration lässt sich näherungsweise mit Hilfe des 2. Fickschen Gesetzes zu

$$c_x = c_0 - (c_0 - c_K) \, erf \, \phi \tag{37.5}$$

berechnen. Dabei ist c_0 der Kohlenstoffpegel des Aufkohlungsmediums, c_K der Kohlenstoffgehalt des Bauteils und $erf \, \varphi$ die Gaußsche Fehlerfunktion (error function).

$$erf\,\varphi = \frac{2}{\pi}\int_0^\varphi e^{-\varphi^2}\,d\varphi \qquad (37.6)$$

mit

$$\varphi = \frac{x}{2\sqrt{Dt}} \qquad (37.7)$$

D, der Volumendiffusionskoeffizient des Kohlenstoffs im γ-Eisen, ist in der Form

$$D = D_0\,e^{\left[\frac{-Q}{RT}\right]} \qquad (37.8)$$

von der Temperatur T abhängig. Q ist die Aktivierungsenergie des Diffusionsvorganges, R die allgemeine Gaskonstante und D_0 der sogenannte Frequenzfaktor. Bei konstanter Temperatur verhalten sich also die Zeiten t_1 und t_2, nach denen an den Stellen x_1 und $x_2 = nx_1$ dieselbe Kohlenstoffkonzentration vorliegt, wie

$$\frac{x_1}{n\,x_1} = \frac{\sqrt{t_1}}{\sqrt{t_2}} \qquad (37.9)$$

oder

$$t_2 = n^2 t_1 \qquad (37.10)$$

Soll also in einer um den Faktor n gegenüber einer Bezugstiefe größeren Probentiefe dieselbe Kohlenstoffkonzentration erzielt werden, so verlangt dies eine Ver-n^2-fachung der Diffusionszeit (gilt bei T = const.). Andererseits wird an derselben Probenstelle eine bestimmte Konzentration um so eher erreicht, je größer die Temperatur und damit der Diffusionskoeffizient ist. Aus den Gleichungen 37.7 und 37.8 folgt:

$$\frac{t_2}{t_1} = \frac{D_1}{D_2} = \frac{D_0\,e^{\left(\frac{-Q}{RT_1}\right)}}{D_0\,e^{\left(\frac{-Q}{RT_2}\right)}} \qquad (37.11)$$

Bei Erhöhung der Aufkohltemperaturen von T_1 auf T_2 können daher die Aufkohlzeiten im Verhältnis der Diffusionskoeffizienten D_1/D_2 verkleinert werden ($D_2 > D_1$).

Die Dicke der entstehenden Aufkohlschicht ist von der Aufkohlzeit, der Temperatur und dem Aufkohlungsmittel abhängig (im Weiteren auch vom Legierungsgehalt des Einsatzstahls, sowie der daraus resultierenden, maximalen Löslichkeit des Austenits für Kohlenstoff). Sie wird üblicherweise nicht größer als 2 mm gewählt, im Großgetriebebau sind allerdings auch deutlich größere Einsatzhärtungstiefen möglich. Die angestrebten Randkohlenstoffgehalte liegen üblicherweise zwischen 0,7 und 1,0 Masse-%.

Die an die Aufkohlbehandlung anschließende Härtung kann sehr verschiedenartig durchgeführt werden. In Bild 37-6 sind mögliche Behandlungen zusammengestellt und erläutert. In allen Fällen erfolgt nach dem Härten eine Anlassbehandlung, die dazu dienen soll, die Zähig-

V 37 Einsatzhärten

keit der gehärteten Randschicht zu verbessern. Erfahrungsgemäß wird dadurch die bei der oft notwendigen Schleifnachbehandlung auftretende Schleifrissempfindlichkeit herabgesetzt. Das einfachste Verfahren, die Direkthärtung, findet heute bei geeigneten Stählen aus Kostenersparnisgründen und wegen des relativ geringen Verzugs breite Anwendung. Voraussetzung für die Direkthärtung sind legierte Stähle, die nach dem Aufkohlen noch hinreichend feinkörnig bleiben. Stähle mit relativ großen Gehalten an Cr, Mn und Ni, wie z. B. 18CrNi8, sind nicht direkthärtbar sofern nicht weitere legierungstechnische Maßnahmen unternommen wurden.

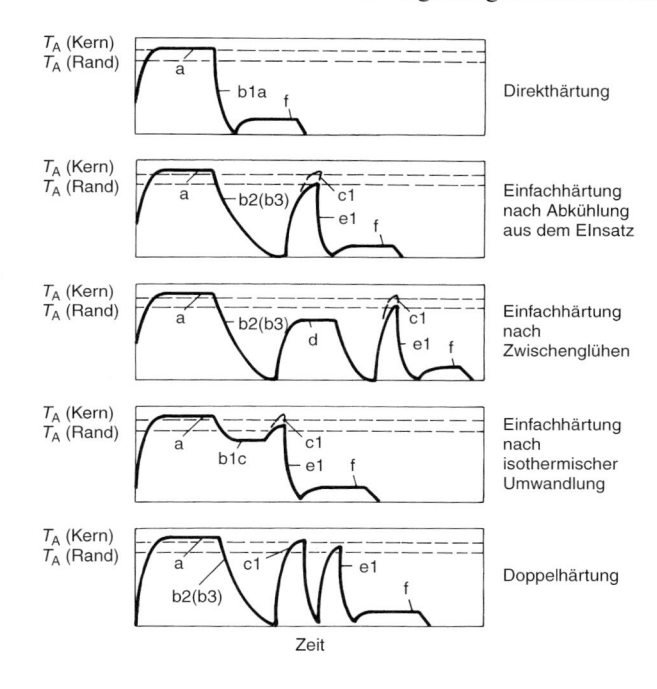

a Einsetzen
b Abkühlen
  1a Wasser oder Öl
  1c Salzbad
  2 Einsetzkasten
  3 Luft
c^1 Härten in Wasser oder Öl
d Zwischenglühen
e^1 Härten in Wasser oder Öl
f Anlassen

Bild 37-6
Behandlungsfolgen bei der Einsatzhärtung (nach DIN 17 022)

Die Austenitisierungstemperaturen T_A sind nach dem Aufkohlen wegen der unterschiedlichen Kohlenstoffgehalte für Probenkern und -rand verschieden. Als Folge der Einsatzhärtung erwartet man einen über den Bauteilquerschnitt veränderlichen Kohlenstoff- und damit auch Härteverlauf, wie er schematisch in Bild 37-7 gezeigt ist. Die Gesamttiefe Gt der Aufkohlschicht ist durch den Oberflächenabstand gegeben, in dem die Härte und/oder der Kohlenstoffgehalt die Werte des Werkstoffkernes annehmen. Da Gt nicht eindeutig bestimmt werden kann, wurde die Einsatzhärtungstiefe Eht (neuere, normgerechte Bezeichnung: CHD, engl.: case hardening depth) als Bewertungskriterium festgelegt. Sie ist der senkrechte Abstand von der Oberfläche bis zu dem Punkt im Innern der Randschicht, bei dem die Grenzhärte von 550 HV auftritt. Als Aufkohlungstiefe At wird der Abstand von der Oberfläche bis zu dem Punkt im Inneren der Randschicht bezeichnet, bei dem ein Grenzkohlenstoffgehalt von üblicherweise 0,3 Masse-% vorliegt. Dieser Kohlenstoffgehalt ergibt nach martensitischer Härtung und Anlassen bei den für einsatzgehärtete Teile üblichen Anlasstemperaturen von 150–180 °C eine Härte von etwa 550 HV, so dass die Aufkohlungstiefe in etwa mit der Einsatzhärtungstiefe identisch wird. Dies trifft jedoch nicht zu, wenn bei dickwandigen Teilen mit entsprechend geringerer Abkühlgeschwindigkeit und nicht ausreichendem Legierungsgehalt bei 0,3 Masse-% Kohlenstoff keine vollständige Umwandlung in der Martensitstufe erfolgen kann (vgl.

V34). Die Einsatzhärtungstiefe ist dann geringer als die Aufkohlungstiefe. In Bild 37-7 ist ferner angedeutet, dass der Anlassvorgang die Härte der Randschicht kohlenstoffabhängig absenkt. Schließlich ist vermerkt, dass der mit wachsendem Kohlenstoffgehalt zunehmende Restaustenit einen weiteren Abfall der Härte in der äußeren Randschicht bewirkt. Bei gegebenem Kohlenstoffgehalt steigern die Elemente Mo, Ni, Cr, V, Mn in der angegebenen Reihenfolge den Restaustenitgehalt.

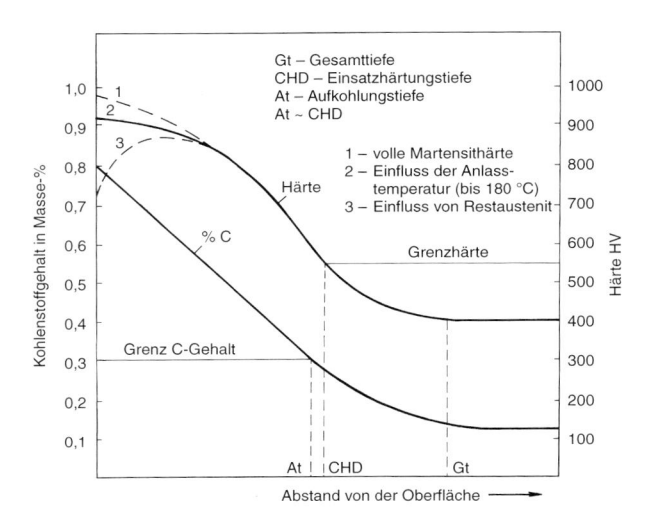

Bild 37-7 Tiefenverteilung des Kohlenstoffs und der Härte bei einsatzgehärteten Bauteilen (schematisch)

Der Härteverlauf nach der Einsatzhärtung ist von den Aufkohlungsbedingungen, der gewählten Härtemethode (vgl. Bild 37-6), der Stahlzusammensetzung sowie der Bauteilform und -größe abhängig. So führen z. B. die in Bild 37-8 oben gezeigten Veränderungen der Kohlenstoffkonzentrationsverteilung mit der Aufkohlungszeit und der Aufkohlungstemperatur bei 16MnCr5 nach Einfachhärtung (vgl. Bild 37-6) von 825 °C zu den in Bild 37-8 unten aufgezeichneten Härteverteilungen.

Außer einer hohen Oberflächenhärte, die meistens im Bereich von 60 HRC liegt, und einer ausreichenden Einsatzhärtungstiefe werden an einsatzgehärtete Werkstücke die unterschiedlichsten Anforderungen hinsichtlich der Kernfestigkeit gestellt. Je nach der Einhärtbarkeit des Einsatzstahls, der Werkstückgröße und den Abschreckbedingungen werden bei unlegierten Einsatzstählen Kernfestigkeiten von 400–700 MPa und bei legierten Einsatzstählen bis zu 1.500 MPa erreicht.

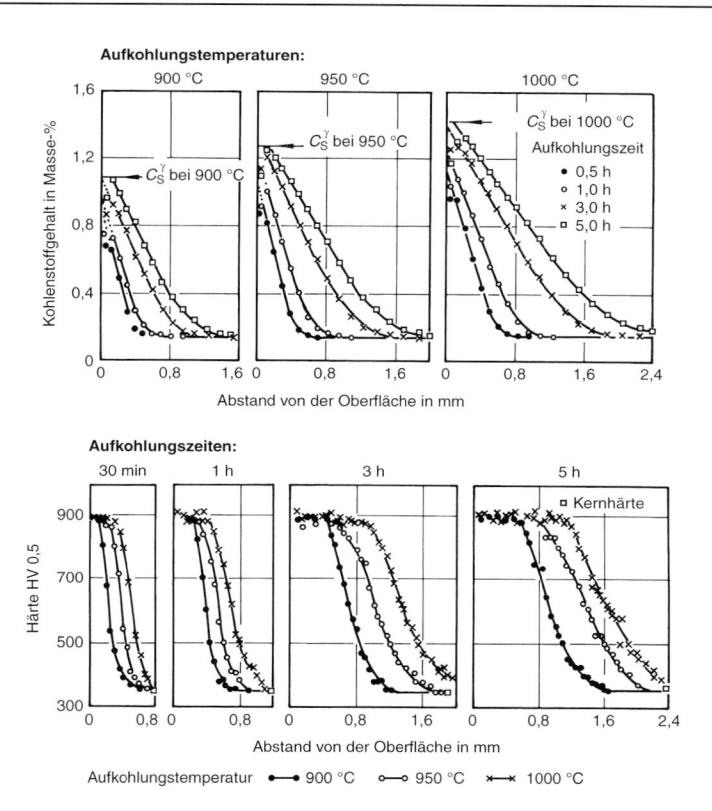

Bild 37-8 Aufkohlungskurven des Stahles 16MnCr5 nach Salzbadaufkohlung bei 900, 950 und 1000 °C (oben) und Härtetiefenverteilungen nach Einfachhärtung von 825 °C in Öl (unten). C_S^γ Sättigungskonzentrationen des Kohlenstoffs im Austenit

37.2 Aufgabe

Drei Proben aus einem Einsatzstahl sind verschieden lange aufzukohlen und direkt zu härten. Der Härtetiefenverlauf von der Oberfläche zum Probenkern ist zu bestimmen und die Einsatzhärtetiefe anzugeben. Ferner ist die Biegefestigkeit dieser Proben zu ermitteln.

37.3 Versuchsdurchführung

Drei Proben aus Ck15 mit quadratischem Querschnitt (10 x 10 mm^2) werden 2 bzw. 4 bzw. 6 Stunden bei 930 °C aufgekohlt. Als aufkohlendes Mittel steht ein geeignetes Salzbad zur Verfügung. Die Proben werden direkt aus dem Salzbad in Wasser gehärtet. Anschließend werden von den Proben Endstücke von 10 mm Länge abgetrennt und die Probenquerschnitte geschliffen und metallographisch poliert (vgl. V7). Danach wird die Vickershärte HV 0,5 (vgl. V8 und V25) in Abhängigkeit von der Oberflächenentfernung bestimmt. In Randnähe sind die Messpunkte möglichst dicht zu legen. Die Auswertung der Messung erfolgt analog zu Bild 37-7.

Die Biegeversuche werden unter 3-Punkt-Belastung (vgl. V44) durchgeführt. Dabei wird die Durchbiegung als Funktion der Belastung bis zum Bruch ermittelt und mit den Messergebnissen des blindgehärteten Grundwerkstoffes verglichen.

37.4 Literatur

[Gro81]   Grosch, J.: Wärmebehandlung der Stähle, WTV, Karlsruhe, 1981

[Ben78]   Benninghoff, H.: Wärmebehandlung der Bau- und Werkzeugstähle, 3. Auflage, BAZ, Basel, 1976

[Eck76]   Eckstein, H. J.: Technologie der Wärmebehandlung von Stahl, VEB Grundstoffind., Leipzig, 1976

[May71]   Mayer, K. u. Schmidt, Th.: Beitrag zur Frage des Kohlenstoffübergangs, HTM 26 (1971), Heft 2, S. 85–92

[Mer08]   Merkel, M.; Thomas, K.-H.: Taschenbuch der Werkstoffe, Hanser Verlag, 2008

37.5 Symbole, Abkürzungen

Symbol/Abkürzung	Bedeutung	Einheit
A_3	Umwandlungstemperatur	°C
a_C	Kohlenstoffaktivität	-
$a_C(x)$	Kohlenstoffaktivität in Abstand x	-
$a_{C,Gas}$	Kohlenstoffaktivität in der Gasatm.	-
$a_{C,O}$	Kohlenstoffaktivität in der Bauteiloberfläche	-
c_0	Kohlenstoffpegel im Aufkohlungsmedium	-
c_K	Kohlenstoffgehalt des Bauteils (Kern)	Massenprozent
c_S^γ	Sättigungskonzentrationen des Kohlenstoffs im Austenit	Massenprozent
D_0	Frequenzfaktor	cm²/s
$erf\ \varphi$	Gaußsche Fehlerfunktion	-
m_A	transportierte Kohlenstoffmenge	g/cm²
n	Faktor	-
R	universelle Gaskonstante	J/mol K
T_0	Ausgangstemperatur	K
β	Kohlenstoff-Übergangszahl	cm/s
D	Diffusionskoeffizient	cm²/s

V38 Nitrieren und Nitrocarburieren

38.1 Grundlagen

Eine thermochemische Wärmebehandlung, bei der über geeignete Behandlungsmedien (Spender) den Oberflächen von Bauteilen aus Eisenwerkstoffen Stickstoff zugeführt wird, wird als Nitrieren bezeichnet. Beim Nitrocarburieren erfolgt die Behandlung unter Bedingungen, unter denen die Randschicht neben Stickstoff gleichzeitig mit Kohlenstoff angereichert wird. Als Behandlungsmedien können Gas, mit und ohne Plasmaunterstützung, Salzbad oder Pulver verwendet werden, weshalb es zweckmäßig ist, den Aggregatzustand des Behandlungsmediums in die Verfahrensbezeichnung einzubringen, z. B. Gasnitrieren, Salzbadnitrocarburieren. Allen Verfahren gemein ist, dass die Stickstoffatome vom krz α-Eisen interstitiell gelöst, d. h. auf Eisengitterzwischenplätzen eingelagert werden. Wird die maximale Löslichkeit des Stickstoffs überschritten (vgl. Bild 38-1), bilden sich Nitride und Carbonitride des Eisens sowie, falls vorhanden, weiterer Legierungselemente (z. B. Al, Cr, Ti, V, Mo). Die technisch bedeutendsten Nitride des Eisens sind das kfz γ'-Nitrid Fe_4N mit einem stöchiometrischen Stickstoffgehalt von 5,88 Masse-% und das hex ε-Nitrid $Fe_{2-3}N$ mit 7,7 bis 11 Masse-% Stickstoff. Auch im Werkstoff vorhandener Zementit kann beim Nitrieren Stickstoff aufnehmen, der bei längerer Behandlungsdauer allmählich den Kohlenstoff mehr oder weniger vollständig verdrängt, so dass Carbonitride der Form $Fe_2(N,C)_{1-x}$ entstehen.

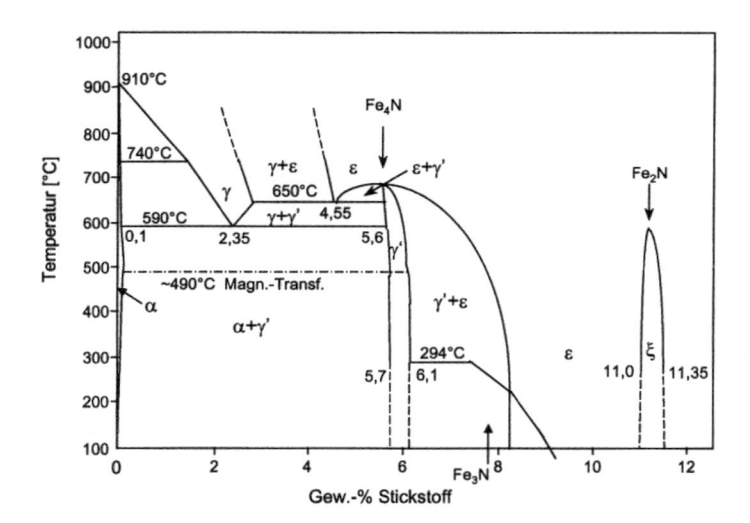

Bild 38-1 Fe,N-Zustandsdiagramm

Das Nitrieren und Nitrocarburieren wird industriell angewendet, um das Verschleiß-, Festigkeits- und Korrosionsverhalten von Werkstücken und Werkzeugen aus Eisenbasislegierungen zu verbessern. Von besonderer Bedeutung ist, dass dabei mit relativ niedrigen Behandlungstemperaturen gearbeitet werden kann, so dass keine Umwandlungs- und Verzugsprobleme für die zu nitrierenden Bauteile auftreten. Das Nitrieren wird üblicherweise im Temperaturbereich zwischen 500 und 550 °C und das Nitrocarburieren bei 570 bis 590 °C durchgeführt.

Bild 38-2 zeigt beispielhaft das Mikrogefüge der Randschicht eines nitrocarburierten Ck15. Die äußere Schicht erscheint nach der Ätzung in 1–3%-iger Salpetersäure hell. Sie wird Verbindungsschicht (VS) genannt und besteht vorwiegend aus den Eisennitriden ε- und γ'-Nitrid.

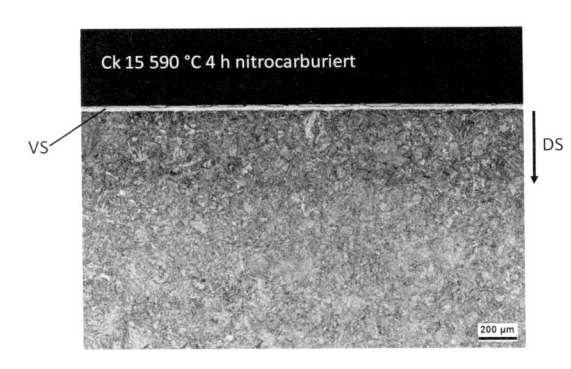

Bild 38-2
Randschicht eines 4 h bei 590°C gasnitrocarburierten Ck 15, Ausgangszustand vergütet

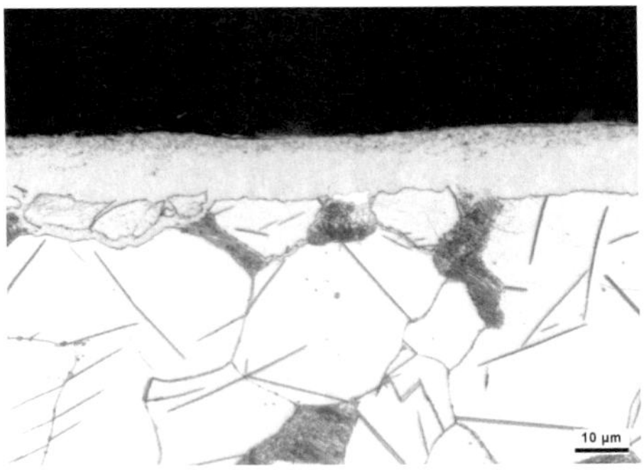

Bild 38-3
Randschicht eines nitrocarburierten C 15 (Ausgangszustand normalgeglüht). Nach dem Nitrocarburieren wurde langsam im Ofen abgekühlt. Nadelige Nitridausscheidungen in der Diffusionsschicht sind bei unlegierten Stählen die Folge.

An die Verbindungsschicht schließt sich in Bild 38-2 mit deutlich begrenztem Übergang die sog. Diffusionsschicht (DS) an, in der der dorthin eindiffundierte Stickstoff bei der Behandlungstemperatur im Mischkristall interstitiell gelöst wird. Bei rascher Abkühlung (z. B. Abschrecken in Wasser) bleibt dieser Stickstoff im übersättigten Ferrit-Mischkristall erhalten (vgl. Bild 38-3). Aus der Breite des dunkler anätzenden Bereichs kann näherungsweise die Eindringtiefe des Stickstoffs abgeschätzt werden (vgl. Bild 38-2). Die Verbindungsschicht ist im äußeren Bereich in der Regel porös (vgl. Bild 38-3).

Werden Eisenbasiswerkstoffe nitriert, die die eingangs erwähnten nitridbildenden Legierungselemente enthalten, so bilden sich zusätzlich Nitride und Carbonitride dieser Elemente in der Diffusionsschicht aus. Diese Sondernitride bewirken eine beträchtliche Erhöhung der Härte. In Bild 38-4 sind die Härtetiefenverlaufskurven verschiedener Vergütungsstähle aufgezeichnet. Die erreichbare Randhärte ist von der Art und Anzahl der Legierungselemente des Grundwerkstoffes abhängig. Die größte Härtesteigerung wird bei Cr-Al-Mo-legierten Stählen erreicht. Die Nitrierhärtetiefe (NHD, ehemals Nht) wird aus dem Verlauf der Härte in Abhängigkeit von der Tiefe als charakteristischer Kennwert ermittelt. Gemäß DIN 50190-3 ist die Nitrierhärtetiefe derjenige senkrechte Oberflächenabstand, in dem die Härte noch 50 HV höher als die Kernhärte ist (vgl. Bild 38-6). Bei legierten Stählen muss beachtet werden, dass die Legierungselemente durch Bildung von Sondernitriden die Ausbildung der Nitrierschicht verlangsamen, da der in Sondernitriden gebundene Stickstoff nicht mehr für die Diffusion zur Verfügung steht. Bild 38-5 gibt einige Anhaltspunkte für die Zeiten, die notwendig sind, um bei verschiedenen Stählen bestimmte Nitriertiefen (Dicke der Verbindungs- und Diffusionsschicht) zu erreichen.

V38 Nitrieren und Nitrocarburieren

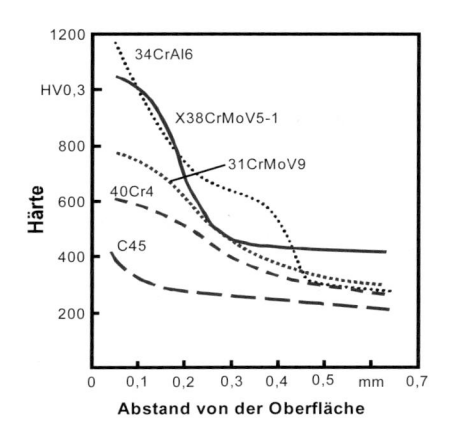

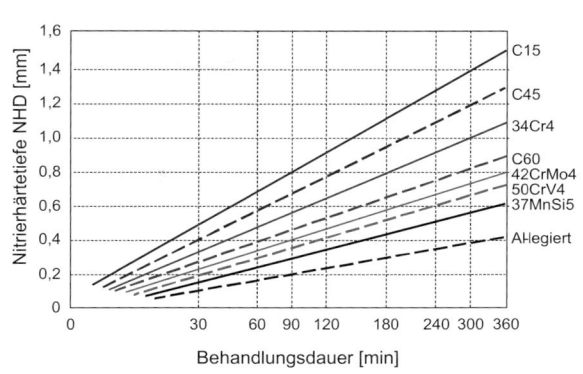

Bild 38-4
Härteverlaufskurven von Vergütungsstählen, gasoxinitriert bei 570 °C/16 h [Spi84]

Bild 38-5
Nitriertiefe badnitrierter Vergütungsstähle (570 °C) in Abhängigkeit der Behandlungsdauer [Lie06]

38.2 Aufgabe

Proben aus Ck15, GJS-600, 16MnCr5, 42CrMo4 und 34CrAl6 werden unterschiedlich lange nitriert/nitrocarburiert. Danach wird das Gefüge der nitrierten Randschicht metallographisch präpariert und mit Hilfe der Härteprüfung nach Vickers (HV 0,5) die Nitrierhärtetiefe bestimmt.

38.3 Versuchsdurchführung

Von jedem Werkstoff werden zwei zylindrische Proben von 10 mm Durchmesser und 50 mm Länge unterschiedlich lange (90', 120' und 180') bei 570 °C im Gas oder im Plasma nitriert bzw. im Salzbad nitrocarburiert. Anschließend wird eine Probe in Wasser von 20 °C abgeschreckt, die andere an Luft auf Raumtemperatur abgekühlt. Danach werden von den Proben Zylinderscheiben abgetrennt und zur Präparation (vgl. V7) eingebettet. Nach der Ermittlung der Härtetiefenverlaufskurven (vgl. V8) werden die Nitrierhärtetiefen gemäß Bild 38-6 bestimmt und zusammen mit den Schliffbildern diskutiert.

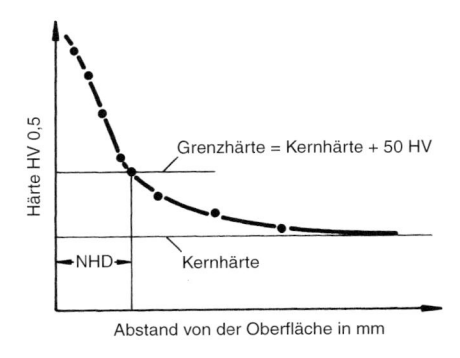

Bild 38-6
Bestimmung der Nitrierhärtetiefe (NHD) gemäß DIN 50190-3

38.4 Weiterführende Literatur

[Lie05]	Liedtke, D.: Merkblatt 447 Wärmebehandlung von Stahl – Nitrieren und Nitrocarburieren, Ausgabe 2005, Stahl-Informations-Zentrum Düsseldorf
[Lie06]	Liedtke, D.: Wärmebehandlung von Eisenwerkstoffen: Nitrieren und Nitrocarburieren, 3. Aufl., expert-Verl., Renningen, 2006
[Spi84]	Spies, H.-J.; Böhmer, S.: Beitrag zum kontrollierten Gasnitrieren von Eisenwerkstoffen, HTM 39 (1984) 1–6
[DIN 50190-3]	DIN 50190-3 Härtetiefe wärmebehandelter Teile – Ermittlung der Nitrierhärtetiefe
[DIN EN 10052 : 1993]	DIN EN 10052: 1993 Begriffe der Wärmebehandlung von Eisenwerkstoffen

38.5 Symbole, Abkürzungen

Symbol/Abkürzung	Bedeutung	Einheit
DS	Diffusionsschicht	-
VS	Verbindungsschicht	-
NHD	Nitrierhärtetiefe (Nitriding hardness depth)	-

V39 Wärmebehandlung von Schnellarbeitsstählen

39.1 Grundlagen

Werkzeugstähle sind Edelstähle, die zur Bearbeitung anderer Werkstoffe verwendet werden. Sie müssen ihrem Einsatz entsprechend neben hinreichender Festigkeit und Zähigkeit vor allem einen hohen Verschleißwiderstand sowie eine gute Anlassbeständigkeit besitzen. Durch geeignete Wahl und Kombination bestimmter Legierungselemente sowie durch optimierte Wärmebehandlungen (Härten und Anlassen) sind diese Eigenschaften erreichbar und gezielt veränderbar.

Unterteilt werden die Werkzeugstähle nach DIN EN ISO 4957 in unlegierte und legierte Kaltarbeitsstähle, legierte Warmarbeitsstähle und Schnellarbeitsstähle.

Unlegierte Werkzeugstähle enthalten als wesentliches Legierungselement Kohlenstoff, daneben in Grenzen Mangan und Silizium. Je nach Kohlenstoffgehalt finden sich unterschiedlichste Anwendungen:

ca. 0,5 % bis ca. 0,8 % C: Handhämmer, Scheren, Messer, Döpper (Nietkopfsetzer), Pflugscharen, Messer, Handmeißel, Spitzeisen, Zahlenstempel, Kaltschlagwerkzeuge, Fließpresswerkzeuge, kleinere Ziehringe, Prägewerkzeuge, usw.

ca. 1,0 % bis 1,2 % C: einfache Bohrer und Fräser, Mähmaschinenmesser, Schnitt- und Prägewerkzeuge, Holzbearbeitungswerkzeuge, Presswerkzeuge usw.

bis 1,5 % C: Messer und Stichel für die Bearbeitung harter Stoffe, Gewindebohrer, Ziehdorne, Feilen, usw.

Mit höherem C-Gehalt finden unlegierte Werkzeugstähle aufgrund der geringen Einhärtbarkeit häufig als „Schalenhärter" Anwendung, wobei nur relativ dünne Randbereiche martensitisch umwandeln. Hier werden hinsichtlich der Begleitelemente strenge Obergrenzen gesetzt.

Die unlegierten Werkzeugstähle umfassten nach Stahl-Eisen-Werkstoffblatt 150 von 1963 vier Güteklassen (W1, W2, W3, WS), deren Symbole der kohlenstoffmäßigen Stahlbezeichnung angehängt werden (z. B. C70 W2 oder C105 W1). Die Unterscheidung erfolgte nach dem Härtungsverhalten und den Gebrauchseigenschaften. Ursächlich hierfür sind die Homogenität und der Reinheitsgrad, die hauptsächlich aus dem Erschmelzungsverfahren resultieren. Ein Stahl C70 W1, der im Elektroofen erschmolzen wurde, besaß i. Allg. einen höheren Reinheitsgrad als ein Stahl C70 W2 aus dem Siemens-Martin-Ofen. Da heute die meisten dieser Stähle im Elektroofen mit hoher Reinheit erschmolzen werden, findet sich in der aktuell gültigen Norm (DIN EN ISO 4957) kein Hinweis mehr auf diese Güteklassen. So wurde aus dem C70 W1 (Werkstoffnummer 1.1520) der Werkzeugstahl mit der Kurzbezeichnung C70 U (U steht hierbei für „unbehandelt"). Im Register Europäischer Stähle werden allerdings vereinzelt noch unlegierte Stähle nach alten Normen geführt (bspw. der C70 W2 unter der Werkstoffnummer 1.1620).

Werkzeuge aus unlegierten Werkzeugstählen zeichnen sich durch große Randhärte und große Kernzähigkeit aus. Mit zunehmender Anlasstemperatur verlieren sie allerdings schnell an Härte (vgl. Bild 39-1). Diese Stähle eignen sich daher nur für Werkzeuge, die sich bei der Zerspanung nicht stark erwärmen. Die obere Grenze der realisierbaren Schnittgeschwindigkeiten bei Kohlenstoffstählen liegt etwa bei 15 m/min.

Die niedriglegierten Werkzeugstähle besitzen meistens Kohlenstoffgehalte zwischen 0,8 und 1,5 Masse-%, dazu Mangan und carbidbildende Zusätze von Vanadium, Wolfram, Molybdän und Chrom. Typische Beispiele sind 90MnCrV8 (Gewindeschneider, Reibahlen), 110WCrV5 (Schneidwerkzeuge in der Papierindustrie) und 140Cr2 (Hobel, Feilen, Fräser, Schaber, Bohrer). Die z. T. schwerlöslichen Carbide der Legierungselemente erfordern höhere Härtetemperaturen als unlegierte Werkzeugstähle mit vergleichbarem Kohlenstoffgehalt. Durch die Legierungszusätze wird die Einhärtung erheblich verbessert. Gleichzeitig werden Verschleißwiderstand und Anlassbeständigkeit erhöht, wie die Anlasskurven für vanadiumlegierte Stähle in Bild 39-1 zeigen. Der Einsatz dieser Stähle ist bis zu einer Arbeitstemperatur von etwa 200 °C möglich.

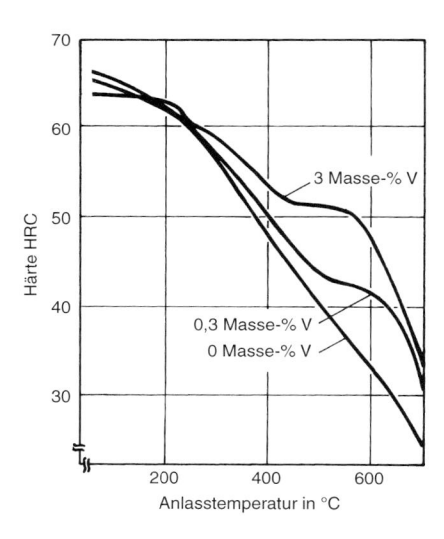

Bild 39-1
Veränderung der Anlassschaubilder von C100 durch Vanadiumzusätze

Hochlegierte Werkzeugstähle werden nach ihren Einsatzgebieten in Kalt-, Warm- und Schnellarbeitsstähle eingeteilt. Kaltarbeitsstähle (z. B. X153CrMoV12) sind sehr verschleißbeständig und können bis ca. 200 °C eingesetzt werden. Warmarbeitsstähle (z. B. X40CrMoV5-1) dienen der spanlosen Bearbeitung bei höheren Temperaturen (Umformwerkzeuge). Sie sind anlassbeständig, warmfest, warmzäh und temperaturwechselbeständig bei hohen Temperaturen.

Schnellarbeitsstähle werden hauptsächlich für die Zerspanung mit hoher Schnittgeschwindigkeit genutzt. Sie haben nach DIN EN 10027-1 ein eigenes Kurznamensystem, bei dem hinter den Buchstaben „HS" durch Bindestriche getrennt die auf ganze Zahlen gerundeten Gehalte an den Legierungselementen Wolfram, Molybdän, Vanadium und gegebenenfalls Kobalt genannt werden. Gelegentlich wird ein „C" angehängt, um Güten mit höherem Kohlenstoffgehalt hervorzuheben.

Schnellarbeitsstähle haben Kohlenstoffgehalte zwischen 0,75 und etwa 2 Masse-% und stets 4 Masse-% Chrom, was die Durchhärtbarkeit verbessert und maßgeblich zur Carbidbildung beiträgt. Wolfram, Molybdän und Vanadium bilden harte Sondercarbide. Kobalt erlaubt höhere Härtetemperaturen und wirkt sich günstig auf die Anlassbeständigkeit aus. Der Kohlenstoffgehalt und der Anteil der Sondercarbidbildner werden sorgfältig aufeinander abgestimmt. Beispiele sind HS6-5-2C (6 Masse-% W, 5 Masse-% Mo, 2 Masse-% V), HS6-5-2-5 (6 Masse-% W, 5 Masse-% Mo, 2 Masse-% V, 5 Masse-% Co) und HS18-1-2-10 (18 Masse-% W, 1 Masse-% Mo, 2 Masse-% V, 10 Masse-% Co).

Die Schnellarbeitsstähle zählen zur Gruppe der so genannten ledeburitischen Stähle, weil ihr Gussgefüge eutektisch erstarrte Gefügebereiche (Ledeburit) enthält. Um die bei der Erstarrung entstehenden, teilweise sehr großen Sondercarbide kleiner zu halten, werden Varianten pulvermetallurgisch hergestellt (z. B. PMHS6-5-3C, Werkstoffnummer 1.3395). Hierbei wird die Schmelze verdüst und erstarrt zu Pulver mit kleinen Carbiden. Während der Pulverkonsolidierung durch heißisostatisches Pressen wachsen diese kaum noch. Dadurch wird die Zähigkeit der Werkstoffe deutlich verbessert. Um hinreichende Anteile der Sondercarbide im Austenit zur Lösung zu bringen, sind sehr hohe Härtetemperaturen (je nach Stahlqualität 1180 bis 1300 °C) erforderlich, die in sehr engen Grenzen eingehalten werden müssen (vgl. Bild 39-2), da sie dicht unter der eutektischen Temperatur der Legierungen liegen. Auch ist ein übermäßiges Austenitkornwachstum zu vermeiden, da hiervon die Gebrauchseigenschaften erheblich beeinflusst werden. Wegen der hohen Temperatur ist eine oxidierende Atmosphäre zu vermeiden. Die Erwärmung der Werkzeuge auf Härtetemperatur erfolgt nach Anwärmen auf etwa 450 °C meistens in einer weiteren zweistufigen Temperaturerhöhung auf 850 °C und 1050 °C, bevor abschließend beispielsweise im Salzbadofen auf Härtetemperatur erwärmt wird. Am gebräuchlichsten sind bei der Härtung von Schnellarbeitsstählen inzwischen Vakuumöfen mit Druckgasabschreckung, bei denen auch eine gestufte Erwärmung auf Härtetemperatur erfolgt.

Um eine gleichmäßige Austenitisierung zu erreichen, sind Wärmzeiten exakt einzuhalten. Da es praktisch kaum möglich ist, Erwärm- und Haltedauer getrennt zu ermitteln, wird vor allem beim Härten von Schnellarbeitsstählen mit Angaben zur Verweildauer gearbeitet, d. h. der Dauer von der Überführung aus dem Vorwärmofen in das Salzbad bis zur Entnahme zum Abschrecken (auch Tauchdauer genannt). Die Verweildauer ist querschnittsabhängig und liegt bei gewünschter Haltedauer von 80 s zwischen etwa 110 s bei 10 mm Durchmesser und 360 s bei 50 mm. Zur fast vollständigen Auflösung von Sekundärcarbiden wird von mindestens 150 s Haltedauer im Salzbad ausgegangen. Wärm- und Verweildauern sind in der Regel erheblich von der Art des Ofens abhängig.

Schnellarbeitsstähle sind sehr umwandlungsträge. Es reicht deshalb eine Abkühlung von Härtetemperatur auf unter 500 °C in etwa 10 min, um ein martensitisches Gefüge zu erhalten. Da dies in vielen Fällen durch einfache Abkühlung bei Raumtemperatur und Umgebungsatmosphäre erfolgt, werden sie auch als „lufthärtende Stähle" bezeichnet.

Bei der Härtung von Schnellarbeitsstählen kann mit Vorteil auch das Warmbadhärten angewandt werden. Dabei wird das Werkzeug von der Härtetemperatur in einem Salzbad von etwa 520 °C abgeschreckt, dort bis zum Temperaturausgleich gehalten und dann wegen der zur Martensitbildung erforderlichen kleinen kritischen Abkühlgeschwindigkeit unter weiterer Abkühlung an Luft martensitisch umgewandelt. Dadurch werden Eigenspannungsausbildung, Härterissneigung und Verzugsgefahr gering gehalten.

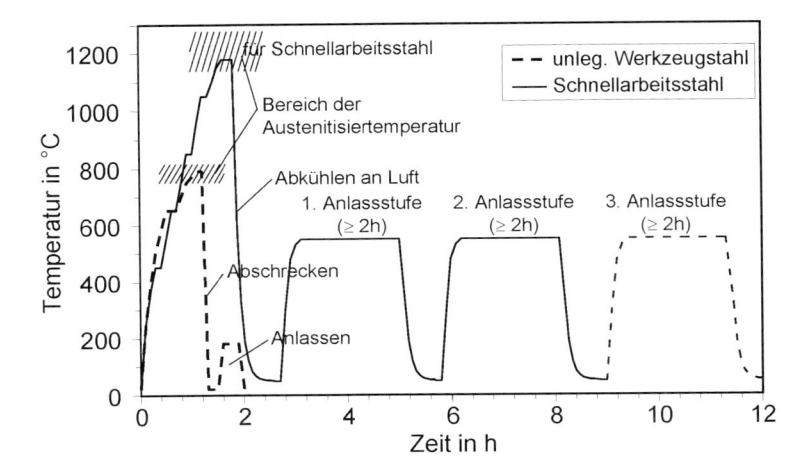

Bild 39-2 Temperatur-Zeit-Schaubild beim Härten von unlegierten Werkzeugstählen und Schnellarbeitsstählen

Infolge des hohen Anteils an gelöstem Kohlenstoff sind bei den Schnellarbeitsstählen die Temperaturen, ab denen sich Martensit bildet (M_s), niedrig. Die Martensitbildung ist in der Regel bei diesen Stählen erst bei einer Temperatur (M_f) unterhalb von Raumtemperatur abgeschlossen, so dass ein Anteil austenitisch bleibt. Das nach der Härtung vorliegenden Gefüge enthält etwa 60 – 70 % Martensit, 20 – 30 % Restaustenit und 10 – 20 % nicht aufgelöste Carbide. Bild 39-3 zeigt als Beispiel für den Schnellarbeitsstahl HS6-5-2C oben den Einfluss der Härtetemperatur auf die Härte und den Restaustenitgehalt nach Abschrecken auf Raumtemperatur. Werden derartige Werkstoffzustände einer anschließenden Anlassbehandlung unterworfen, treten ähnliche Härte- und Restaustenitgehaltsänderungen auf, wie sie in Bild 39-3 unten für eine Härtetemperatur von 1220 °C dargestellt sind. Zunächst nimmt die Härte mit der Anlasstemperatur kontinuierlich ab (vgl. V35), da sich aus dem Martensit Carbide ausscheiden, wodurch die Gitterverzerrung reduziert wird. Die Härte steigt dann aber oberhalb 400 °C wieder merklich an, durchläuft das Sekundärhärtemaximum (Sondercarbidbildung) und wird schließlich oberhalb 550 °C kontinuierlich mit wachsender Temperatur kleiner. Dabei bleibt bis etwa 500 °C der Restaustenitgehalt konstant und fällt dann auf kaum nachweisbar kleine Werte ab. Verantwortlich hierfür ist zum einen die Ausscheidung von feinsten Carbiden aus dem Austenit (vgl. V41), zum anderen die Bildung von Martensit aus dem Restaustenit, der infolge des reduzierten Kohlenstoffgehaltes jetzt eine höhere M_s hat. Der niedrigere C-Gehalt (erhöhtes M_f) erklärt auch, warum nach dem Anlassen mit kontrollierter Geschwindigkeit möglichst auf niedrige Temperaturen (<50 °C) abgekühlt werden muss.

V39 Wärmebehandlung von Schnellarbeitsstählen

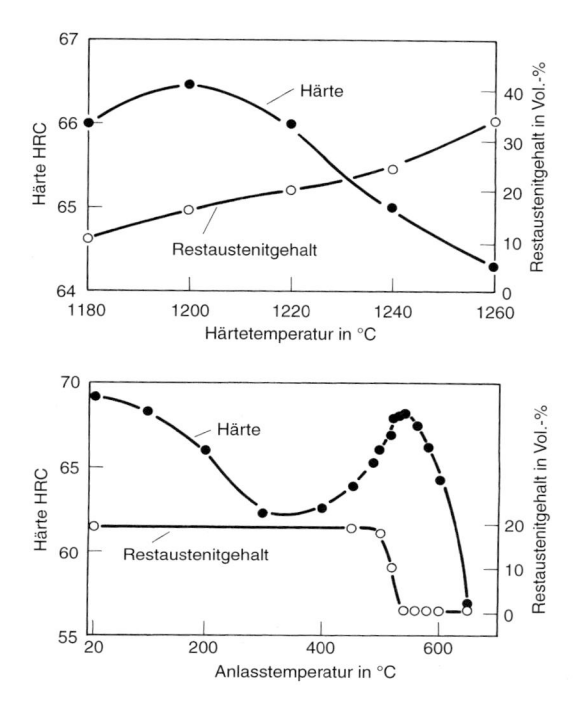

Bild 39-3
Einfluss der Härtetemperatur (oben) und der Anlasstemperatur (unten) auf Härte und Restaustenitgehalt von HS6-5-2C

Durch eine geeignete Wahl der Härtetemperatur und der Anlassbehandlung (Mehrfachanlassen) lässt sich die Sondercarbidausbildung und damit der gesamte Gefügezustand so beeinflussen, dass sich eine optimale Kombination von Härte und Zähigkeit einstellt. Dadurch erhält der Werkstoffzustand die angestrebte vorzügliche Schneidhaltigkeit. Bild 39-4 zeigt für HS6-5-2C, welch unterschiedliche Härtehöchstwerte erreicht werden können, wenn nach Abschrecken von verschiedenen Härtetemperaturen angelassen wird. Größte Verschleißwiderstände werden durch Anlassen bei der Temperatur erzielt, an der das Sekundärhärtemaximum liegt. In der Regel wird jedoch bei etwas höherer Temperatur als am Sekundärhärtemaximum angelassen, da dadurch eine verbesserte Zähigkeit erreicht wird.

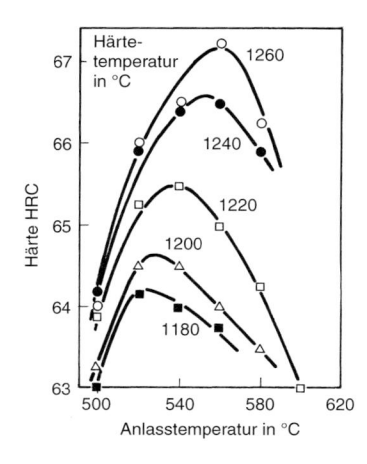

Bild 39-4
Zum Anlassverhalten von verschieden gehärtetem HS6-5-2C

Gehärtete und angelassene Schnellarbeitsstähle sind sehr anlassbeständig. Sie behalten ihre Härte bei Temperaturen knapp unter der höchsten Anlasstemperatur über längere Zeit bei. Das erlaubt beim Zerspanen hohe Schnittgeschwindigkeiten (bei Kohlenstoffstählen bis etwa 30 m/min), ohne dass die dabei auftretenden hohen Schneidtemperaturen das Werkzeug zerstören.

39.2 Aufgabe

Zylinderbolzen aus Schnellarbeitsstahl sind von drei Austenitisierungstemperaturen (Härtetemperaturen) abzuschrecken. Danach sind die Bolzen ein- und zweimal bei verschiedenen Temperaturen anzulassen. Die Rockwellhärte ist als Funktion der Anlasstemperatur zu bestimmen und zu diskutieren.

39.3 Versuchsdurchführung

Für die Untersuchungen steht eine ausreichende Zahl von Proben des Stahls HS6-5-2C zur Verfügung. Nach Anwärmen bei 450 °C im Schutzgasofen und jeweils 5-minütigem Austenitisieren bei 1190 °C bzw. 1210 °C bzw. 1230 °C in einem Salzbad werden die Proben in Öl von 20 °C abgeschreckt. Alternativ kann eine Austenitisierung im Vakuumofen mit anschließender Gasabschreckung erfolgen. Von jedem Härtungszustand wird die Ansprunghärte mittels Härtemessung nach Rockwell (HRC) bestimmt. Anschließend wird je eine der verschieden austenitisierten Proben 1 h bei 200, 300, 400, 500, 550, 600 und 650 °C in einem Luftumwälzofen angelassen. Nach leichtem Abschleifen der Oberflächen wird die Härte (HRC) der angelassenen Proben bestimmt und über der Anlasstemperatur aufgetragen. Danach wird die Anlassbehandlung der einzelnen Proben wiederholt und erneut die Härte gemessen. Die erhaltenen Härtewerte werden dann mit denen der ersten Anlassbehandlung verglichen und diskutiert.

39.4 Weiterführende Literatur

[Ber06] Berns, H.; Theissen, W.: Eisenwerkstoffe – Stahl und Gusseisen. 3., vollständig neu bearbeitete und erweiterte Auflage, Springer-Verlag Berlin Heidelberg, 2006

[Hau72] Haufe, W.: Schnellarbeitsstähle, 2. Aufl., Carl Hanser Verlag, München, 1972

[Lie07] Liedtke, D. und 5 Co-Autoren: Wärmebehandlung von Eisenwerkstoffen I – Grundlagen und Anwendungen. Kontakt & Studium Band 349, 7., völlig neu bearbeitete Auflage. Expert Verlag, Renningen, 2007

[Ste83] von den Steinen, A.; Schmidt, W.: W. Dahl, Grundlagen der Festigkeit, der Zähigkeit und des Bruches, Stahleisen, Düsseldorf, 1983

V40 Thermo-mechanische Stahlbehandlung

40.1 Grundlagen

Unter der thermo-mechanischen Behandlung von Stählen versteht man Umformprozesse unter gezielter Temperaturführung. Dabei wird der erwärmte Stahl entweder im stabil austenitischen ($T > A_3$) oder im metastabil austenitischen ($T < A_3$) Zustand oder während der Austenitumwandlung einer mechanischen Umformbehandlung unterworfen. Derartige Verfahrensschritte werden heute großtechnisch in vielfältiger Weise angewandt. Besondere Anreize dazu bieten die mit großer Oberflächengüte erzielbaren Werkstoffeigenschaften unter Einsparung zusätzlicher Wärmebehandlungen.

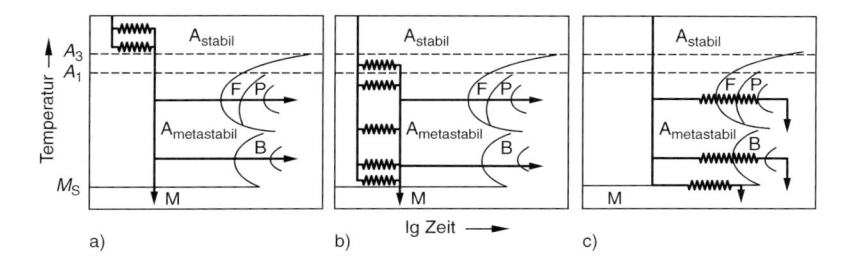

Bild 40-1 Erläuterung verschiedener thermo-mechanischer Behandlungen an Hand eines schematischen ZTU-Diagramms. Umformung im stabilen Austenitbereich (a), im metastabilen Austenitbereich (b) und während der Austenitumwandlung (c)

Die Gesamtheit der Anwendung findenden thermo-mechanischen Verfahren lässt sich in vereinfachter Weise in den in Bild 40-1 gezeigten drei Gruppen zusammenfassen. In schematischen ZTU-Diagrammen (vgl. V33) sind dabei als starke Linien die den Werkstoffen aufgeprägten Temperatur-Zeit-Verläufe angegeben, wobei der gezackte Kurvenanteil jeweils den Umformvorgang andeuten soll. Bei der in Bild 40-1a skizzierten sog. HTMT-Behandlung (high-temperature thermomechanical treatment) erfolgt die Warmumformung im stabilen Austenitgebiet, also bei relativ hohen Temperaturen, so dass eine Rekristallisation des verformten Werkstoffes (vgl. V12) vor der anschließenden Umwandlung in der Ferrit-Perlit- bzw. Bainitbzw. Martensitstufe erfolgen kann. Die LTMT-Behandlung (low-temperature thermomechanical treatment) nach Bild 40-1b besteht in einer Umformung bei Temperaturen, bei der der Austenit metastabil vorliegt. Diese Temperaturen können größer oder kleiner als die Rekristallisationstemperatur des umgeformten Stahles sein, so dass die anschließende Umwandlung entweder von teilrekristalliertem oder nicht rekristallisiertem Austenit ausgeht. Bei Stählen mit ausscheidungsbildenden Zusätzen wird die Rekristallisation zusätzlich gehemmt. Die anschließenden ferritisch-perlitischen oder bainitischen Umwandlungen führen zu feinkörnigen Gefügezuständen mit hoher Versetzungs- und gegebenenfalls hoher feindisperser Ausscheidungsdichte. Wird nach der Umformung des metastabilen Austenits eine martensitische Umwandlung (vgl. V15) vorgenommen, so entstehen martensitische Gefüge höchster Festigkeit. Man nennt diese spezielle Art einer thermo-mechanischen Behandlung Austenitformhärten. Sie lässt sich nur bei legierten Stählen durchführen, bei denen der Austenit hinreichend lange in metastabiler Form vorliegt und die zur Martensitbildung erforderlichen v_{krit}-Werte relativ klein sind. Die thermomechanischen Behandlungen in Bild 40-1c schließlich gehen von der mechanischen Umformung während der Austenitumwandlung aus. Die Verformung kann wiederum während der ferritisch-perlitischen, der bainitischen oder der martensitischen Umwandlung erfolgen. Durch die gleichzeitige Überlagerung von Verformungs- und Umwandlungsvorgängen entstehen komplexe Gefügezustände mit interessanten mechanischen Eigenschaften.

40.2 Aufgabe

Vom hochfesten Edelbaustahl X 41 CrMoV51, der das in Bild 40-2 gezeigte ZTU-Schaubild besitzt, sind nach verschieden großen Umformungen des metastabilen Austenits austenitformgehärtete Zustände zu erzeugen und deren mechanische Eigenschaften sowie deren Anlassverhalten zu untersuchen.

40.3 Versuchsdurchführung

Für die Untersuchungen stehen Wärmebehandlungseinrichtungen, ein Walzwerk sowie Vorrichtungen zur Ermittlung mechanischer Kenngrößen zur Verfügung. Zunächst werden an Hand von Bild 40-2 zweckmäßige Temperaturen für die Austenitisierung und die Umformung festgelegt.

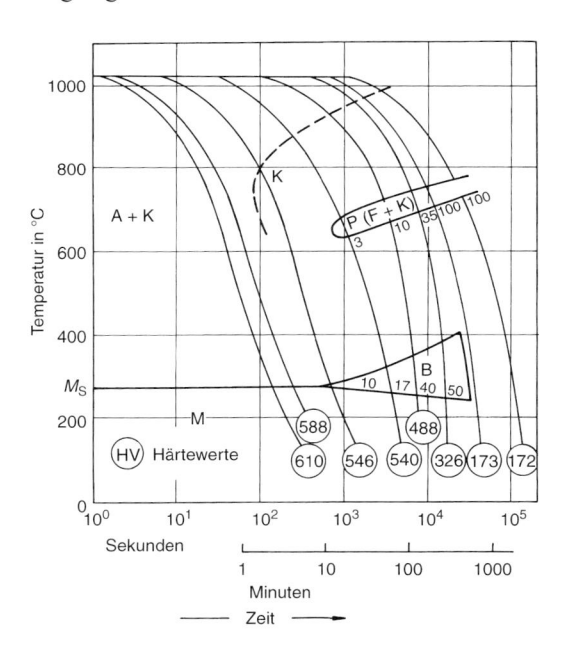

Bild 40-2
Kontinuierliches ZTU-Schaubild von X 41 CrMoV 51 (A Austenit, C Carbid, F Ferrit, P Perlit, B Bainit, M Martensit)

Einen möglichen Arbeitsplan enthält Bild 40-3. Vorbereitete Flachproben mit 150 bis 200 mm Länge werden dann etwa 30 Minuten austenitisiert, anschließend auf die zwischen 500 und 600 °C gewählte Umformtemperatur in einem neutralen Salzbad abgekühlt (ca. 5 Minuten) und dann in einem Laborwalzwerk in mehreren Stichen auf Walzgrade $\epsilon_W = h/h_o \cdot 100\,\% = 40, 60$

und 80 % (vgl. V9) abgewalzt. Dabei lässt sich die Walzfolge so abstimmen, dass sich die Abkühlungen zwischen den Stichen etwa durch die Aufheizeffekte während der Umformung kompensieren. Zweckmäßigerweise wird auf der Auslaufseite der Walzen mit einem Heiztisch mit einer Oberflächentemperatur von etwa 500 °C gearbeitet. Nach abgeschlossener Walzverformung werden die Proben in Öl von Raumtemperatur abgeschreckt. Als einfachste mechanische Kenngröße wird von den austenitformgehärteten Proben die Vickershärte (vgl. V8) bestimmt, in Abhängigkeit vom Walzgrad aufgetragen und unter Heranziehung von Härtewerten konventionell gehärteter Proben diskutiert. Anschließend werden Anlassbehandlungen bei Temperaturen bis T < 800 °C je 1 h lang vorgenommen und die danach bei Raumtemperatur vorliegenden HV 50-Werte bestimmt. Die dabei ermittelten Messwerte werden mit den oben gefundenen verglichen und erörtert.

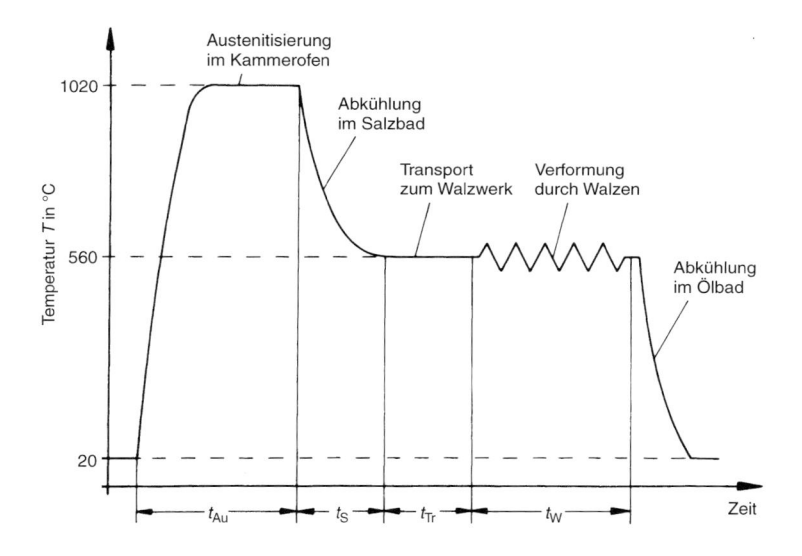

Bild 40-3
Möglicher T,t-Verlauf bei der Austenitformhärtung

40.4 Weiterführende Literatur

[Mey81]   Meyer, L.: Stahl und Eisen 101, 1981
[Ros77]   Rose, A. u. Schmidtmann, E. H.: in [Dah83]

40.5 Symbole, Abkürzungen

Symbol/Abkürzung	Bedeutung	Einheit
T	Temperatur	°C
A_3	Umwandlungstemperatur	°C
ϵ_W	Walzgrad (Umformgrad in Blechdickenrichtung)	%
h_o	Blechdicke vor dem Walzen	mm
h	Blechdicke nach dem Walzen	mm

V41 Aushärtung einer AlCu-Legierung

41.1 Grundlagen

Fließspannungen, Festigkeit und Härte bestimmter Metalllegierungen lassen sich durch die Erzeugung von Ausscheidungen steigern. Im einfachsten Falle binärer Legierungen ist eine dazu notwendige aber nicht immer hinreichende Voraussetzung die beschränkte und mit sinkender Temperatur abnehmende Löslichkeit einer Legierungskomponente. Das Prinzip der Ausscheidungsverfestigung wurde an einer Aluminium-Kupfer-Mangan-Legierung von A. Wilm entdeckt und als Aushärtung bezeichnet. In der Übersicht technisch wichtiger Aluminiumlegierungen in Bild 41-1 sind die aushärtbaren Legierungen besonders gekennzeichnet. Ternäre AlCuMg-Legierungen mit 3,5–4,8 Masse-% Cu und 0,4–1,0 Masse-% Mg, AlMgSi- und AlZnMg-Legierungen mit 1,4–2,8 Masse-% Mg und 4,5 Masse-% Zn sowie AlMgSi-Legierungen mit 0,6–1,4 Masse-% Mg und 0,6–1,3 Masse-% Si finden häufig Anwendung.

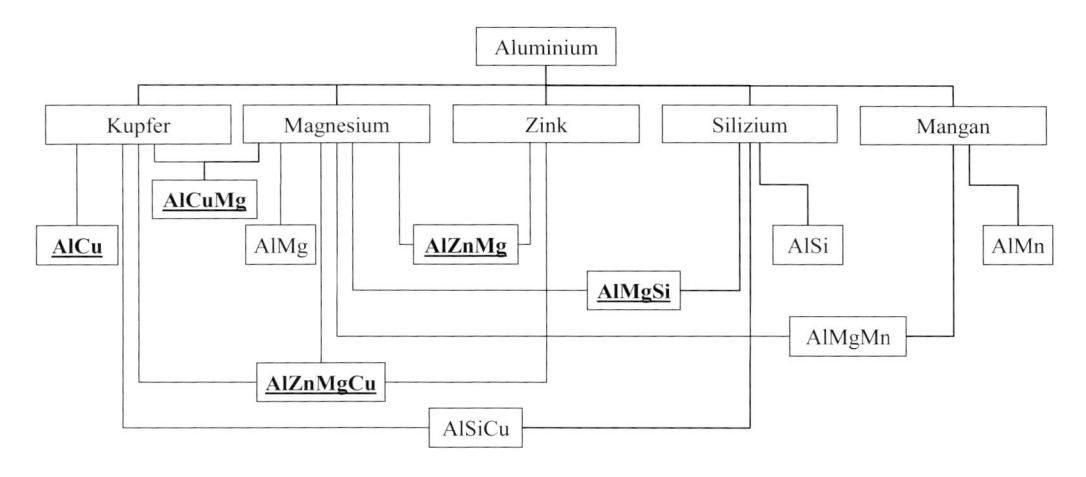

Bild 41-1 Aushärtbare (unterstrichen) und nichtaushärtbare Aluminiumbasislegierungen

Wird eine Legierung mit der Kupferkonzentration C_0 hinreichend lange im Temperaturbereich $T_2 < T < T_1$ lösungsgeglüht (Bild 41-2), so bilden sich homogene α-Mischkristalle (Substitutionsmischkristalle), bei denen die Kupferatome Al-Atome substituieren und regellose Gitterplätze im Aluminium-Wirtsgitter einnehmen. Wird der α-Mischkristall genügend langsam abgekühlt, so bilden sich beim Unterschreiten der Temperatur T_2 der Löslichkeitslinie Kristalle der Gleichgewichtsphase Al_2Cu. Mit sinkender Temperatur nehmen die Menge und der Kupfergehalt der α-Mischkristalle ab, die Menge der intermetallischen Phase Al_2Cu nimmt entsprechend zu. Bei Raumtemperatur liegt eine zweiphasige Legierung aus α-Mischkristallen und Al_2Cu vor, deren Mengenanteile sich nach dem Hebelgesetz berechnen. Die intermetallische Verbindung Al_2Cu wird auch θ-Phase genannt. Die Löslichkeit der α-Phase für Kupfer ist bei Raumtemperatur sehr klein und beträgt $C_1 < 0,1$ Masse-%.

V41 Aushärtung einer AlCu-Legierung

Wird eine Legierung der gleichen Konzentration C_0 nach hinreichend langer Dauer im Temperaturbereich $T_2 < T < T_1$ gehalten und anschließend sehr schnell auf Raumtemperatur abgekühlt, so liegt nach dem so genannten Abschrecken die Legierung in Form von übersättigten α-Mischkristallen mit der Kupferkonzentration C_0 vor. Dieser Zustand ist jedoch metastabil, weil das Aluminiumgitter bei Raumtemperatur im Gleichgewicht nur eine Kupferkonzentration C_1 lösen kann. Somit enthält der abgeschreckte Mischkristall die 40fache Menge an Kupfer.

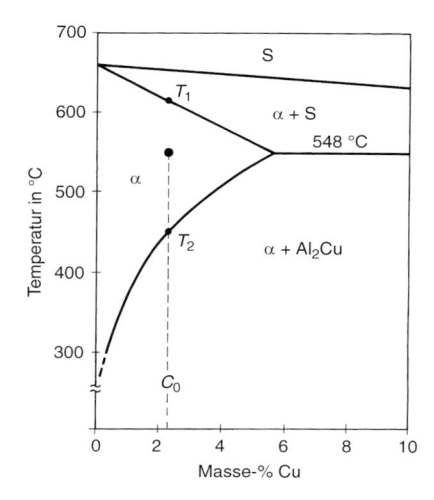

Bild 41-2
Aluminiumreiche Seite des Zustandsdiagramms AlCu

Durch ausreichende Zufuhr thermischer Energie werden Diffusionsprozesse ermöglicht. Wird die Temperatur über eine hinreichend lange Zeit gehalten, gehen die übersättigten Mischkristalle über mehrere Zwischenzustände (Ausscheidungszustände) in die Gleichgewichtsphasen α und Al_2Cu über (Warmauslagerung). Die Ausscheidungszustände für eine Warmauslagerung sind schematisch in Bild 41-3 angedeutet. Beginnend mit der Keimbildung wachsen die Teilchen aus dem übersättigten Mischkristall. Je nach Kupferkonzentration, Abschreckgeschwindigkeit und anschließender Auslagerungstemperatur treten bei AlCu-Legierungen die folgenden Ausscheidungen auf:

i. Die GP-I-Zonen, nach ihren Entdeckern (Guinier und Preston) benannt, sind scheibenförmige Ansammlungen von Kupferatomen in monoatomaren Schichten auf {100}-Ebenen der Aluminium-Matrix mit einem Durchmesser von ca. $100 \cdot 10^{-8}$ cm.

ii. Die GP-II-Zonen (vielfach auch θ''-Phase genannt) stellen eine abwechselnde Folge von übereinander gelagerten monoatomaren Aluminium- und Kupferschichten in {100}-Ebenen der Aluminiummatrix dar und sind mit einer tetragonalen Verzerrung des Gitters ($a = 4{,}04 \cdot 10^{-8}$ cm, $c = 7{,}60 \cdot 10^{-8}$ cm) verknüpft. Die Zonen erreichen Dicken bis zu etwa $100 \cdot 10^{-8}$ cm und Durchmesser bis zu etwa $1500 \cdot 10^{-8}$ cm.

iii. Die θ'-Phase ist eine plättchenförmige Nichtgleichgewichtsphase mit tetragonaler Struktur ($a = 4{,}04 \cdot 10^{-8}$ cm, $c = 5{,}90 \cdot 10^{-8}$ cm). Die Dicke der Plättchen erreicht Werte von etwa $300 \cdot 10^{-8}$ cm.

iv. Die θ-Phase ist die stabile tetragonale Endphase Al_2Cu mit $a = 6{,}02 \cdot 10^{-8}$ cm und $c = 4{,}87 \cdot 10^{-8}$ cm.

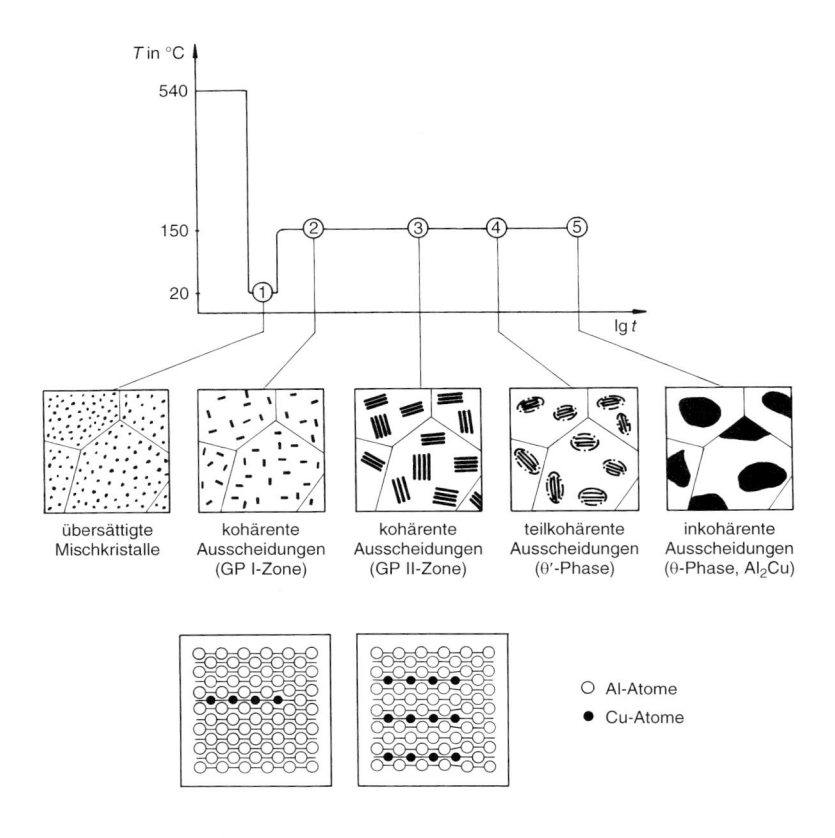

Bild 41-3 Stadien der Warmaushärtung einer AlCu-Legierung (schematisch)

Keimbildungsschwierigkeiten für die Gleichgewichtsphase sind der Grund für das Auftreten der genannten Nichtgleichgewichtszustände nach Auslagerung bei Raumtemperatur oder erhöhten Temperaturen. So bilden sich in einer Aluminiumlegierung mit 4 Masse-% Kupfer schon wenige Minuten nach dem Abschrecken auf Raumtemperatur GP-I-Zonen. Wird die gleiche Probe weitere 5 Stunden bei 160 °C geglüht, so erhält man vorwiegend GP-II-Zonen, die sich unter gleich bleibenden Bedingungen über die θ'-Phase weiter dem Gleichgewichtszustand annähert. Erfolgt dagegen nach dem Abschrecken eine 24-stündige Glühung bei 240 °C, so stellt sich die θ'-Phase ein. Erst nach Glühen oberhalb von etwa 300 °C bildet sich die Gleichgewichtsphase θ (Al$_2$Cu) aus. Der im Ergebnis der Warmauslagerung entstehende ausgehärtete Zustand ist ein metastabiler Zustand. Die Festigkeitssteigerung bleibt demnach nur bis zu der Temperatur längere Zeit bestehen, bei der sich die Abstände der Teilchen durch Wachstum nicht stark vergrößern.

Im Gegensatz zu einer Warmauslagerung wird bei der so genannten Kaltauslagerung (vielfach auch als natürliche Alterung bezeichnet) nicht die stabile Gleichgewichtsphase erreicht. Bei dieser Art der Auslagerung liegen je nach Legierung Temperaturen zwischen Raumtemperatur und etwa 80 °C vor und diese reichen lediglich aus, um die GP-I-Phase zu bilden. Grund hierfür ist die für die Diffusion notwendige Energie, die bei den niedrigen Temperaturen nicht ausreicht, um größere Diffusionswege zu überwinden. Als Folge liegen auch die Härte- bzw.

V41 Aushärtung einer AlCu-Legierung

Festigkeitswerte einer kaltausgelagerten Al-Legierung unter jenen des warmausgelagerten Werkstoffs.

Voraussetzung für die beschriebenen Ausscheidungsvorgänge ist eine hinreichend hohe Leerstellenkonzentration, die eine Diffusion der Legierungsatome auch noch bei relativ niederen Temperaturen ermöglicht. Diese Voraussetzung wird dadurch geschaffen, dass die bei der Lösungsglühtemperatur vorliegende Leerstellenkonzentration durch das rasche Abschrecken auf Raumtemperatur zunächst im „eingefrorenen Zustand" vorliegt.

Bei der Beurteilung der Auswirkung von Ausscheidungen auf die mechanischen Eigenschaften einer aushärtbaren Legierung ist der Begriff der „Kohärenz" von Bedeutung. Man unterscheidet kohärente, teilkohärente und inkohärente Ausscheidungen (Bild 41-4). Bei einer kohärenten Ausscheidung korrespondiert das Kristallgitter mit dem der Matrix. Die auftretenden Unterschiede in den Atomabständen der beiden Gitter führen zu so genannten Kohärenzspannungen. Besteht eine teilweise Kohärenz zwischen den Gittern der Ausscheidung und der Legierungsmatrix, so spricht man von teilkohärenten Ausscheidungen. Inkohärente Ausscheidungen besitzen stets eine von der Legierungsmatrix deutlich verschiedene Gitterstruktur. In AlCu-Legierungen sind die GP-I- und GP-II-Zonen als kohärent, die θ'-Phase als teilkohärent und die θ-Phase als inkohärent anzusprechen.

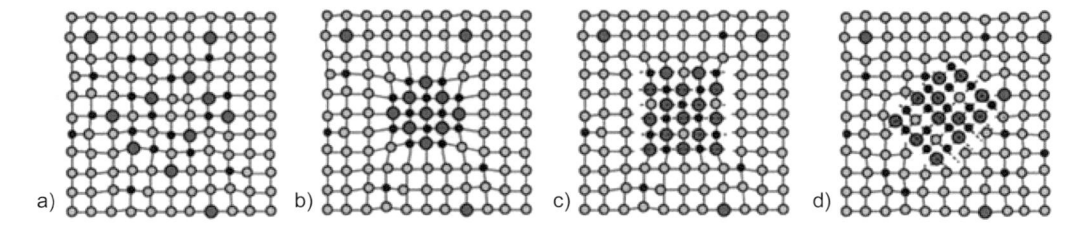

Bild 41-4 Schematische Darstellung der Ausscheidungsstadien einer ternären Al-Legierung: a) Clusterbildung, b) kohärente, c) teilkohärente und d) inkohärente Ausscheidungen [Ost07]

Die verschiedenen Ausscheidungstypen stellen innerhalb und an den Grenzen der α-Kristallite der AlCu-Legierungen Hindernisse für die Versetzungsbewegung dar. Bei den kohärenten GP-I- und GP-II-Zonen, die sehr fein verteilt vorliegen, behindern vor allem die sich um die Zonen ausbildenden Kohärenzspannungen die Bewegung der Gleitversetzungen und beeinflussen die mechanischen Werkstoffwiderstandsgrößen stark. Dabei sind GP-I-Zonen wirksamer als GP-II-Zonen. Bei der mit gröberer Verteilung plättchenförmig auftretenden θ'-Phase zeigen die Deckflächen kohärente und die Seitenflächen inkohärente Übergänge zur α-Mischkristallmatrix, und es treten keine Kohärenzspannungen mehr auf. Da ferner mit zunehmender Auslagerungszeit die Größe und der mittlere Abstand zwischen den jeweiligen Ausscheidungstypen anwachsen, ändert sich auch der Mechanismus, mit der die Gleitversetzungen diese Hindernisse überwinden. Versetzungen sind entweder in der Lage, Teilchen zu schneiden (Kelly-Fine-Mechanismus) oder sie können sich bis zu einem kritischen Radius durchbiegen (Orowan-Mechanismus). Für kleine, kohärente Teilchen dominiert der Schneidemechanismus: Die Versetzung dringt in das Teilchen ein und erzeugt im Teilchen eine Antiphasengrenze. Das Teilchen wird um den Betrag des Burgers-Vektors abgeschert. Dabei ist die zum Schneiden notwendige Spannung proportional zur Energie der Antiphasengrenze pro Flächeneinheit. Bei größeren Teilchen hingegen dominiert der Umgehungsmechanismus: Das Durchbiegen ist einfacher, wenn die Ausscheidungen weit entfernt sind. Während der Auslagerung können sich die Abstände zwischen den Ausscheidungen von ca. 10 nm auf 1 µm und mehr vergrößern. Die Biegespannung nimmt daher mit der Auslagerungszeit ab. Hat sich also nach hinreichend langer Auslagerung ein kohärenzspannungsarmer Ausscheidungszustand gebildet, bei dem Umgehungs- und Schneidprozesse gleich wahrscheinlich sind, so führt jede weitere Verlängerung der Auslagerung zu einer Teilchenvergröberung und damit zu einer Abnahme des Werkstoffwiderstandes gegen plastische Verformung. Man spricht dann von Überalterung. In Bild 41-5 ist schematisch der Verlauf der 0,2 %-Dehngrenze für eine AlCu4-Legierung dargestellt. Die maximale Dehngrenze wird bei Auftreten der GP-II-Zonen bzw. bei gleichzeitigem Auftreten von GP-II-Zonen und der θ'-Phase erreicht. Die Teilchengröße liegt hier je nach Legierungszusammensetzung zwischen 0,01 µm und 0,1 µm (unterhalb des Auflösungsvermögens von Lichtmikroskopen). In diesem Zustand erfolgt wie zuvor beschrieben die Wechselwirkung zwischen Teilchen und Versetzungen sowohl durch den Schneidemechanismus als auch durch den Umgehungsmechanismus und die Versetzungsbewegung wird maximal behindert. Sobald nur noch Ausscheidungen der θ'-Phase vorliegen, ist der überalterte Zustand erreicht. Die ungleichmäßige Verteilung dieser Phase führt zu einem Rückgang der Dehngrenze.

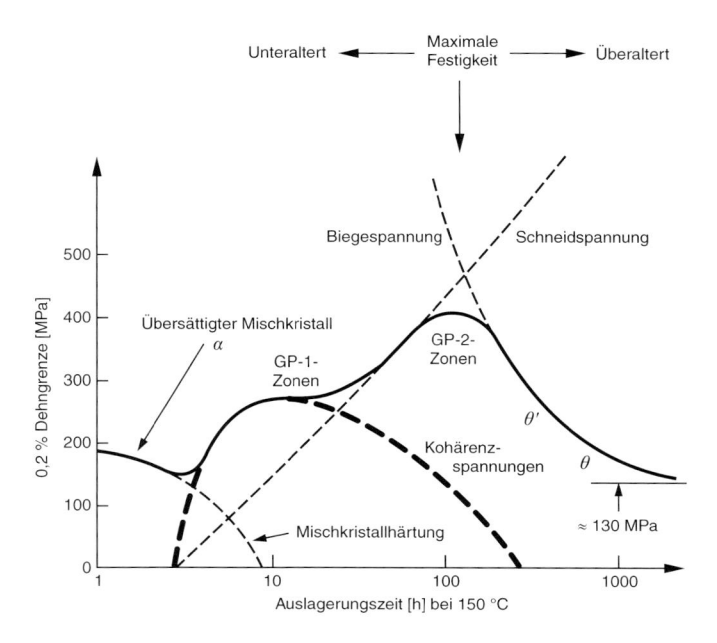

Bild 41-5 Zugfestigkeit und Schneid- bzw. Umgehungswiderstände in Abhängigkeit von der Auslagerungsdauer einer AlCu-Legierung mit Zuordnung der unterschiedlichen Phasen [Zsc96].

Neben Temperatur und Auslagerungsdauer, hat auch der Kupfergehalt einen Einfluss auf die erreichbare Festigkeit. Als Beispiel sind in Bild 41-6 gemessene Härtewerte als Funktion der Auslagerungsdauer (sog. Härte-Isothermen) für verschiedene AlCu-Legierungen dargestellt, die nach verschieden langen Auslagerungen bei 130 °C und nachfolgender Abschreckung auf Raumtemperatur ermittelt wurden. Vor der Aushärtungsbehandlung wurden alle Proben

20 min bei 550 °C lösungsgeglüht und anschließend in Wasser auf 20 °C abgeschreckt. Ergänzende röntgenographische bzw. elektronenmikroskopische Untersuchungen ermöglichen die vorgenommene Zuordnung der einzelnen Ausscheidungstypen zu den jeweiligen Härte-Isothermen. Bei gegebener Legierungszusammensetzung treten bei den gewählten Aushärtungstemperaturen unterschiedlich große Härtemaxima nach unterschiedlichen Auslagerungsdauern auf.

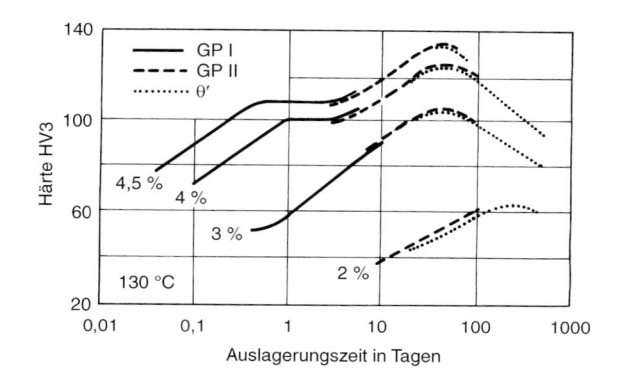

Bild 41-6 Härte-Isothermen von AlCu-Legierungen mit 2; 3; 4 und 4,5 Masse-% Cu, die bei 130 °C ausgelagert wurden

41.2 Aufgabe

Lösungsgeglühte und abgeschreckte Proben aus aushärtbaren Aluminiumlegierungen vom Typ AlCuMg oder AlMgSi werden bei Raumtemperatur und bei 120 °C ausgelagert. Die Härte ist als Funktion der Auslagerungszeit zu ermitteln.

41.3 Versuchsdurchführung

Um einen eindeutigen Ausgangszustand zu erreichen, werden vorbereitete Probestreifen der Legierung mit Abmessungen von etwa 1 x 10 x 80 mm einer einheitlichen Lösungsglüh- und Abschreckbehandlung unterworfen. Die Proben werden dazu etwa 20 min in einem geeigneten Ofen bei einer Temperatur von etwa 500 °C gehalten und danach zur Erzeugung übersättigter Mischkristalle möglichst rasch in Wasser abgeschreckt. An den bei Raumtemperatur auszulagernden Proben werden die Härtemessungen unmittelbar nach dem Abschrecken begonnen. Die Auslagerungen bei 120 °C erfolgen in einem Kammerofen. Die ersten Härtemessungen sollten nach einer Auslagerungszeit von etwa 8 min vorgenommen werden. Alle weiteren Messungen erfolgen in geeigneten zeitlichen Abständen. Um die Streuung der Aushärtungszustände besser beurteilen zu können, erfolgt die Aufnahme der Härteisothermen mit jeweils vier Proben.

41.4 Weiterführende Literatur

[Nab79] Nabarro, F.R.M.: Dislocations in Solids, Vol. 4, North-Holland, Amsterdam (1979)

[Kel71] Kelly, A.; Nicholson, R. B.: Strengthening Methode in Crystals, Elsevier, Oxford, 1971

[Kam09] Kammer, C.: Aluminium-Taschenbuch, 16. Aufl., Alu Media GmbH, Düsseldorf (2009)

[Ost07] Ostermann, F.: Anwendungstechnologie Aluminium. 2. Aufl., Springer-Verlag, Berlin, 2007

[Shi96] Shih, H.-C.; Ho, N.-J.; Huang, J.C.: Precipitation behaviors in Al-Cu-Mg and 2024 aluminium alloys. Metallurgical and Materials Transactions 27A (1996) 9, S. 2479–2494

[Sta92] Starink, M. J.; van Mourik, P.: Cooling and heating rate dependence of precipitation in an Al-Cu alloy. Materials Science and Engineering 156A (1992), S. 183–194

[Zsc96] Zschech, E.: Metallkundliche Prozesse bei der Wärmebehandlung aushärtbarer Aluminiumlegierungen. Härterei-Technische Mitteilungen 51 (1996) 3, S. 137–144

41.5 Symbole, Abkürzungen

Symbol/Abkürzung	Bedeutung	Einheit
C	Elementkonzentration	Masse-%
T	Temperatur	°C
α	Gitterkonstante	10^{-8} cm
χ	Gitterkonstante	10^{-8} cm

V42 Formzahlbestimmung

42.1 Grundlagen

Wird ein glatter, zylindrischer Stab wie in Bild 42-1a durch äußere Kräfte F beansprucht, so wirken in einer zur Kraftrichtung senkrecht liegenden Querschnittsfläche A_0, lokale Spannungen einheitlicher Größe und Richtung, die durch die Nennspannungen

$$\sigma_n = \frac{F}{A_0} \tag{42.1}$$

gegeben sind. Wirken die Kräfte parallel zur Probenlängsachse genau in den Flächenschwerpunkten der Stabenden, so liegt eine momentenfreie Beanspruchung vor. Betrag und Richtung der Spannungen sind an allen Querschnittsstellen makroskopisch gleich. Der Spannungszustand ist einachsig und homogen.

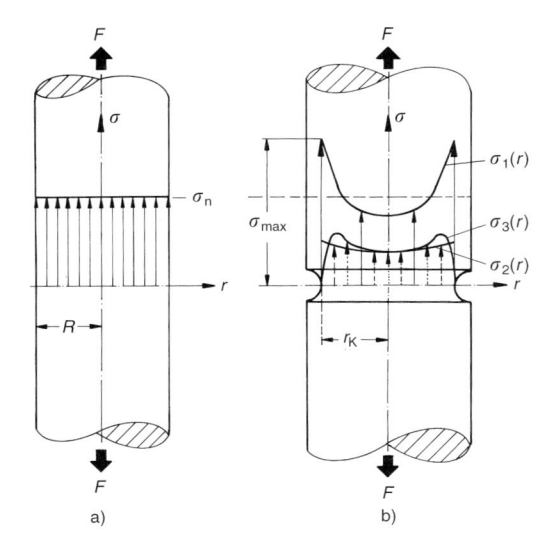

Bild 42-1
Spannungsverteilungen über dem Querschnitt eines glatten (a) und dem Kerbgrundquerschnitt eines gekerbten Rundstabes (b) mit $r_K = R$

Wirken die gleichen äußeren Kräfte F auf einen gekerbten Rundstab, dessen Kerbgrundquerschnitt (vgl. Bild 42-1b) den gleichen Durchmesser hat wie der glatte Stab, so bildet sich im Kerbgrundquerschnitt ein rotationssymmetrischer dreiachsiger Spannungszustand mit inhomogener Spannungsverteilung aus. Senkrecht zur Längs- oder Axialspannung $\sigma_1(r)$ bilden sich Umfangs- oder Tangentialspannungen $\sigma_2(r)$ sowie senkrecht zu $\sigma_1(r)$ und $\sigma_2(r)$ Radialspannungen $\sigma_3(r)$ aus. An der Kerbgrundoberfläche $r = r_K$ ist $\sigma_3 = 0$. Die Längsspannung erreicht dort ihren Höchstwert $\sigma_1(r = r_K) = \sigma_{max}$, der größer als die Nennspannung σ_n ist. Aus Gleichgewichtsgründen muss in einer gewissen Entfernung vom Kerbgrund die Längsspannung kleiner als die Nennspannung sein. Eine Betrachtung, die sich bei gekerbten Proben nur auf die Nennspannung stützt, erfasst also nicht die tatsächlich im Kerbgrundquerschnitt vorliegende Spannungsverteilung und die im Kerbgrund auftretende Höchstspannung. Die Größe

$$\alpha_K = \frac{\sigma_{max}}{\sigma_n} \qquad (42.2)$$

wird Formzahl genannt und charakterisiert die Kerbwirkung. α_K ist werkstoffunabhängig und wird nur durch die Kerbgeometrie bestimmt. Bei Rundkerben ist α_K von der Kerbtiefe t, dem Kerbradius ρ und dem Kerbgrunddurchmesser d abhängig. In Bild 42-2 sind als Beispiel für verschiedene t/ρ-Werte die Formzahlen für Umlaufkerben zugbeanspruchter Zylinderstäbe als Funktion von $d/2\rho$ wiedergegeben.

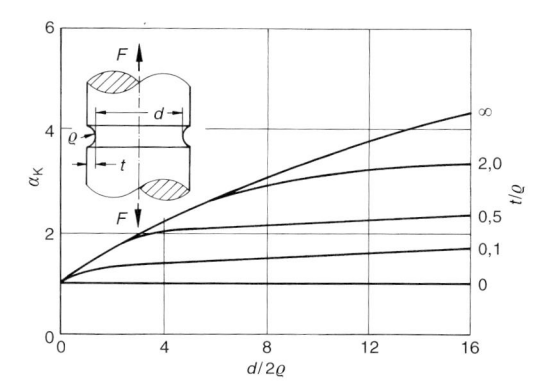

Bild 42-2
Der Geometrieeinfluss auf die Formzahl von zugbeanspruchten Zylinderstäben mit Umlaufkerben

Alle bei technischen Bauteilen aus funktionalen Gründen vorhandenen Querschnittsübergänge, -änderungen und -umlenkungen wie z. B. Nuten, Hohlkehlen, Bohrungen, Auswölbungen, Absätze, Winkel, Rillen und Gewinde haben bei Beanspruchung Kerbwirkungen zur Folge und führen je nach geometrischer Form zu charakteristischen mehrachsigen Spannungszuständen. Bei einfachen Bauteilen und Kerbformen sowie übersichtlichen Beanspruchungsverhältnissen lassen sich die Spannungsverteilungen und damit die Formzahlen theoretisch berechnen bzw. abschätzen. Daneben kommt der experimentellen Bestimmung der Formzahlen eine große praktische Bedeutung zu. Dabei wird auf Grund einer Analyse der elastischen Dehnungen im Kerbgrund des belasteten Kerbstabes auf die dort wirksamen Spannungen geschlossen. Bei gekerbten Flachstäben kann man durch Dehnungsmessungen an der Oberfläche des Kerbgrundquerschnitts auch Aussagen über die Kerbspannungsverteilung erhalten. Bei hinreichend dünnen Proben sind die Spannungen senkrecht zur Oberfläche klein und können in erster Näherung vernachlässigt werden. Neben der experimentellen Ermittlung von Formzahlen besteht die Möglichkeit, die in den gekerbten Bauteilen auftretenden Spannungen durch FEM-Simulation zu bestimmen.

Im Folgenden wird der zweiachsige Spannungszustand eines gekerbten Flachstabes mit den Hauptspannungen σ_1 und σ_2 ($\sigma_3 = 0$) betrachtet, wobei angenommen wird, dass die erste Hauptspannungsrichtung mit der Beanspruchungsrichtung übereinstimmt. Nach dem verallgemeinerten Hookeschen Gesetz tritt dann in Richtung von σ_2 die Hauptnormaldehnung

$$\varepsilon_1 = \frac{1}{E}(\sigma_1 - \nu\sigma_2) \qquad (42.3)$$

und in Richtung σ_2 die Hauptnormaldehnung

$$\varepsilon_2 = \frac{1}{E}(\sigma_2 - \nu\sigma_1) \qquad (42.4)$$

auf. Daraus berechnen sich die Hauptspannungen zu

$$\sigma_1 = \frac{E}{1-\nu^2}(\varepsilon_1 + \nu\varepsilon_2) \qquad (42.5)$$

und

$$\sigma_2 = \frac{E}{1-\nu^2}(\varepsilon_2 + \nu\varepsilon_1). \qquad (42.6)$$

Bei bekanntem Elastizitätsmodul E und bekannter Querkontraktionszahl ν lassen sich also die lokal vorliegenden Hauptspannungen durch Dehnungsmessungen senkrecht und parallel zur Beanspruchungsrichtung ermitteln. Aufgrund der freien Oberfläche ist im Kerbgrund $\sigma_2 = 0$. Längsdehnungsmessungen im Kerbgrund (vgl. Bild 42-3) liefern ε_1, und mit Gl. 42.3 lässt sich $\sigma_1 = \sigma_{max}$ berechnen, woraus sich nach Gl. 42.2 die Formzahl α_K ergibt. Messungen an den Seitenflächen der Probe zeigen den Verlauf der Längs- und Querdehnung $\varepsilon_1(x)$ und $\varepsilon_2(x)$ am Rand des Kerbgrundquerschnittes. Extrapolation der daraus ermittelten Spannung $\sigma_1(x)$ auf $x = r_K$ liefert wiederum σ_{max} sofern $\sigma_3 = 0$ ist.

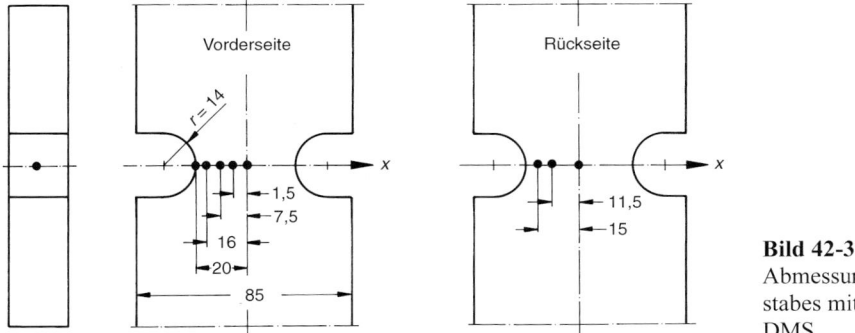

Bild 42-3 Abmessungen des Kerbstabes mit Lage (•) der DMS

42.2 Aufgabe

An einem beidseitig gekerbten Flachstab aus Stahl, dessen Kerbbereich die in Bild 42-3 gezeigte Form und Abmessungen hat, sind die Oberflächenlängs- und -querspannungen an den gekennzeichneten Stellen zu ermitteln und daraus die Spannungsverteilungen $\sigma_1(x)$ und $\sigma_2(x)$ sowie die Formzahl α_K zu bestimmen. Der Kerbstab besitzt einen Elastizitätsmodul von $E = 210.000$ MPa und eine Querkontraktionszahl $\nu = 0,28$.

42.3 Versuchsdurchführung

Auf dem Kerbstab sind an den festgelegten Stellen (vgl. Bild 42-3) Dehnungsmessstreifen (DMS) für Längs- und Querdehnungsmessungen anzubringen (vgl. V22). Die so vorbereitete

Probe wird momentenfrei in einer geeigneten Zugprüfmaschine eingespannt. Die Anschlüsse der einzelnen Dehnungsmessstreifen werden über Kabel einer Dehnungsmessbrücke zugeleitet, an der die Dehnungswerte unmittelbar abzulesen sind. Unter mehreren geeignet gewählten Belastungen (Nennspannungen) werden nacheinander die Dehnungsanalysen an den einzelnen Messstellen vorgenommen. Aus den Messdaten werden unter Zuhilfenahme der Gl. 42.5 und 42.6 die lokal vorliegenden Spannungen berechnet, in Abhängigkeit vom Kerbgrundabstand aufgetragen und durch ausgleichende Kurven ausgemittelt. Die Messungen werden für mindestens drei verschiedene Nennspannungen durchgeführt, die etwa das 0,3-; 0,4- und 0,5-fache der Streckgrenze des Versuchswerkstoffes betragen sollten. Die Formzahl α_K wird mit Hilfe von Gl. 42.2 aus den gewählten Nennspannungen und aus den auf den Kerbgrund extrapolierten Spannungen σ_1 bzw. aus den direkt im Kerbgrund gemessenen Spannungen σ_1 errechnet.

42.4 Weiterführende Literatur

[Neu00] Neuber, H.: Kerbspannungslehre. 4. Auflage, Springer Verlag, Berlin, 2000

[Pil08] Pilkey, W. D.; Pilkey, D. F.: Peterson's Stress Concentration Factors. 3. Auflage, John Wiley & Sons, Hoboken, 2008

42.5 Symbole, Abkürzungen

Symbol/Abkürzung	Bedeutung	Einheit
A_0	Querschnittsfläche	mm²
d	Kerbgrunddurchmesser	mm
E	Elastizitätsmodul	MPa
F	äußere Kraft	N
R	Radius ungekerbter Stab	mm
r	radiale Position	mm
r_K	Kerbgrundradius	mm
t	Kerbtiefe	mm
α_K	Formzahl	-
$\varepsilon_1, \varepsilon_2$	Hauptnormaldehnungen	-
v	Querkontraktionszahl	-
ρ	Kerbradius	mm
$\sigma_1, \sigma_2, \sigma_3$	Hauptspannungen	MPa
σ_{max}	maximale Spannung	MPa
σ_n	Nennspannung	MPa

V43 Zugverformungsverhalten von Kerbstäben

43.1 Grundlagen

Bei der Beanspruchung gekerbter Bauteile durch äußere Kräfte und/oder Momente treten mehrachsige inhomogene Spannungszustände auf. Die Frage ist von zentraler Bedeutung, unter welchen Bedingungen dabei plastische Verformung einsetzt und Bruch auftritt. Das einfachste Modell eines gekerbten Bauteils ist ein zylindrischer Kerbstab, der nach Herstellung eigenspannungsfrei (vgl. V32) geglüht wurde. Führt man mit derartigen Stäben Zugversuche durch, so lassen sich neben der verformenden Kraft F auch die in Beanspruchungsrichtung auftretenden Längenänderungen der Messstrecke l_0, die die Kerbe einschließt (vgl. Bild 43-1), relativ einfach erfassen.

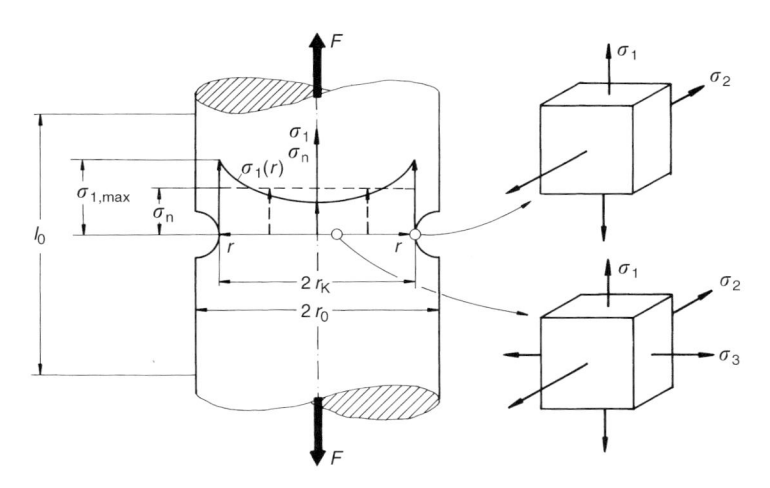

Bild 43-1 Spannungsverteilung über dem Kerbgrundquerschnitt eines zugbeanspruchten Zylinderstabes

Man erhält damit einerseits Nennspannungswerte $\sigma_n = F/A_K$, die Mittelwerte der sich einstellenden inhomogenen Spannungsverteilungen sind. Andererseits kann man aus der Längenänderung der Messstrecke formale Dehnungswerte berechnen, die ein Maß für die insgesamt sich ausbildenden Abmessungsänderungen der Messstrecke sind. Vielfach spricht man als Kerbstreckgrenze den Werkstoffwiderstand gegenüber der auf den Kerbgrundquerschnitt bezogenen Kraft an, die zum ersten Abweichen vom linearen Anfangsteil der Kraft-Verlängerungskurve führt. Selbstverständlich ist diese Beanspruchung nicht mit der Nennspannung identisch, bei der erstmals plastische Verformungen im Kerbgrund auftreten. Will man daher zu genaueren Aussagen über die Kerbstreckgrenze $R_{K,eS}$ (Widerstand gegen einsetzende plastische Verformung im Kerbgrund) und/oder Kerbdehngrenzen $R_{K,px}$ gelangen, so sind genauere Dehnungsanalysen im Kerbgrund unerlässlich. Dagegen lässt sich die Kerbzugfestigkeit

$$R_{K,m} = \frac{F_{max}}{A_K} \tag{43.1}$$

in einfacher Weise aus dem Maximalwert $F_{\max}$ des Kraftverlängerungsschriebes und der Kerbgrundquerschnittsfläche A_K ermitteln.

Wird ein gekerbter Zylinderstab auf Zug beansprucht, so bildet sich – wie in Bild 43-1 schematisch angegeben – im Inneren des Kerbquerschnittes ein dreiachsiger, im Kerbgrund ein zweiachsiger Kerbspannungszustand aus, dessen Spannungskomponenten

$$\sigma_1 > \sigma_2 > \sigma_3 \tag{43.2}$$

inhomogen verteilt sind. Die in Beanspruchungsrichtung wirkende Spannung σ_1 besitzt ihren Größtwert $\sigma_{1,\max}$ im Kerbgrund. Die auf die Kerbgrundquerschnittsfläche $A_K = \pi r_K^2$ bezogene Zugkraft F, also

$$\sigma_n = \frac{F}{A_K} = \int_0^{r_K} \frac{\sigma_1(r) 2\pi r \, dr}{A_K} \tag{43.3}$$

wird als Nennspannung definiert. Das Verhältnis

$$\sigma_{1,\max}/\sigma_n = \alpha_K \tag{43.4}$$

heißt Formzahl der Kerbe. Typisch für Kerbwirkungen ist somit – selbst bei einfachen Beanspruchungsarten – das Auftreten mehrachsiger Spannungszustände. Eine Ausnahme bilden gekerbte dünne Bleche, bei denen man im Kerbgrund von einachsigen Kerbwirkungen ausgehen kann.

Liegt im Kerbgrund bei einachsiger Beanspruchung nur eine einachsige Kerbspannungsverteilung vor, so setzt plastische Verformung dann ein, wenn die Kerbgrundspannung $\sigma_{1,\max}$ die Streckgrenze R_{eS} erreicht, also

$$\sigma_{1,\max} = \alpha_K \sigma_n = R_{eS} \tag{43.5}$$

wird. Der zugehörige Werkstoffwiderstand mit Nennspannungscharakter

$$\sigma_n = \frac{R_{eS}}{\alpha_K} = R_{K,eS}^{(1)} \tag{43.6}$$

heißt Kerbstreckgrenze. $R_{K,eS}^{(1)}$ fällt hyperbolisch mit wachsendem α_K ab.

Bei einachsiger Beanspruchung mit zweiachsiger Kerbwirkung ergibt sich dagegen unter Zugrundelegung der Gültigkeit der Gestaltänderungsenergiehypothese für einsetzende plastische Verformung die Kerbstreckgrenze zu

$$R_{K,eS}^{(2)} = \frac{R_{eS}}{\alpha_K \sqrt{1+a^2} - a} \tag{43.7}$$

wobei $a = \sigma_2/\sigma_1$ ist. Es gilt also

$$R_{eS} > R_{K,eS}^{(2)} > R_{K,eS}^{(1)} \tag{43.8}$$

In Bild 43-2 sind als Beispiel die an gekerbten Zylinderstäben aus 32NiCrMo14-5 experimentell ermittelten Kerbstreckgrenzen $R_{K,eS}$, die Kerbdehngrenzen $R_{K,px}$ und die Kerbzugfestigkeiten $R_{K,m}$ als Funktion von α_K wiedergegeben. Punktiert eingetragen ist der Kerbstreckgrenzen-

V43 Zugverformungsverhalten von Kerbstäben

verlauf, wie er bei einachsiger Kerbwirkung nach Gleichung 43.6 erwartet wird. Alle gemessenen Kerbstreckgrenzen sind größer als diese mit α_K abnehmenden Grenzwerte. Die Kerbdehngrenzen für kleine plastische Verformungen fallen ebenfalls mit wachsender Formzahl ab. $R_{K,p0,2}$ und $R_{K,p1,0}$ steigen dagegen zunächst mit der Formzahl an und nehmen erst bei größeren Formzahlen wieder kleinere Werte an. Die Kerbzugfestigkeit $R_{K,m}$ wächst dagegen im untersuchten Formzahlbereich mit α_K kontinuierlich an. Die sich in Abhängigkeit von α_K in den Oberflächenbereichen des Kerbgrundes ausbildenden Verfestigungszustände und die Mehrachsigkeit des Spannungszustandes bewirken bei den R_K-α_K-Kurven einen kontinuierlichen Übergang von negativen zu positiven Anfangssteigungen.

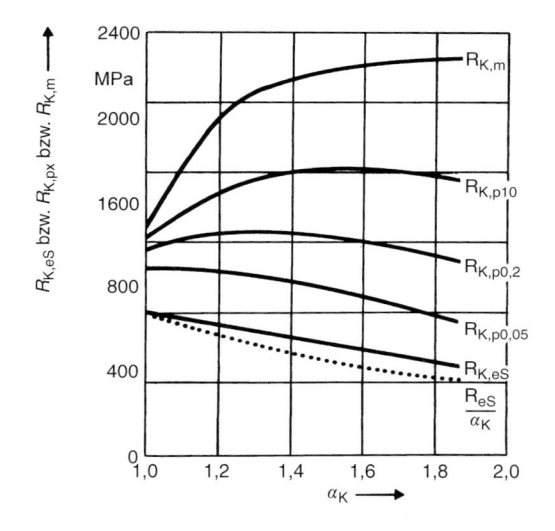

Bild 43-2
Experimentell ermittelte Kerbdehngrenzen und Kerbzugfestigkeiten in Abhängigkeit von der Formzahl

Einige ergänzende Bemerkungen erfordert noch die α_K-Abhängigkeit der Kerbzugfestigkeit. Die obere Kurve in Bild 43-2 zeigt, dass $R_{K,m}$ mit α_K ansteigt. Das gilt generell für duktile Werkstoffzustände, bei denen vor dem Bruchvorgang hinreichend große plastische Verformungen auftreten. Gemäß Bild 43-3, Kurve I, steigt dann das Verhältnis

$$n_{K,m/m} = \frac{R_{K,m}}{R_m} \tag{43.9}$$

ebenfalls mit α_K an. Voraussetzung für den Bruch ist, dass sich, ausgehend vom Kerbgrund, die plastische Verformung sukzessive weiter über den Kerbquerschnitt ausbreitet. Bei hinreichend spröden Werkstoffzuständen, bei denen ein Normalspannungskriterium für den Bruch des Kerbstabes verantwortlich ist, fällt dagegen $n_{K,m/m}$ mit wachsender Formzahl von Anfang an kontinuierlich ab, wie es Kurve III in Bild 43-3 andeutet. Kurve III kann der durch $1/\alpha_K$ bestimmten punktierten Kurve recht nahe kommen. Zwischen den beschriebenen Extremen liegen ähnliche $n_{K,m/m}$-α_K-Kurven wie Kurve II, die zunächst mit α_K ansteigen, einen Maximalwert durchlaufen und dann wieder abfallen. Hier wirkt sich der mit α_K zunehmende gleichsinnige Mehrachsigkeitsgrad dahin gehend aus, dass bei größeren α_K-Werten die größte Hauptnormalspannung in zunehmendem Maße das Bruchgeschehen kontrolliert, weil die Hauptschubspannungen mit wachsenden Beträgen des mehrachsigen Spannungszustandes kleiner werden.

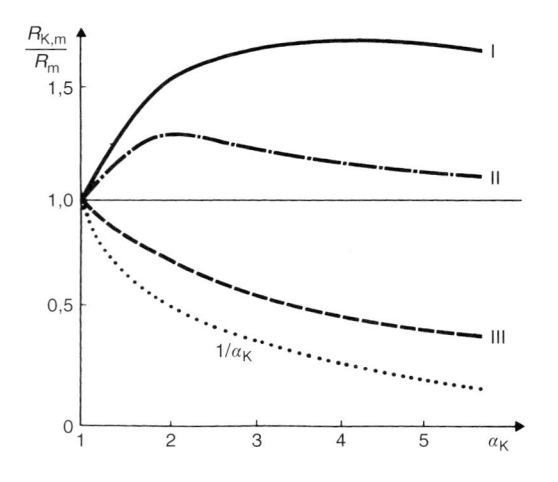

Bild 43-3
Einfluss des Werkstoffzustandes auf die Formzahlabhängigkeit des Verhältnisses $R_{K,m}/R_m$

43.2 Aufgabe

An vergüteten Kerbzugstäben aus 42CrMo4 mit unterschiedlichen Formzahlen sind Zugversuche mit einer elektromechanischen Prüfmaschine durchzuführen. Dabei sind Kraft-Zeit-Diagramme mit dem maschineneigenen Registriersystem sowie Kraft-Kerbgrundlängs- und Kraft-Kerbgrundquerdehnungs-Diagramme mit DMS zu ermitteln. Kerbstreckgrenzen, Kerbdehngrenzen und Kerbzugfestigkeiten sind zu bestimmen und zu beurteilen.

43.3 Versuchsdurchführung

Für die Versuche werden Kerbzugproben der in Bild 43-4 gezeigten Form mit Kerbradien ρ = 5,0; 2,0; 1,0 und 0,15 mm benutzt. Bei einem Teil der Proben sind im Kerbgrund zur Anbringung von Dehnungsmessstreifen jeweils vier um 90° versetzte Längsfasen von etwa 2,5 mm Breite eingefräst. Dadurch erhält der Kerbgrundquerschnitt das in Bild 43-4 gezeigte nahezu regelmäßige Achtkantprofil. Auf den Fasen werden Mikrodehnungsmessstreifen mit einem 0,6 mm breiten und 1,0 mm langen Messgitter aufgeklebt. Der Bestimmung der theoretischen Formzahlen α_K wird bei den angefasten Proben der Äquivalentdurchmesser

$$d_k = \sqrt{4A_k/\pi} \tag{43.10}$$

zugrunde gelegt.

V43 Zugverformungsverhalten von Kerbstäben

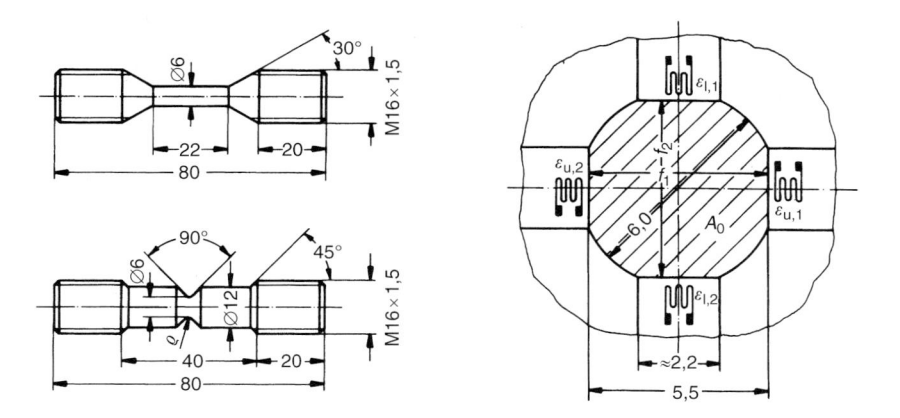

Bild 43-4 Versuchsproben und Kerbquerschnitt der angefasten Kerbprobe

Die Zugversuche erfolgen mit einer elektromechanischen 100 kN-Zugprüfmaschine bei Raumtemperatur. Um weitgehend einachsige und momentenfreie Beanspruchung zu erzielen, empfiehlt sich die Benutzung einer ähnlichen Spezialeinrichtung, wie sie Bild 43-5 zeigt. Sie ermöglicht die zusätzliche induktive Vermessung der Verschiebung der Probeneinspannköpfe als Funktion der Zugkraft. Die Probenverformung erfolgt mit einer Traversengeschwindigkeit $v = 0{,}5$ mm/min. Aus den registrierten Kraft-Zeit-Schrieben werden die Nennspannungen erster Abweichung von der Anfangsgeraden (vgl. V23)

$$R_{K,I} = \frac{F_I}{A_K} \tag{43.11}$$

und die Kerbzugfestigkeit

$$R_{K,m,I} = \frac{F_{max,I}}{A_K} \tag{43.12}$$

bestimmt. Die mit Hilfe von Dehnungsmessbrücken und Zweikomponentenschreibern ermittelten Kraft-Längs- bzw. Kraft-Umfangsdehnungszusammenhänge dienen zur Festlegung der Kerbstreckgrenze

$$R_{K,eS} = \frac{F_{eS}}{A_K} \tag{43.13}$$

beim Auftreten erster Abweichungen von der Hookeschen Geraden im Kerbgrund sowie der Kerbdehngrenzen

$$R_{K,px} = \frac{F_{p,x}}{A_K} \tag{43.14}$$

beim Erreichen bestimmter plastischer Längsdehnungen x im Kerbgrund. Die ermittelten Kenngrößen werden als Funktion von α_K aufgetragen, miteinander verglichen und diskutiert.

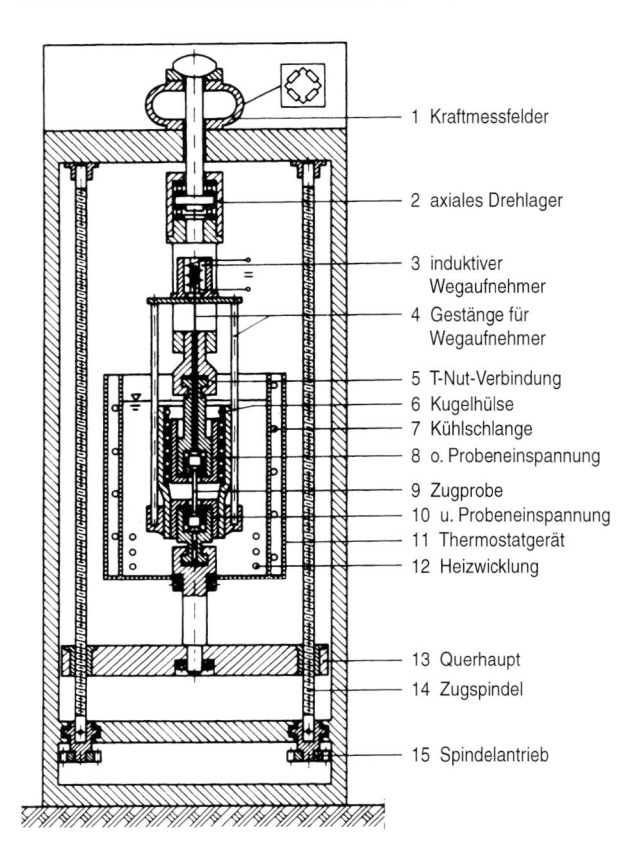

1 Kraftmessfelder
2 axiales Drehlager
3 induktiver Wegaufnehmer
4 Gestänge für Wegaufnehmer
5 T-Nut-Verbindung
6 Kugelhülse
7 Kühlschlange
8 o. Probeneinspannung
9 Zugprobe
10 u. Probeneinspannung
11 Thermostatgerät
12 Heizwicklung
13 Querhaupt
14 Zugspindel
15 Spindelantrieb

Bild 43-5
Verformungseinrichtung für Kerbzugversuche

43.4 Weiterführende Literatur

[Wel76]   Wellinger, K.; Dietmann, H.: Festigkeitsberechnung, Kröner, Stuttgart, 1976
[Bac79]   Backfisch, W.; Macherauch, E.: Kerbzugversuche an vergütetem Stahl 32 NiCrMo 14 5. Arch. Eisenhüttenwesen 50 (1979), S. 167–171
[Iss03]   Issler, L.; Ruoß, H.; Häfele, P.: Festigkeitslehre – Grundlagen, Springer, Berlin, 2003

43.5 Symbole, Abkürzungen

Symbol/Abkürzung	Bedeutung	Einheit
l_0	Messstrecke	mm
F	Kraft	N
F_{max}	Maximalkraft	N
F_I	Kraft in Hauptrichtung I	N
$F_{max,I}$	Maximalkraft in Hauptrichtung I	N
F_{eS}	Kraft **erster einsetzender** plastischer Verformung	N
$F_{p,x}$	Kraft bei plastischer Längsdehnung von x %	N
A_k	Kerbgrundquerschnittsfläche	mm²
σ_n	Nennspannung	MPa
$R_{K,eS}$	Kerbstreckgrenze (Widerstand gegen **erste einsetzende** plastische Verformung **im Kerbgrund**)	MPa
$R_{K,px}$ $R_{K,p0,2}$ $R_{K,p1,0}$	Kerbdehngrenze (mit x = Dehnung in %) 0,2 %-Kerbdehngrenze 1,0 %-Kerbdehngrenze	MPa
$R_{K,I}$	Nennspannung erster Abweichung von der Hooke'schen Geraden in Hauptrichtung I	MPa
$R_{K,m}$	Kerbzugfestigkeit	MPa
$R_{K,m,I}$	Kerbzugfestigkeit in Hauptrichtung I	MPa
$n_{K,m/m}$	$R_{k,m}/R_m$	-
σ_1	Spannungskomponente 1 (in Beanspruchungsrichtung wirkend)	MPa
$\sigma_{1,max}$	Kerbgrundspannung (Spannungskomponente 1 im Kerbgrund)	MPa
σ_2	Spannungskomponente 2	MPa
σ_3	Spannungskomponente 3	MPa
a	σ_2/σ_1	-
r_k	Probenradius am Ort der Kerbe	mm
d_k	Probendurchmesser am Ort der Kerbe	mm
r_0	Probenradius außerhalb der Kerbe	mm
α_K	Formzahl der Kerbe	-
R_{eS}	Streckgrenze	MPa
$R_{K,eS}^{(1)}$	Kerbstreckgrenze bei einachsiger Beanspruchung und **ein**achsiger Kerbspannungsverteilung	MPa
$R_{K,eS}^{(2)}$	Kerbstreckgrenze bei einachsiger Beanspruchung und **zwei**achsiger Kerbspannungsverteilung	MPa
ρ	Kerbgrundradius	mm
v	Traversengeschwindigkeit	mm/min

V44 Biegeverformung

44.1 Grundlagen

Der Biegeversuch ist ein einachsiger Verformungsversuch mit inhomogener Spannungs- und Dehnungsverteilung über der Biegehöhe. Dabei werden meist relativ schlanke Probestäbe auf zwei Auflager gelegt und, wie in Bild 44-1 angedeutet, entweder in der Mitte durch eine Einzelkraft (3-Punkt-Biegung) oder an den Enden symmetrisch zur Mitte durch zwei Einzelkräfte (4-Punkt-Biegung) belastet.

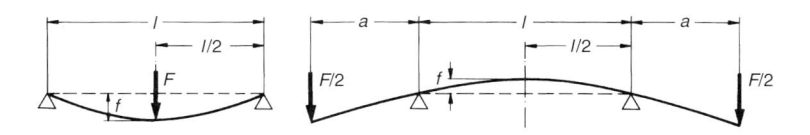

Bild 44-1 Einfache Biegebeanspruchungen. 3-Punkt-Biegung (links), 4-Punkt-Biegung (rechts). F belastende Kräfte, f Durchbiegungen, a und l Längsabmessungen

Im ersten Falle wird der untere Querschnittsteil der Biegeprobe gedehnt und der obere gestaucht, im zweiten Falle ist es umgekehrt. Die mit Zug- und Druckspannungen beaufschlagten Querschnittsteile werden durch eine unbeanspruchte Probenschicht, die neutrale Faser, getrennt. Bei rein elastischer 4-Punkt-Biegung liegt in Stabmitte die in Bild 44-2 gezeigte lineare Spannungs- und Dehnungsverteilung über der Biegehöhe h vor.

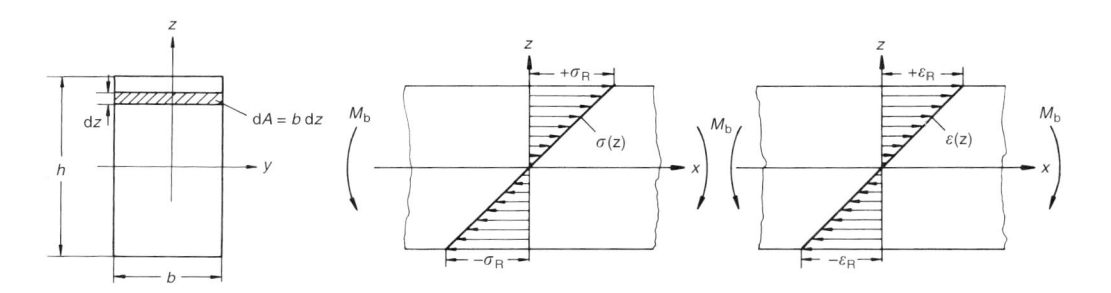

Bild 44-2 Spannungs- und Dehnungsverteilung über der Biegehöhe zwischen den Auflagern bei elastischer 4-Punkt-Biegebeanspruchung

Wirkt das Biegemoment M_b bezüglich der y-Achse, so ergibt sich die Spannungsverteilung zu

$$\sigma(z) = \frac{M_b}{I_y} z \qquad (44.1)$$

und nach dem Hookeschen Gesetz folgt daraus als Dehnungsverteilung

$$\varepsilon(z) = \frac{\sigma(z)}{E} = \frac{M_b}{E \cdot I_y} z \tag{44.2}$$

Dabei ist E der Elastizitätsmodul und

$$I_y = \int_{-h/2}^{h/2} z^2 b\, dz \tag{44.3}$$

das axiale Flächenträgheitsmoment bezüglich der y-Achse. In den Randfasern der Probe ($z = \pm h/2$) treten also die Randspannungen

$$\sigma_R = \pm \frac{M_b h/2}{I_y} = \pm \frac{M_b}{W_b} \tag{44.4}$$

und die Randdehnungen

$$\varepsilon_R = \pm \frac{1}{E} \frac{M_b}{W_b} \tag{44.5}$$

auf. W_b wird Widerstandsmoment gegen Biegung genannt. Wegen Gl. 44.3 ist W_b von der Form der Querschnittsfläche der Biegestäbe abhängig. Die Durchbiegung des Biegestabes f in der Mitte zwischen den Auflagern mit dem Abstand l nimmt proportional zum dort übertragenen Biegemoment und damit auch proportional zur dort auftretenden Randspannung bzw. Randdehnung zu. Es gilt

$$f = \alpha \frac{l^2}{Eh} \sigma_R = \alpha \frac{l^2}{h} \varepsilon_R \tag{44.6}$$

mit $\alpha = 1/6$ bei 3-Punkt-Biegung und $\alpha = 1/4$ bei 4-Punkt-Biegung. Wird das Biegemoment M_b auf den Wert M_{eS} (Streckgrenzenmoment) gesteigert, so erreicht die positive (negative) Randspannung σ_R die Streckgrenze R_{eS} (Stauchgrenze R_{deS}). Bei $M_b > M_{eS}$ treten in den Randfasern elastisch-plastische Dehnungen auf. Tiefer gelegene Fasern der Biegeproben, in denen die Streck- bzw. Stauchgrenze noch nicht erreicht ist, verformen sich dagegen rein elastisch. Um weitere Probenbereiche elastisch-plastisch zu verformen, ist eine Steigerung des Biegemomentes erforderlich. Bei einem überelastisch beanspruchten Biegestab mit einer Zugverfestigungskurve vom Typ I (vgl. V23) liegen die in Bild 44-3 gezeigten Spannungs- und Totaldehnungsverteilungen vor.

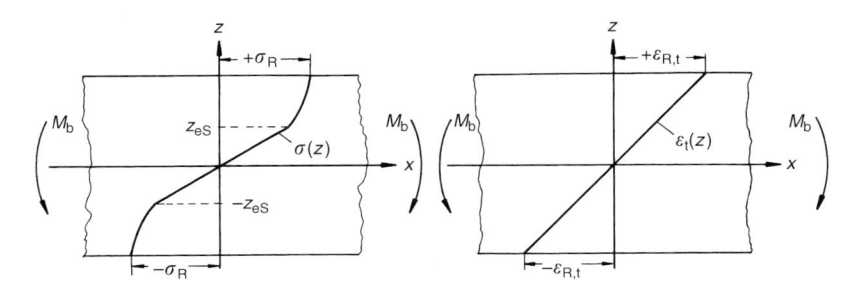

Bild 44-3 Spannungs- und Totaldehnungsverteilung über der Biegehöhe bei überelastischer Biegebeanspruchung eines Werkstoffes mit einer Verfestigungskurve vom Typ I

Sie sind bei gleichem Verfestigungsverhalten unter Zug- und Druckbeanspruchung symmetrisch zur neutralen Faser. In der Probenmitte wachsen die Spannungsbeträge linear mit der Entfernung von der neutralen Faser an. In den Probenrandbereichen stellen sich die der jeweiligen Totaldehnung entsprechenden Fließspannungen ein. Dagegen bleibt bei überelastischer Biegung die Totallängsdehnung

$$\varepsilon_t = \varepsilon_e + \varepsilon_p \tag{44.7}$$

(ε_e elastischer, ε_p plastischer Dehnungsanteil) über der Biegehöhe linear verteilt, so wie es der rechte Teil von Bild 44-3 zeigt. Bis zu $z = \pm z_{eS}$ ist $\varepsilon_p = 0$. Für $|z_{eS}| < |z| < |h/2|$ ist $\varepsilon_e = \sigma(z)/E$. Da auch bei überelastischer Biegebeanspruchung ($M_b > M_{eS}$) das Biegemoment

$$M_b = \int_{-h/2}^{h/2} z\sigma(z)\,b\,dz \tag{44.8}$$

ein Maß für die Beanspruchung des Biegestabes ist, hat es sich als zweckmäßig erwiesen, weiterhin mit den unter diesen Bedingungen an sich nicht mehr gültigen Gl. 44.1 und 44.4 Spannungsverteilungen bzw. Randspannungen zu berechnen. Man ermittelt so bei elastisch-plastischer Biegung eine fiktive lineare Spannungsverteilung $\sigma^*(z)$ mit den fiktiven Randspannungen

$$\sigma_R^* = \pm \frac{M_b}{W_b} \quad (M_b > M_{eS}) \tag{44.9}$$

Diese sind größer als die tatsächlich in den Randfasern wirksamen Spannungen. In Bild 44-4 (links) sind schematisch die fiktive und die wahre Spannungsverteilung über der Biegehöhe eines elastisch-plastisch beanspruchten Biegestabes aufgetragen. Beide Spannungsverteilungen erfüllen die Bedingung

$$\int_{-h/2}^{h/2} z\sigma(z)\,b\,dz = \int_{-h/2}^{h/2} z\sigma^*(z)\,b\,dz \tag{44.10}$$

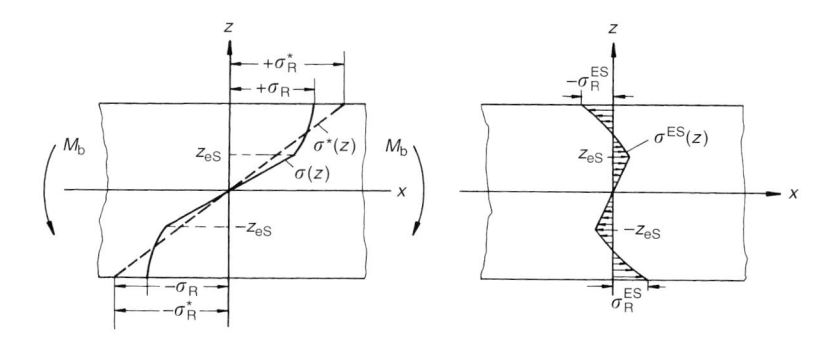

Bild 44-4 Verteilung der wahren und fiktiven Biegespannungen bei Belastung mit M_b (links) sowie der Eigenspannungen nach Entlastung auf $M_b = 0$ (rechts) über der Höhe eines Biegestabes

Den fiktiven Spannungen $\sigma^*(z)$ können unter formaler Zugrundelegung des Hookeschen Gesetzes fiktive elastische Dehnungen $\varepsilon_e^* = \sigma^*(z)/E$ zugeordnet werden. Bei der Entlastung des Biegestabes von $M_b > M_{eS}$ auf $M_b = 0$ tritt eine elastische Rückverformung auf, die der Belastung des Biegestabes mit dem Moment M_b entspricht. Nach dem Entlasten ergibt sich die in Bild 44-4 (rechts) aufgezeichnete Spannungsverteilung $\sigma^{ES}(z)$, die sich aus der Differenz von wahrer und fiktiver Biegespannung

$$\sigma^{ES}(z) = \sigma(z) - \sigma^*(z) \tag{44.11}$$

berechnet. Die Spannungen $\sigma^{ES}(z)$ werden, da sie ohne äußere Kraftwirkung existieren, Eigenspannungen genannt (vgl. V31 und V75). Man sieht, dass in den vorher zugbeanspruchten Randfasern des Biegestabes Druckeigenspannungen und in den vorher druckbeanspruchten Randfasern Zugeigenspannungen entstehen. Insgesamt entwickelt sich über der Biegehöhe eine Eigenspannungsverteilung, die durch dreimaligen Vorzeichen-Wechsel charakterisiert ist.

Der Zusammenhang zwischen σ_R bzw. σ_R^* und der elastischen Randdehnung $\varepsilon_{R,e}$ bzw. der totalen Randdehnung $\varepsilon_{R,t}$ wird Biegeverfestigungskurve genannt. Sie wird durchweg aus den Messdaten gewonnen, die im Stabbereich in der Mitte zwischen den Auflagern anfallen. Bild 44-5 zeigt die Biegeverfestigungskurven von Werkstoffen, die im Zugversuch Verfestigungskurven vom Typ I bzw. Typ IV besitzen (vgl. V23).

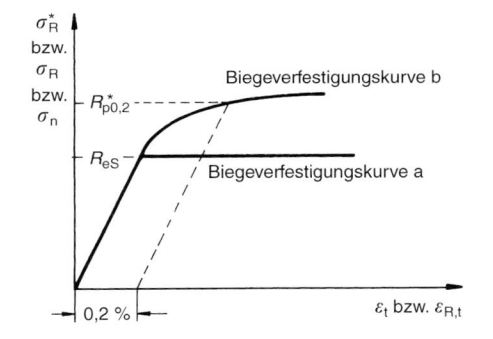

Bild 44-5
Biegeverfestigungskurven bei ideal elastisch-plastischem (a) und bei elastisch-plastischem Werkstoffverhalten (b)

Aus dem Anstieg des linearen Anfangsteils der Kurve berechnet sich der Elastizitätsmodul des Werkstoffes mit Hilfe der Gl. 44.4 und 44.5. Die Biegestreckgrenze R_{eS}, als Widerstand des Biegestabes gegen einsetzende plastische Verformung in seinen Randfasern, ergibt sich aus der ersten Abweichung der Verfestigungskurve von der Hookeschen Anfangsgeraden. Als 0,2-%-Biegedehngrenze

$$R_{p0,2}^* = \frac{M_{0,2}}{W_b} \tag{44.12}$$

wird der Werkstoffwiderstand gegen Überschreiten einer rückbleibenden Randdehnung von 0,2 % festgelegt. Dabei ist zu beachten, dass nach Entlastung der Probe ($M_{0,2} \to 0$) die plastischen Randdehnungen bzw. -stauchungen etwas von 0,2 % verschieden sind, weil die oben angesprochenen Eigenspannungen entstehen, die in der von äußeren Kräften freien Probe elastische Zusatzdehnungen bewirken. Da das Widerstandsmoment W_b (vgl. Gl. 44.3 und 44.4) von der Querschnittsform des Biegestabes abhängig ist, bezeichnet man die 0,2-%-Biegedehngrenzen auch als Formdehngrenzen. Als Biegefestigkeit wird der Werkstoffwiderstand

$$R_m^* = \frac{M_{max}}{W_b} \tag{44.13}$$

festgelegt, der im Biegeversuch bei Erreichen der maximalen fiktiven Randspannung vor Bruch des Biegestabes wirksam wird. Man sieht, dass R_m^* über W_b von der Querschnittsform des Biegestabes abhängig ist.

44.2 Aufgabe

Von schlanken Biegestäben mit quadratischem Querschnitt aus einem unlegierten Stahl im normalisierten und vergüteten Zustand sind Kraft-Durchbiegungs-Kurven aufzunehmen. Daraus sind unter der Annahme, dass Gl. 44.6 auch für $\varepsilon_{R,t}$ gilt, die Anfangsteile der Biegeverfestigungskurven zu erstellen. Als Werkstoffkenngrößen sind der Elastizitätsmodul E, die Biegestreckgrenze R_{eS}, die 0,2-%-Biegedehngrenze $R_{p0,2}$ und die Biegefestigkeit R_m^* zu ermitteln. Diese sind mit den aus Zugversuchen vorliegenden Daten zu vergleichen und zu bewerten.

44.3 Versuchsdurchführung

Für die Biegeversuche steht ein geeignetes Krafterzeugungssystem (z. B. eine Zugprüfmaschine) mit eingebauter Biegevorrichtung für Dreipunktbelastung zur Verfügung. Die Stützweite der Auflager, von denen eines beweglich ist, beträgt 150 mm. Biegestäbe mit Querschnittsabmessungen von 20 x 20 mm werden benutzt. Die Kraftmessung erfolgt direkt über das Kraftmesssystem der Prüfmaschine. Die Probendurchbiegung wird in der Probenmitte mit Hilfe einer 1/1000 mm auflösenden Messuhr festgestellt. Auf Grund der bekannten Zugfestigkeit der Probenwerkstoffe wird der Kraftbedarf abgeschätzt, wobei von einer maximalen fiktiven Biegerandspannung $\sigma_R^* \approx 1,5\ R_m$ ausgegangen wird. Dann werden geeignet abgestufte Biegemomente erzeugt und die zugehörigen Durchbiegungen gemessen. Aus dem erhaltenen M_b-f-Zusammenhang werden mit Hilfe von Gl. 44.4 und 44.9 die jeweiligen Randspannungen und fiktiven Randspannungen sowie mit Hilfe von Gl. 44.6 die Randdehnungen $\varepsilon_{R,e}$ bzw. $\varepsilon_{R,t}$ berechnet. Damit lässt sich die Biegeverfestigungskurve aufzeichnen. Aus dem Kurvenverlauf werden die verlangten Kenngrößen ermittelt.

44.4 Weiterführende Literatur

[Pil08]	Pilkey, W. D.; Pilkey, D. F.: Peterson's Stress Concentration Factors. 3. Auflage, John Wiley & Sons, Hoboken, 2008
[DIN EN ISO 7500-1:2004-11]	DIN EN ISI 7500-1:2004-11, Metallische Werkstoffe – Prüfung von statischen einachsigen Prüfmaschinen – Teil 1: Zug- und Druckprüfmaschinen – Prüfung und Kalibrierung der Kraftmesseinrichtung
[Iss06]	Issler, L.; Ruoß, H.; Häfele, P.: Festigkeitslehre – Grundlagen. 2. Auflage, Springer Verlag, Berlin, 2006

44.5 Symbole, Abkürzungen

Symbol/Abkürzung	Bedeutung	Einheit
a	Längenabmessung	mm
b	Probenbreite	mm
dA	Inkrement des Flächeninhalts	mm^2
dz	Inkrement der Höhe des Flächenelementes	mm
E	Elastizitätsmodul	MPa
F	Kraft	N
f	Durchbiegung	mm
h	Biegehöhe	mm
I_y	Flächenträgheitsmoment bezüglich der y-Achse	mm^4
l	Längenabmessung	mm
$M_{0,2}$	Biegemoment bei 0,2 % Randdehnung	Nm
M_b	Biegemoment	Nm
M_{eS}	Streckgrenzenmoment	Nm
M_{max}	maximales Biegemoment	Nm
$R_{p0,2}^*$	0,2-%-Biegedehngrenze	MPa
R_{deS}	Stauchgrenze	MPa
R_{eS}	(Biege-) Streckgrenze	MPa
R_m^*	Biegefestigkeit	MPa
W_b	Widerstandsmoment gegen Biegung	mm^3
y	Achsenkoordinate y	mm
z	Achsenkoordinate z	mm
z_{eS}	Abstand von der Neutralen Faser, bei dem plastisches Fließen beginnt	mm
α	Faktor	-
ε	Dehnung	-
ε_e	elastische Dehnung	-
ε_p	plastische Dehnung	-
ε_R	Randdehnung	-
$\varepsilon_{R,e}$	elastische Randdehnung	-
$\varepsilon_{R,t}$	totale Randdehnung	-
ε_t	Totallängsdehnung	-
σ	örtliche Spannung	MPa
σ^{ES}	Eigenspannungen	MPa
σ_R	Randspannung	MPa
σ_R^*	fiktive Randspannung	MPa
σ^*	fiktive Spannung	MPa

V45 Spannungsoptik

45.1 Grundlagen

Die Spannungsoptik ist ein Teilgebiet der Optik. Mit dieser polarisationsoptischen Methode lassen sich Aussagen über die Beanspruchung von Bauteilen gewinnen. Es werden Größe und Richtung mechanischer Spannungen in lichtdurchlässigen Modellkörpern bestimmt.

Natürliches Licht setzt sich aus elektromagnetischen Wellen unterschiedlicher Frequenz zusammen, wobei sich innerhalb der einzelnen Wellenzüge die elektrische Feldstärke $\vec{E}$ und die magnetische Feldstärke $\vec{H}$ periodisch ändern. Elektrischer und magnetischer Vektor stehen senkrecht zueinander und schwingen ihrerseits – wie in Bild 45-1 angedeutet – in Ebenen senkrecht zur Fortpflanzungsrichtung des Lichtes. Man hat sich geeinigt, die Schwingungsrichtung des elektrischen Vektors einer Lichtwelle als deren Schwingungsrichtung festzulegen. Aus einem Gemisch von Lichtwellen, die regellos in allen möglichen Richtungen schwingen, lassen sich mit Hilfe eines sog. Polarisators diejenigen Wellen herausfiltern, bei denen die Schwingungen nur noch in einer bestimmten Ebene (Polarisationsebene) auftreten. Die Beträge der Vektoren der elektrischen Feldstärke der polarisierten Lichtwellen ändern sich zeitlich sinusförmig und schreiten in einer räumlich konstanten Schwingungsebene mit konstanter Geschwindigkeit fort.

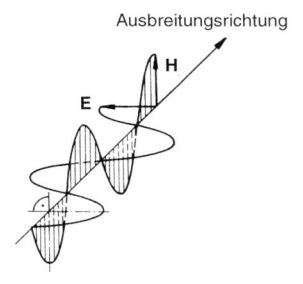

Bild 45-1 Licht als elektromagnetische Schwingung

Vorrichtungen zur Untersuchung (vgl. Bild 45-2) von polarisiertem Licht heißen Polarisationsapparate. Sie bestehen aus einem Polarisator P, der das Licht polarisiert, und einem Analysator A, der den Polarisationszustand analysiert. Erscheint das durch den Polarisator dringende Licht hinter dem Analysator mit größter bzw. kleinster Intensität, dann sind P und A parallel bzw. gekreuzt zueinander angeordnet. Im ersten Fall bilden die Polarisationsebenen miteinander den Winkel 0°, im zweiten Fall den Winkel 90°. Schließen die Polarisationsebenen von P und A einen Winkel α ein, so ist die aus A austretende Lichtintensität durch

$$I = I_0 \cos^2 \alpha \qquad (45.1)$$

gegeben. I_0 ist die Austrittsintensität des Lichtes bei paralleler Stellung von P und A.

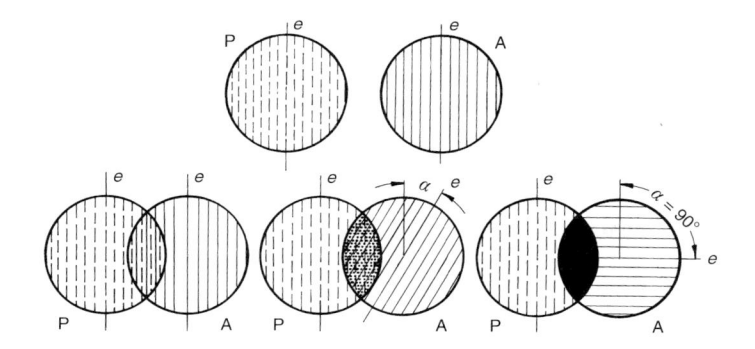

Bild 45-2 Veranschaulichung der Wirkungsweise von Analysatoren A und Polarisatoren P in verschiedenen Stellungen. (Die jeweilige Lage der Polarisationsebenen e ist durch Striche an den Kreisen vermerkt.)

Überlagert man zwei senkrecht zueinander linear polarisierte Lichtwellen, so entsteht bei einer Phasendifferenz der beiden Wellenzüge von einem geradzahligen Vielfachen eines Viertels der Wellenlänge wiederum linear polarisiertes Licht. Beträgt dagegen der Phasenunterschied ein ungerades Vielfaches einer Viertelschwingung, so ergibt sich zirkulär polarisiertes Licht. Letzteres stellt man mit sog. $\lambda/4$-Blättchen her. Dabei nutzt man die Tatsache aus, dass Lichtbündel, die doppelbrechende Kristalle durchsetzen, in zwei senkrecht zueinander vollständig linear polarisierte Teilstrahlen aufspalten und zusätzlich eine von der Dicke des Kristalls abhängige Phasendifferenz annehmen. Sind die Intensitäten der Teilbündel gleich groß und beträgt ihre Phasendifferenz $\lambda/4$, so erhält man zirkulär polarisiertes Licht.

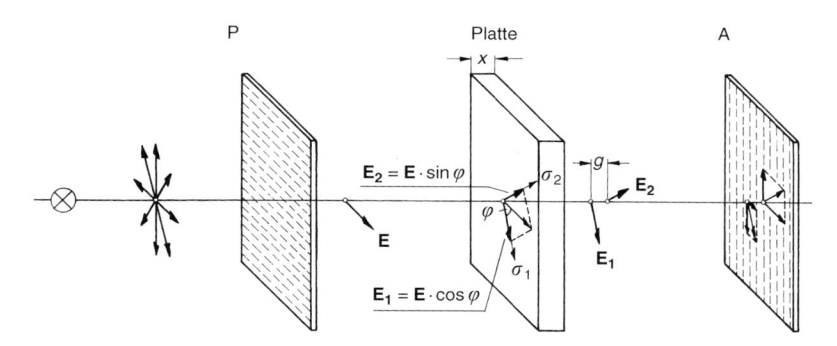

Bild 45-3 Prinzip einer spannungsoptischen Versuchseinrichtung

Die optische Spannungsanalyse nutzt die Eigenschaft einiger durchsichtiger, optisch isotroper Festkörper aus, die unter der Einwirkung mechanischer Beanspruchung für auffallendes Licht doppelbrechend werden. Fällt, wie in Bild 45-3 angenommen, ein monochromatisches durch P linear polarisiertes Lichtbündel mit dem Schwingungsvektor $\vec{E}_1$ senkrecht auf eine Platte der Dicke x auf, in der die Hauptspannungen σ_1 und σ_2 wirksam sind, so wird das Bündel in zwei zueinander linear polarisierte Teilstrahlen zerlegt, deren Schwingungsvektoren $\vec{E}_1$ und $\vec{E}_2$ mit der Richtung der Hauptspannungen übereinstimmen und die mit unterschiedlichen Geschwindigkeiten v_1 und v_2 die Platte durchsetzen. Ist v_0 die Lichtgeschwindigkeit in dem unverspannten Plattenmaterial, so gilt

$$v_1 = v_0 + c_1\sigma_1 - c_2\sigma_2 \tag{45.2}$$

und

$$v_2 = v_0 + c_1\sigma_2 - c_2\sigma_1 \tag{45.3}$$

wobei c_1 und c_2 stoffspezifische Konstanten mit der Dimension mm^3/Ns sind. Die beiden Teilstrahlen, die aus der Platte austreten, besitzen demnach einen Geschwindigkeitsunterschied

$$v_1 - v_2 = (c_1 + c_2)(\sigma_1 - \sigma_2) \tag{45.4}$$

aus dem sich durch Multiplikation mit

$$t = \frac{x}{v_0} \tag{45.5}$$

also der Zeit zum Durchlaufen der unbeanspruchten Platte, und Division durch λ die Ordnung

$$n = \frac{v_1 - v_2}{\lambda} t = \frac{v_1 - v_2}{\lambda} \frac{x}{v_0} = \frac{g}{\lambda} \tag{45.6}$$

ergibt. Der Gangunterschied

$$g = n \cdot \lambda \tag{45.7}$$

stellt ein Vielfaches der benutzten Lichtwellenlänge dar. Aus Gl. 45.4 und 45.6 folgt somit als Grundgleichung der Spannungsoptik

$$\sigma_1 - \sigma_2 = \frac{v_1 - v_2}{c_1 + c_2} = \frac{\lambda v_0}{c_1 + c_2} \frac{n}{x} = \frac{s}{x} n \tag{45.8}$$

Die Größe s ist die spannungsoptische Konstante. Durchsetzen die Teilstrahlen mit der Ordnung n bzw. mit dem Gangunterschied g wie in Bild 45-3 den gekreuzt zum Polarisator P stehenden Analysator A, so lässt A nur die Vertikalkomponenten $\vec{E}_1 \sin\varphi$ und $\vec{E}_2 \cos\varphi$ hindurchtreten. Diese interferieren und liefern als austretende Intensität

$$I_+ \propto \sin^2 2\varphi \sin^2 \pi n \tag{45.9}$$

Der Index + soll auf die gekreuzte Stellung von A und P hinweisen, φ ist der Winkel zwischen der Polarisationsebene des einfallenden Lichtes und der Ebene, in der in der Platte die Hauptspannung σ_1 wirkt. Aus Gl. 45.10 folgt, dass an den Plattenpunkten Dunkelheit auftritt, an denen entweder

$$\sin^2 \pi n = 0 \tag{45.10}$$

oder

$$\sin^2 2\varphi = 0 \tag{45.11}$$

ist. Bei paralleler Anordnung von P und A (Index //) gilt dagegen

$$I_{//} \propto [1 - \sin^2 2\varphi \sin^2 \pi n] \tag{45.12}$$

so dass sich Dunkelheit ergibt, wenn

$$\sin^2 2\varphi = 1 \tag{45.13}$$

und
$$\sin^2 \pi n = 1 \qquad (45.14)$$

wird. Bringt man beiderseits des Objektes, also hinter dem Polarisator und vor dem Analysator, an den in Bild 45-3 mit Λ bezeichneten Stellen jeweils noch eine $\lambda/4$-Platte an, so vereinfacht sich Gl. 45.9 zu

$$I_+ \propto \sin^2 \pi n, \qquad (45.15)$$

und Gl. 45.10 liefert die Bedingung für Dunkelheit. Sie ist erfüllt, wenn die Ordnung n ganzzahlig ist. Dann beträgt nach Gl. 45.8 der Gangunterschied ganzzahlige Vielfache der Wellenlänge. Die Plattenpunkte, für die n = 0, 1, 2 usw. ist, liegen also auf dunklen Linien und werden Isochromaten genannt. Sie sind nach Gl. 45.8 Stellen gleicher Hauptspannungsdifferenz, deren Betrag mit wachsender Ordnung ansteigt. Ihr Name kommt daher, weil bei spannungsoptischen Untersuchungen mit weißem Licht anstelle der dunklen Linien farbige entstehen, und zwar mit der Farbe, die sich als Mischung aus allen nicht durch Interferenz ausgelöschten Wellenlängen ergibt (Komplementärfarbe). Als Beispiel ist in Bild 45-4 die Isochromatenaufnahme eines belasteten 4 Punkt-Biegestabes (vgl. V44) wiedergegeben. Die Isochromatenanordnung wird für einen bestimmten Punkt durch Zählen der dort bei Belastungssteigerung durchlaufenden Isochromaten ermittelt. Bei weißem Licht kann die Isochromatenordnung durch Abzählen aufeinanderfolgender Linien gleicher Farbe ermittelt werden.

Bild 45-4
Isochromaten eines auf reine Biegung beanspruchten Stabes

Nach Gl. 45.11 kann beim Arbeiten mit linear polarisiertem Licht auch durch Veränderung des Winkels φ zwischen der Schnittlinie der Polarisationsebene mit der Platte und der Hauptspannungsrichtung Auslöschung erfolgen, und zwar dann, wenn $\varphi = 0°$ oder $90°$ wird. Dann fällt die Schnittlinie der Polarisationsebene mit der Platte mit einer der Hauptspannungsrichtungen zusammen. Die dann als dunkle Linien erscheinenden Verbindungen zwischen Punkten gleicher Hauptspannungsrichtung werden als Isoklinen bezeichnet. Man sieht, dass die Auslöschung unabhängig von n und damit auch von λ ist, so dass sie sowohl bei monochromatischem als auch bei weißem Licht erfolgt.

Aus dem Gesagten geht hervor, dass man Isochromaten zweckmäßigerweise mit monochromatischem zirkulär polarisiertem Licht beobachtet, welches keine Isoklinen liefert. Isoklinen dagegen registriert man vorteilhaft mit weißem linear polarisiertem Licht. Dabei unterscheiden sich die Isoklinen als dunkle Linien gut von den gleichzeitig auftretenden farbigen Isochromaten.

45.2 Aufgabe

Ein 4-Punkt-Biegestab (vgl. V44) und zwei gekerbte Zugstäbe (vgl. V42) aus demselben Modellwerkstoff werden in einer spannungsoptischen Apparatur beansprucht. Die entstehenden Isochromaten werden zunächst qualitativ betrachtet und dann quantitativ ausgewertet. Für den Biegestab wird die spannungsoptische Konstante an Hand der innerhalb des Bereichs konstanten Biegemomentes auftretenden Isochromaten bestimmt. Der dort vorliegende Spannungszustand wird mit dem nahe der Auflagerstellen verglichen. An den beiden Zugstäben, die einfache und mehrfache Randkerben besitzen, wird die Kerbwirkung und die Entlastungskerbwirkung untersucht und diskutiert.

45.3 Versuchsdurchführung

Für die Untersuchungen steht eine ähnliche Einrichtung zur Verfügung, wie sie die Skizze in Bild 45-3 zeigt. Zusätzlich ist eine Kamera vorhanden, mit der die spannungsoptischen Bilder photographisch festgehalten werden können. Das zu untersuchende Modell wird zwischen den Polarisator und den Analysator gebracht, die objektseitig ein- bzw. ausschwenkbare $\lambda/4$-Blättchen enthalten. Es wird mit zirkular-polarisiertem Licht gearbeitet. Als Lichtquelle dient eine Natriumdampflampe. Der Modellwerkstoff ist ein Kunstharz mit einem Elastizitätsmodul $E \approx 3500 \text{ N/mm}^2$ und einer Querkontraktionszahl $\nu \approx 0{,}36$. Die Herstellung der Modellkörper

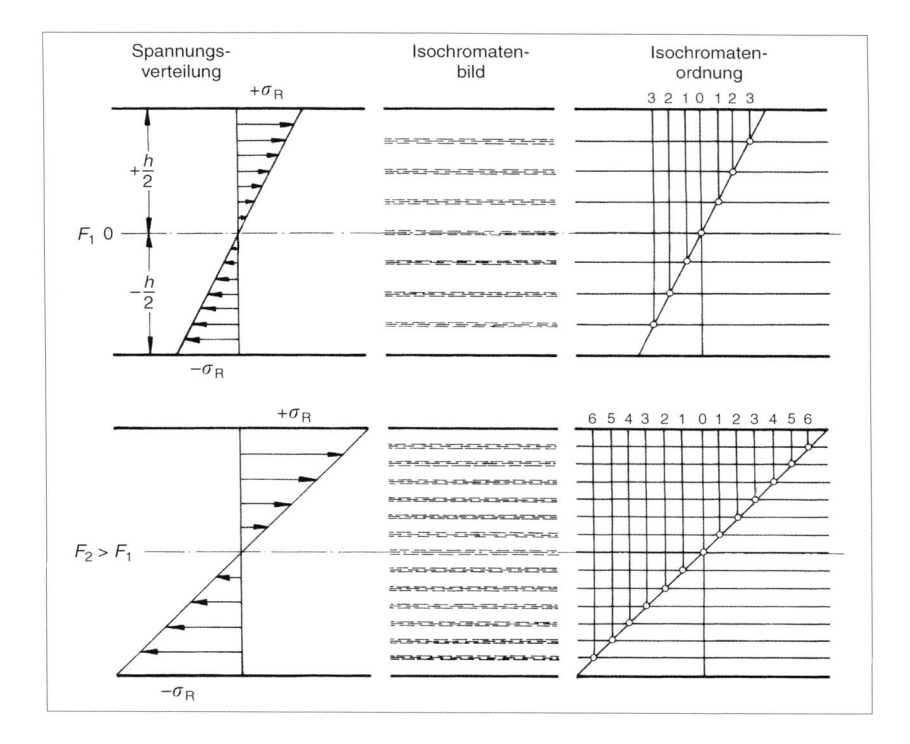

Bild 45-5 Spannungsverteilung, Isochromatenbild und -ordnung bei unterschiedlich stark beanspruchten Biegestäben

erfolgt mit größter Sorgfalt ohne starke örtliche Verformungen oder Erwärmungen, damit Eigenspannungen vermieden werden, die sich lokal ebenfalls spannungsoptisch bemerkbar machen. Auch die aus der Umgebungsatmosphäre mögliche Wasseraufnahme der randnahen Modellbereiche kann die genaue Ermittlung der Isochromatenordnung stören. Deshalb werden die fertig gestellten Modelle bis zum Versuchsbeginn entweder in einem Exsikkator oder in einer Temperierkammer bei ~ 80 °C aufbewahrt.

Das im Bereich konstanten Biegemomentes auftretende Isochromatenbild hat das in Bild 45-5 skizzierte Aussehen. Mit ansteigendem Biegemoment $M = F \cdot a$, d. h. mit wachsender Kraft F, erhält man zunehmende Isochromatenordnungen für die Randfasern des Biegestabes, die, wie in den rechten Teilbildern angedeutet, durch Extrapolation ermittelt werden können. Aus der Auftragung von F als Funktion der Rand-Isochromatenordnung n ergibt

$$s = \frac{1}{x} \frac{\Delta F}{\Delta n}, \tag{45.16}$$

wobei x die Dicke des Modellbiegestabes ist.

Die Kerbstäbe haben die in Bild 45-6 gezeigte Form. Sie werden in eine geeignete Vorrichtung eingespannt und druckbelastet. Die unterschiedlichen Folgen der Isochromaten werden bei beiden Stabformen dokumentiert, ausgewertet und diskutiert.

Bild 45-6 Stäbe für spannungsoptische Untersuchungen von Einfach- und Mehrfachkerben

45.4 Weiterführende Literatur

[Blu86]   Blumenauer, H.: Werkstoffprüfung, 4. Auflage, VEB Verlag für Grundstoffindustrie, Leipzig 1986

[Wol76]   Wolf, H.: Spannungsoptik, 2. Auflage, Springer-Verlag, Berlin, 1976

45.5 Symbole, Abkürzungen

Symbol/Abkürzung	Bedeutung	Einheit
$\vec{E}$	elektrische Feldstärke	V m^{-1}
$\vec{H}$	magnetische Feldstärke	A m^{-1}
A	Analysator	-
P	Polarisator	-
I	Intensität	kg s^3
I_o	Austrittsintensität	kg s^3
I_+	Intensität bei gekreuzter Stellung von P und A	kg s^3
$I_{//}$	Intensität bei paralleler Stellung von P und A	kg s^3
α	Winkel	°
φ	Winkel	°
c_1	stoffspezifische Konstante	mm³/Ns
c_2	stoffspezifische Konstante	
x	Länge	m
g	Gangunterschied	m
v	Geschwindigkeit	ms^{-1}
v_0	Lichtgeschwindigkeit	ms^{-1}
σ	Hauptspannung	MPa
s	Spannungsoptische Konstante	-
n	natürliche Zahl	-
λ	Wellenlänge	m
E	Elastizitätsmodul	MPa
F	Kraft	N
M	Biegemoment	Nm

V46 Kerbschlagbiegeversuch

46.1 Grundlagen

Die in der Technik Anwendung findenden Werkstoffe unterliegen vielfach schlagartigen Beanspruchungen. Die Erfahrung hat gezeigt, dass dabei umso häufiger verformungsarme Brüche vorkommen, je tiefer die Beanspruchungstemperatur und je mehrachsiger der Beanspruchungszustand ist. Zur Beurteilung des Werkstoffverhaltens unter diesen Bedingungen sind daher die in quasistatischen Zugversuchen an glatten Proben mit Verformungsgeschwindigkeiten zwischen $10^{-5} < \dot{\varepsilon} < 10^{-1} \, s^{-1}$ ermittelten Werkstoffkenngrößen (vgl. V24) nicht mehr oder nur bedingt geeignet. Sowohl die Zunahme der Verformungsgeschwindigkeit als auch die Abnahme der Verformungstemperatur bewirkt einen Anstieg der Streckgrenze und der Zugfestigkeit, womit meist auch eine Verringerung der Bruchdehnung und Brucheinschnürung und damit der bis zum Bruch erforderlichen Verformungsarbeit (Zähigkeit) verbunden ist. Die dabei auftretende Tendenz zum Übergang zu verformungsarmen Brüchen wird oft mit den Schlagworten „Geschwindigkeitsversprödung" und „Temperaturversprödung" beschrieben. Ferner wirkt eine gleichsinnig mehrachsige Beanspruchung (vgl. V43) ebenso festigkeitssteigernd und versprödend. Man spricht demzufolge von „Spannungsversprödung". Somit stellen erhöhte Verformungsgeschwindigkeit, tiefe Temperaturen und große gleichsinnige Mehrachsigkeiten sprödbruchfördernde Faktoren dar. Dieser Sachverhalt erforderte die Entwicklung geeigneter Prüfverfahren.

Unter den verschiedenen Versuchen mit großer Beanspruchungsgeschwindigkeit ist der Kerbschlagbiegeversuch der wichtigste Versuch hinsichtlich der Bewertung der Zähigkeit eines Materials. Er ist neben Härteprüf- und Zugversuch der am häufigsten angewandte Versuch der mechanischen Werkstoffprüfung. Dieser Versuch ist schnell, einfach und kostengünstig durchführbar. Nachteilig ist allerdings, dass die ermittelten Ergebnisse keine direkte Anwendung bei Bauteilberechnungen finden. Dennoch erlauben die Ergebnisse eine qualitative und vergleichende Bewertung des Werkstoffverhaltens. Dabei wird, wie aus Bild 46-1 hervorgeht, mit Hilfe eines Pendelschlagwerkes eine gekerbte Normprobe zerschlagen. Bei nicht gekerbten

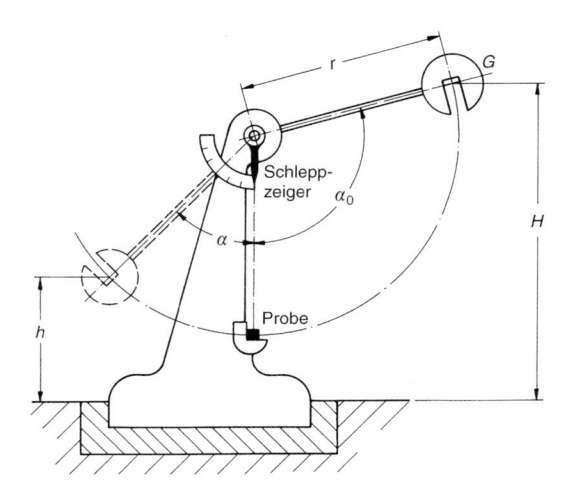

Bild 46-1
Versuchsanordnung und Versuchsdurchführung beim Kerbschlagbiegeversuch

Prüfstäben spricht man von Schlagbiegeversuchen, die besonders bei hochfesten Werkstoffen manchmal zur Charakterisierung eingesetzt werden.

Der Pendelhammer bzw. die als Schneide ausgebildete Hammerfinne fällt mit vorgegebener kinetischer Energie auf die der Kerbe gegenüberliegende Seite einer Biegeprobe auf und ruft im kerbgrundnahen Probenbereich mit großer Anstiegsgeschwindigkeit eine mehrachsige Beanspruchung hervor. Eine Variation der Beanspruchungsgeschwindigkeit ist durch Veränderung der Fallhöhe des praktisch reibungsfrei gelagerten Pendelhammers möglich. Bild 46-2 zeigt ein Gerät für derartige Versuche.

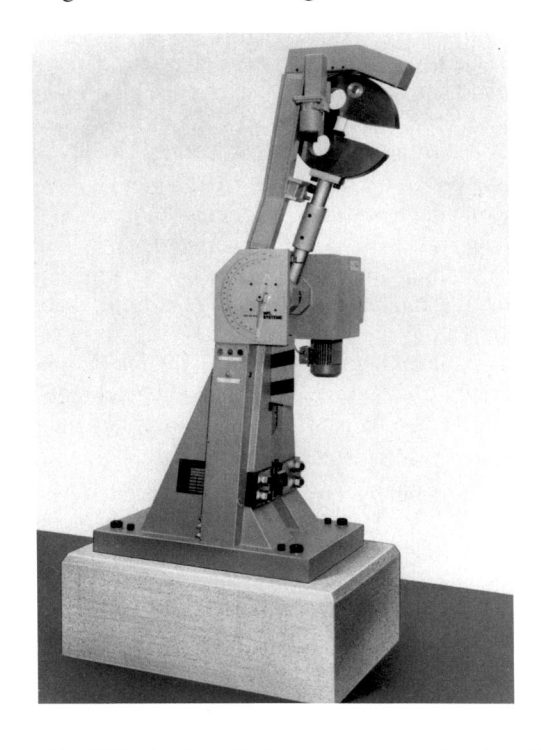

Bild 46-2
Pendelschlagwerk (Bauart Mohr und Federhaff)

Als Zähigkeitsmaß des zu untersuchenden Werkstoffes bzw. Werkstoffzustandes wird die verbrauchte Arbeit angesehen, die zum Bruch der Kerbschlagbiegeprobe erforderlich ist. Erreicht der in der Höhe H unter dem Winkel α_0 gegenüber der Ruhestellung ausgelöste Pendelhammer mit dem Gewicht $G = mg$ (m Hammermasse, g Erdbeschleunigung) nach Zerschlagen der Probe die Endhöhe h unter dem (durch Schleppzeiger angezeigten) Winkel α gegenüber der Ruhestellung, so entspricht sein durch

$$K = G \cdot (H - h) \tag{46.1}$$

gegebener Energieverlust der an der Probe geleisteten Kerbschlagarbeit. Die auf den gekerbten Probenquerschnitt A_K bezogene Schlagarbeit

$$a_K = \frac{K}{A_K} = \frac{G}{A_K} \cdot (H - h) \quad [\text{J/cm}^2] \tag{46.2}$$

wird Kerbschlagbiegezähigkeit oder abgekürzt Kerbschlagzähigkeit genannt. Der Kerbschlagbiegeversuch ist ein genormtes Prüfverfahren. In der Norm DIN EN 10045 sind die Vorgaben zur Versuchsdurchführung, Versuchsauswertung und die Vorschriften zur Probengeometrie beschrieben. Nach der Norm wird als Symbol der Kerbschlagarbeit auch A_v benutzt. Die bei Kerbschlagbiegeversuchen gebräuchlichen Probenformen sind in Bild 46-3 einander gegenübergestellt. Da die Schlagarbeiten geometrieabhängig sind, werden mit den einzelnen Probenformen unterschiedliche Beträge der Kerbschlagzähigkeit ermittelt. Dies ist beim Vergleich von a_K-Werten zu beachten. Bei der Verwendung von ISO-Proben mit festgelegter Größe des Kerbquerschnittes ist man übereingekommen, als Zähigkeitsmaß nur noch die Kerbschlagarbeit anzugeben. Dementsprechend ist

$$K = G \cdot (H - h) \tag{46.3}$$

Die ermittelte Kerbschlagarbeit wird mit der dem K nachgestellten Kerbform angegeben. Für eine Probe mit V-Kerbe erfolgt die Angabe KV mit einer U-Kerbe mit KU. Der Kerbschlagbiegeversuch liefert somit als Zähigkeitsmaß entweder die absolute Kerbschlagarbeit oder die auf den Probenquerschnitt bezogene Kerbschlagarbeit. Damit ist klar, dass a_K-Werte – im Gegensatz beispielsweise zu Streckgrenze, Zugfestigkeit (vgl. V23) oder Wechselfestigkeit (vgl. V55) – keine Basis für die Berechnung und Dimensionierung von Bauteilen bieten. Es kann nur ausgesagt werden, dass sich ein Werkstoff mit großem a_K bei gegebener Temperatur unter mehrachsiger Schlagbeanspruchung günstiger verhält als ein solcher mit kleinem a_K. Große Kerbschlagzähigkeiten sind im Allgemeinen gleichbedeutend mit relativ großen Bruchdehnungen und -einschnürungen. Wegen der Einfachheit des Kerbschlagbiegeversuches wird auch immer wieder versucht, zwischen a_K und anderen Werkstoffkenngrößen quantitative Beziehungen aufzustellen. Ferner werden bestimmte Werkstoffeigenschaften (z. B. Anlassversprödungen, Alterungsanfälligkeiten) über a_K-Messungen nachgewiesen. Letzteres ist möglich, weil erfahrungsgemäß die Kerbschlagzähigkeit relativ empfindlich auf Veränderungen von Werkstoffzuständen reagiert, die sich beispielsweise bei zügiger Beanspruchung kaum oder gar nicht auswirken.

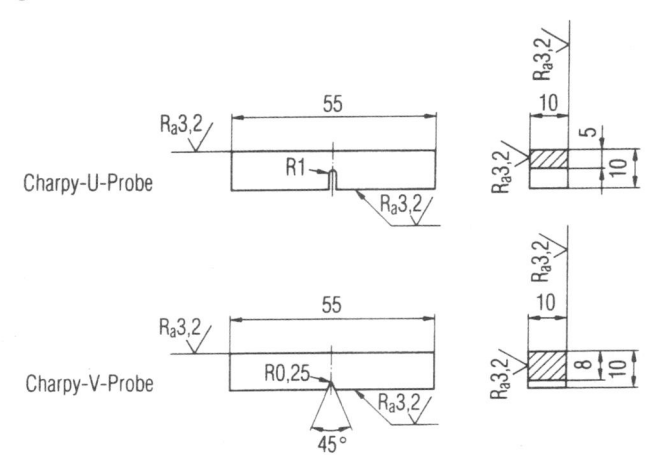

Bild 46-3
Normalproben nach DIN EN 10045

Bei Kerbschlagbiegeversuchen, bei denen Probenform und Versuchsdurchführung den Spannungszustand und die Beanspruchungsgeschwindigkeit bestimmen, ist natürlich für einen gegebenen Werkstoffzustand der Zusammenhang zwischen Kerbschlagzähigkeit und Temperatur von besonderem Interesse. Die in Bild 46-4 gezeigten Grundtypen von a_K,T-Kurven werden beobachtet. Typ-I-Kurven sind charakteristisch für Baustähle, unlegierte und legierte Stähle mit ferritisch-perlitischer Gefügeausbildung sowie für Metalle mit kubisch-raumzentriertem (krz) und hexagonalem (hex) Kristallgitter. Dies wird beispielhaft durch die a_K,T-Kurven für normalisierte unlegierte Stähle in Bild 46-5 belegt. In allen Fällen werden bei hohen Temperaturen relativ große (Hochlage), bei tiefen Temperaturen dagegen relativ kleine Kerbschlagzähigkeiten (Tieflage) beobachtet. In den dazwischen liegenden Temperaturintervallen fallen die Kerbschlagzähigkeiten mehr oder weniger steil mit sinkender Temperatur ab.

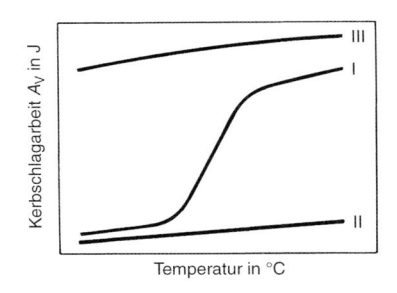

Bild 46-4
Schematische Darstellung der Kerbschlagarbeit in Abhängigkeit von der Temperatur

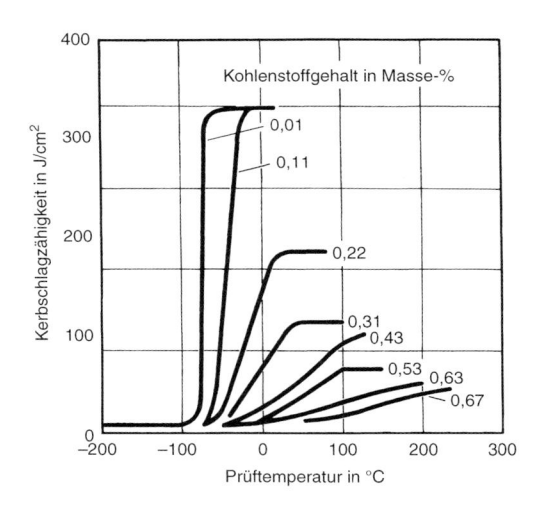

Bild 46-5
Kerbschlagzähigkeit-Temperatur-Abhängigkeit für unlegierte Stähle mit unterschiedlichen Kohlenstoffgehalten

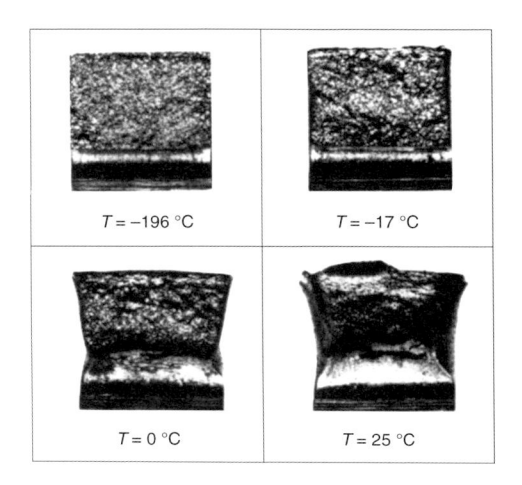

Bild 46-6
Temperatureinfluss auf Bruchflächen von Kerbschlagproben aus S235

Man sieht, dass der Übergang von der Hochlage zur Tieflage der Kerbschlagzähigkeit umso steiler erfolgt, je kleiner der Kohlenstoffgehalt ist. Gleichzeitig tritt eine starke Zunahme der a_K-Werte in der Hochlage auf. Von einem Steilabfall im strengen Sinne des Wortes kann man also nur bei kleinen Kohlenstoffgehalten sprechen. In den einzelnen Temperaturbereichen der a_K,T-Kurven beobachtet man unterschiedliche Bruchflächenausbildung. In Bild 46-6 sind von einem Baustahl, der bei unterschiedlichen Temperaturen zerschlagen wurde, Bruchflächen gezeigt. In der Hochlage (25 °C und 0 °C) treten duktile Verformungsbrüche, in der Tieflage (–196 °C) Trennbrüche auf. Im Bereich des Steilabfalls (–17 °C) werden Mischbrüche beobachtet mit duktilen und spröden Bruchflächenanteilen. Als charakteristisch für die Temperaturabhängigkeit der Kerbschlagzähigkeit derartiger Stähle kann die Übergangstemperatur $T_Ü$ am Ende des Steilabfalls angesehen werden, bei der a_K einen Wert von 20 J/cm^2 annimmt. Selbstverständlich kann die Übergangstemperatur auch in anderer Weise festgelegt werden, z. B. durch quantitative Bewertung der Bruchflächen der zerschlagenen Proben hinsichtlich spröder und duktiler Bruchflächenanteile oder einfach in % des a_K-Wertes der Hochlage. Als Beispiel zeigt Bild 46-7, wie die Korngröße von S235 die Temperatur beeinflusst, bei der noch 50 % der Kerbschlagzähigkeit der Hochlage auftritt. Mit kleiner werdender Korngröße nimmt die so festgelegte Übergangstemperatur ab. Auch andere Kenngrößen des Werkstoffzustandes sowie die Versuchsbedingungen beeinflussen die $T_Ü$-Werte. Tab. 46-1 fasst einige versuchs- und werkstoffbedingte Einflussgrößen und deren Auswirkungen zusammen. Durch Wärmebehandlungen lässt sich die Übergangstemperatur eines Werkstoffes sowohl erhöhen als auch erniedrigen. Beispiele für die unterschiedliche Auswirkung verschiedener Wärmebehandlungen auf die a_K,T-Kurven von C 15 zeigt Bild 46-8.

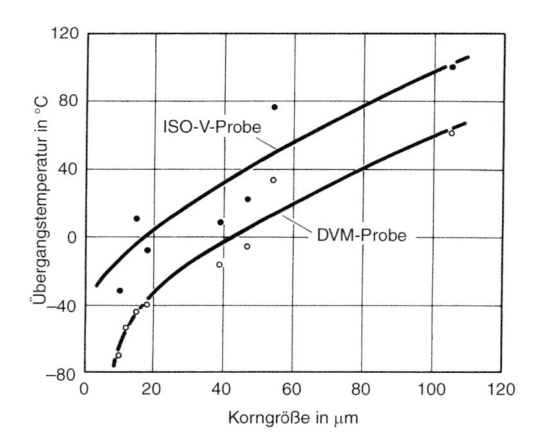

Bild 46-7 Korngrößeneinfluss auf die Kerbschlagzähigkeit von S235

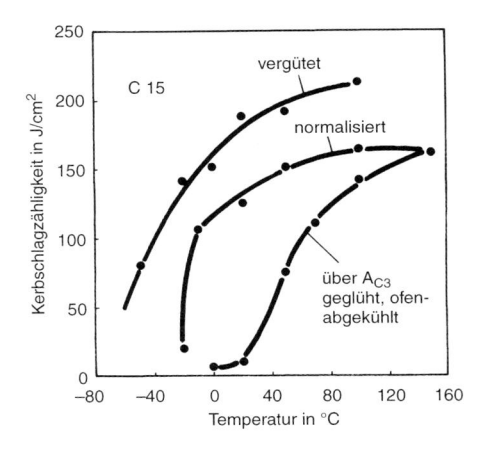

Bild 46-8
Kerbschlagzähigkeit-Temperatur-Kurven von C15 nach unterschiedlicher Vorbehandlung

Tabelle 46-1 Einflussgrößen auf Übergangstemperatur $T_{\text{Ü}}$ (↑ Erhöhung, ↓ Absenkung von $T_{\text{Ü}}$)

Versuchsbedingte Einflussgrößen	Auswirkung	Werkstoffbedingte Einflussgrößen	Auswirkung
Probendicke	↑	Alterung	↑
Probenbreite	↑	Wärmebehandlungen	↑ ↓
Kerbschärfe	↑	Kaltverformung	↑
Schlaggeschwindigkeit	↑	Gefügeinhomogenitäten	↑
Auflagerabstand	↓	Feinkörnigkeit	↓

Kerbschlagzähigkeits-Temperatur-Kurven vom Typ II (vgl. Bild 46-4) sind durch sehr kleine a_K-Werte ausgezeichnet und lassen keine eindeutige Differenzierung zwischen Hoch- und Tieflage mehr zu. Dieses Verhalten wird bei Werkstoffen angetroffen, bei denen zum Bruch unter zügiger Beanspruchung nur kleine Verformungsarbeiten notwendig sind. Typische Vertreter sind Gusseisen mit Lamellengraphit, hochfeste Stähle und martensitisch gehärtete Werkstoffzustände. a_K,T-Kurven vom Typ III schließlich zeigen ebenfalls keine Hoch- und Tieflagen, sind aber durch sehr große Kerbschlagzähigkeiten auch bei tiefen Temperaturen ausgezeichnet. Werkstoffe, die sich so verhalten, nennt der Praktiker kaltzäh. Dazu zählen reine kfz-Metalle und homogene Legierungen dieser Metalle sowie austenitische Stähle.

Abschließend sei nochmals betont, dass die Kerbschlagzähigkeit zwar ein nützliches Maß für die Sprödbruchanfälligkeit metallischer Werkstoffe ist, keinesfalls aber Aussagen über mögliche Temperaturgrenzen für den Werkstoffeinsatz liefert. Da die ermittelte Schlagarbeit lediglich einen integralen Wert der verbrauchten Energie darstellt, werden mit modernen sog. instrumentierten Pendelschlagwerken zeitaufgelöste Verläufe der Kraft an der Hammerfinne während des Zerschlagens der Probe aufgenommen. Die aufgenommenen Kraft-Zeit-Verläufe lassen so unterschiedliches Werkstoffverhalten bei nominell gleicher verbrauchter Schlagarbeit weiter differenzieren.

46.2 Aufgabe

An Proben aus S235, von denen ein Teil nach Normalisierungsglühung bei 900 °C luft-, der andere Teil ofenabgekühlt wurde, ist die Temperaturabhängigkeit der Kerbschlagzähigkeit zu ermitteln und zu bewerten. Der beim benutzten Pendelschlagwerk zwischen α_0, α, r, h und H bestehende Zusammenhang ist abzuleiten.

46.3 Versuchsdurchführung

Es liegt eine größere Zahl vorbereiteter Kerbschlagproben mit dem Kurzzeichen ISO-V nach DIN 10045 vor. Für die Kerbschlagbiegeversuche wird ein ähnliches Pendelschlagwerk wie das in Bild 46-2 gezeigte benutzt. Bei den einzelnen Versuchen wird α_0 so gewählt, dass der Hammer jeweils mit einer kinetischen Energie von 300 J auf die zweipunktgelagerten Kerbschlagbiegeproben auffällt. Nach dem Zerschlagen der Probe kann die Kerbschlagarbeit direkt aus der Stellung des Schleppzeigers an der Anzeigeskala abgelesen werden. Jeweils drei Proben werden in einem Bad aus flüssigem Stickstoff auf 78 K, in einem Eis-Kochsalz-Gemisch auf 260 K, in einem Eis-Wasser-Gemisch auf 273 K, in Leitungswasser auf ~ 286 K und in beheizbaren Wasserbädern auf Temperaturen von 286 $K \leq T \leq 373$ K gebracht. Nach erfolgter Temperatureinstellung werden die Proben rasch in das Pendelschlagwerk eingesetzt und zerschlagen. Die K,T-Kurven beider Werkstoffzustände werden aufgezeichnet. Die bei den einzelnen Temperaturen auftretenden Bruchflächen werden hinsichtlich ihrer spröden und duktilen Anteile lichtmikroskopisch untersucht und in geeigneter Weise quantitativ beurteilt. Möglichkeiten zur Festlegung von Übergangstemperaturen werden diskutiert.

46.4 Weiterführende Literatur

[Hor62] Hornbogen, E.: Werkstoffe, 3. Auflage, Springer, Berlin 1962
[Dah83] Dahl, W.: Grundlagen der Festigkeit, der Zähigkeit und des Bruches, Stahleisen, Düsseldorf, 1983
[NN] DIN 50115, DIN EN 10045
[NN] Sprödes Versagen von Bauteilen aus Stählen, VDI Bericht 318, VDI, Düsseldorf, 1978
[Ble07] Bleck, W.: Werkstoffprüfung im Studium und Praxis, 14. überarbeitete Auflage, Verlagshaus Mainz GmbH Aachen, 2007

46.5 Symbole, Abkürzungen

Symbol/Abkürzung	Bedeutung	Einheit
$\dot{\varepsilon}$	Verformungsgeschwindigkeit	s^{-1}
G	Gewichtskraft des Pendels	N
H	Fallhöhe des Pendels	m
h	Steighöhe nach dem Schlag	m
a	Fallwinkel	°
α_0	Steigwinkel	°
r	Abstand zwischen dem Auftreffpunkt und Drehachse	m
g	Erdbeschleunigung	m/s^2
K	Kerbschlagarbeit	J
A_K	Gekerbter Probenquerschnitt	cm^2
a_K	Schlagarbeit bezogen A_K	J/cm^2
T	Temperatur	°C
$T_Ü$	Übergangstemperatur	°C

V47 Rasterelektronenmikroskopie

47.1 Grundlagen

Zur Beobachtung der Topographieerscheinungen bei unebenen und zerklüfteten Werkstoffoberflächen (z. B. bei Bruchflächen, bei angeätzten Schliffen oder bei spanend bearbeiteten Flächen) sind optische Einrichtungen mit hinreichender Schärfentiefe, Auflösung und Vergrößerung erforderlich. Bei lichtmikroskopischer Beobachtung (vgl. V7) nimmt der scharf abbildbare Tiefenbereich einer Bruchfläche rasch mit der Vergrößerung ab. In Bild 47-1 gibt die gestrichelte Kurve den Zusammenhang zwischen Schärfentiefe S und förderlicher Vergrößerung V_f bzw. lateraler Punktauflösung X für das Lichtmikroskop (LM) wieder. X gibt den Abstand zweier visuell gerade noch getrennt erkennbarer Punkte an und kann – bedingt durch das kurzwellige Ende des sichtbaren Lichtes – nicht kleiner als 0,2 µm werden. Da andererseits ein Abstand von 0,2 mm auf einem vergrößerten Bild noch gut zu erkennen ist, gilt

$$V_f x \approx 0,2\,[mm] \tag{47.1}$$

Bei lichtmikroskopischer Beobachtung liegt deshalb bei 1.000-facher bzw. 20-facher Vergrößerung und einer Punktauflösung von 0,2 µm bzw. 10 µm eine Schärfentiefe von 0,2 µm bzw. 100 µm vor (vgl. Bild 47-1). Unebene Oberflächen können also lichtmikroskopisch nur mit kleinen Vergrößerungen hinreichend genau betrachtet werden.

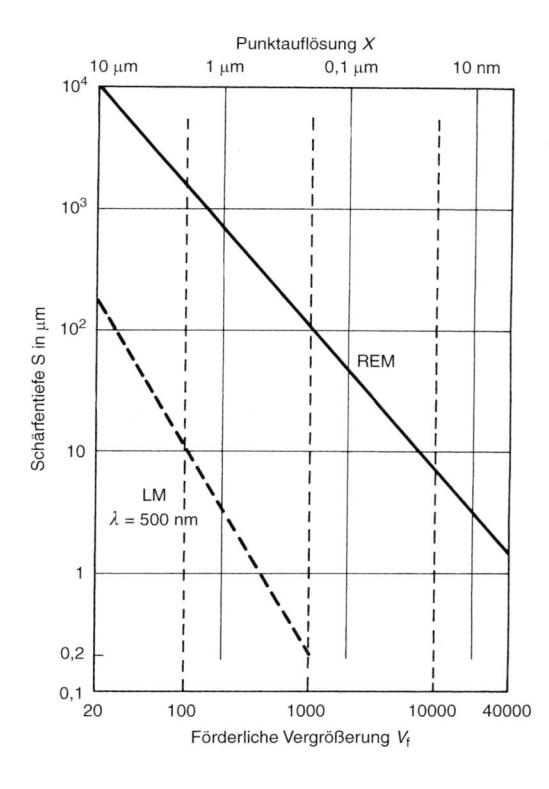

Bild 47-1
Zusammenhang zwischen Punktauflösung, Schärfentiefe und förderlicher Vergrößerung bei der Abbildung im Lichtmikroskop (LM) und im Rasterelektronenmikroskop (REM)

Eine gegenüber dem Lichtmikroskop verbesserte Punktauflösung und vergrößerte Schärfentiefe bietet das Rasterelektronenmikroskop (REM). Die von der Betriebsspannung, dem Objektmaterial und der Geräteart abhängige kleinste Punktauflösung erreicht hier etwa 0,005 µm und ist damit etwa 40mal besser als beim LM. Die ausgezogene Kurve in Bild 47-1 beschreibt den Zusammenhang zwischen Schärfentiefe, Vergrößerung und Punktauflösung bei rasterelektronenmikroskopischen Beobachtungen. Man sieht, dass bei gleicher Punktauflösung die Schärfentiefe des REM etwa 100 bis 800mal besser ist als die des LM. Bei gleicher Schärfentiefe ist die Punktauflösung des REM etwa 80 bis 100mal größer als die des LM.

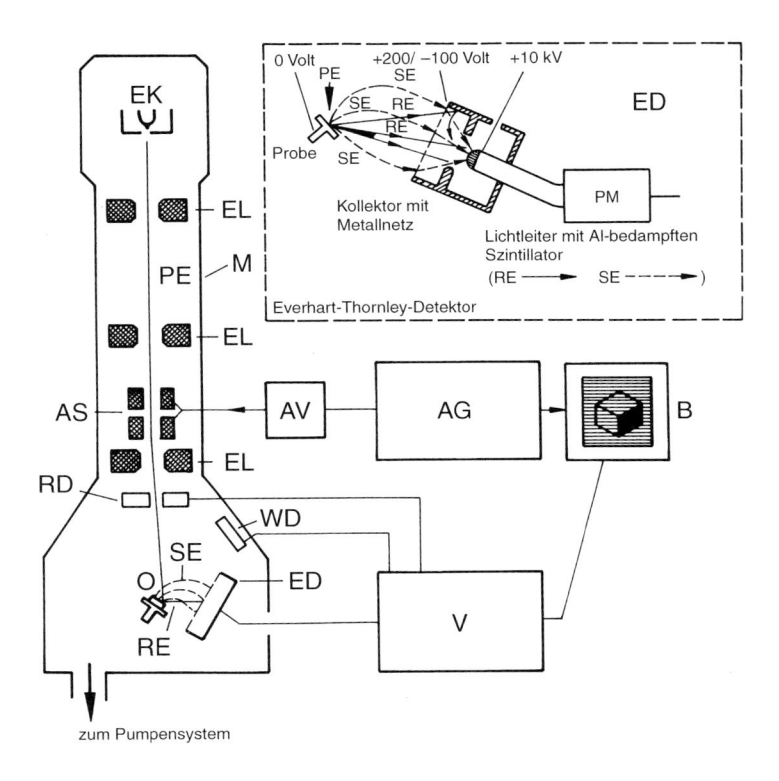

Bild 47-2 Schematischer Aufbau eines Rasterelektronenmikroskops mit 3 Elektronenlinsen

Der schematische Aufbau eines mit drei Elektronenlinsen bestückten REM ist in Bild 47-2 gezeigt. Das Gerät besteht aus der mit dem Evakuierungssystem gekoppelten Mikroskopsäule (M) und den davon getrennten Mess- und Regeleinrichtungen. Die aus der Elektronenquelle (EK) austretenden Primärelektronen (PE) werden durch eine regelbare Gleichspannung von bis zu 40 keV beschleunigt und durch die Elektronenlinsen (EL) zu einem Elektronenstrahl mit einem Durchmesser kleiner 0,01 µm gebündelt. Über die vom Ablenkgenerator (AG) gespeisten Ablenkspulen (AS) wird der Primärelektronenstrahl so geführt, dass er einen begrenzten Bereich der Objektoberfläche (O) in z. B. 1.000 Zeilen punktweise nacheinander abrastert. Durch Wechselwirkung der energiereichen Primärelektronen mit dem Objekt werden Sekundärelektronen (SE), Rückstreuelektronen (RE), absorbierte Elektronen (Probenstrom), Röntgenstrahlen, elektrische Ladungsverschiebungen zwischen verschiedenen Probenbereichen, Auger-Elektronen und sichtbares Licht infolge Kathodolumineszenz am Auftreffpunkt erzeugt.

Die rasterelektronenmikroskopische Abbildung erfolgt durch Aufnahme der vom Objekt ausgehenden Signale in Form von Elektronen (SE und/oder RE) mit Hilfe geeigneter Elektronendetektoren. Im oberen Teil von Bild 47-2 ist ein sog. Everhart-Thornley-Detektor (ED) skizziert. Dieser umfasst einen Szintillator, der in einem durch ein Metallnetz abgedeckten Kollektor sitzt, und einen Photomultiplier (PM). Der Szintillator wird mit einem +10 kV Potential beaufschlagt, durch das die Sekundärelektronen beschleunigt werden. Vor dem Szintillator ist ein Kollektornetz gespannt, welches durch eine positive Spannung von einigen wenigen 100 V die niedrigenergetischen SE ansaugt. Im Szintillator werden diese Elektronen abgebremst und erzeugen dort Lichtquanten. Diese werden über den Lichtleiter dem Photomultiplier zugeführt und lösen dort über den photoelektrischen Effekt Photoelektronen aus. Die Photoelektronen schließlich werden über Elektronenstoßprozesse an mehreren Elektroden des PM vervielfacht, als elektrisches Signal dem Videoverstärker (V) zugeführt, dort weiter verstärkt und schließlich als Nutzinformation zur Intensitätssteuerung des Schreibstrahls der Bildröhre (B) benutzt. Der Ablenkgenerator (AG) sorgt für die synchrone Steuerung der Lage von Primärelektronen- und Schreibstrahl. Lokal unterschiedliche SE- und/ oder RE-Ausbeuten führen zur Helligkeitsmodulation des Schreibstrahles und damit zum Kontrast des REM-Bildes. Jedes der durch die Wechselwirkung zwischen den Primärelektronen und der Probenoberfläche entstehenden Signale besitzt eine oder mehrere Informationen über die Beschaffenheit der Probenoberfläche und/oder des oberflächennahen Probenvolumens. Da alle Signale durch die Detektoren in elektrische Spannungen umgewandelt werden, bestehen für sie zahlreiche Möglichkeiten der elektronischen Weiterverarbeitung. Sie reichen von der Variation der Verstärkercharakteristiken, dem Mischen mehrerer Signale in beliebigen Verhältnissen, der gleichzeitigen Betrachtung von Bildern verschiedener Signale bis hin zur Möglichkeit der frei programmierbaren rechnergestützten Auswertung der Signale. Die für Bruchflächenuntersuchungen wichtigen Signale sind die der Sekundärelektronen, der Rückstreuelektronen und der Röntgenstrahlen, wobei für Rückstreuelektronen und die charakteristische Röntgenstrahlen spezielle Detektorsysteme zur Verfügung stehen.

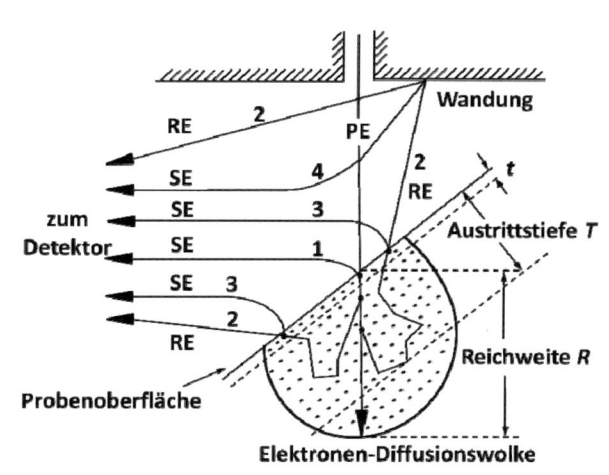

Bild 47-3
Zur Bewertung der von Primärelektronen ausgelösten Sekundär- und Rückstreuelektronen (schematisch)

Die Vielseitigkeit der Rasterelektronenmikroskopie bei Untersuchungen von Oberflächen von Festkörpern, beruht drauf, dass viele verschieden Signale, wie die schon erwähnten SE, RE und Röntgenstrahlen entstehen, wenn ein Elektronenstrahl mit einem Feststoff wechselwirkt. Im Folgenden werden diese Signalarten näher betrachtet.

Als Sekundärelektronen (SE) werden die Elektronen definiert, die aus der Probenoberfläche austreten und eine Energie ≤ 50 eV besitzen. Bild 47-3 deutet an, dass die langsamen SE nur in einer dünnen Oberflächenschicht (von $t \approx 1\text{-}10 \cdot 10^{-7}$ m Dicke) erzeugt werden. Abhängig vom Erzeugungsmechanismus können SE außer am Auftreffpunkt der PE (SE 1) auch 0,1 µm bis mehrere µm seitlich davon aus der Probenoberfläche austreten (SE 3). Rückstreuelektronen (RE), welche die Wände der Probenkammer treffen, lösen dort ebenfalls SE (SE 4) aus. Die SE 3 tragen somit Informationen über die Probenstelle in einiger Entfernung von den auftreffenden PE, die SE 4 solche der Probenkammerwand. Die Anzahl der SE 3 und SE 4 ergibt die „Hintergrundstrahlung" und bewirkt eine Kontrastverschlechterung, die sich jedoch auf elektronischem Wege beseitigen lässt. Etwa die Hälfte aller Sekundärelektronen wird in unmittelbarer Nähe des Auftreffpunktes des primären Elektronenbündels erzeugt, so dass sich mit diesem Signal die beste laterale Punktauflösung erzielen lässt. Die Anzahl der erzeugten SE ist umso größer, je größer der Winkel zwischen der lokalen Oberflächennormalen der Objektstelle und der primären Elektronenstrahlrichtung ist. Man spricht vom Neigungskontrast. Das SE-Signal umfasst also alle wesentlichen Informationen über die Topographie und ergibt hochaufgelöste Bilder. Auf Grund ihrer geringen Energie werden die SE durch elektrische und magnetische Felder an der Probenoberfläche beeinflusst. Mit ihnen können daher auch magnetische Strukturen oder elektrische Potentiale an der Probenoberfläche abgebildet werden. In der Praxis der Bruchflächenuntersuchung metallischer Proben tauchen solche „Oberflächenpotenziale" öfter auf. Sie entstehen durch elektrisch nichtleitende Einschlüsse oder Schmutzpartikel, die durch die Bestrahlung mit den PE auf Grund der mangelnden elektrischen Ableitung der auftreffenden Ladungen elektrisch aufgeladen werden. Dies führt oft zu erheblichen Bildstörungen, die durch Beseitigung der Potentiale oder durch Bedampfen der ganzen Probe mit einem elektrisch leitenden Film beseitigt werden können.

Unter RE werden alle Elektronen verstanden, die aus der Probenoberfläche austreten und eine Energie > 50 eV besitzen. In der Mehrzahl handelt es sich um an den Atomkernen reflektierte PE. Wie Bild 47-3 andeutet, werden sie in einem größeren Bereiche um den Auftreffpunkt der PE und in größeren Oberflächenentfernungen als die SE emittiert. Die Abmessungen ihres Austrittsbereiches bestimmen die erzielbare Auflösung und hängen von der Energie der PE und der Ordnungszahl des Probenmaterials ab. Wie bei den SE ist die Ausbeute der RE ebenfalls vom Winkel zwischen Oberflächennormale und Strahlrichtung abhängig. Zusätzlich entstehen durch die sich geradlinig ausbreitenden hochenergetischen PE Abschattungseffekte durch Oberflächenrauigkeiten. Des Weiteren besteht – im Gegensatz zu den SE – eine systematische Abhängigkeit von der Ordnungszahl des Probenmaterials. Je nach Art des Detektorsystems (in Verbindung mit der elektronischen Signalverarbeitung) kann somit ein Topographie oder Materialkontrast erzeugt werden. Wegen ihrer hohen Energie (die maximale Energie der RE ist nur wenig kleiner als die der PE) wirken sich magnetische und elektrische Felder nicht auf die RE aus. Es entstehen nur selten Aufladungserscheinungen.

Das REM besitzt den großen Vorteil, dass alle Oberflächen die vakuumbeständig und elektrisch leitend sind, ohne Präparation direkt und mit großer Schärfentiefe abgebildet werden können. Nichtleitende Objekte können nach Aufbringen (Besputtern) einer dünnen elektrisch leitenden Schicht (z. B. Gold oder Kohlenstoff) ebenfalls untersucht werden. Bild 47-4 zeigt als Beispiele Ausschnitte der Bruchflächen von Kerbschlagbiegeproben aus 42CrMo4, die bei unterschiedlichen Temperaturen aufgenommen wurden. Es sind sowohl SE-Bilder als auch RE-Bilder abgebildet.

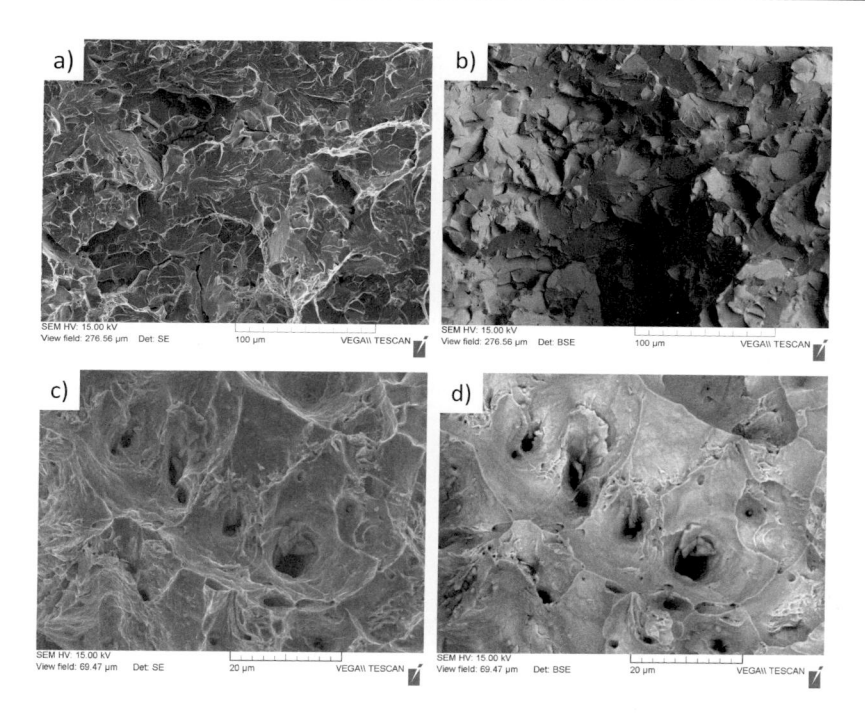

Bild 47-4 Bruchflächen vom Kerbschlagbiegeproben aus 42CrMo4: a-b) REM-Aufnahme eines Sprödbruches, a) SE-Aufnahme, b) RE-Aufnahme; c-d) REM Aufnahme eines duktilen Bruches; c) SE-Aufnahme, d) RE-Aufnahme

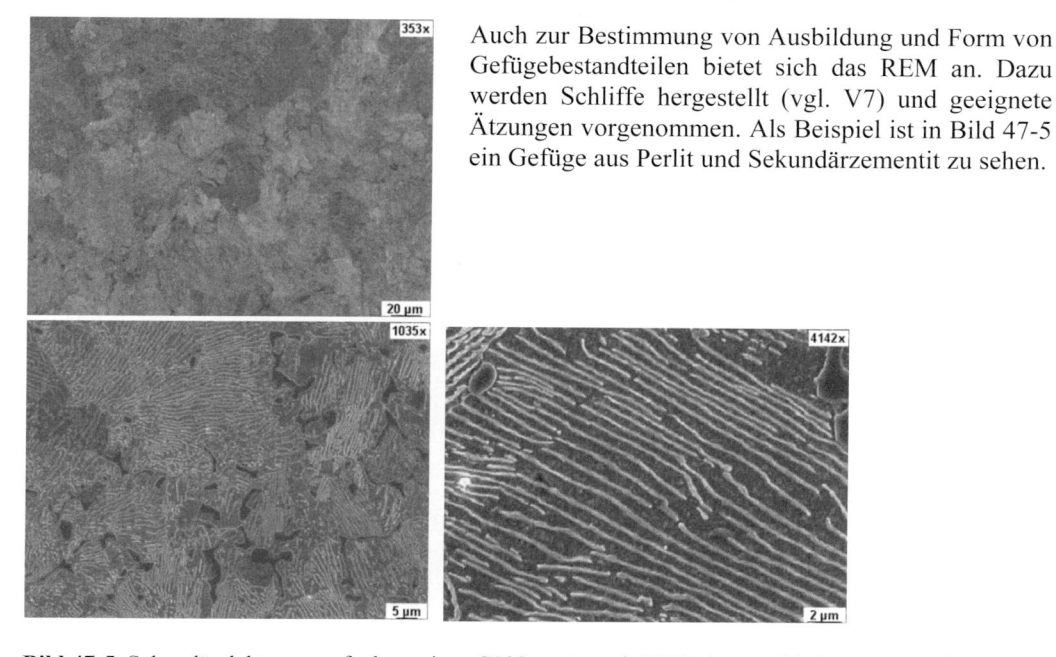

Auch zur Bestimmung von Ausbildung und Form von Gefügebestandteilen bietet sich das REM an. Dazu werden Schliffe hergestellt (vgl. V7) und geeignete Ätzungen vorgenommen. Als Beispiel ist in Bild 47-5 ein Gefüge aus Perlit und Sekundärzementit zu sehen.

Bild 47-5 Sekundärelektronenaufnahme eines C100, geätzt mit HNO_3 in verschiedenen Vergrößerungen

Durch die Wechselwirkung der PE mit den Atomen der Werkstoffoberfläche werden auch Röntgenstrahlen erzeugt. Es tritt sowohl Bremsstrahlung als auch Eigenstrahlung (Fluoreszenzstrahlung) auf (vgl. V5). Durch Messung der Intensität der Eigenstrahlung, die für die emittierenden Atome einer Elementart charakteristisch ist, lässt sich mit Hilfe eines geeigneten Detektorsystems die Werkstoffzusammensetzung von kleinen Probenbereichen bis hin zum Volumen eines Würfels mit der Kantenlänge von 1 µm ermitteln. Man spricht von der Röntgenmikroanalyse. Mit ihrer Hilfe können Elementverteilungen, Einschlüsse, Ausscheidungen, Seigerungen u. a. m. erkannt und hinsichtlich ihrer chemischen Zusammensetzung bestimmt werden. Nachweisgrenzen, Vollständigkeit und Genauigkeit solcher Analysen sind in hohem Maße abhängig vom verwendeten Detektorsystem und den notwendigen Korrekturrechnungen. Alle REM lassen sich mit entsprechenden Zusatzeinrichtungen zur mikroanalytischen Bestimmung oberflächennaher Werkstoffzusammensetzungen ausrüsten. Diese erlauben sowohl von lokalen Werkstoffbereichen Punktanalysen als auch von größeren Werkstoffbereichen durch zeilenweises Abrastern Flächenanalysen der vorliegenden Elemente. Als Beispiel zeigt Bild 47-6a den Ausschnitt einer 1 Euro-Münze. In den Bildern 47-6b-d sind die Elementverteilungen für drei Bereiche auf der 1 Euro-Münze zu sehen.

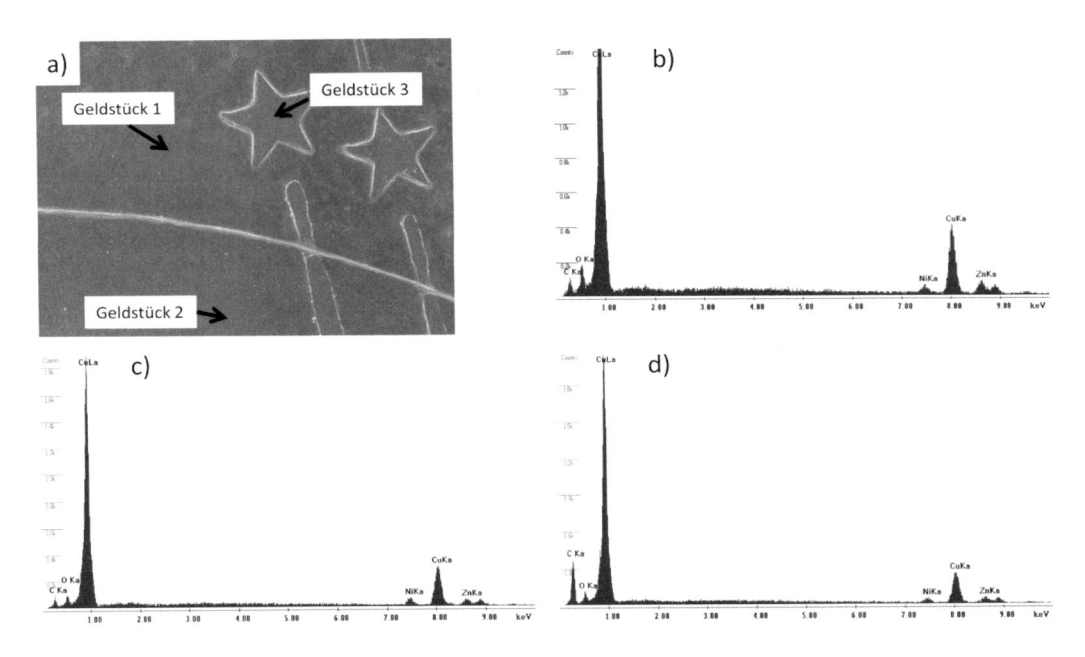

Bild 47-6 Elementanalyse an einer 1 Euro-Münze: a) SE-Aufnahme, Ausschnitt einer 1 Euro-Münze; b) Elementanalyse: b) Geldstück Stelle 1; c) Geldstück Stelle 2; d) Geldstück Stelle 3

47.2 Aufgabe

Es werden Kerbschlagbiegeproben aus 42CrMo4 bereitgestellt. Mit diesen Proben wird eine Kerbschlagzähigkeits-Temperatur-Kurve (vgl. V46) aufgenommen. Die auftretenden Unterschiede im Kurvenverlauf sind zu diskutieren. Die Bruchflächen von Proben, die im Übergangsgebiet zwischen Hoch- und Tieflage zerschlagen wurden, sind rasterelektronenmikroskopisch zu untersuchen und hinsichtlich ihrer spröden und duktilen Bruchflächenanteile zu bewerten. Die in den Bruchflächen auftretenden Einschlüsse sind qualitativ zu analysieren. Außerdem soll ein geätzter metallografischer Schliff im Rasterelektronenmikroskop untersucht werden. Das vorliegende Gefüge soll anhand von SE-Aufnahmen identifiziert werden.

47.3 Versuchsdurchführung

Für die Untersuchungen steht ein Pendelschlagwerk (vgl. V46) zur Verfügung. Ferner ist ein handelsübliches Rasterelektronenmikroskop mit Mikroanalysatorzusatz vorhanden. Von den vorbereiteten Proben werden wie in V46 die a_K, T-Kurven ermittelt. Danach werden von charakteristischen Probenhälften etwa 10 mm lange Stücke unter Einschluss der Bruchfläche abgeschnitten und mit Hilfe eines magnetischen Wechselfeldes entmagnetisiert, mit Leitsilber auf dem Objektträger des REM fixiert und in das Mikroskop eingeschleust. Nach Erreichen des Betriebsdruckes (10^{-4} mbar) werden verschiedene Bereiche der Bruchoberfläche bei unterschiedlichen Vergrößerungen beobachtet, fotografiert und beurteilt. Die ausgewalzten Einschlüsse werden mikroanalytisch untersucht. Daraus wird auf Grund des Werkstofftyps die vermutliche Einschlussart bestimmt. Der Einfluss der Einschlüsse auf die Kerbschlagzähigkeit wird diskutiert.

Es wird ein geätzter metallografischer Schliff erstellt, bzw. zur Verfügung gestellt (vgl. V7). Anhand von SE-Aufnahmen soll das vorliegende Gefüge bestimmt werden.

47.4 Weiterführende Literatur

[Rei77]   Reimer, L.; Pfefferkorn, G.: Rasterelektronenmikroskopie, 2. Auflage, Springer-Verlag, Berlin, 1977

[Eng82]   Engel, L.; Klingele, H.: Rasterelektronenmikroskopische Untersuchung von Metallschäden, 2. Auflage, Gerlin, Köln, 1982

[Mit78]   Mitsche, R.; et al.: Anwendung des Rasterelektronenmikroskopes bei Eisen- und Stahlwerkstoffen, Radex Rundschau, Heft 3/4, 1978

[Eng78]   Engel, L.; et al.: Rasterelektronenmikroskopische Untersuchungen von Kunststoffschäden, Hanser-Verlag, München, 1978

[Sko96]   Skoog, D. A.; Leary, J. J.: Instrumentelle Analytik, Springer-Verlag, Berlin, 1996

47.5 Symbole, Abkürzungen

Symbol/Abkürzung	Bedeutung	Einheit
V_f	Förderliche Vergrößerung	-
SE	Sekundärelektronen	-
RE	Rückstreuelektronen	-
LM	Lichtmikroskop	-

Symbol/Abkürzung	Bedeutung	Einheit
REM	Rasterelektronenmikroskop	-
M	Mikroskopsäule	-
EK	Elektronenquelle	-
PE	Primärelektronen	-
EL	Elektronenlinsen	-
AG	Ablenkgenerator	-
AS	Ablenkspulen	-
O	Objektoberfläche	-
ED	Elektronendetektor	-
B	Bildröhre	-
PM	Photomultiplier	-
V	Videoverstärker	-

V48 Torsionsverformung

48.1 Grundlagen

Der Torsionsversuch dient zur Aufnahme der Torsionsverfestigungskurve eines Werkstoffes. Daraus können der Torsionsmodul (Schubmodul), die Torsionsgrenze, die Torsionsschergrenzen sowie die Torsionsfestigkeit ermittelt werden. Wird wie in Bild 48-1 ein einseitig eingespannter

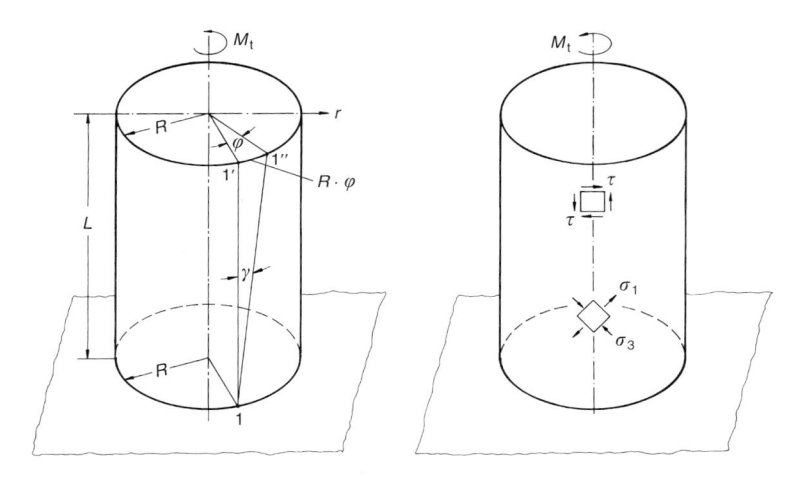

Bild 48-1 Torsionsbeanspruchung eines einseitig eingespannten Zylinders

Zylinderstab durch ein Moment M_t beansprucht, so verdrehen sich alle Querschnitte umso stärker um die Zylinderachse, je weiter sie von der Einspannung entfernt sind. Eine Mantellinie 1-1' des Zylinders geht dabei in eine Schraubenlinie 1-1" mit konstanter Steigung über. Beide Linien schließen den Schiebewinkel γ ein. γ wird Scherung genannt. Zwei senkrecht zur Zylinderachse befindliche Querschnitte mit dem Abstand L tordieren relativ zueinander um den Torsionswinkel φ. Ist r die laufende Koordinate in radialer Richtung des Torsionsstabes und R der Stabradius, so gilt bei nicht zu großen Winkeländerungen

$$L \cdot \gamma = r \cdot \varphi \tag{48.1}$$

Daraus folgt für die Scherung

$$\gamma = \frac{\varphi}{L} r \tag{48.2}$$

Die Scherung steigt also linear mit r an und erreicht am Probenrand für $r = R$ den Größtwert

$$\gamma_R = \frac{\varphi}{L} R \tag{48.3}$$

Die ursprünglich rechten Winkel α_1 und α_2 zwischen Stablängsebenen, die die Zylinderachse enthalten, und Querschnittsebenen (vgl. Bild 48-2) gehen unter Torsionsbeanspruchung in Winkel α_1' und α_2' über, die größer als 90° sind.

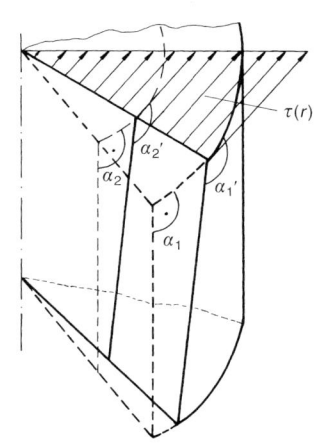

Bild 48-2 Winkeländerungen beim Torsionsversuch

Das ist die Folge der Schubspannungen $\tau(r)$, die in den senkrecht zur Zylinderachse liegenden Querschnittsebenen wirksam sind. Auf Grund des Hookeschen Gesetzes gilt

$$\tau = G \cdot \gamma \tag{48.4}$$

wobei G der Torsionsmodul (Schubmodul) ist. Aus Gl. 48.2 und 48.4 folgt

$$\tau = G \frac{\varphi}{L} r \tag{48.5}$$

Die Schubspannungen wachsen also ebenfalls linear über dem Probenradius an. Sie halten dem von außen wirksamen Torsionsmoment

$$M_t = \int_0^R r \tau(r) 2\pi r \, dr = G \frac{\varphi}{L} 2\pi \int_0^R r^3 \, dr \tag{48.6}$$

das Gleichgewicht. Dabei ist

$$I_0 = 2\pi \int_0^R r^3 \, dr \tag{48.7}$$

das polare Flächenträgheitsmoment. Auf Grund des Gesetzes der zugeordneten Schubspannungen treten die Schubspannungen jeweils paarweise auf und haben die im rechten Teil von Bild 48-1 angegebenen Richtungen. Unter reiner Torsionsbeanspruchung liegt ein zweiachsiger Spannungszustand mit den Hauptspannungen σ_1 und σ_3 ($\sigma_1 = -\sigma_3$) vor, die unter 45° gegenüber der Längsachse des Zylinderstabes wirksam sind.

Von besonderem Interesse ist der am Rand des Stabes auftretende Zusammenhang zwischen Schubspannung und Scherung. Aus Gl. 48.5 bis 48.7 ergibt sich für $r = R$

$$\tau_R = \frac{M_t}{I_0} R \tag{48.8}$$

V48 Torsionsverformung

Führt man als Widerstandsmoment gegen Torsion die Größe

$$W_t = \frac{I_0}{R} \qquad (48.9)$$

ein, so folgt für die Randschubspannung

$$\tau_R = \frac{M_t}{W_t} \qquad (48.10)$$

τ_R wächst proportional zu M_t an und bewirkt nach Gl. 48.4 eine umso größere Randscherung γ_R, je kleiner der Schubmodul ist.

Die bisher angegebenen Beziehungen gelten streng nur für rein elastische Beanspruchung. Wird M_t gesteigert bis auf den Wert $M_t = M_{eS}$, so wird $\tau_R = R_{teS}$, und am Zylinderrand setzt plastische Scherung ein. R_{teS} heißt Torsionsgrenze. Wird in den randnahen Bereichen des zylindrischen Stabes R_{teS} überschritten, so liegt dort ein elastisch-plastischer Verformungszustand vor, während weiterhin die inneren Probenpartien noch rein elastisch beansprucht werden. Erfahrungsgemäß bleiben auch dann noch die Totalscherungen

$$\gamma_t = \gamma_e + \gamma_p \qquad (48.11)$$

(γ_e elastischer, γ_p plastischer Scherungsanteil) linear über dem Probenradius verteilt, nicht dagegen die Schubspannungen. Dies veranschaulicht Bild 48-3. Die Schubspannungen stellen sich im überelastisch beanspruchten Probenrandbereich gemäß dem vorliegenden Verfestigungszustand ein. Da aber das Torsionsmoment M_t auch bei elastisch-plastischer Beanspruchung ein eindeutiges Maß für die Torsionsbeanspruchung darstellt, postuliert man – ähnlich wie bei überelastischer Biegung (vgl. V44) – für $\tau_R > R_{teS}$ eine linear über r ansteigende fiktive Schubspannungsverteilung $\tau^*(r)$. Die fiktive Randschubspannung ergibt sich zu

$$\tau_R^* = \frac{M_t}{W_t} \quad (M_t > M_{eS}) \qquad (48.12)$$

In Bild 48-3 ist einer wahren Schubspannungsverteilung $\tau(r)$ die zugehörige fiktive Schubspannungsverteilung $\tau^*(r)$ gegenübergestellt, die auf das gleiche Torsionsmoment führt. τ_R bzw. τ_R^* werden als Funktion von $\gamma_{R,p}$ bzw. $\gamma_{R,t}$ aufgetragen und liefern die Torsionsverfestigungskurve.

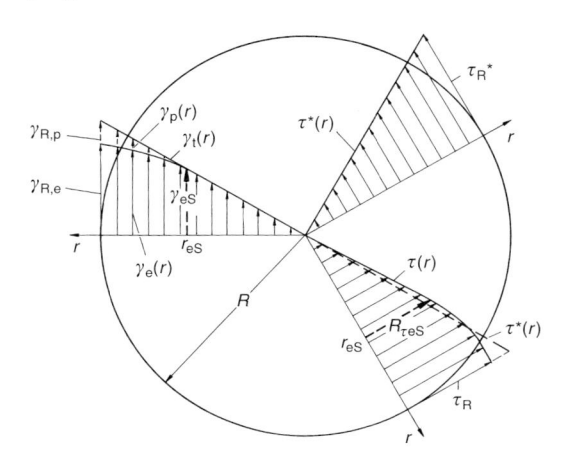

Bild 48-3
Scherungsverteilung $\gamma_t(r)$ sowie wahre $\tau(r)$ und fiktive $\tau^*(r)$ Schubspannungsverteilung über dem Radius eines überelastisch tordierten Zylinders

Dabei wird meist die nach Gl. 48.3 im Bogenmaß zu ermittelnde Scherung γ_R in Prozent angegeben. Bild 48-4 zeigt eine Torsionsverfestigungskurve mit kennzeichnenden Größen. Aus dem Tangens des Anfangsanstieges der Verfestigungskurve berechnet sich nach Gl. 48.5 der Torsionsmodul G. Die Torsionsgrenze $R_{\tau eS}$ ist der Widerstand der Randfasern des Torsionsstabes gegenüber einsetzender plastischer Verformung. Sie ergibt sich aus der ersten Abweichung vom linearen $\tau_R,\gamma_{R,t}$-Verlauf. Als 0,4-%-Torsionsschergrenze $R_\tau^*{}_{0,4}$ wird der Werkstoffwiderstand gegen Überschreiten einer fiktiven Randschubspannung definiert, die auf eine rückbleibende Randscherung von 0,4 % führt. $R_\tau^*{}_{0,4}$ wird deshalb oft als Torsionsschergrenze gewählt, weil dann eine plastische Randscherung $\gamma_{R,p} \approx 0{,}4\,\%$ vorliegt, die man als vergleichbar mit $R_p = 0{,}2\,\%$ bei Zugbeanspruchung ansehen kann. Als Torsionsfestigkeit $R^*{}_{\tau m}$ wird der Werkstoffwiderstand beim Erreichen der größten fiktiven Schubspannung im Torsionsversuch vor Bruch der Probe angesprochen.

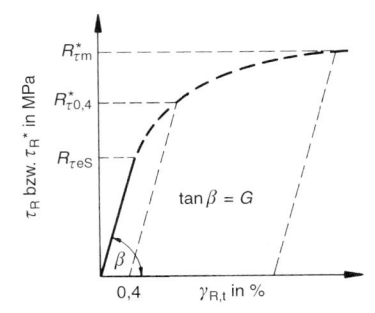

Bild 48-4 Torsionsverfestigungskurve (schematisch)

Je nach Werkstoffzustand tritt bei Erreichen der Torsionsfestigkeit ein duktiler oder ein spröder Bruch mit charakteristischer Bruchgeometrie auf. In Bild 48-5 sind die Bruchflächenausbildungen bei einem spröd gebrochenen (Normalspannungsbruch) und einem duktil gebrochenen (Schubspannungsbruch) Zylinderstab gezeigt. Bei einem spröden Torsionsbruch (vgl. Bild 48-5, links) treten unter 45° zur Stablängsachse gelegene Teilbruchflächen auf. Ein duktiler Torsionsbruch (vgl. Bild 48-5, rechts) dagegen ist durch eine senkrecht zur Stablängsachse liegende Bruchfläche charakterisiert.

Bild 48-5
Spröder (links) und duktiler (rechts) Torsionsbruch unterschiedlich wärmebehandelter zylindrischer Proben aus C60E

48.2 Aufgabe

An Zylinderproben aus reinem Kupfer und aus einem Baustahl sind die Zusammenhänge zwischen Torsionsmoment M_t und Torsionswinkel φ zu bestimmen und daraus die Torsionsverfestigungskurven zu berechnen. Als Werkstoffkenngrößen sind der Torsionsmodul (Schubmodul) G, die Torsionsgrenze $R_{\tau eS}$, die 0,4-%-Torsionsschergrenze $R_{\tau\,0,4}^*$ und die Torsionsfestigkeit $R_{\tau m}^*$ zu ermitteln.

48.3 Versuchsdurchführung

Für die Versuche steht eine ähnliche Versuchseinrichtung wie die in Bild 48-6 gezeigte Torsionsprüfmaschine zur Verfügung. Nach Festklemmen der Proben wird ein Einspannkopf verdreht und tordiert die Probe. Mittels einer elektronischen Messdatenerfassung ist die kontinuierliche Registrierung des Torsionsmoments M_t und des Verdrehwinkels φ_t möglich. Die Berechnung der Torsionsverfestigungskurve aus dem M_t,φ_t-Zusammenhang erfolgt unter Zugrundelegung der sorgfältig ermittelten Probenabmessungen mit Hilfe der Gl. 48.3 und Gl. 48.4. Die Größen G, $R_{\tau eS}$, $R_{\tau\,0,4}^*$ und $R_{\tau m}^*$ werden der Torsionsverfestigungskurve entnommen.

Bild 48-6 Torsionsprüfmaschine des Typs 55MT der Firma Instron®

48.4 Weiterführende Literatur

[Ric06] Richard, H. A.; Sander, M.: Technische Mechanik, Festigkeitslehre. 1. Auflage, Vieweg+ Teubner, Wiesbaden, 2006

[Das06] Da Silva, V. D.: Mechanics and Strength of Materials. Springer, Berlin / Heidelberg, 2006

48.5 Symbole, Abkürzungen

Symbol/Abkürzung	Bedeutung	Einheit
M_t	Torsionsmoment	Nmm
γ	Scherung	rad
L	Länge	mm
φ	Torsionswinkel	rad
r	Radius	mm
R	Stabradius	mm
$\alpha_1, \alpha_2, \alpha_1', \alpha_2'$	Winkel	rad
τ	Schubspannung	MPa
G	Schubmodul	MPa
I_0	Flächenträgheitsmoment	mm^4
σ_1, σ_3	Hauptspannung	MPa
W_t	Widerstandsmoment	mm^3
τ_R	Randschubspannung	MPa
γ_R	Randscherung	rad
M_{eS}	Moment bei einsetzender Plastizität	Nmm
$R_{\tau eS}$	Torsionsgrenze	MPa
γ_e	Elastischer Scherungsanteil	rad
γ_p	Plastischer Scherungsanteil	rad
γ_t	Totalscherung	rad
τ^*	Fiktive Schubspannung	MPa
τ	Wahre Schubspannung	MPa
$\gamma_{R,e}$	Elastischer Scherungsanteil am Rand	rad
$\gamma_{R,p}$	Plastischer Scherungsanteil am Rand	rad
$\gamma_{R,t}$	Totalscherung am Rand	rad
τ_R^*	Fiktive Randschubspannung	MPa
$R_{\tau\ 0,4}^*$	0,4-%-Torsionsschergrenze	MPa
$R_{\tau m}^*$	Torsionsfestigkeit	MPa
φ_t	Totalscherung	rad

V49 Schubmodulbestimmung aus Torsionsschwingungen

49.1 Grundlagen

Nach V48 besteht bei einem einseitig eingespannten Zylinder des Durchmessers $2R$ und der Länge L zwischen Torsionsmoment M_t und Torsionswinkel φ der Zusammenhang

$$M_t = G\frac{\varphi}{L}\int_0^R r^2 2\pi r\, dr = \frac{\pi G R^4}{2L}\varphi \tag{49.1}$$

Ist der Zylinder sehr lang gegenüber seinem Durchmesser (Draht) und wird sein unteres Ende wie in Bild 49-1 mit einer zylindrischen Scheibe A verbunden, so führt das ganze System nach Wegnahme des äußeren Momentes Drehschwingungen aus. Es liegt ein Torsionspendel vor. Ist Θ_0 das Massenträgheitsmoment des Systems bezüglich der Drahtachse und ist die Systemdämpfung hinreichend klein, so lautet die Bewegungsdifferentialgleichung

$$\Theta_0\ddot{\varphi} = -M_t(\varphi) = -\frac{\pi G R^4}{2L}\varphi = -D\varphi \tag{49.2a}$$

bzw.

$$\ddot{\varphi} = -\omega^2 \varphi \tag{49.2b}$$

Dabei ist D das sog. Direktionsmoment und ω die Kreisfrequenz des schwingungsfähigen Systems. Die Lösung dieser Differentialgleichung lautet

$$\varphi = \varphi_0 \cos\omega t = \varphi_0 \cos 2\pi\nu t = \varphi_0 \cos 2\pi\frac{t}{t_0} \tag{49.3}$$

mit der Schwingungsdauer

$$t_0 = 2\pi\sqrt{\frac{\Theta_0}{D}} = 2\pi\sqrt{\frac{2L\Theta_0}{\pi G R^4}} \tag{49.4}$$

Somit ergibt sich bei bekannten L, R und Θ_0 durch Messung von t_0 der Schubmodul zu

$$G = \frac{8\pi L\Theta_0}{R^4 t_0^2} \tag{49.5}$$

Da sich aber das Massenträgheitsmoment des schwingungsfähigen Gebildes aus Scheibe, Draht und Einspannung praktisch nicht berechnen lässt, bringt man zentrisch zu Draht und Scheibe eine geteilte Lochscheibe B der Masse m_1 mit dem Innenradius R_1 und dem Außenradius R_2 an (vgl. Bild 49-1), der für sich ein Trägheitsmoment

$$\Theta = \int_{R_1}^{R_2} r^2 dm = \frac{1}{2}m_1(R_1^2 + R_2^2) \tag{49.6}$$

besitzt. Für das veränderte System ist nunmehr ein Trägheitsmoment

$$\Theta_1 = \Theta_0 + \Theta \tag{49.7}$$

wirksam, so dass sich die Schwingungsdauer

$$t_1 = 2\pi\sqrt{\frac{\Theta_1}{D}} \tag{49.8}$$

ergibt. Quadrieren und Subtrahieren der Gl. 49.8 und 49.4 liefert

$$t_1^2 - t_0^2 = \frac{4\pi^2}{D}(\Theta_1 - \Theta_0) = \frac{4\pi^2}{D}\Theta \tag{49.9}$$

Daraus folgt mit D aus Gl. 49.2a und Gl. 49.6

$$G = \frac{4\pi m_1 (R_1^2 + R_2^2) L}{(t_1^2 - t_0^2) R^4} \tag{49.10}$$

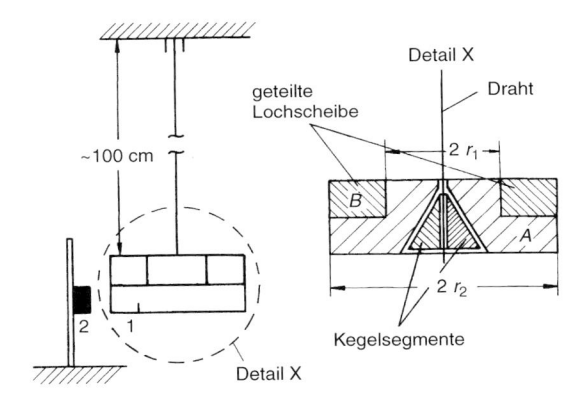

Bild 49-1 Einfache Experimentalanordnung zur Erzeugung und Messung von Drehschwingungen

49.2 Aufgabe

Es liegen dünne Drähte mit unterschiedlichen aber bekannten thermisch-mechanischen Vorgeschichten aus einem unlegierten Stahl mit 0,2 Masse-% Kohlenstoff und aus einer Kupfer-Zinn-Legierung vor, deren Torsionsmoduln zu bestimmen sind.

49.3 Versuchsdurchführung

Für die Untersuchungen steht eine ähnliche Einrichtung wie in Bild 49-1 zur Verfügung. Etwa 100 cm lange Drähte, deren Durchmesser zunächst sehr genau vermessen werden, werden an der einen Seite in eine Klemmfassung eingespannt und an der anderen Seite mit der selbstfassenden Zylinderscheibe A versehen. Danach wird die freie Länge des eingespannten Drahtes ermittelt und das ganze System von Hand zu Drehschwingungen angeregt. Die Scheibe A trägt eine Marke (1), deren relative Lageänderung bezüglich einer Schneide (2) leicht beobachtet werden kann. Die Schwingungsdauer t_0 wird aus den Koinzidenzen von Marke und Schneide bestimmt. Dazu wird die für 50 Schwingungen erforderliche Zeit gemessen. Dies wird viermal wiederholt. Danach wird die teilbare Lochscheibe B gewogen und vermessen und bündig auf die Scheibe A aufgesetzt. Die Schwingungsdauer t_1 des nunmehr veränderten Systems wird ebenfalls durch Messung der Zeit von etwa 50 Schwingungen ermittelt. Aus den Messwerten werden mit Hilfe von Gl. 49.10 die vorliegenden Schubmoduln berechnet, miteinander verglichen und auf Grund der bekannten Vorgeschichte bewertet.

49.4 Weiterführende Literatur

[Arm71] Armstrong, P. E.: Measurements of Elastic Constants. In: Techniques of Metals Research, Vol. V, Interscience, New York, 1971, S. 123–156

49.5 Symbole, Abkürzungen

Symbol/Abkürzung	Bedeutung	Einheit
R	Durchmesser	mm
L	Länge	mm
ω	Kreisfrequenz	s^{-1}
M_t	Torsionsmoment	Nmm
G	Schubmodul	MPa
φ	Torsionswinkel	rad
r	Radius	mm
t	Zeit	s
t_0, t_1	Schwingungsdauer	s
D	Direktionsmoment	Nmm
$\Theta, \Theta_0, \Theta_1$	Trägheitsmoment	kg mm^2
m_1	Masse	kg
R_1	Innenradius	mm
R_2	Außenradius	mm

V50 Elastische Moduln und Eigenfrequenzen

50.1 Grundlagen

Im Gegensatz zu Gasen oder Flüssigkeiten, bei denen nur Kompressionswellen auftreten, können bei elastischen Festkörpern zwei unabhängige Wellentypen und ihre verschiedenen Kombinationen beobachtet werden [Mös10]: Longitudinal- und Transversalwellen. Die Ausbreitungsgeschwindigkeit c dieser Wellen ist mit der Schallgeschwindigkeit identisch, wobei sie in der Regel von der Dichte ρ und den elastischen Moduln der betrachteten Werkstoffe abhängt.

Korrespondiert die auftretende Wellenlänge mit bestimmten Probenabmessungen, so treten Resonanzerscheinungen auf. Es werden immer dann besonders große Schwingungsamplituden beobachtet, wenn die Erregerfrequenz mit einer der Eigenfrequenzen des Probestabes übereinstimmt. Bei einem zu longitudinalen Schwingungen angeregten Probestab tritt Resonanz auf, wenn die Stablänge L [mm] gleich einem ganzzahligen Vielfachen der halben Wellenlänge λ der erregenden Wellen ist. Dann gilt:

$$L = n\frac{\lambda}{2} \quad (n = 1, 2, 3 \ldots), \tag{50.1}$$

wobei n als Ordnung der Schwingung bezeichnet wird, $n = 1$ entspricht der Grundschwingung, $n > 1$ den Oberschwingungen. Da zwischen der Ausbreitungsgeschwindigkeit c, der Frequenz f und der Wellenlänge λ der elastischen Wellen die Beziehung

$$c = \lambda f \tag{50.2}$$

besteht, ergeben sich die möglichen Eigenfrequenzen $f_{n,\text{long}}$ zu

$$f_{n,\text{long}} = \frac{n\,c}{2\,L}. \tag{50.3}$$

Die Ausbreitungsgeschwindigkeit c elastischer Longitudinalwellen ist in schlanken Stäben, deren Querschnittsabmessungen klein gegenüber der Länge sind, von der Querschnittsform unabhängig und eindeutig durch den Elastizitätsmodul E [MPa] und die Dichte ρ [g/cm³] bestimmt. Es ist

$$c = 3{,}16 \cdot 10^4 \sqrt{\frac{E}{\rho}}. \tag{50.4}$$

Aus Gl. 50.3 und 50.4 folgt somit als Zusammenhang zwischen Eigenfrequenz $f_{n,\text{long}}$ und Elastizitätsmodul E

$$E = \frac{4L^2\rho}{n^2} 10^{-9} \left(f_{n,\text{long}}\right)^2. \tag{50.5}$$

Bei Kenntnis der Länge L und der Dichte ρ des angeregten Stabes lässt sich also der Elastizitätsmodul E des Werkstoffes aus den Eigenfrequenzen der Longitudinalschwingungen $f_{n,\text{long}}$ ermitteln.

V50 Elastische Moduln und Eigenfrequenzen

Bei transversal schwingenden Stäben liegen kompliziertere Verhältnisse vor. Die Ausbreitungsgeschwindigkeit c elastischer Transversalschwingungen ist sowohl von der Form der Proben als auch von der Frequenz f abhängig. Deshalb sind hier die Frequenzen der Oberschwingungen keine ganzzahligen Vielfachen der Frequenz der Grundschwingungen mehr. Als Zusammenhang zwischen dem Elastizitätsmodul E und den Eigenfrequenzen der Transversalschwingungen ($f_{n,\text{trans}}$) ergibt sich bei schlanken Rundstäben (o) der Länge L [mm] und des Durchmessers d [mm]

$$E^{\text{o}} = \frac{64 \, L^4 \pi^2 \rho}{K_n^2 \, d^2} 10^{-9} \left(f_{n,\text{long}}^{\text{o}}\right)^2 . \tag{50.6}$$

Bei schlanken Rechteckstäben (□) der Länge L [mm] mit der Querschnittsseite a [mm] parallel zur Schwingungsrichtung ist dagegen

$$E^{\square} = \frac{48 \, L^4 \pi^2 \rho}{K_n^2 \, a^2} 10^{-9} \left(f_{n,\text{long}}^{\square}\right)^2 . \tag{50.7}$$

Dabei gelten je nach Ordnung n und Frequenzverhältnis der Eigenschwingungen f_n/f_1 bei einem transversal frei schwingenden Stab bzw. bei einem einseitig eingespannten Stab für K_n^2 die folgenden Werte (Tabelle 50-1).

Tabelle 50-1 Werte K_n^2 bei einem transversal schwingenden Stab in Abhängigkeit der Ordnung n und des Frequenzverhältnisses der Eigenschwingungen v_n/v_1

Ordnung	n	1	2	3	4
freier Stab	f_n/f_1	1,00	2,78	5,46	9,01
	K_n^2	492	3.798	14.641	39.976
einseitig einge-spannter Stab	f_n/f_1	1,00	8,98	24,95	48,95
	K_n^2	6,1	492	3.797	14.641

Sowohl die Transversal- als auch die Longitudinalwellen erzeugen lokal elastisch verdichtete und dilatierte Werkstoffbereiche. Es treten daher periodische Volumenänderungen auf, die mit Temperaturänderungen verknüpft sind. Wegen der Schnelligkeit der Vorgänge ist ein Temperaturausgleich innerhalb einer Schwingungsperiode unmöglich, so dass adiabatische Verhältnisse vorliegen. Daher wird über Eigenfrequenzmessungen der sogenannte adiabatische Elastizitätsmodul E_{ad} ermittelt. Dieser ist immer größer als der isotherme Elastizitätsmodul E_{is}, der z. B. im Zug- oder Biegeversuch (vgl. V23 und V44) ermittelt werden kann. Zwischen beiden Moduln besteht die Beziehung

$$E_{\text{is}} = \frac{E_{\text{ad}}}{\left(1 + 10^3 \dfrac{\alpha^2 \, T \, E_{\text{ad}}}{\rho \, c_p}\right)} , \tag{50.8}$$

wobei α der Wärmeausdehnungskoeffizient in 1/K, T die absolute Temperatur in K und c_p die spezifische Wärme bei konstantem Druck in J/kgK ist.

Die Ausbreitungsgeschwindigkeit c elastischer Torsionswellen ist ebenfalls von der Querschnittsform der Probestäbe abhängig. Für Rundstäbe (o) ergibt sich

$$c_{\text{tors}}^{\text{o}} = 3{,}16 \cdot 10^4 \sqrt{\frac{G}{\rho}}, \qquad (50.9)$$

wobei G der Schubmodul [MPa] und ρ wiederum die Dichte [g/cm³] ist. Wie bei Longitudinalschwingungen sind auch hier die Gl. 50.1, 50.2 und 50.3 gültig, und es folgt die zu Gl. 50.5 analoge Beziehung

$$G = \frac{4 L^2 \rho}{n^2} 10^{-9} \left(f_{n,\text{long}}\right)^2. \qquad (50.10)$$

Weil bei der Torsionswellenausbreitung keine Volumenänderungen auftreten, gilt

$$G_{\text{is}} = G_{\text{ad}}. \qquad (50.11)$$

Bild 50-1 gibt den bei reinen Metallen bestehenden Zusammenhang zwischen dem Schubmodul und dem isothermen Elastizitätsmodul wieder. In vielen Fällen ist in guter Näherung der Zusammenhang $G = 3/8\, E$ erfüllt.

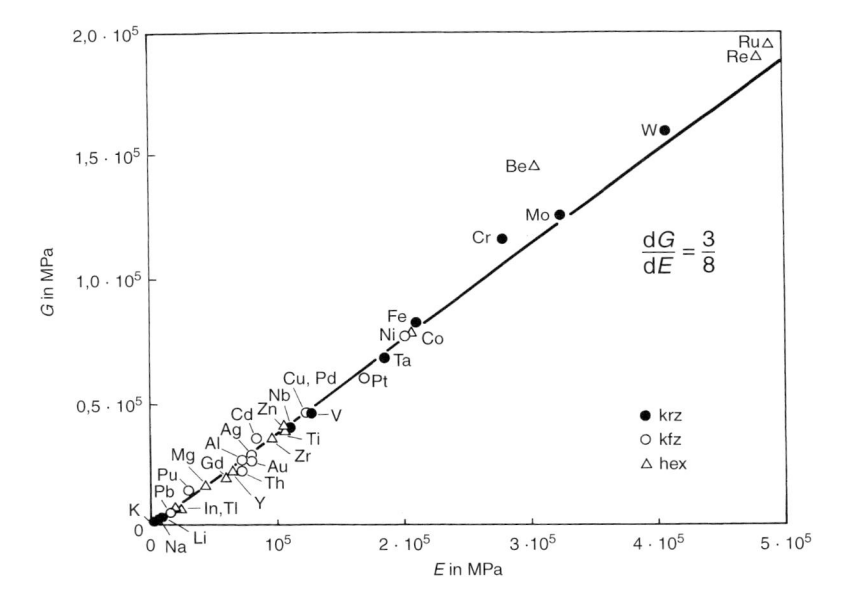

Bild 50-1 Zusammenhang zwischen dem Schubmodul G und dem isothermen Elastizitätsmodul E_{is} reiner Metalle

50.2 Aufgabe

Für verschiedene Werkstoffe sind bei Raumtemperatur mit Hilfe von Eigenfrequenzmessungen der adiabatische Elastizitätsmodul E_{ad} und der Schubmodul G zu ermitteln. Die Versuchsergebnisse sind zu diskutieren und mit den zur Verfügung gestellten isothermen Elastizitätsmoduln zu vergleichen. Die Querkontraktionszahlen der Versuchswerkstoffe sind anzugeben.

50.3 Versuchsdurchführung

Als Versuchsapparatur steht ein Elastotron 2000 der Fa. Reetz GmbH, mit dem die Bestimmung des elastischen Elastizitätsmoduls bis Temperaturen von 1900 °C möglich ist, oder ein vergleichbares Gerät zur Verfügung.

Die prinzipielle Messanordnung ist in Bild 50-2 dargestellt. Die Probenanregung ist z. B. mit Hilfe eines piezoelektrischen Kristalls möglich, dessen Schwingungen dem Prüfstab einseitig aufgeprägt werden. Durch geeignete Anbringung des Ankoppeldrahtes lassen sich Longitudinal-, Transversal- und Torsionsschwingungen erregen. Am anderen Ende des Stabes werden über einen zweiten Kopplungsdraht die elastischen Objektschwingungen einem zweiten piezoelektrischen Kristall zugeführt und in elektrische Schwingungen umgewandelt. Das Messsignal wird verstärkt und der Messeinheit zugeführt. Bei Variation der Erregerfrequenz lässt sich der Resonanzfall – die Amplitude der Probenschwingung erreicht ein Maximum – erkennen.

Bei ferromagnetischen Werkstoffen können Longitudinal- und Transversalschwingungen auch mit Hilfe einer Spule, die ein magnetisches Wechselfeld hervorruft, erzeugt werden. In günstigen Fällen gelingt dies auch bei nichtmagnetischen Proben durch dort induzierte Wirbelströme.

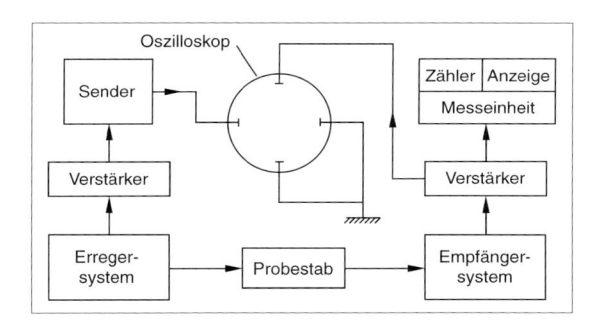

Bild 50-2 Prinzip der Messanordnung

Für die Untersuchungen finden zylindrische Probestäbe von 100 bis 200 mm Länge und 8 bis 20 mm Durchmesser Anwendung. Als Richtwerte für die Eigenfrequenzen erster Ordnung bei Stäben von 100 mm Länge und 10 mm Durchmesser können die in Tabelle 50-1 aufgeführten Werte gelten. Die Messung der nicht ferromagnetischen Versuchsproben erfolgt mit piezoelektrischen, die der ferromagnetischen Versuchsproben mit magnetischen Erreger- und Empfängersystemen. Es werden jeweils Longitudinal- und Torsionsschwingungen angeregt und die ersten 3 Ordnungen der Eigenfrequenzen bestimmt. Daraus werden die gesuchten Moduln mit Hilfe von Gl. 50.5 bzw. Gl. 50.10 berechnet. Die auftretenden Unterschiede zwischen den adiabatischen und den isothermen Elastizitätsmoduln werden mit der theoretischen Erwartung verglichen und diskutiert. Die erhaltenen $(E/G)_{is}$-Werte werden den Angaben in Bild 50-1 gegenübergestellt. Mit Hilfe der elastizitätstheoretischen Beziehung

$$G = \frac{E}{2(1+\nu)} \tag{50.12}$$

werden die Querkontraktionszahlen ν berechnet.

Tabelle 50-2 Eigenfrequenzen 1. Ordnung zylindrischer Stäbe mit L = 100 mm, d = 10 mm aus verschiedenen Metallen bei unterschiedlichen Schwingungsarten

Werkstoff	$f_{1,\text{long}}$ [Hz]	$f_{1,\text{trans}}$ [Hz]	$f_{1,\text{tors}}$ [Hz]
Aluminium	25.625	4.562	15.658
Eisen	25.895	4.610	16.114
Kupfer	19.035	3.389	11.614
Nickel	24.935	4.439	15.751
Silber	13.980	2.489	8.467
Titan	23.795	4.236	14.433
Zink	18.025	3.209	11.469
Zirkonium	16.130	2.872	9.730

50.4 Weiterführende Literatur

[Mös10]   Möser, M.; Kropp, W.: Körperschall: Physikalische Grundlagen und technische Anwendungen, 3. Auflage, Springer-Verlag, Berlin, 2010

[DIN EN 843-2]   DIN EN 843-2: 2006. Hochleistungskeramik – Mechanische Eigenschaften monolithischer Keramik bei Raumtemperatur – Teil 2: Bestimmung des Elastizitätsmoduls, Schubmoduls und der Poissonzahl

[ASTM E 1875]   ASTM E 1875: 2008. Standard Test Method for Dynamic Young's Modulus, Shear Modulus, and Poisson's Ratio by Sonic Resonance

[För37]   Förster, F.: Ein neues Messverfahren zur Bestimmung des Elastizitätsmoduls und der Dämpfung. Z. Metallkd. 29 (1937), S. 109

50.5 Symbole, Abkürzungen

Symbol/Abkürzung	Bedeutung	Einheit
c	Ausbreitungsgeschwindigkeit	mm/s
ρ	Dichte	g/cm^3
L	Stablänge	mm
λ	Wellenlänge	mm
n	Ordnung der Schwingung	-
f	Frequenz	1/s
E	Elastizitätsmodul	MPa
d	Durchmesser	mm
K_n^2	Korrekturwert	-
a	Wärmeausdehnungskoeffizient	1/K
T	absolute Temperatur	K

Symbol/Abkürzung	Bedeutung	Einheit
c_p	spezifische Wärme	J/kgK
E_{ad}	adiabatischer Elastizitätsmodul	MPa
E_{is}	isothermer Elastizitätsmodul	MPa
G	Schubmodul	MPa
ν	Querkontraktions- (Poisson-) zahl	-

V51 Anelastische Dehnung und Dämpfung

51.1 Grundlagen

Die Bewegung von Atomen innerhalb des Kristallgitters der Körner oder längs der Korngrenzen eines metallischen Werkstoffs nennt man Diffusion. Atomare Platzwechsel innerhalb eines Kristallgitters sind nur möglich, wenn freies Gittervolumen existiert. In reinen Metallen oder in Substitutionsmischkristallen sind dazu Leerstellen (vgl. V2) erforderlich, die sich in jedem Kristall als punktförmige Gitterstörungen mit einer von der Temperatur abhängigen Konzentration ausbilden.

Bei Interstitionsmischkristallen, in denen die Legierungsatome Gitterlückenplätze besetzen, ist immer freies Gittervolumen vorhanden, weil nie alle Gitterlücken besetzt sind. Deshalb sind dort stets Diffusionsbewegungen möglich. Dabei kann selbstverständlich der Weg, den ein einzelnes Interstitionsatom wählt, nicht vorausgesagt werden. Für eine räumliche Zufallsbewegung in der Zeit t liefert die statistische Mechanik als mittleres Verschiebungsquadrat des Weges

$$\overline{X}_n^2 = \frac{1}{6} d^2 \nu t \tag{51.1}$$

Dabei ist d der bei einem Sprung zurückgelegte Weg und ν die mittlere Sprungfrequenz eines Interstitionsatoms. Die Größe

$$D = \frac{1}{6} d^2 \nu \tag{51.2}$$

wird Diffusionskoeffizient genannt. Ist n die Zahl der in gleicher Entfernung befindlichen Gitterlücken, so gilt für die mittlere Sprungfrequenz

$$\nu = \nu_0 n e^{-\frac{\Delta G_W}{kT}} \tag{51.3}$$

Dabei ist $\nu_0 \approx 10^{14}$ s^{-1} die Debye-Frequenz, die die obere Grenzfrequenz der Gitterschwingungen bestimmt und ΔG_W die freie Enthalpie, die zum Sprung des Atoms von einer Gitterlücke zu einer benachbarten erforderlich ist. Bei konstanter Temperatur ist aufgrund allgemeiner thermodynamischer Prinzipien gemäß

$$\Delta G_W = \Delta H_W - T \Delta S_W \tag{51.4}$$

eine Änderung von ΔG_W mit einer Enthalpieänderung ΔH_W und einer Entropieänderung ΔS_W verknüpft. Damit folgt aus den Gl. 51.2 bis 51.4

$$D = \frac{1}{6} d^2 n \nu_0 e^{\frac{\Delta S_W}{k}} e^{-\frac{\Delta H_W}{kT}} = D_0 e^{-\frac{Q_W}{kT}} \tag{51.5}$$

wobei $D_0 = 1/6\, d^2\, \nu_0 \exp(\Delta S_W/k)$ den temperaturunabhängigen Vorfaktor und $\Delta H_W = Q_W$ die Aktivierungsenergie des Diffusionsprozesses darstellt. Die für die Diffusion von Kohlenstoff-, Stickstoff- und Wasserstoffatomen in Eisen maßgebenden Größen D_0 und Q_W sind in Tabelle 51.1 angegeben.

V51 Anelastische Dehnung und Dämpfung

Tabelle 51.1 Kennwerte von Diffusionskoeffizienten für Interstitionsatome in α-Eisen

Element	D_0 [cm²/s]	Q_W [eV]	Q_W [kJ/mol]
C	$2{,}0 \cdot 10^{-2}$	0,87	84,0
N	$1{,}5 \cdot 10^{-2}$	0,83	80,0
H	$2{,}0 \cdot 10^{-3}$	0,126	12,1

In Bild 51-1 ist für die Interstitionsatome C und N in α-Eisen (vgl. V14) der Logarithmus des Diffusionskoeffizienten als Funktion der reziproken Temperatur aufgetragen. Mit vermerkt ist auf der Ordinate die mittlere Verweilzeit $\tau = 1/v$ (vgl. Gl. 51.2) der Atome zwischen zwei Sprüngen. Man sieht, dass bei Raumtemperatur diese Zeiten etwa im Sekundenbereich liegen, also Sprungfrequenzen im Hertzbereich auftreten. Wird daher ein C- und/oder N-haltiges α-Eisen im Raumtemperaturbereich zu erzwungenen Schwingungen mit derartigen Frequenzen angeregt, so überlagert sich der periodischen elastischen Verformung des Gitters die Sprungbewegung der Interstitionsatome, was zu einer speziellen Dämpfung der Schwingungen führt.

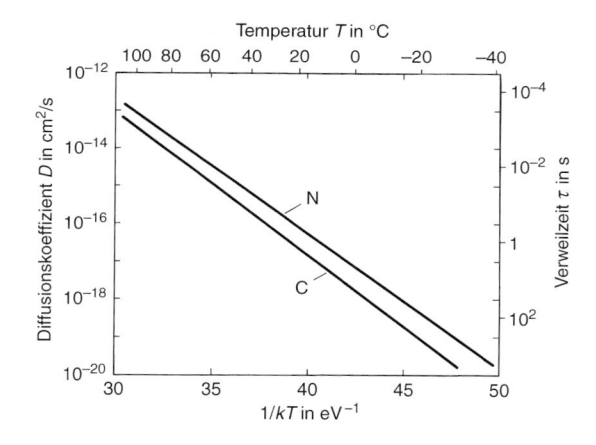

Bild 51-1 Temperaturabhängigkeit von D und τ für Kohlenstoff- und Stickstoffatome in α-Eisen

Die Platzwechselvorgänge gelöster Atome in einem krz-Gitter unter der Einwirkung elastischer Spannungen weisen nun eine Besonderheit auf, die an Hand von Bild 51-2 leicht zu verstehen ist. Dort ist der Fall einer von äußeren Spannungen freien Elementarzelle aufgezeichnet, bei der die Kohlenstoffatome im statistischen Mittel (•) gleichberechtigt Oktaederlücken mit x-, y- und z-Lagen einnehmen. Unter Einwirkung einer Spannung in z-Richtung auch im elastischen Bereich geht diese Gleichwertigkeit der Oktaederpositionen verloren. Dann sind die z-Lagen Positionen kleinerer Verzerrungsenergie als die x- und y-Lagen und die Interstitionsatome tendieren dazu, aus letzteren mit Vorzugsrichtung längs der gestrichelten Wege in z-Lagen überzugehen. Das führt aber zu einer zusätzlichen Dehnung der Elementarzelle und damit auch des Kristalls bzw. des Vielkristalls in Beanspruchungsrichtung. Hält man die Beanspruchung konstant, so wird sich nach hinreichend langer Zeit ein Sättigungszustand an besetzten z-Lagen ergeben.

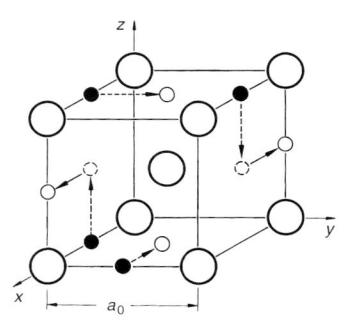

Bild 51-2
Mögliche Platzwechselvorgänge von Interstitionsatomen in einem krz-Gitter (vgl. V1) mit der Gitterkonstanten a_0

Entscheidend ist, dass sich dem elastischen Dehnungsanteil ε_e ein zeitabhängiger, anelastischer Dehnungsanteil ε_a aufgrund der Sprünge der interstitiellen Atome auf die bevorzugten Gitterplätze überlagert. Es gilt also

$$\varepsilon(t) = \varepsilon_e + \varepsilon_a(t) \tag{51.6}$$

mit

$$\varepsilon_a(t) = \varepsilon_{a\infty}(1 - e^{-\frac{t}{\tau}}) \tag{51.7}$$

Dabei ist $\varepsilon_{a\infty}$ der Dehnungswert, der sich nach ∞ langer Wartezeit einstellen würde, und τ die Relaxationszeit des Vorganges. Schematisch liegen die in Bild 51-3 links skizzierten Verhältnisse vor. Wird zur Zeit t_1 der Werkstoff belastet, so stellt sich spontan die elastische Dehnung ε_e ein und mit wachsender Zeit nimmt wegen des asymptotisch anwachsenden anelastischen Dehnungsanteils die gesamte Dehnung ε zu. Nach Wegnahme der Spannung zur Zeit t_2 geht die elastische Dehnung sofort auf den Wert Null zurück. Die Gesamtdehnung wird dann durch den anelastischen Dehnungsanteil $\varepsilon_a(t_2)$ bestimmt. Mit wachsender Zeit fällt dieser asymptotisch auf Null ab. Führt man zu verschiedenen Zeiten Elastizitätsmodulbestimmungen durch, so würde sich, wie aus dem rechten Teil von Bild 51-3 ersichtlich, unmittelbar nach Belastung der unrelaxierte Modul $E_U = \sigma/\varepsilon_e$ und nach ∞ langer Zeit der relaxierte Modul $E_R = \sigma/(\varepsilon_e + \varepsilon_{a\infty})$ ergeben.

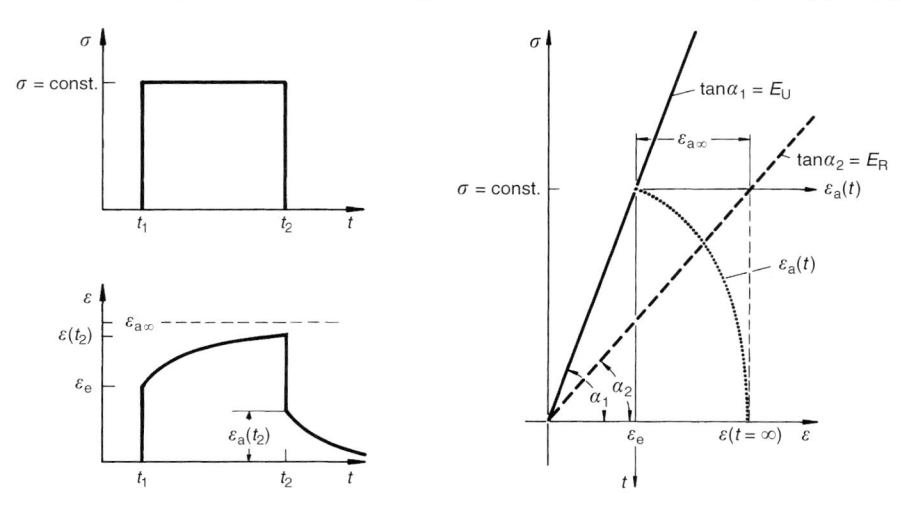

Bild 51-3 Die Zeitabhängigkeit des Dehnungsverhaltens bei σ = const. und ihre Auswirkung auf den Elastizitätsmodul

Als Konsequenz der zeitabhängigen anelastischen Dehnungsanteile ergibt sich bei periodischer mechanischer Beanspruchung eine Phasenverschiebung zwischen Spannung σ und gesamter Dehnung ε. In einem solchen Falle beschreibt das Hookesche Gesetz (vgl. V22)

$$\varepsilon_e = \frac{\sigma}{E} \tag{51.8}$$

das Werkstoffverhalten nicht mehr ausreichend. Man ist auf ein komplizierteres Stoffgesetz mit zeitabhängigen Gliedern in der Form

$$\sigma + \tau_\varepsilon \dot{\sigma} = E_R(\varepsilon + \tau_\sigma \dot{\varepsilon}) \tag{51.9}$$

angewiesen, das sowohl Dehnungsrelaxationen (bei konstanter Spannung) als auch Spannungsrelaxationen (bei konstanter Dehnung) einschließt. Dabei haben τ_ε bzw. τ_σ die Bedeutung sogenannter Relaxationszeiten der Spannung bzw. Dehnung bei konstanter Dehnung bzw. Spannung.

Für den oben betrachteten Fall σ = const. führt Gl. 51.9 mit $\dot{\sigma} = 0$ auf die Differentialgleichung

$$\sigma = E_R(\varepsilon + \tau_\sigma \dot{\varepsilon}) \tag{51.10}$$

mit der Lösung

$$\varepsilon(t) = \frac{\sigma}{E_R} + \left(\frac{\sigma}{E_U} - \frac{\sigma}{E_R}\right) e^{-\frac{t}{\tau_\sigma}} \tag{51.11}$$

Bei periodischer Beanspruchung ist die Lösung von Gl. 51.9 für eine wechselnde Spannung $\sigma(t) = \sigma_a \cdot \cos(\omega t)$ der Amplitude σ_a und eine um δ phasenverschobene Dehnung $\varepsilon(t) = \varepsilon_a \cdot \cos(\omega t - \delta)$ der Amplitude ε_a zu suchen. Mit $\tau = \sqrt{\tau_\sigma \tau_\varepsilon}$ ergibt sich für den Tangens des Phasenwinkels im stationären Zustand

$$tan(\delta) = \frac{\omega \tau}{1 + \omega^2 \tau^2} \frac{E_U - E_R}{\sqrt{E_U E_R}} \tag{51.12}$$

Der zwischen den Grenzen E_U und E_R liegende „dynamische Elastizitätsmodul" wird

$$E(\omega) = E_U \left[1 - \frac{E_U - E_R}{E_U(1 + \omega^2 \tau^2)}\right] \tag{51.13}$$

Wegen der zwischen σ und ε bestehenden Phasenverschiebung ergibt sich für den Spannungs-Dehnungszusammenhang eine Ellipse (vgl. Bild 51-4), bei der die Neigung der großen Halbachse gegenüber der ε-Achse ein Maß für den dynamischen Elastizitätsmodul $E(\omega)$ ist. Die Ellipsenfläche ergibt die pro Schwingung dissipierte Energie $\Delta U = \oint \sigma d\varepsilon$. Der während einer Schwingung maximal aufgenommene Wert der Verformungsenergie ist $U = \sigma \varepsilon / 2$. Als Dämpfung wird der auf 2π bezogene relative Energieverlust pro Schwingung

$$Q^{-1} = \frac{1}{2\pi} \frac{\Delta U}{U} = \frac{\omega \tau}{1 + \omega^2 \tau^2} \frac{E_U - E_R}{\sqrt{E_U E_R}} \tag{51.14}$$

definiert. Aus Gl. 51.12 und 51.14 folgt somit

$$Q^{-1} = \tan(\delta) \tag{51.15}$$

Der Tangens des Phasenwinkels ist also gleich der Dämpfung.

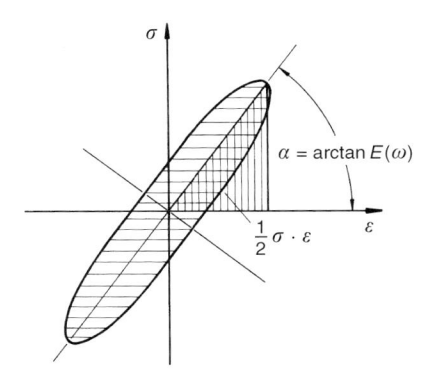

Bild 51-4
Zur Veranschaulichung des dynamischen Elastizitätsmoduls

In Bild 51-5 ist Q^{-1} bzw. $\tan(\delta)$ und $E(\omega)$ als Funktion von $\omega\tau$ aufgetragen. Die Dämpfung nimmt ihren Maximalwert $Q^{-1}_{\max} = \frac{1}{2}(E_U - E_R)/\sqrt{E_U E_R}$ für $\omega\tau = 1$ an und verschwindet bei sehr großen und sehr kleinen Werten von $\omega\tau$. $E(\omega)$ nähert sich für $\omega\tau \ll 1$ dem Wert E_R und für $\omega\tau \gg 1$ dem Wert E_u an und wird bei $\omega\tau = 1$ zu $(E_R + E_U)/2$. Da es leichter ist, das Maximum als den Wendepunkt einer Funktion zu bestimmen, bietet der Q^{-1}-$\omega\tau$-Zusammenhang eine einfache Möglichkeit zur Ermittlung der Relaxationszeit τ. Dazu ist eine Variation der Kreisfrequenz $\omega = 2\pi\nu$ erforderlich. Ist jedoch – wie häufig festzustellen – die Relaxationszeit temperaturabhängig, so kann man auch bei konstanter Frequenz unter Variation der Temperatur die Dämpfungskurve durchlaufen und den bei $\omega\tau = 1$ auftretenden Maximalwert von Q^{-1} ermitteln.

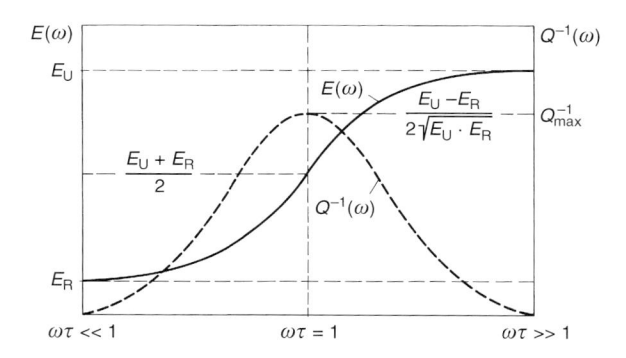

Bild 51-5 Frequenzabhängigkeit von Dämpfung und Elastizitätsmodul

Sind – wie eingangs vorausgesetzt – die anelastischen Dehnungserscheinungen durch atomare Platzwechsel- und damit durch Diffusionsvorgänge bestimmt, so muss offenbar zwischen Relaxationszeit τ und Diffusionskoeffizient D ein einfacher Zusammenhang bestehen. Im besprochenen Fall des krz-α-Eisens mit gelösten C- oder/und N-Atomen sind die Interstitionsatome auf die 6 Oktaederlücken pro Elementarzelle mit gleicher Wahrscheinlichkeit verteilt. Bei Belastung in z-Richtung sind die z-Lagen energetisch bevorzugt, und es erfolgen Sprünge aus besetzten x- und y-Lagen in unbesetzte z-Lagen. Die Sprungweite ist dabei jeweils $d = a_0/2$ (vgl. Bild 51-2). Da die Sprünge zwischen den x- und den y-Lagen nicht zur Anelastizität beitragen, gilt $\tau = 3/2 \cdot \tau_S$. wobei τ_S die effektive (zur Anelastizität beitragende) Relaxationszeit darstellt. Theoretisch ergibt sich somit nach Gl. 51.2 mit $v = 1/\tau$ und unter Berücksichtigung des Gewichtsfaktors von $\tau = 3/2 \cdot \tau_S$ und $\omega_{max} \cdot \tau_S = 1$ für den Diffusionskoeffizienten

$$D = \frac{1}{6}d^2 v = \frac{a_0}{24}v = \frac{a_0}{24\tau} = \frac{a_0}{36\tau_S} = \frac{a_0}{36}\omega_{max} \qquad (51.16)$$

wobei ω_{max} die Frequenz ist, an der das Maximum auftritt.

51.2 Aufgabe

An Draht aus einer Eisenbasislegierung mit etwa 0,05 Masse-% C ist nahe Raumtemperatur der Diffusionskoeffizient der Kohlenstoffatome mit einem Torsionspendel zu bestimmen. Durch Variation der Versuchsfrequenz sind Aussagen über die Aktivierungsenergie des Diffusionsvorgangs zu gewinnen.

51.3 Versuchsdurchführung

Für die Messungen steht eine ähnliche Messeinrichtung zur Verfügung, wie die in Bild 51-6 skizzierte. Der Versuchsdraht hat einen Durchmesser von etwa 1 mm und eine Länge von etwa 300 mm. Er wird über ein Kupplungsstück mit dem Torsionsschwinger verbunden, der seinerseits an einem Torsionsfaden aufgehängt ist. Der Torsionsschwinger trägt an seinen horizontalen Pendelarmen Massen, durch deren Lageänderung das Trägheitsmoment und damit die Schwingungsfrequenz (vgl. V49) des Systems zwischen 0,5 und 2,5 Hz verändert werden kann. Ferner sind dort Weicheisenplättchen so angebracht, dass sie Elektromagneten gegenüberstehen. Kurzzeitiges Einschalten der Elektromagnete bewirkt die Auslenkung der Pendelarme in entgegengesetzte Richtungen und damit die Anregung der Torsionsschwingungen. Im Zentrum trägt der Torsionsschwinger einen Spiegel. Über diesen wird ein Lichtzeiger auf eine Skala abgebildet, so dass leicht die Zeiten der Umkehrpunkte der Torsionsschwingungen ermittelt werden können. Der eigentliche Messraum ist von einem Ofen sowie von einem Gefäß zur Aufnahme von Kühlflüssigkeit umgeben, so dass sowohl Messungen oberhalb als auch unterhalb Raumtemperatur erfolgen können. Außerdem ist das ganze System evakuierbar, so dass eine äußere Dämpfung des Systems durch Luftreibung entfällt.

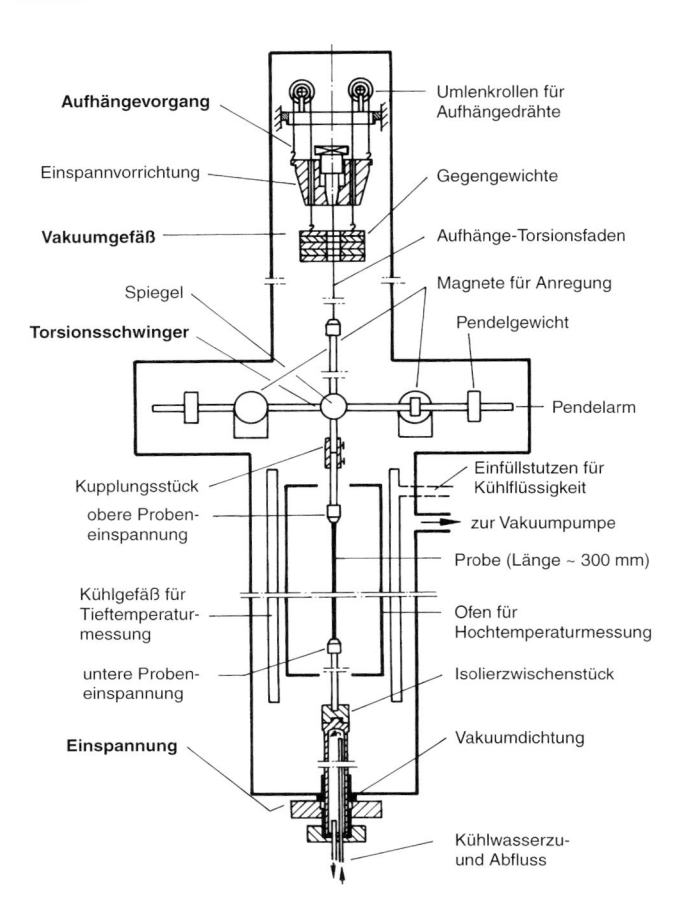

Bild 51-6
Aufbau eines Torsionspendels

Die Dämpfung wird anhand der abklingenden Torsionsschwingungen ermittelt. Aus dem Verhältnis zweier aufeinander folgender Amplituden A_i und A_{i+1} nach der gleichen Seite bestimmt sich das logarithmische Dekrement zu

$$\Lambda = \ln\left(\frac{A_i}{A_{i+1}}\right) \tag{51.17}$$

Da die Amplituden sich bei aufeinander folgenden Schwingungen nur relativ wenig ändern, wird zweckmäßigerweise die Zeit $t_{1/2}$ oder $t_{1/n}$ ermittelt, in der die Amplitude auf die Hälfte oder den n-ten Teil ihres Ausgangswertes abgefallen ist. Es gilt

$$\Lambda = \frac{\ln(2)}{\nu t_{1/2}} = \frac{\ln(n)}{\nu t_{1/n}} \tag{51.18}$$

wobei ν die Frequenz der gedämpften Schwingung ist, die hinreichend genau mit der des ungedämpften Systems übereinstimmt. Λ ist mit der hier interessierenden Dämpfungsgröße Q^{-1} durch die Beziehung

$$Q^{-1} = \frac{\Lambda}{\pi} \tag{51.19}$$

verknüpft.

Diese Messungen werden im Temperaturbereich 10 °C < T < 30 °C zunächst mit konstanter Frequenz durchgeführt. Die ermittelten Q^{-1}-Werte werden als Funktion von T aufgetragen. Für die Temperatur, bei der die maximale Dämpfung auftritt, wird der Diffusionskoeffizient berechnet. Dabei wird von einer Gitterkonstanten des Ferrits von $a_0 = 2{,}86 \cdot 10^{-8}$ cm ausgegangen. Danach wird für drei weitere Frequenzen die maximale Dämpfung und der zugehörige Diffusionskoeffizient ermittelt. Die Auftragung von $\ln(D)$ über $1/kT_{max}$ sollte nach Gl. 51.5 einen linearen Zusammenhang ergeben, dessen Anstieg durch die Aktivierungsenergie Q_W für die Wanderung der Interstitionsatome bestimmt ist.

51.4 Weiterführende Literatur

[Sch62] Schiller, P.: Z. Metallkde. 53 (1962) 9
[Bec71] Bechers, D.N.: in Techniques of Metals Research, Vol. VII, 2, Interscience, New York, 1971, S. 529
[Got07] Gottstein, G.: Physikalische Grundlagen der Materialkunde, Springer-Verlag, Berlin, 2007
[Pre76] Preisendanz, H.: in Metallphysik, Verlag Stahleisen, Düsseldorf, 1976, S. 303

51.5 Symbole, Abkürzungen

Symbol/Abkürzung	Bedeutung	Einheit
ν	Sprungfrequenz	1/s
ν_0	Debye-Frequenz	1/s
k	Boltzmann-Konstante	kJ/(mol K)
T	Temperatur	K
Q_W	Aktivierungsenergie	kJ/mol
τ	Verweilzeit	s
ε_a	elastischer Dehnungsanteil	%
ε_e	anelastischer Dehnungsanteil	%
t	Zeit	s
E	Elastizitätsmodul	MPa
σ	Spannung	MPa
ω	Frequenz	1/s
Q	Dämpfung	-
A	Amplitude	°
Λ	logarithmische Dekrement	-
a_0	Gitterkonstante	nm
ΔH_W	Enthalpieänderung	kJ/mol
ΔS_W	Entropieänderung	kJ/mol
ΔG_W	freie Enthalpieänderung	kJ/mol
d	Sprungweite	nm

V52 Risszähigkeit

52.1 Grundlagen

Viele Bauteilbrüche lassen sich auf Risse zurückführen, die als Folge der Herstellung und/oder der Nachbehandlung der benutzten Werkstoffe entstanden sind. Risse sind unerwünschte Werkstoffdiskontinuitäten. Sie stellen im Idealfall eben begrenzte Werkstofföffnungen endlicher Länge dar, deren Begrenzungsflächen (Rissflächen) einen atomar kleinen Abstand und deren Enden (Rissspitzen) einen Krümmungsradius mit atomaren Abmessungen haben. Die Bruchmechanik geht von der Existenz rissbehafteter Konstruktionswerkstoffe aus und hat Kriterien dafür entwickelt, wie sich Risse unter der Einwirkung äußerer Kräfte aufweiten, vergrößern und schließlich zu völliger Werkstofftrennung führen.

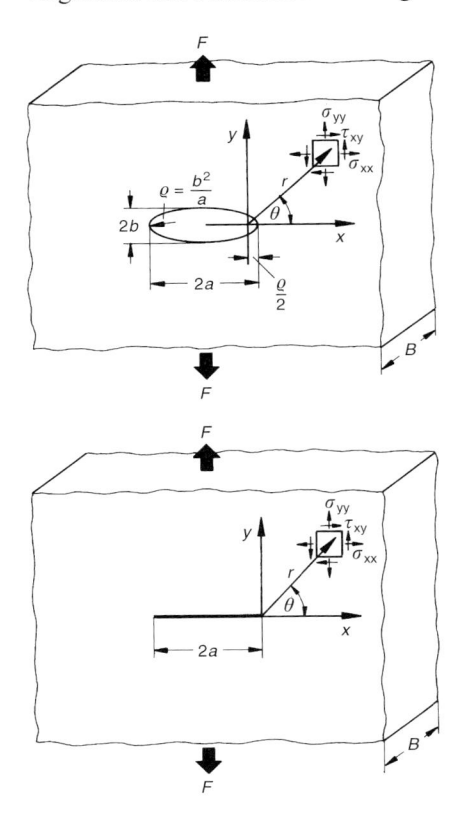

Bild 52-1
Elliptisch begrenzte Öffnung (oben) und Riss (unten) unter Einwirkung äußerer Kräfte F

Als Ausgangspunkt für die theoretische Behandlung eines von äußeren Kräften F beanspruchten rissbehafteten Körpers bietet sich (vgl. Bild 52-1 oben) eine unendlich ausgedehnte Platte der Dicke B mit einer zentralen elliptischen Öffnung (Achsen $2a > 2b$) an. An den Scheiteln der großen Ellipsenachse tritt dann jeweils der Krümmungsradius

$$\rho = \frac{b^2}{a} \tag{52.1}$$

auf. Legt man als Ursprung eines xy-Koordinatensystems auf der großen Ellipsenachse den Punkt fest, der um $\rho/2$ vom Ellipsenscheitel entfernt ist, so ergibt sich in Scheitelnähe an der Stelle r, θ die Spannungsverteilung näherungsweise zu:

$$\left.\begin{matrix}\sigma_{xx}\\ \sigma_{yy}\\ \sigma_{zz}\\ \tau_{xy}\end{matrix}\right\} = \frac{K}{\sqrt{2\pi r}} \left\{\begin{matrix}\cos\frac{\theta}{2}(1-\sin\frac{\theta}{2}\sin\frac{3\theta}{2}) - \frac{\rho}{2r}\cos\frac{3\theta}{2}\\ \cos\frac{\theta}{2}(1+\sin\frac{\theta}{2}\sin\frac{3\theta}{2}) + \frac{\rho}{2r}\cos\frac{3\theta}{2}\\ 2\nu^* \cos\frac{\theta}{2}\\ \cos\frac{\theta}{2}\sin\frac{\theta}{2}\cos\frac{3\theta}{2} - \frac{\rho}{2r}\sin\frac{3\theta}{2}\end{matrix}\right\} \quad (52.2)$$

$\tau_{yz} = \tau_{zx} = 0.$

Die Größe

$$K = \sigma\sqrt{\pi a} \quad (52.3)$$

wird Spannungsintensität genannt. Dabei ist σ die im ungeschwächten Plattenquerschnitt von F hervorgerufene Normalspannung. Bei ebenem Spannungszustand (ESZ) ist $\nu^* = 0$, bei ebenem Dehnungszustand (EDZ) ist $\nu^* = \nu$ (Querkontraktionszahl). Am Ellipsenscheitel ($r = \rho/2$, $\theta = 0$) tritt parallel zur äußeren Kraftwirkung als Maximalspannung

$$\sigma_{\max} = \sigma_{yy}\big|_{r=\frac{\rho}{2}, \theta=0} = \frac{2K}{\sqrt{\pi \cdot \rho}} = 2\sigma\sqrt{\frac{a}{\rho}} \quad (52.4)$$

auf, so dass sich als Formzahl (vgl. V42) der schlanken elliptischen Kerbe

$$\alpha_K = \frac{\sigma_{\max}}{\sigma} = 2\sqrt{\frac{a}{\rho}} \quad (52.5)$$

ergibt. Daraus folgt für den Übergang zum Riss ($b \to 0, \rho \to 0$)

$$\lim_{\rho \to 0}\left(\frac{1}{2}\alpha_K \sigma\sqrt{\pi\rho}\right) = K \quad (52.6)$$

Die Spannungsintensität K lässt sich also als der dem Rissproblem angepasste Grenzwert der elastischen Kerbwirkung interpretieren. Mit $\rho \to 0$ verschwinden aber in den Gl. 52.2 die zweiten Terme, und man erhält daher für das rissspitzennahe Spannungsfeld

$$\left.\begin{matrix}\sigma_{xx}\\ \sigma_{yy}\\ \sigma_{zz}\\ \tau_{xy}\end{matrix}\right\} = \frac{K}{\sqrt{2\pi r}} \left\{\begin{matrix}\cos\frac{\theta}{2}(1-\sin\frac{\theta}{2}\sin\frac{3\theta}{2})\\ \cos\frac{\theta}{2}(1+\sin\frac{\theta}{2}\sin\frac{3\theta}{2})\\ 2\nu^* \cos\frac{\theta}{2}\\ \cos\frac{\theta}{2}\sin\frac{\theta}{2}\cos\frac{3\theta}{2}\end{matrix}\right\} \quad (52.7)$$

$\tau_{yz} = \tau_{zx} = 0$

Die zugehörigen Verschiebungskomponenten in x-, y- und z-Richtung ergeben sich zu

$$\left.\begin{matrix}u\\v\end{matrix}\right\} = \frac{K(1+\nu)}{2E}\sqrt{\frac{r}{2\pi}}\left\{\begin{matrix}(2\chi-1)cos\frac{\theta}{2}-cos\frac{3\theta}{2}\\(2\chi-1)sin\frac{\theta}{2}-sin\frac{3\theta}{2}\end{matrix}\right\} \quad (52.8)$$

$$w = -\sigma_{zz}\frac{z}{E} = -\nu^*\frac{K}{E}\frac{z}{\sqrt{2\pi r}}2cos\frac{\theta}{2}$$

mit $\chi = (3-\nu)/(1+\nu)$ und $\nu^* = 0$ bei ESZ sowie $\chi = (3-4\nu)$ und $\nu^* = \nu$ beim EDZ. E ist der Elastizitätsmodul. Aus Gl. 52.8 folgt $u = w = 0$ für $\theta = \pm \pi$, so dass sich die Rissufer nur parallel zur wirksamen Kraft in y-Richtung verschieben. Dafür ergibt sich

$$v = v|_{\theta=\pm\pi} = \frac{K}{E^*}\sqrt{\frac{8r}{\pi}} \quad \text{mit} \quad \begin{matrix}E^* = E \text{ bei ESZ}\\ E^* = E/(1-\nu^2) \text{ bei EDZ}\end{matrix} \quad (52.9)$$

Die Spannungsintensität K beschreibt also in eindeutiger Weise das Spannungs- und Verschiebungsfeld nahe der Rissspitze einer senkrecht zur Rissebene von äußeren Kräften beanspruchten Platte. Man spricht vom Beanspruchungsmodus I. Die auftretende $r^{-1/2}$-Singularität der Spannungen an der Rissspitze ($r = 0$) ist die Folge des nicht mehr definierten Krümmungsradius ($\rho \rightarrow 0$). Die kontinuumsmechanische Behandlung des Rissproblems führt deshalb dort zu einer ungültigen Lösung. Wichtig ist aber, dass die angegebenen Beziehungen auch bei Proben mit endlichen Abmessungen und anderen Rissgeometrien gültig bleiben. Dabei ist lediglich anstelle von Gl. 52.3 mit der modifizierten Spannungsintensität

$$K = \sigma\sqrt{\pi a}Y \quad (52.10)$$

zu rechnen. $Y = f(a/W)$ ist ein von der Rissanordnung, der Rissgröße $2a$ und der Probengröße W abhängiger Geometriefaktor.

Unter der Voraussetzung linear-elastischen Werkstoffverhaltens lässt sich die Bedingung für instabile Rissverlängerung ganz allgemein formulieren. Ist U_0 die elastisch gespeicherte Energie einer rissfreien Probe der Dicke B, bei der die belastenden Kräfte F die Normalspannungen σ bewirken, so nimmt bei Einbringung eines Risses der Länge $2a$ die elastische Energie auf den Wert

$$U_{el} = U_0 - \frac{\pi\sigma^2 a^2}{E^*}B \quad (52.11)$$

ab. Der dabei erzeugten Rissfläche kommt eine Oberflächenenergie

$$\Gamma = 2\cdot 2aB\gamma \quad (52.12)$$

zu. Dabei ist γ die spez. Oberflächenenergie. Eine Rissverlängerung um d($2a$) erfordert also eine Energiefreisetzung dU_{el} und bewirkt einen Oberflächenenergiezuwachs dΓ. Die Größe

$$G = -\frac{1}{B}\frac{dU_{el}}{d(2a)} = \frac{\pi\sigma^2 a}{E^*} \quad (52.13)$$

mit der Dimension [Nmm/mm²] nennt man daher anschaulich auch Rissverlängerungskraft (Energiefreisetzungsrate) und die Größe

$$\mathcal{R} = \frac{1}{B}\frac{d\Gamma}{d(2a)} = 2\gamma \quad (52.14)$$

mit der gleichen Dimension Risswiderstandskraft. Soll Rissverlängerung auftreten, so muss, wie in Bild 52-2 angedeutet, die Bedingung

$$G \geq \mathcal{R} \tag{52.15}$$

erfüllt sein. Aus den Gl. 52.13 bis 52.15 folgt somit als Instabilitätsbedingung

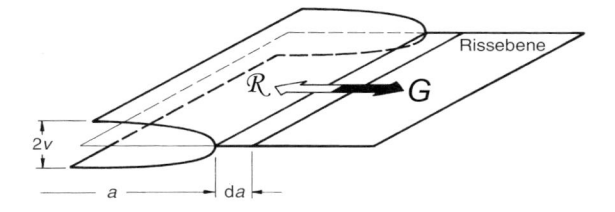

$$G = \frac{\pi\sigma^2 a}{E^*} = \frac{K^2}{E^*} \geq 2\gamma \tag{52.16}$$

Bild 52-2
Veranschaulichung der Wirkung von Rissverlängerungskraft und Risswiderstandskraft

Dabei ist wieder $E^* = E$ beim ESZ und $E^* = E/(1 - v^2)$ beim EDZ. In Bild 52-3 sind die vorliegenden energetischen Verhältnisse erläutert. Dort sind die auf die Probendicke B bezogenen Energiebeträge als Funktion der Risslänge $2a$ aufgetragen. Die dünne horizontale Linie bestimmt U_0/B. Die dick gestrichelte Gerade gibt Γ/B wieder. Kurz gestrichelt gezeichnet ist U_{el}/B. Die Gesamtenergie des Systems U_{ges}/B ist durch die dick ausgezogene Kurve gegeben. Man sieht, dass die Gesamtenergie ihren Maximalwert erreicht, wenn der Anstieg der $\Gamma/B,2a$-Kurve gleich dem negativen Anstieg der $U_{el}/B,2a$-Kurve ist. Dann ist instabiles Gleichgewicht erreicht, und es tritt Rissverlängerung unter Absenkung der Gesamtenergie des Systems auf.

Die den Gleichheitszeichen in Gl. 52.16 entsprechenden Größen G und K werden beim EDZ als

G_{Ic} und K_{Ic}

beim ESZ als

G_c und K_c

bezeichnet. G_{Ic} heißt spezifische Rissenergie, K_{Ic} wird Risszähigkeit genannt.

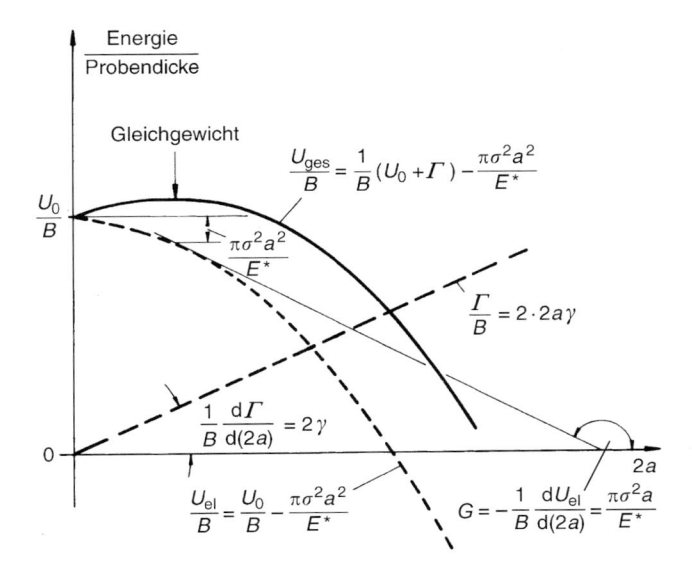

Bild 52-3
Energetische Verhältnisse bei der Rissverlängerung

Das bei den bisherigen Überlegungen vorausgesetzte ideal linear-elastische Werkstoffverhalten ist eine Abstraktion, die unabhängig von der Größe der Beanspruchung nur linear-elastische und keinerlei plastische Verformungen zulässt. Bei belasteten realen Werkstoffen ist aber in Rissspitzennähe wegen der dort vorliegenden großen Spannungsbeträge stets mit plastischen Verformungen zu rechnen. Deshalb ist die Übertragung der kennengelernten Beziehungen auf reale Werkstoffe nur dann möglich, wenn Ausmaß und Auswirkung der plastischen Verformung in Rissspitzennähe die umgebende elastische Spannungs- und Verschiebungsverteilung nicht stark beeinflussen. Nach Gl. 52.13 ist für die instabile Rissverlängerung die Änderung der elastischen Energie der ganzen Werkstoffprobe mit der Risslänge wesentlich. Solange die plastische Zone vor der Rissspitze sehr klein ist, bleibt der von dort stammende Beitrag zur gesamten freigesetzten elastischen Energie klein. Dann können die entwickelten quantitativen Beziehungen für die die instabile Rissausbreitung bestimmenden Größen weiter benutzt werden. Man spricht allgemein auch dann noch von linear-elastischem Werkstoffverhalten.

Die bei der Beanspruchung eines angerissenen realen Werkstoffes an der Rissspitze entstehende plastische Zone ist also für dessen unterschiedliches Verhalten gegenüber einem ideal linear-elastischen Werkstoff verantwortlich. Sie verändert dort den Spannungszustand und muss daher bei der Bewertung der Rissstabilität beachtet werden. Für die quantitative Behandlung des Problems bietet sich an, die plastische Zone in geeigneter Weise mit in den Riss einzubeziehen und anstelle der wahren Risslänge mit einer effektiven Risslänge zu arbeiten. Im betrachteten Fall wird

$$2a_{\text{eff}} = 2(a + r_{\text{pl}}) \,. \tag{52.17}$$

Dabei ist r_{pl} ein Maß für die Abmessung der plastischen Zone an der Rissspitze. Man erreicht dadurch, dass außerhalb der plastischen Zone ($x > a + r_{\text{pl}}$) nur elastisch beanspruchte Werkstoffbereiche vorliegen, auf die die oben beschriebenen Grundgleichungen weiterhin angewandt werden können. Eine exakte Berechnung von r_{pl} ist nur näherungsweise möglich, weil elastisch-plastische Spannungs- und Verformungszustände unter Einschluss der Werkstoffverfestigung berücksichtigt werden müssen. Alle Abschätzungen führen aber auf Beziehungen der Form

$$r_{\text{pl}} = \alpha \left(\frac{K}{R_{\text{eS}}} \right)^2 , \tag{52.18}$$

wobei α von den zugrunde gelegten Modellvorstellungen sowie vom Beanspruchungszustand abhängt. Das Quadrat des Verhältnisses von Spannungsintensität K und Streckgrenze R_{eS} bestimmt das Ausmaß der plastischen Verformung vor der Rissspitze. Unter einem EDZ treten kleinere plastische Zonen auf als unter einem ESZ. Sind somit die Abmessungen der plastischen Zone vor der Rissspitze hinreichend klein, dann können die gleichen energetischen Überlegungen wie oben angestellt werden, wenn nur berücksichtigt wird, dass bei der Rissverlängerung lokale plastische Deformationen auftreten, die sich formal als vergrößerte Oberflächenenergie und damit als erhöhte Risswiderstandskraft auswirken.

Die Erfahrung zeigt, dass in dicken angerissenen Proben die Bedingungen des EDZ in Rissspitzennähe als Folge der starken Querdehnungsbehinderung ($\varepsilon_{zz} = 0$) gut erfüllt sind. An den Oberflächen ist stets $\sigma_{zz} = 0$, so dass dort grundsätzlich ein ESZ vorliegt. Mit abnehmender Probendicke B wird also der unter dem EDZ stehende innere Probenteil der Dicke B' relativ kleiner. Infolgedessen ist die Unterdrückung der Ausbildung der plastischen Zone bei dicken Proben insgesamt größer als bei dünnen, und man erwartet eine entsprechende Auswirkung auf die Rissverlängerungskraft und auf die sich tatsächlich einstellende Bruchart. Bild 52-4 fasst

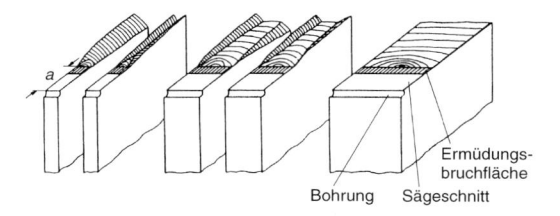

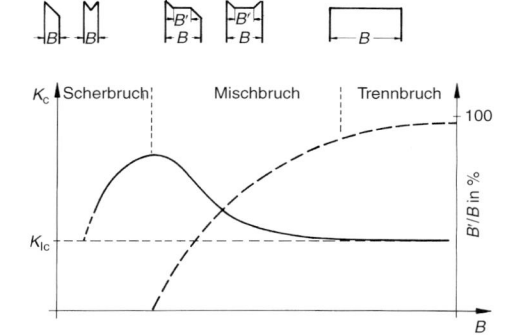

Bild 52-4
K_c,B-Zusammenhang und dickenabhängige Bruchflächenausbildung rissbehafteter Platten

das grundlegende Ergebnis schematisch für mit Innenriss versehene Proben zusammen, bei denen die Risse, ausgehend von symmetrisch zu einer zentralen Bohrung gelegenen Sägeschnitten, durch Zugschwellbeanspruchung erzeugt wurden. Im oberen Teil des Bildes ist die Bruchflächenausbildung je einer Probenhälfte skizziert. Die durch Rissverlängerung entstandenen Bruchflächen ändern sich in charakteristischer Weise mit der Probendicke. Überwiegender Trennbruch mit Bruchflächen senkrecht zur Beanspruchungsrichtung tritt nur bei großen B-Werten auf. Bei mittleren Probendicken werden Mischbrüche mit Scherlippen in den oberflächennahen Probenbereichen beobachtet. Kleine Probendicken sind ausschließlich durch Scherbrüche charakterisiert. K_c wächst mit abnehmender Probendicke an und durchläuft ein Maximum, wo erstmals reine Scherbrüche auftreten. Das B'/B-Verhältnis steigt oberhalb der zum maximalen K_c-Wert gehörigen Probendicke kontinuierlich an und nähert sich dem Wert 1 bzw. 100% bei großen Probendicken. Als wichtiges Ergebnis dieser Betrachtungen ergibt sich, dass erst oberhalb einer bestimmten Probendicke ein konstanter und B-unabhängiger K_{Ic}-Wert gemessen wird. Die vorliegende Dickenabhängigkeit der K_c-Werte ist von großer praktischer Bedeutung. Aus dem Gesagten geht einerseits klar hervor, dass nur K_{Ic}-Werte Werkstoffkenngrößen sind. Andererseits haben aber K_c-Werte offenbar für die Beurteilung dünnwandiger Bauteile erhebliche Bedeutung. Eine wichtige Konsequenz des geschilderten Dickeneinflusses ist die Festlegung bestimmter Mindestabmessungen für Proben, an denen Risszähigkeiten bestimmt werden sollen. Man geht heute davon aus, dass zur hinreichenden Realisierung linear-elastischen Werkstoffverhaltens für die Probendicke B und die unangerissene Probenabmessung $W - a$ (vgl. Bild 52-5) die Bedingung

$$B, (W - a) \geq 2{,}5 \left(\frac{K_{Ic}}{R_{eS}} \right)^2 \tag{52.19}$$

erfüllt sein muss.

Zur experimentellen Bestimmung von Risszähigkeiten hat man somit die Beanspruchung zu ermitteln, bei der bei einer hinreichend dicken Probe instabile Rissausbreitung einsetzt. Dazu ist im Idealfall die Kraft zu messen, bei der die angerissene Probe plötzlich bricht. In der Mehrzahl der Fälle werden jedoch Proben vermessen, die nicht mehr instabil brechen. Dabei setzt bei einer kritischen Spannungsintensität zunächst stabile Rissverlängerung ein als Folge des nicht 100%-igen EDZ über der gesamten Probendicke. Man muss daher zur Ermittlung der Risszähigkeit den Beginn der stabilen Rissverlängerung möglichst eindeutig feststellen. Das kann mit entsprechendem Aufwand in unterschiedlicher Weise erfolgen, z. B. durch

1) Kraft-Rissöffnungs-Messungen. Dabei wird mit geeigneten Messgebern die Gesamtverschiebung der Rissufer an einer gut zugänglichen Probenstelle in Abhängigkeit von der belastenden Kraft gemessen.

2) Kraft-Potenzial-Messungen. Dabei wird ein konstanter elektrischer Strom durch die angerissene Probe geschickt und der elektrische Potentialabfall zwischen den Rissufern der Probe in Abhängigkeit von der belastenden Kraft gemessen.

3) Kraft-Bruchflächen-Beobachtungen. Dabei werden mehrere Proben verschieden stark belastet und nach Entlastung entweder mechanisch zugschwellbeansprucht oder thermisch nachbehandelt und schließlich gebrochen. Auf Grund der Nachbehandlungen kann man den Rissfortschritt auf der Bruchfläche erkennen und vermessen.

Bei derartigen Untersuchungen finden die in Bild 52-5 gezeigten 3-Punkt-Biegeproben (3 PB-Proben), Compact-Tension-Proben (CT-Proben) und Round-Compact-Tension-Proben (RCT-Proben) Anwendung. In allen Fällen wird der Anriss künstlich durch Zugschwellbeanspruchung (vgl. V55) erzeugt.

Typ	Kurzbezeichnung	Merkmale	Probenform	Mindestabmessungen
3-Punkt-Biegeprobe	3 PB	Quaderförmige schlanke Biegeprobe mit einseitigem Kerbgrundanriss an der längeren Schmalseite	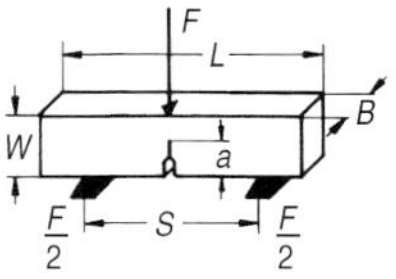	$\left.\begin{array}{l} a \geq 2{,}5 \\ B \geq 2{,}5 \\ W \geq 5{,}0 \end{array}\right\} \cdot \left(\dfrac{K_{Ic}}{R_{eS}}\right)^2$ $S = 4 \cdot W$ $L \geq 4{,}2 \cdot W$
Kompaktzugprobe quadratisch	CT	Quaderförmige, nahezu quadratisch begrenzte Zugprobe mit einseitigem Kerbgrundanriss und symmetrisch dazu angebrachten Krafteinleitungsbohrungen	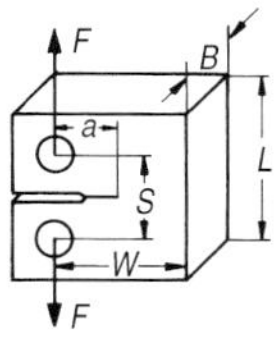	$\left.\begin{array}{l} a \geq 2{,}5 \\ B \geq 2{,}5 \\ W \geq 5{,}0 \end{array}\right\} \cdot \left(\dfrac{K_{Ic}}{R_{eS}}\right)^2$ $W = 2 \cdot B$ $L = 2{,}4 \cdot B$ $S = 1{,}1 \cdot B$
Kompaktzugprobe rund	RCT	Zylinderförmige Zugprobe mit radialem Kerbgrundanriss und symmetrisch dazu angebrachten Kraftleitungsbohrungen	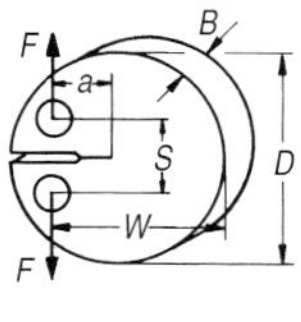	$\left.\begin{array}{l} a \geq 2{,}5 \\ B \geq 2{,}5 \\ W \geq 5{,}0 \end{array}\right\} \cdot \left(\dfrac{K_{Ic}}{R_{eS}}\right)^2$ $S = 0{,}41 \cdot D$ $D = 2{,}7 \cdot B$ $W = 0{,}74 \cdot D$

Bild 52-5 Häufig benutzte Standardproben zur Ermittlung von Risszähigkeiten (vgl. ASTM E 399-90)

52.2 Aufgabe

Für unterschiedlich angelassene Proben aus 50CrV4 ist die Risszähigkeit bei Raumtemperatur mit Hilfe von Kraft-Rissöffnungs-Messungen zu bestimmen. Der Einfluss der Wärmebehandlung auf die Messwerte ist darzulegen und zu erörtern.

52.3 Versuchsdurchführung

Die Untersuchungen erfolgen mit RCT-Proben. Bei diesen besteht zwischen Spannungsintensität K_Q, belastender Kraft F_Q und den Probenabmessungen der Zusammenhang

$$K_Q = \frac{F_Q}{B\sqrt{W}} f\left(\frac{a}{W}\right), \text{ mit} \tag{52.20}$$

$$f\left(\frac{a}{W}\right) = \frac{\left(2+\frac{a}{W}\right)\left\{4,8\frac{a}{W} - 11,58\left(\frac{a}{W}\right)^2 + 11,43\left(\frac{a}{W}\right)^3 + 4,08\left(\frac{a}{W}\right)^4\right\}}{\left(1-\frac{a}{W}\right)^{\frac{3}{2}}}$$

Als Abmessungen werden B = 24 mm, W = 48 mm und $a \approx$ 20 mm gewählt. Für die Messungen steht z. B. eine servohydraulische Prüfmaschine PSA der Firma Schenck zur Verfügung, so dass RCT-Zugversuche durchgeführt werden können. Die Anrisserzeugung der vorgekerbten Proben erfolgt (vgl. V55) durch geeignete Schwingbeanspruchung. Die maximale Spannungsintensität soll zu Beginn des Anschwingens

$$K_{\max} \leq 0{,}8 K_Q \tag{52.21}$$

und während der letzten 2,5 % der Risslängenerzeugung

$$K_{\max} \leq 0{,}6 K_Q \quad \text{mit} \quad K_{\max} / E \leq 10^{-2} \text{mm}^{1/2} \tag{52.22}$$

nicht überschreiten. Die Aufweitung der Rissufer für die Risszähigkeitsbestimmung erfolgt mit einer Geschwindigkeit von 5 µm/s. Anstelle der Aufweitungsgeschwindigkeit könnte auch eine Kraftanstiegsgeschwindigkeit innerhalb der Grenzen

$$0{,}3 \leq \dot{F} \leq 1{,}5 kN/s \tag{52.23}$$

gewählt werden. Die Verschiebung der Aufhängepunkte $v(F)$ wird mit Hilfe eines kapazitiven Wegaufnehmers ermittelt. Bei derartigen Untersuchungen treten die in Bild 52-6 aufgezeichneten Grundtypen von F,v-Kurven auf, die mit Hilfe des Sekantenverfahrens ausgewertet werden. Dazu werden in die Messschriebe Sekanten S gelegt, die gegenüber den linearen Anfangsteilen der F,v-Kurven (den Anfangstangenten T) eine um 5 % geringere Steigung besitzen. Der Schnittpunkt der Sekante mit der Originalkurve wird F_x genannt. Auf diese Weise kann man neben F_x auch die Kraft $F = 0{,}8 F_x$ und die Rissaufweitungszunahmen Δv_x und Δv bestimmen. Dem Kurvenverlauf lassen sich unmittelbar $\dot{F}$ und $F_{\max}$ entnehmen. Schließlich ermittelt man an der gebrochenen Probe die zu Versuchsbeginn vorgelegene Risslänge

$$a = \frac{1}{3}(a_1 + a_2 + a_3). \tag{52.24}$$

Dazu werden, wie in Bild 52-4 und 52-8 angedeutet, die Risslängen a_1, a_2 und a_3 bei 1/4, 1/2 und 3/4 der Probendicke gemessen. Stets muss

$$a_i \geq 0{,}95 a \tag{52.25}$$

und die Risslänge an den Seitenflächen

$$a_{si} \geq 0{,}90 a \tag{52.26}$$

sein.

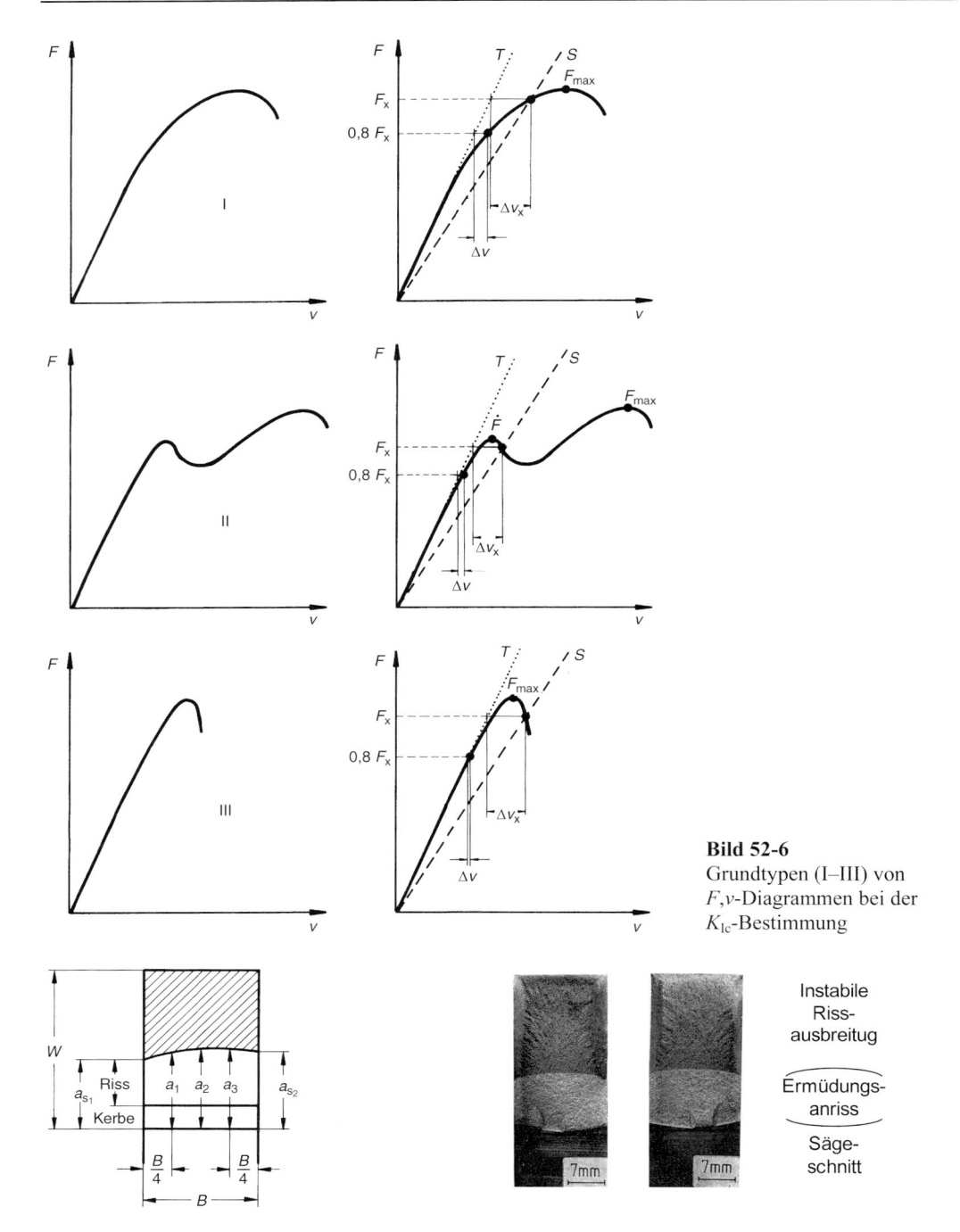

Bild 52-6
Grundtypen (I–III) von F,v-Diagrammen bei der K_{Ic}-Bestimmung

Bild 52-7 Zur Festlegung der Risslänge

Bild 52-8
Die Bruchflächen der CT-Probe einer hochfesten Al-Legierung. Im Probenbereich instabiler Rissausbreitung treten Scherlippen (vgl. Bild 52-4) auf

In Bild 52-8 sind die Bruchflächen einer CT-Probe wiedergegeben. Die gekrümmte Begrenzung des durch Ermüdung erzeugten Anrisses ist deutlich zu erkennen.

Der endgültigen K_{Ic}-Bestimmung werden dann die folgenden weiteren Auswertungsschritte zugrunde gelegt:

1) Ermittlung der für die Rissausbreitung als kritisch angesehenen Kraft

$F_Q = F_x$ bei Kurventyp I,

$F_Q = \dot{F}$ bei Kurventyp II,

$F_Q = F_{max}$ bei Kurventyp III.

2) Nachweis, dass

$$\Delta v \leq 0{,}25 \Delta v_x \tag{52.27}$$

und neuerdings einfach, dass

$$F_{max} / F_Q \leq 1{,}10. \tag{52.28}$$

3) Berechnung von K_Q durch Einsetzen von F_Q, in Gl. 52.20.

4) Kontrolle, ob

$$K_Q \leq R_{eS} \sqrt{\frac{B}{2{,}5}} \tag{52.29}$$

erfüllt ist.

5) Sind die Gl. 52.27, 52.28 und 52.29 erfüllt, dann ist

$$K_Q = K_{Ic} \tag{52.30}$$

6) Sind die Gl. 52.27, 52.28 und 52.29 nicht erfüllt, dann ist

$$K_Q \neq K_{Ic} \tag{52.31}$$

und der Versuch muss mit größerer Probendicke wiederholt werden. Für alle drei Proben sind die Ergebnisse in eine Tabelle einzutragen. Die F,v-Kurven und die Ergebnisse sind zu vergleichen und im Hinblick auf eine sinnvolle Wärmebehandlung zu bewerten.

52.4 Weiterführende Literatur

[Dah83] Dahl, W.: Grundlagen der Festigkeit, der Zähigkeit und des Bruches, Stahleisen, Düsseldorf, 1983

[Mac77] Macherauch, E.: Gefüge und Bruch, Bornträger, Stuttgart, 1977

[Sch80] Schwalbe, K. H.: Bruchmechanik metallischer Werkstoffe, Hanser, München, 1980

[Blu86] Blumenauer, H. u. Pusch, G.: Technische Bruchmechanik, 2. Aufl., VEB Grundstoffind., Leipzig, 1986

[Hec91] Heckel, K.: Einführung in die technische Anwendung der Bruchmechanik, 3. Aufl., Hanser, München, 1991

52.5 Symbole, Abkürzungen

Symbol/Abkürzung	Bedeutung	Einheit
a	Risslänge	mm
a_{eff}	effektive Risslänge	mm
α_K	Formzahl	
$2a / 2b$	Durchmesser der elliptischen Öffnung	mm
B	Probendickenbezeichnung ASTM E 399	mm
E	Elastizitätsmodul	MPa
ESZ	ebener Spannungszustand	
EDZ	ebener Dehnungszustand	
ϵ_{zz}	Querdehnungsbehinderung	
F	Äußere Kraft	N
F_Q	Kritische Kraft	N
G	Rissverlängerungskraft (Energiefreisetzungsrate)	Nmm/mm²
G_{Ic}	spezifische Rissenergie	Nmm/mm²
Γ	Oberflächenenergie	(J/mm²)
γ	spezifische Oberflächenenergie	(J/mm²)
K	Spannungsintensität	MPa mm$^{1/2}$
K_{Ic}	Risszähigkeit	MPa mm$^{1/2}$
ν	Querkontraktionszahl	
W	Probenlängenbezeichnung ASTM E 399	mm
ρ	Krümmungsradius	mm
$\mathcal{R}$	Risswiderstandskraft	Nmm/mm²
r_{pl}	plastische Zone	mm
r, θ	Koordinaten (Spannungsverteilung)	
$\sigma_{xx}, \sigma_{yy}, \sigma_{zz}$	Zugspannungen	MPa
τ	Schubspannung	MPa
U_{el}	elastisch gespeicherte Energie	Nmm
U_0	elastisch gespeicherte Energie der rissfreien Probe	Nmm
Y	Geometriefaktor	

V53 Compliance angerissener Proben

53.1 Grundlagen

In Bild 53-1 sind ein rissfreier und ein rissbehafteter Probenkörper gezeichnet, deren untere Enden (Probenquerschnitt A_g, Probenlänge l_0, Risslänge $2a$) starr fixiert und deren obere Enden mit einer Zugkraft F beaufschlagt sind. Bei der rissfreien Probe besteht zwischen Probenverlängerung Δl und Zugkraft F der Zusammenhang

$$\Delta l = c_0 \cdot F \qquad (53.1)$$

wobei auf Grund des Hookeschen Gesetzes (vgl. V22)

$$c_0 = \frac{l_0}{E \cdot A_0} \qquad (53.2)$$

ist. Bei der rissbehafteten Probe gilt dagegen

$$\Delta l = c \cdot F \qquad (53.3)$$

wobei sich c auf Grund der Proben- und Rissgeometrie sowie der elastischen Probeneigenschaften zu

$$c = \frac{l_0}{E \cdot A_0} f(2a) \qquad (53.4)$$

ergibt. c ist die reziproke Federkonstante des Systems und wird Nachgiebigkeit oder Compliance der angerissenen Probe genannt. c wächst mit der Risslänge an. Die sich ergebenden F, Δl-Zusammenhänge sind im unteren Teil von Bild 53-1 schematisch wiedergegeben. Solange keine Rissverlängerung auftritt, ist die reversibel von der Probe aufnehmbare Verformungsarbeit durch

$$U_{el} = \int_0^{\Delta l} F \, d(\Delta l) = \frac{1}{2} F \Delta l = \frac{1}{2} F^2 c = \frac{1}{2} \frac{(\Delta l)^2}{c} \qquad (53.5)$$

gegeben. Verlängert sich der Riss bei einer bestimmten Beanspruchung um $d(2a)$, so lassen sich die Veränderungen des Systems auf Grund der total differenzierten Gl. (53.3)

$$d(\Delta l) = F \, dc + c \, dF \qquad (53.6)$$

beurteilen. Da man für $d(2a) > 0$ sowohl eine Probenverlängerung $d(\Delta l) > 0$ als auch eine Kraftabnahme $dF < 0$ erwarten kann, muss stets $dc > 0$ sein. Die Nachgiebigkeit nimmt also mit der Rissverlängerung zu. Wenn sich der Riss verlängert, ändert sich auf jeden Fall die elastisch in der Probe gespeicherte Energie. Ist damit eine Verlagerung der Kraftangriffspunkte verbunden, so ändert sich zusätzlich die potentielle Energie des Systems um den Betrag, der dem Produkt aus Kraftangriffspunktverlagerung und Kraft entspricht.

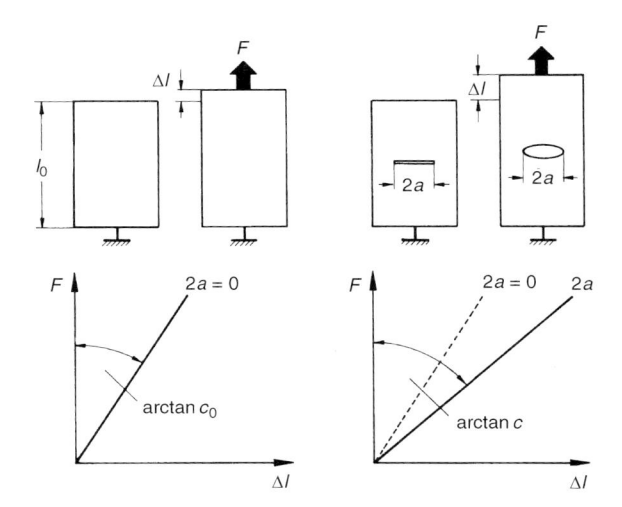

Bild 53-1
Vergleich des Kraft-Verlängerungsverhaltens eines rissfreien und eines rissbehafteten Probekörpers

Bei der Betrachtung von Rissverlängerungen ist es zweckmäßig, die Grenzfälle konstanter Kraft und konstanter Probenlänge zu unterscheiden. Sie sind in Bild 53-2 schematisch aufgezeichnet. Bei Δl = const. tritt keine Arbeit (dA = 0) der belastenden Kraft F auf. Die elastische Energieänderung, durch den schraffierten Bereich in Bild 53-2 (links) gegeben, berechnet sich aus Gl. 53.5 in der hier ausreichenden Näherung zu

$$\mathrm{d}U_\mathrm{el} = -\frac{1}{2}\frac{(\Delta l)^2}{c^2}\mathrm{d}c = -\frac{1}{2}F^2\mathrm{d}c \tag{53.7}$$

Die elastisch gespeicherte Energie nimmt also mit der Rissverlängerung ab. Die Änderung der gesamten potentiellen Energie des Belastungszustandes ist somit durch

$$\mathrm{d}(A+U_\mathrm{el}) = -\frac{1}{2}F^2\mathrm{d}c \tag{53.8}$$

gegeben. Bei F = const. tritt dagegen eine zusätzliche Arbeit der belastenden Kraft und damit eine Abnahme der ihr zukommenden potentiellen Energie auf, die durch den rechteckig begrenzten, schräg schraffierten Bereich in Bild 53-2 (rechts) bestimmt und daher durch

$$\mathrm{d}A = -F\,\mathrm{d}(\Delta l) = -F^2\mathrm{d}c \tag{53.9}$$

gegeben ist. Gleichzeitig nimmt die elastische Energie der Probe um

$$\mathrm{d}U_\mathrm{el} = \frac{1}{2}F\,\mathrm{d}(\Delta l) = \frac{1}{2}F^2\mathrm{d}c \tag{53.10}$$

zu, was dem schraffierten Zwickel in diesem Bild entspricht. Die Änderung der gesamten potentiellen Energie ist also

$$\mathrm{d}(A+U_\mathrm{el}) = -F^2\mathrm{d}c + \frac{1}{2}F^2\mathrm{d}c = -\frac{1}{2}F^2\mathrm{d}c \tag{53.11}$$

und somit ebenso groß wie im Falle konstanter Probenlänge.

Während also die elastische Energie der Probe mit der Rissverlängerung bei Δl = const. abfällt, wächst sie bei F = const. mit der Rissverlängerung an. Bei Δl = const. liefert die bei der

Rissverlängerung frei werdende Energie des elastischen Spannungsfeldes der Probe die zur Rissverlängerung erforderliche Energie. Bei F = const. wird die zur Rissverlängerung erforderliche Energie dagegen von der Reduzierung der potentiellen Energie des wirksamen Lastsystems geliefert. Wesentlich ist aber, wie die Gl. 53.8 und 53.11 zeigen, dass die mit der Rissverlängerung verbundenen energetischen Änderungen – wenn man kinetische Energieanteile vernachlässigt – unabhängig von den betrachteten Versuchsführungen sind. Diese Aussage darf auch auf andere Versuchsführungen übertragen werden, so dass der Beanspruchungsfall konstanter Probenlänge als für alle anderen Fälle hinreichend repräsentativ angesehen werden kann. Dann lässt sich (vgl. V52) als Energiefreisetzungsrate pro Rissflächenzuwachs allgemein als

$$G = -\frac{1}{B}\frac{d(A+U_{el})}{d(2a)} \qquad (53.12a)$$

oder mit $dA = 0$ als

$$G = -\frac{1}{B}\frac{dU_{el}}{d(2a)} \qquad (53.12b)$$

festlegen. Mit Gl. 53.3 und 53.7 folgt daraus

$$G = \frac{1}{2}\frac{F^2}{B}\frac{dc}{d(2a)} = \frac{1}{2}\frac{F^2}{B}\frac{d(\frac{\Delta l}{F})}{d(2a)} \qquad (53.13)$$

so dass sich die Energiefreisetzungsrate experimentell in einfacher Weise aus Compliancemessungen bestimmen lässt.

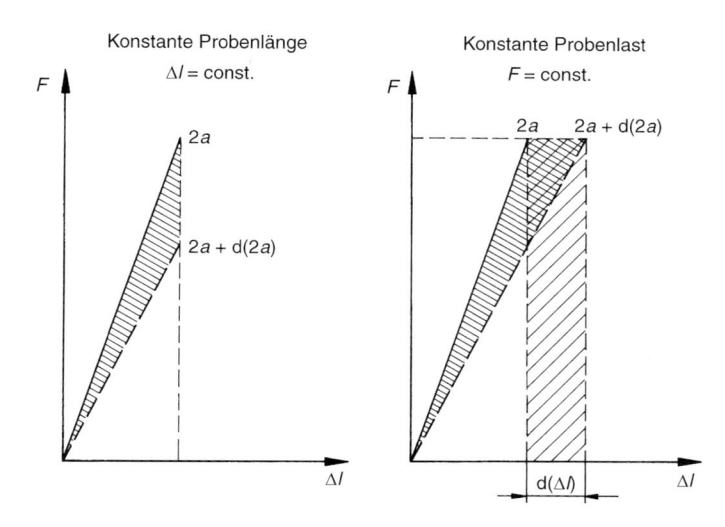

Bild 53-2
Auswirkung der Rissverlängerung bei konstanter Probenlänge bzw. konstanter Probenlast auf das $F,\Delta l$-Diagramm

53.2 Aufgabe

Über Compliancemessungen ist für CT-Proben aus AlZnMgCu 0,5 der Zusammenhang zwischen Rissöffnung und belastender Kraft bei verschiedenen a/W-Verhältnissen zu bestimmen und mit rechnerischen Lösungen zu vergleichen. Ferner sind die bei einsetzender instabiler

Rissausbreitung vorliegenden Energiefreisetzungsraten anzugeben und mit den aus den Risszähigkeiten berechneten zu vergleichen.

53.3 Versuchsdurchführung

Es liegen fünf CT-Proben aus AlZnMgCu 0,5 der Dicke $B = 25$ mm mit den a/W-Verhältnissen 0,350; 0,375; 0,400; 0,425 und 0,450 vor (vgl. Bild 52-5 in V52). Zur Vermessung werden die einzelnen Proben jeweils über ein Bolzengestänge in eine Zugprüfmaschine eingespannt. Dann wird, wie aus Bild 53-3 ersichtlich, die Rissöffnung v (vgl. V52) und die Verschiebung der Lastangriffspunkte Δl als Funktion der belastenden Kraft F gemessen. Aus den F, Δl-Kurven werden die für die einzelnen Proben gültigen Compliances $\Delta l/\Delta F = c$ entnommen, als Funktion von a/W aufgetragen und durch eine Ausgleichskurve angenähert. Der Kurvenverlauf wird mit der Beziehung

$$c = \frac{1}{EB}\left[103{,}8 - 930{,}4\frac{a}{W} + 3600\left(\frac{a}{W}\right)^2 - 5930{,}5\left(\frac{a}{W}\right)^3 + 3979\left(\frac{a}{W}\right)^4\right] \qquad (53.14)$$

verglichen, die als gute Näherung für CT-Proben angesehen werden kann. Danach werden die Proben bis zum Bruch durch Rissausbreitung belastet. Dabei ergeben sich F, v-Kurven vom Typ I (vgl. Bild 52-6 in V52). Daraus werden nach dem Sekantenverfahren die F_Q-Werte entnommen. Mit $F_Q = F$ und den empirisch erhaltenen Änderungen der Compliance mit der Risslänge wird die Energiefreisetzungsrate nach Gl. 53.13 berechnet. Ferner werden mit den F_Q-Werten nach V52 die Risszähigkeiten K_{Ic} bestimmt und daraus die zugehörigen spez. Rissenergien G_{Ic} ermittelt. Die Ergebnisse werden verglichen und erörtert.

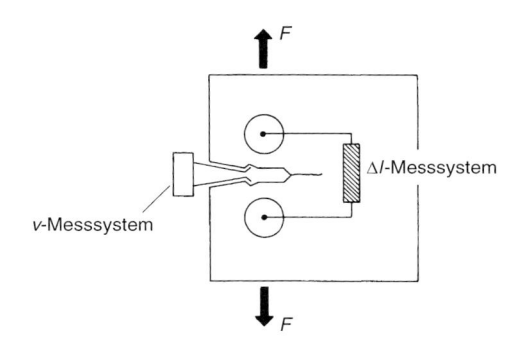

Bild 53-3 v- und Δl-Messung (schematisch)

53.4 Weiterführende Literatur

[Mac77] Macherauch, E.: Grundprinzipien der Bruchmechanik. In: Gefüge und Bruch, Berichte über Fortschritte in der Werkstoffprüfung, Hrsg.: Maurer, K. L.; Fischmeister, H.; Gebrüder Borntraeger. Berlin, Stuttgart, 1977, S. 3–77

[Sch80] Schwalbe, K.-H.: Bruchmechanik metallischer Werkstoffe. Hanser, München, 1980

[Bür05] Bürgel, R.: Festigkeitslehre und Werkstoffmechanik, Band 2. Vieweg+Teubner, Wiesbaden, 2005

[Ric09] Richard, H. A.; Sander, M.: Ermüdungsrisse. 1. Auflage, Vieweg+Teubner, Wiesbaden, 2009

53.5 Symbole, Abkürzungen

Symbol/Abkürzung	Bedeutung	Einheit
A_g	Probenquerschnitt	mm²
l_0	Probenlänge	mm
$a, 2a$	Risslänge	mm
F	Zugkraft	N
Δl	Probenverlängerung	mm
c_0	reziproke Federkonstante	mm/N
c	reziproke Federkonstante des Systems (Compliance)	mm/N
E	Elastizitätsmodul	MPa
U_{el}	Elastische Energie	Nmm
A	Arbeit	Nmm
G	Energiefreisetzungsrate	Nmm/mm²
G_{Ic}	Spezifische Rissenergie	Nmm/mm²
W	Probenweite	mm
B	Probendicke	mm
F_Q	Kritische Kraft	N
K_{Ic}	Risszähigkeit	MPa·mm$^{1/2}$
v	Rissöffnung	mm

V54 Zeitstandversuch (Kriechen)

54.1 Grundlagen

Die aus dem Zugversuch ermittelten Kennwerte genügen dem Anspruch nicht, alle in der Praxis auftretenden Werkstoffbeanspruchungen zu simulieren. In vielen Fällen werden Bauteile auch langzeitigen konstanten Beanspruchungen unterworfen. Der Zeitstandversuch nach DIN EN ISO 204:2009-10 dient dazu, experimentell das Werkstoffverhalten bei erhöhten Temperaturen zu untersuchen. Bei höheren Temperaturen verlieren metallische Werkstoffe mehr und mehr ihre Fähigkeit, statische Beanspruchungen rein elastisch zu ertragen. Unter der Wirkung hinreichend großer Nennspannungen treten zeitabhängige plastische Deformationen auf. Man spricht vom „Kriechen" des Werkstoffs. Der bei gegebener Nennspannung und Temperatur bestehende Zusammenhang zwischen totaler bzw. plastischer Dehnung und Zeit wird als Kriechkurve bezeichnet. Mit Kriechdehnungen in technisch interessantem Ausmaße muss unter statischer Beanspruchung bei Temperaturen

$$T \geq 0{,}4 \cdot T_S \tag{54.1}$$

gerechnet werden, wenn T_S die Schmelztemperatur des Werkstoffes in Kelvin ist. Aus Bild 54-1 sind für einige reine Metalle die Schmelztemperaturen und die zugehörigen $0{,}4 \cdot T_S$-Werte zu entnehmen.

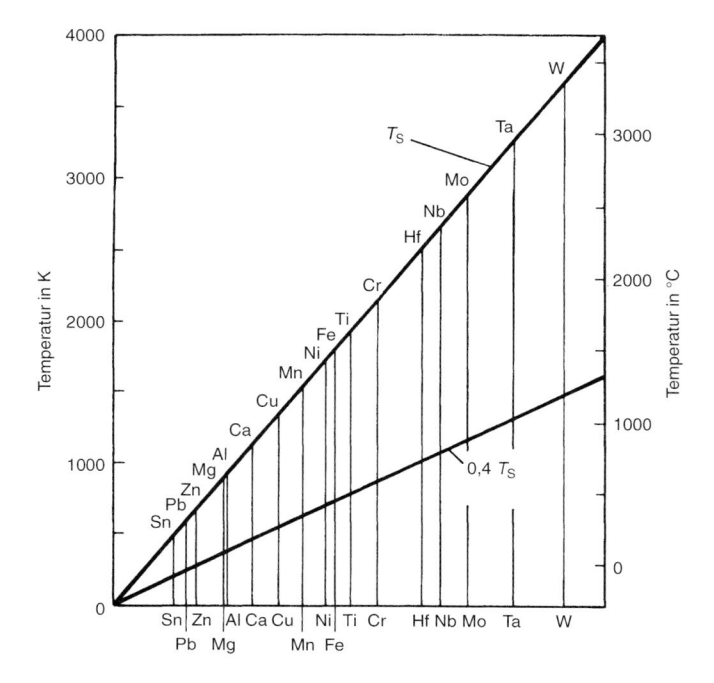

Bild 54-1 Schmelztemperatur T_S und $0{,}4 \cdot T_S$ einiger reiner Metalle

Bei einem mit der Zugspannung σ_n nach Gleichung 54-2 beaufschlagten Werkstoff stellt sich bei gegebener Temperatur und definierten sonstigen Umgebungsbedingungen zwischen der plastischen Dehnung ε_{pl} nach Gleichung 54-3 und der Zeit t der in Bild 54-2 schematisch aufgezeichnete Zusammenhang ein.

$$\sigma_n = \frac{F}{A_0} \tag{54.2}$$

Darin bedeuten F die Zugkraft und A_o den Ausgangsquerschnitt der Probe.

$$\varepsilon_{pl} = \varepsilon_t - \varepsilon_e = \varepsilon_t - \frac{\sigma_n}{E} \tag{54.3}$$

mit ε_t totale Dehnung, ε_e elastische Dehnung und E Elastizitätsmodul. Dabei ist angenommen, dass nach Aufprägung der Zugspannung σ_n eine plastische Anfangsdehnung ε_{pl0} auftritt. Diese kann Null sein, wenn mit so kleinen Zugspannungen gearbeitet wird, dass nach Belastungseinstellung zunächst nur elastische Dehnungen vorliegen. Bei dem betrachteten Beispiel nimmt im Zeitintervall $0 < t < t_1$, dem primären Kriechbereich (I), die plastische Dehnung anfangs schneller, später langsamer zu. Die Kriechgeschwindigkeit $\dot{\varepsilon}_{pl} = d\varepsilon_{pl}/dt$ fällt kontinuierlich ab. Im Zeitintervall $t_1 < t < t_2$, dem sekundären Kriechbereich (II), ändert sich die plastische Dehnung linear mit der Beanspruchungszeit. Die Kriechgeschwindigkeit $\dot{\varepsilon}_{pl} = \dot{\varepsilon}_S$ ist konstant. Im Zeitintervall $t_2 < t < t_B$, dem tertiären Kriechbereich (III), nehmen die plastische Dehnung und die Dehnungsgeschwindigkeit stetig zu, bis bei $t = t_B$ nach Erreichen eines bestimmten Dehnungswertes $\varepsilon_{pl} = \delta$ die Probe unter Einschnürung zu Bruch geht. Da die Verformungsprozesse im Kriechstadium III sehr rasch ablaufen können, sind sie experimentell vielfach nicht sehr genau erfassbar.

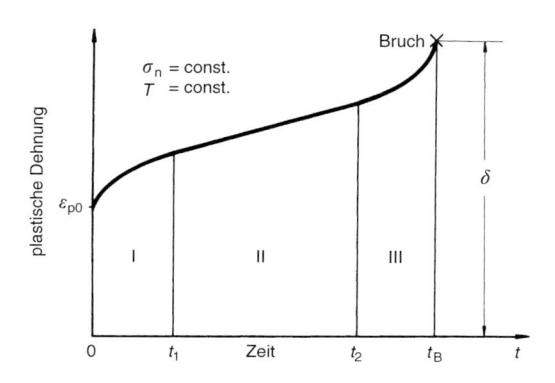

Bild 54-2
Schematische Darstellung einer Kriechkurve

Das Auftreten von Bereichen konstanter Kriechgeschwindigkeit in den Kriechkurven deutet auf ein dynamisches Gleichgewicht zwischen verfestigend und entfestigend wirkenden strukturmechanischen Prozessen in den Körnern der Kriechproben hin. Für die Bewertung des Langzeitverhaltens unter gegebenen Beanspruchungsbedingungen stellt daher $\dot{\varepsilon}_S$ die wesentliche Werkstoffreaktion dar. In vielen Fällen besteht zwischen $\dot{\varepsilon}_S$ und Bruchzeit t_B ein empirischer Zusammenhang der Form $\dot{\varepsilon}_S \sim 1/t_B$. Bei einer Reihe von Aluminium-, Kupfer-, Eisen- und Nickelbasislegierungen ist die Beziehung

$$\lg(t_B) + m \cdot \lg(\dot{\varepsilon}_S) = \text{const.} \tag{54.4}$$

mit $0{,}77 < m < 0{,}93$ und $0{,}48 < \text{const.} < 1{,}3$ erfüllt.

Die vorliegenden empirischen Daten vieler Werkstoffe zeigen, dass bei höheren Temperaturen die Selbstdiffusion der Atome die den Kriechprozess kontrollierende oder zumindest die dafür wesentliche Werkstoffkenngröße ist. Ähnliche Versuchsergebnisse wie die in Bild 54-3 schematisch wiedergegebenen dienen als Beleg für diese Feststellung. Im linken Teilbild sind doppel-logarithmisch die mit Proben gleicher Korngröße bei verschiedenen Temperaturen gewonnenen $\dot{\varepsilon}_S$-Werte als Funktion der Spannung aufgetragen. Bezieht man die $\dot{\varepsilon}_S$-Werte auf die bei den einzelnen Temperaturen gültigen Diffusionskoeffizienten D, so ordnen sie sich in einem $\lg(\dot{\varepsilon}_S/D)$-$\lg\sigma_n$-Diagramm längs einer einzigen Ausgleichsgeraden an. Die Spannungsabhängigkeit der sekundären Kriechgeschwindigkeit kann mit Gleichung 54.5 beschrieben werden. Die Spannungs- und Temperaturabhängigkeit der sekundären Kriechgeschwindigkeit wird mit der Gleichung 54.6 beschrieben.

$$\dot{\varepsilon}_S(\sigma) = c_0 \cdot \sigma_n^q \tag{54.5}$$

$$\dot{\varepsilon}_S(\sigma,T) = c_1 \cdot \sigma_n^q \cdot D = c_2 \cdot \sigma_n^q \cdot \exp\left(-\frac{Q}{RT}\right) \tag{54.6}$$

wobei Q die Aktivierungsenergie für die Selbst- bzw. Fremdatomdiffusion, R die Gaskonstante und T die absolute Temperatur ist. c_0, c_1, c_2, q und Q sind werkstoffabhängig. q-Werte zwischen 1 und 8 werden beobachtet. Bei hohen Spannungen ist der das exponentielle Anwachsen von $\dot{\varepsilon}_S$ mit der Temperatur bestimmende strukturmechanische Prozess das spannungs- und diffusionskontrollierte Klettern von Stufenversetzungen. Dieses wird bei tieferen Temperaturen durch Diffusion der Gitteratome längs der Versetzungslinien, bei höheren Temperaturen durch Volumendiffusion gesteuert. Je größer die Spannung, desto ausgeprägter läuft bei gegebener Temperatur der Kletterprozess ab und umso mehr Gleitversetzungen sind verfügbar. Man spricht von Versetzungs- oder Potenz-Gesetz-Kriechen. Die Abhängigkeiten nach den Gleichungen 54.5 und 54.6 sind in Bild 54-3 dargestellt.

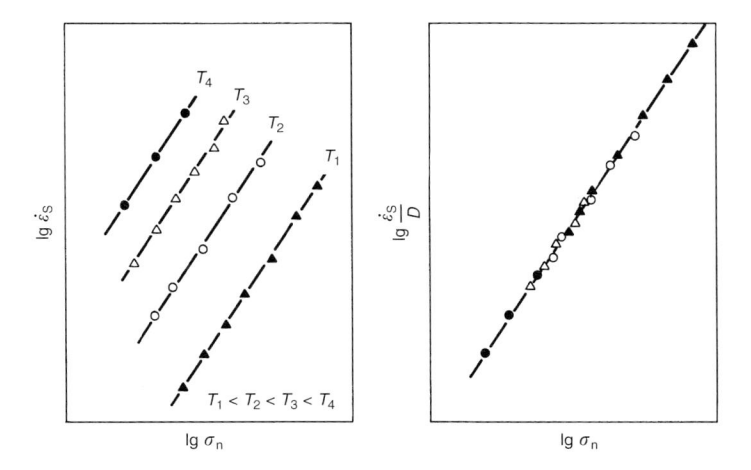

Bild 54-3 $\lg\dot{\varepsilon}_S$, $\lg\sigma_n$ - und $\lg(\dot{\varepsilon}_S/D)$, $\lg\sigma_n$ -Diagramme für den stationären Kriechbereich

Bei kleinen Spannungen werden Kriechprozesse wirksam, die auf der spannungsinduzierten Diffusion von Gitteratomen zu den senkrecht zur Beanspruchungsrichtung orientierten Korngrenzen eines Vielkristalls beruhen. Die physikalische Ursache dafür ist die erleichterte Leerstellenbildung in Bereichen gedehnter gegenüber kontrahierter Werkstoffvolumina. Als Folge davon entsteht ein Leerstellenstrom von senkrecht zu parallel zur Beanspruchungsrichtung orientierten Korngrenzen. Der damit verbundene Gitteratomtransport in entgegengesetzter Richtung führt zur makroskopischen Verlängerung der Kriechprobe. Dabei werden die Kriechdehnungen bei Temperaturen nahe des Schmelzpunktes durch spannungsgesteuerte Diffusionsprozesse in korngrenzennahen Werkstoffvolumenbereichen (sog. Herring-Nabarro-Kriechen) bewirkt. Für die Kriechgeschwindigkeit gilt

$$\dot{\varepsilon}_S = c_3 \cdot \frac{\sigma_n \cdot D_V}{d^2} \tag{54.7}$$

wobei D_V der Volumendiffusionskoeffizient und d der mittlere Korndurchmesser ist. Auch bei schmelzpunktferneren Temperaturen wird eine mit σ_n anwachsende Kriechgeschwindigkeit beobachtet. Dann bestimmen jedoch spannungsgesteuerte Diffusionsprozesse längs der Korngrenzen (sog. Coble-Kriechen) die Kriechgeschwindigkeit, die sich zu

$$\dot{\varepsilon}_S = c_4 \cdot \frac{\sigma_n \cdot D_{KG}}{d^3} \tag{54.8}$$

ergibt, mit D_{KG} als Korngrenzen-Diffusionskoeffizient. Damit keine Hohlräume zwischen den Körnern entstehen, sind Abgleitprozesse längs der Korngrenzen eine notwendige Begleiterscheinung der beschriebenen Prozesse. Sowohl das Herring-Nabarro- als auch das Coble-Kriechen bezeichnet man als Diffusionskriechen.

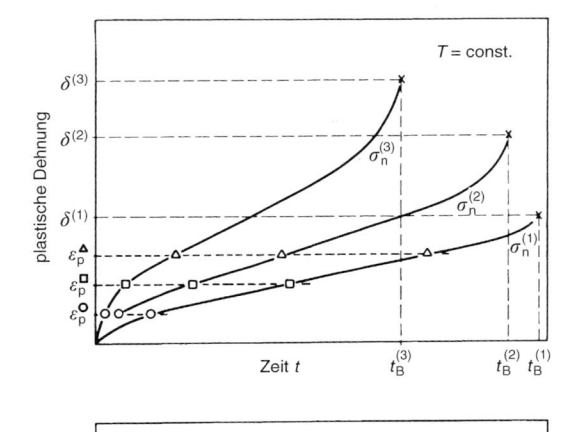

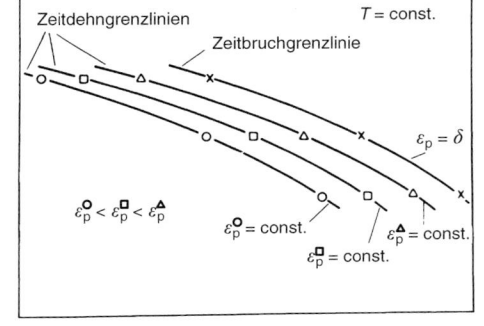

Bild 54-4
Kriechkurven (oben) und daraus entwickeltes Zeitstanddiagramm (unten)

Den gesamten Spannungs-, Zeit- und Temperatureinfluss auf das Kriechen metallischer Werkstoffe bei höheren Temperaturen fasst man unter dem Begriff „Zeitstandverhalten" zusammen.

Um darüber ein einigermaßen zutreffendes Bild zu bekommen, müssen bei mehreren Temperaturen Kriechkurven unter mehreren Belastungen ermittelt werden. Man erhält dann bei konstanter Prüftemperatur ähnliche Kurvenscharen wie in Bild 54-4 oben. Dort ist für $t = 0$ vorausgesetzt, dass $\varepsilon_t = \varepsilon_e = \sigma_n/E$ und damit $\varepsilon_{pl} = 0$ ist. Aus diesen Kriechkurven ergibt sich das in Bild 54-4 unten schematisch aufgezeichnete Zeitstanddiagramm, wenn für ε_{pl} = const. und für die Bruchdehnung $\varepsilon_B = \delta$ die den Nennspannungen σ_n entsprechenden Werkstoffwiderstände R über den zugehörigen Zeiten t doppelt-logarithmisch gegeneinander aufgetragen werden. Die Ausgleichskurven durch die Messwerte bei ε_{pl} = const. werden Dehngrenzlinien genannt. Dabei ist die Zeitdehngrenze diejenige Spannung, bei der eine bestimmte plastische Dehnung der Probe nach einer vorgegebener Zeit bei konstanter Temperatur auftritt. Die Angabe der Zeitdehngrenze erfolgt wie im Zugversuch mit der Erweiterung um die Prüfzeit t in Stunden und die Temperatur in °C im Index.

$R_{Px/t/T}$

Sie bestimmen die Zeitdehngrenzen, also die Werkstoffwiderstandsgrößen gegen das Überschreiten einer plastischen Deformation $\varepsilon_{pl} = x$ % in der Zeit t bei der Temperatur T. Die Ausgleichskurve durch die den Kriechbrüchen zukommenden Wertepaare aus Bruchwiderstand und Zeit ergibt die Zeitbruchgrenzlinie. Ihr entnimmt man, wie lange bestimmte Nennspannungen bei gegebener Temperatur bis zum Bruch ertragen werden. Diese Werkstoffwiderstandsgrößen heißen Zeitstandfestigkeiten, und die Angabe erfolgt analog der Zeitdehngrenze $R_{m/t/T}$. In Bild 54-5 ist als Beispiel das Zeitstandsdiagramm einer Hochtemperaturlegierung auf Nickelbasis (Inconel 702 mit 15,6 Masse-% Cr, 3,4 Masse-% Al, 0,7 Masse-% Ti und weiteren kleineren Zusätzen von Co, Mo, Fe, V, Zr und B) wiedergegeben. Den Zeitbruchgrenzlinien sind als Zahlen die Zeitbruchdehnungen in % beigefügt. Manchmal werden zusätzlich auch die Zeitbrucheinschnürungen angegeben. Dann werden die beiden Maßzahlen in der Form x(y) vermerkt, wobei x die Zeitbruchdehnung und y die Zeitbrucheinschnürung ist. Werden für einen Werkstoff bei mehreren Temperaturen die Zeitbruchgrenzlinien ermittelt, so lassen sich Zeitstandfestigkeits-Temperatur-Diagramme für verschiedene Bruchzeiten angeben.

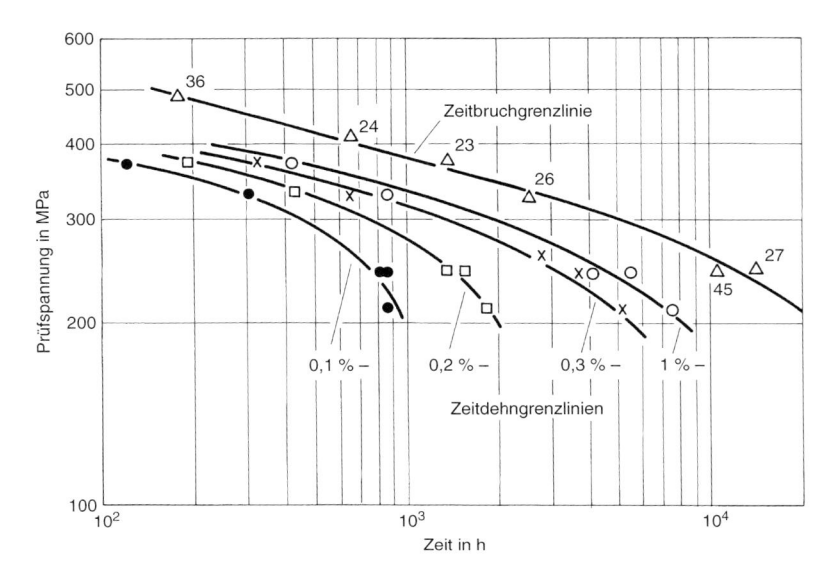

Bild 54-5 Zeitstanddiagramm von Inconel 702 bei Beanspruchungstemperatur 649 °C

V54 Zeitstandversuch (Kriechen)

Kriechversuche werden in sog. Zeitstandanlagen durchgeführt. Sie bestehen entweder aus einem kräftigen Maschinenrahmen zur Aufnahme mehrerer Kriechstände oder aus mehreren Einzelrahmen zur Aufnahme je eines Kriechstandes. Jeder Kriechstand umfasst stets eine Einspann- und eine Belastungsvorrichtung, meist eine Dehnungsmesseinrichtung sowie immer einen Ofen, mit dem über geeignete Temperaturmess- und regelsysteme an der zu prüfenden Probe der angestrebte Temperatur-Zeit-Verlauf realisiert werden kann. In Einzelkriechständen lassen sich auch mehrere Prüfstränge anbringen, die zudem noch mehrere Proben enthalten können. Meist wird mit widerstandsbeheizten Konvektionsöfen gearbeitet, mit denen sich Prüftemperaturen im Bereich zwischen 250 °C und 1000 °C einstellen lassen. Aber auch Infrarotstrahlungsöfen finden Anwendung. Die Temperaturmessungen werden entweder mit Thermoelementen oder mit Widerstandsthermometern durchgeführt. Bei den meisten Anlagen (vgl. Bild 54-6a) erfolgt die Probenbelastung über den oberen Spannkopf mit Hilfe einer Hebelwaage und aufsetzbaren Gewichten, wobei oft eine automatische Hebelnachstellung für Versuche mit konstanter wahrer Spannung vorgesehen ist. Daneben finden aber auch Maschinen Anwendung (vgl. Bild 54-6b), bei denen die Probenbeanspruchung über servomotorgesteuerte Federbelastung erfolgt. Auch hydraulische, pneumatische oder servohydraulische Belastungseinrichtungen werden benutzt. Die Probenverlängerungen (vgl. V22) werden über geeignete Aufnehmersysteme (Extensometer) entweder mit Präzisionsmessuhren hoher Auflösung (0,005 mm) oder über induktive bzw. kapazitive Messeinrichtungen (Weggeber) kontinuierlich ermittelt. Oft werden aber auch die Zeitstandversuche unterbrochen und die Verlängerungsbestimmungen an den „zwischenausgebauten" Proben vorgenommen, wenn diese mit geeigneten Markierungen (z. B. Härteeindrücken) versehen wurden. Bild 54-7 zeigt einen modernen mikroprozessorgesteuerten Einzelkriechstand.

Bild 54-6 Zeitstandanlagen mit 5 Gewichtsbelastungen (a) und Federbelastung (b)

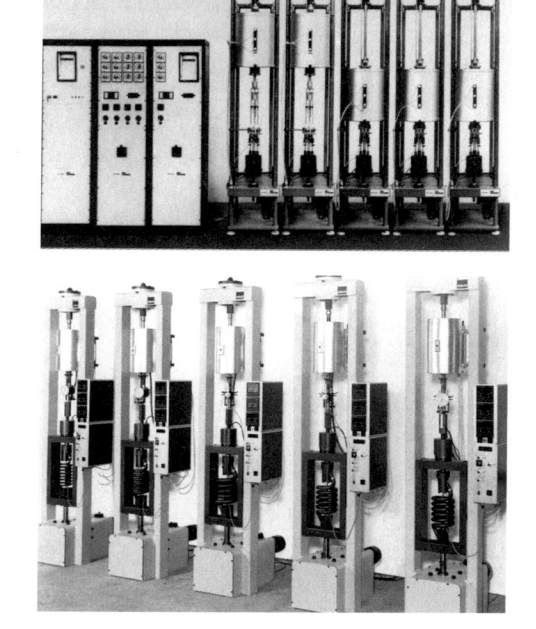

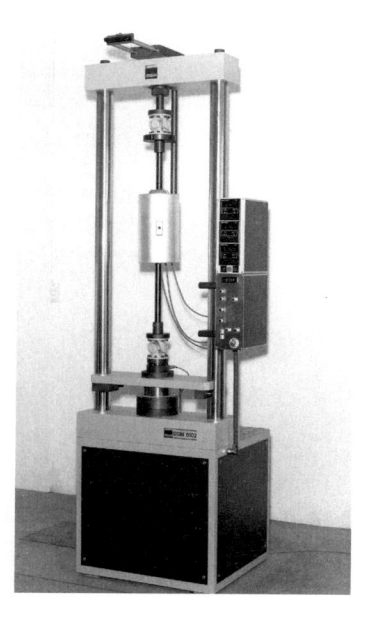

Bild 54-7 Einzelkriechstand (Bauart Amsler)

54.2 Aufgabe

Für einen austenitischen Stahl ist das Kriechverhalten im Temperaturintervall $T_1 < T\,°C < T_2$ zu untersuchen. Sechs Kriechkurven, die zur Ergänzung bereits vorliegender Versuchsergebnisse dienen, sind durch weitere Messwerte zu ergänzen. Das zwischen Bruchzeit und sekundärer Kriechgeschwindigkeit gültige Potenzgesetz ist zu ermitteln. Für drei Temperaturen sind Zeitstanddiagramme zu erstellen. Die für $t = 10^3\,h$ bestehende Temperaturabhängigkeit der Zeitstandfestigkeit und der 1%-Zeitdehngrenze ist anzugeben.

54.3 Versuchsdurchführung

Mit Gewindeköpfen versehene Rundproben mit 5 mm Messstreckendurchmesser und 50 mm Messstreckenlänge werden in die Probenfassungen der Kriechstände einer mit Hebelgewichtsbelastung arbeitenden Zeitstandanlage eingeschraubt, langsam erwärmt und zunächst unbelastet gehalten bis zum Erreichen der vorgesehenen Prüftemperaturen. Nach Aufbringung von Vorlasten von 10 % der Sollbelastungen werden die Messuhren eingestellt. Die vollen Prüflasten werden aufgebracht, wenn sich unter der jeweiligen Vorlast sowohl die Probentemperatur als auch die Messuhrenanzeige mindestens 5 min lang nicht verändern. Während der Versuche werden die totalen Verlängerungen der Messlänge der Proben in geeigneten Zeitintervallen abgelesen. Daraus werden zunächst die totalen Dehnungen ε_t berechnet und dann unter Berücksichtigung der Temperaturabhängigkeit des Elastizitätsmoduls (vgl. V22) die plastischen Dehnungen ε_p bestimmt. Alle Spannungen werden als Nennspannungen angegeben. Die Proben werden bei relativ hohen Temperaturen mit hinreichend großen Nennspannungen beansprucht, damit relativ große Kriechraten auftreten.

Unter Einschluss bereits vorliegender Kriechkurven werden zunächst die bei zwei Temperaturen für verschiedene Nennspannungen bestehenden $\dot{\varepsilon}_S$, $1/t_B$-Zusammenhänge geklärt. Durch doppelt-logarithmische Auftragung wird überprüft, ob ein einfaches Potenzgesetz gültig ist. Dann werden die Zeitstanddiagramme mit den Zeitbruchlinien und den 0,2%-, 1% und 2%-Zeitdehngrenzlinien ermittelt. Anschließend wird unter Heranziehung von weiteren Zeitstanddiagrammen für andere Temperaturen die Temperaturabhängigkeit von $R_{pl}.1.0/10^3$ und $R_m/10^3$ bestimmt, in Diagrammform wiedergegeben und erörtert.

54.4 Weiterführende Literatur

[Ble075] Bleck, W.: Werkstoffprüfung im Studium und Praxis, 14. überarbeitete Auflage, Verlagshaus Mainz GmbH Aachen, 2007

[Bei00] Beiss, P.: Werkstoffkunde I, Vorlesungsmanuskript, Institut für Werkstoffanwendungen im Maschinenbau der RWTH Aachen, 2000

[Her76] Herzberg, R. W.: Deformation and Fracture of Engineering Materials Heiley and Sons, New York, 1976

[Ils73] Ilschner, B.: Hochtemperatur-Plastizität, Springer, Berlin. 1973

[Die78] Dienst, W.: Hochtemperaturwerkstoffe, WTU, Karlsruhe, 1978

[NN] Das Verhalten thermisch beanspruchter Werkstoffe und Bauteile, VDI-Bericht 302, VDI, Düsseldorf, 1977

[NN] DIN EN ISO 204:2009-10: Metallische Werkstoffe – Einachsiger Zeitstandversuch unter Zugbeanspruchung – Prüfverfahren

54.5 Symbole, Abkürzungen

Symbol/Abkürzung	Bedeutung	Einheit
T_S	Schmelztemperatur	K
F	Kraft	N
A_0	Anfangsquerschnitt der Probe	mm^2
σ_n	Nennspannung	MPa
e_t	Gesamtdehnung	[--]
e_{el}	Elastische Dehnung	[--]
ε_{pl}	Plastische Dehnung	[--]
E	Elastizitätsmodul	MPa
t_b	Bruchzeit	h
$\dot{\varepsilon}_S$	Dehngeschwindigkeit	s^{-1}
m	Exponent	[--]
D	Diffusionskoeffizient	cm^2/s
c_0, c_1, c_2, c_3, c_4	Werkstoffabhängige Konstanten	
q	Spannungsexponent	[--]
Q	Aktivierungsenergie	kJ/Mol
R	Gaskonstante	J/(Mol K)
T	Absolute Temperatur	K
D_V	Volumendiffusionskoeffizient	cm^2/s
d	Mittlerer Korndurchmesser	mm
D_{KG}	Korngrenzendiffusionskoeffizient	cm^2/s
t	Zeit	h
$R_{Px/t/T}$	Dehngrenze	MPa
$R_{U/t/T}$	Zeitstandfestigkeit	MPa

V55 Schwingfestigkeit

55.1 Grundlagen

Zyklische Belastungen führen bei metallischen Werkstoffen auch dann noch zum Bruch, wenn die Spannungsamplitude deutlich unterhalb der Zugfestigkeit liegt. In vielen Fällen, z. B. bei normalisierten, unlegierten Stählen, versagen zug-druck-wechselbeanspruchte Proben selbst dann noch, wenn die Spannungsamplitude kleiner als die Streckgrenze der Werkstoffe ist. Das Werkstoffverhalten wird also durch die Spannungsamplitude und die Häufigkeit ihrer Wiederholung bestimmt. Daneben wirken sich die Mittelspannung, die Beanspruchungsart, die Umgebungsbedingungen und die Probengeometrie auf die Schwingfestigkeit aus. Diese Feststellungen führen zur Notwendigkeit, bestimmte Kenngrößen zur Beurteilung des mechanischen Verhaltens zyklisch beanspruchter Werkstoffe zu ermitteln. Das geschieht in Dauerschwingversuchen mit geeigneten Schwingprüfmaschinen und im einfachsten Fall durch Aufnahme einer Spannungs-Wöhlerkurve [Rad07]. Wird einem Werkstoff der in Bild 55-1 skizzierte Spannungs-Zeit-Verlauf aufgeprägt, so gilt für die Spannungsamplitude

$$\sigma_a = \frac{\sigma_o - \sigma_u}{2} \tag{55.1}$$

für die Mittelspannung

$$\sigma_m = \frac{\sigma_o + \sigma_u}{2} \tag{55.2}$$

und für das sog. Spannungsverhältnis

$$R = \frac{\sigma_u}{\sigma_o} \tag{55.3}$$

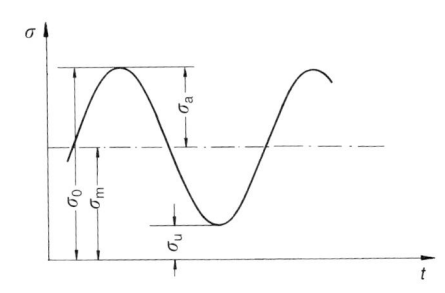

Bild 55-1
Spannungs-Zeit-Verlauf $\sigma(t) = \sigma_m + \sigma_a \sin(wt)$

In Abhängigkeit des Spannungsverhältnisses R wird die zyklische Belastung in den Druckschwellbereich ($1 < R \leq +\infty$), den Wechselbereich ($-\infty < R < 0$) und den Zugschwellbereich ($0 \leq R < 1$) unterteilt (vgl. Bild 55-2).

V55 Schwingfestigkeit

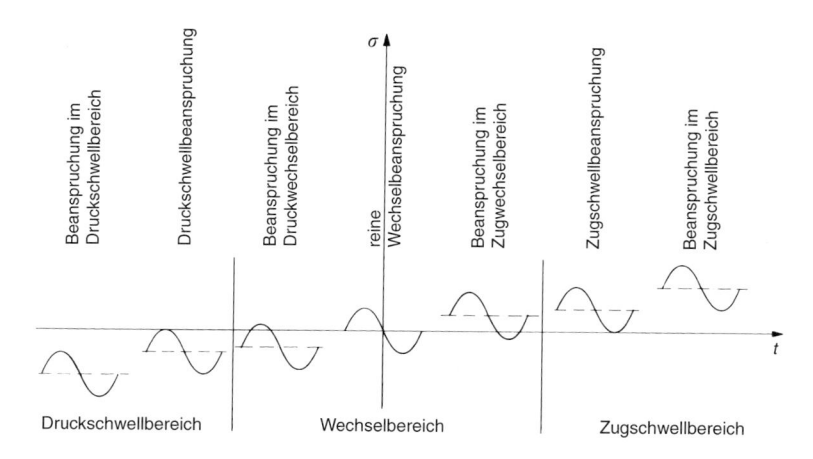

Bild 55-2 Bezeichnungsvereinbarungen bei spannungskontrollierter Schwingbeanspruchung

Dauerschwingversuche werden meistens mit relativ schnell laufenden Schwingprüfmaschinen durchgeführt. Bild 55-3 fasst schematisch die wichtigsten der dabei Anwendung findenden Krafterzeugungssysteme zusammen. Maschinen mit Zwangsantrieb werden mit Frequenzen

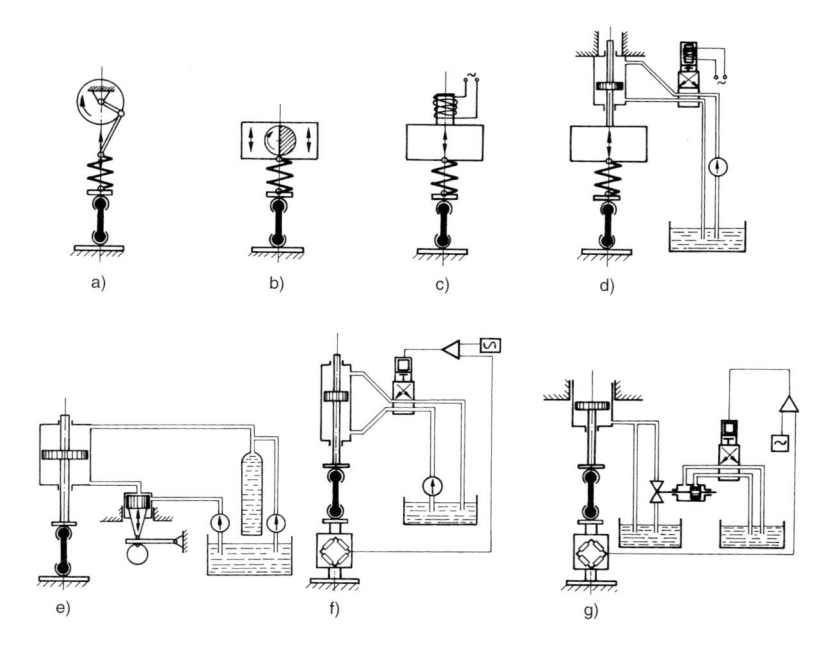

Bild 55-3 Krafterzeugungsprinzipien bei Schwingprüfmaschinen
  a) Zwangsantrieb mit zwischengeschalteter Feder
  b) Resonanzantrieb mit Fliehkrafterregung
  c) Resonanzantrieb mit elektromagnetischer Erregung
  d) Resonanzantrieb mit elektrohydraulischer Erregung
  e) Hydraulischer Antrieb mit volumetrisch gesteuertem Pulsator
  f) Hydraulischer Antrieb mit elektro-hydraulischem Servo-Ventil
  g) Hydraulischer Antrieb mit elektro-hydraulischem Servo-Kreis

zwischen 5 und 50 Hz betrieben. Mit Resonanzmaschinen werden bei mechanischem Antrieb 10–130 Hz, bei elektro-mechanischem Antrieb 35–300 Hz und bei elektro-hydraulischem Antrieb 150–1000 Hz erreicht. Neuerdings finden auch Schwingprüfeinrichtungen mit Ultraschallanregung Anwendung, die im kHz-Gebiet (z. B. 20 kHz) arbeiten. Volumetrisch gesteuerte, hydraulische Schwingprüfmaschinen arbeiten mit Frequenzen bis zu 60 Hz, Anlagen mit elektro-hydraulisch betätigten Servoventilen mit Frequenzen bis zu 150 Hz.

Zur Aufnahme einer Wöhlerkurve bei einem Spannungsverhältnis von R = –1 werden hinreichend viele (z. B. 30) Probestäbe aus dem gleichen Werkstoff mit einheitlicher Oberflächenbeschaffenheit hergestellt. Von diesen wird dann jeweils eine ausreichende Zahl auf einem Lasthorizont bis zum Bruch oder dem Erreichen der Grenzschwingspielzahl N_G geprüft. Die so generierten Wertepaare von Spannungsamplitude σ_a und der Bruchlastspielzahl N_B werden anschließend in ein σ_a, lgN_B- oder in ein lgσ_a, lgN_B-Diagramm eingetragen. Die durch die Messwerte gelegten Ausgleichskurven werden Spannungs-Wöhlerkurven genannt. Grundsätzlich werden zwei verschiedene Typen von Wöhlerkurven beobachtet (vgl. Bild 55-4). Bei den meisten einfachen Baustählen und Titanlegierungen wächst die Bruchlastspielzahl mit sinkender Spannungsamplitude an. Unterhalb einer bestimmten Spannungsamplitude ertragen diese Werkstoffe beliebig große Lastspielzahlen ohne Bruch, allerdings kann unter bestimmten Umständen auch hier ein weiterer Abfall beobachtet werden. Der zugehörige Werkstoffwiderstand gegen einsetzenden Ermüdungsbruch wird bei Mittelspannung $\sigma_m = 0$ Wechselfestigkeit σ_W, bei Mittelspannung $\sigma_m \neq 0$ Dauerfestigkeit σ_D (hierbei muss zusätzlich das Spannungsverhältnis angegeben werden) genannt. Dieses Verhalten wird über eine Wöhlerkurve vom Typ I abgebildet, welche in das Wechsel- bzw. Dauerfestigkeitsgebiet (W bzw. D), das Zeitfestigkeitsgebiet Z mit dem Lebensdauerbereich $10^3 \leq N_B \leq 10^6$ sowie das Kurzzeitfestigkeitsgebiet K ($N_B < 10^3$) unterteilt wird. Bei reinen kfz Metallen (z. B. Kupfer, Aluminium) sowie bei vielen kfz Legierungen (z. B. α-Messing, austenitischer Stahl) werden dagegen auch noch Brüche nach einer Lastspielzahl $> 10^7$ beobachtet. Es tritt eine Wöhlerkurve vom Typ II auf, bei der N_B im betrachteten Lebensdauerbereich kontinuierlich mit abnehmender Spannungsamplitude σ_a wächst. Auch hier werden die Bereiche W bzw. D, Z und K unterschieden. Als Wechselfestigkeit σ_W (10^7) bzw. Dauerfestigkeit σ_D (10^7) wird der Widerstand gegen Bruch bei einer Spannungsamplitude σ_a festgelegt, die bei $\sigma_m = 0$ bzw. $\sigma_m \neq 0$ zu einer Bruchlastspielzahl von $N_B = 10^7$ führt.

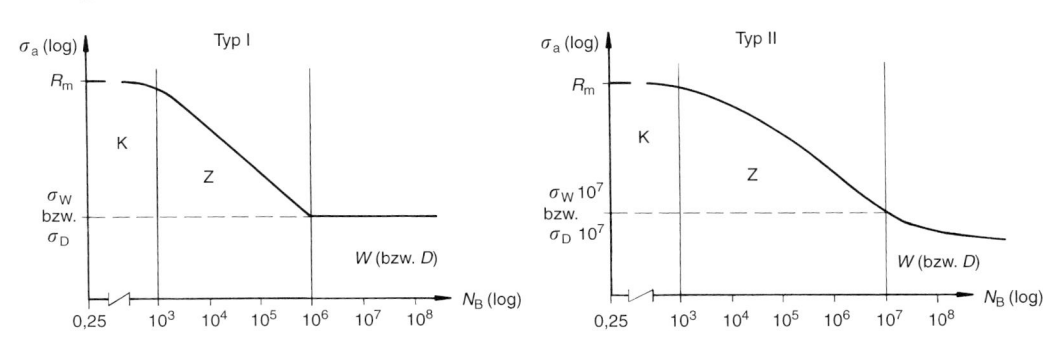

Bild 55-4 Wöhlerkurven vom Typ I und II (schematisch)

55.2 Aufgabe

Für einen Baustahl E360 mit einer unteren Streckgrenze R_{el} = 360 MPa und einer Zugfestigkeit R_m = 640 MPa ist die Spannungs-Wöhlerkurve bei Zug-Druck-Beanspruchung und konstanten Mittelspannungen σ_m = 0; 100 und 200 MPa zu ermitteln. Der grundsätzliche Mittelspannungseinfluss auf die Dauerfestigkeit ist zu diskutieren (vgl. V57).

55.3 Versuchsdurchführung

Für die Versuche steht eine Zug-Druck-Schwingprüfmaschine mit dem in Bild 55-3a dargestellten Krafterzeugungsprinzip oder eine geeignete andere Maschine zur Verfügung. Den schematischen Aufbau eines derartigen Pulsators zeigt Bild 55-5. Die Belastung der Proben wird über einen Exzenter eingestellt und bleibt während des Versuches konstant. Die Messung der Kraft erfolgt über einen mit Dehnungsmessstreifen versehenen Messbügel. Proben liegen in hinreichender Zahl mit vergleichbarer Oberflächengüte vor. Bereits vorhandene Versuchsergebnisse sollen mit Versuchen bei σ_m = 0 auf mehreren Spannungshorizonten ergänzt werden. Anschließend wird aus den Ergebnissen eine Spannungswöhlerlinie generiert.

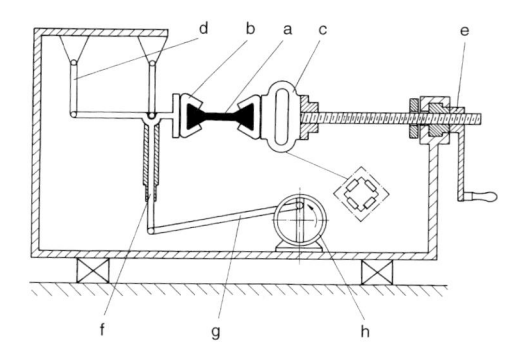

Bild 55-5 Versuchseinrichtung. Probe (a), Spannkopf (b), Messbügel (c), Führung (d), Mittelkrafteinstellung (e), Antriebsfeder (f), Pleuel (g), Exzenter (h)

55.4 Weiterführende Literatur

[Gro96]   Gross, D.: Bruchmechanik, Springer, Berlin, 1996

[Gün73]   Günther, W.: Schwingfestigkeit, VEB Grundstoffind., Leipzig, 1973

[Hai06]   Haibach, E.: Betriebsfestigkeit, Springer, Berlin, 2006

[Mun71]   Munz, D.; Schwalbe u. Mayr u. P.: Dauerschwingverhalten metallischer Werkstoffe, Vieweg, Braunschweig, 1971

[Rad07]   Radaj, D.: Ermüdungsfestigkeit, Springer, Berlin, 2007

[Sch85]   Schott, G.: Werkstoffermüdung, 3. Aufl., VEB Grundstoffind., Leipzig, Ermüdungsfestigkeit, Springer, Berlin, 1985

55.5 Symbole, Abkürzungen

Symbol/Abkürzung	Bedeutung	Einheit
σ_a	Spannungsamplitude	MPa
σ_o	Oberspannung	MPa
σ_u	Unterspannung	MPa
σ_m	Mittelspannung	MPa
R	Spannungsverhältnis	-
ω	Kreisfrequenz	Hz
t	Zeit	s
N_B	Bruchschwingspielzahl	-
N_G	Grenzschwingspielzahl	-
σ_W ; W	Wechselfestigkeit	MPa
σ_D ; D	Dauerfestigkeit	MPa
R_{el}	Streckgrenze	MPa
R_m	Zugfestigkeit	MPa

V56 Vereinfachte statistische Auswertung von Dauerschwingversuchen für Werkstoffe mit Typ-I-Verhalten

56.1 Grundlagen

Die Bruchschwingspielzahlen auf einem Spannungshorizont in einem Wöhlerdiagramm (vgl. V55) können sich um Dekaden unterscheiden (Bild 56-1). Die breite Streuung der Versuchsergebnisse erfordert eine statistische Auswertung mit dem Ziel, sowohl die Schwingspielzahl als auch die Beanspruchungshöhe mit einer Bruchwahrscheinlichkeit zu korrelieren.

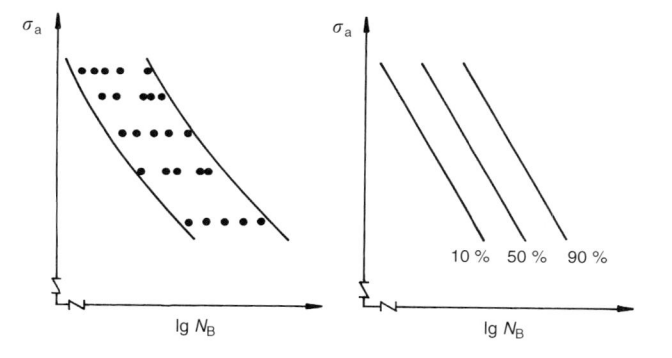

Bild 56-1
Verteilung der Bruchschwingspielzahlen spannungskontrollierter Dauerschwingversuche auf verschiedenen Spannungshorizonten (links) und Zuordnung von Bruchwahrscheinlichkeiten (rechts)

Jede Messreihe beinhaltet aufgrund von zahlreichen Einflussfaktoren unterschiedliche Messwerte. Bei der Auswertung stellt sich allgemein die Frage, welche mathematische Formulierung die Messwerte im Hinblick auf Häufigkeit und Streuung möglichst gut beschreiben kann. Für die Beschreibung der Lebensdauer werden häufig die Weibull-Verteilung, die logarithmische Normalverteilung und die arcsin $\sqrt{P}$-Transformation verwendet. In diesem Versuch soll ein vereinfachtes Vorgehen bei der Auswertung von Wöhlerversuchen mit Hilfe der Weibull-Verteilung gezeigt werden. Die Dichtefunktion der Weibullverteilung ist in Bild 56-2 dargestellt. Sie beschreibt innerhalb einer Messreihe die Häufigkeit eines Messwertes bezogen auf die Gesamtzahl der Messwerte. Die bekannteste Dichtefunktion ist die der Normalverteilung (Gaußsche Glockenkurve), die ebenfalls in Bild 56-2 dargestellt ist. Die Form der Glockenkurve ist ein Merkmal für die Zuverlässigkeit (Streuung) der Messung, denn je schmaler sie ist, desto geringer ist der Unterschied zwischen dem größten und kleinsten Messwert. Es ist zu erkennen, dass die Normalverteilung symmetrisch zu ihrem Maximum, dem arithmetischen Mittelwert (Summe der Messwerte geteilt durch die Anzahl der Messwerte), ist. Mit der Symmetrie der Glockenkurve ist die Aussage verbunden, dass es gleich wahrscheinlich ist einen Messwert zu finden, der um den gleichen Betrag größer oder kleiner als der arithmetische Mittelwert ist. Ein Beispiel hierfür wäre eine Messreihe über eine Streckenmessung zwischen zwei Punkten. Der Mittelwert über die Messwerte wird als beste Näherung für den wahren Abstand der Punkte angesehen. Ein Maß für die Zuverlässigkeit der Messung ist die Standardabweichung. Messwerte, die um den Betrag der Standardabweichung größer oder kleiner sind als der Mittelwert, sind, wenn sie einer Normalverteilung folgen, gleich wahrscheinlich. Bei Ermüdungsvorgängen, bei denen eine Schadensentwicklung während der Belastung erfolgt, ist eine gleichmäßige Verteilung der Messwerte (Bruchschwingspielzahlen) nicht gegeben. Für die Beschreibung von Ermüdungsvorgängen hat sich hier die Weibull-Verteilung in weiten Anwendungsbereichen bewährt. Im Gegensatz zur Dichtefunktion der Normalverteilung ist die Dichtefunktion der Weibull-Verteilung asymmetrisch zu ihrem Maximum (Bild 56-2).

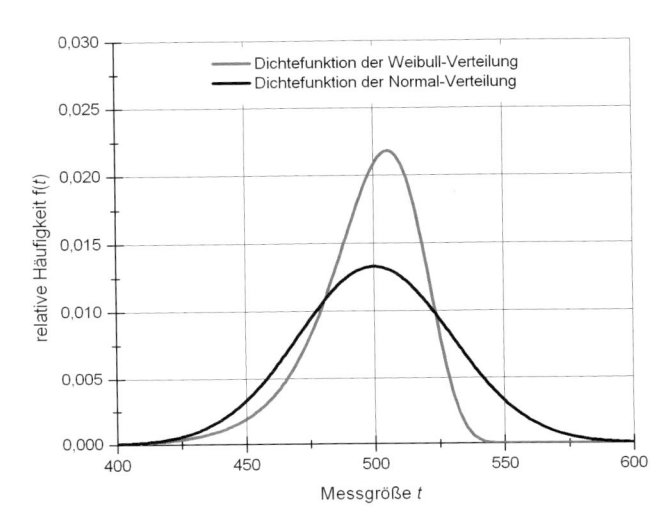

Bild 56-2
Empirische Beispiele für die Dichtefunktion der Normal- (symmetrisch bzgl. Maximum) und Weibull-Verteilung (asymmetrisch bzgl. Maximum)

Durch Integration der Dichtefunktion ergibt sich die Verteilungsfunktion (Bild 56-3). Sie gibt für einen Messwert an, wie wahrscheinlich es ist, einen weiteren Messwert zu finden, der kleiner oder gleich diesem ist. Im Falle der Lebensdauer kann anhand dieser Funktion die Aussage abgeleitet werden, wie viele Ausfälle bis zu einem gewählten Zeitpunkt (oder einer Schwingspielzahl) wahrscheinlich auftreten.

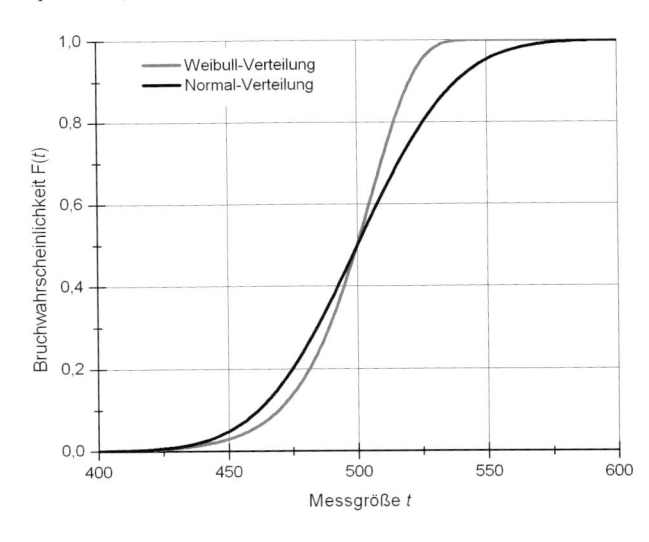

Bild 56-3
Empirische Normal- und Weibullverteilung. Die Mediane (F (Median) = 0,5) der beiden Verteilung sind gleich gewählt (Median = 500).

V56 Vereinfachte statistische Auswertung von Dauerschwingversuchen für Werkstoffe

Aus der Verteilungsfunktion können charakteristische Größen zur Beschreibung einer Messreihe in Hinblick auf Streuung und Lage angegeben werden, um so verschiedene Messreihen miteinander zu vergleichen. Z. B. kann der Wert bestimmt werden, dem eine Ausfallwahrscheinlichkeit (Bruchwahrscheinlichkeit) von 50 % zugeordnet werden kann (Beispiel Bild 56-3: Messwerte für F(t) = 0,5). Bild 56-4 zeigt schematisch die Korrelation zwischen Verteilungsfunktion und Wöhlerdiagramm. Im Bereich der Zeitfestigkeit wird die gewählte Verteilungsfunktion als Funktion der Bruchschwingspielzahlen dargestellt, im Bereich der Dauerfestigkeit als Funktion der Beanspruchungshöhe.

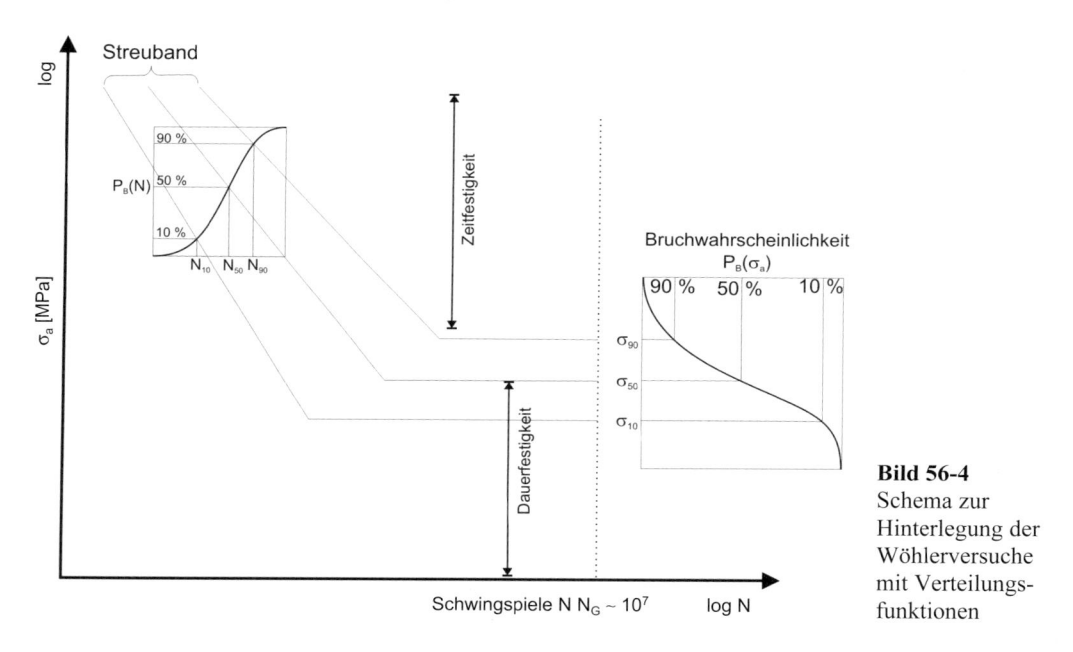

Bild 56-4 Schema zur Hinterlegung der Wöhlerversuche mit Verteilungsfunktionen

Gl. (56.1) zeigt die Weibullverteilung in der häufig verwendeten 2-parametrigen Darstellung (Lageparameter T, Streuparameter m). In Bild 56-2 und 56-3 sind die Dichtefunktion und Verteilungsfunktion der Weibull-Verteilung abgebildet.

$$F(t) = P_B(t) = 1 - e^{-\left(\frac{t}{T}\right)^m} \tag{56.1}$$

T ist der Lageparameter der Kurve für eine Bruchwahrscheinlichkeit von 63 % ($P_B = 1-e^{-1}$). Der Parameter m der Funktion kann als „Steigung der Kurve" am Lagepunkt T interpretiert werden. Mit steigendem m nimmt die Streuung der Messwerte ab, und die S-förmige Kurve in Bild 56-3 wird steiler. Liegt Versagen aufgrund von Ermüdung vor, so ist m erfahrungsgemäß größer 1. Liegt eine Reihe von Messwerten vor und soll für diese Reihe die Weibullverteilung ermittelt werden, so muss die Kombination der Parameter m und T bestimmt werden, welche alle Messwerte möglichst gut beschreibt. Mit Hilfe zweier mathematischer Verfahren, die ein ähnliches Ergebnis liefern, kann dieses Problem gelöst werden.

Die Modellparameter T und m können auf einfache Weise durch Linearisierung der Weibullfunktion gefunden werden. Durch 2-faches Logarithmieren lässt sich Gl. (56.1) in Gl. (56.2) überführen.

$$\ln\ln\left(\frac{1}{1-P_B}\right) = m\ln(t) - m\ln(T) \tag{56.2}$$

Gl. (56.2) kann nach Gl. (56.3) als Geradengleichung interpretiert werden.

$$y = m x + a \tag{56.3}$$

Die Korrelation zwischen Gl. (56.2) und Gl. (56.3) erfolgt durch Substitution gemäß den Gl. (56.4) bis Gl. (56.6).

$$y = \ln\ln\left(\frac{1}{1-P_B}\right) \tag{56.4}$$

$$x = \ln(t) \tag{56.5}$$

$$a = -m\ln(T) \tag{56.6}$$

Wird die Gl. (56.4) der y-Achse und die Gl. (56.5) der x-Achse in einem x-y-Diagramm hinterlegt, so müssen die Messwerte, wenn sie der Weibullverteilung folgen, auf einer Geraden liegen. Die Steigung Geraden aus Gl. (56.3) entspricht dem Streuparameter m der Weibullverteilung. Die Bestimmung der Steigung kann aus zwei wählbaren Punkten auf der Geraden nach Gl. (56.7) erfolgen. Der Funktionsparameter T ergibt sich aus dem Schnittpunkt der Geraden mit der x-Achse ($y = 0$) im Diagramm als Ablesewert. Die Begründung hierfür liefert Gl. (56.8).

$$m = \frac{y_2 - y_1}{\lg x_2 - \lg x_1} \tag{56.7}$$

$$y(P_B = 63{,}21\%) = \ln\ln\left(\frac{1}{1-\left(1-e^{-1}\right)}\right) = 0 \tag{56.8}$$

Die Linearisierung der Weibullfunktion liefert normalerweise eine gute Näherung der Modellparameter. Eine exaktere Lösung liefert die Vorgehensweise nach Variante 2. Der Grund hierfür ist in der Substitution zu sehen. Durch die Substitution werden die Enden der Verteilungsfunktion verzerrt, so dass mit der Bestimmung der Ausgleichsgeraden eine unterschiedliche Gewichtung von Mitte und Ende der Verteilungsfunktion verknüpft ist.

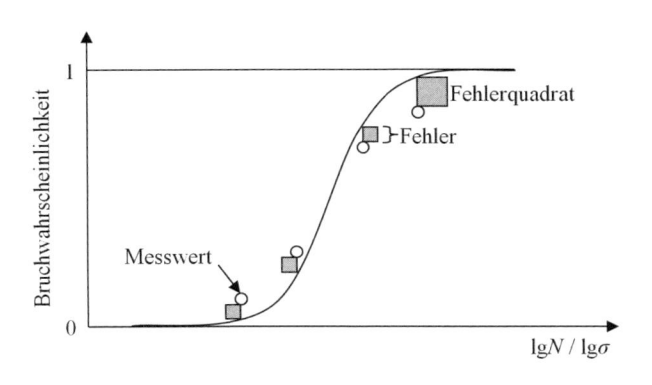

Bild 56-5
Methode der kleinsten Fehlerquadrate

Die zweite Variante zur Findung der Modellparameter stellt die Methode der kleinsten Fehlerquadrate dar. Den Hintergrund für diese Methode zeigt Bild 56-5. An den Stützpunkten der Funktion (Messwerte) wird der Abstand (Fehler) der Ausgleichskurve zu den Stützpunkten ermittelt und quadriert (Fehlerquadrat). Es wird das Wertepaar T und m gesucht, bei dem die Summe der Abstandsquadrate an den Stützpunkten minimal wird.

Durch die Verwendung eines gängigen Tabellenkalkulationsprogramms kann die Parameterfindung sehr einfach erfolgen. Exemplarisch wird dies nachfolgend bei der Auswertung des Zeit- und Dauerfestigkeitsgebietes dargestellt.

Sind Messwerte vorhanden, anhand derer die Parameter T und m der Weibullverteilung nach Variante 1 oder 2 bestimmt werden, so muss den einzelnen Messwerten jeweils eine Wahrscheinlichkeit zugeordnet werden. Im Falle von diskreten Ereignissen, wie zum Beispiel Bruch und Nicht-Bruch, kann die Wahrscheinlichkeit nach Gl. (56.9) berechnet werden. In Gl. (56.9) ist n_B die Anzahl der gebrochenen Proben und n die Anzahl der geprüften Proben.

$$P_B = \frac{n_B}{n} \tag{56.9}$$

Ist das betrachtete Ereignis eine kontinuierliche Größe, d. h. das Ereignis kann einen beliebigen Zahlenwert annehmen, wie es zum Beispiel bei der Lebensdauer der Fall ist, so müssen andere Schätzformeln für die Wahrscheinlichkeiten angewendet werden. Das prinzipielle Vorgehen ist dabei wie folgt: die Messwerte werden der Größe nach aufsteigend sortiert und mit einem Laufindex i, beginnend bei 1, versehen. Die Sortierung der Messwerte ist nötig, da für die Zuordnung einer Wahrscheinlichkeit auch die Position der Probe in der Messreihe entscheidend ist. Außerdem sollte sichergestellt sein, dass mit steigender Lebensdauer die Bruchwahrscheinlichkeit zunimmt. Die Sortierung und Verknüpfung der Messwerte mit einem Laufindex stellt dies sicher, da der Laufindex die Position eines Messwertes innerhalb der Messreihe angibt. Mit Hilfe des Laufindexes können unterschiedliche Schätzformeln für die Wahrscheinlichkeiten einer kontinuierlichen Messgröße angegeben werden. Gl. (56.10) zeigt ein bewährtes Beispiel.

$$P_B(N_i) = \frac{i}{n+1} \tag{56.10}$$

Der Laufindex i entspricht der Anzahl der Proben, die bis zu der zugehörigen Schwingspielzahl gebrochen sind. Die Bruchwahrscheinlichkeit für die i-te Probe ergibt sich durch Beziehen des Laufindexes auf die Gesamtanzahl n der auf dem gleichen Lasthorizont geprüften Proben plus 1. Die virtuelle Erhöhung der Gesamtzahl um eine Probe bewirkt, dass für $i = n$ nicht die Grenze für die Bruchwahrscheinlichkeit von 1 erreicht wird.

Durch Zusammenführen der Schätzung der Wahrscheinlichkeiten und der oben dargestellten Auswertemethoden kann nun die Auswertung eines Wöhlerversuchs erfolgen. Liegen für einstufig, zyklisch belastete Proben mehrere Messwerte im Zeitfestigkeits- und Dauerfestigkeitsgebiet vor, so stellt sich die Frage, welche charakteristischen Größen anhand der Messwerte ermittelt werden können. Im Laborbereich hat sich hierfür die Ermittlung des Streubandes auf der Grundlage der Bruchwahrscheinlichkeiten für $P_B = 10\,\%$, $P_B = 50\,\%$ und $P_B = 90\,\%$ bewährt.

Für die Auswertung des Zeitfestigkeitsgebiets (nur Brüche) wird für jeden Horizont eine Weibullverteilung ermittelt, und die Werte $N_B(P_B = 10\,\%)$, $N_B(P_B = 50\,\%)$ und $N_B(P_B = 90\,\%)$ werden bestimmt. Wird davon ausgegangen, dass die gemessenen Lebensdauern einer Weibullverteilung folgen, kann Gl. (56.1) in Gl. (56.11) umgeschrieben werden. Die Parameter N_0 und m sind auf der Basis der Messwerte zu ermitteln.

$$P_B(N) = 1 - e^{-\left(\frac{N}{N_0}\right)^m} \tag{56.11}$$

Tabelle 56.1 zeigt hierfür beispielhaft die Vorgehensweise. Die Schwingspielzahlen werden aufsteigend sortiert, und anschließend wird die zugehörige Bruchwahrscheinlichkeit nach Gl. (56.10) geschätzt (Tabelle 56.1). Die Parameter N_0 und m können dann gemäß Variante 1 durch Linearisierung der Weibullverteilung oder gemäß Variante 2 durch die Minimierung der Fehlerquadrate ermittelt werden. Nach Variante 1 sollten die Messpunkte in einem x-y-Diagramm, bei dem auf der y-Achse die Bruchwahrscheinlichkeit nach Gl. (56.4) und auf der logarithmischen x-Achse die Schwingspielzahl hinterlegt ist, auf einer Geraden liegen (Bild 56-6). Die Parameter N_0 und m werden, wie oben beschrieben, bestimmt. Für die Auswertung gemäß Variante 2 sind nach der Schätzung der Bruchwahrscheinlichkeiten die Einzelfehlerquadrate Q_1 bis Q_n nach Tabelle 56.1 zu bilden. Die Einzelfehlerquadrate müssen dabei über die Parameter N_0 und m verknüpft sein, so dass bei einer Änderung von einem der Parameter sich alle Einzelfehlerquadrate ändern. Die Einzelfehlerquadrate sind zu summieren, und das Minimum der Summe ist zu ermitteln. Wird ein Tabellenkalkulationsprogramm verwendet, so kann dies über die Solver-Funktion geschehen. Die Verteilungsfunktion für den ausgewerteten Horizont ist nun vollständig bestimmt, so dass die Schwingspielzahlen für eine 10%-, 50%- und 90%-ige Bruchwahrscheinlichkeit ermittelt werden können. Dies kann entweder nach Variante 1 durch Ablesen der Schwingspielzahlen im Wahrscheinlichkeitsnetz bei den y-Werten -2,25 ($P_B = 10\%$), -0,37 ($P_B = 50\%$) und 0,83 ($P_B = 90\%$) oder direkt durch Einsetzen der Wahrscheinlichkeiten und Lösen der Weibullfunktion erfolgen.

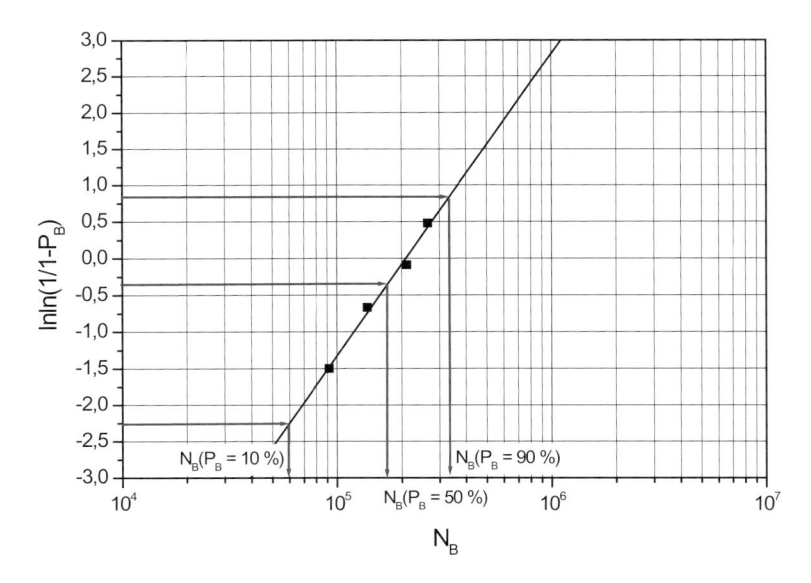

Bild 56-6 Beispiel für die Linearisierung der Weibullverteilung zur Auswertung eines Horizontes im Zeitfestigkeitsgebiet

V56 Vereinfachte statistische Auswertung von Dauerschwingversuchen für Werkstoffe

Tabelle 56.1 Beispiel für die Auswertung eines Horizontes im Zeitfestigkeitsgebiet

Schwingspielzahl N	Laufindex i	$P_B(N_i) = \dfrac{i}{n+1}$	Für Variante 1
			$\ln\ln\left(\dfrac{1}{1-P_B}\right)$
92.000	1	0,20	−1,50
138.611	2	0,40	−0,67
211.475	3	0,60	−0,09
265.146	4	0,80	0,48

Schwingspielzahl N	Laufindex i	$P_B(N_i) = \dfrac{i}{n+1}$	Für Variante 2
			Fehlerquadrate
92.000	1	0,20	$Q_1 = \left[0,2 - \left(1 - e^{-\left(\frac{92.000}{N_0}\right)^m}\right)\right]^2$
138.611	2	0,40	$Q_2 = \left[0,4 - \left(1 - e^{-\left(\frac{138.611}{N_0}\right)^m}\right)\right]^2$
211.475	3	0,60	$Q_3 = \left[0,6 - \left(1 - e^{-\left(\frac{211.475}{N_0}\right)^m}\right)\right]^2$
265.146	4	0,80	$Q_4 = \left[0,8 - \left(1 - e^{-\left(\frac{265.146}{N_0}\right)^m}\right)\right]^2$
			Minimierung der Summe der Fehlerquadrate

Als Maß für die Streuung der Schwingspielzahlen bei einer Spannungsamplitude wird häufig neben dem Parameter m der Wert T_N gemäß Gl. (56.12) angegeben.

$$T_N = 1 : \left(\frac{N_{90}}{N_{10}}\right) \tag{56.12}$$

Die Auswertung des Dauerfestigkeitsgebiets (Horizonte mit Durchläufern) erfolgt in einem Schritt über alle Horizonte. Im Gegensatz zur Auswertung des Zeitfestigkeitsgebietes wird im Dauerfestigkeitsgebiet die Bruchwahrscheinlichkeit für einen Horizont nach Gl. (56.9) bestimmt. Die Weibullverteilung für die Dauerfestigkeit ergibt sich nach Gl. (56.13). Die Funktionsparameter σ_0 und m können über die Linearisierung der Verteilung oder durch Fehlerquadratminimierung bestimmt werden. Tabelle 56.2 zeigt für beide Varianten das Vorgehen.

$$P_B(\sigma_a) = 1 - e^{-\left(\frac{\sigma_a}{\sigma_0}\right)^m} \tag{56.13}$$

Tabelle 56.2 Beispiel für die Auswertung des Dauerfestigkeitsgebiets

				Für Variante 1	
Spannungsamplitude σ_a [MPa]	Geprüfte Proben n	Gebrochene Proben n_B	$P_B(\sigma_a) = \frac{n_B}{n}$	$\ln\ln\left(\frac{1}{1-P_B}\right)$	
700	10	1	0,1	−2,25	
750	10	4	0,4	−0,67	
800	10	8	0,8	0,48	

				Für Variante 2
Spannungsamplitude σ_a [MPa]	Geprüfte Proben n	Gebrochene Proben n_B	$P_B(\sigma_a) = \frac{n_B}{n}$	Fehlerquadrate
700	10	1	0,1	$Q_1 = \left[0,1 - \left(1 - e^{-\left(\frac{700}{\sigma_0}\right)^m}\right)\right]^2$
750	10	4	0,4	$Q_2 = \left[0,4 - \left(1 - e^{-\left(\frac{750}{\sigma_0}\right)^m}\right)\right]^2$
800	10	8	0,8	$Q_3 = \left[0,8 - \left(1 - e^{-\left(\frac{800}{\sigma_0}\right)^m}\right)\right]^2$
				Minimierung der Summe der Fehlerquadrate

Für die Linearisierung der Verteilung wird ein x-y-Diagramm erstellt, auf dessen linearer y-Achse die Bruchwahrscheinlichkeit nach Gl. (56.4) und dessen logarithmischer x-Achse die Spannungsamplitude aufgetragen wird. Die Funktionsparameter σ_0 und m werden, wie oben beschreiben, aus der einzuzeichnenden Ausgleichsgeraden ermittelt. Bei der Auswertemethode nach Variante 2 sind, wie Tabelle 56.2 zeigt, die Einzelfehlerquadrate zu bilden. Die Summe der Fehlerquadrate ist wiederum als Funktion der Parameter σ_0 und m zu minimieren. Ist die Verteilungsfunktion für das Gebiet der Dauerfestigkeit bestimmt, können die Spannungswerte

V56 Vereinfachte statistische Auswertung von Dauerschwingversuchen für Werkstoffe

für $\sigma_a(P_B = 10\,\%)$, $\sigma_a(P_B = 50\,\%)$, $\sigma_a(P_B = 90\,\%)$, wie bei der Auswertung des Zeitfestigkeitsgebiets gezeigt, abgelesen oder berechnet werden.

Um mehrere Werkstoffchargen miteinander zu vergleichen, werden häufig die Verteilungsfunktionen der Dauerfestigkeitsgebiete gegenübergestellt. Der Vorteil besteht darin, dass mögliche Überlappungen der Verteilungsunktionen besser abgeschätzt werden können. Des Weiteren sind bei einer P_B-lgσ_a-Auftragung Verteilungen mit gleicher Streubreite jedoch mit unterschiedlichem Lageparameter T parallel verschoben. In der Laboranwendung ist der wichtigste Wert, der sich bei der Auswertung ergibt, der Median ($P_B = 50\,\%$) der Verteilung, da konventionsgemäß die zugehörige Spannungsamplitude als Dauerfestigkeit bezeichnet wird.

Neben dem Parameter m kann als Angabe für die Breite des Streubandes der Dauerfestigkeit die Größe T_σ gemäß Gl. (56.14) angegeben werden.

$$T_\sigma = 1 : \left(\frac{\sigma_{a,90}}{\sigma_{a,10}} \right) \quad (56.14)$$

Die für die drei Bruchwahrscheinlichkeiten ermittelten Schwingspielzahlen aus dem Zeitfestigkeitsgebiet und Spannungswerte aus dem Gebiet der Dauerfestigkeit sollen im letzten Schritt zu Wöhlerlinien mit konstanter Bruchwahrscheinlichkeit zusammengefügt werden.

Trägt man die bei der Auswertung des Zeitfestigkeitsgebiets ermittelten Bruchschwingspielzahlen in ein lgσ_a-lg$N$-Diagramm ein und betrachtet man die Punkte gleicher Bruchwahrscheinlichkeiten, so ist zu erkennen, dass mit sinkender Spannungsamplitude die Lebensdauer steigt. Es muss somit ein mathematischer Zusammenhang gefunden werden, der dieses Verhalten wiedergibt. Häufig wird hierfür die Basquin-Gleichung nach Gl. (56.15) verwendet [Bas10].

$$N(\sigma_a) = N_D \left(\frac{\sigma_a}{\sigma_D} \right)^{-k} \quad (56.15)$$

In der doppelt-logarithmischen Auftragung stellt die Basquin-Gleichung eine fallende Gerade mit der Steigung k dar. Die beiden übrigen Parameter σ_D und N_D charakterisieren einen bestimmten Punkt auf der Geraden. Der Index „D" soll symbolisieren, dass als charakteristischer Punkt der Knickpunkt der fallenden Geraden aus dem Zeitfestigkeitsgebiet in eine Waagerechte beim Übergang in das Gebiet der Dauerfestigkeit gewählt wird (Bild 56-7). Bei einer graphischen Auswertung können im Zeitfestigkeitsgebiet die Punkte gleicher Bruchwahrscheinlichkeiten linear ausgeglichen werden. Anschließend werden die bei der Auswertung des Dauerfestigkeitsgebiets ermittelten Spannungsamplituden als waagrechte Geraden so eingetragen, dass sich die Geraden gleicher Bruchwahrscheinlichkeit schneiden.

Bei einer rechnergestützten Auswertung kann die Basquin-Gleichung für die Datenpunkte mit gleichen Bruchwahrscheinlichkeiten mit Hilfe der Methode der kleinsten Fehlerquadrate bezüglich der Schwingspielzahl ermittelt werden. Die Einzelfehlerquadrate, die aus den Logarithmen der Schwingspielzahlen gebildet werden, hängen über die Parameter k und N_D zusammen und sind somit die zu optimierenden Größen. σ_D ist durch die Auswertung des Dauerfestigkeitsgebietes für die zugehörige Bruchwahrscheinlichkeit bekannt. Dieser Vorgang wird mit den übrigen Punkten konstanter Bruchwahrscheinlichkeit wiederholt, so dass sich im Zeitfestigkeitsgebiet drei Geraden ergeben. Ab dem jeweiligen Knickpunkt sind für den Übergang in das Gebiet der Dauerfestigkeit die Geraden waagerecht fortzusetzen.

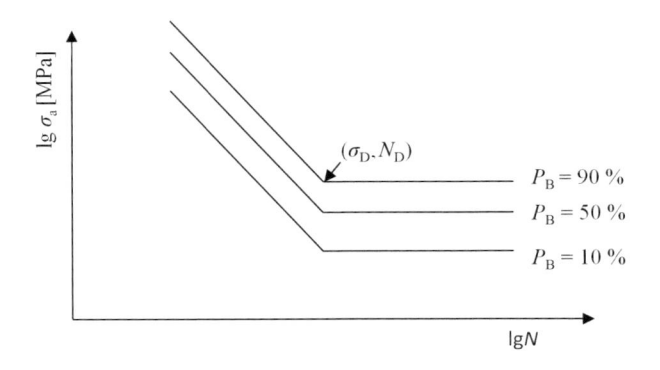

Bild 56-7 Wöhlerdiagramm mit Streuband

56.2 Aufgabe

Es liegen spannungskontrolliert ermittelte Bruchschwingspielzahlen für vergütete sowie für vergütete und kugelgestrahlte Werkstoffzustände des Stahls Ck 45 vor. Der Einfluss der Kugelstrahlbehandlung auf die Lebensdauer und auf die Dauerfestigkeit ist quantitativ zu bestimmen und zu bewerten.

56.3 Versuchsdurchführung

Es liegen Versuchsdaten aus dem Zeit- und Dauerfestigkeitsgebiet für Umlaufbiegeversuche vor. Die Grenzschwingspielzahl beträgt 10^7 Lastwechsel. Es soll ein Wöhlerdiagramm mit Streuband für die Bruchwahrscheinlichkeiten 10 %, 50 % und 90 % erstellt werden.

56.4 Weiterführende Literatur

[Den75] Dengel, D.: Die $\arcsin\sqrt{P}$-Transformation – ein einfaches Verfahren zur grafischen und rechnerischen Auswertung geplanter Wöhlerversuche. Z. f. Werkstofftechnik 6 (1975) 8, S. 253–288

[Mun71] Munz, D.; Schwalbe, K.; Mayr, P.: Dauerschwingverhalten metallischer Werkstoffe. Vieweg, 1971

[Sch01] Schott, G.: Werkstoffermüdung – Ermüdungsfestigkeit, 4. Aufl., Dt. Verl. für Grundstoffindustrie, Leipzig, 2001

[Küh01] Kühlmeyer, M.: Statistische Auswertungsmethoden für Ingenieure. Springer-Verlag, 2001

[Wil04] Wilker, H.: Band 3: Weibull-Statistik in der Praxis – Leitfaden zur Zuverlässigkeitsermittlung technischer Produkte. Books on Demand GmbH, 2004

[Rad07] Radaj, D.; Vormwald, M.: Ermüdungsfestigkeit – Grundlagen für Ingenieure, 3. Aufl., Springer-Verlag, Berlin, 2007

[Bas10] Basquin, O. H.: The exponential law of endurance tests. American Society For Testing Materials: Proc. Thirteenth Annual Meeting, 1910

56.5 Symbole, Abkürzungen

Symbol/Abkürzung	Bedeutung	Einheit
P_B	Bruchwahrscheinlichkeit	-
σ_a	Spannungsamplitude	MPa
σ_D	Dauerfestigkeit	MPa
N_D	Charakteristische Schwingspielzahl beim Übergang vom Zeit- ins Dauerfestigkeitsgebiet	-
i	Laufindex	-
n	Gesamtanzahl	-
m	Exponent der Weibullverteilung	-
x, y, t	Variablen	-
T	Lageparameter der Weibullverteilung	-
σ_0	Lageparameter der Weibullverteilung für die Dauerfestigkeit	MPa
N_0	Lageparameter der Weibullverteilung im Zeitfestigkeitsgebiet	-
n_B	Anzahl gebrochener Proben	-
T_N	Maß für die Streuspanne bezogen auf die Schwingspielzahlen	-
T_σ	Maß für die Streuspanne bezogen auf die Spannung	-
N_B	Bruchschwingspielzahl	-
N_{90}	Schwingspielzahl für $P_B = 90\,\%$	
N_{10}	Schwingspielzahl für $P_B = 10\,\%$	
$\sigma_{a,90}$	Spannungsamplitude für $P_B = 90\,\%$	
$\sigma_{a,10}$	Spannungsamplitude für $P_B = 10\,\%$	

V57 Dauerfestigkeits-Schaubilder

57.1 Grundlagen

Der bei einer Mittelspannung $\sigma_m = 0$ und einer beliebig oft aufprägbaren Spannungsamplitude σ_a wirksame Werkstoffwiderstand gegen Ermüdungsbruch wird bei Werkstoffen, die Wöhlerkurven vom Typ I besitzen, als Wechselfestigkeit σ_W bezeichnet (vgl. V55 Schwingfestigkeit). Weniger präzise nennt man auch einfach die unter $\sigma_m = 0$ beliebig oft gerade noch ohne Bruch ertragbare Spannungsamplitude Wechselfestigkeit. Analog wird meist auch die bei $\sigma_m \neq 0$ gerade noch ohne Bruch ertragbare Spannungsamplitude als Dauerfestigkeit σ_D bezeichnet. Erfahrungsgemäß führen positive (negative) Mittelspannungen zu Dauerfestigkeiten, die kleiner (größer) als die Wechselfestigkeit sind. Durchweg werden bei spannungskontrollierten Versuchen mit $\sigma_m = $ const. die dauerfest ertragbaren Spannungsamplituden innerhalb bestimmter Grenzen mit algebraisch abnehmender Mittelspannung erhöht (vgl. Bild 57-1 links).

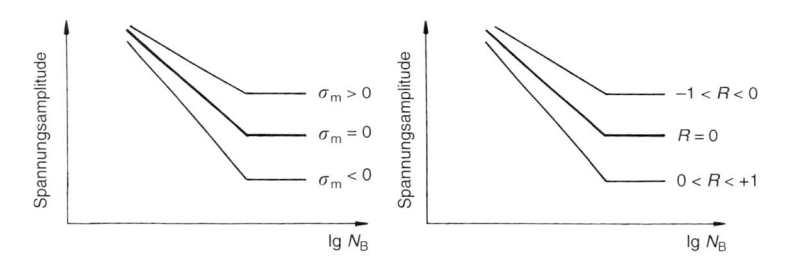

Bild 57-1 Mittelspannungseinfluss (links) bzw. R-Einfluss (rechts) auf die Lage der Spannungs-Wöhlerkurven (schematisch)

Das Spannungsverhältnis R bezeichnet das Verhältnis von Oberspannung σ_O zu Unterspannung σ_U:

$$R = \frac{\sigma_U}{\sigma_O} \tag{57.1}$$

Durch die Angabe von R ist der Beanspruchungsbereich (vgl. V55 Schwingfestigkeit) eindeutig definiert (vgl. Bild 57-2).

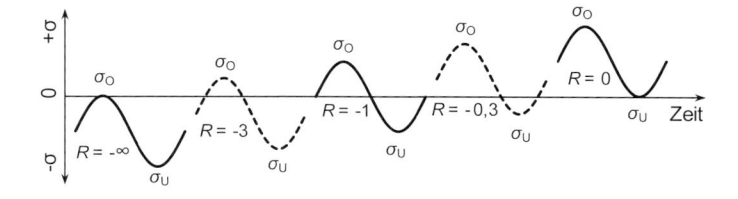

Bild 57-2 Beanspruchungsbereich bei verschiedenen Spannungsverhältnissen R

Bei spannungskontrollierten Versuchen mit konstantem Spannungsverhältnis im Bereich $-1 < R < +1$ liefern algebraisch abnehmende R-Werte ebenfalls erhöhte Dauerfestigkeiten (vgl. Bild 57-1 rechts).

Da in der technischen Praxis häufig die Überlagerung einer zeitlich konstanten mit einer periodisch veränderlichen Spannung vorliegt (z. B. in Schraubenverbindungen), kommt dem Werkstoffverhalten unter Schwingbeanspruchung mit Mittelspannung erhebliche Bedeutung zu.

Der Praktiker bewertet derartige Beanspruchungsfälle anhand sog. Dauerfestigkeits-Schaubilder. In den gängigsten Schaubildern wird meist einzig der Zusammenhang zwischen den positiven Mittelspannungen und den dabei dauerfest ertragbaren Spannungsamplituden $\sigma_a = \pm\sigma_D$ (σ_m) beschrieben. Der Bereich mit negativer Mittelspannung ist häufig nicht abgebildet. Die wichtigsten Dauerfestigkeits-Schaubilder sind das Smith-Diagramm und das Haigh-Diagramm.

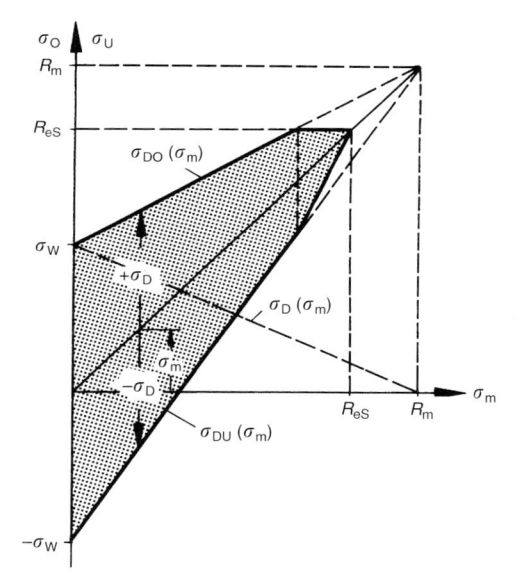

Bild 57-3
Smith-Diagramm mit dauerfest ertragbaren Beanspruchungen im getönten Bereich

Im Smith-Diagramm (vgl. Bild 57-3 und Bild 57-4 oben) werden die den jeweils dauerfest ertragbaren Oberspannungen bzw. Unterspannungen entsprechenden Werkstoffwiderstände, die „Oberspannungsdauerfestigkeit" σ_{DO}

$$\sigma_{DO} = \sigma_m + \sigma_D \tag{57.2}$$

bzw. die „Unterspannungsdauerfestigkeit" σ_{DU}

$$\sigma_{DU} = \sigma_m - \sigma_D \tag{57.3}$$

als Funktion der Mittelspannung σ_m aufgezeichnet. Für $\sigma_m = 0$ wird definitionsgemäß $\sigma_{DO} = +\sigma_W$ und $\sigma_{DU} = -\sigma_W$. Ferner wird als Zusatzbedingung $\sigma_{DO} \leq R_{eS}$ festgelegt. Dadurch werden keine größeren dauerfest ertragbaren Oberspannungen als die Streckgrenze R_{eS} zugelassen. Auf diese Weise glaubt man, makroskopische plastische Verformungen bei der Schwingbeanspruchung zu verhindern (vgl. aber V60 Zyklisches Kriechen). Somit liegen innerhalb der getönten Bereiche im Smith-Diagramm (siehe Bild 57-3 und Bild 57-4 oben) alle Ober- und Unterspannungen, die bei positiven Mittelspannungen beliebig oft ohne Bruch ertragen werden. Die Linien mit konstantem Spannungsverhältnis R legen jeweils innerhalb der getönten Bereiche die zugehörigen dauerfest ertragbaren Kombinationen aus Mittelspannung und Spannungsamplitude fest.

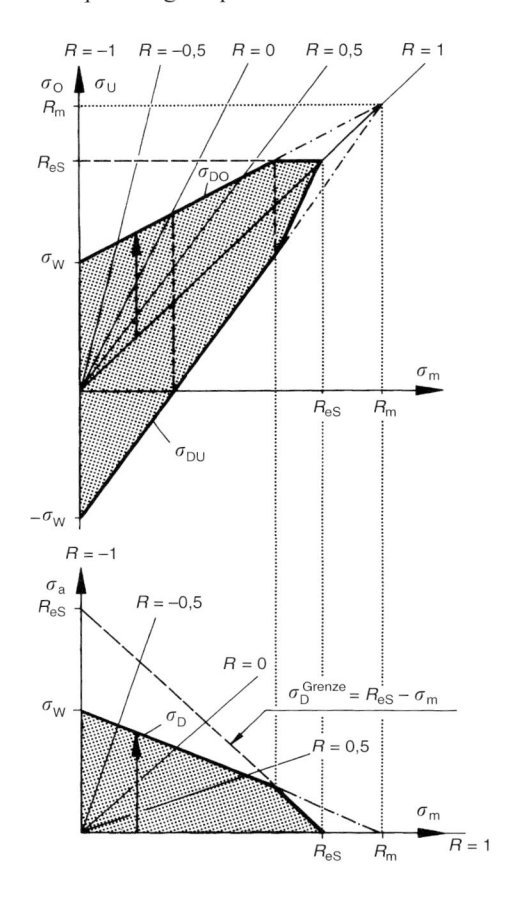

Bild 57-4
Zusammenhang zwischen Smith- (oben) und Haigh-Diagramm (unten)

Bei dem im unteren Teil von Bild 57-4 gezeigten Haigh-Diagramm ist die Dauerfestigkeit σ_D direkt als Funktion der Mittelspannung σ_m aufgetragen. Auch hier erfolgt eine Begrenzung der Amplituden durch $\sigma_D(\sigma_m) \leq R_{eS}$, um makroskopische plastische Verformungen auszuschließen. Dies glaubt man bei größeren Mittelspannungen durch Vorgabe der sog. Streckgrenzengerade

$$\sigma_D^{\text{Grenze}} = R_{eS} - \sigma_m \qquad (57.4)$$

zu erreichen, die im unteren Teil von Bild 57-4 gestrichelt eingezeichnet ist. Das Haigh-Diagramm kann man sich anschaulich durch Projektion des oberen Teils des Smith-Diagramms auf die horizontale x-Achse verdeutlichen. Gegenüber dem Smith-Diagramm bietet das Haigh-Diagramm dem Konstrukteur den Vorteil, dass zu gegebenen σ_m-Werten unmittelbar die zugehörigen Dauerfestigkeiten abgelesen werden können.

Der zwischen Smith- und Haigh-Diagramm bestehende Zusammenhang geht unmittelbar aus der Gegenüberstellung beider Schaubilder in Bild 57-4 hervor. Alle dauerfest ertragbaren Kombinationen aus Oberspannungen (bzw. Unterspannungen) und positiven Mittelspannungen sowie Spannungsamplituden und positiven Mittelspannungen befinden sich innerhalb der getönten Bereiche. Im Smith-Diagramm liegen die bestimmten R-Werten zukommenden σ_O, σ_m-Kombinationen auf den dünn ausgezogenen Geraden, die durch

$$\sigma_O = \sigma_m + \sigma_a = \left[\frac{1-R}{1+R}\right] \cdot \sigma_m \qquad (57.5)$$

gegeben sind. Im Haigh-Diagramm werden die bestimmten R-Werten zukommenden σ_a, σ_m-Kombinationen durch die Geraden

$$\sigma_a = \left[\frac{1-R}{1+R}\right] \cdot \sigma_m \qquad (57.6)$$

beschrieben.

Es gibt nur wenige Werkstoffe bzw. Werkstoffzustände, für die die Grenzlinien des Smith- bzw. Haigh-Diagramms hinreichend genau ermittelt wurden. Selbstverständlich müssten eigentlich alle für die Erstellung von Dauerfestigkeits-Schaubildern benutzten Messwerte statistisch abgesichert sein (vgl. V56 Statistische Auswertung von Dauerschwingversuchen). Da der dazu erforderliche experimentelle Aufwand aber sehr groß ist, informiert man sich oft nur stichprobenartig über den vorliegenden Mittelspannungseinfluss. Dazu werden z. B. nur die Wechselfestigkeit σ_W sowie die Dauerfestigkeit σ_D bei einer (mehreren) geeignet gewählten Mittelspannung(en) σ_m bestimmt und daraus Rückschlüsse auf die Mittelspannungsempfindlichkeit M gezogen. (Die Mittelspannungsempfindlichkeit ist definiert als die Steigung einer Sekante der Dauerfestigkeitslinie im Bereich im Bereich $-1 < R < 0$). Meist werden jedoch allein mit Hilfe der Wechselfestigkeit σ_W, der Streckgrenze R_{eS} und der Zugfestigkeit R_m die Grenzlinien der Dauerfestigkeitsschaubilder festgelegt. Erfahrungsgemäß liegen nämlich

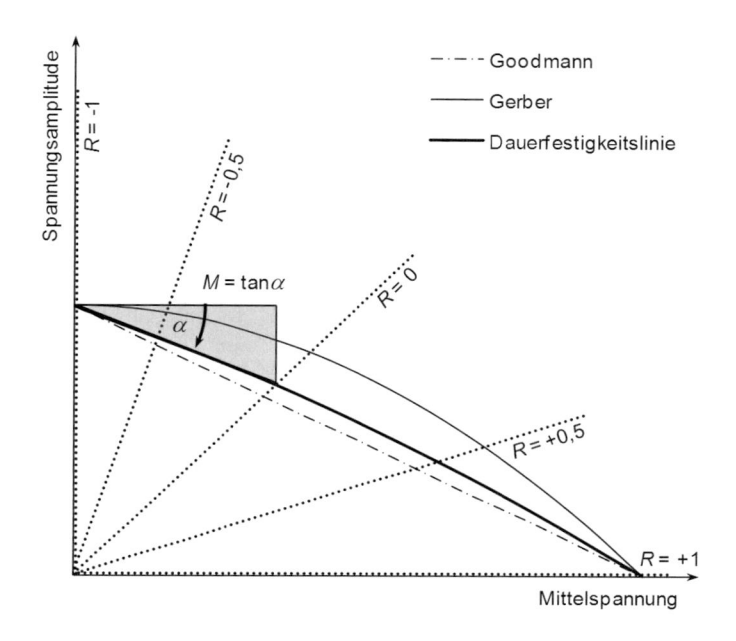

Bild 57-5 Haigh-Diagramm im Bereich $-1 < R < +1$ mit Goodmann-Gerade, Gerber-Parabel, schematischer Dauerfestigkeitslinie und Mittelspannungsempfindlichkeit M

bei vielen Werkstoffen im Beanspruchungsbereich $R > -1$ die von den Mittelspannungen abhängigen Dauerfestigkeiten innerhalb der Grenzen, die durch die sog. Goodman-Gerade

$$\sigma_D^{\text{Goodmann}} = \sigma_W \left[1 - \frac{\sigma_m}{R_m}\right] \tag{57.7}$$

und die sog. Gerber-Parabel

$$\sigma_D^{\text{Gerber}} = \sigma_W \left[1 - \left(\frac{\sigma_m}{R_m}\right)^2\right] \tag{57.8}$$

gegeben sind (vgl. Bild 57-5). Es ist also

$$\sigma_D^{\text{Goodmann}} < \sigma_D < \sigma_D^{\text{Gerber}} \tag{57.9}$$

erfüllt.

Ist dies der Fall, so können die obere und die untere Grenzlinie des Smith-Diagramms sowie der dauerfest ertragbare Beanspruchungsbereich des Haigh-Diagramms in konservativer Weise mit Hilfe des Goodman'schen Ansatzes berechnet werden, wenn vom Versuchswerkstoff die Wechselfestigkeit, die Streckgrenze und die Zugfestigkeit bekannt sind.

57.2 Aufgabe

Für den Baustahl S355JR mit einer Streckgrenze $R_{eS} = 355$ N/mm^2 und einer Zugfestigkeit $R_m = 630$ N/mm^2 ist zunächst die Wechselfestigkeit σ_W zu bestimmen. Dann sind für $\sigma_m = +100$ N/mm^2, $+200$ N/mm^2 und $+300$ N/mm^2 die Dauerfestigkeiten σ_D zu ermitteln. Die Messwerte von σ_D sind mit den nach Goodman und Gerber berechneten zu vergleichen. Für das Untersuchungsmaterial sind das Smith- und das Haigh-Diagramm anzugeben.

57.3 Versuchsdurchführung

Für die Untersuchungen sind bruchlastspielzahlorientierte Dauerschwingversuche erforderlich. Diese können mit konventionellen Pulsatoren oder Schwingprüfmaschinen durchgeführt werden. Mit einem entsprechenden Gerät werden vier Versuche mit Mittelspannungs-Amplituden-Kombinationen durchgeführt, die Bruchlastspielzahlen von etwa $N_B \approx 10^4$ ergeben. Wegen des großen Zeitbedarfs für die zur Lösung der Aufgabe insgesamt erforderlichen Versuche liegen hinreichend viele Messergebnisse in tabellierter Form vor. Zunächst werden über den Bruchlastspielzahlen die Spannungsamplituden aufgetragen und durch Wöhlerkurven vom Typ I approximiert. Die Wechselfestigkeit und die Dauerfestigkeiten werden dann statistisch bestimmt (vgl. V56 Statistische Auswertung von Dauerschwingversuchen). Danach werden die nach Gl. 57.7 bzw. 57.8 nach Goodman bzw. Gerber zu erwartenden Dauerfestigkeiten berechnet und mit den experimentell beobachteten Dauerfestigkeiten verglichen. Ist Gl. 57.9 erfüllt, dann werden unter Zugrundelegung sowohl der Gl. 57.7 als auch der Gl. 57.8 das Smith- und das Haigh-Diagramm konstruiert.

57.4 Weiterführende Literatur

[Hai06]   Haibach, E.: Betriebsfestigkeit, Springer, Berlin, 2006
[Rad07]   Radaj, D.; Vormwald, M.: Ermüdungsfestigkeit, Springer, Berlin, 2007
[Chr09]   Christ, H.-J.: Ermüdungsverhalten metallischer Werkstoffe, Wiley-VCH, Weinheim, 2009
[Tro89]   Troost, A.: Einführung in die allgemeine Werkstoffkunde metallischer Werkstoffe I, 2., überarb. Aufl., Springer, 1989
[Fro74]   Frost, N. E.: Metal Fatigue, Clarendon Press, Oxford, 1974
[Gün73]   Günther, W.: Schwingfestigkeit, VEB Grundstoffindustrie, Leipzig, 1973
[Rei81]   Reik, W.; Mayr, P.; Macherauch, E.: Eine notwendige Änderung der Dauerfestigkeitsschaubilder bei Schwingfestigkeitsuntersuchungen, Archiv für das Eisenhüttenwesen, Band 52 (1981), Heft 8, Seiten 325–328
[Mun71]   Munz, D.: Dauerschwingverhalten metallischer Werkstoffe, Vieweg, Braunschweig, 1971

57.5 Symbole, Abkürzungen

Symbol/Abkürzung	Bedeutung	Einheit
N_B	Bruchlastspielzahl	-
R	Spannungsverhältnis	MPa
R_{eS}	Streckgrenze	MPa
R_m	Zugfestigkeit	MPa
σ_a	Spannungsamplitude	MPa
σ_D	Dauerfestigkeit	MPa
σ_{DO}	Oberspannungsdauerfestigkeit	MPa
σ_{DU}	Unterspannungsdauerfestigkeit	MPa
σ_m	Mittelspannung	MPa
σ_O	Oberspannung	MPa
σ_U	Unterspannung	MPa
σ_W	Wechselfestigkeit	MPa

V58 Kerbwirkung bei Schwingbeanspruchung

58.1 Grundlagen

Nach V43 ist bei zügiger Beanspruchung die Zugfestigkeit gekerbter duktiler Proben stets größer als die glatter. Erfahrungsgemäß ergibt sich dagegen bei zyklischer Beanspruchung, dass gekerbte gegenüber glatten Proben eine kleinere Wechselfestigkeit besitzen. Die vorliegenden Verhältnisse sind in Bild 58-1 schematisch durch die Spannungs-Wöhlerkurven (vgl. V55) glatter und gekerbter Proben desselben Werkstoffzustandes bei reiner Wechselbeanspruchung dargestellt. Dabei ist R_m die Zugfestigkeit, R_{Km} die Kerbzugfestigkeit, σ_W die Wechselfestigkeit und σ_{KW} die Kerbwechselfestigkeit. Im Zeitfestigkeitsgebiet besitzen gekerbte Proben eine kleinere Lebensdauer als ungekerbte, im Kurzzeitfestigkeitsgebiet kehren sich diese Verhältnisse um. Die Wechselfestigkeit gekerbter Proben nimmt i. Allg. umso stärker mit der Formzahl α_K ab, je größer die Zugfestigkeit und damit die Härte (vgl. V36) des Werkstoffes ist. Als Beispiel sind in Bild 58-2 die Biegewechselfestigkeiten für mehrere Stähle mit verschiedenen Formzahlen in Abhängigkeit von der Härte wiedergegeben. Es wird deutlich das, bei α_K = const., die Kerbempfindlichkeit bei schwingender Beanspruchung mit zunehmender Härte steigt. Bei großen Formzahlen wird aber – unabhängig von Stahltyp und Ausgangshärte – praktisch die gleiche Biegewechselfestigkeit beobachtet.

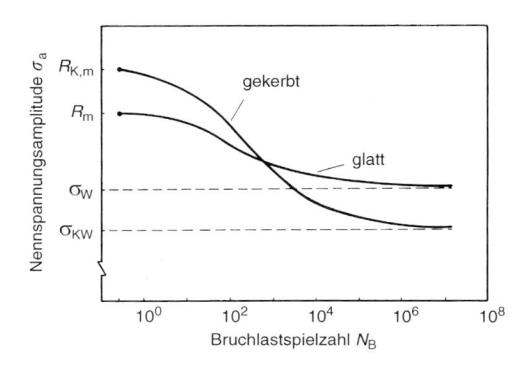

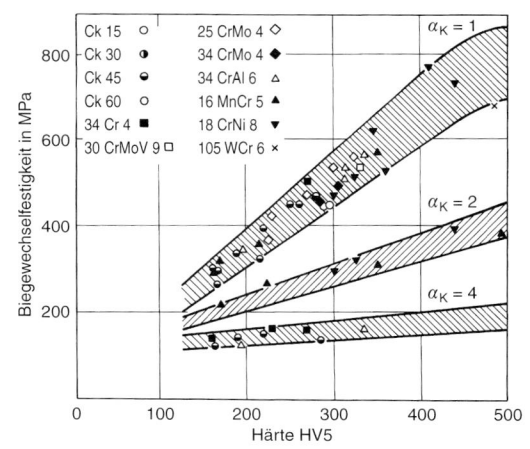

Bild 58-1
Wöhlerkurven (schematisch) glatter und gekerbter Proben eines duktilen Werkstoffes

Bild 58-2
Biegewechselfestigkeit in Abhängigkeit von der Härte bei verschiedenen Formzahlen

Hinsichtlich der Beeinflussung der Wechselfestigkeit glatter Werkstoffproben durch Kerben der Formzahl α_K lassen sich grundsätzlich die in Bild 58-3 dargestellten Fälle unterscheiden:

1) Die Kerbe hat keinen Einfluss auf die Wechselfestigkeit, dann ist $\sigma_{KW} = \sigma_W$. Ein Beispiel für derartiges Verhalten stellt Gusseisen mit Lamellengraphit dar.

2) Die Kerbe hat einen geringeren Einfluss auf die Wechselfestigkeit, als ihrer Formzahl α_K entspricht. Dann lässt sich die wirksame Spannungsamplitude im Kerbgrund durch

$$\sigma_a = \beta_K \cdot S_a \qquad (58.1)$$

mit $\beta_K < \alpha_K$ beschreiben, und die Kerbwechselfestigkeit ergibt sich zu

$$\sigma_{KW} = \frac{\sigma_W}{\beta_K}. \qquad (58.2)$$

Dieser Fall liegt meistens vor.

3) Die Kerbe hat einen der vollen Kerbwirkung entsprechenden Einfluss auf die Wechselfestigkeit. Dann ist bei einer Nennspannung S_a die wirksame Spannungsamplitude im Kerbgrund

$$\sigma_a = \frac{\alpha_k}{S_a} \qquad (58.3)$$

und man erwartet als Kerbwechselfestigkeit

$$\sigma_{KWmax} = \frac{\sigma_W}{\alpha_K}. \qquad (58.4)$$

Dieser Fall tritt praktisch nicht auf.

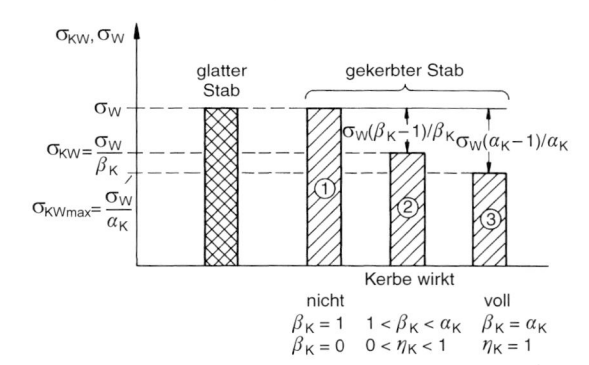

Bild 58-3
Formale Erfassung der möglichen Auswirkung von Kerben auf die Wechselfestigkeit

Die Größe

$$\beta_K = \frac{\sigma_W}{\sigma_{KW}} \qquad (58.5)$$

wird als Kerbwirkungszahl, die Größe

$$\eta_K = \frac{\beta_K - 1}{\alpha_K - 1} \qquad (58.6)$$

als Kerbempfindlichkeitszahl bezeichnet. Ist die Kerbe unwirksam (Fall 1), so ist $\beta_K = 1$ und $\eta_K = 0$. Bei voller Wirksamkeit der Kerbe (Fall 3) wäre dagegen $\beta_K = \alpha_K$ und $\eta_K = 1$. Bei abgeschwächter Kerbwirkung schließlich (Fall 2) wird $1 < \beta_K < \alpha_K$ und $0 < \eta_K < 1$. Im Gegensatz zur Formzahl ist β_K stark vom untersuchten Werkstoff und der Oberflächengüte abhängig. Bei vorgegebenem Werkstoff und einheitlichen Versuchsbedingungen ermöglichen β_K und η_K die formale Erfassung der Kerbwirkung bei Wechselbeanspruchung.

In Bild 58-4 sind als Beispiel die bei einer abgesetzten Welle aus dem Baustahl E295, mit unterschiedlichen Ausrundungsradien ρ und damit Formzahlen α_K, unter Wechselbiegebeanspruchung beobachteten η_K und β_K wiedergegeben. Beide Größen, deren werkstoffmechanische und metallphysikalische Bedeutung weiterer Untersuchungen bedarf, steigen mit wachsendem α_K an. Gelegentlich werden die Gl. 58.1 und 58.2 auch auf zeitfest ertragene Spannungsamplituden angewandt (vgl. V55). Dann wird β_K lastspielzahlabhängig und kann auch größere Werte als α_K annehmen.

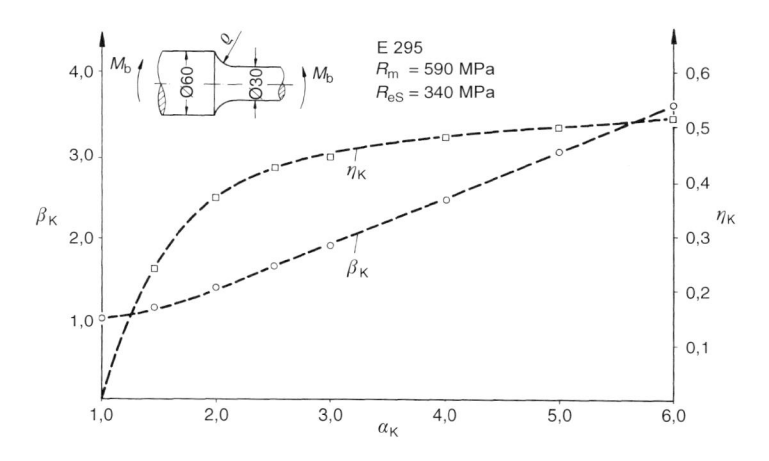

Bild 58-4 η_K und β_K als Funktion der Formzahl α_K bei einem wechselbiegebeanspruchten Wellabsatz aus E295

58.2 Aufgabe

Von gekerbten Probestäben aus vergütetem 42CrMo4 mit unterschiedlichen Formzahlen ($\alpha_K = 1{,}0$; $2{,}4$ und $5{,}6$) sind Spannungs-Wöhlerkurven aufzunehmen und die Kerbwirkungszahlen sowie die Kerbempfindlichkeitszahlen zu bestimmen. Die Gl. 58.5 und 58.6 sind formal auch auf Zeit- und Kurzzeitfestigkeiten anzuwenden. Die Versuchsergebnisse sind zu diskutieren.

58.3 Versuchsdurchführung

Für die Versuche steht eine mechanische Schwingprüfmaschine mit Exzenterverstellung zur Verfügung (vgl. V55). Der Messquerschnitt der glatten und der Kerbquerschnitt der gekerbten Zylinderstäbe sind gleich groß. Die unterschiedlichen Formzahlen werden durch umlaufende Winkelkerben mit verschiedenen Flankenwinkeln und Kerbradien realisiert. Die ungekerbten Proben werden bei einer Zug- Druck- Wechselbeanspruchung mit den Spannungsamplituden $\sigma_a = 800$, 700, 600, 500 und 480 MPa geprüft und die dabei auftretenden Bruchlastspielzahlen ermittelt. Bei den gekerbten Proben werden geeignet veränderte Spannungsamplituden aufgeprägt. Wegen des großen Zeitaufwandes für die Versuche wird für jeden Probentyp ein Dauerschwingversuch mit einer Spannungsamplitude durchgeführt, die etwa auf $N_B \approx 10^4$ führt. Alle anderen Messwerte liegen bereits in tabellierter Form vor. Die Spannungsamplituden σ_a werden über dem Logarithmus von N_B aufgetragen. Durch die Messwerte werden Wöhlerkurven vom Typ I gelegt bzw. statistisch abgesichert berechnet und σ_W bzw. σ_{KW} bestimmt. Damit sind die Angaben von β_K und η_K möglich. Ferner werden den Wöhlerkurven die Kurzzeit- und Zeitfestigkeiten für die Bruchlastspielzahlen 10, 10^2, 10^3, 10^4 und 10^5 entnommen und diesen formale β_K- und η_K-Werte zugeordnet.

58.4 Weiterführende Literatur

[Fro74]   Frost, N. E., Marsh, K. J., Pook L. J.: Metal Fatigue. Clarendon Press, Oxford, 1974
[Gro96]   Gross, D.: Bruchmechanik, Springer, Berlin, 1996
[Hai06]   Haibach, E.: Betriebsfestigkeit, Springer, Berlin, 2006
[Mun71]   Munz, D.; Schwalbe u. Mayr u. P.: Dauerschwingverhalten metallischer Werkstoffe. Vieweg, Braunschweig, 1971
[Rad07]   Radaj, D.: Ermüdungsfestigkeit, Springer, Berlin, 2007
[Sch85]   Schott, G.: Werkstoffermüdung, 3. Aufl., VEB Grundstoffind., Leipzig, Ermüdungsfestigkeit, Springer, Berlin, 1985

58.5 Symbole, Abkürzungen

Symbol/Abkürzung	Bedeutung	Einheit
R_m	Zugfestigkeit	MPa
R_{Km}	Kerbzugfestigkeit	MPa
S_a	Nennspannungsamplitude	MPa
σ_a	Spannungsamplitude	MPa
σ_W	Wechselfestigkeit	MPa
σ_{KW}	Kerbwechselfestigkeit	MPa
α_K	Formzahl	
β_K	Kerbwirkungszahl	
η_K	Kerbempfindlichkeitszahl	
ρ	Außenrundradius	mm
N_B	Bruchschwingspielzahl	-

V59 Wechselverformung unlegierter Stähle

59.1 Grundlagen

Die Ermüdung metallischer Werkstoffe bei Wechselbeanspruchung setzt das Auftreten plastischer Verformungen voraus. Diese Aussage gilt bei unlegierten Stählen auch dann, wenn die aufgeprägten Spannungsamplituden kleiner als die untere Streckgrenze sind. Es besteht daher ein großes praktisches Interesse an der Messung der im Anfangsstadium einer Wechselbeanspruchung entstehenden plastischen Dehnungen. Dazu werden die während des Durchlaufens einzelner Lastwechsel von den Versuchsproben ertragenen Spannungen und die resultierenden Dehnungen aufgenommen und gegeneinander aufgetragen. Solange sich der Werkstoff rein elastisch verformt, ergibt sich dabei die sogenannte Hookesche Gerade (Bild 59-1 links). Treten dagegen während eines Lastwechsels plastische Deformationen auf, so wird an der Versuchsprobe Verlustarbeit geleistet, und es entsteht als Spannungs-Dehnungs-Zusammenhang eine Hystereseschleife (Bild 59-1 rechts). Diese ist charakterisiert durch die Spannungsamplitude σ_a, die Totaldehnungsamplitude $\varepsilon_{a,t}$ und die Fläche

$$A = \oint \sigma \, d\varepsilon_t \tag{59.1}$$

welche die pro Lastspiel an der Probe geleistete plastische Verformungsarbeit pro Volumeneinheit darstellt. Die Totaldehnung ε_t umfasst zu jedem Zeitpunkt einen elastischen Anteil ε_e und einen plastischen Anteil ε_p. Dieser plastische Anteil ε_p, bei $\sigma = 0$, bestimmt die halbe Breite der Hystereseschleife und wird als plastische Dehnungsamplitude $\varepsilon_{a,p}$ bezeichnet. Treten während einer Wechselbeanspruchung im Werkstoff Vorgänge auf, die zu Veränderungen des σ-ε_t-Zusammenhanges führen, so sind die Hysteresiskurven nicht geschlossen und ändern mit der Lastspielzahl ihre Form.

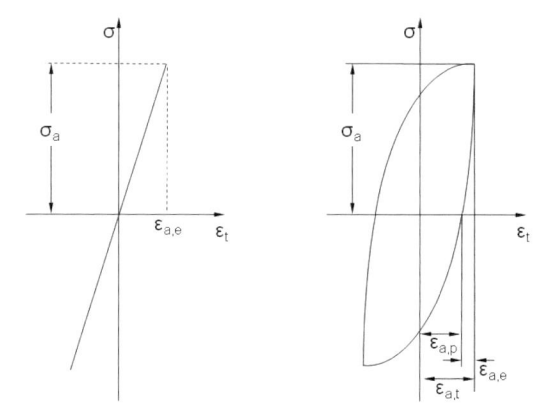

Bild 59-1
Spannungs-Totaldehnungs-Zusammenhang bei rein elastischer (links) und elastisch-plastischer (rechts) zyklischer Beanspruchung

Bei Dauerschwingversuchen sind grundsätzlich drei verschiedene Versuchsdurchführungen möglich, je nachdem, ob die Spannungsamplitude σ_a, die Totaldehnungsamplitude $\varepsilon_{a,t}$ oder die plastische Dehnungsamplitude $\varepsilon_{a,p}$ während der Schwingbeanspruchung konstant gehalten wird. In Bild 59-2 sind schematisch die bei diesen Versuchsführungen vorliegenden Verhältnisse dargestellt. Nimmt mit der Lastspielzahl bei $\varepsilon_{a,t}$ = const. bzw. $\varepsilon_{a,p}$ = const. die Spannungsamplitude zu (ab) zeigt der Werkstoff ein wechselverfestigendes (wechselentfestigendes) Verhalten. Dagegen handelt es sich bei einer spannungskontrollierten Versuchsführung mit σ_a = const. um eine Wechselverfestigung (Wechselentfestigung), wenn die plastische Dehnungsamplitude $\varepsilon_{a,p}$ mit der Lastspielzahl abnimmt (zunimmt). In der letzten Spalte von Bild 59-2 sind jeweils die für Wechselverfestigung typischen Reaktionsgrößen in Abhängigkeit vom Logarithmus der Lastspielzahl aufgezeichnet. Diese Zusammenhänge heißen Wechselverformungskurven.

konst. Größe	Messgröße		Mögliche Hystereseschleifen bei N_1 und $N_2 \gg N_1$	Zugehörige Wechselverformungskurven
σ_a	$\varepsilon_{a,t}$	$\varepsilon_{a,p}$		$\varepsilon_{a,t}(N)$, $\varepsilon_{a,p}(N)$
$\varepsilon_{a,t}$	$\varepsilon_{a,p}$	σ_a		$\varepsilon_{a,p}(N)$, $\sigma_a(N)$
$\varepsilon_{a,p}$	σ_a	$\varepsilon_{a,t}$		$\varepsilon_{a,t}(N)$, $\sigma_a(N)$

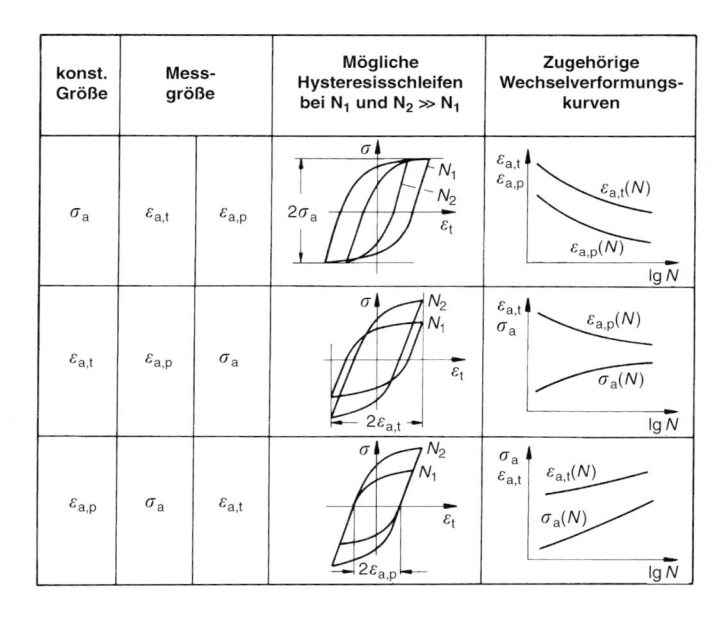

Bild 59-2 Auswirkung unterschiedlicher Versuchsführung bei Untersuchungen der anrissfreien Ermüdungsphase metallischer Werkstoffe. Die angegebenen Hysterisisschleifen und die zugehörigen Wechselverformungskurven sind typisch für wechselverfestigende Werkstoffzustände.

In Bild 59-3 ist für Ck 45 im normalisierten Zustand das Ergebnis von Zug-Druck-Dauerschwingversuchen mit verschiedenen konstanten Spannungsamplituden, σ_a = const. < R_{eL}, wiedergegeben. Dargestellt ist jeweils die plastische Dehnungsamplitude als Funktion der Lastspielzahl. Es wird deutlich, dass die plastische Verformung mit steigender Spannungsamplitude bei kleinerer Lastspielzahl einsetzt. Die anfängliche Zunahme der $\varepsilon_{a,p}$-Werte ist mit inhomogenen Verformungserscheinungen in Form von Ermüdungslüdersbändern verknüpft. Die spätere Abnahme der $\varepsilon_{a,p}$-Werte ist der Ausbildung spezieller Versetzungsstrukturen zuzuordnen. Der Messwertanstieg vor dem jeweiligen Probenbruch (↑) ist auf eine Anrissöffnung zurückzuführen. Für vergleichbare Ermüdungszustände können derartigen Wechselverformungskurven die plastischen Dehnungs- und Spannungsamplituden entnommen und gegeneinander aufgetragen werden. Auf diese Weise kann die zyklische Spannungs-Dehnungs-Kurve des untersuchten Werkstoffs bzw. Werkstoffzustandes ermittelt werden. Dabei ist in bestimmten Fällen der Rückgriff auf die Zahlenwerte, die bei Rissbildung oder bei $N = N_B/2$ vorliegen, in strukturmechanischer Hinsicht sinnvoll.

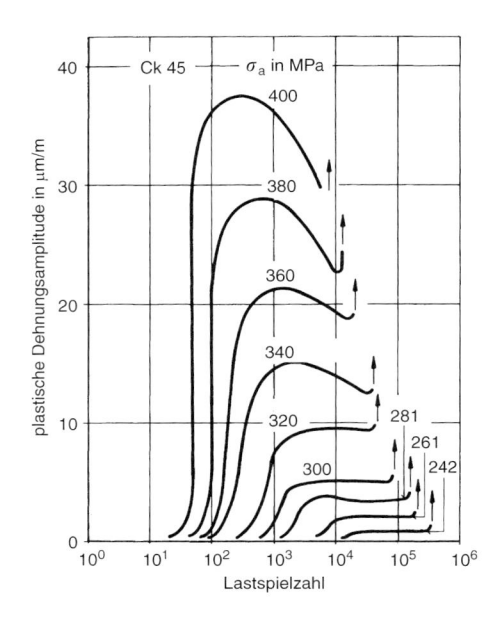

Bild 59-3
Wechselverformungskurven von Ck 45 bei spannungskontrollierter Versuchsführung

Bild 59-4 zeigt die zyklischen Spannungs-Dehnungs-Kurven einiger normalisierter unlegierter Stähle.

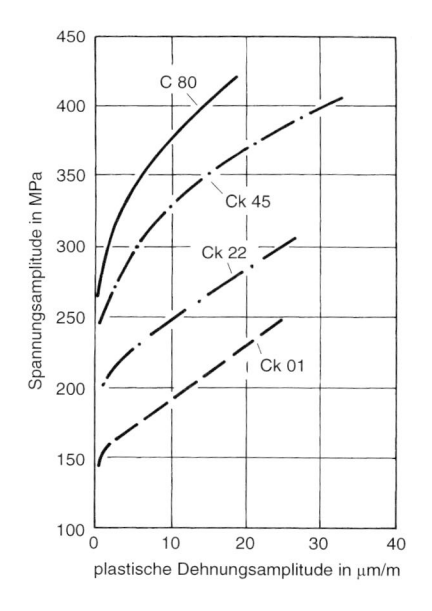

Bild 59-4
Zyklische Verfestigungskurven unlegierter Stähle

59.2 Aufgabe

Für Proben aus normalisiertem Ck 35 sind mit mehreren Spannungsamplituden die im anrissfreien Ermüdungsbereich auftretenden Vorgänge bei mittelspannungsfreier Zug-Druck-Wechselbeanspruchung zu untersuchen. Die Wechselverformungskurven und die zyklische Spannungs-Dehnungskurve sind anzugeben. Die zyklische und die zügige Spannungs-Dehnungskurve sind gegenüberzustellen und zu diskutieren.

59.3 Versuchsdurchführung

Für die Untersuchungen steht eine servohydraulische Versuchseinrichtung zur Verfügung. Die maximale Prüfkraft beträgt 100 kN. Einzelheiten der Messanordnung gehen aus Bild 59-5 hervor. Die Proben werden in die hydraulischen Fassungen der Maschine eingespannt und mit einem kapazitiven Dehnungsaufnehmer versehen. Die Maschine wird so eingestellt, dass die Proben mit Spannungsamplituden von $\sigma_a = 0{,}4\,R_{eL}$; $0{,}5\,R_{eL}$; $0{,}6\,R_{eL}$; $0{,}7\,R_{eL}$ und $0{,}8\,R_{eL}$ beaufschlagt werden. Es wird mit einer dreieckförmigen Last-Zeit-Funktion gearbeitet, bei einer Frequenz von 5 Hz. Die Hysteresisschleifen werden in hinreichend dichter Folge bis zum jeweiligen Anriss der Proben rechnergesteuert gemessen und abgespeichert. Nach Versuchsende werden aus den Messdaten unter Berücksichtigung der Probengeometrie und der Kalibrierungsfaktoren der Kraftmessdose und der Dehnungsmesseinrichtung die interessierenden Spannungsamplituden und plastischen Dehnungsamplituden berechnet. $\varepsilon_{a,p}$ wird als Funktion von $\lg N$ dargestellt und in einem Diagramm veranschaulicht. Aus den sechs Wechselverformungskurven ist die zyklische Verfestigungskurve, unter Vergleich der bei $N = N_B/2$ vorliegenden Probenzustände, zu ermitteln. Zuletzt wird eine Versuchsprobe mit der sich aus der Prüffrequenz der Schwingversuche ergebenden Verformungsgeschwindigkeit zugverformt und der Anfangsteil der zügigen Verfestigungskurve bestimmt.

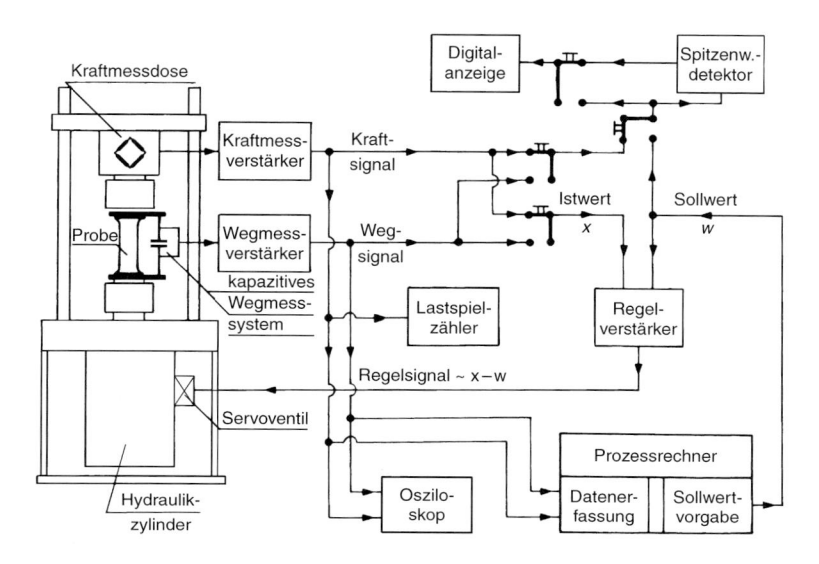

Bild 59-5 Servohydraulische Versuchseinrichtung mit Prozessrechner zu Sollwertvorgabe und Datenerfassung (schematisch)

59.4 Weiterführende Literatur

[Dah78] Dahl, W.: Verhalten von Stahl bei schwingender Beanspruchung, Verlag Stahleisen, Düsseldorf, 1978
[Hai06] Haibach, E.: Betriebsfestigkeit, Springer, Berlin/Heidelberg, 2006
[Rad07] Radaj, D.: Ermüdungsfestigkeit, Springer, Berlin/Heidelberg, 2007
[VDI76] Werkstoff- und Bauteilverhalten unter Schwingbeanspruchung, VDI-Bericht 286, VDI, Düsseldorf, 1976

59.5 Symbole, Abkürzungen

Symbol/Abkürzung	Bedeutung	Einheit
R_m	Zugfestigkeit	MPa
R_{eL}	Streckgrenze	MPa
N	Lastspielzahl	-
σ_a	Spannungsamplitude	MPa
σ_W	Wechselfestigkeit	MPa
$\varepsilon_{a,t}$	Totaldehnungsamplitude	µm/m
ε_t	Totaldehnung	µm/m
ε_p	Plastischer Dehnungsanteil	µm/m
$\varepsilon_{a,p}$	Plastische Dehnungsamplitude	µm/m
ε_e	Elastischer Dehnungsanteil	µm/m
$\varepsilon_{a,e}$	Elastische Dehnungsamplitude	µm/m

V60 Zyklisches Kriechen

60.1 Grundlagen

Für das Ermüdungsverhalten metallischer Werkstoffe während der anrissfreien Phase (vgl. V63) sind strukturelle Veränderungen typisch, die sich innerhalb des Probenvolumens als Folge plastischer Verformungsvorgänge ausbilden. Sie lassen sich pauschal an Hand der während der einzelnen Schwingspiele auftretenden Spannungs-Dehnungs-Zusammenhänge (Hysteresisschleifen) beurteilen (vgl. V59). Werden spannungskontrollierte Ermüdungsversuche (σ_a = const.) mit konstanter Mittelspannung σ_m durchgeführt, so können ähnliche Hysteresisschleifen auftreten wie in Bild 60-1. Als Kenngrößen einer solchen Hysteresisschleife sind die Mitteldehnung ε_m sowie die totale und die plastische Dehnungsamplitude $\varepsilon_{a,t}$ und $\varepsilon_{a,p}$ anzusehen. Während der Schwingbeanspruchung tritt in Abhängigkeit von der Schwingspielzahl N eine Änderung der plastischen Dehnungsamplitude $\varepsilon_{a,p}$ und damit – bei konstant gehaltenem Mittelspannungswert – eine Änderung der Breite der Hysteresisschleife auf. Wird $\varepsilon_{a,p}$ über $\lg N$ aufgetragen, so ergibt sich die für die gewählte σ_a,σ_m-Kombination gültige Wechselverformungskurve. Daneben können während der mittelspannungsbeaufschlagten Schwingbeanspruchung entweder durch zyklische Erwärmung oder durch gerichtete plastische Deformationsprozesse Mitteldehnungsänderungen auftreten. Der zuletzt angesprochene Prozess wird zyklisches Kriechen (Ratcheting) genannt. Der grundsätzliche Befund wird durch Bild 60-2 belegt. Dort ist im linken Teilbild für 42CrMo4 im normalgeglühten Zustand die Wechselverformungskurve aufgezeichnet, die sich bei einer Mittelspannung σ_m = 20 MPa und einer Spannungsamplitude σ_a = 295 MPa ergibt. Im unteren Teilbild ist die Mitteldehnung aufgetragen, die die Probe während der Schwingbeanspruchung erfährt. Nach $3 \cdot 10^4$ Schwingspielen hat sich unter den vorliegenden Bedingungen die Probe um etwa 0,6 % verlängert. Die untere Streckgrenze des untersuchten Werkstoffzustandes lag bei ~ 345 MPa.

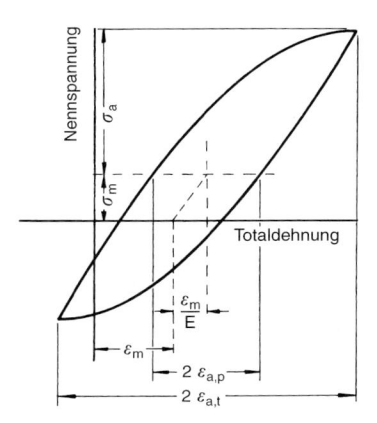

Bild 60-1 Hysteresisschleife bei Schwingbeanspruchung mit Mittelspannung

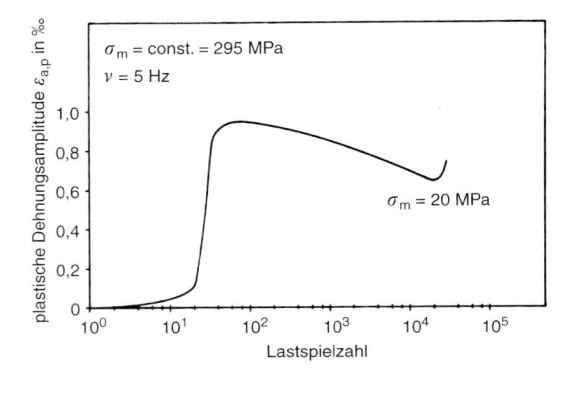

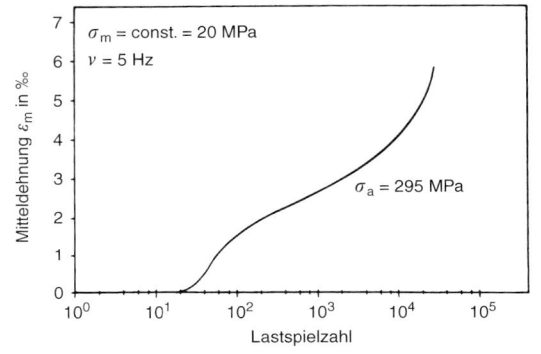

Bild 60-2
Zyklisches Kriechen von 42CrMo4 unter Zug-Druck-Beanspruchung

Im unteren Teil von Bild 60-3 sind als weiteres Beispiel die bei normalgeglühtem Ck45 unter verschiedenen Mittelspannungen bei einer Spannungsamplitude von 320 MPa auftretenden Mitteldehnungen wiedergegeben. Die Mitteldehnungen nehmen umso rascher größere Werte an, je größer die Mittelspannung ist. Die zugehörigen Wechselverformungskurven im oberen Teil von Bild 60-3 sind praktisch unabhängig von der Mittelspannung.

Diesen Abmessungsinstabilitäten bei nicht mittelspannungsfreier Ermüdung kommt eine grundsätzliche Bedeutung zu und das macht eine Modifizierung der bekannten Dauerfestigkeits-Schaubilder (vgl. V57) notwendig, wenn diese – wie in der Praxis üblich – auch auf zeitfest ertragene Spannungsamplituden erweitert werden. Dabei wird implizit stets davon ausgegangen, dass bei schwingender Beanspruchung solange keine makroskopischen plastischen Verformungen auftreten, wie die Oberspannung kleiner bleibt als die Streckgrenze. Nach Bild 60-2 und 60-3 können aber bei Beanspruchungskombinationen, die nach den heute üblicherweise zur zeitfesten Dimensionierung verwandten Smith- bzw. Haigh-Dauerfestigkeitsschaubildern durchaus zulässig sind, erheblich größere Abmessungsänderungen als 0,2 % auftreten. Es scheint daher sinnvoll, das Versagenskriterium „Ermüdungsbruch" durch das Versagenskriterium bleibende „Kriechdehnung" zu ergänzen. Bild 60-4 zeigt ein erweitertes Haigh-Diagramm, in dem Wechselverformungs- und die zyklischen Kriechdehnungen (Mitteldehnungen) bei konstanten Schwingspielzahlen N_i bzw. Anrissschwingspielzahlen N_A als Funktion der Spannungsamplitude σ_a und der zugehörigen Mittelspannung σ_m für normalisierten Ck45 aufgetragen sind.

V60 Zyklisches Kriechen

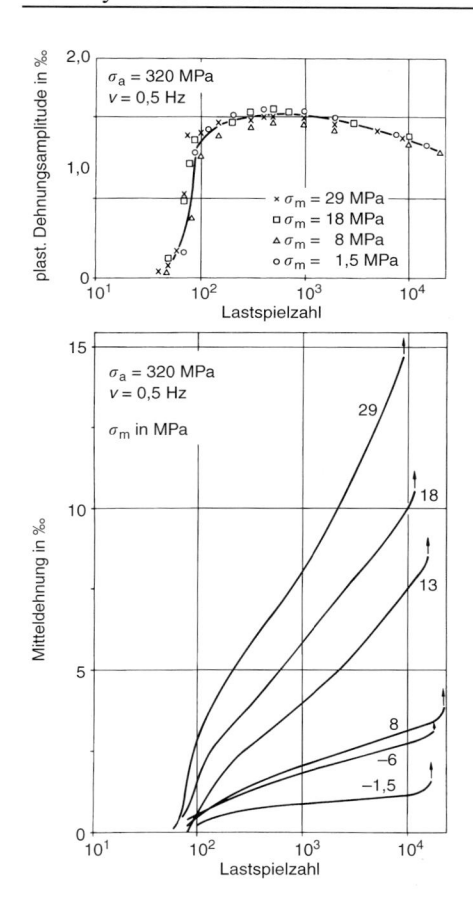

Bild 60-3
Wechselverformungs- und $\varepsilon_m, \lg N$-Kurven bei der Zug-Druck-Wechselbeanspruchung von normalgeglühtem Ck45 mit unterschiedlichen Mittelspannungen

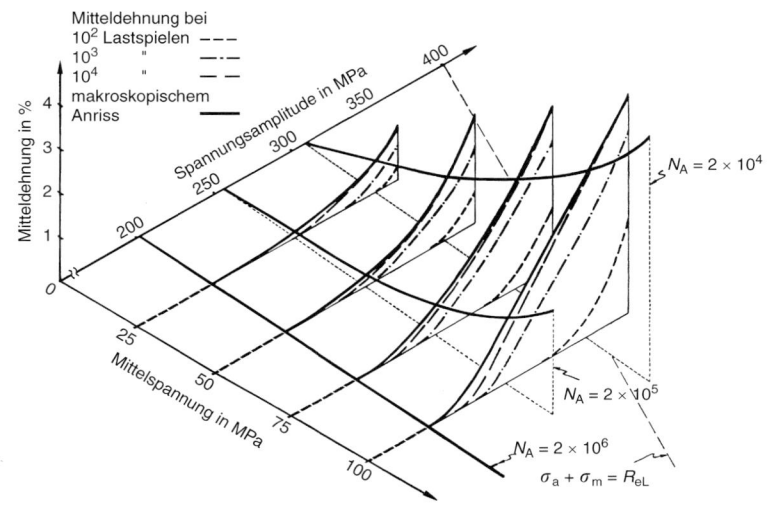

Bild 60-4 Ausschnitt aus einem erweiterten Dauerfestigkeitsschaubild für Ck45 im normalisierten Zustand

Man sieht, dass in dem durch die gestrichelte Streckgrenzengerade $\sigma_a + \sigma_m = R_{eL}$ (vgl. V57) abgegrenzten Diagrammbereich viele Kombinationen von Spannungsamplitude und Mittelspannung existieren, die auf z. T. beträchtliche Mitteldehnungen und damit makroskopische Probenabmessungsänderungen führen. Alle diese Beanspruchungskombinationen liefern Anrissschwingspielzahlen $N_A < 2 \cdot 10^6$.

60.2 Aufgabe

Das Wechselverformungsverhalten von normalisiertem Ck45 und vergütetem 42CrMo4 ist in der anrissfreien Phase unter Zug-Druck-Schwingbeanspruchung mit überlagerter Mittelspannung $\sigma_m \neq 0$ zu untersuchen. In beiden Fällen sind die auftretenden plastischen Längenänderungen in Abhängigkeit von der Schwingspielzahl zu messen und zu diskutieren.

60.3 Versuchsdurchführung

Für die Untersuchungen steht eine servohydraulische 50 kN-Schwingprüfmaschine zur Verfügung (vgl. V59), die mit einem Rechner zur Datenerfassung ausgerüstet ist. Zunächst wird eine normalgeglühte Rundprobe aus Ck45 (850 °C 1 h / Luftabkühlung im Glühkasten) biegefrei mit hydraulischen Fassungen eingespannt. Die Dehnungsmessung erfolgt mit einem kapazitiven Dehnungsaufnehmer, der mit einer Klemmvorrichtung an den Schultern der zylindrischen Proben befestigt wird. Die Probe wird mit einer Spannungsamplitude $\sigma_a = 320$ MPa und einer Mittelspannung $\sigma_m = 15$ MPa bis zum Bruch beansprucht. Die Spannungs- und Dehnungswerte werden gemessen und von einem Messwertrechner aufgezeichnet. Mit der vergüteten Probe aus 42CrMo4 (850 °C 3 h / Öl 20 °C / 570 °C 4 h / Ofenabkühlung) wird in gleicher Weise verfahren. Als Beanspruchungsgrößen werden $\sigma_a = 550$ MPa und $\sigma_m = 350$ MPa gewählt. Die Umrechnung der vom Rechner während des gesamten Versuchsablaufes gemessenen elektrischen Größen geschieht mittels eines Auswerteprogrammes, das die Geometrie der Probe sowie die Kalibrierfaktoren der verwendeten Kraftmessdose und der Dehnungsmesseinrichtung berücksichtigt. Das Rechnerprotokoll enthält zugeordnet zur jeweiligen Schwingspielzahl die Spannungsamplitude σ_a, die Mittelspannung σ_m, die plastische Dehnungsamplitude $\varepsilon_{a,p}$, die Mitteldehnung ε_m und die Totaldehnungsamplitude $\varepsilon_{a,t}$. Die $\varepsilon_{a,p}$,lg$N$- und ε_m,lg$N$- Kurven werden ermittelt und diskutiert. An Hand vorliegender Dauerfestigkeitsschaubilder werden die Konsequenzen der Versuchsergebnisse erörtert.

60.4 Weiterführende Literatur

[Pil78] Pilo, D.; Reik, W.; Mayr, P.; Macherauch, E.: Zum Mittelspannungseinfluß auf das Wechselverformungsverhalten unlegierter Stähle. Arch. Eisenhüttenwes. 49 (1978) 1, S. 31–36

[Pil79] Pilo, D.; Reik, W.; Mayr, P.; Macherauch, E.: Makroskopische Längenänderung als Folge von Mittelspannungswechseln bei Zug-Druck-Wechselverformung von Ck 45. Arch. Eisenhüttenwes. 50 (1979) 10, S. 439–442

[Pil80] Pilo, D.; Reik, W.; Mayr, P.; Macherauch, E.: Makroskopische Längenänderung unter schwingender Beanspruchung beim Stahl Ck 45 im normalgeglühten und im gereckten Zustand. Arch. Eisenhüttenwes. 51 (1980) 4, S. 155–157

60.5 Symbole, Abkürzungen

Symbol/Abkürzung	Bedeutung	Einheit
σ_m	Mittelspannung	MPa
σ_a	Spannungsamplitude	MPa
N	Schwingspielzahl	-
N_A	Schwingspielzahl bis zum Anriss	-
ε_m	Mitteldehnung	-
ε_a	Dehnungsamplitude	-
$\varepsilon_{a,t}$	Totaldehnungsamplitude	-
$\varepsilon_{a,p}$	plastische Dehnungsamplitude	-
ν	Frequenz	Hz
E	E-Modul	MPa
R_{eL}	Untere Streckgrenze	MPa

V61 Verformung und Verfestigung bei Wechselbiegung

61.1 Grundlagen

Die Wechselbiegebeanspruchung stellt einen technisch wichtigen inhomogenen Beanspruchungsfall dar (vgl. V44). Die bei der Biegewechselbeanspruchung auftretenden mikrostrukturellen Veränderungen lassen sich in der anrissfreien Phase der Ermüdung durch Hysteresismessungen nachweisen. Werden z. B. bei einem kfz Metall unter konstant gehaltener Randtotaldehnungsamplitude nach verschiedenen Schwingspielzahlen die Änderungen des Biegemomentes M_b und damit der Randspannung σ_R als Funktion der Randtotaldehnung $\varepsilon_{R,t}$ gemessen, so ergeben sich ähnliche Hystereseschleifen, wie sie in Bild 61-1 für Nickel wiedergegeben sind. Bei makroskopisch elastischer Biegung ist dabei die Randspannungsamplitude durch Gl. (61.1), bei makroskopisch überelastischer Biegung ($M_{b,a} > M_{eS}$) ist die fiktive Randspannungsamplitude (vgl. V44) durch Gl. (61.2) gegeben.

$$\sigma_{R,a} = \pm \frac{M_{b,a}}{W_b} \tag{61.1}$$

$$\sigma^*_{R,a} = \pm \frac{M_{b,a}}{W_b} \quad (M_{b,a} > M_{eS}) \tag{61.2}$$

Dabei ist W_b das Widerstandsmoment gegen Biegung. Die Amplitude der Randspannung σ_R, die Fläche der Hystereseschleife nach Gl. (6.3)

$$A = \oint \sigma_R \, d\varepsilon_{R,t} \tag{61.3}$$

und die plastische bzw. bleibende Randdehnungsamplitude $\varepsilon_{R,p}$ nach Entlasten auf $M_b = 0$ ändern sich mit der Schwingspielzahl in kennzeichnender Weise. Die Wechselverfestigung bewirkt, dass sich die Hystereseschleifen mit wachsender Schwingspielzahl aufrichten. $M_{b,a}$ und damit $\sigma_{R,a}$ werden dabei größer, und die plastische Randdehnungsamplitude fällt ab. $M_{b,a} = f(\lg N)$ bzw. $\sigma_{R,a} = f(\lg N)$ werden als Biegewechselverfestigungskurven bezeichnet.

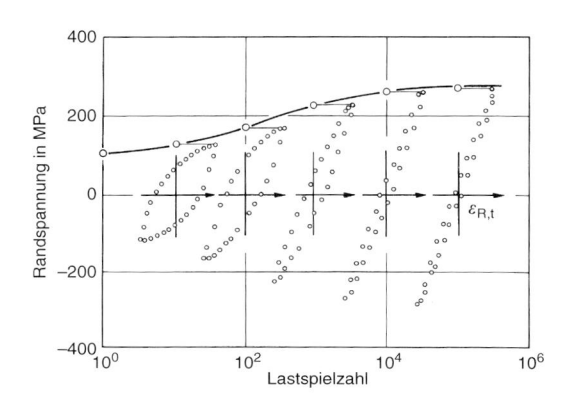

Bild 61-1
Biegewechselverformungskurve von rekristallisiertem Nickel mit charakteristischen Hystereseschleifen

In Bild 61-2 sind Wechselverformungskurven von reinem Nickel gezeigt, das in der Reihenfolge 1 bis 5 mit zunehmender konstanter Randtotaldehnungsamplitude biegewechselbeansprucht wurde. Man sieht, dass sich umso größere Randspannungsamplituden einstellen, je größer die Randtotaldehnungsamplitude ist. Die Wechselverformungskurven des Werkstoffs sind durch rasche Anfangsverfestigung und die Einstellung eines von der Totaldehnungsamplitude abhängigen Sättigungswertes der Amplitude der Randspannung (bzw. der Amplitude des Biegemomentes) charakterisiert. Die Sättigungsspannung wird umso früher erreicht, je größer die Randtotaldehnungsamplitude ist. Nach Erreichen der Sättigung ist in den Oberflächenkristalliten der ermüdeten Proben Mikrorissbildung (vgl. V63) nachweisbar. Werden die Spannungsamplituden der Sättigungszustände über den zugehörigen Randtotaldehnungsamplituden aufgetragen, so erhält man die zyklische Verfestigungskurve (vgl. V59).

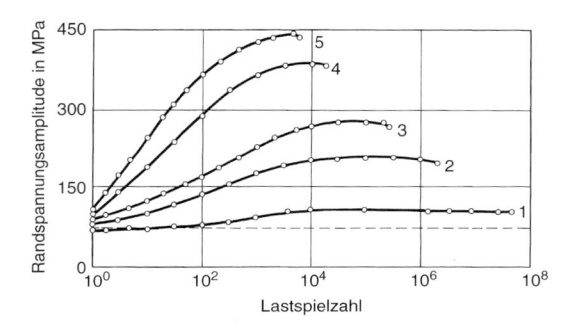

Bild 61-2
Einfluss der Randtotaldehnungsamplitude (1 kleinste, 5 größte) auf die Biegewechselverformungskurve von Nickel

61.2 Aufgabe

Bei vier konstanten Randtotaldehnungsamplituden sind für Kupfer die Hysteresisschleifen bis zu einer Schwingspielzahl von 10^4 aufzuzeichnen und die Amplitude des Biegemoments, die plastische Randdehnungsamplitude und die Fläche der Hysteresisschleife als Funktion des Logarithmus der Schwingspielzahl zu bestimmen. Die zyklische Verfestigungskurve für Biegewechsellast ist zu ermitteln und mit der vorliegenden zyklischen Verfestigungskurve unter Zug-Druck-Wechselbeanspruchung sowie der vorliegenden zügigen Verfestigungskurve zu vergleichen und zu diskutieren.

61.3 Versuchsdurchführung

Die Biegewechselversuche werden mit einer Wechselbiegemaschine durchgeführt, deren Prinzip Bild 61-3 zeigt. Das übertragene Biegemoment ist für alle Querschnittsteile gleich und wird über den Ausschlag einer Messschwinge mit Hilfe eines induktiven Verlagerungsaufnehmers gemessen. Die totale Randdehnungsamplitude, die während eines Versuches konstant bleibt, wird über einen verstellbaren Exzenter eingestellt. Da die jeweilige Randdehnung der Probe dem Biegewinkel proportional ist, kann sie nach entsprechender Eichung ebenfalls mit einem induktiven Verlagerungsaufnehmer gemessen werden. Biegemoment und Biegewinkel werden mit einem x,y-Schreiber registriert und liefern direkt die der Versuchsauswertung zugrunde zu legenden Hysteresisschleifen.

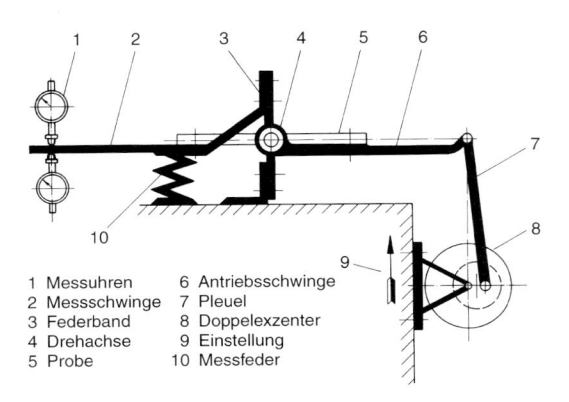

Bild 61-3 Prinzip einer Wechselbiegemaschine (Bauart Schenck)

Legende:
1 Messuhren
2 Messschwinge
3 Federband
4 Drehachse
5 Probe
6 Antriebsschwinge
7 Pleuel
8 Doppelexzenter
9 Einstellung
10 Messfeder

61.4 Weiterführende Literatur

[Sch01]   Schott, G.: Werkstoffermüdung – Ermüdungsfestigkeit. 4. Aufl., Dt. Verl. für Grundstoffindustrie, Leipzig, 2001

[Har63a] Hartmann, R. J.; Macherauch E.: Die Veränderung von Röntgeninterferenzen, Hysterese und Oberflächenbild bei ein- und wechselsinniger Beanspruchung von Messing, Nickel. Teil 2: Wechselverfestigung von reinem Nickel. In: Z. Metallkd. 54 (1963) 4, S. 197–206

[Har63b] Hartmann, R. J.; Macherauch E.: Die Veränderung von Röntgeninterferenzen, Hysterese und Oberflächenbild bei ein- und wechselsinniger Beanspruchung von Messing, Nickel und Stahl. Teil 3: Röntgenographische und mechanische Untersuchungen zur Biegewechselfestigkeit von Armcoeisen und 25 CrMo 4-Stahl. In: Z. Metallkd. 54 (1963) 4, S. 282–286

61.5 Symbole, Abkürzungen

Symbol/Abkürzung	Bedeutung	Einheit
$\sigma_{R,a}$	Amplitude der Randspannung	MPa
σ_R	Randspannung	MPa
M_b	Biegemoment	Nm
$M_{b,a}$	Amplitude des Biegemoments	Nm
W_b	Widerstandsmoment gegen Biegung	mm³
M_{eS}	Streckgrenzenmoment	Nm
$\varepsilon_{R,t}$	Randtotaldehnung	-
N	Schwingspielzahl	-

V62 Dehnungs-Wöhlerkurven

62.1 Grundlagen

Das Ergebnis lebensdauerorientierter Dauerschwingversuche mit konstanter Beanspruchungsamplitude sind Wöhlerkurven. Bei spannungskontrollierten Wechselbeanspruchungen ergeben sich je nach Werkstoff Wöhlerkurven vom Typ I oder Typ II (vgl. V55 Schwingfestigkeit). In beiden Fällen nehmen die bis zum Bruch ertragenen Lastspielzahlen mit abnehmender Beanspruchungsamplitude zu. Bei Stählen ist die Wechselfestigkeit durchweg kleiner als die Streckgrenze. Steigert man die Spannungsamplituden, so dass sich Lebensdauern im Zeitfestigkeits- und Kurzzeitfestigkeitsbereich (vgl. V55 Schwingfestigkeit) ergeben, so nähert man sich mit der Spannungsamplitude der Streckgrenze und überschreitet diese. Von Beginn der Wechselbeanspruchung an treten dann neben elastischen Dehnungen, die den Spannungen direkt proportional sind, auch plastische Dehnungen auf. Je nach Größe der Spannungsamplitude können dabei die plastischen Dehnungsamplituden erheblich größer als die elastischen sein. Dann ist es zweckmäßiger, an Stelle von Versuchen mit konstanter Spannungsamplitude solche mit konstanter Totaldehnungsamplitude $\varepsilon_{a,t}$ zu fahren. Führt man solche Experimente mit unterschiedlichen $\varepsilon_{a,t}$-Werten durch, so ergeben sich umso kleinere Lebensdauern, je größer die Totaldehnungsamplitude ist. Werden über den Bruchlastspielzahlen N_B die zugehörigen Totaldehnungsamplituden $\varepsilon_{a,t}$ doppellogarithmisch aufgetragen und die Messpunkte durch eine Ausgleichskurve ausgeglichen, so erhält man eine Dehnungs-Wöhlerkurve wie z. B. die stark ausgezogene Kurve in Bild 62-1.

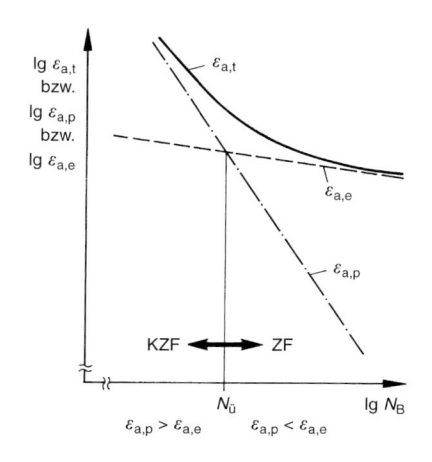

Bild 62-1
Dehnungs-Wöhlerkurve mit Kurzzeitfestigkeits- (KZF) und Zeitfestigkeitsgebiet (ZF)

Spaltet man die totale Dehnungsamplitude nach hinreichend großer Lastspielzahl, aber noch hinreichend weit von N_B entfernt, in ihren elastischen und plastischen Anteil – $\varepsilon_{a,e}$ und $\varepsilon_{a,p}$ – gemäß

$$\varepsilon_{a,t} = \varepsilon_{a,e} + \varepsilon_{a,p} \tag{62.1}$$

auf, so ergeben sich für beide Anteile näherungsweise lineare Zusammenhänge. Für das Verhältnis von elastischer zu plastischer Dehnungsamplitude gilt:

für $N_B > N_Ü$ ist $\varepsilon_{a,e} > \varepsilon_{a,p}$,

für $N_B = N_Ü$ ist $\varepsilon_{a,e} = \varepsilon_{a,p}$ und

für $N_B < N_Ü$ ist $\varepsilon_{a,e} < \varepsilon_{a,p}$.

$N_ü$ wird als Übergangslastspielzahl bezeichnet. Quantitativ gilt für die plastische Dehnungsamplitude

$$\varepsilon_{a,p} = \varepsilon_f \cdot N_B^{-\alpha} \tag{62.2}$$

und für die elastische Dehnungsamplitude

$$\varepsilon_{a,e} = \frac{\sigma_f}{E} \cdot N_B^{-\beta} \tag{62.3}$$

Dabei ist ε_f der Ermüdungsduktilitätskoeffizient, σ_f der Ermüdungsfestigkeitskoeffizient und E der Elastizitätsmodul. Die Exponenten α und β heißen Ermüdungsduktilitäts- und Ermüdungsfestigkeitsexponent. Die umgestellte Gl. 62.2

$$\varepsilon_{a,p} \cdot N_B^{\alpha} = \varepsilon_f = \text{const.} \tag{62.4}$$

wird Manson-Coffin-Beziehung genannt. ε_f ist proportional zur logarithmischen Brucheinschnürung bei Zugverformung φ_B (vgl. V23 Grundtypen der Zugverfestigungskurven und V72 r- und n-Werte von Feinblechen).

$$\varphi_B = \ln \frac{A_B}{A_0} \tag{62.5}$$

Durch Umstellen von Gl. 62.3 ergibt sich die Basquin-Beziehung:

$$\varepsilon_{a,p} \cdot E = \sigma_a = \sigma_f \cdot N_B^{-\beta} \tag{62.6}$$

Dabei ist σ_f der Zugfestigkeit proportional.

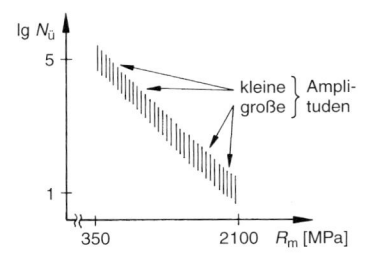

Bild 62-2
Abhängigkeit der Übergangslastspielzahl von der Zugfestigkeit bei Stahl

Aus Bild 62-1 erkennt man, dass der Kurzzeitfestigkeitsbereich (KZF) durch die Manson-Coffin-Beziehung, der Zeitfestigkeitsbereich (ZF) durch die Basquin-Beziehung quantitativ bestimmt wird. Da üblicherweise große Brucheinschnürungen mit kleinen Zugfestigkeiten verknüpft sind und umgekehrt, besitzen Werkstoffe großer Duktilität eine gute Kurzzeitfestigkeit, Werkstoffe großer Zugfestigkeit dagegen eine gute Wechselfestigkeit. Die Übergangslastspielzahl $N_ü$ ist eine Funktion des Werkstoffzustandes. Bei Stählen z. B. verschiebt sie sich, wie in Bild 62-2 vermerkt, mit wachsender Festigkeit zu kleineren Werten. Deshalb kann man $N_ü$ nur bedingt als Grenze zwischen dem Kurzzeit- und dem Zeitfestigkeitsbereich ansprechen.

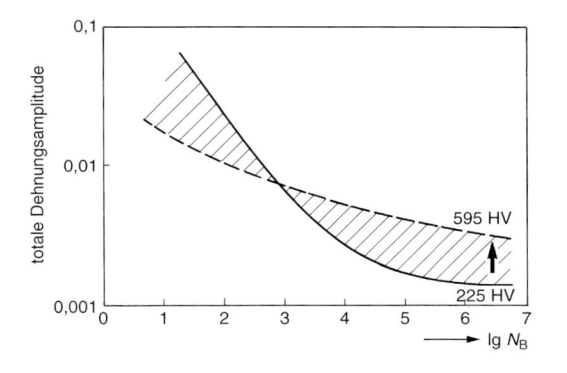

Bild 62-3
Dehnungs-Wöhlerkurven von C45 in unterschiedlichen Wärmebehandlungszuständen

Als Beispiel zeigt Bild 62-3 zwei Dehnungs-Wöhlerkurven von C45 in unterschiedlichen Wärmebehandlungszuständen. Der Zustand mit 595 HV besitzt im Zeitfestigkeitsgebiet ein besseres Werkstoffverhalten als jener mit 225 HV. Im Kurzzeitfestigkeitsgebiet verhält sich dagegen der Zustand mit 225 HV besser als der mit 595 HV. Generell ergibt sich für große Lebensdauern eine plastische Grenzdehnungsamplitude, unterhalb der sich der Werkstoff wechselfest verhält. Diese Grenze lässt sich auch in spannungskontrollierten Versuchen (vgl. V59 Wechselverformung unlegierter Stähle) erkennen, wenn man die während der Wechselbeanspruchung auf verschiedenen Spannungshorizonten auftretenden plastischen Dehnungsamplituden genauer untersucht.

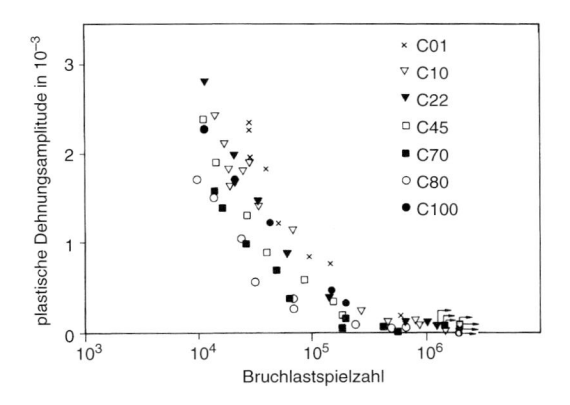

Bild 62-4
$\varepsilon_{a,p}$ für $N = N_B/2$ als Funktion der Bruchlastspielzahl bei normalisierten unlegierten Stählen ($\rightarrow$ Durchläufer)

In Bild 62-4 sind die Ergebnisse entsprechender Messungen an normalisierten Stählen wiedergegeben. Es sind jeweils die unter konstanter Spannungsamplitude bei $N = N_B/2$ gemessenen plastischen Dehnungsamplituden $\varepsilon_{a,p}$ als Funktion der Bruchlastspielzahl aufgezeichnet. Offenbar existiert bei allen vermessenen Stählen eine Grenze von $\varepsilon_{a,p}$, bei deren Unterschreitung kein Ermüdungsbruch innerhalb von $2 \cdot 10^6$ Lastspielen mehr auftritt. Diese plastische Grenzamplitude liegt etwa zwischen $1 \cdot 10^4$ und $1 \cdot 10^5$ und lässt keinen systematischen Einfluss des Kohlenstoffgehaltes erkennen. Daraus folgt, dass bei der Schwingbeanspruchung von normalisierten Stählen unabhängig vom Kohlenstoffgehalt bestimmte makroskopische plastische Dehnungsamplituden aufgenommen werden müssen, wenn Ermüdungsbruch auftreten soll.

62.2 Aufgabe

Für C60 sind im normalisierten Zustand (850 °C 30' / Luftabkühlung) und im vergüteten Zustand (850 °C 30' / Öl 20 °C / 500 °C 2 h) totaldehnungsgesteuerte Dauerschwingversuche durchzuführen. ε_f, σ_f, α und β sind zu bestimmen. In beiden Fällen kann von einem Elastizitätsmodul E = 210.000 MPa ausgegangen werden.

62.3 Versuchsdurchführung

Für die Versuche steht eine servohydraulische Prüfmaschine (vgl. V59 Wechselverformung unlegierter Stähle) zur Verfügung. Zu vorliegenden Messdaten sind durch Versuche, die auf Bruchlastspielzahlen von etwa $N_B \approx 10^4$ führen, bei beiden Wärmebehandlungszuständen weitere Ergebnisse beizusteuern. Hierzu werden vorbereitete Proben eingespannt und mit Dehnungsaufnehmern versehen. Die bei der Beanspruchung auftretenden Probendehnungen werden erfasst und zur Regelung der Prüfmaschine verwendet (Totaldehnungsregelung). Stichprobenweise werden die während der Schwingbeanspruchung bestehenden Spannungs-Dehnungszusammenhänge registriert. Auf Grund der ermittelten Versuchsdaten werden die $\varepsilon_{a,t}$-Werte beider Wärmebehandlungszustände über N_B doppeltlogarithmisch aufgezeichnet. Anhand des Versuchsprotokolls werden jeweils für $N \approx 0{,}9 \cdot N_B$ die plastischen und elastischen Dehnungsamplituden ermittelt (zur Auswertung der Hysteresisschleifen vgl. V59 Wechselverformung unlegierter Stähle) und in die Diagramme eingetragen. Die Exponenten α und β sind als Steigungen der entsprechenden Ausgleichsgeraden zu bestimmen. Die Koeffizienten ε_f und σ_f/E ergeben sich durch Extrapolation der Geraden auf $N_B = 1$ als Ordinatenwerte.

62.4 Weiterführende Literatur

[Hai06] Haibach, E.: Betriebsfestigkeit, Springer, Berlin/Heidelberg, 2006

[Rad07] Radaj, D.; Vormwald, M.: Ermüdungsfestigkeit, Springer, Berlin/Heidelberg, 2007

[Fro74] Frost, N. E.: Metal Fatigue, Clarendon Press, Oxford, 1974

[Rei81] Reik, W.; Mayr, P.; Macherauch, E.: Eine notwendige Änderung der Dauerfestigkeitsschaubilder bei Schwingfestigkeitsuntersuchungen, Archiv für das Eisenhüttenwesen, Band 52 (1981), Heft 8, Seiten 325–328

[Rie79] Rie, K.-T.; Haibach, E.: Kurzzeitfestigkeit und elasto-plastisches Werkstoffverhalten, DVM, Berlin, 1979

[Mun71] Munz, D.: Dauerschwingverhalten metallischer Werkstoffe, Vieweg, Braunschweig, 1971

[Scho97] Schott, G.: Werkstoffermüdung – Ermüdungsfestigkeit, 4. Aufl., VEB Verlag für Grundstoffindustrie, Leipzig, 1997

62.5 Symbole, Abkürzungen

Symbol/Abkürzung	Bedeutung	Einheit
$\varepsilon_{a,t}$	Totaldehnungsamplitude	-
N_B	Bruchlastspielzahl	-
KZF	Kurzzeitfestigkeitsgebiet	-
ZF	Zeitfestigkeitsgebiet	-
$\varepsilon_{a,e}$	elastische Dehnungsamplitude	-
$\varepsilon_{a,p}$	plastische Dehnungsamplitude	-
$N_{\ddot{U}}$	Übergangslastspielzahl	-
ε_f	Ermüdungsduktilitätskoeffizient	-
σ_f	Ermüdungsfestigkeitskoeffizient	MPa
E	Elastizitätsmodul	MPa
α	Ermüdungsduktilitätsexponent	-
β	Ermüdungsfestigkeitsexponent	-
σ_a	Spannungsamplitude	MPa
φ_B	logarithmische Brucheinschnürung	-
A_B	Bruchquerschnittsfläche	mm²
A_0	Anfangsquerschnittsfläche	mm²
R_m	Zugfestigkeit	MPa
N	Lastspielzahl	-

V 63 Strukturelle Zustandsänderungen bei Schwingbeanspruchung

63.1 Grundlagen

Wird einem metallischen Werkstoff eine periodische Beanspruchungs-Zeit-Funktion aufgeprägt, so stellen der Spannungs-Totaldehnungs-Zusammenhang in Abhängigkeit von der Lastspielzahl (vgl. V59 Wechselverformung unlegierter Stähle) sowie die Bruchlastspielzahl (vgl. V55 Schwingfestigkeit) wichtige Messergebnisse dar. Um zu vertieften Aussagen über die in schwingend beanspruchten Werkstoffen ablaufenden Ermüdungsprozesse zu gelangen, sind aber weiterführende Untersuchungen erforderlich. Von besonderer Bedeutung sind dabei lichtmikroskopische sowie transmissions- und rasterelektronenmikroskopische Beobachtungen (vgl. V7 Lichtmikroskopie von Werkstoffgefügen, V 19 Transmissionselektronenmikroskopie von Werkstoffgefügen, V25 Interferenzmikroskopie verformter Werkstoffoberflächen, V47 Rasterelektronenmikroskopie).

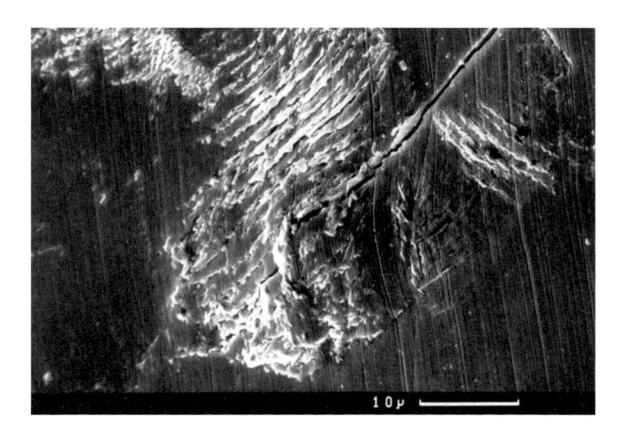

Bild 63-1 Ermüdungsgleitbänder in Cm15 (REM)

Man hat frühzeitig erkannt, dass sich bei hinreichend duktilen Werkstoffzuständen während der Schwingbeanspruchung in den oberflächennahen Körnern Verformungsmerkmale auch in den Fällen ausbilden, in denen die Wechselfestigkeit erheblich kleiner als die Streckgrenze ist. Eine Studie dieser Art ist Bild 63-1 entnommen. Es entstehen Ermüdungsgleitbänder, deren Dichte innerhalb der Körner mit der Lastspielzahl zunimmt. Auch die Zahl der Körner, die Verformungsmerkmale zeigen, wächst mit der Lastspielzahl an.

Bei normalisierten Stählen, die eine Wöhlerkurve vom Typ I besitzen (vgl. V59 Wechselverformung unlegierter Stähle), lässt sich für einen relativ breiten Amplitudenbereich eine Lastspielzahl N_G ermitteln, ab der in einzelnen Oberflächenkörnern Ermüdungsgleitbänder nachweisbar sind. N_G nimmt mit wachsender Spannungsamplitude ab. Auch bei Amplituden, die kleiner als die Wechselfestigkeit (~180 MPa) sind, treten nach hinreichender Wechselbeanspruchung Verformungsmerkmale auf. In Bild 63-2 sind die Ergebnisse entsprechender Messungen an C20 wiedergegeben. Neben der Wöhlerkurve (σ_a,lgN_B-Kurve) und der Gleitband-Wöhlerkurve (σ_a,lgN_G-Kurve) ist als weitere Kurve die Anriss-Wöhlerkurve (σ_a,lgN_A-Kurve) eingezeichnet. Bei gegebener Spannungsamplitude können in der Werkstoffoberfläche nach bestimmten Lastspielzahlen N_A mikroskopische Werkstofftrennungen beobachtet werden. Man bezeichnet sie als Mikrorisse, wobei deren Erfassung von der Auflösung der benutzten Messeinrichtungen abhängt. Meistens vereinbart man als Mikrorissbildung den Zeitabschnitt, in dem der Anriss eine bestimmte Länge oder eine bestimmte Rissfläche annimmt. Bei werkstoffwissenschaftlichen Betrachtungen sind Mikrorisse im Allgemeinen Werkstofftrennungen mit Abmessungen ≤ 5 µm. Bei ingenieursmäßigen Betrachtungen interessieren dagegen meistens Werkstofftrennungen, die um mindestens eine Größenordnung größere Abmessungen besitzen.

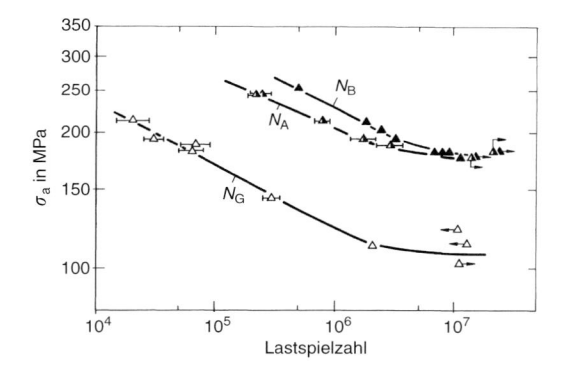

Bild 63-2 Gleitband-, Anriss- und Bruch-Wöhlerkurven von C20 bei Raumtemperatur

Während in der anrissfreien Anfangsphase der Ermüdung von Vielkristallen nahezu alle strukturmechanischen Vorgänge das ganze verformungsfähige Werkstoffvolumen erfassen, stellt die Rissbildung einen lokalisiert ablaufenden Prozess dar, der fast immer auf die Körner der äußersten Werkstoffoberfläche beschränkt ist. Im Rissbildungsstadium treten die Bildung der Mikrorisse, die Vermehrung ihrer Zahl und ihr Anfangswachstum auf nachweisbare Risslänge auf. Der Anfangsbereich A der Ermüdung (vgl. Bild 63-3), der je nach vorliegendem Werkstoffzustand mit Verfestigungs-, Entfestigungs- oder kombinierten Ver- und Entfestigungsvorgängen verbunden sein kann, geht überlappend in den Rissbildungsbereich B über. Dabei erfolgt gleichzeitig eine Verlagerung der für den Ermüdungsvorgang wesentlichen plastischen Verformungen vom gesamten verformbaren Probenvolumen hin zu den oberflächennahen Probenteilen. Das weitere Ermüdungsgeschehen konzentriert sich dabei zunehmend auf relativ kleine Probenvolumina in unmittelbarer Nähe der Spitzen der Mikrorisse (siehe auch V52 Risszähigkeit). Von diesen Rissen breitet sich dann meist einer, und zwar der normalspannungsmäßig bevorzugte, dominant aus und entwickelt sich zum Makroriss. Danach finden alle weiteren Ermüdungsprozesse überwiegend in der plastischen Zone vor der Rissspitze dieses Risses statt. Man befindet sich im Rissausbreitungsbereich C. Die streng lokalisierte Rissausbreitung erfolgt stabil mit einem definierten Risslängenzuwachs pro Lastspiel über einen relativ großen Lebensdauerbereich (vgl. V64 Ausbreitung von Ermüdungsrissen). Ist eine hinreichend große Querschnittsfläche vom Ermüdungsriss durchlaufen, so reicht schließlich das erste Viertel eines weiteren Lastwechsels aus, um den Ermüdungsbruch D durch instabile Rissausbreitung zu erzwingen. Der Ermüdungsvorgang metallischer Werkstoffe umfasst also vier Stadien, die in Bild 63-3 für eine mittlere Beanspruchungsamplitude schematisch angegeben sind.

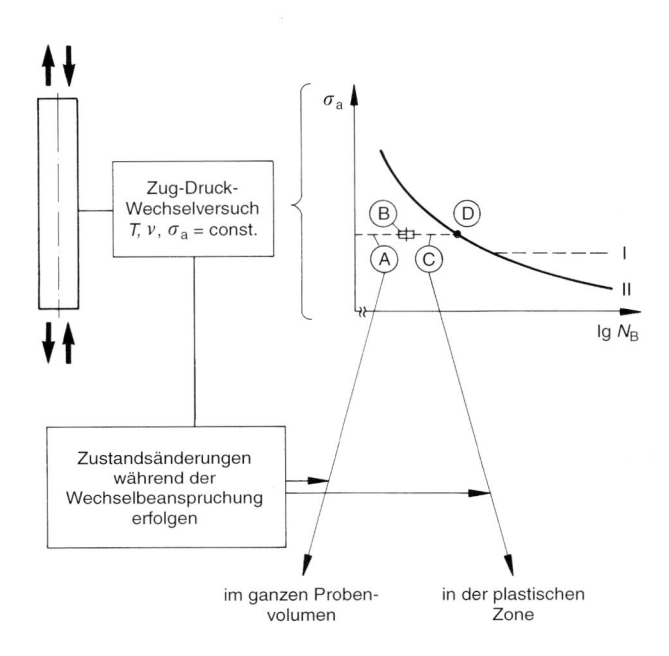

Bild 63-3 Lebensdauermäßige Unterteilung der Ermüdungsstadien

Bei der Wechselbeanspruchung bilden sich infolge plastischer Mikroverformungen, die eine notwendige Voraussetzung für die Ermüdung metallischer Werkstoffe sind, charakteristische Versetzungsanordnungen in den verformungsfähigen Körnern der Vielkristalle aus. Bei kfz-Metallen und homogenen Legierungen werden diese stark von der Stapelfehlerenergie γ beeinflusst (vgl. V2 Gitterstörungen), die die Aufspaltungsweite der Versetzungen in Teilversetzungen bestimmt. Bei großer Stapelfehlerenergie bilden sich unter kleinen Beanspruchungsamplituden Versetzungsstränge und unter großen Beanspruchungsamplituden Versetzungszellen aus. Bei kleiner Stapelfehlerenergie ($\gamma \leq 20$ mJ/m^2) tritt dagegen unter kleinen Beanspruchungsamplituden eine sog. Versetzungsdebrisstruktur und unter großen Beanspruchungsamplituden eine Versetzungsbandstruktur auf. Dieser grundsätzliche Unterschied ist darauf zurückzuführen, dass bei großen Stapelfehlerenergien leicht Quergleitung von Schraubenversetzungen möglich ist. Dadurch ändert sich die Art der Versetzungsbewegung in charakteristischer Weise: Bei großer Stapelfehlerenergie können die Versetzungen leicht ihre Gleitebene verlassen, bei kleiner Stapelfehlerenergie sind sie dagegen an ihre Gleitebene gebunden. Im ersten Fall spricht man von welliger, im zweiten Fall von planarer Gleitung. Bild 63-4 zeigt links für den Stahl C45 ($\gamma \approx 300$ mJ/m^2) und rechts für AlMgSi0,7 ($\gamma \approx 200$ mJ/m^2) die auftretenden Versetzungsstrukturen mit den besprochenen Merkmalen.

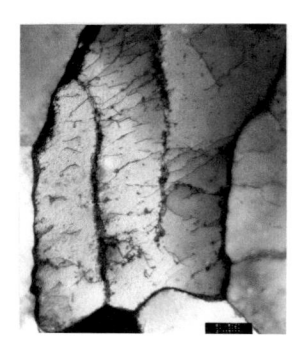

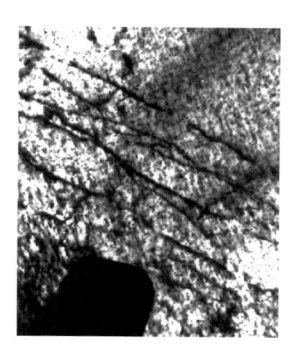

Bild 63-4 Ermüdungsstrukturen (TEM) im Stahl C45 (links) [Wal90] und in AlMgSi0,7 (rechts) [Bom85]

Im Inneren der oberflächennahen Körner von Kupfervielkristallen erwartet man nach Ermüdung mit mittlerer Beanspruchungsamplitude ähnliche Versetzungsanordnungen wie die in Bild 63-5 gezeigten. Parallel zu den Hauptgleitebenen vom Typ {111} entstehen senkrecht zum Burgersvektor Versetzungsstränge, die durch relativ versetzungsfreie Zonen voneinander getrennt sind. Die Versetzungsstränge werden überwiegend von Stufenversetzungen in sog. Dipol- bzw. Multipollagen gebildet. Mit wachsender Lastspielzahl wächst die Dichte der Versetzungsstränge an, und ihr Abstand wird kleiner. Die gezeigte Versetzungsanordnung dürfte typisch sein für den Sättigungsbereich (vgl. V61 Verformung und Verfestigung bei Wechselbiegung) der Wechselverformungskurven.

Als Oberflächenmerkmale entwickeln sich an den Stellen, an denen Versetzungen aus dem Werkstoff austreten, viele feine linienförmige Streifungen. Nach Erreichen der Sättigung bricht die Strangstruktur lokal zusammen, und es bilden sich Versetzungswände mit regelmäßigen Abständen aus den Multipolsträngen. Man spricht von einer Leiterstruktur, weil – wie Bild 63-6 zeigt – die die {112}-Ebenen durchdringenden Wände Ähnlichkeit mit den Sprossen einer Leiter haben. Die Kornbereiche, in denen sich diese Leiterstrukturen bilden, stellen stets auch Ermüdungsgleitbänder dar. Ihre Dichte nimmt mit wachsender Lastspielzahl zu, und auf sie konzentrieren sich in zunehmendem Maße die weiteren plastischen Wechselverformungen. Das führt zu ausgeprägten Oberflächenmerkmalen mit Erhebungen (Extrusionen) und Vertiefungen (Intrusionen), die nach Abpolieren bei weiterer Wechselbeanspruchung immer an denselben Stellen auftreten. Deshalb werden diese Ermüdungsgleitbänder auch persistente Gleitbänder (PSB) genannt.

Für die Rissbildung sind der oberflächennahe Werkstoffzustand sowie die sich während der Anfangsphase der Ermüdung ausbildende Oberflächenstruktur von ausschlaggebender Bedeutung. Ermüdungsrisse werden nahe von Ermüdungsgleitbändern, in und nahe Korngrenzen, in und nahe zweier Phasen, in und nahe Einschlüssen sowie in ausgeprägten Tälern der Oberflächentopographie beobachtet. Die Anrissart wird durch den Prozess bestimmt, der am leichtesten erfolgen kann. Die besprochene Konzentration der Abgleitprozesse bei homogenen Vielkristallen mit nicht zu kleiner Stapelfehlerenergie auf die Ermüdungsgleitbänder führt beispielsweise als Folge nicht vollständig reversibler Abgleitprozesse zur Ausbildung mehr oder weniger ausgeprägter Erhebungen und Vertiefungen in den oberflächennahen Körnern. Deren Kerbwirkung begünstigt die Anrissbildung. Ein Beispiel zeigt Bild 63-7.

Bild 63-5
Räumliche Versetzungsstruktur nach Ermüdung von Kupfer mit mittleren Amplituden

Bild 63-6
Aus Strangstruktur entstandene Leiterstruktur bei Kupfer

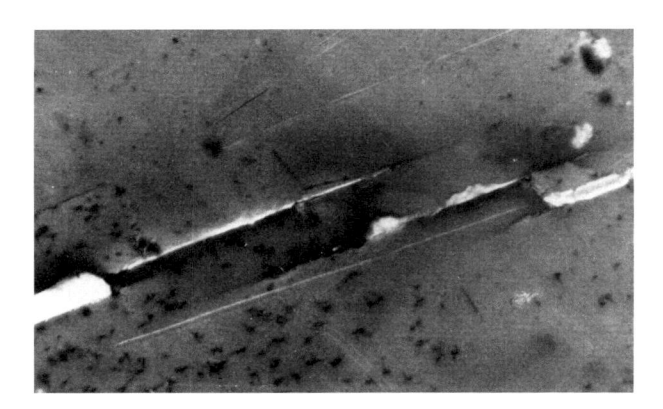

Bild 63-7 Intrusionen und Extrusionen auf der Oberfläche der Aluminiumlegierung AlMgSi0,7 (REM) [Bom85]

Bei homogenen Vielkristallen werden unter kleinen Beanspruchungsamplituden Rissbildungen bevorzugt in oder nahe der Ermüdungsgleitbänder und bei großen Amplituden an Korngrenzen beobachtet. Bilden sich keine ausgeprägten Ermüdungsgleitbänder aus, wie bei Werkstoffen mit kleiner Stapelfehlerenergie, so erfolgt die Mikrorissbildung bei kleinen Beanspruchungsamplituden an großen Oberflächengleitstufen mit günstiger Kerbwirkung. Bei großen Spannungsamplituden erfolgt sie an oberflächennahen Korn- und Zwillingsgrenzen wegen der dort auftretenden Spannungskonzentrationen.

Bei heterogenen Werkstoffen dominiert die Anrissbildung an Korn- und Phasengrenzen sowie an Einschlüssen. Korngrenzenausscheidungen begünstigen die Entwicklung von Ermüdungsrissen an Korngrenzen. Oberflächennahe Einschlüsse fördern, auch bei kleinen Beanspruchungsamplituden, die Anrissbildung. Die eigentliche Rissbildung kann je nach Werkstoff, Werkstoffzustand und Beanspruchungsamplitude etwa 1 bis 30 % der Lebensdauer umfassen. Typische Beispiele für die verschiedenen Anrissarten sind in Bild 63-8 zusammengestellt.

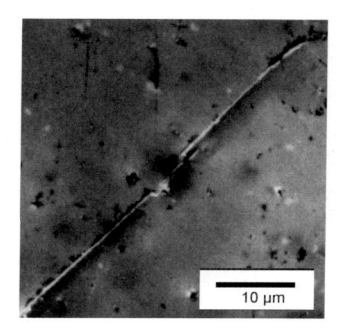

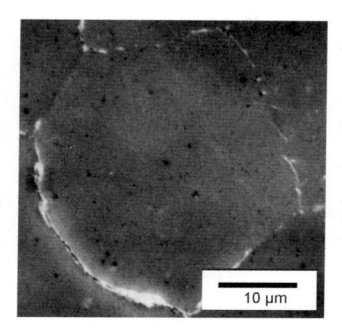

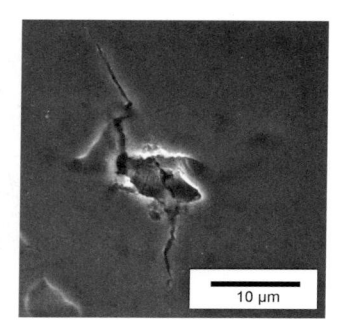

Bild 63-8 Beispiele für Gleitbandanriss (links) [Bom85], Korngrenzenanriss (Mitte) [Bom85] und Einschlussanriss (rechts) [Bur02]

63.2 Aufgabe

An elektrolytisch polierten Probestäben aus Armco-Eisen und CuSn6 unterschiedlicher Korngröße sind die unter Zug-Druck-Wechselbeanspruchung auftretenden Oberflächenverformungsstrukturen und Anrissbildungen in Abhängigkeit von der Spannungsamplitude und der Lastspielzahl lichtmikroskopisch zu untersuchen. Die Versuchsergebnisse sind strukturmechanisch zu bewerten.

63.3 Versuchsdurchführung

Für die Versuche stehen zwei mit Mikroskopen versehene Kleinpulsatoren (vgl. Bild 63-9 und V55 Schwingfestigkeit) zur Verfügung. Die elektrolytisch polierten Flachproben werden sorgfältig bei der Exzenterstellung Null mittelspannungsfrei in die Klemmbacken eingespannt. Lokalisierte Bereiche der Probenoberfläche werden dann mit 50-, 100- oder 250-facher Vergrößerung beobachtet und fotografiert. Die Werkstoffe besitzen etwa gleiche Wöhlerkurven, sodass eine Spannungsamplitude von 150 MPa auf $N_B \sim 10^4$ führt. Die dazu erforderliche Kraft wird berechnet und mit Hilfe der Eichkurven am Exzenter eingestellt. Beim anschließenden ersten Lastwechsel wird der Exzenter zur Kontrolle der Krafteinstellung langsam um 360 gedreht. Danach erfolgt die erneute lichtmikroskopische Betrachtung der fixierten Oberflächenbereiche. Weitere Beobachtungen schließen sich nach geeignet erscheinenden Lastspielintervallen an. An Hand der auf den Fotografien dokumentierten Verformungsmerkmale sowie weiterer bereits vorliegender Versuchsergebnisse mit anderen Amplituden wird der oberflächennahe Ermüdungsvorgang diskutiert.

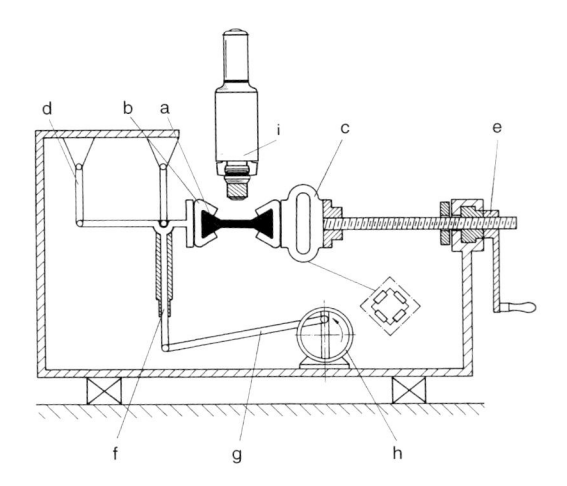

Bild 63-9 Versuchseinrichtung zum Beobachten einer Probenoberflächen während der Schwingbeanspruchung: Probe (a), Spannkopf (b), Messbügel (c), Führung (d), Mittelkrafteinstellung (e), Antriebsfeder (f), Pleuel (g), Exzenter (h) und Mikroskop (i)

63.4 Weiterführende Literatur

[Bür05]   Bürgel, R.: Festigkeitslehre und Werkstoffmechanik, Band 2, Vieweg Verlag, Wiesbaden, 2005

[Ost07]   Ostermann, F.: Anwendungstechnologie Aluminium, Springer-Verlag, Berlin/Heidelberg, 2007

[Bec93]   Becker, M.; Eifler, D.; Macherauch, E.: Wechselverformungskurven und Mikrostruktur bei spannungskontrollierter Zug-Druck-Wechselbeanspruchung von Ck 45 im Temperaturbereich 295 K $\leq$ T $\leq$ 873 K. In: Materialwissenschaft und Werkstofftechnik, 24, 57–64, 1993

[Mac77]   Macherauch, E.; Mayr, P.: Strukturmechanische Grundlagen der Werkstoffermüdung. In: Zeitschrift für Werkstofftechnik 8 (1977), 213–224

[Bom85]   Bomas, H.; Mayr, P.: Einfluß der Wärmebehandlung auf die Schwingfestigkeitseigenschaften der Legierung AlMgSi0,7. Zeitschrift für Werkstofftechnik 16 (1985), 88–94

[ASM79]   Fatigue and Microstructure, ASM-Seminar, ASM, Metals Park, 1979

[Mug60]   Mughrabi, H.: In Strength of Metals and Alloys. In: Proc. ICSMA 5, Vol. 3, Pergamon, Oxford, 1960, S. 1615

[May78]   Mayr, P.: Habilitationsschrift, Universität Karlsruhe, 1978

[Bur02]   Burkart, K; Gaudig, W.; Krämer, D.; Weber, U.; Bomas, H.; Roos, E.: Experimentelle Untersuchung und kristallplastische Simulation des Verhaltens kurzer Ermüdungsrisse in der ausgehärteten Aluminiumknetlegierung AlMgSi1 mit dem Ziel der Lebensdauervorhersage. In: Materialwissenschaft und Werkstofftechnik 33 (2002), 252–253

[Wal90]   Walla, J.; H. Bomas, P. Mayr: Schädigung von Ck 45 N durch eine Schwingbeanspruchung mit veränderlichen Amplituden. In: Härterei-Technische Mitteilungen 45 (1990), 30–37

63.5 Symbole, Abkürzungen

Symbol/Abkürzung	Bedeutung	Einheit
REM	Rasterelektronenmikroskop/ie	-
TEM	Transmissionselektronenmikroskop/ie	-
N	Lastspielzahl	-
N_G	Lastspielzahl, ab der Ermüdungsgleitbänder nachweisbar sind	-
N_A	Lastspielzahl, ab der Anrisse nachweisbar sind	-
N_B	Lastspielzahl, bei der der Ermüdungsbruch eintritt	-
σ_a	Spannungsamplitude	MPa
A	Anfangsbereich der Ermüdung	-
B	Rissbildungsbereich (bei Ermüdung)	-
C	Rissausbreitungsbereich (bei Ermüdung)	-
D	Ermüdungsbruch durch instabile Rissausbreitung	-
γ	Stapelfehlerenergie	mJ/m²

V 64 Ausbreitung von Ermüdungsrissen

64.1 Grundlagen

Bei Wechselbeanspruchung metallischer Werkstoffe setzt nach anfänglichen Ver- und/oder Entfestigungsprozessen, die das gesamte Probenvolumen erfassen (vgl. V59 und 63), Mikrorissbildung in oberflächennahen Kornbereichen ein. Die an der Probenoberfläche nachweisbaren Mikrorisse bilden sich bei homogenen Werkstoffen unter kleinen Beanspruchungsamplituden bevorzugt an Ermüdungsgleitbändern, unter großen Beanspruchungsamplituden bevorzugt an Korngrenzen und, falls vorhanden, an Zwillingsgrenzen (vgl. V63). An die Mikrorissbildung schließt sich kontinuierlich die Mikrorissausbreitung an. Sie erfolgt bei kleinen Amplituden zunächst in oder nahe von Ermüdungsgleitbändern parallel zu deren Oberflächen- und Tiefenausdehnung. Da die Ermüdungsgleitbänder die Oberflächenspuren günstig orientierter Gleitsysteme mit größten Schubspannungen sind, liegen die Risse bevorzugt in den Bändern, die unter 45° zur Zug-Druck-Beanspruchungsrichtung, also in Richtung größter kontinuumsmechanisch wirksamer Schubspannungen orientiert sind. Die anfängliche Mikrorissverlängerung wird Rissausbreitungsstadium I genannt. Dabei werden oberflächennahe Körner mit einer relativ kleinen Ausbreitungsgeschwindigkeit von einigen 10^{-8} mm/Lastwechsel (LW) durchlaufen. Gleichzeitig wächst die Breitenausdehnung des Mikrorisses seitlich weiter. Bei weiter zunehmender Lastspielzahl schwenkt meist einer der 45°-Mikrorisse in eine Ebene unter 90° zur angelegten Nennspannung ein und breitet sich nun (Rissausbreitungsstadium II) mit ständig wachsender Geschwindigkeit (von $\approx 10^{-6}$ mm/LW bis zu $\approx 10^{-2}$ mm/LW) als Makroriss aus. Bild 64-1 zeigt schematisch diese Verhältnisse. Man sieht, wie ein Stadium I-Riss in einer bestimmten Oberflächenentfernung abbiegt und dann als Stadium II-Riss näherungsweise senkrecht zur Probenachse weiterläuft. Wesentlich für den Übergang vom Stadium I zum Stadium II der Rissverlängerung ist das Verhältnis der Schubspannung im Ermüdungsgleitband zu der an der Rissspitze auftretenden kerbwirkungsbedingten Normalspannung. Ist letztere so groß geworden, dass im Rissspitzenbereich Mehrfachgleitung auftritt und ein größeres rissspitzennahes Volumen plastisch verformt wird, dann ändert sich die Rissausbreitung so, dass während der folgenden Belastungszyklen Rissöffnungen und -schließungen unter energetisch günstigster Rissuferbewegung möglich werden. Da sich bei homogenen Werkstoffen mit wachsender Amplitude die Rissbildung mehr und mehr zu den Korn- bzw. Zwillingsgrenzen verlagert, kommt bei der Rissausbreitung von Anfang an Stadium II zunehmend zur Geltung. Bei heterogenen Werkstoffen wird das Stadium I der Rissausbreitung nur in den oberflächennahen Körnern der verformungsfähigen Phase beobachtet. Ferner wird die Rissbildung durch Spannungskonzentrationen an Korn- und/oder Phasengrenzen sowie nahe von intermetallischen und/oder intermediären Verbindungen sowie Einschlüssen begünstigt. Zudem sind bei den in der technischen Praxis benutzten Werkstoffen und Werkstoffzuständen auch beim Fehlen makroskopischer Kerben die mikroskopischen Bearbeitungsmerkmale viel bestimmender für die Rissbildung und die anfängliche Rissausbreitung als submikroskopische Strukturdetails, so dass auch hier im Allgemeinen kein Stadium I der Rissausbreitung beobachtet wird. Allgemein gilt, dass der größte Teil der sich ausbildenden Ermüdungsbruchfläche eine im Rissausbreitungsstadium II geschaffene makroskopische Rissfläche ist. Alle folgenden Angaben beziehen sich auf Rissausbreitung im Stadium II.

V64 Ausbreitung von Ermüdungsrissen

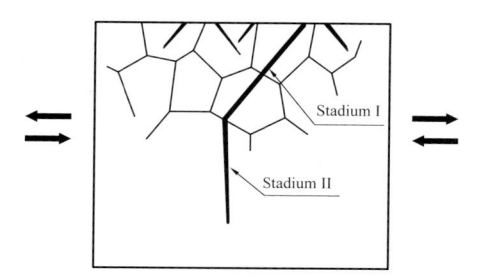

Bild 64-1 Rissausbreitung im Stadium I und II, schematisch

Da die Bildung und anfängliche Ausbreitung von Ermüdungsrissen zufällige lokale Ereignisse sind, werden quantitative Rissausbreitungsuntersuchungen durchweg mit angekerbten Proben durchgeführt, bei denen vorab durch eine geeignete Schwingbeanspruchung im Kerbgrund Risse erzeugt wurden. Quantitative Messungen zur Rissausbreitung können beginnen, wenn sich ein bei geringer lichtmikroskopischer Vergrößerung deutlich erkennbarer Riss der Länge a_0 gebildet hat. Die Risslänge a bzw. die Rissverlängerung $da = a-a_0$ wird dann für mehrere konstante Lastamplituden in Abhängigkeit von der Lastspielzahl N entweder lichtoptisch oder über Widerstandsmessungen verfolgt. Das grundsätzliche Ergebnis solcher Experimente zeigt der linke Teil von Bild 64-2. Die Risslänge nimmt mit wachsender Lastspielzahl zu, und zwar umso stärker, je größer die Lastschwingbreite ΔF ist. Bei gleicher Risslänge wächst der Kurvenanstieg da/dN mit ΔF an. Die Rissausbreitung erfolgt makroskopisch quasi-eben und kristallographisch weitgehend undefiniert. Die Rissfront durchläuft bevorzugt eine Ebene senkrecht zur größten lokalen Zugspannung. Offensichtlich wird dabei das kontinuums (mechanische) Verhalten der Kristallite durch das in Rissspitzennähe vorliegende Spannungsfeld bestimmt. Dieses lässt sich auf Grund allgemeiner bruchmechanischer Prinzipien (vgl. V52) durch die von der Oberspannung $\sigma_O = F_O/A_0$ und Unterspannung $\sigma_U = F_U/A_0$ bestimmten Spannungsintensitäten

$$K_O = \sigma_O \sqrt{\pi a}\, Y \quad \text{und} \quad K_U = \sigma_U \sqrt{\pi a}\, Y \tag{64.1}$$

beschreiben. Dabei ist a die Risslänge und Y ein Geometriefaktor, der von Probenform und -abmessungen, den Belastungsbedingungen sowie dem Verhältnis von Risslänge zu Probenbreite abhängt. Die Zulässigkeit dieser Überlegungen veranschaulicht der rechte Teil von Bild 64-2. Dort sind die unter den angenommenen Lastschwingbreiten $\Delta F_1 < \Delta F_2 < \Delta F_3 < \Delta F_4$ auftretenden Rissausbreitungsgeschwindigkeiten doppeltlogarithmisch als Funktion der zugehörigen Schwingbreiten der Spannungsintensität

$$\Delta K = \Delta \sigma \sqrt{\pi a}\, Y = K_O - K_U \tag{64.2}$$

aufgetragen. Wie man sieht, ergibt sich – unabhängig von den bei den Einzelversuchen benutzten Lastschwingbreiten – ein einheitlicher linearer Zusammenhang. Die Rissausbreitungsgeschwindigkeit ist also eindeutig durch die positive Schwingbreite der Spannungsintensität vor der Rissspitze bestimmt und lässt sich durch ein Potenzgesetz der Form

$$\frac{da}{dN} = c(\Delta K)^m \tag{64.3}$$

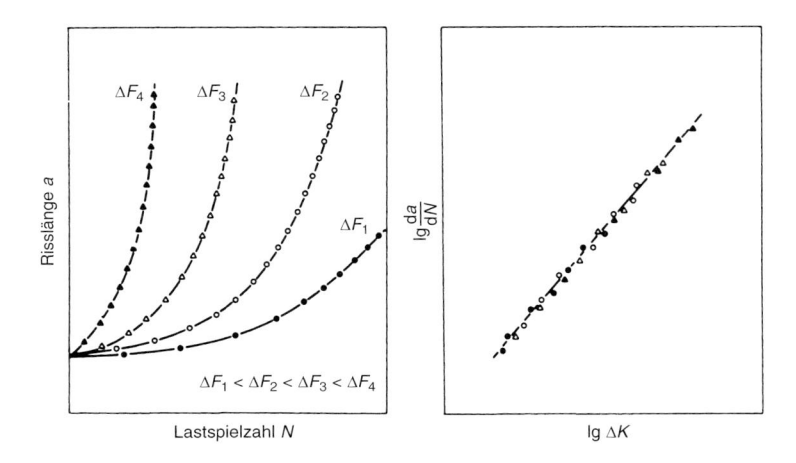

Bild 64-2 Risslänge a in Abhängigkeit von der Lastspielzahl N bei verschiedenen Lastschwingbreiten (links) und zugehöriges lg da/dN, lg ΔK-Diagramm (rechts)

beschreiben, wobei c und m Konstanten sind. Dieser grundlegende Zusammenhang hat sich bei vielen Rissausbreitungsstudien mit der Einschränkung bestätigt, dass er bei großen und kleinen ΔK-Werten zu modifizieren ist. Für lastgesteuerte Versuche mit unterschiedlichen Spannungsverhältnissen χ (vgl. V55) fasst Bild 64-3 die bei der Rissausbreitung bestehenden Gesetzmäßigkeiten schematisch zusammen. Bei gegebenem ΔK nimmt die Rissausbreitungsgeschwindigkeit mit wachsendem χ zu. An den Bereich der stabilen Rissausbreitung schließt sich, unabhängig von χ, ein Bereich instabiler Rissverlängerung an, der mit dem Bruch der Probe endet. Mit zunehmendem χ wird die Schwingbreite der Spannungsintensität, bei der instabile Rissausbreitung einsetzt, zu kleineren ΔK-Werten verschoben. Der Probenbruch erfolgt jeweils im ersten Viertel des Lastwechsels, bei dem die obere Spannungsintensität K_O den bei den vorliegenden Verhältnissen gültigen K_C-Wert (Risszähigkeit) des Werkstoffs (vgl. V52) erreicht. Es gilt also

$$\lim_{K_O \to K_C} \left(\frac{da}{dN} \right) \to \infty \tag{64.4}$$

Da aber

$$\chi = \frac{K_U}{K_O} = \frac{\sigma_U}{\sigma_O} \tag{64.5}$$

und daher auch

$$1 - \chi = 1 - \frac{K_U}{K_O} \tag{64.6}$$

ist, wird

$$K_O = \frac{\Delta K}{(1 - \chi)} \tag{64.7}$$

V64 Ausbreitung von Ermüdungsrissen

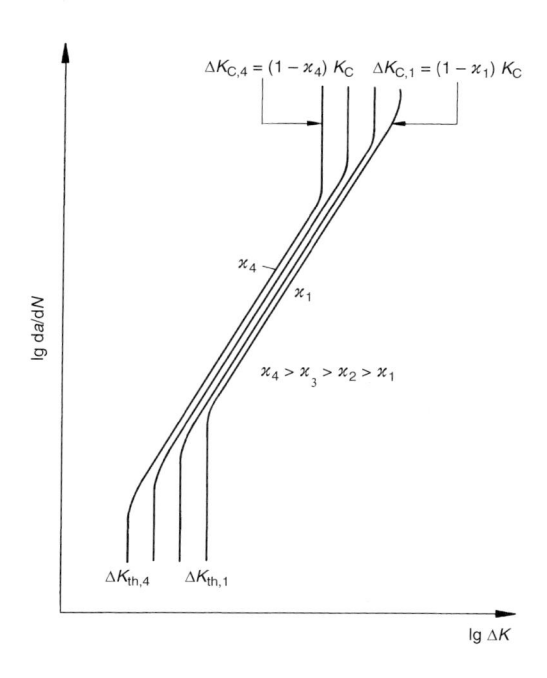

Bild 64-3 Einfluss des Spannungsverhältnisses χ auf den Zusammenhang zwischen Rissausbreitungsgeschwindigkeit und Schwingbreite der Spannungsintensität. Die mittleren Teile der s-förmigen lg da/dN, lg Δk-Zusammenhänge werden Paris-Geraden genannt.

Somit lässt sich nach Gl. 64.4 auch schreiben

$$\lim_{\Delta K \to K_C(1-\chi)} \left(\frac{da}{dN}\right) \to \infty \tag{64.8}$$

Nähert sich also ΔK dem Wert $K_C(1-\chi)$, so beginnt instabile Rissausbreitung und die lg da/dN, lg ΔK-Kurven biegen nach oben ab. Das modifizierte Rissausbreitungsgesetz

$$\frac{da}{dN} = \frac{c(\Delta K)^m}{K_C(1-\chi) - \Delta K} \tag{64.9}$$

trägt diesem Gesichtspunkt Rechnung. Andererseits ist bei kleinen ΔK-Werten zu erwarten, dass es einen unteren Schwellwert $\Delta K \to \Delta K_{th}$ (th = threshold) gibt, bei dessen Unterschreitung zyklische Beanspruchung zu keiner messbaren Rissausbreitung mehr führt. Man weiß heute zweifelsfrei, dass bei vielen Werkstoffen solche Grenzwerte existieren. ΔK_{th} wird umso kleiner, je größer χ ist. Bei vielen normalisierten und nach der martensitischen Härtung hoch angelassenen Stählen liegen für $0{,}05 < \chi < 0{,}3$ diese Grenzwerte im Intervall

$$8 MPa\sqrt{m} \leq \Delta K_{th} \leq 12 MPa\sqrt{m} \tag{64.10}$$

Will man auch die Abwärtskrümmung der Rissgeschwindigkeitskurve quantitativ berücksichtigen, so muss offenbar Gl. 64.9 durch Einbeziehung der Grenzschwingbreite der Spannungsintensität ΔK_{th} modifiziert werden. Beispielsweise ist die Beziehung

$$\frac{da}{dN} = c\left(\Delta K - \Delta K_{th}\right)^2 \left[1 + \frac{\Delta K}{K_C - K_O}\right] \tag{64.11}$$

auf alle drei Bereiche der Makrorissausbreitung anwendbar. Bild 64-4 zeigt experimentelle und nach Gl. 64.11 berechnete Rissgeschwindigkeitskurven für AlCu4Mg1.5 und X5CrNiMo18-10.

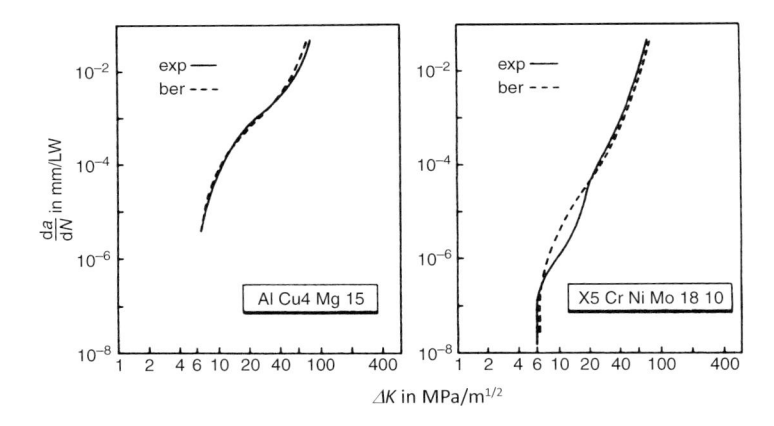

Bild 64-4 Experimentelle und nach Gl. 64.11 berechnete Rissgeschwindigkeitskurven

64.2 Aufgabe

Unter Zugschwellbeanspruchung ist das Rissausbreitungsverhalten von Ck22 zu untersuchen. Die Messungen erfolgen an Flachproben mit einer zentrischen Innenkerbe, für die nach Risseinbringung im Bereich $0 \leq 2a/W \leq 0,7$ als Geometriefaktor

$$Y = 0{,}998 + 0{,}128\left[\frac{2a}{W}\right] - 0{,}288\left[\frac{2a}{W}\right]^2 + 1{,}523\left[\frac{2a}{W}\right]^3 \tag{64.12}$$

gilt. Im Rissausbreitungsgeschwindigkeitsintervall 10^{-5} mm/LW $\leq da/dN \leq 10^{-3}$ mm/LW ist der bestehende Zusammenhang zwischen da/dN und ΔK zu ermitteln und zu diskutieren.

64.3 Versuchsdurchführung

Vorbereitete Flachproben der in Bild 64-5 gezeigten Form werden in einer geeigneten Schwingprüfmaschine (vgl. V55) zugschwellbeansprucht, bis sich beidseitig Risse einer Länge a_0 (Gesamtrisslänge $2a_0$) gebildet haben. Die Schwingprüfmaschine verfügt über eine mikroskopische Messvorrichtung zur hinreichend genauen Risslängenbestimmung. Einen möglichen Versuchsaufbau zeigt Bild 64-6. Zunächst wird für die vorliegende Probenbreite W für mehrere angenommene Risslängen $2a$ der Geometriefaktor $Y(2a/W)$ berechnet und als Funktion von a aufgezeichnet. Anschließend wird, ausgehend von $2a_0$, unter den gewählten Beanspruchungsbedingungen die gesamte Risslänge $2a$ in Abhängigkeit von der Lastspielzahl N gemessen. Diese Messungen werden an drei Proben mit verschiedenen konstanten Oberlasten durchgeführt. Dann werden die Logarithmen der halben Gesamtrisslängen als Funktion der Lastspielzahl aufgetragen.

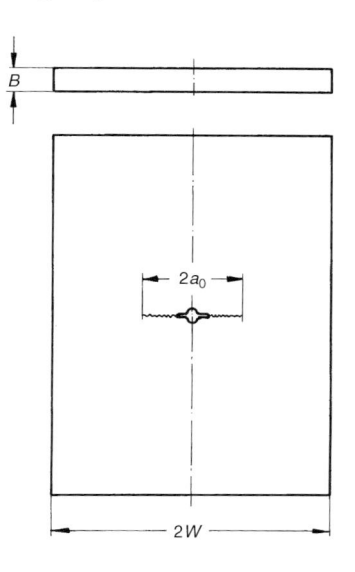

Bild 64-5 Probenform

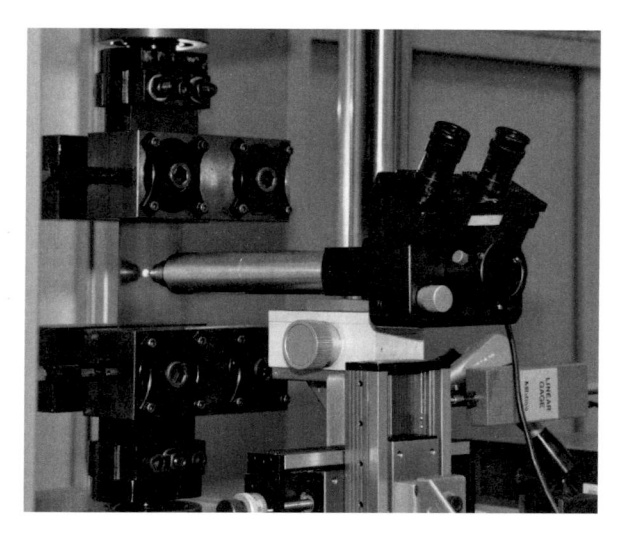

Bild 64-6
Versuchsaufbau zur lichtmikroskopischen Risslängenmessung

Diese lg a, N-Diagramme liefern für verschiedene N als Kurvenanstiege

$$\frac{d\lg a}{dN}\Big|_N = \frac{d\lg a}{da}\cdot\frac{da}{dN}\Big|_N = \lg e \frac{d\ln a}{da}\cdot\frac{da}{dN}\Big|_N = \lg e \frac{1}{a}\frac{da}{dN}\Big|_N \qquad (64.13)$$

Mit lg e = 0,434 folgt für die Rissausbreitungsgeschwindigkeiten

$$\frac{da}{dN}\Big|_N = \frac{a}{0,434}\frac{d\lg a}{dN}\Big|_N \qquad (64.14)$$

Die zu den verschiedenen N gehörigen Schwingbreiten ΔK des Spannungsintensitätsfaktors berechnen sich nach Gl. 64.2 und 64.12 aus dem beobachteten $a(N)$, den Probenabmessungen, dem Geometriefaktor und der Probennennbelastung. Nach doppeltlogarithmischer Auftragung von da/dN über ΔK und Ausgleich der Messpunkte durch eine Gerade ergibt deren Steigung für den Exponenten m in Gl. 64.3

$$m = \frac{d \lg da/dN}{d \lg \Delta K} \tag{64.15}$$

Extrapolation der Ausgleichsgeraden auf $\Delta K = 1$ liefert den Wert der Konstanten c.

64.4 Weiterführende Literatur

[Her96] Hertzberg, R.W.: Deformation and Fracture of Engineering Materials, 4th edition, Wiley, 1996

[Sch80] Schwalbe, K. H.: Bruchmechanik metallischer Merkstoffe, Hanser, München, 1980

[Hec91] Heckel, K.: Einführung in die technische Anwendung der Bruchmechanik, 3. Aufl., Hanser, München, 1991

[Rit79] Ritschie, R. O.: International Metals Reviews 4 (1979), 205–230

[Met77] Metal Science, 11 (1977), 274–438. Special Issue, Conference Proceedings, Fatigue 1977, University of Cambridge, 28–30 March 1977

64.5 Symbole, Abkürzungen

Symbol/Abkürzung	Bedeutung	Einheit
a	Risslänge	m
a_0	Anfangslänge des Risses	m
c	Konstante	-
da/dN	Rissausbreitungsgeschwindigkeit	mm/LW
σ_O	Oberspannung	MPa
σ_U	Unterspannung	MPa
K	Spannungsintensität	MPa m$^{1/2}$
K_C	Risszähigkeit	MPa m$^{1/2}$
LW	Lastwechsel	-
m	Konstante	-
W	Probenbreite	m
Y	Geometriefaktor	-
ΔF	Lastschwingbreite	N
ΔK	Schwingbreite	MPa m$^{1/2}$
ΔK_{th}	Unterer Schwellwert	MPa m$^{1/2}$
χ	Spannungsverhältnis	-

V65 Ermüdungsbruchflächen

65.1 Grundlagen

Das letzte Stadium der Ermüdung stellt die instabile, zum Bruch führende Rissausbreitung dar. Vorausgegangen sind die Stadien der Ver- und/oder Entfestigungsvorgänge, der Rissbildung und der stabilen Rissausbreitung (vgl. V64). Der lebensdauermäßige Anteil dieser drei Stadien an der Bruchschwingspielzahl hängt von den mechanischen Werkstoffeigenschaften, von der Probengeometrie, von der Rissgröße und von den Beanspruchungsbedingungen ab. Bild 65-1 zeigt als typisches Beispiel die Ermüdungsbruchfläche eines künstlich angerissenen Flachstabes aus Reinaluminium. In den einzelnen Bereichen der makroskopischen Bruchflächen liegen unterschiedliche Mikromorphologien vor, wie die beigefügten rasterelektronenmikroskopischen Aufnahmen erkennen lassen.

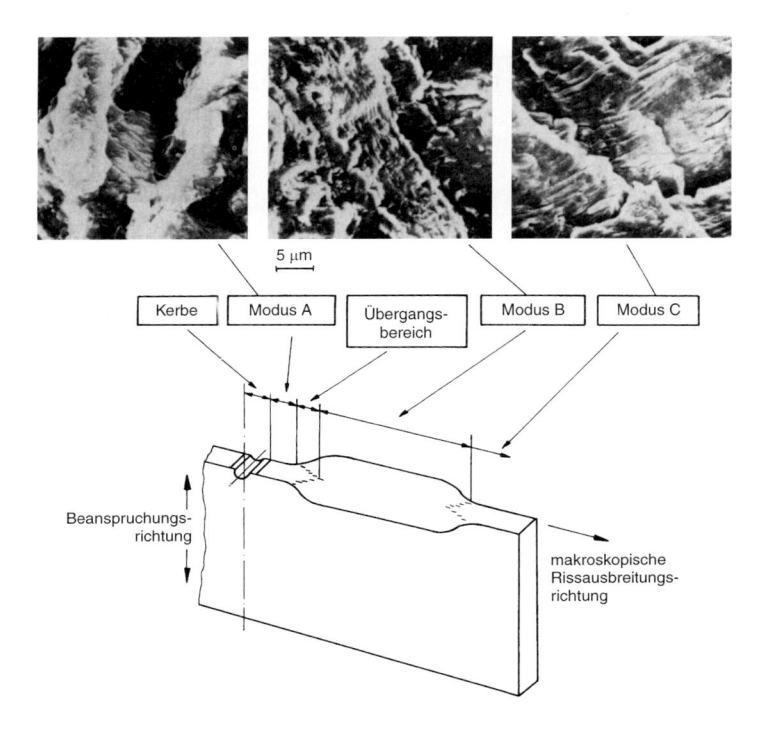

Bild 65-1 Ermüdungsbruchflächenausbildung bei einem Flachstab aus Al 99,5

In allen Fällen lag eine Stadium-II-Rissausbreitung vor (vgl. V64). Trotzdem ist die Bruchfläche in verschiedenen Probenteilen unterschiedlich gegenüber der Richtung der wirksam gewesenen Zug-Druck-Wechselbeanspruchung geneigt. Bei kleinen Risslängen und damit kleinen Spannungsintensitäten liegt nur eine kleine plastische Zone vor, und es überwiegt ein ebener Dehnungszustand (vgl. V52). Als Folge davon tritt eine 90°-Bruchfläche (Modus A) senkrecht zur Beanspruchungsrichtung auf. Wächst mit zunehmender Risslänge die Spannungsintensität und damit die Größe der plastischen Zone an, so wirkt sich zunehmend der ebene Spannungszustand aus, und es tritt eine unter 45° zur Beanspruchungsrichtung geneigte makroskopische Scherbruchfläche (Modus B) auf. Zwischen der 90°- und der 45°-Bruchfläche besteht ein Übergangsgebiet mit unterschiedlich großen Anteilen an beiden Bruchflächenarten. Im Modus B kann sich an Stelle einer einzigen Scherfläche auch ein von zwei Scherflächen gebildetes Dachprofil entwickeln. Bei dem in Bild 65-1 betrachteten duktilen Flachstab aus Reinaluminium schließt sich an den Modus B wieder eine 90°-Bruchfläche an, in der dann auch der Restbruch (Gewaltbruch) verläuft.

Bereits die ersten systematischen rasterelektronenmikroskopischen Untersuchungen von Ermüdungsbruchflächen enthüllten ein breites Spektrum an Details, wobei oft deutlich und klar begrenzte Streifungen senkrecht zur Rissausbreitungsrichtung auffielen. Derartige Schwingstreifen (auch striations genannt), die die Bruchfläche in nahezu gleichen Abständen durchsetzen, zeigt der untere Teil von Bild 65-2. Der Pfeil gibt die Rissausbreitungsrichtung an. Man weiß heute, dass Schwingstreifen nur bei mittleren Rissausbreitungsgeschwindigkeiten von etwa 10^{-5} mm bis etwa 10^{-3} mm auftreten. Im oberen Teil von Bild 65-2 ist ein unter den gleichen Beanspruchungsbedingungen im Hochvakuum erzeugter Ermüdungsbruchflächenanteil zu sehen. Er zeigt keinerlei Streifungen. Man ersieht daraus, dass die Bruchflächenausbildung stark von den Versuchsbedingungen abhängig ist. Das Fehlen von Schwingstreifen auf einer Bruchfläche spricht also nicht gegen eine wirksam gewesene Schwingbeanspruchung. Schwingstreifen wurden inzwischen auf den Ermüdungsbruchflächen vieler Werkstoffe nachgewiesen, so z. B. bei Al, Cu, Ni, Ti, Mg, Zn, Cr, Ta, Fe und bei Legierungen dieser Metalle. Identifiziert man die Schwingstreifenbreite mit dem Risszuwachs pro Schwingspiel – was bei den o. g. mittleren Rissausbreitungsgeschwindigkeiten (vgl. V64) möglich ist –, dann lässt sich bei bekannter Frequenz aus dem gemessenen Streifenabstand die lokal vorliegende Rissausbreitungsgeschwindigkeit abschätzen.

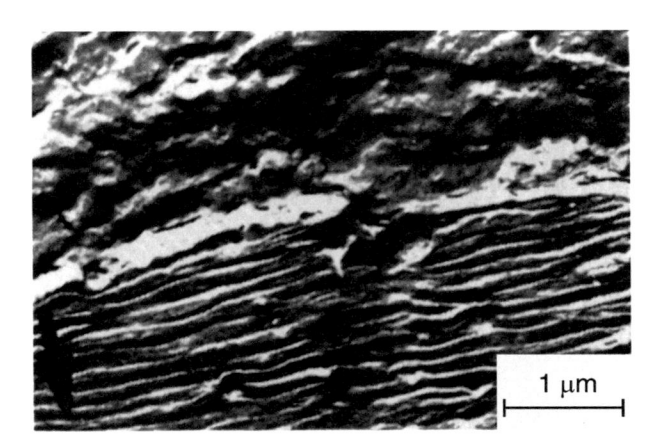

Bild 65-2 Im Vakuum (oberer Teil) und unter Laborbedingungen (unterer Teil) erzeugte Ermüdungsbruchfläche

Bei Konstruktionswerkstoffen kann die lokale Schwingstreifenlage mehr oder weniger stark von der makroskopischen Rissausbreitungsrichtung abweichen und z. B. durch Einschlüsse erheblich beeinflusst werden. Bei heterogenen Werkstoffen schließlich bilden sich Schwingstreifen nur in der verformungsfähigen Phase aus. Als Beispiel zeigt Bild 65-3 die Beeinflussung der Schwingstreifen im Aluminiumgrundgefüge der Druckgusslegierung EN AC-AlSi11Mg mit freigelegten Mg_2Si Ausscheidungen.

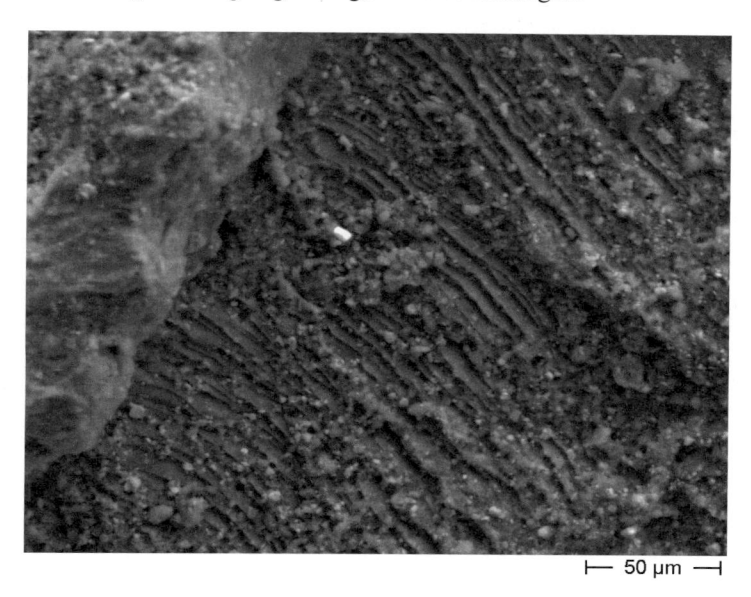

Bild 65-3 Schwingstreifen in einer EN AC-AlSi11Mg Druckgusslegierung nach Schwingbeanspruchung

Bei Ermüdungsbrüchen von Bauteilen zeigen die Bruchflächen – mit Ausnahme der Rest- oder Gewaltbruchflächenanteile – keine Bereiche, die auf größere plastische Verformungen hinweisen. In vielen Fällen, insbesondere bei sehr lange im Einsatz gewesenen Teilen, kann die Bruchfläche charakteristische Streifungen aufweisen, die oft mit bloßem Auge oder schon bei schwacher Vergrößerung erkennbar sind. Man spricht von sog. Rastlinien. Sie entstehen bei verschieden lang einwirkender Beanspruchung unterschiedlicher Größe als Folge charakteristischer Rissausbreitungs- und damit Bruchflächenmorphologien mit jeweils typischer Oxidations- und/oder Korrosionsanfälligkeit. Die sich farblich unterscheidenden Bänder sind jeweils der Rissausbreitung während einer größeren Anzahl von Schwingspielen zuzuordnen. In Bild 65-4 ist als typisches Beispiel die Bruchfläche einer Fahrradpedalkurbel aus einer geschmiedeten Aluminiumknetlegierung (Kurbelbreite 24 mm) zu sehen. Die unterschiedliche Krümmung der Rastlinien erlaubt eine Lokalisierung des Rissbeginns. Die Bruchflächenanteile, die dem Ermüdungs- bzw. dem Gewaltbruch zukommen, sind deutlich zu erkennen. Eine durch Schwingbeanspruchung unter Laborbedingungen erzeugte Bruchfläche zeigt Bild 65-5. Die Probe wurde bei kleinen Frequenzen mehrfach mit unterschiedlich langen Folgen kleiner und großer Spannungsamplituden im Zug-Druck-Wechselbereich (vgl. V55) beansprucht. Die Belastungsfolgen bilden sich deutlich auf der Bruchfläche ab. Der Ermüdungsanriss wurde durch eine Ankerbung an Position 0 der radial umlaufenden Winkelskala induziert. Nur der relativ kleine untere Teil der Bruchfläche mit deutlich andersartiger Strukturierung ist dem Gewaltbruch zuzuschreiben.

Bild 65-4 Ermüdungsbruchfläche einer Fahrradpedalkurbel aus einer geschmiedeten Aluminiumknetlegierung: Rastlinien (oben); Restbruch bzw. Gewaltbruch (unten)

Bild 65-5 Ermüdungsbruchfläche eines Stabes aus einem Vergütungsstahl mit radial umlaufender Winkelskala

V65 Ermüdungsbruchflächen

Es liegt nahe, die bei einfachen Geometrien, einfachen Beanspruchungsarten und unterschiedlichen Beanspruchungshöhen auftretenden makroskopischen Ermüdungsbruchflächen zu systematisieren. In Bild 65-6 sind im oberen Teil für ungekerbte und gekerbte Rundstäbe die sich bei unterschiedlichen Schwingbeanspruchungen mit hohen und niedrigen Nennspannungen ausbildenden Ermüdungsbruchflächen schematisch aufgezeichnet. Die hellen Bruchflächenbereiche sollen dabei den Ermüdungsbruchflächenanteil, die dunklen Bruchflächenbereiche den Gewaltbruchanteil kennzeichnen. Im unteren Bildteil sind entsprechende Angaben für Flachstäbe wiedergegeben. Durch Vergleich realer Bruchflächen mit den Angaben in Bild 65-6 kann qualitativ auf Beanspruchungsart und -höhe rückgeschlossen werden.

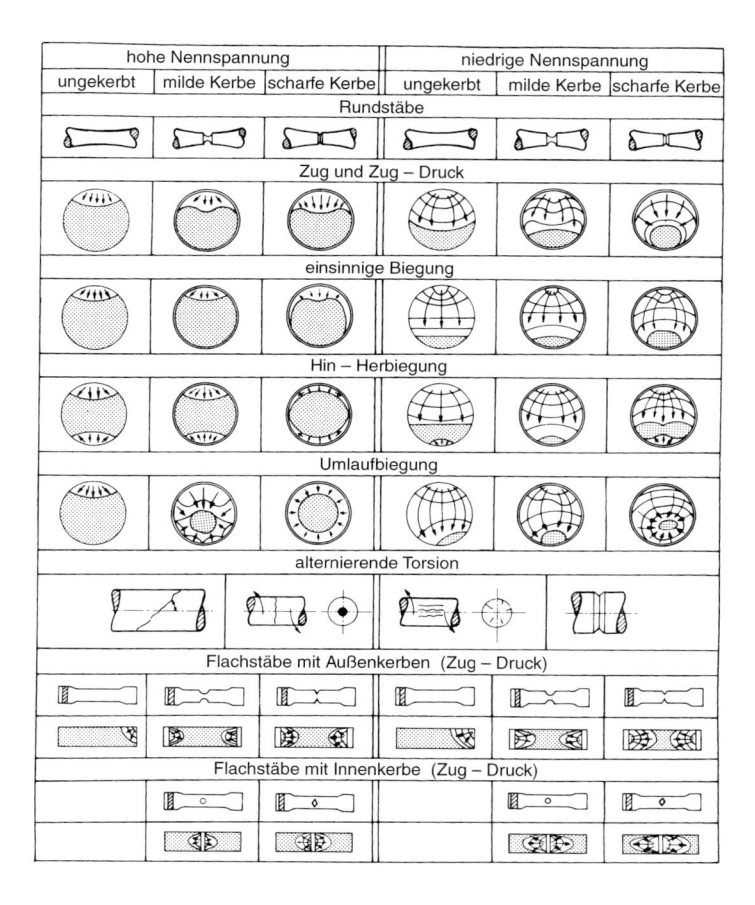

Bild 65-6 Systematik der makroskopischen Ermüdungsbruchflächenausbildung bei ungekerbten und gekerbten Rund- und Flachstäben

65.2 Aufgabe

An einer Probe und zwei Bauteilen, die als Folge schwingender Beanspruchung zu Bruch gingen, sollen Bruchflächenuntersuchungen vorgenommen werden. Bei der Probe aus der

Aluminiumlegierung AlCuMg1 soll die vorliegende Schwingstreifenstruktur quantitativ bewertet werden. Bei den Bauteilen aus den Stählen 34CrMo4 und 16MnCr5 soll auf Grund der Bruchflächenausbildung auf die vorangegangenen Beanspruchungsarten geschlossen werden.

65.3 Versuchsdurchführung

Für die Untersuchung steht ein handelsübliches Rasterelektronenmikroskop sowie ein Stereomikroskop zur Verfügung. Den Untersuchungsobjekten werden Proben von maximal 25 x 25 x 20 mm Größe unter Einschluss der Ermüdungsbruchfläche entnommen. Nach lichtmikroskopischer Betrachtung werden diese zur rasterelektronenmikroskopischen Untersuchung (vgl. V47) vorbereitet. Charakteristische Bruchflächenbereiche werden fotografiert. Bei der Aluminiumlegierung AlCuMg1 wird der Abstand der Schwingstreifen vermessen und daraus die Rissausbreitungsgeschwindigkeit abgeschätzt. Die Daten werden mit einem vorliegenden Rissgeschwindigkeitsdiagramm (vgl. V64) verglichen. Die Bruchflächen der Bauteile aus den Stählen 34CrMo4 und 16MnCr5 werden unter Zuhilfenahme von Bild 65-6 zunächst makroskopisch beurteilt. Danach werden mikroskopische Details an Hand der REM-Aufnahmen erörtert.

65.4 Literatur

[Hen90] Henry, G.; Horstmann, D.: DeFerri Metallographia V, Verlag Stahleisen, Düsseldorf, 1990

[Mit78] Mitsche, R.: Anwendung des Rasterelektronenmikroskopes bei Eisen- und Stahlwerkstoffen. In: Radex Rundschau Nr. 3/4 (1978), S. 575–890

[Poh60] Pohl, E.: Das Gesicht des Bruches metallischer Werkstoffe, München und Berlin, Allianz Versicherungs-AG, Band 1–3, 1960

V66 Verzunderung

66.1 Grundlagen

Die Oxidation der Metalle ist dadurch gekennzeichnet, dass im Laufe derselben an der Oberfläche der Metallphase eine Schicht des festen Reaktionsproduktes gebildet wird. Diese Reaktionen, die bei hohen Temperaturen dickschichtige Oxidationsprodukte bilden, bezeichnet man als Verzunderung. Da die Mechanismen der Hochtemperaturkorrosion sehr kompliziert sind, werden hier nur reine Metalle Me oder ausgewählte Zweistofflegierungen betrachtet. Die Verzunderung lässt sich allgemein in der Form

$$\frac{2x}{y} Me + O_2 \rightleftarrows \frac{2}{y} Me_x O_y \tag{66.1}$$

schreiben (vgl. Bild 66-1), wobei x und y ganze Zahlen sind. Der Prozess verläuft bei gegebener Temperatur spontan von links nach rechts ab, wenn sich dabei die freie Enthalpie des Reaktionsproduktes

$$G_R = (H - TS)_R \tag{66.2}$$

gegenüber der der Ausgangsstoffe

$$G_A = (H - TS)_A \tag{66.3}$$

verkleinert und damit die Differenz

$$\Delta G_0 = G_R - G_A = \Delta H - T \Delta S \tag{66.4}$$

negativ wird (H Enthalpie, S Entropie). $\Delta G_0 > 0$ bedeutet Reaktionsablauf von rechts nach links. $\Delta G_0 = 0$ stellt den Fall des chemischen Gleichgewichts dar. ΔG_0 wird, wenn ein Sauerstoffdruck $p_{O_2} = 1$ bar vorliegt, freie Standardbildungsenthalpie genannt.

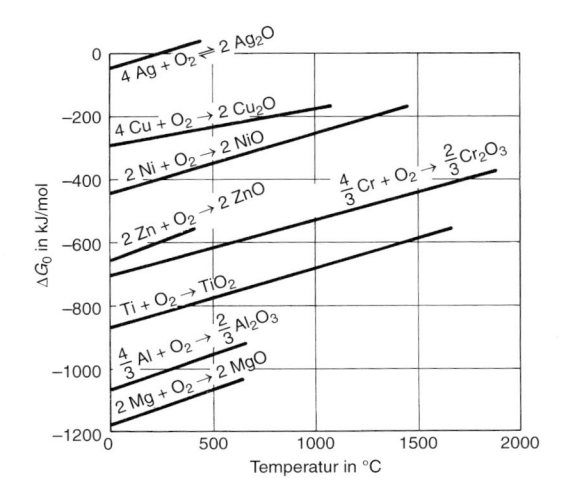

Bild 66-1
Temperaturabhängigkeit der freien Standardbildungsenthalpie einiger Oxidationsreaktionen zwischen 0 °C und der Schmelztemperatur der betrachteten Metalle

In Bild 66-1 ist für einige Oxidationsreaktionen die Temperaturabhängigkeit von ΔG_0, wiedergegeben, wie sie sich auf Grund vorliegender thermodynamischer Daten über $\Delta H(T)$ und $\Delta S(T)$ berechnen lässt. Liegt bei der Temperatur T ein Sauerstoffdruck $p_{O_2} \neq 1$ bar vor, so gilt für die die Oxidationsreaktion charakterisierende freie Bildungsenthalpie

$$\Delta G = \Delta G_0 - RT \ln p_{O_2} \tag{66.5}$$

Bild 66-1 zeigt, dass bei allen betrachteten Metallen, außer bei Silber (Ag), nur negative ΔG_0-Werte auftreten, die mit wachsender Temperatur algebraisch zunehmen. Die einzelnen ΔG_0, T-Kurven verlaufen nahezu parallel zueinander und besitzen etwa den gleichen Anstieg. Im Falle von Silber wird $\Delta G_0 = 0$ bei 190 °C erreicht. Dann besteht Gleichgewicht zwischen Ag, O_2 und Ag_2O. Der Zersetzungsdruck von Ag_2O erreicht den vorausgesetzten Sauerstoffdruck von 1 bar. Bei höheren Temperaturen wird der Zersetzungsdruck von Ag_2O größer, und das Metall bildet sich zurück. Insgesamt folgt, dass die angesprochenen Metalle außer Silber im betrachteten Temperaturbereich vollständig in ihre Oxide übergehen müssten. Da aber die Oxidation an der Oberfläche einsetzt und die entstehende Oxidschicht die Reaktionspartner Metall/Sauerstoff trennt, wird der zeitliche Oxidationsverlauf werkstoffspezifisch beeinflusst. Als Zusammenhang zwischen Oxidationsschichtdicke y und Oxidationszeit t werden bei niederen Temperaturen und dünnen Schichten das logarithmische Zeitgesetz

$$y = A \ln t \tag{66.6}$$

das invers logarithmische Zeitgesetz

$$\frac{1}{y} = A_1 - B_1 \ln t \tag{66.7}$$

oder das asymptotische Zeitgesetz

$$y = A_2 [1 - e^{-B_2 t}]$$

beobachtet, wobei A, A_1 und A_2 sowie B_1, und B_2 Konstanten sind. Bei höheren Temperaturen erweist sich entweder das parabolische Zeitgesetz

$$y^2 = A_3 t \tag{66.8}$$

oder das lineare Zeitgesetz

$$y = A_4 t \tag{66.9}$$

als gültig. Parabolische Zeitgesetze treten auf, wenn die Oxidationsgeschwindigkeit von der Diffusion der Metall- bzw. Sauerstoffionen durch die Oxidschicht bestimmt wird (Tammannsches Zundergesetz). Lineare Zeitgesetze werden beobachtet, wenn die Oxidschichten gasdurchlässig sind, also zur Poren- und Rissbildung bzw. zum Abblättern neigen, und daher Metall und Sauerstoff nicht mehr räumlich voneinander getrennt sind. Erfolgt die Diffusion der Sauerstoffionen durch die Oxidschicht schneller als eine der Phasengrenzreaktionen, so kann ebenfalls ein lineares Zeitgesetz beobachtet werden. Dies tritt bisweilen bei hohen Temperaturen, also großer Diffusionsgeschwindigkeit, und gleichzeitig vermindertem Sauerstoffpartialdruck auf.

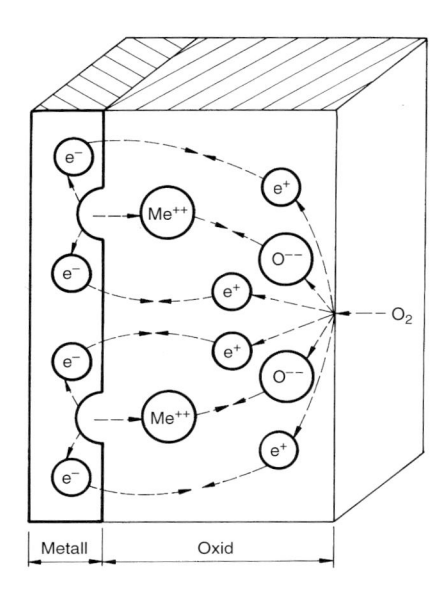

Bild 66-2
Vorgänge bei der Oxidbildung in porenfreien Schichten (schematisch)

Als Beispiel sind in Bild 66-2 die an der Phasengrenze Metall/Metalloxid bei dicken porenfreien Oxidschichten ablaufenden Prozesse schematisch angedeutet. Aus der Metalloberfläche treten Ionen Me^{z+} in die Oxidschicht ein und lassen z Elektronen e^- im Metall zurück, wobei aus Neutralitätsgründen

$$Me \rightarrow Me^{z+} + ze^- \qquad (66.10)$$

gilt. An der Grenzfläche Metalloxid/Sauerstoff werden Sauerstoffmoleküle O_2 zu Sauerstoffionen O^{2-} reduziert. Ein Sauerstoffatom nimmt dabei zwei Elektronen auf, so dass in der Oxidschicht zwei Defektelektronen oder Elektronenlöcher e^+ entstehen. Dieser Prozess lässt sich wie folgt beschreiben

$$O \rightarrow O^{2-} + 2e^+ \qquad (66.11)$$

Zum Wachsen der Oxidschicht ist es notwendig, dass entweder die Metallionen zu den Sauerstoffionen oder umgekehrt die Sauerstoffionen zu den Metallionen diffundieren und sich unter Ladungsausgleich im Ionengitter zusammenschließen können. Damit keine Raumladungen entstehen, die eine weitere Ionisation von Metallatomen und Reduktion von Sauerstoffatomen verhindern würden, müssen Elektronen und Elektronenlöcher miteinander rekombinieren. Das Oxid muss also entweder ein Elektronenleiter (n-Typ) oder ein Defektelektronenleiter (p-Typ) sein.

Da die Elektronen- bzw. Defektelektronen um einige Größenordnungen beweglicher sind als die Ionen, ist der geschwindigkeitsbestimmende Prozess für das Wachstum der Oxidschicht die Diffusion der Ionen. Die treibende Kraft ist dabei das für die wandernde Ionenart über der Oxidschicht vorliegende Konzentrationsgefälle. Nach dem 1. Fickschen Gesetz ist die Dickenzunahme dy der Oxidschicht in dem Zeitintervall dt dem Konzentrationsgradienten dc/dy proportional, so dass sich

$$\frac{dc}{dt} \sim \frac{dc}{dy} \qquad (66.12)$$

ergibt. Da ferner

$$\frac{dc}{dy} \sim \frac{1}{y} \tag{66.13}$$

ist, folgt aus Gl. 66.12 und 66.13

$$\frac{dy}{dt} \sim \frac{1}{y} \tag{66.14}$$

oder

$$y^2 \sim t . \tag{66.15}$$

Für eine durch Ionendiffusion kontrollierte Verzunderung gilt also ein parabolisches Zeitgesetz. Die Diffusion der Ionen geschieht dabei über die Gitterfehlordnung in der Oxidschicht. Entweder sind dort Gitterplätze unbesetzt (Leerstellen, z. B. in Kupfer(I)-Oxid Cu_2O) oder zwischen den normalen Gitterplätzen sind zusätzlich Ionen eingelagert (Zwischengitteratome, z. B. in Zinkoxid ZnO). In einer Oxidschicht aus Kupfer(I)-Oxid sind für die fehlenden Cu^+-Ionen (vgl. Bild 66-3) aus Gründen der elektrischen Neutralität Cu^{2+}-Ionen im Gitter eingebaut. Diese chemisch induzierte Fehlordnung ist bei Kupfer(I)-Oxid besonders groß, da es nicht in der stöchiometrischen Zusammensetzung als Cu_2O, sondern als $Cu_{1,8}O$ vorliegt. In der Oxidschicht wandern die Kupferionen entsprechend dem Konzentrationsgradienten durch Leerstellendiffusion zur Grenzfläche Metalloxid/Sauerstoff. Gleichzeitig wandern die Cu^{2+}-Ionen durch Ladungswechsel zwischen den ein- und zweiwertigen Kupferionen (was als Wanderung von Defektelektronen beschrieben werden kann) von der Oxidoberfläche zur Phasengrenze Metall/Metalloxid.

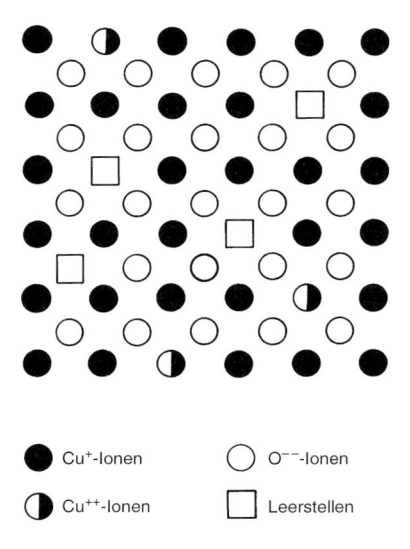

Bild 66-3
Fehlstellenstruktur einer Kupfer (I)-Oxidschicht

Die Zunderschicht eines reinen Metalls ist nur dann einheitlich aufgebaut, wenn es mit einer einzigen chemischen Wertigkeit auftritt. Kommen mehrere Wertigkeiten vor, dann bilden sich von innen nach außen Schichten mit steigender Wertigkeit des Oxids. Bei Kupfer kann sich deshalb an Cu_2O außen noch eine Schicht aus CuO anschließen, die für Kupferionen praktisch undurchlässig ist. Die Verzunderung kommt zum Stillstand. Legierungselemente beeinflussen die Bildung von Oxidschichten. Bei Kupfer erhöhen z. B. Al-Zusätze die Zunderbeständigkeit. Zunächst oxidiert Kupfer zu Cu_2O. Dann diffundiert Al zur Grenzschicht Metall/Cu_2O und bildet nach einiger Zeit eine geschlossene Al_2O_3-Schicht, die praktisch keine Kupferionen mehr durchlässt. Die Verzunderung kommt zum Stillstand. Anschließend wird dann Cu_2O weiter zu CuO oxidiert.

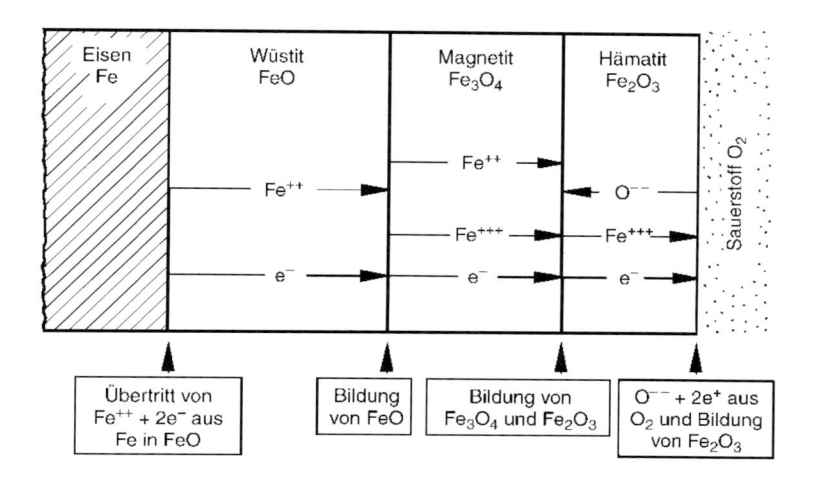

Bild 66-4 Zur Zunderbildung bei reinem Eisen oberhalb 570 °C

Von besonderem Interesse ist die komplizierte Oxidation von Eisen in Luft. Dabei treten oberhalb 570 °C 3-schichtige Zunderschichten aus FeO, Fe_3O_4 und Fe_2O_3 auf. Bild 66-4 zeigt schematisch die Zunderbildung nach einer 5-stündigen Glühung bei 1000 °C. Die Oxidphase mit der größten Bildungsgeschwindigkeit (FeO) besitzt die größte Schichtdicke. Die Grafik zeigt die schichtbestimmenden Ionen- und Elektronenbewegungen. Die FeO- und die Fe_3O_4-Schichten wachsen über nach außen gerichtete Wanderung von Fe^{3+}- bzw. Fe^{2+}- und Fe^{3+}-Ionen und Elektronen. An der Grenzfläche FeO/Fe_3O_4 bildet sich FeO durch Phasenumwandlung. In Fe_2O_3 (Hämatit) besitzen die Fe^{3+}- und O^{2-}-Ionen etwa gleiche Beweglichkeit, so dass die Hämatitschicht sowohl durch nach innen wandernde O^{2-} als auch nach außen wandernde Fe^{3+}-Ionen wächst. Unterhalb 570 °C zerfällt Wüstit (FeO) gemäß

$$4FeO \rightarrow Fe_3O_4 + Fe \tag{66.16}$$

in Magnetit (Fe_3O_4) und Eisen. Auch bei Eisen lässt sich durch geeignete Zusätze die Verzunderungsneigung beeinflussen. Dabei sind z. B. Ni und Co nur wenig, Cr, Si und Al dagegen stark wirksam. In den entstehenden Zunderschichten bilden sich Cr-, Si- und Al-Oxide, die Diffusionsbarrieren für die Metall- und Sauerstoffionen bilden.

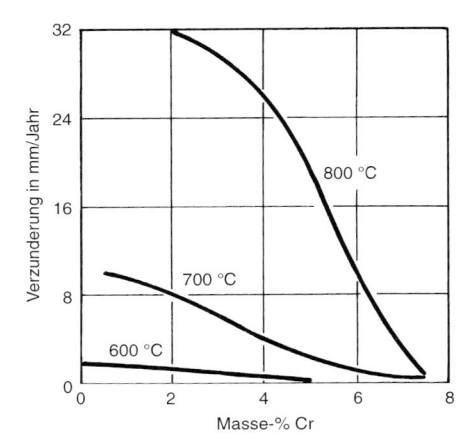

Bild 66-5 Cr-Einfluss auf die Verzunderung eines Stahls vom Typ C15

Bild 66-5 zeigt, wie Cr-Zusätze die Verzunderung (gemessen in mm Zunderschichtdicke/Jahr) bei den angegebenen Temperaturen beeinflussen. Bei hitzebeständigen Stählen wird die größte Zunderbeständigkeit durch Chromzusätze von 6–30 Masse-% unter gleichzeitigem gezieltem Zusatz von Aluminium und/oder Silizium erreicht.

66.2 Aufgabe

Das Oxidationsverhalten von reinem Kupfer und CuAl5 ist bei 850 °C zu untersuchen. Als Maß für die Oxidschichtausbildung ist dabei die Massenzunahme der Werkstoffe zu ermitteln. Die auftretenden Zeitgesetze sind zu diskutieren.

66.3 Versuchsdurchführung

Metallstreifen aus Kupfer und aus CuAl5 werden durch Eintauchen in Salzsäure von möglichen Deckschichten befreit und danach in senkrecht stehende, auf 850 °C aufgeheizte Rohröfen eingebracht. Die Proben hängen frei Luft an zunderfesten Drähten, die ihrerseits an den Balken von Analysenwaagen mit digitaler Messwertanzeige befestigt sind. Das Gewicht der Proben wird zu Versuchsbeginn jede Minute und nach 10 Minuten nur noch alle 5 Minuten ermittelt. Die Messdaten werden in einem doppelt-logarithmischem Diagramm erfasst, ausgewertet und diskutiert.

66.4 Weiterführende Literatur

[Pfe63]   Pfeifer, H.; Thomas, H.: Zunderfeste Legierungen, Springer-Verlag, Berlin, 1963
[Kub67]   Kubaschewski, O.; Hopkins, B. E.: Oxidation of Metals and Alloys, Butterworths, London, 1967

66.5 Symbole

Symbol/Abkürzung	Bedeutung	Einheit
G	freie Enthalpie	J
G_R	Freie Enthalpie des Reaktionsproduktes	J
G_A	Freie Enthalpie des Ausgangsstoffes	J
ΔG_0	Freie Standardbildungsenthalpie	J
H	Enthalpie	J
S	Entropie	J K^{-1}
T	Temperatur	°C
R	Universelle Gaskonstante	J mol^{-1} K^{-1}
p_{O_2}	Sauerstoffdruck	bar
t	Oxidationszeit	s
y	Oxidationsschichtdicke	m
A	Konstante	-
A_1	Konstante	-
A_2	Konstante	-
A_3	Konstante	-
A_4	Konstante	-
B_1	Konstante	-
B_2	Konstante	-

V67 Elektrochemisches Verhalten unlegierter Stähle

67.1 Grundlagen

Die Veränderungen bzw. Zerstörungen eines metallischen Werkstoffes infolge chemischer oder elektrochemischer Reaktionen mit seiner Umgebung bezeichnet man als Korrosion. Elektrochemische Korrosion tritt auf, wenn sich bei Anwesenheit eines Elektrolyten zwischen Oberflächenbereichen des gleichen Werkstoffes oder zwischen zwei verschiedenartigen Werkstoffen eine elektrische Potenzialdifferenz ausbildet. Ein derartiges „Korrosionselement" besteht stets aus einer Anode, einer Kathode und einem Elektrolyten. Ein Elektronenstrom in den metallischen Bereichen und ein Ionenstrom in dem Elektrolyten bilden den Stromkreis des Korrosionselementes.

Bei der elektrochemischen Korrosion besteht die anodische Teilreaktion in der Oxidation (Elektronenabgabe) des Metalls, die sich immer in der Form

$$\text{Me} \rightarrow \text{Me}^{z+} + ze^- \tag{67.1}$$

schreiben lässt. Die kathodische Teilreaktion ist stets die Reduktion (Elektronenaufnahme) eines Oxidationsmittels. Diese ist je nach Elektrolyt verschieden. Erfolgt die Korrosion beispielsweise (unter Lufteinwirkung) in einem sauerstoffhaltigen alkalischen, neutralen oder schwach sauren Elektrolyten, so ist der gelöste Sauerstoff das Oxidationsmittel (Sauerstoffkorrosionstyp) und der kathodische Reduktionsprozess ist durch

$$\frac{1}{2}O_2 + 2e^- + H_2O \rightarrow 2OH^- \tag{67.2}$$

bestimmt. Bei der Korrosion in Säuren mit pH < 5 wirken dagegen bei Abwesenheit zusätzlicher oxidierender Substanzen die H^+- Ionen als Oxidationsmittel (Wasserstoffkorrosionstyp) und die kathodische Teilreaktion ist durch

$$2H^+ + 2e^- \rightarrow H_2 \tag{67.3}$$

gegeben. Die Stellen eines Korrosionselementes, an denen ein Oxidationsmittel reduziert wird, nennt man kathodische Bereiche, die Stellen der Metallauflösung anodische Bereiche. Dass auch bei einem homogenen Werkstoff anodische und kathodische Bereiche bei Einwirkung eines Elektrolyten auftreten können, belegt der Tropfenversuch von Evans (vgl. Bild 67-1). Dazu wird ein Tropfen einer Kochsalzlösung, die Zusätze von Phenolphtalein und Kaliumhexacyanoferrat(III) enthält, auf eine blanke Eisenoberfläche gebracht. Das Eisen korrodiert im Zentrum des Tropfens. Die dort entstehenden Fe^{++}-Ionen ergeben zusammen mit $K_3Fe(CN)_6$ eine Blaufärbung. Der Sauerstoff wird in der Nähe der Dreiphasengrenze Metall/Elektrolyt/Luft reduziert. Die entstehenden OH^--Ionen werden durch die Rotfärbung des Indikators Phenolphtalein nachgewiesen. Zwischen den anodischen und kathodischen Bereichen bildet sich $Fe(OH)_2$ (Rost). Interessanterweise korrodiert Eisen gerade an Rissen und Spalten, zu denen das Oxidationsmittel Luftsauerstoff keinen Zutritt hat (Spaltkorrosion).

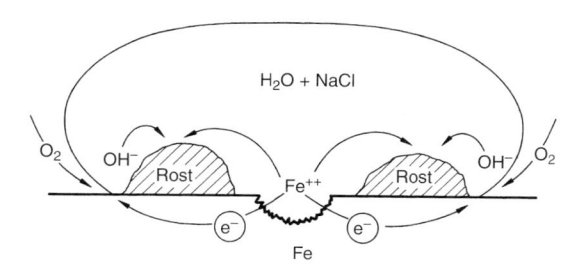

V67 Elektrochemisches Verhalten unlegierter Stähle

Bild 67-1
Evansscher Tropfenversuch (schematisch)

Die oxidierende bzw. reduzierende Wirkung der beschriebenen chemischen Reaktionen, die mit der Abgabe bzw. Aufnahme von Elektronen verbunden ist, führt je nach vorliegender Metall-Elektrolyt-Kombination zwischen diesen zur Ausbildung unterschiedlicher Potenzialdifferenzen, die nicht absolut messbar sind. Man ist daher übereingekommen, das Potenzial eines Metalls in einer definierten Lösung eines seiner Salze – man spricht von einem Halbelement oder einer Halbzelle – mit einem Halbelement zu vergleichen, dem willkürlich das Potenzial Null zugeordnet wird. Als entsprechendes Bezugs-Halbelement dient die sog. Wasserstoffnormalelektrode. Sie besteht aus einem Platinblech, das von Wasserstoff unter 1 bar Druck in einer HCl-Lösung (c = 1 mol/l) umspült wird. Die bei 25 °C und 1 bar auftretende Potenzialdifferenz zwischen dieser Wasserstoffnormalelektrode und einem Metall, das in eine 1-aktive Lösung eines seiner Salze taucht, wird als Normalpotenzial dieses Metalls bezeichnet. Die Aktivität a der Salzlösung ist dabei als die effektiv wirksame Ionenkonzentration in mol/l definiert. Ordnet man die Metalle nach Betrag und Vorzeichen ihrer Normalpotenziale, so ergibt sich die in Tabelle 67.1 wiedergegebene elektrochemische Spannungsreihe. Ein Metall A heißt edler als ein Metall B, wenn sein Potenzial U_A positiver als U_B ist. Gold ist also edler als Kupfer, Kupfer edler als Chrom.

Tabelle 67.1 Potenziale in Volt (V) für einige Metalle in Lösungen ihrer Salze

Me / Me^{z+}	Normalpotential U_0 für a = 1 mol/l	Potential U für a = 10^{-6} mol/l
Na / Na$^+$	–2,713	–3,061
Mg / Mg^{2+}	–2,375	–2,549
Al / Al^{3+}	–1,662	–1,778
Ti / Ti^{2+}	–1,630	–1,804
Mn / Mn^{2+}	–1,190	–1,364
Cr / Cr^{3+}	–0,744	–0,860
Fe / Fe^{2+}	–0,440	–0,614
Ni / Ni^{2+}	–0,230	–0,404
Sn / Sn^{2+}	–0,136	–0,310
Fe / Fe^{3+}	–0,036	–0,152
H / H$^+$	0,000	
Cu / Cu^{2+}	+0,337	+0,163
Cu / Cu$^+$	+0,522	+0,174
Ag / Ag$^+$	+0,799	+0,451
Au / Au^{3+}	+1,498	+1,382

Liegen von den genannten Standardbedingungen abweichende Aktivitäten $a_{Me^{z+}}$ und/oder abweichende Temperaturen T vor, so berechnet sich das Potenzial des Metallhalbelementes gegenüber der Wasserstoffnormalelektrode mit Hilfe der Nernstschen Gleichung zu

$$U = U_0 + 1{,}98 \frac{V}{K} \cdot 10^{-4} \frac{T}{z} \cdot \lg a_{Me^{z+}} \tag{67.4}$$

Dabei ist U_0 das Normalpotenzial und z die Ionenwertigkeit. Demnach hat z. B. Eisen in einer 10^{-6}-aktiven Fe^{2+}-Ionenlösung bei Raumtemperatur (293 K) ein Potenzial von

$$U = -0{,}440 \text{ V} + 1{,}98 \cdot 10^{-4} \frac{293}{2} \lg 10^{-6} \text{ V} = -0{,}440 \text{ V} - 0{,}174 \text{ V} = -0{,}614 \text{ Volt}. \tag{67.5}$$

Entsprechende Werte für andere Metalle sind in der dritten Spalte von Tab. 1 aufgeführt. Taucht somit ein Stück Eisen in einen Elektrolyten mit der Fe^{2+}-Ionenkonzentration von 10^{-6} mol/l, so wird es bei einer Potenzialdifferenz $U > -0{,}614$ Volt gegenüber der Wasserstoffnormalelektrode in Lösung gehen. Das gilt unabhängig vom pH-Wert der Lösung so lange, bis das Löslichkeitsprodukt der Reaktion

$$Fe^{2-} + 2(OH^-) \Leftrightarrow Fe(OH)_2 \tag{67.6}$$

überschritten wird. Trägt man also die Potenzialdifferenz über dem pH-Wert auf, so wird, wie in Bild 67-2, ein Bereich der Immunität ($U < -0{,}614$ V) von einem Bereich der Korrosion ($U > -0{,}614$ V) durch eine Gerade parallel zur Abszisse getrennt. Im Punkt A ist die (OH^-)-Konzentration so groß geworden, dass gemäß Gl. 6 als weitere feste Phase $Fe(OH)_2$ auftritt und sich eine schützende Deckschicht auf der Eisenprobe ausbilden kann (Deckschichtpassivität). Bei A besteht also ein Gleichgewicht zwischen Fe, $Fe(OH)_2$ und Fe^{2+}-Lösung. Neben $Fe(OH)_2$ trägt bei größeren Potenzialdifferenzen in Gegenwart von Sauerstoff auch die Bildung von Fe_2O_3 und Fe_3O_4 zur Deckschichtpassivität bei. Im Bereich sehr großer pH-Werte tritt Korrosion unter Ferratbildung (FeO_2H^-) auf. Im schraffierten Gebiet des U, pH-Diagramms ist das Eisen zwar thermodynamisch instabil, korrodiert jedoch nur sehr langsam. Man spricht vom Passivitätsbereich (vgl. V68). Bild 67-2 wird Pourbaix-Diagramm genannt. Es gibt die thermodynamische Beständigkeit eines Metalls und die seiner Korrosionsprodukte

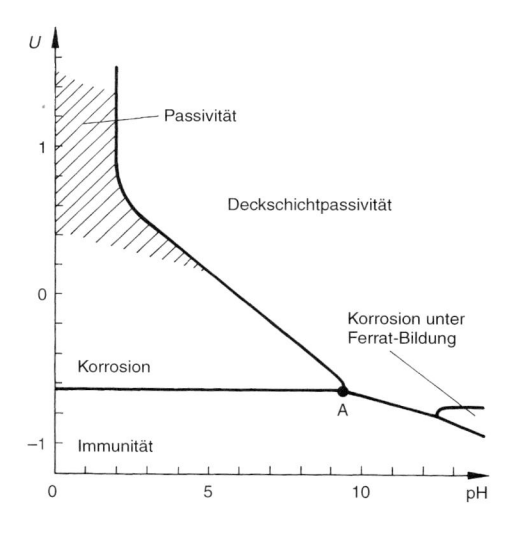

Bild 67-2
Pourbaix-Diagramm des Systems Eisen/Wasser bei einer Eisenionen-Konzentration von 10^{-6} mol/l

in Abhängigkeit vom pH-Wert und vom Potenzial gegenüber der Wasserstoffnormalelektrode wieder. Normalerweise sind in den Pourbaix-Diagrammen die Begrenzungen der Zustandsfelder für mehrere Aktivitäten der gelösten Metallionen eingezeichnet.

Durch elektrochemische Maßnahmen ist es möglich, bei einem System Stahl/Elektrolyt den Bereich der Immunität (vgl. Bild 67-2) gezielt einzustellen. Dazu wird das zu schützende Objekt (Rohrleitung, Schiffskörper) zur Kathode des Korrosionselementes gemacht. Ein solcher kathodischer Schutz kann mit galvanischen Anoden oder mit Hilfe eines Fremdstromes in einfacher Weise (vgl. Bild 67-3) erreicht werden. Im ersten Fall ist mit einer gegenüber Eisen unedleren Anoden zu arbeiten, die ggf. über einen einstellbaren Widerstand mit dem zu schützenden Objekt verbunden werden. Als Anodenmaterial werden üblicherweise Mg, MgAl6Zn3 oder Zn benutzt. Die Schutzwirkung ist mit einer Aufzehrung der Anode (Opferanode) gemäß der durch Gl. 67.1 gegebenen Reaktion verbunden. Die Dauerschutzwirkung hängt somit von der eingesetzten Masse der Opferanode ab. Bei Magnesiumanoden werden Stromausbeuten von etwa 1200 Ah/kg erreicht. Schutzstromdichten für Stahl in Sand- und Lehmböden liegen im Bereich von 10 bis 50 mA/m^2.

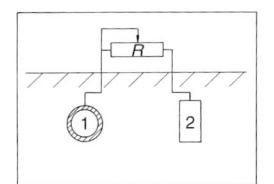

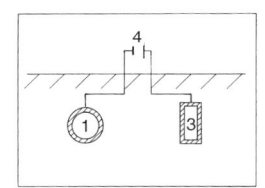

Bild 67-3
Kathodischer Schutz mit Opferanode (links) und Fremdstrom (rechts) 1 Objekt, 2 Opferanode, R Widerstand, 3 Fremdstromanode, 4 Stromquelle

Beim kathodischen Schutz durch Fremdstrom (der z. B. über Gleichrichter dem Netz entnommen wird) besteht die Schutzanode aus Eisen oder Gusseisen mit etwa 15 Masse-% Si, meist jedoch aus Graphit. Der Anodenverbrauch bei in Koks eingebettetem Eisen beträgt etwa 1 g/Ah, bei Graphit dagegen nur etwa 0,1 g/Ah. Mit Hilfe eines solchen fremdstromgespeisten Systems ist es z. B. je nach Isolationszustand, Objektabmessungen und Einspeisepotenzial möglich, Rohrleitungssysteme bis etwa 50 km Länge zu schützen.

67.2 Aufgabe

Für zwei unlegierte Stähle unterschiedlichen Kohlenstoffgehaltes sind die in verschiedenen Elektrolyten auftretenden Potenziale zu bestimmen. Die Messergebnisse und die auftretenden Korrosionswirkungen sind an Hand von Pourbaix-Diagrammen zu diskutieren.

67.3 Versuchsdurchführung

Für die Messungen steht eine Kalomel-Vergleichselektrode zur Verfügung. Sie besteht aus Quecksilber, das mit Kalomel (Quecksilber(I)-chlorid) und einer gesättigten KCl-Lösung bedeckt ist. Gegenüber einer Wasserstoffnormalelektrode besitzt sie ein Potenzial von

$$U_{Hg/Hg_2Cl_2} = 0,242\,Volt$$

Blechstreifen aus den vorgesehenen Stählen werden in vorbereitete Elektrolyte getaucht, deren pH-Werte mit einem pH-Messgerät ermittelt werden. Die Potenzialdifferenzen der Stahlproben gegenüber der Kalomel-Vergleichselektrode werden mit Hilfe eines hochohmigen Voltmeters gemessen und auf Potenziale gegenüber der Wasserstoffnormalelektrode umgerechnet. Die Messbefunde werden durch lichtoptische Oberflächenbeobachtungen ergänzt.

67.4 Weiterführende Literatur

[DIN EN ISO 8044:1999-11]	DIN EN ISO 8044:1999-11, Korrosion von Metallen und Legierungen – Grundbegriffe und Definitionen (ISO 8044:1999); Dreisprachige Fassung EN ISO 8044:1999
[DIN 50905-1:2009-09]	DIN 50905-1:2009-09 Korrosion der Metalle – Korrosionsuntersuchungen – Teil 1: Grundsätze
[DIN 50980]	DIN 50980, Prüfung metallischer Überzüge, Auswertungen zu Korrosionsprüfungen
[Kae79]	Kaesche, H.: Die Korrosion der Metalle, 3. Aufl., Springer, Berlin, 1990
[Rah77]	Rahmel, A. u. Schwenk, W.: Korrosion und Korrosionsschutz von Stählen, 18. Auflage, Verlag Chemie, Weinheim, 1977
[Fon71]	Fontana, M. G. u. Staehler, R. W.: Advances in Corrosion Science, Plenum Press, New York, 1971–1973

67.5 Symbole, Abkürzungen

Symbol/Abkürzung	Bedeutung	Einheit
Me	Metall	-
z	Ionenwertigkeit	-
U	Potential	V
U_0	Normalpotential	V
a	Aktivität	mol/l
c	Stoffmengenkonzentration	mol/l

V68 Stromdichte-Potenzial-Kurven

68.1 Grundlagen

Die elektrochemische Korrosion von Metallen beruht auf der anodischen Metallauflösung, beispielsweise die anodische Auflösung von Eisen gemäß

$$Fe \rightarrow Fe^{2+} + 2\,e^- \qquad (68.1)$$

Dabei gehen positiv geladene Metallionen von der Metalloberfläche in den umgebenden wässrigen Elektrolyten über. Die von den Metallatomen abgegebenen Elektronen verbleiben im Metall und laden es negativ auf. Die positiv geladenen Metallionen werden von dem negativ geladenen Metall angezogen und bilden deshalb im Elektrolyt unmittelbar vor der Metalloberfläche eine Ionenschicht (vgl. Bild 68-1). Diese elektrochemische Doppelschicht hat üblicherweise eine Ausdehnung von 1 bis 10 nm. Das elektrische Feld in der elektrischen Doppelschicht führt zu einer Potenzialdifferenz zwischen dem Metall und der Lösung (vgl. Bild 68-1).

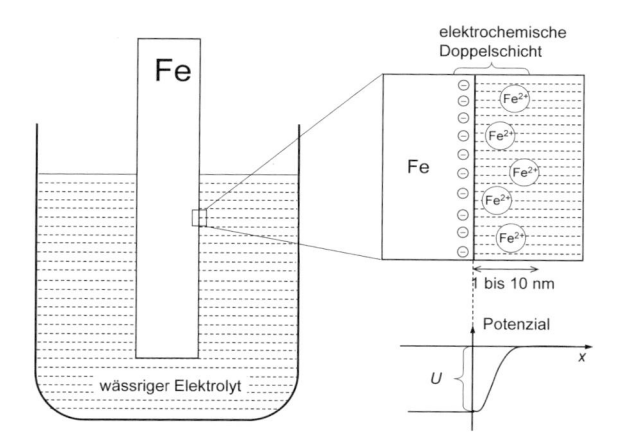

Bild 68-1
Schematische Darstellung der elektrochemischen Doppelschicht vor einer Eisenoberfläche, die einem wässrigen Elektrolyt ausgesetzt ist

Eine fortschreitende Korrosion erfolgt nur dann, wenn die im Metall verbliebenen Elektronen durch Reduktionsreaktionen an anderer Stelle wieder verbraucht werden. Bei der Säurekorrosion erfolgt dieser Elektronenverbrauch durch die kathodische Wasserstoffabscheidung gemäß Gl. 68.2. Bei der Korrosion durch gelösten Sauerstoff erfolgt der Elektronenabbau durch die Sauerstoffreduktionsreaktion gemäß Gl. 68.3:

$$2\,H^+ + 2\,e^- \rightarrow H_2 \qquad (68.2)$$
$$O_2 + H_2O + 4\,e^- \rightarrow 4\,OH^- \qquad (68.3)$$

Die potenziostatische Messung von Stromdichte-Potenzial-Kurven ist ein wichtiges elektrochemisches Messverfahren zur Charakterisierung des Korrosionsverhaltens metallischer Werkstoffe in wässrigen Elektrolyten. Die Messung erfolgt mit der in Bild 68-2 skizzierten experimentellen Anordnung. Die zu untersuchende Werkstoffprobe wird hierbei als sog. Arbeitselektrode mit einem Potenziostat verbunden und in eine wässrige Elektrolytlösung eingetaucht. Typische Standardelektrolytlösungen sind 1-molare H_2SO_4-Lösung oder auch 1-molare NaCl-

Lösung. Gegenüber der Arbeitselektrode wird eine Gegenelektrode platziert. Sie besteht aus einem korrosionsbeständigen Metall (vorzugsweise Platin) und dient dazu die Arbeitselektrode mit einem Strom I bzw. einer Stromdichte $i = I / A$ beaufschlagen zu können, wobei A der Oberfläche der Arbeitselektrode entspricht. Eine sog. Haber-Luggin-Glaskapillare wird unmittelbar vor der Oberfläche der Arbeitselektrode platziert und bildet eine wässrige Elektrolytbrücke zur Bezugselektrode B. Sie misst das Elektrodenpotenzial U_{ist} unmittelbar vor der Arbeitselektrode. Je nach Art der eingesetzten Bezugselektrode (z. B. Kalomelelektrode) weicht die gemessene Ist-Spannung U_{ist} um eine konstante Spannung U_{Bezug} von der theoretischen Potenzialdifferenz zur Standardwasserstoffelektrode $U^o{}_{ist}$ ab, so dass $U^o{}_{ist} = U_{ist} + U_{Bezug}$. Der Zusammenhang zwischen der von außen angelegten Stromdichte i und der sich einstellenden Potenzialdifferenz $U^o{}_{ist}$ an der Arbeitselektrode ergibt die Stromdichte-Potenzial-Kurve. Zur Aufnahme von Stromdichte-Potenzialkurven vergleicht der Potenziostat selbsttätig die zwischen der Arbeits- und Bezugselektrode (vgl. Bild 68-2) auftretende Ist-Spannung U_{ist} mit einer vorgegebenen Soll-Spannung U_{soll}. Zum Erreichen der gewünschten Soll-Spannung wird der Strom an der Stromquelle im Potenziostaten zwischen Arbeits- und Gegenelektrode solange automatisch verändert, bis die gemessene Ist-Spannung U_{ist} vor Arbeitselektrode mit der Soll-Spannung U_{soll} übereinstimmt. Diese Veränderung des Elektrodenpotenzials durch einen äußeren Strom wird als elektrochemische Polarisation bezeichnet.

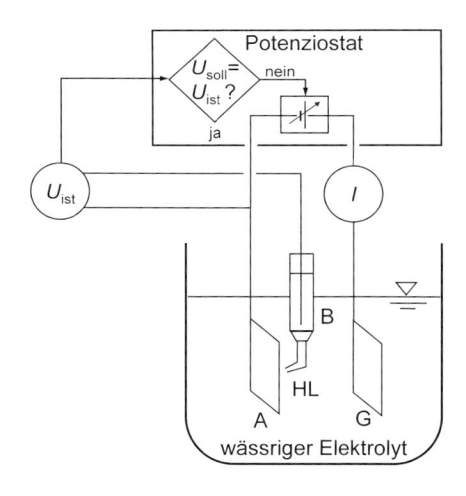

Bild 68-2
Messanordnung zur Aufnahme von Stromdichte-Potenzial-Kurven. A: Arbeitselektrode, G: Gegenelektrode, HL: Haber-Luggin-Kapillare, B: Bezugselektrode

Der Verlauf der Stromdichte-Potenzial-Kurve kann für die verschiedenen Korrosionsarten (vgl. V67) durch Betrachtung der jeweils ablaufenden Teilreaktionen berechnet werden. Die Bruttoreaktion für eine gleichmäßige Säurekorrosion in einem sauerstofffreien sauren Elektrolyten lässt sich für ein z-wertiges Metall Me allgemein in der Form

$$\text{Me} + z\,\text{H}^+ \rightarrow \text{Me}^{z+} + z/2\,\text{H}_2 \tag{68.4}$$

schreiben. Diese Reaktion setzt sich aus den folgenden vier Teilreaktionen zusammen:

Die anodische Metallauflösung	$\text{Me} \rightarrow \text{Me}^{z+} + z\,e^-$,	(68.5a)
die kathodische Metallabscheidung	$\text{Me}^{z+} + z\,e^- \rightarrow \text{Me}$,	(68.5b)
die kathodische Wasserstoffabscheidung	$z\,\text{H}^+ + z\,e^- \rightarrow z/2\,\text{H}_2$,	(68.5c)
sowie die anodische Wasserstoffionisation	$z/2\,\text{H}_2 \rightarrow z\,\text{H}^+ + z\,e^-$	(68.5d)

Die Gesamtstromdichte i_s ergibt sich aus der Summe der Teilstromdichten der vier Teilreaktionen

$$i_s = i_1 + i_2 + i_3 + i_4. \tag{68.6}$$

Der geschwindigkeitsbestimmende Prozess bei den durch die Reaktionsgleichungen 68.5a bis d gegebenen Teilreaktionen ist jeweils ein thermisch aktivierter Durchtritt von Metallionen bzw. Elektronen durch die elektrochemische Doppelschicht mit Überwindung der entsprechenden Potenzialbarriere U (vgl. Bild 68-1). Für die einzelnen Teilstromdichten ergeben sich deshalb die folgenden Boltzmann-Terme:

$$i_1 = B_{Me} \exp\left[\frac{U}{b_{Me}}\right] \tag{68.7a}$$

$$i_2 = -A_{Me} \exp\left[-\frac{U}{a_{Me}}\right] \tag{68.7b}$$

$$i_3 = -A_{H} \exp\left[-\frac{U}{a_{H}}\right] \tag{68.7c}$$

und

$$i_4 = B_{H} \exp\left[\frac{U}{b_{H}}\right] \tag{68.7d}$$

Dabei entspricht U der sich einstellenden Potenzialdifferenz gegenüber der Standardwasserstoffelektrode. A_H, A_{Me}, B_H und B_{Me} sind positive Konstanten. Die ebenfalls positiven Größen a_H und a_{Me}, b_H und b_{Me} sind direkt proportional zur absoluten Temperatur. Die anodische Metallauflösung (Gl. 68.5a bzw. 68.7a) und die anodische Wasserstoffionisation (Gl. 68.5d bzw. 68.7d) haben positive Stromdichten, da bei beiden Reaktionen positiv geladene Ionen von der Arbeitselektrode in Richtung Elektrolyt fließen. Die kathodische Metallabscheidung (Gl. 68.5b bzw. Gl. 68.7b) und die kathodische Wasserstoffabscheidung (Gl. 68.5c bzw. 68.7c) haben eine negative Stromdichte, da bei beiden Reaktionen positiv geladene Ionen vom Elektrolyten in Richtung der Arbeitselektrode fließen. Im Allgemeinen können die Beiträge durch die kathodische Metallabscheidung (Gl. 68.5b und 68.7b) und durch die anodische Wasserstoffionisation (Gl. 68.5d und 68.7d) vernachlässigt werden und damit auch die Stromdichten i_2 und i_4, so dass sich die folgende Summenstromdichte

$$i_s \approx i_1 + i_3 = B_{Me} \exp\left[\frac{U}{b_{Me}}\right] - A_H \exp\left[-\frac{U}{a_H}\right] \tag{68.8}$$

ergibt. Die Stromdichte-Potenzial-Kurve der Säurekorrosion setzt sich, wie in Bild 68-3 skizziert, additiv aus zwei Teilzweigen zusammen, dem Zweig der anodischen Metallauflösung (i_1) und dem Zweig der kathodischen Wasserstoffabscheidung (i_3). Das Potenzial, bei dem die Summenstromdichte $i_S = 0$ wird, wird als Ruhepotenzial U_R bezeichnet. Es liegt typischerweise in einem Bereich von −800 mV bis +200 mV. Beim Ruhepotenzial heben sich die Teilstromdichte der anodischen Metallauflösung und die Teilstromdichte der kathodischen Wasserstoffabscheidung exakt auf. Obwohl die äußere Summenstromdichte gleich null ist, findet beim Ruhepotenzial Korrosion statt, da die Teilstromdichten nicht null sind. Der Betrag der entgegengesetzt gleichen Teilstromdichten der anodischen Metallauflösung und der kathodischen Wasserstoffabscheidung am Ruhepotenzial

$$i_\text{K} = B_\text{Me} \exp\left[\frac{U_\text{R}}{b_\text{Me}}\right] = A_\text{H} \exp\left[-\frac{U_\text{R}}{a_\text{H}}\right] \tag{68.9}$$

wird als Korrosionsstromdichte i_K bezeichnet. Die Korrosionsstromdichte ist ein Maß für die Korrosionsgeschwindigkeit des frei im Elektrolyten korrodierenden Metalls.

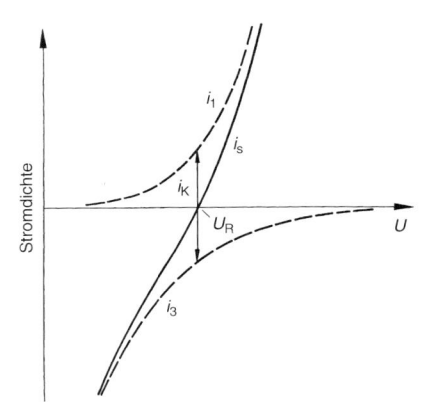

Bild 68-3
Stromdichte-Potenzial-Kurve durch Überlagerung der anodischen Metallauflösung mit positiver Stromdichte i_1 und der kathodischen Wasserstoffabscheidung mit negativer Stromdichte i_3

Mit Gl. 68.9 können die Konstanten B_Me und A_H aus Gl. 68.8 substituiert werden und es ergibt sich die Butler-Volmer-Gleichung (Durchtrittsstrom-Spannungs-Gleichung)

$$i_\text{s} = i_\text{K} \left\{ \exp\left[\frac{U - U_\text{R}}{b_\text{Me}}\right] - \exp\left[-\frac{U - U_\text{R}}{a_\text{H}}\right] \right\}. \tag{68.10}$$

Wird für eine gemessene Stromdichte-Potenzial-Kurve der Logarithmus der Summenstromdichte $\ln|i_\text{S}|$ als Funktion von U aufgetragen, so ergibt sich der in Bild 68-4 dargestellte Verlauf. Für $U \ll U_\text{R}$ und für $U \gg U_\text{R}$ nähert sich der Verlauf von $\ln|i_\text{S}|$ über U jeweils Geraden an, die in Bild 68-4 gestrichelt eingezeichnet sind. Die beiden Geraden werden als Tafel-Geraden bezeichnet. Sie schneiden sich am Ruhepotenzial U_R. Der Ordinatenwert des Schnittpunktes entspricht dabei dem natürlichen Logarithmus der Korrosionsstromdichte $\ln|i_\text{K}|$.

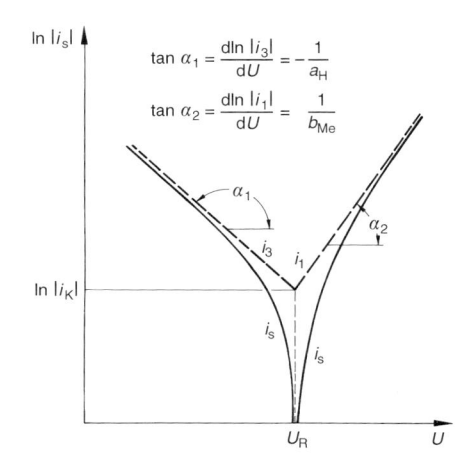

Bild 68-4
Ermittlung der Tafel-Geraden durch logarithmische Auftragung der Summenstromdichte i_s über der Spannung. Am Schnittpunkt der Tafel-Geraden kann die Korrosionsstromdichte i_K abgelesen werden.

Aus der Butler-Volmer-Gleichung 68.10 ergibt sich die Funktion der Tafel-Geraden jeweils als Grenzwert für $U \gg U_R$ und $U \ll U_R$. Für $U \gg U_R$ kann der zweite Term in Gl. 68.10 vernachlässigt werden, so dass

$$i_s \approx i_1 = i_K \exp\left[\frac{U - U_R}{b_{Me}}\right].\tag{68.11a}$$

Für $U \ll U_R$ kann der erste Term von Gl. 68.10 vernachlässigt werden, so dass

$$i_s \approx i_3 = -i_K \exp\left[-\frac{U - U_R}{a_H}\right].\tag{68.11b}$$

Bei $U = U_R$ ergibt sich für die beiden Tafel-Funktionen 68.11a und b jeweils die Korrosionsstromdichte $\pm i_K$. Durch Logarithmieren und Differenzieren ergibt sich die Steigung der Tafel-Geraden zu

$$\frac{d\ln|i_1|}{dU} = \frac{1}{b_{Me}} \quad \text{und} \quad \frac{d\ln|i_3|}{dU} = -\frac{1}{a_H}.\tag{68.12a, b}$$

Die linke Tafel-Gerade (i_3) in Bild 68-4 beschreibt die kathodische Wasserstoffabscheidung, die rechte Gerade (i_1) beschreibt die anodische Metallauflösung.

Der Reziprokwert der Steigung der Stromdichte-Potenzial-Kurve (dU/di_S) (vgl. Bild 68-3) an der Stelle $U = U_R$ wird als Polarisationswiderstand R_P [Ωcm^2] bezeichnet. Die Ableitung der Butler-Volmer-Gleichung (Gl. 68.10) an der Stelle $U = U_R$ ergibt

$$\left.\frac{di_S}{dU}\right|_{U=U_R} = i_K \left\{\frac{1}{b_{Me}} + \frac{1}{a_H}\right\} = \frac{1}{R_P}.\tag{68.13}$$

Aus den Steigungen der Tafel-Geraden können die Konstanten a_H und b_{Me} ermittelt und mit Gl. 68.13 der Polarisationswiderstand R_P berechnet werden.

Eine weitere wichtige Korrosionsart neben der Säurekorrosion (pH < 5) ist die Korrosion durch gelösten Sauerstoff in neutralen und alkalischen Lösungen (vgl. V67). Als Gegenreaktion zur anodischen Metallauflösung (vgl. Gl. 68.5a) erfolgt hierbei die kathodische Sauerstoffreduktionsreaktion (vgl. Gl. 68.3). Analog zur Säurekorrosion wird nun der Verlauf der Stromdichte-Potenzial-Kurve für die Sauerstoffkorrosion berechnet. Voraussetzung für den Ablauf der Sauerstoffreduktionsreaktion ist die Diffusion des im Elektrolyten gelösten Sauerstoffs zur Elektrodenoberfläche. Die Teilstromdichte i_3 der Sauerstoffreduktionsreaktion ist hierbei durch die Diffusionsgeschwindigkeit der gelösten Sauerstoffmoleküle betragsmäßig begrenzt, so dass die Stromdichte-Potenzial-Kurve den in Bild 68-5 dargestellten Verlauf hat. Auch hier berechnet sich der Polarisationswiderstand R_P aus der reziproken Steigung der Stromdichte-Potenzial-Kurve am Ruhepotenzial U_R. In diesem Fall ist die Korrosionsstromdichte i_K gegeben durch

$$i_K = b_{Me} \frac{1}{R_P}.\tag{68.14}$$

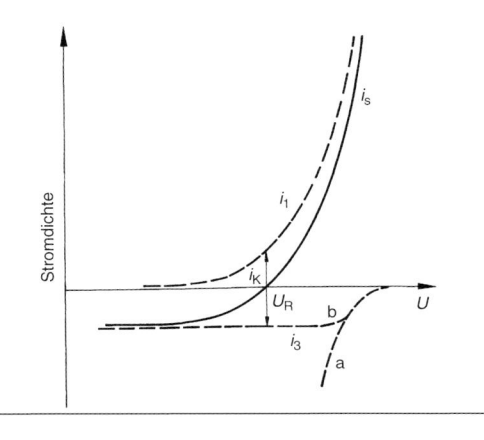

Bild 68-5
Stromdichte-Potenzial-Kurve bei Sauerstoff-Korrosion. Ungestörte (a) und diffusionsbegrenzte (b) Kathodenreaktion

Neben den bisher gezeigten Stromdichte-Potenzial-Verläufen zeigen viele Metalle wie z. B. Fe, Cr, Ni, Al, Ti und Zr in wässrigen Elektrolyten mit gelöstem Sauerstoff bei positiven Potenzialen ($U > U_R$) einen abweichenden Kurvenverlauf (vgl. Bild 68-6). Der veränderte Verlauf ist auf die Bildung von Passivierungsschichten in Form dünner Oxidschichten auf den Metalloberflächen zurückzuführen. Ausgehend vom Ruhepotenzial steigt die Summenstromdichte mit steigendem Potenzial zunächst wie gewohnt an. Dann tritt jedoch ein Bereich ohne H_2- bzw. O_2-Entwicklung auf, wobei der Summenstrom i_S ein Maximum durchläuft. Danach fällt i_S rasch auf die sehr geringe Passivstromdichte i_{min}, hält diese über einen ausgedehnten Potenzialbereich und steigt schließlich bei höherem Potenzial wieder an. Bei den Stromdichte-Potenzial-Kurven passivierbarer Metalle werden die Potenzialbereiche aktiv, aktiv-passiv, passiv und transpassiv unterschieden. Neben dem Ruhepotenzial U_R können weitere charakteristische Kenngrößen aus dem Stromdichte-Potenzial-Verlauf ermittelt werden. Beim Passivierungspotenzial U_P erreicht die Stromdichte ihren Maximalwert i_{max} (Passivierungsstromdichte). Die Passivierung wird voll wirksam, wenn die Passivierungsstromdichte i_{max} durchlaufen wurde. Es sind dann chemisch stabile und dichte Metalloxidschichten auf der Metalloberfläche entstanden. Im Passivbereich zwischen dem Aktivierungspotenzial U_A und dem Durchbruchspotenzial U_D bleibt die Stromdichte auf einem konstanten Minimalwert i_{min}, der als Passivstromdichte bezeichnet wird. Die Passivstromdichte i_{min} wird durch die Rate bestimmt, mit der Metallionen die Oxidschicht durchdringen (vgl. V66). Oberhalb des Durchbruchspotenzials U_D steigt die Stromdichte wieder an und das Gebiet der Transpassivität ist erreicht. U_D liegt typischerweise im Bereich größer +1800 mV.

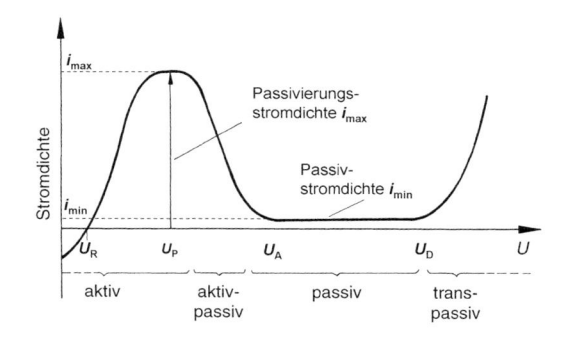

Bild 68-6
Stromdichte-Potenzial-Kurve eines passivierbaren Metalls. U_R: Ruhepotenzial, U_P: Passivierungspotenzial, U_A: Aktivierungspotenzial, U_D: Durchbruchspotenzial

Die oxidischen Passivierungsschichten können von Chlor-, Brom- und Jodionen im Elektrolyten angegriffen werden, bevor das eigentliche Durchbruchspotenzial erreicht ist. Es tritt dann Lochfraß auf. Beispielsweise zeigen Chromnickelstähle in der Stromdichte-Potenzial-Kurve häufig ein Lochfraßpotenzial U_L bei dem auch innerhalb des Passivbereichs ein starker Stromdichteanstieg auftritt (vgl. Bild 68-7). In sauren chlorid- und nitrathaltigen Elektrolyten kann neben dem unteren Lochfraßpotenzial U_L noch ein oberes Lochfraßpotenzial U_{LO} auftreten, oberhalb dessen eine Repassivierung der Löcher einsetzt.

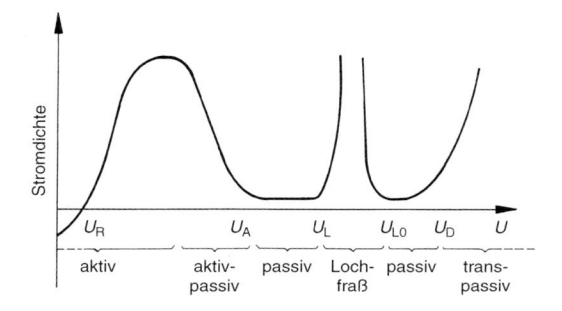

Bild 68-7
Stromdichte-Potenzial-Kurve eines CrNi-Stahles in NaCl- bzw. NaCl/NaNO$_3$-haltigem Elektrolyt

Von großer praktischer Bedeutung ist, dass sich die Korrosionsstromdichte i_K und damit die Korrosionsgeschwindigkeit durch Zugabe von Zusatzstoffen in Form sog. Inhibitoren stark reduzieren lässt. Als Adsorptionsinhibitoren werden Substanzen bezeichnet, die auf der Metalloberfläche adsorbiert werden und die Korrosion stark vermindern. Je nachdem, ob der benutzte Inhibitor bevorzugt die anodische oder die kathodische Teilreaktion hemmt, spricht man von anodisch oder kathodisch wirksamen Inhibitoren. Zusätze, die zur Ausbildung von passivierenden Deckschichten führen heißen Passivatoren.

68.2 Aufgabe

Für Proben aus dem austenitischen Chromnickelstahl X5CrNi18-8 sind in sauerstofffreier 1-molarer H$_2$SO$_4$-Lösung mit und ohne Zusatz von NaCl Stromdichte-Potenzial-Kurven aufzunehmen. Zur Auswertung werden Ruhepotenzial U_R, Passivierungspotenzial U_P, Aktivierungspotenzial U_A, Lochfraßpotenzial U_L, Durchbruchspotenzial U_D und die Passivierungsstromdichte i_{max} sowie die Passivstromdichte i_{min} ermittelt. Ferner werden Stromdichte-Potenzial-Kurven für eine Baustahlprobe (S235) in einer 1-moralen H$_2$SO$_4$-Lösung aufgenommen und der Einfluss eines Inhibitors (z. B. 10 g/l Zinkhydrogenphosphat: Zn(H$_2$PO$_3$)$_2$) auf die Korrosionsstromdichte i_K und den Polarisationswiderstand R_P untersucht sowie der erwartete Masseverlust pro cm² und Jahr berechnet.

68.3 Versuchsdurchführung

Die Stromdichte-Potenzial-Kurven werden mit Hilfe eines Potenziostaten ermittelt (vgl. Bild 68-2). Der zwischen Arbeitselektrode und Gegenelektrode fließende Strom wird solange automatisch verändert, bis die gemessene Ist-Spannung mit der Soll-Spannung übereinstimmt. Zur Aufnahme der Stromdichte-Potenzial-Kurve wird ausgehend von −1600 mV die Soll-Spannung schrittweise erhöht. Die gemessene Ist-Spannung und der Strom werden elektronisch mit einem PC aufgezeichnet und liefern die Stromdichte-Potenzial-Kurven. Aus den gemessenen Kurven werden U_R, U_P, U_A, U_L, U_D, i_{max} und i_{min} ermittelt.

Aus der Stromdichte-Potenzial-Kurve des Baustahls SS235 in inhibitorfreier H_2SO_4-Lösung werden durch Auftragen von $\ln|i_S|$ über U (vgl. Bild 68-4) die Korrosionsstromdichte i_K, die Konstanten a_H und b_{Me} sowie der Polarisationswiderstand R_p bestimmt. Nach Zugabe eines Inhibitorzusatzes wird in der gleichen Weise verfahren. Für beide Fälle ist aus der ermittelten Korrosionsstromdichte der zu erwartende Masseverlust während pro Jahr und cm² Oberfläche abzuschätzen. Die Umrechnung der Korrosionsstromdichte i_K in eine Massenabtragsrate erfolgt über das 1. Faradaysche Gesetz

$$\frac{\Delta m}{A \cdot \Delta t} = \frac{M_{Fe}}{z \cdot F} \cdot i_K \quad \left[\frac{g}{m^2}\right], \tag{68.15}$$

wobei M_{Fe} der Molmasse für Eisen von 55,85 g/mol entspricht. Die Faraday-Konstante F = 9,6485x10⁴ As/mol entspricht der Ladung von 1 mol Elektronen und $z = 2$ ist die Wertigkeit der Fe^{2+} Eisenionen.

68.4 Weiterführende Literatur

[Rah77] Rahmel, A.; Schwenk, W.: Korrosion und Korrosionsschutz von Stählen. 18. Aufl., Verlag Chemie, Weinheim/New York, 1977

[Hei83] Heitz, E.; Henkhaus, R.; Rahmel, A.: Korrosionskunde im Experiment. 2. überarb. Aufl., Verlag Chemie, Weinheim/New York, 1983

[Gel81] Gellings, P. J.: Korrosion und Korrosionsschutz von Metallen. 8. Aufl., Hanser Verlag, 1981

[Kae79] Kaesche, H.: Die Korrosion der Metalle, 3. Aufl., Springer, Berlin, 1990

68.5 Symbole, Abkürzungen

Symbol/Abkürzung	Bedeutung	Einheit
U_{ist}	Ist-Spannung (Elektrodenpotenzial)	V
U_{Bezug}	Elektrodenpotenzial der Bezugselektrode	V
U^o_{ist}	Elektrodenpotenzial bezogen auf die Standardwasserstoffelektrode	V
U_{soll}	Soll-Spannung	V
U_R	Ruhepotenzial	V
U_P	Passivierungspotenzial	V
U_A	Aktivierungspotenzial	V
U_L	Lochfraßpotenzial	V
U_D	Durchbruchspotenzial	V
i_{max}	Passivierungsstromdichte	A cm^{-2}
i_{min}	Passivstromdichte	A cm^{-2}
i_K	Korrosionsstromdichte	A cm^{-2}

Symbol/Abkürzung	Bedeutung	Einheit
i_S	Summenstromdichte	$A\,cm^{-2}$
R_P	Polarisationswiderstand	Ω
a_H	negative inverse Tafelgeradensteigung der kathodischen Wasserstoffabscheidung	V
b_{Me}	inverse Tafelgeradensteigung der anodischen Metallauflösung	V
M	Molmasse	$g\,mol^{-1}$
Δm	Massenänderung	g
A	Fläche	cm^2
F	Faradaykonstante	A s
z	Wertigkeit der Metallionen	keine

V 69 Spannungsrisskorrosion

69.1 Grundlagen

Als Spannungsrisskorrosion (SRK) oder Stress Corrosion Cracking (SCC) wird die Bildung und Ausbreitung von Rissen in deckschichtbehafteten metallischen Werkstoffen während zügiger Beanspruchung durch Last- und/oder Eigenspannungen in einem spezifischen Korrosionsmedium bezeichnet. Dabei erfolgen die Rissbildungen bei glatten Proben lokalisiert an Stellen relativer Spannungskonzentrationen und/oder relativ erhöhter korrosionschemischer Empfindlichkeit. Bei gekerbten Proben entwickeln sich die SRK-Risse vom Kerbgrund ausgehend. Je nach Werkstoff und Korrosionsmedium wachsen die Risse inter- oder transkristallin, durchsetzen unter Verzweigungen das Werkstoffvolumen und führen schließlich zu einer solchen Querschnittsschwächung, dass Werkstoffversagen durch Gewaltbruch einsetzt. Bei Aluminiumlegierungen wird meist interkristalline SRK, bei Magnesiumlegierungen dagegen überwiegend transkristalline SRK beobachtet. In Kupferbasis- und Eisenbasislegierungen treten je nach Korrosionsmedium beide SRK-Arten auf. Austenitische CrNi-Stähle zeigen bei erhöhten Temperaturen in chloridhaltigen und stark alkalischen Lösungen transkristallines SRK-Verhalten. Bei den gleichen Werkstoffen tritt nach einer Sensibilisierungsglühung zwischen 450 °C und 750 °C, die zur Ausscheidung von Chromcarbiden auf den Korngrenzen führt, interkristalline SRK auf. Bei α-Messing wird in neutralen und stark alkalischen ammoniakhaltigen $CuSO_4$-Lösungen interkristalline SRK beobachtet, in schwach alkalischen Lösungen dagegen transkristalline. Als Beispiele sind in Bild 69-1 links transkristalline SRK-Erscheinungen bei X10CrNiTi18-9 und rechts interkristalline SRK-Erscheinungen bei einem Gewindestück aus Messing wiedergegeben.

Bild 69-1 Transkristalline SRK bei X10CrNiTi18-9 unter Einwirkung chloridhaltiger Lösung (links) und interkristalline SRK bei einem Gewindestück aus Messing unter Einwirkung von Brauchwasser (rechts)

Eine einfache Prüfmöglichkeit der Lebensdauer begrenzenden Wirkung der SRK bietet der Zeitstandversuch unter konstanter Zuglast bei Einwirkung des Korrosionsmediums. Interessante Befunde derartiger Untersuchungen sind in Bild 69-2 und 69-3 gezeigt. In Bild 69-2 sind für Eisen mit unterschiedlichen aber kleinen Kohlenstoff- und Stickstoffgehalten die Standzeiten

V69 Spannungsrisskorrosion

in heißer Ca(NO$_3$)$_2$-Lösung als Funktion der auf die spezifische Korngrenzenfläche S bezogenen Masse-% von Fe$_3$C und Fe$_4$N wiedergegeben. Der Gehalt an Kohlenstoff und Stickstoff wächst in der Reihenfolge 1 bis 20 an. Bei den Standversuchen wurde mit Zugspannungen von 0,8 R_m gearbeitet. Der monotone Abfall der Standzeiten wird von der mit wachsenden C- und N-Gehalten zunehmenden Belegungsdichte der Korngrenzen mit Fe$_3$C und Fe$_4$N bestimmt. Bild 69-3 zeigt als weiteres Beispiel den Spannungseinfluss auf die Standzeiten einer warmausgehärteten AlZn5Mg3-Legierung mit einer 0,2%-Dehngrenze von 410 MPa und einer Zugfestigkeit von 500 MPa. Offensichtlich lassen sich die Standzeiten t in ausreichender Näherung durch eine auch in anderen SRK-Fällen häufig beobachtete Beziehung

$$t = t_0 \exp(-\alpha \sigma_n) \qquad (69.1)$$

beschreiben. Dabei sind t_0 und α empirische Konstanten, σ_n ist die Nennspannung.

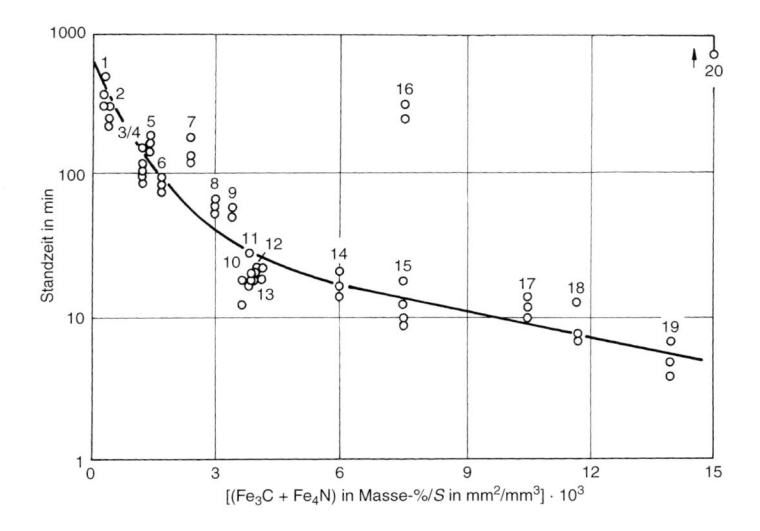

Bild 69-2 Standzeiten von Eisen mit C-Gehalten < 0,110 und N-Gehalten < 0,014 Masse-% in heißer Ca(NO$_3$)$_2$-Lösung als Funktion der auf die Korngrenzenflächendichte bezogenen Fe$_3$C- und Fe$_4$N-Anteile

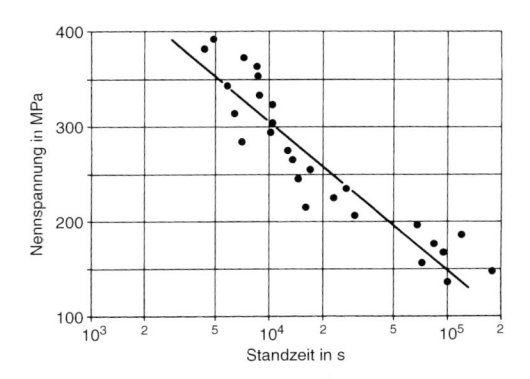

Bild 69-3 Nennspannungs-Standzeit-Diagramm von warmausgehärtetem AlZn5Mg3 in 2%iger NaCl-Lösung mit 0,5 % Na$_2$CrO$_4$

Bisher gibt es keine einheitliche Theorie der SRK metallischer Werkstoffe, die die vorliegenden vielschichtigen Ergebnisse übergeordnet und widerspruchsfrei deutet. Es liegen jedoch Beweise dafür vor, dass die Geschwindigkeit der Ausbreitung von SRK-Rissen der anodischen Stromdichte der Metallauflösung im Rissspitzenbereich (vgl. V68) proportional ist. Andererseits zeigt die Erfahrung, dass SRK-empfindliche Werkstoffe stets Deckschichten aufweisen, so dass SRK nur möglich ist, wenn diese, wie z. B. in den rissspitzennahen plastischen Zonen, durch plastische Verformung aufgerissen werden. Deshalb beschränkt sich die Metallauflösung ausschließlich auf die Umgebung der Rissspitzen, während sich auf den Rissflächen neue Deckschichten bilden. Letztere wirken als Kathoden mit hoher SRK-Beständigkeit gegenüber der anodischen Rissspitze. Ein kontinuierlicher SRK-Prozess würde dann anschaulich (vgl. Bild 69-4) so zu erklären sein, dass bei Rissfortschritt die auf den Rissflächen wachsenden Deckschichten die durch ständige Metallauflösung an der Rissspitze neu gebildeten Rissoberflächen nie einholen. Dagegen wäre mit einem diskontinuierlichen SRK-Prozess zu rechnen, wenn stets eine vollständige Repassivierung der an der Rissspitze erzeugten Oberflächen erfolgen und erst durch deren Aufreißen wieder SRK möglich würde. Man neigt heute ferner zu der Auffassung, dass als Folge der Wasserstoffentwicklung während der Rissspitzenkorrosion lokale Wasserstoffversprödungen (vgl. V70) die Vorgänge bei der Rissausbreitung mit beeinflussen.

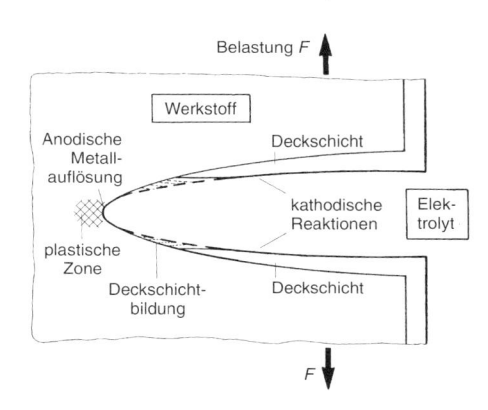

Bild 69-4
Zur Veranschaulichung des SRK-Prozesses

Es liegt nahe, außer mit glatten und gekerbten auch mit angerissenen Proben eines Werkstoffes SRK-Experimente durchzuführen und diese nach bruchmechanischen Gesichtspunkten zu beurteilen. Beaufschlagt man entsprechende Proben mit Anfangs-Spannungsintensitäten, die erheblich kleiner als die Risszähigkeit K_{Ic} (vgl. V52) sind, so gehen diese trotzdem zu Bruch. Trägt man die Anfangs-Spannungsintensitäten K_0 als Funktion des Logarithmus der Standzeit auf, so ergeben sich ähnliche Abhängigkeiten, wie sie schematisch Bild 69-5 zeigt. Offenbar treten drei Belastungsbereiche auf. K_{Ic} ist die Grenze spontaner instabiler Rissausbreitung. Die normalen bruchmechanischen Instabilitätsbedingungen bestimmen das Geschehen. Unter den Belastungsbedingungen $K_{IScc} < K_0 < K_{Ic}$ setzt spannungskorrosionsinduziertes Risswachstum ein, und die Probe geht umso früher zu Bruch, je größer die Anfangs-Spannungsintensität ist. Man erwartet, dass zunächst eine stabile Rissverlängerung auftritt, bis der effektiv wirksame K-Wert sich der Risszähigkeit K_{Ic} nähert. Bei $K_0 < K_{IScc}$ werden keine Brüche mehr beobachtet. K_{IScc} ist daher der Werkstoffwiderstand gegen die Ausbreitung eines Risses unter den vorliegenden Belastungs- und Umgebungsbedingungen. Er wird Spannungskorrosionsrisswiderstand genannt.

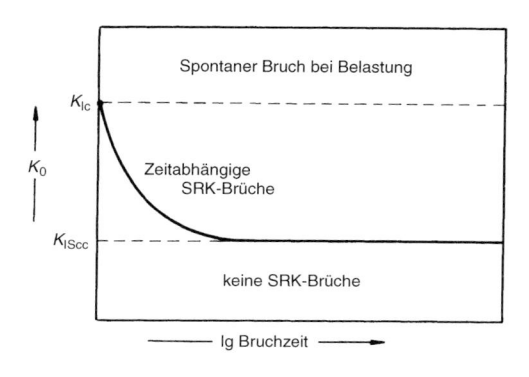

Bild 69-5
$K_0, \lg t_B$-Diagramm zur Abgrenzung des Auftretens zeitabhängiger SRK-Brüche

Ein relativ einfaches Verfahren zur K_{IScc}-Bestimmung mit Hilfe nur einer Probe benutzt die in Bild 69-6 gezeigte Probenform. Der mit einem Ermüdungsriss (vgl. V64) der Länge a_0 versehene Probe wird mit Hilfe der Schrauben eine bestimmte Anfangsspannungsintensität K_0 aufgeprägt, die sich aus der Rissöffnung v und der Risslänge a_0 ergibt. K_0 wird so gewählt, dass unter der Einwirkung eines Umgebungsmediums Risswachstum, aber kein SRK-Bruch auftritt. Der Riss wächst unter Verringerung der wirksamen Spannungsintensität, bis sich ein konstanter Endwert a_{Scc} oder eine sehr kleine Rissausbreitungsgeschwindigkeit (bei verschiedenen Al-Basislegierungen $< 10^{-8}$ cm/s) eingestellt hat. Der dem zugehörigen K-Wert entsprechende Werkstoffwiderstand wird K_{IScc} genannt. Er lässt sich mit Hilfe von Eichkurven direkt aus der Endrisslänge ermitteln.

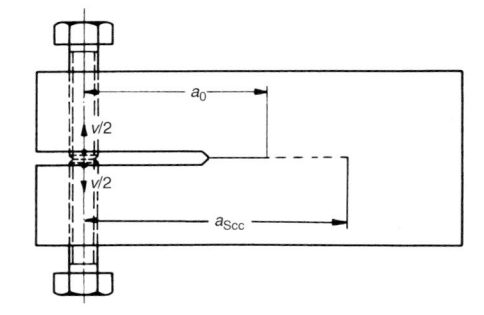

Bild 69-6
Durch Schrauben auf v = const. beanspruchte SRK-Probe zur Ermittlung des Spannungskorrosionsrisswiderstandes

Weitergehende Kenntnisse über das Risswachstum unter SRK-Bedingungen werden durch direkte Messungen der Rissausbreitungsgeschwindigkeit da/dt in Abhängigkeit von der wirksamen Spannungsintensität erhalten. Grundsätzlich bestehen die aus Bild 69-7 ersichtlichen Zusammenhänge. Man hat drei unterschiedliche Risswachstumsbereiche zu unterscheiden. Im Bereich I steigt da/dt mit wachsendem K an. Ist bei kleinem K der Kurvenanstieg sehr groß, so nähert sich dort die $\lg da/dt, K$-Kurve asymptotisch K_{IScc}. Diesem Anfangsbereich ansteigender Rissausbreitungsgeschwindigkeit schließt sich ein Bereich II an, in dem da/dt nahezu unabhängig von K ist. Sowohl im Bereich I als auch im Bereich II ist die Rissausbreitungsgeschwindigkeit sehr stark von Art, Temperatur und Druck des Umgebungsmediums sowie von Art und Festigkeit des untersuchten Werkstoffes abhängig. Im Bereich III schließlich wächst da/dt mit K wieder stark an. Für $K \rightarrow K_{Ic}$ setzt die zum Bruch der Probe führende instabile Rissausbreitung ein. Weiterführende Untersuchungen haben für diesen Bereich ergeben, dass wegen der großen Rissausbreitungsgeschwindigkeiten nur noch ein geringer Einfluss des Umgebungsmediums besteht. Der untere Teil von Bild 69-7 zeigt, dass sich die Zeit zum Erreichen einer bestimmten Risslänge bei gegebenem K in eine Inkubationszeit t_i und eine Rissausbreitungszeit t_a aufteilt. Man sieht, dass mit wachsendem K und damit wachsender Rissausbreitungsgeschwindigkeit der Anteil der Inkubationszeit kleiner wird.

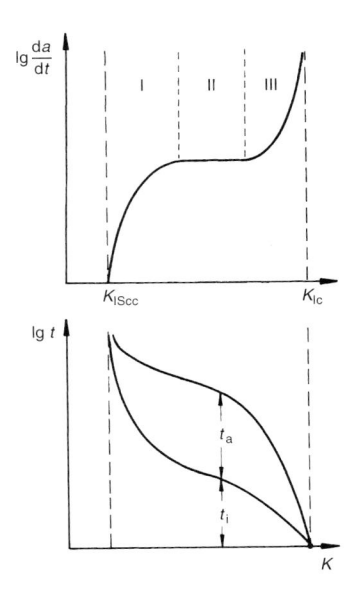

Bild 69-7 Quantitative Rissausbreitung unter SRK-Bedingungen

69.2 Aufgabe

Biegeproben aus TiAl6V4, deren K_{Ic}-Wert bekannt ist, werden mit einer V-Kerbe versehen und zur Risseinleitung biegeschwellbeansprucht. An den angerissenen Proben wird in einer wässrigen 3%igen NaCl-Lösung die Rissausbreitungsgeschwindigkeit unter konstanten Belastungsbedingungen in Abhängigkeit von der Zeit gemessen. K_{IScc} ist abzuschätzen.

69.3 Versuchsdurchführung

Bei der Versuchseinrichtung (vgl. Bild 69-8) erfolgt die Belastung über einen Behälter, der ventilgesteuert mit Wasser gefüllt werden kann. Damit ist die Belastungsgeschwindigkeit bis zum Erreichen des vorgesehenen K_0-Wertes einstellbar. Zunächst erfolgt die Eichung der Anlage. Dazu werden von vier vorbereiteten Proben mit unterschiedlicher Risslänge a_0 ohne Elektrolyteinwirkung F,v-Kurven (vgl. V53) ermittelt. Die erhaltene Kurvenschar liefert für F = const. den Zusammenhang zwischen a_0 und v. Dieser dient zur Umrechnung der bei den Korrosionsversuchen zu bestimmenden v,t-Kurven in a,t-Kurven.

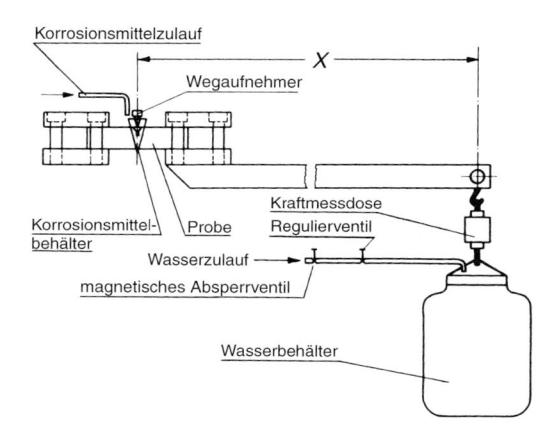

Bild 69-8
Versuchseinrichtung für Rissgeschwindigkeitsbestimmungen unter SRK-Bedingungen

Zur Rissausbreitungsmessung wird der Versuchsprobe die in Bild 69-9 gezeigte „Korrosionskammer" aufgeklebt. Sie enthält eine Hilfselektrode und eine Luggin-Kapillare für (hier nicht interessierende) potentiostatische und elektrochemische Messungen. Die Schlauchverbindung dient zum Verbund der Kapillare mit einem Bezugshalbelement (vgl. V68). Vor Beginn der Belastung wird der Korrosionsmittelbehälter mit der 3%igen NaCl-Lösung gefüllt und an der Seitenfläche der Probe ein Rissöffnungsmesser (vgl. V52) aufgesetzt. Die K_0-Einstellung erfolgt durch entsprechende Füllung des Wasserbehälters. Zwischen Spannungsintensität K, belastender Kraft F, Hebelarm X, Risslänge a, Probendicke B und Probenhöhe W gilt der Zusammenhang

$$K = \frac{F4X}{BW^2}\sqrt{a}\left\{1{,}99 - 2{,}47\left(\frac{a}{W}\right) + 12{,}97\left(\frac{a}{W}\right)^2 - 23{,}17\left(\frac{a}{W}\right)^3 + 24{,}80\left(\frac{a}{W}\right)^4\right\} \quad (69.2)$$

Kraft F und Rissöffnung v werden als Funktion der Zeit bis kurz vor einsetzendem Probenbruch registriert. Nach Umrechnung der v,t-Kurve in eine a,t-Kurve werden aus letzterer für verschiedene a die Rissausbreitungsgeschwindigkeiten entnommen und den momentanen K-Werten zugeordnet. Die Versuchsergebnisse von mehreren Proben werden diskutiert und zur Abschätzung von K_{Iscc} benutzt.

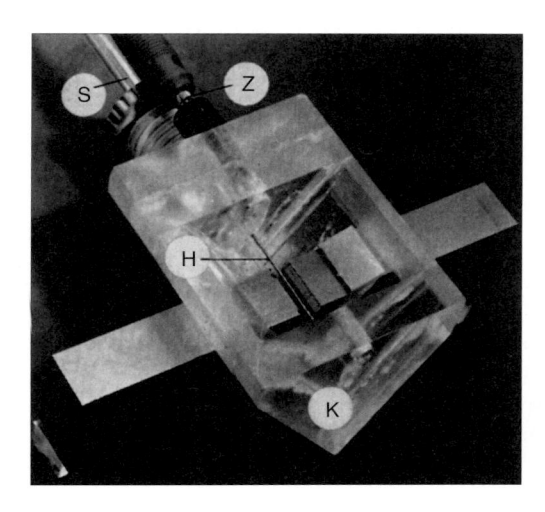

Bild 69-9
Versuchsprobe mit aufgeklebtem Korrosionsmittelbehälter (K) und Schlauchverbindung (S) sowie Hilfselektrode (H) und Zuleitung (Z)

69.4 Weiterführende Literatur

[Aur78]   Aurich, D.: Bruchvorgänge in metallischen Werkstoffen, WTV, Karlsruhe, 1978

[Fon71]   Fontana, M. G.; Staehle, R. W.: Advances in Corrosion Science, Plenum Press, New York, 1971–1973

[Men78]   Mendler-Kalsch, E.: Z. Werkstofftechn. 29, 1978

[Hän79]   Hänninen, H. E.: Int. Met. Rev. 24, 1979

[DIN 50908] Prüfung der Beständigkeit von Aluminium Knetwerkstoffen gegen Spannungsrisskorrosion

[DIN 50915] Prüfung von unlegierten und niedriglegierten Stählen auf Beständigkeit gegen interkristalline Spannungsrisskorrosion

69.5 Symbole, Abkürzungen

Symbol/Abkürzung	Bedeutung	Einheit
SRK	Spannungsrisskorrosion	
S	spezifische Korngrenzfläche	mm^2/mm^3
R_m	Zugfestigkeit	MPa
t	Standzeit	min
t_i	Inkubationszeit	min
t_a	Rissausbreitungszeit	min
σ_n	Nennspannung	MPa
K_{Ic}	Risszähigkeit	MPa mm$^{1/2}$
K_0	Anfangsspannungsintensität	MPa mm$^{1/2}$
K_{IScc}	Spannungskorrosionsrisswiderstand	MPa mm$^{1/2}$
v	Rissöffnung	mm
a_0	Risslänge	mm

V70 Wasserstoffschädigung in Stahl

70.1 Grundlagen

Wasserstoff kann in Stählen unter bestimmten Randbedingungen eine Versprödung und andere Schädigungen (z. B. Beizblasen und Randentkohlung) hervorrufen. Betroffen sind vorwiegend ferritisch-martensitische Stähle. Austenitische Stähle sind weniger anfällig für Wasserstoffversprödung.

Die Aufnahme von Wasserstoff in Stahl kann durch eine kathodische Wasserstoffabscheidung in wässrigen Elektrolyten erfolgen; beispielsweise bei Korrosionsvorgängen oder beim Galvanisieren. Eine weitere Möglichkeit ist die Aufnahme von Wasserstoff aus der Gasphase, z. B. beim Schweißen oder bei thermochemischen Randschichtbehandlungen. Schäden durch eine Druckwasserstoffversprödung sind eher selten, während kathodisch abgeschiedener Wasserstoff ein großes technisches Problem darstellt, da diese Form der Wasserstoffaufnahme bei sehr vielen technischen und industriellen Prozessen vorkommt. Ein typisches Beispiel für eine kathodische Wasserstoffaufnahme ist die Entfernung von Zunder- und Rostschichten durch Beizen in verdünnten Säuren. Dabei erfolgt im ersten Schritt ein Säureangriff auf das Eisenoxid Fe_2O_3 gemäß

$$Fe_2O_3 + 6\,H^+ \rightarrow 2\,Fe^{3+} + 6\,H_2O, \tag{70.1}$$

wobei die Eisen(III)oxid-Schicht in Form von Fe^{3+} Ionen in Lösung geht. An Fehlstellen in der Zunderschicht oder nach längerem Beizen kommt es zu einem Säureangriff (vgl. V67, V68) auf das unter der Zunderschicht liegende metallische Eisen gemäß

$$Fe + 2\,H^+ \rightarrow Fe^{2+} + H_2 \uparrow. \tag{70.2}$$

Neben einer korrosiven Unterwanderung führt der Säureangriff auf das metallische Eisen auch zu einem mechanischen Absprengen der darüber liegenden Zunderschicht durch Wasserstoffentwicklung. Jede Form der Säurekorrosion an Metallen kann in die Teilschritte anodische Metallauflösung (Gl. 70.3a) und kathodische Wasserstoffabscheidung (Gl. 70.3b) zerlegt werden (vgl. V68). Die anodische Metallauflösung bewirkt eine negative Aufladung des Metalls im Bezug zu dem wässrigen Elektrolyten, so dass die positiv geladenen Wasserstoffionen H^+ im Elektrolyten zur Metalloberfläche diffundieren und dort Elektronen aufnehmen. Die dabei entstehenden neutralen Wasserstoffatome H^{ad} bleiben zunächst adsorbiert auf der Metalloberfläche und können von dort einerseits in den Werkstoff hinein diffundieren oder an der Metalloberfläche zu molekularem Wasserstoff H_2^{ad} weiter reagieren. Der adsorbierte molekulare Wasserstoff kann in einem weiteren Schritt als gasförmiger Wasserstoff desorbieren (Gl. 70.3c).

$$Fe \rightarrow Fe^{2+} + 2\,e^- \tag{70.3a}$$

$$H^+ + e^- \rightarrow H^{ad} \tag{70.3b}$$

$$2\,H^{ad} \rightarrow H_2^{ad} \rightarrow H_2 \uparrow \tag{70.3c}$$

Bei der Wasserstoffaufnahme aus der Gasphase wird zunächst molekularer Wasserstoff an der Stahloberfläche adsorbiert (H_2^{ad}), wo er durch katalytische Aufspaltung in atomaren Wasserstoff dissoziiert (H^{ad}) und anschließend als atomarer Wasserstoff (H) in die Stahloberfläche eindiffundiert und im ferritisch-martensitischen Eisengitter interstitiell gelöst wird. Atomarer Wasserstoff hat im Ferrit (α-Eisen) nur eine geringe Löslichkeit (< 1 ppm), dafür aber eine sehr große Beweglichkeit. So ist die Diffusionsgeschwindigkeit der Wasserstoffatome im Ferrit bei Raumtemperatur etwa 10^{12} mal größer als die von Kohlenstoff und Stickstoff (vgl. V51). Die Wasserstoffatome bewegen sich dabei besonders schnell entlang von Korngrenzen, Versetzungslinien und anderen Gitterstörungen (vgl. V2). Unter Absenkung der freien Enthalpie des α-Mischkristalls können sich die H-Atome zu plattenförmigen Wasserstoffclustern zusammenlagern.

Häufig übersteigt die gemessene Wasserstoffkonzentration in Stählen ein Vielfaches der theoretischen Löslichkeit von atomarem Wasserstoff im Ferrit. Grund hierfür ist, dass sich Wasserstoffatome an inneren Grenzflächen und Hohlräumen im Werkstoff sammeln und dort wieder zu molekularem Wasserstoff rekombinieren. Die Rekombination erfolgt dabei bevorzugt an Mikrorissen, Phasengrenzflächen, Mikroporen, Einschlüssen sowie an Versetzungen. Der Gesamtwasserstoffgehalt in Stählen setzt sich somit aus interstitiell gelöstem atomarem Wasserstoff und molekularem Wasserstoff zusammen, der sich an Grenzflächen und in Hohlräumen im Werkstoff sammelt. In den lokalen Wasserstoffansammlungen können sehr hohe Drücke bis 10^4 bar erreicht werden, da der thermodynamische Gleichgewichtsdruck der Wasserstoffrekombinationsreaktion (vgl. Gl. 70.3c) sehr hohe Werte annehmen kann. Die hohen Drücke führen lokal zu hohen mechanischen Spannungen im Werkstoff und werden als Hauptursache für die auftretende Werkstoffversprödung angesehen. Der in den Hohlräumen gesammelte molekulare Wasserstoff kann nur über Redissoziationsvorgänge entweichen.

Das nachfolgende Beispiel zeigt die Wirkung einer Wasserstoffaufnahme aus der Gasphase auf die mechanischen Eigenschaften von Stahlproben. Bild 70-1 zeigt entsprechende Untersuchungsergebnisse für den Kohlenstoffstahl C22E bei Temperaturen zwischen –80 und 160 °C.

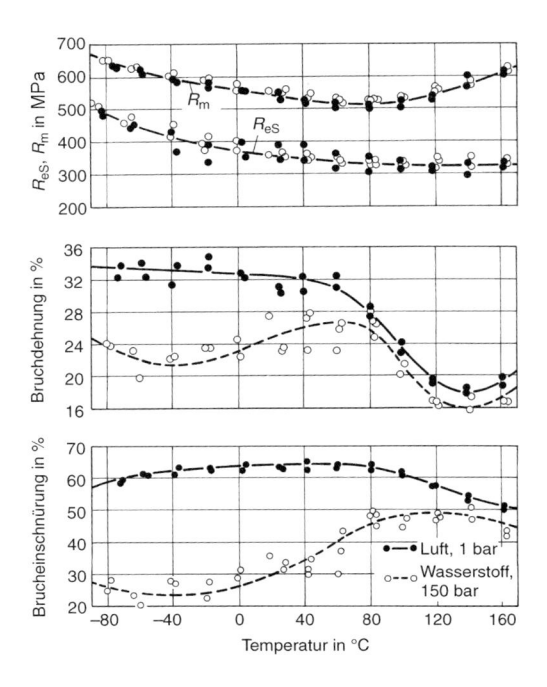

Bild 70-1
Streckgrenze, Zugfestigkeit, Bruchdehnung und Brucheinschnürung des Kohlenstoffstahls C22E in Abhängigkeit der Temperatur unter Luft (1 bar) und unter einer Wasserstoffatmosphäre (150 bar)

V70 Wasserstoffschädigung in Stahl

Im untersuchten Temperaturintervall wurde kein Einfluss der Wasserstoffatmosphäre auf die Streckgrenzen und die Zugfestigkeiten beobachtet, wenn die Auswirkung des hydrostatischen Atmosphärendrucks auf die Spannungswerte berücksichtigt wird. Bruchdehnung und Brucheinschnürung zeigen jedoch unter 150 bar Wasserstoffatmosphäre deutliche geringere Werte als unter Luft, was als Versprödung interpretiert werden kann. Die Wasserstoffversprödung wird besonders für Temperaturen unter 80 °C beobachtet. Für Temperaturen über 200 °C spielt Wasserstoffversprödung allgemein keine wesentliche Rolle mehr.

In den Diagrammen in Bild 70-2 ist für C20-Stahlproben der Logarithmus des Flächenverhältnisses A_o/A_B (Brucheinschnürung) als Funktion der Temperatur T und der Dehngeschwindigkeit $d\varepsilon/dt$ aufgetragen, sowohl ohne Wasserstoffbeladung (linkes Teilbild) als auch nach einer kathodischen Wasserstoffbeladung (rechtes Teilbild). A_o entspricht hierbei dem Ausgangsquerschnitt und A_B der minimalen Bruchquerschnittsfläche. Das Flächenverhältnis A_o/A_B bzw. $\ln(A_o/A_B)$ ist somit ein Maß für die Brucheinschnürung. Nach der Wasserstoffbeladung reduziert sich $\ln(A_o/A_B)$ im Temperaturbereich von −150 bis +70 °C, wobei jeweils ein Minimum durchlaufen wird. Mit zunehmender Verformungsgeschwindigkeit $d\varepsilon/dt$ nimmt der Wasserstoffeinfluss ab und gleichzeitig verschiebt sich das Brucheinschnürungsminimum zu höheren Temperaturen. Fazit: Wasserstoffversprödung bei niedrig legierten Stählen tritt bevorzugt bei geringen Verformungsgeschwindigkeiten und bei Temperaturen im Bereich von −100 bis ca. +100 °C auf.

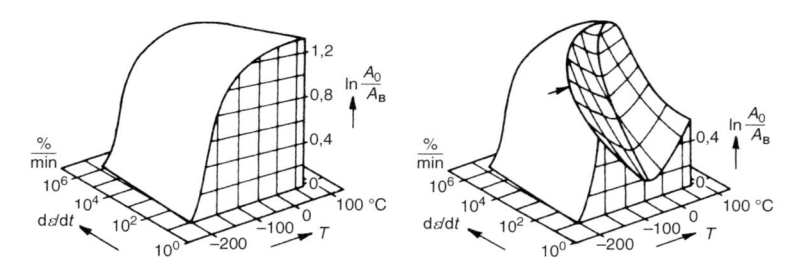

Bild 70-2 Logarithmisch aufgetragene Flächenverhältnis A_o/A_B (Brucheinschnürung) als Funktion der Temperatur T und der Verformungsgeschwindigkeit $d\varepsilon/dt$ für C20-Strahlproben, links ohne Wasserstoffbeladung und rechts mit Wasserstoffbeladung.

Der in Bild 70-2 beobachtete Einfluss der Verformungsgeschwindigkeit $d\varepsilon/dt$ auf die Wasserstoffversprödung ist ein Hinweis darauf, dass bei der Wasserstoffversprödung die Wasserstoffdiffusionsgeschwindigkeit und die Geschwindigkeit von Rekombinations- und Dissoziationsreaktionen eine wesentliche Rolle spielen. Nach gegenwärtigem Stand der Forschung, wird davon ausgegangen, dass der atomare Wasserstoff in Gitterbereiche mit hohen lokalen Gitterverzerrungen und hoher Versetzungsdichte diffundiert, da diese Bereiche eine höhere Aufnahmefähigkeit für Wasserstoff haben. Solche Bereiche treten besonders im Bereich von Rissspitzen auf. Dort kommt es durch Wasserstoffrekombination an Grenzflächen und Hohlräumen lokal zu hohen Drücken, was zu der beobachteten Versprödung führt. Bei hohen Verformungsgeschwindigkeiten übersteigt die Risswachstumsgeschwindigkeit die Diffusions- und Rekombinationsgeschwindigkeit des atomaren Wasserstoffs, so dass die Wasserstoffversprödung abnimmt. Mit zunehmender Verformungsgeschwindigkeit verschiebt sich das Bruchdehnungsminimum zu höheren Temperaturen (vgl. Bild 70-2), da die Wasserstoffdiffusionsgeschwindigkeit steigt.

Wasserstoffinduzierte Sprödbrüche treten besonders an gekerbten Bauteilen auf. Bild 70-3 zeigt Ergebnisse von Zeitstandversuchen an Kerbproben aus dem Stahl 42CrMo4 mit unterschiedlicher Wasserstoffbeladung. Nach einer anfänglichen kathodischen Wasserstoffbeladung folgte die Einstellung unterschiedlicher Wasserstoffgehalte durch nachfolgende Glühbehandlungen von 0,5 bis 24 h bei 150 °C, wobei mit zunehmender Glühdauer der Wasserstoffgehalt in den Proben durch Wasserstoffeffusion reduziert wurde. Die Kerbproben wurden jeweils mit einer konstanten Nennspannung belastet und die Zeitdauer bis zum Bruch gemessen. In Anlehnung an ein Wöhlerdiagramm (vgl. V55) ist in Bild 70-3 die Nennspannung über der Zeit bis zum Bruch aufgetragen. Aufgrund der Ähnlichkeit zum Wöhlerdiagramm spricht man gelegentlich von „statischer Ermüdung". Für Kerbproben ohne Wasserstoff treten für Nennspannungen unter 1.900 MPa keine Brüche auf, so dass das Gebiet der Dauerfestigkeit erreicht ist. Für wasserstoffbeladene Kerbproben treten dagegen bereits bei deutlich niedrigeren Spannungen Brüche auf. So erreichen wasserstoffbeladene Kerbproben mit 0,5 h Glühbehandlung erst für Nennspannungen unterhalb von 500 MPa das Gebiet der Dauerfestigkeit, was deutlich unter der Steckgrenze $R_{p0,2}$ von ca. 1.200 MPa für den hier untersuchten 42CrMo4 liegt. Das heißt, die Proben brechen, bevor es zu einer plastischen Verformung gekommen ist. Ein solches Verhalten wird sonst nur bei extrem spröden Werkstoffen wie beispielsweise Keramiken beobachtet. Mit zunehmender Glühdauer nimmt der Wasserstoffgehalt in den Kerbproben durch Wasserstoffeffusion ab und der Effekt der Wasserstoffversprödung geht reversibel zurück. Nach einer Glühbehandlung von 24 h hat sich die Dauerfestigkeit der wasserstoffbeladenen Kerbproben wieder auf ca. 1.700 MPa erhöht.

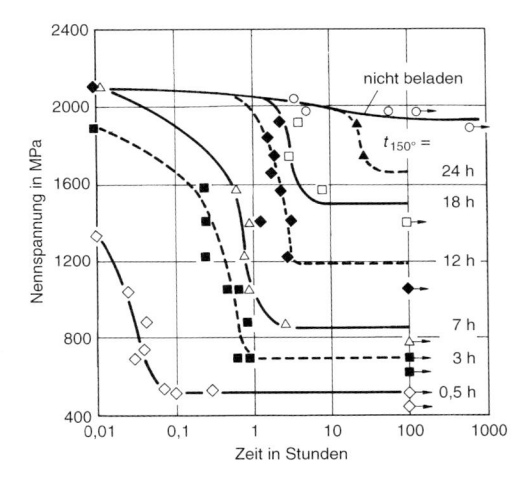

Bild 70-3
Zusammenhang zwischen Nennspannung und der Zeitdauer bis zum Bruch für zugbeanspruchte Kerbproben aus 40CrMo4 mit unterschiedlichen Wasserstoffgehalten. Die unterschiedlichen Wasserstoffgehalte wurden durch unterschiedliche Glühbehandlungen von 0,5 bis 24 h bei 150 °C eingestellt.

Wie oben dargestellt, verändert Wasserstoff die Rissausbreitung in mechanisch beanspruchten Stahlproben. Bild 70-4 zeigt die Rissausbreitungsgeschwindigkeit da/dt für C20-Stahlproben als Funktion der Spannungsintensität $K = \sigma \cdot (\pi \cdot a)^{-1/2}$ (vgl. V53), jeweils gemessen unter Wasserstoffpartialdrücken von 0,77; 0,33; 0,11 und 0,02 bar bei 24 °C. Die Grenzwerte beginnender Rissausbreitung verschieben sich mit steigendem Wasserstoffpartialdruck zu kleineren Spannungsintensitäten K. Gleichzeitig verschiebt sich der Übergang zum Bereich II der da/dt-K-Kurven zu höheren Rissausbreitungsgeschwindigkeiten. Im Bereich II wird ein nahezu druckunabhängiger Kurvenanstieg beobachtet.

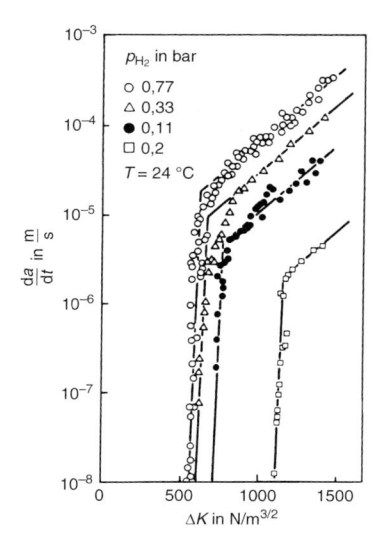

Bild 70-4
Rissausbreitungsgeschwindigkeit da/dt als Funktion der Spannungsintensität K für C20-Kerbproben bei verschiedenen Wasserstoffpartialdrücken.

Bei Temperaturen über 200 °C und niedrigen Wasserstoffpartialdrücken spielt die beschriebene Wasserstoffversprödung allgemein keine Rolle mehr. Allerdings können bei hohen Temperaturen chemische Reaktionen mit Wasserstoff die mechanischen Werkstoffeigenschaften verändern. Beispielsweise erfolgt durch die Reaktion mit Wasserstoff bei niedrig legierten Stählen eine Zersetzung des Zementits unter Bildung von Methan

$$Fe_3C + 4H \rightarrow 3Fe + CH_4, \qquad (70.4)$$

was zu einer Entkohlung der Randzone führt. Durch Zugabe von Legierungselementen mit hoher Kohlenstoffaffinität wie Chrom, Molybdän, Wolfram oder Vanadium kann der Effekt der Randentkohlung deutlich reduziert werden. Das Diagramm in Bild 70-5 zeigt die kritischen Temperaturen für Wasserstoffversprödung und Randentkohlung für unterschiedliche Legierungszusammensetzungen als Funktion des Wasserstoffpartialdrucks.

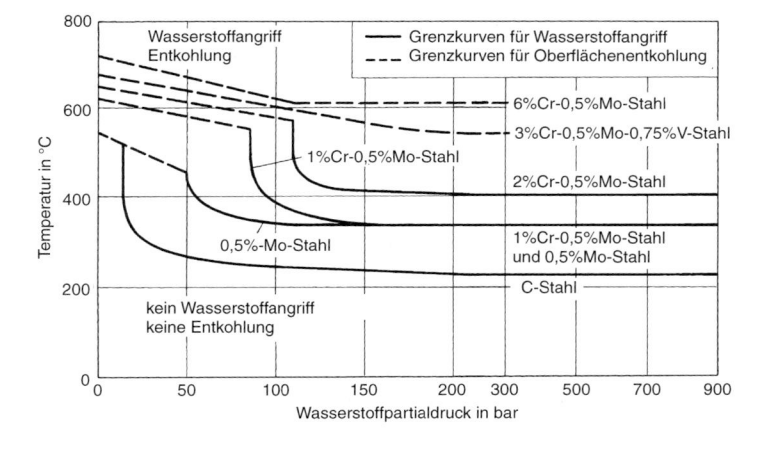

Bild 70-5 Grenztemperaturen für die Wasserstoffversprödung (durchgezogene Linien) und die Randentkohlung (gestrichelte Linien) für Stähle unterschiedlicher Legierungszusammensetzung in Abhängigkeit des Wasserstoffpartialdrucks.

70.2 Aufgabe

Hochfeste Zylinderschrauben (DIN 912) M 20 x 200 mm aus 42CrMo4 der Festigkeitsklasse 12.9 (DIN 267) sollen hinsichtlich ihrer Versprödungsneigung durch Wasserstoff untersucht werden. Dazu werden Zugversuche mit Proben im Ausgangszustand und nach zusätzlicher Wasserstoffbeladung bei Raumtemperatur durchgeführt. Die Bewertung der Versuchsergebnisse erfolgt durch Auswertung der gemessenen Zugverfestigungskurven (V23) und durch mikroskopische Begutachtung der Bruchflächen (vgl. V47).

70.3 Versuchsdurchführung

Aus den Schäften der vorliegenden Schrauben werden 6 schlanke Zugproben mit einem Durchmesser von 4 mm herausgearbeitet. Drei dieser Proben werden im Ausgangzustand ohne Wasserstoffbeladung mit Dehngeschwindigkeiten von ~ 10^{-2}, 10^{-3} und 10^{-4} s^{-1} verformt und dabei die auftretenden Spannungs-Dehnungs-Diagramme (vgl. V23) aufgezeichnet und ausgewertet. Die restlichen Proben werden mit der in Bild 70-6 schematisch gezeigten Versuchseinrichtung für 1,5 h in einer 4%igen H_2SO_4-Lösung mit 0,1 % As_2O_3-Zusatz bei einer Stromdichte von ca. 3×10^{-3} A/cm^2 kathodisch mit Wasserstoff beladen. Danach werden die Zugproben unmittelbar in eine Zugprüfmaschine eingespannt und mit den oben aufgeführten Verformungsgeschwindigkeiten bis zum Bruch verformt. Aus den aufgezeichneten Spannungs-Dehnungs-Diagrammen (vgl. V23) werden die Streckgrenze $R_{p0,2}$, die Zugfestigkeit R_m und die prozentuale Brucheinschnürung $100 \cdot (A_o - A_B)/A_o$ ermittelt. Abschließend erfolgt eine mikroskopische Begutachtung der Bruchflächen (vgl. V47).

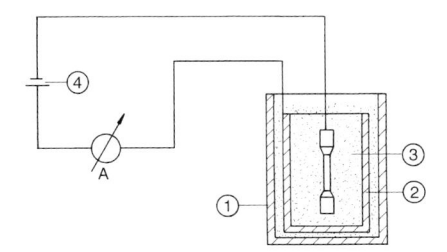

Bild 70-6
Vorrichtung zur kathodischen Wasserstoffbeladung. Glasbehälter mit Elektrolyt (1), Kupferanode (2), Zugprobe als Kathode (3), Gleichspannungsquelle (4), Amperemeter (A)

70.4 Weiterführende Literatur

[Aur78] Aurich, D.: Bruchvorgänge in metallischen Werkstoffen. Werkstofftechnische Verlagsgesellschaft m.b.H., Karlsruhe, 1978

[Rah77] Rahmel, A.; Schwenk, W.: Korrosion und Korrosionsschutz von Stählen. 18. Aufl., Verlag Chemie, Weinheim/New York, 1977

[Hei83] Heitz, E.; Henkhaus, R.; Rahmel, A.: Korrosionskunde im Experiment. 2. überarb. Aufl., Verlag Chemie, Weinheim/New York, 1983

[Gel81] Gellings, P. J.: Korrosion und Korrosionsschutz von Metallen. 8. Aufl., Hanser Verlag, 1981

[Kae90] Kaesche, H.: Die Korrosion der Metalle. 3. Aufl., Springer, Berlin, 1990

70.5 Symbole, Abkürzungen

Symbol/Abkürzung	Bedeutung	Einheit
R_{eS}	Streckgrenze	MPa
R_m	Zugfestigkeit	MPa
$R_{p0,2}$	0,2 % Dehngrenze	MPa
A_o	Ausgangsfläche	mm^2
A_B	Bruchquerschnittsfläche, minimale	mm^2
T	Temperatur	°C
ε	Dehnung	%
$d\varepsilon/dt$	Dehngeschwindigkeit	% min^{-1}
σ	Nennspannung	MPa
a	Risslänge	m
da/dt	Rissausbreitungsgeschwindigkeit	m s^{-1}
K	Spannungsintensität	N m$^{-3/2}$
p_{H2}	Wasserstoffpartialdruck	bar
t	Haltedauer	h

V71 Tiefziehfähigkeit von Stahlblechen

71.1 Grundlagen

An Bleche und Bänder für Tiefzieharbeiten werden hohe Anforderungen in Bezug auf ihre Kaltverformbarkeit gestellt, weil sie relativ große plastische Verformungen ohne Anrissbildung ertragen müssen. Werkstoffe gleicher chemischer Zusammensetzung können sich dabei je nach Gleichmäßigkeit des Gefüges, Vorgeschichte und Wärmebehandlung, Betrag und Abmessungskonstanz der Blech- bzw. Banddicke sowie der Oberflächenqualität verschieden verhalten. Für die Prüfung von plattenförmigen Blechen (Ronden), aus denen Hohlkörper gefertigt werden, haben sich Standardprüfmethoden herausgebildet, mit denen die in der Praxis auftretenden Beanspruchungen weitgehend simuliert werden sollen.

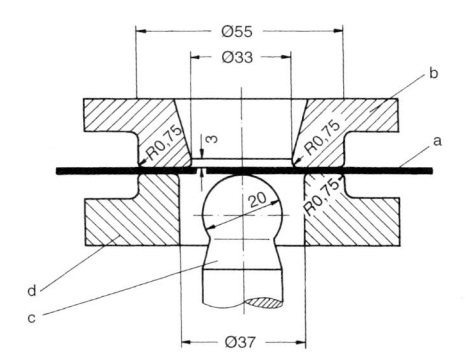

Bild 71-1
Schematischer Aufbau einer Tiefungsprüfeinrichtung (Bauart Erichsen) für Bleche und Bänder mit Breiten b > 90 mm und Dicken von 0,2 bis 2,0 mm

Die Tiefungsprüfung nach Erichsen erfolgt mit der in Bild 71-1 skizzierten Vorrichtung. Die zu untersuchende Blechronde (a) wird an die Matrize (b) angelegt und durch einen halbkugelig abgerundeten Stempel (c) bis zum Bruch beansprucht. Die Probe wird dabei durch einen Niederhalter (d) am Ausbeulen gehindert. Die beim Bruch festgestellte Tiefung in mm wird als Maß für die Tiefziehfähigkeit angegeben. Liegt eine gleichmäßig starke Blechverwalzung in Längs- und Querrichtung vor, so stellt sich beim Prüfling ein kreisförmig verlaufender Riss ein. Wird dagegen bei der Herstellung des Bleches eine Walzrichtung bevorzugt, was eine zeilige Gefügeausbildung und ausgeprägte Texturen (vgl. V18 und 10) begünstigt, so reißt das Blech beim Tiefungsversuch geradlinig ein. Die Rauigkeit der Oberfläche des tiefgezogenen Blechteiles (vgl. V21) ist je nach Ausgangskorngröße verschieden. Bei den vorliegenden Beanspruchungen wächst die Tiefung mit der Blechdicke an.

In Bild 71-2 ist für verschiedene Werkstoffe, die für Tiefzieharbeiten geeignet sind, der Zusammenhang zwischen Erichsen-Tiefung und Blechdicke wiedergegeben. Bei größeren Blechdicken wird nach dem gleichen Prinzip wie in Bild 71-1 gearbeitet, nur mit veränderten Abmessungen der Prüfeinrichtung.

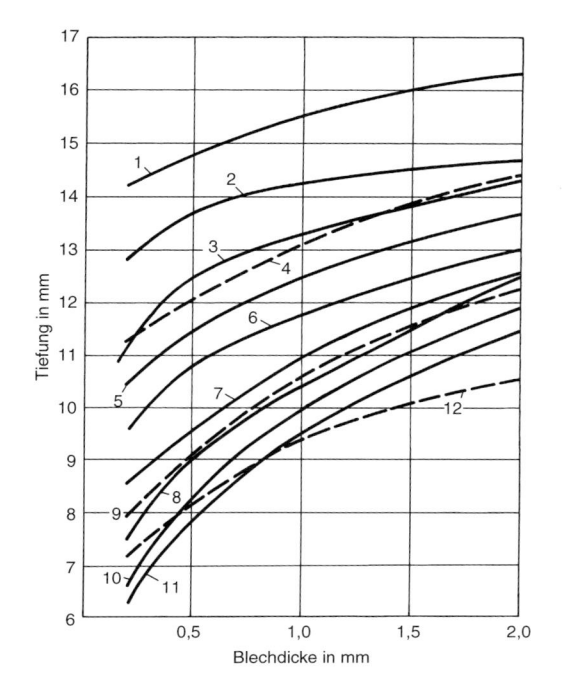

Bild 71-2
Zusammenhang zwischen Erichsen-Tiefung und Blechdicke

1. X8CrNi12-12
2. CuZn28
3. CuZn37
4. X12CrNi18-8
5. CuZn24Ni15
6. Cu
7. St4 G (vergleichbar DC04 nach DIN EN 10139)
8. Al99
9. DC04 (USt 14)
10. DC01 (USt 12)
11. St10 (vergleichbar DC01 nach DIN EN 10027)
12. X10CrNi13

Ein Prüfverfahren, bei dem die in der Praxis des Tiefziehens vorliegenden Beanspruchungsverhältnisse besser angenähert werden als bei der Erichsen-Tiefung, stellt der Tiefziehversuch dar. Den schematischen Aufbau der Versuchseinrichtung zeigt Bild 71-3. Blechronden mit verschiedenen Durchmessern D werden mit einem zylindrischen Bolzen, der den Durchmesser d_1 besitzt, durch eine Matrize gezogen (Tiefziehen im Anschlag). Die so erhaltenen Näpfchen werden ohne thermische Zwischenbehandlung mit einem Bolzen des Durchmessers $d_2 < d_1$ und einer zugehörigen Matrize erneut tiefgezogen, so dass Hohlkörper mit einem Durchmesser $d = d_2$ entstehen (Tiefziehen im Weiterschlag). Gesucht wird das Durchmesserverhältnis $(D/d)_{max}$, bei dem der erste Anriss eintritt. Dazu wird bei einer Messserie der Rondenaußendurchmesser D schrittweise soweit vergrößert, bis bei der Herstellung des zweiten Näpfchens ein Anriss eintritt. Anstelle der Größe $(D/d)_{max}$, die auch Grenztiefziehverhältnis genannt wird, kann zur Beurteilung einer Blechqualität auch die gesamte Tiefung benutzt werden, die bei der Näpfchenherstellung zu Anrissen führt.

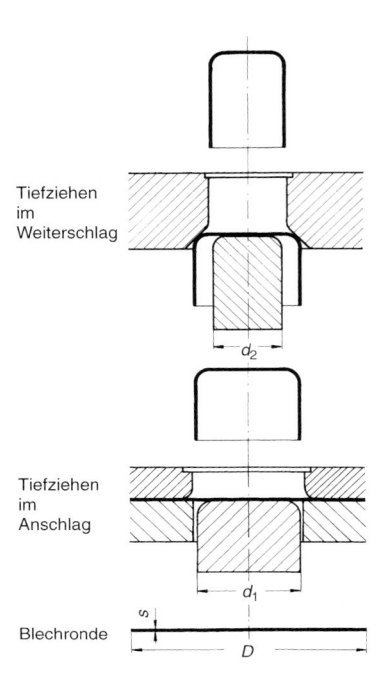

Bild 71-3
Versuchsanordnungen und Arbeitsschritte beim Tiefziehversuch

Zur Beurteilung der Tiefziehfähigkeit von Blechen findet schließlich noch der Tiefzieh-Lochaufweitungsversuch Anwendung. Dabei benutzt man Blechronden, in die mittig ein Loch mit Durchmesser d_0 gestanzt wird. Diese Ronden werden – wie in Bild 71-4 skizziert – fest zwischen Halter und Matrize eingespannt, so dass bei der Ziehbewegung des zylindrischen Stempels nur der außerhalb der Einspannung liegende Blechwerkstoff verformt wird. Ist der nach der Verformung rissfrei erreichte Durchmesser des Loches d_B, so ist die Aufweitung des Loches

$$\Delta = \frac{d_B - d_0}{d_0} \tag{71.1}$$

ein Maß für die Tiefziehfähigkeit des Blechwerkstoffes.

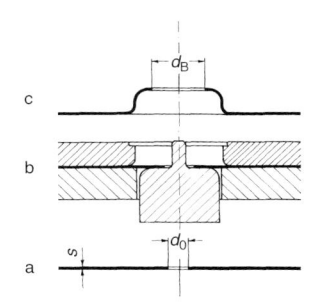

Bild 71-4
Anordnung beim Tiefzieh-Lochaufweitungsversuch

71.2 Aufgabe

An 90–100 mm breiten und mindestens 270 mm langen Streifen unterschiedlich dicker Bleche sind Tiefungsprüfungen nach Erichsen vorzunehmen. Neben der Tiefung ist jeweils der Kraft-Tiefungs-Zusammenhang zu ermitteln. Die Versuchsergebnisse sind für die einzelnen Werkstoffe auf Grund ihres Makro- und Mikrogefügeaufbaus zu diskutieren und zu bewerten.

71.3 Versuchsdurchführung

Für die Untersuchungen steht ein kommerzielles Erichsen-Tiefungsgerät zur Verfügung, mit dem Bleche bis zu 2 mm Dicke geprüft werden können. Alle mit dem Blech in Berührung kommenden Teile des Gerätes sind gehärtet, geschliffen und poliert. Vor Versuchsbeginn werden sie eingefettet. Nach Einlegen des Bleches wird der Niederhalter mit einem Druck von etwa 10 kN angepresst. Der Niederhalterdruck kann über die Durchbiegung einer Feder mittels einer angebauten Messuhr bestimmt werden. Der kugelförmig abgerundete Stößel wird mit einer Geschwindigkeit zwischen etwa 5–20 mm/min bis zum Einreißen der Probe bewegt. Die während der Tiefung jeweils vorhandene Presskraft kann ebenso wie der Niederhalterdruck an einer Messuhr, der Weg des Stempels an einem Maßstab abgelesen werden. Einsetzende Rissbildung ist in einem Spiegel zu erkennen, der die Rückseite der beanspruchten Probe zeigt. Da die Presskraft bei Rissbildung absinkt, liefert ihre Kontrolle eine zusätzliche Aussage über die Größe der Tiefung im Augenblick des Durchreißens.

71.4 Weiterführende Literatur

[DIN 20482:2003-12]   DIN 20482:2003-12, Bleche und Bänder – Tiefungsversuch nach Erichsen

71.5 Symbole, Abkürzungen

Symbol/Abkürzung	Bedeutung	Einheit
$(D/d)_{max}$	Grenztiefziehverhältnis	-
D	Blechrondendurchmesser	mm
d, d_1, d_2	Durchmesser beim Tiefziehen	mm
d_B	rissfrei erreichter Durchmesser des Loches	mm
d_0	Durchmesser Blechrondenloch	mm

V72 r- und n-Werte von Feinblechen

72.1 Grundlagen

Durch Kaltumformung von Feinblechen aus Stahl und Nichteisenmetallen werden in der technischen Praxis die verschiedenartigsten Bauteile hergestellt. Die wichtigsten Kaltumformverfahren sind das Tiefziehen und das Streckziehen (vgl. Bild 72-1). Die dabei ablaufenden Verformungsprozesse versucht man unter labormäßigen Bedingungen nachzuvollziehen, um zu praxisorientierten Bewertungskriterien für das Verhalten der umzuformenden Bleche zu gelangen (vgl. V71). Die Übertragung der Befunde derartiger Modellversuche auf Umformvorgänge mit veränderten geometrischen Anordnungen und andersartigen Reibungsverhältnissen ist nur bedingt möglich. Deshalb besteht ein großes Interesse an Kenngrößen, die – unabhängig von den im Einzelfall vorliegenden Verformungsbedingungen – die Kaltumformbarkeit von Feinblechen hinreichend charakterisieren.

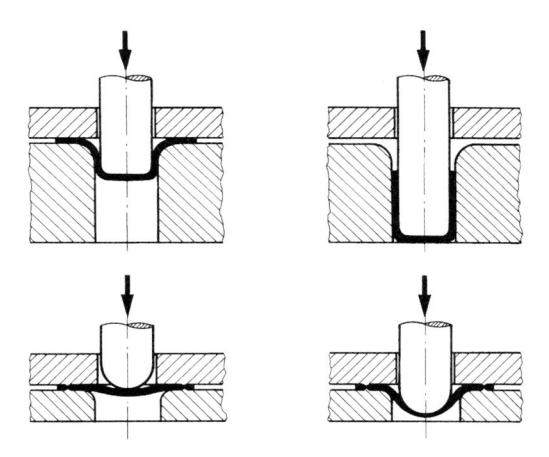

Bild 72-1
Schema des Tiefziehens (oben) und des Streckziehens (unten)

Der Beschreibung des Umformverhaltens von Feinblechen kann man i. Allg. keine isotropen bzw. quasiisotropen Werkstoffzustände zugrunde legen. Die zur Blechherstellung erforderlichen plastischen Walzverformungen (vgl. V9) führen als Folge der elementaren Abgleitprozesse in den Körnern zu Orientierungsänderungen und damit zur Ausbildung typischer Walztexturen (vgl. V10). Je nach Werkstoffzustand und vorangegangenen Umformbedingungen ist zudem mit „Gefügezeiligkeiten" (vgl. V18) zu rechnen. Insgesamt liegt daher in den Blechen keine statistisch regellose Verteilung der Kornorientierungen und der Kornformen vor. Als Folge davon werden die makroskopischen mechanischen Eigenschaften der Bleche richtungsabhängig. Für Kaltumformverfahren sind die Werkstoffe bzw. Werkstoffzustände besonders geeignet, bei denen die mit wachsender plastischer Verformung auftretenden Querschnittsänderungen ohne anisotrope Formänderungen sowie ohne abrupte Querschnittsreduzierungen und Rissbildung ertragen werden. Man benötigt deshalb quantitative Daten über das Längs-

V72 r- und n-Werte von Feinblechen

und Querdehnungsverhalten sowie über das Verfestigungsverhalten der Bleche, und es liegt nahe, diese unter einachsiger Beanspruchung von Blechstreifen in einem Zugversuch (vgl. V23) zu ermitteln.

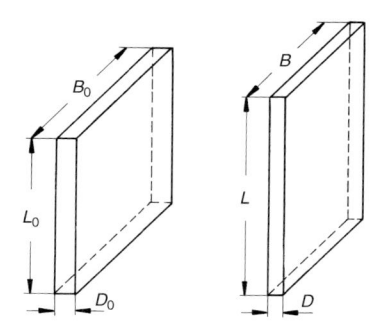

Bild 72-2
Abmessungsänderungen von Blechen nach elastisch-plastischer Zugverformung parallel zu L_0

Betrachtet man wie in Bild 72-2 den durch die Abmessungen L_0, B_0 und D_0 gegebenen Bereich eines Blechstreifens, so nimmt dieser nach Einwirkung einer hinreichend großen, zu L_0 parallelen Zugnennspannung $\sigma_n = F/A_0 = F/B_0 D_0$ die Abmessungen L, B und D an. Die Probe hat sich plastisch verlängert ($L > L_0$) und ihre Querabmessungen haben sich plastisch verkürzt ($B < B_0$, $D < D_0$). Da die plastische Verformung unter Volumenkonstanz erfolgt, gilt

$$L \cdot B \cdot D = L_0 \cdot B_0 \cdot D_0 \tag{72.1}$$

oder

$$ln\frac{L}{L_0} + ln\frac{B}{B_0} + ln\frac{D}{D_0} = 0 \tag{72.2}$$

Die Größen

$$\varphi_{L,p} = ln\frac{L}{L_0} = \int_{L_0}^{L}\frac{dL}{L} , \tag{72.3}$$

$$\varphi_{B,p} = ln\frac{B}{B_0} = \int_{B_0}^{B}\frac{dB}{B} \tag{72.4}$$

und

$$\varphi_{D,p} = ln\frac{D}{D_0} = \int_{D_0}^{D}\frac{dD}{D} \tag{72.5}$$

werden logarithmische plastische Verformungen (kurz log. Verformungen) genannt. Sie sind definiert als die Integrale der auf die jeweiligen Probeabmessungen bezogenen Abmessungsänderungen.

Zwischen der plastischen Längsdehnung

$$\varepsilon_{L,p} = \frac{L - L_0}{L_0} \tag{72.6}$$

und der durch Gl. 72.3 gegebenen log. plastischen Längsdehnung $\varphi_{L,p}$ besteht der Zusammenhang

$$\varphi_{L,p} = \ln(\varepsilon_{L,p} + 1) \ . \tag{72.7}$$

Trägt man die wahre Zugspannung $\sigma = F/BD$ als Funktion von $\varphi_{L,p}$ auf, so ergibt sich ein Zusammenhang, den die Umformtechniker als Fließkurve bezeichnen. In vielen Fällen (nicht z. B. bei metastabilen austenitischen Stählen) lässt sich dabei der Kurvenverlauf durch die Ludwik'sche Beziehung

$$\sigma = \sigma_0 \cdot \varphi_{L,p}^n \tag{72.8}$$

annähern, n wird Verfestigungsexponent genannt. Bei einem sich verfestigenden Werkstoff ist die log. Gleichmaßdehnung erreicht, wenn Einschnürung und damit ein Höchstwert der belastenden Kraft auftritt. Mit

$$F = \sigma \cdot A \tag{72.9}$$

und

$$dF = \sigma \, dA + A \, d\sigma \tag{72.10}$$

gilt dann die Bedingung

$$dF = 0 \tag{72.11}$$

und somit

$$\frac{d\sigma}{\sigma} = -\frac{dA}{A} \ . \tag{72.12}$$

Andererseits folgt aus Gl. 72.1 und 72.3

$$-\frac{d(BD)}{BD} = -\frac{dA}{A} = \frac{dL}{L} = d\varphi_{L,p} \ , \tag{72.13}$$

so dass sich aus Gl. 72.12 und 72.13 ergibt

$$\sigma = \left.\frac{d\sigma}{d\varphi_{L,p}}\right|_{\varphi_{L,p} = \varphi_{\text{gleich}}} . \tag{72.14}$$

Einsetzen von Gl. 72.8 führt zu

$$\sigma_0 \cdot \varphi_{\text{gleich}}^n = \sigma_0 \cdot n \cdot \varphi_{\text{gleich}}^{n-1} \ . \tag{72.15}$$

Diese Bedingung liefert

$$n = \varphi_{\text{gleich}} \ . \tag{72.16}$$

Der Verfestigungsexponent ist also numerisch gleich der log. Gleichmaßdehnung.

In Bild 72-3 ist als Beispiel die Fließkurve von C10 in linearer und doppeltlogarithmischer Auftragung wiedergegeben. Im Bereich $0{,}03 < \varphi_{L,p} < 0{,}22$ tritt ein einheitlicher Verfestigungsexponent $n = 0{,}22$ auf.

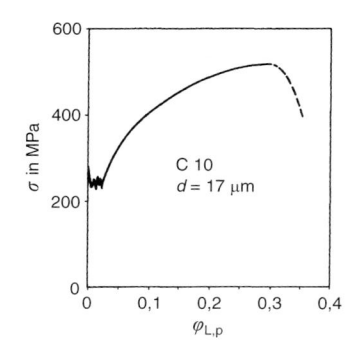

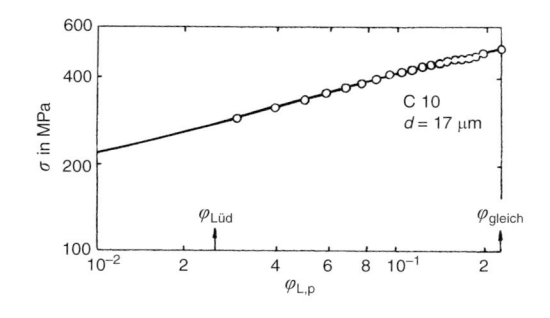

Bild 72-3 σ-$\varphi_{L,p}$-Verlauf (links) und $lg\,\sigma$ - $lg\,\varphi_{L,p}$ -Verlauf (rechts) von C10 bei einer Dehnungsgeschwindigkeit $\dot{\varepsilon} = 8{,}33 \cdot 10^{-4} s^{-1}$

Misst man die log. plastischen Querverformungen als Funktion der Zugspannung, so lässt sich damit beurteilen, ob eine Verformungsanisotropie vorliegt. Verformt sich der Werkstoff makroskopisch isotrop, so gilt nach Gl. 72.4 und 72.5

$$\varphi_{B,p} = \varphi_{D,p} \quad \text{.} \tag{72.17}$$

Liegt dagegen plastisch anisotropes Verhalten vor, so wird

$$\varphi_{B,p} \neq \varphi_{D,p} \quad \text{.} \tag{72.18}$$

Das Verhältnis der log. plastischen Verformungen in Breiten- und Dickenrichtung

$$r = \frac{\varphi_{B,p}}{\varphi_{D,p}} \tag{72.19}$$

wird „senkrechte Anisotropie" genannt, $r = 1$ bedeutet gleiche Abmessungsänderungen in Breiten- und Dickenrichtung, $r > 1$ ($r < 1$) zeigt an, dass das Blech unter Zugbeanspruchung mehr seine Breite (Dicke) als seine Dicke (Breite) ändert. Ein geeignet festgelegter r-Wert wird heute als Kenngröße für die Beurteilung der Tiefziehfähigkeit von Blechen benutzt. Der n-Wert dient zur Beurteilung der Streckziehfähigkeit der Bleche. Große r-Werte treten bei Werkstoffzuständen auf, die unter Zugbeanspruchung stärker ihre Breite als ihre Dicke verändern. Große n-Werte gehören zu Werkstoffzuständen, die sich stark verfestigen und zudem große Gleichmaßdehnungen besitzen.

Werden einem Blech, wie in Bild 72-4 angedeutet, parallel sowie 45° und 90° geneigt zur Walzrichtung Zugstäbe gleicher Abmessungen entnommen und mit diesen Zugversuche durchgeführt, so ergeben sich i. Allg. unterschiedliche r- und n-Werte. Gemittelte Werte über alle Richtungen in der Blechebene wären demnach die für die Beurteilung der Tief- und Streckzieheigenschaften wünschenswerten Größen.

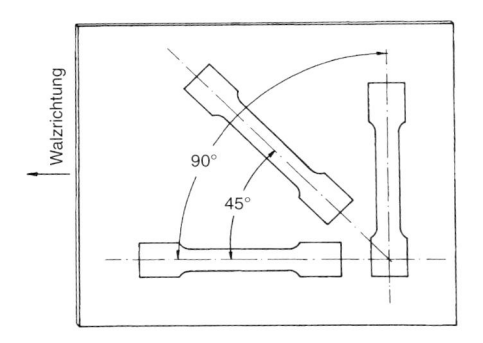

Bild 72-4
Probenentnahme zur Bestimmung von r_m

Die Erfahrung hat ergeben, dass der Mittelwert

$$r_m = \frac{r_{0°} + 2r_{45°} + r_{90°}}{4} \tag{72.20}$$

ein geeignetes Maß für die Anisotropie des Verformungsverhaltens ist. Die Größe r_m wird „mittlere senkrechte Anisotropie" genannt. Dabei darf aus $r_{0°} = r_{45°} = r_{90°}$ nicht auf Verformungsisotropie geschlossen werden. Diese liegt nur vor, wenn $r_{0°} = r_{45°} = r_{90°} = 1$ ist. Meistens ist $r_{0°}$ und $r_{90°}$ größer als $r_{45°}$. Als „mittlere ebene Anisotropie" wird die Größe

$$\Delta r = \frac{r_{0°} + r_{90°}}{2} - r_{45°} \tag{72.21}$$

definiert. Weichen die einzelnen r-Werte in Gl. 72.20 in den drei Messrichtungen stark voneinander ab, so treten beim Näpfchenziehen die aus Bild 72-5 ersichtlichen zipfelartigen Begrenzungen der tiefgezogenen Teile auf. Die Zipfel erwartet man in den Richtungen, in denen die größten r-Werte vorliegen. Zipfelbildung erfolgt in 0°- und 90°-Richtung (45°-Richtung), wenn sich nach Gl. 72.21 ein positiver (negativer) Δr-Wert ergibt. Da die Zipfelbildung unerwünscht ist, erfordert ein gutes Tiefziehvermögen einen großen r_m-Wert, der möglichst wenig von den Einzelwerten $r_{0°}$, $r_{45°}$ und $r_{90°}$ abweicht.

Bild 72-5
Tiefgezogene Becher mit und ohne Zipfelbildung

In Bild 72-6 sind für unberuhigte und Al-beruhigte Stahlbleche (~ 0,07 Masse-% C; 0,35 Masse-% Mn) die r_m-Werte als Funktion des Kaltverformungsgrades gezeigt. Bei den unberuhigten Blechen treten nur bei mittleren Umformgraden r_m-Werte größer 1,0 auf. Im Vergleich dazu erreichen die beruhigten Bleche r_m-Werte bis 1,4; in anderen Fällen bis 1,8. Große r_m-Werte liefern, wie Bild 72-7 zeigt, große Grenztiefziehverhältnisse, worunter man das experimentell bestimmte größte Verhältnis $(D/d)_{max}$ aus dem Durchmesser D der Ronden zum Durchmesser d der fehlerfrei tiefgezogenen Näpfchen versteht (vgl. V71). Das Grenztiefziehverhältnis wächst auch bei anderen Werkstoffen mit r_m an. Das Tiefziehvermögen von Blechen wird u. a. vom Gehalt an Legierungselementen beeinflusst. Bild 72-8 zeigt r_m- und Δr-Werte von gehaspelten und bei 550 °C geglühten Stahlblechen mit unterschiedlichen Mangangehalten. Man sieht, dass sowohl r_m als auch Δr oberhalb 0,05 Masse-% mit wachsendem Mangananteil kontinuierlich abfallen.

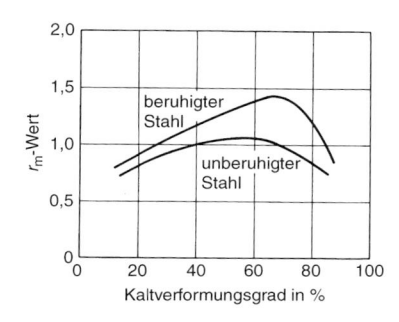

Bild 72-6
Kaltverformungseinfluss auf r_m bei beruhigtem und unberuhigtem Stahlblech

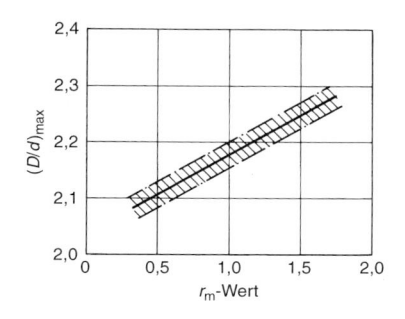

Bild 72-7
Grenztiefziehverhältnis eines Stahlbleches als Funktion von r_m

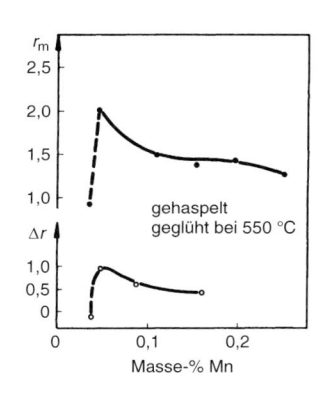

Bild 72-8
r_m- und Δr-Werte von Stahlblechen mit unterschiedlichen Mangangehalten

72.2 Aufgabe

Gegeben sind drei Tiefziehbleche verschiedener Tiefziehqualität. Mithilfe induktiver Dehnungsaufnehmer sind die r_m-, Δr- und n-Werte der Bleche zu ermitteln und zu bewerten.

72.3 Versuchsdurchführung

Für die Untersuchungen steht eine Zugprüfmaschine mit Dehnungsmesseinrichtungen zur Verfügung (vgl. V22). Aus den vorliegenden Blechen werden, wie in Bild 72-4 angedeutet, Versuchsproben mit einer Gesamtlänge von 230 mm herausgearbeitet bzw. herausgestanzt, die im Messbereich eine Breite von 20 mm besitzen. Die Messlänge L_0 beträgt etwa 50 mm. Zur Erfüllung der Messaufgabe sind während des Zugversuches die Änderungen der Länge, der Breite und der Dicke der Proben als Funktion der Zugspannung zu ermitteln. Um dabei gleiche Genauigkeit bei $\varphi_{B,p}$ und $\varphi_{D,p}$ zu erreichen, sind an die Messung der Änderungen der Probendicke größere Anforderungen zu stellen als an die der Probenbreite. Man kann dies umgehen, weil nach Gl. 72.2 bis 72.5

$$\varphi_{D,p} = -(\varphi_{L,p} + \varphi_{B,p}) \tag{72.22}$$

ist. Für die Ermittlung von

$$r_m = \frac{\varphi_{B,p}}{\varphi_{D,p}} = -\frac{\varphi_{B,p}}{\varphi_{L,p} + \varphi_{B,p}} \tag{72.23}$$

sind deshalb nur Verformungsmessungen in Längs- und Breitenrichtung erforderlich. Die Verformungsmessungen erfolgen entweder mit zwei induktiven Dehnungsaufnehmern oder mit speziell entwickelten Längen-Breitenänderungs-Messsystemen. Bei der Zugverformung können gleichzeitig F-ΔL- und ΔB-ΔL-Kurven registriert werden. Die Messungen bleiben auf den Beanspruchungsbereich beschränkt, in dem noch keine Probeneinschnürung auftritt. Aus den $\Delta L(F)$- und $\Delta B(F)$-Werten erfolgt die Berechnung der für F gültigen σ sowie $\varphi_{L,p}$- und $\varphi_{B,p}$-Werte. Damit sind die r-Werte angebbar. σ und $\varphi_{L,p}$ werden doppelt-logarithmisch aufgetragen und – soweit möglich – durch eine Ausgleichsgerade oder Ausgleichsgeradenabschnitte approximiert. Aus den Geradensteigungen wird n ermittelt. Die r_m- und Δr-Werte der einzelnen Bleche werden nach Abschluss der Zugversuche für die Blechstreifen mit unterschiedlicher Orientierung gegenüber der Walzrichtung berechnet.

72.4 Weiterführende Literatur

[Wil69] Wilson, D. C.: Controlled directionality of mechanical properties in sheet metals. In: Met. Rev. 14 (1969), S. 175–188

[Str73] Straßburger, Ch.; Müschenborn, W.; Robiller, G.: Prüfverfahren zur Ermittlung der Kaltumformbarkeit. In: Neuzeitliche Verfahren zur Werkstoffprüfung, Stahleisen, Düsseldorf, 1973

[Mes76] Messien, P.; Greday, T.: Texture and planar anisotropy of low carbon steels. In: Texture and Properties of Materials, Met. Soc., Oxford, 1976

[Fri10] Fritz, A. H.; Schulze, G. (Hrsg): Fertigungstechnik, Springer, Heidelberg, 2010

72.5 Symbole, Abkürzungen

Symbol/Abkürzung	Bedeutung	Einheit
L_0, B_0, D_0	Ausgangslänge, -breite, -dicke	mm
L, B, D	Länge, Breite, Dicke nach plastischer Verformung	mm
$\varphi_{L,p}$, $\varphi_{B,p}$, $\varphi_{D,p}$	logarithmische plastische Dehnungen in Länge, Breite, Dicke	-
φ_{gleich}	logarithmische Gleichmaßdehnung	-
$\varepsilon_{L,p}$	plastische Längsdehnung	-
σ	wahre Zugspannung, $\sigma = F/BD$	MPa
n	Verfestigungsexponent	-
r	senkrechte Anisotropie, $r = \varphi_B/\varphi_D$	-
r_m	mittlere senkrechte Anisotropie	-
Δr	mittlere ebene Anisotropie	-

V73 Ultraschallprüfung

73.1 Grundlagen

Ein wichtiges Teilgebiet der zerstörungsfreien Werkstoffprüfung stellt die Ultraschallprüfung dar. Sie nutzt die Reflexion und Brechung von Ultraschallwellen an den Grenzflächen aus, die Werkstoffbereiche unterschiedlichen Schallwiderstandes trennen. Lunker, Einschlüsse, Poren, Dopplungen, Trennungen und Risse lassen sich auf diese Weise nachweisen, wenn sie eine hinreichend große flächenhafte Ausdehnung senkrecht zur Ultraschall-Ausbreitungsrichtung besitzen. In den zu prüfenden Bereichen sollten die Prüfkörper eine einfache Form aufweisen, so dass sich Echos von Defekten sowie Formechos voneinander unterscheiden lassen. Die räumliche Auflösung, die Nachweisbarkeit von Fehlstellen bzw. Defekten und die Genauigkeit der Messung steht in direktem Zusammenhang mit der Wellenlänge λ. Eine Verbesserung der Ortsauflösung ist durch eine Erhöhung der Frequenz realisierbar. Schallwellen sind in Festkörpern elastische Schwingungen und können dort als Longitudinal- und Transversalschwingungen auftreten. Bei den Longitudinalwellen erfolgen die Schwingungen in Fortpflanzungsrichtung, bei den Transversalwellen senkrecht zur Fortpflanzungsrichtung. In Gasen und Flüssigkeiten, die keine oder nur äußerst geringe Schubkräfte übertragen können, sind Schallwellen stets Longitudinalschwingungen.

Bei einer ungedämpften akustischen Longitudinalschwingung lässt sich die Auslenkung η der Materieteilchen in x-Richtung durch die Beziehung

$$\eta = \eta_a \sin\left[2\pi\left(vt - \frac{x}{\lambda}\right)\right] \tag{73.1}$$

beschreiben. Dabei ist η_a die Amplitude der Auslenkung, v die Frequenz, λ die Wellenlänge und t die Zeit. Durch Differentiation nach der Zeit ergibt sich aus Gl. 73.2 die Teilchengeschwindigkeit zu

$$v = \frac{d\eta}{dt} = 2\pi v \eta_a \cos\left[2\pi\left(vt - \frac{x}{\lambda}\right)\right] \tag{73.2}$$

Die Größe

$$v_a = 2\pi v \eta_a \tag{73.3}$$

wird als Schallschnelle bezeichnet. Mit der Schallausbreitung ist der Aufbau eines orts- und zeitabhängigen Druckfeldes verbunden, das durch

$$p = p_0 + v_a c_L \rho \cos\left[2\pi\left(vt - \frac{x}{\lambda}\right)\right] \tag{73.4}$$

gegeben ist. Dabei ist p_0 der herrschende Druck ohne akustische Schwingung, ρ die Dichte und c_L die longitudinale Schallgeschwindigkeit. Das Produkt

$$p_a = v_a c_L \rho \tag{73.5}$$

wird als Schalldruckamplitude, das Verhältnis

$$\frac{p_a}{v_a} = c_L \rho = W \tag{73.6}$$

als Schallwiderstand bezeichnet. Die Intensität der Schallwelle ist dem Quadrat der Schalldruckamplitude direkt und dem Schallwiderstand umgekehrt proportional und ergibt sich zu

$$I = \frac{1}{2} p_a v_a = \frac{1}{2} \cdot \frac{p_a^2}{c_L \rho} = \frac{1}{2} \cdot \frac{p_a^2}{W} \tag{73.7}$$

Tabelle 73-1 enthält für einige Metalle, Flüssigkeiten und Luft Angaben der Dichte, der Schallgeschwindigkeit und des Schallwiderstandes.

Tabelle 73-1 Kenngrößen einiger Medien

Medium	Elastizitäts-Modul [MPa] E	Dichte [kg/m³] ρ	Querkontrak-tionszahl v	Schallgeschwin-digkeit [m/s] c_L		Schallwiderstand [kg/m²s] $W = c_L \rho$
				c_L	c_T	
Aluminium	$7{,}2 \cdot 10^4$	$2{,}70 \cdot 10^3$	0,34	6410	3150	$17{,}3 \cdot 10^6$
Kupfer	$12{,}5 \cdot 10^4$	$8{,}93 \cdot 10^3$	0,34	4640	2280	$41{,}4 \cdot 10^6$
Eisen	$21{,}0 \cdot 10^4$	$7{,}87 \cdot 10^3$	0,28	5840	3230	$46{,}0 \cdot 10^6$
PMMA	$0{,}65 \cdot 10^4$	$1{,}18 \cdot 10^3$	0,35	2970	1430	$3{,}5 \cdot 10^6$
Wasser (4 °C)	-	$1{,}00 \cdot 10^3$	-	1483	-	$1{,}5 \cdot 10^6$
Dieselöl	-	$0{,}80 \cdot 10^3$	-	1250	-	$1{,}0 \cdot 10^6$
Luft (0 °C)	-	$1{,}29 \cdot 10^3$	-	331.3	-	$4{,}3 \cdot 10^2$

Trifft eine ebene longitudinale Schallwelle, die aus einem Medium mit dem Schallwiderstand W_1 kommt, senkrecht auf ein zweites mit dem Schallwiderstand W_2, so wird ein Teil der auffallenden Schallenergie reflektiert, der andere Teil tritt durch die Grenzfläche hindurch. Das Verhältnis der Schalldruckamplitude von reflektiertem zu einfallendem Strahl berechnet sich zu

$$\frac{p_{a,r}}{p_{a,e}} = \frac{W_2 - W_1}{W_2 + W_1} \tag{73.8}$$

Das Verhältnis der Schalldruckamplituden von durchgehendem zu einfallendem Strahl beträgt dagegen

$$\frac{p_{a,d}}{p_{a,e}} = \frac{2 W_2}{W_2 + W_1} \tag{73.9}$$

Für eine Grenzfläche Eisen/Luft sind die vorliegenden Verhältnisse in Bild 73-1 skizziert. Für das Verhältnis der Schalldruckamplituden von reflektiertem bzw. durchgehendem zu einfallendem Strahl ergibt sich dabei $P_{a,r}/P_{a,e} = -0{,}99998$ bzw. $P_{a,d}/P_{a,e} = 0{,}00002$. Die reflektierte Schallwelle übernimmt also fast die gesamte Schalldruckamplitude des einfallenden Strahles.

Das Minuszeichen beschreibt den Phasensprung um π, der bei der Reflexion an der Grenzfläche auftritt.

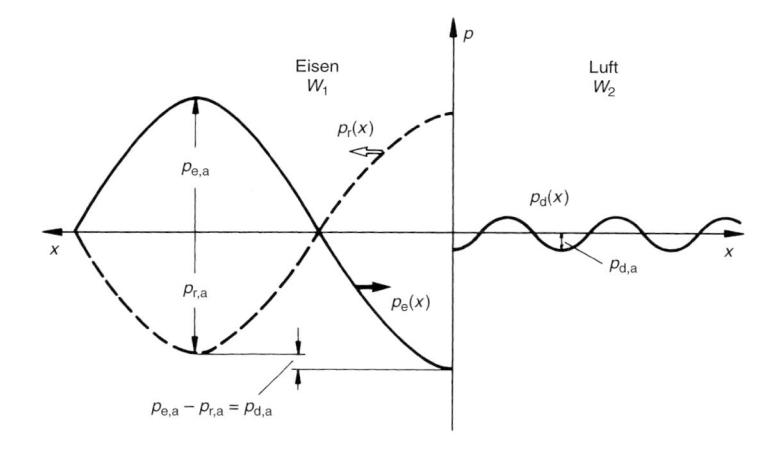

Bild 73-1 Auffallen einer Schallwelle auf eine Grenzfläche Eisen/Luft ($p_d(x)$ stark vergrößert)

Fällt eine ebene longitudinale Schallwelle nicht senkrecht, sondern schräg auf die Grenzfläche zwischen zwei Medien I und II, so treten Reflexion und Brechung auf. Die reflektierte und die gebrochene Schallwelle spalten sich dabei auf in je eine Longitudinalwelle L und eine Transversalwelle T. Bild 73-2 zeigt schematisch die bestehenden Zusammenhänge. Bei der Reflexion gilt für die Longitudinalwellen L und L_r das aus der Optik bekannte Gesetz

$$\text{Einfallswinkel} = \text{Ausfallswinkel} \tag{73.10}$$

Für die Longitudinalwelle L_r und Transversalwelle T_r sind die sich einstellenden Ausbreitungsrichtungen α_1 und β_1 gemäß

$$\frac{\sin \alpha_1}{\sin \beta_1} = \frac{c_{L,I}}{c_{T,I}} \tag{73.11}$$

durch die Schallgeschwindigkeiten $c_{L,I}$ und $c_{T,I}$ im Medium I bestimmt.

Bei der Brechung gilt für die Longitudinalwellen

$$\frac{\sin \alpha_1}{\sin \alpha_2} = \frac{c_{L,I}}{c_{L,II}} \tag{73.12}$$

wobei $c_{L,I}$ und $c_{L,II}$ die zugehörigen Schallgeschwindigkeiten in den Medien I und II sind. Für die transversalen und longitudinalen Schallwellen im Medium II ergibt sich

$$\frac{\sin \alpha_2}{\sin \beta_2} = \frac{c_{L,II}}{c_{T,II}} \tag{73.13}$$

Ist E der Elastizitätsmodul, G der Schubmodul und v die Querkontraktionszahl eines isotropen Festkörpers, so berechnet sich die Geschwindigkeit der elastischen Longitudinalwellen zu

$$c_L = \sqrt{\frac{E}{\rho} \frac{(1-v)}{(1+v)(1-2v)}} \tag{73.14}$$

und die Geschwindigkeit der elastischen Transversalwellen zu

$$c_T = \sqrt{\frac{G}{\rho}} = \sqrt{\frac{E}{\delta} \frac{1}{2(1+\nu)}} \tag{73.15}$$

Es gilt also stets (vgl. Tab. 73-1)

$$c_L > c_T \tag{73.16}$$

so dass die Winkel β_1 und β_2 in Bild 73-2 stets kleiner sind als α_1 und α_2. Durch geeignete Wahl von α_1 kann man erreichen, dass $\alpha_2 = 90°$ wird. Dann verläuft die Longitudinalwelle L_d parallel zur Grenzfläche, und es breitet sich im Medium II nur noch die Transversalwelle T_d aus. Dies wird bei der Ultraschallprüfung durch Schrägeinschallung mit Hilfe sogenannter Winkelprüfköpfe realisiert.

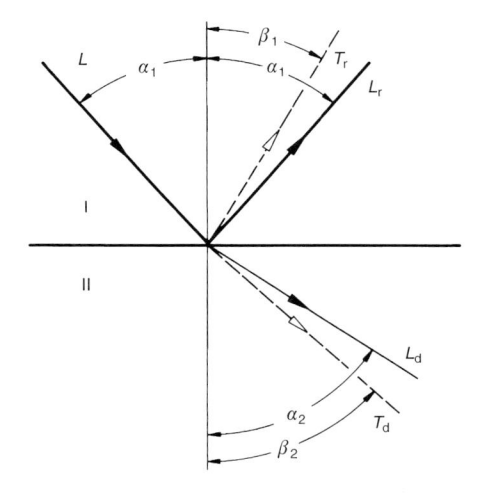

Bild 73-2 Brechung und Reflexion einer longitudinalen Schallwelle an der Grenzfläche zweier fester Medien I und II

Von den verschiedenen Ultraschallverfahren, die in der Werkstoffprüfung Anwendung finden, wird besonders häufig das Impulslaufzeitverfahren benutzt, dessen Prinzip Bild 73-3 wiedergibt. Darüber hinaus existieren Durchschallungsverfahren, die jedoch den Nachteil haben, dass die Tiefenlage des Fehlers nicht bestimmt werden kann. Beim Impuls-Echo-Verfahren erzeugt ein Impulsgenerator Spannungsimpulse von sehr kurzer Dauer (1 μs bis 10 μs), die vom Schwingkristall in akustische Signale umgewandelt und über ein Kopplungsmedium (z. B. Glyzerin) auf das Werkstück übertragen werden. Als Schwingkristalle finden piezoelektrische Substanzen wie z. B. Quarz (SiO_2), Bariumtitanat ($BaTiO_3$) oder Lithiumtantalat (Li_2TaO_3) Anwendung. Die Impulsfolge wird auf den Prüfwerkstoff abgestimmt, die Impulsdauer umfasst einige Schwingungsperioden. Die an der Rückseite und an eventuellen Grenzflächen im Inneren des Prüfstücks reflektierten Wellen werden von dem gleichzeitig als Empfänger wirkenden Schwingkristall in elektrische Impulse zurückverwandelt und als Echosignale in einem Verstärker soweit verstärkt, dass sie auf dem Bildschirm eines Oszillographen sichtbar werden.

V73 Ultraschallprüfung

Mit Hilfe einer Gleichrichterschaltung werden die Echosignale einseitig senkrecht zur Nulllinie ausgelenkt. Der dem Oszillographen ebenfalls zugeleitete Sendeimpuls stellt dort als sogenanntes Eingangsecho den Bezugspunkt für die Bewertung der Echosignale dar. Die Horizontalauslenkung des Elektronenstrahls erfolgt mit Hilfe eines Kippgenerators. Die zeitliche Abstimmung zwischen Horizontalauslenkung und Sendeimpuls wird durch ein Synchronisierglied erreicht. Bei bekannter Auslenkgeschwindigkeit des Elektronenstrahls in horizontaler Richtung kann jedem Echosignal eine bestimmte Laufzeit der Schallwelle zugeordnet werden. Bei bekannter Schallgeschwindigkeit lassen sich somit die Abstände der Echos auf dem Bildschirm des Oszillographen in Entfernungen von der Probenoberfläche umrechnen.

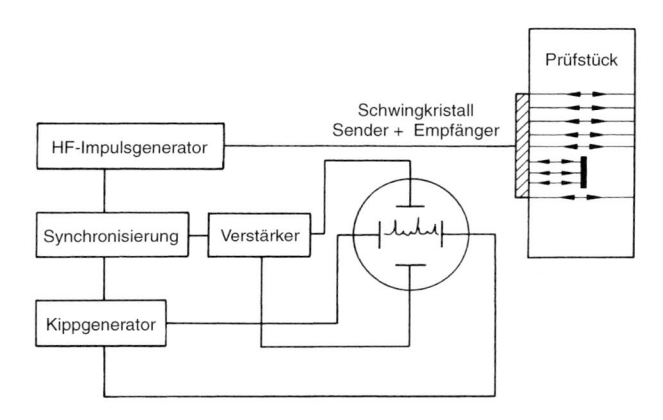

Bild 73-3 Prinzipschaltbild bei Ultraschall-Impulslaufzeitmessungen

73.2 Aufgabe

Es liegen verschiedene Bauteile mit künstlich eingebrachten Fehlern vor. Der Oberflächenabstand sowie die flächenhafte Erstreckung der Fehler sind zu ermitteln.

73.3 Versuchsdurchführung

Für die Untersuchungen steht ein Ultraschall-Universalprüfgerät mit mehreren Prüfköpfen zur Verfügung, die über Glyzerin an die Objekte angekoppelt werden. Die Prüffrequenzen liegen bei Al- und Fe-Legierungen zwischen 2 und 8 MHz, bei Cu-Legierungen und Gusseisenwerkstoffen zwischen 0,2 und 2 MHz. Vor jeder Versuchsreihe wird für einen artgleichen Körper definierter Abmessungen die Dauer und Folge der Impulse, die Helligkeit und Schärfe der Oszillographenanzeige sowie die Signalverstärkung eingestellt. Ferner wird über die Messung der Laufzeit zwischen Eingangs- und Rückwandecho für die vorliegende Schallgeschwindigkeit eine Wegeichung der Anzeige vorgenommen. Während der Prüfkopfbewegung längs der Objektoberfläche werden die auf dem Oszillographen auftretenden Signale beobachtet, identifiziert und die Oberflächenentfernungen der Fehlerechos festgestellt. Auf Grund der Veränderung der Höhe der Echosignale lassen sich Angaben über die flächenhafte Erstreckung der Fehler machen. Bei der gleichzeitigen Beschallung mehrerer innerer oder äußerer Oberflächen können Mehrfachechos entstehen, die die Auswertung der Oszillographenanzeige erschweren. Beispiele dafür werden gezeigt und diskutiert.

73.4 Weiterführende Literatur

[Bar09]	Bargel, H.-J., Schulze, G.: Werkstoffkunde. 10. Aufl., Springer, Berlin, 2009
[DIN EN 10160:1999-09]	Ultraschallprüfung von Flacherzeugnissen aus Stahl mit einer Dicke größer oder gleich 6 mm (Reflexionsverfahren), Beuth Verlag, Berlin, 1999
[DIN EN 1330-4:2010-05]	Zerstörungsfreie Prüfung – Terminologie – Teil 4: Begriffe der Ultraschallprüfung; Dreisprachige Fassung EN 1330-4:2010, Ersatz für DIN 54119, Beuth Verlag, Berlin, 2010
[DIN EN 583 Teil 1-6:97-09]	Zerstörungsfreie Prüfung – Ultraschallprüfung – Teil 1–6, Ersatz für DIN 54126-1 und DIN 54126-2, Beuth Verlag, Berlin, 1997–2009
[Dub07]	Dubbel, H.: Dubbel. Taschenbuch für den Maschinenbau. 22. Aufl., Springer, Berlin, 2007
[Gev06]	Gevatter, H.-J.; Grünhaupt, J.: Handbuch der Mess- und Automatisierungstechnik in der Produktion. 2. Aufl., Springer, Berlin, 2006
[Ils05]	Ilschner, B.; Singer, R. F.: Werkstoffwissenschaften und Fertigungstechnik: Eigenschaften, Vorgänge, Technologien. 4. Aufl., Springer, Berlin, 2004
[Wei07]	Weißbach, W.: Werkstoffkunde. Strukturen, Eigenschaften, Prüfung. 16. überarbeitete Auflage, Vieweg, Wiesbaden, 2007, S. 398–400

73.5 Symbole, Abkürzungen

Symbol/Abkürzung	Bedeutung	Einheit
L_0, B_0, D_0	Ausgangslänge, -breite, -dicke	mm
L, B, D	Länge, Breite, Dicke nach plastischer Verformung	mm
$\varphi_{L,p}, \varphi_{B,p}, \varphi_{D,p}$	logarithmische plastische Dehnungen in Länge, Breite, Dicke	-
φ_{gleich}	logarithmische Gleichmaßdehnung	-
$\varepsilon_{L,p}$	plastische Längsdehnung	-
σ	wahre Zugspannung, $\sigma = F/BD$	MPa
n	Verfestigungsexponent	-
r	senkrechte Anisotropie, $r = \varphi_B/\varphi_D$	-
r_m	mittlere senkrechte Anisotropie	-
Δr	mittlere ebene Anisotropie	-

V74 Magnetische und magnetinduktive Werkstoffprüfung

74.1 Grundlagen

Neben Röntgen- und γ-Strahlen (vgl. V78) sowie Ultraschallwellen (vgl. V73) lassen sich auch magnetische und magnetinduktive Wechselwirkungen zur zerstörungsfreien Werkstoffprüfung ausnutzen. Man unterscheidet dabei die auf der magnetischen Kraftwirkung beruhenden Verfahren von den die Induktionswirkung ausnutzenden Wirbelstromverfahren. Die magnetinduktiven Prüfmethoden zeichnen sich durch große Prüfgeschwindigkeiten sowie relativ einfache Automatisierbarkeit aus und haben daher ein breites Anwendungsspektrum vor allem in der Qualitätsprüfung gefunden.

Bei den Rissprüfverfahren mit Kraftwirkung wird in ferromagnetischen Prüfkörpern ein magnetisches Feld erzeugt, wobei die in Bild 74-1 skizzierten Methoden Anwendung finden. Im Allgemeinen ist im Prüfkörper eine relative Permeabilität $\mu_r > 100$ erforderlich, um eine ausreichende Magnetisierung zu erreichen. Die Joch- bzw. Spulenmagnetisierung durch Gleichstrom bewirkt eine Längsmagnetisierung, die Durchflutungsmagnetisierung durch Wechselstrom eine Kreismagnetisierung. Dabei wird eine gleichmäßige Ausbildung der magnetischen Kraftlinien angestrebt. Die magnetischen Feldlinien werden durch Risse im Werkstoff gestört, da über und seitlich davon als Folge der gegenüber dem ungestörten Messobjekt erhöhten magnetischen Widerstände magnetische Streufelder auftreten, über deren Detektion auf die Existenz der Fehler geschlossen werden kann.

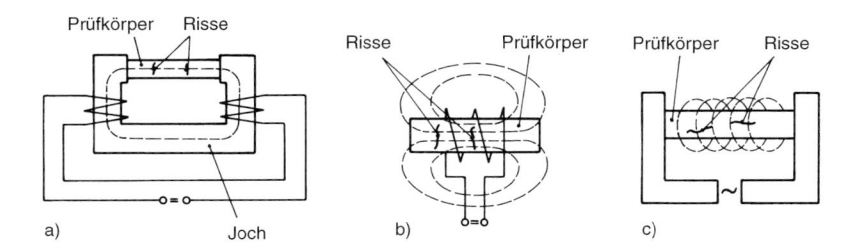

Bild 74-1 Verschiedene Magnetisierungsmöglichkeiten (schematisch). Jochmagnetisierung (a), Spulenmagnetisierung (b), Durchflutungsmagnetisierung (c)

Ein Riss kann umso besser nachgewiesen werden, je näher er zur Oberfläche liegt, je größer sein Tiefen/Breiten-Verhältnis ist, je höher die Magnetisierungsfeldstärke gewählt wird und je genauer er senkrecht zu den magnetischen Kraftlinien orientiert ist. Da die Streufeldbreite die wahre Rissbreite erheblich übertrifft, sind Risse mit Breiten von 1 µm durchaus noch nachweisbar. Der Streufeldnachweis kann mit Magnetpulver, mit einem Magnetband oder mit einer Magnetfeldsonde (Förstersonde) erfolgen.

Während oder nach der Magnetisierung erfolgt die Benetzung mit einer Flüssigkeit (meist Öl oder Wasser), in der sehr feines ferromagnetisches Pulver (Korngröße kleiner 10 µm) suspendiert ist. Die Streufelder in der Umgebung von oberflächennahen Rissen führen dort zur Anhäufung der Pulverteilchen. Feine Pulver und niedrigviskose Flüssigkeiten verbessern die Anzeigeempfindlichkeit. Den Partikeln anhaftende fluoreszierende Zusätze erleichtern bei ultravioletter Lichteinstrahlung die Direktbeobachtung der Pulveranhäufungen und damit der Lage der Risse. Mit Hilfe der Durchflutungsmagnetisierung werden Längsrisse nachgewiesen. Meistens schließt sich an die Sichtprüfung eine Entmagnetisierungsbehandlung der geprüften Teile an.

Bild 74-2 zeigt ein automatisches Rissprüfgerät, welches zwei getrennt wirksame Magnetisierungskreise (Durchflutungs- und Jochmagnetisierung) zur Erkennung von Längs- und Querrissen besitzt.

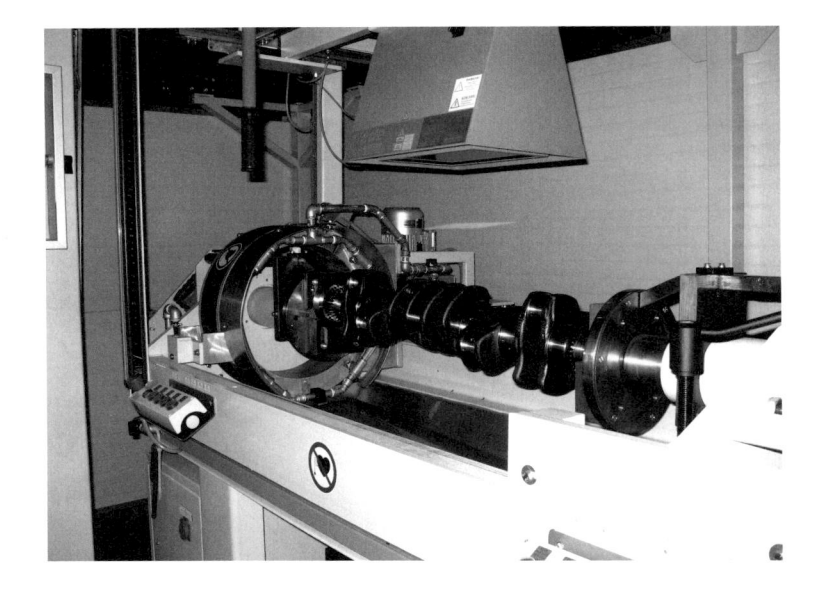

Bild 74-2 Magnetpulverprüfeinrichtung zur Rissprüfung an Kurbelwellen (Bauart: Fa. Tiede, Esslingen)

Moderne Magnetpulverprüfanlagen können vollautomatisch arbeiten, inklusive Bauteilzu- und abfuhr, Bauteilreinigung und Entmagnetisierung bis hin zur optischen Defekterkennung mittels digitaler Bilderkennung.

Bei den Verfahren mit Induktionswirkung werden durch hochfrequente Wechselströme in den Prüfkörpern Wirbelströme induziert und zum Fehlernachweis ausgenutzt. Dabei unterscheidet man das Durchlauf-, das Innen-, das Last- und das Gabelspulen-Verfahren, deren Prinzipien aus Bild 74-3 hervorgehen. Bei allen vier Methoden wird der Prüfling in den Wirkungsbereich einer wechselstromdurchflossenen Prüfspule (Magnetisierungsspule) gebracht. Das magnetische Wechselfeld der Prüfspule erzeugt im Messobjekt Wirbelströme, die ihrerseits ein elektromagnetisches Wechselfeld hervorrufen, das auf Grund der Lenzschen Regel dem von der Prüfspule erzeugten Feld entgegengesetzt gerichtet ist. Somit stellt sich im Bereich der Prüfspule oder einer geeignet angebrachten Messspule ein resultierendes elektromagnetisches Wechselfeld ein, das den Wechselstromwiderstand (Impedanz) der Prüfspule oder der Messspule verändert.

Die auftretenden Änderungen sind von der Messanordnung, von der Frequenz des Wechselfeldes, von den Abmessungen der Prüfspule, von dem Abstand zwischen Prüfspule und Prüfkörper sowie von der elektrischen Leitfähigkeit, der magnetischen Permeabilität und den Abmessungen des Prüfkörpers abhängig. Da Risse, Poren, Lunker und Einschlüsse die lokale Wirbelstromausbildung beeinflussen, sind sie in der geschilderten Weise über die magnetinduktive Rückwirkung auf die Prüf- bzw. Messspule nachweisbar.

Abhängig von den vorgegebenen Werkstoffeigenschaften existiert eine bestimmte Frequenz, die die größte magnetinduktive Rückwirkung zur Folge hat. Demzufolge sind Geräteeinstellungen (im Bereich einiger MHz) und Tastspulen an den Werkstoff anzupassen (z. B. Leichtmetalle, ferromagnetische Materialien, Austenite usw.). Auch ist zur quantitativen Rissdetektion eine Kalibrierung mit Standardproben notwendig. Damit kann auch der Verschleiß, dem der Tastkopf ausgesetzt sein kann, kompensiert werden. Bild 74-4 zeigt ein Wirbelstromprüfgerät für das Tastspulenverfahren bei der Vermessung einer Turbinenschaufel und eines Zylinderkopfes. Oberflächenfehler werden vom Messgerät durch maximalen Ausschlag angezeigt, wenn sie sich zentrisch unterhalb der Tastspule befinden. Zusätzlich kann durch akustische Signale auf den Defekt hingewiesen werden. Neben diesen ambulant verwendeten Geräten werden im Bereich der Aus- und Eingangsprüfung derartige Messungen ähnlich den Magnetpulverprüfungen auch automatisiert, wofür geeignete Werkstück- und Tastkopfführungen nebst Protokolliereinrichtungen kombiniert werden.

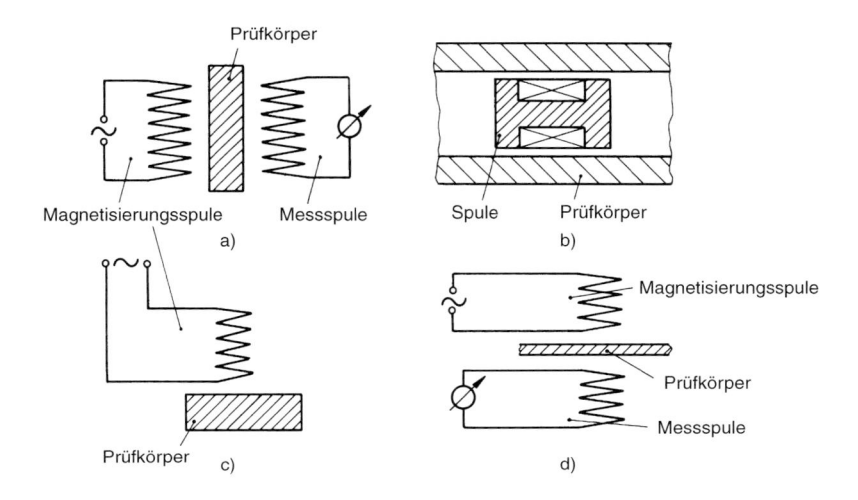

Bild 74-3 Verschiedene Messprinzipien der Wirbelstromprüfung: a) Durchlaufspule, b) Innenspule, c) Tastspule, d) Gabelspule

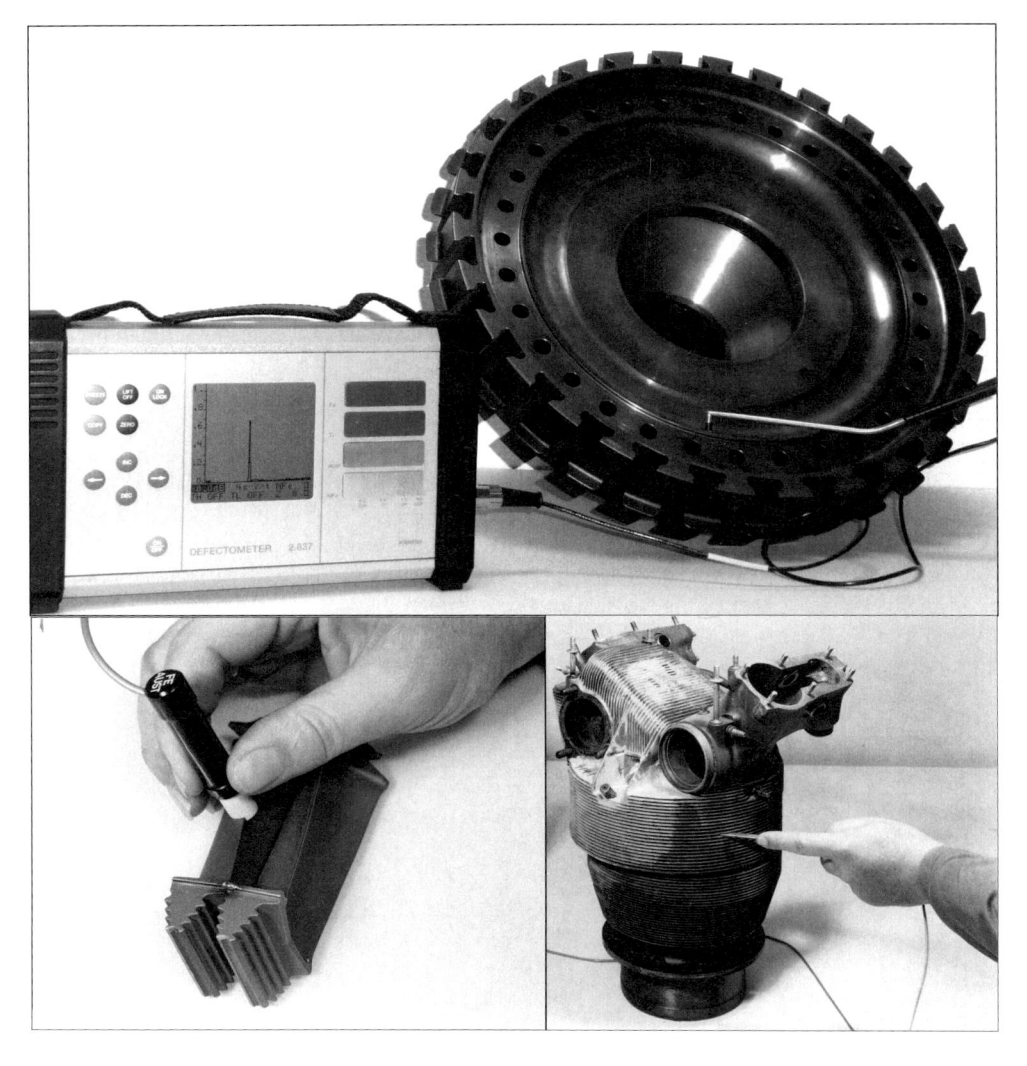

Bild 74-4 Vermessung eines Turbinenrades, einer Turbinenschaufel und eines Zylinderkopfes mit einem Defektometer (Bauart Institut Dr. Förster)

74.2 Aufgabe

Bauteile aus bekannten Werkstoffen und mit bekannter Vorgeschichte sind mit einem Tastspulgerät auf Oberflächenrisse zu untersuchen. Die Messbefunde sind unter Berücksichtigung der Festigkeitseigenschaften, der Vorgeschichte und der Bauteilgeometrie zu diskutieren. Vor der Messung werden für die Bauteile Prüfpläne erstellt, in denen die Befunde später eingetragen werden.

74.3 Versuchsdurchführung

Für die Messungen steht ein Wirbelstromprüfgerät mit Handtaster (Prüfspule) zur Verfügung. Das Messgerät wird an Hand der Bedienungsanleitung betriebsbereit gemacht. Der eigentliche Messvorgang besteht darin, dass die Oberflächen der zu untersuchenden Bauteile nach einer zu erstellenden Prüfstrategie mit der Prüfspule abgetastet werden. Unter der Prüfspule liegende Risse werden vom Messgerät registriert und am Display und mittels akustischen Signals angezeigt.

Vor Beginn der eigentlichen Messungen wird das Messgerät mit Hilfe von Proben kalibriert, die bekannte Risstiefen enthalten. Beim Arbeiten mit der Prüfspule ist zu beachten, dass Randeffekte das Messergebnis beeinflussen, und zwar umso stärker, je weiter sich die Prüfspule den Objektkanten nähert. Daher ist zu Beginn der Untersuchungen an einer fehlerfreien Probe zunächst nachzuprüfen, bis zu welchen Randentfernungen die Prüfspule ohne Ausschlag des Anzeigeinstrumentes betrieben werden kann.

74.4 Weiterführende Literatur

[Hei03]   B. Heine: Werkstoffprüfung. Fachbuchverlag Leipzig im Carl Hanser Verlag, München Wien, 2003

[Hep65]   Heptner, H.; Stroppe, H.: Magnetische und magnetinduktive Werkstoffprüfung, VEB Grundstoffindustrie, Leipzig, 1965

[Hor02]   Hornbogen, E.: Werkstoffe, 7. Aufl., Springer, Berlin, 2002

[DIN74]   DIN 54130: 1974-04 Zerstörungsfreie Prüfung; Magnetische Streufluss-Verfahren, Allgemeines (auch in DIN-Taschenbuch 370, Materialprüfnormen für metallische Werkstoffe 4 Zerstörungsfreie Prüfung – Allgemeine Regeln – Oberflächenverfahren und andere Verfahren. 1. Auflage, Beuth Verlag, Berlin, 2006

[DIN03]   DIN EN ISO 9934-1,-2,-3 2003-3: Zerstörungsfreie Prüfungen – Magnetpulverprüfung. (auch in DIN-Taschenbuch 370, Materialprüfnormen für metallische Werkstoffe 4 Zerstörungsfreie Prüfung – Allgemeine Regeln – Oberflächenverfahren und andere Verfahren. 1. Auflage, Beuth Verlag, Berlin, 2006

74.5 Symbole, Abkürzungen

Symbol/Abkürzung	Bedeutung	Einheit
μ_r	relative Permeabilität	--

V75 Röntgenographische Eigenspannungsbestimmung

75.1 Grundlagen

Eigenspannungen sind mechanische Spannungen, die in einem Werkstoff ohne Einwirkung äußerer Kräfte und/oder Momente vorhanden sind. Die mit diesen Spannungen verbundenen inneren Kräfte und Momente sind im mechanischen Gleichgewicht. Der Eigenspannungszustand in einem Werkstoff wird genau wie bei mechanischen Lastspannungen durch einen Spannungstensor 3. Ordnung beschrieben.

Es hat sich als zweckmäßig erwiesen, drei Eigenspannungsarten zu unterscheiden, denen heute meist die folgenden Definitionen zugrunde gelegt werden:

1. Eigenspannungen I. Art sind über größere Werkstoffbereiche (mehrere Körner) nahezu homogen. Die ihnen zukommenden inneren Kräfte sind bezüglich jeder Schnittfläche durch den ganzen Körper im Gleichgewicht. Ebenso verschwinden die mit ihnen verbundenen inneren Momente bezüglich jeder Achse. Bei Eingriffen in das Kräfte- und Momentengleichgewicht von Körpern, in denen Eigenspannungen I. Art vorliegen, treten immer makroskopische Maßänderungen auf.

2. Eigenspannungen II. Art sind über kleine Werkstoffbereiche (ein Korn oder Kornbereiche) nahezu homogen. Die mit ihnen verbundenen inneren Kräfte und Momente sind über hinreichend viele Körner im Gleichgewicht. Bei Eingriffen in dieses Gleichgewicht können makroskopische Maßänderungen auftreten.

3. Eigenspannungen III. Art sind über kleinste Werkstoffbereiche (mehrere Atomabstände) inhomogen. Die mit ihnen verbundenen inneren Kräfte und Momente sind in kleinen Bereichen (hinreichend großen Teilen eines Korns) im Gleichgewicht. Bei Eingriffen in dieses Gleichgewicht treten keine makroskopischen Maßänderungen auf.

Diese Definitionen beschreiben idealisierte Eigenspannungszustände. Sie sind aber ebenso anwendbar bei allen Überlagerungen von Eigenspannungen I. bis III. Art, wie sie in technischen Werkstoffen immer vorliegen. Bild 75-1 gibt hierzu ein schematisches Beispiel. Für die Darstellung ist eine Werkstoffoberfläche als Zeichenebene (x, y) gewählt. Betrachtet werden nur die y-Komponenten des Eigenspannungszustandes. Der eingetragene Eigenspannungsverlauf stellt die y-Komponenten der „wahren örtlichen Eigenspannungen" längs der im unteren Teilbild angenommenen x-Achse dar.

V75 Röntgenographische Eigenspannungsbestimmung

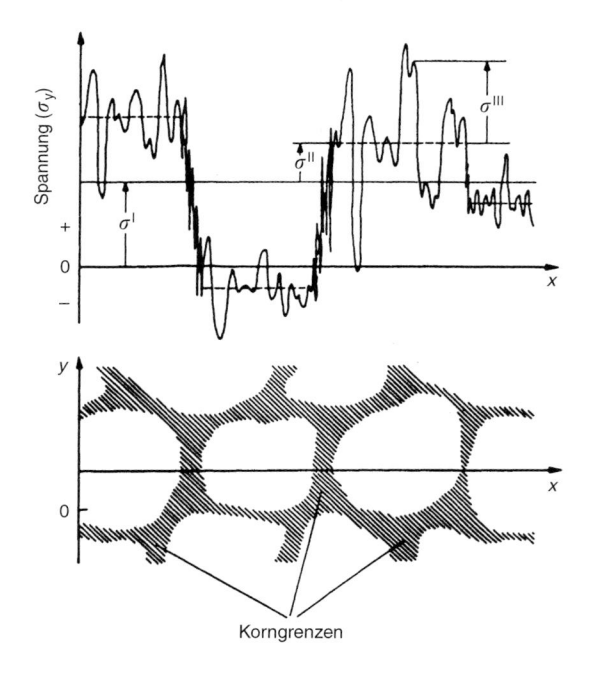

Bild 75-1
Mögliche Überlagerung von Eigenspannungen I., II. und III. Art in mehreren Körnern

Eine wichtige Methode zur Eigenspannungsbestimmung stellt die röntgenographische Spannungsmessung (RSM) dar. Sie beruht auf der Ermittlung von Gitterdehnungsverteilungen, denen mit Hilfe des verallgemeinerten Hookeschen Gesetzes Spannungen zugeordnet werden.

Im Gegensatz zu den Makrodehnungsmessungen (vgl. V22) bei der üblichen Spannungsanalyse erfolgen bei der RSM Gitterdehnungsmessungen. Dabei werden die unter Einwirkung von Spannungen in einzelnen oberflächennahen Körnern eines vielkristallinen Werkstoffs auftretenden Abstandsänderungen bestimmter Gitterebenen {hkl} gemessen (vgl. V1).

Makro-Dehnungen
$$\varepsilon_Z = \frac{Z - Z_0}{Z_0}$$

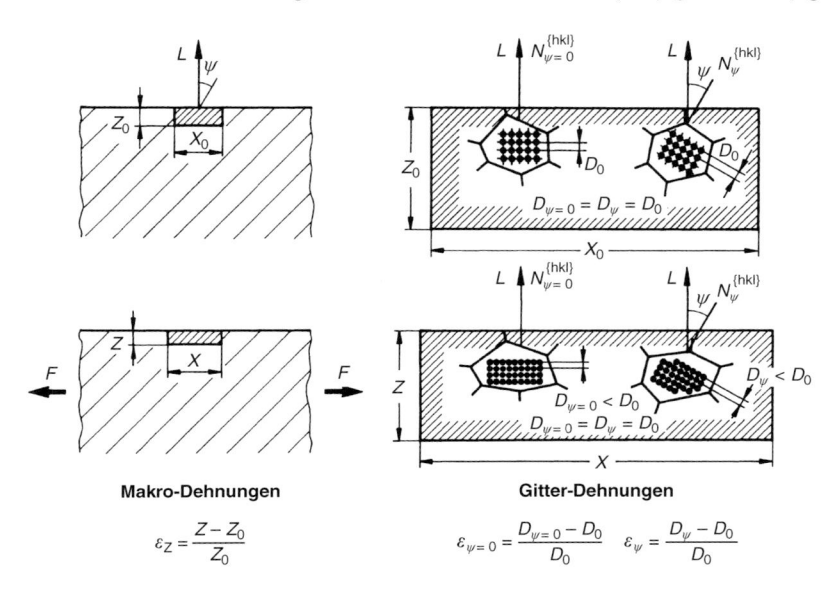

Gitter-Dehnungen
$$\varepsilon_{\psi=0} = \frac{D_{\psi=0} - D_0}{D_0} \quad \varepsilon_\psi = \frac{D_\psi - D_0}{D_0}$$

Bild 75-2
Zur Veranschaulichung der Begriffe „Makro-Dehnungen" und „Gitter-Dehnungen"

Bild 75-2 erläutert den Unterschied zwischen Makrodehnungen (links) und Gitterdehnung en (rechts) für einen oberflächennahen Werkstoffbereich mit den Abmessungen X_0 und Z_0. Im rechten Teil des Bildes sind zwei Körner betrachtet, bei denen die Normalen von Gitterebenen {hkl} unter den Winkeln $\psi = 0$ und ψ gegenüber dem Oberflächenlot liegen. Im spannungsfreien Zustand sind die Netzebenenabstände $D_{\psi=0}$ und D_ψ gleich D_0. Unter der Einwirkung einer Kraft F ändern sich die makroskopischen Abmessungen des oberflächennahen Werkstoffbereiches von X_0 in X und von Z_0 in Z sowie die Abstände der betrachteten Gitterebenen von D_0 in $D_{\psi=0}$ bzw. D_ψ. Misst man diese Größen, so erhält man in der angegebenen Weise Makrodehnungen und Gitterdehnungen. Gitterdehnungen können, wie in Bild 75-3 schematisch angegeben, aus den Braggwinkeländerungen $d\theta = \theta - \theta_0$ ermittelt werden, die ein an den Gitterebenen {hkl} abgebeugter monochromatischer Röntgenstrahl (vgl. V5) erfährt, wenn sich der Netzebenenabstand von D_0 auf D ändert. Auf Grund der Braggschen Gleichung (vgl. V16) gilt

$$d\theta = \theta - \theta_0 = -\tan\theta_0 \left(\frac{D - D_0}{D_0} \right) \tag{75.1}$$

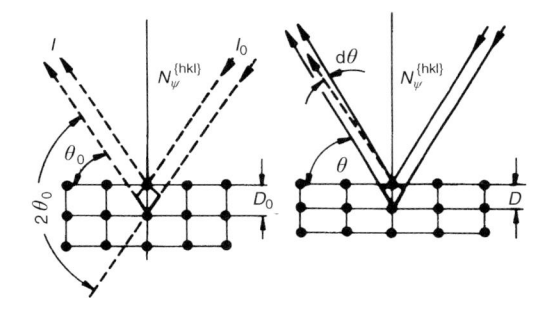

Bild 75-3
Zur röntgenographischen Messung von Gitterdehnungen an Ebenen {hkl}

Bei gegebener Gitterdehnung dD/D_0 ist $d\theta$ umso größer, je größer der Beugungswinkel θ_0 ist. Deshalb führt man Gitterdehnungsmessungen meistens im so genannten Rückstrahlbereich mit $50° < \theta < 85°$ aus. Dehnungsmessrichtung ist immer die Normale auf den vermessenen {hkl}-Ebenen der erfassten Körner. Fällt ein primärer Röntgenstrahl konstanter Wellenlänge λ mit der Intensität I_0 schräg zur Oberfläche eines spannungsfreien Vielkristalls ein und liegen im bestrahlten Werkstoffvolumen hinreichend viele statistisch regellos orientierte Körner vor, so tritt ein zum Primärstrahl symmetrischer Interferenzkegel auf (vgl. V16). Bei den zur Interferenz beitragenden Körnern liegen die Normalen gleicher Gitterebenen {hkl} ebenfalls auf einem zum Primärstrahl symmetrischen Kegel. Ist der erfasste Werkstoffbereich verspannt, so treten unsymmetrische Interferenz- und Normalenkegel bezüglich des Primärstrahls auf. Das Prinzip der Messung und die Messtechnik ist die gleiche wie im V16 beschrieben.

Je nach benutzter Röntgenwellenlänge enthält die abgebeugte Röntgenintensität Informationen aus unterschiedlichen Tiefenlagen des vermessenen Werkstoffs. Als Beispiel sind in Bild 75-4 für Eisen die bei verschiedenen Wellenlängen aus den Oberflächenentfernungen z zur abgebeugten Intensität beitragenden relativen Intensitätsanteile

$$\frac{I_z}{I_0} = \exp\left(-\frac{2\mu z}{\cos\psi} \right) \tag{75.2}$$

(μ = linearer Schwächungskoeffizient) aufgetragen, wenn Gitterdehnungsmessungen senkrecht zur Werkstoffoberfläche ($\psi = 0$) erfolgen. Bei Gitterdehnungsbestimmungen unter einem anderen Messwinkel $\psi \neq 0$ wird mit zunehmendem Winkel immer über kleinere Randbereiche integriert.

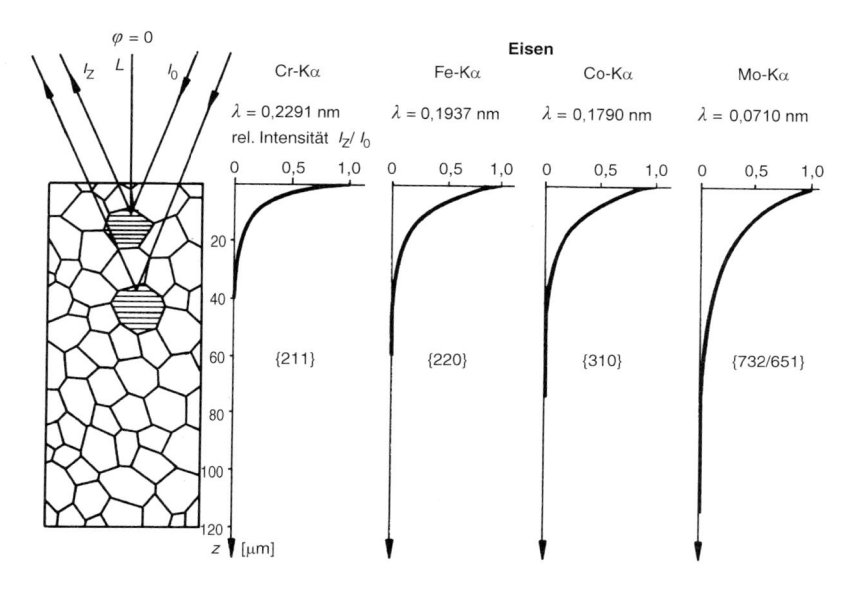

Bild 75-4 Die bei Gitterdehnungsmessungen an Eisen mit verschiedenen Röntgenwellenlängen unter $\psi = 0°$ erfassten Tiefenbereiche.

Die wichtigsten Merkmale röntgenographischer Gitterdehnungsmessungen lassen sich wie folgt zusammenfassen:

1. Sie sind nur an kristallinen Werkstoffen möglich.
2. Sie erfolgen ohne Anbringung irgendwelcher Messmarken und verändern den vorliegenden Werkstoffzustand nicht.
3. Sie werden senkrecht oder geneigt zur Werkstoffoberfläche unter Rückstrahlbedingungen durchgeführt.
4. Sie ermitteln den Abstand benachbarter Gitterebenen, wobei um etwa acht Größenordnungen kleinere Messmarkenabstände vorliegen als bei mechanischen oder elektrischen Dehnungsmessungen.
5. Sie werden immer in den kristallographischen Richtungen senkrecht zu den reflektierenden Gitterebenen vom Typ {hkl} vorgenommen.
6. Sie sind wegen der geringen Eindringtiefe der im Labor erzeugten Röntgenstrahlungen bei metallischen Werkstoffen auf relativ dünne Oberflächenschichten beschränkt.
7. Sie erfassen bei einphasigen Werkstoffen selektiv stets nur speziell orientierte Kristallite bzw. Kristallitbereiche im angestrahlten Volumenbereich.

8. Sie können bei mehrphasigen Werkstoffen an jeder Phase mit ausreichendem Volumenanteil erfolgen. Der Eigenspannungszustand kann dann dreiachsig werden. Hierzu werden genaue Kenntnisse der spannungsfreien Netzebenenabstände benötigt.
9. Sie liefern bei heterogenen Werkstoffen nur über speziell orientierte Kristallite bzw. Kristallitbereiche einer Phase im angestrahlten Volumenbereich Aussagen.
10. Sie erfassen stets nur elastische (keine plastischen) Dehnungen, die sowohl durch äußere Kräfte als auch durch innere Kräfte oder durch beide hervorgerufen sein können.

Zur Bestimmung von Spannungen ist eine Verknüpfung der gemessenen Gitterdehnungen mit elastizitätstheoretischen Aussagen über den vorliegenden Spannungszustand erforderlich. Bei dreiachsigen Eigenspannungszuständen gilt die allgemeine Grundgleichung der röntgenographischen Spannungsanalyse. Meistens können jedoch biaxale Spannungszustände angenommen werden, da an der freien Oberfläche die Spannung senkrecht zur Oberfläche null betragen muss und somit vernachlässigt werden kann.

Unter Zugrundelegung des Koordinatensystems in Bild 75-5 liefert die lineare Elastizitätstheorie für einen durch die oberflächenparallelen Hauptspannungen σ_1 und σ_2 sowie die Hauptdehnungen ε_1, ε_2 und ε_3 gegebenen Beanspruchungszustand als Dehnung $\varepsilon_{\varphi,\psi}$ in der durch den Azimutwinkel φ gegenüber σ_1 und den Verkippungswinkel ψ gegenüber ε_3 gegebenen Richtung

$$\varepsilon_{\varphi,\psi} = \varepsilon_1 \cos^2\varphi \sin^2\psi + \varepsilon_2 \sin^2\varphi \sin^2\psi + \varepsilon_3 \cos^2\psi \tag{75.3}$$

Da die Hauptdehnungen mit den Hauptspannungen (E Elastizitätsmodul, ν Querkontraktionszahl) durch die Beziehungen

$$\varepsilon_1 = \frac{1}{E}(\sigma_1 - \nu\sigma_2), \quad \varepsilon_2 = \frac{1}{E}(\sigma_2 - \nu\sigma_1), \quad \varepsilon_3 = \frac{\nu}{E}(\sigma_1 + \sigma_2) \tag{75.4}$$

verknüpft sind, ergibt sich aus Gl. 75.3

$$\varepsilon_{\varphi,\psi} = \frac{\nu+1}{E}\left(\sigma_1 \cos^2\varphi + \sigma_2 \sin^2\varphi\right)\sin^2\psi - \frac{\nu}{E}(\sigma_1 + \sigma_2) \tag{75.5}$$

Die Oberflächenspannungskomponente im Azimut φ unter $\psi = 90°$ ist

$$\sigma_\varphi = \sigma_1 \cos^2\varphi + \sigma_2 \sin^2\varphi \tag{75.6}$$

Unter Benutzung der Voigtschen Elastizitätskonstanten

$$\frac{1}{2}s_2 = \frac{\nu+1}{E} \tag{75.7}$$

und

$$s_1 = -\frac{\nu}{E} \tag{75.8}$$

folgt aus den Gl. 75.5 und 75.6

$$\varepsilon_{\varphi,\psi} = \frac{1}{2}s_2 \sigma_\varphi \sin^2\psi + s_1(\sigma_1 + \sigma_2) \tag{75.9}$$

V75 Röntgenographische Eigenspannungsbestimmung

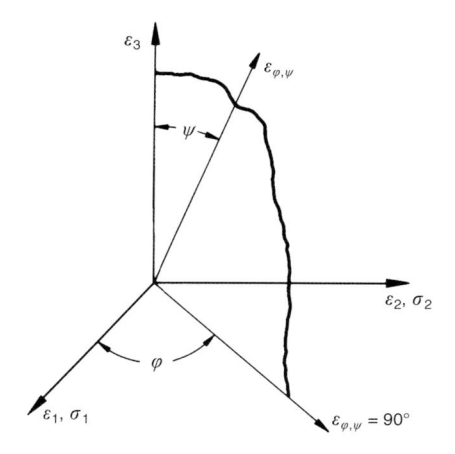

Bild 75-5
Koordinatensystem und Veranschaulichung des Azimutwinkels (φ) und des Verkippungswinkels (ψ)

Man sieht, dass Dehnungen schräg zur Wirkungsebene der Hauptspannungen σ_1 und σ_2 mit diesen Hauptspannungen und den durch sie bestimmten Spannungskomponenten σ_φ verknüpft werden können. Dieser elastizitätstheoretische Zusammenhang ist von grundlegender Bedeutung für die RSM.

Der entscheidende weitere Schritt ist der, dass die bei Vorliegen eines Oberflächenspannungszustandes in den Richtungen φ, ψ erwarteten Dehnungen $\varepsilon_{\varphi,\psi}$ den Gitterdehnungen $(dD/D_0)_{\varphi,\psi}$ gleichgesetzt werden, die in den Richtungen φ, ψ röntgenographisch gemessen werden. Unter Zuhilfenahme von Gl. 75.1 postuliert man also

$$\varepsilon_{\varphi,\psi} = \left(\frac{dD}{D_0}\right)_{\varphi,\psi} = \frac{D_{\varphi,\psi} - D_0}{D_0} = -\cot\theta_0 d\theta_{\varphi,\psi} \tag{75.10}$$

Als Zusammenhang zwischen Gitterdehnungen und Spannungszustand liefert dann die Zusammenfassung der Gl. 75.9 und 75.10

$$\varepsilon_{\varphi,\psi} = -\cot\theta_0 d\theta_{\varphi,\psi} = \frac{1}{2}s_2\sigma_\varphi \sin^2\psi + s_1\left(\sigma_1 + \sigma_2\right) \tag{75.11}$$

Das ist die Grundgleichung aller röntgenographischen Verfahren zur Ermittlung elastischer Spannungen bei biaxialen Spannungszuständen. Die $\varepsilon_{\varphi,\psi}$-Werte sind dabei Gitterdehnungen, die in der einleitend erwähnten Weise über atomare Bezugsstrecken in den Richtungen φ, ψ ermittelt werden. Bei einem gegebenen ebenen Spannungszustand gelten also offenbar für die Gitterdehnungen $\varepsilon_{\varphi,\psi}$ in einer durch das Azimut φ = const. gegebenen Ebene die folgenden durch Bild 75-6 erläuterten Gesetzmäßigkeiten:

1. Unabhängig vom Azimut φ sind die Gitterdehnungen stets linear über $\sin^2\psi$ verteilt.
2. Der Anstieg der $\varepsilon_{\varphi,\psi}$–$\sin^2\psi$-Geraden in einer Ebene φ = const

$$m_\varphi = \frac{\partial \varepsilon_{\varphi,\psi}}{\partial \sin^2\psi} = \frac{1}{2}s_2\sigma_\varphi \tag{75.12}$$

ist durch das Produkt aus den Elastizitätskonstanten 1/2 s_2 und der im Azimut φ wirksamen Spannungskomponente σ_φ gegeben.

3. Der Ordinatenabschnitt der $\varepsilon_{\varphi,\psi}$ $\sin^2\psi$-Geraden in einer Ebene φ = const

$$\varepsilon_{\varphi,\psi=0} = \varepsilon_3 = s_1\left(\sigma 1 + \sigma 2\right) \tag{75.13}$$

ist durch das Produkt aus der Elastizitätskonstanten s_1 und der Summe der Hauptspannungen $(\sigma_1 + \sigma_2)$ bestimmt.

4. Der Abszissenschnittpunkt der $\varepsilon_{\varphi,\psi}$,-$\sin^2\psi$-Geraden in einer Ebene $\varphi = $ const

$$\sin^2 \psi^* = -\frac{2s_1}{s_2}\frac{\sigma 1+\sigma 2}{\sigma_\varphi} = \frac{v}{1+v}\frac{\sigma_1+\sigma_2}{\sigma_\varphi} \tag{75.14}$$

stellt die spannungsfreie Richtung dar und wird durch die Querkontraktionszahl v und den Spannungszustand festgelegt.

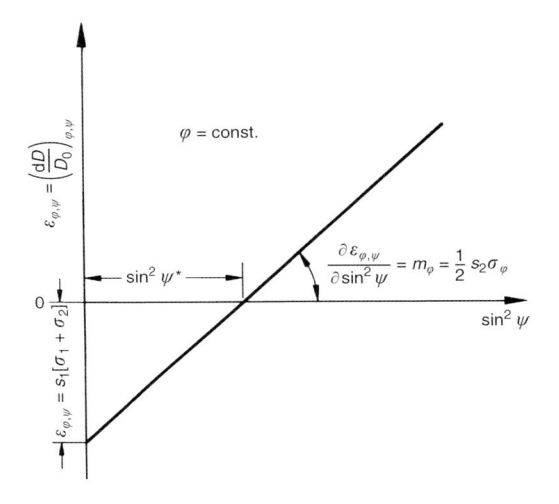

Bild 75-6
Dehnungsverteilung in einer Azimutebene $\varphi = $ const eines ebenen Spannungszustandes

Man ersieht daraus, dass aus der Gitterdehnungsverteilung, die bei einem ebenen Spannungszustand in einer Azimutebene $\varphi = $ const vorliegt, die Hauptspannungssumme $(\sigma_1 + \sigma_2)$ und die azimutale Spannungskomponente σ_φ bestimmt werden können, wenn die Elastizitätskonstanten bekannt sind.

Tabelle 75-1 Zahlenwerte für RSM am Ferrit von Eisenbasiswerkstoffen

Strahlungstyp	Mo Kα	Co Kα	Cr Kα
Wellenlänge	0,0701 nm	0,1790 nm	0,2291 nm
Elastizitätsmodul	210000 MPa	210000 MPa	210000 MPa
Querkontraktionszahl	0,28	0,28	0,28
Gitterkonstante	0,28664 nm	0,28664 nm	0,28664 nm
Werkstoffinterferenz	{732/651}	{310}	{211}
2θ Winkel	153,88°	161,32°	156,07°
Eichstoff	Cr	Au	Cr
Eichgitterkonstante	0,28850 nm	0,40782 nm	0,28850 nm
Eichstoffinterferenz	{732/651}	{420}	{211}
Braggwinkel	150,97°	157,48°	152,92°
K_1 in MPa Grad	3028,7	2161,1	2781,7
K_2 in MPa Grad	662,4	472,7	608,4

V75 Röntgenographische Eigenspannungsbestimmung

Bei Gitterdehnungsmessungen mit dem Diffraktometerverfahren wird das Messobjekt im Zentrum des Diffraktometerkreises angebracht, auf dessen Umfang sich der Röntgenröhrenfokus F oder der Eintrittsspalt der Röntgenstrahlen sowie ein Strahlungsdetektor D (Szintillationszähler, Ortsempfindlicher Detektor (vgl. V16)) befinden. Während der Registrierung der abgebeugten Strahlungsintensität bewegt sich der Strahlungsdetektor mit der doppelten Winkelgeschwindigkeit der Probe P. Man arbeitet heute entweder mit sog. χ- oder ω-Diffraktometern, die sich in der Anordnung und Drehung der Proben bei der Einstellung bestimmter Messrichtungen ψ unterscheiden. Die ψ-Einstellung erfolgt beim χ-Diffraktometer (vgl. Bild 75-7 rechts) unter Drehung der Probe um eine in der Diffraktometerebene liegende Achse, die senkrecht auf der θ-Achse der Bragg-Winkelmessung steht. Die L,σ-Ebene steht senkrecht zur Diffraktometerebene. Im ω-Diffraktometer (vgl. Bild 75-7 links) erfolgt dagegen die Drehung der Probe um eine Achse senkrecht zur Diffraktometerebene, die mit der θ-Achse der Bragg-Winkelmessung identisch ist. Die L,σ-Ebene liegt in der Diffraktometerebene. Bei diesem Verfahren beträgt der Winkel ω nicht mehr dem halben Beugungswinkel 2θ wie bei der Phasenanalyse (vgl. V16), sondern wird variiert. Die Berechnung der ψ-Winkel erfolgt dann nach Gl. 75.15.

$$\psi = \frac{2\theta}{2} - \omega \tag{75.15}$$

Das χ-Diffraktometer hat verschiedene Vorteile gegenüber dem ω-Diffraktometer. Es besitzt vor allem einen symmetrischen Strahlengang, der unabhängig von ψ ist, und zwar gleichgültig, ob die ψ-Drehung in positiver oder negativer Richtung erfolgt.

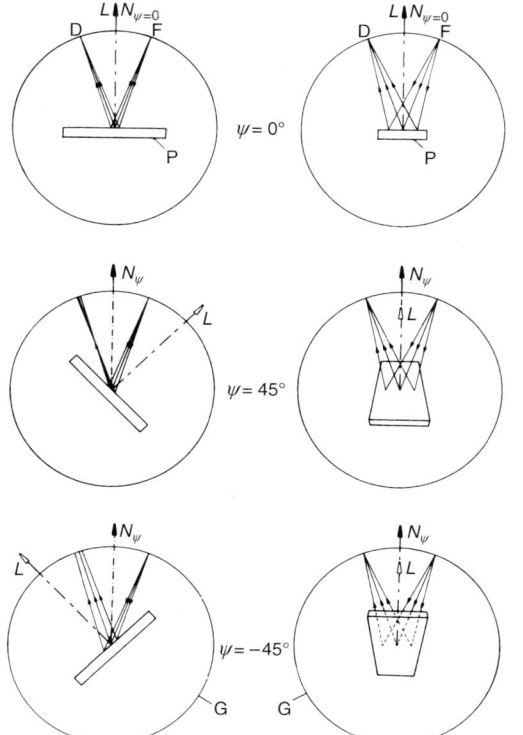

Bild 75-7
Lage und Drehung der Proben P beim
χ-Diffraktometer (rechts) im Vergleich zum
ω-Diffraktometer (links) für $\psi = 0$ und $\psi = \pm 45°$.
G ist der Grundkreis des Diffraktometers.

Bei der Spannungsermittlung werden für φ = const in mehreren ψ-Richtungen direkt die in den registrierten $I,2\theta$-Schrieben (vgl. V16) auftretenden Linienlagen $2\theta_{\varphi,\psi}$ gemessen. Dazu werden die Objekte so gegenüber dem Primärstrahl geneigt, dass im Winkelbereich -45° ≤ ψ ≤ bis 45° in mindestens 11 ψ-Richtungen gemessen wird. Diese Bedingungen sind allerdings nur bei sehr einfachen, einphasigen und bekannten Werkstoffzuständen zulässig. Als spannungsbedingte Braggwinkeländerungen erhält man

$$d\theta_{\varphi,\psi} = \frac{1}{2}\left(2\theta_{\varphi,\psi} - 2\theta_0\right) \tag{75.16}$$

Dabei ist $2\theta_0$ die Interferenzlinienlage im spannungsfreien Zustand. Mit Gl. 75.9 folgt daraus als Grundgleichung zur Spannungsermittlung nach dem Diffraktometerverfahren

$$\varepsilon_{\varphi,\psi} = -\cot\theta_0 \frac{1}{2}\left(2\theta_{\varphi,\psi} - 2\theta_0\right) = \frac{1}{2}s_2\sigma_\varphi \sin^2\psi + s_1\left(\sigma_1 + \sigma_2\right) \tag{75.17}$$

Bei einem zweiachsigen Spannungszustand sind also die $2\theta_{\varphi,\psi}$-Werte linear über $\sin^2\psi$ verteilt. Ihr Anstieg $N\varphi$ bestimmt die Spannungskomponente

$$\sigma_\varphi = -\frac{\cot\theta_0}{\frac{1}{2}s_2}\cdot\frac{1}{2}\frac{\partial 2\theta_{\varphi,\psi}}{\partial \sin^2\psi} = -K_2 N \tag{75.18}$$

ihr Ordinatenabschnitt ($2\theta_{\varphi,\psi} = 0 - 2\theta_0$) die Hauptspannungssumme

$$\left(\sigma_1 + \sigma_2\right) = -\frac{\cot\theta_0}{s_1}\frac{1}{2}\left(2\theta_{\varphi,\psi=0} - 2\theta_0\right) = K_1 \frac{1}{2}\left(2\theta_{\varphi,\psi=0} - 2\theta_0\right) \tag{75.19}$$

Zahlenwerte für K_1 und K_2 liegen tabelliert vor (vgl. Tab. 75-1).

75.2 Aufgabe

Ein normalisierter Flachstab aus 42CrMo4 mit den Abmessungen 150 x 15 x 10 mm wird im 4-Punkt-Biegeversuch mit einem Biegemoment $M > M_{eS}$ bis zu einer Randtotaldehnung von etwa 3 % verformt und anschließend entlastet (vgl. V44). Die zu erwartende Eigenspannungsverteilung über der Biegehöhe ist zu diskutieren und stichprobenweise durch röntgenographische Spannungsmessungen zu überprüfen. Doch bevor diese Messungen durchgeführt werden, soll eine Eisenpulverprobe, welche Eigenspannungen nur leicht unterschiedlich von 0 aufweisen darf, gemessen werden. Nachdem die Kontrolle des Diffraktometers mittels Eisenpulver erfolgreich abgeschlossen ist, können die Messungen an dem Stab durchgeführt werden.

75.3 Versuchsdurchführung

Für die Versuche steht ein χ-Diffraktometer der in Bild 16-3 (V16) gezeigten Bauart zur Verfügung. Die verformte Biegeprobe wird zunächst mit einem räumlich justierbaren Probenhalter so fixiert, dass die Probenoberfläche im Diffraktometerzentrum und der Primärstrahl auf die gewählte Messstelle auf der Seitenfläche der Biegeprobe ausgerichtet sind. Für χ = 0 liegt die Probenlängsachse parallel zur θ-Achse. Wegen der zu erwartenden inhomogenen Längseigenspannungsverteilung über der Biegehöhe sind die Durchmesser der bestrahlten Oberflächenbereiche zu 1 mm zu wählen. Es wird mit CrKα-Strahlung gearbeitet. Die {211}-Interferenzlinien werden mit Hilfe eines ortsempfindlichen Detektors in den Messrichtungen = -45°,-39°, -33°, -27°, -18°, 0°, 18°, 27°, 33°, 39° und 45° im Beugungswinkelbereich 2θ ≈ 150° bis 162° mit dem vom Hersteller des Diffraktometers gelieferten Steuerungsprogramm registriert.

Die gemessenen Interferenzen sollen ausgedruckt werden und ihre Positionen anhand des Linienschwerpunktsverfahrens bei 50 % der maximalen Nettointensität (nach Abzug des Untergrunds) manuell bestimmt werden. Die somit ermittelten Interferenzenpositionen sollen dann als Funktion von $\sin^2\psi$ aufgetragen werden. Die Auswertung gemäß Gl. 75.18 liefert σ_φ. Da bei der vorgenommenen Probenjustierung $\varphi = 0°$ ist und angenommen werden kann, dass die Hauptspannungen mit dem Probenachsensystem übereinstimmen, ist nach Gl. 75.6 $\sigma_\varphi = \sigma_1$. In der beschriebenen Weise werden mehrere Messungen über der Biegehöhe durchgeführt.

75.4 Weiterführende Literatur

[Tie-80]   Tietz, H.-D.: Grundlagen der Eigenspannungen, VEB Grundstoffind., Leipzig, 1980

[Spi-05]   Spieß, L; Schwarzer, R.; Behnken, H.; Teichert, G.: Moderne Röntgenbeugung; B.G. Teubner, Wiesbaden, 2005

[DIN EN 15305:2005]   Röntgendiffraktometrisches Prüfverfahren zur Ermittlung der Eigenspannungen, DIN EN 15305, 2005

75.5 Symbole, Abkürzungen

Symbol/Abkürzung	Bedeutung	Einheit
χ	Verkippungswinkel rechtwinklig zu der Ebene die ω und 2θ enthält	Grad
θ	Braggwinkel	Grad
2θ	Beugungswinkel	Grad
ω	Winkel zwischen dem einfallenden Röntgenstrahl und der Oberfläche der Probe	Grad
φ	Azimutaler Drehwinkel der Probe	Grad
ψ	Verkippungswinkel der Probe zum Strahl	Grad
ψ^*	Spannungsfreie Richtung	Grad
ε	Dehnung	-
μ	Linear Schwächungskoeffizient	cm^{-1}
ν	Querkontraktionszahl	-
D	Netzebenenabstand	nm
D_0	Netzebenenabstand des Dehnungsfreien Zustand	nm
F	Kraft	N
I	Intensität	Impulse
z	Eindringtiefe der Röntgenstrahlen	µm
σ_x	Spannungskomponente	MPa
$s_1, \frac{1}{2} s_2$	Röntgenelastizitätskonstanten	-
N	Steigung der 2θ vs. $\sin^2\psi$ Gerade	-

V76 Mechanische Eigenspannungsbestimmung

76.1 Grundlagen

Ein einfaches Beispiel für Eigenspannungen I. Art (vgl. V75) bietet die umwandlungsfreie Abschreckung eines Stahlzylinders von Temperaturen < 700 °C auf Raumtemperatur. Dabei zeigen die oberflächennahen und die kernnahen Probenbereiche (vgl. Bild 76-1 a)) verschiedene Temperatur-Zeit-Kurven. Die nach der Abschreckung zunächst zunehmende Temperaturdifferenz zwischen Oberflächen- und Kernbereich des Zylinders führt zu der in Bild 76-1 b) angegebenen anwachsenden Verspannung beider Zylinderteile. Die Spannungsverteilung gilt unter der Annahme, dass sich der Stahlzylinder während der Abkühlung auf Raumtemperatur linear elastisch verhält. Der in seiner Schrumpfung behinderte Oberflächenbereich gerät in Längs- und Umfangsrichtung unter Zugspannungen, die beim Erreichen der maximalen Temperaturdifferenz ΔT_{max} ihren Höchstwert annehmen. Entsprechende Druckspannungen in den Kernbereichen halten diesen das Gleichgewicht. Bei der weiteren Abkühlung nehmen die Beträge der Kern- und Randspannungen wegen der Reduzierung der Temperaturdifferenz zwischen Probenrand und -kern wieder ab und gehen auf Null zurück, wenn der vollständige Temperaturausgleich erreicht ist. Diese als Folge makroskopischer Temperaturunterschiede auftretenden Spannungen sind als Wärmespannungen zu bezeichnen (V31). Sie verschwinden im beschriebenen Fall mit $\Delta T \to 0$ und haben keine Eigenspannungen zur Folge.

Bild 76-1
Abschreckung eines Zylinders (d = 40 mm) aus Ck 45 von 700 °C in H$_2$O von 20 °C
a) T,t-Verlauf
b) σ_L,t-Verlauf bei linear-elastischem Werkstoffverhalten
c) σ_L,t-Verlauf bei Berücksichtigung von $R_{eS}(T)$

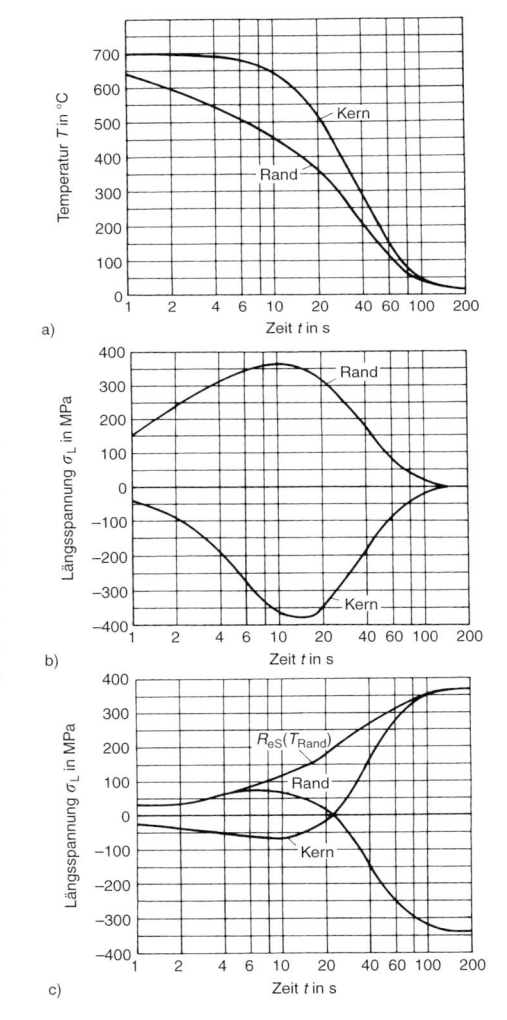

In Wirklichkeit besitzen viele Stähle jedoch bei höheren Temperaturen relativ kleine Streckgrenzen, so dass die beim Abschrecken entstehenden Wärmespannungen nicht mehr rein elas-

V76 Mechanische Eigenspannungsbestimmung

tisch aufgenommen werden können und zu plastischen Verformungen führen. In Bild 76-1 c) ist neben den Rand- und Kernspannungen auch die Warmstreckgrenze als Funktion der Abkühlzeit und damit implizit auch als Funktion der Randtemperatur eingezeichnet. Unter Vernachlässigung der Mehrachsigkeit des Wärmespannungszustandes setzt bei ideal elastisch-plastischem Werkstoffverhalten plastische Verformung dann ein, wenn die Wärmelängsspannungen die Streckgrenze erreichen. Diese Bedingung ist für den Teil des Abkühlprozesses erfüllt, in dem hohe Wärmespannungswerte und hohe Temperaturen gleichzeitig auftreten. Später versuchen Kern und Rand um den vollen Betrag gemäß dem weiteren Temperaturabfall zu schrumpfen. Bei fortgeschrittener Abkühlung passen dann aber die plastisch verformten Probenbereiche nicht mehr zusammen, so dass aus Kompatibilitätsgründen der Probenrand unter Druckeigenspannungen und der Probenkern unter Zugeigenspannungen gerät. Die Beträge der bei Raumtemperatur verbleibenden Abschreckeigenspannungen werden umso größer, je größer die maximale Temperaturdifferenz zwischen Zylinderkern und -rand wird. Diese wächst mit dem Durchmesser der Zylinderproben und mit der Kühlwirkung des Abschreckmediums.

In Bild 76-2 ist die nach dem Abschrecken eines Zylinders aus Ck 45 mit einem Durchmesser 40 mm von 700 °C in Wasser auf 20 °C entstandene vollständige Eigenspannungsverteilung wiedergegeben. Es sind die mit einem Finite-Elemente-Programm berechneten Längseigenspannungen σ_L, Umfangseigenspannungen σ_U, Radialeigenspannungen σ_R und Schubeigenspannungen τ_{ZR} über einem Viertel des Zylinderlängsschnittes aufgetragen, dessen Lage aus Bild 76-2 a) hervorgeht. Zugeigenspannungen sind als nach oben gerichtete, Druckeigenspannungen als nach unten gerichtete Strecken mit einer dem Betrag der Spannungen entsprechenden Länge aufgetragen. Es lässt sich erkennen, dass in hinreichender Entfernung von den Stirnseiten des Zylinders die Schubeigenspannungen verschwinden, so dass Längs-, Umfangs- und Radialeigenspannungen als Hauptspannungen den Eigenspannungszustand vollständig bestimmen.

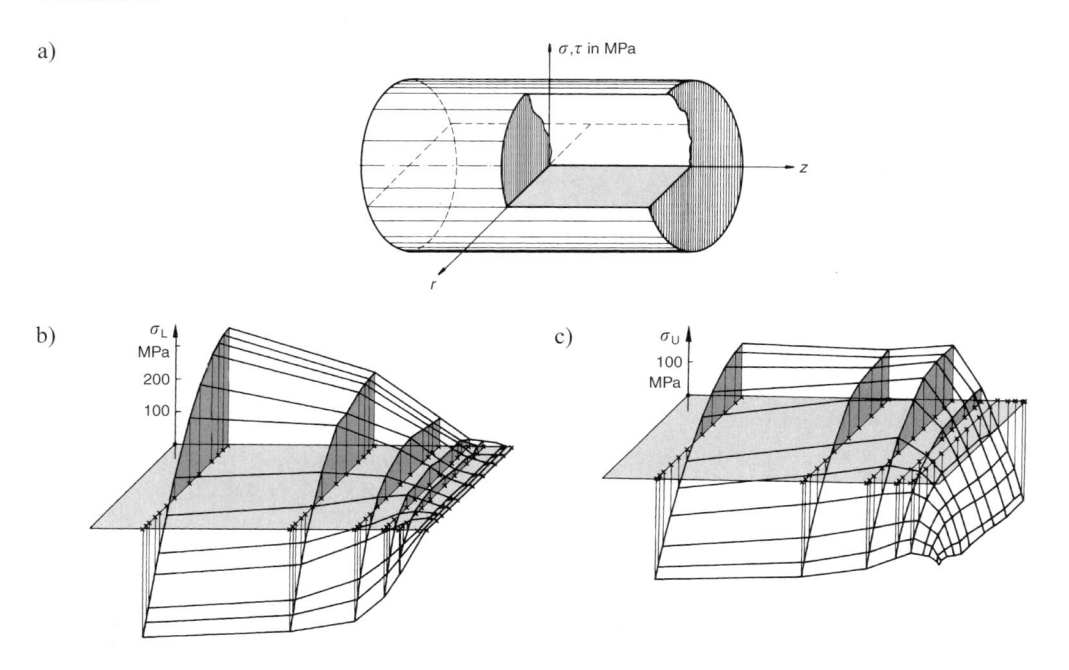

d) [figure: σ_R, 200/100 MPa]   e) [figure: τ_ZR, 100 MPa]

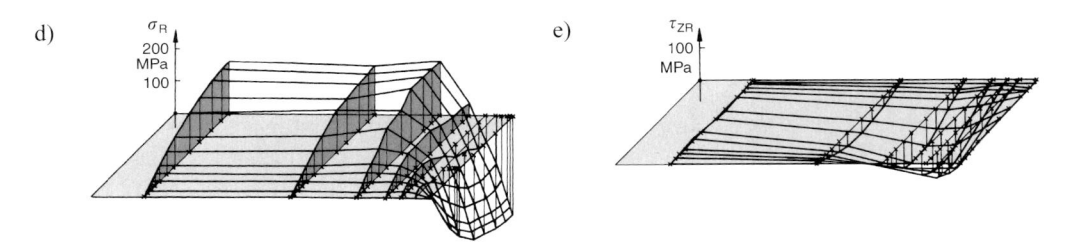

Bild 76-2 Eigenspannungsverteilung für den in a) gekennzeichneten Schnitt eines von 700 °C auf 20 °C in H$_2$O abgeschreckten Zylinders aus Ck 45 mit 80 mm Länge und 40 mm Durchmesser (vgl. Text). b) Längs-, c) Umfangs-, d) Radial- und e) Schubeigenspannungen. Bei den längs einiger Radien wiedergegebenen Verteilungen sind jeweils die positiven Eigenspannungskomponenten getönt hervorgehoben.

Die quantitative experimentelle Erfassung eines solchen räumlichen Eigenspannungszustandes wird ermöglicht, indem durch gezielte mechanische Eingriffe in den Zylinder die Gleichgewichtsbedingungen gestört werden, wodurch makroskopische Abmessungsänderungen hervorgerufen und diese mit geeigneten Methoden, z. B. über aufgeklebte Dehnungsmessstreifen oder mit Hilfe anderer Dehnungsmesser (vgl. V22), ermittelt werden. Aus den gemessenen Dehnungen kann dann auf den ursprünglichen Eigenspannungszustand rückgeschlossen werden. Dies gilt allerdings nur unter Berücksichtigung des elastischen Werkstoffverhaltens. Bei den errechneten Werten handelt es sich um mittlere Randeigenspannungen. Durch schichtweises Abtragen der Oberflächenrandzonen können Eigenspannungstiefenverläufe ermittelt werden. Als Beispiel wird ein abgeschreckter Zylinder oder Hohlzylinder betrachtet, der Drucklängseigenspannungen im Randbereich und Zuglängseigenspannungen im Probeninneren aufweist. Nachdem der Zylindermantel mit Dehnungsmessstreifen in Längs- und Umfangsrichtung versehen ist, wird der Zylinder schrittweise zentrisch um Δr auf anwachsende Innendurchmesser r_i aufgebohrt. Dadurch wird das Kräftegleichgewicht gestört, und der verbleibende Hohlzylinder erfährt Änderungen seines Spannungszustandes.

Damit verbunden sind Dehnungsänderungen auf dem Zylindermantel ($r = R$) in Längsrichtung $\Delta\varepsilon_L(R)$ und in Umfangsrichtung $\Delta\varepsilon_U(R)$, aus denen sich die ursprünglich an den Stellen $r = r_i$ vorhandenen Längseigenspannungen zu

$$\sigma_L(r_i) = \frac{E}{(1-v^2)}\left\{\frac{R^2 - r_i^2}{2r_i}\left[\frac{\Delta\varepsilon_L(R) + v\Delta\varepsilon_U(R)}{\Delta r}\right] - \left[\Sigma\Delta\varepsilon_L(R) + v\Sigma\Delta\varepsilon_U(R)\right]\right\} \quad (76.1)$$

berechnen. Dabei ist E der Elastizitätsmodul und v die Querkontraktionszahl. Die für $r = r_i$ im Ausgangszustand wirksamen Umfangs- und Radialeigenspannungen ergeben sich aus den gemessenen Dehnungswerten zu

$$\sigma_U(r_i) = \frac{E}{(1-v^2)}\left\{\frac{R^2 - r_i^2}{2r_i} \cdot \frac{\Delta\varepsilon_U(R) + v\Delta\varepsilon_L(R)}{\Delta r} - \frac{R^2 + r_i^2}{2r_i^2}\left[\Sigma\Delta\varepsilon_U(R) + v\Sigma\Delta\varepsilon_L(R)\right]\right\} \quad (76.2)$$

und

$$\sigma_R(r_i) = \frac{E}{(1-v^2)} \frac{R^2 - r_i^2}{2r_i}\left[\Sigma\Delta\varepsilon_U(R) + v\Sigma\Delta\varepsilon_L(R)\right] \quad (76.3)$$

76.2 Aufgabe

Ein Hohlzylinder aus S235JR (Bezeichnung nach EN 10025-2, alte Bezeichnung: St 37) mit 15 mm Innen-, 42 mm Außendurchmesser und 168 mm Länge wird 30 min bei 630 °C in einem Salzbad oder Ofen geglüht und anschließend in Wasser von 20 °C abgeschreckt. Der Werkstoff hat einen Elastizitätsmodul E = 210.000 MPa und eine Querkontraktionszahl v = 0,28. Die vorliegende Verteilung der Längs-, Umfangs- und Radialeigenspannungen ist nach dem Ausbohrverfahren zu bestimmen.

76.3 Versuchsdurchführung

Für die Untersuchungen stehen eine Drehmaschine, eine Temperiereinrichtung zur Erzeugung konstanter klimatischer Bedingungen und eine Dehnungsmessbrücke zur Verfügung. Ein Zylinder wird in der in Kapitel 76.2 erläuterten Vorgehensweise wärmebehandelt und danach in Probenmitte jeweils auf den gegenüberliegenden Zylinderseiten mit je zwei Dehnungsmessstreifen in Längs- und Umfangsrichtung versehen. An den Dehnungsmessstreifen werden Anschlussbuchsen angebracht, die eine Verbindung mit der Dehnungsmessbrücke erlauben. Ein in dieser Weise vorbereiteter zweiter Zylinder, der für die eigentlichen Messungen dient, wurde bis auf einen Durchmesser von 15 mm bereits aufgebohrt. Dieser Hohlzylinder wird sorgfältig in der Drehmaschine eingespannt und mit Hilfe der Temperiereinrichtung auf T = 25 °C gebracht. Dann werden die einzelnen DMS der Messbrücke zugeschaltet, und es erfolgt jeweils der Brückenabgleich unter Registrierung der Dehnungswerte (vgl. V22). Danach wird die Probe vorsichtig weiter ausgebohrt. Die dabei auftretenden Dehnungsänderungen werden gemessen. Da der Ausbohrversuch relativ aufwendig ist, werden zwei Ausbohrschritte von je Δr_i = 1 mm vorgenommen, die dabei auftretenden Dehnungsänderungen auf beiden Zylinderseiten bestimmt, gemittelt und mit den in Tabelle 76-1 angegebenen Messwerten verglichen. Bei ungefährer Übereinstimmung der gemessenen mit den bereits registrierten Zahlenwerten werden der weiteren Auswertung die Messwerte aus Tabelle 76-1, die in einem getrennten Versuch mit 10 Ausbohrschritten ermittelt wurden, zugrunde gelegt. Mit Hilfe von $\Delta\varepsilon_L(R)$ und $\Delta\varepsilon_U(R)$ und den Gl. 76.1 bis 76.3 werden $\sigma_L(r_i)$, $\sigma_U(r_i)$ und $\sigma_R(r_i)$ berechnet, in geeigneter Weise in einem Diagramm aufgetragen und die Ergebnisse abschließend in einem Versuchsprotokoll diskutiert.

Tabelle 76-1 Mit dem Ausbohrverfahren bei einem Hohlzylinder (Außendurchmesser 42 mm, Innendurchmesser 15 mm) erhaltene Messgrößen

Ausbohr-schritt	Messgrößen			
	r_i	Δr_i	$\Delta\varepsilon_L(R)$ in 10^{-6}	$\Delta\varepsilon_U(R)$ in 10^{-6}
1	9,0	1,5	57,9	22,2
2	10,0	1,5	102,3	64,8
3	11,5	1,5	138,4	123,2
4	13,1	1,6	124,1	121,8
5	13,9	0,8	108,3	81,9
6	15,0	1,1	88,9	119,4
7	16,0	1,0	116,7	79,6
8	17,0	1,0	79,6	66,2
9	18,0	1,0	88,9	87,5
10	19,0	1,0	80,6	72,2

76.4 Weiterführende Literatur

[ASTME837:2008] ASTM Standard E837:2008: Standard Test Method For Determining Residual Stresses by the Hole-Drilling-Method. American Soc. for Testing Materials, Philadelphia, Pennsylvania, 2008

[Fin58] Fink, K.; Rohrbach, C. (Hrsg.): Handbuch der Spannungs- und Dehnungsmessung. VDI-Verlag, Düsseldorf, 1958

[Hau82] Hauk, V.; Macherauch, E. (Hrsg.): Eigenspannungen und Lastspannungen, moderne Ermittlung, Ergebnisse, Bewertung. In: Härterei Techn. Mitt., Beiheft, 1982

[Klo08] Klocke, F.; König, W.: Fertigungsverfahren 1. Drehen, Fräsen, Bohren, Kapitel 2: Fertigungsmesstechnik und Werkstückqualität. 8. Aufl., Springer, 2008

[Nob00] Nobre, J. P.; Kornmeier, M.; Dias, A. M.; Scholtes, B.: Use of the hole-drilling method for measuring residual stresses in highly stressed shot-peened surfaces. In: Experimental Mechanics. 40 (2000) 3, pp. 289–297

[Pei66] Peiter, A.: Eigenspannungen I. Art, Ermittlung und Bewertung. Triltsch-Verlag, Düsseldorf, 1966

[Roh89] Rohrbach, C.: Handbuch für experimentelle Spannungsanalyse. VDI-Verlag, Düsseldorf, 1989

[Yu77] Yu, H.-J.: Dr.-Ing. Dissertation, Titel: Berechnung von Abkühlungs-, Umwandlungs-, Schweiß- sowie Verformungseigenspannungen mit Hilfe der Methode der Finiten Elemente, Universität Karlsruhe (TH), 1977

76.5 Symbole, Abkürzungen

Symbol/Abkürzung	Bedeutung	Einheit
ΔT_{max}	maximale Temperaturdifferenz	[°C]
σ_L	Längseigenspannungen	[MPa]
σ_U	Umfangseigenspannungen	[MPa]
σ_R	Radialeigenspannungen	[MPa]
τ_{ZR}	Schubeigenspannungen	[MPa]
r_i	Innenradius Hohlzylinder	[mm]
$\Delta\varepsilon_L\ (R)$	Dehnungsänderungen in Längsrichtung	-
$\Delta\varepsilon_U\ (R)$	Dehnungsänderungen in Umfangsrichtung	-
E	Elastizitätsmodul	[MPa]
v	Querkontraktionszahl	-
R	Außenradius Hohlzylinder	[mm]

V77 Kugelstrahlen von Werkstoffoberflächen

77.1 Grundlagen

Das „Strahlen eines Werkstoffes" (oft einfach „Kugelstrahlen" genannt) besteht im Beschuss seiner Oberfläche mit kleinen, hinreichend harten metallischen (Stahl, Stahlguss, Temperguss, Hartguss, Draht) oder nichtmetallischen Teilchen (Glas, Korund, Keramik, Aluminiumoxid). Die Beschleunigung der Teilchen des Strahlmittels auf die erforderliche mittlere kinetische Energie erfolgt heute meistens pneumatisch in Druckluftanlagen oder unter Ausnutzung von Fliehkräften in Schleuderradanlagen. Das Prinzip derartiger Strahlmaschinen geht aus Bild 77-1 hervor.

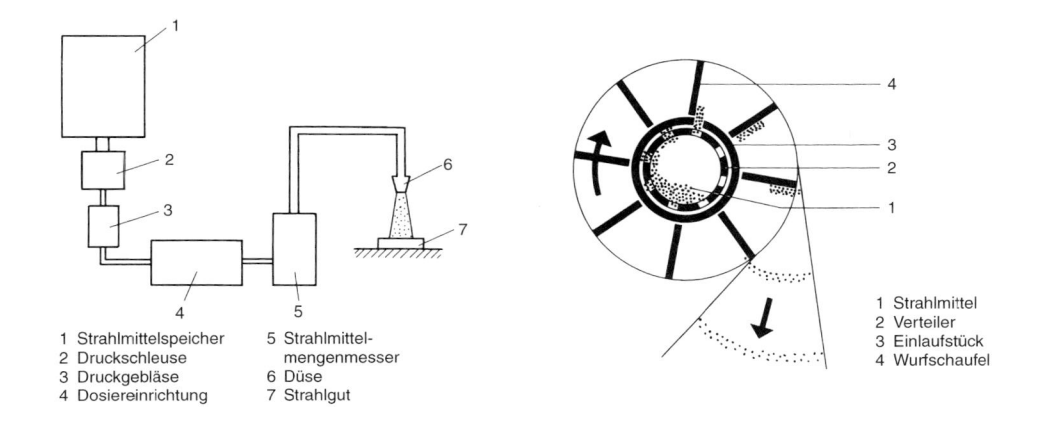

1 Strahlmittelspeicher
2 Druckschleuse
3 Druckgebläse
4 Dosiereinrichtung
5 Strahlmittelmengenmesser
6 Düse
7 Strahlgut

1 Strahlmittel
2 Verteiler
3 Einlaufstück
4 Wurfschaufel

Bild 77-1 Prinzipieller Aufbau einer Druckluft- (links) und einer Schleuderradstrahlanlage (rechts)

Strahlbehandlungen finden in der Werkstofftechnik vielfältige Anwendungen. Sie werden zur Oberflächenverfestigung, zur Veränderung der Oberflächenfeingestalt, zur Erhöhung der Verschleiß-, der Wechsel-bzw. Dauerfestigkeit und der Korrosionsbeständigkeit, zum Gussputzen, zum Entzundern sowie zum Umformen und Richten ausgenutzt. Demgemäß spricht man, je nach angestrebter Wirkung der Strahlbehandlung, z. B. auch von Festigkeitsstrahlen, Reinigungsstrahlen und Umform- bzw. Richtstrahlen. Die Schleuderradmaschinen ermöglichen einen hohen Durchsatz zu strahlender Teile (Strahlgut) und das wirtschaftliche Strahlen großer Flächen. Die Strahlmittelgeschwindigkeit, die dabei meist als Abwurfgeschwindigkeit v_{ab} angegeben wird, lässt sich über die Umdrehungsgeschwindigkeit des Schleuderrades regeln. Die Druckluftmaschinen ermöglichen das definierte Strahlen von Teilen komplizierter Geometrie auch an geometrisch schwer zugänglichen Stellen. Die mittlere Strahlmittelgeschwindigkeit wird über den Systemdruck p gesteuert.

Mehrere Kenngrößen haben sich für die Beurteilung einer Strahlbehandlung als wichtig erwiesen. So beeinflussen z. B. Art, Härte, Form, Größe und Größenverteilung der Teilchen (Körner) das Ergebnis einer Strahlbehandlung. Zum Einsatz gelangen beim Festigkeitsstrahlen von Eisenwerkstoffen Stahlgussgranulat oder arrondiertes Stahldrahtkorn, beim Putzstrahlen vielfach Hartgussgries oder auch Quarzsand. Beim Strahlen von NE-Metallen finden Glasperlen und Strahlmittel aus Aluminiumoxid Anwendung. Auch aufeinander folgende Strahlbehandlungen mit verschiedenen Strahlmitteln sind in bestimmten Fällen angebracht. Die am häufigsten benutzten Stahl-Strahlmittel besitzen Härten zwischen 45 und 55 HRC. Als mittlere Korngrößen $\overline{d}$ werden Werte zwischen $0{,}2 < \overline{d} < 2{,}0$ mm angestrebt. Meist werden die $\overline{d}$-Werte in 10^{-4} inch angegeben (z. B. S 230 mit $\overline{d} = 230 \cdot 10^{-4}$ inch = 0,584 mm). Die im Strahlmittel vorliegende Korngrößenverteilung lässt sich durch Sieben in speziellen Siebsätzen mit aufeinander abgestimmten Maschenweiten ermitteln. Beim Strahlen ändern sich durch Abrieb, Deformation und Zersplitterung die Form und die Größe der einzelnen Körner des Strahlmittels. Größere Körner erleiden beim Strahlen wegen ihrer höheren kinetischen Energie größere Masseverluste als kleine. Entsprechend verschiebt sich die Häufigkeitsverteilung der Korngrößen eines Kornkollektivs zu kleineren Werten, und man erhält von der Durchgangszahl abhängige Siebrückstandskurven, die zudem von den Maschinen- und Betriebsbedingungen beeinflusst werden. Typische Korngrößenverteilungen von Betriebsgemischen zeigt Bild 77-2.

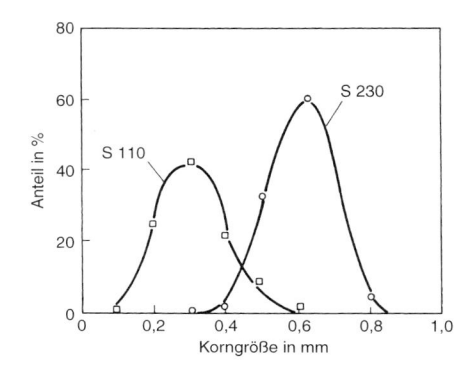

Bild 77-2
Typische Korngrößenverteilungen von zwei praxisüblichen Strahlmitteln im Betriebsgemisch

Bei praktischen Strahlbehandlungen wird als Strahlzeit t_S die Zeitspanne zwischen Beginn und Ende der Einwirkung der Strahlmittelteilchen auf das Strahlgut festgelegt. Um einen Zusammenhang zwischen Strahlzeit und strahlbedingter Oberflächenwirkung herzustellen, wird der Überdeckungsgrad

$$\ddot{U} = \frac{\text{Durch Strahlmitteleinschläge verformter Oberflächenanteil}}{\text{Gesamtoberfläche}} \cdot 100\,\% \qquad (77.1)$$

definiert. Dabei wird ein kennzeichnender Oberflächenbereich unter 50-facher Vergrößerung lichtmikroskopisch ausgewertet. Als einfache Überdeckung wird $\ddot{U} = 98\,\%$ bezeichnet. Die zugehörige Strahlzeit heißt $t_{98\%}$. Längere Strahlzeiten t_S werden in Vielfachen von $t_{98\%}$ angegeben, also z. B.

$$t_S = x\, t_{98\%} \qquad (77.2)$$

Man spricht von x-facher Überdeckung. In Bild 77-3 ist gezeigt, wie sich die Oberflächenfeingestalt (vgl. V21) einer gehärteten und geschliffenen Probe aus Ck 45 durch Bestrahlen mit 1-facher Überdeckung ändert.

Bild 77-3 Profilschriebe grobgeschliffener (links) und gestrahlter (rechts) Oberflächen von gehärtetem Ck 45

Als „Strahlintensität" müsste eigentlich die in der Zeiteinheit pro Flächeneinheit auf die zu strahlende Werkstoffoberfläche einfallende Teilchenenergie angegeben werden. Davon abweichend wird aber die gesamte an der gestrahlten Oberfläche abgegebene kinetische Energie als Strahlintensität bezeichnet. Für sie gilt

$$I \sim v_{ab}^2 (\text{bzw. } p) \bar{d}^3 t_s \tag{77.3}$$

Ihrer exakten Bestimmung stehen große Schwierigkeiten im Wege. Deshalb wird auf empirischem Wege ein Maß der Strahlungsintensität festgelegt. Dazu wird die unter einseitiger Bestrahlung bei einfacher Überdeckung auftretende Durchbiegung sog. „Almen-Testplättchen", die hinsichtlich Werkstoff, Abmessungen und Vorgeschichte genormt sind, in mm gemessen und als „Almenintensität" angegeben.

Bei jeder Strahlbehandlung wird ein Anteil der kinetischen Energie der Teilchen des Strahlmittels in den oberflächennahen Bereichen des Strahlgutes umgesetzt zur Erzeugung von elastischen und plastischen Formänderungen, Fehlordnungszuständen, neuen Oberflächen und Wärme sowie zum Transport entstehender Verschleißteilchen. Bei bestimmten Werkstoffzuständen (z. B. Restaustenit in gehärteten Stählen) sind auch strahlinduzierte Phasenumwandlungen möglich. Werkstücke erfahren deshalb durch Strahlen mikrostrukturelle Änderungen der oberflächennahen Werkstoffbereiche, Veränderungen ihrer Oberflächentopographie, Masseverluste sowie Veränderungen ihres Eigenspannungszustandes. Eine objektive Beurteilung gestrahlter Oberflächen ist deshalb möglich an Hand der vor und nach dem Strahlen auftretenden Unterschiede in

- der Härte als Maß für die randnahe Verfestigung (vgl. V8),
- der Halbwertsbreite von Röntgeninterferenzlinien als Maß für die Mikroeigenspannungen (vgl. V75),
- der Makroeigenspannungen als Maß der makroskopisch inhomogenen plastischen Randverformungen (vgl. V75),
- der Phasenanteile als Maß für Umwandlungsvorgänge (vgl. V16),
- der Masse als Maß für den absoluten Verschleiß und
- der Rautiefe bzw. des arithmetischen Mittenrauwertes als Maß für Topographieänderungen (vgl. V21).

Die genannten Messgrößen und deren Änderungen hängen von Art und Zustand des Strahlgutes sowie von den angewandten Strahlbedingungen ab. Als Beispiel sind in Bild 77-4 die vor und nach dem Strahlen von blindgehärteten Flachproben aus 16MnCr5 vorliegenden Eigenspannungsverteilungen in den randnahen Werkstoffbereichen wiedergegeben. Es bilden sich oberflächennahe Druckeigenspannungen aus. Der Höchstwert der Druckeigenspannungen tritt, aufgrund des Hertzschen Kontaktes beim Auftreffen der Partikel auf die Oberfläche, unterhalb der Probenoberfläche auf. Er verschiebt sich mit wachsender Abwurfgeschwindigkeit, solange Rissbildungen in den äußersten Werkstoffbereichen ausbleiben, ins Werkstoffinnere. Gleichzeitig wächst, bei konstanter Randeigenspannung, die Größe der von Druckeigenspannungen beaufschlagten Randzone an. Bei den beschriebenen Befunden war $\bar{d} = 0{,}6$ mm und die Überdeckung 1-fach. Bild 77-5 zeigt ein quantitatives Beispiel für strahlinduzierte Phasenumwandlungen in randnahen Strahlgutbereichen bei einsatzgehärtetem 16MnCr5.

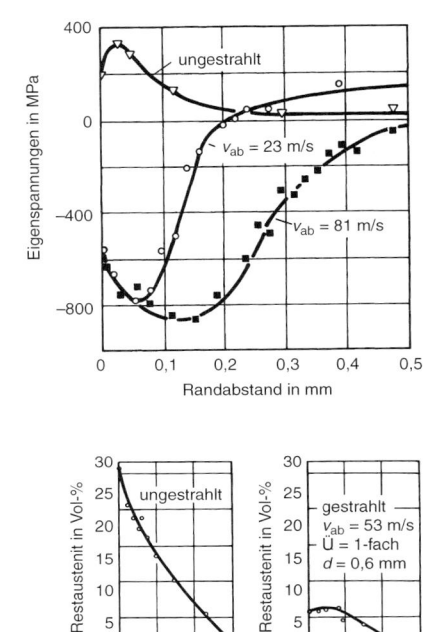

Bild 77-4
Eigenspannungsverteilung bei ungestrahltem und gestrahltem blindgehärtetem 16MnCr 5

▽ ungestrahlt

○ gestrahlt mit $v_{ab} = 23$ m/s

■ gestrahlt mit $v_{ab} = 81$ m/s

Bild 77-5
Tiefenverteilung des Restaustenits bei ungestrahlten (links) und gestrahlten (rechts) Flachproben aus einsatzgehärtetem 16MnCr5

Von besonderer praktischer Bedeutung ist die Tatsache, dass durch geeignete Strahlbehandlung das Dauerschwingverhalten von Bauteilen in beträchtlichem Maße verbessert werden kann. Die Mehrzahl der praktisch angewandten Strahlbehandlungen dient daher auch, wenn man vom Reinigungs- und Umformstrahlen absieht, der Anhebung der zyklischen Festigkeitswerte des jeweiligen Strahlgutes. Auf die Verbesserungen der Wechsel- und Zeitfestigkeiten (vgl. V55) haben neben den Makroeigenspannungen auch die Mikroeigenspannungen und die erzeugten Rautiefen Einfluss. Die erzielbaren Wechselfestigkeitssteigerungen sind je nach Werkstofftyp und Werkstoffzustand verschieden groß. Bild 77-6 belegt, dass selbst bei martensitisch gehärteten Stahlproben aus Ck 45 durch Kugelstrahlen noch erhebliche Verbesserungen des Dauerschwingverhaltens erzielbar sind. Das gröbere Strahlmittel ergibt dabei eine größere Biegewechselfestigkeitssteigerung als das feinere. Im unteren Teil von Bild 77-7 ist für die mit $\bar{d} = 0{,}6$ mm gestrahlten Proben die oberflächennahe Eigenspannungsverteilung wiedergegeben. Daraus wurde unter der Annahme, dass sich die Eigenspannungen bei Biegewechselbeanspruchung wie Mittelspannungen verhalten, unter Zugrundelegung der Goodman-Beziehung (vgl. V57, Gl. 57.7) die im oberen Teil von Bild 77-7 gezeigte lokale Dauerfestigkeit der gestrahlten Proben errechnet. Mit eingetragen sind die Biegelastspannungsverteilungen, die bestimmten Randspannungsamplituden entsprechen, und die dabei auftretenden Orte der Ermüdungsanrisse. Man sieht, dass bei kleinen Amplituden die zum Bruche führenden

Anrisse unter der Oberfläche dort entstehen, wo die lokale Beanspruchung die örtliche Dauerfestigkeit überschreitet. Oberflächennahe Nebenrisse sind nicht ausbreitungsfähig.

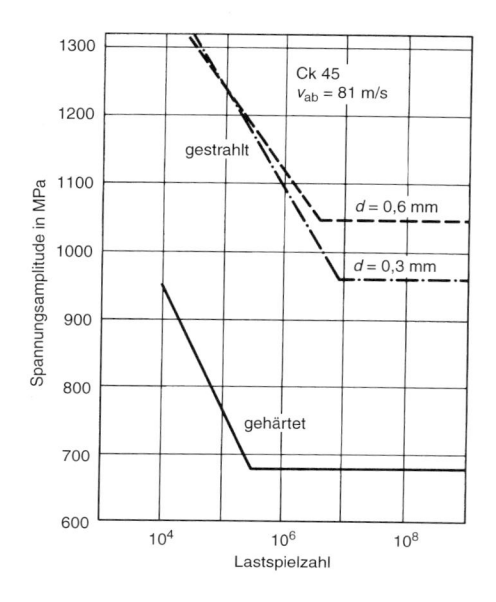

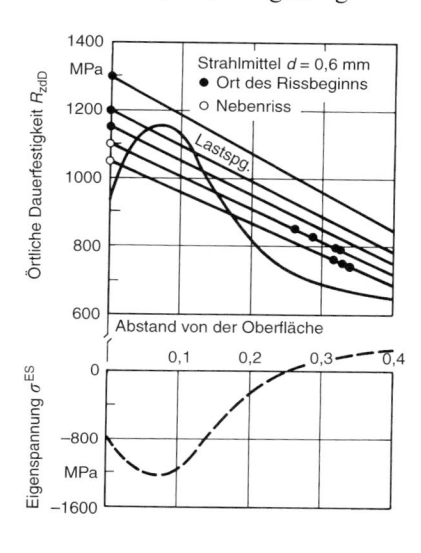

Bild 77-6
Wöhlerkurven mit 50%iger Bruchwahrscheinlichkeit (vgl. V56) von gehärtetem Ck 45 im ungestrahlten Zustand und nach zwei Strahlbehandlungen mit verschiedenen Strahlmitteln bei gleicher Abwurfgeschwindigkeit $v_{ab} = 81$ m/s

Bild 77-7
Oberflächennahe Eigenspannungsverteilungen (unten) bei gehärtetem und gestrahltem Ck 45 ($v_{ab} = 81$ m/s) sowie zugehörige örtliche Dauerfestigkeitsverteilung (oben) mit Anrisslagen

77.2 Aufgabe

Für je zwei Prüfplättchen aus Ck 22 sind nach drei aufeinander abgestimmten Strahlbehandlungen der Gewichtsverlust, die Änderung der Oberflächenrauheit und der Oberflächenhärte sowie die Probendurchbiegung zu bestimmen. Vor und nach der Strahlbehandlung ist eine Korngrößenanalyse des Strahlmittels vorzunehmen. Die Ursache der Probendurchbiegung ist modellhaft zu begründen.

77.3 Versuchsdurchführung

Für die Versuche steht die in Bild 77-8 skizzierte (oder eine andere) Strahleinrichtung zur Verfügung. Das siebanalysierte Strahlmittel wird von einem achtschaufeligen Schleuderrad, das mit 800 min^{-1} umläuft, auf die an den kreisförmig angeordneten Prallplatten befestigten Prüfplättchen geschleudert. Die abgeprallten Körner fallen durch einen Trichter auf ein Förderrad, das sie wieder dem Schleuderrad zuführt. Eine mit einem Sieb gekoppelte Saugeinrichtung entfernt alle Körnungen mit $d < 0,02$ mm. Die vor der Strahlung gewogenen sowie hinsichtlich

Härte (vgl. V8), Rautiefe (vgl. V21) und Durchbiegung vermessenen Probenplättchen werden nach abgestuften Strahlzeiten aus der Maschine entnommen und erneut vermessen. Die Messwerte werden als Funktion der Strahlzeit bzw. der abgeschätzten Überdeckung aufgetragen und erörtert.

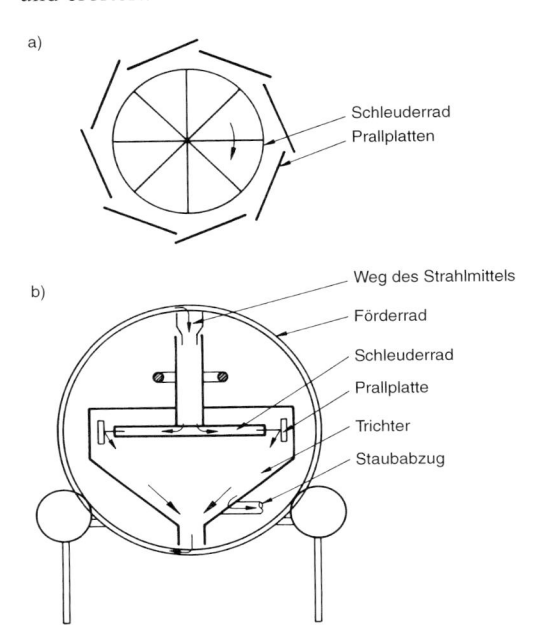

Bild 77-8
Prinzip einer Schleuderradlabormaschine.
Aufsicht (a), Seitenansicht (b)

77.4 Weiterführende Literatur

[Mac80] Macherauch, E.; Wohlfahrt, H.; Schreiber, R.: HFF-Bericht Nr. 6, Hannover, 1980

[Ges79] Gesell, W.: Verfahren und Kennwerte der Strahlmittelprüfung, VDG, Düsseldorf, 1979

[Sta81] Starker, P.: Dr.-Ing. Dissertation, Titel: Der Größeneinfluß auf das Biegewechselverhalten von Ck 45 in verschiedenen Bearbeitungs- und Wärmebehandlungszuständen, Universität Karlsruhe, 1981

[Sch10] Schneidau, V.: Strahlen von Stahl, Stahl-Informations-Zentrum, Merkblatt 212, 2010

77.5 Symbole, Abkürzungen

Symbol/Abkürzung	Bedeutung	Einheit
v_{ab}	Abwurfgeschwindigkeit	m/s
p	Druck	Pa
$\bar{d}$	mittlere Korngröße	inch
t_s	Strahlzeit	s
$\ddot{U}$	Überdeckungsgrad	-
I	Intensität	W/m^2

V78 Grobstrukturuntersuchung mit Röntgenstrahlen

78.1 Grundlagen

Mit Hilfe von Röntgenstrahlen lassen sich in Werkstücken und Bauteilen makroskopische Fehlstellen, Einschlüsse, Seigerungen, Gasblasen, Risse und Fügungsfehler nachweisen, wenn diese lokal eine gegenüber dem Grundmaterial veränderte Strahlungsschwächung ergeben. Man spricht von Grobstrukturuntersuchungen. Als Strahlungsquellen dienen dabei Grobstrukturröntgenröhren mit Wolframanoden. Ausgenutzt wird das kontinuierliche Röntgenspektrum (vgl. V5), das beim Abbremsen der unter der Wirkung großer Beschleunigungsspannungen auf die Anode auffallenden Elektronen entsteht. Bild 78-1 zeigt, wie sich die Intensitätsverteilung der Bremsstrahlung einer Wolframanode mit der Beschleunigungsspannung ändert. Die charakteristischen Eigenstrahlungen K_α und K_β mit Quantenenergien von 59 keV und 67 keV (vgl. V5) sind nicht mit eingezeichnet. Mit wachsender Beschleunigungsspannung treten immer kurzwelligere Strahlungsanteile auf.

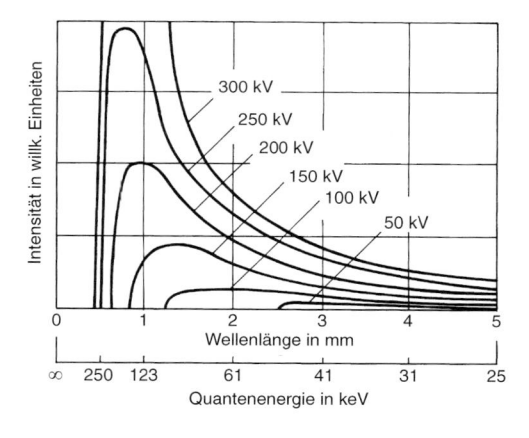

Bild 78-1
Der Einfluss der Beschleunigungsspannung auf die Bremsspektren einer Wolframanode

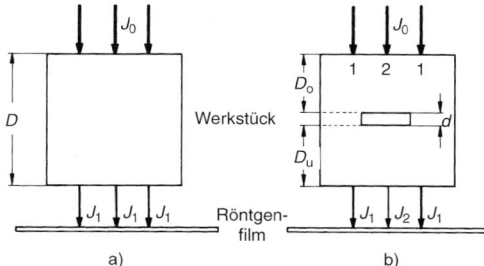

Bild 78-2
Prinzip des röntgenographischen Fehlernachweises

Röntgenstrahlen werden beim Durchgang durch Materie geschwächt. Fällt auf einen homogenen Werkstoff der Dicke D ein ausgeblendetes Röntgenbündel der Intensität J_0 auf, so liegt hinter dem Werkstoff (vgl. Bild 78-2a) noch die Intensität

$$J_1 = J_0 \cdot \exp(-\mu \cdot D) \qquad (78.1)$$

vor. μ ist der mittlere lineare Schwächungskoeffizient, der von den Wellenlängen der Röntgenstrahlung und der chemischen Zusammensetzung des durchstrahlten Materials abhängt. Enthält der homogene Werkstoff der Dicke D, wie in Bild 78-2b angenommen, einen quaderförmigen Hohlraum der Dicke d, so wird an dieser Stelle die Primärstrahlintensität J_0 hinter dem Werkstoff auf die Intensität

$$J_2 = J_0 \cdot \exp\left[-\mu \cdot (D-d)\right] = J_0 \cdot \exp\left[-\mu \cdot (D_o - D_u)\right] > J_1 \tag{78.2}$$

abgesenkt.

Man erhält daher auf dem Röntgenfilm hinter dem Hohlraumbereich eine stärkere Filmschwärzung als hinter den seitlich angrenzenden Werkstoffbereichen. Je stärker das Verhältnis der beiden Intensitäten

$$\frac{J_2}{J_1} = \exp(\mu \cdot d) \tag{78.3}$$

von 1 abweicht, umso stärker ist der auf dem Röntgenfilm auftretende Schwärzungsunterschied und umso besser lässt sich die Lage des Hohlraumes erkennen. Bei gegebenem d ist also ein möglichst großer Schwächungskoeffizient μ des Untersuchungsmaterials günstig. In Gl. 78.3 geht die Werkstoffdicke D nicht ein. Dementsprechend sollte sich bei gegebener Fehlerausdehnung d das Intensitätsverhältnis als unabhängig von der Objektdicke erweisen. Das entspricht jedoch nicht der Erfahrung. Wegen der unvermeidbaren Streustrahlung, die vom primären Röntgenbündel im Objekt und in der Objektumgebung erzeugt wird, beträgt die Grenzdicke eines Fehlers, der noch aufgelöst werden kann, etwa 1 % der durchstrahlten Dicke. Denkt man sich den Hohlraum in Bild 78-2b mit einer Substanz x gefüllt, die den Schwächungskoeffizienten μ_x besitzt, dann wird

$$J_2 = J_0 \cdot \exp\left[-\mu \cdot (D_0 - D_u) - \mu_x \cdot d\right] \tag{78.4}$$

und man erhält

$$\frac{J_2}{J_1} = \exp\left[(\mu - \mu_x) \cdot d\right] \tag{78.5}$$

Bei gegebenem d tritt somit auf dem Röntgenfilm ein umso größerer Schwärzungsunterschied auf, je größer die Differenz der Schwächungskoeffizienten ist. Der Schwächungskoeffizient eines Werkstoffes wird mit zunehmender Quantenenergie und damit abnehmender Wellenlänge der Röntgenstrahlung kleiner. Bild 78-3 enthält quantitative Angaben über die Schwächungskoeffizienten in Abhängigkeit der Quantenenergie für einige Metalle. Im hier interessierenden Bereich konventioneller Röntgenstrahlungen mit Röhrenspannungen < 400 kV erfolgt die Schwächung der Röntgenstrahlen durch Absorption und Streuung. Bei der Absorption werden Elektronen (sog. Photoelektronen) aus den Atomhüllen der Werkstoffatome herausgeschlagen, und es entsteht daher gleichzeitig eine sekundäre Röntgenstrahlung. Bei der Streuung werden Röntgenquanten an den Hüllelektronen bzw. an den Kernen der Werkstoffatome unelastisch bzw. elastisch aus ihrer ursprünglichen Flugbahn abgelenkt und fliegen mit veränderter bzw. gleicher Energie weiter. Die unelastische Streuung ist mit der Bildung sog. Compton-Elektronen verbunden. Während die Absorption etwa mit der dritten Potenz der Ordnungszahl der Werkstoffatome und proportional zu λ^3 anwächst, ist die Streuung nahezu unabhängig von der Ordnungszahl und etwa zu λ proportional. Bei bekannter chemischer Zusammensetzung eines Werkstoffes der Dichte ρ errechnet sich der Schwächungskoeffizient zu

$$\mu = \left[\frac{\text{Masse}-\%A}{100\%}\cdot\frac{\mu_A}{\rho_A} + \frac{\text{Masse}-\%B}{100\%}\cdot\frac{\mu_B}{\rho_B} + \ldots\ldots\right]\cdot\rho \tag{78.6}$$

Dabei sind μ_A, μ_B,…….. die Schwächungskoeffizienten und ρ_A, ρ_B, …… die Dichten der Komponenten A, B, …… des Werkstoffes.

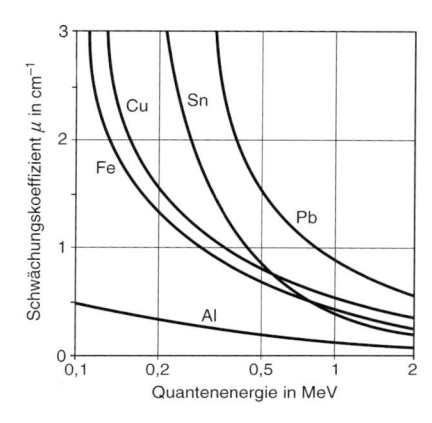

Bild 78-3
Abhängigkeit des Schwächungskoeffizienten einiger Metalle von der Quantenenergie der Röntgenstrahlung

Aus dem Gesagten geht hervor, dass Röntgengrobstrukturuntersuchungen mit möglichst langwelliger (weicher) Strahlung durchgeführt werden sollten. Da aber andererseits das Durchdringungsvermögen der Röntgenstrahlen mit wachsender Wellenlänge abnimmt und damit bei gegebener Objektdicke die erforderliche Belichtungszeit für eine Durchstrahlungsaufnahme rasch steigt, muss immer ein Kompromiss zwischen der Härte der Röntgenstrahlung und der wellenlängenabhängigen Fehlererkennbarkeit geschlossen werden.

Bei Großstrukturuntersuchungen sind die Schwärzungsunterschiede zwischen den Bereichen auf einem Röntgenfilm, die von unterschiedlichen Röntgenintensitäten getroffen werden, nicht allein von der Strahlenhärte abhängig. Bei gegebenem Intensitätsunterschied wird die entstehende Schwärzungsabstufung auch durch die sog. Gradation des benutzten Röntgenfilmes bestimmt. Unter Gradation

$$\gamma = \frac{S_2 - S_1}{\log B_2 - \log B_1} \tag{78.7}$$

versteht man den Anstieg der sog. Schwärzungskurve, die, wie in Bild 78-4 skizziert, den Zusammenhang zwischen Filmschwärzung S und dem Logarithmus der Belichtung B (Produkt aus Belichtungszeit t und Strahlungsintensität J) beschreibt. S_0 ist die sog. Schleierschwärzung. Je größer die Gradation ist, umso stärker ist bei gegebenem Intensitätsverhältnis der Schwärzungsunterschied und damit der Kontrast. Gleichzeitig verringert sich aber mit wachsender Gradation der Belichtungsspielraum des Röntgenfilmes. Die Bildqualität wird ferner von der erwähnten Streustrahlung beeinflusst, die in jedem von Röntgenstrahlen getroffenen Körper entsteht und bei größeren Objektabmessungen zu einer merklichen Bildverschleierung führt. Eine Verminderung der Streustrahlenwirkung wird durch eine möglichst enge Begrenzung des Primärstrahlbündels erreicht. Die im Werkstück bei der Schwächung der Röntgenstrahlen entstehenden Photo- und Compton-Elektronen tragen ebenfalls in unerwünschter Weise zur Filmschwärzung bei. Man verhindert ihre Wirkung durch Anwendung kombinierter Blei- und Zinnfolien, die (vgl. Bild 78-5) zwischen Objekt und Röntgenfilm gelegt werden. Solche Metallfolien werden bei Untersuchungen von Stahl ab Dicken von 50 mm angewandt.

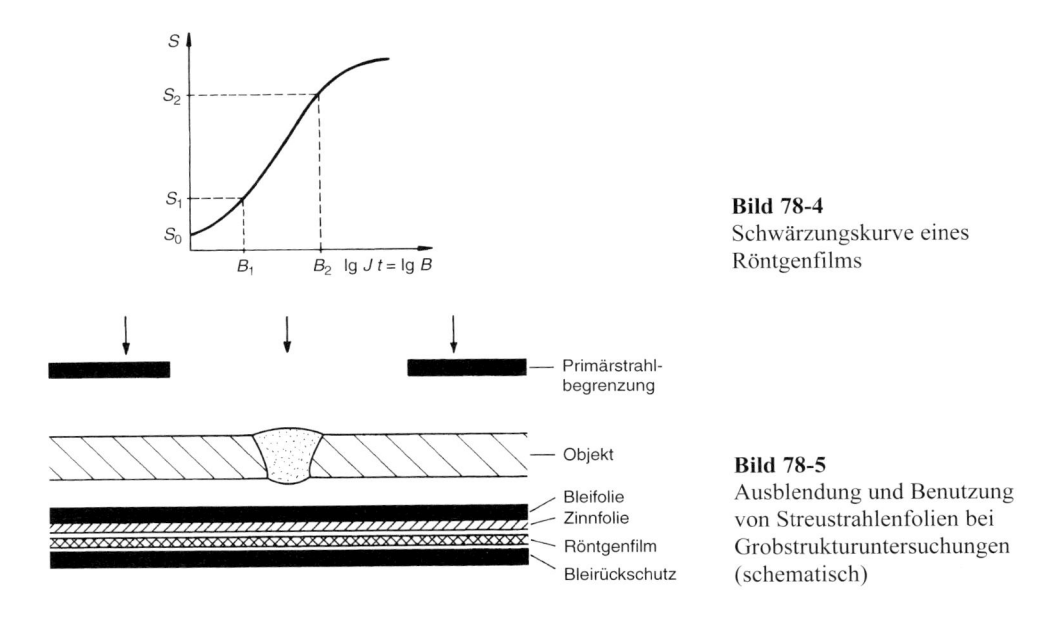

Bild 78-4
Schwärzungskurve eines Röntgenfilms

Bild 78-5
Ausblendung und Benutzung von Streustrahlenfolien bei Grobstrukturuntersuchungen (schematisch)

Außer von den bisher angesprochenen Faktoren wird die Güte von Röntgendurchstrahlungsaufnahmen vor allem auch durch die Zeichenschärfe bestimmt. Die Zeichenschärfe ist dann am größten, wenn die geometrisch bedingte Randunschärfe, die Bewegungsschärfe des Objektes sowie die innere Unschärfe des Filmes möglichst kleine Werte annehmen und von vergleichbarer Größe sind. Unter der inneren Unschärfe U_i versteht man die kleinste Abmessung eines Werkstofffehlers, die vom Filmmaterial noch aufgelöst werden kann. Im Allgemeinen ist ein Kompromiss zwischen Filmempfindlichkeit und innerer Unschärfe zu treffen, weil empfindlichere Filmmaterialien größere innere Unschärfen haben. Die geometrische Unschärfe U_g ist durch die Aufnahmeanordnung und die räumliche Ausdehnung der Strahlenquelle bestimmt. Bild 78-6 veranschaulicht die Entstehung einer Randunschärfe als Folge der Ausdehnung H des Halbschattengebietes rings um einen abzubildenden Fehler. Das Halbschattengebiet H wird umso kleiner, je kleiner der Brennfleck F der Röntgenröhre, je kleiner die Entfernung b Fehler/Film und je größer die Entfernung $(e-b)$ Brennfleck/Fehler ist. Quantitativ gilt

$$H = U_g = \frac{b}{(e-b)} \cdot F \tag{78.8}$$

Bei gegebener innerer Unschärfe U_i des Röntgenfilms, einer linearen Brennfleckabmessung F und einem Fehler/Film-Abstand b soll der Abstand zwischen Röntgenfilm und Brennfleck gemäß

$$e > \frac{b(F+U_i)}{U_i} \tag{78.9}$$

gewählt werden.

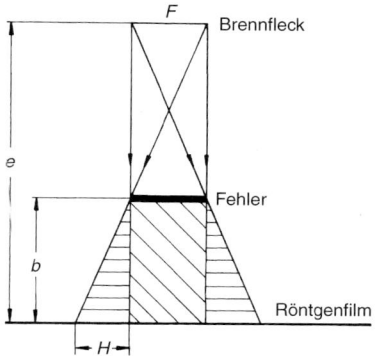

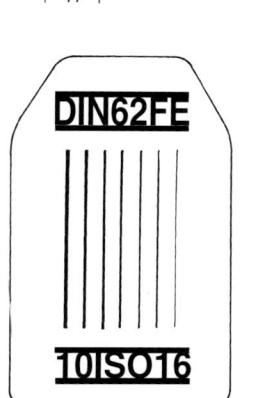

Bild 78-6
Zur Entstehung von Halbschattengebieten auf dem Röntgenfilm bei Röntgendurchstrahlungen

Bild 78-7
1962 eingeführter DIN (ISO)-Steg mit Drahtdurchmessern zwischen 10 und 16 mm für Eisen (FE)-Durchstrahlungen

Da die Photoschichten gegenüber kurzwelliger Röntgenstrahlung relativ unempfindlich sind, erfolgen die meisten Grobstrukturaufnahmen mit Verstärkerfolien, zwischen die der Röntgenfilm gepackt wird. Salz- und Bleifolien finden Anwendung. Bei ersteren besteht die aktive Substanz meist aus Kalziumwolframat, dessen Wolframatome Röntgenstrahlen stark absorbieren und ein intensives Fluoreszenzlicht liefern. Dadurch ist eine Verstärkung der Filmschwärzung bis auf das 50-fache erreichbar, allerdings unter Erhöhung der inneren Filmunschärfe von $U_i = 0,1$ bis etwa 0,4 mm. Deshalb finden überwiegend Bleiverstärkerfolien Verwendung, die U_i nicht in diesem Maße vergrößern. Die zusätzliche Filmschwärzung bewirken hier die in der filmnahen Seite der Bleischicht erzeugten Sekundärelektronen. Diese Verstärkerwirkung tritt aber erst oberhalb 88 kV Röhrenspannung auf. Zur Kontrolle der Detailerkennbarkeit auf Durchstrahlungsaufnahmen und damit der Bildgüte benutzt man Drahtstege der in Bild 78-7 gezeigten Form. Sie bestehen aus sieben in eine Gummiplatte eingebetteten Drähten aus ähnlichem Material wie das Untersuchungsobjekt. Die Drahtstege, deren Durchmesser gegeneinander um einen Faktor 1,25 abgestuft sind, werden an der der Strahlenquelle zugewandten Seite des Objektes angebracht. Der Durchmesser des dünnsten auf der Röntgenaufnahme noch erkennbaren Drahtes bestimmt die Bildgütezahl. Für gegebene Objektdicken wurden in DIN EN 462 bei Eisenwerkstoffen zwei Bildgüteklassen festgelegt, deren Bildgütezahlen durch die folgenden Drahtstegdurchmesser bestimmt sind:

Tabelle 78-1 Bildgütezahlen nach DIN 462 T1 und T2

Nenndicke [mm] Von bis		Klasse A Bildgütezahl	Klasse A Stegdurchmesser [mm]	Nenndicke [mm] Von bis		Klasse B Bildgütezahl	Klasse B Stegdurchmesser [mm]
Bis	1,2	18	0,063	Bis	1,5	19	0,050
1,2	2,0	17	0,08	1,5	2,5	18	0,063
2,0	3,5	16	0,100	2,5	4,0	17	0,080
3,5	5,0	15	0,125	4,0	6,0	16	0,100
5,0	7,0	14	0,160	6,0	8,0	15	0,125
7,0	10	13	0,200	8,0	12	14	0,160
10	15	12	0,250	12	20	13	0,200
15	25	11	0,320	20	30	12	0,250
25	32	10	0,400	30	35	11	0,320
32	40	9	0,500	35	45	10	0,400
40	55	8	0,630	45	65	9	0,500
55	85	7	0,800	65	120	8	0,630
85	150	6	1,000	120	200	7	0,800
150	250	5	1,250	200	350	6	1,000
Über	**250**	4	1,600	**Über**	**350**	5	1,250

Für praktische Grobstrukturuntersuchungen der wichtigsten Werkstoffgruppen sind im Laufe der Zeit Belichtungsdiagramme erstellt worden. Sie enthalten die zur Erzeugung einer guten Durchstrahlungsaufnahme erforderlichen Daten. Bei den Beispielen in Bild 78-8 sind über der Objektdicke die bei bestimmten Röhrenspannungen (kV) erforderlichen Belichtungsgrößen als Produkte aus Röhrenstrom (mA) und Belichtungszeit (min) aufgetragen. Die Kurven gelten für den in der Praxis üblichen Abstand Film/Brennfleck (Fokusabstand FA) von 70 cm.

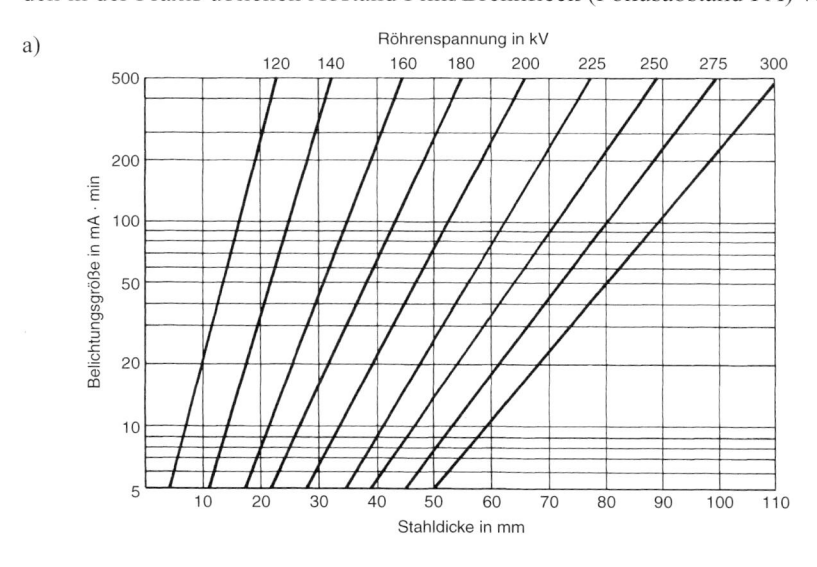

a)

b)

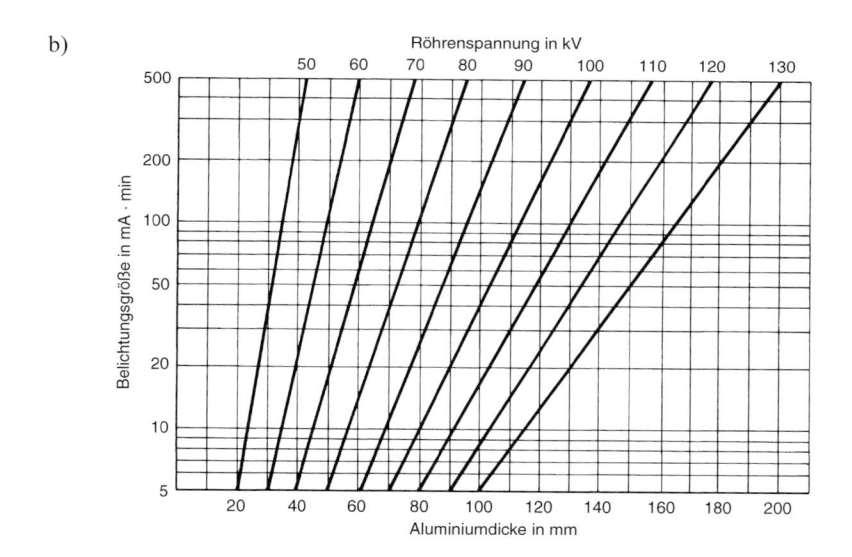

Bild 78-8 Belichtungsdiagramme für Eisen- (a) und Aluminiumbasislegierungen (b).
Filmschwärzung $S = 1.5$, $FA = 70$ mm, Bleifolienverstärkung, Gleichspannungsröntgenanlage

78.2 Aufgabe

Bei einem quaderförmig begrenzten Bauteil aus einer Aluminiumbasislegierung sind die Koordinaten und die Größen eingelegter Stahlkugeln zu bestimmen, und zwar einmal mit versetzter Strahlungsquelle und einmal mit versetztem Film. Ferner ist die Gütezahl der Durchleuchtungsaufnahmen zu ermitteln.

78.3 Versuchsdurchführung

Für die Untersuchungen steht eine Grobstruktur-Röntgenanlage (vgl. Bild 78-9) mit einer maximalen Betriebsspannung von 160 kV und einem maximalen Röhrenstrom von 20 mA zur Verfügung. Das Objekt wird zunächst in der aus Bild 78-10 links ersichtlichen Weise nacheinander in zwei Stellungen 1 und 2 unter Verwendung desselben Filmes durchstrahlt. Die Tiefenlage h des Fehlers ergibt sich auf Grund der vorliegenden Geometrie zu

$$h = \frac{x \cdot e}{(l + x)} \qquad (78.10)$$

wobei l die Strecke ist, um die das Prüfobjekt mit Film relativ zur Röntgenröhre verschoben wird. x ist der Abstand der Fehlstellen auf dem Film nach Doppelbelichtung. Die erforderlichen Belichtungsdaten sind Bild 78-8 zu entnehmen. Vor der jeweiligen Belichtung sind Drahtstege DIN Al 10/16 auf die filmferne Objektseite aufzulegen. Anschließend wird eine weitere Durchstrahlung bei konstanter Filmlage mit versetzter Röntgenröhre durchgeführt. Bild 78-10 rechts zeigt die dann gültigen geometrischen Verhältnisse. Mit den dort benutzten Bezeichnungen ergibt sich die Tiefenlage des Fehlers ebenfalls nach Gl. 78.10. Die Aufnahmegüte wird auf Grund der Drahtstegerkennbarkeit unter Zuhilfenahme ähnlicher Angaben wie in Tabelle 78-1 festgelegt.

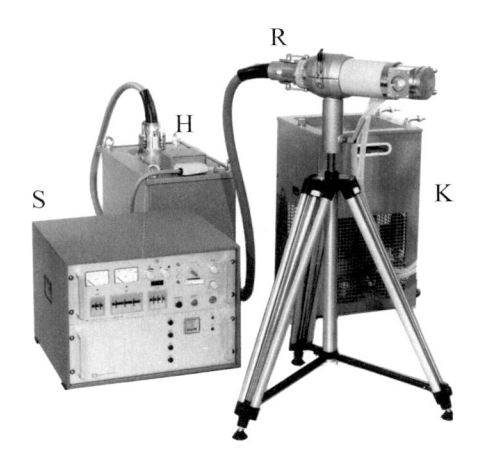

Bild 78-9 160 kV-Röntgengrobstrukturanlage (Bauart Rich. Seifert & Co.) Hochspannungserzeuger (H), Schaltgerät (S), Röntgenröhre im Schutzgehäuse (R), Kühlungssystem (M)

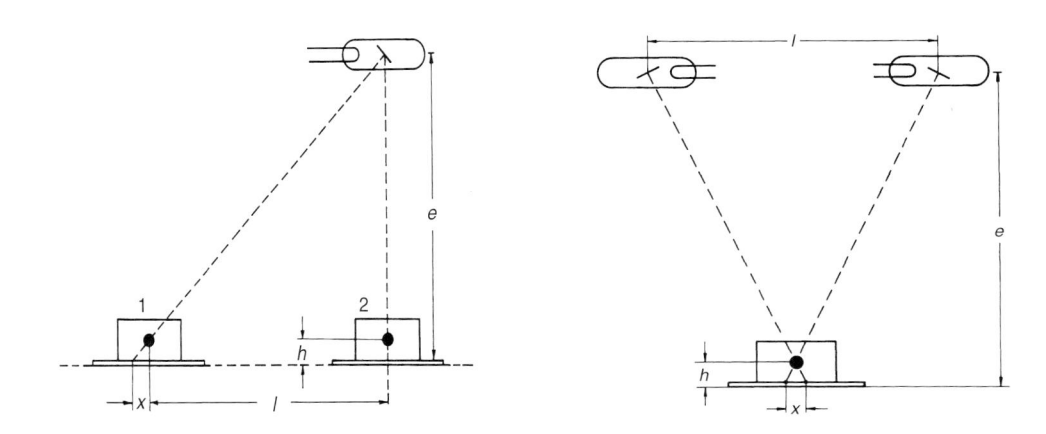

Bild 78-10 Versuchsanordnungen zur Fehlertiefenbestimmung in Bauteilen

78.4 Weiterführende Literatur

[Glo85]   Glocker, R.: Materialprüfung mit Röntgenstrahlen, 5. Aufl., Springer, Berlin, 1985
[Kol70]   Kolb, K. und W.: Grobstrukturprüfung mit Röntgen und γ-Strahlen, Vieweg, Braunschweig, 1970
[NN]   DIN EN 444; DIN EN 462 1994-03 DIN 54112

78.5 Symbole, Abkürzungen

Symbol/Abkürzung	Bedeutung	Einheit
K_a, K_b	Charakteristische Eigenstrahlung	MeV
D	Dicke des zu untersuchenden Werkstoffes	cm
J_0	Primärstrahlen Intensität	-
μ	Mittlere lineare Schwächungskoeffizient	cm^{-1}
d	Dicke des Hohlraumes	mm
J_1	Intensität hinter dem Werkstoff	-
ρ	Dichte	g/cm^3
ρ_A, ρ_B	Dichten der Komponenten A und B	g/cm^3
μ_A, μ_B	Schwächungskoeffizienten der Komponenten A und B	cm^{-1}
γ	Gradation	-
S	Filmschwärzung	-
B	Belichtung	-
S_0	Schleierschwärzung	-
U_g	Geometrische Unschärfe	-
U_i	Innere Unschärfe	-
H	Halbschattengebiet	-
F	Brennfleck	mm
b	Entfernung Fehler/Film	mm
e	Entfernung Brennfleck/Film	mm
x	Der Abstand der Fehlstellen auf dem Film	mm
l	Strecke, um die das Prüfobjekt mit Film relativ zur Röntgenröhre verschoben wird	mm

V79 Metallographische und mechanische Untersuchungen von Schweißverbindungen

79.1 Grundlagen

Schweißen ist ein Fügeverfahren, das zu stoffschlüssigen Verbindungen führt. Dabei werden unter Einwirkung von thermischer Energie und/oder Druck Werkstoffe mit oder ohne artgleichen Zusätzen miteinander verbunden. Die Güte einer Schweißverbindung wird durch den Grundwerkstoff und dessen Vorbehandlung, den Zusatzwerkstoff, die Schweißnahtvorbereitung, das Schweißverfahren, die Schweißbedingungen und die Nachbehandlung bestimmt. Bei der quantitativen Qualitätsprüfung von Schweißverbindungen werden praktisch alle dafür brauchbaren Methoden der Werkstoffprüfung angewandt. Im Folgenden wird – unter Beschränkung auf Schmelzschweißverfahren – nur auf die metallographische und auf Teilaspekte der mechanischen Untersuchung von Schweißnähten eingegangen, die durch Verbindungsschweißen gleicher Werkstoffe entstanden sind. Über die wichtigsten Schmelzschweißverfahren gibt Tabelle 79-1 eine schematische Übersicht.

Je nach Verfahren, Wanddicke, Position und geometrischen Gegebenheiten werden bei technischen Bauteilen unterschiedliche Schweißnahtformen ausgeführt. Bild 79-1 fasst einige Grundtypen mit den dafür vereinbarten Namen zusammen. Derartige Verbindungen können z. B. mit dem Gas- oder den verschiedenartigsten Lichtbogenschweißverfahren hergestellt werden.

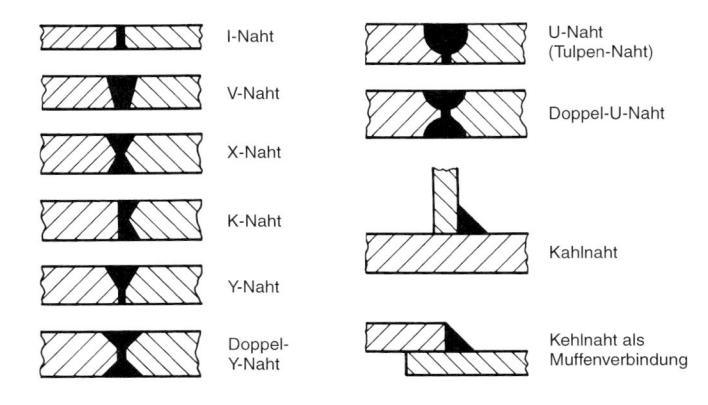

Bild 79-1 Zusammenstellung verschiedener Schweißnahtformen (nach DIN EN 22553)

Durch lokale Energiezufuhr wird der Grundwerkstoff und ggf. ein Zusatzwerkstoff (Schweißdraht) an der beabsichtigten Verbindungsstelle aufgeschmolzen und dem angrenzenden Grundwerkstoff eine inhomogene und zeitlich veränderliche Temperaturverteilung aufgezwungen. Nach einer relativ kurzen, vom gewählten Verfahren abhängigen Zeit wird dem entstandenen Schmelzbad (Schweiße, Schweißgut) und den die Schmelze haltenden benach-

Tabelle 79-1 Übersicht über wichtige Schmelzschweißverfahren

Typ	Prinzip	Charakteristikum
Gas-schweißen		Wärmeerzeugung durch verbrennung von Gas (z. B. Azetylen)
Offenes (Gas-abgedecktes) Schweißen		Wärmeerzeugung durch Lichtbogen zwischen Zusatzwerkstoff (als umhüllte oder gefüllte Abschmelzelektrode) und Grundwerkstoff. Schmelzbadabdeckung durch Gase, die beim Verdampfen der Elektrodenumhüllung (-füllung) entstehen.
Unterpulver-Schweißen (UP-Schweißen)		Wärmeerzeugung durch Lichtbogen unter Pulver zwischen nacktem Draht und Grundwerkstoff. Lichtbogen brennt in einer von aufgeschmolzenem Pulver gebildeten Zwischenschicht.
Wolfram-Inertgas-Schweißen (WiG-Schweißen)		Wärmeerzeugung durch Lichtbogen zwischen nicht abschmelzender Wolframelektrode und Grundwerkstoff. Schmelzbad, Elektrode und Zusatzwerkstoff werden von Inertgas (Argon, Helium) umspült.
Elektronenstrahl-Schweißen		Wärmeerzeugung durch Abbremsung fokusierter, energiereicher Elektronen im Grundwerkstoff. Evakuierter Arbeitsraum ($\approx 10^{-5}$ bis 10^{-2} Torr)
Widerstands-Schweißen		Wärmeerzeugung durch elektrische Widerstandserhitzung

barten Werkstoffbereichen von außen keine weitere thermische Energie mehr zugeführt. Die Schweiße und ihre unaufgeschmolzenen Nachbarbereiche kühlen auf Raumtemperatur ab. Die an die aufgeschmolzene Zone angrenzenden Werkstoffbereiche, in denen während der Aufheiz- und Abkühlzeit mikroskopisch oder submikroskopisch nachweisbare Veränderungen der Ausgangsgefügestruktur auftreten, werden wärmebeeinflusste Zonen oder kurz Wärmeeinflusszonen (WEZ) genannt. Bild 79-2 zeigt schematisch die auftretenden Verhältnisse.

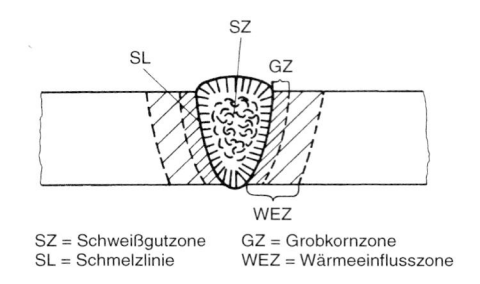

SZ = Schweißgutzone   GZ = Grobkornzone
SL = Schmelzlinie   WEZ = Wärmeeinflusszone

Bild 79-2 Schematische Darstellung der Bereiche einer einlagigen Schweißverbindung

Eine Schmelzschweißverbindung umfasst also stets eine Schweißgutzone (SZ), die meist als „die Schweißnaht" angesprochen wird, und zwei Wärmeeinflusszonen. SZ und WEZ sind durch Schmelzlinien (SL) voneinander getrennt. An den SZ-nahen Seiten der WEZ können Grobkornzonen (GZ) auftreten. Die Breiten der SZ und der WEZ sind dabei abhängig von dem Schweißverfahren, der zugeführten Energie, dem Zusatzwerkstoff, der Nahtform sowie den Abmessungen und den Eigenschaften des Grundwerkstoffes. Grundsätzlich treten als Folge des Schweißens Eigenspannungen auf (Schweißeigenspannungen).

SZ und WEZ bestimmen die Güte einer Schweißverbindung. Bei der Aufheizung und der Abkühlung durch den Schweißvorgang durchläuft jedes räumliche Element der SZ und der WEZ einer einlagigen Schweißverbindung einen charakteristischen Temperatur-Zeit-Zyklus. Bei Mehrlagenschweißungen (Bild 79-3) wird jeweils der oberflächennahe Teil der SZ der vorangegangenen Lage erneut aufgeschmolzen und der oberflächenferne Teil zur WEZ der gerade gefertigten Lage. Bestimmte Bereiche der Schweißverbindung erfahren also mehrfache und nicht miteinander übereinstimmende Temperatur-Zeit-Zyklen in verschiedener Reihenfolge. Die beim Schweißen im Werkstoff ablaufenden werkstoffkundlichen Prozesse sind daher äußerst komplex. Die sich ausbildenden Makro- und Mikrogefügezustände sind durch Nichtgleichgewichtsvorgänge charakterisiert. Sie lassen sich deshalb nicht oder höchstens bedingt an Hand von Zustandsschaubildern beurteilen. Trotzdem ist der Rückgriff auf diese Diagramme zum Erkennen der grundsätzlichen Zusammenhänge sehr nützlich. Davon wird nachfolgend Gebrauch gemacht. Insbesondere sind Zustandsdiagramme für die Beurteilung von Schmelzschweißverbindungen zwischen unterschiedlichen Werkstoffen unerlässlich. Ist beispielsweise die Bildung intermetallischer Verbindungen zu erwarten, dann ist wegen deren Sprödigkeit selten eine ausreichende Schweißnahtgüte zu erreichen.

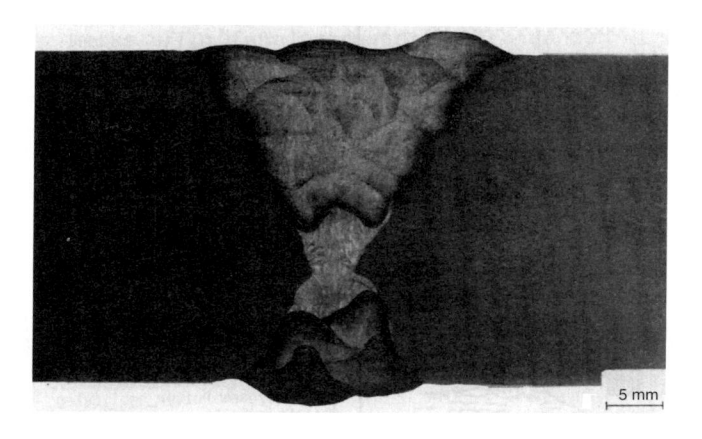

Bild 79-3 2/3 X-Naht mehrlagig geschweißter Stahlplatten

In Bild 79-4 sind unter Zuhilfenahme der aluminiumreichen Seite des Zustandsdiagramms Al-Mg die zu erwartenden Verhältnisse skizziert, wenn Reinaluminium oder AlMg5 stumpfgeschweißt und sich dabei wie unter Gleichgewichtsbedingungen verhalten würde. Für Al (links) und für AlMg5 (rechts) sind hypothetische Temperaturverteilungen $T(x)$ angegeben, mit deren Hilfe auf Grund des Zustandsdiagrammes für jeden Werkstoffbereich die zu erwartenden werkstofflichen Veränderungen diskutiert werden können. Bei reinem Aluminium liegt in den Bereichen mit $T > T_S$ ein schmelzflüssiger Zustand vor. Damit ist die Breite der Schweißgutzone SZ bestimmt. In den Bereichen mit $T < T_S$ bleibt der Werkstoff fest. Je nachdem, ob harte oder weiche Bleche miteinander verbunden werden und ob mit einem artgleichen oder artfremden Zusatzwerkstoff gearbeitet wird, können als Folge des Schweißens recht unterschiedliche Zustandsänderungen auftreten. Im unteren linken Teil von Bild 79-4 sind die für die angesprochenen Fälle zu erwartenden Härteverlaufskurven senkrecht zur Naht schematisch wiedergegeben. Besonders ausgeprägte Zustandsänderungen treten nur bei dem harten Werkstoff als Folge von Rekristallisation und Kornwachstum (vgl. V12) auf. Das ist im Temperaturintervall oberhalb der Rekristallisationstemperatur $T_R \approx 0{,}4\ T_S$ (K) möglich. Dementsprechend sind die Wärmeeinflusszonen seitlich abgegrenzt. Bei der Erstarrung der Schweiße, die durch stark ungleichmäßige Wärmeabfuhr nach den festen Nachbarbereichen und den freien Oberflächen hin gekennzeichnet ist, entstehen außen längliche, innen mehr globulare Kristalle. In den schmelzzonennahen Werkstoffbereichen der WEZ entstehen Grobkornzonen. Von diesen aus fällt die Korngröße kontinuierlich auf die Korngröße des schweißunbeeinflussten Grundwerkstoffes ab. Die Probenbereiche, die auf Temperaturen unterhalb der Rekristallisationstemperatur erwärmt werden, erfahren nur eine Anlassbehandlung im Erholungsgebiet und damit keine größeren Zustandsänderungen. Werden weiche, rekristallisierte Aluminiumbleche geschweißt, so treten kleinere WEZ auf, weil nur noch die Grobkornzonen unmittelbar neben der SZ gebildet werden, aber keine Rekristallisation mehr einsetzt. Deshalb sind links unten in Bild 79-4 beim kaltverfestigten, harten Werkstoffzustand breite und betragsmäßig große Härteeinbrüche angegeben, beim rekristallisierten Werkstoffzustand dagegen schmale und betragsmäßig kleinere.

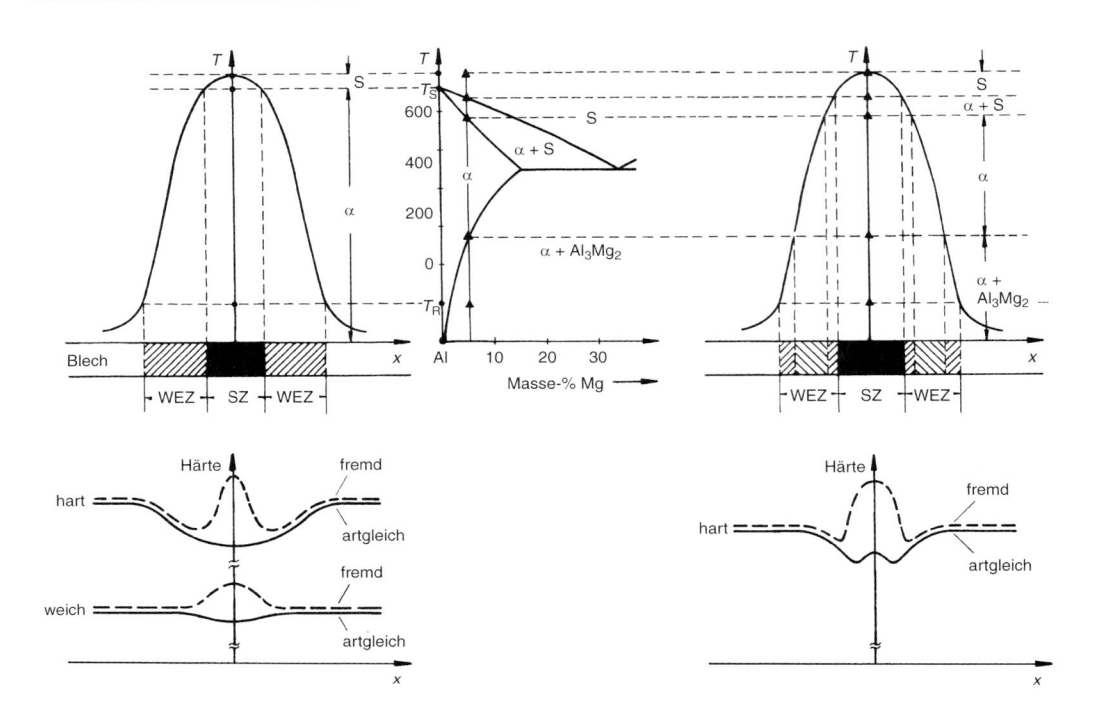

Bild 79-4 Zur Beurteilung der Schweißnahtausbildung bei Reinaluminium und bei der Legierung AlMg5 anhand des Zustandsdiagramms Al-Mg

Bei der nichtaushärtenden Legierung AlMg5 erwartet man nach der Stumpfschweißung die dem rechten Teil von Bild 79-4 entnehmbaren Veränderungen des Werkstoffes. Nach Ausbildung des Schmelzbadzustandes liegen in den angrenzenden Probenteilen α-Mischkristalle und aufgeschmolzene Legierungsbereiche nebeneinander vor. Weiter nach außen schließen sich ein Gebiet von α-Mischkristallen und ein heterogenes Gebiet mit α-Mischkristallen und der intermetallischen Verbindung Al_3Mg_2 an. Die Auflösung Al_3Mg_2-Kristalle wird vollständig nur im zentralen Bereich der Schweißung erwartet. In der SZ bildet sich beim Erstarren eine typische Gussstruktur aus mit innen globularen und außen in Wärmeabflussrichtung länglich gestreckten Kristallen (Bild 79-5). Von den schweißgutnahen Grobkornzonen der WEZ geht mit wachsender Entfernung von der Naht der Gefügezustand kontinuierlich in den des Grundzustandes über. In den Werkstoffbereichen, in denen $T < T_R$ bleibt, sind keinerlei Gefügeveränderungen festzustellen. Die bei der Schweißung harter Legierungszustände unter Benutzung fremder oder artgleicher Zusätze zu erwartenden Härte-Abstandskurven sind rechts im unteren Teil von Bild 79-4 angegeben.

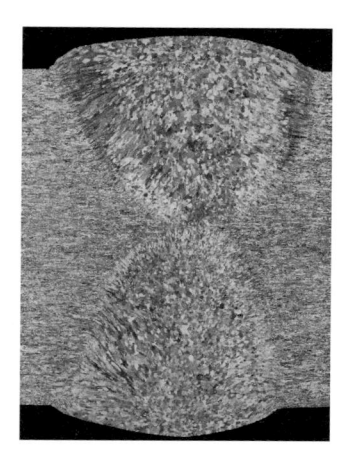

Bild 79-5 X-Naht geschweißter Platten einer AlMg-Legierung

Die bei Schweißverbindungen von unlegierten Stählen auftretenden Verhältnisse lassen sich unter den eingangs genannten Einschränkungen an Hand des Eisen-EisenCarbid-Diagramms (vgl. V14) beurteilen. Erschwerend kommt dabei aber hinzu, dass die beim Schweißen austenitisierten Werkstoffbereiche je nach Abkühlgeschwindigkeit verschiedenartig (ferritisch/ perlitisch, bainitisch, martensitisch) umwandeln können (vgl. V33). Die entstehenden Gefügezustände sind umso härter, je höher der Kohlenstoffgehalt ist. Entsteht Martensit oder unterer Bainit, so spricht man von Aufhärtung. Da erfahrungsgemäß mit der Härte des Martensits auch dessen Rissanfälligkeit wächst, begrenzt man den Kohlenstoffgehalt für schweißgeeignete Stähle auf Werte < 0,22 Masse-%. Da mit den meisten Legierungszusätzen zu Eisen die kritische Abkühlgeschwindigkeit für die Martensitbildung ebenfalls herabgesetzt wird (vgl. V15), stellen Aufhärtungserscheinungen beim Schweißen legierter Stähle ein erhebliches Problem dar. Abhilfe kann man dabei durch Vorwärmen der Grundwerkstoffe und/oder geeignete Wärmenachbehandlung der Schweißverbindung schaffen.

Die beim Schweißen von unlegierten Stählen und von Massenbaustählen grundsätzlich zu erwartenden Verhältnisse können an Hand von Bild 79-6 besprochen werden. Dort ist eine hypothetische Temperaturverteilung während des Schweißens der eisenreichen Seite des Eisen-Eisencarbid-Diagramms (vgl. V14) gegenübergestellt. Betrachtet wird ein Stahl mit etwa 0,2 Masse-% Kohlenstoff. Bei der angenommenen Temperaturverteilung befinden sich alle Probenbereiche mit $T > T_L$ (Liquidustemperatur) im voll schmelzflüssigen Zustand. In den daran angrenzenden Bereichen liegen Schmelze und δ-Mischkristalle nebeneinander vor. Dieser innere Teil der Schweißung kann als SZ angesprochen werden. Beiderseits davon erfahren einzelne Grundwerkstoffbereiche mehrfache Umwandlungen im festen Zustand. So treten z. B. bei der Erhitzung in den direkt an die SZ angrenzenden Teilen die Umwandlungen $\alpha + Fe_3C \rightarrow \gamma$, $\alpha \rightarrow \gamma$ und $\gamma \rightarrow \delta$ auf. Wenn dort beim anschließenden Temperaturabfall die Abkühlgeschwindigkeit nicht die kritische erreicht, dann laufen die Umwandlungen in der umgekehrten Reihenfolge $\delta \rightarrow \gamma$, $\gamma \rightarrow \alpha$ und $\gamma \rightarrow \alpha + Fe_3C$ ab. Würde dagegen die Abkühlgeschwindigkeit größer als die kritische, so entstünde wegen des geringen Kohlenstoffgehaltes ein relativ „weicher" Martensit, weil grober Austenit mit dem völlig gelösten Kohlenstoff martensitisch umwandeln würde.

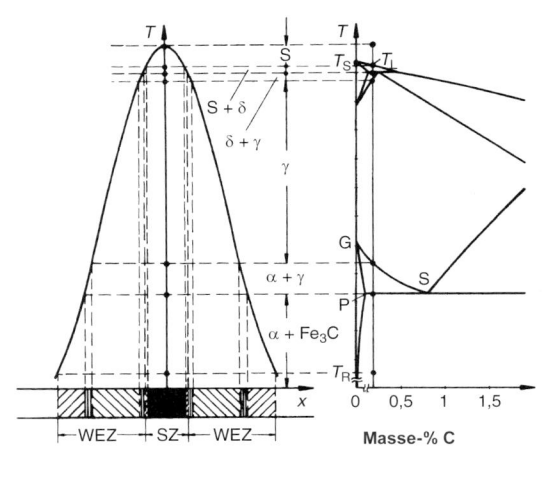

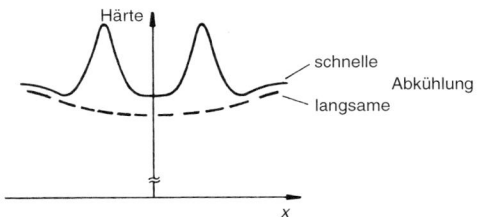

Bild 79-6
Beurteilung der Schweißnahtausbildung bei einem kaltverfestigten, unlegierten Stahl mit ~ 0,2 Masse-% Kohlenstoff anhand des Eisen-Kohlenstoffdiagramms

In diesem Zusammenhang muss beachtet werden, dass die zur Martensitbildung erforderliche kritische Abkühlgeschwindigkeit von der Austenitkorngröße abhängig ist und mit wachsendem Austenitkorn kleiner wird. Normalerweise wird jedoch in den nahtnahen Bereichen, wozu auch die Probenteile zu zählen sind, die weit über die GS-Linie erhitzt werden, die kritische Abkühlgeschwindigkeit nicht erreicht. Während der Abkühlung bilden sich hier – wegen des bei den hohen Temperaturen entstandenen grobkörnigen Austenits – relativ große globulare Ferrit- und Perlitbereiche mit einer sog. Widmannstättenschen Struktur aus. Man findet also eine vergröberte Gefügezone vor. In dem Bereich der WEZ, der nicht zu hohe Temperaturen oberhalb A_3 annimmt, entsteht ein feinkörniger Austenit, aus dem nach Abkühlung auf Raumtemperatur je nach Abkühlgeschwindigkeit entweder ein relativ feinkörniges ferritisch-perlitisches Gefüge, oder ein feinkörniger, kohlenstoffarmer Martensit entsteht.

Beachtet werden müssen auch die Vorgänge in den Bereichen der WEZ, die Temperaturen zwischen A_1 und A_3 einnehmen. Die dort beim Aufheizen entstehenden Austenitkörner haben durchweg höhere Kohlenstoffgehalte als 0,2 Masse-%. Erfolgt hier die Abkühlung schneller als die kritische, so entsteht ein feinkörniger Martensit, der wegen seines relativ hohen C-Gehaltes eine merklich größere Härte aufweist und daher auch rissanfälliger ist als der möglicherweise nahtnäher entstandene Martensit. Bei hinreichend langsamer Abkühlung wandeln sich natürlich die in diesem Werkstoffbereich entstandenen Austenitkörner wieder perlitisch um. Schließlich laufen dort, wo sich Temperaturen zwischen der eutektoiden und der Rekristallisations-Temperatur einstellen, Rekristallisationsprozesse ab, falls die zu schweißenden Teile kaltverfestigt vorliegen. Die WEZ wird somit nach außen durch die Probenbereiche begrenzt, die $T = T_R \approx 0,4\ T_S$ [K] erreichen. Allerdings können in den noch weiter außen liegenden Probenbereichen, in denen $T < T_R$ ist, noch Alterungserscheinungen (vgl. V26) auftreten und die lokalen mechanischen Eigenschaften verändern.

Die erörterten Vorgänge bei der Schweißung können je nach den tatsächlich vorliegenden Bedingungen in der SZ und in der WEZ zur Ausbildung recht unterschiedlicher Gefügezustände und dementsprechenden mechanischen Eigenschaften führen. Beispielsweise kann bei einem kaltverformten unlegierten Stahl der im unteren Teil von Bild 79-6 skizzierte Härteverlauf auftreten, wenn artgleich geschweißt wird. Dabei ist im Falle der schnellen Abkühlung angenommen, dass lokal die zur Martensit- oder Bainit-Bildung notwendige Abkühlgeschwindigkeit erreicht wurde und am Rande der WEZ merkliche Rekristallisation einsetzte. Bei langsamer Abkühlung ist dagegen nur eine leichte Absenkung der Härtewerte längs der Messstrecke zu erwarten. Bei schmalen Nähten ohne Wärmestau in der Nahtmitte (z. B. beim Elektronenstrahlschweißen) können auch zentrale Härtespitzen in der Schweißgutzone auftreten. Bei niedrig legierten Baustählen liegen die Härtemaxima seitlich von der Schmelzlinie in der Grobkornzone.

Die Herstellung guter Schweißnähte wird mit zunehmendem Kohlenstoffgehalt und zunehmendem Gehalt an Legierungselementen, die die Härtbarkeit (vgl. V34) steigern, schwieriger. Unlegierte Stähle mit Kohlenstoffgehalten > 0,4 Masse-% müssen vor Schweißbeginn vorgewärmt werden. Bezüglich der kleinstmöglichen Vorwärmtemperatur kann man sich an der Martensitstarttemperatur (vgl. V15) orientieren. Die Beurteilung der Aufhärtungsneigung legierter Stähle erfolgt oft auf Grund eines empirisch festgelegten Kohlenstoffäquivalents $C_{äqu}$, wofür mehrere quantitative Ansätze vorliegen. Häufig wird mit

$$C_{äqu} = C + \frac{Mn}{6} + \frac{Cr + Mo + V}{5} + \frac{Ni + Cu}{15} [\text{Masse-\%}] \qquad (79.1)$$

gerechnet, wobei die einzelnen Elementsymbole die Bedeutung Masse-% einschließen. Liegen $C_{äqu}$-Werte > 0,4 Masse-% vor, so werden Vorwärmungen vorgenommen. Die tatsächlich auftretenden Abkühlgeschwindigkeiten sind aber auch von der Blechdicke abhängig. Deshalb ist bei gegebenem $C_{äqu}$ die Aufhärtung blech- bzw. wanddickenabhängig. Bild 79-7 zeigt die bei bestimmten Blechdicken für niedrig legierte Stähle erforderlichen Kohlenstoffäquivalente, bei denen erfahrungsgemäß betriebssichere bzw. rissgefährdete Schweißungen zu erwarten sind.

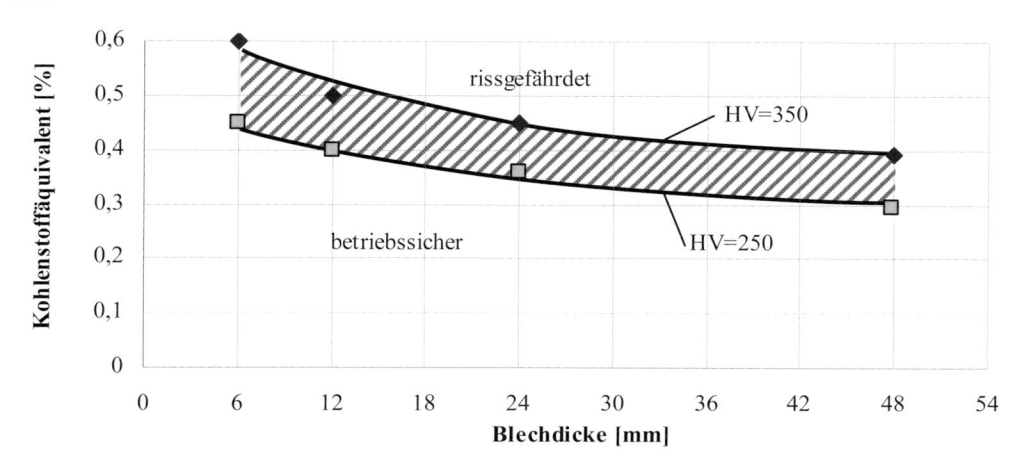

Bild 79-7 Zulässige Kohlenstoffäquivalente bei verschiedenen Blechdicken niedriglegierter Stähle

Über die tatsächlich in den Schweißverbindungen vorliegenden Gefüge lassen sich selbstverständlich nur an Hand der lokal auftretenden Temperatur-Zeit-Verläufe und der diesen zuzuordnenden Umwandlungsvorgänge genaue Aussagen machen. Das läuft auf die Ermittlung schweißspezifischer Zeit-Temperatur-Umwandlungsschaubilder hinaus (vgl. V33). Man hat deshalb mit Hilfe von Testproben, die in geeigneten Apparaten lokal schnell (4 s bis 8 s) auf hinreichend hohe Temperaturen erhitzt wurden, so genannte Schweiß-ZTU-Diagramme entwickelt. In Bild 79-8 ist als Beispiel ein solches Diagramm für einen wetterfesten Feinkornbaustahl vom Typ S 355 J2 G3 (vormals St 52-3) wiedergegeben. Es ist als „kontinuierliches ZTU-Diagramm" längs der einzelnen Abkühlungskurven zu lesen. Vielfach werden auf Grund derartiger Messungen die Zeiten

$$K_{30} = [t_{500\,°C} - t_{A_3}]_{30\,\text{Vol.-\%}} \tag{79.2}$$

und

$$K_{50} = [t_{500\,°C} - t_{A_3}]_{50\,\text{Vol.-\%}} \tag{79.3}$$

ermittelt, in denen beim Durchlaufen des Temperaturintervalls zwischen A_3 und 500 °C entweder 30 oder 50 Vol.-% Martensit entstehen. So gelangt man zu Beurteilungskriterien für zulässige Abkühlzeiten. Man tendiert dazu, 30 Vol.-% Martensit zu tolerieren, wenn keine Machbehandlung der Schweißverbindungen erfolgt. 50 Vol.-% Martensit lässt man zu, wenn nach dem Schweißen eine Spannungsarmglühung der Schweißverbindung vorgesehen ist (vgl. V32).

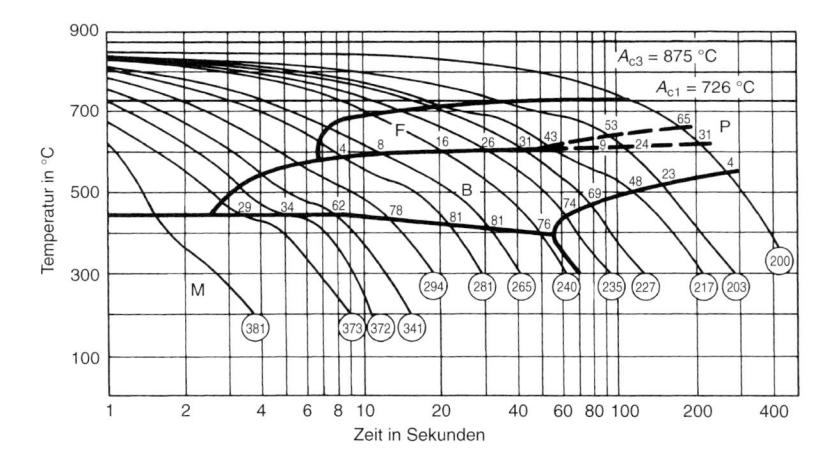

Bild 79-8 Schweiß-ZTU-Diagramm von S 355 J2 G3 für eine Spitzentemperatur von 1350 °C

Solche Spannungsarmglühungen dienen dazu, die nach jeder Schweißung unvermeidbar auftretenden Eigenspannungen durch Zufuhr thermischer Energie abzubauen. Vorhandener Martensit wird dabei in das der Werkstoffzusammensetzung entsprechende Gleichgewichtsgefüge übergeführt (vgl. V35). Die nach einer Stumpfschweißung dünner Bleche vorliegenden Verteilungen der Längs- und Quereigenspannungen sind in Bild 79-9 schematisch angegeben. In der Naht treten in Längsrichtung und – abgesehen von den Blechrändern – auch in Querrichtung

Zugeigenspannungen auf. Die Beträge der $\sigma_x(y)$- und der $\sigma_y(x)$-Verteilungen fallen mit Annäherung an die seitlichen Plattenbegrenzungen auf Null ab.

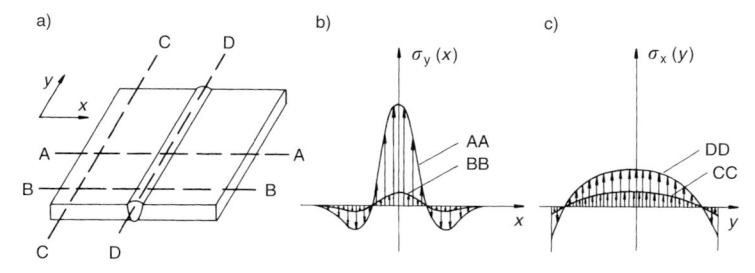

Bild 79-9 Verteilung der Längseigenspannungen (b) und Quereigenspannungen (c) in verschiedenen Bereichen einer stumpfgeschweißten Platte (a)

79.2 Aufgabe

Es liegen elektrohand- und unterpulvergeschweißte Platten aus S 355 J2 G3 (vormals St 52-3) mit einer Dicke von 15 mm vor. Die Gefügeausbildung der Schweißverbindungen ist zu bewerten. Ferner sind Vorschläge zu entwickeln, wie ergänzend zu den einfach zu bestimmenden Härteverläufen quantitative Daten über Streckgrenze, Zugfestigkeit, Kerbschlagzähigkeit und Risszähigkeit der Schweißverbindungen erhalten werden können.

79.3 Versuchsdurchführung

Die Untersuchung der Gefügeausbildung erfolgt mit den Hilfsmitteln der Metallographie (vgl. V7). Dazu werden durch Vertikalschnitte aus den Platten Werkstoffbereiche herausgetrennt, die die Schweißverbindungen im Querschnitt enthalten. Danach erfolgt die notwendige Schleif-, Polier- und Ätzbehandlung. Die Gefügeentwicklung erfolgt mit einem Ätzmittel der Zusammensetzung 25 cm³ dest. H$_2$0, 50 cm³ konz. HCl, 15 mg FeCl$_3$ (Eisen-III-Chlorid) und 5 g CuCl$_2 \cdot$ NH$_4$Cl $\cdot$ 2H$_2$O (Kupferammoniumchlorid). Dabei ist das Kupferammoniumchlorid zunächst in H$_2$O und das Eisenchlorid in HCl zu lösen, bevor beide Lösungen vermischt werden. Nach der lichtmikroskopischen Betrachtung der angeätzten Schweißverbindung werden die Härteverteilungen quer zur Naht in verschiedenen Höhen gemessen. Die Härteverläufe werden mit der Gefügeausbildung verglichen. Ferner werden Zugversuche (vgl. V23) mit Proben durchgeführt, die senkrecht zur Schweißnaht und innerhalb der SZ parallel zu dieser entnommen werden. Danach wird für die Schweißplatten ein Probenentnahmeplan entworfen, der Experimente zur Bestimmung der Kerbschlagzähigkeit in der SZ und an definierten, vorher festgelegten Stellen der WEZ ermöglichen soll. Nach Durchführung der Kerbschlagversuche mit ISO V-Proben (vgl. V46) werden alle erhaltenen mechanischen Kenngrößen mit denen des Grundwerkstoffs verglichen und diskutiert.

79.4 Weiterführende Literatur

[DIN EN 22553] DIN EN 22553:1997-03, Schweiß- und Lötnähte – Symbolische Darstellung in Zeichnungen
[Eic83] Eichhorn, F.: Schweißtechnische Fertigungsverfahren, Bd. 1–3, VDI, Düsseldorf, 1983, 1986
[Rug91] Ruge, J.: Handbuch der Schweißtechnik, 3. Aufl., Bd. 1–4, Springer, Berlin, 1991
[Sey82] Seyfarth, P.: Schweiß-ZTU-Schaubilder, VEB Technik, Berlin, 1982
[Woh77] Wohlfahrt, H.; Macherauch, E.: In: Materialprüfung 19 (1977), S. 272

79.5 Symbole, Abkürzungen

Symbol/Abkürzung	Bedeutung	Einheit
$C_{äqu}$	Kohlenstoffäquivalent	Masse-%
K_{30}	Dauer bis 30 Vol.-% Martensit vorliegen	s
K_{50}	Dauer bis 50 Vol.-% Martensit vorliegen	s
$t_{500\,°C}$	Abkühlzeit bis zum Erreichen von 500 °C	s
t_{Ac3}	Abkühlzeit bis zum Erreichen von Ac3	s
T_R	Rekristallisationstemperatur	K
T_S	Solidustemperatur	K
T_L	Liquidustemperatur	K
$\sigma_x\,(y)$	Quereigenspannungen	MPa
$\sigma_y\,(x)$	Längseigenspannungen	MPa

V80 Schweißnahtprüfung mit Röntgen- und γ-Strahlen

80.1 Grundlagen

In der technischen Praxis sind die verschiedenartigsten Schmelzschweißverbindungen zwischen gleichartigen oder ungleichartigen Werkstoffen anzutreffen. Einige häufig vorkommende Nahtformen sind in Bild 79-1 (V79) zusammengestellt. Zur Kontrolle und Überprüfung derartiger Schweißverbindungen sind Röntgengrobstrukturuntersuchungen (vgl. V78) geeignet. Voraussetzung dazu ist, dass das Untersuchungsobjekt und die Röntgenstrahlungsquelle relativ zueinander in die für die Durchstrahlung erforderlichen Positionen gebracht werden können. Ist dies nicht möglich, so greift man mit Erfolg auf handhabbare Gammastrahlungsquellen zurück, mit denen nach dem gleichen Prinzip wie bei Röntgenstrahlen Grobstrukturuntersuchungen möglich sind. Dabei finden heute durchweg künstliche radioaktive Elemente Anwendung, und zwar überwiegend Ir^{192} mit γ-Quanten einer mittleren Energie von 0,38 MeV sowie Co^{60} mit γ-Quanten der Energien 1,33 und 1,17 MeV. Die Strahlenquellen haben meist zylindrische Form und sind in Strahlerkapseln gefasst. Ein Beispiel zeigt Bild 80-1. Die Strahlerkapseln werden ihrerseits in sogenannten Gammageräten untergebracht, die einerseits vollkommen den Anforderungen des Strahlenschutzes genügen und andererseits eine leichte Positionierung der ständig γ-Strahlen emittierenden Strahlungsquelle bezüglich des Messobjektes ermöglichen.

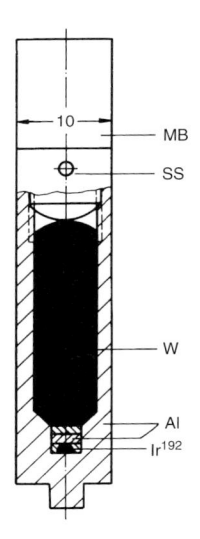

Bild 80-1
Ir^{192}-Strahlerkapsel (Schnitt), MB Messingbolzen, SS Sicherungsschraube, W Wolframstift, Al Aluminiumhülle

Bei der Schweißnahtprüfung werden alle Abweichungen von einer einwandfreien Schweißverbindung und von der beabsichtigten geometrischen Form der Schweißnaht als Schweißfehler bezeichnet. Typische Fehler sind Risse, Hohlräume, Einschlüsse, unvollkommene Durchschweißungen, Kerben, Überhöhungen, Versätze sowie viele andere. In Bild 80-2 ist für V-Nahtverbindungen eine Reihe von Fehlern schematisch dargestellt. Man spricht in den aufgeführten Fällen von Poren (a), Schlacken (b), deckseitigen (c) bzw. wurzelseitigen (d) Einbrandkerben, Wurzelrückfall (e) Wurzelfehlern (f), Wurzelfehlern mit Bindefehlern (g), Wurzelrückfall mit Bindefehlern (h), Versatz (i), Versatz mit Riss (k), Versatz mit einseitigem (l) bzw. doppelseitigem (m) Bindefehler. Der Nachweis derartiger Defekte mit Röntgen- oder γ-Strahlen ist von der Größe, der Form und der Orientierung der Fehler zur Durchstrahlungsrichtung abhängig. Meistens sind nur die senkrecht oder schwach geneigt zur Plattenebene liegenden Fehler mit hinreichender Tiefenausdehnung in Durchstrahlungsrichtung nachweisbar. Parallel zur Durchstrahlungsrichtung orientierte Fehler werden nur erfasst, wenn sie mit einer relativ großen Spaltbreite > 1,5 % der Plattendicke verbunden sind. Auch lassen sich bei den üblichen Messungen, die meistens mit einer fixierten Lage von Strahlungsquelle und Film erfolgen, keinerlei Aussagen über die Tiefenlage der Fehler und deren Ausdehnung in Durchstrahlungsrichtung machen. Häufig ist der erfahrene Schweißnahtprüfer jedoch in der Lage, aus Form und Lage der Fehlerabbildung auf dem Film auf den Ursprungsort innerhalb der Schweißverbindung zu schließen (vgl. dazu auch Bild 80-4). Beispiele fehlerhafter Schweißverbindungen und deren zugeordnete Röntgenaufnahmen geben die in Bild 80-3 zusammengestellten Durchstrahlungsbilder. Mit angegeben sind jeweils schematische Schnitte durch die zugehörigen Schweißnähte. Die Bilder zeigen bei a) einen scharfen Flankenriss, bei b) einen scharfen Anriss längs der Naht, bei c) stark zurückgefallene Wurzelbereiche, bei d) starke Wurzeldurchbrüche und bei e) grobe Porenanhäufungen.

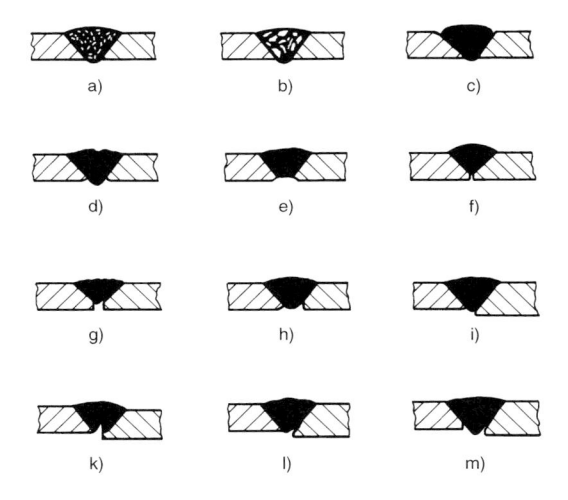

Bild 80-2 Einige Schweißfehler bei V-Nähten (schematisch)

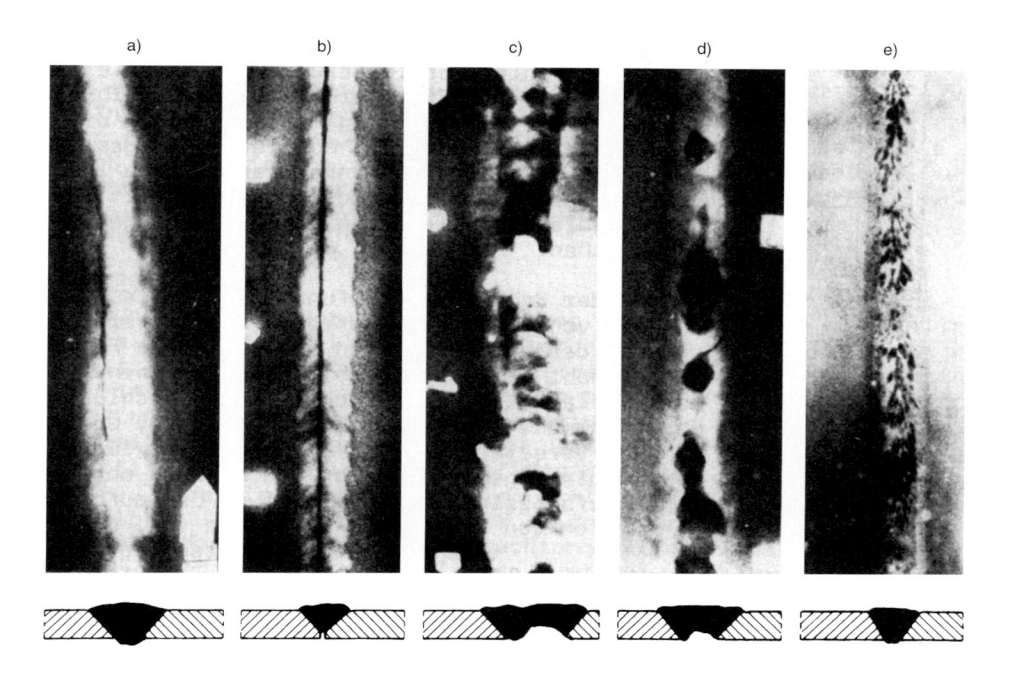

V80 Schweißnahtprüfung mit Röntgen- und γ-Strahlen

Bild 80-3 Röntgengrobstrukturaufnahmen von Schweißverbindungen a) Scharfer Flankenanriss, b) Nahtlängsriss, c) Grober Wurzelrückfall, d) Starke Durchbrüche, e) Grobe Porenanhäufung

Damit die Beurteilung von Schweißverbindungen in einheitlicher Weise erfolgt, sind auf nationaler und internationaler Ebene mehrere Vorschläge für die systematische Einteilung und Benennung der möglichen Fehler bei Schmelzschweißverbindungen entwickelt worden. Einige der für V-Nähte vom IIW (International Institute of Welding) und nach DIN EN ISO 6520 festgelegten Ordnungsnummern und Benennungen von Schweißfehlern sind in Bild 80-4 zusammengefasst. Sie sind jeweils ergänzt durch schematische Skizzen der Fehler und die von diesen auf Grobstrukturfilmen hervorgerufenen Schwärzungsverhältnisse.

Ordnungs-nummer	Benennung	schematische Röntgenaufnahme der Schweißnaht	schematische Darstellung
101	Längsriss	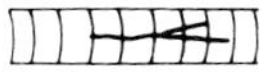	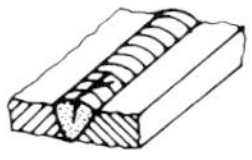
102	Querriss	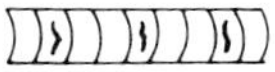	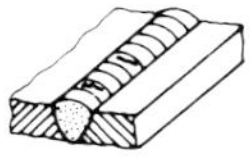
103	Sternförmiger Riss	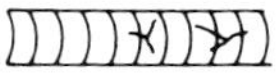	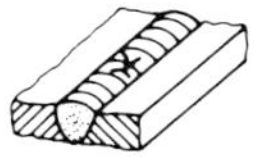
2012	Porosität	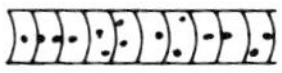	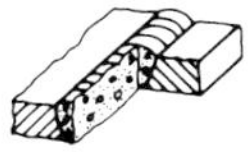
2014	Porenzeile	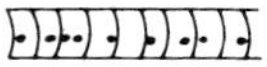	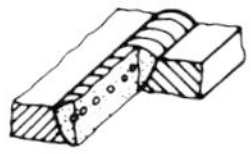
2015	Gaskanal	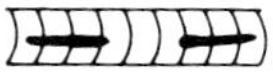	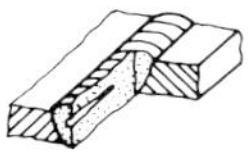
301	nicht scharfkantiger Schlackeneinschluss	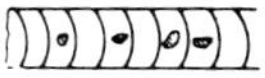	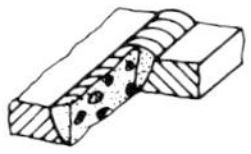
401	Bindefehler	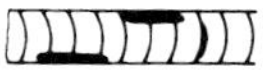	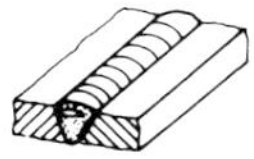
402	ungenügende Durchschweißung	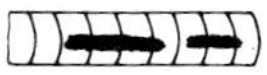	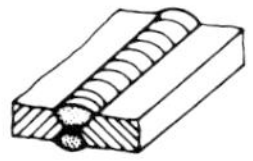
5011	Einbrandkerben durchlaufend	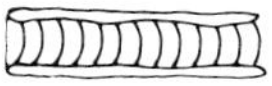	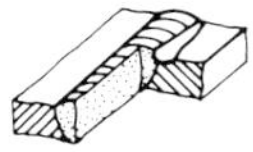
5015	Querkerben in der Decklage	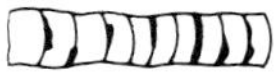	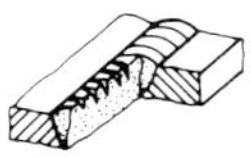
504	zu große Wurzelüberhöhung	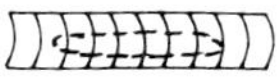	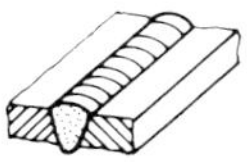
511	Decklagenunterwölbung	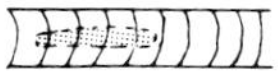	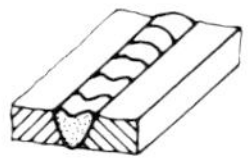

Bild 80-4 Zur Systematik von Schweißfehlern bei V-Nähten

80.2 Aufgabe

Es liegen mehrere unterschiedlich dicke WIG-geschweißte Bleche aus S355 J2 + N (Bezeichnung nach EN 10025-2, alte Bezeichnung St 52-3) mit verschiedenartigen Nahtfehlern vor. Von den Schweißverbindungen sind Röntgengrobstrukturaufnahmen anzufertigen und zu beurteilen (vgl. V78).

80.3 Versuchsdurchführung

Es steht eine Röntgengrobstrukturanlage zur Verfügung. Von den zu untersuchenden Schweißverbindungen wird eine für die Durchstrahlung ausgewählt. Für die restlichen Schweißverbindungen werden vorbereitete Durchstrahlungsaufnahmen mit den benutzten Aufnahmedaten zur Verfügung gestellt. Dann werden zunächst die Dicken der Prüfobjekte ermittelt und unter Heranziehung von DIN EN 12681 die dort empfohlenen Aufnahmedaten festgelegt. Diese werden einerseits mit den für die vorliegenden Aufnahmen benutzten Daten verglichen und andererseits als Einstellgrößen für die durchzuführenden Grobstrukturuntersuchungen benutzt. Danach wird eine Filmkassette bezüglich der interessierenden Schweißnahtstelle positioniert. Nach Einstellung eines Film-Fokusabstandes von 70 cm und Aufbringung eines DIN-Drahtsteges (vgl. V78) auf der filmfernen Seite der Schweißverbindung wird die Belichtung vorgenommen. Anschließend werden zwei weitere Filmkassetten belichtet, und zwar mit um 50 kV größeren und 50 kV kleineren Röhrenspannungen als in DIN EN 12681 für die Prüfklasse B empfohlen. Während der Durchstrahlungen sind die einschlägigen Bedingungen des Strahlenschutzes nach DIN 54115 zu beachten.

Nach der Belichtung werden die Filme in der Dunkelkammer den Kassetten entnommen, entwickelt, fixiert, gewässert und getrocknet. Danach werden sie auf einen Lichtkasten gelegt und zusammen mit den vorliegenden Röntgenaufnahmen der anderen Schweißverbindungen betrachtet und nach DIN EN ISO 15614 beurteilt. Die Ergebnisse der Prüfungen werden in Protokollen der in Bild 80-5 gezeigten Form festgehalten.

Bauteil		Werkstoff			Wandstärke:			
					0–20	20–40	40–80	> 80
Röntgenprüfung	kV	mA	Bel.-zeit	Filter	Verst.-folie	Film	Sonstiges	
Gammaprüfung	Ir^{192}	Cs^{137}	Co^{60}	Bel.-zeit	Film	Verst.-folie		

Schweißnaht	Nahtart	Schweiß-verfahren	Zusatz-werkstoff	sonstige Schweißdaten

Ord.-Nr.	Fehlerart / Kommentar	Röntgenaufnahme	Bewertung	
100			Güteklasse	
101			Bildgütezahl	
102				
103			Aufnahmedaten	
201			Kontrast	
2012				
2014			Zeichenschärfe	
2015			Gesamturteil:	
300				
301				
3011				
401				
402				
500				
5011				
5015				
504			Name:	
515			Datum:	

Bild 80-5 Protokoll der Röntgen-Grobstrukturuntersuchung einer Schweißverbindung

80.4 Weiterführende Literatur

[Bar09]	Bargel, H.-J., Schulze, G.: Werkstoffkunde. 10. Aufl., Springer, Berlin, 2009
[DIN 54115 Teil 1-6:06-09]	Zerstörungsfreie Prüfung – Strahlenschutzregeln für die technische Anwendung umschlossener radioaktiver Stoffe, Teil 1–7, Beuth Verlag, Berlin, 2006-2009
[DIN EN 12681:03-06]	Gießereiweisen – Durchstrahlungsprüfung, Ersatz für DIN 54111-2, Beuth Verlag, Berlin, 2003-2006
[DIN EN 25580:92-06]	Zerstörungfreie Prüfung, Betrachtungsgeräte für die industrielle Radiographie, Minimale Anforderungen, Beuth Verlag, Berlin, 1992–2006
[DIN EN 444:1994-04]	Zerstörungsfreie Prüfung, Grundlagen für die Durchstrahlungsprüfung von metallischen Werkstoffen mit Röntgen- und Gammastrahlen, Beuth Verlag, Berlin, 1994
[DIN EN 462 Teil 1-5: 94-96]	Zerstörungsfreie Prüfung, Bildgüte von Durchstrahlungsaufnahmen, Teil 1-5, Ersatz für DIN 54109-1, Beuth Verlag, Berlin, 1994–1996
[DIN EN 584 Teil 1-2: 97-06]	Zerstörungsfreie Prüfung, Industrielle Filme für die Durchstrahlprüfung, Teil 1–2, Beuth Verlag, Berlin, 1997–2006
[DIN EN ISO 15614 Teil 1-13:02-08]	Anforderung und Qualifizierung von Schweißverfahren für metallische Werkstoffe – Schweißverfahrensprüfung, Teil 1–13, Beuth Verlag, Berlin, 2002–2008
[DIN EN ISO 6520 Teil 1-2:02-07]	Schweißen und verwandte Prozesse – Einteilung von geometrischen Unregelmäßigkeiten an metallischen Werkstoffen – Teil 1–2, Beuth Verlag, Berlin, 2002–2007
[Dub07]	Dubbel, H.: Dubbel. Taschenbuch für den Maschinenbau. 22. Aufl., Springer, Berlin, 2007
[Ils05]	Ilschner, B.; Singer, R. F.: Werkstoffwissenschaften und Fertigungstechnik: Eigenschaften, Vorgänge, Technologien. 4. Aufl., Springer, Berlin, 2004
[Wei07]	Weißbach, W.: Werkstoffkunde. Strukturen, Eigenschaften, Prüfung. 16. überarb. Aufl., Vieweg, Wiesbaden, 2007, S. 398–400

V81 Schadensfalluntersuchung

81.1 Grundlagen

Bauteile der technischen Praxis werden üblicherweise so bemessen, dass sie unter den zu erwartenden Beanspruchungen und Umgebungsbedingungen nicht versagen. Trotzdem kommen die verschiedenartigsten Konstruktions-, Werkstoffauswahl-, Werkstoffbehandlungs- und Fertigungsfehler vor, die zusammen mit unvollkommen eingeschätzten Beanspruchungseinflüssen und Betriebsfehlern lebensdauerbegrenzend für einzelne Bauteile wirken. Es treten Schadensfälle auf, die – ganz abgesehen von den wirtschaftlichen Konsequenzen – oft Folgeschäden (im schlimmsten Falle mit der Gefährdung von Menschenleben) bewirken und stets Reparaturen oder Ersatzbeschaffungen nach sich ziehen. Die Aufklärung der Ursachen solcher Schadensfälle erlaubt rationale Maßnahmen zu ihrer Vermeidung. Deshalb kommt der Aufklärung von Schäden (Schadenskunde) große praktische Bedeutung zu.

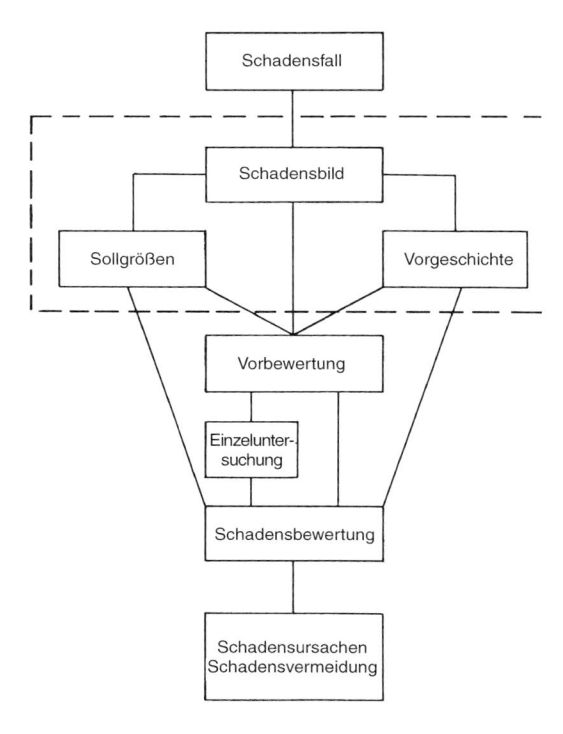

Bild 81-1 Schematischer Ablauf einer Schadensfalluntersuchung

Bei der Bearbeitung von Schadensfällen geht man zweckmäßigerweise von dem aus Bild 81-1 ersichtlichen Schema aus. Die ersten Arbeitsschritte dienen der Bestandsaufnahme aller ersichtlichen, erfragbaren und dokumentierten Details, die für den Schadensfall von Bedeutung sein kennen. Dementsprechend umfasst die Bestandsaufnahme (in Bild 81-1 gestrichelt umrandet) die drei Untergruppen Schadensbild, Sollgrößen sowie Vorgeschichte. Die Erfassung des Schadensbildes erfordert:

- Sichtprüfungen,
- photographische Dokumentation,
- konstruktive Dokumentation,
- abmessungsmäßige Dokumentation,
- Sicherstellung schadensrelevanter Teile,

ferner die Feststellung von der (dem)

- Lage der Teile,
- Form der Teile,
- Aussehen der Teile,
- Ausmaß des Schadens,

schließlich die Betrachtung von

- plastischen Verformungen,
- Brüchen,
- Rissen,
- Korrosionserscheinungen,
- Erosionserscheinungen,
- Kavitationserscheinungen,
- Verschleißerscheinungen

sowie der

- allgemeinen Oberflächenbeschaffenheit.

Die Sollgrößen des zu Schaden gegangenen Bauteils werden vom Benutzer bzw. Hersteller erfragt. Nützliche Informationen stellen dabei Angaben dar zu der (den)

- Bauteilfunktion,
- Betriebsvorschrift,
- mechanischen Auslegung,
- thermischen Auslegung,
- erwarteten Umgebungsmedien,
- vorgesehenen Lebensdauer,
- vorgesehenen Werkstoffen,
- vorgesehenen Werkstoffbehandlungen,
- vorgesehenen Fertigung,
- vorgesehenen Überwachungen,
- vorgesehenen Wartungen.

Hinsichtlich der Vorgeschichte interessier(en)t

- Abnahme,
- Prüfzeugnisse,
- Inbetriebnahme,

- Betriebsweise,
- Betriebszeit,
- Überwachungen,
- Wartungen,
- frühere Schäden,
- Reparaturen,
- besondere Beobachtungen vor, während und nach Schadenseintritt,
- Schadensablauf.

Die aus dem Schadensbild und aus den Informationen über Sollgrößen und Vorgeschichte des Bauteils möglichen Folgerungen erlauben eine Vorbewertung des versagenskritischen Querschnitts. In einfachen Fällen ist daraus bereits eine abschließende Beurteilung des Schadensfalls möglich. In komplizierteren Fällen sind weiterführende Einzeluntersuchungen erforderlich. Letztere haben stets eine genauere

- Beanspruchungsanalyse,
- Werkstoffanalyse,
- Fertigungsanalyse,
- Konstruktionsanalyse,

zum Ziel. Dabei empfiehlt sich für jede Einzelanalyse die Aufstellung eines zweckmäßigen Untersuchungsplanes. Bei der Werkstoffanalyse ist beispielsweise die Probenentnahme von besonderer Bedeutung. Sie muss an einer für den Schadensfall relevanten Bauteilstelle erfolgen. Bei den anschließenden Untersuchungen sind zunächst einfache Experimente vorzusehen und diese gegebenenfalls später durch aufwendigere zu ergänzen. Im Einzelnen können nützlich sein

- Chemische Analyse,
- Härtemessungen,
- metallographische Gefügeuntersuchungen,
- Kleinlast- und/oder Mikrohärtemessungen,
- Bruchflächenuntersuchungen (Fraktographie),
- Riss- und Homogenitätsprüfungen,
- Topographieprüfungen,
- Kerbschlagbiegeversuche,
- Zugversuche,
- Korrosionsversuche,
- Eigenspannungsbestimmungen,
- vertiefende Untersuchungen (REM, TEM, sonstiges).

Den Abschluss der Schadensanalyse bildet die Schadensbewertung. Ihr Ziel muss sein,

- versagensrelevante Fehler und Einflussgrößen objektiv zu belegen,
- eine Versagensbetrachtung durchzuführen,
- die Schadensursachen zweifelsfrei zu begründen und
- den Schadensablauf zu rekonstruieren.

Daraus sind Schadensabhilfemaßnahmen entwickelbar, wie z. B.

- Reparaturvorschläge,
- Konstruktionsänderungen,

- Werkstoffwechsel,
- Wärmebehandlungsänderungen,
- Fertigungsänderungen,
- Betriebsänderungen,
- Inspektionsänderungen,
- Überwachungsmaßnahmen.

Die Gesamtheit der durchgeführten Untersuchungen und ihre Ergebnisse werden abschließend in einem Bericht zum Schadensfall zusammengefasst.

81.2 Aufgabe

Die Ursachen des Bruchs einer Lkw-Kurbelwelle sind zu ermitteln.

81.3 Versuchsdurchführung

Bei der Untersuchung des Schadensfalls ist nach dem in Bild 81-1 angegebenem Ablaufschema vorzugehen. Für die Aufgabe stehen alle Konstruktions- und Fertigungsdaten sowie alle für die Vorgeschichte des Schadens wichtigen Details zur Verfügung. Für die werkstoffkundlichen Einzeluntersuchungen sind alle analytischen und metallographischen Hilfsmittel vorhanden. Ferner können alle Methoden der zerstörenden und der zerstörungsfreien Werkstoffprüfung angewandt werden. Die Versuchsergebnisse sind zu bewerten und in einem Schadensbericht zusammenzufassen.

81.4 Weiterführende Literatur

[Hen79] Henry, G.; Horstmann, D.: DeFerri Metallographia V, Stahleisen, Düsseldorf, 1979

[Woh77] Wohlfahrt, H.; Macherauch, E.: Die Ursachen des Schweißeigenspannungszustandes. Materialprüfung 19, 1977, 271–280

[Nau80] Naumann, F.: Das Buch der Schadensfälle, 2. Aufl., 1980

[Ber86] Berns, H.: Handbuch der Schadenskunde metallischer Werkstoffe, Hanser, München, 1986

[Rich08] Richard, H. A.; Sander, M.: Ermüdungsrisse: Erkennen, sicher beurteilen, vermeiden. Vieweg+Teubner, Wiesbaden, 2008

[Schm09] Schmitt-Thomas, K. G.: Integrierte Schadenanalyse: Technikgestaltung und das System des Versagens. Springer, Berlin, 2009

V82 Aufbau und Struktur von Polymerwerkstoffen

82.1 Grundlagen

Das charakteristische mikrostrukturelle Merkmal der Polymerwerkstoffe ist ihr Aufbau aus Makromolekülen. Diese werden entweder durch Veredlung polymerer Naturstoffe oder heute überwiegend synthetisch aus organischen Verbindungen hergestellt. Makromoleküle (Polymere) bilden sich bei Erfüllung bestimmter Voraussetzungen durch das repetitive Aneinanderlagern von reaktionsfähigen Molekülen (Monomeren). Beispielsweise werden Ethylenmoleküle C_2H_4, deren Aufbau sich durch die Strukturformel

$$\begin{array}{c} H \quad H \\ | \quad\; | \\ C = C \\ | \quad\; | \\ H \quad H \end{array} \tag{82.1}$$

beschreiben lässt, wobei jedem Bindungsstrich eine spinabgesättigte Elektronenpaarbindung (kovalente Bindung) entspricht, durch das Aufbrechen der Kohlenstoffdoppelbindung bifunktionell. Dadurch erhalten die Monomere zwei reaktionsfähige Enden, und es können sich n Moleküle in der Form

$$n \begin{bmatrix} H & H \\ | & | \\ C = C \\ | & | \\ H & H \end{bmatrix} \rightarrow -\underset{\underset{H}{|}}{\overset{\overset{H}{|}}{C}}-\underset{\underset{H}{|}}{\overset{\overset{H}{|}}{C}}-\underset{\underset{H}{|}}{\overset{\overset{H}{|}}{C}}-\cdots\cdots-\underset{\underset{H}{|}}{\overset{\overset{H}{|}}{C}}-\underset{\underset{H}{|}}{\overset{\overset{H}{|}}{C}}-\underset{\underset{H}{|}}{\overset{\overset{H}{|}}{C}}- \;\hat{=}\; \begin{bmatrix} H & H \\ | & | \\ C - C \\ | & | \\ H & H \end{bmatrix}_n \tag{82.2}$$

zu einer makromolekularen Kette, dem Polyethylenmolekül, zusammenschließen (vgl. Bild 82-1).

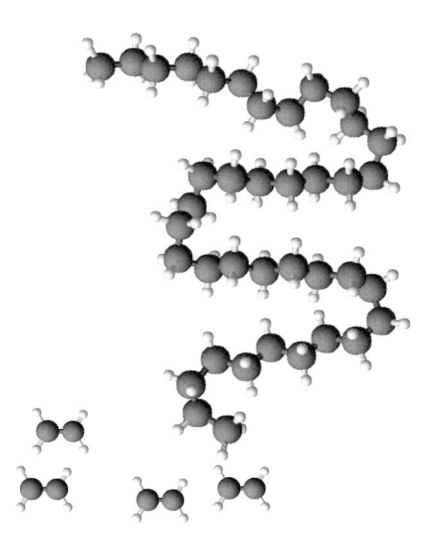

Bild 82-1 Strukturmodell eines Polyethylenmoleküls und der es aufbauenden Monomere

Dieser Vorgang heißt Polymerisation. Derartige Reaktionen können durch die verschiedenartigsten Mechanismen und mit Hilfe unterschiedlicher Initiatoren ausgelöst werden. Das Kettenwachstum wird unterbrochen, wenn sich die reaktionsfähigen Enden zweier Moleküle miteinander verbinden, oder wenn eine Bindung über ein Wasserstoffatom und ein freies Elektron zu einer Nachbarkette erfolgt. Die Zahl der sich aneinander lagernden Monomere n wird Polymerisationsgrad genannt. Bei i Makromolekülen mit den Polymerisationsgraden n_i liegt ein mittlerer Polymerisationsgrad

$$\bar{n} = \frac{\sum n_i}{i} \qquad (82.3)$$

und eine mittlere relative Molekülmasse

$$\bar{M}_r = \bar{n} \cdot M_r \qquad (82.4)$$

vor. Dabei ist M_r die relative Monomermasse, die durch die Summe der relativen Atommassen seiner Atome gegeben ist. Im Falle des Ethylens ist $M_r = 2 \cdot 12 + 4 \cdot 1 = 28$. Ein charakteristischer mittlerer Polymerisationsgrad von Polyäthylen ist $\bar{n}_r = 5 \cdot 10^3$, dem somit eine mittlere relative Molekülmasse $\bar{M}_r = 140000$ entspricht. Die benachbarten Kohlenstoffatome der Polyethylenkette haben einen Abstand von $l = 1{,}54 \cdot 10^{-8}$ cm. Damit lässt sich die Kettenlänge in erster Näherung zu

$$L = l \cdot (n + 2) \approx l \cdot n \qquad (82.5)$$

abschätzen. In Wirklichkeit beträgt aber der Bindungswinkel zwischen den Kohlenstoffatomen nicht 180°. Vielmehr kann jedes Kohlenstoffatom der Kette gegenüber der Bindungsrichtung der beiden vorangegangenen Kohlenstoffatome eine beliebige Lage auf dem Mantel eines Kegels mit dem halben Öffnungswinkel von ~ 70° einnehmen und damit gegenüber der vorhergehenden Bindungsrichtung um einen Winkel von ~ 110° abweichen. Eine räumliche Verdrehung und Abwinklung der Makromoleküle ist deshalb erheblich wahrscheinlicher als eine geradlinige Erstreckung. Der mittlere Abstand der Enden eines regellos orientierten Makromoleküls berechnet sich zu

$$\bar{L} = l\sqrt{n}. \qquad (82.6)$$

Somit ergibt sich nach Gl. 82.5 mit $n = \bar{n} = 5 \cdot 10^3$ für Polyethylen $L = 7{,}7 \cdot 10^{-5}$ cm, aus Gl. 82.6 folgt für $\bar{L} = 10{,}9 \cdot 10^{-7}$ cm. Man ersieht daraus, dass jede räumlich verdrehte Kette ein großes Streckvermögen besitzt, ohne dass sich dabei die atomaren Abmessungen zwischen den Kettenbausteinen ändern.

$$\left[CH_2-CH_2-\right]_n \quad \text{a)}$$

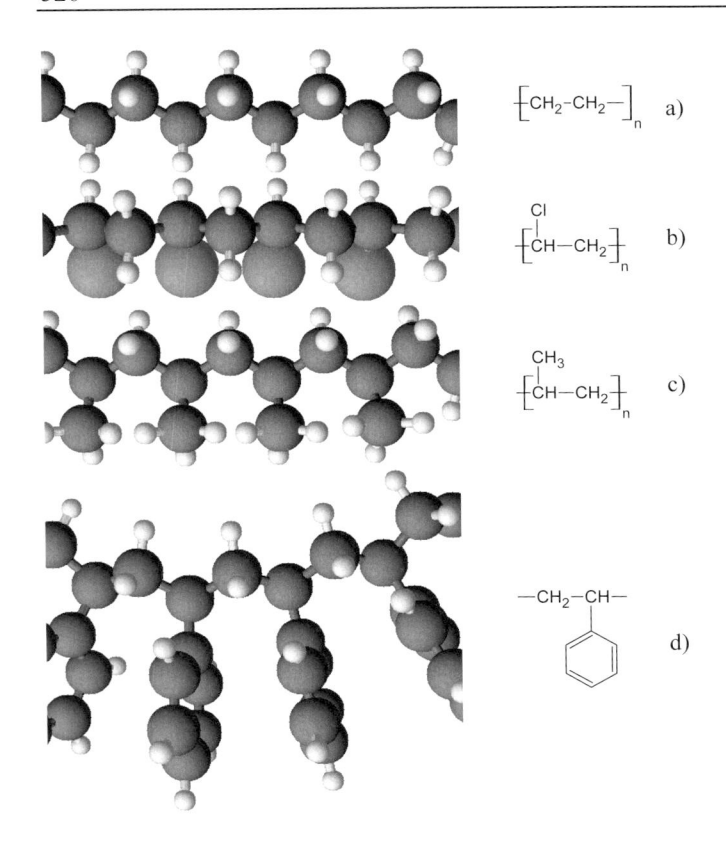

$$\left[\begin{array}{c}Cl\\|\\CH-CH_2\end{array}\right]_n \quad \text{b)}$$

$$\left[\begin{array}{c}CH_3\\|\\CH-CH_2\end{array}\right]_n \quad \text{c)}$$

$$-CH_2-CH- \quad \text{d)}$$
(mit C_6H_5-Ring)

Bild 82-2 Modelle makromolekularer Ketten: Polyethylen (a), Polyvinylchlorid (b), Polypropylen (c), Polystyrol (d)

Die technisch äußerst wichtigen Polyvinylverbindungen lassen sich allgemein durch die Strukturformel

$$\left[\begin{array}{cc}H & H\\|&|\\C&-C\\|&|\\H&R\end{array}\right]_n \tag{82.7}$$

beschreiben. Dabei ist R die Abkürzung für die verschiedenartigsten anlagerungsfähigen Radikale wie z. B. -H (Ethylen), -Cl (Vinylchlorid), -CH$_3$(Propylen), -OH (Vinylalkohol), -OCOCH$_3$ (Vinylazetat), -CM (Acrylnitril) oder -C$_6$H$_5$ (Styrol). Linear ausgerichtete atomare Modelle einiger dieser Makromoleküle sind zusammen mit den Strukturformeln ihrer Monomeren in Bild 82-2 gezeigt. Die räumliche Ausdehnung der aneinander gereihten Atomgruppen ist durch die aufeinander folgenden Kohlenstoffatome bestimmt, die in einer Ebene angeordnet wurden und deren Schwerpunkte jeweils gegeneinander um die bereits erwähnten ~ 110° versetzt sind. Dadurch entstehen linear ausgerichtete Ketten. Ferner ist angenommen, dass die Chloratome bei Polyvinylchlorid (PVC) sowie die CH$_3$-Gruppen bei Polypropylen (PP) und die C$_6$H$_5$-Gruppen bei Polystyrol (PS) einseitig regelmäßig (isotaktisch) angeordnet sind. Neben dieser ist auch eine wechselseitig regelmäßige (syndiotaktische) und eine regellose

V82 Aufbau und Struktur von Polymerwerkstoffen

(ataktische) Anordnung der Seitengruppen möglich. Man spricht von Taktizität. Ferner können die Seitengruppen bei aufeinander folgenden Monomeren jeweils benachbart (syndiotaktisch) oder separiert voneinander (isotaktisch) sein. Schließlich können sich auch isotaktische und syndiotaktische Kettensegmente unregelmäßig (ataktisch) aneinanderreihen. Man spricht von sterischer Ordnung. Diese Konfigurationsunterschiede haben starken Einfluss auf die Lagen, die die einzelnen Ketten in polymeren Festkörpern relativ zueinander einnehmen können. Bei dem einfach aufgebauten Polyethylen ist es z. B. sehr leicht möglich, dass sich Kettensegmente unter der Wirkung von Nebenvalenzkräften parallel so zueinander anordnen, wie es in Bild 82-3 gezeigt ist. Man kann sich dann den Polymerwerkstoff lokalisiert aus Elementarzellen aufgebaut denken und die auftretende Struktur als kristallin ansprechen. Jedes einzelne Makromolekül durchsetzt im betrachteten Falle mehrere der angebbaren rhombischen Elementarzellen. Wegen der möglichen Verdrehungen der Kettensegmente und der unterschiedlichen Kettenlängen bilden sich derartig perfekt kristallisierte Bezirke nur innerhalb kleiner Werkstoffbereiche aus, können aber große Volumenanteile (> 50 %) umfassen. Allgemein gilt, dass der gleiche Polymerwerkstoff mit isotaktischen Ketten leichter kristallisiert, etwas größere Dichten annimmt und fester ist als mit ataktischen Ketten.

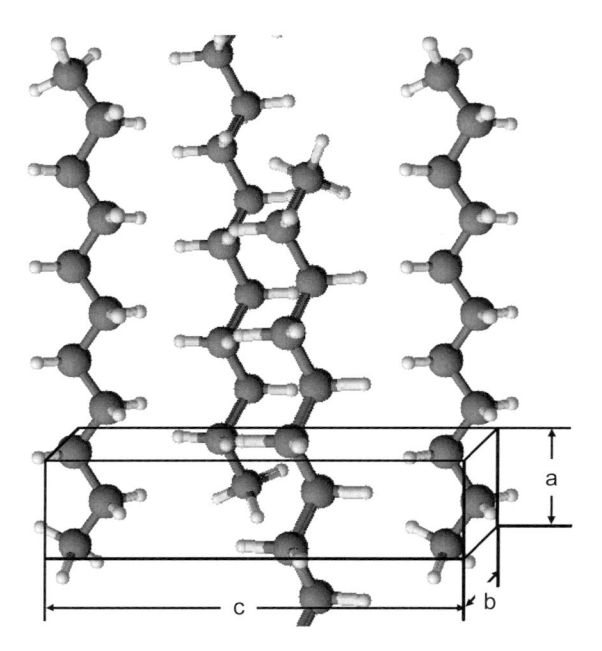

Bild 82-3 Kristallisiertes Polyethylen (a = $2,53 \cdot 10^{-8}$ cm, b = $4,92 \cdot 10^{-8}$ cm, c = $7,36 \cdot 10^{-8}$ cm)

Neben den bisher besprochenen makromolekularen Ketten aus bifunktionellen Monomeren gibt es auch verzweigte Ketten und chemisch aneinander gebundene Ketten. Werden z. B. bei Polyethylen die Plätze seitlicher Wasserstoffatome von Kohlenstoffatomen eingenommen, dann bilden sich Verzweigungen der folgenden Art

$$\text{(82.8)}$$

aus. Andererseits ist das chemische Aneinanderbinden makromolekularer Ketten immer dann möglich, wenn größere Monomere mit leicht aufbrechbaren Doppelbindungen vorliegen, so dass das Monomer gleichzeitig in zwei benachbarte Ketten eingebaut werden kann. So kann z. B. ein Divinylbenzolmolekül

$$\text{(82.9)}$$

zwei benachbarte Polystyrolmakromoleküle in der Form

$$\text{(82.10)}$$

zusammenknüpfen. Offensichtlich schränken derartige Verknüpfungen die freie Beweglichkeit der Ketten stark ein.

Der ausführlich erörterte Polymerisationsvorgang, bei dem die gleichen bifunktionellen Monomere miteinander verknüpft werden, wird Homopolymerisation genannt. Natürlich ist auch eine Verknüpfung ungleicher Monomere möglich. Dieser Vorgang wird als Co- oder Mischpolymerisation bezeichnet. Ein Beispiel stellt die Reaktion von Vinylchlorid (VC) mit Vinylacetat (VAC) zum VC/VAC-Mischpolymer

$$\text{(82.11)}$$

dar. Auch hierbei können verschiedene Modifikationen je nach Aufeinanderfolge der Monomere auftreten. Symbolisiert man die beiden Monomertypen, die sich miteinander zusammenschließen, durch offene und geschlossene Kreise, so lässt sich die entstehende Molekülkette durch

●○●●○●●○●●○●●○●●○○ (82.12)

darstellen, und man spricht von regelmäßiger Copolymerisation. Die Folge

○○●●●●○●●○○●●●●○ (82.13)

wird regellose Copolymerisation, die Folge

○○○○○●●●●●●○○○○○○ (82.14)

Blockpolymerisation genannt. Verzweigungen der folgenden Art

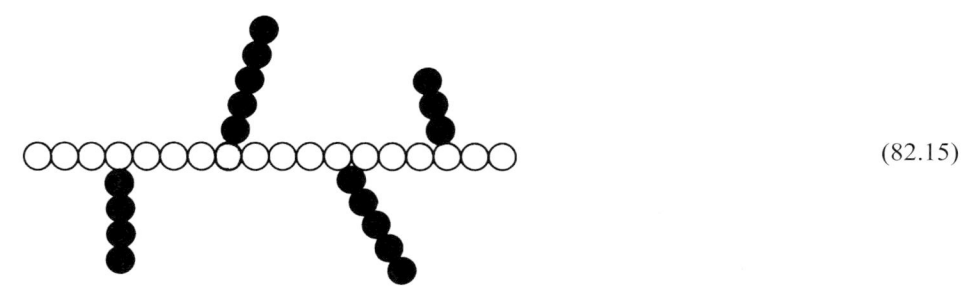

○○○○○○○○○○○○○○○○○○○○○ (82.15)

heißen Pfropfcopolymerisation. Die Eigenschaften copolymerer Festkörper werden durch den Anteil der einzelnen Monomere bestimmt. Die angesprochenen Vinylchlorid-Acetat-Mischpolymere sind beispielsweise bei Raumtemperatur mit ~ 90 Gew.-% Vinylchlorid und $M_r \approx 10000$ Polymerwerkstoffe guter Festigkeit und Lösungsbeständigkeit. Dieselben Mischpolymere stellen mit ~ 92 Gew.-% Vinylchlorid und $M_r \approx 19000$ die Basis für synthetische Fasern dar und bilden bei ~ 96 Gew.-% Vinylchlorid und $M_r \approx 22000$ gummiartige Festkörper.

Neben der Polymerisation bieten noch zwei weitere Synthesereaktionen, die Polykondensation und die Polyaddition, Möglichkeiten zur Erzeugung von Polymerwerkstoffen. Bei der Polykondensation reagieren zwei verschiedene niedermolekulare Monomere unter Bildung von Reaktionsprodukten miteinander, wie z. B. Wasser, Halogenwasserstoffen und Alkoholen. Die entstehenden Polykondensate besitzen also im Gegensatz zu den Polymerisaten eine andere relative Molekülmasse, als der Summe der relativen Massen der Atome der an dem Prozess beteiligten Monomere zukommt. Mittlere relative Molekülmassen zwischen 10000 und 20000 sind von praktischer Bedeutung. Ein Beispiel für eine Polykondensationsreaktion, die der Phenolharzerzeugung zugrunde liegt, stellt der Zusammenschluss von Phenol und Formaldehyd gemäß

$$\text{Phenol} + \text{O=CH}_2 \rightarrow \text{Phenol-CH}_2\text{-OH} \qquad (82.16)$$

zu Phenolalkohol und dessen Reaktion mit Phenol gemäß

$$\text{(Reaktionsschema)} \quad \longrightarrow \quad + \; H_2O \quad (82.17)$$

dar. Die Phenolmoleküle wirken dabei trifunktionell, weil die zur Wasserbildung benötigten H-Atome den Monomeren an drei Stellen entnommen werden können. Als Folge davon bildet sich keine lineare makromolekulare Kette, sondern ein polymeres Netzwerk mit dreidimensionaler Struktur. Der Begriff des Makromoleküls verliert dabei seine Bedeutung. Symbolisiert man die ehemaligen Phenolbereiche durch ● und die CH$_2$-Brücken des Formaldehyds durch ○, so lässt sich das entstandene Netzwerkpolymer durch das schematische Bild 82-4 veranschaulichen. Offensichtlich liegen ganz andere atomare Verhältnisse vor als bei linearen Polymeren. Sind die sich zusammenschließenden Polymere bifunktionell, so bilden sich auch bei der Polykondensation lineare Ketten, wie z. B. im Falle von Polyamid.

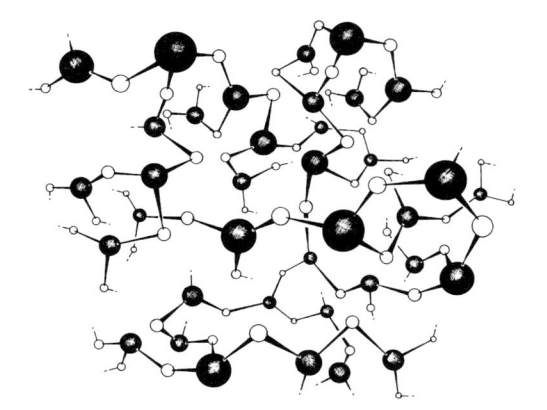

Bild 82-4
Räumliches Netzwerkmodell von Bakelit.
C_6H_4OH (●), CH_2 (○)

Bei der Polyaddition schließlich finden lediglich Umlagerungen von Atomen zwischen zwei verschiedenen Monomerarten statt, ohne dass ein niedrigmolekulares Reaktionsprodukt auftritt. Ein Beispiel ist die Reaktion von Diisocyanaten mit Dialkoholen, bei der sich durch die sich wiederholende Verknüpfungswirkung der NHCOO-Gruppen gemäß

$$\text{(Reaktionsschema Polyurethan)} \quad (82.18)$$

eine lineare Polyurethankette entwickelt.

Allgemein gilt, dass längs der Ketten von linearen und verzweigten Polymeren sowie längs der Segmente der räumlichen polymeren Netzwerke (wozu auch die miteinander vernetzten makromolekularen Ketten zählen) stets starke kovalente Bindungen wirksam sind. Zusätzlich treten zwischen den Atomen benachbarter makromolekularer Ketten bzw. den Atomen der räumlichen Polymerstrukturen interatomare Kräfte als Folge sog. Nebenvalenzbindungen (van der Waals'sche Bindung, Wasserstoffbrückenbindung) auf. Diese Nebenvalenzbindungen sind gegenüber den Hauptvalenzbindungen relativ schwach. Die van der Waals'sche Bindung erreicht nur etwa 0,1 bis 0,2 %, die Wasserstoffbrückenbindung dagegen etwa 10 % der Stärke

V82 Aufbau und Struktur von Polymerwerkstoffen

der Hauptvalenzbindungen. Sind nur Nebenvalenzbindungen für den Zusammenhang der Makromoleküle untereinander bestimmend, so entstehen als Festkörper sog. Thermoplaste. Sie sind dadurch charakterisiert, dass sie sich in reversibler Weise beliebig oft aufschmelzen und danach wieder in den festen Zustand überführen lassen. Dabei nimmt allerdings bei all zu häufiger Wiederholung die rel. Molekülmasse ab, womit Änderungen auch der mechanischen Eigenschaften verbunden sind.

Im schmelzflüssigen Zustand liegt eine hohe freie Beweglichkeit der Molekülketten bzw. der Molekülkettenabschnitte vor, so dass eine kontinuierliche Neuordnung der Moleküle relativ zueinander möglich ist und insgesamt ein relativ großes Volumen (vgl. Bild 82-5) eingenommen wird. Mit sinkender Temperatur nimmt diese Beweglichkeit und damit das Volumen ab. Aber auch nach Unterschreiten der Schmelztemperatur T_S bleibt noch ein schmelzähnlicher Zustand erhalten, so dass man von einer unterkühlten Flüssigkeit spricht. Erst nach Unterschreiten der sog. Glasübergangstemperatur T_G ist keine thermisch induzierte Neuordnung der Moleküle mehr möglich. Die Molekülketten bzw. Molekülkettenabschnitte führen auf Grund des Angebotes an thermischer Energie nur noch temperaturabhängige Schwingungen und Verdrehungen durch. Dementsprechend fällt bei weiter abnehmender Temperatur das Volumen weniger stark ab als oberhalb T_G. Läge ein „vollkristalliner" Polymerwerkstoff vor, so wäre die gestrichelte V,T-Kurve in Bild 82-5 gültig. Meistens treten an Stelle von T_S und T_G ein Schmelztemperaturbereich ΔT_S und ein Glasübergangstemperaturbereich ΔT_E (Einfrier- bzw. Erweichungsbereich) auf. Da der Kristallinitätsgrad durch die Taktizität bestimmt wird, sollten isotaktische und ataktische Polymerwerkstoffe neben unterschiedlichen Dichten auch verschiedene Schmelztemperaturen besitzen. In der Tat betragen Schmelztemperatur und Dichte bei isotaktischem Polypropylen 160 °C und 0,92 g/cm³, bei ataktischen dagegen 75 °C und 0,85 g/cm³. Die entsprechenden Zahlenwerte von isotaktischem bzw. ataktischem Polystyrol sind 230 °C und 1,08 g/cm³ bzw. 100 °C und 1,06 g/cm³.

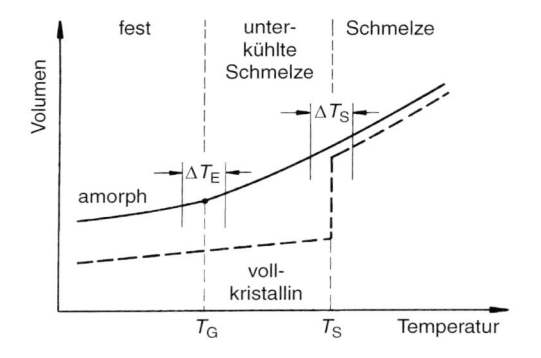

Bild 82-5
Temperaturabhängigkeit des Volumens von Thermoplasten

Von den Thermoplasten, die durchweg von linearen Polymeren gebildet werden, sind aufbau- und eigenschaftsmäßig die Elastomere und die Duroplaste zu unterscheiden. Als Elastomere werden Polymerwerkstoffe mit weitmaschig vernetzten Ketten angesprochen. Dagegen werden engmaschige polymere Netzwerke als Duroplaste bezeichnet. Durch die Vernetzung verliert der Makromolekülbegriff seine Bedeutung. An die Stelle der relativen Molekülmasse tritt der Vernetzungsgrad bzw. die relative Molekülmasse zwischen zwei Vernetzungspunkten. Diese können durch geeignete mehrfunktionelle Zusätze beeinflusst werden. Elastomere und Duroplaste sind nicht schmelzbar. Bei Überschreiten einer bestimmten Temperatur, der Zersetzungstemperatur T_Z, lösen sie sich in irreversibler Weise auf. Die Erscheinungsformen der angesprochenen Grundtypen der Polymerwerkstoffe fasst Bild 82-6 nochmals schematisch zusammen. Dabei ist bei Thermoplasten zwischen amorphen und teilkristallinen Werkstoffzuständen unterschieden. Einen Überblick über die Herstellungsarten, die Typen und die vereinbarten Kurzbezeichnungen wichtiger Polymerwerkstoffe gibt Tab. 82.1.

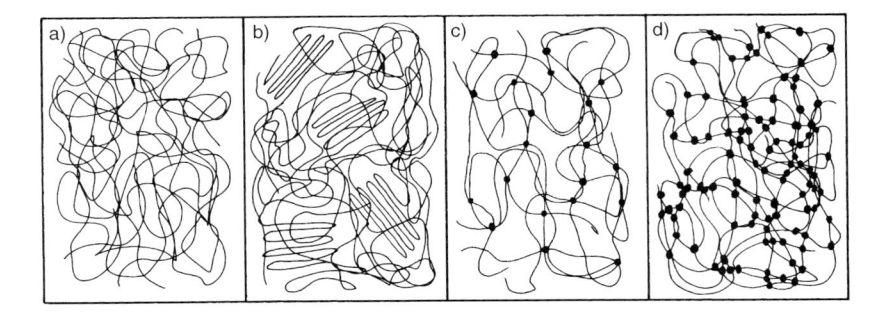

Bild 82-6 Erscheinungsformen von Polymerwerkstoffen (schematisch). Amorpher Thermoplast (a), teilkristalliner Thermoplast (b), Elastomer (c), Duroplast (d)

Tabelle 82.1 Typ, Bezeichnung und Herstellungsart einiger Polymerwerkstoffe

Typ	Name	Abkürzung	Polymerisation	Polykondensation	Polyaddition	Naturstoff
Duroplaste	Phenolharz	PF		+		
	Harnstoffharz	HF		+		
	Polyurethan	PUR			+	
	Polyesterharz	UP		+		
	Epoxidharz	EP			+	
	Harnstoff-Formaldehydharz	UF		+		
Elastomere	Polyisopren	IR	+			
	Polybutadien	BR	+			
	Polychloropren	CR	+			
	Silikon	SI		+		
	Polyurethan	PUR			+	
	Naturkautschuk	NR				+
Thermoplaste	Polyvinylchlorid	PVC	+			
	Polymethylmethacrylat	PMMA	+			
	Polystyrol	PS	+			
	Acrylnitril-Butadien-Styrol	ABS	+			
	Styrol-Acrylnitril	SAN	+			
	Polyamid	PA		+		
	Polyethylen	PE	+			
	Polyurethan	PUR			+	
	Polycarbonat	PC		+		
	Polypropylen	PP	+			
	Polyoxymethylen	POM	+			
	Polytetrafluorethylen	PTFE	+			

Aufgrund ihres strukturellen Aufbaus zeigen die verschiedenen Polymerwerkstofftypen unterschiedliche Temperaturabhängigkeiten bestimmter mechanischer Eigenschaften, z. B. des Schubmoduls. Grundsätzlich gilt, dass Polymerwerkstoffe bei sehr tiefen Temperaturen hart und spröde sind. Unter der Einwirkung wachsender äußerer Kräfte besteht dort wie bei Metallen zunächst ein durch das Hooke'sche Gesetz (vgl. V22) beschreibbarer Zusammenhang zwischen Spannungen und elastischen Dehnungen. Man spricht von energieelastischem (metallelastischem) Werkstoffverhalten. Relative Abstandsänderungen und räumliche Lageänderungen der Bindungsrichtungen zwischen benachbarten Atomen unter der Einwirkung der äußeren Kräfte sind dafür verantwortlich. Bei höheren Temperaturen erweichen amorphe und teilkristalline Thermoplaste (vgl. Bild 82-7). Es tritt ein Erweichungstemperaturbereich ΔT_E auf, der durch die Glasübergangstemperatur T_G gekennzeichnet ist. Oberhalb T_G überwiegt bei mechanischer Beanspruchung zunächst das sog. entropieelastische Werkstoffverhalten. Man versteht darunter mechanisch erzwungene Umlagerungen und Rotationen ganzer Kettensegmente entgegen der Wirkung der thermischen Energie, die eine regellose Makromolekülanordnung mit im thermodynamischen Sinne größerer Entropie einzustellen versucht. In diesem Temperaturbereich verkürzt (!) sich bei Zufuhr thermischer Energie ein unter konstanter Kraft stehender Polymerwerkstoff. Gemeinsam mit den entropieelastischen treten auch viskose Verformungsanteile auf, die irreversible Verschiebungen einzelner Makromoleküle relativ zueinander bewirken. Bei weiterer Temperatursteigerung werden Thermoplaste im Schmelzbereich ΔT_S in den schmelzflüssigen Zustand übergeführt. Dabei wird ΔT_S bei teilkristallinen Thermoplasten umso kleiner, je größer der Kristallinitätsgrad ist, weil den kristallinen Werkstoffbereichen eine relativ definierte Schmelztemperatur T_S zukommt. Im schmelzflüssigen Zustand ist eine weitgehend ungehinderte Verschiebung der einzelnen Makromoleküle relativ zueinander möglich unter thermischer und gegebenenfalls mechanischer Überwindung der Nebenvalenzbindungen. Das fluidmechanische Verhalten der Polymerschmelze wird durch ihre Viskosität bestimmt (vgl. V83). Diese nimmt mit wachsender Temperatur ab und bei gegebener Temperatur mit M_r und der Größe der Seitengruppen (sterische Behinderung) zu. Bei weiterer Temperatursteigerung erfolgt bei T_Z thermische Zersetzung. Aufgrund der geschilderten Zusammenhänge erwartet man somit für die mechanischen Kenngrößen amorpher Thermoplaste – wie z. B. PS, PVC, PC und ABS – die in Bild 82-7 links schematisch wiedergegebene Temperaturabhängigkeit. Bis zur Glasübergangstemperatur T_G dominiert energieelastisches, oberhalb T_G entropieelastisches Verhalten unter zunehmendem Viskositätsverlust bei weiterer Temperatursteigerung.

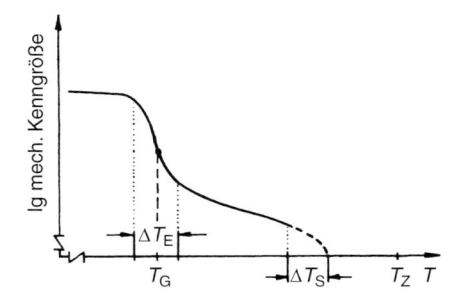

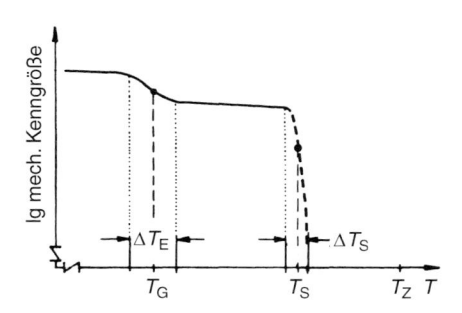

Bild 82-7 Temperaturabhängigkeit mechanischer Kenngrößen bei amorphen (links) und teilkristallinen (rechts) Thermoplasten (schematisch)

Bei teilkristallinen Thermoplasten (vgl. Bild 82-7 rechts) – wie z. B. PE, PP und PA – zeigen nur die amorphen Anteile der Polymerwerkstoffe bis T_G energieelastisches, oberhalb T_G entropieelastisches Verhalten. Die kristallinen Werkstoffbereiche bewirken jedoch eine mit wachsendem Anteil zunehmende Formstabilität, so dass bis zum Erreichen von ΔT_S energieelastisches Verhalten überwiegen kann.

Während Thermoplaste eine Glasübergangstemperatur sowohl unterhalb Raumtemperatur (PE: ~ -112 °C) als auch oberhalb Raumtemperatur (PA: ~ +60 °C) aufweisen können, liegt T_G bei weitmaschig vernetzten Elastomeren wie z. B. SI, BR und PUR meist unterhalb Raumtemperatur. Nach Bild 82-8 (links) ist von T_G bis zur Zersetzungstemperatur T_Z und damit meist auch bei Raumtemperatur entropieelastisches Werkstoffverhalten dominant. Die engmaschig vernetzten Duroplaste wie z. B. PF, EP und DP, verhalten sich bis T_G energieelastisch, oberhalb T_G entropieelastisch. Bei T_Z erfolgt der irreversible Übergang aus dem erweichten Zustand in die Zersetzungsprodukte. Weder bei Elastomeren noch bei Duroplasten treten Schmelzbereiche bzw. Schmelztemperaturen auf.

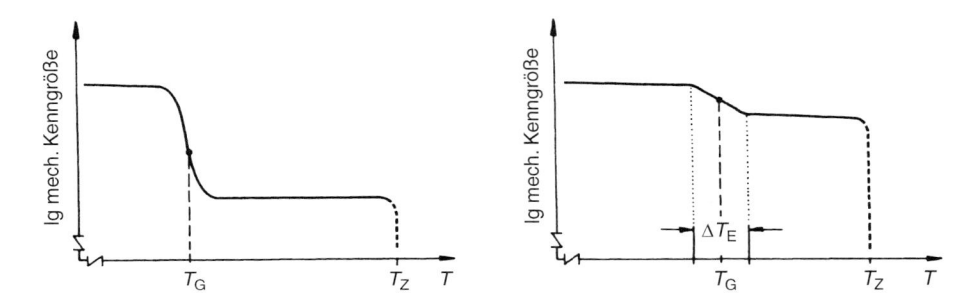

Bild 82-8 Eigenschafts-Temperatur-Verlauf bei Elastomeren (links) und Duroplasten (rechts)

82.2 Aufgabe

Ausgehend von Raumtemperatur sind für Polyvinylchlorid und Polystyrol dilatometrisch die Längenänderungen als Funktion der Temperatur zu messen und daraus die Ausdehnungskoeffizienten sowie die Glastemperaturen (bzw. die Einfrier- oder Erweichungstemperaturen) zu ermitteln. Parallel dazu sind technologisch die Erweichungstemperaturen mit einer Stifteindringmethode festzulegen. Ferner sind mit Hilfe von Viskositätsmessungen die mittleren relativen Molekülmassen der Polymerwerkstoffe zu bestimmen.

82.3 Versuchsdurchführung

Für die Versuche stehen ein Dilatometer, ein Vicat-Erweichungsprüfgerät sowie ein Kapillarviskosimeter zur Verfügung. Die dilatometrischen Messungen werden wie in V30 durchgeführt und ausgewertet. Die technologische Ermittlung der Erweichungstemperatur erfolgt mit einem ähnlichen Gerät, wie es in Bild 82-9 gezeigt ist. Es findet in der Praxis häufig Anwendung zur Überprüfung der Wärmeformbeständigkeit von Thermoplasten. In die Werkstoffproben wird bei Prüftemperatur durch eine definierte Gewichtsbelastung von 50 N eine Stahlnadel mit 1 mm² Grundfläche eingedrückt. Bei verschiedenen Temperaturen werden die Zeiten gemessen, in denen der Stahlstift in eine bestimmte Tiefe eindringt. Trägt man die Messzeiten über der Temperatur auf, so lässt sich die Erweichungstemperatur aus einem Knickpunkt des Kurvenverlaufes entnehmen. Diese Messwerte werden mit den dilatometrisch ermittelten verglichen und diskutiert. Im Gegensatz zu der hier gewählten Vorgehensweise wird die Vicat-Temperatur als Erweichungstemperatur so gemessen, dass die Probe unter der genannten Belastung kontinuierlich mit einer Heizgeschwindigkeit von 50 °C/h erwärmt und dabei die Temperatur bestimmt wird, bei der der Stift 1 mm tief eingedrungen ist.

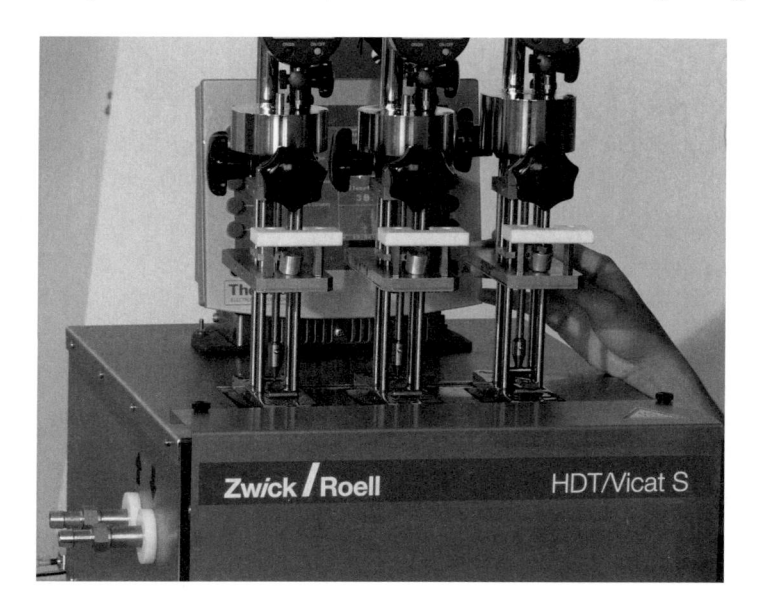

Bild 82-9 Vicat-Gerät [Quelle: Roell Prüfsysteme GmbH]

Die Bestimmung der relativen Molekülmassen erfolgt mit einem Kapillarviskosimeter. Dazu werden die Polymere mit unterschiedlicher Konzentration in geeigneten Lösungsmitteln gelöst. Bei Polystyrol finden z. B. Benzol, Toluol und Chloroform, bei Polyvinylchlorid Tetrahydrofuran, Cyclohexanon und Dimethylformamid als Lösungsmittel Anwendung. Lösungskonzentrationen von 0,1; 0,2 und 0,3 g/100 cm³ werden hergestellt. Im Kapillarviskosimeter werden die Durchlaufzeiten der verschiedenen Lösungen t_L sowie die der Lösungsmittel t_{LM} bestimmt. Dann verhalten sich aufgrund des Hagen-Poiseuille'schen Gesetzes die Durchlaufzeiten wie die zugehörigen Viskositäten. Man erhält also

$$\frac{t_L}{t_{LM}} = \frac{\eta_L}{\eta_{LM}} = \eta_{rel} \qquad (82.19)$$

wobei stets $t_L > t_{LM}$ ist. η_{rel} heißt relative Viskosität. Daraus errechnet sich die spezifische Viskosität zu

$$\eta_{spez} = \frac{\eta_L - \eta_{LM}}{\eta_{LM}} = \eta_{rel} - 1. \qquad (82.20)$$

η_{spez} ist umso größer, je größer die Konzentration der Lösung und die mittlere relative Molekülmasse der Polymere ist. Bei konstanter Lösungskonzentration nimmt η_{spez} mit M_r zu. Trägt man die auf die Lösungskonzentration c bezogene spez. Viskosität als Funktion von c auf, so ergeben sich Messpunkte, die durch eine Gerade approximiert werden können. Der Schnittpunkt der Ausgleichsgeraden durch die Messwerte mit der Ordinate liefert die Grenzviskosität

$$\eta = \frac{\eta_{\text{spez}}}{c}\bigg|_{c \to 0} . \tag{82.21}$$

Zwischen η und der mittleren relativen Molekülmasse M_r besteht der empirische Zusammenhang

$$\eta = a\overline{M}_r^a . \tag{82.22}$$

a und α sind Stoffkonstanten der jeweiligen Polymer-Lösungsmittel-Kombination und liegen vor. Die so erhaltenen M_r-Werte sind kleiner als die Molekülmassen, die sich als Mittelwert aus der tatsächlich vorliegenden Häufigkeitsverteilung der Molekülmassen der Polymeren ergeben würden.

82.4 Weiterführende Literatur

[Vol62]   Vollmert, B.: Grundriss der makromolekularen Chemie, Springer, Berlin, 1962

[Ehr99]   Ehrenstein, G. W.: Polymerwerkstoffe, 2. Aufl., Hanser, München, 1999

[Men02]   Menges, G.; Haberstroh, E.; Michaeli, W.; Schmachtenberg, E.: Werkstoffkunde der Kunststoffe, 5. Aufl., Hanser, München, 2002

[Cor00]   Corvie, J. M. B.: Chemie und Physik der synthetischen Polymere, Springer, Berlin, 2000

[NN04]   DIN EN ISO 306: Kunststoffe – Thermoplaste – Bestimmung der Vicat-Erweichungstemperatur (VST) (ISO 306:2004). Berlin: Beuth Verlag, 2004

[NN98]   ISO 1628-5: Kunststoffe – Bestimmung der Viskosität von Polymeren in verdünnter Lösung durch ein Kapillarviscosimeter – Teil 5: Thermoplastische Polyester (TP) Homopolymere und Copolymere. Berlin: Beuth Verlag, 1998

82.5 Symbole, Abkürzungen

Symbol/Abkürzung	Bedeutung	Einheit
a	Stoffkonstante	-
a, b, c, l	Abstand	mm
c	Konzentration	g/l
i	Anzahl	-
L	Länge	mm
M	Molekülmasse	g/Mol
n	Polymerisationsgrad	-
t	Zeit	s
α	Stoffkonstante	-
η	Dynamische Viskosität	Pa·s

V83 Viskoses Verhalten von Polymerwerkstoffen

83.1 Grundlagen

Bei der praktischen Verarbeitung von Thermoplasten werden die in granulierter oder Pulverform vorliegenden Polymere unter der Einwirkung von Wärme und Druck aufgeschmolzen und erfahren in geeigneten Werkzeugen die für das Fertigteil oder das Halbzeug erforderliche Formgebung. Die wichtigsten Fertigungsmethoden sind das Extrudieren, das Spritzgießen und das Pressen.

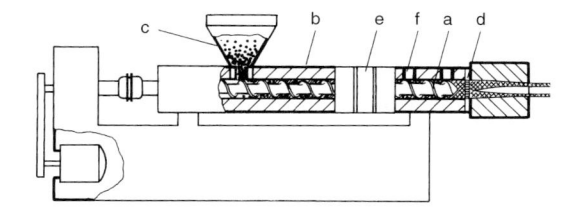

Bild 83-1 Schematischer Aufbau eines Extruders: A Schnecke, B Zylinderrohr, C Granulatzufuhr, D Prallplatte, E Heizung, F Temperaturmesseinrichtungen

Zum Extrudieren werden Extruder eingesetzt, deren schematischer Aufbau in Bild 83-1 gezeigt ist. Derartige Maschinen arbeiten mit einer Schnecke, die in einem Zylinderrohr mit einer Umfangsgeschwindigkeit von etwa 0,5 m/s rotiert. Auf dem Mantel des Zylinderrohrs sind Heizbänder angebracht. Mit Hilfe eines Temperaturregelsystems lassen sich längs des Zylinders definierte Temperaturen einstellen. An der vorderen Öffnung des Zylinders befindet sich ein Flansch zur Aufnahme der Formgebungswerkzeuge. Meistens wird mit einer Dreizonenschnecke gearbeitet. In der Einzugszone mit konstantem Durchmesser des Schneckenkerns wird aus dem Materialtrichter Granulat aufgenommen, angewärmt, vorwärts bewegt und verdichtet. Die Wärmezufuhr erfolgt über die Zylinderwand. In der Kompressionszone treibt die Schnecke anfangs ungeschmolzenes und angeschmolzenes Granulat, später die zähflüssig gewordene Werkstoffmasse weiter. Um zunehmende Verdichtung zu erreichen, wird das Arbeitsvolumen innerhalb der Schneckengänge kontinuierlich dadurch verkleinert, dass die Schneckenkerndurchmesser anwachsen. Das zähplastische Material wird schließlich in der Ausstoßzone, wo wenige flache Schneckengänge mit den größten Kerndurchmessern vorliegen, zu einer homogenen Schmelze, die im letzten Verfahrensschritt dem angeflanschten Werkzeug zugeführt wird. Ist dieses eine Ringdüse, so entsteht ein Rohr, ist es eine Breitschlitzdüse, so erhält man eine Platte. Auch bei der Herstellung von Hohlkörpern erfolgt das Plastifizieren mit Extrusionsverfahren. Bei der durch Bild 83-2 veranschaulichten Methode wird ein Schlauch extrudiert und in eine geteilte Form eingeführt. Bläst man nach Schließen der Form Druckluft in den Schlauch, wird dieser soweit aufgebläht, dass er sich an die Formwände anlegt und einen Hohlkörper ausbildet. Das Blasverfahren besitzt große praktische Bedeutung, z. B. zur Herstellung von Heizölbehältern, KFZ-Kraftstoffbehältern usw.

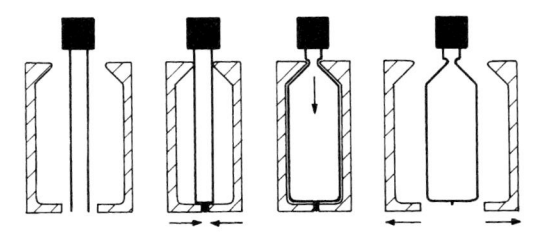

Bild 83-2 Arbeitsschritte beim Extrusionsblasverfahren

Beim Spritzgießen wird die erzeugte Polymerschmelze in geeigneter Weise einer geschlossenen Form zugeführt, dort eine angemessene Zeit unter Druck gehalten und abgekühlt. Das angewandte Prinzip geht aus Bild 83-3 hervor. Über einen Trichter (f) wird Granulat einem von außen beheizten (c) Zylinder (d) zugeführt und durch die Rotationsbewegung der Schnecke (e) vorwärts bewegt und im Schneckenvorraum (b) zwischengespeichert. Während der Vorwärtsbewegung wird das Granulat allmählich plastifiziert und liegt schließlich an der Düse (a), die mit dem Angusskanal des Werkzeuges verbunden ist, im schmelzflüssig homogenen Zustand vor. Nach dem Schließen des Werkzeuges wird die Schmelze durch die axiale Vorwärtsbewegung der Schnecke unter hohem Druck in die Werkzeugform eingespritzt. Im Anschluss an eine formteil- und materialabhängige Nachdruck- und Restkühlzeit wird das Bauteil mit Erreichen ausreichender Formstabilität entformt. Dazu wird das Werkzeug aufgefahren und das Formteil durch Betätigen der Entformungsstößel aus der Form geschoben. Während der Restkühlzeit kann bereits neues Material dem Zylinder zudosiert und plastifiziert werden.

Heute werden nahezu ausschließlich hydraulisch und elektrisch angetriebene Schneckenspritzgussmaschinen gebaut. Mit Hilfe des Spritzgießverfahrens lassen sich die vielfältigsten Formen aus Polymerwerkstoffen herstellen. Es ist deshalb das am häufigsten angewandte Formgebungsverfahren.

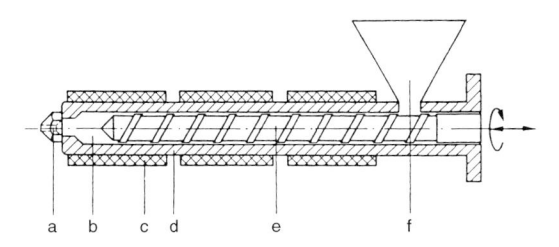

Bild 83-3 Schnecken-Spritzeinheit mit axial verschiebbarer Schnecke (schem.): A Düse, B Schneckenvorraum, C elektrisches Heizband, D Plastifizierzylinder, E Schnecke, F Materialtrichter

Geringere praktische Bedeutung hat das Herstellen von Bauteilen aus Polymerwerkstoffen durch Pressen. Bei diesem Verfahren wird der Polymerwerkstoff zwischen Stempel und Matrize einer Pressform entweder als Pulver oder als Granulat eingebracht. Beim hydraulischen Schließen der Form schmilzt das polymere Material unter Einwirkung von Wärme und Druck und füllt den Hohlraum zwischen Stempel und Matrize aus.

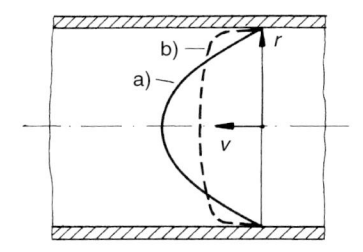

Bild 83-4
Geschwindigkeitsprofile laminarer Rohrströmungen:
Newton'sche Flüssigkeit (a), strukturviskose Flüssigkeit (b)

Für die angesprochenen Fertigungsverfahren ist das mechanische Verhalten der polymeren Schmelzen von ausschlaggebender Bedeutung. Sie würden bei laminarer Strömung in einem Rohr parabelförmige Geschwindigkeitsprofile besitzen, wenn sie Newton'sche Flüssigkeiten wären (vgl. Bild 83-4a). Bei einer solchen besteht bekanntlich zwischen Schubspannung τ, Viskosität η und Geschwindigkeitsgefälle $\dot{\gamma}$ der Zusammenhang

$$\tau = \eta \dot{\gamma} = \eta \frac{dv}{dr}. \tag{83.1}$$

$\dot{\gamma}$ mit der Dimension s^{-1} wird Schergeschwindigkeit genannt. Erfahrungsgemäß ist aber Gl. 83.1 bei Polymerwerkstoffschmelzen höchstens für kleine Schergeschwindigkeiten erfüllt. Oft treten bei gegebener Temperatur Rohrströmungen auf, die anstelle eines parabolischen ein nach der Mitte hin abgeflachtes Geschwindigkeitsprofil (vgl. Kurve b in Bild 83-4) zeigen. Dann gilt anstelle von Gl. 83.1 näherungsweise

$$\tau = \eta \dot{\gamma}^m. \tag{83.2}$$

m heißt Fließexponent. Wird mit steigender Schergeschwindigkeit eine relative Abnahme der Viskosität beobachtet (vgl. Bild 83-5), so liegt eine strukturviskose Flüssigkeit vor. Tritt ein entgegengesetztes Verhalten auf, wie z. B. bei PVC-Schmelzen, so spricht man von einer dilatanten Flüssigkeit. Die Temperaturabhängigkeit der Viskosität lässt sich quantitativ durch die Beziehung

$$\eta = \eta_0 \exp[Q/RT] \tag{83.3}$$

beschreiben. Dabei hat Q die Bedeutung einer Aktivierungsenergie. R ist die Gaskonstante und T die absolute Temperatur. In Bild 83-6 ist als Beispiel die Temperaturabhängigkeit der Viskosität von Polystyrol wiedergegeben.

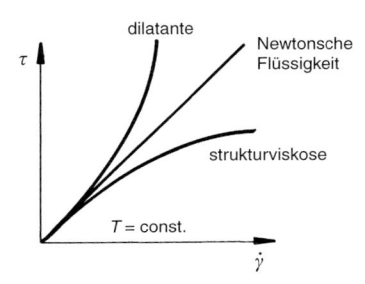

Bild 83-5
$\tau, \dot{\gamma}$ -Zusammenhänge bei dilatanten, Newton'schen und strukturviskosen Flüssigkeiten

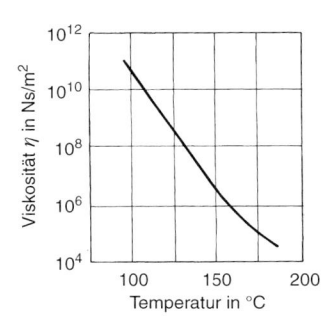

Bild 83-6 Temperaturabhängigkeit der Viskosität von Polystyrol

Die viskosen Schmelzeeigenschaften der Polymerwerkstoffe sind für die Bauteil- und Halbzeugfertigung von großer praktischer Bedeutung. Beispielsweise benötigt man beim Spritzgießen von komplizierten Bauteilen mit großem Fließweg-Wanddicken-Verhältnis „leichtfließende" Spritzgussmassen niedriger Viskosität. Dagegen muss die Polymerschmelze beim Extrudieren dickwandiger Halbzeuge oder beim Hohlkörperblasen (vgl. Bild 83-2) nach dem Austritt aus dem Werkzeug hinreichend hochviskos sein. Die Viskositäten üblicher Polymerschmelzen besitzen bei den besprochenen Bearbeitungsverfahren Werte zwischen 10^2 Ns/m² $< \eta < 10^6$ Ns/m². In praktischen Fällen wählt man die Temperatur und den Druck (bei Drucksteigerung wächst die Viskosität an) so, dass sich eine optimale Schmelzviskosität ergibt. Um die vorliegenden Verhältnisse – beispielsweise in der kreisförmig begrenzten Düse eines Extruders – zu erfassen, behandelt man die Polymerschmelze näherungsweise als Newton'sche Flüssigkeit und wendet auf diese das Hagen-Poiseuille'sche Gesetz an. Dazu postuliert man rechnerische (scheinbare) Schergeschwindigkeiten $\dot{\gamma}_s$ und Randschubspannungen τ_s. Wirkt auf eine Extruderdüse mit Länge L und Radius R der Druck p, so tritt eine Druckkraft

$$F_p = p\pi R^2 \tag{83.4}$$

auf, der die Reibungskraft

$$F_r = 2\pi R L \tau_s \tag{83.5}$$

entgegenwirkt. Im stationären Fall folgt aus Gl. 83.4 und 83.5

$$\tau_s = \frac{p\pi R^2}{2\pi R L} = \frac{pR}{2L}. \tag{85.6}$$

Andererseits liefert das Hagen-Poiseulle'sche Gesetz

$$\eta = \frac{\pi R^4 pt}{8VL} \tag{85.7}$$

wenn ein Rohr der Länge L unter dem Druck p von dem Volumen V in der Zeit t durchsetzt wird. Somit folgt als scheinbares Schergefälle $\dot{\gamma}_s$ aus den Gl. 83.1, 83.6 und 83.7

$$\dot{\gamma}_s = \frac{\tau_s}{\eta} = \frac{4V}{\pi R^3 t}. \tag{83.8}$$

Bei bekannter Geometrie lässt sich also $\dot{\gamma}_s$ aus der Messung des Volumen-Stromes V/t einfach ermitteln. Der Zusammenhang zwischen $\dot{\gamma}_s$ und τ_s wird als Fließkurve bezeichnet. Bei gegebenem Druck erhält man τ_s aus Gl. 83.6.

Beim Extrudieren von Polymerschmelzen treten neben den viskosen auch entropieelastische Verformungen (vgl. V82) auf. Das hat zur Folge, dass die Polymerschmelze während ihrer Verweilzeit in der Extruderdüse unter Druckspannungen steht. Wenn die Temperaturbedingungen ungünstig sind und zu schnell abgekühlt werden, dann werden diese Spannungen eingefroren und beeinflussen das Bauteilverhalten.

83.2 Aufgabe

Die Fließkurve und die Strangaufweitung von Polystyrol sind bei 180 °C mit Hilfe eines Laborextruders zu ermitteln.

83.3 Versuchsdurchführung

Es steht ein Plastifizierextruder mit einer Dreizonenschnecke zur Verfügung. Für die drei Heizbereiche werden die Temperaturen auf 150 °C, 160 °C und 180 °C eingeregelt. Als Austrittsdüse wird eine Kapillare mit 2 mm Innendurchmesser und 8 mm Länge benutzt. Die Temperatur der Polymerschmelze (Massetemperatur) wird mit Hilfe eines Thermoelments gemessen. Ein Druckaufnehmer erlaubt die Messung des Systemdruckes vor der Kapillare. Das Granulat wird dem Einfülltrichter zugeführt. Anschließend wird die Maschine bei einer Schneckendrehzahl von n = 20 min^{-1} in einen stationären Arbeitszustand gebracht, der etwa nach 2 min erreicht ist. Danach werden der Systemdruck, die pro Minute extrudierte Masse (durch Wägung) und der mittlere Strangdurchmesser ermittelt. In der gleichen Weise wird bei jeweils um 10 min^{-1} erhöhten Schneckendrehzahlen bis zu n = 120 min^{-1} verfahren.

Die Messwerte werden in Abhängigkeit von n aufgetragen. Der Massenstrom wird mit Hilfe des Dichtewertes von PS bei 180 °C, ρ = 0,983 g/cm^3 in den Volumenstrom umgerechnet. $\dot{\gamma}_s$ wird nach Gl. 83.8, τ_s nach Gl. 83.6 berechnet, $\dot{\gamma}_s$ wird über τ_s aufgetragen und liefert die Fließkurve bei 180 °C. Danach wird der Fließexponent m in Gl. 83.2 als Maß für die vorliegende Strukturviskosität bestimmt. Schließlich werden die Viskosität und die Strangaufweitung als Funktion der scheinbaren Schubspannung aufgezeichnet und diskutiert.

83.4 Weiterführende Literatur

[Ehr99]   Ehrenstein, G. W.: Polymerwerkstoffe, 2. Aufl., Hanser, München, 1999
[Men02]   Menges, G.; Haberstroh, E.; Michaeli, W.; Schmachtenberg, E.: Werkstoffkunde der Kunststoffe, 5. Aufl., Hanser, München, 2002
[Ehr83]   Ehrenstein, G. U.; Erhard, G.: Konstruieren mit Polymerwerkstoffen, Hanser, München. 1983
[Kun77]   Kunststoff-Bearbeitung im Gespräch, 4. Aufl., BASF, Ludwigshafen, 1977

83.5 Symbole, Abkürzungen

Symbol/Abkürzung	Bedeutung	Einheit
F	Kraft	N
L	Länge	mm
m	Fließexponent	-
n	Drehzahl	1/min
p	Druck	Pa
Q	Aktivierungsenergie	J
R	Allgemeine Gaskonstante	J/(mol·K)
r	Radius	mm
T	Absolute Temperatur	K
V	Volumen	cm³
$\dot{\gamma}$	Schergeschwindigkeit	1/s
η	Dynamische Viskosität	Pa·s
ρ	Dichte	g/cm³
τ	Schubspannung	N/mm²

V 84 Zugverformungsverhalten von Polymerwerkstoffen

84.1 Grundlagen

Die Polymerwerkstoffe zeigen bei mechanischer Beanspruchung aufgrund ihres mikrostrukturellen Aufbaus (vgl. V82) gegenüber metallischen Werkstoffen eine Reihe von Unterschieden. Von besonderer Bedeutung ist die vielfach bereits bei oder nahe bei Raumtemperatur auftretende starke Temperatur- und Zeitabhängigkeit der mechanischen Eigenschaften. Deshalb lassen Kurzzeitversuche, die unter definierten Bedingungen bei Raumtemperatur durchgeführt werden, nur grobe Charakterisierungen einzelner Werkstoffe zu. Dimensionierungskenngrößen müssen dagegen zeit- und temperaturabhängig ermittelt werden. Nachfolgend wird auf das zügige Verformungsverhalten von Polymerwerkstoffen näher eingegangen.

In Bild 84-1 sind Nennspannungs-Totaldehnungs-Kurven von teilkristallinen Polyamidproben wiedergegeben, die bei verschiedenen Temperaturen mit einer Traversengeschwindigkeit von etwa $2 \cdot 10^{-2}$ cm/s ermittelt wurden. Es besteht ein ausgeprägter Temperatureinfluss auf den anfänglichen Kurvenanstieg (Anfangsmodul $E_o = d\sigma_n/d\varepsilon_t$) und auf den weiteren Kurvenverlauf. Bei und unterhalb 40 °C zeigen die Kurven Maxima, nach deren Durchlaufen die weitere Probendehnung unter lokaler Einschnürung bei sinkender Nennspannung erfolgt. Oberhalb 40 °C wachsen die Spannungen anfänglich monoton mit zunehmender Totaldehnung an, und es treten keine Spannungsmaxima mehr auf. Die Zugproben ertragen unter gleichmäßiger Querschnittsverminderung große Totaldehnungen bis zum Bruch. Die veränderte Kurvencharakteristik oberhalb 40 °C weist darauf hin, dass nunmehr die Verformungstemperatur größer ist als die Erweichungstemperatur der amorphen Werkstoffanteile (vgl. V82) der Versuchsproben.

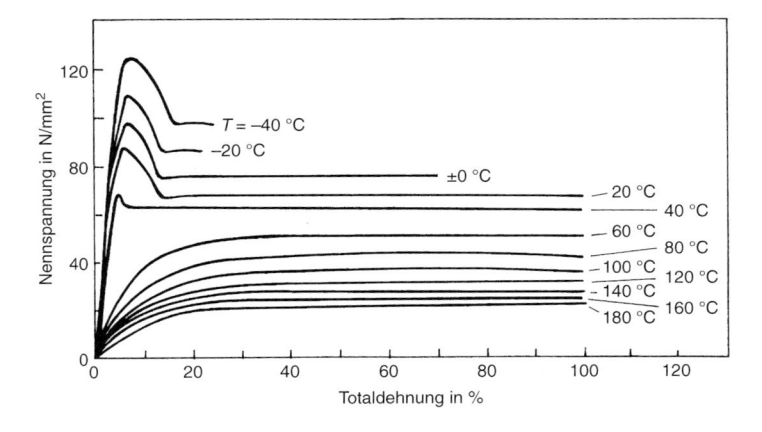

Bild 84-1 Isotherme Nennspannungs-Totaldehnungskurven eines PA

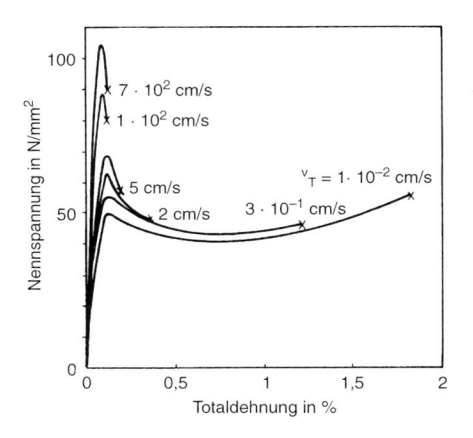

Bild 84-2 Nennspannungs-Totaldehnungskurven von PVC bei verschiedenen Traversengeschwindigkeiten

Bild 84-2 zeigt für Polystyrol, wie sich bei zügiger Beanspruchung die Nennspannungs-Totaldehnungs-Kurven mit der Traversengeschwindigkeit verändern. Mit zunehmender Verformungsgeschwindigkeit wächst die von PVC maximal aufnehmbare Spannung stark an. Gleichzeitig reduziert sich die Bruchdehnung drastisch. Allgemein gilt, dass Änderungen der Temperatur einen erheblich größeren Einfluss auf das zügige Verformungsverhalten von Polymerwerkstoffen besitzen als die in der Praxis auftretenden Änderungen der Verformungsgeschwindigkeit. Insgesamt zeigt der Vergleich der Bilder 84-1 und 84-2, dass je nach Verformungstemperatur und Verformungsgeschwindigkeit bei den einzelnen Polymerwerkstoffen recht unterschiedliche Zugverformungskurven auftreten. Ihre Form wird vom vorliegenden strukturellen und gefügemäßigen Aufbau sowie den bei den Versuchsbedingungen wirksam werdenden Verformungsmechanismen bestimmt. Für die Beurteilung des zügigen Raumtemperaturverhaltens der verschiedenen Polymerwerkstoffe bei nicht zu großen Traversengeschwindigkeiten ist aber neben Art und Struktur der Werkstoffe vor allem die relative Lage ihrer Glasübergangstemperatur gegenüber Raumtemperatur wesentlich. Allgemein kann man, je nachdem, ob die Verformungstemperatur kleiner, nahe bei oder größer T_G ist, die in Bild 84-3 zusammengestellten Kurventypen unterscheiden. Der Kurventyp A ist charakteristisch für Duroplaste sowie amorphe und teilkristalline Thermoplaste, deren Glasübergangstemperaturen sehr viel größer als die Verformungstemperaturen sind und die sich deshalb energieelastisch verhalten. Es tritt ein ausgeprägt linearer Anfangsbereich der σ_n, ε_t-Kurve mit relativ steilem Anstieg auf. Die Proben brechen nach sehr kleinen Deformationen spröde. Auch Elastomere zeigen bei extrem tiefen Temperaturen dieses Verformungsverhalten vom Typ A.

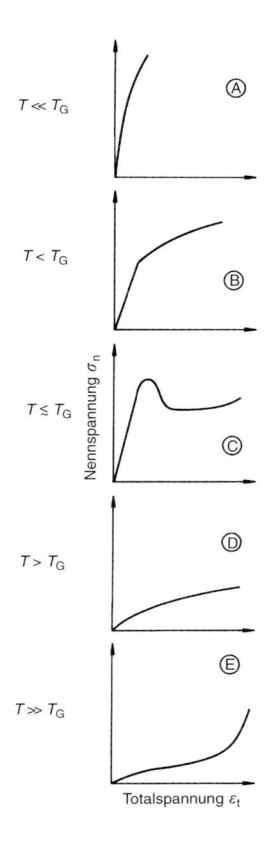

Bild 84-3
Charakteristische Zugverformungskurven von Polymerwerkstoffen. Bei Raumtemperatur wird z. B. beobachtet: Typ A bei PS, Typ B bei SB, Typ C bei PA, Typ D bei LDPE und Typ E bei PUR

Zugverformungskurven vom Typ B sind bei $T < T_G$ charakteristisch für amorphe Polymerwerkstoffe, bei denen sich bereits unter kleinen Beanspruchungen sog. Fließzonen (crazes) ausbilden. Man versteht darunter lokal begrenzte Deformationserscheinungen, wobei sich örtlich polymere Kettenstränge in ausgeprägter Weise parallel zur Zugrichtung orientieren (b). Dies führt zu relativ großen lokalen Dichteverminderungen (bis zu etwa 60 %) gegenüber der übrigen Matrix (a). Mit wachsender Beanspruchung weiten sich diese Fließzonen, von denen Bild 84-4 ein Modell zeigt, zunehmend auf. Im Gegensatz zu Mikrorissen, bei denen lokale Werkstofftrennungen vorliegen, sind die Begrenzungen der Fließzonen durch gleichartig orientierte Molekülstränge (b) miteinander verbunden. Bei weiterer Belastungssteigerung können sich in den Fließzonen Risse bilden (c).

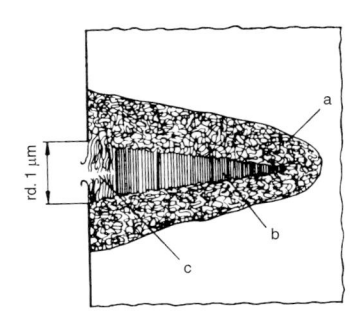

Bild 84-4
Schematisches Bild einer Fließzone: a polymere Matrix, b parallele Ausrichtung der Kettenstränge in Belastungsrichtung, c Ausbildung erster Mikrorisse

Zugverformungskurven vom Typ C treten bei Verformungstemperaturen kleiner aber relativ nahe der Glasübergangstemperatur von teilkristallinen Thermoplasten auf. Der Anfangsanstieg der σ_n, ε_t-Kurven wird weitgehend durch das mechanische Verhalten der amorphen Werkstoffbereiche bestimmt, die wesentlich größere Dehnungen liefern als die kristallinen. Bei der angesprochenen Werkstoffgruppe können die kristallinen Werkstoffbereiche in unterschiedlicher Weise ausgebildet sein. Zwei kristalline Überstrukturen sind besonders wichtig, die Lamellen- und die Sphärolithstruktur (vgl. Bild 84-5). Bei der Lamellenstruktur liegen einzelne Molekülketten oder einzelne Abschnitte von Molekülen (gefaltet) in paralleler Anordnung vor und bilden die kristallinen Bereiche. Bei der Sphärolithstruktur ordnen sich gefaltete Werkstoffbereiche als Faltungsblöcke (▤ in Bild 84-5 rechts) mit parallelen Molekülanordnungen von einem Zentrum ausgehend polyedrisch an. Zwischen den Faltungsblöcken liegen amorphe Werkstoffbereiche (∵ in Bild 84-5 rechts).

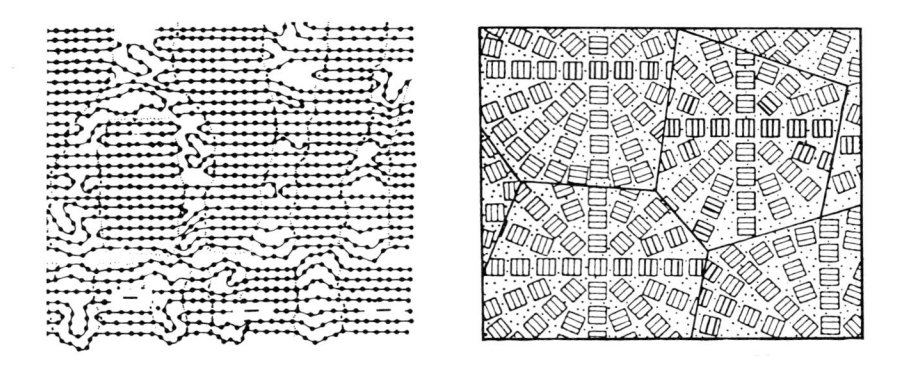

Bild 84-5 Lamellenstruktur (links) und Sphärolithstruktur (rechts) teilkristalliner Thermoplaste

Die Verformung teilkristalliner Thermoplaste mit Lamellenstruktur hat man sich wie in Bild 84-6 so vorzustellen, dass sich zunächst günstig orientierte amorphe Bereiche verformen. Im betrachteten Fall ist die Streckung der dort vorliegenden Makromoleküle mit einer Verschiebung und Drehung der kristallinen Bereiche verbunden, wobei diese sich mit ihren parallel zueinander liegenden Molekülen zunehmend in Beanspruchungsrichtung orientieren. Faltungsblöcke, die senkrecht zur Beanspruchungsrichtung angeordnet sind, werden entfaltet und parallel zur Kraftwirkungsrichtung auseinander gezogen. Findet dieses starke Nachgeben der amorphen Werkstoffbereiche und die ausgeprägte Umlagerung bzw. Entfaltung der kristallinen Werkstoffbereiche infolge örtlicher Temperaturerhöhungen ($T_{lokal} > T_G$) statt, so tritt eine lokale Einschnürung (sog. Neckbildung) mit Spannungsabfall wie beim Kurventyp C auf. Der spätere Wiederanstieg der Nennspannung beruht auf einer zunehmenden Mitheranziehung der Hauptvalenzbindungen zur Lastaufnahme.

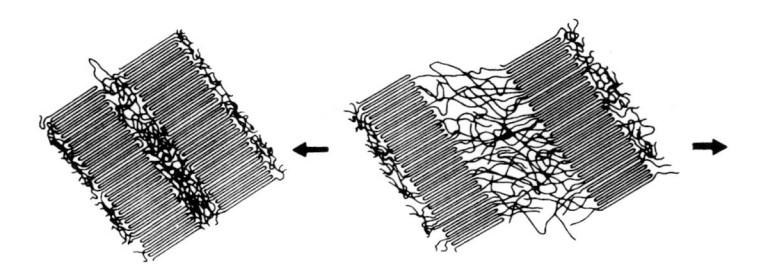

Bild 84-6 Zur Verformung teilkristalliner Thermoplaste

Bei $T > T_G$ findet das beschriebene Nachgeben der amorphen sowie die Umlagerung bzw. Entfaltung der kristallinen Werkstoffbereiche gleichmäßig verteilt über dem ganzen Werkstoffvolumen statt. Dies führt zu einer gleichmäßigen Querschnittsverminderung über der gesamten Probenlänge unter stetig ansteigendem Kraftbedarf zur weiteren Probenverlängerung. Letztere beruht wieder auf der zunehmenden Streckung und Entknäuelung der Makromoleküle und dem mit wachsender Deformation zunehmenden Anteil der zum Tragen herangezogenen Hauptvalenzbindungen längs der Kettenmoleküle. Es entsteht eine zügige Verformungskurve vom Typ D.

Liegen teilkristalline Thermoplaste mit sphärolithischer Werkstoffstruktur vor, so werden die kugelförmigen Sphärolithe zunächst ellipsoidförmig verformt, wobei sie relativ große reversible Verformungsanteile aufnehmen können. Die zur bleibenden Probenverlängerung beitragenden irreversiblen Dehnungen werden überwiegend von den senkrecht zur Beanspruchungsrichtung gelegenen Sphärolithbereichen geliefert. Dabei bestimmen die zwischen den Faltungsblöcken einzelner Sphärolithen und die zwischen den Sphärolithen liegenden amorphen Bereiche (vgl. Bild 84-5 rechts) die anfänglichen Längsdehnungen. Sind diese amorphen Zwischenbereiche nicht mehr in der Lage, die auftretenden Dehnungsunterschiede auszugleichen, so bilden sich dort Risse.

Zugverformungskurven vom Typ E sind charakteristisch für Elastomere. Die Totaldehnung ist weitgehend entropieelastischer Natur (oft > 100 %!) und beruht auf dem Übergang der ursprünglich verknäuelten polymeren Ketten in gestreckte Positionen. Der Anfangselastizitätsmodul ist sehr klein, weil praktisch kaum Relativänderungen der kovalent gebundenen Atome der einzelnen makromolekularen Ketten auftreten. Erst wenn diese erfolgen, steigt die σ_n, ε_t-Kurve bei größeren Totaldehnungen aufwärts gekrümmt an. Wichtig ist, dass der Anfangsmodul von Elastomeren mit wachsender Temperatur anwächst.

Bei der Festlegung der aus Zugversuchen von Polymerwerkstoffen bestimmbaren Werkstoffwiderstandsgrößen hat man eine besondere Sprachregelung vereinbart. In Bild 84-7 sind zwei Kraft-Verlängerungs-Diagramme (etwa wie Typ C und D in Bild 84-3) mit genormten Bezeichnungen wiedergegeben. Bei der Kurve vom Typ C nennt man F_S die Kraft bei der Streckspannung, F_{max} die Höchstkraft und F_R die Reißkraft. Die zugehörigen Längenänderungen ΔL_S, $\Delta L_{F_{max}}$ und ΔL_R werden als die Längenänderung bei der Streckkraft, der Höchstkraft und

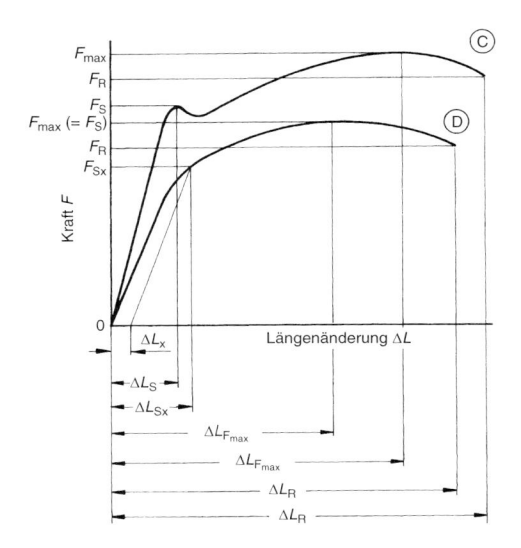

Bild 84-7
Bezeichnungen bei Kraft-Verlängerungsdiagrammen von Polymerwerkstoffen nach DIN 53 455

der Reißkraft bezeichnet. Bei der Kurve vom Typ D wird F_{Sx} als die Kraft bei x %-Dehnspannung bezeichnet und ΔL_{Sx} als die Längenänderung bei der Kraft, die der x %-Dehnspannung entspricht. Demgemäß unterscheidet man folgende Werkstoffwiderstandsgrößen bei Zugverformung:
- Die Streckspannung R_S als den Werkstoffwiderstand, bei dem die Steigung der σ_n, ε_t-Kurve zum ersten Mal gleich Null wird,
- die x %-Dehnspannung R_{Sx} als den Werkstoffwiderstand gegenüber Überschreiten einer Totaldehnung, die um x % größer ist als die elastische Dehnung unter Zugrundelegung des Anfangsmoduls E_0 bei linear elastisch angenommenem Werkstoffverhalten,
- die Zugfestigkeit R_m als den Werkstoffwiderstand bei der höchst ertragbaren Zugkraft,
- die Reißfestigkeit R_R als den nennspannungsmäßigen Werkstoffwiderstand gegen das Zerreißen der Zugprobe.

Im Falle des Vorliegens von σ_n, ε_t-Kurven vom Typ C bzw. Typ B und D (vgl. Bild 84-3) ist demnach die Streckspannung gleich der Zugfestigkeit bzw. der Reißfestigkeit.

84.2 Aufgabe

Für Zugstäbe aus schlagfestem Polystyrol sind die zwischen –40 °C und +100 °C auftretenden Nennspannungs-Gesamtdehnungs-Kurven bei konstanter Traversengeschwindigkeit von 0,1 cm/min zu ermitteln. Die Anfangsmoduln, die Streckspannungen, die Zugfestigkeiten und die bis zum Probenbruch erforderlichen Verformungsarbeiten sind als Funktion der Temperatur darzustellen und zusammen mit der beobachteten Temperaturabhängigkeit der Verformungskurven zu erörtern. Ferner sind bei Raumtemperatur ergänzende Zugversuche mit 10- und 100-mal größerer Traversengeschwindigkeit durchzuführen.

84.3 Versuchsdurchführung

Für die Untersuchungen steht eine elektromechanische Zugprüfmaschine mit einem Lastbereich von 10 kN und einer Temperiervorrichtung zur Durchführung der Versuche im angegebenen Temperaturbereich (vgl. V24) zur Verfügung. Die Probestäbe haben die in Bild 84-8 wiedergegebene Form und Abmessung. Die Zugversuche werden unter zeitproportionaler Registrierung der Kraft durchgeführt. Die Versuchsauswertung erfolgt wie in V23.

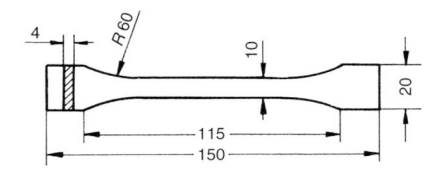

Bild 84-8 Form und Abmessungen der Probestäbe

84.4 Weiterführende Literatur

[Ehr99] Ehrenstein, G. W.: Polymerwerkstoffe, 2. Aufl., Hanser, München, 1999

[Men02] Menges, G.; Haberstroh, E.; Michaeli, W.; Schmachtenberg, E.: Werkstoffkunde der Kunststoffe, 5. Aufl., Hanser, München, 2002

[War04] Ward, I. M.; Sweeney, J.: An Introduction to the Mechanical Properties of Solid Polymers, Wiley InterScience, London, 2004

[Erh74] Erhard, G.; Strickle, E.: Maschinenelemente aus thermoplastischen Kunststoffen, VDI, Düsseldorf, 1974

84.5 Symbole, Abkürzungen

Symbol/Abkürzung	Bedeutung	Einheit
E	Elastizitätsmodul	N/mm²
F	Kraft	N
R_m	Zugfestigkeit	N/mm²
R_R	Reißfestigkeit	N/mm²
R_S	Streckspannung	N/mm²
R_{Sx}	Dehnspannung	N/mm²
T	Temperatur	°C
ΔL	Längenänderung	mm
ε	Dehnung	%
σ	Spannung	N/mm²

V85 Zeitabhängiges Deformationsverhalten von Polymerwerkstoffen

85.1 Grundlagen

Polymerwerkstoffe neigen aufgrund ihres strukturellen Aufbaus bereits bei relativ niedrigen Temperaturen zum Kriechen. Wird eine Polymerwerkstoffprobe bei gegebener Temperatur einer konstanten Zugbelastung unterworfen, so wird eine zeitliche Zunahme der Dehnung in Beanspruchungsrichtung beobachtet. Die Gesamtdehnung umfasst einen elastischen, einen viskosen und einen viskoelastischen Anteil.

Die elastische Dehnung ε_e ist eine eindeutige Funktion der wirkenden Nennspannung σ_n und unabhängig von der Belastungszeit. Sie ist durch das Hooke'sche Gesetz

$$\varepsilon_e = \frac{\sigma_n}{E} \tag{85.1}$$

gegeben, wobei E der Elastizitätsmodul ist. Wird zur Zeit $t = t_1$ die Spannung σ_n aufgeprägt, so stellt sich nach Bild 85-1a sofort die durch Gl. 85.1 bestimmte Dehnung σ_n/E ein. Wird bei $t = t_2$ die Spannung auf Null abgesenkt, so geht auch sofort die elastische Dehnung auf Null zurück. Dagegen ist die viskose Dehnung ε_v zeitabhängig und ihrem Charakter nach eine plastische Dehnung. Sie ist gegeben durch

$$\varepsilon_v = \frac{1}{\eta_o} t \sigma_n, \tag{85.2}$$

steigt also umgekehrt proportional zur Viskosität η_o, und linear mit der Belastungszeit t an (vgl. Bild 85-1b). Wird ein viskoser Körper zur Zeit $t = t_1$ mit σ_n beaufschlagt, so bleibt nach Absenkung der Spannung auf Null bei $t = t_2$ die viskose Dehnung $\varepsilon_v = (t_2-t_1)\cdot\sigma_n/\eta_o$ erhalten. Die viskoelastische Dehnung ε_{ve} schließlich (vgl. Bild 85-1c) ist eine während der Spannungseinwirkung sich zeitabhängig einstellende Dehnung, die eindeutig durch die sog. Relaxationszeit τ bestimmt wird und durch

$$\varepsilon_{ve} = \alpha[1-\exp(-t/\tau)]\sigma_n \tag{85.3}$$

gegeben ist. Dabei ist α eine Materialkonstante. Bei σ_n = const wächst ε_{ve} mit der Belastungszeit t bis zu einem Sättigungswert $\alpha\cdot\sigma_n$. Nach Wegnahme der belastenden Spannung bei $t = t_2$ fällt ε_v mit t exponentiell ab. ε_v ist also ihrem Charakter nach eine zeitabhängige reversible (relaxierende) Dehnung.

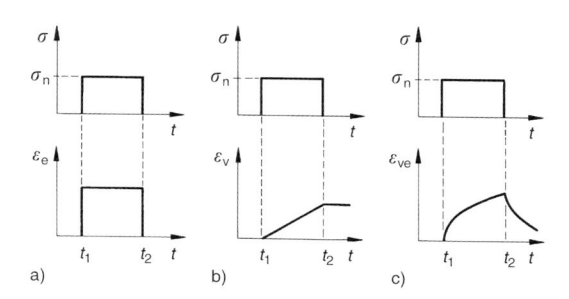

Bild 85-1
$\sigma_{n,t}$- und ε_t-Verhalten linear-elastischer (a), viskoser (b) und viskoelastischer (c) Stoffe

Eine anschauliche Darstellung der drei Dehnungsanteile ermöglichen mechanische Analogiemodelle, die von Federn und Dämpfungsgliedern (Dämpfern) Gebrauch machen. Elastisches Stoffverhalten lässt sich durch eine Feder wie in Bild 85-2a, viskoses Verhalten durch ein Dämpfungsglied wie Bild 85-2b wiedergeben. Das Hintereinanderschalten von Feder und Dämpfer (Maxwell-Körper) beschreibt gekoppeltes elastisches und viskoses Verformungsverhalten (vgl. Bild 85-2c), das Parallelschalten von Feder und Dämpfer (Voigt-Kelvin-Körper) viskoelastisches Verformungsverhalten (vgl. Bild 85-2d). Das in Bild 85-2e gezeigte Vier-Parameter-Modell lässt dann offenbar die Beschreibung des Verformungsverhaltens eines Polymerwerkstoffes zu, wenn gleichzeitig elastische, viskose und viskoelastische Verformungsvorgänge auftreten. Bei Belastung mit F = const. zur Zeit $t = t_1$ wird die obere Feder sofort elastisch verlängert (elastische Dehnung) und das untere Dämpfungsglied beginnt sich linear mit der Belastungszeit zu strecken (viskose Dehnung). Der Voigt-Kelvin-Körper in der Mitte des Modells liefert, behindert durch das Dämpfungsglied, eine exponentiell zeitabhängige Verlängerung (viskoelastische Dehnung). Insgesamt ergibt sich in Abhängigkeit von der Zeit das in Bild 85-3 skizzierte Verformungsverhalten. Bei Entlastung $F = 0$ zur Zeit $t = t_2$ wird die obere Feder des Modellkörpers sofort auf ihre Ausgangslänge verkürzt (elastische Rückverformung), wogegen das Dämpfungsglied seine Dehnung noch beibehält. Im Voigt-Kelvin-Körper bewirkt die Feder eine langsame Rückverformung des Dämpfungsgliedes (viskoelastische Rückverformung). Als Folge davon stellt sich eine mit der Zeit abnehmende Totaldehnung ein, die für $t \to \infty$ den Wert $\varepsilon_v(t_2)$ annimmt.

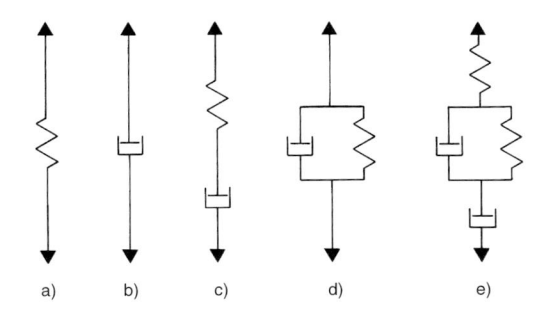

Bild 85-2
Mechanische Analogiemodelle zur Beschreibung des Verformungsverhaltens von Festkörpern (vgl. Text)

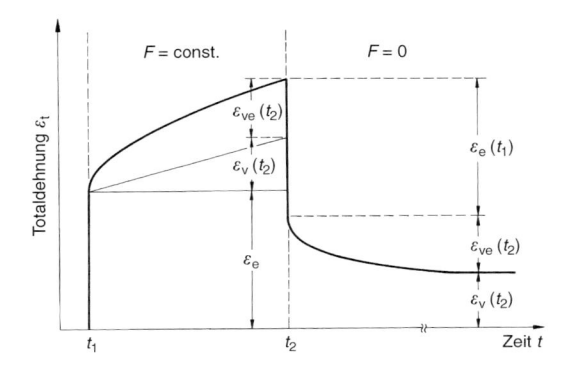

Bild 85-3
Zeitabhängiges Dehnungsverhalten eines Polymerwerkstoffes bei Belastung mit F = const und nach Entlastung auf $F = 0$

Zur Erfassung der Totaldehnung in Abhängigkeit von der Zeit sind bei den für Konstruktionsteile vorgesehenen Polymerwerkstoffen aufwändige Langzeitversuche erforderlich. Nur sie erlauben eine genaue Beurteilung des Werkstoffverhaltens. Besonders bei den Thermoplasten treten unter längerer Einwirkung hinreichend hoher Temperaturen und Belastungen beträchtliche viskose und viskoelastische Dehnungsanteile auf. In Bild 85-4 sind als Beispiel für ein POM die unter verschiedenen Spannungen bei 20 °C auftretenden Totaldehnungs-Zeit-Kurven in doppeltlogarithmischer Darstellung wiedergegeben. Bei den Polymerwerkstoffen lässt sich der elastische Dehnungsanteil als Vergrößerung der Atomabstände und als reversible Verdrehung der Valenzwinkel zwischen den Atomen ansehen (vgl. V82). Einen Beitrag liefert auch die reversible Streckung von verknäuelten Molekülen. Wenn dagegen in einem mechanisch beanspruchten Polymerwerkstoff infolge lokalisierter thermischer Schwankungen Teile der Molekülketten Plätze höherer Energie einnehmen, von denen sie nach Entlastung wieder in ihre Ausgangslagen zurückspringen können, dann werden zeit- und temperaturabhängige Rückverformungen beobachtet. Man spricht von „reversiblem Fließen". Bleibende Dehnungen schließlich entstehen durch Aufhebung von Molekülverschlingungen, Verlagerung von Molekülgruppen, überelastische Verdrehungen der Valenzwinkel und bei Thermoplasten durch Abgleitung einzelner Ketten relativ zueinander. Gerade auf die letzte Erscheinung ist die stärkere Fließneigung der Thermoplaste zurückzuführen.

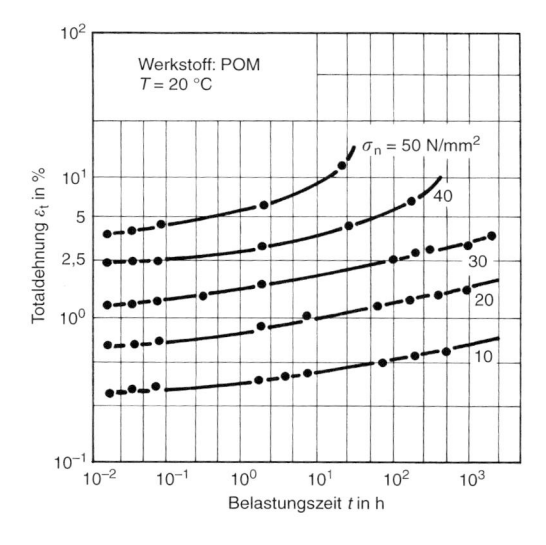

Bild 85-4 Totaldehnungs-Zeit-Kurven von POM unter verschiedenen Lastspannungen bei 20 °C

85.2 Aufgabe

An Probestäben aus dem Thermoplast Polyethylen (PE) sind bei einer Temperatur von 75 °C die unter mehreren Belastungen und nach Entlastung auftretenden Längsdehnungen als Funktion der Zeit zu bestimmen. Die elastischen, viskoelastischen und viskosen Dehnungsanteile sind zu ermitteln.

85.3 Versuchsdurchführung

Die Probestäbe werden in geeigneten Vorrichtungen eingespannt und zunächst 10 Minuten lang ohne Last im Flüssigkeitsbad eines Thermostaten auf etwa 75 °C erwärmt. Diese Temperatur liegt für das verwendete PE im Übergangsgebiet zwischen energieelastischem und entropieelastischem bzw. viskosem Zustandsbereich (vgl. V82). Unmittelbar nach den für die einzelnen Proben unterschiedlich großen Belastungen werden die elastischen Verformungsanteile bestimmt. Anschließend wird bei den einzelnen Proben über eine Zeitspanne von 30 Minuten die Verformung in Abhängigkeit von der Zeit ermittelt. Nach dem Entlasten werden die Rückverformungskurven aufgenommen und die bleibenden viskosen Verformungsanteile bestimmt. Die viskoelastischen Dehnungsanteile können dann abgeschätzt werden.

85.4 Weiterführende Literatur

[Ehr99] Ehrenstein, G. W.: Polymerwerkstoffe, 2. Aufl., Hanser, München, 1999

[Men02] Menges, G.; Haberstroh, E.; Michaeli, W.; Schmachtenberg, E.: Werkstoffkunde der Kunststoffe, 5. Aufl., Hanser, München, 2002

[War04] Ward, I. M.; Sweeney, J.: An Introduction to the Mechanical Properties of Solid Polymers, Wiley InterScience, London, 2004

[Erh74] Erhard, G.; Strickle, E.: Maschinenelemente aus thermoplastischen Kunststoffen, VDI, Düsseldorf, 1974

85.5 Symbole, Abkürzungen

Symbol/Abkürzung	Bedeutung	Einheit
a	Schlagzähigkeit	J/(mm^2)
A	Fläche	mm^2
E	Elastizitätsmodul	N/mm^2
F	Kraft	N
t	Zeit	s
W	Arbeit	J
α	Materialkonstante	-
ε	Dehnung	%
η	Dynamische Viskosität	Pa·s
σ	Spannung	N/mm^2
τ	Relaxationszeit	s

V86 Schlagzähigkeit von Polymerwerkstoffen

86.1 Grundlagen

Für die Beurteilung der mechanischen Werkstoffeigenschaften sind Kenngrößen notwendig, die unter definierten Bedingungen in reproduzierbarer Weise mit kleiner Schwankungsbreite ermittelt werden können. Bei Polymerwerkstoffen sind solche Nenngrößen in viel stärkerem Ausmaße von den Verarbeitungs- und Prüfbedingungen abhängig als bei metallischen Werkstoffen. So sind beispielsweise die Zug- und die Biegefestigkeit von Probekörpern, die aus der gleichen Charge eines Polymerwerkstoffes durch Spritzgießen hergestellt werden, stark von den dabei vorliegenden Parametern abhängig. Einflussgrößen sind z. B. die Aufheizgeschwindigkeit des Ausgangsgranulats, die Durchmischung und Verweilzeit des Materials im Zylinder der Spritzgussmaschine, die örtlichen Überhitzungen, die Werkstofftemperatur in der Spritzgussmaschine (Massetemperatur), der Spritzdruck, die Nachdruckzeit, die Formtemperatur und die Abkühlgeschwindigkeit (vgl. V83). Selbst bei Konstanz des wichtigsten Parameters Massetemperatur können sich als Folge anderer Parametervariationen Werkstoffzustände mit unterschiedlichen mechanischen Eigenschaften ergeben.

Eine einfache Methode zur quantitativen Erfassung unterschiedlicher Zustände von Polymerwerkstoffen stellt der Schlagversuch dar. Dabei wird eine glatte Polymerwerkstoffprobe mit einem kleinen Pendelhammer (vgl. Bild 86-1) zerschlagen und die dabei aufzuwendende Schlagarbeit ähnlich wie bei V46 gemessen. Als Schlagzähigkeit

$$a_n = \frac{W}{A} \left[\frac{J}{cm^2} \right] \tag{86.1}$$

wird die auf die Bruchfläche A bezogene Schlagarbeit W definiert. Bild 86-2 zeigt als Beispiel die Schlagzähigkeit von Versuchsproben aus Polystyrol, die aus gleichem Ausgangsmaterial bei gleichen Massetemperaturen auf zwei verschiedenen Spritzgussmaschinen gefertigt wurden. Zum Vergleich ist die geringe Schlagzähigkeit gepresster Proben mit angegeben. Man sieht, dass die Schlagzähigkeit der Spritzgussproben beider Maschinen unterschiedlich groß ist, aber etwa eine vergleichbare Abhängigkeit von der Massetemperatur zeigt.

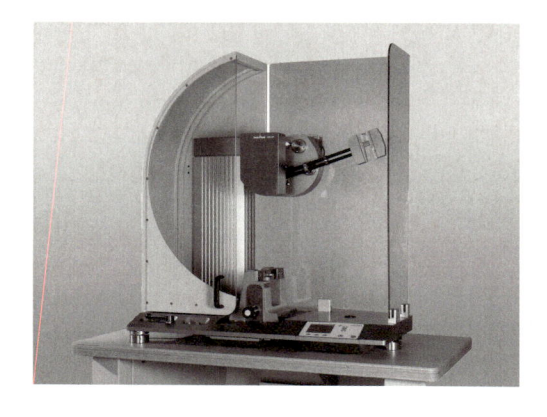

Bild 86-1
Pendelschlagwerk zur Bestimmung der Schlagzähigkeit von Polymerwerkstoffen [Quelle: Zwick GmbH & Co. KG]

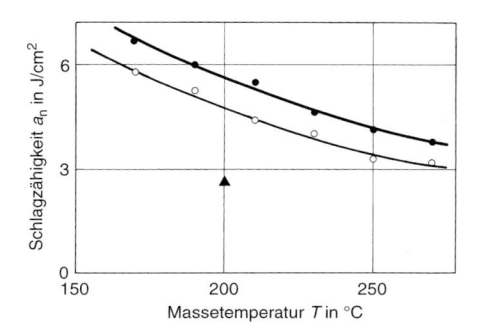

Bild 86-2 Einfluss der Massetemperatur auf die Schlagzähigkeit von Standard-PS:
● Maschine A, ○ Maschine B, ▲ gepresste Probe

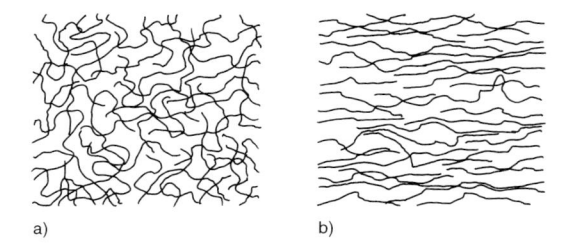

Bild 86-3 Amorpher Thermoplast (schematisch): a) regellos verknäuelt, b) mit Vorzugsrichtung

Die oben erwähnten Spritzgussparameter beeinflussen fast alle den Grad der Ausrichtung der Molekülketten in den Probekörpern. Eine ausgeprägte Anordnung der polymeren Ketten mit einer Vorzugsrichtung (Orientierung), wie sie in Bild 86-3b schematisch angedeutet ist, entsteht durch das hohe Schergefälle (vgl. V83), das sich beim Spritzguss in der zähen Polymerwerkstoffmasse ausbildet. Steigende Massetemperatur führt wegen abnehmender Viskosität zu einer weniger ausgeprägten Orientierung der Kettenmoleküle. Bei schneller Abkühlung unter die Einfriertemperatur des Polymerwerkstoffes erstarren die orientierten Moleküle unter Beibehaltung ihrer Vorzugsrichtung. Ein großer Orientierungsgrad hat bei der Beanspruchung im Schlagversuch, wenn die Normalspannung in Orientierungsrichtung wirkt, hohe Werte der Schlagzähigkeit zur Folge. Eine anschließende Temperungsbehandlung im Bereich der Erweichungstemperatur führt die gestreckten Moleküle in die energieärmere verknäuelte Lage (vgl. Bild 86-3a) zurück. Dabei zieht sich der Probekörper in der Richtung, die mit der Orientierungsrichtung übereinstimmt, unter Volumenkonstanz zusammen. Ist L_0 die Bezugslänge und L_1 die Länge nach der Temperungsbehandlung, so wird die Größe

$$S = \frac{L_0 - L_1}{L_0} \cdot 100\,\% \tag{86.2}$$

als Schrumpfung definiert. Bild 86-4 zeigt, dass bei Polystyrol eine umso größere Schrumpfung auftritt, je kleiner die Massetemperatur ist, je rascher also die Abkühlung der Proben unter die Einfriertemperatur erfolgt. Große Masse- und Formtemperaturen begünstigen schon in der Form die Rückkehr der Molekülketten des Spritzgussteils in die verknäuelte Lage.

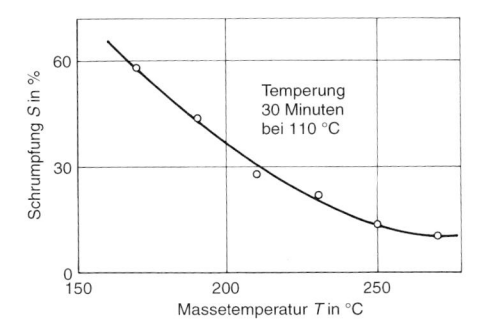

Bild 86-4
Schrumpfung von Standard-PS in Abhängigkeit von der Massetemperatur

Im Gegensatz zum herstellungsabhängigen Zusammenhang zwischen Schlagzähigkeit und der Massetemperatur (vgl. Bild 86-2) besteht zwischen der Schlagzähigkeit und dem Orientierungsmaß Schrumpfung ein eindeutiger Zusammenhang. Das wird durch Bild 86-5 belegt, wo sich für die gleichen Werkstoffzustände, die den Messungen in Bild 86-2 zugrunde lagen, ein von den Herstellungsdetails unabhängiger linearer Zusammenhang zwischen Schlagzähigkeit und Schrumpfung ergibt. Sollen demnach mit verschiedenen Spritzgussmaschinen Probekörper gleicher Eigenschaften hergestellt werden, so ist die Maschineneinstellung so zu wählen, dass die Probekörper gleiche Schrumpfung aufweisen (vgl. V83).

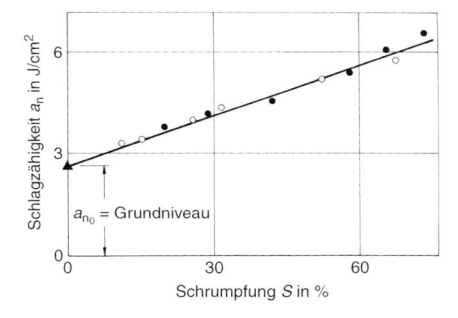

Bild 86-5
Schlagzähigkeit in Abhängigkeit von der Schrumpfung: ● Maschine A, ○ Maschine B, ▲ gepresste Probe

Im Gegensatz zu spritzgegossenen Probekörpern erweisen sich die im Pressverfahren hergestellten als praktisch orientierungs- und damit schrumpfungsfrei. Ihre mechanischen Kennwerte, die kleiner als die der spritzgegossenen Proben in Orientierungsrichtung sind, werden als Grundniveauwerte angesprochen. Das Grundniveau der Schlagzähigkeit des untersuchten Polystyrols ist in Bild 86-5 durch ▲ vermerkt. Das Grundniveau lässt sich bei spritzgegossenen Proben durch hinreichend langes Tempern in einer fest umschließenden Form erreichen.

Als Folge des Auftretens von mehr oder weniger stark orientierten Werkstoffbereichen besitzt jedes Spritzgussteil richtungsabhängige mechanische Eigenschaften. Aus Bild 86-5 darf jedoch nicht der Schluss gezogen werden, dass zunehmende Orientierung der Makromoleküle die mechanischen Eigenschaften spritzgegossener Teile in jedem Fall günstig beeinflusst. Bei Fertigteilen kann z. B. abnehmende Orientierung durchaus zu besserem mechanischem Verhalten unter bestimmten Beanspruchungsbedingungen führen. Ermittelt man beispielsweise für Polystyrolfertigteile die Fallhöhe einer Kugel vorgegebener Masse, die nach freiem Fall die Prüfkörper zerschlägt, so nimmt diese mit steigender Massetemperatur, also abnehmender Orientierung zu.

86.2 Aufgabe

Für Polystyrol (PS) ist der Einfluss der Massetemperatur beim Spritzgießen auf die Schlagzähigkeit und auf die Schrumpfung nach 30 Minuten Temperung 30 °C oberhalb der Vicattemperatur zu untersuchen. Als Grundniveau für die Schlagzähigkeit sind die Messwerte verpresster Proben zu benützen.

86.3 Versuchsdurchführung

Zur Ermittlung der Schlagzähigkeit wird ein kleines Pendelschlagwerk mit einem Auflagerabstand von 40 mm verwendet, dessen Pendelhammer mit einer kinetischen Energie von 4 J auf den Prüfkörper auftrifft. Als Prüfkörper dienen Normkleinstäbe mit den Maßen 50 x 6 x 4 mm³, die bei Massetemperaturen von 170 °C, 190 °C, 210 °C, 230 °C, 250 °C und 270 °C gespritzt wurden. Vor Beginn der Schrumpfungen wird zunächst der Vicat-Erweichungspunkt der einzelnen Werkstoffzustände ermittelt. Dazu werden Proben mit den Abmessungen 10 x 10 x 5 mm³, auf die ein mit 50 N belasteter Stößel von 1 mm² Grundfläche drückt, kontinuierlich aufgeheizt. Als Vicat-Temperatur ist diejenige Temperatur festgelegt, bei der der Stößel 1 mm tief in den Kunststoff eingedrungen ist (vgl. V82).

An den für die Schrumpfungsuntersuchungen vorgesehenen Proben werden die Messlängen L_0 ermittelt. Die Schrumpfungsbehandlung der Proben erfolgt dann 30 °C oberhalb der Vicat-Temperatur in Glykol. Nach 30 Minuten ist erfahrungsgemäß der Schrumpfprozess praktisch beendet. Danach werden die Längen L_1 bestimmt, wobei durch geeignete Mittlung berücksichtigt wird, dass sich die oberflächennahen Probenbereiche wegen ihres starken Orientierungsgrades stärker verkürzen als die Kernbereiche.

86.4 Weiterführende Literatur

[Ehr99] Ehrenstein, G. W.: Polymerwerkstoffe, 2. Aufl., Hanser, München, 1999
[Men02] Menges, G.; Haberstroh, E.; Michaeli, W.; Schmachtenberg, E.: Werkstoffkunde der Kunststoffe, 5. Aufl., Hanser, München, 2002

86.5 Symbole, Abkürzungen

Symbol/Abkürzung	Bedeutung	Einheit
a	Schlagzähigkeit	J/(mm²)
A	Fläche	mm²
L	Länge	mm
S	Schrumpf	%
W	Arbeit	J

V87 Glasfaserverstärkte Polymerwerkstoffe

87.1 Grundlagen

Die Eigenschaften von Polymerwerkstoffen lassen sich durch den chemischen oder physikalischen Einbau von geeigneten Zusätzen in gezielter Weise beeinflussen. Zweckmäßigerweise wird dabei zwischen teilchen- und faserförmigen Einlagerungen unterschieden. Das mechanische Verhalten dieser heterogenen Polymerwerkstoffe wird durch die Form, die Größe, die Verteilung sowie die Art der Einlagerungen bestimmt. Bei Teilcheneinlagerungen wird von gefüllten sowie von modifizierten Polymerwerkstoffen, bei Fasereinlagerungen von faserverstärkten Polymerwerkstoffen gesprochen.

Bei den glasfaserverstärkten Polymerwerkstoffen finden als Matrix überwiegend ungesättigte Polyesterharze und Epoxidharze Anwendung. Als Verstärkungsfasern werden i. Allg. Glasfaserspinnfäden in Form von Rovings, Geweben oder Gelegen (vgl. Bild 87-1) verwendet. Die einzelnen Spinnfäden werden von jeweils mindestens 200 Elementarfasern (Durchmesser 7–13 μm) gebildet. Einzelne Rovings umfassen stets eine bestimmte Anzahl von Spinnfäden (z. B. 30 oder 60). Gewebe bestehen aus senkrecht verkreuzten Spinnfäden oder Rovings. Matten schließlich werden meist aus regellos orientierten, etwa 50 mm langen Spinnfädenstücken oder endlosen, schlingenförmig gelegten Spinnfäden hergestellt. Auch Thermoplaste können durch Einlagerung von Fasern verstärkt werden. Dabei finden häufig kurze Fasern mit Längen von ~ 0,2 mm Anwendung. Im Leichtbau werden zunehmend auch Fasern aus Kohlenstoff und aromatischen Polyamiden verwendet, die infolge ihrer extrem hohen Festigkeits- und Modulwerte Verbundwerkstoffe mit außerordentlich günstigem Festigkeits-Gewichts-Verhältnis ergeben.

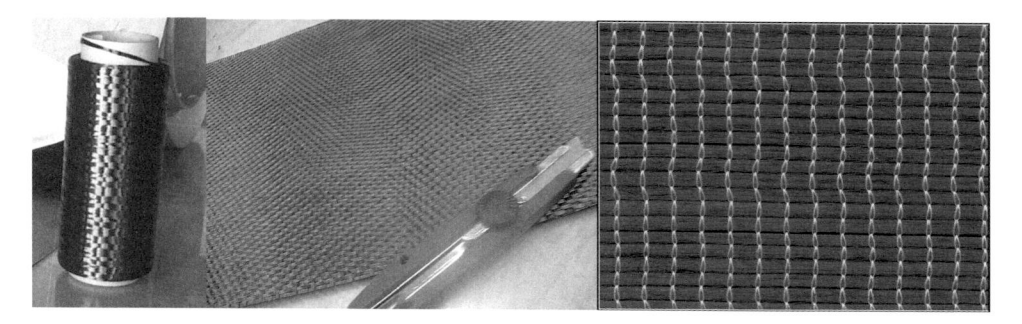

Bild 87-1 Glasfaserverstärkungen für Duroplaste: Rovings (links), Gewebe (Mitte), Gelege (rechts)

Die bei der Herstellung von glasfaserverstärkten Duroplasten benutzten Harze liegen in flüssiger Form vor. Sie werden nach Zugabe geeigneter Härtungszusätze mit den Glasverstärkungen zusammengebracht und nach der Formgebung ausgehärtet. Dabei geht die Matrix in einen festen, vernetzten und damit unschmelzbaren Zustand über. Elastizitätsmodul und Zugfestigkeit der Glasfasern und des ausgehärteten Harzes unterscheiden sich beide etwa um einen Faktor 20. Bei Kenntnis der Eigenschaften der Komponenten lassen sich die Eigenschaften des

Verbundwerkstoffs abschätzen. Den einfachsten Fall stellt die in Bild 87-2 skizzierte unidirektionale Rovingverstärkung dar.

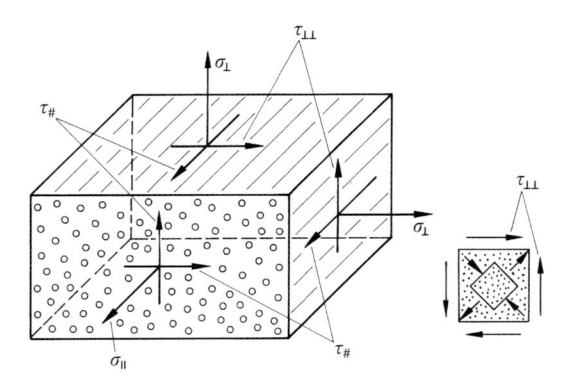

Bild 87-2 Grundbeanspruchungen

Dabei werden die vier angedeuteten Grundbeanspruchungsarten unterschieden. Bei der Beanspruchung durch Normalspannungen längs ($\sigma_\parallel$) bzw. quer ($\sigma_\perp$) zu den Fasern kann der Verbundkörper als Parallelschaltung bzw. Hintereinanderschaltung von Harz- und Glasbereichen aufgefasst werden. Bei $\sigma_\parallel$-Beanspruchung vermittelt zwischen der mittleren Spannung und der mittleren Dehnung der nach der linearen Mischungsregel berechenbare Elastizitätsmodul. Eine große Verstärkungswirkung ist zu erwarten. Bei $\sigma_\perp$-Beanspruchung stehen beide Komponenten unter gleicher Spannung und wegen der starken Modulunterschiede treten zwischen Glas und Harz große Dehnungsunterschiede auf. Da die Glasdehnungen sehr klein sind, wird praktisch die ganze Verformung vom Harz aufgenommen. Die tatsächliche Dehnung des Harzes ist aber größer als die makroskopisch messbare Dehnung am Verbund. Die Glasfasern können als im Harz schwimmend angesehen werden. Insgesamt wird eine kleinere Quer- als Längszugfestigkeit erwartet. Infolge der Kerbwirkung der Fasern und der Dehnungsvergrößerung des Harzes zwischen den Fasern ist die Querzugfestigkeit kleiner als 1/3 der Zugfestigkeit des unverstärkten Harzes. Schließlich wirken bei Quer-Quer- und Längs-Quer-Schubbeanspruchung unterschiedliche Glasfaseranordnungen den Belastungen entgegen, so dass sich auch Unterschiede in den entsprechenden Schubfestigkeitswerten ergeben. Die Quer-Quer-Schubfestigkeit ($\perp\perp$) ergibt sich deutlich größer als die Querzugfestigkeit ($\perp$), und die Längs-Quer-Schubfestigkeit (#) ist fast so groß wie die Schubfestigkeit des unverstärkten Harzes.

Wegen ihrer grundsätzlichen Bedeutung für die Beurteilung der Verstärkungswirkung wird nachfolgend eine Faserverstärkung unter Längszugbeanspruchung genauer betrachtet. Die Fasern sollen dabei die Matrix vollständig und parallel zueinander durchsetzen. Solange sich im Anfangsstadium Fasern und Harz rein elastisch verhalten, ergibt sich der Elastizitätsmodul des Verbundwerkstoffes zu

$$E_V = E_F V_F + E_H (1 - V_F). \tag{87.1}$$

Dabei sind V_F und $V_H = (1 - V_F)$ die Volumenanteile, E_F und E_H die Elastizitätsmoduln von Faser und Harz. Die Abschätzung nach Gl. 87.1 stellt eine obere Grenze für den Elastizitätsmodul des parallel zu den Fasern beanspruchten Verbundwerkstoffes dar. Verformen sich bei höheren Beanspruchungen nur noch die Fasern elastisch (vgl. Bild 87-3 a), so tritt an Stelle von Gl. 87.1 die Beziehung

$$E_\mathrm{V} = E_\mathrm{F} V_\mathrm{F} + \left|\frac{d\sigma_\mathrm{n}}{d\varepsilon_\mathrm{t}}\right|_{\varepsilon=\varepsilon_\mathrm{t}} (1 - V_\mathrm{F}) \tag{87.2}$$

Dabei ist $d\sigma_\mathrm{n}/d\varepsilon_\mathrm{t}|_{\varepsilon=\varepsilon_\mathrm{t}}$ der Kurvenanstieg der σ_n, ε_t-Kurve der reinen Harzmatrix bei der Totaldehnung ε_t, die der Totaldehnung des Verbundes entspricht. Ist $d\sigma_\mathrm{n}/d\varepsilon_\mathrm{t}$ hinreichend klein, so ist der Elastizitätsmodul näherungsweise durch

$$E_\mathrm{V} = E_\mathrm{F} V_\mathrm{F} \tag{87.3}$$

bestimmt.

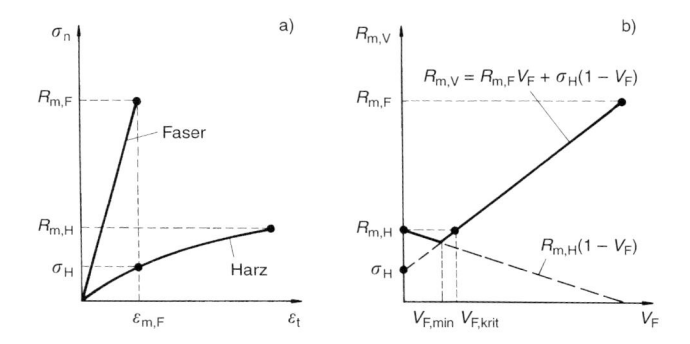

Bild 87-3 Zugverformungsverhalten von Faser und Harz (a) sowie Festigkeit des Verbundes in Abhängigkeit vom Faservolumenanteil (b)

Bei der Beurteilung der Zugfestigkeit des Verbundwerkstoffes wird davon ausgegangen, dass diese erreicht ist, wenn die Totaldehnung der verstärkten Matrix gleich der Bruchdehnung der Fasern unter Zugbeanspruchung ist. Die Zugfestigkeit ergibt sich daher zu (vgl. Bild 87-3 b)

$$R_\mathrm{m,V} = R_\mathrm{m,F} \cdot V_\mathrm{F} + \sigma_\mathrm{H} (1 - V_\mathrm{F}). \tag{87.4}$$

Dabei ist $R_\mathrm{m,F}$ die Zugfestigkeit der Fasern und σ_H die Matrixspannung, bei der die genannte Bedingung erreicht wird. Der theoretische Grenzwert von V_F liegt für Fasern mit kreisförmigem Querschnitt bei $\pi/2 \sqrt{3} \cdot 100$ Vol.-% = 90,7 Vol.-%. Praktisch lassen sich aber keine größeren Werte als ~ 80 Vol.-% erreichen. Ist $R_\mathrm{m,H}$ die Bruchspannung des reinen Harzes, so folgt aus Gl. 87.4 als Forderung für eine Verstärkungswirkung

$$R_\mathrm{m,V} = R_\mathrm{m,F} \cdot V_\mathrm{F} + \sigma_\mathrm{H} (1 - V_\mathrm{F}) \geq R_\mathrm{m,H} \tag{87.5}$$

oder

$$V_\mathrm{F} \geq \frac{R_\mathrm{m,H} - \sigma_\mathrm{H}}{R_\mathrm{m,F} - \sigma_\mathrm{H}} = V_\mathrm{F,krit}. \tag{87.6}$$

Bei sehr kleinen Fasergehalten gehorcht jedoch die verstärkte Matrix nicht mehr Gl. 87.4. Wird angenommen, dass alle Fasern eines Querschnitts gebrochen sind, dann wird nur dann der vollständige Bruch des Verbundwerkstoffes erfolgen, wenn $R_\mathrm{m,V} > R_\mathrm{m,H} (1 - V_\mathrm{F})$ ist. Dabei ist $R_{m,H}(1-V_F)$ der Widerstand des verbleibenden Harzvolumens gegen eine vollständige Trennung. Das führt auf die veränderte Bruchbedingung

$$R_{m,V} = R_{m,F} \cdot V_F + \sigma_H (1-V_F) \geq R_{m,H}(1-V_F), \tag{87.7}$$

womit sich der minimale V_F-Wert, ab dem Gl 87.4 gültig ist, zu

$$V_F > \frac{R_{m,H} - \sigma_H}{R_{m,F} - \sigma_H + R_{m,H}} = V_{F,min} \tag{87.8}$$

ergibt. In Bild 87-3 b sind die erörterten Zusammenhänge aufgezeichnet. Stets ist $V_{F,min} < V_{F,krit}$. Bei kleinen V_F-Werten fällt $R_{m,V}$ mit wachsendem V_F zunächst ab, erreicht seinen Minimalwert bei $V_F = V_{F,min}$ und wächst dann wieder linear mit V_F an. In praktischen Fällen kann der Minimalwert Beträge bis etwa $0{,}5\, R_{m,H}$ annehmen.

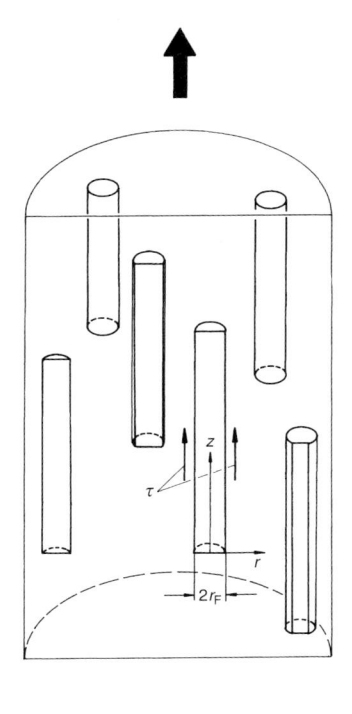

Bild 87-4
Modell von in Harz diskontinuierlich eingebundenen Glasfasern

Für unidirektional verstärkte Polymerwerkstoffe, bei denen diskontinuierlich verteilte Fasern mit in jedem Querschnitt konstantem Anteil wie bei kontinuierlicher Faserverstärkung vorliegen, lässt sich der Elastizitätsmodul ebenfalls durch Gl. 87.2 beschreiben, wenn nur die Fasern eine bestimmte Länge überschreiten, die sich aus den veränderten Kraftübertragungsbedingungen ableiten lässt. In Bild 87-4 ist der Verbund aus einzelnen Glasfasern und einem Harzmatrixvolumen schematisch angedeutet, der als ganzes makroskopisch homogen gedehnt sein soll. Unter der Einwirkung einer einachsigen Zugbeanspruchung parallel zu den Faserachsen treten – wegen der unterschiedlichen Elastizitätsmoduln – verschieden große Längenänderungen von Harz und Glas auf. Diese rufen in den die Glasfasern umgebenden Harzbereichen achsenparallele Scherungen hervor, die die Aufteilung der belastenden Kraft auf die beiden Verbundkomponenten bewirken. Die Kraftübertragung auf die Fasern erfolgt durch die in der zylindrischen Grenzfläche Harzmatrix/Glasfaser wirksamen Schubspannungen τ. Wird angenommen, dass über die Faserenden keine Kraftübertragung auf die Fasern erfolgt, dann gilt an jeder Stelle z für den von τ übertragenen Kraftanteil

$$dF = 2\pi \cdot r_F \cdot \tau \cdot dz \qquad (87.9)$$

Liegt eine hinreichend flach verlaufende Nennspannungs-Totaldehnungs-Kurve des Harzes vor, so kann bei einer Zugbeanspruchung des Verbundes, die zu einer elastisch-plastischen Harzverformung und zu einer elastischen Faserverformung führt, τ als unabhängig von z angesehen werden. Dann liefert die Integration von Gl. 87.9 die Kraftwirkung an der Stelle z einer Faser zu

$$F_z = \int_0^z dF = 2\pi \cdot r_F \cdot \tau \cdot z \qquad (87.10)$$

und als zugehörige Normalspannung

$$\sigma_{zz} = \frac{F_z}{\pi \cdot r_F^2} \qquad (87.11)$$

Aus Gl. 87.10 und 87.11 folgt

$$\sigma_{zz} = \frac{2\tau \cdot z}{r_F} \qquad (87.12)$$

Sowohl die örtlich auf die Faser wirkende Längskraft F_z als auch die proportionale Längsspannung σ_{zz} steigen linear mit der Entfernung von den Faserenden an (vgl. Bild 87-5 a und b). Die mittlere Längsspannung der Faser im Verbund ergibt sich zu

$$\frac{1}{l}\int_0^l \sigma_{zz} dz = \sigma \qquad (87.13)$$

Eine betragsmäßige Begrenzung von σ_{zz} ist dabei dadurch gegeben, dass die elastischen Längsdehnungen der Faser nirgends die mittlere Dehnung ε_V des Verbundes überschreiten dürfen, weil sonst Rissbildung auftreten würde. Durch $\sigma_{zz} = F_z/\pi\, r_F^2 < \varepsilon_V E_F$ wird dies erreicht. Als Folge davon steigen F_z und σ_{zz} von den Faserenden aus linear mit z jeweils nur bis zu von ε_V abhängigen Beträgen an und bleiben dann konstant. Damit eine Faser diese Beanspruchung aber überhaupt aufnehmen kann, muss sie – wie aus Gl. 87.12 folgt – eine Faserlänge

$$2z = l \geq 2z_{min} = l_{min} = \frac{r_F E_F}{\tau}\varepsilon_V \qquad (87.14)$$

besitzen. Bei den in Bild 87-5 skizzierten Verhältnissen ist angenommen, dass $l > l_{min}$ erfüllt ist.

V87 Glasfaserverstärkte Polymerwerkstoffe

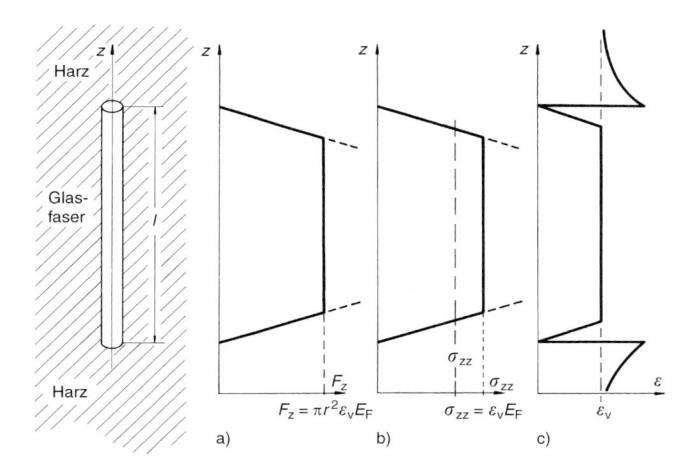

Bild 87-5 Verteilung von Längskraft (a) und Längsspannung (b) in einer Faser sowie Längsdehnung (c) in und beiderseits einer Faser

Andererseits muss aber offensichtlich auch verhindert werden, dass über die Scherungen Längsspannungen σ_{zz} entstehen, die die Zugfestigkeit $R_{m,F}$ der Faser überschreiten. Gl. 87.12 liefert dafür mit $\sigma_{zz} < R_{m,F}$ die Bedingung

$$2z = l < 2z_{krit} = l_{krit} = \frac{r_F R_{m,F}}{\tau} \tag{87.15}$$

Genauere Untersuchungen haben ergeben, dass sich die kritische Faserlänge l_{krit} in guter Näherung mit $\tau = R_{m,\tau}$ abschätzen lässt. Dabei ist $R_{m,\tau}$ die Scherfestigkeit des Verbundes Glasfaser/Harz. Die Größe

$$l_ü = \frac{1}{2} l_{krit} = \frac{r_F}{2} \frac{R_{m,F}}{R_{m,\tau}} \tag{87.16}$$

wird Übertragungslänge genannt. Bei einer Faserlänge $l > l_{krit}$ liegen daher die in Bild 87-6 skizzierten Verhältnisse vor, wenn im mittleren Teil der Faser eine Längsspannung σ_{zz} erreicht wird, die der Zugfestigkeit $R_{m,F}$ der Faser entspricht. Dann ist $l_{min} = l_{krit}$, und als mittlere Zugfestigkeit $\overline{R}_{m,F}$ der Faser im Verbund ergibt sich

$$\overline{R}_{m,F} = R_{m,F} \frac{l - 2l_ü}{l} + R_{m,F} \frac{l_ü}{l} = R_{m,F}\left(1 - \frac{l_ü}{l}\right) = R_{m,F}\left(1 - \frac{l_{krit}}{2l}\right) \tag{87.17}$$

Ist $R_{m,F}$ bekannt, so lässt sich nunmehr die Zugfestigkeit $R_{m,V}$ des gesamten Verbundwerkstoffes mit dem Faservolumenanteil V_F unter Zuhilfenahme von Gl. 87.4 abschätzen. Wird dort $R_{m,F}$ durch $\overline{R}_{m,F}$ nach Gl. 87.17 ersetzt, so ergibt sich

$$R_{m,V} = R_{m,F}\left(1 - \frac{l_{krit}}{2l}\right) V_F + \sigma_H (1 - V_F) \tag{87.18}$$

Der Vergleich mit Gl. 87.4 zeigt, dass bei gleichem Fasergehalt diskontinuierliche Fasern zu kleineren Festigkeiten des Verbundes führen als kontinuierliche Fasern. Ferner folgt, dass $R_{m,V}$ um so kleiner wird, je größer bei gegebenem Fasergehalt die kritische Faserlänge l_{krit} ist. Es werden deshalb wegen Gl. 87.16 große $R_{m,\tau}$-Werte, also beste Haftung zwischen Glasfaser und Harzmatrix an. Andererseits ist aus Gl. 87.18 erkennbar, dass, bei gegebener Zugfestigkeit $R_{m,F}$ der Fasern, ein bestimmter $R_{m,V}$-Wert mit um so kleinerer kritischer Faserlänge erreicht werden kann, je größer der Glasfaseranteil ist.

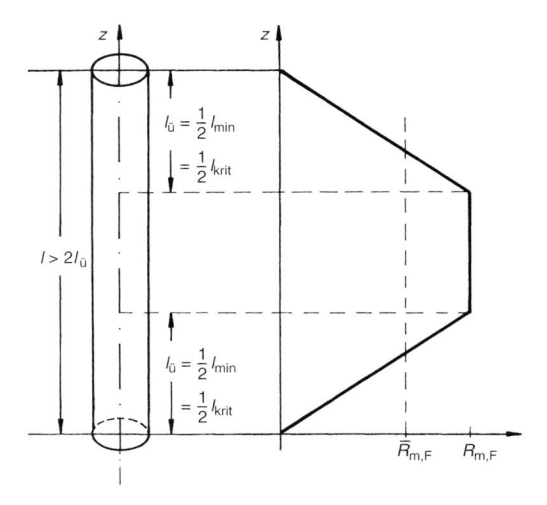

Bild 87-6: Verteilung der Längsspannung σ_{zz} in einer Faser mit $l > 2\,l_{\ddot{u}}$, wenn in Fasermitte $\sigma_{zz} = R_{m,F}$ ist

87.2 Aufgabe

Es liegen mit Rovings kontinuierlich längsverstärkte Polyesterharzplatten mit unterschiedlichen Glasgehalten vor. Aus diesen und aus reinen Harzplatten sind Zugstäbe mit Längs- und Querorientierung herauszuarbeiten. Daran sind die Anfangselastizitätsmoduln mit einem Aufsetzdehnungsmesser und die Nennspannungs-Totaldehnungs-Kurven in konventioneller Weise zu ermitteln. Die Versuchsergebnisse sind zu diskutieren und zu begründen.

87.3 Versuchsdurchführung

Die glasfaserverstärkten Polyesterharzplatten werden mit einer Wickelmaschine auf einem 8-eckigen Wickelkörper aus X 12 CrNi 18 8 hergestellt. Das Prinzip einer geeigneten Maschine zeigt Bild 87-7. Der von einem drehzahlgeregelten Elektromotor angetriebene Wickelkörper spult Glasfaserfäden (Rovings), die zuvor in Harz getränkt werden, längs des Achteckumfanges nebeneinander auf. Dabei lassen sich die Fadenspannung, die Fadendichte (und damit der Glasfasergehalt) und die Anzahl der Lagen variieren. Als Harz wird ungesättigtes Polyesterharz UP-P5 verwendet. Nach der Fertigstellung des Wickelkörpers wird dieser abgenommen und 3 h bei 140 °C ausgehärtet. Danach wird der achteckige Rohling längs seiner Kanten mit einer Trennscheibe aufgeschnitten. Aus den so erhaltenen 4 mm dicken Platten werden Flachzugstäbe mit zwei unterschiedlichen Orientierungen des Faserverlaufs zur Stablängsachse herausgearbeitet. Die Messstrecke hat eine Länge von 120 mm und eine Breite von 20 mm.

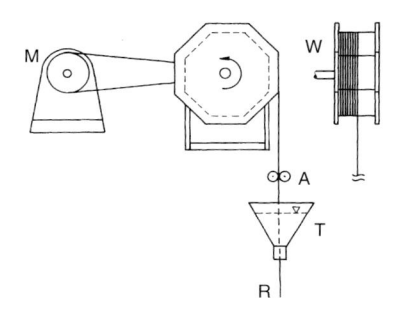

Bild 87-7 Schematischer Aufbau einer Wickelmaschine zur Herstellung von glasfaserverstärkten Polymerwerkstoffen. R Roving, T Tränkwanne, A Abstreifer, W Wickelkörper, M Antriebsmotor

Für die Versuche liegen drei Gruppen von Probestäben mit unterschiedlichen Glasgehalten sowie Probestäbe aus Reinharz vor. Die mechanischen Untersuchungen erfolgen mit einer 100 kN-Zugprüfmaschine. Zunächst werden die Anfangsmoduln der Proben unter Zugrundelegung der gleichen Arbeitsschritte wie in V22 bestimmt. Danach werden die Kraft-Längenänderungskurven (vgl. V23) aufgenommen und daraus kennzeichnende Werkstoffwiderstandsgrößen ermittelt (vgl. V84).

87.4 Weiterführende Literatur

[Ehr99] Ehrenstein, G. W.: Polymerwerkstoffe, 2. Aufl., Hanser, München, 1999
[Men02] Menges, G.; Haberstroh, E.; Michaeli, W.; Schmachtenberg, E.: Werkstoffkunde der Kunststoffe, 5. Aufl., Hanser, München, 2002
[Tap75] Taprogge, R.; Scharwächter, R.; Hahnel, P.: Faserverstärkte Hochleistungsverbundwerkstoffe, Vogel, Würzburg, 1975

87.5 Symbole, Abkürzungen

Symbol/Abkürzung	Bedeutung	Einheit
a, b, c, l	Abstand	mm
E	Elastizitätsmodul	N/mm²
F	Kraft	N
r	Radius	mm
R_m	Zugfestigkeit	N/mm²
t	Zeit	s
V	Volumenanteil	%
ε	Dehnung	%
σ	Spannung	N/mm²
τ	Schubspannung	N/mm²

V88 Wärmeleitvermögen von Schaumstoffen

88.1 Grundlagen

Schaumstoffe bestehen aus vielen kleinen, wabenförmigen, luft- oder gasgefüllten Hohlräumen (Zellen), die von offenen oder geschlossenen polymeren Gerüststrukturen umgeben sind. Wichtige Vertreter sind Polystyrol-, Polyvinylchlorid-, Polyethylen-, Polypropylen- und Polyurethanschäume. Das Raumgewicht der Schaumstoffe kann über den Polymerwerkstoffanteil sowie die mittlere Zellgröße weitgehend unabhängig voneinander eingestellt werden. Bild 88-1 zeigt den Querschliff durch einen PE-Hartschaum. Offene und geschlossene Zellwände sind gut zu erkennen. Wegen ihrer vorzüglichen mechanischen sowie wärme- und schallisolierenden Eigenschaften finden Schaumstoffe verbreitete Anwendung.

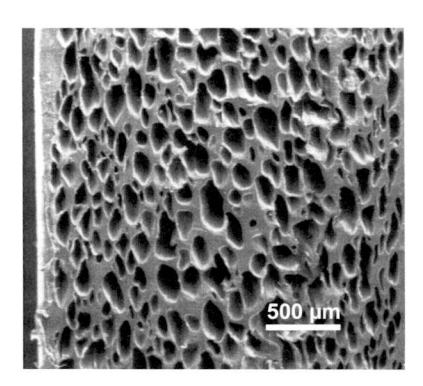

Bild 88-1 Querschliff durch einen PE-Schaum

Bei der Schaumstoffherstellung werden verschiedenartige Methoden angewandt. Bei PS wird entweder von aufgeschmolzenen Polymeren ausgegangen, denen das Treibmittel unter Druck zugepumpt wird, oder es wird ein bereits mit Treibmitteln versehenes Granulat (schäumbare Polymerpartikel) als Ausgangssubstanz benutzt. Die erstgenannte Methode wird mit speziell ausgerüsteten Extrudern (vgl. V83) realisiert. Es entstehen Schaumstoffe mit geschlossenen Zellen. Das von schäumbaren PS-Teilchen ausgehende Schaumherstellungsverfahren arbeitet zweistufig. Dabei werden zunächst die Teilchen bis zu einer bestimmten Dichte durch Wasserdampf oder heißes Wasser aufgeschäumt und dann nach Zwischenlagerung in einer festen Form ebenfalls durch Einblasen von Wasserdampf weiter aufgeschäumt bis zur völligen Verschweißung der Teilchen untereinander. Bei der PU-Schaumstoffherstellung erfolgt dagegen die Verschäumung gleichzeitig während der polymeren Synthesereaktion. Durch geeignete Wahl der Ausgangssubstanzen lässt sich z. B. erreichen, dass CO_2 abgespalten wird, unter dessen Wirkung sich die entstehenden Polymere in einer räumlichen Zellstruktur anordnen.

V88 Wärmeleitvermögen von Schaumstoffen

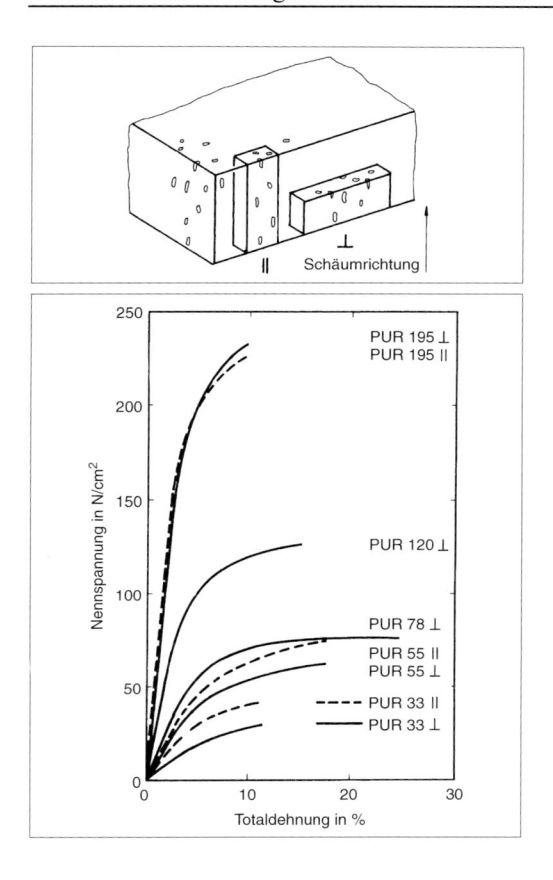

Bild 88-2 Nennspannungs-Totaldehnungs-Kurven von Hartschaumproben unterschiedlichen Raumgewichtes und verschiedener Entnahmerichtungen aus einem PUR-Schaumblock

Die mechanischen Eigenschaften der Schaumstoffe können chemisch durch Einbau größerer und steiferer Gruppen, durch Beeinflussung der Vernetzungsdichte, durch Verkürzung der polymeren Ausgangsketten sowie durch Erhöhung der Zahl der Kettenverzweigungen beeinflusst werden (vgl. V82). Eine Vorstellung von den zügigen Verformungseigenschaften, die PUR-Hartschäume unterschiedlichen Raumgewichtes besitzen, gibt Bild 88-2. Es ist erkennbar, dass die Lastaufnahmefähigkeit mit wachsendem Raumgewicht anwächst und von der Lage der Proben bezüglich der Schäumrichtung beeinflusst wird. Nachfolgend wird näher auf das Wärmeleitvermögen der Schaumstoffe eingegangen.

Die Wärmeübertragung von einem Ort hoher Temperatur zu einem anderen mit kleinerer Temperatur kann durch Wärmeleitung, Wärmekonvektion und/oder Wärmestrahlung erfolgen. Bei der Wärmeleitung geschieht der Energietransport in Festkörpern über die Wärmeschwingungen der Atome, in Gasen über die Stoßwirkung der Moleküle. In beiden Fällen ist damit kein Transport von Materie verbunden. Die Wärmekonvektion ist dagegen gerade durch Materialtransport charakterisiert. Die Energieübertragung erfolgt durch Belegung der die Wärme transportierenden Substanz. Bei der Wärmestrahlung schließlich wird Energie ohne jegliche direkte oder indirekte Mitwirkung von Materie durch elektromagnetische Wellen übertragen.

In Schaumstoffen tragen alle drei Mechanismen zum Wärmetransport bei. Besteht zwischen den ebenen Begrenzungen eines Schaumstoffs eine Temperaturdifferenz, so wird von der Oberfläche mit der höheren Temperatur die Wärme zunächst über die Stege und Zellwände der Hartschaumstruktur weitergeleitet. Von dort findet ein Wärmeübergang in das Zellgas statt, welches seinerseits die Wärme an die kühleren Wände weiterleitet. Reine Wärmeleitung tritt dabei nur in kleinen Zellen auf. Bei größeren Zellen kann es infolge der durch die einseitige Erwärmung bedingten Dichteunterschiede zu einer Wärmekonvektionsströmung kommen, die sich der Wärmeleitung überlagert. Ein weiterer Teilbetrag der Wärmemenge wird durch Strahlung von der wärmeren auf die kältere Seite der Schaumzelle übertragen. Wirken in der beschriebenen Weise Leitung, Konvektion und Strahlung zusammen, so lässt sich der ganze Wärmetransport durch

$$Q_{gesamt} = Q_{Leitung(Fest)} + Q_{Leitung(Gas)} + Q_{Konvektion(Gas)} + Q_{Strahlung} \tag{88.1}$$

beschreiben. Meist ist $Q_{Konvektion(Gas)}$ vernachlässigbar klein. Als Beispiel sind in Tab. 88.1 für einen Polyurethanschaum mit Luft- bzw. Frigenfüllung die Anteile der einzelnen Übertragungsmechanismen angegeben, wobei die vom Hartschaumstoff mit Luftfüllung übertragene Wärmemenge gleich 100 % gesetzt wurde. Erkennbar ist, dass die Wärmeübertragung bei frigengefülltem Polyurethan nur halb so groß ist wie bei luftgefülltem. Beim Wärmetransport durch den luftgefüllten Schaumstoff überwiegt der Anteil $Q_{Leitung(Gas)}$ des Zellgases. Der geringe Anteil $Q_{Leitung(Fest)}$ an Q_{gesamt} ist darauf zurückzuführen, dass der Hartschaum infolge des Raumgewichtes von 32 kg/m³ nur knapp 3 Vol.-% Polymerwerkstoff enthält. Bei dem frigengefüllten Schaumstoff sind wegen des geringen Wärmeleitvermögens des Frigens $Q_{Leitung(Gas)}$ und $Q_{Leitung(Fest)}$ nahezu gleich groß.

Tabelle 88.1 Prozentuale Anteile der einzelnen Wärmeübertragungsmechanismen bei einem Polyurethanschaum mit einem Raumgewicht von 32 kg/m³

Anteile	Zellgas	
	Luft	Frigen
$Q_{Leitung\,(Fest)}$	16,7 %	16,7 %
$Q_{Leitung\,(Gas)}$	71,0 %	21,0 %
$Q_{Konvektion\,(Gas)}$	0	0
$Q_{Strahlung}$	12,3 %	12,3 %
Q_{gesamt}	100,0 %	50,0 %

Für die praktische Beurteilung der Wärmeübertragung bei Schaumstoffen reicht eine weniger detaillierte Betrachtung aus. Bei dem in Bild 88-3 skizzierten Fall wird davon ausgegangen, dass der Wärmeübergang allein durch Wärmeleitung bestimmt wird und setzt die Gültigkeit der eindimensionalen Wärmeleitungsgleichung

$$\frac{dQ}{dt} = \lambda^* A \frac{dT}{dx} \tag{88.2}$$

voraus. Dabei ist dQ/dt die Wärmemenge dQ, die im Zeitintervall dt die Fläche A durchsetzt, wenn über der Strecke dx der Temperaturunterschied dT vorliegt. λ^* hat hier die Bedeutung einer fiktiven Wärmeleitzahl. Zeitliche Integration von Gl. 88.2 liefert

V88 Wärmeleitvermögen von Schaumstoffen

$$\lambda^* = \frac{Q}{At}\frac{dx}{dT} \quad \left[\frac{W}{mK}\right]. \tag{88.3}$$

Bei konstantem Temperaturgefälle dT/dx lässt sich also durch Messung der in der Zeit t durch die Fläche A hindurch geflossenen Wärmemenge Q die Wärmeleitzahl λ^* bestimmen. Dieses stationäre Messverfahren ist sehr aufwendig, weil die Temperaturen T_1 und T_2 während der Messung konstant gehalten werden müssen. Deshalb wird vielfach ein instationäres Messverfahren angewandt, bei dem dem Prüfobjekt eine definierte Wärmemenge

$$dQ = mc_p dT \tag{88.4}$$

über einen Wärmespeicher zugeführt wird. Dabei ist m die Masse und c_P die spezifische Wärme des Wärmespeichers bei konstantem Druck und dT der Temperaturunterschied zwischen Wärmespeicher und Umgebung. Zur Ableitung der Wärme wird der Wärmespeicher mit dem Prüfobjekt in Kontakt gebracht. Dabei zeigt die Kontakttemperatur als Funktion der Zeit einen ähnlichen Verlauf wie in Bild 88-4. Aufgrund von Gl. 88.2 und 88.4 gilt

$$\lambda^* = \frac{mc_p}{A}\frac{dx}{dT}\frac{dT}{dt}. \tag{88.5}$$

dT/dt wird der Abkühlkurve $T(t)$ als $dT/dt = \Delta T/\Delta t$ entnommen. Die T,t-Kurve stellt, da $dT/dt \sim T$ ist, eine Exponentialfunktion dar, deren Subtangenten für beliebige t gleich groß sind. Das zugehörige Temperaturgefälle dT/dx der Probe mit der Dicke D wird als $dT/dx = \Delta T/D$ eingesetzt. Damit wird Gl. 88.5 zu

$$\lambda^* = \frac{mc_p D}{A} \cdot \frac{1}{\Delta t}. \tag{88.6}$$

Sind m, c_P, D und A bekannt, so lässt sich also die Wärmeleitzahl λ^* mit Hilfe der Subtangente Δt berechnen, die für einen beliebigen Zeitpunkt durch Ziehen einer Tangente an die $T(t)$-Kurve ermittelt werden kann.

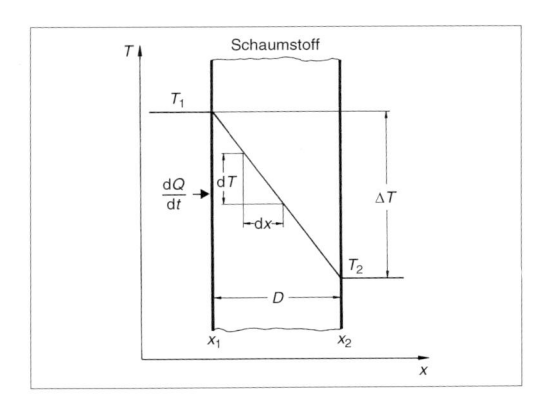

Bild 88-3 Lineares Temperaturgefälle in einer Schaumstoffschicht

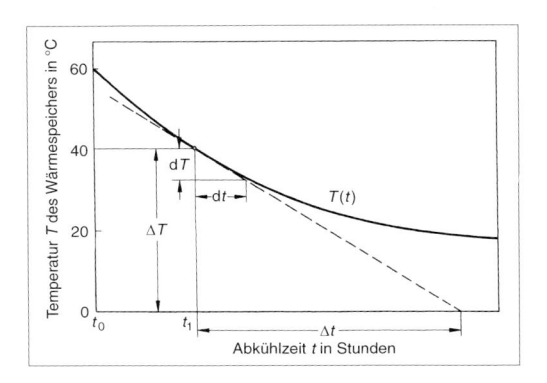

Bild 88-4 Abkühlkurve der Kontaktseite des Prüfkörpers zum Wärmespeicher

88.2 Aufgabe

Von zwei Hartschaumstoffen aus Polystyrol mit unterschiedlichen Füllgasen ist die Wärmeleitzahl λ^* zu bestimmen.

88.3 Versuchsdurchführung

Aus den zu prüfenden Schaumstoffen werden Hohlzylinder der in Bild 88-5 oben angegebenen Form hergestellt. Als Wärmespeicher dient ein vorgefertigter Kupferzylinder ($c_P = 0{,}3884$ kJ/K kg, $m = 0{,}209$ kg), der in einem Trockenschrank auf ~ 80 °C erwärmt und anschließend in die Bohrung des Prüfkörpers eingeschoben wird. Dabei wird ein zuvor eingelegtes Thermoelement gegen die Innenwand des Hohlzylinders gedrückt. Danach wird das verbleibende Hohlzylindervolumen beidseitig mit Stopfen aus Schaumstoff verschlossen. Der so vorbereitete Prüfkörper wird in ein eng anliegendes Glasgefäß eingeschoben. Danach wird das Glasgefäß zusammen mit einem Referenzthermoelement, wie in Bild 88-5 unten angedeutet, in Eiswasser eingehängt und der zeitliche Verlauf der Temperatur an der Schaumstoffoberfläche gemessen. Für die λ^*-Bestimmung wird die Subtangente der T,t-Kurve bei einer Temperatur von 40 °C ermittelt. Bei der gewählten Versuchsanordnung entsteht wegen der endlichen Länge des Prüfkörpers und der Annahme eines örtlichen linearen Temperaturverlaufs ein systematischer Fehler. Um die wahre Wärmeleitzahl λ^*_w zu erhalten, ist der nach Gl. 88.6 berechnete λ^*-Wert gemäß

$$\lambda^*_w = c\lambda^* \tag{88.7}$$

mit einem Korrekturfaktor c zu multiplizieren, der in Vorversuchen mit Schaumstoffen bekannter Wärmeleitzahl bestimmt wurde.

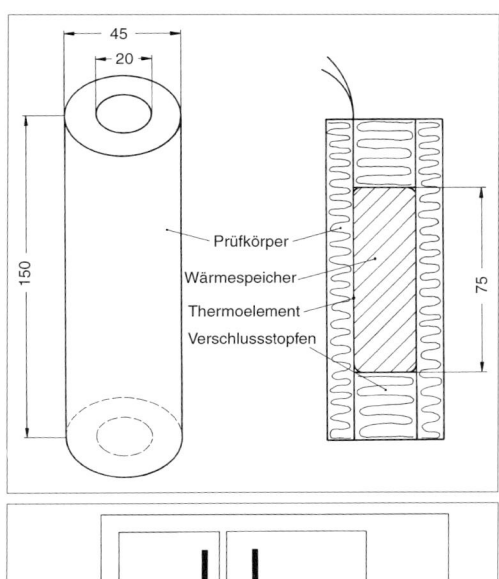

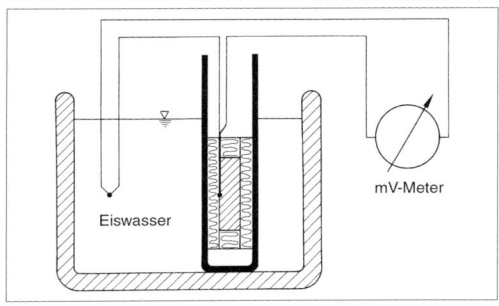

Bild 88-5
Versuchsanordnung zur Bestimmung der Wärmeleitzahl λ^*

88.4 Weiterführende Literatur

[Ehr99] Ehrenstein, G. W.: Polymerwerkstoffe, 2. Aufl., Hanser, München, 1999

[Bau76] Baumann, H.: Schaumkunststoffe, Hanser, München, 1976

[Völ72] Völker, A., Diss. „Quasistatische und dynamische Verformungsuntersuchungen an Hartschaumstoffen aus Polyurethan und Polyvinylchlorid", Universität Karlsruhe, 1972

88.5 Symbole, Abkürzungen

Symbol/Abkürzung	Bedeutung	Einheit
A	Fläche	mm²
c_P	spezifische Wärme	J/(kg·K)
D	Dicke	mm
m	Masse	kg
Q	Wärmemenge	J
T	Temperatur	°C
λ^*	Wärmeleitzahl	W/(m·K)

V89 Reibung und Verschleiß

89.1 Grundlagen

Die Lehre von Verschleiß, Reibung und Schmierung wird unter dem Begriff Tribologie zusammengefasst. Tritt ein fester Körper mit einem festen, flüssigen oder gasförmigen Gegenkörper in Kontakt oder führt eine Relativbewegung zu diesem aus, kommt es zu Verschleiß und Reibung. Dabei werden Verschleiß und Reibung in der Tribologie immer als System-Eigenschaften der beteiligten Körper und Medien betrachtet. Grund- und Gegenkörper, das Zwischenmedium und die Umgebungsatmosphäre bilden ein sog. Tribologisches System.

Verschleiß ist als Materialverlust aus der Oberfläche infolge mechanischer Beanspruchung definiert. Es wird zwischen Verschleißmechanismen und Verschleißarten unterschieden. Die Verschleißmechanismen sind Adhäsion, Abrasion, Oberflächenzerrüttung und tribochemische Reaktion und beschreiben die zugrunde liegenden Ursachen des Verschleißes.

Die Adhäsion ist durch einen Materialübertrag infolge von (Mikro-)Kaltverschweißungen in Oberflächenbereichen gekennzeichnet. Da die Oberfläche von Werkstoffen nie vollkommen eben ist, erfolgt die eigentliche Berührung über viele kleine Kontaktflächen. In diesen kleinen Kontaktzonen werden die Rauheitsgipfel elastisch oder plastisch verformt. Durch die Verformungsvorgänge werden vorhandene Adsorptions- oder Oxidschichten zerstört und die Entstehung von chemischen Bindungen zwischen den Reibpartnern ermöglicht. Sind die entstehenden Bindungen stärker als die Bindung zum Grundwerkstoff, kommt es zu einem Materialübertrag zwischen den Reibpartnern. Verschleißmerkmale der Adhäsion sind eine Aufrauung der Oberfläche und Schuppenbildung.

Bild 89-1
Schematischer Ablauf der Adhäsion

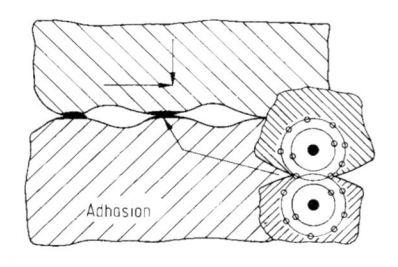

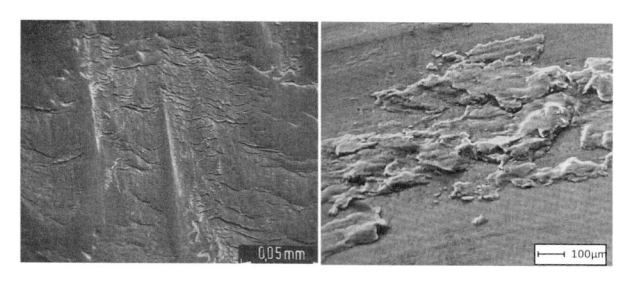

Bild 89-2
Aufrauung und Schuppenbildung auf der Oberfläche

Abrasion ist ein Materialabtrag infolge von Mikrozerspanung. Sie tritt auf, wenn Rauheitsgipfel eines härteren Gegenkörpers oder einzelner harter Partikel in Oberflächenbereiche des Grundkörpers eindringen und gleichzeitig eine Tangentialbewegung ausführen. Verschleißmerkmale der Abrasion sind eine Riefenbildung oder eine Mikrospanbildung (Mikropflügen).

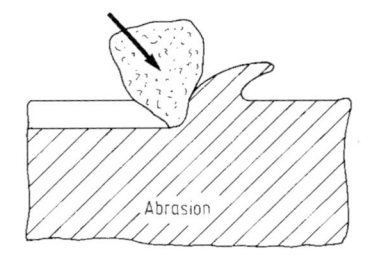

Bild 89-3
Schematischer Ablauf der Abrasion

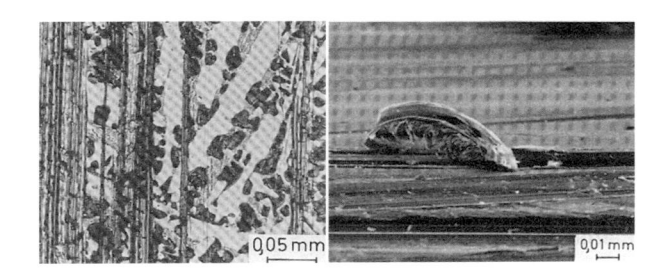

Bild 89-4
Riefen- und Spanbildung

Die Oberflächenzerrüttung ist ein durch (Kontakt-)Ermüdung ausgelöster Materialverlust. Durch wechselnde mechanische Beanspruchungen kann es zur Entstehung und zum Wachstum von Rissen kommen. Bei fortschreitendem Risswachstum kommt es zur Abtrennung von Partikeln und zur Bildung von Grübchen (engl. pittings).

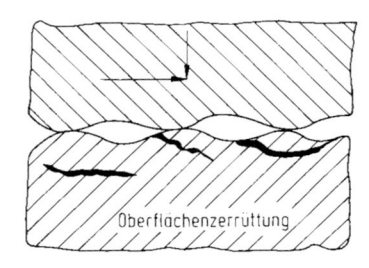

Bild 89-5
Schematischer Ablauf der Oberflächenzerrüttung

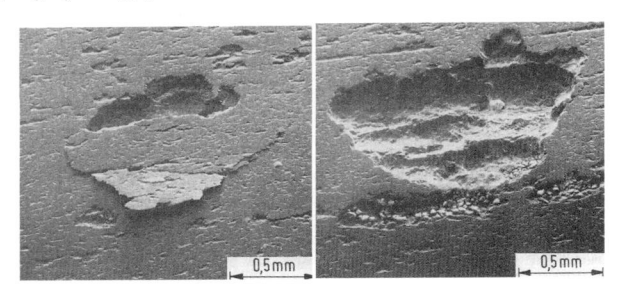

Bild 89-6
Grübchenbildung durch Oberflächenzerrüttung

Bei der tribochemischen Reaktion kommt es zu einer Entstehung von spröden Reaktionsprodukten infolge einer chemischen Reaktion. Die Reaktion kann dabei mit dem Umgebungsmedium, insbesondere Luft (Oxidation), oder eventuellen Schmiermitteln ablaufen. Auslöser kann die Entfernung passivierender Schichten oder die reibungsbedingte Temperaturerhöhung

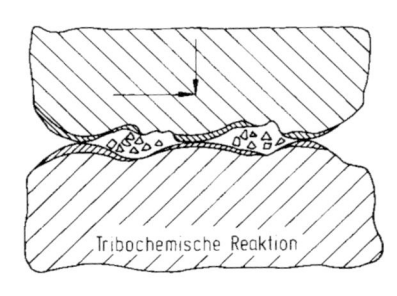

Bild 89-7
Schematischer Ablauf des tribochemischen Verschleißes

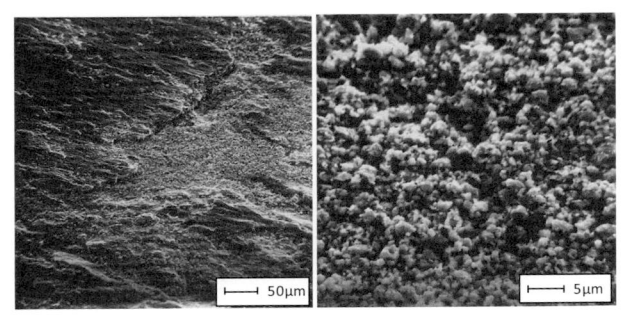

Bild 89-8
Änderung in der Topographie durch tribochemische Reaktion

durch die mechanische Beanspruchung sein. Die spröden Reaktionsprodukte können sich in der Folge durch die mechanische Beanspruchung von der Oberfläche lösen.

Die Verschleißarten werden anhand der Verschleißkörper und der Beanspruchungs- bzw. Bewegungsarten unterteilt. So wird bei festen Körpern zwischen Roll-, Wälz-, Gleit- und Stoßverschleiß unterschieden. Bei einem festen Körper und einem flüssigen oder gasförmigen Gegenmedium werden dagegen die hier nicht näher erläuterten Begriffe Kavitations- bzw. Gaserosion verwendet. An den Verschleißarten sind die verschiedenen Verschleißmechanismen in unterschiedlichen Anteilen beteiligt, so dass auch mehrere vorherrschende Verschleißmerkmale für eine Verschleißart auftreten können.

Als Reibung wird der Bewegungswiderstand verstanden, der eine Relativbewegung kontaktierender Körper verhindert bzw. dieser entgegenwirkt. Analog zum Verschleiß gibt es bei der Reibung eine Differenzierung nach Reibungsmechanismen und Reibungsarten.

Die der Reibung zugrundeliegenden Mechanismen sind die Adhäsion, Abrasion, plastische Deformation und elastische Hysterese. Wie bereits beim Verschleiß beschrieben, kommt es durch die Abrasion zu einem Materialabtrag infolge einer Mikrozerspanung. Bei der Adhäsion werden Bindungen gebildet und gelöst. Beide Mechanismen verbrauchen Energie und erhöhen dadurch den Bewegungswiderstand. Bei der elastischen Hysterese und der plastischen Deformation wird durch temporäre oder dauernde Verformungen Energie dissipiert. Dieses geschieht durch die Erhöhung der Gitterschwingungen bei der elastischen Hysterese bzw. durch die Einbringung von Gitterfehlern bei der plastischen Deformation.

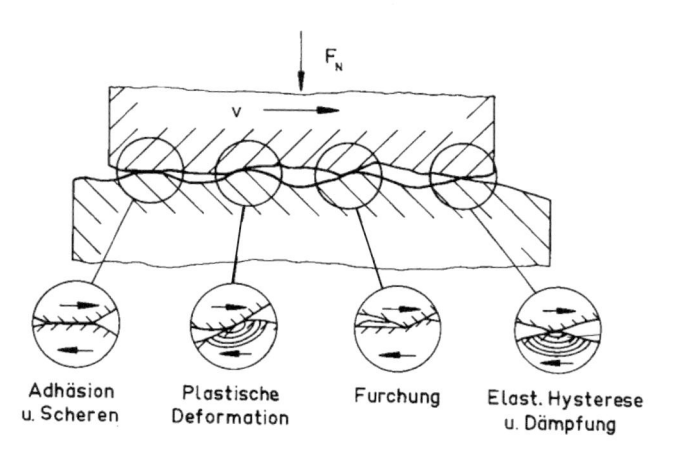

Bild 89-9 Reibungsmechanismen

Die Reibungsarten werden durch den Aggregatzustand der Reibungspartner bzw. des Zwischenmediums in folgende Reibungsbegriffe eingeteilt:
- Festkörperreibung (fest/fest)
- Flüssigkeitsreibung (fest/flüssig)
- Gasreibung (fest/gasförmig)
- Mischreibung (Mischung aus Festkörper-, Flüssigkeits- und/oder Gasreibung)
- Grenzreibung (Festkörperreibung mit einem sehr dünnen Schmierfilm)

Hinsichtlich der Festkörperreibung kann je nach den beteiligten Beanspruchungen eine weitere Untergliederung in die Reibungsarten Gleitreibung (Flächenkontakt), Rollreibung (Linienkontakt) und Bohrreibung (Punktkontakt) sowie deren Mischformen Wälzreibung, Gleit-Bohrreibung und Roll-Bohrreibung unternommen werden.

89.2 Aufgabe

An einer unbeschichteten und beschichteten Probe sollen die Reibkoeffizienten sowie die Verschleißvolumina für eine Trockenreibung mittels des Kugel-Scheibe-Tests (ball-on-disc) ermittelt werden. Die Proben und der Gegenkörper bestehen dabei aus gehärtetem 100Cr6. Die aufgebrachte Beschichtung ist eine amorphe, wasserstoffhaltige Kohlenstoffschicht (a-C:H). Die Ergebnisse sollen miteinander verglichen und mit Hinsicht auf den technischen Einsatz diskutiert werden.

89.3 Versuchsdurchführung

Für die Untersuchungen steht ein Kugel- bzw. Stift-Scheibe-Tribometer zur Verfügung. In Bild 89-10 ist schematisch dessen Funktionsweise dargestellt. Um eine Trockenreibung möglichst ideal darzustellen, werden die Proben sowie die Kugeln gründlich mit Ethanol gereinigt und dann in die Vorrichtung eingebaut. Durch die Vorgabe des Kreisradius (10 mm), des Kugeldurchmessers ($\varnothing$ 10 mm), der Umdrehungszahl (120 min^{-1}) und der Normalkraft (20 N) wird ein definierter Ausgangszustand eingestellt. Die Laufzeit soll pro Probe jeweils eine Stunde betragen.

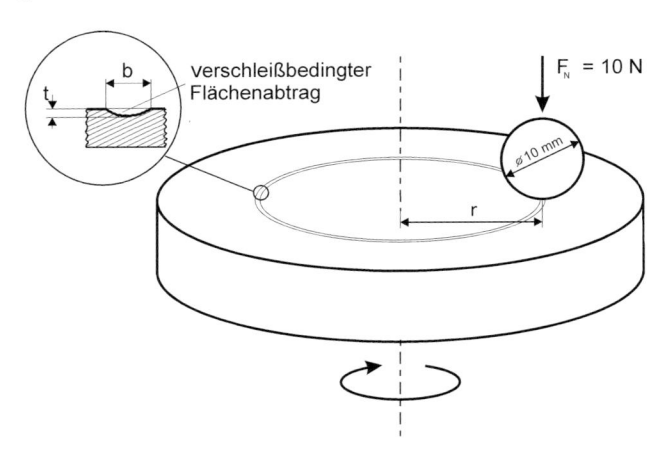

Bild 89-10 Schematische Darstellung des Kugel-Scheibe-Tests

Die Messgrößen des Kugel-Scheibe-Tribometers sind die Normalkraft und das Drehmoment als Funktion der Zeit bzw. des Weges. Durch Umformung der Gleichungen 89.1 und 89.2 zu 89.3 kann aus den Messgrößen der Reibkoeffizient ermittelt werden. Die zeitlichen Verläufe des Reibkoeffizienten sollen in einem Diagramm dargestellt werden und qualitativ sowie quantitativ miteinander verglichen werden.

$$F_R = \mu \cdot F_N \tag{89.1}$$

$$M = F_R \cdot r \tag{89.2}$$

$$\mu = \frac{M}{F_N \cdot r} \tag{89.3}$$

Zusätzlich sollen die Verschleißvolumina der Kugel sowie der Probe ermittelt werden und miteinander verglichen werden. Das Verschleißvolumen der Probe kann durch Gleichung 89.4 bestimmt werden. Hierzu wird das Profil der Verschleißspur mit einem Tastschnittgerät (siehe auch V21) ausgemessen.

$$V_{Probe} = 2\pi \cdot r \cdot A_{Probe} \tag{89.4}$$

Das Verschleißvolumen der Kugel kann durch Gleichung 89.6 bestimmt werden. Hierzu wird der Verschleißmarkendurchmesser der Kugel mit einem Lichtmikroskop bestimmt und aus diesem mit Gleichung 89.5 die Höhe des Verschleißes an der Kugel bestimmt.

$$t_{Kugel} = R - \sqrt{R^2 - \frac{d^2}{4}} \tag{89.5}$$

$$V_{Kugel} = \frac{\pi t^2 (3R - t_{Kugel})}{3} \tag{89.6}$$

89.4 Weiterführende Literatur

[DIN 50323] DIN 50 323-1: Tribologie – Begriffe. Beuth-Verlag, Berlin, 1988 (zurückgezogen)

[DIN 50324] DIN 50 343: Tribologie; Prüfung von Reibung und Verschleiß; Modellversuche bei Festkörpergleitreibung; Kugel-Scheibe-Prüfsystem (1992-07)

[Czi10] Czichos, Horst; Habig, Karl-Heinz.: Tribologie-Handbuch. Vieweg+Teubner, Wiesbaden, 2010

[Gre92] Grewe, H.: Verschleiß und Reibung. DGM Informationsgesellschaft mbH, Oberursel, 1992

[Küp01] Küper, Arnim: Der Einsatz von bororganischen Precursoren zum Gasborieren und Plasmaborieren. Shaker-Verlag, Aachen, 2001

[VDI 3822] Schadensanalyse – Schäden durch tribologische Beanspruchung. VDI-Richtlinie 3822 Blatt 5. Beuth-Verlag, Berlin, 1999

[Som10] Sommer, K.; R. Heinz u. J. Schöfer: Verschleiß metallischer Werkstoffe. Vieweg+Teubner, Wiesbaden, 2010

[Uet86] Uetz, Herbert: Abrasion und Erosion. Carl Hanser-Verlag, München, 1986

89.5 Symbole, Abkürzungen

Symbol/Abkürzung	Bedeutung	Einheit
μ	Reibkoeffizient	-
d	Verschleißmarkendurchmesser der Kugel	mm
F_R	Reibkraft	N
F_N	Normalkraft	N
M	Drehmoment des Tribometers	Nmm
r	Kreisradius der Verschleißspur	mm
R	Kugelradius	mm
t	Tiefe der Verschleißspur an der Probescheibe	mm
t_{Kugel}	Höhe des Verschleißes an der Kugel	mm
V_{Kugel}	Verschleißvolumen der Kugel	mm^3
$V_{Scheibe}$	Verschleißvolumen der Probescheibe	mm^3
A_{Probe}	Querschnittsfläche der Verschleißspur an der Probescheibe	mm^2

V90 Topografie und Morphologie von PVD-Schichten

90.1 Grundlagen

Bei praktisch allen Bauteilen und Maschinenelementen gibt es Oberflächenbereiche, die einer tribologischen Beanspruchung ausgesetzt sind (siehe V89). Diese Funktionsflächen können durch eine Beschichtung der Oberfläche in ihren Reibungs- und Verschleißeigenschaften optimiert werden. Eine Beschichtung hat dabei zusätzlich den Vorteil, dass die gewünschten Eigenschaften des Grundwerkstoffs und der Oberfläche – wie z. B. Zähigkeit und Härte – getrennt voneinander auf den Anwendungsfall angepasst werden können. Die Eigenschaften einer Schicht werden dabei stark von der Morphologie (Struktur) und Topographie (Oberflächenfeingestalt) der Schicht bestimmt.

Der Begriff Schichtmorphologie beschreibt den strukturellen Aufbau und das Gefüge einer Schicht. PVD-Verfahren (physical vapour deposition) erzeugen Schichten durch Verdampfen eines bestimmten Mediums, dabei gibt es je nach Art der Verdampfung verschiedene Verfahren:

- Thermisches Verdampfen
- Elektronenstrahlverdampfen
- Laserstrahlverdampfen
- Lichtbogenverdampfen
- Kathodenzerstäubung.

In modernen PVD-Anlagen werden heute überwiegend die Lichtbogenverdampfung oder die Kathodenzerstäubung angewendet. In Abhängigkeit von der Beschichtungstemperatur, dem Prozessgasdruck und der angelegten Substrat-Spannung (Bias-Spannung) kann es zur Ausbildung verschiedener Schichttypen kommen. Diese sind in den Modellen nach Thornton (Bild 90-1) und nach Messier (Bild 90-2) schematisch dargestellt. Zu beachten ist, dass der Term T_S/T_M jeweils aus den Temperaturen in Kelvin berechnet wird. Für die Abscheidung einer Titannitrid-Schicht (Schmelzpunkt $T_M = 3.223$ K) bei einer Temperatur von 673 K ergibt T_S/T_M etwa 0,21.

Bild 90-1
Strukturausbildung in Abhängigkeit von Prozessdruck und Prozesstemperatur [Fre87]

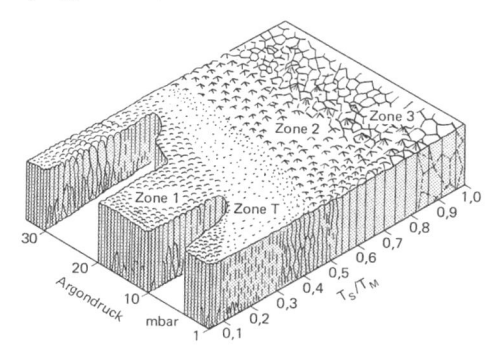

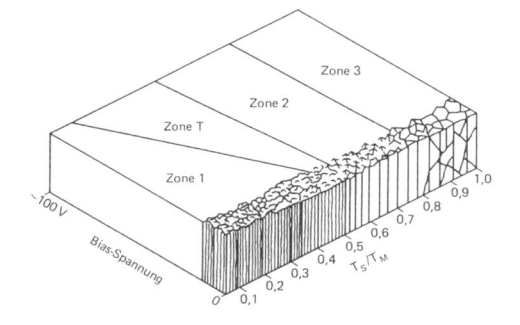

Bild 90-2
Strukturausbildung in Abhängigkeit von der Bias-Spannung und Prozesstemperatur [Fre87]

In Zone 1 ist die Oberflächendiffusion aufgrund der geringen Temperaturen stark eingeschränkt und es erfolgt ein getrenntes, stengelförmiges Wachstum der Kristallite, wobei der Durchmesser der Kristallite mit zunehmender Temperatur steigt. Dadurch ergibt sich eine poröse Gefügestruktur mit schlechten tribologischen Eigenschaften.

Die Zone T entsteht durch eine erhöhte Energie der auf die wachsende Schicht treffenden Teilchen. Dieses kann entweder durch Anlegen einer Bias-Spannung oder durch Verringern des Prozessdruckes geschehen. Die Zone T weist eine faserförmige, dichte Struktur mit einer glatten Oberfläche auf und kann je nach Anwendungsfall gute tribologische Eigenschaften aufweisen.

In Zone 2 findet Oberflächendiffusion statt. Es bildet sich eine säulenartige Struktur mit geringer Porosität und Rauheit. Der Durchmesser der Säulen nimmt mit steigender Temperatur zu. Die tribologischen Eigenschaften sind in der Regel gut.

In der Zone 3 ist aufgrund der hohen Temperatur – zusätzlich zur Oberflächendiffusion – eine Volumendiffusion möglich und es ergibt sich eine Struktur, die sich durch eine sehr hohe Packungsdichte und eine glatte Oberfläche auszeichnet. Die tribologischen Eigenschaften der Zone 3 wären sehr gut, jedoch ist für eine technische Nutzung die Beschichtungstemperatur zu hoch.

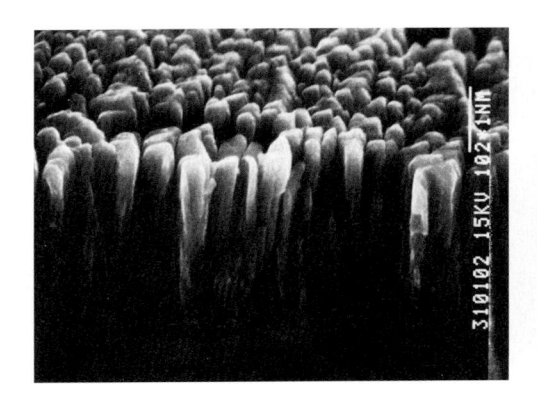

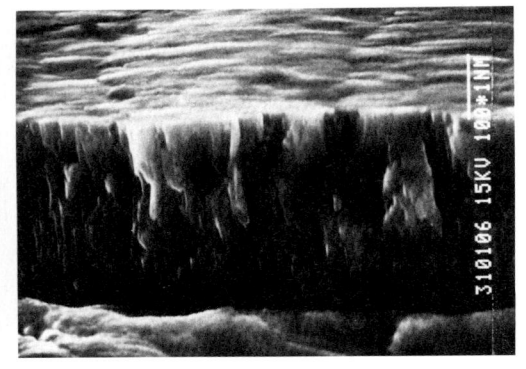

Bild 90-3 TiN-Schicht mit hoher Porosität

Bild 90-4 TiN-Schicht mit dichter Morphologie

In Bild 90-3 und Bild 90-4 sind zwei Titannitrid-Schichten (TiN) mit unterschiedlichen Schichtmorphologien dargestellt. Durch einen höheren Ionisationsgrad bei der Abscheidung ist die Struktur der TiN-Schicht in Bild 90-4 wesentlich dichter und sollte somit auch bessere mechanische Eigenschaften aufweisen.

Der Begriff Topografie beschreibt die strukturellen Merkmale einer technischen Oberfläche. Die Topographie beeinflusst die oberflächenspezifische Eigenschaften (Reibungskoeffizent, Benetzung etc.) und damit auch Eigenschaften des gesamten Bauteils (Standzeit, Wirkungsgrad etc.). Zur Charakterisierung der Oberflächentopographie können folgende Größen herangezogen werden:

- Rauheitskenngrößen
- Erscheinung einer Textur auf der Oberfläche
- Regelmäßiges Auftreten von Fehlstellen (Risse, Poren)

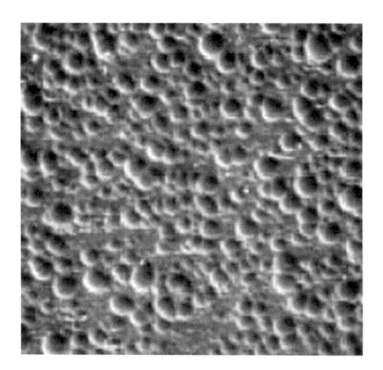

Bild 90-5
REM-Aufnahmen einer gedrehten Stahloberfläche

Bild 90-6
Pretex©-Feinblechstruktur (Salzgitter Flachstahl GmbH)

Für jeden Verarbeitungsprozess tritt eine charakteristische Oberflächentextur auf. Einige Verarbeitungsprozesse – wie z. B. ein Honen oder Dressieren – können speziell eingesetzt werden, um die Oberflächentextur zu modifizieren. Zur Veranschaulichung sind in Bild 90-5 und Bild 90-6 REM-Aufnahmen einer Oberfläche aus einem Drehprozess und einer Pretex©-Feinblechstruktur dargestellt. Während die Drehoberfläche prozessbedingt entstanden ist, wurde die Pretex©-Feinblechstruktur gezielt durch einen Walzprozess mit strukturierten Walzen erzeugt. Diese Struktur führt dabei durch die erzeugten Schmiertaschen zu Vorteilen bei Blechumform- und Lackierprozessen.

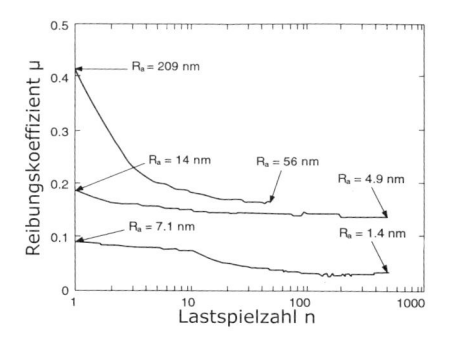

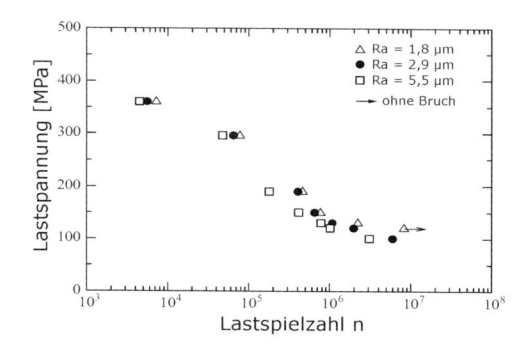

Bild 90-7 Abhängigkeit des Reibungskoeffizienten (links) und der zulässigen Spannungsamplitude (rechts) von der Rauigkeit bei Gleitbeanspruchung bzw. Umlaufbiegung

Speziell die Rauheit gilt bei technischen Oberflächen als ein besonderes Qualitätsmerkmal. Die Rauheit kann sowohl die Reibung (oberflächenspezifische Eigenschaften) als auch die Dauerfestigkeit (Eigenschaften des gesamten Bauteils) beeinflussen. In Bild 90-7 ist im zeitlichen Verlauf der Einfluss der Rauheit auf den Reibungskoeffizienten bei Gleitbeanspruchung bzw. auf die Zeit- resp. Dauerfestigkeit bei einem Umlaufbiegeversuch dargestellt. Es lässt sich erkennen, dass mit steigender Rauigkeit der Reibungskoeffizient ansteigt. Mit zunehmender Lastspielzahl kommt es durch eine Abplattung der Rauheitsspitzen zu einer Verkleinerung der

V90 Topografie und Morphologie von PVD-Schichten

Rauigkeit und damit des Reibungskoeffizienten. Die zulässige Lastspannung nimmt mit steigender Rauheit ab, dabei hat die Rauheit speziell bei hohen Lastspielzahlen einen größeren Einfluss.

Die Grundlagen zur Rauheitsmessung sind in V21 erläutert. Zur Quantifizierung der Oberflächentopographie kann neben dem in V21 vorgestellten Profilometer auch ein Rasterkraftmikroskop (Atomic Force Microscope – AFM) eingesetzt werden. Dies bietet – speziell für Dünnschichtanwendungen – die Vorteile, dass sehr kleine Rauigkeiten gemessen werden können und gleichzeitig ein flächiges Bild der Oberflächentopographie erstellt werden kann.

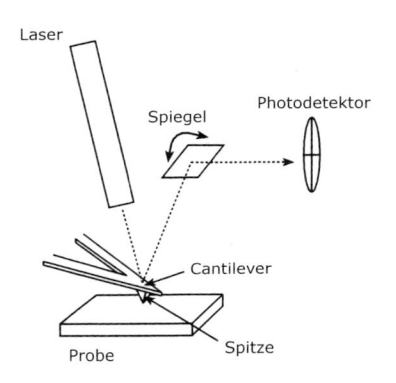

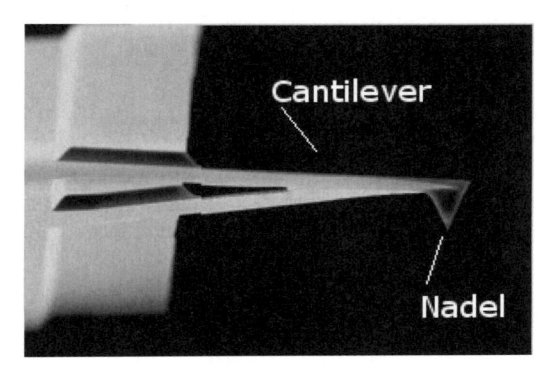

Bild 90-8 Funktionsprinzip eines AFM   **Bild 90-9** REM-Aufnahme einer AFM-Spitze

Das AFM-Funktionsprinzip ist in Bild 90-8 dargestellt. Ein Laser wird auf die Spitze einer Blattfeder (Cantilever) fokussiert, an der eine feine Nadel (Bild 90-9) angebracht ist. Der Radius der Nadelspitze bestimmt dabei die maximal erreichbare Auflösung. Der Laser wird von der Blattfeder reflektiert und über einen Spiegel auf einen Photodetektor geleitet. Über die Verschiebung des Laserpunktes und die Steifigkeit der Blattfeder können die Kräfte bzw. die Verschiebungen der Nadel ermittelt werden. Zusätzlich können Kräfte bzw. Verschiebungen in der Z-Achse von einem Piezoelement detektiert werden.

Das AFM kann im Kontakt-Modus und Nicht-Kontakt-Modus operieren. Im Kontakt-Modus steht die Spitze im direkten Kontakt mit der Probenoberfläche und fährt diese zeilenweise ab. Die Bewegung der Nadel in X- und Y-Richtung wird dabei über Piezoelemente gesteuert. Es besteht die Möglichkeit, die Bewegung der Nadel mit einer konstanten Kraft oder einer konstanten Verformung der Blattfeder durchzuführen. Eine konstante Verformung wird meist bevorzugt, nur bei einer kleinen Rauheit wird eine konstante Kraft (größere Verformungen) eingesetzt.

Im Nicht-Kontakt-Modus wird die Spitze in ihrer Resonanzfrequenz angeregt und mit geringem Abstand über die Probe gefahren. Durch den sehr kleinen Abstand entstehen Kräfte (atomare, elektrische und magnetische) zwischen der Spitze und der Probe. Änderungen dieser Kräfte resultieren in einer Änderung der Schwingungsamplitude und -phase. Im Nicht-Kontakt-Modus werden hauptsächlich weiche und leicht verformbare Proben untersucht.

90.2 Aufgabe

Es stehen vier martensitisch gehärtete Stahlproben aus 100Cr6 zur Verfügung. Die Stahlproben liegen in folgenden Zuständen vor:

Probe	Geschliffen	Geläppt und poliert	Beschichtung	Härte
1	Ja	Nein	Unbeschichtet	~ 740 HV
2	Ja	Ja	Unbeschichtet	~740 HV
3	Ja	Ja	PVD-CrN	~ 2000 HV
4	Ja	Ja	CVD-TiN	~ 2400 HV

Es sollen bei allen vier Proben die Rauigkeit und Oberflächentopographie mit Hilfe eines AFM aufgezeichnet werden. Neben einer PVD-beschichteten Probe steht auch eine CVD-beschichtete Probe (chemical vapour deposition) zur Verfügung. Die Ergebnisse sollen diskutiert werden. Zusätzlich sollen die Schichtmorphologien im REM (siehe V47) betrachtet werden. Die Schichtmorphologien der Beschichtungen sollen verglichen und eine qualitative Einschätzung zur technischen Nutzbarkeit abgegeben werden.

90.3 Versuchsdurchführung

Für die Untersuchungen steht ein AFM zur Verfügung. Vor der Untersuchung werden die Proben mit Ethanol gereinigt. Als Parameter werden eine Scan-Range von 50 µm, eine Scangeschwindigkeit von 200 µm/s und eine Auflösung von 300 Zeilen verwendet. Die Bestimmung der mittleren Rauheit (R_a) und der quadratischen Rauheit (rms-Wert) kann über die Auswertung des Bildes vom "topography sensor" geschehen. Vor der Auswertung sollte eine Nivellierung in horizontaler und vertikaler Richtung durchgeführt werden, um allgemeine Schrägheiten der Probe nicht mit in den Mittenrauwert einzubeziehen. Das Bild des "internal sensor" kann für die qualitative Bewertung der Topographie verwendet werden.

Im Anschluss soll am REM die Schichtmorphologie ermittelt werden. Dazu werden vorher präparierte Proben in flüssigen Stickstoff gebrochen und die Bruchkante sowie die Oberfläche untersucht. Die beobachteten Schichtmorphologien sollen den Zonenmodellen nach Thornton und nach Messier zugeordnet werden.

90.4 Weiterführende Literatur

[Ala11] Alang, N.A.; Razak, N.A.; Miskam, A.K.: Effect of Surface Roughness on Fatigue Life of Notched Carbon Steel. International Journal of Engineering & Technology Vol.11 No.1, 2011

[Bet11] Betz-Chrom GmbH & Co KG: Der Einfluss der mechanischen Vorbehandlung auf die Hartverchromung, 2011

[Fre87] Frey, Hartmut; Kienel, Gerhard: Dünnschicht-Technologie, VDI Verlag, Düsseldorf, 1987

[Hol94] Holmberg, K.; Matthews, A.: Coatings Tribology, Elsevier, 1994

[Sal11] Salzgitter Flachstahl GmbH, 2011

[TuD11] Technische Universität Darmstadt, Fachgebiet Oberflächenforschung, 2011

90.5 Symbole, Abkürzungen

Symbol/Abkürzung	Bedeutung	Einheit
μ	Reibkoeffizient	-
d	Verschiebung der Cantilever-Nadel	mm
F	Kraft	N
r_a	mittlere Rauheit	nm
RMS	Quadratische Rauheit	nm

V91 Haftfestigkeit von Dünnschichten

91.1 Grundlagen

Die erste Voraussetzung, die für den erfolgreichen Einsatz einer Beschichtung erfüllt sein muss, ist die ausreichende Haftfestigkeit zwischen der Schicht und dem Substrat. Diese ist definiert als die Kraft, die zwei Oberflächen durch chemische Bindung oder mechanische Verzahnung zusammenhält. Eine schlechte Haftfestigkeit kann durch Verunreinigungen auf der Substratoberfläche, wie z. B. Fett, Wasserfilme und/oder Oxide, sowie durch hohe Eigenspannungen in der Schicht verursacht werden.

Die Haftfestigkeit kann durch den in Bild 91-1 dargestellten Stirnabzugsversuch ermittelt werden [NN94]. Dabei wird das beschichtete Substrat mit einem Gegenkörper verklebt und die Haftfestigkeit über einen Zugversuch (siehe auch V23) ermittelt. Hierbei wird die Last bis zum Versagen des Schichtverbundes gesteigert. Dies setzt voraus, dass die Haftfestigkeit der Schicht unter der Zugfestigkeit des verwendeten Klebstoffes liegt. Für gut haftende PVD-Schichten ist der Stirnabzugsversuch daher nicht geeignet. Es werden andere Tests verwendet, die indirekt eine qualitative oder quantitative Bestimmung der Haftfestigkeit erlauben.

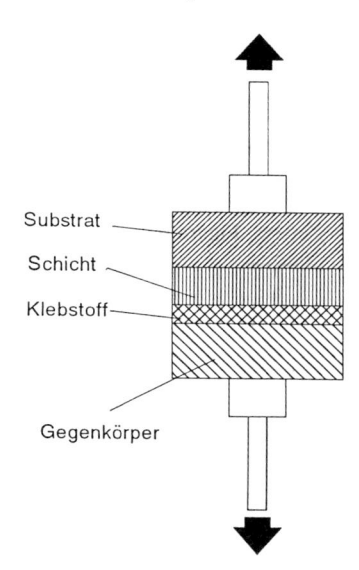

Bild 91-1
Stirnzugversuch zur Bestimmung der Haft-Zugfestigkeit

Eine Methode, die Haftfestigkeit qualitativ zu bestimmen, ist der Rockwell-Eindrucktest. Hierbei wird eine konventionelle Härteprüfung nach Rockwell C (siehe V8) durchgeführt, anschließend werden die Härteeindrücke unter dem Lichtmikroskop untersucht. Die Abdrücke können – anhand des entstandenen Rissnetzwerks sowie der Anzahl und Fläche der Delaminationen – nach Bild 91-2 in die sechs Haftfestigkeitsklassen (HF1 bis HF6) eingeteilt werden. Voraussetzungen für die Haftfestigkeitsbestimmung mit dem Rockwell-Eindrucktest sind eine hohe Substrathärte (> 54 HRC) und Schichtdicken von unter 4 µm. Der Vergleich der Haftfestigkeiten untereinander sollte zudem nur unter gleichen Schichtsystemen erfolgen. Der Rockwell-Eindrucktest ist in der VDI-Richtlinie 3198 genormt [NN92].

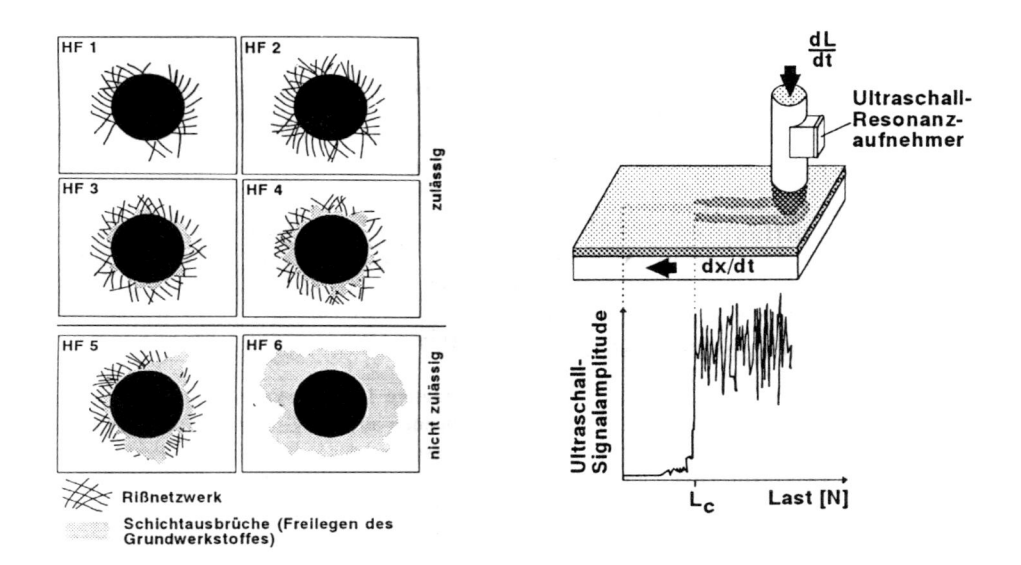

Bild 91-2
Haftfestigkeitsklassen beim Rockwell-Eindrucktest

Bild 91-3
Schematische Darstellung des Ritztests

Eine weitere Methode die Haftfestigkeit zu bestimmen, ist der sog. Ritztest (engl. scratch test). Ein Schema des Ritztests ist in Bild 91-3 dargestellt. Dabei wird mit einem Rockwell-Diamanten eine Spur in die Schicht geritzt. Die Last kann kontinuierlich entlang einer Spur (Bild 91-4 a) oder von Spur zu Spur (Bild 91-4 b) gesteigert werden. Ab einer Grenzlast, der kritischen Last (engl. critical load, L_c), kommt es zu Abplatzungen der Schicht.

a

b

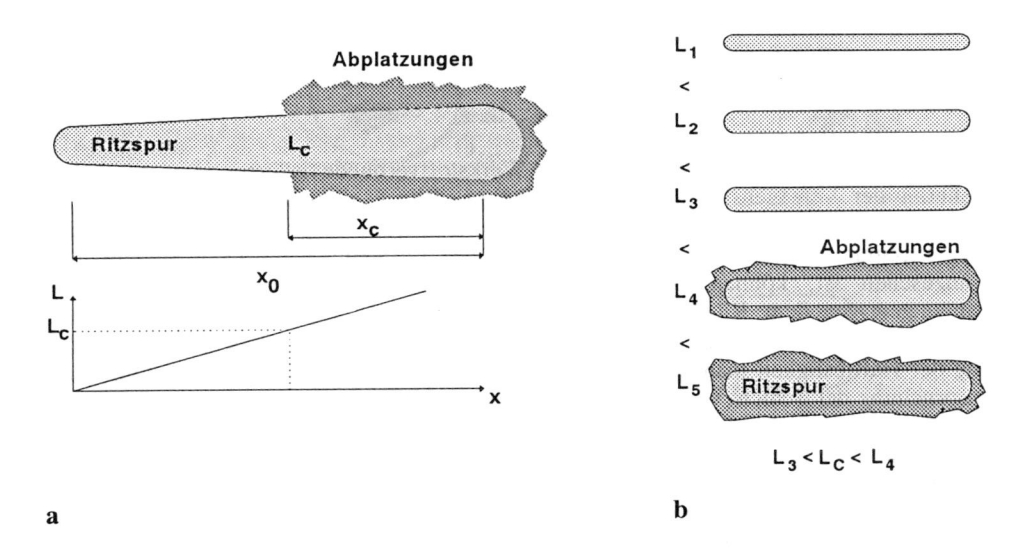

Bild 91-4 a) Spur eines Ritztests mit kontinuierlich wachsender Last; b) Mehrere Spuren eines Ritztest mit jeweils konstanter Last

Die kritische Last kann über eine lichtmikroskopische Auswertung ermittelt werden. Zudem besteht die Möglichkeit, während des Tests die akustischen Signale als Schallemission mit einem Ultraschall-Aufnehmer aufzuzeichnen. Dabei kommt es beim Erreichen der kritischen Last – durch das Abplatzen der Schicht – zu einem deutlichen Anstieg der Signalamplitude. Die Ermittlung der kritischen Last über eine licht- oder rasterelektronenmikroskopische Auswertung gilt jedoch als die genauere Methode.

Tritt bei mehreren Messungen ein ähnliches Schadensbild bei gleichen Lasten auf, so handelt es sich um eine charakteristische Schädigung. Die aufgetretenen Schäden, wie z. B. Risse oder Abplatzungen der Schicht, können so den entsprechenden kritischen Lasten zugeordnet werden. Eine schematische Darstellung typischer Schadensmechanismen ist in Bild 91-5 aufgeführt. Dabei sind Delaminationen (Fall a bis c) für die Beurteilung der Schichtschädigung maßgeblich.

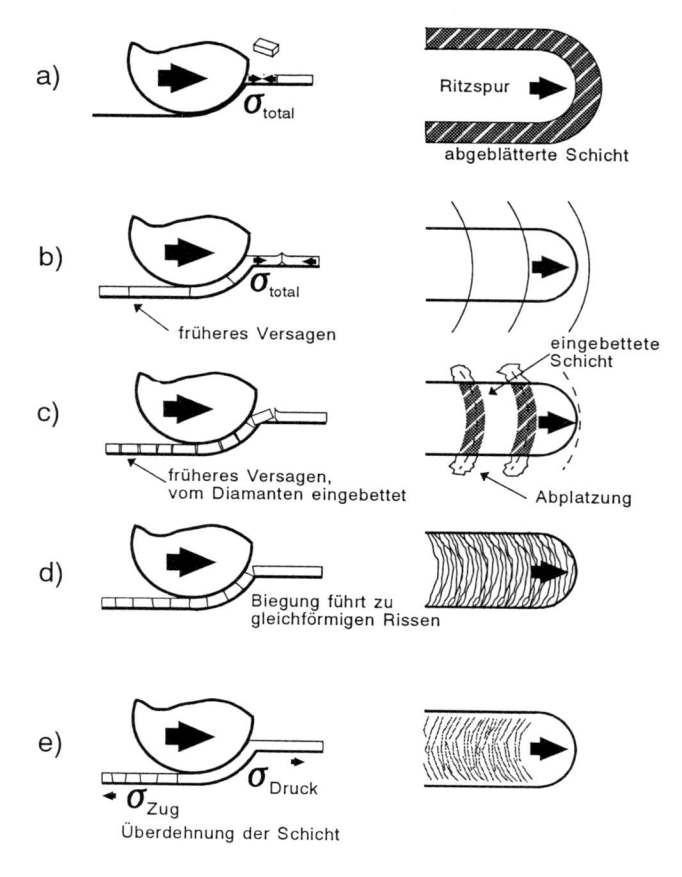

Bild 91-5 Schematische Darstellung typischer Fehlermechanismen beim Ritztest an Schichten nach Burnett und Rickerby [Bur87] aus [Sto93]:

    a) großflächige Abplatzungen der Schicht,
    b) Schichtversagen durch Stauchung und Ablösung,
    c) Schichtversagen durch Abplatzen und Stauchung mit seitlicher Abplatzung,
    d) Versagen durch Biegung der Schicht mit Rissbildungen,
    e) Rissbildungen in der Schicht durch Überschreiten der Zugfestigkeit.

91.2 Aufgabe

Es stehen folgende, vorbereitete Proben mit PVD-Beschichtung auf unterschiedlichen Substratzuständen zur Verfügung:

Probe	Substrat	Härte	Beschichtung	Bemerkung
1	100Cr6	~24HRC	CrN	Weicher Substratwerkstoff
2	100Cr6	~62HRC	CrN	Optimaler Verbund
3	100Cr6	~62HRC	CrN	Beschichtung ohne Sputter-Ätzen
4	100Cr6	~62HRC	CrN	Beschichtung mit hoher Bias-Spannung

An den Proben sollen mit Hilfe des Rockwell-Eindrucktests und des Ritztests die Haftfestigkeiten qualitativ und quantitativ bestimmt werden. Die Ergebnisse sollen kritisch diskutiert werden.

91.3 Versuchsdurchführung

Für die Versuche stehen eine Rockwell-Härteprüfung und ein Ritztester zur Verfügung. Die Haftfestigkeit der Proben soll über je drei Rockwell-Härteeindrücke und fünf Ritzspuren bestimmt werden. Die Proben werden vor dem Ritztest mit Ethanol in einem Ultraschallreinigungsbad gesäubert. Die Last beim Ritztest soll kontinuierlich von 0 auf 100 N gesteigert werden. Es ist auf einen ausreichenden Abstand der Ritzspuren untereinander zu achten (mindestens die dreifache Breite der Ritzspur). Nach der Durchführung der Haftfestigkeitstests sollen die Proben im Lichtmikroskop ausgewertet und die Ergebnisse diskutiert werden.

91.4 Weiterführende Literatur

[Bur87] Burnett, P. J.; Rickerby, D. S.: The relationship between hardness and scratch adhesion. Thin Solid Films 154, S. 403–416, 1987

[NN92] N.N.: VDI-Richtlinie 3198: Beschichten von Werkzeugen der Kaltmassivumformung. CVD- und PVD-Verfahren. Beuth-Verlag, Berlin, 1992

[NN94] N.N.: DIN EN 582 – Ermittlung der Haftzugfestigkeit. Beuth-Verlag, Berlin, 1994

[Sto93] Stock, H.-R.; Schulz, A.: Empfehlung zur Bestimmung der Haftfestigkeit von Hartstoffschichten. In: Jehn, H.; Georg, R.; Siegel, N. (Hrsg.): Charakterisierung dünner Schichten, Beuth Verlag GmbH, Berlin, 1993

91.5 Symbole

Symbol/Abkürzung	Bedeutung	Einheit
dL/dt	Laststeigerungsrate	N/s
L_c	kritische Last	N
σ	Spannung	N/mm²
x_0	Länge der Ritzspur	mm
x_c	Länge der Ritzspur mit delaminierter Schicht	mm

Bildquellenverzeichnis

Bild 1-2	Nickel-Informationsbüro GmbH, Düsseldorf
Bild 3-1	Bergmann, W.: Werkstofftechnik – Teil 2: Anwendung. 4. Aufl., Hanser, München, 2009. Hornbogen, E.; Warlimont, H.: Metallkunde – Aufbau und Eigenschaften von Metallen und Legierungen. 4. Aufl., Springer, Berlin Heidelberg, 2001.
Bild 4-6	Thermo Fisher Scientific
Bild 4-10	Stiftung Institut für Werkstofftechnik – IWT, Bremen
Bild 7-5	Fa. Zeiss
Bild 8-5	Siebel, E.: Handbuch der Werkstoffprüfung, 2. Auflage, Springer-Verlag, Berlin, 1958
Bild 8-6	Struers GmbH
Bild 8-7	Struers GmbH
Bild 9-5	Hydro Aluminium Rolled Products GmbH, Forschung & Entwicklung, Bonn
Bild 11-3	Stiftung Institut für Werkstofftechnik – IWT, Bremen (erstellt analog zu ISO 643)
Bild 14-3, Bild 14-5, Bild 15-7	Stiftung Institut für Werkstofftechnik – IWT, Bremen, Zoch, H. W.
Bild 16-2	Dinnebier, R. E.; Sillinge, S. J. L.: "Powder Diffraction, Theory and Practice"; The Royal society of chemistry; 2008
Bild 17-6	VDG-Merkblatt P441, Richtreihen zur Kennzeichnung der Graphitausbildung, CDG, Düsseldorf, 1962-08
Bild 18-1	Nach: Exner, H. E.; Hougardy, H. P.: Einführung in die Quantitative Gefügeanalyse, DGM-Informationsgesellschaft, Oberursel, 1986
Bild 18-4, Bild 18-5, Bild 18-6, Bild 18-7	Stiftung Institut für Werkstofftechnik – IWT, Bremen, Zoch, H. W.
Bild 19-2	Universität Bremen, Institut für Festkörperphysik
Bild 19-6	Stiftung Institut für Werkstofftechnik – IWT, Bremen, Zoch, H. W.
Bild 20-1	Dr. S. Sailer, Stuttgart
Bild 21-1	DIN EN ISO 4287
Bild 21-2, Bild 21-3, Bild 21-4, Bild 21-5	Volk, Raimund: Rauheitsmessung Theorie und Praxis, DIN Deutsches Institut für Normung e.V.; München, Beuth Verlag GmbH, 2005
Bild 23-4	INSTRON® Deutschland GmbH
Bild 30-3	Stiftung Institut für Werkstofftechnik – IWT, Bremen
Bild 32-6	Stiftung Institut für Werkstofftechnik – IWT, Bremen
Bild 33-2, Bild 33-4	D. Horstmann, Das Zustandsschaubild Eisen-Kohlenstoff, 4. Aufl., Stahleisen, Düsseldorf, 1961

Bildquellenverzeichnis 583

Bild 33-3	Stiftung Institut für Werkstofftechnik – IWT, Bremen
Bild 33-5	Hougardy, H. P.: HTM 33 (1978), 63
Bild 34-4	Wever, F.; Rose, A.: Atlas der Wärmebehandlung der Stähle I, Stahleisen, Düsseldorf, 1954
Bild 37-6	DIN 17 210, Beuth-Verlag, Berlin
Bild 37-8	Bungardt, K. et al., HTM 19 (1964), 146
Bild 38-1	Hansen, M.; Anderko, K.: Constitutions of Binary Alloys. McGraw-Hill, New York, 1958.
Bild 38-2	Stiftung Institut für Werkstofftechnik – IWT, Bremen
Bild 38-3	Stiftung Institut für Werkstofftechnik – IWT, Bremen
Bild 38-4	Spies, H.-J.; Böhmer, S.: Beitrag zum kontrollierten Gasnitrieren von Eisenwerkstoffen, HTM 39 (1984) 1–6.
Bild 38-5	Liedtke, D.: Wärmebehandlung von Eisenwerkstoffen: Nitrieren und Nitrocarburieren, 3. völlig neu bearb. Aufl., Renningen, expert-Verl., 2006
Bild 38-6	DIN 50190-3 Härtetiefe wärmebehandelter Teile – Ermittlung der Nitrierhärtetiefe.
Bild 39-3	Oben und unten: Macherauch (im Original nach E. Haberling, DEW-Techn. Ber. Bd. 11 Heft 3 1971, S. 179)
Bild 39-4	Macherauch (im Original nach E. Haberling, DEW-Techn. Ber. Bd. 11 Heft 3 1971, S. 179)
Bild 40-1	Meyer, L.: Stahl und Eisen 101, 1981
Bild 41-4	Ostermann, F.: Anwendungstechnologie Aluminium. 2. Aufl., Springer-Verlag, Berlin Heidelberg (2007)
Bild 41-5	Zschech, E.: Metallkundliche Prozesse bei der Wärmebehandlung aushärtbarer Aluminiumlegierungen. Härterei-Technische Mitteilungen 51 (1996) 3, S. 137-144

Bild 47-4, Bild 47-5, Bild 47-6
    Stiftung Institut für Werkstofftechnik – IWT, Bremen, Zoch, H. W.

Bild 48-6	Instron® Deutschland GmbH

Bild 56-2, Bild 56-3, Bild 56-5, Bild 56-6, Bild 56-7, Bild 57-1
    Stiftung Institut für Werkstofftechnik – IWT, Bremen, Zoch, H. W.

Bild 57-2, Bild 57-3, Bild 57-4
    Stiftung Institut für Werkstofftechnik – IWT, Bremen, Zoch, H. W. (nach Macherauch)

Bild 57-5	Stiftung Institut für Werkstofftechnik – IWT, Bremen, Zoch, H. W.
Bild 58-2	Wiegand, H.; Tolasch, G.: HTM 22 (1967), 330
Bild 60-3	Pilo, D.; Reik, W.; Mayr, P.; Macherauch, E.: Zum Mittelspannungseinfluß auf das Wechselverformungsverhalten unlegierter Stähle. Arch. Eisenhüttenwes. 49 (1978) 1, S. 31–36
Bild 63-1	Stiftung Institut für Werkstofftechnik – IWT, Bremen, Laue, S.
Bild 63-4	links: Walla, J.; H. Bomas, P. Mayr: Schädigung von Ck 45 N durch eine Schwingbeanspruchung mit veränderlichen Amplituden. In: Härterei-Technische Mitteilungen 45 (1990) rechts: Bomas, H.; Mayr, P.: Einfluß der Wärmebehandlung auf die Schwingfestigkeitseigenschaften der Legierung AlMgSi0,7. Zeitschrift für Werkstofftechnik 16 (1985)
Bild 63-5	Dr. H. Mughrabi, Stuttgart

Bild 63-6	Dr. H. Mughrabi, Stuttgart
Bild 63-7	Bomas, H.; Mayr, P.: Einfluß der Wärmebehandlung auf die Schwingfestigkeitseigenschaften der Legierung AlMgSi0,7. Zeitschrift für Werkstofftechnik 16 (1985)
Bild 63-8	links und Mitte: Bomas, H.; Mayr, P.: Einfluß der Wärmebehandlung auf die Schwingfestigkeitseigenschaften der Legierung AlMgSi0,7. Zeitschrift für Werkstofftechnik 16 (1985) rechts: Burkart, K; Gaudig, W.; Krämer, D.; Weber, U.; Bomas, H.; Roos, E.: Experimentelle Untersuchung und kristallplastische Simulation des Verhaltens kurzer Ermüdungsrisse in der ausgehärteten Aluminiumknetlegierung AlMgSi1 mit dem Ziel der Lebensdauervorhersage. In: Materialwissenschaft und Werkstofftechnik 33 (2002)
Bild 63-9	Institut für Werkstofftechnik – IWT, Bremen, Zoch, H. W. (nach Macherauch)
Bild 64-4	Institut für Werkstofftechnik – IWT, Bremen, Zoch, H. W.
Bild 65-3	Irretier, A., Amtliche Materialprüfungsanstalt (MPA), Bremen
Bild 65-4	Institut für Werkstofftechnik – IWT, Bremen, Zoch, H. W.
Bild 65-5	Meyn, D. E., Trans. ASM 61 (1968), 52
Bild 66-4	ABC der Stahlkorrosion, Mannesmann, Düsseldorf, 1958
Bild 69-2	Graf, L.; Becker, H.: Z. Metallkde. 62, 1971.
Bild 69-3	Ratke, L.; Gruhl, W.: Z. Metallkde. 71, 1980.
Bild 69-8	Döker, H.: Diss. Universität Karlsruhe 1979
Bild 69-9	Döker, H.: Diss. Universität Karlsruhe 1979
Bild 70-1	Hoffmann, W.; Rauls, W.: Arch. Eisenhüttenwesen, 1963, 925
Bild 70-2	Louthan, M. R. in: Bernstein, I. M.; Thompson, A.W.: Hydrogen in Metals, ASM-Bericht, ASM, Metals Park, 1974
Bild 70-5	ABC der Stahlkorrosion, Mannesmann, Düsseldorf, 1958
Bild 74-2	ITW TIEDE Non-destructive Testing GmbH, Essingen
Bild 74-4	Magnetische Prüfanlagen GmbH, Reutlingen
Bild 78-8	Müller, E.A.W.: Handbuch der zerstörungsfreien Werkstoffprüfung, Oldenburg, München, 1968
Bild 79-5	Dr. H. P. Falkenstein, Bonn
Bild 79-8	nach P. Seyffarth, Schweiß-ZTU-Schaubilder, VEB Verlag Technik, Berlin, 1982
Bild 80-3	Kolb, K., Stuttgart
Bild 82-3	N.N.: Kunststoff-Bearbeitung im Gespräch, 4. Aufl., BASF, Ludwigshafen, 1977
Bild 82-4	N.N.: Kunststoff-Bearbeitung im Gespräch, 4. Aufl., BASF, Ludwigshafen, 1977
Bild 82-9	Roell Prüfsysteme GmbH, Lorsch, 2011
Bild 83-3	Dr. G. Erhard, Ludwigshafen
Bild 83-4	Ehrenstein, G. W.: Polymerwerkstoffe, 2. Aufl., Hanser, München, 1999
Bild 83-5	Ehrenstein, G. W.: Polymerwerkstoffe, 2. Aufl., Hanser, München, 1999
Bild 86-1	Zwick GmbH & Co. KG, Ulm, 2011

Bildquellenverzeichnis

Bild 86-2   Ehrenstein, G. W.: Polymerwerkstoffe. Carl Hanser Verlag, München, 1999

Bild 87-1   Institut für Kunststoffverarbeitung, Aachen, 2011

Bild 88-1   Institut für Kunststoffverarbeitung, Aachen, 2011

Bild 89-1   Grewe, H.: Verschleiß und Reibung. DGM Informationsgesellschaft mbH, Oberursel, 1992

Bild 89-2   Uetz, Herbert: Abrasion und Erosion. Carl Hanser-Verlag, München, 1986,
Czichos, Horst; Habig, Karl-Heinz.: Tribologie-Handbuch. Vieweg+Teubner, Wiesbaden, 2010

Bild 89-3   Grewe, H.: Verschleiß und Reibung. DGM Informationsgesellschaft mbH, Oberursel, 1992

Bild 89-4   Uetz, Herbert: Abrasion und Erosion. Carl Hanser-Verlag, München, 1986

Bild 89-5   Grewe, H.: Verschleiß und Reibung. DGM Informationsgesellschaft mbH, Oberursel, 1992

Bild 89-6   Uetz, Herbert: Abrasion und Erosion. Carl Hanser-Verlag, München, 1986

Bild 89-7   Grewe, H.: Verschleiß und Reibung. DGM Informationsgesellschaft mbH, Oberursel, 1992

Bild 89-8   Czichos, Horst; Habig, Karl-Heinz.: Tribologie-Handbuch. Vieweg+Teubner, Wiesbaden, 2010

Bild 89-9   Czichos, Horst; Habig, Karl-Heinz.: Tribologie-Handbuch. Vieweg+Teubner, Wiesbaden, 2010

Bild 89-10   Küper, Arnim: Der Einsatz von bororganischen Precursoren zum Gasborieren und Plasmaborieren. Shaker-Verlag, Aachen, 2001

Bild 90-1, Bild 90-2, Bild 90-3, Bild 90-4
Frey, Hartmut; Kienel, Gerhard: Dünnschicht-Technologie, VDI Verlag, Düsseldorf, 1987

Bild 90-5   Betz-Chrom GmbH & Co KG: Der Einfluss der mechanischen Vorbehandlung auf die Hartverchromung, 2011

Bild 90-6   Salzgitter Flachstahl GmbH, 2011

Bild 90-7   Holmberg, K.; Matthews, A.: Coatings Tribology, Elsevier, 1994,
Alang, N.A.; Razak, N.A.; Miskam, A.K.: Effect of Surface Roughness on Fatigue Life of Notched Carbon Steel. International Journal of Engineering & Technology Vol.11 No.1, 2011

Bild 90-9   Technische Universität Darmstadt, Fachgebiet Oberflächenforschung, 2011

Bild 91-1, Bild 91-2, Bild 91-3, Bild 91-4, Bild 91-5
Stock, H.-R.; Schulz, A.: Empfehlung zur Bestimmung der Haftfestigkeit von Hartstoffschichten. In: Jehn, H.; Georg, R.; Siegel, N. (Hrsg.): Charakterisierung dünner Schichten, Beuth Verlag GmbH, Berlin, 1993

Sachwortverzeichnis

0,2-%-Biegedehngrenze 271
34CrAl6 239
3-Punkt-Biegung 268
42CrMo4 239, 292, 440
4-Punkt-Biegung 268

α-Eisen 237
α-Mischkristalle 250
γ'-Nitrid 237, 238
ε-Nitrid 237, 238
θ-Phase 250
θ'-Phase 251
θ"-Phase 251
λ/4-Blättchen 275

A

Abbesche Bedingung 52
Abguss 20, 22
Abkühleigenspannung 198, 217
Abkühlgeschwindigkeit 215
Abrasion 566
Abschreckeigenspannung 477
Abschrecken 215
Abschreckung 476
Abschreckvorrichtung 215
Absorption 488
Abwurfgeschwindigkeit 481
Adhäsion 566
Aktinoid 1
Aktivierungsenergie 338
Aktivierungspotenzial 426
Aktivität 417
Aktivitätsdifferenz 231
Aktivitätsgefälle 231
Almenintensität 483
Almen-Testplättchen 483
Alterung 182
Amplituden 362
Analysator 275
Analysatorkristall 37
Anelastische Dehnung 312
Anfangsdehnung 337
Anfangsmodul 537, 541, 542

Anfangsspannungsintensität 432
anisotrop 448
Anisotropie, mittlere ebene 452
Anisotropie, mittlere senkrechte 452
Anlassbehandlung 232
anlassbeständig 242
Anlassbeständigkeit 242
Anlassen 221, 241
Anlassstufe 221
Anlasstemperatur 233
Anlassversprödung 222
anodische Metallauflösung 421 ff., 437
anodische Wasserstoffionisation 422
Anriss 389
Anriss-Wöhlerkurve 389
Anwärmdauer 203
Arbeitselektrode 421
arithmetischer Mittenrauwert 146
asymptotisches Zeitgesetz 410
Atomanordnung 7
atomarer Wasserstoff 437
Atomkern 35
Atomkonzentration 17
Ätzen 47
Aufhärtbarkeit 215
Aufkohlung 228
Aufkohlungsmedium 229, 231
Aufkohlungstemperatur 228
Aufkohlungstiefe 233
Ausbohrverfahren 479
Ausdehnung, thermische 198
Ausdehnungskoeffizient 195, 198
Aushärtung 250
Auslagerung 184
Ausscheidung 9, 138, 184, 250
Ausscheidungsverfestigung 250
Austenit 96, 243
Austenitformhärten 247
austenitische Stähle 437
Austenitisierungstemperatur 209, 215, 233
Austenitumwandlung 247
axiale Flächenträgheitsmoment 269
Azimutwinkel 71 f.

ALD Vacuum Technologies
High Tech is our Business

Vorsicht - Zukunft!

ALD ist der weltweit führende Anbieter von Verfahren und Dienstleistungen auf dem Gebiet der Vakuumprozesstechnik. Unsere Kernkompetenzen sind die Entwicklung von Verfahren und das Design von Anlagen, die von Kooperationspartnern in der Zulieferindustrie nach unseren Konzepten erstellt werden. Mit Niederlassungen in Nordamerika, Japan, Großbritannien, Russland sowie einem Liaison-Office in China und mehr als 70 Vertretungen weltweit, bedient ALD einen anspruchsvollen internationalen Kundenkreis.

Mit den technologischen Säulen Vakuum-Metallurgie und Vakuum-Wärmebehandlung sowie Vakuum-Sintertechnik ist ALD ein starker Partner wichtiger, wachstumsträchtiger Zukunftsbranchen. Erhebliches zusätzliches Wachstumspotential sieht die Gesellschaft in der Erweiterung ihrer unternehmerischen Strategie "Own & Operate" - das Betreiben von Anlagen als Dienstleistung. Dieses zweite Geschäftsfeld neben dem erfolgreichen Engineering ergänzt das Leistungsspektrum von ALD optimal und ist, abgesehen vom stabilen und wachsenden Beitrag zum Geschäftsergebnis, die Basis für eine schnelle und zielgerichtete Weiterentwicklung der angewandten Prozesse und Systeme.

Wir suchen ständig neue Mitarbeiter der Ingenieur- und Technikerfachrichtung:

Maschinenbau, Metallurgie, Elektro-, Verfahrens- und Werkstofftechnik

Wir bieten Ihnen:
- abwechslungsreiche und herausfordernde Aufgaben in einem innovativen Umfeld
- erfolgreiche Produkte in Zukunftsbranchen
- engagierte Kollegen, die Teamfähigkeit leben und ihr umfassendes technisches Wissen gerne weitergeben
- eine über viele Jahre gepflegte Unternehmenskultur

Besuchen Sie unsere Homepage www.ald-vt.de und informieren Sie sich über die aktuell vakanten Positionen. Wir freuen uns auf Ihre Kontaktaufnahme.

The Solution

ALD Vacuum Technologies GmbH
Wilhelm-Rohn-Straße 35 • 63450 Hanau • Germany
Phone +49 (0) 6181 307-0 • Fax +49 (0) 6181 307-3290
E-Mail personal@ald-vt.de • Internet www.ald-vt.de

B

Bahndrehimpuls 36
Bainit 247
Bainitstufe 212
Basquin-Beziehung 384
Basquin–Gleichung 357
Bauschingereffekt 190, 193
Baustahl 428
Bauteile der technischen Praxis 514
Beanspruchung 514
–, einachsige 262
Beanspruchungsbereich 364
Beanspruchungsmodus *I* 322
Beanspruchungssgrad 58
Behandlungsmedium 237
Beizblasen 437
Beizen 437
Belichtungsdiagramm 492
Beschleunigungsspannung 487
Bestimmungsgrenze 30
Betriebsfehler 514
Beugung 27, 112
Beugungsdiagramm 114
Beugungsgeometrie 71
Beugungskontrast 136 ff.
Bezugselektrode 422
Bias-Spannung 572
Biegefestigkeit 271
Biegeprobe 268
Biegestab 278
Biegestreckgrenze 271
Biegeverfestigungskurve 271
Biegeversuch 268
Biegewechselverfestigung 380
Bildanalyse 130
Bildgütezahl 491
Bildreihentafeln 76 f.
Bildverarbeitung 127, 129
Binärbild 130
binäre Legierung 16 f.
Blockguss 18
Blockgussverfahren 18
Blockpolymerisation 523
Bohrreibung 569
Braggwinkel 468
Bremsstrahlung 33
Bruchdehnung 159, 222, 281
Brucheinschnürung 159, 222, 281, 442

–, logarithmische 384
Bruchfläche 289, 300
Bruchflächenuntersuchung 291
Bruchlastspielzahl 383
Bruchmechanik 320
Bruchschwingspielzahl 403
Bruchwahrscheinlichkeit 349
Bruch-Wöhlerkurven 389
Bruchzeit 337
Burgersvektor 11, 137
Butler-Volmer-Gleichung 424

C

C100 293
C20-Stahl 440
C22E 438
Carbonitrid 237, 238
case-hardening depth (CHD) 233
charakteristische Röntgenstrahlung 33
charakteristische Schädigung 580
chemische Analyse 25
Chlor 427
Chrom 441
Chromnickelstahl 427
Ck15 238, 239
Coffin-Manson-Beziehung 384
Compliance 331
Compton-Elektronen 488
Copolymerisation 523
Cottrellwolke 183, 187
C-Pegel 229
Crowdion 8
CuZn32 73

D

Dämpfung 312
Dauerfestigkeit 346, 360, 440, 481
Dauerfestigkeitslinie 363
Dauerfestigkeits-Schaubilder 360, 376
Dauerschwingversuche 344, 383
de Broglie-Beziehung 136
Debrisstruktur 390
Deckschichtpassivität 418
Deckschichttextur 70
Defektelektronen 411
Defektelektronenleiter 411
Defektometer 464
Dehngeschwindigkeit 439

Dehngrenze 190
Dehngrenzlinie 340
Dehnspannung 542
Dehnung 383
–, elastische 383
–, plastische 383
Dehnungsamplitude 383
Dehnungsgeschwindigkeit 337
Dehnungsmessstreifen 478
Dehnungsmessung 258
Dehnungs-Wöhlerkurve 383
Dendrit 20
Dendritenausbildung 20
Dendritenstruktur 20
dendritisches Gefüge 20
dendritisches Kornwachstum 20
dendritisches Wachstum 20
deutliche Sehweite 50
Diamantkegel 60
Diamantpyramide 59
Dichtefunktion 349
Differentialtransformator 154
Diffraktionskegel 113 f.
Diffraktometer 113, 473
Diffusion 184, 186, 238, 312
Diffusionsgeschwindigkeit 425, 438
Diffusionsglühen 203
Diffusionskoeffizient 232, 313, 338
Diffusionsschicht 238, 240
Diffusionszeit 232
Digitalkamera 129
Dilatometer 195
Dilatometerkurve 196
Dimensionierung statisch beanspruchter Bauteile 226
Direkthärtung 233
Direktionsmoment 303
diskrete Quantenzustände 35
Dispersion 9
Distanzwinkel 71 f.
DMS 153
Druckbeanspruchung 193
Druckguss 18
Druckluftanlagen 481
Druckspannung 476
Duktilität 384
Dunkelfeldabbildung 137
Durchbiegung 269

Durchbruchspotenzial 426
Durchflusszählrohr 38
Durchflutungsmagnetisierung 461
Durchhärtung 215
Durchläufer 385
Durchschallungsverfahren 458
Durchstrahlung 507
Durchstrahlungsaufnahme 511
Durchstrahlungsrichtung 508
Durchvergüten 223
Durchwärmdauer 203
Duroplaste 525, 552
dynamische Reckalterung 162

E
ebener Dehnungszustand 321
ebener Spannungszustand 321
EDX energiedispersive Röntgenspektroskopie 37
EDZ 321 ff.
effektive Risslänge 324
Eigenfrequenz 306
Eigenspannung 198, 217, 466, 470, 474
Eigenspannungen I. Art 198, 466, 476
Eigenspannungen II. Art 199, 219, 466
Eigenspannungen III. Art 466
Eigenspannungsverteilung 271
Eigenspannungszustand, makroskopischer 199
Eigenspannungszustand I. Art 219
Eigenstrahlung 294
Eindringkörper 57
Eindringtiefe 238, 469
Einhärtbarkeit 215, 241
Einsatzhärten 228
Einsatzhärtungstiefe 233
Einsatzstahl 228
Einschluss 9, 404
Einschnürdehnung 159
Einsetzen 228
Eisencarbid 96
Eisennitrid 238
elastische Dehnung 158, 337
elastische Energie 322, 332
elastische Verformung 193
elastische Hysterese 568
elastisch-plastische Dehnung 269

Elastizitätsmodul 158, 190, 193, 194, 337, 384, 552
–, adiabatisches 307
–, isothermes 307
Elastomer 525
Elastotron 2000 309
elektrische Feldstärke 274
elektrische Leitfähigkeit 88, 463
elektrochemische Doppelschicht 421, 423
elektrochemische Korrosion 416
elektrochemische Polarisation 422
Elektrolyt 416
Elektron 292
Elektronenleiter 411
Elektronenmikroskop 135
Elektronenstrahl 290
Elementanalyse 31
Elementarzelle 3
Elementverteilung 294
Emissionsspektrum 25
energiedispersive Röntgenfluoreszenzanalyse EDXRF 37
Energiefreisetzungsrate 333
Energieniveau 35
Entfestigung 389
Enthalpie 409
Entkohlung 441
Entlastungskerbwirkung 278
Entropie 409
entropieelastisches Werkstoffverhalten 527
Entzundern 481
Epoxidharz 552
Erdalkalimetall 2
Erfassungsgrenze 30
Erholung 82
Erichsen-Tiefung 444
Ermüdung 360, 388, 403
Ermüdungsanriss 405
Ermüdungsbruch 385
Ermüdungsbruchfläche 403
Ermüdungsduktilitätsexponent 384
Ermüdungsduktilitätskoeffizient 384
Ermüdungsfestigkeitsexponent 384
Ermüdungsfestigkeitskoeffizient 384
Ermüdungsgleitband 388
Ermüdungslüdersband 371
Ermüdungsriss 390
Ermüdungsstadium 390

Erstarrung 18, 22, 44
Erstarrungsenthalpie 43
Erstarrungsprozess 19
Erstarrungsschrumpfung 21
Erwärmdauer 203
Erweichungstemperatur 537, 549
ESZ 321 ff.
eutektisch 118
eutektische Gerade 43
eutektischer Punkt 43, 95
eutektoid 118
eutektoider Punkt 95
Everhart-Thornley-Detektor 291
Extinktionslänge 138
Extruder 531, 535, 560
Extrusion 391

F
Faltungsblock 540 f.
Faraday-Konstante 428
Faraday'sches Gesetz 428
faserverstärkt 552
Faservolumenanteil 557
$Fe_2(N,C)_{1-x}$ 237
$Fe_{2-3}N$ 237
Fe_3C 96
Fe_4N 237
Fehlermechanismen beim Ritztest 580
Fehlerquadrat 353
Fehlstelle 487
feinkörniges Gefüge 77
Feinstrukturaufspaltung 35
feldspezifischer Gefügeparameter 126
Ferrit 96, 247, 438
Ferrit/Perlit-Stufe 212
Ferritbildung 141
ferritisch-martensitischer Stahl 437
Ferrolegierung 16
Fertigungsfehler 514
Festigkeitsstrahlen 481
Festigkeitsverhalten 237
Festkörperreibung 568
Fick'sches Gesetz 231
fiktive Randspannungsamplitude 380
Flächenanteil 126
Flächenauszählverfahren 76
Flächenpol 71
Fließkurve 450

Sachwortverzeichnis 591

Fließscheide 65
Fließspannungserhöhung *Siehe*
 Spannungserhöhung
Fließzone 539
Fluoreszenzstrahlung 294
Flüssigkeitsreibung 568
Formdehngrenze 271
Formfaktor 127
Formzahl 258, 262, 321, 366
Förstersonde 461
freie Enthalpie 104, 409
freie Standardbildungsenthalpie 409
Fremdatom 8
Fremdatomdiffusion 338
Fremdatomzone 9
Frequenz 463
Frequenzfaktor 232
Funkenentladung 28
Funkenspektrometer 27

G

Galvanisieren 437
Gammagerät 507
Gasaufkohlung 228
Gaskonstante 338
Gasnitrieren 237
Gasreibung 568
Gefüge 248
Gefügeanalysator 127
Gefügeausbildung 20, 209
Gefügebestandteil 125
Gefügestruktur 20
Gefügeuntersuchung 142
Gefügezeiligkeit 448
Gegenelektrode 422
Gelege 552
Geometriefaktor 397
Gerber-Parabel 364
Gesamthöhe des Profils 148
Gesamtstromdichte 423
Geschwindigkeitsversprödung 281
Gestaltabweichung 145
Gestaltänderungsenergiehypothese 262
Gewaltbruch 404
Gewebe 552
GGG60 239
Gießtemperatur 20, 22 f.
Gießverfahren 19

Gitteratomtransport 339
Gitterdehnung 468
Gitterdehnungsmessungen 467
Gitterdehnungsverteilung 472
Gitterebene 112, 467 ff.
Gitterfehlordnung 412
Gitterhalbebene 8, 11
Gitterkonstante 112
Gitterschwingung 88
Gitterspektralapparat 26
Gitterstörung 7, 88
Gitterstruktur 112, 114
Gitterverzerrung 439
Glasfaser 553
Glasübergangstemperatur 525, 527
Gleichgewicht 43
Gleichgewichtsgefüge 96
Gleichgewichtsphase 250
Gleichgewichtsreaktion 228
Gleichmaßdehnung 159, 450
Gleitband 167, 391
Gleitband-Wöhlerkurve 389
Gleitebene 12, 390
Gleitreibung 569
Gleitrichtung 12
Gleitsystem 12, 67
Gleitung 390
globulares Gefüge 20
Glühkathode 33
Goodman-Gerade 364
GP I- Zone 251
GP II-Zone 251
Gradation 489
Granulat 560
Graphiteutektikum 120
Grauwertbild 130
Grenzdehnungsamplitude 385
Grenzfläche 125
Grenzflächenreaktion 228
Grenzreibung 568
Grenzschwingspielzahl 346
Grenztiefziehverhältnis 445, 452
Grenzwellenlänge 34
Grobkornbildung 203
Grobkornglühen 204
grobkörniges Gefüge 77
Grobkornzone 498
Grobstrukturuntersuchung 487

Großwinkelkorngrenze 9
Grundniveau 550
Grundwerkstoff 238, 496
Gussblock 21
Gussdendritenagglomerat 20
Gusseisen 131, 193
Gusseisenwerkstoff 118
Gussform 18
Gussgefüge 19, 22, 141
Gussputzen 481
Gussstab 20, 22
Gussstück 20
Gusstextur 70
Gussvolumen 21

H

Haber-Luggin-Glaskapillare 422
Haftfestigkeit 578
Haftfestigkeitsklasse 578
Hagen-Poiseuille'sches Gesetz 534
Haigh-Diagramm 361, 376
Halbleiterkristalldetektor 37
Halbwertsbreite 483
Halbzelle 417
Haltedauer 203
Haltepunkt 44
Haltetemperatur 203
Hämatit 413
Härtbarkeit 223
Härtbarkeit von Stählen 215
Härtbarkeitsprüfverfahren 215
Härte 57, 75, 215, 226, 238, 242, 483
–, Brinellhärte 57
–, Rockwellhärte 57
–, Vickershärte 57
Härteabfall 216
Härtehöchstwert 215
Härten 221
Härteprüfung 57, 239
Härtesteigerung 238
Härtetiefenverlauf 215, 238 f.
Härteverlauf 233
Hartmetallkugel 57
Hauptgruppenelement 1
Hauptnormalspannung 263
Hauptquantenzahl 2, 35
Hauptspannung 298
Hauptvalenzbindung 524

Hauptverformungsrichtung 142
Hebelgesetz 43
Hellfeldabbildung 136
Hochlage 284
hochlegierter Werkzeugstahl 242
Hockeschen Gesetz 258
Höhe des Profils 148
hohe Temperatur 409
Homopolymerisation 522
Hooke'sche Gerade 370
Hooke'sches Gesetz 152, 158, 331
HTMT-Behandlung 247
Hysteresis 375, 380
Hysteresiskurven 370
Hysteresisschleife 370

I

Impedanz 463
Impulslaufzeitverfahren 458
Induktionswirkung 462
Inhibitor 427
inkohärent 253
Innenspule 463
Intensitätsverteilung 487
Interferenzmikroskop 177
interkristallin 430
interstitiell 238
interstitiell gelöst 438
Intrusion 391
Isochromat 277
Isokline 277
isotrop 448

J

Jochmagnetisierung 461
Jominy-Versuch 216

K

Kalibrierkurve 29, 39
Kalibrierung 29
Kalomelelektrode 422
Kaltanregung 37
Kaltarbeitstahl 242
Kaltumformen 64
Kaltumformung 448
Kaltverformbarkeit 444
Kaltverformungsgrad 452
Kapillarviskosimeter 528 f.

Sachwortverzeichnis 593

kathodische Metallabscheidung 422
kathodische Wasserstoffabscheidung
   421 ff., 437
Keim 19
Keimbildung 19
Keimbildungsgeschwindigkeit 211
Keimwachstum 19
Kerbdehngrenze 261
Kerbe 261
Kerbempfindlichkeit 366
Kerbempfindlichkeitszahl 367
Kerbgeometrie 258
Kerbgrund 257, 261, 430
Kerbgrundquerschnitt 257
Kerbradius 264
Kerbschlagarbeit 283
Kerbschlagbiegeprobe 282
Kerbschlagbiegeversuch 281
Kerbschlagbiegezähigkeit 282
Kerbschlagzähigkeit 282
Kerbstab 261
Kerbstreckgrenze 261
Kerbwechselfestigkeit 366
Kerbwirkung 258, 262, 278
Kerbwirkungszahl 367
Kerbzugfestigkeit 261, 366
Kernfestigkeit 234
Kernhärte 238
kfz-Gitter 12
kinetische Energie 483
Kleinwinkelkorngrenze 8
Knickpunkt 44
kohärent 253
Kohärenz 253
Kohlenstoffaktivität 230
Kohlenstoffgehalt 215, 385
Kohlenstoffpegel 229
Kohlenstoffspender 228
Kohlenstoffübergangszahl 231
Köhlersches Beleuchtungsprinzip 52
Kohlungsmittel 228
Kokille 18, 22 f.
Kokillenwand 19 f.
Komponente 16 ff.
Konduktanz 89
Konode 43
Konstruktionsfehler 514
Kontakt-Modus 575

Kontinuierliches ZTU-Schaubild 218
Kontrollprobe 30
Korndurchmesser 76
Kornflächenätzung 48
Kornform 79
Korngrenze 430, 438
Korngrenzenätzung 48
Korngrenzen-Diffusionskoeffizient 339
Korngrenzenverfestigung 169
Korngröße 19, 75, 482
Korngrößenbestimmung 78
Korngrößenermittlung 75
Korngrößenkennzahl 76
Kornorientierung 70, 72 f.
Kornwachstum 19
Korrosion 416
Korrosionsbeständigkeit 481
Korrosionselement 416
Korrosionsmedium 430
Korrosionsstromdichte 424, 425
Korrosionsverhalten 237
Kraft-Bruchflächen-Beobachtung 326
Kraft-Potential-Messung 326
Kraft-Rißöffnungs-Messung 326
Kraft-Verlängerungs-Diagramm 157
Kriechdehnung 376
Kriechen 339, 544
Kriechgeschwindigkeit 337
Kriechkurve 336
Kriechprozess 338
Kriechstadium 337
Kriechstand 341
Kristallgitter 112
Kristallisationsfront 20
Kristallisationskeim 20
Kristallisationswärme 44
Kristallisationszentrum 19
Kristallit 75
kristallographisch 70
Kristallsystem 3
kritische Last 579
Krümmungsradius 320, 322
krz-Gitter 12
K-Schale 35
Kugelstrahl 481
Kühlmittel 215
Kupfer 73
Kupfertextur 73

Kurzperiodensystem 1
Kurzzeitfestigkeit 383
Kα-Strahlung 35
Kβ-Strahlung 35

L
16MnCr5 239
Ladungsträgertransport 88
Lagekugel 71
Längenänderung 195
Längenänderungs-Temperatur-Kurve 196
Langperiodensystem 1
Längs-, Umfangs- und
 Radialeigenspannung 477
Längsdehnung 152
Langzeitverhalten 546
Lanthanoid 1
Lastaufbringzeit 57
Lasteinwirkzeit 57
Lastschwingbreite 397
Lastspannung 466
Lastspiel 385
Lastspielzahl 383, 388
Lebensdauer 383, 514
Ledeburit 96
ledeburitischer Stahl 243
Leerstelle 7
Leerstellenbildung 338
Leerstellenkonzentration 253
Leerstellenstrom 339
Leerstellenzone 9
Legierung 16 f., 20 ff.
Legierungselement 216, 241, 441
Legierungsherstellung 16
Legierungskonzentration 16
Legierungsschmelze 18
Legierungszusammensetzung 31
Legierungszusatz 16
Leiterstruktur 392
Leitungselektron 88
Lenzsche Regel 462
Lichtmikroskop 289
linear polarisiertes Licht 277
lineares Zeitgesetz 410
Linienschnittverfahren 76, 127
Linienvektor 11
Liquiduslinie 42
Liquidustemperatur 21

Lochaufweitungsversuch 446
Lochfraß 427
Lochfraßpotenzial 427
logarithmisches Zeitgesetz 410
Longitudinal- und Transversalschwingung 455
Longitudinalwelle 457
Löslichkeit 250
L-Schale 35
LTMT-Behandlung 247
Lüdersbereich 182–84
Lüdersdehnung 161
Lüdersfront 161
Ludwik'sche Beziehung 450
Lunker 20, 21

M
magnetische Feldlinie 461
magnetische Feldstärke 274
magnetische Permeabilität 463
magnetische Werkstoffprüfung 461
magnetisches Wechselfeld 462
Magnetisierungsfeldstärke 461
Magnetit 413
Magnetpulver 461
Makrodehnung 468
Makroeigenspannung 483
Makromolekül 518
Makroriss 389
makroskopischer Temperaturunterschied 476
Manson-Coffin-Beziehung 384
martensit 114
Martensit 105, 244, 247, 502
Martensitbildung 215, 244
Martensitfinishtemperatur 105
martensitische Umwandlung 105, 217
martensitische Härtung 215, 228
Martensitstarttemperatur 105, 210
Martensitstufe 212
Maßänderung 466
Massenkonzentration 16
Massetemperatur 535, 548 ff.
Massivkaltumformverfahren 64
Matthiesensche Regel 89
Maxwell-Körper 545
mechanisches Analogiemodell 545
mechanische Eigenschaft 248, 561

Sachwortverzeichnis

mechanisches Verhalten 552
Mehrachsigkeit 263
Mehrfachanlassen 245
Mehrkanalspektrometer 38
Mehrlagenschweißung 498
Messbrücke 479
Messingtextur 73
Metalllegierung 16
Metallographie 141
Metallschmelze 18
Metallspektroskopie 25
metastabiler Austenit 247
Mikroeigenspannung 219, 483
Mikropore 9, 438
Mikroriss 9, 389, 438
Mikrorissausbreitung 396
Mikrorissbildung 381, 396
Mikroskopvergrößerung 51
Mikroverformung 390
Miller'sche Indizes 4
Mischkristall 42, 238
Mischkristallseigerung 203
Mischkristallverfestigung 169
Mischreibung 568
Mitteldehnung 375
Mittelspannung 344, 360, 375
Mittelspannungseinfluss 360
Mittelspannungsempfindlichkeit 363
mittlere Höhe der Profilelemente 148
mittlerer Polymerisationsgrad 519
molekularer Wasserstoff 437
Molybdän 39, 441
Moment 303
Morphologie 572

N
Nachweisgrenze 29
Nahtfehler 511
Nahtform 507
Näpfchen 452
Nebengruppenelemente 1
Nebenquantenzahl 2, 35
Nebenvalenzbindung 524
Neckbildung 540
Nennspannung 152, 158, 257, 407, 537, 540, 544
Nennspannungs-Totaldehnungs-Diagramm 538
Nennspannungs-Totaldehnungs-Kurve 158
Nernst'schen Gleichung 418
Netzebenenabstand 468
Newton'sche Flüssigkeit 533 f.
Nht 238
Nichtgleichgewichtsphase 104
Nichtgleichgewichtszustand 252
Nicht-Kontakt-Modus 575
niedriglegierter Werkzeugstahl 242
Nitrid 237 f.
nitridbildende Legierungselemente 238
Nitrieren 237 f.
Nitrierhärtetiefe 238 ff.
Nitrierschicht 238
nitriert 239
Nitriertiefe 238
Nitrocarburieren 237 f.
nitrocarburiert 238 f.
Normalglühen 204
Normalpotenzial 417
Normalspannung 321, 396, 553
Normprobe 281
numerische Apertur 52

O
Oberfläche 481
Oberflächendiffusion 573
Oberflächenenergie 322
Oberflächenfehler 463
Oberflächenfeingestalt 481
Oberflächenlot 71
Oberflächenrauigkeit 444
Oberflächentextur 574
Oberflächentopographie 483
Oberflächenverfestigung 481
Oberflächenzerrüttung 567
Oberspannung 360 f.
Oberspannungsdauerfestigkeit 361
Objektivabbildungsmaßstab 50
Objektspezifischer Gefügeparameter 126
Ohmsches Gesetz 88
Okularvergrößerung 50
Optik 274
optische Metallspektroskopie 25
optisches Emissionsspektrometer 27
Ordnungszahl 1, 36
Orientierung 71 f., 549 f.
Orientierungsverteilung 70 f.

Oxidation 409, 416
Oxidationsgeschwindigkeit 410
Oxidationsmittel 416
Oxidationsprodukt 409
Oxidationsreaktion 410
Oxidationsschichtdicke 410
Oxidationsverhalten 414
Oxidationszeit 410
Oxidschicht 410 f.

P
Paris-Gerade 399
Passivierungspotenzial 426
Passivierungsschicht 426
Passivierungsstromdichte 426
Passivstromdichte 426
Pendelhammer 282
Pendelschlagwerk 281, 548, 551
peritektische Gerade 95
Perlit 96, 247
Perlitstufe 212
persistentes Gleitband 391
Pfropfcopolymerisation 523
Phase 42
Phasenanalyse 112
Phasendifferenz 275
Phasengrenze 7, 411
Phasengrenzfläche 438
Phasenumwandlung 195, 483
Phonon 88
Phosphorseigerung 141
Photomultiplier 291
Picometer 34
Pinning 183, 187
Plancksches Wirkungsquantum 33
plastische Deformation 64, 568
plastische Dehnung 158, 370
plastische Dehnungsamplitude 375
plastische Verformung 193, 370
plastischer Verformungsvorgang 375
Polarisationsapparat 274
Polarisationswiderstand 425, 428
Polarisator 274
polarisiertes Licht 274
Poldichte 71
Polfigur 71 ff.
Polieren 47
Polyaddition 523 f.

Polyesterharz 552
Polyethylen 560
Polykondensation 523
Polymerisation 519
Polymerwerkstoff 552
Polypropylen 560
Polystyrol 560
Polyurethan 560
Polyvinylchlorid 560
Pore 9
porös 238
Portevin-Le Chatelier-Effekt 186
potentielle Energie 332
Potenzgesetz 397
Potenzialbarriere 423
Potenzialdifferenz 416
Potenzialtopf 35
Potenziostat 421 f.
potenziostatische Messung 421
Pourbaix-Diagramm 418
Pressen 531 f.
primäre Rekristallisation 84
Primärelektron 290
primärer Kriechbereich 337
Primärstrahlintensität 71
Profilkenngröße 146
Profilometer 575
Prozessgasdruck 572
Prüflast 59
PSB 391
Pulveraufkohlung 228
Punktauflösung 289
PVD-Verfahren (physical vapour
  deposition) 572

Q
quadratischer Mittenrauwert 147
Qualitätsprüfung von
  Schweißverbindungen 496
Quantenenergie 488
quantitative Gefügeanalyse 125
Querkontraktion 152
Querkontraktionszahl 152, 308, 321
Querrichtung 71, 73

R
Rand- und Kernspannung 477
Randentkohlung 204, 437

Randhärte 238
Randkohlenstoffgehalt 228, 230
Randschicht 238 f.
Rasterelektronenmikroskop 408
Rasterelektronenmikroskopie 37, 289
Rasterkraftmikroskop (AFM) 575
Rastlinie 405
Ratcheting 375
Rauheit 574
Rauheitsmessung 575
Rauigkeit 444
Raumgitter 7
räumliche Verteilungsfunktion 73
Rautiefe 483
Reckalterung
–, dynamische 186
–, statische 182
Reduktion 416
Reduktionsreaktion 421
Reflexion und Brechung 457
reflexionsfähig 71
Reflexionsgitter 26
Reflexionsvermögen 48
Reibung 65, 568
Reibungsarten 568
Reibungsmechanismus 568
rein elastische Beanspruchung 193
Reinaluminium 22 f.
Reineisenfolie 229
R-Einfluss 360
Reinigungsstrahl 481
Reißfestigkeit 542
Rekombination 438
Rekristallisation 82, 193, 247
Rekristallisationsdiagramm 84
Rekristallisationsglühen 206
Rekristallisationstemperatur 85
Rekristallisationstextur 70
Relaxation 544
R_{es} 226
Resonanz 306
Restaustenit 105, 114, 221, 244
Restaustenitbestimmung 114
Restbruch 404
Restwiderstand 90
reversibles Fließen 546
Richten 481
Richtstrahlen 481

richtungsabhängig 70
Rietveld-Methode 114
Riss 320, 389
Rissausbreitung 389, 403, 440
Rissausbreitungsgeschwindigkeit 397, 404, 440
Rissausbreitungsgesetz 399
Rissausbreitungsstadium I 396
Rissausbreitungsstadium II 396
Rissbildung 389, 403
Risslänge 331, 389
Rissprüfverfahren 461
Rissspitze 320, 322, 389
Rissuferbewegung 396
Rissverlängerung 322, 323, 331
Rissverlängerungskraft 323
Risszähigkeit 320, 323, 389
Ritztest 579
R_m 226
Rockwell-Eindrucktest 578
Rollreibung 569
Röntgen- oder γ-Strahlen 508
Röntgendiffraktometer 113
Röntgendiffraktometrie 112
Röntgenfluoreszenzanalyse 33
Röntgengrobstrukturuntersuchungen 507
Röntgenintensität 71
röntgenographisch 70 f.
röntgenographische Spannungsmessung (RSM) 467
Röntgenphoton 33
Röntgenröhre 33
Röntgenspektrum 34
Röntgenstrahlen 290, 487
Röntgenstrahlenquelle 71
Röntgenstrahlung 33, 112, 469
Roving 552
Rp0,2 226
Rückstreuelektron 290
Ruhepotenzial 423

S
Salzbadaufkohlung 228
Salzbadnitrocarburieren 237
Sandguss 18
Sandgussform 18
Sättigungsgrad 119
Sauerstoffkorrosion 425

Sauerstoffreduktionsreaktion 421, 425
Säureangriff 437
Säurekorrosion 421, 423
Schadensfall 514
Schalenhärter 241
Schalenmodell 35
Schallwelle 456
Schallwiderstand 456
Schärfentiefe 289
Schaumstoff 560
Scherfestigkeit 557
Schergeschwindigkeit 533
Scherung 297
Schlagarbeit 283, 548
Schleifen 47
Schleifnachbehandlung 233
Schleifrissempfindlichkeit 233
Schleuderradanlage 481
Schmelzbad 496
Schmelze 20, 23
Schmelzen 533 ff.
schmelzflüssig 21
Schmelzlinie 498
Schmelzpunkt 42
Schmelzschweißverbindung 507
Schmelzschweißverfahren 496
Schmelztemperatur 336
Schnellarbeitsstahl 242
Schnittebene 11
Schraubenversetzungen 10
Schrumpfung 21, 549 f.
Schrumpfungsvorgang 21
Schubfestigkeit 553
Schubmodul 297, 303, 308
Schubspannung 298, 396
Schwächungskoeffizient 488
Schwärzungskurve 489
Schwärzungsunterschied 488
Schweißeigenspannung 498
Schweißen 437, 496
Schweißfehler 507
Schweißgutzone 498
Schweißnahtformen 496
Schwellwert 399
Schwingbeanspruchung 361, 385, 388
Schwingbreite 397
Schwingfestigkeit 344, 360
Schwingspiel 405

Schwingstreifen 404
Sehwinkel 49
Sekundärelektron 290
Sekundärelektronenvervielfacher 28
sekundärer Kriechbereich 337
Sekundärhärtemaximum 244
Sekundärrekristallisation 84
Selbstdiffusion 338
Sequenz-Spektrometer 38
Silizium 121
Smith-Diagramm 361
Soliduslinie 44
Sondercarbid 243
Sondernitrid 238
Spaltkorrosion 416
Spannung 361, 466 f.
Spannungsamplitude 344, 360, 383
Spannungsarmglühen 206
Spannungs-Dehnungs-Kurve 190, 194
Spannungseinfluss 431
Spannungserhöhung 182
Spannungsfeld 11
Spannungsintensität 321 f., 397, 403, 440
Spannungskomponente 471
Spannungskonzentration 396
Spannungsoptik 274
Spannungsreihe 417
Spannungsrisskorrosion 430
Spannungstensor 466
Spannungs-Totaldehnungs-Kurve 158
Spannungsverhältnis 344, 360, 398
Spannungsversprödung 281
Spannungsverteilung 261, 274, 476
–, inhomogene 261
Spannungs-Wöhlerkurve 344
Spannungszustand 278, 298, 471 f.
–, mehrachsiger 262
–, mehrachsiger, inhomogener 261
Spektralanalyse 25
Spektrallinie 25, 28
spez. Oberflächenenergie 322
spez. Rissenergie 323
spezifische Grenzfläche 126
spezifische Korngrenzenfläche 431
spezifischer Widerstand 89
Sphärizität 126, 131
Sphärolithstruktur 540
Spinquantenzahl 35

Spritzgießen 531 f., 534, 548
Sprödbruchanfälligkeit 286
Spulenmagnetisierung 461
SS235 428
stabile Rissverlängerung 326
stabiler Austenit 247
Stahlkokille 22
Stahlzusammensetzung 215
Standardwasserstoffelektrode 422 f.
Standzeit 431
Stapelfehler 13
Stapelfehlerenergie 14, 390
stereometrische Methode 78
Stift-Scheibe-Tribometer 569
Stirnabschreckkurve 218
Stirnabschreckversuch 215
Stirnabzugsversuch 578
Stirnflächenabstand 217
Stoßprozess 35
Strahlbehandlung 481
Strahlen 481
Strahlenschutz 507
Strahlgut 481
Strahlintensität 483
Strahlmaschine 481
Strahlmittel 481
Strahlmittelgeschwindigkeit 481
Strahlzeit 482
Strangaufweitung 535
Stranggießen 18
Strangguss 18
Strangstruktur 391
Streckgrenze 75, 159, 167, 190, 222, 262, 281, 370, 442
–, obere 161
–, untere 161
Streckgrenzenmoment 269
Streckungsgrad 131
Streckungsverhältnis 79
Streckziehen 448
Streuabsorptionskontrast 136
Stromdichte-Potenzial-Kurve 422, 427
Strukturelle Zustandsänderungen 388
Strukturmodell nach Thornton 572
Strukturviskosität 533
Stufenversetzung 10
Substitutionsatom 7
Substitutionsmischkristall 250

Summenstromdichte 423
Szintillator 291

T
Tafel-Gerade 424
Taktizität 521
Tastschnittgerät 148
Tastspulenverfahren 463
Teilchenabstand 126
Teilchengröße 126
Teilchenverfestigung 169
teilkohärent 253
Teilstromdichte 423
TEM 135
Temperaturführung 247
Temperaturversprödung 281
Temperatur-Zeit-Diagramm 210
Temperatur-Zeit-Kurve 42
tertiärer Kriechbereich 337
Tetraederlückenplatz 3
tetragonal-raumzentriert 106
Textur 70 ff., 444
Texturanalyse 72
Texturbestimmung 70
Texturgoniometer 70 ff.
Texturkomponente 72
Texturzustand 73
thermischer Analyse 42
thermo-mechanische Behandlung 247
Thermoplast 525, 552
Thomson-Brücke 91
Tieflage 284
Tieftemperaturmodifikation 3
Tiefungsprüfung nach Erichsen 444
Tiefziehen 448
Tiefziehfähigkeit 444, 446
Tiefziehversuch 445
Titannitrid-Schichten 573
Topografie 573
– von Werkstoffoberflächen 145
Torsionsfestigkeit 297
Torsionsgrenze 297
Torsionsmaschine 301
Torsionsmodul 297
Torsionsmoment 299, 303
Torsionspendel 303, 318
Torsionsschergrenze 297
Torsionsschwingung 303

Torsionsstab 297
Torsionswinkel 297, 303
Totaldehnung 370, 537 f., 541 f.
Totaldehnungsamplitude 383
totale Dehnung 158, 337
Trägheitsmoment 303
transkristallin 430
Transmissionselektronenmikroskop 135
Transpassivität 426
Transversalwelle 457
Treibmittel 560
tribochemische Reaktion 567
Tribologie 566
tribologische Beanspruchung 572
tribologisches System 566

U
Überalterung 183
Überdeckungsgrad 482
übereutektisch 119
Übergangslastspielzahl 384
Übergangstemperatur 285
übersättigter Ferrit-Mischkristall 238
Ultraschallprüfung 455
Umfangs- und Radialeigenspannung 478
Umformen 64, 481
Umformgrad 68
Umformprozess 247
Umwandlung 104
Umwandlungseigenspannung 217
Umwandlungsgefüge 141
unidirektional 555
unlegierter Werkzeugstahl 241
Unterkühlung 20, 105
Unterspannung 360, 361
Unterspannungsdauerfestigkeit 361

V
Vanadium 441
Verbindungsschicht 238, 240
Verbundwerkstoff 552
Verfestigung 67, 389, 483
Verfestigungsexponent 450
Verfestigungskurve 160, 186, 222, 297
–, Typen einer 182
Verfestigungsmechanismus 168
Verformung 448
–, plastische 261, 389, 448

Verformungsanisotropie 451
Verformungsarbeit 222, 281
Verformungsgeschwindigkeit 281, 439
Verformungsgrad 89
Verformungsisotropie 452
Verformungsmerkmal 388
Verformungstemperatur 281
Verformungsverhalten 537 f.
Vergrößerung 50, 289
Vergüten 221
Vergütungsstahl 223, 238
Verlagerungsaufnehmer 153
Vernetzungsdichte 561
Verschleiß 483, 566
Verschleißart 566
Verschleißmarkendurchmesser 570
Verschleißmechanismus 566
Verschleißverhalten 237
Verschleißvolumina 570
Verschleißwiderstand 241
Versetzung 8, 187, 190, 390, 438
Versetzungsanordnung 390
Versetzungsband 390
Versetzungsdichte 67, 439
Versetzungslinie 11, 438
Versetzungsstruktur 142, 390
Versetzungsverfestigung 169
Versetzungszelle 390
Verteilungsfunktion 350
Verweildauer 243
Verzerrungskontrast 138
Verzunderung 409
Vicat-Erweichungsprüfgerät 528
Vicat-Temperatur 529
Vickers 239
Vielkristall 71
vielkristallin 70 f.
viskoelastische Dehnung 544 ff.
viskose Dehnung 544 f.
Viskosität 533 f., 544
V_{krit} 215
Voigt-Kelvin-Körper 545
Volumenanteil 126
Volumendiffusion 573
Volumendiffusionskoeffizient 232, 339
Volumenkonstanz 449
Volumenvergrößerung 217
Vorlast 60

Sachwortverzeichnis 601

Vorlegierung 17 f., 22 f.
Vorwärmen 501
Vorzugsrichtung 70

W

Wachstumszonenmodell nach Messier 572
wahre Spannung 158
Walzen 64
Walzgrad 66
Walzrichtung 70 f., 73, 451
Walztextur 67, 70, 448
Walzverformung 74
Warmarbeitsstahl 242
Warmbadhärten 243
Wärmeausdehnung 195
Wärmebehandlung 203, 221, 247
Wärmebehandlungszustand 385
Wärmeeinflusszone 498
Wärmeinhalt 215
Wärmekonvektion 561
Wärmeleitfähigkeit 215
Wärmeleitung 561
Wärmeleitvermögen 561
Wärmespannung 198, 200, 476
Wärmestrahlung 561
Wärmeübergangszahl 215
Wärmeübertragung 561
warmgewalzt 141
Warmstreckgrenze 206
Wassergas-Boudouard-Gleichgewicht 228
Wasserstoffbeladung 439 f.
Wasserstoffeffusion 440
wasserstoffinduzierter Sprödbruch 440
Wasserstoffion 437
Wasserstoffkorrosionstyp 416
Wasserstoffversprödung 437, 439, 441
WDXRF-Spektrometer 39
Wechselbeanspruchung 383, 389
Wechselbiegung 380
Wechselentfestigung 371
Wechselfestigkeit 346, 360
Wechselverfestigung 371
Wechselverformungskurve 371, 376
Weibull-Verteilung 349
Weichglühen 205
Wellenlänge 306
wellenlängendispersive Röntgen-
    fluoreszenzspektroskopie WDXRF 37

Werkstoff-Analyse 31
Werkstoffauswahlfehler 514
Werkstoffbehandlungsfehler 514
Werkstoffeigenschaft 57
Werkstoffkenngröße 301, 325
Werkstoffoberfläche 59, 289
Werkstoffwiderstand 168, 340, 360
Werkstoffzustand 300
Werkzeugstahl 241
Wheatstone-Brücke 91
Wheatstone'sche Brücke 154
Widerstandsmoment 269
Widmannstätten'schen Struktur 502
Wirbelstrom 462
Wirbelstromprüfung 463
Wöhlerdiagramm 440
Wöhlerkurve 360, 383, 389
Wolfram 441
Wüstit 413

X

X5CrNi18-8 427

Z

Zähigkeit 222
Zähigkeitsmaß 282
Zeichenschärfe 490
Zeitbruchdehnung 340
Zeitbrucheinschnürung 340
Zeitbruchgrenzlinie 340
Zeitfestigkeit 383
Zeitgesetz 414
Zeitstandanlage 341
Zeitstanddiagramm 340
Zeitstandfestigkeit 340
Zeitstandversuch 336, 430, 440
Zeit-Temperatur-Folge 203
Zelle 560
Zementit 237, 441
Ziehtextur 70
Zinkhydrogenphosphat 427
Zipfelbildung 452
zirkulär polarisiertes Licht 277
ZTU-Diagramm 217, 247
Zugbeanspruchung 193
Zug-Druck-Wechselbeanspruchung 403
Zugfestigkeit 75, 159, 222, 226, 281, 384,
    442, 552

Zugprüfmaschine 162, 185
Zugspannung 337, 476
Zugverfestigungskurve 442
Zugversuch 157, 226, 261, 449
Zunderschicht 437
Zusammenhang zwischen Brinellhärte und
　　Zugfestigkeit 227
Zusatzwerkstoff 496

Zustandsdiagramm 42, 95, 118
Zustandsfeld 42
Zweistoffsystem 39
Zwillingsbildung 14
Zwillingsgrenze 8
Zwischengitteratom 7
zyklisches Kriechen 375
Zylinderstab, gekerbter 262

Menschen machen Stahl

Als Teil des weltweit größten Stahlkonzerns produziert ArcelorMittal Bremen mit modernsten Anlagen Flachstahlprodukte. Wir erfüllen dabei höchste Ansprüche unserer Kunden in der Automobil-, Maschinenbau, Bau- und Haushaltsgerätindustrie rund um den Globus.

Doch unser Stahl bietet mehr als Qualität, Präzision und Hightech. Die Stahlproduktion schafft auch exzellente Jobs: Aufgaben, die anspruchsvoll und abwechslungsreich sind. Herausforderungen, die Freiraum bieten und begeistern.

Faszination Stahl, unser Thema - Machen Sie es zu Ihrem!

Insbesondere für Studierende der Fachrichtungen Produktionstechnik/Werkstofftechnik, Verfahrenstechnik, Maschinenbau und Elektrotechnik bieten wir bereits während des Studiums vielfältige Möglichkeiten, uns kennen zu lernen, z. B. durch:

- **Praktika**
- **Studienbegleitende Werkstudententätigkeiten**
- **Abschlussarbeiten**

ArcelorMittal Bremen GmbH
Carl-Benz-Straße 30
28237 Bremen

Weitere spannende Informationen zum Unternehmen sowie aktuelle Stellenangebote und Ansprechpartner finden Sie auf unserer Website.

ArcelorMittal Bremen
www.arcelormittal.com/bremen

ArcelorMittal